建筑特种工程新技术系列丛书6

灾损建筑物处理技术

叶观宝　主　编

惠云玲　贾连光　副主编

中国建筑工业出版社

图书在版编目（CIP）数据

灾损建筑物处理技术/叶观宝主编．—北京：中国建筑工业出版社，2011.11
（建筑特种工程新技术系列丛书 6）
ISBN 978-7-112-13668-1

Ⅰ．①灾…　Ⅱ．①叶…　Ⅲ．①建筑物-自然灾害-损坏-处理-规范-中国　Ⅳ．①TU746.1-65

中国版本图书馆 CIP 数据核字（2011）第 205525 号

本书是配合中国工程建设标准化协会标准《灾损建（构）筑物处理技术规范》CECS 269：2010 的贯彻执行而编写的。此规范为我国灾损建（构）筑物处理技术学科领域里第一个设计施工综合性标准，也是这个学科领域新技术、新成果的集中体现。

本书的主要内容包括：概述；灾害调查与检测鉴定；地震灾损处理；冰雪灾损处理；洪水灾损处理；风沙灾害防治及灾损处理；滑坡、崩塌及泥石流灾害；火灾灾损处理等。

本书的特点是简明、新颖和实用；内容丰富，图文并茂，与规范相呼应；理论联系实际；是从事灾损建（构）筑物处理的教学、科研及广大工程技术人员的良师益友。本书可供勘察、设计、施工、监理等工程技术人员使用，也可供高等院校有关专业师生参考。

*　　*　　*

责任编辑：王　跃　郭　栋　万　李
责任设计：张　虹
责任校对：刘梦然　刘　钰

建筑特种工程新技术系列丛书 6
灾损建筑物处理技术
叶观宝　主　编
惠云玲　贾连光　副主编
*
中国建筑工业出版社出版、发行（北京西郊百万庄）
各地新华书店、建筑书店经销
霸州市顺浩图文科技发展有限公司制版
北京世知印务有限公司印刷
*
开本：787×1092 毫米　1/16　印张：40¼　字数：1000 千字
2012 年 3 月第一版　　2012 年 3 月第一次印刷
定价：**86.00** 元
ISBN 978-7-112-13668-1
（21386）

《灾损建筑物处理技术》
编写委员会

主　　编：叶观宝

副 主 编：惠云玲　贾连光

编写人员：叶观宝　高小旺　刘　佳　安　新　惠云玲
武慧芬　王长军　韩继云　许　丽　杨桂芹
钟铁毅　刘金平　张一兵　刘燕云　贾连光
赵俭斌　李启民　蒋富强　王　桢　李安起
张　鑫　李凯崇

《建筑特种工程新技术系列丛书》出版说明

改革开放的伟大进程带来了我国社会和经济建设的大发展，而大规模建筑工程对建筑工作者的科学研究、勘察设计水平、施工技术进步等提出了更高、更多的要求。在此情况下，建筑特种工程的新技术得到了发展和提高。建筑特种工程技术一般包括建筑物（含构筑物）的移位技术、纠倾技术、增层技术、改造加固技术、灾损处理技术、托换技术等。

本《建筑特种工程新技术系列丛书》的出版，是我国改革开放 30 余年来，建筑行业特种工程技术进步的重要标志；是众多工程成功经验和失败教训的深刻总结；是我国在本学科领域几十年科技成果的结晶和技术实力的集中体现；是年轻一代更好地掌握特种工程新技术，学习前人先进技术和经验的一部宝贵、丰富、实用的教科书；是我国建筑行业特种工程技术进步发展的里程碑。丛书的出版将有力地推动我国在建筑特种工程技术领域方面更迅速的进步和发展。

一、建筑特种工程新技术的应用

建筑物包括构筑物，在建造过程或建成后的使用过程，由于遭受自然灾害（如地震、洪水、海啸、滑坡及泥石流、风灾、土地塌陷等）而受损，可采用本技术处理。

建筑工程在勘察、设计、施工中有失误（如勘察中漏查或误查的地下人防工程、岩洞土洞、墓穴、树根和孤石、液化层、软弱夹层等。设计中结构形式选择不合理、断面和配筋量不足、设计参数选用不当、选错基础形式和地基持力层、建筑材料不合格和施工质量低劣等），给建筑物造成严重安全隐患的，可采用本技术处理。

为适应经济发展、生产和生活的需要，对既有建筑物可采用特种工程新技术进行改造、扩建、加固等。

上述建筑物经过检测、鉴定、论证，采用建筑特种工程技术处理后，都能具有继续使用价值，有肯定的经济效益和社会效益。

二、建筑特种工程新技术的内容

建筑物的移位技术包括旋转、抬升、迫降、平行移动，可单项移位或组合多项移位。

建筑物的纠倾技术包括对倾斜的混凝土结构、砌体结构、钢结构、混合结构的多层和高层建筑纠倾等处理，这些建筑可以是框架（筒）结构、框支结构、剪力墙结构等。

建筑物的增层技术包括多层或高层建筑物的局部增层、整体增层、外套增层、地下增层、室内增层、顶部增层等。

建筑物的改造加固技术包括工业建筑物为适应生产发展的改扩建，民用建筑物为扩大使用面积、改善使用功能的改扩建，公共建筑物为适应城市规划和发展等的改扩建工程。

建筑物的灾损处理技术包括对灾害后建筑物或桥梁等构筑物结构物发生错位、移动、倾斜、扭曲变位、结构裂损、过量沉陷、地基土被掏空或破坏、桩基弯曲或折断等处理技术。

建（构）筑物的托换技术包括对城市、公路、江河湖海上的各类桥梁结构，为增大桥下通航空间的抬升改造托换；对修建城市地铁或矿区采矿，对相邻建筑物的托换加固处理；因环境污染、侵蚀至建筑结构破损的局部或整体托换加固的处理技术。

特种工程新技术还包含各类特殊工程，如水上、海上或岸边建筑，军事工程、地下建筑、沙漠建筑、人防工程、航天工程等环境特殊的各类建筑特种工程的改造、加固和病害处理的技术等。

三、《建筑特种工程新技术系列丛书》编写的基础与背景

1. 本丛书反映各历史时期关于本学科的技术及其进步。

在“文革”十年，全国的基本建设全面停顿，各类房屋严重不足，而且资金又十分短缺。从20世纪80年代初到90年代初的10年，全国从南到北兴起了“向空中要住房，向旧房要面积”的既有房屋增层改造工程的热潮，许多有条件的旧房都进行了增层改造，扩大了使用面积，改善了使用功能，部分地缓解了当时“房荒”的燃眉之急。许多专业工程公司也应需成立，成为建筑特种工程的生力军。

例1. 哈尔滨秋林公司增层工程：1984年施工。原地上2层，增加2层至4层。是我国较早的有代表性增层工程。

例2. 北京日报社增层工程：原地上4层，增加4层至8层，采用外套框架结构，框架柱采用大孔径桩基础。

例3. 绥芬河青云市场增层工程：原地上5层，采用外套结构增加4层至9层，同时一侧扩建9层。面积由原11000m^{2}增至31000m^2。

例4. 山西矿业集团办公大楼增层工程：原地上3层，采用外套结构增加6层至9层。

与此同时，全国开始了大规模的基本建设。但由于当时资金少、技术水平低、经验不足、规章制度不健全、工期要求急，出现了一些劣质工程，使刚刚竣工或尚未竣工的建筑物发生倾斜、开裂、过量下沉等一系列病害。需拆除的严重者几乎占新建工程1%～2%。为适应当时形势的需要，既有建筑物的纠倾加固病害处理技术迅速发展，工程数量较多。

例1. 哈尔滨齐鲁大厦纠倾工程：地上26层，总高99.6m，倾斜524.7mm。2000年纠倾复位成功。是目前国内纠倾成功最高的大厦。

例2. 大庆油由管理局办公大楼纠倾工程：地上12层，增加1层，总高99.6m，倾斜270mm。2007年增层、纠倾、加固复位成功。

例3. 都江堰奎光塔纠倾加固工程：建于1831年。塔高52.67m，为17层6面砖塔，倾斜1369mm，塔体有45°斜裂缝。首先进行1～11层塔身加固，后纠倾。这是我国古塔倾斜加固成功的范例。汶川地震后，已加固部分塔身完好无损，其上未加固部分出现裂损。

从2000年初，全国的城市和道路交通规划和建设、古建筑及文物保护等工作日益受到重视，因此既有建筑物的移位工程技术又迅速兴起与发展，不仅工程数量多，而且工程难度大、风险大、技术要求高，全国许多高校和科研单位也投入人力、物力，参与和支持这一工程热潮。

例1. 上海音乐厅移位工程：地上水平移位66.46m，抬升3.38m。是我国有代表性的移位工程。

例2. 山东莱芜开发新区办公大楼工程：该建筑15层，高度72m，水平移位78m。是

目前国内移位最高的建筑物。

例3. 山东东营市永安商场营业楼工程：原地旋转45°，移位成功。

例4. 上海市西环线岭西路立交桥抬升工程：全桥成功抬升2.7m，扩大了桥下通航高度。

例5. 天津北安大桥工程：抬升2.7m，加大了桥下通航高度。

例6. 广西贺州文物“真武庙”顶升工程：原文物为砖砌结构，毛石基础，处于低洼地。采用先加固、后顶升方案，将文物抬高1.3m。

2. 本丛书适应当前国家发展的需要，为特种工程研究、检测、监测、设计、施工服务而编写。

进入21世纪，由于经济建设规模庞大，房地产业迅速发展，地价猛涨，房价飙升，土地十分宝贵，因此许多房地产商们又开始了新一轮更高一级的“向空中要住房，向旧房要面积”的增层改造工程，以节省高昂的土地投资。

最近几年的自然灾害频频发生，2008年的汶川大地震及此后的冰冻与洪水灾害，都给我国造成严重人员伤亡和经济损失，救灾、减灾和灾区重建都迫切需要特种工程新技术，对有继续使用价值的灾损建筑物进行处理。

3. 本丛书是在吸取了20多年来，有关本学科多次全国性学术研讨会的技术交流成果的基础上而编写的。

以中国老教授协会土木建筑专业委员会为例，从1991起，每隔2年定期召开全国性的《建筑物改造与病害处理学术研讨会》，已召开过八次会议，每次会议都收到百余篇学术论文，反映了各个时期在全国各地有关建筑物改造与病害处理的技术成果，交流了许多典型工程实施的成功经验与失败教训。数百篇学术论文和技术成果，为本书的编写奠定了极其宝贵的基础。

4. 本丛书是以我国多年来相继颁布有关建筑物改造与病害处理学科多项技术标准为依据而编写的。

多年来国家有关部门，为加强建筑特种工程的设计、施工技术立法与指导，相继多次组织有经验的专家编制了相关技术标准。这些技术标准的颁布与实施，为特种工程设计与施工提供了技术依据，对推动本学科的技术发展和保证工程质量起到重大作用。编写本丛书所依据的重要技术标准，除国家现行的相关技术标准外，还有以下技术标准：

a.《铁路房屋增层和纠倾技术规范》(TB 10114—97)

b.《既有建筑地基基础加固技术规范》(JGJ 123—2000)

c.《建筑物移位纠倾增层改造技术规范》(CECS 225：2007)

d.《灾损建筑物处理技术规范》(CECS 269：2010)

e.《建筑物托换技术规程》(CECS 295：2011)

四、《建筑特种工程新技术系列丛书》的编著特点

特点1. 本丛书涵盖的建筑特种工程技术全面，具有明显的广泛性、代表性。本书包括了目前我国在本学科的全部主要技术内容，如建筑物移位、纠倾、增层、改造加固、灾损处理和托换技术等。是我国在这门学科领域当前的技术成果和水平最全面的代表。

特点2. 本丛书所列的技术先进，有许多方法是新专利技术的成果，因此本书具有先进性、创新性。编著本丛书所选用的素材基本体现了我国当前建筑特种工程技术的最高水

平和科研的最新成果，体现了我国特种工程先进的技术实力。

特点 3. 本丛书具有明显的实用性和可操作性。本丛书各分册都选用了大量的工程实例，它们都是成功的处理各类“疑难杂症”复杂工程的经验研讨、失败工程的教训剖析、高难度特殊工程的全面总结、典型工程的设计施工方法报导。

特点 4. 本丛书内容充实，是广大青年学子和技术人员学习、探讨本学科技术的最好入门工具和手段。本丛书不仅有丰硕的工程案例，还有较深入的机理探讨，较详细的相关工程技术标准的具体应用，有较广泛的特种工程技术的发展展望的研讨。

特点 5. 本丛书的技术内容具有明显的可信性和可靠性，因为参加丛书编著的几十位专家，都是多年来站在特种工程第一线，专门从事本学科的教学、科研、工程实施、技术标准编制等实力雄厚高水平的技术专家。

五、本学科技术的发展与展望

建筑特种工程新技术在建筑领域的重要性会越来越被人们所认识。它是国家抵御自然灾害、抗灾减灾的重要技术支撑；是治理各种建筑物病害、保护国家财富、延长建筑物使用寿命的重要技术手段；随着生产不断发展、人民生活不断提高、它要不断满足人们对各类房屋提出较高使用愿望的要求；随着既有建筑物建成量越来越大，自然灾害越频繁，本门学科的重要性就会越显著。建筑特种工程新技术将随着人类生存的历史长河永存下去，技术将不断创新，应用会更为广泛，本学科的发展前景广阔无限。

前　言

自然灾害是一种或多种能量通过突发性的方式释放，在一定范围内破坏人类正常经济、社会活动的一种自然现象。随着社会的发展和科技的进步，人类向自然索取的资源越来越多，对自然的破坏也越来越严重，使得地球生态环境日益恶化，自然灾害的发生愈加频繁，造成的人员、财产损失以及资源破坏愈加严重，严重阻碍了社会、经济的可持续发展。

据资料统计，在世界范围内，带来巨大经济损失的自然灾害亚洲占 39%，南北美洲占 26%，欧洲占 13%，非洲占 13%，大洋洲占 9%。我国自古以来是自然灾害最为频发的国家之一。我国的自然灾害具有频率高、地域广、强度大、并发性显著等特点。特别是在刚刚过去的 2008 年，南方大范围冰雪灾害和汶川特大地震两次巨灾，灾损程度、救灾难度实为历史罕见。根据民政部《2008 年自然灾害应对工作评估分析报告》，2008 年，我国各类自然灾害共造成约 4.7 亿人（次）受灾，死亡和失踪 88928 人，紧急转移安置 2682.2 万人（次）；倒塌房屋 1097.7 万间，损坏房屋 2628.7 万间；因灾直接经济损失达 11752.4 亿元。

由于天灾（如地震、飓风、雪灾、洪水、泥石流及滑坡等）和人祸（建筑物设计、施工的失误以及使用过程中的损坏等）的危害，常使既有建筑物发生倾斜、裂损、沉陷等严重病害，因此，及时地抢救因各类灾害对建筑物造成的损害，恢复其正常使用功能，也是保护既有建筑物，保护国家财产的一项重要任务。

我国对既有建筑物的保护和维修还是不够重视，缺乏严格有效措施，许多城镇地区常常由于规划和发展的需要，随意拆除“碍事”或有些病害的既有建筑物。一般住宅建筑物的设计寿命约为 50 年，而据统计，目前全国旧建筑物存在的平均寿命仅为 30 年左右。随意拆除不到使用年限的建筑物，而不是通过加固、改造、移位和病害治理等手段进行加固和挽救，乱拆既有建筑物给国家和社会造成许多严重损失，是十分令人痛心的。

随着我国累积的既有建筑物数量越来越多，其加固、改造与病害处理的任务越来越重，新兴的建筑物改造与病害处理新学科越来越被人们所重视，它已成为我国建筑行业一个重要专业技术领域。

本书涵盖了我国的主要自然灾害，包括地震灾害、冰雪灾害、洪水灾害、风沙灾害、滑坡和泥石流灾害以及火灾害，详细地介绍了各种自然灾害的基本概念、灾害特点、分布规律和形成机制，并结合理论研究和案例分析系统地揭示了各种灾害对各种建（构）筑物的破坏形式、灾损调查和检测鉴定方法以及灾损处理技术。本书可作为高等学校的教材，亦可作为土建、水利、交通等部门技术人员的参考书。

本书共分 8 章：第 1 章概述，第 2 章灾害调查与检测鉴定，第 3 章地震灾损处理，第 4 章冰雪灾损处理，第 5 章洪水灾损处理，第 6 章风沙灾害防治及灾损处理，第 7 章滑坡、崩塌及泥石流灾害，第 8 章火灾灾损处理。参加本书编写工作的有：叶观宝、高小旺、刘佳、安新（第1章），惠云玲、武慧芬、王长军（第2章），韩继云、许丽、杨桂芹、钟铁毅、刘金平、张一兵、刘燕云（第3章），贾连光、赵俭斌（第4章），李启民（第5章），蒋富强、李凯崇（第6章），王桢（第7章），李安起、张鑫（第8章）。全书由叶观宝主编。

本书在编写过程中得到了全国多方面的支持和关心，提供了大量的资料。本书的顺利完成与各位专家、同仁的关心是分不开的，借此向所有为本书作出贡献的同志表示衷心的感谢。研究生叶施虎、张晴雯、张振等参与了本书的有关编辑和校对工作。

本书在编写过程中得到了教育部、财政部“第四批高等学校特色专业建设点（项目编号：TS11385）”和上海市重点学科建设项目（项目编号：B308）的资助。

本书编者力求做到层次分明，内容全面，重点突出，概念清晰。但由于本书覆盖面广，所涉及的自然灾害的基本理论和处理技术，尚有诸多不完善之处。限于编者水平，难免存在疏漏、错误之处，恳请各位读者批评指正。

目　录

第1章　概　　述

自然灾害是指由于自然异常变化造成的人员伤亡、财产损失、社会失稳、资源破坏等现象或一系列事件。它的形成应具备两个条件：一是要有自然异变作为诱因；二是要有受到损失的人、财产、资源作为承受灾害的客体[1]。

自古以来，我国都是一个自然灾害频发的国家。新中国成立以后，随着经济的不断发展，我国因自然灾害造成的直接损失呈上升的趋势[2]（图1-1）。特别是在刚刚过去的2008年，我国各类自然灾害均有不同程度的发生，尤其是年初南方大范围冰雪灾害和汶川特大地震两次巨灾，灾损程度、救灾难度实为历史罕见。根据民政部《2008年自然灾害应对工作评估分析报告》，2008年，我国各类自然灾害共造成约4.7亿人（次）受灾，死亡和失踪88928人，紧急转移安置2682.2万人（次）；倒塌房屋1097.7万间，损坏房屋2628.7万间；因灾直接经济损失达11752.4亿元。

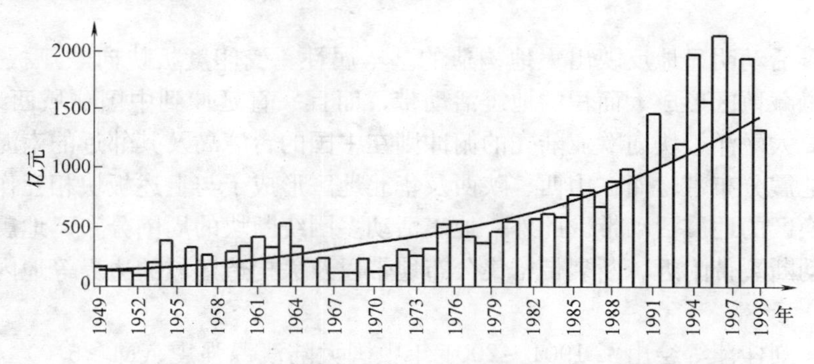

图1-1　中国1949～1999年自然灾害直接经济损失直方图

我国自然灾害种类很多，如地震灾害、冰雪灾害、洪水灾害、风沙灾害、滑坡和泥石流灾害、沉陷灾害以及火灾害等，并且表现出了频率高、地域广、强度大、并发性显著等特点。然而，各种自然灾害的诱发因素、形成条件，尤其是各种建（构）筑物的破坏机理和形式各有特性，必须分别加以研究。

1.1　地震灾害

1.1.1　地震概述

地震即地球表层的快速震动，又称为地动。地壳中发生振动的地方，叫做震源；震源在地面上的垂直投影，即地面上离震源最近的一点称为震中；震中到震源的距离称为震源深度；某地与震中的距离叫做震中距。依据成因不同，天然地震可分为三类：构造地震、火山地震和陷落地震，其中绝大多数为构造地震。

在构造力的作用下，当某处岩层发生突然断裂、错动时，便把长期积累起来的能量在瞬间急剧释放出来，巨大的能量以地震波的形式由该处向四面八方传播出去，直到地球表面，引起地表的震动，即发生地震。如2008年5月12日，青藏高原东缘龙门山推覆构造带上的两条倾向NW的叠瓦状逆断层（北川—映秀断裂和灌县—江油断裂）发生地表破裂形成了汶川M8.0级地震[3]。其中，沿北川—映秀断裂展布的地表破裂带长约240km，以兼有右旋走滑分量的逆断层型破裂为主，最大垂直位移6.2m，最大右旋走滑位移4.9m；沿灌县—江油断裂连续展布的地表破裂带长约72km，最长可达90km，为典型的纯逆断层型地表破裂，最大垂直位移3.5m；另外，在上述两条地表破裂带西部还发育着一条NW向带有逆冲垂直分量、左旋走滑性质的小鱼洞地表破裂带，长约6km。

地震灾害具有突发性，不易预测，是一种破坏力极强的自然灾害。地震直接造成各类建（构）筑物破坏和倒塌，以及引发各类地质灾害，如崩塌、滑坡、泥石流等，是造成重大人员伤亡的主要原因。此外，地震严重破坏交通、通信、电力等设施，给抗震救灾工作造成极大的困难，一定程度地放大了地震灾情。

1.1.2 我国地震的时空分布

我国是一个地震多发的国家，并且受地震破坏最为深重，破坏性地震大多数为浅源地震。傅征祥、刘桂萍[4]等（2005）分析了中国大陆1901～2001年的浅源强震活动，对我国破坏性地震灾害的时空分布特征、震源深度特征以及地震伤亡情况等进行了细致的阐述。

我国地震活动明显地反映出大地构造的基本属性。受印度板块向欧亚板块的陆-陆俯冲影响，在青藏地区形成大面积的地震活动带，而且一直延伸到中国陆域西北部的天山、阿尔泰地区；太平洋板块向欧亚陆壳的俯冲则在中国的台湾岛及其邻近的南海地区形成了十分密集的地震分布带；而在山西、陕西及华北地区形成了与上述板块相互作用有关的构造过渡和转换区的地震活动带。此外，地震活动多围绕断块的周围分布。地震震中较集中地分布于活动断裂带附近、断裂带密集分布地带以及大构造区域的边界等地内应力集中释放区域。

傅征祥、刘桂萍等绘出了1901～2001年中国大陆浅源强震（M≥6.0）震中分布图。如图1-2所示，一百年间我国浅源强震空间分布不均匀，大多数地震发生在中国大陆西部。假如以107°E为界，把中国大陆划分为东、西两部分，它们的面积分别约占大陆总面积的45%和55%，而M6.0级以上浅源地震分别约占大陆全部浅源地震的12%和88%，也就是西部M6.0级以上浅源地震的年平均活动频度约是东部的7倍。

此外，我国东西部地震的震源深度分布也存在很大差异。图1-3为沿纬向震源深度分布图，约以106°E为界，在大陆东部几乎所有地震都发生在深度35km以内，而西部则有相当一部分地震发生在35km以下；东部地震平均深度为（16±7)km，西部地震平均深度为（25±13)km，这表明我国西部地震的平均震源深度显著地大于东部。

我国浅源强震还具有时间群集分布的特点。图1-4为1901～2001年中国大陆浅源强震（M≥7.0）活动的时间分布，可以看出，在1901～2001年间，有3个明显的在5年以上的时间段落中没有M7.0级以上的大地震发生（1908.08～1913.12、1955.04～1963.04、1976.08～1985.08)。另外，1901～2001年中国大陆M8.0级大地震群集分布同样引人注目。1901～2001年中国大陆M8.0级大地震共发生7次，其中6次发生在1951年之前，大约平均每10年发生一次；之后平静了50年，直到2001年11月14日发

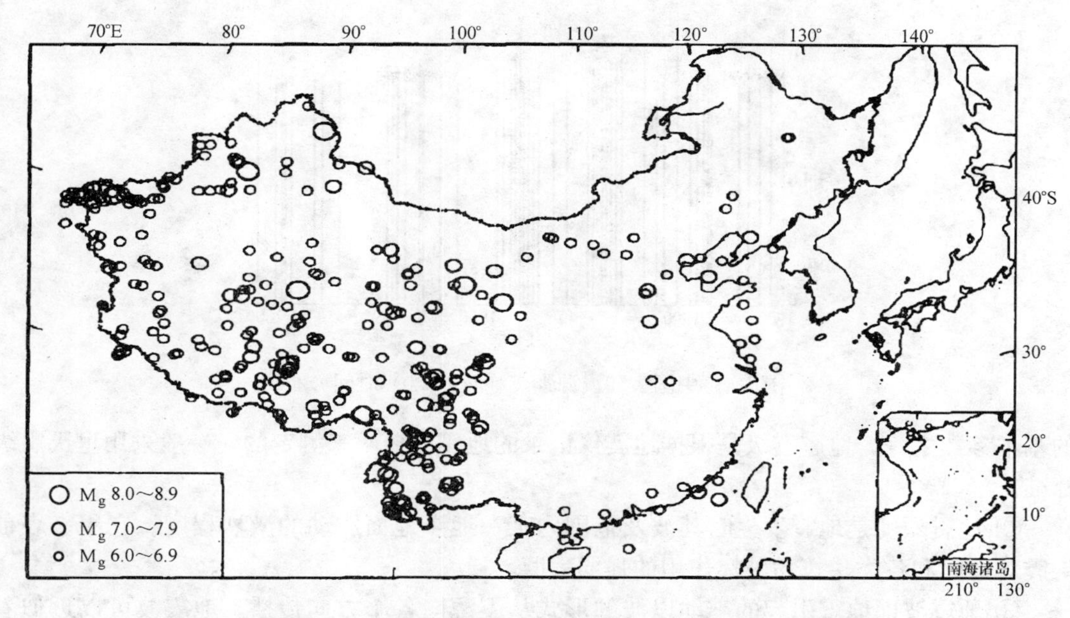

图 1-2 中国大陆（1901～2001 年）浅源强震（M≥6.0）震中分布图

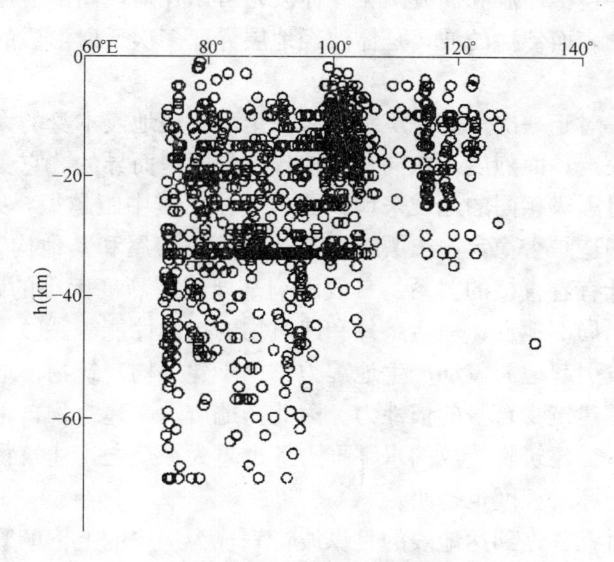

图 1-3 中国大陆沿纬向震源深度分布

生昆仑山口西 M8.1 级大地震。如今，四川汶川也发生了 M8.0 级大地震。

频繁的地震灾害造成了巨大的人员伤亡。据统计，1901～2001 年中国大陆的地震死亡人数达到 60 余万人，其中，最惨烈的是 1920 年 12 月宁夏海原 M8.5 级和 1976 年 7 月河北唐山 M7.8 级地震，死亡人数分别是 235502 人和 242000 人。

1.1.3 地震对建（构）筑物的破坏机理

地震会导致各类建（构）筑物破坏甚至倒塌，而分析地震对建（构）筑物的破坏机理须先了解构造地震的几个相关术语：

① 地震震级是表征地震大小或强弱的指标。它是地震释放能量多少的尺度，是地震

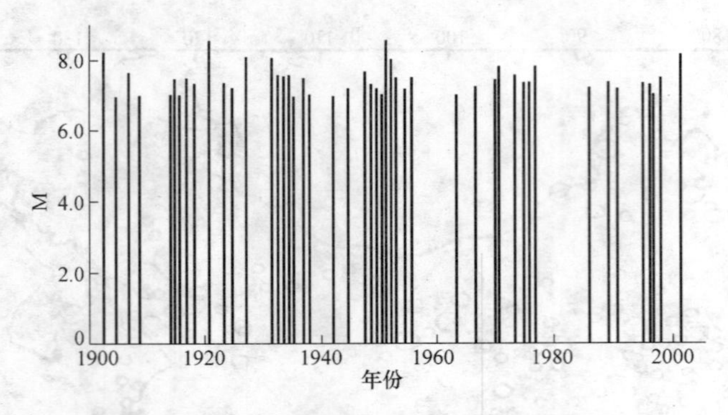

图 1-4　中国大陆浅源强震（M≥7.0）时间分布

的基本参数之一。地震震级是根据地震仪记录的地震波振幅来测定的，一般采用里氏震级标准。

② 地震烈度是地震发生时其波及范围内某一地点地面震动的激烈程度。它用来表征地震对地面和各类建筑物破坏作用的强弱程度。

③ 地震波即地震引起的震动以波的形式从震源向各个方向传播。地震波可以近似看做是弹性波，它主要包括体波和面波两类。体波是可以在地球内部传播的波，包括纵波和横波；面波是沿地球表面传播的波，是体波经地层界面多次反射形成的次生波，包括瑞雷波和洛夫波。

需要指出的是，对于一次地震，震级只有一个，代表地震本身的大小强弱，由震源发出的地震波能量来决定；而烈度却在同一次地震中是因地而异的，它受着当地各种自然和人为条件的影响。对震级相同的地震来说，震源越浅，震中距越短，则烈度一般就越高；同样，当地的地质构造是否稳定，土壤结构是否坚实，房屋和其他构筑物是否坚固耐震，也与当地的烈度高低有着直接的关系。一般影响某地地震烈度大小的因素主要有：震级、震源深度、震中距、局部地形、地质条件和建筑物的抗震性能等。

地震时，地震波引起地面震动产生地震力作用于建（构）筑物。地震对建筑物产生的地震力，实际上就是建筑物自身的惯性力。因此，地震力与建筑物自重是成正比的。建筑物自重越大，地震力对建筑物造成的水平推力等也越大；反之，建筑物自重越轻，地震力就越小，建筑物被破坏的程度也越小。

震源发生震动后，首先到达地表的是纵波，表现为房屋的上下颠簸，使房屋受到垂直地震力；随之而来的是横波和面波，表现为房屋的左右摇晃，使房屋受到水平地震力。地震震中区附近，垂直地震力影响很明显，房屋先受颠簸，使结构连接松散，房屋整体性受损伤，接着水平地震力使房屋摇晃时，就容易造成严重破坏；而离震中较远的地区，垂直地震力的影响往往可以忽略，房屋损坏的主要因素是水平地震力。地震灾损的程度取决于地震破坏作用的强烈程度和建构筑物的抗震能力，而建筑物抗震性能的好坏，主要取决于它的自重和整体性，其次是房屋本身的质量，包括结构是否合理、施工质量是否到位等。

此外，地震引起的次生灾害如滑坡、泥石流灾害，地面塌陷、错动，以及地基土的液化等都能使各类建（构）筑物产生一定的破坏甚至倒塌，如基础受剪破坏，上部结构产生裂缝，建筑物发生水平位移、沉降过大、差异沉降，建筑物倾覆等。

1.1.4 建（构）筑物的典型震害——以汶川地震为例

汶川地震发生后，专家们对地震灾区的大量建（构）物进行了评估、鉴定，并发表了很多调查与分析报告。以汶川地震为例，我们可以归纳总结出地震中各种结构类型，如砖混结构、砖木结构、底框结构、框架结构等的震害表现。

一般地，砌体房屋主要以墙体产生剪切破坏为主，常发生倒塌、局部倒塌、墙体开裂和裂缝等破坏；砖木结构房屋一般采用木屋架，常常屋面破坏严重；底层框架房屋发生破坏的位置因结构上下刚度而异；框架结构和框剪结构的破坏集中于填充墙和梁柱节点及局部构件，整体倒塌的较少。如在汶川 M8.0 级地震及其余震中，绵阳市市区的烈度为Ⅶ度左右，造成绵阳市区大量房屋建筑受到不同程度的破坏，其统计结果如表 1-1 与图 1-5 所示[5]。

绵阳市主城区房屋灾害统计 **表 1-1**

结构形式	破坏等级			
	完好或者轻微破坏	中等破坏	严重破坏	倒塌
多层砌体房屋	134	27	18	0
底部框架房屋	26	9	0	0
框架	35	1	0	0

可以看出，绵阳市主城区的多层砌体结构、底部框架结构和框架结构均无倒塌；严重破坏的房屋都是多层砌体结构，其数量占砌体结构房屋的 10%；绝大多数框架结构完好或者轻微破坏，而多层砌体房屋与底框结构房屋的完好或者轻微破坏所占比例基本相当。可见，框架结构的抗震性能明显优于砌体结构和底框结构。然而，绵阳市只是地震灾区一部分，整个地震灾区各类房屋及构筑物的结构类型与震害形式、程度要复杂得多。

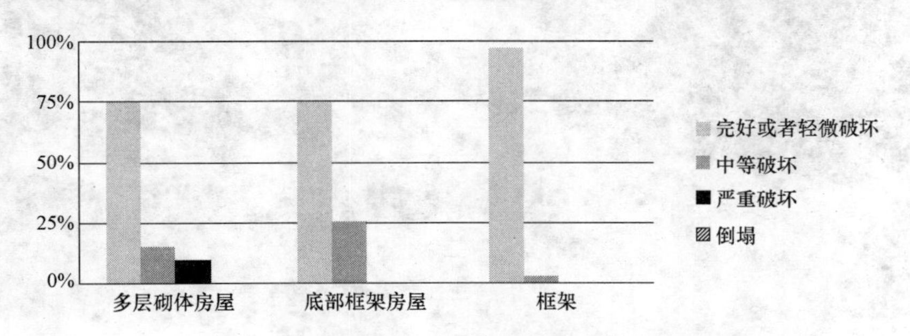

图 1-5 绵阳市主城区各类房屋灾害统计

1. 砖混结构

砖混结构是采用砖墙来承重，钢筋混凝土制作梁、楼板等构件的混合结构体系。地震灾区的图书馆、医院、中小学教学楼、培训机构用房、普通民房等常采用这类结构。

砖混结构本身是一种脆性结构，易产生裂缝，连续性差，延性差，抗剪、拉、扭强度低，因而此类结构的抗震性能差，易发生破坏。此外，由于过多地采用了大开间、大开窗、外走廊等建筑形式，加上大量使用预制空心楼板降低了砖混结构的整体性，以及一些房屋根本未设置圈梁、构造柱和拉结筋，使得重灾区砖混结构建筑普遍发生了严重的破坏甚至整体倒塌。

震区砖混结构的主要震害形式可归纳为完全倒塌、部分倒塌和局部破坏三种。具体而言，常见破坏有：①横墙和纵墙（特别是门角、窗角处）出现斜裂缝、交叉裂缝、水平裂缝，以致开裂、倒塌；②内外墙连接处垂直裂缝；③连接薄弱的预制楼板、楼梯间等部位出现裂缝、脱落；④房屋转角处、构造柱或砖柱破坏；⑤女儿墙、凸出屋面的楼梯间等由于"鞭梢效应"发生严重破坏；⑥屋面上附属物的破坏，甚至屋盖坠落等，如图1-6～图1-9所示[6-8]。

图1-6　北川擂鼓初中教学楼底层横墙X形剪切裂缝

图1-7　都江堰市某建筑纵墙X形剪切裂缝

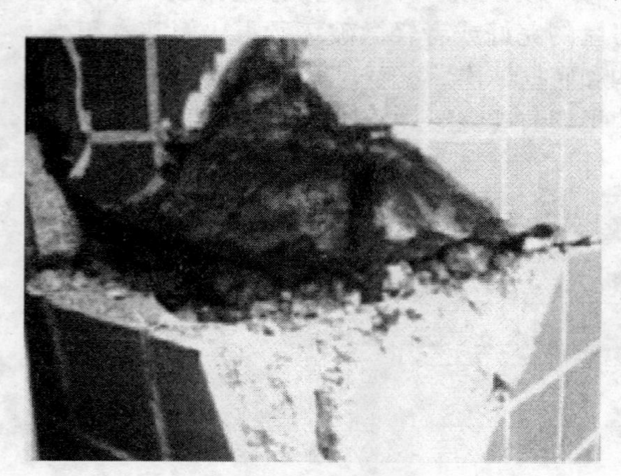

图1-8　某建筑构造柱钢筋断裂

图1-9　某建筑墙体典型破坏

2. 底层框架结构

为了获得底层沿街的商业空间，地震灾区城镇临街部位广泛采用底层（或者底部两层）钢筋混凝土框架结构（极少数房屋配备一定数量的剪力墙），上部数层为砌体墙（砖或小砌块）承重的多层结构形式；部分建筑在底层使用框架与砖墙混合承重。此外，底框结构建筑大多底部填充墙体布置不均匀，多数建筑底层临街的外纵墙全部开通。

考虑二层以上楼层与底层沿房屋纵向和横向的抗侧移刚度大小，可将底框结构分为"上刚下柔"和"上柔下刚"两种类型。

当底框结构房屋的上部采用较密的纵横砌体墙承重，层数多而层高又较低时，上部结构的抗侧移刚度比底层的钢筋混凝土框架结构高很多，形成了“上刚下柔”的结构体系。震害调查表明，强震时，薄弱底层将率先屈服，混凝土构件进入塑性工作阶段并产生大变形，以致出现过大的侧移而严重破坏，甚至坍塌。如图 1-10（*a*）[9] 中建筑的底层被完全压碎。“上刚下柔”底框结构的具体破坏形式有：底层框架结构填充墙开裂；框架柱发生“塑性铰”破坏；房屋底层被整体压碎，甚至连同上部砌体结构一起破坏等，见图 1-11、图 1-12[10]。

“上柔下刚”型建筑多见于村镇居民自建房，底层采用现浇钢筋混凝土框架结构，柱间嵌砌砖墙（主要是山墙和后侧外纵墙），抗侧刚度较大；上部建筑层数较少，而且建造的随意性较强，墙体材料、砌筑方式、结构布置、屋面形式及构造做法等方面因素造成上部抗侧移刚度较底层低，震害往往发生在上部，如图 1-10（*b*）[11] 所示。

(*a*)

(*b*)

图 1-10　底框结构的破坏模式

图 1-11　空心砖填充墙破坏

图 1-12　填充墙及框架柱破坏

3. 排架结构与网架结构

在汶川地震中，有大量的工业建筑在地震中损毁，尤其在高烈度区单层排架结构及网架结构都出现了较严重的破坏。

排架结构具有跨度大、屋架重、柱间连接弱的特点，加上一些年久失修等原因，地震中破坏严重，坍塌较多，其中单跨比双跨震害重，重屋架比轻屋架震害重，破坏形式主要表现为围护结构的破坏、屋面板和屋架的破坏、天窗架的破坏等，如图 1-13～图 1-16 所示[12]。网架结构的常见破坏情况为屋面整体失稳坍塌、屋架构件以及构件连接点受力屈服或产生大变形、螺栓剪断等，如图 1-17、图 1-18 所示[13]。

图 1-13　外包砖砌围护墙垮塌

图 1-14　屋面板被震脱落

图 1-15　柱间钢支撑失稳弯曲

图 1-16　柱间钢支撑预埋件被拔出

图 1-17　某网架屋面垮塌

图 1-18　某网架结构斜杆压屈

4. 木结构与砖木结构

木结构建筑有良好的抗震性能，在我国有着悠久的使用历史。纯木结构房屋的承重结构与围护体系分开，一般是由梁、柱、檩条和椽子等组成骨架，由木骨架承受屋面和楼面的荷载，如同现代框架结构，形式灵活多样；围护结构形式也因地而异，如常采用砖墙、夯土墙、土坯墙、卵石墙、木板墙等。我国古代主要的木结构房屋有四种类型：穿斗木屋架、木柱木屋架、木柱木梁坡顶式和木柱木梁平顶式。

木结构都采用榫卯连接，榫头在榫卯节点处可轻微转动；柱与基础之间具有滑动能力；以及厚重的屋盖通过穿斗或斗拱连接与内柱、檐柱体系连成一体，能保证木结构房屋的整体性等，这些特性使得大多数木结构建筑震害较轻。常见的破坏形式有：围护墙体倒塌；榫头脱落、柱头破损或者木构件折断；木屋架扭曲、倾斜或倒塌；柱脚滑移；屋面溜瓦等，如图 1-19～图 1-23 所示[7,14,15]。

(a)

(b)

图 1-19　围护墙体倒塌

(a)

(b)

图 1-20　脱榫、木构件折断

砖木结构是木结构与砖混结构之间的一种过渡形式，主要承重构件是由砖和木两种材料制成，并且一般采用木屋架。因而，砖木结构的破坏形式兼有两者的特点，如图 1-24、图 1-25 所示[7,16]。

5. 框架结构、框剪结构

一般地，钢筋混凝土框架结构、框剪结构的抗震性能较好。地震中，填充墙的破坏最

(a)

(b)

图 1-21　木屋架倾斜、扭曲和倒塌

图 1-22　某寺庙木柱移位

图 1-23　某纯木结构屋面溜瓦

图 1-24　某地成片砖木结构民房严重破坏

图 1-25　北川桂溪乡凤凰村某砖木结构震害

为常见。如图 1-27～图 1-30 所示，填充墙体出现贯通的斜裂缝、X 形裂缝、开裂甚至倒塌。肖伦斌[17]（2009）根据大量的震害调查和模型试验分析，将填充墙和框架共同工作的过程可分为以下三个阶段：

（1）从加载开始到裂缝出现前的弹性工作阶段。填充墙和框架均处于弹性工作阶段，但填充墙与框架很快在接触面间形成周边初裂缝，随着侧向作用的加大，周边裂缝也不断加大，填充墙与框架对角接触部分有碎裂现象，墙面出现未贯通的斜裂缝，如图 1-26

(*a*) 所示。

(2) 从开裂到极限荷载的带裂缝弹塑性工作阶段。随着侧向作用继续加大，墙面出现微裂缝并发展成贯通的斜裂缝，框架柱也已开裂并继续发展。此时，达到填充墙框架最大的承受侧力阶段，框架成为主要的承受侧力的构件，整个结构处于弹塑性工作阶段，如图1-26 (*b*) 所示。

(3) 塑性工作阶段直至破坏。填充墙框架结构总承载能力达到极限状态，框架梁柱形成明显的塑性铰，墙体由于与框架有拉结钢筋，墙体一般情况下仍未倒塌，如图 1-26 (*c*) 所示。

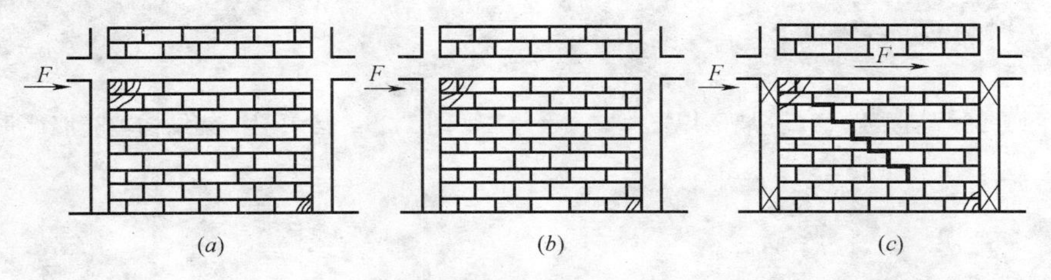

图 1-26 框架结构填充墙在反复荷载下的受力性能

(*a*) 弹性工作阶段；(*b*) 弹塑性工作阶段；(*c*) 塑性工作阶段

由填充墙和框架共同作用的机理看出，地震过程中，填充墙的抗侧向作用主要在前两个阶段。多数地震（小强度地震）下，填充墙的抗侧向作用贡献不小；高烈度地震下，填充墙也可起到吸收地震能量的作用。

震害调查还显示，由于楼板对框架梁抗弯承载力的影响，强震作用下的一些框架结构的框架柱先于框架梁破坏，严重不符合规范中“强柱弱梁”的设计准则，诸如柱头率先出现塑性铰破坏、柱头压碎等形式破坏（图 1-27～图 1-32）[7,15,18,19]。此外，高出屋面的女儿墙，塔楼楼梯间，梁柱节点处，柱墙交接处，楼梯板，外装饰等均为易发生破坏之处。

图 1-27 某医院综合楼填充墙震损情况

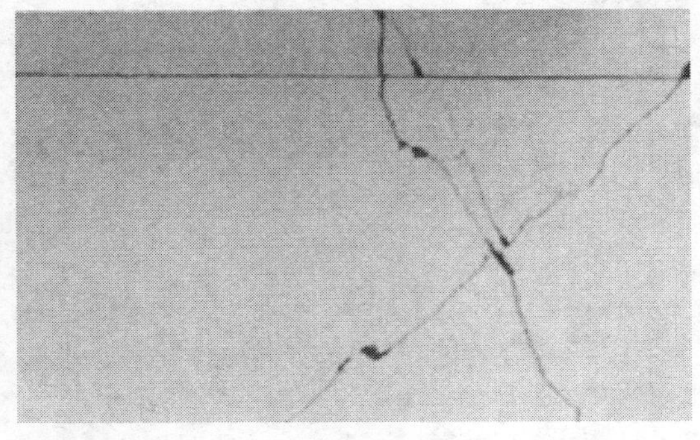

图 1-28 某框架结构填充墙裂缝

由于自重较轻、连接可靠、强度较高，钢结构抵御地震的能力比较强，震害相对比较轻，主要出现在围护结构上[20]。如图 1-33 为绵阳九洲体育馆，其主体结构和支座均无明显损伤，仅在围护结构和钢结构的结合处有轻微碰撞破坏；图 1-34 为江油县体育馆，主体结构轻微损伤，网架结构无明显损伤，网架结构支座松动严重。另外，汶川地震还引起大量的地基基础、道路、铁路、桥梁、大坝等水工构筑物以及电力通信基础设施震害，结构种类多样，破坏形式随之而变，这里不再一一叙述。

图1-29 某办公楼填充墙倒塌

图1-30 某六层框架结构填充墙严重破坏

图1-31 某框架结构柱端破坏

图1-32 某框架结构梁柱节点附近产生斜裂缝

图1-33 绵阳九洲体育馆

图1-34 江油县体育馆

1.1.5 地震灾害灾损实例

2008年5月12日14时28分04秒，四川汶川发生M8.0级特大地震，最大烈度11度，震中为四川省汶川县映秀镇，震源深度为10～20km。地震对西部地区的成都市、德阳市、绵阳市、阿坝州、陇南市、汉中市等造成严重破坏，地震灾区面积10万km^2以上。据民政部报告，截至2008年7月20日12时，汶川地震已造成69197人遇难，

374176人受伤，失踪18222人，累计受灾人数4624万人；汶川地震共造成灾区2314.3万间房屋损坏，其中倒塌的房屋就达652.5万间；直接经济损失超过1万亿元人民币[21]。地震还引发了大量的山体滑坡和泥石流，严重威胁人民生命财产安全。滑坡体在地震灾区共形成了34处堰塞湖危险地带，其中水量在$300\times10^4m^3$以上的大型堰塞湖8处。

1976年7月28日3时42分54秒，河北唐山发生M7.8级大地震，震中位于唐山开平区越河乡，震源深度12km；同日18时43分，距唐山40余公里的滦县又发生M7.1级地震。地震共造成了24.2万人死亡，16万人重伤，一座重工业城市毁于一旦，直接经济损失100亿元以上。唐山地震发生在人口稠密的工业城市，破坏范围半径约250km，被列为20世纪全球10次破坏性最大的地震灾害之首。

除此之外，20世纪以来，全球发生的破坏性巨大地震还有：

1906年1月31日，厄瓜多尔M8.8级大地震，地震发生在厄瓜多尔及哥伦比亚沿岸，引发强烈海啸，导致1000多人死亡。中美洲沿岸、圣·弗朗西斯科（旧金山）及日本等地都有震感。

1906年4月18日，美国旧金山M8.3级大地震，地震引起火灾，整整燃烧了3d，烧毁了520个街区的近3万栋楼房，估计有2000多人死亡。

1920年12月16日，中国宁夏海原M8.5级大地震，震中烈度12度，震源深度17km，极震区面积2万余平方米，死亡约24万人。

1923年9月1日，日本关东M8.2级大地震，东京湾西南部60～80km的海岸，包括东京、横滨以及许多小城市50%～80%的房屋完全倒塌；地震还引发了严重火灾，加之适逢大风，而且城市消防设施在地震中损毁，使城市陷入一片火海，共有约14.3万人在这次地震以及火灾中丧生。

1960年5月22日，智利M8.9级大地震，这是20世纪最大的地震，在此后一个月中，周边地区共发生M8级以上地震3次，M7级以上地震10次；同时，地震引发了20世纪最大的一次海啸；地震还造成6座死火山重新喷发，3座新火山出现；共造成6000多人死亡或失踪。

1995年1月17日，日本阪神M7.6级地震，此次地震使号称防震设施最好的日本遭受严重打击，许多经过抗震设计的立交桥、高层建筑、高速公路被破坏，6000多人死亡。

2001年1月26日，印度M7.9级地震，这是50年来印度发生的最大一次地震，震区的基础设施遭到严重破坏，不少村庄和城镇夷为平地，至少2万人死亡。

2004年12月26日，印度洋M8.9级大地震，地震引发的海啸波及印度洋沿岸十几个国家，远至波斯湾的阿曼、非洲东岸的索马里及毛里求斯等国，20多万人死亡或失踪。

2011年3月11日，日本东北部海域发生M9.0级地震并引发海啸。地震造成日本福岛第一核电站1～4号机组发生核泄漏事故，截至当地时间4月12日19时，地震及其引发的海啸已确认造成14063人死亡，13691人失踪。

1.2 冰雪灾害

1.2.1 冰雪灾害概述

冰雪灾害是一种典型的气象灾害，是指由降雪、积雪、冰冻等引起的灾害。

在全球气候变化的大背景下，极端天气气候事件频发（如极端暴风雪和冷冻灾害），成灾因素也越来越复杂。一般地，大气环流异常、拉尼娜现象和厄尔尼诺现象等是冰雪灾害形成的主要气象因子，而冰雪灾损的程度与区域的气候、地形、地貌及承灾能力紧密相关。

此外，人类对自然资源和环境的不合理开发、利用也正在改变雪灾等气象灾害发生的地域、频率及强度分布。植被覆盖度的减少、裸地的增加、草地的退化为雪灾灾情的放大提供了潜在条件。

1.2.2 我国冰雪灾害的时空分布与研究现状

我国位于欧亚大陆的东南部，大部分地区为季风性气候。冬、春两季的降水，温度及风、云等天气要素的变化具有显著的多尺度的波动性、突变性，致使我国冰雪灾害种类多、分布广。东起渤海，西至帕米尔高原；南自高黎贡山，北抵漠河，在纵横数千公里的国土上，每年都受到不同程度冰雪灾害的危害。

新中国成立以来，我国对冰雪灾害的研究取得了许多进展。总体而言，我国冰雪灾害研究多集中于雪灾多发的北方、西北地区以及对牧业、农业及交通等方面影响，而南方的冰雪灾害以及冰雪对各类建（构）筑物的破坏性的系统研究相对不足，在2008年南方雪灾后，才开始逐渐受到重视，并取得了的一定成果。

张祥松[22]等（1990）总结了新中国成立后40年里，我国在冰雪灾害的形成规律、时空分布特征和防灾、减灾对策等研究方面取得的进展。张祥松、施雅风[23]（1996）认为我国冰雪灾害类型多，分布广，具有季节性、突发性、潜在性、区域性等特点。黄芸玛[24]（2006）分析了青南牧区雪灾的特征以及青南高原冬半年气温、降水变化，下垫面异常变化，厄尔尼诺现象，牧草、牲畜状况，以及承灾能力等与雪灾的联系。赵琳娜[25]等（2008）分析了2008年初中国南方低温冰冻灾害的致灾因素以及对交通、电力、通信、农业和林业等重点行业以及人民生活各个方面的影响。苏全有[26]等（2008）总结了历史上，尤其是近30年来雪灾问题的研究成果，并指出学术界有关雪灾问题的研究存在着很大的不足：一是有关研究大都包含在自然灾害之中作为灾种的一部分进行简单论述，而没有单独作为一个专题进行更为翔实的研究；二是近30年来，学术界多从气象学角度出发，对雪灾的形成机制及原因等方面进行分析，而从社会学与史学的角度进行研究的成果极其少见。谢晓军[27]等（2009）介绍了目前国内外常规的雪灾处置技术以及目前常规除雪技术的优缺点，同时分析了我国与发达国家在除雪技术方面的差距。邵德军[28]等（2009）分析了我国南方地区冰雪灾害形成和电网受灾害影响的发展过程，以及对电网造成损失的原因和电网的薄弱环节进行了分析，并相应地提出了解决问题的思路及建议。

1.2.3 冰雪对建（构）筑物的破坏作用

冰雪对建（构）筑物的破坏作用表现在：冰雪荷载作用；冻融作用破坏地基、砌体结构及影响钢筋混凝土工作性能；因冰雪消融引发的洪水、滑坡、泥石流等次生灾害等。不同建筑类型、结构形式受冰雪灾害的影响差异很大，其中钢结构建（构）筑物、道路、软弱地基上的建筑等常遭受严重损坏，甚至倒塌。

1. 冰雪荷载作用

在冰雪灾害中，各类钢结构工业民用建（构）筑物，尤其是轻型钢结构受损最为严重。冰雪荷载作用下，输电塔及厂房、体育馆等大跨度钢结构建（构）筑物常因构件受力屈服、破坏，结构构件或构件连接节点变形过大或损坏，发生局部失稳甚至整体倾斜、垮塌。

高压输电塔多为空间桁架结构，有猫头型塔、酒杯型塔、拉线门型塔等形式（图 1-35）。冰雪冷冻天气中，南方地区输电线路的覆冰造成输电塔折断、倒塌等很常见。高压输电塔作为大型生命线工程的重要组成部分，一旦遭到破坏，将对社会产生巨大的影响。2008 年，在 50 年未遇的冰雪灾害中，我国电网受损严重，倒塌及受损塔基达 1146 座（表 1-2），对社会与人民生活造成了严重的影响。

(a)
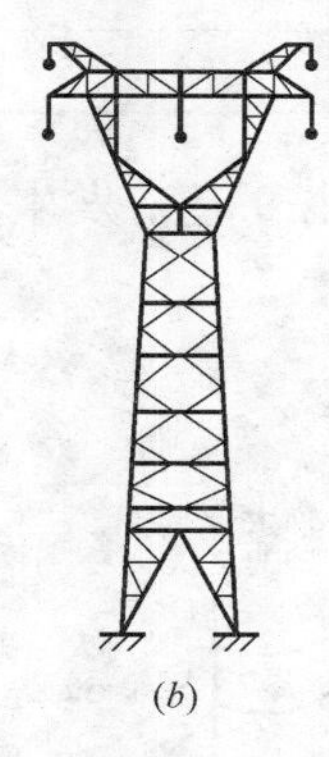
(b)
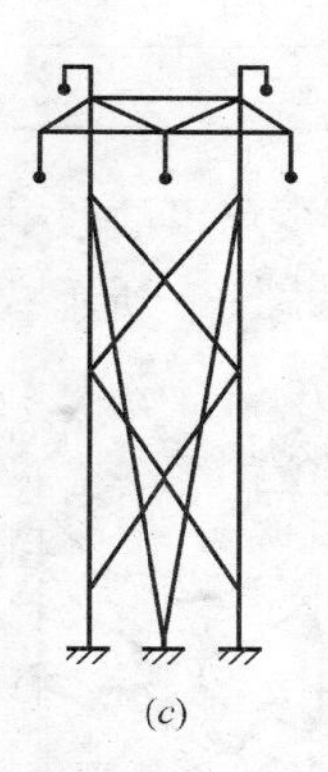
(c)

(d)

图 1-35 常见的输电塔结构形式

2008 年中国电网损失统计[29] **表 1-2**

序号	地区	损坏线路条数	倒塔基数				(局部)受损基数			
			直线塔		耐张塔		直线塔		耐张塔	
			轻冰区	重冰区	轻冰区	重冰区	轻冰区	重冰区	轻冰区	重冰区
1	浙江	17	130	0	8	0	19	0	6	0
2	湖北	2	9	0	3	1	2	0	1	0
3	重庆	1	5	—	—	—	1	—	1	—
4	湖南	12	135	0	9	0	20	0	5	0
5	江西	5	88	0	12	0	8	0	2	0
6	安徽	1	1	—	—	—	3	—	—	—
7	广西	4	6	0	4	0	8	0	4	0
8	贵州	15	131	2	8	4	37	3	13	2
9	华润电力	2	322	31	27	21	44	1	7	2
合计		59	827	33	71	26	142	4	39	4
总计		1205								

导线和覆冰的重力是输电塔的主要垂直荷载。表 1-3 为不同覆冰厚度下 5A-ZB2 直线塔在 700m 档距时的单相导线重力。可以看出，随着导线覆冰增厚，导线重力急剧增加。覆冰厚度达到 60mm 时的导线重力是 15mm 的 5 倍多。甘凤林[30]等（2008）通过计算，认为 5A-ZB2 直线塔的横担主材在 40mm 覆冰时的应力就达到了屈服强度，从而引起铁塔横担的局部破坏。

导线及覆冰的重力、不均匀覆冰或不同时脱冰及两侧档距或者高差相差较大产生不平衡张力、两侧不平衡的导地线张力对杆塔产生扭转力矩共同作用下，输电塔可能发生压坏、拉坏、扭坏、屈曲失稳破坏以及拉扭共同破坏等几种形式。何军等[31]（2008）总结出高压输电塔的常见破坏形式有：①覆冰将铁塔压坏；②覆冰将铁塔拉坏；③覆冰将铁塔扭坏；④覆冰杆件屈曲失稳破坏；⑤导线舞动造成倒塔。

单相导线覆冰厚度与重力的关系　　　　**表 1-3**

覆冰厚度(mm)	导线重力(kN)	覆冰厚度(mm)	导线重力(kN)
15	72.01	40	205.39
20	92.17	50	281.56
30	142.26	60	370.77

如南方某省电网500kV线路事故段共倒塔9基，发生在杆号为127～136的铁塔处，其断面图及具体倒塔情况如图1-36所示。

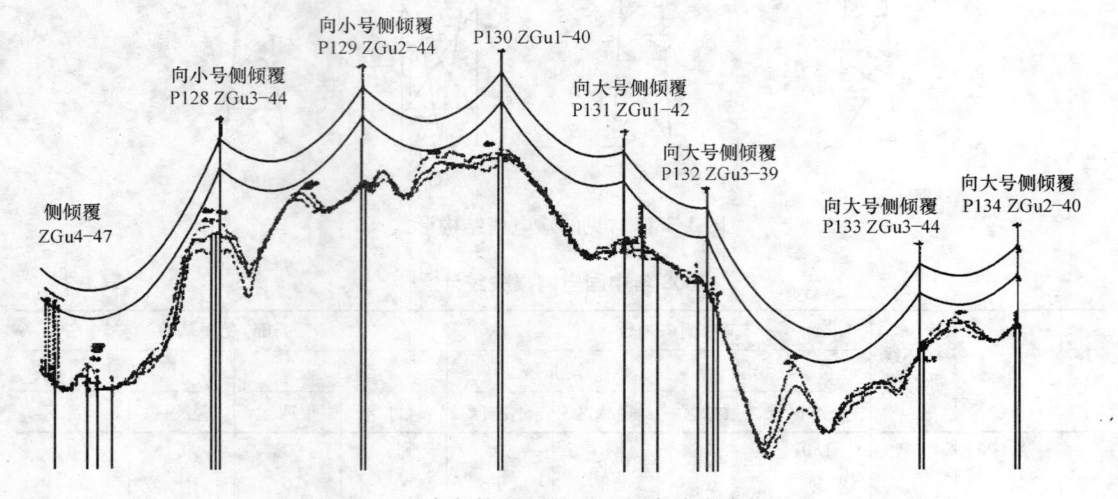

图1-36　南方某省电网500kV事故线路断面

线路受灾勘查发现130号塔是这次连续倒塔事故的发生源点。130号塔设计冰区为10mm，根据130号塔位现场导地线不完整冰样取样测试，其导线实际覆冰厚度达25mm。据此分析出130号塔出现倒塔的原因为档距不等、不平衡覆冰、不平衡脱冰等产生不平衡张力引起倒塔，从而使与其相邻的杆塔失去导地线平衡张力的支持后发生连续倒塔。

朱大林等[32]（2009）分析认为：当130号铁塔两侧出现不均匀覆冰，产生的张力差大于15%，或发生金具串破坏以至绝缘子串脱落两种情况时，130号铁塔均会失稳破坏，从而造成两侧连续倒塔现象。从130号铁塔的破坏形态来看，发生金具破坏、绝缘子串脱落的可能性更大。

其他钢结构建（构）筑物，诸如大跨度厂房、体育馆、钢棚等，在一定的冰雪荷载作用下也会不同程度发生损坏，甚至坍塌。

例如九江市体育馆[33]建筑面积14700m^2，屋面设计为双曲面形且设有内天沟，屋面投影面积10647m^2，建筑总高度27.2m，屋面为网壳结构，于2007年8月施工完成。在2008年50年不遇的冰雪灾害中，体育馆的东面部分天沟和屋面板被压垮，长约48m；西面也有长约16m的天沟及屋面板产生变形（图1-37），另外几个大门处的轻钢铝塑雨棚及

(a)

(b)

图 1-37 九江市体育馆屋面天沟、屋面板破坏

夹胶玻璃受损。

连续低温雨雪天气下，冰雪难于融化，体育馆屋盖冰雪达十余厘米厚，初融瞬间下滑形成冲击并堆积在天沟部位（厚度达 2.5m），致使屋面天沟承受的实际荷载远远超过了设计值，直接导致了屋面天沟板被压垮。

又如杭州某钢结构厂房[34]建于 2006 年，为单层两跨（局部一跨）门式刚架结构，建筑面积 700m^2。基础为 H 型钢柱下钢筋混凝土独立基础；上部结构为钢柱及变截面 H 型钢梁承重；柱脚与基础采用高强度螺栓铰接，钢柱与 H 型钢梁采用摩擦型高强度螺栓刚接；屋面为 C 型钢檩条、45mm 厚保温层压型彩钢板坡屋面。一层平面布置如图 1-38 所示。

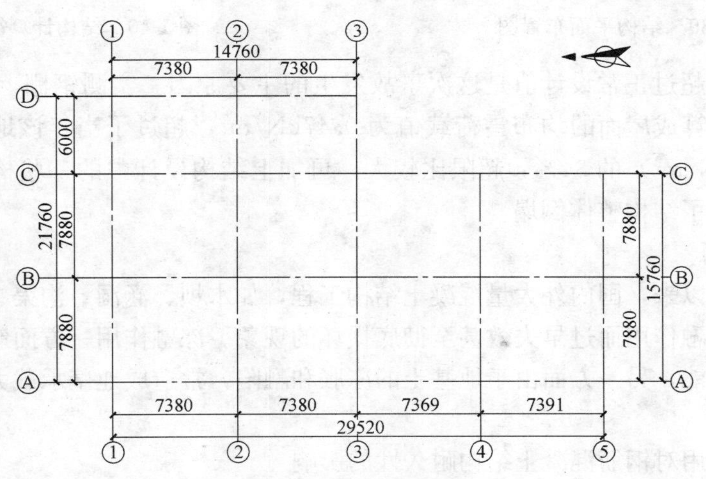

图 1-38 杭州某钢结构厂房一层平面图

2008 年 2 月 5 日上午，该厂房（①～③）/（Ⓐ～Ⓒ）轴部分突然倒塌，当时正值大雪天气，来势凶猛，屋面积雪厚度 200～250mm，整个厂房失稳，局部倒塌。倒塌部分出现了局部钢柱腹板扭曲；钢梁明显扭曲、折断；钢梁、柱连接节点拉开；屋面檩条扭曲、弯折；彩钢板部分塌陷。未倒塌部分的钢柱位移、钢梁挠度及侧弯矢高均超过了《危险房屋鉴定标准》（JGJ 125—99）规定限值。

厂房倒塌的主要原因是该结构门式刚架的钢梁、钢柱等主要承重构件的强度、稳定性及厂房整体稳定性都存在严重不足；部分支撑系统不满足现行设计规范的要求；屋盖刚性系杆设置不全；未设置角撑及拉条；墙梁之间未设置墙柱；墙梁与钢柱连接节点处螺栓大部分缺失等。另外，使用过程中缺少维修、保养，导致部分墙梁等构件锈蚀。屋面积雪，荷载增大，加速了存在严重结构安全隐患的厂房整体失稳、倒塌。

再如南昌市某钢结构农贸市场大棚[35]建于2000年7月，钢棚南北长74.1m，东西宽45.2m，总建筑面积约为3100m²，其结构平面布置如图1-39所示。横向为双跨拱形钢架结构，跨度、柱高和拱高见图1-40。钢柱和拱形屋架梁均为焊接工字型钢构件，其中钢拱架是由若干段直短梁焊接成拱的；屋面檩条为卷边槽钢，规格是：C120×50×20×2；屋面板是PYC波形瓦铺设；拱架与柱顶为螺栓连接；柱脚插入钢筋混凝土杯形基础。

2008年初，雨雪中钢棚突然发生坍塌。首先是檩条的强度破坏和失稳破坏导致原本稳定性不足的拱架失稳塌落，塌落的拱架将钢柱拉翻，钢柱又将钢筋混凝土杯口基础撬坏，致使整个结构坍塌。

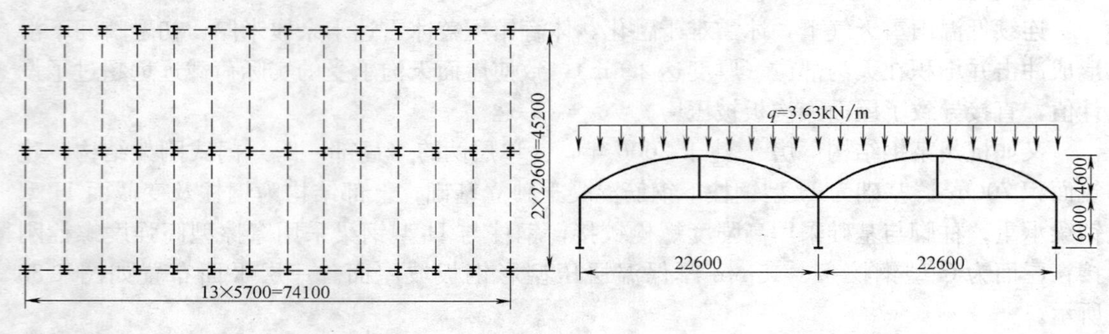

图1-39　结构平面布置图　　　　图1-40　结构计算简图

屋面雪荷载超过正常设计值是这次事故发生的主要原因。实测钢棚上有3cm厚冰和8cm厚积雪，折算成屋面的均布雪荷载值为0.47kN/m²，超过了当年该地区雪荷载正常设计值（0.35kN/m²）的34%，超限比较大，再加上结构设计中的一些构造措施不满足规范要求，造成了结构整体倒塌。

2. 冻融作用

近半个世纪以来，国内外大量混凝土结构工程，如水坝、涵洞、沟渠、码头等水工构筑物出现了因冻融作用而过早失效甚至彻底损坏的现象。冻融作用一方面影响了钢筋混凝土构件的工作性能，另一方面由于地基土的冻胀和融陷，常造成地基承载力降低、斜坡失稳或不均匀沉降。

(1) 冻融作用对钢筋混凝土结构耐久性的影响

研究表明，冻融循环会影响混凝土应力-应变关系、劈裂抗拉性能[36]以及钢筋与混凝土的粘结力[37]等。因此，暴露在冻融环境中的混凝土结构将发生材料性能和力学性能的衰退以及使用寿命的缩减。

如表1-4所示，随着冻融循环次数的增多，试件弹性模量以及峰值应力均逐渐降低。这是由于冻融作用引发混凝土内部结构出现微损伤，并且随着冻融循环作用的不断进行，损伤逐步积累扩展，使得试件内部结构变得酥松退化，进而导致混凝土的刚度和承载能力均随之降低。

应力-应变全过程曲线试验数据一览表 **表 1-4**

试件组编号	峰值应力平均值$\bar{\sigma}_m$(MPa)	峰值应变平均值$\bar{\varepsilon}_c$($\times10^{-6}$)	弹性模量平均值$\bar{E}$(MPa)
C(0)	42.98	1838.31	3.25×10^4
C(100)	34.97	1603.71	3.13×10^4
C(150)	31.68	1516.67	2.95×10^4
C(200)	31.43	1591.48	2.75×10^4
C(300)	27.97	2039.51	0.84×10^4

如图 1-41，图 1-42 所示，混凝土的劈裂抗拉强度随冻融循环次数的增多而降低，且下降趋势显著，300 次冻融循环作用后试件的劈裂抗拉强度由未冻融时的 5.28MPa 下降至 3.87MPa，衰减幅度接近 30%，其下降幅度与相对动弹性模量损失率接近。此外，随着试件经受冻融循环次数的增加，钢筋与混凝土之间的粘结强度表现出明显的退化。

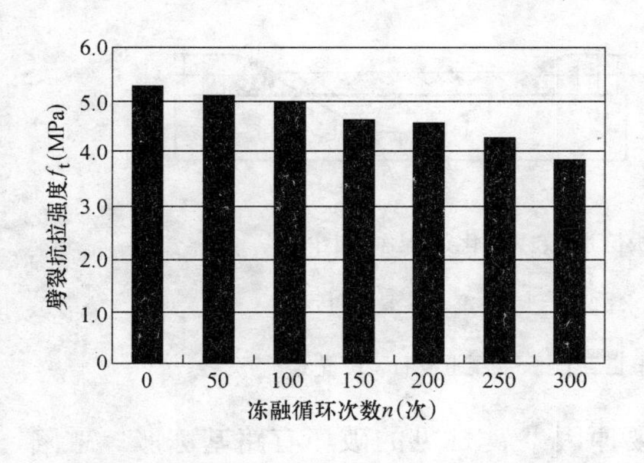

图 1-41　不同冻融循环次数下的劈裂抗拉强度

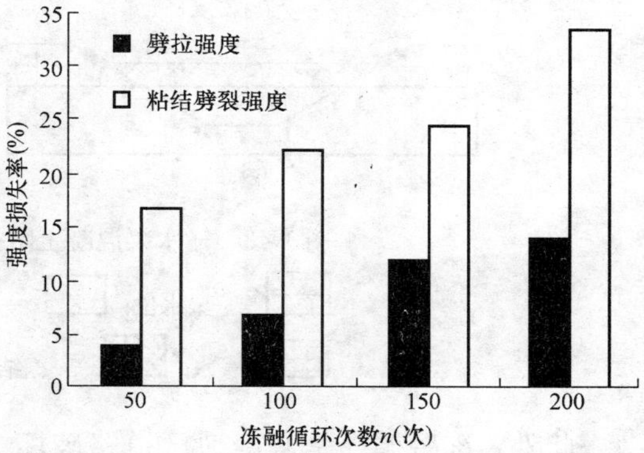

图 1-42　不同冻融循环次数下强度损失率

混凝土的冻融破坏过程是一个复杂的物理变化过程。目前关于混凝土冻融破坏机理众说纷纭。公认程度较高的是由美国学者 T. C. Powers 提出的膨胀压理论和渗透压理论，他认为吸水饱和的混凝土在冻融过程中遭受的破坏力主要有膨胀压力和渗透压力两部分。冻融破坏的影响因素[38]大致有内部因素：如骨料、水泥、外加剂、水灰比、含气量等，即混凝土本身的质量；外部因素：如冻融温度、冻融速率、外加荷载等，即混凝土的工作环境条件；施工因素：如配合比、养护条件等。这些因素是互相关联、互相制约的，它们综合起来决定着混凝土冻融破坏的程度和速度。

(2) 地基冻胀与融陷

冻融循环使原状土的结构遭到破坏、渗透系数增大、应力-应变曲线峰值降低，造成冻融区域的地基承载力减小。砌体结构、钢筋混凝土结构、水工建筑、挡土墙等都可能因此发生破坏。常见的破坏表现为差异沉降或沉降过大，基础、墙体开裂，钢筋混凝土结构构件节点裂缝过大或破坏，建（构）筑物整体倾斜甚至倒塌等。

例如砌体结构受冻害而产生的损坏[39]常有：①由于两端冻胀较多，房屋两端门窗角部产生正八字形斜裂缝；②融陷时两端相对沉陷较大，房屋可能发生反向挠曲，在房屋两端门窗角部产生倒八字形裂缝；③房屋一端冻胀抬起，则可能发生单向斜裂缝；④一般窄门斗、宽勒脚，由于埋置深度太浅，受冻害而在房屋转角或内外墙连接的外墙体上产生竖向裂缝；⑤当房屋外墙基础埋置深度太浅，基础底部不均匀分布的冻胀力和沿基础外边缘的冻切力对基础产生弯矩，可能使窗台下皮产生水平裂缝等。

新疆乌什水水库引水渠分布在北疆额敏县城东北 80km 额敏河上游支流柯尔夏克河左岸Ⅵ级阶地之上，高于现代河床 85m 左右。每年 11 月上旬至翌年 4 月中旬为冻结期，冻土深度约 146cm。

引水渠 2002～2003 年运行后，渠道混凝土板因地基冻融断裂了近 100 块。据调查，混凝土板断裂一般连续发生，并且断板多数发生在渠道边坡上部。曹兴山[40]等（2005）分析认为水渠破坏过程分为渠水渗漏补给地下水、渠水冻结和冻土形成、渠道混凝土板冻胀破坏、地基土融陷四个阶段，如图 1-43 所示。

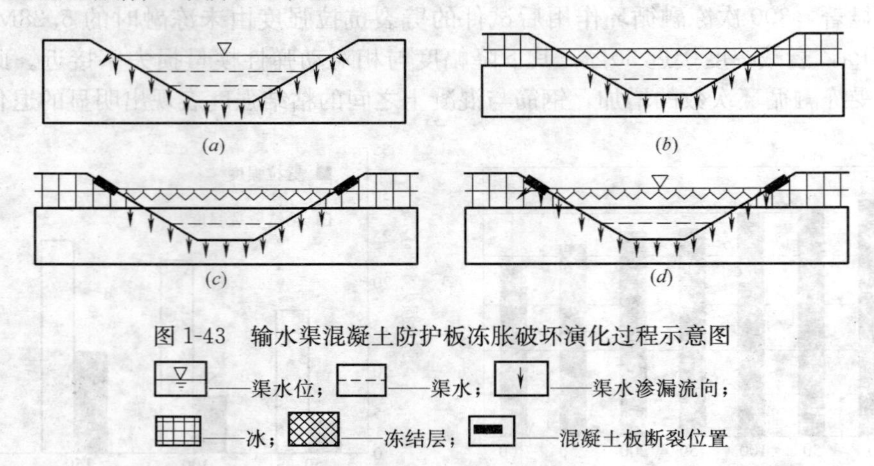

图 1-43 输水渠混凝土防护板冻胀破坏演化过程示意图

——渠水位；——渠水；——渠水渗漏流向；——冰；——冻结层；——混凝土板断裂位置

此外，冻融循环是寒冷地区道路破坏主要原因[41]。常见的破坏有路基冻胀、融陷；道路翻浆、沉陷；沥青混凝土路面低温裂缝、开裂；高填方区滑塌等。当使用盐等融雪剂除冰时，混凝土冻害将急剧扩大；另一方面混有融雪剂的雪水进入路基，产生新的滑动面，从而导致多处路基滑坡，例如某路基边坡滑塌过程如图 1-44 所示。

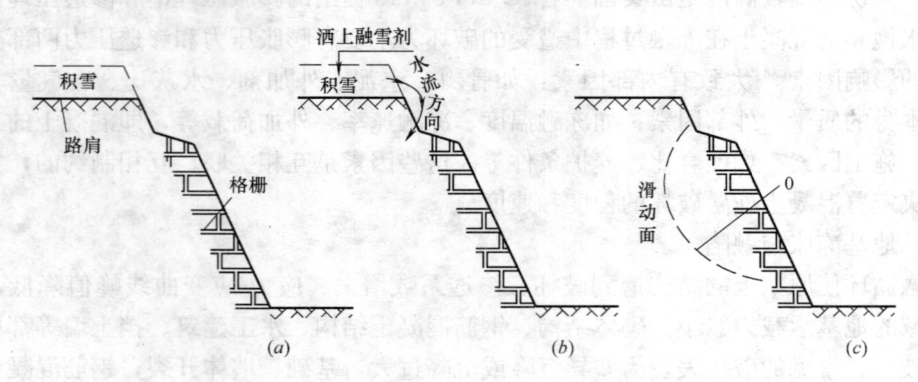

图 1-44 某路基边坡失稳过程示意图

(*a*) 某边坡示意图；(*b*) 洒上融雪剂后，水流的方向；(*c*) 水压作用下，土坡产生滑裂面

3. 冰雪消融诱发次生灾害

冰雪消融可引起洪水、滑坡、泥石流等次生灾害。我国西部地区地形陡峻、山高谷深、断裂交错、岩石破碎，是冰雪次生灾害的多发地区。如 2000 年 4 月 9 日，西藏波密

县易贡乡因冰雪消融引发山体滑坡，堵塞了易贡藏布河，形成一座天然坝体。溃坝后，下游几十公里的道路和多座桥梁被毁[42]。2003年5月4日，新疆新源县一个牧业村因冰雪冻融发生大面积山体滑坡，造成2人死亡、1人失踪。

Michal Bil[43]（2006）等人研究了2006年捷克春季冰雪融化引发的滑坡等地质灾害。殷志强[44]（2008）以2008年春季全国冰雪融化引发的地质灾害为研究对象，分析冰雪融化与降雨诱发地质灾害的机理差异，以及冰雪融化对我国滑坡、崩塌、泥石流等地质灾害的影响等。

如表1-5所示，2008年1～3月全国共发生地质灾害3106起，远远超过了2007年同期数量。地质灾害主要分布在我国冰雪灾害严重的中南和东南地区，其中湖南省受灾最为严重。据殷志强，湖南共发生各类地质灾害2353起，占全国发生总数76%，同时造成直接经济损失也最为严重，占全国直接经济损失的87%。

2008年1～3月与2007年同期地质灾害对比　　**表1-5**

项　目	灾情总数(起)	直接经济损失(亿元)
2008年1～3月	3106	4.99
2007年同期	132	0.3
较去年同期增加数量	2974	4.69
较去年同期增加比例(%)	2253	1563

2006～2008年1～3月全国滑坡、崩塌、泥石流等地质灾害次数如图1-45所示。可以看出，与2007年同期相比，2008年地质灾害发生数量增加了2253%；其中滑坡发生数量最多，比去年同期增加了4355%；崩塌次之，增加了1807%。可见，2008年1～3月全国地质灾害的发生受冰雪融化影响十分显著。

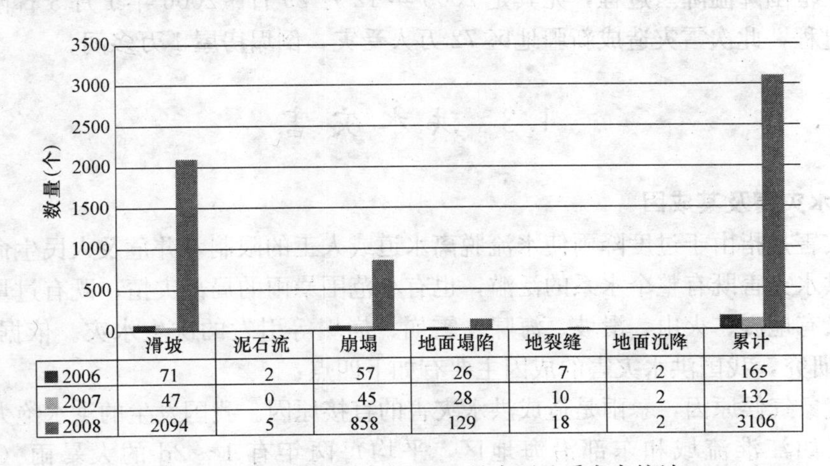

	滑坡	泥石流	崩塌	地面塌陷	地裂缝	地面沉降	累计
2006	71	2	57	26	7	2	165
2007	47	0	45	28	10	2	132
2008	2094	5	858	129	18	2	3106

图1-45　2006～2008年1～3月全国地质灾害统计

1.2.4　冰雪灾害灾损案例

2008年初我国南方遭遇大范围雨雪冰冻灾害，损失严重。上海、浙江、江苏、安徽、江西、河南、湖北、湖南、广东、广西、重庆、四川、贵州、云南、陕西、甘肃、青海、宁夏、新疆和新疆生产建设兵团等20个省（区、市）均不同程度受到低温、雨雪、冰冻灾害影响。其中，湖南、安徽、贵州地区常常是暴雪，每小时降雪>14mm，很多地方积雪厚度＞200mm，最深处达500mm。截至2008年2月24日，因灾死亡129人，失踪4人，紧急转移安置166万人；农作物受灾面积1.78亿亩，成灾8764万亩，绝收2536万亩；倒塌房屋48.5万间，损坏房屋168.6万间；受灾人口已超过1亿，直接经济损失1516.5亿元人民币。其中湖南、湖北、贵州、广西、江西、安徽、四川7个省份灾情最为严重。

21世纪以来，冰雪灾害频发。如2005年，部分冰雪灾害如下：

2005年1月下旬以来，新疆维吾尔族伊犁河连续暴雪，降雪持续时间较长，积雪比往年明显偏厚，平均积雪达50～90cm。据统计因大雪导致6.3万人不同受灾，死亡3人，冻死牲畜2.7万头，直接经济损失2500多万元。

2005年2月5日以来，湖北省发生中等强度降雪，宜昌等19市县（市区）受灾，全省受灾人口244万人，农作物受灾面积144000hm^2，倒塌房屋2467间，直接经济损失3.2亿元。

2005年2月13～16日，云南怒江州贡山、福贡两县遭遇雪灾。据统计受灾人口4.9万，死亡5人，伤19人，致病300多人；农作物受灾面积3386hm^2，绝收1197hm^2；死亡大牲畜19762头；倒塌房屋858间，损坏房屋6766间；造成直接经济损失8000万元。

2005年4月11～12日，四川阿坝州境内突降暴风雪，导致阿坝、若尔益、红原、壤塘4个牧区县103720人受灾，损坏房屋918间，死亡大牲畜111273头，粮食减产1640t，造成直接经济损失7852万元，其中农业直接经济损失7595万元。

2005年11月17～20日，新疆哈密地区普降大雪，1200多人受灾，倒塌房屋30间，死亡牲畜1000头，直接经济损失190多万元。

2005年11月18日～2006年1月3日，新疆部分地区遭受严重雪灾，新疆地区先后出现四次大范围降温降雪过程，尤其是2005年12月29日～2006年1月3日两次强降温降雪天气过程，此次雪灾造成新疆地区72万人受灾，倒塌房屋1万多间。

1.3 洪水灾害

1.3.1 洪水灾害及其成因

洪水灾害是指由于过度降雨使水流脱离水道或人工的限制，并危及人民生命财产安全的现象。洪水灾害既有整个水系的泛滥，也有小范围暴雨的局部灾情；既有过量降雨引起的水灾，又有地震、火山、滑坡、海啸、雪崩、崩塌等引发的次生水灾。依据陈秀万[45]（1995）的研究，我国洪水灾害的成因主要有如下四点：

（1）气象气候原因，暴雨是造成洪水灾害的直接原因。我国发生的洪水绝大多数是由暴雨引起，如江淮流域和东部沿海地区，平均每两年有1～2d的大暴雨（日降水≥100mm）。由于降水量充沛并且集中分布，致使高峰洪水超过了河道的泄洪能力，便导致洪水灾害的发生。

（2）地形地貌原因。我国山地、丘陵面积大（占国土面积的70％以上），急骤的暴雨所产生的大量径流由山区倾注入湖区和江河，极易成灾。

（3）引发或加剧洪水灾害的人为因素表现为：①毁林毁草，造成生态破坏、水土流失；②围垦和填占湖池河渠，使水系的调蓄能力降低；③人为侵占行洪河道或缩窄河道行洪断面；④城镇或新城区选址不当，选在地势低洼之处；⑤对易受水灾地区，尤其是蓄、滞洪地区缺乏规划、控制和管理；⑥建筑缺乏适洪工程技术措施，以至水毁严重；⑦没有规划建设安全避水桥路系统；⑧城市设防等级偏低，又缺乏周密的洪水漫顶或破堤灌城的减灾对策；⑨生命线基础设施如给水、排水、医疗、供电、通信等系统防洪保障能力偏低；⑩过量开采地下水造成地面沉降。

(4) 其他灾害诱发。

因此，洪水灾害的发生是自然因素和人为因素的共同作用。一般而言，暴雨、长时间大范围强降雨是引起洪水的主要因素，区域地形、地貌与河流的汇水面积也影响着洪水的发生及规模。此外，人为因素的作用也越来越显著，不合理的土地利用造成的植被破坏、水土流失使得洪水的发生日趋频繁，灾害日益深重。

1.3.2 我国洪水灾害时空分布

蒋卫国[46]等（2006）等统计分析了1950～2004年全球重大洪水灾害及受灾人口与经济损失，认为不论发生次数、受灾人口、还是受灾损失，我国都是世界上洪水灾害最严重的国家之一，严重地制约了我国经济的可持续发展。从发生频率来看，印度、中国、美国、印尼等10个国家重大洪水灾害发生次数居前10位；而从受灾损失来看，世界上受灾人口累积最多的前10位国家是中国、美国、俄罗斯、朝鲜、意大利、孟加拉国、德国、日本、印度、阿根廷。

20世纪90年代洪水灾情表[47]　　**表1-6**

项　目	1991	1994	1995	1996	1998
受灾人口(亿人)		2.23	2.38	2.66	2.3
受灾面积(万公顷)	2460	1882	1473	2053	2578
成灾面积(万公顷)	1461	1149	800	1220	1585
倒塌房屋(万间)	498	349	229	542	685
死亡人口(人)	5113	5340	3852	4827	4150
直接经济损失(亿元)	779	1798	1653	2200	2551

频繁的洪水灾害，尤其是诸如1887年黄河大水灾、1954年和1998年长江大水灾等特大水灾，给社会经济和人民生命财产造成巨大的损失。以20世纪90年代为例，如表1-6所示，每年我国因洪水灾害直接损失数千亿元，受灾人口数以亿计。另一方面，抗洪抢险需要投入了巨大的物质、人力、资金力量。如1998年洪水灾害中，有800万人参加抗洪抢险，中央、地方拨款以及社会捐助总资金达183.79亿元（表1-7）。

1998年抗洪抢险过程中物质及资金的投入[47]　　**表1-7**

类　别	数　量	类　别	数　量
参与抗洪抢险人数(万人)	800	铅丝(t)	455
编织袋(亿条)	1	砂石料(万 m^3)	6.79
布类(万 m^2)	1886	抢险机械(台)	182
救生用品(万个)	67.98	中央拨款(亿元)	83.3
帐篷(顶)	4650	地方政府拨款(亿元)	27.9
照明灯(台)	3082	社会捐助款(亿元)	72.59

我国洪水灾害的时空分布受降雨的区域分布和季节性变化的影响。

我国大约 2/3 的国土面积存在着不同类型和不同程度的暴雨洪水灾害，以黑龙江呼玛至云南腾冲划一条东北-西南走向的斜线，大体与年平均 400mm 雨量等值线和年平均最大 24h 降雨 50mm 等值线相一致，将中国分成东、西两部分。在这条线以东地区洪水主要由暴雨和沿海风暴潮形成，洪水分布广，频次多，灾情重；以西地区主要由融冰融雪或局部地区暴雨混合型洪水，分布比较分散，范围比较小[48]。

中国经济的不断发展导致了洪水灾害损失一定程度地加重。刘建芬[49]等（2004）考虑 GDP 后，将我国洪水灾害危险程度区划为五级：重危险区（1 级）、较重危险区（2 级）、中危险区（3 级）、轻危险区（4 级）和极轻危险区（5 级）。

如图 1-46 所示，我国洪水灾害危险区主要集中在七大流域和东南沿海，重危险区和较重危险区占国土面积的 13.54%（表 1-8），其中，黄河流域、长江中下游、淮河流域等洪水灾害最为频繁，尤其是特大水灾时有发生。如表 1-9 所示，1840～1992 年长江中下游与黄河流域共发生过 13 次特大水灾。另一方面，辽河流域、黄河流域洪水灾害的危险区相对比较集中，影响范围相对较小，便于防汛抗洪，而其他流域危险区分布广，影响范围大，尤其是长江流域，防洪抗洪任务艰巨。

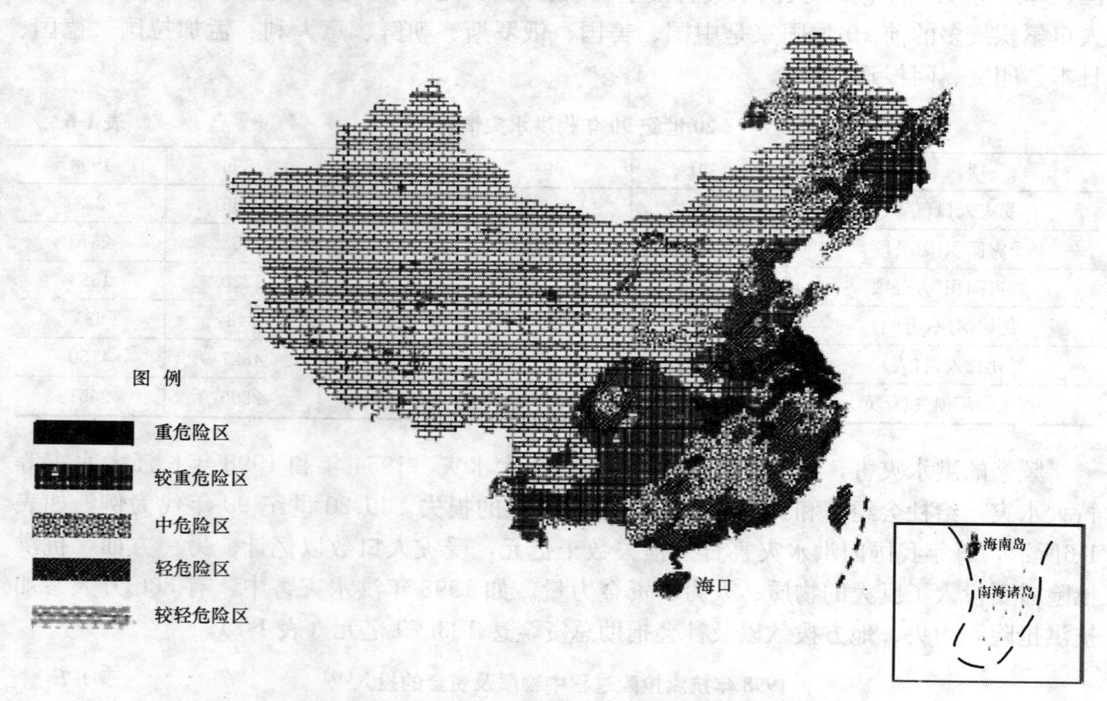

图 1-46 考虑 GDP 的中国洪水灾害危险程度区划

我国暴雨洪水有明显的季节性。江南地区和浙、闽沿海等一些河流 4 月初即进入汛期，汉江、嘉陵江等河流，受华西秋雨影响，有些年份汛期结束可迟至 10 月上旬，其中 7、8 两月是全国发生洪水最集中时期，洪水峰高量大。

此外，特大洪水在空间和时间上的变化还具有重复性和阶段性的特点。历史上，各大流域相类似的特大暴雨洪水重复出现的现象普遍存在，如 1931 年和 1954 年长江中下游与淮河流域的特大洪水，其气象成因与暴雨洪水的分布基本相同。

考虑 GDP 的洪水灾害危险程度区划统计　　表 1-8

洪灾危险程度区划	面积(km²)	所占百分比(%)
重危险区	573553.3	6.11
较重危险区	697449.4	7.43
中危险区	1138429.4	12.13
轻危险区	1154557.0	12.30
极轻危险区	5821088.9	62.03

1840～1992 年中国各流域水灾次数统计　　表 1-9

流　域	特大水灾	大水灾	一般水灾	总计
珠江	3	6	23	32
长江上游	3	13	23	39
长江中下游	4	14	20	38
淮河	4	10	25	39
黄河	9	14	27	50
海滦河	2	7	20	29
辽河	4	9	22	35
松花江		5	15	20

1.3.3 洪水对各类建（构）筑物的破坏作用

洪水对建筑物及道桥、涵洞等水工结构的破坏作用主要为洪水的冲击、冲刷和波浪作用，淹没期浸泡及水退效应等，往往是由于多种作用的组合导致了建（构）筑物严重的损坏。

1. 冲击、冲刷及波浪作用

在溃坝、决堤和洪水淹没期间，洪水冲击或者波浪作用是被淹没的建（构）筑物所承受的最主要的动力荷载，也是洪灾中破坏性较强的作用之一。

洪水冲击具有作用范围小、历时短的特点，对建筑的危害虽重但涉及面积有限。洪水一泻而下，在强烈的冲击作用下，建（构）筑物基础和墙体可能出现裂缝、开裂、倒塌等破坏，以及道路、涵洞等被冲毁；而洪水进、退的冲刷作用可掏空地基，造成建（构）筑物或涵洞倾斜、基础变形、结构与构件开裂等破坏。

淹没期内，如果遇到大风天气，浪随风生，浸泡在洪水中的建（构）筑物就要受到波浪荷载的作用。波浪对建筑的作用主要表现为波浪的动水压力，波浪动水压力的大小与波高、波长以及建筑的尺度、建筑构件迎浪面的尺度有关。一般而言，波高低、建筑及其构件的尺度小，受到的波浪荷载就小，反之受到的波浪荷载就大。计算表明，在 6～9 级风浪情况下，作用在普通房屋墙面上的波浪动水压力最大可达到 300～1000kg/m^2。因此，蓄、滞洪期间对房屋危害最大的当属波浪荷载。

目前，国内外均极度缺乏完整的洪水实测资料，对洪水冲击作用、冲击力主要为理论研究。

朱立新、葛学礼[50]（2003）通过对半透空式建筑波浪消减作用与合理的群体布置对绕射波高影响的分析，提出了半透空式建筑群体布置对波浪作用消减计算的实用方法。沈浩[51]（2004）等归纳和总结了国内外学者关于风浪产生机理、风浪与堤岸相互作用引起的增减水、波浪爬高及越浪等的研究。谢作涛[52]等（2005）在已有溃坝洪水数学模型基础上建立的溃坝洪水计算模型，对洪水由库尾向坝址的传播过程、溃坝洪水向下游的推进过程、溃坝洪水漫过堤防后在下游城镇内的淹没过程进行水动力学模拟，并利用所建立的溃坝洪水计算模型，对某水电站大坝溃坝洪水在拟定的各工况下进行的坝下游洪水预测，结果表明，溃坝历时、水库上游流量及溃坝时不同的坝前水位是影响该模型计算结果的主要因素。

此外，史宏达、刘臻[53]（2006）论述了求解溃坝水流一维问题的有限差分法、近似黎曼解的Godtlnov格式法、Boltzmann法、KFVS法和二维问题的TVD格式法、间断有限元法、有限体积法、特征线法及各种方法的适用范围和优缺点，并讨论了限制函数的使用，介绍了利用自由水面追踪方法计算溃坝水流的研究进展，并根据目前存在的不足和实际工程的需要，提出了进一步研究的方向和发展趋势。钟桂辉[54]等（2008）通过建立村镇房屋物理模型，对洪水过程中的波浪荷载进行模拟试验，研究了洪水波浪下的房屋波浪压力强度分布，给出了森佛罗简化法和欧拉一次近似法计算立波波浪作用力时的修正系数。

2. 浸泡作用

洪水淹没期间，洪水的浸泡作用会使砌体房屋的砌块和砂浆软化、酥松、粘结力减弱，以及金属构件锈蚀，使结构安全度下降；洪水浸泡过的房屋、道路或涵洞等的地基可能发生差异沉降，如果在特殊性土（湿陷性黄土和膨胀土）地区，浸水后地基会产生大变形，导致上部建筑物倾斜甚至倒塌；斜坡也可能因为浸水失稳滑动。如果滞蓄洪期较长，这些破坏将是广泛而深重的。

朱乔森[55]等（2003）对反复浸泡后砖砌体的抗压强度进行了试验研究。结果（表1-10）表明：黏土砖粉刷砌体饱水抗压强度与相同龄期自然养护条件下抗压强度对比降低率为21%；黏土砖非粉刷砌体相应的抗压强度降低率为33%，非粉刷与粉刷强度对比，在流水浸泡后其抗压强度降低约为29%。

砖砌体抗压强度试验结果比较 **表1-10**

名 称	粉刷砖砌体(MPa)	非粉刷砖砌体(MPa)
自然养护(龄期60d)	2.70	2.27
反复循环10次(龄期60d)	2.13	1.52

粉刷砖体的混合砂浆和砖受水浸泡强度降低，再加上水的冲刷，砂浆部分溶解流失，使砂浆不饱满，从而使其抗压强度降低；而非粉刷砖体在水的反复循环作用下，影响更甚，因而强度降低更多。由于粉刷层对砌体有较好的保护作用，可明显减少浸饱对砖砌体的影响，因此粉刷砌体相比之下抗压强度降低要小一些。

在高水位的长时间浸泡下，路堤稳定性受到严峻考验。张旭辉[56]（2002）对浙江某道路工程的土样在不同浸泡时间下的抗剪强度指标进行了试验研究，其结果如表1-11所示。

可以看出，浸泡对土体的凝聚力有显著影响，而对内摩擦角的影响不明显。试验中，浸泡120h后，凝聚力降低了66.4%，内摩擦角则无太大变化。

浸泡试验抗剪强度指标 表 1-11

浸泡时间(h)	黏聚力(kPa)	内摩擦角(°)	黏聚力变化百分比(%)	内摩擦角变化百分比(%)
0	21.7	26.2	0	0
12	17.2	25.8	−20.7	−1.5
24	10.5	28.5	−51.6	8.8
72	7.6	27.4	−65.0	4.6
120	7.3	27.5	−66.4	5.0

此外，洪水退水之后，经过一段时间浸泡的建筑地基土在阳光照射下，土体结构发生变化。对地下水反应程度不同的土层中将发生应力重新分布，造成地基承载力降低，基础往往因此产生不均匀沉降而引起上部结构的倾斜，导致结构构件开裂，这类现象称之为“洪水水退效应”。如某电厂地基土在长期浸水的条件下，承载力产生一定程度的下降，变形特性也会产生某种程度的变化，如图 1-47 所示[57]。

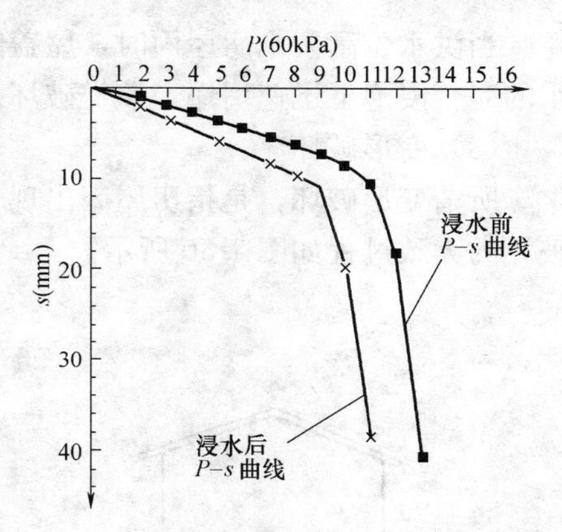

图 1-47 某电厂地基洪水浸泡前后 P-s 曲线

1.3.4 建（构）筑物在洪水作用下的破坏形式

建（构）筑物在各种洪水作用下，地基、基础和上部结构会发生各种形式的破坏，甚至是整体坍塌。比如在洪水的浸泡下，土体强度逐渐丧失，不足以承受自重或上部荷载时发生失稳破坏；在有些情况下，虽然墙体产生较大变形仍可能在一定时间内承受上部荷载，但其某一局部的土体已软化并发生了较大的塑性变形破坏。村镇建筑中的土坯房、砌体结构等结构形式房屋，在洪水作用下最易破坏。以土坯房为例[58]，常见的破坏方式可分为失稳破坏、坍塌破坏和变形破坏三种形式。

（1）失稳破坏

一般在洪水位不太高的内涝或蓄洪区，失稳破坏是土坯房的最普遍破坏形式。

村镇建筑常由几间房屋构成一个小群体，其中有些墙体为两间房屋所共用。由于内、外墙所处环境不同，它们在特定情况下受洪水的损害程度也不同。外墙往往直接受洪水的冲刷和浸泡，发生破坏时，虽然内墙尚具有较大的强度。但是外墙的过大变形，能够导致房屋整体失稳，最终造成破坏（图 1-48）。

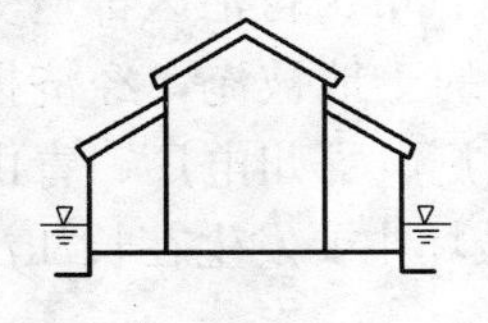
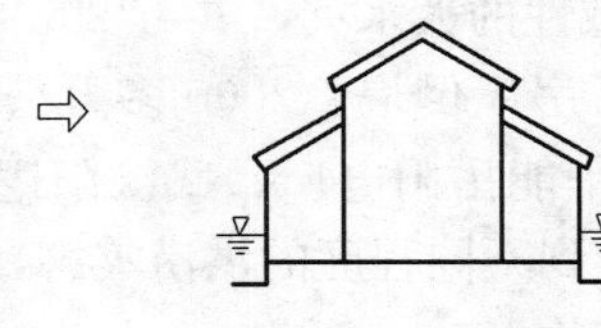

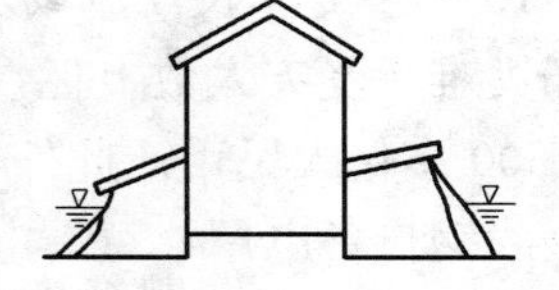

图 1-48 失稳破坏

（2）坍塌破坏

在洪水位较高的情况下，洪水遍布室内外，土房各处墙体受水均匀在墙体强度迅速削弱的同时，屋面却因潮湿而加大了自身的质量。当被削弱的墙体的强度不足以支承上部质量时，房屋便会发生坍塌破坏（图1-49）。在这种情况下，洪水对墙体的侵蚀是从墙体的两侧同时进行的，墙体强度削弱得很快，房屋的破坏相当突然。

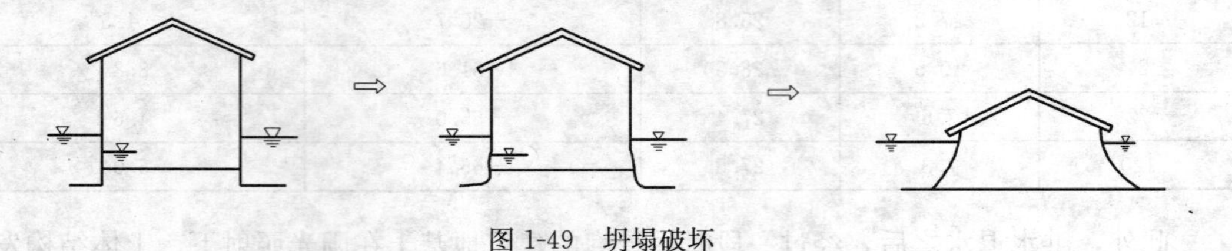

图1-49 坍塌破坏

当洪水位高于土房屋面时，屋盖因浮力较大而首先被洪水浮起冲走，房屋残垣也在洪水的完全浸泡下迅速坍塌。该类破坏因发生较为突然而容易造成较大的损失。

（3）变形破坏

所谓变形破坏，是指房屋因出现较大的塑性变形或裂缝，而导致房屋不能使用。变形破坏的大致过程如图1-50所示。

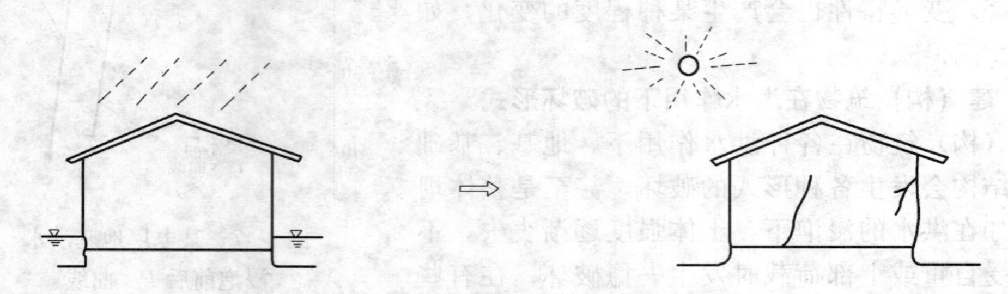

图1-50 变形破坏

变形破坏的具体形式常为：房屋地基出现肉眼可见的局部凹陷；墙体沿长度方出现已被洪水削弱达受水前截面面积的1/3以上的薄弱断面；山墙出现达墙体厚度1/5以上的翘曲，纵墙出现墙体厚度1/4以上的翘曲；墙体出现贯通裂缝及肉眼可见的相应变形；外墙的连接处出现通缝；墙体顶端向内或向外的倾斜量超过墙高的1/100。

1.3.5 洪水灾害灾损案例

2009年8月6日～8月10日，台湾中南部及东南部（南台湾）发生了自1958年“八七水灾”以来最严重的水患，台风引发的山洪、泥石流造成了巨大的破坏和人员伤亡。据统计，此次水灾共造成678人死亡、75人失踪，各地（如嘉义县）多处积水桥梁、道路中断，居民房屋也几乎全毁。

1998年夏季长江流域发生了全流域性的大水灾，共有29个省、市、自治区都遭受了这场灾难，受灾人数上亿，近500万所房屋倒塌，2000多万公顷的土地被淹，经济损失达1600多亿人民币。此外，沿长江的华能岳阳电厂、武汉阳逻电厂、鄂州电厂、青山电厂、武钢自备电厂、黄石电厂等，都受到不同程度的洪涝灾害，破坏主要发生在长江江堤以外的建（构）筑物和取（排）水构筑物上。

此外，新中国成立后，发生的较大规模的洪水灾害还有：

1996年河海流域南系洪水：这场洪水受淹农田50.7万hm^2，受灾人口365.23万，死亡480人，倒塌房屋76.07万间，冲垮堤防845km。

1991年太湖洪水：太湖流域农田受灾面积76.9万hm^2，受灾人口1182万人，死亡127人，倒塌房屋10.7万间。

1991年淮河洪水：受淹面积10万hm^2，受灾人口61万人，安徽省有38个城市一度进水，全流域受灾耕地551.7万hm^2，成灾401.6万hm^2，受灾人口5423万人，死亡572人，倒塌房屋196万间。

1968年淮河大水：这场洪水受淹农田50.7万hm^2，受灾人口365.23万，死亡480人，倒塌房76.07万间，冲垮堤防845km。

1958年黄河中下游洪水：黄河京广铁路桥被洪水冲垮两孔，交通中断14d；山东、河南受灾74.08万人，淹耕地20.3万hm^2，倒塌房屋30万间。

1956年松花江洪水：当年水灾面积93万hm^2，受灾人口370万人，死亡75人，冲倒房屋2.29万间。

1954年淮河洪水：全流域成灾面积408.2万hm^2。安徽省灾情最重，成灾面积174.7万hm^2，河南、江苏成灾面积均为102.7万hm^2。

1.4 风沙灾害

1.4.1 风沙灾害及其条件、成因

风沙灾害是指由风沙活动造成的人畜伤亡，村庄、粮田、牧场埋压，交通通信设施破坏，土地生物生产能力的下降，大气环境质量恶化，各种运输机械和精密仪器毁损等共同组成的生态灾难。

风沙灾害主要包括沙尘暴、内陆风及荒漠地区的各种风沙灾害等。沙尘暴作为发生在沙漠及其邻近地区特有的一种灾害性天气，是沙暴和尘暴的总称，是指大量沙尘物质被强风吹到空中，致使空气浑浊（水平能见度小于1km）的严重风沙天气现象。其中，沙暴指8级以上的大风把大量沙粒吹入近地面大气层所形成的携沙风暴；尘暴则是指大风把大量尘埃及其他细微颗粒物质卷入高空所形成的风暴。风沙灾害还常常涉及以下一些基本概念。

风沙流：一种气、固两相流，它是起沙风通过对地面侵蚀，使不饱和气流挟带沙子而形成的混合流。

扬沙：由于风力较大，将地面沙尘吹起，使空气相当混浊，水平能见度在1～10km的一种沙尘天气。

浮尘：在无风或在风力较小的情况下，尘土、细沙均匀地浮游在空中，使水平能见度小于10km的一种沙尘天气。

黑风暴：强烈的沙尘暴（瞬时风速大于25m/s，风力10级以上），可使地面水平能见度低于50m，破坏力极大，俗称“黑风”。

沙地：分布在半干旱（部分半湿润）景观区的沙质土地，其代表性的地貌为固定程度不同的沙丘和沙片。

荒漠：与森林和草原相对应的一种干旱区自然景观，常以稀疏旱生灌木为代表性植物。

沙漠：分布在干旱荒漠景观区的连片沙丘，俗称沙海。

荒漠化：包括气候变异和人类活动在内的种种因素造成的干旱、半干旱和亚湿润干旱地区的土地退化。

沙化：沙质荒漠化，它是荒漠化的一种类型，简称“沙化”，包括流动沙丘前移入侵、土地风蚀沙化、固定沙丘活化与古沙翻新等一系列风沙活动。

风沙活动具有明显的季节、地域特征，与大气环流、气候活动环境条件均有密切关系。风沙灾害形成的基本条件有：地表具有大量容易被风吹起的疏松沙土物质；地面风速超过浮尘扬沙的风速；不稳定的空气状态；干旱的气候环境等，如表1-12、表1-13所示，不同粒级颗粒的起动风速不同，以及不同的地貌类型下起沙量、起尘量差异明显，因而在不同的风速、地面条件下，沙尘的吹起量也不同。如我国北方地区特别是西北地区属于典型的大陆性气候，每年季风明显，特别是年超过临界起沙风速（5m/s）的天气数为200～300d，8级以上的大风天数为20～80d，加上分布有大面积的沙漠和沙地，为形成沙尘天气提供了气候条件与物质基础。

不同粒级颗粒的起动风速（m/s）　　**表1-12**

粒径(mm)	0.1～0.25	0.25～0.5	0.5～1.0	1.0～1.25	1.25～2.5	2.5～5.0	5.0～10.0	10～20
风速(m/s)	5.2	7.3	8.7	16.0	21.1	27.8	36.7	48.5

不同风速条件下地表起沙、起尘量（$kg/hm^2 \cdot h$）　　**表1-13**

地貌类型	风速(m/s)							
	10		15		20		25	
	起沙量	起尘量	起沙量	起尘量	起沙量	起尘量	起沙量	起尘量
流动沙丘	1.7×10^7	0.1×10^7	5.5×10^7	0.3×10^7	11.3×10^7	0.8×10^7	18.1×10^7	1.4×10^7
半固定灌丛沙堆	1.2×10^6	0.2×10^6	3.8×10^6	0.5×10^6	3.7×10^6	0.9×10^6	12.3×10^6	1.3×10^6
砂砾戈壁	120	90	230	100	370	150	530	270

风沙灾害的形成与地球温室效应、厄尔尼诺现象、森林锐减、植被破坏、气候异常等因素有关。其中，人口膨胀导致的过度开发自然资源、过量砍伐森林、过度开垦土地是形成沙尘暴的重要原因，并且加重了其强度和频度。

1.4.2　我国风沙灾害及其研究现状

我国风沙灾害具有出现时段集中、发生强度大、影响范围广等特点。

以沙尘暴为代表的风沙灾害多发生于北纬38度，东经110度至117度以北广大地区，即以河北沧州为界，往北到天津、北京直到内蒙古边界，往西经过石家庄、银川、兰州、青海、祁连山。其中，塔里木盆地的塔克拉玛干沙漠、腾格里沙漠边缘的民勤、库布齐沙地的杭锦旗与毛乌素沙地南部的定边是沙尘暴的集中发生区。塔克拉玛干沙漠西南部，从麦盖提经巴楚至柯坪，平均年沙尘暴日数为20.0～38.8d；从莎车经和田到且末，平均年沙尘暴日数为25～35d；民勤的年平均沙尘暴日数为37.7d；杭锦旗与定边分别为27d和25.9d。据闫生义，韩宏[59]（2009）等，我国目前重点治理的风沙地区有：塔里木盆地及周围地区、吐-哈盆地、准格尔盆地中部、河西走廊地区、阿拉善和鄂尔多斯高原及周边沙区、柴达木盆地、藏南谷地东部、内蒙古高原东部沙区、科尔沁沙区九大区域。

在我国西北地区，20世纪后半期以来风沙灾害的变化特点是：50年代沙尘暴发生日数最多；60 年代前期略有降低，60 年代后期的 1967～1968 年降到最低，即发生日数最少；之后的 70 年代略有增加，80 年代又处于相对偏少期，90 年代初以来又有一定增加，特别是 2000 年增加最为明显。

春季降水稀少、风力强劲（平均风速达 4～6m/s）、气候干燥、地温升高、土层松动、植被稀疏，强劲的大风和上升气流极易将地表沙尘卷入高空形成沙尘暴。因而，每年的 3～4 月是我国北方沙尘暴多发时期，约占全年总数的一半（特别是强沙尘暴）。此外，沙尘暴也具有明显的日变化特征，午后到傍晚时段明显多于清晨到中午时段。

国外从 20 世纪 20～30 年代就开始了沙尘暴时空分布、成因与结构以及监测与对策方面的研究。我国从 20 世纪 70 年代开始对风沙灾害进行研究，自 1993 年 5 月 5 日，我国西北地区发生特强沙尘暴天气发生后，引起了政府和科学工作者们的高度重视，有力地推动了沙尘暴研究的广泛开展，并于 1993 年 9 月在兰州召开了“首届全国沙尘暴天气研讨会”。数十年以来，风沙灾害的研究取得了显著成绩。

高尚玉、史培军[60]（2000）认为，在气候趋于干燥化的背景下，2000 年我国风沙灾害的加剧是人类大面积发展沙区产生的结果，并指出未来我国风沙灾害的发展主要取决于气候增温背景下降水的时空分布、沙区的风化变化与地表土地的利用格局。邱新法[61]等（2001）利用 1971～1996 年的地面气象记录月报和地面天气图资料，认为 1971～1996 年，除青海、内蒙古的部分地区及北京等地外，我国各地沙尘暴发生的总次数呈明显的下降趋势，并根据沙尘暴的起源，将发生在我国的沙尘暴天气分为外源型和内源型沙尘暴二类。史培军、严平[62]（2001）从气候变化、地表植被覆盖变化和土地利用变化等方面阐述了中国北方风沙灾害加剧的原因，指出气候变化和土地利用-覆盖变化是中国北方风沙活动的主要驱动力因素。张仁健[63]等（2002）总结了我国 2000～2002 年的沙尘暴天气呈现频次高、发生时间提前、发生期时间长、强度大、影响范围广等新特征，并分析了主要原因：①2000～2002 年处于拉尼娜事件的高峰期，东亚冬季风频繁，导致大风天气频繁发生；②在沙尘暴发生季节，中国北方降水明显减少，气温回升迅速且温度偏高于往年，使解冻的地表土层疏松，为沙尘暴的发生提供了丰富的沙源；③近年来中国北方干旱加剧、土地荒漠化严重，使原本广阔的戈壁沙漠面积更加扩大，有利于沙尘暴天气的发生，这与不合理的土地利用状况有关。

此外，范一大[64]等（2005）利用 117 个沙尘暴监测站近 50 年来的气象观测数据，以沙尘暴出现日数为定量指标，采用相关分析的方法，分析了我国沙尘暴灾害的变化趋势：近 50 年来，我国北方沙尘暴天气总体呈下降趋势，沙尘暴发生频率与下垫面状况有着很好的对应关系，同时，沙尘暴有着明显的年代级变化规律。程彬彬、林波[65]（2007）介绍、分析了中国遥感监测沙尘暴技术研究的现状、技术水平以及发展趋势。韩同林[66]等（2007）依据粒度分析、电镜扫描、能谱分析、常温水溶盐检测、宏观表象特征研究和实地调查，证实北京 2006 年 4 月 16 日的所谓“沙尘暴”是尘暴，干涸盐湖是京津尘暴的重要源区，进一步指出要治理京津地区的尘暴，就必须修复干涸盐湖区的生态环境。程相坤[67]等（2007）概述了我国沙尘暴的成因、源地和移动路径、分布特征及演变规律，并探讨了沙尘暴天气的大气环流特征、物理化学特性和数值模拟及预报方法。

1.4.3 风沙活动的危害

风沙灾害常表现为大气环境污染，土地沙漠化加剧，并影响交通、供电、通信等生命线工程，损坏各类建（构）筑物，引发交通事故，以及直接造成人员伤亡等。例如1993年5月5日，中国西北地区发生了有史以来罕见的特大沙尘暴（又称黑风暴）。风暴席卷了甘肃、新疆、宁夏、内蒙古四个省、自治区的18个地（市）的72个县（旗），直接影响面积约110万km^2，区域内受影响人口1200万，其中伤亡380多人，仅甘肃、新疆两省、区的直接经济损失就高达4亿多元，各类损失如表1-14所示。

5·5特大沙尘暴损失统计　　**表1-14**

人员伤亡(人)			牲畜损失(万头)	房屋埋压(间)	刮倒电杆(根)	农作物受灾(hm^2)	果树受灾(hm^2)	地表吹蚀(cm)	直接经济损失(亿元)
死亡	失踪	受伤							
85	31	264	12	4412	6021	37.3	5.6	1.63	10～30

强烈风沙活动的危害方式有沙埋、吹蚀、风力作用、污染大气以及降温等。随着全球气候的变暖，土地资源超载的局面短期内难以改善，加之水资源短缺的矛盾日趋尖锐，因而沙尘暴对人类的危害也将随之增大。

1. 区域环境恶化

强风将大量沙尘物质吹到空中形成沙尘暴，近地表常常沙尘弥漫、能见度大大下降，大气中可吸入粒子浓度大幅度增加，可能导致各种人体呼吸系统疾病。如“5·5特强沙尘暴”中，金昌市空气的含尘量高达1016mg/m^3，室内含尘量86.7mg/m^3，降尘量161～266t/km^2，均超过国家规定生活区内含尘量标准的40倍以上，影响人体健康。此外，吹扬的各种粉尘不仅危害当地，也影响周边地区的环境质量。

王振全[68]等（2009）分析了主要的沙尘暴源区新疆和田市、甘肃省民勤县城，宁夏回族自治区中卫市和沙尘暴过境区兰州市降尘中的游离二氧化硅［SiO_2(F)］含量、分散度和可溶性化学成分。2008年3～5月的沙尘暴过后2.8h内收集降尘的各指标如表1-15～表1-17所示。数据显示，被调查地区沙尘暴降尘属于含SiO_2(F)较高的粉尘，沙尘暴降尘中SiO_2(F)的含量为17.36%～48.09%，原沙中为51.76%～69.49%；沙尘暴过后降尘中可吸入颗粒物（$<10\mu m$）比例为63.3%～84.1%，其中沙尘暴源地区和田市的降尘分散度最高，粒径较小；沙漠边缘地区沙尘暴过后可溶性污染物浓度基本相同，说明沙尘暴源区产生沙尘在传输过程中会携带过境地区的大气污染物。

不同采样点沙漠降尘和原沙中SiO_2(F)的相对含量　　**表1-15**

采样点	降尘		原沙	
	样本数(件)	相对含量($\bar{x}\pm s$,%)	样本数(件)	相对含量($\bar{x}\pm s$,%)
和田市	15	39.21±3.85	10	51.76±6.78
民勤县	15	42.06±5.83	15	58.10±7.41
中卫市	15	48.09±7.18	10	69.49±6.45
兰州市	20	17.36±5.94		

因此，在我国西北地区主要的沙尘暴多发区，沙尘暴尘为高SiO_2(F)含量、高分散度、潜在致肺纤维化危险性强的粉尘。长期吸入含SiO_2(F)的高分散度的粉尘导致发生尘肺的危险性增加，可能引起沙尘暴多发区居民尘肺病流行。

不同采样点沙尘暴降尘分散度的构成比（%） 表 1-16

采样点	<2μm	≥2μm～<5μm	≥5μm～<10μm	≥10μm
和田市	19.5	38.9	25.7	15.9
民勤县	15.9	29.4	23.6	31.1
中卫市	13.4	28.3	21.6	36.7
兰州市	22.8	34.5	18.9	23.8

沙尘暴降尘中 Cl^-、SO_4^{2-}、NO_3^- 和 NH_4^+ 的含量（$\bar{x}\pm s$，μg/g） 表 1-17

采样点	样本数(件)	Cl^-	SO_4^{2-}	NO_3^-	NH_4^+
和田市	15	220±56	870±67	230±43	<200
民勤县	15	260±61	900±73	210±46	<200
中卫市	15	280±64	950±87	240±55	<200
兰州市	20	980±89	5400±202	1400±276	510±41

2. 风力作用

强烈的风沙活动总是伴随着大风，风力甚至达到 30～40m/s，破坏力巨大。如表 1-18 为 20 世纪 70～90 年代我国西北地区 5 次强沙尘暴的天气状况，每次最大风速度都在 35m/s 以上。此外，在沙尘暴进入绿洲后，特别是已林网化了的绿洲和没有风蚀的地区，便离开了沙源地，沙尘暴的危害实际上变成了狂风袭击。

20 世纪 70～90 年代中国西北地区 5 次强沙尘暴天气状况 表 1-18

时间	影响区域	风速(m/s)	能见度(m)
1977 年 4 月 22 日	甘肃酒泉、张掖	38	0
1979 年 4 月 9～11 日	新疆、甘肃、青海、宁夏、内蒙古等省区的部分地区	46	0
1983 年 4 月 26～28 日	新疆东部和南部、青海中部、甘肃平凉、宁夏中部、内蒙古河套地区、陕西榆林	>35	<100
1986 年 5 月 17～20 日	新疆和田、哈密，甘肃酒泉地区	35	0
1993 年 5 月 5 日	新疆东部、甘肃河西、宁夏大部、内蒙古西部	38	0

高层和超高层建筑、大跨度桥梁、高耸结构（烟囱、输电线塔、电视塔等）、围护结构等工程结构对风荷载的作用敏感，风荷载作用下，可发生结构破坏甚至失稳，尤其建筑幕墙（如玻璃幕墙）就是最典型的容易招致风荷载破坏的围护结构。对于各类民居，屋盖是房屋中最常见的破坏部位，瓦片很容易被大风吹起卷走。此外，门窗、挑檐的破坏也十分常见。在我国西北部地区，风沙活动致使建（构）筑物破坏的例子不胜枚举，诸如：1983 年 4 月 27 日，青海德令哈大风，部分地区伴有沙尘暴天气，最大风速 30m/s 以上，毁房 12 间，倒塌围墙 1395m，电杆 35 根；1993 年的“5·5 特大沙尘暴”中，仅金昌、武威 2 市和古浪、景泰、中卫 3 县，刮毁、倒塌房屋共 4412 间；1983 年 4 月 26 日新疆吐鲁番、托克逊、岳普湖、英吉沙、焉耆等地风暴中，吐鲁番地区 90 道坎儿井填塞，倒房 108 间，9 处起火，18 户受灾；铁路运输设施也受到不同程度破坏，运行中的 69 次客车和沿线车站门窗玻璃被风沙击碎 600 多块。

3. 风沙侵蚀、掩埋作用

在迎风面或者隆起处风速大，风沙危害主要表现为风蚀；背风面或者凹洼处风速减小，风沙危害主要是沙埋。风蚀、风沙流滞留积沙和沙丘前移压埋破坏的对象主要是风沙活动影响区域内的公路、铁路、水渠、工矿、民房等，对交通运输和人们生活生产等形成了巨大威胁。

例如新麻高速公路[69]沙害表现形式有路基、边坡风蚀和路基、路面沙埋两种，并且以后者为主。其中，K1128+250～K1130+260路段既有风沙流遇阻堆积形成的沙害，也有沙丘整体前移形成的沙害，冬春季以沙丘整体前移埋压路基、路面为主，夏秋季以风沙流遇阻堆积埋压路基、路面为主。

又如陕甘宁盐环定扬黄工程[70]是为宁夏的同心、盐池，甘肃的环县，陕西的定边四县部分地区提供人畜饮水、防治地方病、结合发展灌溉的一项大型电力提灌工程。该工程处于乌素沙漠边缘，经过地区的海拔在1360～1680m之间。在冬、春多风季节，流沙严重淤积渠道，造成每年渠道清沙的工程费用居高不下。例如，2000年春灌前，渠道风沙淤积达$30\times10^4m^3$，清沙耗资100万元。此外，因渠道淤积严重，渠道水位偏高，渠道行水对干渠的安全造成了巨大威胁。

再如，八一镇-邛多江国防公路[71]（图1-51）是藏东环形公路中南环线的主要环节，全长438km。对公路正常运营危害程度和范围最大的是25个路段的风沙灾害，它长时间地中断或阻塞交通，造成巨大经济损失。据初步估算，每年造成的经济损失达300万元以上。邹学勇等（2004）针对河谷地带地貌条件，将公路沙害划分成三类：边滩沙源型沙害、阶地沙源型沙害和滑塌沙源型沙害，如表1-19所示。

沙害类型与分布路段 **表1-19**

沙害类型	沙害路段
边滩沙源型	104K 130K 142K 161K 166K 167K 183K 190K 192K 199K 239K 343K 256K 279K 303K
阶地沙源型	40K 52K 119K 147K 244K 253K
滑塌沙源型	194K 297K 304K 313K

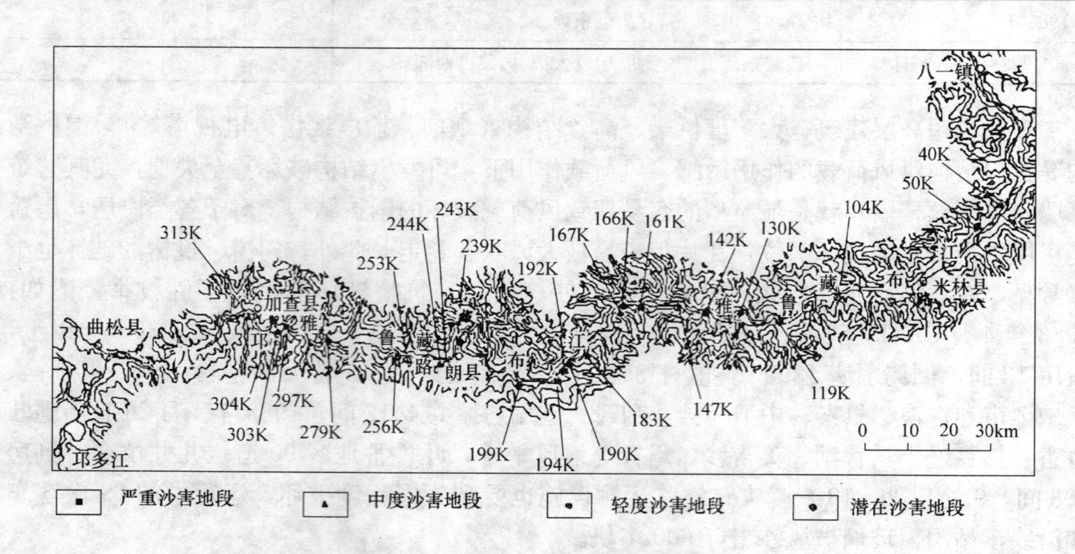

图1-51 八一镇-邛多江公路沙害路段分布

1.4.4 风沙灾损预防与处理

风沙灾害预防重于灾后处理，通过预测预报及合理的处理可以减轻损失。风沙治理应按近期和远期相结合的原则，近期目标以工程防沙措施为主，远期目标以植物防沙措施为主。

1. 防沙治沙常规技术及其实例

目前，工程常见的防沙治沙措施如表 1-20 所示。各类防治措施通过固、阻、输、导等作用，能减小风沙活动对居民点以及基础设施等的影响或者破坏，实际中可结合现场条件加以选择、应用。

工程常见防沙治沙措施 **表 1-20**

防沙措施	沙障名称
平铺式固沙措施	卵石、片石铺压；土埋、泥墁沙丘；平铺柴、草；土工布固沙；金属网固沙等
半隐蔽式固沙措施	草方格；黏土、碎石方格；尼龙网方格等
阻沙措施	复合沙障；枝条沙障；防沙栅栏；大网格（枝条、尼龙网）；阻沙袋；阻沙堤；截沙沟；挡沙墙等
输沙措施	下导风工程；浅槽等
导沙措施	导沙堤；导沙栅栏；羽毛排等
植物防沙	防沙林带、防沙生态示范园等
化学防沙	石油衍生物、高分子材料、水泥、石灰及各种固化剂等

例如上述八一镇-邛多江公路沙害防治工程依据不同路段沙害的特点，采用了不同的“固、阻、导”工程措施进行防治。在边滩沙源型沙害路段，主要采取的措施为防风阻沙林带、阻沙栅栏、行列式沙障、草方格沙障等；阶地沙源型沙害路段则是防风阻沙林带、导沙工程、行列式沙障、草方格沙障、植被重建等；滑塌沙源型沙害路段沙害防治的核心内容是固定坡面，采用措施有：沿江边设置防风阻沙林带、路基边坡上设置行列式沙障、路基上方修建混凝土阻沙护坡墙、在阻沙护坡墙以上的山坡设置草方格沙障，以及在所有的行列式沙障和草方格沙障内部都播种沙生槐灌木并加以围封等。

再如青藏铁路格拉段[72]的 DK885＋840～DK887＋360、DK918＋380～DK919＋930、DK924＋980～DK926＋850 等段落分布有半固定沙丘及固定沙丘，风积粉、细砂层厚度一般为 0.5～4.0m，局部厚度 8m。为保障铁路安全和正常运营，采取的防治措施如下：

（1）基本体防护。为防止路肩及边坡风蚀，于路肩和路肩下 1.0m 范围干砌片石防护，厚 0.3m（图 1-52）；对风蚀严重地段，全坡面干砌片石防护（图 1-53）。

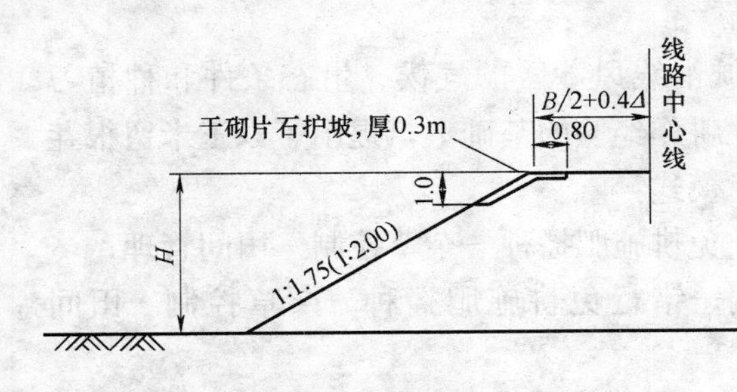

图 1-52 风沙路基防护路堤横断面（单位：m）

H—边坡高度；B—路基宽；Δ—路基加宽值

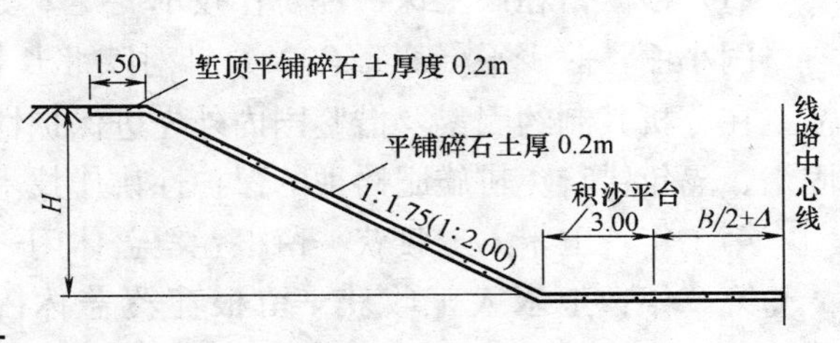

图 1-53 风沙路基防护路堑横断面（单位：m）

(2) 面防护。石方格沙障兼有固沙、阻沙作用(图1-54)。设计卵、砾石土厚度为0.20m。平面防护宽度按主导风向与线路夹角确定:当主导风向与线路夹角较大时(夹角>30°),迎风侧200m,背风侧100m;当主导风向与线路夹角较小时(夹角6°~30°),迎风侧100m,背风侧50m;当主导风向与线路夹角<6°时,迎风侧、背风侧各50m。

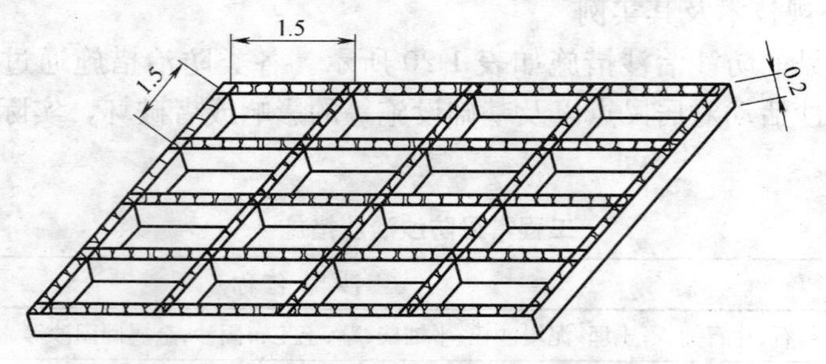

图1-54 石方格沙障平面布置图(单位:m)

(3) 立式沙障防护。高立式沙障起阻沙作用,一般设置1排,输沙量大时设2~3排。沙障高1.50m,排间距30m。高立式沙障结构采用透风式栅栏,有横板带孔活动板式混凝土挡沙栅栏、悬挂半圆块混凝土挡沙栅栏、活动板式混凝土挡沙栅栏、旋转板式混凝土挡沙栅栏、砖墙挡沙栅栏5种结构形式。考虑青藏高原野生动物、牛羊等家畜活动特点,高立式沙障布置成“羽毛状”,如图1-55所示。

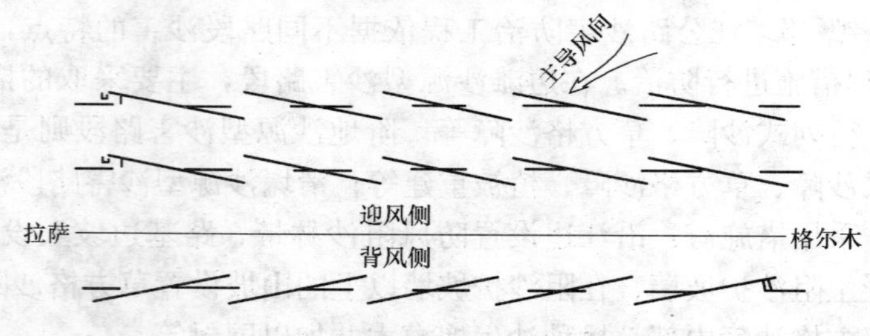

图1-55 沙障布置方式示意图

在六年时间里,青藏铁路93个(长88.167km)沙害段风沙防治效果明显。平面防护(平铺卵砾石土、石方格)与立面防护(高立式沙障)相结合的高原旱、寒地区防沙体系,也填补了我国高原旱、寒地区风沙防治体系的空白。

2. 防沙治沙新思路

(1) 沙区留茬固土保护性耕作技术

闫小丽,薛少平[73]等(2009)针对陕北长城沿线风沙区的气候、生态条件和种植习惯,在分析其制约因素及借鉴国内外先进保护性耕作经验的基础上,提出了以玉米留根茬固土、隔年错行免耕施肥播种的保护性耕作技术模式:

第1年:玉米人工收获—留根茬覆盖休闲—免耕施肥播种—杂草控制—田间管理;

第2年:玉米人工收获—留根茬覆盖休闲—错行免耕施肥播种—杂草控制—田间管理;

第3年:玉米人工收获—留根茬覆盖休闲—施有机肥—播前地表处理—施肥播种—杂草控制—田间管理,如图1-56所示。

2004～2006年，闫小丽，薛少平等在长城沿线风沙区的横山县与传统耕作模式进行了对比试验。试验结果如表1-21、表1-22所示，表明留茬固土保护性耕作技术不仅能够有效固沙，还能实现粮食增产，具有显著的经济效益和社会效益。

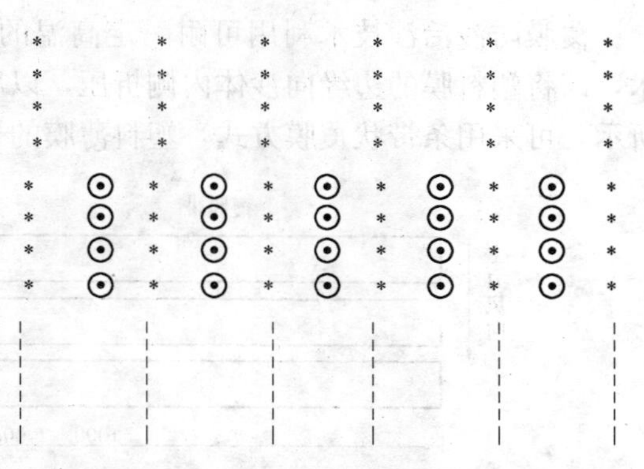

图1-56 保护性耕作的留茬模式示意图

*—第1年留根茬；⊙—第2年留根茬；|—第3年少耕区

保护性耕作3年平均产量为8130kg/hm^2，与传统耕作相比，保护性耕作的玉米单位面积产量增加了480kg/hm^2，增产率为6.27%。从粮食产量和增产率来看，虽每年有所不同，但均呈逐年增长趋势，说明保护性耕作还具有后效应。

不同耕作模式下玉米产量的比较 **表1-21**

年份	传统耕作(kg/hm^2)	保护性耕作(kg/hm^2)	较传统耕作增产量(kg/hm^2)	增产率(%)
2004	7678	8092	414	5.39
2005	7482	7958	476	6.36
2006	7790	8340	550	7.06
平均	7650	8130	480	6.27

不同耕作模式下各高度层集沙量的比较 **表1-22**

高度(cm)	集沙量(g)		高度(cm)	集沙量(g)	
	传统耕作	保护性耕作		传统耕作	保护性耕作
10	55.0	28.9	100	19.9	12.5
25	41.3	25.0	150	12.2	11.5
60	24.4	18.3	合计	152.8	96.2

风蚀集沙量随其距地表高度的增加而减少，在测试期间传统耕作的集沙总量为152.8g，保护性耕作的集沙总量为96.2g，保护性耕作地表风蚀量较传统耕作减少37%。可见，由于第1年留茬免耕，第2年错行免耕，冬季休闲期田间每平方米根茬数多达11～13个，单位面积根茬数较多，起到了良好的防风固沙作用。

(2) 膜防沙治沙技术[74]

覆膜防沙治沙技术就是应用塑料薄膜对沙漠和沙化地进行技术覆盖，使沙粒在膜的包裹下不被风吹拂和移动，同时又具有极高的保水固沙效果，为植物的成活创造和提供了良好的生存条件，如图1-57所示。

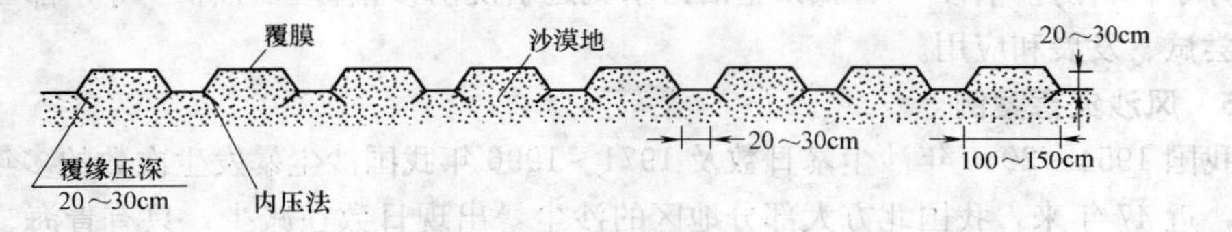

图1-57 覆膜防沙治沙方法示意图

覆膜防沙治沙技术利用可耐一定高温的透明或半透明膜材，采用“内压法”覆膜技术，即将塑料膜的边缘向沙体内侧折压，以所覆的沙体来实现压膜的覆膜方式。如图1-58所示，可采用条带状覆膜方式，塑料薄膜的长度方向横着主力风向进行条带状覆盖。

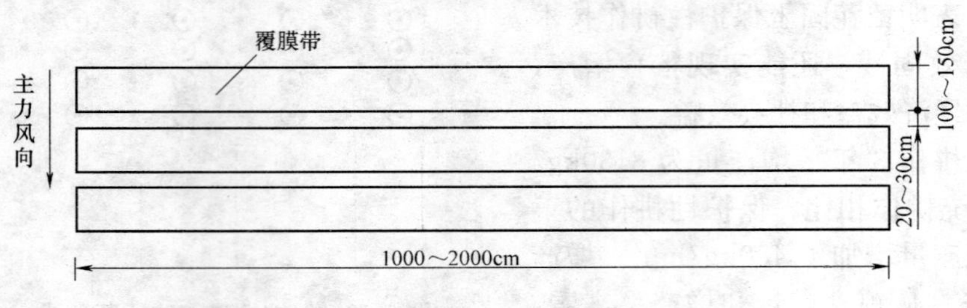

图1-58 平面示意图

选择适应沙漠和沙地成活、生长的耐沙性较好的植物，如沙打旺、沙柳、红柳、沙拐枣、花棒、沙竹、沙棘等，通过膜内栽培、膜外栽培和混合栽培技术（图1-59），防风固沙作用将更加显著。

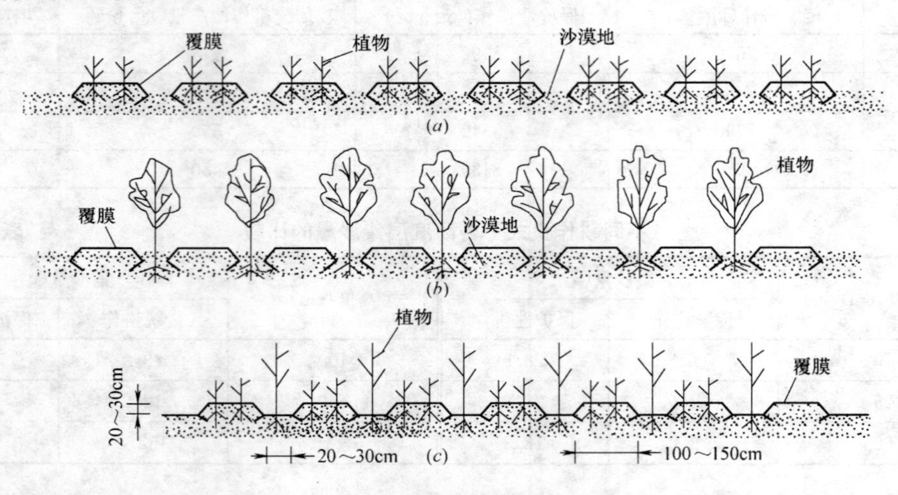

图1-59 覆膜栽培方式示意图

(*a*) 膜内栽培示意图；(*b*) 膜外栽培示意图；(*c*) 膜内膜外混合栽培示意图

(3) 沙漠产业化

沙漠产业化是指选择条件合适的沙漠地区，利用其充足的阳光、广阔的空间和宝贵的地下水，采用高新技术，创办沙漠农业工厂，提高植物的光合作用以获得经济、生态双赢。随着人口增长、城市用地日益紧张，沙漠产业具有广阔的前景。

此外，随着防沙治沙工作不断深入，新的思路不断涌现。诸如应用高吸水聚合物等新型高分子材料防沙治沙[75]、城镇生活污水就近引浇防沙治沙工程林[76]等，都可在实践中不断尝试、发展和应用。

1.4.5 风沙灾害案例

我国1954～2000年沙尘暴日数及1971～1996年我国沙尘暴发生次数的多年变化研究表明，近47年来，我国北方大部分地区的沙尘暴出现日数在减少，只有青海、内蒙古和新疆的小部分地区的沙尘暴日数呈增长趋势；1971～1996年我国沙尘暴发生次数也总体呈下降趋势，尤其是在1984年之后，沙尘暴此时明显减少。但据气象部门近50年的资料统计，强沙尘暴天气却在我国呈上升趋势[77]（表1-23）。

近50年强沙尘暴出现次数统计表 **表1-23**

年份(年)	1950～1960	1960～1970	1970～1980	1980～1990	1990～2000
次数	5	8	13	14	23

总体而言，近50年来我国沙尘暴发生的日数及次数均有较明显的下降趋势，但强沙尘暴发生的次数呈现较明显的上升趋势。历史上，典型的风沙活动致灾的例子举不胜举。

1983年4月25～28日，新疆吐鲁番、托克逊、岳普湖、英吉沙、焉耆等地先后受8级以上大风危害。据不完全统计，毁坏36.6万多亩农作物、树林5.1万株，填平渠道9.2km，死亡牲畜843头（只），倒塌或火灾烧毁房屋242间，4人死亡，输电、电话、广播线路多处被刮断。

1984年4月18～19日和24～25日风沙中，新疆托克逊5万多亩农作物受风灾，各种果树4667株、葡萄7347墩、8万余株树木受损，267头牲畜死亡；大风刮倒房屋4间、烧毁房屋29间，电杆50根；刮失3.1万亩农田的肥料、200t煤炭；风沙掩埋了机井13眼、坎儿井13道、明渠40km；死亡多人。

1986年5月18～20日，甘肃安西、敦煌遭遇大风和沙暴。大风持续38h之多，沙暴持续17h之多，能见度0级持续5h。据气象站介绍，能见度之低、持续时间之长，为1938年有气象记载以来的第一次。在风沙灾害中22.3万亩农作物全受害，其中毁灭性灾害3.03万亩，重灾1.88万亩。蔬菜全毁2100亩，掉果23.5万kg，毁果树嫁接苗1.64万株，摧毁大树2.5万株，死亡、失踪大畜14头，羊659只，决塘坝2座，沙埋、水毁渠道29.4km，毁电线24.5km，引起火灾3次，毁3户农民房，刮倒房屋57间，畜圈105个，围墙384m，吹失煤炭1800多吨，芒硝1.5t，造成总经济损失1200多万元。

1989年5月1～2日，新疆哈密以东铁路，遭风沙袭击，车站信号受损坏，部分铁轨被沙埋，线路中断约6h。哈密市经东盐湖区刮9级以上大风，使5个盐区3296个盐池被风沙覆盖，损失22.26t，经济损失85万元。

1.5 滑坡、泥石流灾害

1.5.1 滑坡与泥石流

滑坡是指斜坡上的土体或岩体，受自然或人为等因素的影响，在重力的作用下，沿着一定的滑动面或滑动带，整体地或分散地顺坡向下滑动的现象；泥石流是指在山区一些流域内，主要是在暴雨降落时所形成的并且固体物质（石块、砂砾、黏粒）饱和的暂时性山地洪流。泥石流是介于流水与滑坡之间的一种地质作用，与滑坡存在一定的关联性。

滑坡、泥石流形成必须具备一定的地形地貌条件、地质构造条件、岩性条件、水文地质条件以及触发因素等。

（1）地形、地貌因素

一般丘陵和低山地区残、坡积层较厚且分布广，冲沟发育，人为活动强烈，在雨季易受地表水的冲刷作用及地下水的潜蚀作用，是滑坡、泥石流灾害易发区域；高山区多基岩裸露，地质灾害主要表现为崩塌、滚石等形式。据统计资料[78]，福建省滑坡主要分布于海拔 50～500m 的丘陵地带和 500～1000m 的低山地区；50m 以下平原台地和 1000m 以上中高山地区滑坡数量相对较少。如表 1-24 所示，发生于丘陵和低山地区的滑坡占了福建省滑坡总量的 93.5%。

山地类型与滑坡数量关系统计 **表 1-24**

山地类型	平原台地	丘陵	低山	中山	高山	合计
海拔(m)	<50	50～500	500～1000	1000～3500	>3500	
滑坡(处)	17	343	207	20	1	588
百分比(%)	2.90	58.3	35.2	3.4	0.2	100

地形起伏度、山坡坡度与滑坡发育也有明显的相关性。郭芳芳等[79]（2008）基于 ArcGIS 平台，利用 SRTM-DEM 数据资料，研究了青藏高原东缘及四川盆地的地形起伏度和坡度等地貌参数与滑坡灾害点分布之间的关系。

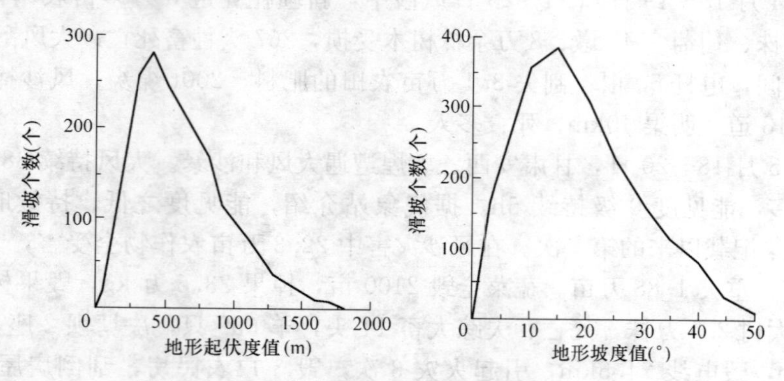

图 1-60 地形起伏度、坡度与滑坡数量的相关性

地形起伏度常用某一确定面积内最高点和最低点海拔高度之差来衡量。如图 1-60 所示，青藏高原东缘及四川盆地地区的地形起伏度分布在 0～2523m，而滑坡灾害发生的主要范围为 21～1801m，这也说明平原台地与高山地区滑坡发育相对少；该区坡度区间为 0°～85°，而滑坡灾害发育的坡度区间为 2°～57°，从最小的坡度 2°开始，随着坡度的增大滑坡数量也逐渐增多，坡度 15°时达到顶峰，此时滑坡个数最多，随后坡度增大滑坡数量开始逐渐减少，计算统计曲线峰值区间 10°～25°之内的滑坡个数占该区滑坡总数的 44.70%。

(2) 地质因素

地层岩性是产生滑坡的内在决定因素。如福建省滑坡主要为土质滑坡，主要岩土体为残积黏性土岩组，岩性主要为残积黏土、粉质黏土、坡积粉土、碎石土。黏性土岩组土体结构疏松且不均一，大多含有不同数量的碎石、块石，有利于地下水入渗，且其抗剪强度较低。

岩质滑坡的发育主要受岩石结构类型控制，节理发育的硬质岩类斜坡和软硬相间结构斜坡易发生岩质滑坡。据统计，岩质滑坡及混合质滑坡的主要岩土体为坚硬-较坚硬块状喷出岩岩组、坚硬块状侵入岩岩组和坚硬-较坚硬层状以砂砾岩为主碎屑岩岩组，主要岩性为花岗斑岩、凝灰岩及粉砂岩。

断层、褶皱等地质构造也是控制滑坡、泥石流分布的主要因素之一。构造应力作用下

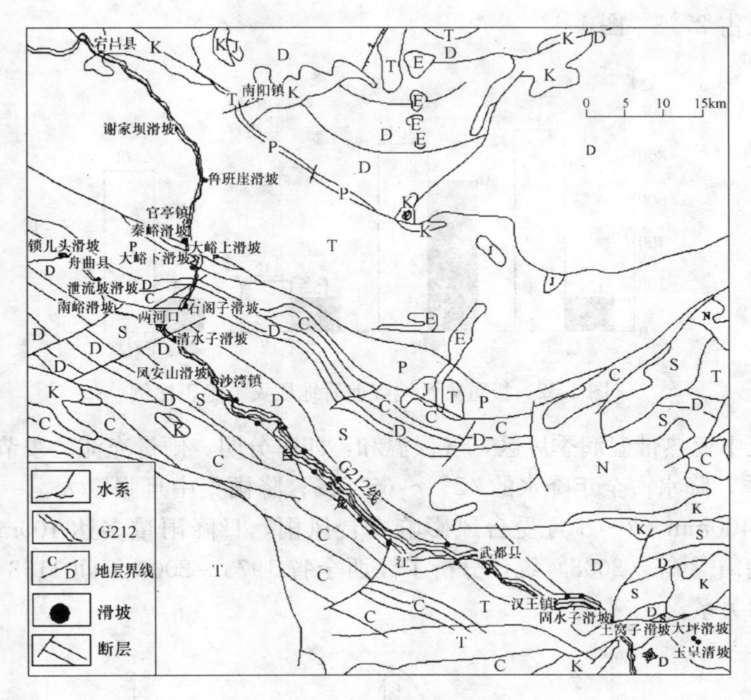

图 1-61　G212 线陇南段地质图

岩体挤压破碎，岩体结构的完整性和连续性遭破坏，强度降低，为滑坡灾害发生创造了物质条件。如 G212 线陇南段滑坡与活动断裂在空间位置上有着一致的对应关系[80]。如图 1-61 所示，G212 线滑坡最严重的宕昌-两河口段是区域地质构造发育的地段，即白龙江复背斜的核部；而龙江复背斜的两翼向斜部位滑坡不发育。

（3）诱发因素：地震、强降雨、冻融作用、人类活动（爆破、蓄水、机械开挖等）

地震和降雨是滑坡、泥石流灾害的最主要诱发因素，尤其是大型和巨型滑坡、泥石流灾害。

汶川地震发生后，据初步调查统计[81]，四川、甘肃和陕西等省地震区 84 个县（市、区）发现重大地质灾害点 8439 处，威胁到 1093667 人的生命安全。此次地震引发的各类地质灾害数量、分布及威胁人数如表 1-25 所示。

汶川地震灾区地质灾害调查情况汇总　　　　**表 1-25**

省　份	地质灾害点(处)					威胁人数
	滑坡	崩塌	泥石流	其他	合计	(人)
四川	3286	1218	460	872	5836	651967
甘肃	891	928	50	345	2214	365630
陕西	195	163	5	26	389	76070
总计	4372	2309	515	1243	8439	1093667

此外，调查还显示[82]，地震发生后，龙门山地区地质灾害隐患点增加了 237%，其中，以崩塌体增加最为显著，达到 617%，在总的隐患点中，滑坡所占比例仍最高，达到

40%，崩塌仅占27%（图1-62）。

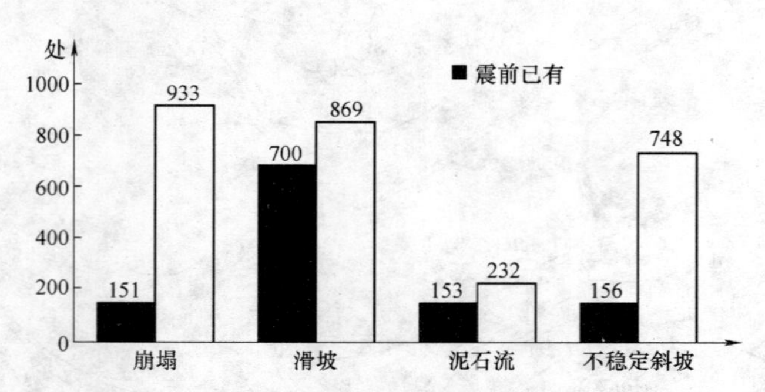

图1-62　极重灾区地震前后地质灾害隐患比例

江西省处中亚热带湿润季风区，气候温和，四季分明，雨量充沛。季节变化大，每年4～6月为雨季，降水占全年降水的42%～65.5%；降雨集中且强度大，一次性过程降雨量可达200～400mm，7～8月受台风影响多台风雨，日降雨量多达100mm甚至300～400mm。陈丽霞[83]等（2008）统计分析了江西全省1973～2003年间1158个滑坡发生的概率与降雨的关系。

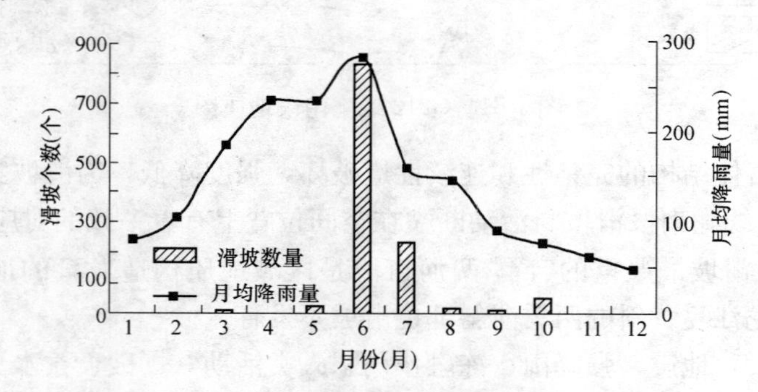

图1-63　江西省滑坡发育月份统计

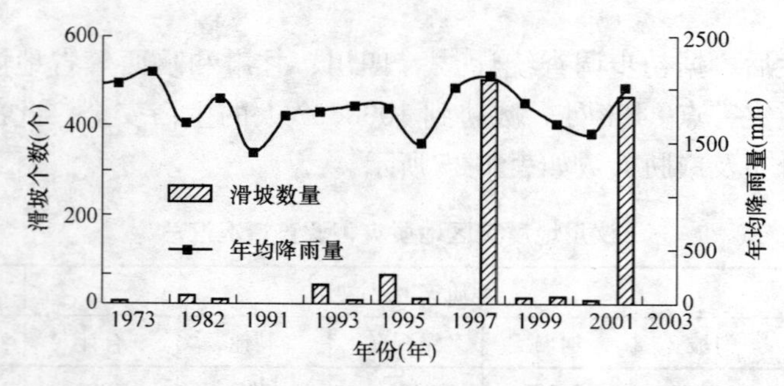

图1-64　江西省1973～2003年滑坡灾害发育年份统计

如图1-64、图1-65所示，滑坡多发育于每年的5～10月，特别是6月，与江西省降雨规律密切相关；从滑坡的发育年份上看，1998年和2002年是江西省滑坡发生次数最多的年份，这也与江西省1998年和2002年暴雨多发年份相吻合。

林鸿州，于玉贞等[84]等（2009）对降雨特性对土质边坡失稳的影响机理进行了试验研究。分析结果表明，降雨入渗对边坡稳定性的影响分为以下两种作用：高降雨强度（尖峰型雨型）的入渗作用将使边坡土体迅速饱和，且在高雨强作用下土体的排水条件受到限制，此时若土体受到扰动并产生较大的应变时，将使得土体激发较大的超静孔隙水压力，进而产生破坏；低降雨强度长历时（均布型雨型）的降雨将使边坡土体逐渐饱和（饱和过程较为缓慢），进而产生破坏。此外，降雨型滑坡存在“门槛累积雨量”，即当累积雨量超过此门槛累积雨量，则容易产生滑坡破坏，而门槛累积雨量则受到边坡初始基质吸力场的大小和分布的影响。

高强度降雨较易使边坡产生流滑破坏且冲蚀现象较为明显；而低雨强长历时的降雨较易使边坡深层土体的孔隙水压力增加，因此较易产生滑动型破坏且滑坡体的规模也较大，图 1-65 为块体滑动型滑坡发展过程示意图。

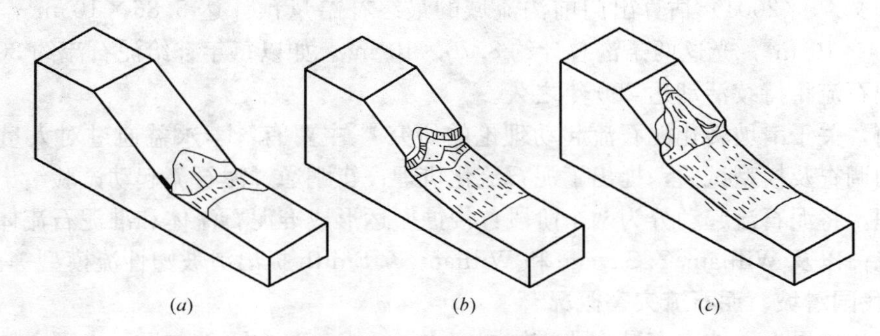

图 1-65　块体滑动型滑坡发展过程示意图
(a) 降雨后 371s；(b) 降雨后 1351s；(c) 降雨后 1780s

此外，人类的工程活动，如开挖坡脚、坡体上部堆载、爆破、水库蓄（泄）水、矿山开采等都可能是滑坡、泥石流诱发因素。如福建省主要工程活动的作用方式诱发滑坡数量如表 1-26 所示。

滑坡与各种工程活动关系统计　　　　**表 1-26**

工程活动	房后切坡开挖	交通建设开挖	采矿	填土不实	水渠渗漏	灌溉渗漏	人工开挖	合计
滑坡(处)	452	158	20	6	26	28	10	700
占总数比(%)	64.57	22.57	2.86	0.86	3.72	4.0	1.42	100

一定地形地貌条件下，滑坡可以转化成泥石流。如蒋家沟是中国西南山区一条典型的暴雨泥石流沟。泥石流的补给主要有降雨坡面冲刷、崩塌、滑坡（坍）和流体冲刷，其中以滑坡（坍）为主。

泥石流流体对山体坡脚的强烈掏蚀，以及各支沟洪流的溯源侵蚀，导致山坡发生浅表层“扒皮式”的滑坡或滑坍。一次泥石流导致的这种滑坡（坍）所形成的大量堆积物部分直接进入泥石流，绝大部分堆于坡脚，为下次泥石流暴发准备了充足的物源。预计以此方式补给泥石流方量约占总补给量的 70%～80%。整个蒋家沟流域泥石流的暴发和冲淘演化都是在这种周而复始的循环中进行的。据 1999 年统计，整个蒋家沟流域因侵蚀下切或溯源侵蚀而导致的滑坍（含崩塌）面积为 36.40hm^2，占整个流域面积的 77.3%（表 1-27）。据野外实地调查，蒋家沟固体松散物质的年补给量约（250～300）×10^4m^3。

蒋家沟流域因泥石流而伴生的滑坍面积统计（1999年） 表1-27

沟名	汇水面积(km^2)	滑坍面积(km^2)	占所在流域面积百分数(%)
门前沟	14.75	12.14	82.3
多照沟	16.47	9.76	59.3
蒋家沟主沟	8.70	6.14	70.6
大凹子沟	2.41	1.58	65.6
查箐沟	4.77	3.78	79.2
总计	47.10	36.40	77.3

胡卸文[85]（2001）估算出门前沟流域的最终补给量预计达 $5.86\times10^8 m^3$，多照沟流域达 $2.84\times10^8 m^3$，光这两条沟总计约 $8.70\times10^8 m^3$。如以每年补给泥石流约 $300\times10^4 m^3$ 计算，泥石流将持续活动达290年之久。

目前，关于滑坡转化泥石流起动理论的研究[86]主要有：李永益通过对大量滑坡转化泥石流的调查及模型试验，提出了泥石流化机理；崔鹏通过泥石流起动试验给出了泥石流起动机理，将泥石流起动分为两个阶段：侵蚀搬运形成准泥石流体和准泥石流体起动转变为泥石流；以及 William. Z. Savage 和 William. K. Smith 提出滑坡塑性流模型等。

1.5.2 我国滑坡、泥石流灾害概况

中国是世界上滑坡灾害最为严重的国家之一，尤其是在西部地区，大型滑坡更是具有规模大、机制复杂、危害严重的特点。根据国土资源部2001年以来发布的“中国地质环境公报”资料分析，滑坡是我国地质灾害中数量最多、分布最广、危害最严重的灾害。我国近年来，平均每年发生滑坡数26935处，占地质灾害总数68.7%，造成死亡（失踪）人数492人，直接经济损失18.7亿元[87]。

表1-28为2001～2006年全国滑坡灾害损失统计。可以看出，2002年和2006年滑坡数量显著地高于其余年份，其中2006年因滑坡灾害的直接经济损失为31.3亿元人民币；2003年是大型滑坡多发年份，滑坡8973次，直接经济损失为20.0亿元人民币。

2001～2006年全国滑坡灾害损失统计 表1-28

年份	数量(处)	死亡人数(人)	直接经济损失(亿元)
2001	5793	480	20.3
2002	39840	521	10.0
2003	8973	449	20.0
2004	9130	481	13.0
2005	9359	357	18.0
2006	88523	404	31.3
总计	161618	2692	112.6

滑坡灾害是我国地质灾害中最严重的灾种，分布最广，数量最大、发生频率最高。全国22个省、区（市）都有滑坡灾害发生。2001年以来造成人员伤亡和财产损失最严重的省、区（市）包括云南、四川、湖南等省（市），如图1-66所示。

如图1-67、图1-68所示，自1995年以来，全国的滑坡灾害造成的人员伤亡，直接经

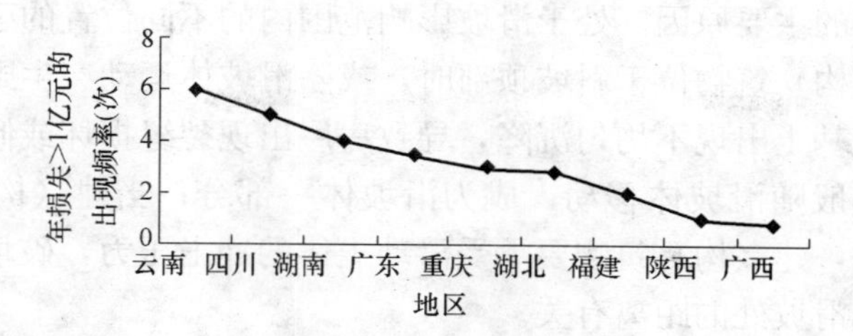

图 1-66 2001～2006 年滑坡直接经济损失最严重的省（区、市）

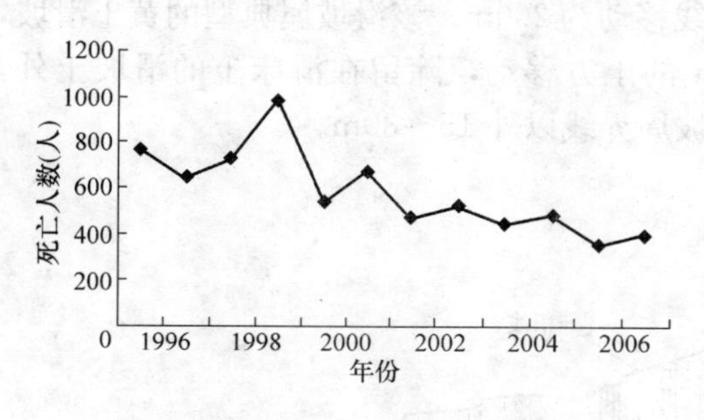

图 1-67 1995～2006 年全国滑坡灾害造成人员伤亡统计

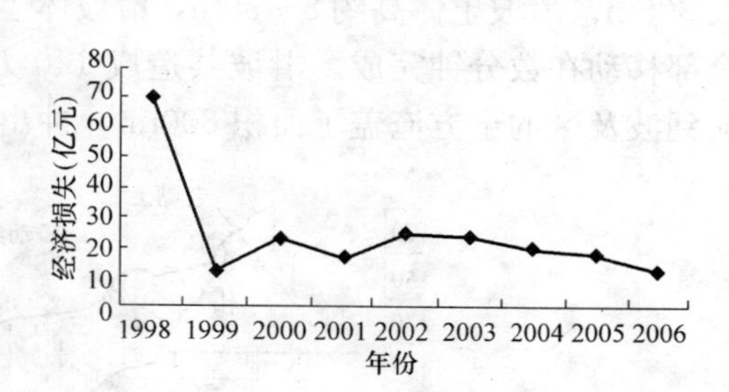

图 1-68 1998～2006 年滑坡直接经济损失统计

济损失总体呈下降趋势。然而，自 2001 年以来，滑坡发生数量的规律性却不强，这主要与当年区域性降雨量相关。

1.5.3 滑坡、泥石流对建（构）筑物的破坏作用及表现

1. 滑坡、泥石流灾害破坏作用的表现

滑坡、泥石流经常冲毁、掩埋道路或对各类建（构）筑物造成严重毁坏。滑坡、泥石流对人民生命财产和自然环境造成破坏的主要方面表现在：对山区居民点的危害；对山区铁路和公路的危害；堵河阻水危害城镇；对生态环境的破坏等。

（1）对山区居民点的危害。滑坡、泥石流对居民点的危害的主要形式是，直接冲毁和淤埋房屋及其他建筑物、强烈冲刷侵蚀引起岸坡崩塌而危及居民点。

（2）对山区铁路和公路的危害。对山区铁路、公路的危害的主要形式有堵塞桥涵，冲毁和淤埋线路、车站及附属建筑物等；小规模的滑坡、泥石流，往往沿铁路、公路灾害点分布众多，它们对铁路、公路处处阻拦，形成节节分割，累积危害十分严重。

（3）堵河阻水危害城镇。当泥石流规模较大时，流体可穿越主河形成拦河坝，受阻河水在坝上游形成堰塞湖，导致沿河城镇被淹没；坝体发生溃决时则形成超常规洪水，对下游城镇及各种设施形成水毁灾害。

（4）对生态环境的破坏。滑坡、泥石流一旦成群发生，对生态环境破坏非常严重，泥石流凹型侵蚀槽内及下方的泥石流堆积区内一切植物都被毁灭。特别是凹型槽内，土层被冲光，基岩裸露，水土流失剧烈，地表保持水分的能力大大减弱，在自然条件下植被很难恢复，以至出现荒漠化现象。如成昆铁路凉红-埃岱区间，滑坡、泥石流的活动使得水土流失严重，生态环境极度退化，植被覆盖率仅为 10%，植被的重建非常困难。

2. 滑坡对建（构）筑物破坏作用

滑坡体往往土石方量巨大、速度惊人、冲击作用强烈，高速的滑坡体的冲击作用是各

类建（构）筑物破坏的主要原因。处于滑坡影响范围内的不同位置的建筑的破坏形式与程度差异很大。当建（构）筑物位于斜坡顶部时，或随滑坡体运动产生毁灭性破坏，或因地基土临空、松动，地基土出现不均匀沉降，导致房屋出现裂缝损坏或倾斜；当建（构）筑物位于斜坡上时，一般随滑坡体移动，成为滑坡体一部分；当建（构）筑物位于斜坡下时，在滑坡波及区内，建（构）筑物要承受滑动土体的冲击压力，破坏的形式、程度与滑坡的规模、地形及离滑坡处的距离有关。

例如，某厂一次大暴雨后发生大滑坡[88]，如图 1-69 所示，滑坡东西宽 365m，南北长 305m，滑坡土体高约 8～30m，滑坡体主轴线移动约 200m。该滑坡属典型的黄土滑坡，全部移动在数分钟完成。滑坡共造成 140 万 m^3 的土方移动，除留在滑床土的滑坡土外，流到波及区的土方淹盖了面积 $800m^2$，冲出滑坡周界线以外 15～30m。

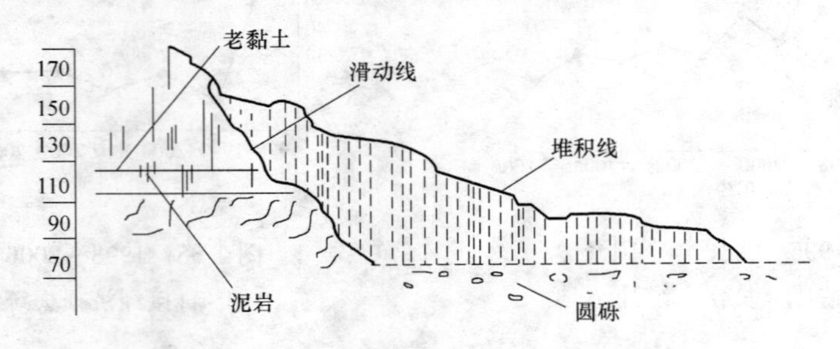

图 1-69 某厂滑坡主轴纵剖面

该厂在滑坡体内的建（构）筑类型甚多，既有单层排架厂房，又有砖混结构仓库、变电站，同时还有锅炉房、烟囱（砖砌），铁路专用线、管道支架，露天起重龙门吊、泵房等，均遭到毁灭性破坏，无一完好，其破坏形式有：淹埋、翻转、撕裂、隆起、扭转等。

滑动周线以外的建筑物，虽然基础未移动，但由于滑坡体土的倾泻塑流，对建筑物也造成影响。该厂在土体倾泻流动范围以内的建筑甚多，仅残存的四幢厂房，以某装配车间为例，说明滑坡对建筑物的破坏作用。滑坡体袭击后，破坏后残存部分如图 1-70 所示。

① 地基：地基未蠕动，岩层亦无变化；土的含水率由 16％增高到 25％，触探测得土的标准承载力由 120kPa 降低到 100kPa；土的湿陷性保持不变。

② 基础：各车间基础均为条基加杯基，即在柱下用杯基，杯基间用钢筋混凝土条基连接。基础的破坏形式有：发生水平位移，如装配车间基础水平位移量如图 1-70 所示；基础转动导致杯面裂缝；杯口灌的细石混凝土与基础间普遍有脱开和裂缝，并自杯口向下延伸等。

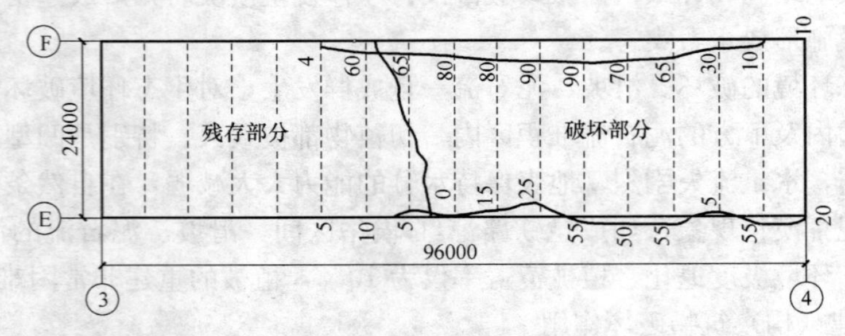

图 1-70 装配车间破坏范围、基础水平位移示意图

③ 柱子：迎土体方向柱子大多数被土体推力折断而倒塌，断口处内外排钢筋被拉断，部分钢筋断口呈颈缩状，混凝土破碎；排架跨度方向的另一侧牛腿以上的小柱多数被折断，个别钢筋（内排）有缩颈现象，并普遍有向内倾斜现象，如图 1-71 所示。

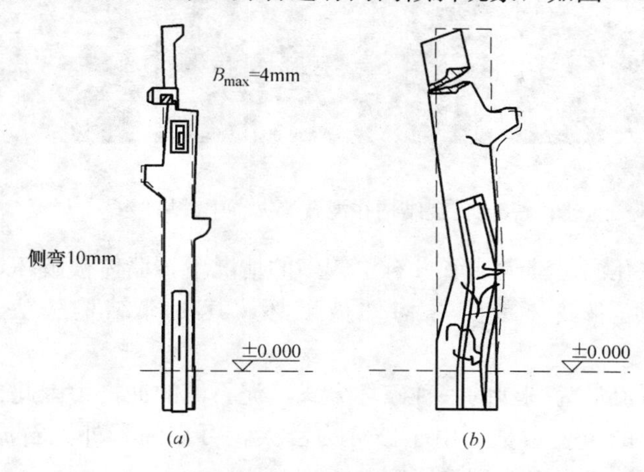

图 1-71 柱裂缝变形示意图

④ 吊车梁：除随柱子倒塌吊车梁均折断外，残存的吊车梁未出现裂缝，端部与柱牛腿焊接处焊缝完好，无错动撕裂。

⑤ 屋架：以装配车间钢屋架共倒塌 11 处，未倒塌的屋架除与倒塌屋架相邻的一榀有破坏外，其余完好无损（图 1-72）。

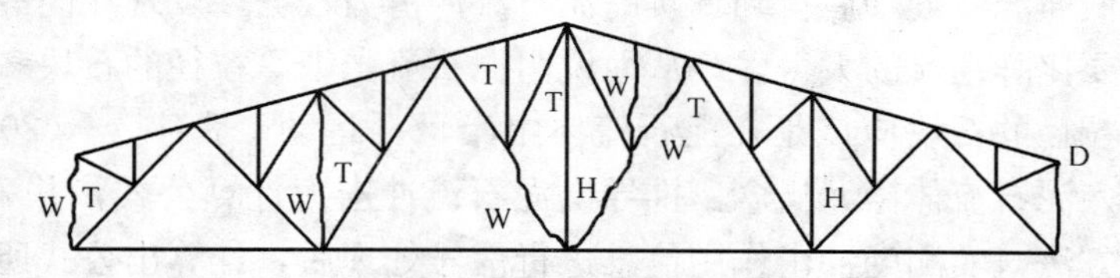

图 1-72 装配车间钢屋架破坏部位示意图
W—弯折；T—脱漆；H—脱焊；D—断裂

⑥ 屋面板无一完好。

⑦ 砖墙倒塌或未倒的墙体底部有严重裂缝。

3. 泥石流对建（构）筑物的破坏作用

泥石流的破坏作用主要表现为冲击力作用、磨蚀作用、掩埋作用等。泥石流冲击力则是由泥石流浆体动压力和石块撞击力两部分构成，浆体动压力上叠加着大小不同的石块作用力，破坏作用巨大。在泥石流流速大、冲击力强、堆积厚度大的强灾害区，房屋可遭受毁灭性破坏，而随灾害强度的减弱可能局部受损。土石倾泻、流动范围内各类建（构）筑物的破坏大多是毁灭性的，破坏的形式通常有掩埋、翻转、撕裂等；对于位于土石倾泻、流动边界的建（构）筑物，会因为流动体的冲击作用产生变形，发生各种形式的结构破坏，或者建筑物附属结构或局部冲毁。

如根据国内外对在泥石流灾害中建筑物破坏形式的调查[89]，砖混结构的一般破坏形式有 3 种，第 1 种是建筑墙体在泥石流体撞击下，墙体受弯，出现横向断裂，最终导致整体垮塌，如图 1-73（*a*）所示；第 2 种为墙体被泥石流体中携带的大石块撞击，造成墙体

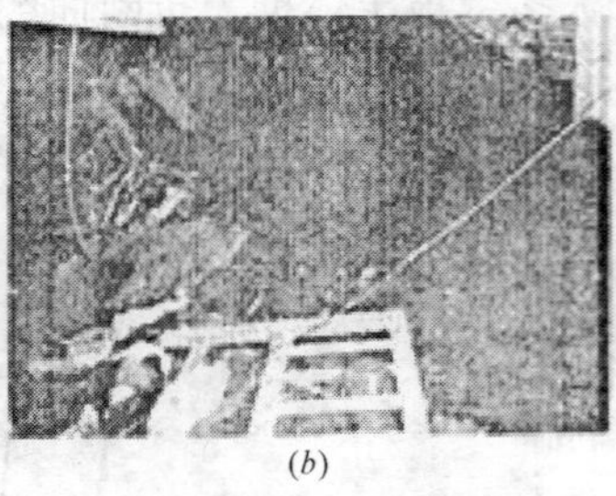

(a) (b) (c)

图 1-73 砖混结构在泥石流灾害中破坏形式

上出现大的孔洞，在孔洞足够大或者大石块较多的情况下，墙体被破坏，图 1-73（b）；第3种是高层建筑物底部墙体或支撑构件被破坏，其上部结构失去支撑而垮塌，图1-73（c）。

冲击作用是泥石流最为剧烈的一种破坏方式，泥石流的冲击力因此也成为泥石流工程防治和危险性分区中的重要参数。由于破坏力巨大，可靠的野外泥石流的冲击力数据缺乏，目前关于泥石流冲击力多为理论研究。

陈洪凯[90]（2006）等将泥石流体概化为两相流体，基于一维流假定，建立了液相浆体和固相颗粒的冲击力计算式，以及两相冲击力的综合表示式和泥石流冲击时间计算方法。胡凯衡[91]（2006）等通过在云南蒋家沟建立的泥石流冲击力野外测试装置和新研制的力传感器以及数据采集系统，首次测得不同流深位置长历时波形完整的泥石流冲击力信号原始信号经过低通滤波处理后得到真实的泥石流冲击力数据，发现在同等流速的条件下连续流的冲击力要比阵性流的大得多，从而说明泥石流中中等粒径的石块多集中在龙头和流体表面，而大粒径的石块应该是在泥石流体中半悬浮运动。张宇[92]（2006）等基于动量守恒原理，引入泥石流体微元概念，推导出泥石流冲击力计算公式，并采用 Hilbert 变换这种数字滤波方法对实测的冲击作用信息进行信号处理后，计算出公式所需参量。何思明[93]（2007）等以 Hertz 接触理论为基础，考虑结构的弹塑性特性，给出泥石流大块石冲击力的计算方法，并利用 Thornton 假设，即材料为理想弹塑性体，对 Hertz 接触理论进行弹塑性修正，推导考虑材料塑性的接触压力计算公式。

1.5.4 滑坡、泥石流灾害灾损实例

近年来，我国山洪滑坡泥石流灾害不断发生，导致了重大损失。诸如[94-101]：

2004 年 7 月 17～19 日，云南省腾冲县北部的猴桥、明光、滇滩等 7 个乡镇遭受特大暴雨袭击，引发特大滑坡泥石流灾。全县 21 个乡镇不同程度受灾，死亡 7 人，失踪 2 人，受伤 4 人；倒塌损毁房屋 5138 间；92 条县乡、乡村公路受灾，毁坏公路 150km、桥梁涵洞 130 座，通往中缅猴桥口岸的公路全线中断；损坏堤防 18 处，堤防决口 8 处，损坏护岸 147 处，毁坏人畜饮水工程 50 处，损毁大小沟渠 154 条、长 125km，损坏小水电站 5 座，造成龙江 2 级、3 级电站停机；破坏通信线路 100km、输电线路 20km；共造成直接经济损失 1.36 亿元。

2004 年 7 月 18～19 日，云南省德宏州盈江县北部的支那、盏西、芒璋等地遭受特大暴雨袭击，引发 7·20 滑坡泥石流山洪灾害，造成 59 人死亡、失踪和 15857 万元财产损失。这次灾害还导致倒塌房屋 4103 间，损坏房屋 7207 间；农作物受灾 7518hm^2，绝收

1314hm^2，粮食减收1.22万t；35条县乡、乡村公路受灾，毁坏路基路面45.1km、桥梁9座、涵洞384道，通往灾区的道路全部中断；损坏堤防89处，其中决口8处，损毁大小沟渠56条，共33.95km，损坏取水坝11座；损坏通信线路30km、输电线路13km。

1999年6月22日夜11时，在暴雨激发下，四川省凉山彝族自治州普格县荞窝镇标水岩沟下游海拔1500～1650m段沟两侧山坡发生较大面积滑坡，滑体在运动过程中翻滚、搅拌，演化成泥石流直扑山下，造成严重灾害。泥石流导致2人死亡，掩埋耕牛16头，摧毁房屋8间共1180m^2，冲毁和淤埋电站引水渠道150m、良田23hm^2、西（昌）巧（家）公路220m，直接经济损失280余万元。

2004年9月5日9时，重庆万州吉安滑坡发生，摧毁了前缘的开县—云阳公路及有280年历史的民国场，正在建设中的万开高速公路铁锋站出口已建桥墩也完全报废，滑坡体前缘部分涌入河道，形成堰塞湖，对其下游的云阳等3个乡镇一万余人的生命财产造成威胁，由于及时疏通，未造成危害。

2002年8月14日清晨4点，云南省新平县水塘镇、戛洒镇等发生了特大滑坡泥石流灾害。滑坡泥石流造成死亡33人，失踪13人，轻伤20人，受灾人口24782人；房屋倒塌846户（3916间），1070户农户处于极度危险之中；冲毁沟渠58km、公路443km、桥梁26座、涵洞299个；冲毁农作物1266.7（其中水田700.7hm^2、坡地566hm^2），冲走大牲畜401头，预计直接经济损失11746万元。

2004年9月5日12～23时，在特大暴雨的诱发下，四川省宣汉县天台乡发生了长950～1200m、宽1400～1600m、平均厚度23m、体积约$25\times10^6m^3$的特大型岩质滑坡。该滑坡不仅摧毁了1.2km^{2}滑坡区范围内所有的建筑物；同时，因滑体前部约$2.1\times10^6m^3$的物质冲入前河，堵塞河道，形成宽1500m、高20余米的天然堆石坝和库容达$60\times10^6m^3$的堰塞湖。回水淹没上游五宝镇及沿河两岸居民5770户，农田4930亩，紧急转移19360人，损失巨大。

2003年7月13日，千将坪滑坡高速滑入青干河中，激起近30m的涌浪，打翻青干河中22条渔船。滑坡滑入河中堵塞河道，形成近20m高的滑坡淤坝。滑坡造成14人死亡，10人失踪，近千人受灾，直接经济损失达5735万元，这是三峡水库蓄水以来的一个重要的新发滑坡。

2004年7月4日22时30分至7月5日20时30分，云南省德宏傣族景颇族自治州的盈江县、陇川县、瑞丽市等地连降暴雨，境内大盈江、南畹河、户撒河水位暴涨，全州30多个乡镇、3个农场发生山体滑坡、泥石流及洪涝灾害。灾害造成18人死亡、24人失踪、11人受伤，直接经济损失达4.8亿元。

1.6 火灾灾害

1.6.1 火灾及其成因

火灾是指在时间和空间上失去控制的高温燃烧所造成建（构）筑物、设施及人员财产损失的灾害。火灾发生的场所各有不同，有在森林、草原等自然界上发生的火灾，还有更多是在建（构）筑物中发生的火灾，如多层民用建筑中的居民家庭火灾、高层建筑火灾、公共聚集场所火灾及地下空间和隧道火灾等，此外，还有发生在汽车、船舶等交通工具上的火灾。当今，火灾是全世界各国人民所面临的一个共同的灾难性问题。

引发火灾的因素多种多样，有因用火不当、电气原因、吸烟等直接引起的火灾，也有因雷电、地震、战争等其他灾害引发的次生火灾。

1.6.2　我国建筑物火灾现状、趋势

新中国成立以来，随着经济的不断发展，我国火灾数量及损失总体呈现出上升的趋势。新中国刚成立时，经济发展水平较低，火灾总量和直接损失相应也比较低；在改革开放的推动下，20世纪90年代以后，中国经济社会进入了快速发展阶段，社会财富和致灾因素大量增加，火灾损失也急剧上升[102]。

如图1-74、图1-75分别为20世纪50年代以来我国年均火灾起数、直接经济损失和伤亡人数趋势图。可以看出，进入20世纪80年代以后，火灾总数与直接经济损失迅速增加。20世纪90年代火灾直接损失平均每年为10.6亿元，而21世纪前5年间的年均火灾损失达15.5亿元，为20世纪80年代年均火灾损失的4.8倍。在新中国成立后的50多年中，因火灾造成的人员伤亡以20世纪60年代和70年代为最多，年均火灾死亡人数分别为4500人和4366人，其中1960年火灾死亡人数为10843人。经过各级政府、公安消防部门和全社会的努力，特别是1978年召开的全国科学大会，推进了消防科技的研究和应用，20世纪80年代以后，火灾伤亡得到了一定程度的控制。

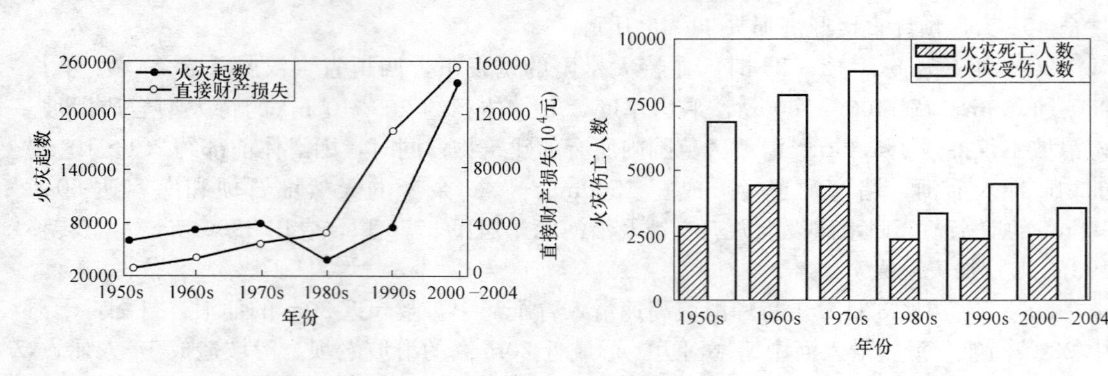

图1-74　20世纪50年代以来年均火灾起数与损失

图1-75　20世纪50年代以来年均火灾伤亡人数

经济不断发展的背景下，我国火灾损失也具有上升的趋势。如图1-76所示，20世纪50年代以来，我国火灾直接损失与GDP基本呈现同步增长的关系，尤其在1986年以后，

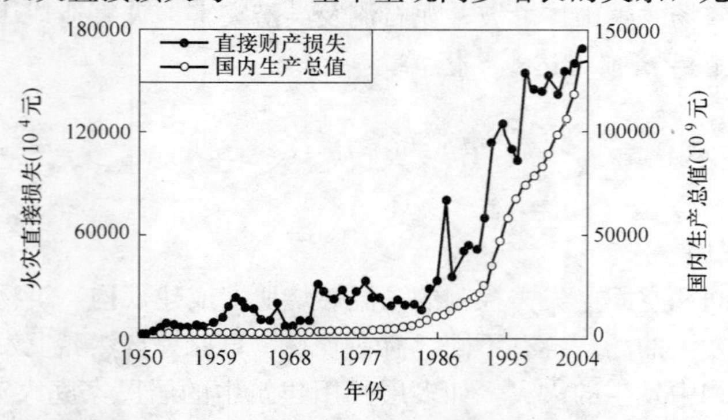

图1-76　中国火灾直接经济损失与GDP增长的变化关系

增长变得迅速。与发达国家相比，中国工业化和城市化发展水平以及火灾起数与损失都相对较低，随着中国的快速发展，火灾还有一个潜在的上升空间。

此外，近年来我国特大火灾及损失大体上呈现下降的趋势。如 1990～2004 年，我国特大火灾发生起数、财产损失总体上在起伏变化中有所降低，人员伤亡人数则在 1994 年、1997 年和 2000 年出现 3 个高峰，整体呈现波浪式变化（图 1-77、图 1-78）。

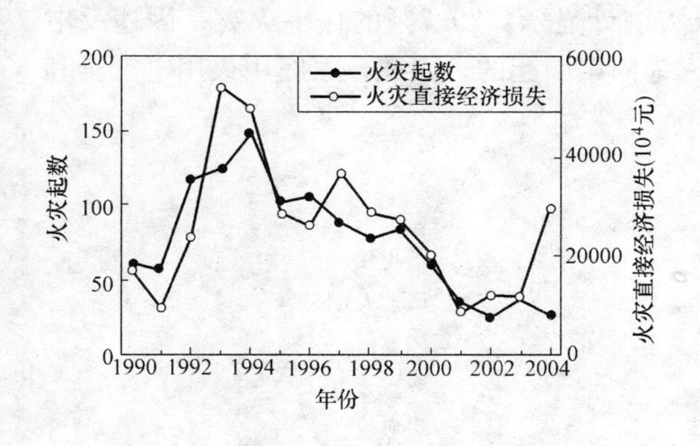

图 1-77 20 世纪 90 年代以来特大火灾起数与损失

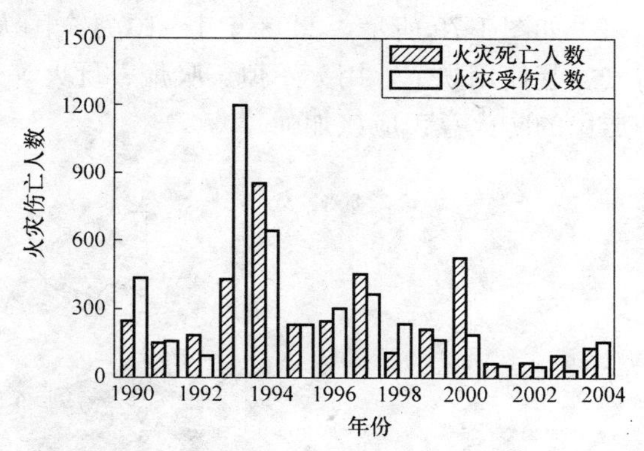

图 1-78 20 世纪 90 年代以来特大火灾伤亡人数

1.6.3 我国建筑物火灾的类型

我国建筑物火灾按发生场所大致可分为：公共场所火灾、居民住宅火灾、加油站火灾、隧道火灾、煤矿火灾、历史街区火灾、油库及油品码头火灾等，不同类型火灾的起因、规模、灾损程度不同。

1. 公共场所火灾

公共场所一般人员密集、可燃物品多、电器多、用电量大，因而火灾危险性大。近年来，公共场所火灾发生的频率、规模及造成的经济损失呈递增趋势，人员聚集的公共娱乐场所的群死群伤火灾尤为突出。

梁力达[103]等（2008）以 1997～2006 年我国公共场所发生的 30 起死亡 10 人以上的特大火灾进行统计和分析，结果如表 1-29、表 1-30 所示。可以看出，火灾主要发生在易燃品集中的车间、厂房，以及人流量大的娱乐场所、商场和宾馆饭店，它们占火灾总数的 80%；从起因上，近半成是由于公共场所违反安全规定引发火灾，以及电气火灾所占比例不小。

火灾发生场所统计 **表 1-29**

场所	公共娱乐场所	宾馆饭店	商场	车间	宿舍	医院	市场	仓库
起数	4	5	6	9	1	2	1	2
所占比例(%)	13	17	20	30	3	7	3	7

火灾发生原因统计 **表 1-30**

原因	违章焊割	电气	违反安全规定	吸烟	人为纵火
起数	2	10	12	3	3
所占比例(%)	7	33	40	10	10

2. 住宅火灾[104]

2008年1～10月，我国村民、居民住宅共发生火灾4.3万起，死亡771人，受伤267人，直接财产损失1.9亿元。据统计，住宅火灾起数占火灾总数的39.3%，死亡人数却占总数的68.7%，平均每56起火灾造成1人死亡，而其他场所平均每190起火灾死亡1人。可见，住宅火灾较其他场所的火灾对人员的危害程度更大。

如图1-79所示，2008年1～10月全国火灾统计显示：79.7%的住宅火灾是因违反电气安装使用规定、用火不慎、吸烟、玩火等人为因素引起的。因此，家庭用火用电安全和居民的防火意识应该加强。

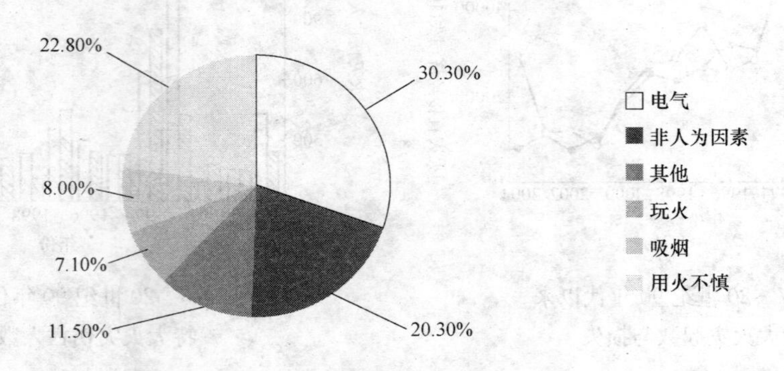

图1-79　住宅火灾起火因素构成图

3. 加油站火灾[105]

1998～2005年期间，加油站火灾1796起，占全国发生火灾总数的0.18%；死亡166人，占死亡总人数的0.81%；伤1030人，占受伤总人数的3.48%；直接经济损失4012.67万元，占总额0.45%。

此外，由表1-31可见，1998～2005年，全国加油站火灾灾情呈现出逐渐减弱的趋势。火灾数量从1998年的355起下降到2005年的107起，同比减少69.86%；爆炸事故死亡人数从1998年的39人下降到2005年的3人，同比减少92.31%；受伤人数从1998年的272人下降到2005年的30人，同比减少88.97%；1998年全国加油站火灾爆炸事故共造成直接经济损失1057.1万元，而到2005年则下降到171.9万元，同比减少了83.74%。

1998～2005年全国加油站火灾四项指数及建筑损失统计　　**表1-31**

年份	起数(起)	死亡(人)	受伤(人)	直接经济损失(万元)	烧毁建筑(m^2)	建筑受灾(户)
1998	355	39	272	1057.1	—	—
1999	329	35	201	767.1	—	—
2000	294	28	158	557.7	5635	93
2001	235	23	152	487.4	7348	123
2002	174	18	93	401.7	4854	83
2003	161	13	78	356.4	3565	91
2004	141	7	46	263.3	3765	83
2005	107	3	30	171.9	2331	46

由图1-80可知，1998～2005年，在诱发加油站火灾爆炸事故的十种原因中，电气、违章操作、用火不慎三种原因占到总数的73.62%，成为诱发加油站火灾爆炸事故发生的主要原因。

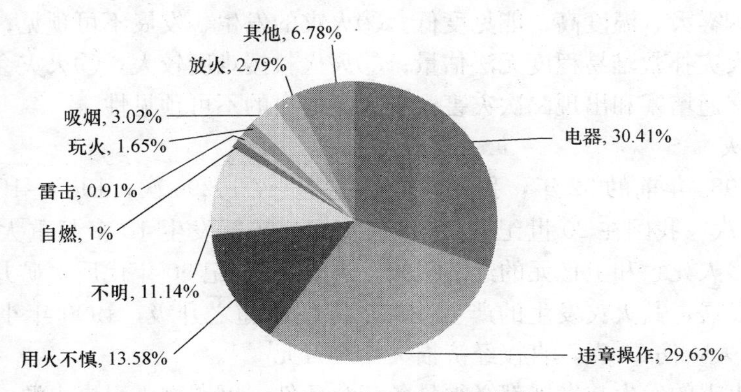

图1-80 加油站火灾成因统计

4. 隧道火灾

隧道火灾包括公路隧道火灾、铁路隧道火灾、地铁火灾等，其中公路隧道火灾最为常见，欧洲20世纪80年代后期的统计资料显示，公路隧道发生火灾的机率是铁路隧道的20～25倍。另据上海打浦路隧道在1981～1988年间不完全统计，约每行驶7000万辆公里发生火警一次（包括发生在两端道口的汽车火警）。

随着国内外隧道数量的增加，隧道火灾发生的频率也逐渐增加。由于隧道是位于地下的狭长通道，尽管隧道火灾发生的概率很小，但其造成的影响及损害程度是巨大的。近几年国内外公路隧道，尤其是特长公路隧道火灾事故频发、伤亡严重、损失巨大。如1999年3月24日发生在意大利和法国之间的Mont Blanc隧道大火，夺去了39人的性命；1999年5月29日奥地利Alpine隧道火灾也造成了重大损失；2001年10月25日Swiss隧道火灾造成10人死亡；1979年日本东京至名古屋高速公路隧道因两辆卡车相撞发生了火灾，烧毁汽车100多辆，造成多人伤亡。近些年，我国公路隧道火灾也有发生，主要情况如表1-32所示。

我国公路隧道主要火灾情况 **表1-32**

时间	名 称	火灾情况	火灾原因
1976年3月	上海市打浦路隧道	死5人，重伤2人	一大客车与地面露出的钢筋相撞漏油起火
1998年3月			车辆过速撞车导致油管撕裂起火
1998年8月			车辆电路故障起火
1991年4月	延安东路隧道	未造成伤亡	公交车辆电气线路起火
1994年8月			车辆发动机油管爆裂起火
1998年5月			车辆发动机故障起火
2001年1月	猫狸岭隧道	造成巨大的直接与间接经济损失	车载物品的燃烧，发生小规模的爆炸

隧道中火灾的起因有很多种，常见的起火原因有：隧道电气线路或电器设备短路起火；维修养护时动用的明火起火；汽车化油器燃烧起火；紧急刹车时制动器起火；汽车交

通事故起火和车上装载的易燃物品起火等。此外尽管在平时每天货车只占整个交通量的15%左右，但仍有30%的火灾是由货车引起的。换言之，货车比小汽车更容易引起火灾。

蔡加发[106]（2009）通过对国内外隧道火灾事故的调研，总结了公路隧道的火灾有如下的特点：①烟雾大，温度高，能见度低；②火灾的发生、发展不可预见；③车辆、人员疏散困难；④火灾扑救难易程度无法估量；⑤灭火救援难度较大；⑥火灾会产生跳跃性蔓延；⑦易造成交通堵塞和出现二次灾害；⑧火灾损失的不可预见性。

5. 煤矿火灾

据统计，1984年前的32年，我国煤矿矿井共发火10296次，1985～1990年间百万吨发火率为0.76次；我国在20世纪80年代仅统配煤矿就发生10多起重大胶带输送机火灾，造成200多人死亡和上亿元的经济损失；进入20世纪90年代后，矿井生产逐步向高产高效集约化发展，其火灾发生的严重性和危害性也随之升级，1990年小恒山矿区因胶带火灾死亡80人，伤23人，直接经济损失567万元[107]。

任何矿井火灾的发生与发展都必须具备三个条件：可燃物、引火火源、燃烧所需要的氧气。从引起矿井外因火灾的三个条件来看，可燃物（煤炭）和氧气供给两个条件是不可能消除，所以防止外因火灾的发生，必须要杜绝引火火源；而煤炭自燃过程具有三个阶段，即潜伏期（低温氧化阶段）、自燃期、着火期（自然阶段），如图1-81所示。因而，煤炭自燃有三个必要的因素：煤的自燃倾向性、有连续供氧的条件、热量易于集聚。

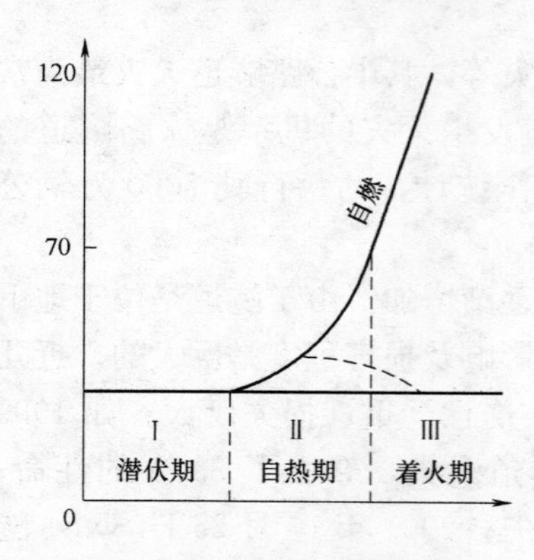

图1-81　煤炭的自燃过程

煤矿井下火灾比地面火灾危害要大，董建云[108]（2009）总结了其特点有：①煤矿井下空间有限，人员躲避较为困难，灭火救灾也困难；②煤矿井下空气供应有限，常因空气供应不足，产生有毒、有害气体的浓度不易冲淡而致灾；③发生火源地点很难接近，火灾地点隐蔽，难以找到火源地点；④在有瓦斯、煤尘爆炸危险的矿井中，井下火灾还会引起瓦斯、煤尘爆炸事故，后果十分严重。

6. 历史街区火灾

历史街区是指保护有一定数量和规模的历史建筑物且风貌相对完整的生活地区。如北京大栅栏地区、陶然亭地区、黄山屯溪老街、山西平遥古城等地[109]。历史街区是历史文化名城重要的组成部分。作为一个历史文化名城不仅要拥有优秀的历史文化遗存和重要的文物古迹，还要有历史街区。因为历史街区是这个名城历史发展中存留下来的连片的建筑群体，它保存有这座城市发展过程的历史信息。它是成片的而不是独幢的房屋，能反映出城市的特色和风貌[110]。

近年来，随着历史街区开发为旅游景点，以及电气的广泛使用，历史街区火灾时常发生，损失惨重。诸如，2003年6月16日，宁波海曙区文昌街48号的老房子着火，幸亏消防部门扑救及时，才保全了相邻的明朝时期古建筑群；2003年12月22日，温州文成县玉壶镇百年历史的玉壶商业老街发生大火，67间房屋被烧毁，48户人家受灾；2003年10月18日，云南丽江黑龙潭“龙神祠”，在火灾中被烧毁，此祠距今已有260多年的历史，是丽江黑龙潭最古老的建筑群，同时是丽江市古城区文化馆所在地和县级文物保护单位等。北京大栅栏地区、陶然亭地区、黄山屯溪老街、山西平遥古城近年各类成因的火灾统计如表 1-33 所示，可见电气火灾所占比例不小。

近年历史街区火灾统计[111] **表 1-33**

历史街区	用火不慎	违章操作	电气失火	易燃物	雷击	不明	吸烟	其他	总计
大栅栏地区	2	—	4	—	—	2	1	1	10
陶然亭地区	1	—	6	2	—	2	3	1	15
屯溪老街	1	1	1	—	1	—	—	—	4
平遥古城	3	—	3	1	—	—	—	—	7
总计	7	1	14	3	1	4	4	2	36

胡敏[112]（2005）分析了历史街区火灾现状，并总结了其特点：①用火不慎是居民火灾的重要原因；②电气火灾日益严重；③火灾发生速度快，容易发生延烧、垮塌，人员财产损失惨重；④火灾中后期，火灾救助困难、效果不佳等。

7. 其他火灾

油库、油罐及油品码头火灾；建筑工地及新建建筑火灾；电力变压器火灾；蔬菜大棚火灾等。

1.6.4 火灾对建（构）筑物的破坏机理

活荷载对建（构）筑物造成的破坏主要为材料、结构承载能力的降低或丧失，结构或构件的变形过大，构件连接处及非结构构件的损坏，消防设施及其他附属设施的损坏等。

钢结构的耐火性能差，当其温度＞200℃后，钢材材质产生较大变化，强度逐步降低，伴随着蓝脆和徐变现象发生；温度＞350℃时，强度开始大幅度下降；温度达到 600℃时，钢材进入塑性状态，基本丧失了强度和刚度。不加保护的钢结构构件的耐火极限仅为10～20min，一旦发生火灾，结构极易遭到破坏，后果不堪设想。另一方面，高温条件下，混凝土结构材料和构件破坏的程度主要取决于温度升高的速率、最高温度和火作用持续的时间。

1. 火灾中建（构）筑物受损概况

遭受火灾的木结构、钢结构往往损毁严重，而钢筋混凝土建筑物，一般不会倒塌，但结构会损伤、破坏，表现在混凝土表面颜色改变、构件产生裂缝、表层混凝土一定厚度的烧酥和剥落，以及损伤严重的梁产生挠度等。火灾后建筑结构受损的根本原因在于结构构件的材料性能受火灾作用而改变，使结构承载能力降低。

李耀庄[113]等（2006）搜集了 1960～2005 年的 27 个火灾案例，并进行了统计分析（表 1-34～表 1-36），其中发生屋架坍塌的事例有 12 起，发生局部倒塌的事例有 10 起，发生整体倒塌的事例有 5 起。

倒塌建筑按层数分类统计 **表 1-34**

层　数	＜4	4～8	＞8
倒塌数量	16	10	1
所占比例	59.3%	37.0%	3.7%

倒塌建筑按结构型式分类统计 **表 1-35**

结构型式	钢筋混凝土结构	钢结构	砖混结构	砖木/木结构	未知
倒塌数量	5	12	3	4	3
所占比例	18.5%	44.4%	11.1%	14.8%	11.1%

倒塌建筑按使用功能分类统计 **表 1-36**

使用功能	办公楼	住房	商业建筑	医院/学校	商住楼	厂房/仓库
倒塌数量	1	1	6	2	3	15
所占比例	3.7%	3.7%	22.2%	7.4%	7.4%	55.6%

结果显示，发生火灾坍塌居多的是钢结构、木结构；高层结构；商业建筑和厂房、仓库等房屋。工业厂房尤其是钢屋架结构的工业厂房在火灾时易发生屋架的整体倒塌，而在一般的民用建筑中，火灾时多发生局部倒塌，发生整体倒塌的比例不高。

2. 高温下混凝土的强度与弹性模量

混凝土是一种复合材料，在火荷载作用下，内外温差及混凝土组成材料各成分变形不相容引起各种裂缝，如表面龟裂、垂直于混凝土表面往混凝土内部发展的横向裂缝、混凝土内部平行于混凝土表面的层层纵向剥开裂缝等。另一方面，水泥石受热分解，使胶体的粘结力破坏，出现裂缝，表面发毛、呈蜂窝状、边角溃散脱落、强度下降等现象。总体上，混凝土的力学性能随温度升高而降低。

贾艳东[114]等（2006）对不同时间高温后混凝土的性能进行了试验研究。不同时间高温后混凝土的轴心抗压强度和弹性模量如表 1-37、表 1-38 所示。

高温后棱柱体的轴心抗压强度 f_c^T（MPa） **表 1-37**

混凝土	室温	100℃			300℃			500℃			700℃
	23℃	1h	2h	3h	1h	2h	3h	1h	2h	3h	1h
C20	22.8	18.1	18.3	16.7	14.2	13.7	12.5	10.1	8.9	7.5	3.3
C30	33.1	26.1	25.7	21.7	18.1	21.6	16.5	9.0	9.3	8.7	4.2

高温后棱柱体的弹性模量 E_0^T（10^4MPa） **表 1-38**

混凝土	室温	100℃			300℃			500℃			700℃
	23℃	1h	2h	3h	1h	2h	3h	1h	2h	3h	1h
C20	2.51	2.51	2.37	2.61	2.18	0.60	0.44	0.14	0.11	0.062	0.0231
C30	3.30	2.35	3.11	2.29	1.22	0.77	0.52	0.12	0.13	0.068	0.0235

可以看出，当温度在100℃以内时，由于试件内部自由水蒸发形成毛细裂缝，试件加载后应力集中，使混凝土的抗压强度有所下降；T=100～300℃时，水泥胶体中的结合水的脱出增强了水泥颗粒的胶合作用，有利于混凝土强度的提高，使抗压强度在这一温度区段内有所回升；T=300～500℃时，混凝土的强度明显下降；T=500℃时，C20 试件强度降至原强度的 0.44～0.33，C30 试件强度则仅为原强度的 27%左右。此时骨料和水泥浆体的温度变形差继续加大，促使裂缝开展和延伸，抗压强度加速下降；T=500～700℃时，水泥中的未水化颗粒和骨料中的石英成分分解，形成晶体，伴随着巨大的膨胀，一些

骨料的内部出现裂缝，并随温度升高而开展，混凝土的抗压强度急剧下降。

温度 T 在 100℃以内时，C20 试件变形能力几无变化，甚至比常温下的变形能力有所增加，C30 试件则表现为下降趋势；T=300～500℃时，随着升温时间的延长，骨料截面裂缝的发展使变形加快增长，弹性模量发生大幅度下降；T=500～700℃时，骨料中的矿物成分的结晶体发生变化和内部损伤的积累使试件变形能力迅速下降，弹性模量急剧降低。

3. 高温对钢材、钢筋的力学性能影响

钢材虽为非燃烧材料，但不耐火。在火灾高温条件下，结构钢的强度和刚度都将迅速下降。因此，当建筑采用无防火保护措施的钢结构时，一旦发生火灾，结构很容易发生破坏。

以 Q235 钢为例，从图 1-82 可以看出，在火灾条件下，Q235 钢的力学性能相比常温下明显下降。表现在屈服强度、弹性模量随火灾温度的升高而降低。在 200℃时，屈服强度为常温下的 82.3%，弹性模量为常温下的 95.9%；在 400℃时，屈服强度为常温下的 49.8%，弹性模量为常温下的 83.1%；在 600℃时，屈服强度只有常温下的 20.4%，弹性模量只有常温下的 17.1%[115]。

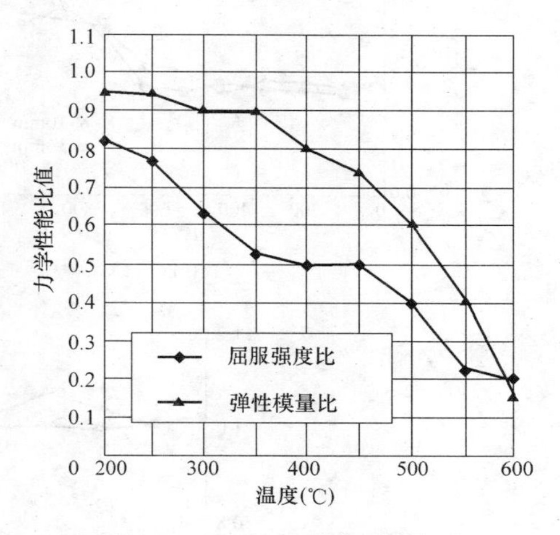

图 1-82 Q235 钢的力学性能随火灾温度变化的曲线

钢筋的屈服强度和极限强度同样都随着温度的升高而降低，但因钢筋等级而异。低合金钢（Ⅱ、Ⅲ、Ⅳ级）的强度降低幅度要小于低碳钢（Ⅰ级），而Ⅴ级钢筋的降低幅度最大。随着温度的升高，钢筋的应力-应变曲线逐渐趋于平缓、屈服平台消失，以及突然屈服的现象越来越不明显。吴红翠[116]等（2009）等进行了 HRB500 级高强钢筋高温后力学性能的试验研究。高温后，10mm 和 16mm 的 HRB500 级高强度钢筋的屈服强度、极限强度、延伸率、截面收缩率和弹性模量随温度变化的关系如图 1-83 所示。

HRB500 级高强钢筋在经历高温作用后，力学性能下降，但各指标变化的程度及变化规律不尽相同。10mm 和 16mm 的 HRB500 级钢筋的屈服强度、极限强度随温度增长总体呈减弱的趋势，在温度超过 500～600℃时，急剧降低；延伸率、截面收缩率变化规律与强度相近；弹性模量在高温下变化规律不是很明显，900℃时，直径 16mm 只下降了 0.6%。

4. 高温对钢筋与混凝土粘结力的影响

袁广林[117]等（2006）进行的高温下钢筋混凝土粘结性能的试验研究表明：高温下和高温后钢筋混凝土试件的极限粘结应力明显降低，并且达到极限粘结应力时的滑移量有所增加，试件的延性逐渐增强。

如表 1-39 所示，无论是高温后试件还是高温中试件，当受热温度不超过 450℃时，极限粘结应力下降较少；当受热温度达到 650℃时，极限粘结应力的降低程度明显。

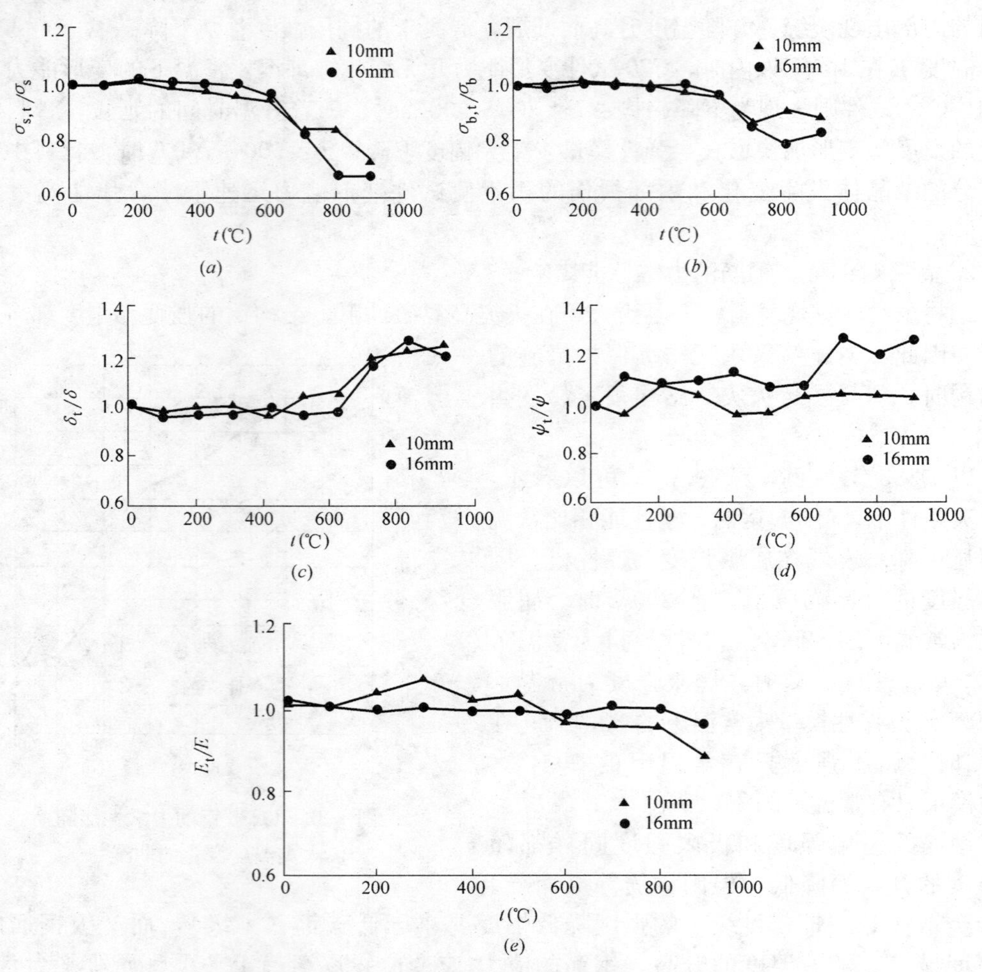

图 1-83 HRB500 钢筋力学高温下力学性能变化规律

(a) 屈服强度；(b) 极限强度；(c) 延伸率；(d) 截面收缩率；(e) 弹性模量

t——所经历温度；$\sigma_{s,t}$，$\sigma_{b,t}$，δ_t，ψ_t，E_t——分别为钢筋经历温度 t 作用后的屈服强度，极限强度，延伸率，截面收缩率和弹性模量；σ_s，σ_b，δ，ψ，E——分别为钢筋经历高温作用前的屈服强度，极限强度，延伸率，截面收缩率和弹性模量。

高温后和高温中试件拔出试验结果 **表 1-39**

编号	加热温度 T(℃)	极限粘结应力 τ_{max}(MPa)	达到极限粘结应力时的滑移 s_{rmax}(mm)	α	β
C0	常温	13.96	0.87	—	—
C1	250	11.82	1.26	0.863	1.45
C3	450	11.25	2.24	0.806	2.57
C5	650	6.67	2.74	0.494	3.15
F1	250	13.52	3.39	0.968	3.90
F2	450	12.10	5.22	0.867	6.00
F3	650	8.80	6.51	0.630	7.48

注：α——温度 T 时极限粘结应力与常温时极限粘结应力之比；

β——温度 T 时达到极限粘结应力滑移与常温滑移之比。

1.6.5 火灾灾损案例

2006 年 5 月 8 日 18 时 08 分，位于钱塘江路 17 号新疆建筑机械厂院内一栋商品库房发生火灾。经过指战员2个多小时的奋力扑救，大火于20时11分得到控制，9日凌晨7时20分被彻底扑灭。在灭火过程中，一名消防战士英勇牺牲，8名消防官兵受伤，群众无一人伤亡，火灾损失1413万余元。

2009年1月31日23时56分许，位于长乐市郑和中路178号的长乐拉丁酒吧发生火灾，共造成15人中毒死亡、24人受伤，烧毁电视机、音像灯光设备等物资，直接财产损失109702元，起火原因为酒吧内顾客燃放烟花引燃顶棚处的吸声棉（软质聚氨酯泡沫）引发火灾。

2003年11月3日晨，湖南省衡刚市衡州大厦发生火灾，部分坍塌。火灾中坍塌的部分为西侧大部分（仅西南角一跨未坍塌）和北侧将近1/2的部分。

2006年3月10日凌晨4时许，位于兰州市城关区木岗东路1667号的兰山旅游投资有限公司华邦女子饰品广场发生特大火灾，过火面积6000m^2，烧损77家经营户的女子饰品、女子美客用品、家具饰品、童装等商品，损失达千万元。

2006年4月，某大学一栋七层学生宿舍楼509室由于使用大功率用电器引起火灾。烟气从起火房间扩散到走廊，并顺着走廊向两边扩散，在走廊的墙壁上留下了明显的烟熏痕迹。

2005年11月17日晚，由于一楼霓虹灯铜铝导线连接处接触不良，产生明火引燃周围可燃物，导致兰州市张掖路某综合楼1层燃烧着火，由于建筑物内未设喷淋系统，火势由1层迅速向四周蔓延，火焰从窗口上窜引燃2～5层。火势迅猛，经消防人员奋力扑救，于次日凌晨将大火扑灭。火灾持续了约3h。烧毁了1～5层蒙娜莉莎影楼，承重结构的主要受力构件受到不同程度的损伤。

2002年2月23日7时27分，中国石油辽阳石化分公司烯烃厂聚乙烯装置发生爆震事故，造成8人死亡，1人重伤，18人轻伤，装置的大部分设备和厂房的整体结构受到冲击波的强烈作用而遭破坏，直接经济损失近五百万元。

2008年9月20日22时49分，深圳市龙岗区舞王俱乐部发生特大火灾，死亡44人，受伤90人（其中51人住院治疗，39人留院观察），这是近15年来深圳市发生的死伤人数最多的火灾（15年前，1993年11月19日，深圳市龙岗区蔡涌镇致丽玩具厂火灾，死亡84人，受伤40人）。

1.7 灾损建（构）筑物处理技术的基本要求

本章简要概述灾损建（构）筑物处理技术的基本要求，包括灾损建（构）筑物评估、鉴定加固原则，灾损建（构）筑物修复鉴定、加固的抗灾设防目标，灾损建（构）筑物检测鉴定，灾损建（构）筑物结构加固与处理设计，灾损建（构）筑物加固施工质量控制与验收等。力图给出灾损建（构）筑物处理技术的总体概念、过程与程序、内容与要求，使参与灾损建（构）筑物处理技术的有关人员有总体的了解，能够从全局上把握所从事灾损建（构）筑物处理的各项工作。这些基本要求在本书的各个章节中还会有结合不同灾种的具体详尽阐述。同时，本章还对城市综合防灾的有关问题进行了探讨。

1.7.1 灾损建（构）筑物评估、鉴定加固原则

1. 灾损建（构）筑物抗灾设防预防为主的原则

自然灾害如地震灾害、冰雪冻害、洪水灾害、飓风和风沙灾害、滑坡泥石流地质灾害以及人为如火灾害、爆炸灾害等，虽然其形成灾害的机理有所不同，但是灾害发生后的应急评估和灾害恢复重建的建（构）筑物抗灾鉴定和处理的原则、程序和质量控制与验收要求都是相同的。各类灾损建（构）筑物的抗灾设防均应根据不同灾害的特点坚持预防为主和综合分析确定处理决策的原则。

（1）坚持预防为主的原则能够有效地提高建（构）筑物的抗灾能力

坚持预防为主的原则就是要搞好各类灾害的预报，并根据预报情况及时采用相应的措施。对于冰雪冻害、洪水灾害、飓风和风沙灾害等气象灾害是能够通过气象卫星来预报其走向和强度的，对于这些灾害到来季节的影响范围均应采取临时的人员转移等应急措施。我们谈的预防为主还不仅限于灾害到来季节的应急措施，更主要的是对于遭遇某种灾害较多地区的抗灾设防标准、抗灾规划和提高建（构）筑物的抗灾能力的措施。对于能够预报的自然灾害如此，对于不能准确预报的地震和人为灾害的火灾同样如此。

对于除火灾以外的自然灾害是有其发生的规律，根据以往自然灾害发生情况，可以给出不同地区遭受各种灾害的种类和程度，这就形成了各地的抗洪设防标准、抗震设防标准和滑坡泥石流地质灾害的范围、台风影响的范围与程度等。这些抗灾设防标准一般是运用概率统计的方法来确定的，这就是我们通常所讲的100年一遇的洪水、50年一遇的冰雪和风，475年一遇的地震等。而建（构）筑物的抗灾设防标准还应通过区分灾害的影响及造成灾害的后果来确定，也就构成了不同重要性类别的抗灾建（构）筑物。下面以抗震设防加以说明。

对于建筑抗震设防除了应按照中国地震动参数区划图进行抗震设防外，还应区分建筑工程抗震设防分类。在《建筑工程抗震设防分类标准》GB 50223—2008中给出了建筑工程抗震设防的四个类别和相应的设防要求。建筑工程的四个抗震设防类别为：

1）特殊设防类：指使用上有特殊设施，涉及国家公共安全的重大建筑工程和地震时可能发生严重次生灾害等特别重大灾害后果，需要进行特殊设防的建筑。简称甲类。

2）重点设防类：指地震时使用功能不能中断或需尽快恢复的生命线相关建筑，以及地震时可能导致大量人员伤亡等重大灾害后果，需要提高设防标准的建筑。简称乙类。

3）标准设防类：指大量的除1）、2）、4）款以外按标准要求进行设防的建筑。简称丙类。

4）适度设防类：指使用上人员稀少且震损不致产生次生灾害，允许在一定条件下适度降低要求的建筑。简称丁类。

各抗震设防类别建筑的抗震设防标准为：

1）标准设防类，应按本地区抗震设防烈度确定其抗震措施和地震作用，达到在遭遇高于当地抗震设防烈度的预估罕遇地震影响时不致倒塌或发生危及生命安全的严重破坏的抗震设防目标。

2）重点设防类，应按高于本地区抗震设防烈度一度的要求加强其抗震措施；但抗震设防烈度为9度时应按比9度更高的要求采取抗震措施；地基基础的抗震措施，应符合有关规定。同时，应按本地区抗震设防烈度确定其地震作用。

3）特殊设防类，应按高于本地区抗震设防烈度提高一度的要求加强其抗震措施；但抗震设防烈度为9度时应按比9度更高的要求采取抗震措施。同时，应按批准的地震安全性评价的结果且高于本地区抗震设防烈度的要求确定其地震作用。

4）适度设防类，允许比本地区抗震设防烈度的要求适当降低其抗震措施，但抗震设防烈度为6度时不应降低。一般情况下，仍应按本地区抗震设防烈度确定其地震作用。

对于已经探明地震活动断裂带的设计应按现行《建筑抗震设计规范》GB 50011规定进行避让，对于地震发生后处在地震活动断裂带上的建（构）筑物应拆除而不考虑对其进行抗震加固，并应按现行《建筑抗震设计规范》GB 50011规定进行避让重建。

（2）各种灾害的预防为主的原则应适合各自灾害的特点

1）对受滑坡、泥石流、沉陷灾害的建（构）筑物，应坚持"灾损建（构）筑物处理为主，灾害源处理为辅；先灾害源治理，后建（构）筑物灾损处理"的原则。这个原则是针对地质灾害的特点提出的，当滑坡、泥石流、沉陷灾害发生时，应先进行损伤建（构）筑物的临时支顶等处理，使灾害不要再扩大。当灾害过去或地质灾害已经趋于稳定时，应先进行灾后源的治理，力争彻底根除灾害源，只有灾害源处理好后才能进行灾损建（构）筑物的处理。当灾害源治理确有困难或类似的地质灾害今后还会发生时，应避开该场地重新选址规划建造建（构）筑物。

2）对于风沙灾害，应坚持通过科学预测预报及合理的处理减轻损失、坚持预防重于灾后处理的原则。这是由于这种自然灾害既可预报又可以通过植树造林等进行预防。

3）对于火灾应坚持定期进行消防检查、及时消除火灾隐患的原则。火灾是人为灾害，可以通过管理重视、防火措施有力、定期检查和发现隐患及时整改等措施避免发生火灾。

4）对于地震灾害应搞好城市和大型企业的抗震防灾规划、对城市和乡镇均应搞好新建工程的抗震设计和既有建筑的抗震鉴定加固。无论有没有地震预报和地震预报的准确性如何，提高建设工程的抗震能力是最根本的。

2. 救援抢险阶段的建（构）筑物的影响程度的应急评估

对于各类灾害发生后的处理程序均为救援抢险阶段和恢复重建阶段两个阶段。救援抢险阶段在灾害发生的开始阶段，其主要任务是尽量减少人员伤亡，使受灾人员得到基本的安置，以及最大限度地把灾害限制在较小的范围内和防止次生灾害的发生。恢复重建阶段应是在灾害发生的因素已经不再存在或得到控制的前提下，其主要任务是恢复生产、生活的农田建设与建（构）筑物、道路交通设施等。对于工程来讲这两个阶段都涉及对受灾害影响建（构）筑物的勘查评估、鉴定与加固、改造，但因不同阶段的工作目标不同，而对建（构）筑物的勘查评估、鉴定与加固的要求不同。因此，应根据救援抢险阶段和恢复重建阶段的不同目标和要求分别进行。

（1）应急评估的目的

自然灾害如地震灾害、冰雪冻害、洪水灾害、飓风和风沙灾害、滑坡泥石流地质灾害以及人为灾害如火灾害、爆炸灾害等，其形成灾害的机理有所不同，对各类房屋、道路、桥梁、储仓、烟囱、水塔等建（构）筑物均有不同程度的影响。灾害发生后对所发生灾害影响范围内建（构）筑物的影响程度进行应急评估是非常重要和应立即进行的工作，这种评估是为了对灾损影响程度、范围以及灾损分区和对危险的建（构）筑物的局部危险部位采取临时处理措施服务的。

1）应急评估是为了尽快确定灾害的影响范围和灾损程度的分区。对于任何灾害发生后的首要任务是应急抢险救灾，而应急抢险救灾应是整个灾害影响范围，但也应区分灾害影响的程度来决定应急抢险救灾的人力和物力安排，所以灾害的应急评估是非常重要的。对于灾害其应急评估的手段越来越先进，特别是遥感卫星等先进设备和手段的应用，对于快速确定灾害的影响范围起到了重要的作用，这是在大的方面和范围的快速评估。但对于灾后造成的建（构）筑物的损伤程度，还应由工程技术人员通过现场实地勘察来确定其损伤的程度，区分危险建（构）筑物、严重损伤建（构）筑物、中等破坏建（构）筑物、轻微损伤建（构）筑物和基本完好建（构）筑物。

2）对应急评估为具有局部危险部位建（构）筑物应尽快采取临时处理措施防止扩大损伤引起倒塌伤人；对于灾损的建（构）筑物濒临倒塌或处于倒塌危险的应采取临时围挡或树立警戒牌等措施；对于处于轻微和基本完好的建（构）筑物应及时使用和投入到抢险救灾中。

3）建（构）筑物的应急评估，应确定损伤状态及其局部坍塌的范围，通过现场检查判断房屋的正常使用安全及可能的余震造成的累计损伤是否会危及结构安全；若无特殊要求，可不必对坍塌范围内的构件进行外观损伤或破坏情况的仔细检查。

4）现场检查人员应有可靠的安全防护设施，并有应对可能出现伤害的预案。

(2) 灾害的应急勘查评估的分区原则

各种灾害的应急评估应以国家、行业部门规定的各类灾害划分的建（构）筑物破坏等级表示。当某类灾害的破坏等级划分无规定时，可根据灾害的特点划分为：基本完好；轻微损坏；中等破坏；严重破坏；局部倒塌与整体倒塌。对于各类灾害的应急评估均应现场勘察每个建（构）筑物破坏程度，然后通过汇总确定灾损的分区。每个建（构）筑物破坏程度的确定是汇总划分区域的基础工作，对于各灾损程度划分有标准规范规定的，应以规范规定的各类灾害划分的建（构）筑物破坏等级表示。

各种灾害的应急评估的分区，应通过对单体建（构）筑物应急勘查结果的汇总，划分极严重受损区、严重受损区、中等受损区和轻微受损区。较强地震灾害或冰雪灾害等发生后，应根据下列分区原则，将灾害区域内各受灾城镇（或乡）建（构）筑群体的宏观受损程度划分为极严重受损区、严重受损区、中等受损区和轻微受损区：

1）极严重受损区

该区内的建（构）筑物大多数倒塌；尚存的建（构）筑物也破坏严重，已无修复价值；勘查评估：属于需要重建区域。

2）严重受损区

该区内的建（构）筑物部分倒塌；尚存的建（构）筑物仅少数无修复价值，可考虑拆除；多数通过加固后仍可继续使用；勘查评估：属于可加固的区域。

3）中等受损区

该区内的建（构）筑物少量基本完好或完好；多数建（构）筑物的损伤为中等破坏，非结构构件破坏严重，少量建（构）筑物严重破坏；多数通过加固修理后或不需要修理就可继续使用；勘查评估：属于可修理的区域。

4）轻微受损区

该区内的建（构）筑物基本完好或完好；少数虽有损伤，但易修复或不需要修理就可继续使用；勘查评估：属于可以正常运作的区域。

(3) 地震灾后建（构）筑物的应急评估

应急评估时，现场检查的顺序宜为先建（构）筑物外部，后内部。破坏程度严重或濒危的建（构）筑物，若破坏状态显而易见，也可不再对内部进行检查。

1）建（构）筑物外部的检查的重点宜为：

① 建（构）筑物的结构体系及其高度、宽度和层数；

② 建（构）筑物的倾斜、变形；

③ 场地类别及地基基础的变形情况；

④ 建（构）筑物外观损伤和破坏情况；

⑤ 建筑附属物的设置情况及其损伤与破坏现状；

⑥ 建筑疏散出口及其周边的情况；

⑦ 建（构）筑物局部坍塌情况及其相邻部分结构、构件的损伤情况。

根据以上检查结果，应对建（构）筑物内部检查时可能有危险的区域和可能出现的安全问题做出评估。

2）建筑内部检查时，应对所有可见的构件、配件、设备和管线等进行外观损伤及破坏情况的检查；对重要的部位，可剔除其表面装饰层或障碍物进行核查。对各类结构的检查要点如下：

① 对多层砖房和砖混民房，应着重检查承重墙、楼盖、屋盖与楼梯间墙体构件及墙体交接处的连接构造；检查非承重墙体和容易倒塌的附属构件。检查时，应着重区分：抹灰层等装饰层的损坏与结构的损坏；震前已有的损坏与震后的损坏；承重（包括自承重）构件的损坏与非承重构件的损坏以及沿灰缝发展的裂缝与沿块材断裂、贯通的裂缝等。

② 对钢筋混凝土框架房屋，应着重检查框架柱，并检查框架梁和楼板及框架填充墙和围护墙。检查时，应着重区分抹灰层、饰面砖等装饰层的损坏与结构损坏；震前已有的损坏与震后的损坏；主要承重构件及抗侧向作用构件的损坏与非承重构件及非抗侧向作用构件的损坏；一般裂缝与剪切裂缝，有剥落、压碎预兆的裂缝，粘结滑移的裂缝及搭接区的劈裂裂缝等。

③ 对高层钢筋混凝土房屋，应着重检查框架柱、梁、抗震墙和连梁，并检查楼盖、屋盖梁、板及框架填充墙和围护墙。

④ 对底部框架砌体房屋，应着重检查底部抗震墙和底部框架柱，并检查框架梁和上部砖墙以及容易倒塌的附属构件；同时应检查两种结构结合部位及框架托墙梁的损坏。检查时，应区分底部抗震墙的损坏与填充墙的损坏。

⑤ 对多层内框架砌体房屋，应着重检查承重墙体、顶层墙体，并检查内框架柱、梁及柱头、梁端的损坏；支承处墙体开裂等，以及非承重墙包括纵向外墙（墙垛）的状况。

⑥ 对单层钢筋混凝土柱厂房，应着重检查屋盖与屋架支撑、柱头与屋架连接，并检查天窗架，柱间支撑和墙体（围护墙），并注意检查高低跨封墙、山墙顶部、女儿墙、封檐墙等的状况。

⑦ 对单层砌体柱厂房，应着重检查砌体柱（墙垛）、纵墙和山墙，并检查屋盖及其与柱的连接。

⑧ 对单层空旷建筑的地震破坏，应着重检查大厅与前、后厅连接处和大厅与前、后厅的承重墙、舞台口大梁；若为影剧院和大会堂，尚应检查舞台口的悬墙、屋盖等。

⑨ 对砖木结构民房，应着重检查木柱、砖柱、承重墙和屋盖，并检查非承重墙和附

属构件。

⑩ 对多、高层钢房屋，应着重检测框架柱、梁、柱间支撑、梁柱节点连接和抗震板墙，并检查楼盖、屋盖梁、板及框架填充墙和围护墙。

对受地震灾害单体建筑的检查结果，可按建设部《建筑地震破坏等级划分标准》[(1990) 建抗字第377号] 进行评级。

3) 对水塔和烟囱，应重视检查地基开裂或地层断裂及基础裂缝；局部压碎和掉渣，筒身有环向和纵向裂缝；附属建筑物（压顶板、烟道口、爬梯等）有损坏，与烟囱主体连接构件破坏；水塔的输水管线损坏；钢结构烟囱筒身局部变形或整体弯曲变形局部凹凸变形，节点、焊缝区有裂纹；砖和混凝土水塔水箱与支撑结构间有裂缝、损坏，水箱变形，有渗水、漏水，支撑结构变形；烟囱内衬损坏等。

4) 对储仓，应重点检查倾斜程度，地下通廊渗水情况，上通廊钢桁架等及连接件局部弯曲或断裂，变形较大，支座有明显滑移和局部塌落等。

5) 对道路，应重点检查路基、边坡、支挡防护工程的破坏程度；地震引起的泥石流类型、规模、特征、发展趋势以及对公路的危害程度。

6) 对桥梁，应重点检查结构倾斜、错位、裂损和桥梁整体垮塌、上部结构坠毁、支承连接件破坏、下部结构破坏及桥梁附属结构的损坏等情况。

7) 对供电系统，应重点检查网控楼的损伤，送变电站的损伤和主干输送电线的损伤程度等。

8) 对供水系统，应重点检查水源井、水厂供水系统和主干管的损伤程度等。

9) 对供气系统，应重点检查起源库、转换站和主干管的损伤程度等。

(4) 受冰雪灾害的建（构）筑物应急评估

对于受冰雪灾害区域的建（构）筑物，其应急评估的重点是轻钢结构房屋、钢结构塔架等构筑物，城市和乡镇的老旧民房及道路桥梁等。其检查要点如下：

1) 建（构）筑物整体倾斜、整体或局部倒塌。

2) 钢结构构件整体失稳破坏，结构构件或构件连接节点变形过大。

3) 钢结构节点的连接件、螺钉、螺栓被剪断或板件被剪坏、栓孔受挤压屈服、焊缝或附近钢材开裂或拉断。

4) 房屋倾斜等造成的墙体开裂。

5) 基础混凝土开裂、倾斜；基础锚栓被拉断、锚栓被拔出、锚栓过度弯曲。

6) 道路冻融、翻浆、沉陷。

通过应急评估确定影响的区域和不同区域的严重程度、对结构安全和使用功能的影响，并提出应清除积雪（冰）的技术措施以及是否需要采取临时加固的措施。

(5) 洪水灾损建（构）筑物应急评估

对于受洪水灾损建（构）筑物，应调查洪水灾害规模和灾损程度，建（构）筑物的洪水灾损评估内容包括建（构）筑物开裂、变形和破损程度，地面沉降变形特征等，并对受损建（构）筑物、道路、涵洞或水工结构等提出临时处理的建议。

(6) 火灾损伤建（构）筑物的应急评估

对于受火灾损伤建（构）筑物，应根据受火灾影响的单体建（构）筑物或成片的建（构）筑物的损伤程度进行评估分区，一般可分为四个区：完好区域，没有受到火灾的影响，可不采取措施；轻微损伤区，受火灾影响较小，不显著影响建（构）筑物功能，但需采取一定的处理措施才能恢复其功能；中等损伤区，构件有一定的损伤并显著影响建（构）筑物功能，必须采取处理措施才能恢复其功能；严重损伤区，构件损伤严重或部分构件垮塌，该区的建（构）筑物功能已丧失，需更换。

3. 灾损建（构）筑物检测鉴定与处理原则

由于应急检查鉴定多数只是外观损伤的检查，这类检查是比较粗糙的，所以其检查结果不能作为灾损建（构）筑物恢复重建的加固依据。对于恢复重建前的检查鉴定应该是全面的检查鉴定。其检查鉴定的原则主要有：

（1）灾损建（构）筑物检测鉴定与修复加固应在预期灾害已由当地救灾指挥部判定为对结构不会造成破坏后进行；对于地震灾害应为造成房屋损伤的较大余震不会再发生，对于洪水和冰雪灾害的季节已经过去等，只有这样才能保证检测鉴定工作的顺利进行和防止新的灾害的影响。

（2）灾损建（构）筑物进行处理前检测鉴定，为建（构）筑物的处理提供技术依据；一般应针对轻微破坏和中等破坏的建（构）筑物进行；严重破坏的建（构）筑物的处理量和难度会比较大，所以对严重破坏的建（构）筑物应根据处理难度和处理后能否满足抗灾设防要求及处理的费用等综合给出处理或拆除重建的结论。当加固处理费用大于新建此类工程费用的70%时应拆除重建。对于因地震条件复杂，在原场所重建对抗灾不利的，应给出该单体建（构）筑物异地重建的建议。

（3）处理前检测鉴定属系统性的全面检测鉴定，应包括结构检测和常规的可靠性鉴定与抗灾鉴定及损伤修复难易程度鉴定等；由于灾后的检测鉴定是灾损工程加固处理的依据，其检测鉴定应包括结构检测、可靠性和抗灾鉴定。结构检测应包括材料强度检测、结构损伤范围和程度的检查检测、整体与构件变形检测、结构体系与结构布置检查、连接构造检查检测等；通过检查与检测给出处理时的材料取值和结构现状参数。结构抗灾鉴定应与可靠性鉴定相结合，其目的是对于不满足安全性、适用性和耐久性要求的问题也应一起处理。

（4）灾损建（构）筑物的加固处理设计是一项技术性和政策性都很强的工作，对于加固处理方案的确定，应根据处理前检测鉴定结论，综合各种有效的处理方法，进行不同处理方案的比较，选择能够满足安全与抗灾要求的既经济又便于施工的最佳方案；并应由有资质的设计、施工单位进行实施，使建筑物满足结构安全与该地区灾害设防的要求。

（5）对于建（构）筑物的加固处理施工，应进行施工质量的过程控制、工序检验和检验批、分项、分部工程的验收，确保工程质量满足相应施工质量验收规范的要求。

（6）对于灾损文物建筑的加固和修复除满足上述要求外，还应同时满足有关古建筑加固技术规范的规定。

1.7.2　灾损建（构）筑物修复鉴定、加固的抗灾设防目标

灾损建（构）筑物修复鉴定、加固的抗灾设防目标的确定是非常重要的问题，这是由于建（构）筑物的抗灾设防目标决定了抗灾设防标准和设计要求，这是首先应该明确的。但我国迄今为止，对于灾损建（构）筑物修复鉴定、加固的抗灾设防目标研究不够，还没有给出合理的灾损建（构）筑物修复鉴定、加固的抗灾设防目标。下面解剖我国新建工程建筑抗震设防和既有建筑抗震鉴定加固的设防目标。

1. 我国现行建筑工程规范抗震设防目标的剖析

（1）我国建筑抗震设防类别的划分

建筑抗震设防类别是根据建筑破坏造成的人员伤亡、直接和间接经济损失及社会影响的大小；建筑使用功能失效后，对全局的影响范围大小、抗震救灾影响及恢复的难易程度；以及城镇的大小、行业的特点、工矿企业的规模等因素的综合分析确定。从《建筑工程抗震设防分类标准》GB 50223—95 到《建筑工程抗震设防分类标准》GB 50223—2008 均把建筑抗震类别分为甲类、乙类、丙类和丁类四个抗震设防类别，并给出了城市及各行业的甲、乙和丁类建筑的抗震设防要求。但只给出了丙类建筑的抗震设防目标，即《建筑抗震设计规范》GB 50011—2010 的总则第 1 条“当遭受低于本地区抗震设防烈度的多遇地震影响时，主体结构不受损坏或不需修理可继续使用；当遭受相当于本地区抗震设防烈度的设防地震影响时，可能发生损坏，但经一般性修理仍可继续使用；当遭受高于本地区抗震设防烈度的罕遇地震影响时，不致倒塌或发生危及生命的严重破坏。”该抗震设防目标是针对丙类建筑的，在《建筑工程抗震设防分类标准》GB 50223—2008 虽然给出了甲、乙和丁类建筑抗震设防的要求，但没有明确给出相应的抗震设防目标。该规范给出的各抗震设防类别建筑的抗震设防标准为：

1）标准设防类（丙类），应按本地区抗震设防烈度确定其抗震措施和地震作用，达到在遭遇高于当地抗震设防烈度的预估罕遇地震影响时不致倒塌或发生危及生命安全的严重破坏的抗震设防目标。

2）重点设防类（乙类），应按高于本地区抗震设防烈度一度的要求加强其抗震措施；但抗震设防烈度为 9 度时应按比 9 度更高的要求采取抗震措施；地基基础的抗震措施，应符合有关规定。同时，应按本地区抗震设防烈度确定其地震作用。

3）特殊设防类（甲类），应按高于本地区抗震设防烈度提高一度的要求加强其抗震措施；但抗震设防烈度为 9 度时应按比 9 度更高的要求采取抗震措施。同时，应按批准的地震安全性评价的结果且高于本地区抗震设防烈度的要求确定其地震作用。

4）适度设防类（丁类），允许比本地区抗震设防烈度的要求适当降低其抗震措施，但抗震设防烈度为 6 度时不应降低。一般情况下，仍应按本地区抗震设防烈度确定其地震作用。

（2）我国建筑抗震设计规范给出的抗震设防目标是丙类建筑的抗震设防目标

1）建筑抗震设计规范给出的“当遭受高于本地区抗震设防烈度预估的罕遇地震影响时，不致倒塌或发生危及生命的严重破坏”的设防目标中的高于本地区抗震设防烈度预估的地震影响是指 50 年超越概率 2%～3%的地震烈度，比基本烈度高 1 度作用，其烈度重现期为 2000 年左右。该设防目标对于甲、乙类建筑的抗震设防目标偏低，其甲、乙类建筑的抗震设防目标应比高于设防烈度 1 度还要多的更大地震影响时，不致倒塌才合理。对于丁类建筑又偏高，丁类建筑为临时或仓库，这类不必满足高于基本烈度 1 度不致倒塌，应满足基本烈度不倒较为恰当。

虽然甲类没有给出多大的地震不至于倒塌，但是其地震作用和抗震构造措施均比当地的高；除 9 度设防区外，一般都提高 1 度或采用地震危险性分析给相应的“小震、中震和大震”，在建设单位和设计人员是较为明确的，即比当地设防烈度高 1 度地震作用下处于中等破坏。

乙类建筑仅是抗震措施的提高，对于建设单位和设计人员都不明确乙类建筑的抗震设防目标是什么，究竟比丙类建筑的抗震设防目标高多少规范没有给出，建设单位和设计人员从设防要求上也无法得出。乙类建筑的抗震设计不提高地震作用，结构的构件截面和配筋等不会增加，构造措施的提高对合理的破坏机制和变形能力上会有较大提高；这样设计的乙类建筑，其结构构件的承载能力提高不大，所以不能很大程度上延缓结构构件的开裂和钢筋屈服，这就不能使通信设施和网控实施正常运行，不能发挥生命线工程救灾等作用。

因此，从严格意义上讲，我国现行建筑工程抗震设防分类标准和建筑抗震设计规范给出的抗震设防目标和标准并没有明确给出甲、乙和丁类建筑的抗震目标。

2）我国建筑抗震设计规范给出乙类建筑的弹塑性变形验算等于虚设。

建筑抗震设计规范和分类标准中，乙类和丁类建筑的地震作用应符合本地区的抗震设防烈度的要求，只是在抗震措施上给予提高和降低，这就导致了建筑抗震设计规范中的乙类建筑结构罕遇地震作用下薄弱层的弹塑性变形验算等于虚设。这是乙类建筑的罕遇地震作用与该地区的丙类建筑是一样的，而乙类建筑的抗震构造措施已经给予了提高，其变形能力给予了增强，因此，对于乙类建筑的弹塑性变形应该是不需要验算就能满足的。

3）除丙类外的建筑抗震设计没有形成与其抗震功能相配套的要求。

由于没有明确不同重要性建筑抗震设防的目标，所以在抗震设防标准和要求也不够完善，在抗震规范中没有形成与达到其抗震功能相配套的系统要求。所谓乙类建筑指地震时使用功能不能中断或需尽快恢复的生命线相关建筑，以及地震时可能导致大量人员伤亡等重大灾害后果，需要提高设防标准的建筑。地震时使用功能不能中断的建筑，这就要求该建筑在预估的罕遇地震作用下不仅仅是不倒塌，而且房屋的破坏程度应基本保持在中等破坏以内、房屋的变形不应超过设备功能不能中断的范围内。

四川汶川大地震的大量震害，特别是中小学校舍和通信等生命线工程的倒塌，使得学校人员伤亡所占比例加大和生命线工程在抗震救灾的作用不能很好地发挥。总结汶川大地震的经验教训，不仅仅是把中小学校舍列为乙类建筑，而且要探讨和明确甲类、乙类建筑的抗震设防目标及标准。

（3）不同重要性建筑的抗震设防应有明确的设防目标和标准

在《建筑工程抗震设防分类标准》GB 50223—2008 给出了不同重要性建筑的分类原则和城市与工业建筑所属的类别。对不同类别的抗震安全与功能要求的设防目标不够明确和具体。

通过这些年对不同重要性建筑的抗震设防的设防目标和标准的深入研究，特别是近些年世界上的大地震对城市供电、供水和煤气、通信系统造成的破坏的教训等，相继提出了基于功能的抗震设计思想和相应的设计要求。我国的《建筑工程抗震形态设计通则》（试用）CECS160：2004 从抗震建筑使用功能分类和抗震形态要求、设防标准及设计等方面均给予了规定。

综合国内外的研究成果，给出的不同重要性建筑的抗震设防的总体设防目标是：当遭受本地区不同重要性建筑类别规定年限抗震设防烈度的多遇地震影响时，一般不受损坏或不需修理可继续使用，当遭受相当于本地区不同重要性建筑类别规定年限抗震设防烈度的地震影响时，经一般修理或不需要修理仍可继续使用，当遭受高于本地区不同重要性建筑类别规定年限抗震设防烈度预估的地震影响时，不致倒塌或发生危及生命的严重破坏。建议不同重要性建筑类别规定年限，甲类建筑 200 年，乙类 100 年（75 年），丙类建筑 50 年，丁类建筑 30 年。

若进一步具体化，可分别为：

1）甲类建筑的抗震设防目标是：当遭受本地区200年抗震设防烈度的多遇地震影响时，一般不受损坏或不需修理可继续使用，当遭受相当于本地区200年抗震设防烈度的地震影响时，经一般修理或不需要修理仍可继续使用，当遭受高于本地区200年抗震设防烈度预估的地震影响时，不致倒塌或发生危及生命和不致引起重大的次生灾害的严重破坏。

2）乙类建筑的抗震设防目标是：当遭受本地区100年（75年）抗震设防烈度的多遇地震影响时，一般不受损坏或不需修理可继续使用，当遭受相当于本地区100年（75年）抗震设防烈度的地震影响时，经一般修理或不需要修理仍可继续使用、建筑中的重要设备功能运行基本正常，当遭受高于本地区100年（75年）抗震设防烈度预估的地震影响时，不致倒塌或发生危及生命的严重破坏，建筑中的重要设备能尽快复正常。

3）丙类建筑的抗震设防目标是：当遭受本地区50年抗震设防烈度的多遇地震影响时，一般不受损坏或不需修理可继续使用，当遭受相当于本地区50年抗震设防烈度的地震影响时，经一般修理或不需要修理仍可继续使用，当遭受高于本地区50年抗震设防烈度预估的地震影响时，不致倒塌或发生危及生命的严重破坏。

4）丁类建筑的抗震设防目标是：当遭受本地区30年抗震设防烈度的多遇地震影响时，一般不受损坏或不需修理可继续使用，当遭受相当于本地区30年抗震设防烈度的地震影响时，经一般修理或不需要修理仍可继续使用，当遭受高于本地区30年抗震设防烈度预估的地震影响时，不致倒塌或发生危及生命的严重破坏。

2. 建筑抗震鉴定标准的现有建筑的设防目标和设防标准

（1）抗震鉴定标准中现有建筑的设防目标

对于未经抗震设防的现有建筑，《建筑抗震鉴定标准》GB 50023—95给出的现有房屋经抗震鉴定和加固后的设防标准为在遭遇相当于抗震设防烈度地震影响时，一般不致倒塌伤人或砸坏重要生产设备，经修理后仍可继续使用。这意味着：

1）不仅要求主体结构在设防烈度地震影响下不倒塌，而且对人流出入口处的女儿墙等可能导致伤人或砸坏重要生产设备的非结构构件，也要防止倒塌；

2）现有建筑的设防目标低于新建建筑；在设防烈度地震影响下，前者的目标是"经修理后仍可继续使用"，后者的目标是"经一般修理或不经修理可继续使用"，二者对修理程度的要求有明显的不同。

新修订的《建筑抗震鉴定标准》GB 50023—2009的第1.0.1条给出了"符合本标准要求的现有建筑，在预期的后续50使用年限内具有相应的抗震设防目标：后续使用年限50年的现有建筑，具有与现行国家标准《建筑抗震设计规范》GB 50011相同的设防目标；后续使用年限少于50年的现有建筑，在遭遇同样的地震影响时，其损坏程度略大于按后续使用年限50年鉴定的建筑。"

无论是哪本建筑抗震鉴定标准都是与抗震设计规范一样仅给出了现有丙类建筑设防目标。

(2)《建筑抗震鉴定标准》GB 50023—2009的设防标准

根据《建筑抗震鉴定标准》GB 50023—2009第1.0.3条，现有建筑应按现行国家标准《建筑工程抗震设防分类标准》分为四类，其抗震措施核查和抗震验算的综合鉴定应符合下列要求：

1）丙类建筑，应按本地区设防烈度的要求核查其抗震措施并进行抗震验算。

2）乙类建筑，6～8 度应按比本地区设防烈度提高一度的要求核查其抗震措施，9 度时应适当提高；抗震验算应按不低于本地区设防烈度的要求采用。

3）甲类建筑，应按经专门研究按不低于乙类建筑要求核查其抗震措施，抗震验算应按高于本地区设防烈度的要求采用。

4）丁类建筑，7～9 度时，应允许按比本地区设防烈度降低一度的要求核查其抗震措施，抗震验算应允许比本地区设防烈度适当降低要求；6 度时应允许不做抗震鉴定。

上述规定仅是现有甲类、乙类、丙类和丁类建筑抗震鉴定时所采用抗震鉴定标准。该鉴定标准应是确保达到现有建筑的设防目标。而实际上现有甲类、乙类建筑的抗震鉴定标准明显高于该鉴定标准给出的设防目标，现有丁类建筑的抗震鉴定标准则低于该鉴定标准给出的设防目标。

（3）现有乙类建筑抗震鉴定标准相应的设防目标

无论是现有乙类建筑抗震鉴定中 6～8 度应按比本地区设防烈度提高一度的要求核查其抗震措施，9 度时应适当提高，抗震验算应按不低于本地区设防烈度的要求采用；还是甲类建筑抗震鉴定中应按经专门研究按不低于乙类建筑要求核查其抗震措施，抗震验算应按高于本地区设防烈度的要求采用；都明确了甲类、乙类建筑的抗震鉴定标准高于丙类建筑，至于高的程度有所不同，甲类比乙类更高一些。因此，应分析讨论与现有甲类、乙类鉴定标准相适应的抗震设防目标。

1）现有乙类建筑中的 B 类抗震设防标准相应的设防目标

根据乙类建筑的抗震鉴定标准，可得出 B 类建筑的抗震措施提高一度均较按新建工程丙类建筑的抗震措施还要高的结论。这是由于后续使用年限 40 年的 B 类抗震鉴定标准基本是《建筑抗震设计规范》GBJ 11—89 的内容，而 GBJ 11—89 规范的抗震构造大体与 GB 50011—2001 规范相同，所以，6～8 度应按比本地区设防烈度提高一度的要求核查其抗震措施则意味着核查其抗震措施的要求高于该地区新建工程丙类建筑的抗震措施。

2）现有乙类建筑中的 A 类抗震设防标准相应的设防目标

关于乙类建筑中的 A 类较为复杂，需要从《建筑抗震鉴定标准》GB 50023—2009 所给出的各类结构的乙类建筑抗震措施进行分析。

① 乙类多层砌体房屋的 A 类建筑构造措施中的构造柱设置与 B 类建筑相同，也就是说乙类多层砌体房屋的 A 类建筑 6～8 度时，按比本地区设防烈度提高一度的要求核查其抗震措施则意味着核查其抗震措施的要求高于该地区新建工程丙类的抗震措施。

② 乙类多层钢筋混凝土房屋的 A 类建筑构造措施是按烈度给出的，与 B 类和 C 类按抗震等级采用相应的核查抗震措施是有所差异的。关于框架柱箍筋的最大间距和最小直径的比较列于表 1-40 和表 1-41。

乙类多层钢筋混凝土房屋的 A 类建筑框架柱箍筋的最大间距和最小直径　　表 1-40

《建筑抗震鉴定标准》GB 50023—2009	7 度(0.10g),7 度(0.15g)Ⅰ、Ⅱ类场地	7 度(0.15g)Ⅲ、Ⅳ场地～8 度(0.30g)Ⅰ、Ⅱ类场地	8 度(0.30g)Ⅲ、Ⅳ类场地和 9 度
箍筋最大间距(取较小者)	8d,150mm	8d,100mm	6d,100mm
箍筋最小直径	8mm	8mm	10mm

注：d——纵向钢筋直径。

丙类多层钢筋混凝土房屋的B类建筑框架柱箍筋的最大间距和最小直径　　表1-41

抗震等级	箍筋最大间距(取较小者)(mm)	箍筋最小直径(mm)
一	$6d$,100	10
二	$8d$,100	8
三	$8d$,150	8
四	$8d$,150	8

注：d——柱纵筋最小直径。

对于总高度不大于25m的丙类框架结构，7度为三级、8度为二级、9度为一级。从表1-40和表1-41所列的核查抗震措施来看，乙类的A类与丙类的B类多层钢筋混凝土房屋框架柱箍筋的最大间距和最小直径的要求差不多。

现有乙类建筑中的C类抗震设防标准相应的设防目标

后续使用年限50年的乙类现有建筑中的C类，其核查抗震构造措施提高一度，因此其抗震设防目标实际应高于现行国家标准《建筑抗震设计规范》GB 50011的设防目标。

3. 现有中小学校舍乙类建筑鉴定与加固抗震设防目标和抗震验算地震作用取值

(1) 现有中小学校舍乙类建筑鉴定与加固抗震设防目标

目前，全国抗震设防区内正在进行中小学校舍的抗震鉴定和加固设计。这是一项从根本上提高现有中小学校舍工程抗震能力的伟大工程。搞好中小学校舍的抗震鉴定和加固设计是确保提高现有中小学校舍的抗震能力的基础工作。要做好中小学校舍的抗震鉴定和加固设计，首先应明确中小学校舍的抗震鉴定和加固设计的设防目标和相应的标准。由于现行的《建筑抗震鉴定标准》GB 50023—2009仅给出了现有丙类建筑抗震鉴定的设防目标，很有必要对现有中小学校舍乙类建筑鉴定与加固抗震设防目标进行探讨。

根据中小学校舍乙类建筑为人员集中场所，现有中小学校舍乙类建筑鉴定与加固抗震设防目标应高于现行的《建筑抗震鉴定标准》GB 50023—2009给出的现有丙类建筑抗震鉴定与加固的设防目标。无论是后续使用年限30年的A类和后续使用年限40年的B类均不应低于现行国家标准《建筑抗震设计规范》GB 50011的设防目标。对于后续使用年限50年的C类应高于现行国家标准《建筑抗震设计规范》GB 50011的设防目标。

具体到现有中小学校舍乙类建筑鉴定与加固抗震设防目标建议为：现有中小学校舍乙类建筑A、B类鉴定与加固抗震设防目标的总体应是当遭受低于本地区抗震设防烈度的多遇地震影响时，一般不受损坏或不需修理可继续使用；当遭受相当于本地区抗震设防烈度的地震影响时，可能损坏，经一般修理或不需要修理仍可继续使用；当遭受高于本地区抗震设防烈度预估的地震影响时，建筑结构不应发生危及生命的严重破坏、疏散通道和楼梯的破坏不致影响安全使用、非结构构件不应垮塌。对于C类，则应是当遭受高于本地区抗震设防烈度预估的地震影响时，建筑结构包括疏散通道和楼梯的破坏状态应控制在中等至严重破坏、非结构构件不应垮塌。

(2) 乙类现有建筑的A类、B类抗震鉴定与加固设计抗震验算地震作用取值

地震作用无论在时间、地点和强度上的随机性都是很强的，总结地震作用的特点和震害的经验、教训，以及对各类结构抗震性能的研究，从既安全又经济的抗震原则出发，建筑抗震设计采用的三个烈度水准的设防目标也是与建筑设计基准期50年相一致的。对于已使用了20年以上的房屋，若其抗震设防目标同新建房屋相一致，其抗震设防水平有明

显的提高，而且也不符合确定抗震设防目标的原则和抗震减灾政策。所以，《建筑抗震鉴定标准》GB 50023—2009 对于丙类现有建筑 A 类和 B 类的抗震验算地震作用取值较 C 类有所降低，大体上与从全国华北、西北、西南 45 个城市地震危险性分析结果的统计概率模型导出的 30 年、40 年和 50 年规定年限的地震作用概率水平相当。

4. 其他灾损建（构）筑物抗灾鉴定和加固设计的设防目标

其他灾损建（构）筑物抗灾鉴定和加固设计的设防目标应与抗震鉴定与加固的设防目标相同，也应区分抗灾的类别，一般情况下应符合国家现行设计规范的设防规定；但对于一般既有建（构）筑物的合理使用年限比国家现行设计规范规定的时间短 10 年以上时，由于加固后的建（构）筑物的合理使用年限比新建工程要短，所以可以采用灾害不同重现期来确定灾害作用的设防标准，即比现行设计规范低的标准。我国现行结构设计规范所采用的荷载标准值的重现期为 50 年，比如 50 年一遇的风荷载、雪荷载等，地震作用的第 1 阶段设计也采用的是 50 年一遇的地震作用。对于已经使用了 10 年以上的建（构）筑物，其使用年限若为 40 年或 30 年，则抗灾鉴定与处理可采用 40 年或 30 年一遇的风荷载、雪荷载，在抗震设防区也可采用转化为 40 年或 30 年的设计地震动参数。但灾损建（构）筑物处理后的使用年限一般不宜低于 30 年，并应根据国家和地方政府的有关规定，结合建（构）筑物的实际情况和业主的要求等合理确定；即加固包括耐久性处理得好，其使用年限可以延长。

对于重要性的防灾建（构）筑物抗灾鉴定和处理设计的设防目标，应高于一般灾损建（构）筑物，并不应低于国家现行设计规范一般灾损建（构）筑物的设防标准和目标。

1.7.3 灾损建（构）筑物检测鉴定

1. 灾损建（构）筑物加固修复前检测鉴定要求和内容

（1）灾损建（构）筑物，在处理前应通过检测鉴定确定其结构现有的承载能力、抗灾能力和使用功能，应同时进行结构可靠性鉴定与抗灾鉴定。

（2）灾损建（构）筑物检测，应先进行损伤情况的现状调查。对于中等破坏以内有加固修复价值的建（构）筑物应进行结构构件材料强度、配筋、结构和构件变形及损伤程度的检测，为结构可靠性鉴定与抗灾鉴定提供可靠的结构参数。对于严重破坏的建（构）筑物可仅进行结构破坏程度和原因等鉴定，为拆除重建处理决策提供依据。

（3）灾损建（构）筑物的可靠性鉴定与抗灾检测鉴定应针对不同灾害的特点，采取相适应的检测方法和有代表性的抽样部位。

（4）灾损后建（构）筑物的结构鉴定，应根据灾害的损伤特点，结合建（构）筑物的具体情况和需要确定。但一般应包括地基基础、主体结构、非结构构件鉴定和综合评定。

（5）灾损后的结构分析应符合下列规定：

1）应考虑灾损后结构的材料力学性能、连接状态、结构几何形状变化和构件的变形及损伤等进行结构分析与校核。

2）检查核实结构上实际作用情况，以及风、地震、冰雪等作用要求，所采用的荷载效应和荷载分项系数取值应符合现行国家标准的规定。

3）结构或构件的材料强度、几何参数应按实测结果取值。

（6）灾损后建（构）筑物一般应按国家现行的有关标准、规范、指南和规定进行鉴定，有特殊情况和需要的可特殊处理。

1）地震后建（构）筑物的鉴定，应按照国家颁布的有关抗震救灾的指南、标准和规范进行，同时尚应符合《灾损建（构）筑物处理技术规范》CECS 269：2010第5章的有关规定。

2）冰雪、洪灾、风沙、滑坡、泥石流和沉陷等灾害后的建（构）筑物的鉴定，应符合《灾损建（构）筑物病害处理技术规范》的第6、7、8、9章的有关规定。

3）火灾后建（构）筑物的鉴定，应符合国家颁布的相关规范和标准进行，并符合《灾损建（构）筑物病害处理技术规范》的第10章的有关规定。

（7）灾损后建（构）筑物的抗灾鉴定，应对影响灾损建（构）筑物结构抗灾能力的因素进行综合抗灾能力分析；并应给出明确的检测结论、鉴定意见与处理建议。

2. 灾损建（构）筑物检测鉴定的现场调查

灾损建（构）筑物检测鉴定的现场调查非常重要，是确定检查内容和选择适合的检测方法必须的步骤。资料与现场调查宜包括下列基本工作内容：

（1）收集资料。包括岩土工程勘察报告、设计计算书、设计变更记录、施工图、施工及施工变更记录、竣工图、竣工质检及验收文件、维修记录、历次加固改造图纸等。

（2）建筑物历史情况调查。包括原始施工、历次修缮、改造、用途变更、使用条件改变以及受灾等情况。

（3）现场核查。当有竣工资料时，可按竣工资料核对实物，主要是结构体系和结构布置的符合性检查；当缺少竣工资料时，应主要检查结构体系和结构布置。

（4）结构现状损伤和缺陷检查。查看地基基础、主体结构和围护结构已经出现的变形、裂缝、构件损伤及损伤程度与部位，调查建筑物实际使用条件等。

（5）环境调查。调查建筑物的内外环境是否有腐蚀性环境、振动荷载和高温高湿环境等。

3. 灾损建（构）筑物的检测

灾损建（构）筑物处理前的基础工作是进行检测，通过现场检查与检测全面掌握灾损建（构）筑物的损伤范围与程度和给出每个符合具体灾损建（构）筑物实际的鉴定与加固设计基本参数。

（1）灾损建（构）筑物检测的基本要求

1）应针对不同结构类型进行结构构件材料强度、配筋、结构和构件变形及损伤部位与程度的检测，为结构抗灾鉴定与安全性鉴定提供可靠的结构参数。

2）应针对不同结构类型选取相适应的检测方法和具有代表性的抽样部位，并应重视对损伤严重部位和影响结构安全与抗震性能的重要构件的检测。

3）检测时应确保所使用的仪器设备在检定或校准周期内，并处于正常状态；仪器设备的精度应满足检测项目的要求。

4）检测的原始数据应记录在专用记录纸上，要求数据准确、字迹清晰、信息完整，不得追记、涂改，如有笔误应进行杠改。当采用自动记录时，应符合有关要求。原始记录必须由检测及记录人员签字。

5）现场取样的试件或试样应予以标识并妥善保存。

6）当发现检测数量不足或检测数据出现异常情况时，应进行补充检测。

（2）检测方法和抽样方案

1）现场检测宜选用对结构或构件无损伤的检测方法。当选用局部破损的取样检测方法或原位检测方法时，宜选择结构构件受力较小的部位，并应不损害结构的安全。

2）建筑结构检测的抽样方案，可根据检测项目的特点按下列原则选择：

① 对结构损伤和缺陷的检测，宜选用全数检测方案。

② 对构件尺寸的检测，宜选用计数抽样方案。

③ 对于构件材料强度，宜选用计量抽样方案。

④ 对结构连接构造的检测，应选择对结构安全影响大的部位进行抽样。

⑤ 应根据结构的不同类型，选取相适应的检测方法和具有代表性的抽样部位，并应重视对安全与抗震性能影响大的重要构件的检测。

4. 灾损建（构）筑物的安全与抗灾鉴定

灾损建（构）筑物处理的基本工作是进行安全与抗灾鉴定，灾损建（构）筑物的安全与抗灾鉴定能够全面了解灾损建（构）筑物的安全与抗灾能力的实际情况和存在的主要问题等，是每个灾损建（构）筑物确定加固处理方案的基础和依据。灾损建（构）筑物的安全与抗灾鉴定的基本要求为：

1）核查和确定所鉴定灾损建（构）筑物的结构体系、结构布置及其合理性，分析灾损建（构）筑物灾损的原因，对结构体系和结构布置的合理性进行鉴定，并提出需要结合加固处理整治的内容。

2）应依据有关规范和检测结果进行，应考虑建筑结构现状缺陷和损伤对结构安全性、抗灾性能及耐久性能的影响。

3）应把抗灾鉴定与结构安全性鉴定相结合，鉴定内容一般应包括地基基础、主体结构、围护结构与非结构构件的鉴定和综合评定。

4）灾损建（构）筑物的安全与抗灾鉴定的抗灾设防标准的依据，应以国家根据当地灾害发生后给出的设防标准为准，并应考虑今后使用年限的差异。

5）应对影响建筑结构抗灾能力的因素进行综合分析，确定结构现有的损伤范围与程度、现有的承载能力、抗灾能力以及加固处理的难易程度，并应给出明确的鉴定意见和处理建议。

（1）结构体系与结构布置鉴定

1）结构体系与结构布置可分为有、无竣工图与竣工图不全等情况分别进行检查鉴定：

① 对于有设计（竣工）图的工程，应检查设计的结构体系与结构布置是否合理和结构现状的变动情况对结构体系与结构布置的影响。

② 对于没有设计图的工程，应通过现场仔细检查确定结构类型和主要结构构件的布置与构成以及检查结构体系与结构布置是否合理；应通过仔细检测确定各类结构构件的种类、几何尺寸、配筋、连接构造，确保达到完成所检测鉴定结构的计算模型和确定计算参数的要求。

③ 对于图纸不全的工程，应在检查结构体系与结构布置是否合理的同时，对所缺少的部分重点地进行现场检查与检测，确保达到完成所检测鉴定结构的计算模型和确定计算参数的要求。

④ 必要时，应绘制所缺少图纸工程的结构图。

2）结构体系检测鉴定应包括下列内容：

① 结构选型是否合理，结构体系的完整性和合理性；

② 结构竖向和水平传力途径的合理性；

③ 结构构件合理截面尺寸；

④ 结构构件之间的连接、锚固是否可靠；

⑤ 悬挑构件的固定方式是否安全；

⑥ 支撑系统布置是否合理。

3）结构布置检查鉴定应包括下列内容：

① 结构平面布置的规则性和防震缝设置的合理性；

② 结构构件平面布置是否对称；

③ 结构竖向布置的规则性与竖向构件布置的连续性。

4）抗震结构的整体牢固性构造应从下列方面进行鉴定：

① 装配式楼盖和屋盖自身连接的可靠性，包括有关屋架支撑、天窗架支撑的完整性。

② 楼盖和屋盖和大梁与墙（柱）的连接，包括最小支承长度，以及锚固、焊接和拉结等措施的可靠性。

③ 墙体、框架等竖向构件自身连接的可靠性，包括纵横墙交接处的拉结构造、框架节点的刚接或铰接的方式与构造，以及柱间支撑的完整性。

5）非结构构件（包括围护墙、隔墙等建筑构件，女儿墙、雨棚、出屋面小烟囱等附属构件，各种装饰构件和幕墙等）的构造、连接应符合下列规定：

① 女儿墙等出屋面悬臂构件应采用构造柱与压顶圈梁进行可靠锚固；人流出入口尤应仔细鉴定。

② 砌体围护墙、填充墙等应与主体结构可靠拉结，防止倒塌伤人。对布置不合理，如：不对称形成的扭转，嵌砌不到顶形成的短柱或对柱有附加内力，厂房一端有墙一端敞口或一侧嵌砌一侧贴砌等现况，均应考虑其不利影响；但对构造合理、拉结可靠的砌体填充墙，必要时可视为抗侧力构件及考虑其抗震承载力。

③ 较重的装饰物与主体结构应有可靠固定或连接。

④ 幕墙骨架与主体结构预埋件连接应可靠；预埋件不应有锈蚀、松动，幕墙使用的玻璃应为安全玻璃。

（2）灾损建（构）筑物结构安全与抗灾鉴定

1）结构安全性与抗灾鉴定工作主要内容应包括：

① 结构基本情况勘察；

② 结构使用条件调查核实；

③ 地基基础（包括桩基础）检查；

④ 主要结构构件材料性能检测；

⑤ 承重结构与构件检查；

⑥ 结构布置、结构体系和构造检查；

⑦ 结构构件承载力验算和悬挑构件抗倾覆验算；

⑧ 结构抗灾承载力验算；

⑨ 结构安全性与抗灾鉴定结论及处理意见。

2）建筑结构安全性鉴定可划分为地基基础、上部结构和围护结构单元进行，并在分别鉴定的基础上给出是否满足有关规范安全性要求的评价与结论。

3）建筑结构安全性鉴定中的地基基础单元鉴定，可根据地基与上部结构是否存在因地基不均匀沉降出现的裂缝、倾斜、地基基础设计是否与上部结构相适应等作出判断：对于建筑竣工并正常使用两年以上，且未发现明显的基础沉降或建筑整体倾斜者，可不进行地基基础检测。对因地基基础问题而划分为Ⅲ类的建筑则必须进行地基基础检测。

4）建筑结构构件安全鉴定的内容，应符合下列规定：

① 混凝土结构与砌体结构构件的安全鉴定，应包括承载力、构造两个鉴定项目。

② 钢结构构件的安全鉴定，应包括承载力、构造、主要受力构件稳定性三个鉴定项目。

5）对于结构安全性鉴定，应根据结构的用途等选用不同的鉴定标准：对于民用建筑应采用《民用建筑可靠性鉴定标准》GB 50292；对于工业建筑应采用《工业建筑可靠性鉴定标准》GB 50144。

6）结构的承载力（含抗震承载力）验算应符合下列规定：

① 验算采用的结构分析方法，应符合现行可靠性鉴定和抗灾鉴定标准。

② 验算使用的计算模型，应符合其实际受力与构造情况。

③ 结构上的荷载和作用应经调查或检测核实。

④ 结构构件上作用效应的确定，应符合下列要求：

a）作用的组合、分项系数及组合值系数，应按相应建造年代的国家标准《建筑结构荷载规范》、《建筑抗震设计规范》及其他相关规范的规定执行；

b）当结构受到温度、变形等作用，且对其承载力有显著影响时，应计入由此产生的附加内力。

⑤ 材料强度的标准值，应根据结构的实际状态按下列原则确定：

a）原设计文件有效，且不怀疑结构有严重的性能劣化或者发生设计、施工偏差的，可采用原设计的标准值；

b）调查表示实际情况不符合上款要求的，应进行现场检测，并应按实测结果取值。

⑥ 结构或构件的几何参数应采用实测值，并应计入锈蚀、腐蚀、风化、局部缺陷或缺损以及施工偏差等的影响。

7）建筑围护结构的安全鉴定，应针对围护结构的现状质量、与主体结构连接构造及对结构安全的影响进行鉴定。

8）建筑抗灾鉴定应从结构体系、结构布置、构造措施和构件承载力、结构抗灾变形能力及结构现状质量几个方面进行综合评价。如结构构件的现有承载力较高，则除了保证结构整体性所需的构造外，结构变形能力方面的构造鉴定要求可适当降低；反之，构件的现有承载力较低，则可用较高变形能力的构造要求予以补充。

9）建筑抗震鉴定的建筑抗震重要性分类应采用《建筑工程抗震设防分类标准》GB 50223有关规定；对医院和供水、供电设施及人员集中的体育馆、博物馆、影剧院、图书馆、大型商场和交通枢纽建筑按现行标准规定的类别，且不低于乙类的建筑抗震设防的目标要求进行抗震鉴定。其他灾损建（构）筑物的抗灾鉴定分类按国家现行有关标准执行。

10）建筑物抗震鉴定应考虑其建造年代，对抗震能力的鉴定应采用下列标准：

① 按《建筑抗震设计规范》GB 50011和《构筑物抗震设计规范》GB 50191设计，2002年以后建造的建（构）筑物，其后续使用年限可采用50年，应按国家标准《建筑抗

震设计规范》GB 50011或按《建筑抗震鉴定标准》GB 50023的C类建筑进行抗震鉴定。

② 对1990～2001年代建造的现有建筑，其后续使用年限应采用40年，应按《建筑抗震鉴定标准》GB 50023的B类建筑进行抗震鉴定；当后续使用年限采用50年，应按《建筑抗震鉴定标准》GB 50023的C类建筑进行抗震鉴定。

③ 对1989年以前建造的现有建筑，其后续使用年限应至少采用30年；应按《建筑抗震鉴定标准》GB 50023的A类建筑进行抗震鉴定；后续使用年限采用40年，应按《建筑抗震鉴定标准》GB 50023的B类建筑进行抗震鉴定。

对于其他灾害的建（构）筑物抗灾鉴定应按国家现行有关标准执行，当目前还没有相关标准规定时，可参照上述原则进行鉴定。

11）对于加油站、加气站和储存可燃或具有爆炸危险源的建筑物，在安全与抗震鉴定的基础上，尚应进行结构抗连续倒塌能力的鉴定。

12）当灾损建（构）筑物结构综合评价为危险房屋且加固也较难满足要求或加固费用超过同类结构造价70%时，可建议拆除重建。

（3）灾损建（构）筑物的检测鉴定报告

灾损建（构）筑物的检测鉴定报告是检测鉴定单位对工程检测鉴定成果的表述，应给予充分的重视。报告应做到信息完整、表述准确、检测鉴定结果详细、鉴定结论有说服力。一般应包括下列内容：

1）建（构）筑物工程概况；

2）检测鉴定依据；

3）灾损调查与检测结果；

4）结构鉴定结果；

5）检测鉴定结论；

6）处理建议。

1.7.4 灾损建（构）筑物结构加固与处理设计

灾损建（构）筑物结构加固与处理设计是使灾损建（构）筑物达到抗灾要求的关键环节。而这项工作较新建灾损建（构）筑物的设计显得更为复杂，不仅需要设计人员充分掌握所处理工程的灾损状况，而且灾损建（构）筑物的加固处理具有很强的针对性。这就需要加固与处理设计单位高度重视设计人员深入灾损建（构）筑物现场了解灾损状况和检测鉴定报告的完整性、与实际的符合情况以及周围环境的调查等，当检测鉴定还不能满足设计要求时应提请检测鉴定单位补充检测鉴定；必要时尚应进行地基和基础的补充勘察和检测。

1. 灾损建（构）筑物结构加固与处理设计的目标

灾损建（构）筑物结构加固与处理设计的目标是灾损建（构）筑物通过处理后，应使结构能达到国家现行标准规定的抗灾性能水平和满足建（构）筑物的使用功能。

国家现行标准规定的抗灾性能水平有两层意思，一是国家根据灾损情况对当地抗灾设防标准的修改，若当地的抗灾设防标准提高了，则应按照国家规定的抗灾设防标准进行加固处理设计；二是应根据国家标准规定的灾损建（构）筑物的不同抗灾重要性和今后使用年限的抗灾设防目标和标准进行灾损建（构）筑物的结构加固与处理设计，使所设计灾损建（构）筑物能够达到相应的抗灾性能水平要求。

而建筑的使用功能应是作为各种使用用途所具备的能力。

2. 灾损建（构）筑物结构加固与处理设计的原则要求

对于灾损建（构）筑物结构加固与处理设计的要求在各类灾损建（构）筑物的处理的各章中有更具体的阐述。这里只谈有关的原则要求，不展开讨论。

（1）灾损建（构）筑物结构薄弱部位或楼层和不同类型结构的连接部位，其承载能力宜采用比一般部位要求要高，加固设计中应对现有灾损建（构）筑物结构加固的总体布置和关键构造进行控制，使抗灾加固后达到相应的抗灾设防目标的要求。

（2）灾损建（构）筑物加固的结构布置和连接构造应符合下列要求：

① 加固总体布局，应优先选用采用增强结构整体抗灾性能的方案，应有利于消除不利抗灾因素，改善结构的受力状况。

② 加固新增构件的布置，宜使加固后的结构平面布置对称、结构的质量和刚度分布、结构承载力沿竖向分布均匀，应避免局部加固导致结构刚度或楼层承载力的突变。

③ 增设的构件与原有构件之间应有可靠连接，增设的钢筋混凝土抗震墙、柱等竖向构件应有可靠的基础。

（3）灾损建（构）筑物结构加固设计应从下列方面注意结构布置的合理性：

① 当原结构沿竖向和沿平面的构件、刚度等的分布符合规则性要求时，增设构件的布置要保持原有的规则性；原结构在某个主轴或两个主轴方向不符合规则性要求时，可利用增设构件的不规则布置，使加固后的结构消除或减少不规则性。

② 可利用新增设的构件保持或改变原有的传力途径，应保持原结构合理的传力途径，消除或减轻原结构传力途径的缺陷。

③ 检查结构损伤的程度和分析损伤的原因，通过加固对结构损伤的楼层和部位得到加强。

④ 不仅要防止新增设构件形成新的薄弱层，而且要利用所增设构件的位置、尺寸和厚度的变化，消除薄弱层或减轻原有薄弱层的薄弱程度。

⑤ 当原有建筑的不同部位有不同类型的承重结构体系时，对不同类结构相连部位，加固布置要使之具有比一般部位更高的承载力或更强的变形能力。

⑥ 当原结构构件处于明显不利的状态时，如短柱、强梁弱柱等，加固布置要改善其受力状态。

（4）灾损建（构）筑物处理的设计，应根据实际灾损情况，进行考虑结构损伤和新老构件结合的分析。设计方案应保证结构安全、合理经济。

（5）灾损建（构）筑物处理的设计应贯彻采用新技术、新材料和就地取材、降低成本和可再生能源利用的原则。

1.7.5 灾损建（构）筑物加固施工质量控制与验收

1. 灾损建（构）筑物的处理施工质量控制

灾损建（构）筑物的处理施工是把设计方案、意图和措施变为处理结果的步骤，其施工质量控制关系到通过处理后是否达到设计要求和抗灾性能要求。施工单位应搞好灾损建（构）筑物处理施工的全过程质量控制。

（1）灾损建（构）筑物的处理施工质量控制的基本要求

① 应针对加固方案的特点，制定较完善的施工方案；

② 施工中应采取避免或减少损伤原结构的措施；

③ 施工中发现原结构或相关工程隐蔽部位的构造或质量有严重缺陷时，应停止施工，在会同设计单位采取有效措施处理后方可继续施工；

④ 灾损建（构）筑物的处理施工应先对损伤部位进行补强；

⑤ 灾损建（构）筑物的处理施工应有施工安全的措施；

⑥ 对有风险的工程或部位应做好施工过程的风险预案，必要时应进行施工监测。

（2）灾损建（构）筑物处理施工的现场应有完善的质量管理和工序检验制度

为了提高建设工程企业在建设市场的竞争力，我国的建设工程企业绝大多数均按照ISO 9000质量管理体系的要求建立了企业内部的管理体系。这反映了质量管理在我国建设工程企业已经得到了广泛的重视。但各企业的重视程度以及实施的效果确有较大的差距。建设工程企业的质量管理存在的突出问题是不能覆盖到所有的工程项目，其必然影响企业的整体质量水平和工程的质量控制。对于灾损建（构）筑物处理施工的现场应有较完善的质量管理规定。

工程的施工质量最根本和基础的是各道工序的施工质量，而搞好工程的施工质量就要从一道道工序的施工质量做起，若工程所包含的施工工序都达到了优质标准，则由全部优质工序构成的分项工程、分部工程也就达到了优质标准，整个单位工程就成为了优质工程。对于新建工程如此，对于灾损建（构）筑物处理也是如此。应从修补原工程的损伤、加固基层处理和每项加固的一道道工序的施工质量做起，做好工序的施工方案、施工质量标准和施工工序的自检与工序间的交接检验，当出现工序质量不满足质量标准或不满足下道工序施工要求的应返工重做，否则不得进行下道工序的施工。

（3）灾损建（构）筑物处理所使用的主要材料、建筑构配件等应进行进场验收

灾损建（构）筑物处理所使用的主要材料、建筑构配件的质量直接反映结构的内在质量，应按国家有关标准进行进场验收，凡涉及安全、功能的有关产品，应符合有关施工验收规范和加固设计规范的有关规定进行进场复验，不满足规范要求的严禁使用。

（4）灾损建（构）筑物处理工程应做到精心施工

对灾损建（构）筑物处理工程做到精心施工应体现在整个施工的全过程，应根据检测鉴定结果和设计要求做好病害处理各部位的施工组织，建立质量控制目标和各阶段的施工质量要求以及相应的技术交底制度，建立工序检验和工序间相互检验制度和施工单位检验评定制度。

2. 灾损建（构）筑物处理施工的质量检验与验收

灾损建（构）筑物处理施工的质量检验与验收是对所处理工程质量的最后把关，应按照国家有关施工质量验收标准和当地政府或有关部门的规定，建（构）筑物处理的监理单位或建设单位应对施工质量按照《建筑工程施工质量验收统一标准》GB 50300—2001和相应的专业验收规范的规定，进行检验批、分项工程和分部工程的施工质量验收，对于不合格的加固工程应返工重做，以确保灾损建（构）筑物加固后的安全和正常使用。对于灾损建（构）筑物处理单位工程验收，施工单位应按照验收标准进行自检评定，对于不满足要求的应按程序进行相关处理，对于施工单位检验评定合格后，应由监理单位或建设单位组织相关单位进行验收。

在《建筑工程施工质量验收统一标准》GB 50300—2001和相应的专业施工质量验收规

范中给出了检验批、分项工程和分部工程及单位工程质量验收的项目、方法、程序和组织。

建筑工程质量验收的合格标准，包括检验批、分项工程、分部工程和单位工程的验收合格标准，其分别为：

（1）检验批的合格质量标准

① 主控项目和一般项目的质量经抽样检验合格；

② 具有完整的施工操作依据、质量检查记录。

（2）分项工程的质量验收合格标准

① 分项工程所含的检验批均应符合合格质量的规定；

② 分项工程所含的检验批的质量验收记录应完整。

（3）分部（子分部）工程质量验收合格标准

① 分部（子分部）工程所含分项工程的质量均应验收合格；

② 质量控制资料应完整；

③ 地基与基础、主体结构和设备安装等分部工程有关安全及功能的检验和抽样检测结果应符合有关规定；

④ 观感质量验收应符合要求。

（4）单位（子单位）工程质量验收合格标准

① 单位（子单位）工程所含分部（子分部）工程的质量均应验收合格；

② 质量控制资料应完整；

③ 单位（子单位）工程所含分部工程有关安全和功能的检测资料应完整；

④ 主要功能项目的抽查结果应符合相关专业质量验收规范的规定；

⑤ 观感质量验收应符合要求。

从以上所列建筑工程施工质量验收统一标准的规定可以看出，检验批是最基本的验收单元。《建筑工程施工质量验收统一标准》GB 50300—2001 还给出了主控项目为建筑工程中的对安全、卫生、环境保护和公众利益起决定性作用的检验项目。除主控项目以外的检验项目为一般项目。

在各专业验收规范中均给出了分项工程的划分和主控项目与一般项目的设定、合格质量的标准及抽样的数量。关于建筑结构与构件的尺寸偏差的抽样和结果的评价是采用双百分数的方案。比如《混凝土结构工程施工质量验收规范》GB 50204—2002 规定，现浇结构分项工程的同一检验批内梁、柱尺寸偏差的抽样数量应为该检验批构件数量的 10%且不少于 3 件；抽样结果的合格点率应达到 80%及以上。

1.7.6 灾损建（构）筑物防治若干问题的探讨

灾损建（构）筑物防治应包括灾害预测和预防、灾害评估、灾害治理等内容，其中灾损建（构）筑物处理是灾害治理的内容之一。对于灾损建（构）筑物防治的灾害预测和预防、灾害评估和灾害治理涉及各类灾害学的灾害源分布、发生机理、潜在危险程度等诸多问题，每类灾害学都是非常复杂的问题。这些也超出本书的范围，有兴趣的读者可参考专门的书籍。

这里要讨论的是与灾损建（构）筑物处理有关的灾害作用相互影响和综合处理的问题。

1. 灾害作用的相互影响

城市现代化的发展和自然灾害的严重危害，对城市防灾提出了更高的要求。虽然自然灾害不可避免，但可以用科学的手段给予减轻。城市综合防灾是在近些年来城市抗震防灾、防洪和防火等单种灾害研究的基础上，对城市防灾进行更系统和更全面的研究。城市综合防灾既涉及城市各灾种的成灾模型、设防区划，又涉及灾种间的相互影响、伴随发生的机理和综合设防区划，既涉及工程建设、生命线工程抗单种灾害的能力分析和薄弱环节，又涉及多种灾害的影响和综合防灾的能力的易损性模型以及损失评价等，是一项涉及面非常广泛的研究课题。

在综合防灾研究中，凭借地理信息系统的强大功能，可使工程建设的管理信息与综合减灾相结合，做到日常的信息管理与综合防灾的要求融为一体，充分发挥现代化科学管理的作用。

在地震灾害发生过程中，有地震产生的直接破坏，也有输油管线或煤气发生爆炸及火灾、水库坝体滑坡产生洪涝等次生灾害，还有伴生的砂土液化、滑坡、泥石流等地质灾害。飓风不仅直接造成轻型结构屋顶或整个构架的垮塌、树木损毁，还往往带来洪水泛滥，山洪暴发，而山洪暴发又伴随泥石流、滑坡等地质灾害的发生。因此，应对各地区或城市灾害源的发布进行分析，并分析灾害之间的相互作用、伴随发生的机理是搞好灾害防治的基础环节。

2. 综合防灾体系

要把防灾资源合理的运用，就要在对城市或地区各种灾害现状、灾害设防区和灾害之间相互影响、伴随发生或次生模型分析的基础上，建立相应的综合防灾体系，即充分考虑各种灾害的抗灾防灾要求和分析现有的抗灾能力，最大限度地进行综合治理，让有限的资金发挥更大的防灾作用。而这种综合防灾体系是建立在城市综合防灾知识决策系统分析基础上的。

综合防灾知识决策系统，应包括灾害源信息、成灾模型、单种灾害设防区划和综合防灾设防区划知识系统；工程地质、工程建设和生命线工程信息系统；房屋、生命线系统易损性模型、抗灾能力评价和损失估计知识系统；灾害间相互影响、次生灾害危险评价知识系统以及综合防灾对策和防灾资源合理配置决策等。其实施步骤可概括为图1-84所示的框图。

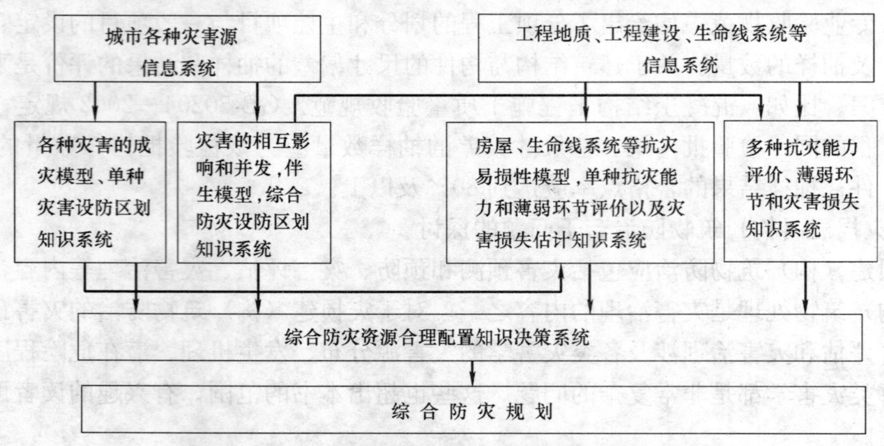

图1-84 综合防灾知识决策系统框图

这种综合防灾系统应结合不同城市和地区的基本情况来进行，有兴趣的读者可参考文献［137］。

第 2 章　灾害调查与检测鉴定

2.1　概　　述

如第 1 章所述，人类在生活、生产中面临着诸如地震、冰雪、洪水、风沙、滑坡、泥石流、沉陷、火灾等自然或人为的灾害。灾害发生后首先是对受灾人员进行最大可能的救援，其次，对遭受灾害的工业与民用建（构）筑物、道路、桥梁等国家、集体以及个人的财产进行调查，尽可能把财产和经济损失降到最低。尤其是随着近几十年来我国科学技术的飞速发展，社会经济文明的进步和提高，使得这方面的工作显出其独特的重要性，对实现灾损后调查和诊治的技术工作的要求也提高了。

民用房屋、工业建筑、道路、桥梁等建（构）筑物遭受地震、冰雪、洪水、风沙、滑坡、泥石流、沉陷、火灾等自然或人为的灾害之后，首先要进行灾损调查。首先对灾损作用应进行先期现状调查，了解作用过程，确定影响区域；对结构整体及构件进行初步判断，选择检测内容和项目；对有垮塌危险的结构构件，应首先采取防护措施。

这种灾后调查通常是现场调查，同时辅以间接的或远距离的调查，如通过相关的技术资料、影像资料等，来判断灾损的范围、程度和损失大小，对有修复价值和修复条件的建（构）筑物，可进行下一步检测和综合评估，为抢险救灾，尽快修复、恢复建（构）筑物的使用功能提供技术依据。

2.1.1　灾损调查、检测的工作内容与要求

建（构）筑物在经受地震、冰雪、水灾、风沙、滑坡、泥石流、沉陷及火灾灾害，受到损伤后进行灾损处理之前，应根据建（构）筑物类型和灾损情况进行调查、评估以及处理前的检测鉴定。首先要明确调查与检测的内容、范围和技术要求，必要时，由委托方和受托方协商确定。

建（构）筑物灾损后所进行的检测，对于建（构）筑物主要包括地基基础、承重结构和非承重结构三部分。对于塔架、筒仓、烟囱、道路、桥梁等构筑物，可结合具体情况使用不同名称。调查与检测工作的内容包括资料收集、灾损调查与检测，以满足结构评估或鉴定，以及下一步处理设计和施工等相关工作需要为目的，一般需要编写调查与检测报告。

对有特殊要求的建（构）筑物，尚应进行专项检测。可以根据本书中不同的灾害类型和结构受损特点，譬如震后鉴定、火灾后鉴定，以及桥梁、道路、地基和基础的鉴定等提出的特殊要求，按相应的规范和标准进行。

对于设计资料不全的建（构）筑物，应测绘结构的平面，立面布置及构件截面尺寸等几何参数，绘制工程现状图。对于资料齐全的建（构）筑物，也应进行检测核实，对不符合原设计图纸的，按实际结果绘制工程现状图。

受损构件的检测的主要内容有材料强度、构件尺寸、变形与裂损、构造与连接等情况。检测的原则可按《民用建筑可靠性鉴定标准》GB 50292、《工业建筑可靠性鉴定标准》GB 50144及《建筑结构检测技术标准》GB/T 50344等相关标准中的要求进行，一般可采用外观目测、锤击回声、探测仪、开挖探槽（孔）等手段检查，对于重要结构构件或连接，必要时可通过材料微观结构分析判断。检测方法和标准、规程可参照附录A中所列的方法和标准、规范选用。

灾损调查一般包括初步调查、资料收集、实地调查、提出现状调查报告。现状调查，可以多种形式进行，包括灾后的应急勘查、初步调查和排查，以及相应的决策（是否拆除、重建或修复）等，目的是确定受损建（构）筑物是否有修复价值和修复条件。

初步调查宜包括以下内容：

（1）灾害类型和规模、灾损原因、灾损过程、持续时间、影响区域、灾损程度等；

（2）建（构）筑物结构类型、建造使用及改扩建历史、使用情况及环境条件；

（3）委托方反映存在的问题和使用要求等。

资料收集宜包括下列内容：

（1）场地地质条件相关报告；

（2）设计和竣工验收文件；

（3）使用过程中的监测报告；

（4）灾损原因和已有的调查资料。

实地调查宜包括下列内容：

（1）灾损现状检查；

（2）设计文件和验收资料的现场核查；

（3）使用环境条件核查。

现状调查报告应包括下列内容：

（1）现场调查、检查结果；

（2）灾损状况的初步分析与判断；

（3）对下一步工作（包括检测、鉴定）提出建议。

以上是灾损调查中一般应考虑的内容。实际工程中情况可能会复杂多样，如有特殊要求，宜结合工程实际一并考虑。

2.1.2 灾损调查、检测的工作程序

如第1章所述，地震、冰雪、水灾、风沙、滑坡、泥石流、沉陷及火灾灾害各有其特点，灾损建（构）筑物的调查和检测的侧重点亦各有不同，但工作程序大体上仍存在一致的几个阶段：

1. 任务委托阶段

由于灾损调查、检测和鉴定是一项技术性很强的专业工作，关系到国家的救灾抢险、基础设施的安全，甚至人民的生命、财产安全，责任重大，为确保工作质量，一般应委托专门从事建（构）筑物检测、评估、鉴定工作的专门机构或组织专业人员组成专业技术鉴定组或委员会承担。承担鉴定的单位需具备有关部门颁发的资质或批准的业务范围，参与鉴定的技术人员应具有符合要求的业务能力和资格等。

2. 灾损调查阶段

如前节中所述，一般会涉及灾害调查、建（构）筑物基本情况调查、资料信息调查、实地踏勘调查等，通常的灾损调查会结合后期的检测、评估等开展，此后各节将详述该部分内容。

3. 详细调查或检测阶段

这是在灾损调查或现场踏勘后初步确定建（构）筑物尚有可修复的可能，具有修复价值后进行的工作。通常已经确定了检测、鉴定工作的目的、范围和内容，有正式、详细的检测、评估或鉴定的技术方案，组成检查组进行外业工作。

4. 评估、鉴定内业工作阶段

这个阶段的工作实际上十分多样，包括外业取样的试验、检验，试验或检测、测量数据的整理、分析或计算，相关图纸、各种分析结果图表的绘制，选取恰当的模型建模分析，分项或综合评级、评定，得出结论、建议，出具相应的处理方案等，最终以技术报告的形式反映调查、检测和评估鉴定的成果。

各灾损的工作程序大体如此，具体工作程序详见以下各节。

2.2　震损建筑物的调查、检测与鉴定

根据以往震后的经验，尤其是2008年5·12汶川大地震发生后，震损建筑物的抗震鉴定的工作程序，一般可分为两个阶段：震后救援抢险阶段和恢复重建阶段。

2.2.1　震后救援抢险阶段

震后救援抢险阶段的主要工作是应急调查、勘察和排险，主要是指震后对震损灾区的建筑进行紧急的宏观勘查、评估与排险。工作内容有：

1. 立即对震灾区域的建筑进行紧急的宏观勘查，并根据勘查结果划分为不同受损区。根据《地震灾后建筑抗震鉴定与加固技术指南》，将地震区域内各受灾城镇或乡，按其建筑群体的宏观受损程度划分为极严重受损区、严重受损区和轻微受损区。应急勘查评估的分区分级原则如下：

（1）极严重受损区

该区建筑大多数倒塌；尚存的建筑也破坏严重，已无修复价值；勘查评估属于需要重建或迁址重建的城镇。划分该区的参照指标为：地震烈度超过该地区抗震设防烈度2度以上，且不低于9度。

（2）严重受损区

该区建筑部分倒塌，尚存的建筑仅少数无修复价值，可考虑拆除；多数通过加固修理后仍可继续使用；勘查评估属于可修复的城镇。划分该区的参照指标为：地震烈度超过该地区抗震设防烈度1～2度，且介于7度与9度之间。

（3）轻微受损区

该区建筑基本完好或完好，少数虽有损伤，但易修复。勘查评估属于可以正常运作的城镇。划分该区的参照指标为：地震烈度达到或低于该地区抗震设防烈度，且介于6度与7度之间。

2. 对灾损建筑现有的承载能力和抗震能力进行应急评估，根据勘查和应急评估结果划分建筑的破坏等级；按照《地震灾后建筑抗震鉴定与加固技术指南》，划分为五个等级：

基本完好级、轻微损坏级、中等破坏级、严重破坏级、局部或整体倒塌级。各个等级的具体宏观表征如下：

（1）基本完好级。其宏观表征为：地基基础保持稳定，承重构件及抗侧向作用构件完好，结构构造及连接保持完好，个别非承重构件可能有轻微损坏，附属构、配件或其固定连接件可能有轻度损伤，结构未发生倾斜和超过规定的变形。一般不需修理即可继续使用。

（2）轻微损坏级。其宏观表征为：地基基础保持稳定，个别承重构件或抗侧向作用构件出现轻微裂缝，个别部位的结构构造及连接可能受到轻度损伤，尚不影响结构共同工作和构件受力，个别非承重构件可能有明显损坏，结构未发生影响使用安全的倾斜或变形；附属构配件或其固定连接件可能有不同程度损坏。经一般修理后可继续使用。

（3）中等破坏级。其宏观表征为：地基基础尚保持稳定，多数承重构件或抗侧向作用构件出现裂缝，部分存在明显裂缝，不少部位构造的连接受到损伤，部分非承重构件严重破坏。经立即采取临时加固措施后，可以有限制地使用。在恢复重建阶段，经鉴定加固后可继续使用。

（4）严重破坏级。其宏观表征为：地基基础出现震害，多数承重构件严重破坏，结构构造及连接受到严重损坏，结构整体牢固性受到威胁，局部结构濒临坍塌，无法保证建筑物安全。一般情况下应予以拆除，若该建筑有保留价值，需立即采取排险措施，并封闭现场，为日后全面加固保持现状。

（5）局部或整体倒塌级。其宏观表征为：多数承重构件和抗侧向作用构件毁坏引起的建筑物倾倒或局部坍塌，对局部坍塌严重的结构应及时予以拆除，以防在余震发生时，演变为整体坍塌或坍塌范围扩大而危及生命和财产安全。

根据应急评估结果划分建筑的破坏等级后，迅速组织应急排险处理。特别需要强调的是，在余震活动强烈期间不宜对受损建筑物进行按正常设计使用期要求的系统性加固改造。

2.2.2 灾后恢复重建阶段

这一阶段主要是依据应急调查和排查阶段的结果，对中等破坏程度以内的建筑进行系统鉴定。

1. 恢复重建阶段震损建筑的抗震设防目标

这一阶段的抗震设防目标，应以国家批准的标准和规范为准。我国不断学习世界各国和地区的防震、抗震先进经验，同时吸取国内若干次地震的经验和教训，结合我国的经济、技术现状，形成了我国现阶段的抗震设防目标。尤其是2008年5·12汶川地震之后，我国很快对建筑抗震方面的法律、规范和标准进行了修订，其中包括《中华人民共和国防震减灾法》、《中国地震动参数区划图》、《建筑工程抗震设防分类标准》GB 50223—2008、《建筑抗震设计规范》GB 50011—2010，已陆续颁布实施。《建筑抗震鉴定标准》GB 50023—2009，以及与之配套的《建筑抗震加固技术规程》JGJ 116—2009也在对原来的JGJ 116—1998进行修订之后，于2009年8月1日实施。这对我国震损建筑的抗震鉴定和加固工作起到了指导和推动作用。

（1）抗震设防烈度

2008年5·12汶川地震之后，我国修订了《中国地震动参数区划图》GB 18306—

2001 的相关内容，各地区的抗震设防烈度也随之有所调整，目前为 GB 18306—2001（2008 修订版）。震损建筑恢复重建阶段的抗震设防目标应以国家批准的抗震设防烈度为依据确定。

（2）建筑工程抗震设防分类

在汶川地震之后修订的《建筑工程抗震设防分类标准》GB 50223—2008，震损建筑的抗震设防分类应依照该标准执行。

（3）震损建筑抗震鉴定的设防目标

对于地震受损建筑进行的鉴定和加固，主要针对基本完好级、轻微损坏级、中等破坏级的震损建筑。其抗震灾后恢复重建阶段的鉴定时的设防目标，有别于新建建筑。参照《地震灾后建筑鉴定与加固技术指南》，鉴定时的设防目标，对于标准设防类（原为丙类建筑）为：当遭受相当于本地区抗震设防烈度地震影响时，可能损坏，但经一般修理后仍可继续使用；当遭受高于本地区抗震设防烈度预估的罕遇地震影响时，不致倒塌或发生危及生命安全的严重破坏。

对于重点设防类（原为乙类建筑）为：遭受相当于本地区抗震设防烈度地震影响时，不应有结构性损坏，不经修理或稍经一般修理后仍可继续使用；当遭受高于本地区抗震设防烈度预估的罕遇地震影响时，其个体建筑可能处于中等破坏状态。

以上两类可以概括为“中震不坏或可修，大震不倒”。

对于政府指定为地震避险的场所的建筑，设防类别不应低于重点设防类，其设防目标应达到当遭受相当于本地区抗震设防烈度地震影响时，不应有结构性损坏，不经修理即可继续使用；当遭受高于本地区抗震设防烈度预估的罕遇地震影响时，其建筑总体状态可能介于轻微损坏与中等破坏之间。

这一类可以概括为“中震不坏，大震可修”。

2. 恢复重建阶段震损建筑的鉴定原则

一般来说，恢复重建阶段的建筑抗震鉴定对象，主要为中等破坏及有恢复价值的严重破坏的建筑。受地震损坏的建筑应在应急评估确定的其结构现有承载能力抗震能力和使用功能的基础上，根据恢复重建的抗震设防目标，进行结构可靠性鉴定与抗震鉴定相结合的系统鉴定。

因此，受地震损坏建筑应进行结构损伤的检查、结构构件材料强度及其变形和位移的检测，为结构可靠性鉴定与抗震鉴定提供可靠的计算参数。

结构可靠性鉴定时，应根据结构的用途选用不同的鉴定标准。对民用建筑，选用现行的国家标准《民用建筑可靠性鉴定标准》GB 50292—1999；对工业建筑物，选用现行的国家标准《工业建筑可靠性鉴定标准》GB 50144—2008。

结构抗震鉴定时，应根据结构的类型和使用年限不同，按照现行的国家标准《建筑抗震鉴定标准》GB 50023—2009 的规定进行鉴定。同时，一些地方和区域参照该标准，颁布了相应的地方标准，譬如北京颁布的《北京地区中小学抗震鉴定与加固技术细则》，现有建筑的抗震鉴定操作中的一些具体要求和标准，可能会有一些调整变化。因此，具体执行时尚应考虑到地方标准规定以及委托方的要求。

2.2.3 震损建筑的抗震鉴定

如前所述，现行的《建筑抗震鉴定标准》GB 50023—2009 是现有建筑进行抗震鉴定时的指导性国家标准，是经过汶川地震之后修改的修订本。它的适用范围是“已投入使用的现有建筑”，即适用于“除古建筑、刚竣工的新建建筑、危险建筑以外，迄今仍在使用的既有建筑”，而此前的抗震鉴定标准GB 50023—1995仅针对《建筑抗震设计规范》TJ 11—78实施之前设计建造、未经过抗震加固的房屋，新标准的适用范围比此前扩大了。

1. 建筑抗震鉴定标准

这个新版标准中，对不同年代的建筑，规定了不同的、合理的“后续使用年限”，按建造年代以及当时设计所依据的设计规范分为三档：(1) 20世纪70年代及以前建造经耐久性鉴定可继续使用的房屋，后续使用年限不应少于30年；在20世纪80年代及以前建造的现有建筑，应创造条件采用40年或50年。(2) 20世纪90年代建造的现有建筑，后续使用年限至少为40年；条件许可时应采用50年；当本地区设防烈度高于原设计的设防烈度时，应允许采用30年。(3) 2001年及以后设计建造的房屋，后续使用年限为50年；当本地区设防烈度高于原设计的设防烈度时，应允许采用40年。

与上述抗震鉴定的“后续使用年限”相应，不同后续使用年限的房屋抗震鉴定要求也分为三档：(1) 后续使用年限30年的建筑（简称A类建筑），应采用该标准各章规定的A类建筑抗震鉴定方法。(2) 后续使用年限40年的建筑（简称B类建筑），应采用该标准各章规定的B类建筑抗震鉴定方法。(3) 后续使用年限50年的建筑（简称C类建筑），应按现行国家标准《建筑抗震设计规范》GB 50011的要求进行抗震鉴定。

C类建筑的鉴定，主要是指2001年以后（按当时施行的抗震设计规范系列设计）建造的现有建筑，抗震设防水准比A类和B类建筑要高，目前在实际工程中进行抗震鉴定的范围很小，数量也很少，因此实际上的抗震鉴定，主要集中在A类和B类现有建筑的抗震鉴定上。本书中将重点讨论这两类建筑。

现行的《建筑抗震鉴定标准》GB 50023—2009适用于有抗震设防要求的现有建筑。按照我国的建筑抗震历史发展的特点，这些房屋大致可分为三批：(1) 1990～2001年之间建造的房屋，基本上按照1989年颁布的《建筑抗震设计规范》进行抗震设计；(2) 1980～1990年之间建造的房屋，我国已经历过唐山大地震，基本上按照1978年颁布的《建筑抗震设计规范》进行设计。(3) 1979年之前建造的房屋，这批房屋原设计时大多数没有进行抗震设防，即使考虑抗震设防或在唐山大地震后进行了抗震加固，但设防水准偏低，房屋的抗震性能差别很大；另外，房屋经过多年使用，自身的可靠度降低，差别较大。

对于地震区的现有建筑，因标准和规范变化，或规定的抗震设防类别已提高，或抗震设防烈度提高而设防要求随之提高，或设防类别和设防烈度同时提高，这一类属于以预防为主的现有建筑的抗震鉴定。对于恢复重建阶段受到震损的现有建筑，除了考虑以上因素之外，尚应根据建筑实际受损的情况和程度进行，但其鉴定的基本内容、方法和程序是相通的。

2. 抗震鉴定的内容和要求

(1) 抗震鉴定内容和要求

现有建筑的抗震鉴定应包括下列内容及要求：

1) 搜集建筑的勘察报告、施工和竣工验收的相关原始资料；当资料不全时，应根据鉴定的需要进行补充实测。

2）调查建筑现状与原始资料相符合的程度、施工质量和维护状况，发现相关的非抗震缺陷。

3）根据各类建筑结构的特点、结构布置、构造和抗震承载力等因素，采用相应的逐级鉴定方法，进行综合抗震能力分析。

4）对现有建筑整体抗震性能作出评价，对符合抗震鉴定要求的建筑应说明其后续使用年限，对不符合抗震鉴定要求的建筑提出相应的抗震减灾对策和处理意见。

以上内容需要严格执行。同时，应根据下列情况区别对待：

1）建筑结构类型不同的结构，其检查的重点、项目内容和要求不同，应采用不同的鉴定方法。

2）对重点部位与一般部位，应按不同的要求进行检查和鉴定。

注：重点部位指影响该类建筑结构整体抗震性能的关键部位和易导致局部倒塌伤人的构件、部件，以及地震时可能造成次生灾害的部位。

3）对抗震性能有整体影响的构件和仅有局部影响的构件，在综合抗震能力分析时应分别对待。

现有建筑的抗震鉴定分为两级。第一级鉴定应以宏观控制和构造鉴定为主进行综合评价，第二级鉴定应以抗震验算为主结合构造影响进行综合评价。

A类建筑的抗震鉴定，当符合第一级鉴定的各项要求时，建筑可评为满足抗震鉴定要求，不再进行第二级鉴定；当不符合第一级鉴定要求时，除GB 50023各章有明确规定的情况外，应由第二级鉴定作出判断。

B类建筑的抗震鉴定，应检查其抗震措施和现有抗震承载力再作出判断。当抗震措施不满足鉴定要求而现有抗震承载力较高时，可通过构造影响系数进行综合抗震能力的评定；当抗震措施鉴定满足要求时，主要抗侧力构件的抗震承载力不低于规定的95%、次要抗侧力构件的抗震承载力不低于规定的90%，也可不要求进行加固处理。

现有建筑宏观控制和构造鉴定的基本内容及要求，应符合下列规定：

1）当建筑的平、立面，质量、刚度分布和墙体等抗侧力构件的布置在平面内明显不对称时，应进行地震扭转效应不利影响的分析；当结构竖向构件上下不连续或刚度沿高度分布突变时，应找出薄弱部位并按相应的要求鉴定。

2）检查结构体系，应找出其破坏会导致整个体系丧失抗震能力或丧失对重力的承载能力的部件或构件；当房屋有错层或不同类型结构体系相连时，应提高其相应部位的抗震鉴定要求。

3）检查结构材料实际达到的强度等级，当低于规定的最低要求时，应提出采取相应的抗震减灾对策。

注：以上3条内容需要严格执行。

4）多层建筑的高度和层数，应符合GB 50023标准各章规定的最大值限值要求。

5）当结构构件的尺寸、截面形式等不利于抗震时，宜提高该构件的配筋等构造抗震鉴定要求。

6）结构构件的连接构造应满足结构整体性的要求；装配式厂房应有较完整的支撑系统。

7）非结构构件与主体结构的连接构造应满足不倒塌伤人的要求；位于出入口及人流

通道等处，应有可靠的连接。

8）当建筑场地位于不利地段时，尚应符合地基基础的有关鉴定要求。

（2）鉴定中的抗震验算

设防烈度为6度和GB 50023有具体规定时，可不进行抗震验算；当6度第一级鉴定不满足时，可通过抗震验算进行综合抗震能力评定；其他情况，至少在两个主轴方向分别按GB 50023标准各章规定的具体方法进行结构的抗震验算。当未给出具体方法时，可采用现行国家标准《建筑抗震设计规范》GB 50011规定的方法，按下式进行结构构件抗震验算：

$$S \leqslant R/\gamma_{RE}$$

式中 S——结构构件内力（轴向力、剪力、弯矩等）组合的设计值；计算时，有关的荷载、地震作用、作用分项系数、组合值系数，应按现行国家标准《建筑抗震设计规范》GB 50011的规定采用；其中，场地的设计特征周期可按GB 50023中的表3.0.5确定，地震作用效应（内力）调整系数应按GB 50023各章的规定采用，8、9度的大跨度和长悬臂结构应计算竖向地震作用；

R——结构构件承载力设计值，按现行国家标准《建筑抗震设计规范》GB 50011的规定采用；其中，各类结构材料强度的设计指标应按GB 50023附录A采用，材料强度等级按现场实际情况确定。

γ_{RE}——抗震鉴定的承载力调整系数，除GB 50023各章节另有规定外，一般情况下，可按现行国家标准《建筑抗震设计规范》GB 50011的承载力抗震调整系数值采用，A类建筑抗震鉴定时，钢筋混凝土构件应按现行国家标准《建筑抗震设计规范》GB 50011承载力抗震调整系数值的0.85倍采用。

（3）可调整的部分

现有建筑的抗震鉴定要求，可根据建筑所在场地、地基和基础等的有利和不利因素，作下列调整：

1）Ⅰ类场地上的丙类建筑，7～9度时，构造要求可降低一度。

2）Ⅳ类场地、复杂地形、严重不均匀土层上的建筑以及同一建筑单元存在不同类型基础时，可提高抗震鉴定要求。

3）建筑场地为Ⅲ、Ⅳ类时，对设计基本地震加速度0.15g和0.30g的地区，各类建筑的抗震构造措施要求宜分别按抗震设防烈度8度（0.20g）和9度（0.40g）采用。

4）有全地下室、箱基、筏基和桩基的建筑，可降低上部结构的抗震鉴定要求。

5）对密集的建筑，包括防震缝两侧的建筑，应提高相关部位的抗震鉴定要求。

3. 多层砌体房屋的抗震鉴定

抗震鉴定时，房屋的高度和层数、抗震墙的厚度和间距、墙体的砂浆强度等级和砌筑质量、墙体交接处的连接以及女儿墙和出屋面烟囱等易引起倒塌伤人的部位应重点检查；7～9度时，尚应检查楼、屋盖处的圈梁，楼、屋盖与墙体的连接构造，墙体布置的规则性。

（1）第一级抗震鉴定

对于砖墙体和砌块墙体承重的多层房屋，其高度和层数不宜超过表2-1所列的范围。对隔开间或多开间设置横向抗震墙的房屋、墙厚为220mm的房屋，其适用高度和层数宜比表 2-1 的规定分别降低 3m 和一层。

多层砌体房屋的最大高度（m）和层数 **表 2-1**

墙体类别	墙体厚度(mm)	6度		7度		8度		9度	
		高度	层数	高度	层数	高度	层数	高度	层数
实心黏土砖墙	≥240	24	八	22	七	19	六	13	四
	180	16	五	16	五	13	四	10	三
多孔砖墙	180～240	16	五	16	五	13	四	10	三
空心黏土砖墙	420	19	六	19	六	13	四	10	三
	300	10	三	10	三	10	三		
黏土砖空斗墙	240	10	三	10	三	10	三		
混凝土中型空心砌块墙	≥240	19	六	19	六	13	四		
混凝土小型空心砌块墙	≥240	22	七	22	七	16	五		
粉煤灰中型实心砌块墙	≥240	19	六	19	六	13	四		
	180～240	16	五	16	五	10	三		

抗震隐患检查时，房屋的高度和层数、抗震墙的厚度和间距、墙体的砂浆强度等级和砌筑质量、墙体交接处的连接以及女儿墙和出屋面烟囱等易引起倒塌伤人的部位应重点检查；7～9 度区尚应检查楼、屋盖处的圈梁，楼、屋盖与墙体的连接构造，墙体布置的规则性。

多层砌体房屋的外观应符合下列要求：

1）墙体不空鼓、无严重酥碱和明显歪闪；

2）支承大梁、屋架的墙体无竖向裂缝，承重墙、自承重墙及其交接处无明显裂缝；

3）木楼、屋盖构件无明显变形、腐朽、蚁蚀和严重开裂；

4）混凝土构件无明显变形、倾斜和歪扭。

多层砌体房屋的结构体系应符合下列要求：

1）房屋实际的高宽比和横墙间距应符合下列刚性体系的要求：

① 房屋的高度与宽度（对外廊房屋，此宽度不包括其走廊宽度）之比不宜大于 2.2，且高度不大于底层平面的最长尺寸；

② 抗震横墙的最大间距应符合表 2-2 的规定。

刚性体系的抗震横墙最大间距（m） **表 2-2**

楼、屋盖类别	墙体类别	墙体厚度	6、7度	8度	9度
现浇或装配整体式混凝土	砖实心墙	≥240	15	15	11
	其他墙体	≥180	13	10	
装配式混凝土	砖实心墙	≥240	11	11	7
	其他墙体	≥180	10	7	
木、砖拱	砖实心墙	≥240	7	7	4

2）房屋的平立面和墙体布置宜符合下列规则性的要求：

① 质量和刚度沿高度分布比较规则均匀，立面高度变化不超过一层，同一楼层的楼

板标高相差不大于500mm；

② 楼层的质心和计算刚心基本重合或接近。

承重墙体的砖、砌块和砂浆实际达到的强度等级，应符合下列要求：

1）砖强度等级不宜低于MU7.5，且不低于砌筑砂浆强度等级；中型砌块的强度等级不宜低于MU10，小型砌块的强度等级不宜低于MU5。

2）砖、砌块的强度等级低于上述规定一级以内时，墙体的砂浆强度等级宜按比实际达到的强度等级降低一级采用。

3）墙体的砌筑砂浆强度等级，6度时或7度时三层及以下的砖砌体不应低于M0.4，当7度时超过三层或8、9度时不宜低于M1；砌块墙体不宜低于M2.5。砂浆强度等级高于砖、砌块的强度等级时，墙体的砂浆强度等级宜按砖砌块的强度等级采用。

多层砌体房屋的整体性连接构造，应符合下列规定：

1）纵横墙交接处应有可靠连接，当不符合下列要求时，应采取加固或其他相应措施；

① 墙体布置在平面内应闭合；纵横墙连接处，墙体内应无烟道、通风道等竖向孔道；

② 纵横墙交接处应咬槎较好；当为马牙槎砌筑或有钢筋混凝土构造柱时，沿墙高每10皮砖（中型砌块每道水平灰缝）应有2ϕ6拉结钢筋；空心砌块有钢筋混凝土芯柱时，芯柱在楼层上下应连通，且沿墙高每隔0.6m应有ϕ4点焊钢筋网片与墙拉结。

2）楼、屋盖的连接应符合下列要求：

① 混凝土预制构件应有坐浆；预制板缝应有混凝土填实，板上应有水泥砂浆面层；

② 木屋架不应为无下弦的人字屋架，隔开间应有一道竖向支撑或有木望板和木龙骨顶棚；当不符合时应采取加固或其他相应措施；

③ 楼屋盖构件的支承长度不应小于表2-3的规定：

楼屋盖构件的最小支承长度（mm）　　表2-3

构件名称	混凝土预制板		预制进深梁	木屋架木大梁	对接檩条	木龙骨、木檩条
位置	墙上	梁上	墙上	墙上	屋架上	墙上
支承长度	100	80	180且有梁垫	240	60	120

3）圈梁的布置和构造应符合下列要求：

① 现浇和装配整体式钢筋混凝土楼、屋盖可无圈梁；

② 装配式混凝土楼、屋盖（或木屋盖）砖房的圈梁布置和配筋，不应少于表2-4的规定，圈梁截面高度不应小于120mm，圈梁位置与楼、屋盖宜在同一标高或紧靠板底；纵墙承重房屋的圈梁布置要求应相应提高；空斗墙、空心墙和180厚砖墙的房屋，外墙每层应有圈梁，内墙隔开间宜有圈梁；

③ 装配式混凝土楼、屋盖的砌块房屋，每层均应有圈梁；内墙上圈梁的水平间距，7、8度时分别不宜大于表2-4中8、9度时的相应规定；圈梁截面高度，中型砌块房屋不宜小于200mm，小型砌块房屋不宜小于150mm；

④ 砖拱楼、屋盖房屋，每层所有内外墙均应有圈梁，当圈梁承受砖拱楼屋盖的推力时，配筋量不应少于4ϕ12；

⑤ 屋盖处的圈梁应现浇；楼盖处的圈梁可为钢筋砖圈梁，其高度不小于4皮砖，砌筑砂浆强度等级不低于M5，总配筋量不少于表2-4中的规定；现浇钢筋混凝土板墙或钢

筋网水泥砂浆面层中的配筋加强带可代替该位置上的圈梁；与纵墙圈梁有可靠连接的进深梁或配筋板带也可代替该位置上的圈梁。

圈梁的布置和构造要求　　表 2-4

<table>
<tr><th colspan="2">位置和
配筋量</th><th>7 度</th><th>8 度</th><th>9 度</th></tr>
<tr><td rowspan="2">屋盖</td><td>外墙</td><td>除层数为二层的预制板或有木望板、木龙骨吊顶时，均应有</td><td>均应有</td><td>均应有</td></tr>
<tr><td>内墙</td><td>同外墙，且纵横墙上圈梁的水平间距分别不应大于 8m 和 16m</td><td>纵横墙上圈梁的水平间距分别不应大于 8m 和 12m</td><td>纵横墙上圈梁的水平间距均不应大于 8m</td></tr>
<tr><td rowspan="2">楼盖</td><td>外墙</td><td>横墙间距大于 8m 或层数超过四层时应隔层有</td><td>横墙间距大于 8m 时，每层应有，横墙间距不大于 8m 层数超过三层时，应隔层有</td><td>层数超过二层且横墙间距大于 4m 时，每层均应有</td></tr>
<tr><td>内墙</td><td>横墙间距大于 8m 或层数超过四层时，应隔层有，且圈梁的水平间距不应大于 16m</td><td>同外墙，且圈梁的水平间距不应大于 12m</td><td>同外墙，且圈梁的水平间距不应大于 8m</td></tr>
<tr><td colspan="2">配筋量</td><td>4ϕ8</td><td>4ϕ10</td><td>4ϕ12</td></tr>
</table>

多层砌体房屋，应按下列要求设置钢筋混凝土构造柱（以下简称构造柱）：

多层砌体房屋构造柱设置要求　　表 2-5

<table>
<tr><th colspan="4">房屋层数</th><th colspan="2" rowspan="2">设置的部位</th></tr>
<tr><th>6 度</th><th>7 度</th><th>8 度</th><th>9 度</th></tr>
<tr><td>四、五</td><td>三、四</td><td>二、三</td><td></td><td rowspan="3">外墙四角；大房间内外墙交接处；较大洞口两侧；错层部位横墙与外纵墙交接处</td><td>7、8 度时楼电梯间的四角</td></tr>
<tr><td>六～八</td><td>五、六</td><td>四</td><td>二</td><td>隔开间横墙（轴线）与外墙交接处；山墙与内纵墙交接处；7～9 度时，楼及电梯间的四角</td></tr>
<tr><td></td><td>七</td><td>五、六</td><td>三、四</td><td>内墙（轴线）与外墙交接处；内墙的局部较小墙垛处；7～9 度时，楼、电梯间的四角；9 度时内纵墙与横墙（轴线）交接处</td></tr>
</table>

1）外廊式和单面走廊式的多层砖房，应根据房屋增加一层后的层数，按表 2-5 要求设置构造柱，且单面走廊两侧的纵墙均应按外墙处理；

2）教学楼、医院等横墙较少的房屋，应根据房屋增加一层后的层数，按表 2-5 的要求设置构造柱；

房屋中易引起局部倒塌的部件及其连接，对于现有结构构件的局部尺寸、支承长度和连接应分别符合下列规定：

1）承重的门窗间墙最小宽度和外墙尽端至门窗洞边的距离及支承大于 5m 的大梁的内墙阳角至门窗洞边的距离，7、8、9 度时分别不宜小于 0.8m、1.0m、1.5m；

2）非承重的外墙尽端至门窗洞边的距离，7、8 度时不宜小于 0.8m，9 度时不宜小于 1.0m；

3）楼梯间及门厅跨度不小于 6m 的大梁，在砖墙转角处的支承长度不宜小于 490mm；

4）出屋面的楼、电梯间和水箱间等小房间，8、9 度时墙体的砂浆强度等级不宜低于

M2.5；门窗洞口不宜过大；预制屋盖与墙体应有连接。

房屋中易引起局部倒塌的部件及其连接，对于非结构构件的构造应符合下列要求，当不符合时，位于出入口或临街处应加固或采取相应措施：

1）隔墙与两侧墙体或柱应有拉结，长度大于5.1m或高度大于3m时，墙顶还应与梁板有连接；

2）砖女儿墙、雨篷等非结构构件和突出屋面的小房间，宜符合相关要求。

（2）第二级抗震鉴定

多层砌体房屋采用综合抗震能力指数的方法进行第二级鉴定时，应根据房屋不符合第一级鉴定的具体情况，分别采用楼层平均抗震能力指数方法、楼层综合抗震能力指数方法和墙段综合抗震能力指数方法。

楼层平均抗震能力指数、楼层综合抗震能力指数和墙段综合抗震能力指数应按房屋的纵横两个方向分别计算。当最弱楼层平均抗震能力指数、最弱楼层综合抗震能力指数或最弱墙段综合抗震能力指数大于等于1.0时，可评定为满足抗震鉴定要求；当小于1.0时，应对房屋采取加固或其他相应措施。

结构体系、整体性连接和易引起倒塌的部位符合第一级鉴定要求，但横墙间距和房屋宽度均超过或其中一项超过第一级鉴定限值的房屋，可采用楼层平均抗震能力指数方法进行第二级鉴定。楼层平均抗震能力指数应按下式计算：$\beta_i = A_i / A b_i \xi o_i \lambda$。符号含义可见GB 50023—2009。

结构体系、楼屋盖整体性连接、圈梁布置和构造及易引起局部倒塌的结构构件不符合第一级鉴定要求的房屋，可采用楼层综合抗震能力指数方法进行第二级鉴定，楼层综合抗震能力指数应按下式计算：$\beta ci = \psi_1 \psi_2 \beta_i$。符号含义可见GB 50023—2009。

体系影响系数可根据房屋不规则性、非刚性和整体性连接不符合第一级鉴定要求的程度，经综合分析后确定。当砖砌体的砂浆强度等级为M0.4时，尚应乘以0.9。

局部影响系数可根据易引起局部倒塌各部位不符合第一级鉴定要求的程度，经综合分析后确定。横墙间距超过刚性体系规定的最大值、有明显扭转效应和易引起局部倒塌的结构构件不符合第一级鉴定要求的房屋，当最弱的楼层综合抗震能力指数小于1.0时，可采用墙段综合抗震能力指数方法进行第二级鉴定。墙段综合抗震能力指数应按下式计算（符号含义可见GB 50023—2009）：

$$\beta_{cij} = \psi_1 \psi_2 \beta_{ij} \tag{2-1}$$

$$\beta_{ij} = A_{ij} A b_{ij} \xi_{oi} \lambda \tag{2-2}$$

房屋的质量和刚度沿高度分布明显不均匀，或7、8、9度时房屋的层数分别超过六、五、三层，可按现行国家规范《建筑抗震设计规范》的方法验算其抗震承载力，并可按照本节的规定估算构造的影响，由综合评定进行第二级鉴定。

4. 内框架和底层框架砖房的抗震鉴定

（1）第一级抗震性鉴定

内框架和底层框架砖房应重点检查表2-6所列部位。

应重点检查的部位 **表 2-6**

检查内容	烈度			
	6	7	8	9
检查房屋的高度和层数、横墙的厚度和间距、墙体的砂浆强度等级和砌筑质量、底层框架和底层内框架砖房底层楼盖类型及底层与第二层的侧移刚度比、多层内框架砖房的屋盖和纵向窗间墙宽度	√	√	√	√
检查圈梁和其他连接构造		√	√	√
检查框架的配筋			√	√

内框架和底层框架砖房的总高度和层数不宜超过表 2-7 的规定。

总高度（m）和层数的限值 **表 2-7**

房屋类型	墙体厚度（mm）	烈度							
		6		7		8		9	
		高度	层数	高度	层数	高度	层数	高度	层数
底层框架砖房	≥240	19	六	19	六	16	五	11	三
	180	13	四	13	四	10	三	7	二
底层内框架砖房	≥240	13	四	13	四	10	三		
	180	7	二	7	二	7	二		
多排柱内框架砖房	≥240	16	五	16	五	14	四	7	二
单排柱内框架砖房	≥240	14	四	14	四	11	三	不宜采用	

内框架和底层框架砖房的结构体系应符合下列规定：

1）抗震横墙的最大间距应符合表 2-8 的规定；

抗震横墙的最大间距（m） **表 2-8**

房屋类型		烈度			
		6	7	8	9
底层框架砖房	上部各层	同 GB 50011 第 3.4.1 节相关规定			
	底层	25	21	18	15
底层内框架砖房		18	18	15	11
多排柱内框架砖房		30	30	30	20
单排柱内框架砖房		同 GB 50011 第 3.4.1 节相关规定			

2）底层框架、底层内框架砖房的底层，应沿纵横两方向对称布置一定数量的抗震墙，且第二层与底层侧移刚度的比值，7 度时不应大于 3，8、9 度时不应大于 2，抗震墙宜采用钢筋混凝土墙，6、7 度时可采用嵌砌于框架之间的黏土砖墙或混凝土小砌块墙；

3）内框架砖房的纵向窗间墙的宽度，不宜小于 1.5m。8、9 度时，厚度为 240mm 的抗震墙应有墙垛。

底层框架、底层内框架砖房的底层和多层内框架砖房的砖抗震墙，厚度不应小于 240mm，砖实际达到的强度等级不应低于 MU7.5，砌筑砂浆实际达到的强度等级，6、7 度时，不应低于 M2.5，8、9 度时，不应低于 M5。

内框架和底层框架砖房的整体性连接构造应符合下列规定：

1）底层框架、底层内框架砖房的底层，8、9度时应为现浇或装配整体式混凝土楼盖，6、7度时可为装配式楼盖，但应有圈梁。

2）多层内框架砖房的圈梁，应符合本节有关条款的规定，采用装配式混凝土楼、屋盖时，尚应符合下列要求：

① 顶层应有圈梁；

② 6度和7度不超过三层时，隔层应有圈梁；

③ 7度超过三层和8、9度时，各层均应有圈梁。

3）底层框架砖房的上部，按有关条款的规定设置构造柱；多层内框架砖房的下列部位，应设置钢筋混凝土构造柱：

① 外墙四角和楼、电梯间四角；

② 6度不低于五层时，7度不低于四层时，8度不低于三层时和9度时，抗震墙两端和无组合柱的外纵、横墙对应于中间柱列的部位。

4）内框架砖房大梁在外墙上的支承长度不应小于240mm，且应与垫块或圈梁相连。

5）多层内框架砖房在外墙四角和楼、电梯间四角及大房间内外墙交接处，7、8度时超过三层和9度时，应用构造柱或沿墙高每10皮砖应有2ϕ6拉结筋。

（2）第二级抗震鉴定

内框架和底层框架砖房的第二级鉴定，一般情况下，可采用综合抗震能力指数的方法；采用现行国家标准《建筑抗震设计规范》的方法进行抗震承载力验算，并可按照本节规定计入构造影响因素，进行综合评定。

底层框架、底层内框架砖房采用综合抗震能力指数方法进行第二级鉴定时，应符合下列要求：

1）底层的砖抗震墙部分，烈度影响系数，6、7、8、9度时，可分别按0.7、1.0、1.7、3.0采用。

2）框架承担的地震剪力可按现行国家标准《建筑抗震设计规范》的有关规定采用。

多层内框架砖房采用综合抗震能力指数方法进行第二级鉴定时，应符合下列要求：

1）纵向窗间墙不符合第一级鉴定时，其影响系数应该按体系影响系数处理；烈度影响系数，6、7、8、9度时，可分别按0.7、1.0、1.7、3.0采用。

2）其外墙砖柱（墙垛）的现有受剪承载力，可根据对应于重力荷载代表值的砖柱轴向压力、砖柱偏心距限值、砖柱（包括钢筋）的截面面积和材料强度标准值等计算确定。

内框架砖房的砌体部分和底部框架的砌体部分可按多层砌体房屋的相关规定进行鉴定，在此不再赘述。

5. 单层砖柱厂房的抗震鉴定

（1）检查重点与有关规定

1）检查重点

对单层砖柱厂房抗震鉴定时，影响厂房整体性、抗震承载力和易倒塌伤人的下列关键薄弱部位应进行重点检查：

① 6度时，应重点检查变截面柱和不等高排架柱的上柱；

② 7度时，除按第①款检查外，尚应检查与排架刚性连接但不到顶的砌体隔墙、封

檐墙；

③ 8度时，除按第①、②款检查外，尚应检查砖柱（墙垛）、屋盖支撑及其连接等；

④ 9度时，除按第①～③款检查外，尚应检查屋盖的类型等。

2）有关规定

单层砖柱厂房的抗震鉴定，既要考虑抗震构造措施鉴定，又要考虑抗震承载力评定。对于A类、B类厂房，其抗震构造措施鉴定都要求检查结构布置、构件形式、材料强度、整体性连接和易损部位的构造等，但它们在鉴定要求的宽严程度、依据的标准不同。A类厂房的抗震构造措施的鉴定要求，基本与原95抗震鉴定标准相同；B类厂房的抗震构造措施，基本采用原89抗震设计规范的要求，并结合震害和现行抗震设计规范适当增加了一些鉴定要求，比A类厂房的鉴定要求要严。抗震承载力评定，在有些情况下还应结合抗震承载力验算进行综合抗震能力评定。

当关键薄弱部位不符合鉴定要求时，应进行加固或处理；一般部位不符合鉴定要求时，可根据不符合的程度和影响的范围，提出相应对策。

（2）抗震措施鉴定

1）结构布置和构件形式

对于A类厂房，结构布置和构件形式的鉴定要求包括：①对砖柱的要求：多跨厂房为不等高时，低跨的屋架（梁）不应削弱砖柱截面；7度Ⅲ、Ⅳ类场地和8、9度时，砖柱（墙垛）应有竖向配筋，纵向边柱列应有与柱等高且整体砌筑的砖墙；②对厂房高度和跨度的控制性要求：有桥式吊车、或6～8度时跨度大于12m且柱顶标高大于6m、或9度时跨度大于9m且柱顶标高大于4m的厂房，应适当提高其抗震鉴定要求；③对承重山墙的要求：承重山墙厚度不应小于240mm，开洞的水平截面面积不应超过山墙截面总面积的50%；④对重屋盖使用的限制及双曲砖拱屋盖的鉴定要求：9度时，不宜为重屋盖厂房；双曲砖拱屋盖的跨度，7、8、9度时分别不宜大于15m、12m和9m；拱脚处应有拉杆，山墙应有壁柱；⑤对隔墙的要求：与柱不等高的砌体隔墙，宜与柱柔性连接或脱开。

对于B类厂房，除上述要求外还有更严格的要求，主要有：①厂房高度和跨度的限制：单层砖柱厂房，宜为单跨、等高且无桥式吊车的厂房，6～8度时跨度不大于12m且柱顶标高不大于6m，9度时跨度不大于9m且柱顶标高不大于4m；②防震缝的设置：轻型屋盖厂房，可没有防震缝；钢筋混凝土屋盖厂房与贴建的建（构）筑物间宜有防震缝，防震缝处宜设有双柱或双墙；③结构体系的要求：6～8度时，宜为轻型屋盖，9度时应为轻型屋盖；6、7度时可为十字形截面的无筋砖柱，8度Ⅰ、Ⅱ类场地时宜为组合砖柱，8度Ⅲ、Ⅳ类场地和9度时边柱应为组合砖柱、中柱应为钢筋混凝土柱；厂房纵向独立砖柱柱列，可在柱间由与柱等高的抗震墙承受纵向地震作用，砖抗震墙应与柱同时咬槎砌筑，并应有基础；厂房两端均应有承重山墙；横向内隔墙宜为抗震墙，非承重和非整体砌筑且不到顶的纵向隔墙宜为轻质墙，非轻质墙，应考虑隔墙对柱及其与屋架连接节点的附加地震剪力。

2）砖柱（墙垛）的材料强度等级

对于A类厂房，砖实际达到的强度等级，不宜低于MU7.5；砌筑砂浆实际达到的强度等级，6、7度时不宜低于M1，8、9度时不宜低于M2.5；8、9度时，竖向配筋分别不应少于4ϕ10、4ϕ12。

对于B类厂房，主要是对砌筑砂浆的强度等级有更严格的要求，即砌筑砂浆实际达到的强度等级，不宜低于M2.5。

3）整体性连接构造

对于A类厂房，厂房整体性连接构造的鉴定要求主要有：①木屋盖的支撑布置、与屋架及天窗架的连接构造的鉴定要求，详见现行《建筑抗震鉴定标准》GB 50023中对A类建筑的相关规定；②8、9度时，支承钢筋混凝土屋盖的垫块宜有钢筋网片并与圈梁可靠拉结；③圈梁布置要求：7度时屋架底部标高大于4m和8、9度时，屋架底部标高处沿外墙和承重内墙，均应有现浇闭合圈梁一道，并与屋架或大梁等可靠连接；8度Ⅲ、Ⅳ类场地和9度，屋架底部标高大于7m时，沿高低每隔4m左右在窗顶标高处还应有闭合圈梁一道；④7度时，屋盖构件应与山墙可靠连接，山墙壁柱宜通到墙顶，8、9度时山墙顶尚应有钢筋混凝土卧梁；跨度大于10m且屋架底部标高大于4m时，山墙壁柱应通到墙顶，竖向配筋应锚入卧梁内。

对于B类厂房，还要求：①木屋盖的支撑布置、与屋架及天窗架的连接构造，应符合现行《建筑抗震鉴定标准》GB 50023中对B类厂房的相关要求；②钢筋混凝土屋盖的构造鉴定要求，应符合B类单层钢筋混凝土柱厂房的有关规定；③柱顶标高处沿房屋外墙和承重内墙应有闭合圈梁，8、9度时还应沿墙每隔3～4m增设有圈梁一道；山墙顶沿屋面应有现浇钢筋混凝土卧梁，并与屋盖构件锚拉；屋架（屋面梁）与墙顶圈梁或柱顶垫块，应为螺栓连接或焊接等。

4）易损部位及其连接构造

对于A类、B类厂房，易引起局部倒塌的部位，包括悬墙、封檐墙、女儿墙、顶棚等，其鉴定要求为：①7～9度时，砌筑在大梁上的悬墙、封檐墙应与梁、柱及屋盖等有可靠连接；②女儿墙等应符合砌体结构房屋抗震鉴定中对易引起局部倒塌的非结构构件的有关规定。

（3）抗震承载力验算

A类单层砖柱厂房，除下列部位外可不进行抗震承载力验算；对下列部位应按现行《建筑抗震设计规范》GB 50011的规定进行纵、横向的抗震分析，并按抗震验算公式进行结构构件的抗震承载力验算，但结构构件的内力调整系数、抗震鉴定的承载力调整系数等，均应按A类建筑的相应规定采用。这些部位包括：7度Ⅰ、Ⅱ类场地，单跨或多跨等高且高度超过6m的无筋砖墙垛、高度超过4.5m的等截面无筋独立砖柱和混合排架房屋中高度超过4.5m的无筋砖柱及不等高厂房中的高低跨柱列；7度Ⅲ、Ⅳ类场地的无筋砖柱（墙垛）；8度时每侧纵筋少于3ϕ10的砖柱（墙垛）；9度时每侧纵筋少于3ϕ12的砖柱（墙垛）和重屋盖厂房的配筋砖柱；7～9度时开洞的水平截面面积超过截面总面积50%的山墙；以及8、9度时，高大山墙壁柱平面外的截面抗震验算。

B类单层砖柱厂房，对于6度和7度Ⅰ、Ⅱ类场地，柱顶标高不超过4.5m，且两端均有山墙的单跨及多跨等高B类砖柱厂房，当抗震构造措施符合上述规定时，可评为符合抗震鉴定要求，不进行抗震承载力验算；对于其他情况，应按现行《建筑抗震设计规范》GB 50011的规定进行纵、横向的抗震分析，并按抗震验算公式进行结构构件的抗震承载力验算，但结构构件的内力调整系数和抗震鉴定的承载力调整系数等，均应按B类建筑的相应规定采用。

6. 多层及高层钢筋混凝土房屋的抗震鉴定

对钢筋混凝土结构房屋的抗震鉴定，应依据现行国家标准《建筑抗震鉴定标准》GB 50023给出的鉴定方法和有关规定。对不符合鉴定标准要求的建筑，根据其不符合要求的程度、部位对结构整体抗震性能影响的大小，以及有关的非抗震缺陷等实际情况，结合使用要求等因素的分析，提出相应的维修、加固、改变用途或更新等抗震减灾对策。

在本章第2节中，已经介绍现行《建筑抗震鉴定标准》GB 50023按不同的后续使用年限，将既有建筑分为A、B、C三类建筑进行抗震鉴定；下面主要介绍有关A、B类既有多层砖砌体结构房屋抗震鉴定的方法和要求。

（1）一般规定

1）适用于现浇及装配整体式钢筋混凝土框架（包括填充墙框架）、框架-抗震墙及抗震墙结构。其最大高度（或层数）应符合下列规定：

① A类钢筋混凝土房屋抗震鉴定时，房屋的总层数不超过10层；

② B类钢筋混凝土房屋抗震鉴定时，不同结构类型的钢筋混凝土房屋适用的最大高度应符合表2-9的要求，对不规则结构、有框支层抗震墙结构或Ⅳ类场地上的结构，适用的最大高度尚应适当降低。

B类现浇混凝土房屋适用的最大高度（m）　　表2-9

结构类型	烈度			
	6度	7度	8度	9度
框架结构	同非抗震设计	55	45	25
框架-抗震墙结构		120	100	50
抗震墙结构		120	100	60
框支抗震墙结构	120	100	80	不应采用

注：1 房屋高度指室外地面到主要屋面板板顶的高度（不包括局部突出屋顶部分）。
2 本章中的“抗震墙”指结构抗侧力体系中的钢筋混凝土剪力墙，不包括只承担重力荷载的混凝土墙。

2）既有钢筋混凝土结构房屋的抗震鉴定，应依据其设防烈度重点检查下列薄弱部位：

① 6度时，应检查局部易掉落伤人的构件、部件以及楼梯间非结构构件的连接构造。

② 7度时，除应按上述第①款检查外，尚应检查梁柱节点的连接方式、框架跨数及不同结构体系之间的连接构造。

③ 8、9度时，除应按上述第①、②款检查外，尚应检查梁、柱的配筋，材料强度，各构件间的连接，结构体型的规则性，短柱分布，使用荷载大小和分布等。

3）钢筋混凝土房屋的外观和内在质量宜符合下列要求：

① 梁、柱及其节点的混凝土仅有少量微小开裂或局部剥落，钢筋无露筋、锈蚀；

② 填充墙无明显开裂或与框架脱开；

③ 主体结构构件无明显变形、倾斜或歪扭。

4）既有钢筋混凝土结构房屋的抗震鉴定，应按结构体系的合理性、结构构件材料的实际强度、结构构件的纵向钢筋和横向箍筋的配置和构件连接的可靠性、填充墙等与主体结构的拉结构造以及构件抗震承载力的综合分析，对整幢房屋的抗震能力进行鉴定。

当梁柱节点构造和框架跨数不符合规定时，评定为不满足抗震鉴定要求；当仅有出入口、人流通道处的填充墙不符合规定时，评定为局部不满足抗震鉴定要求。

5）A类钢筋混凝土结构房屋应进行综合抗震能力两级鉴定。当符合第一级鉴定的各项规定时，除9度外应允许不进行抗震验算而评为满足抗震鉴定要求；不符合第一级鉴定要求和9度时，除有明确规定的情况外，应在第二级鉴定中采用屈服强度系数和综合抗震能力指数的方法作出判断。

B类钢筋混凝土结构房屋应根据所属的抗震等级进行结构布置和构造检查，并应通过内力调整进行抗震承载力验算；或按照A类钢筋混凝土结构房屋计入构造影响对综合抗震能力进行评定。

对于A、B类钢筋混凝土结构房屋采用的两级鉴定框图，分别见图2-1和图2-2所示。

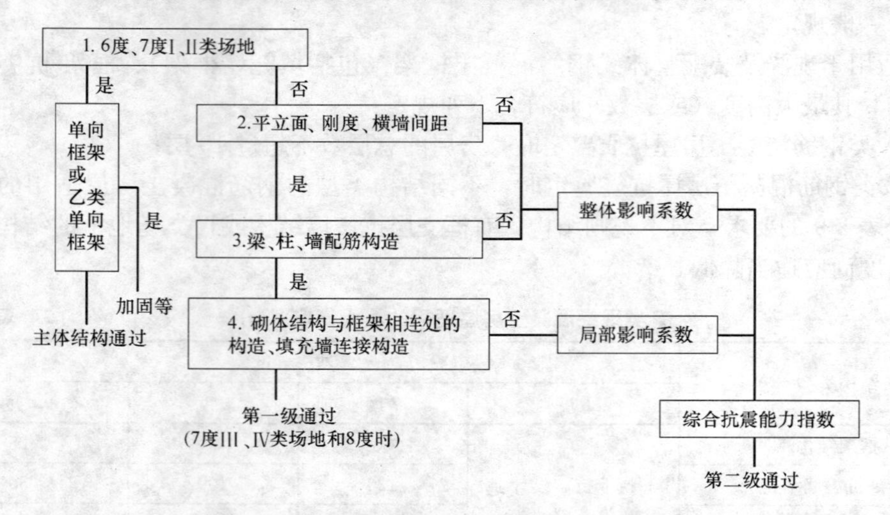

图2-1　A类多层钢筋混凝土房屋的两级鉴定

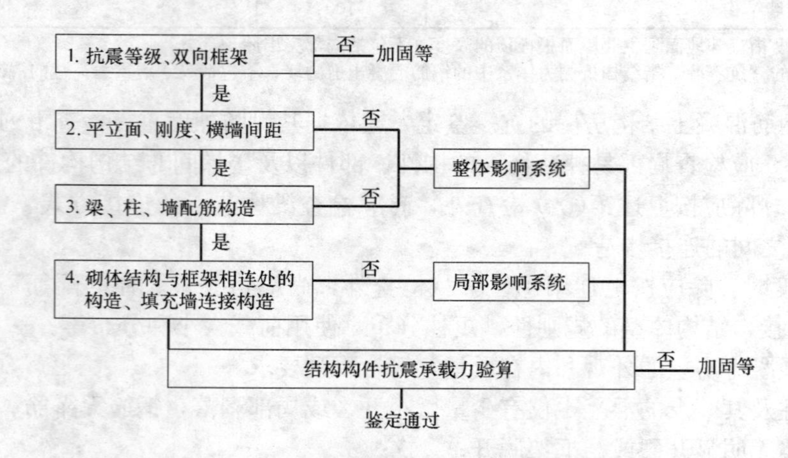

图2-2　B类多层钢筋混凝土房屋的鉴定

6）砖女儿墙、雨篷等非结构构件和突出屋面的小房间，应符合多层砖砌体结构房屋抗震鉴定的有关规定。

（2）A类钢筋混凝土结构房屋的抗震鉴定

1）第一级鉴定（抗震措施鉴定）

① 房屋的结构体系应符合下列要求：

a. 框架结构宜为双向框架，装配式框架宜有整浇节点，8、9度时不应为铰接节点。

b. 框架结构不宜为单跨框架；乙类设防时，不应为单跨框架结构，且8、9度时按梁柱的实际配筋、柱轴向力计算的框架柱的弯矩增大系数宜大于1.1。

c. 8、9度时，现有结构布置的规则性应符合下列要求。

a）平面局部突出部分的长度不宜大于宽度，且不宜大于该方向总长度的30%；

b）立面局部缩进的尺寸不宜大于该方向水平总尺寸的25%；

c）楼层刚度不宜小于其相邻上层刚度的70%，且连续三层总的刚度降低不宜大于50%；

d）无砌体结构相连，且平面内的抗侧力构件及质量分布宜基本均匀对称。

d. 抗震墙之间无大洞口的楼盖、屋盖的长宽比不宜超过《建筑抗震鉴定标准》GB 50023（以下简称“鉴定标准”）表6.2.1-1的规定。

e. 8度时，厚度不小于240mm、砌筑砂浆强度等级不低于M2.5的抗侧力黏土砖填充墙，其平均间距应不大于“鉴定标准”表6.2.1-2规定的限值。

② 梁、柱、墙实际达到的混凝土强度等级，6、7度时不应低于C13，8、9度时不应低于C18。

③ 梁、柱、墙配筋构造。

a. 框架梁柱纵向钢筋和横向箍筋的配置、纵筋的锚固，6度和7度Ⅰ、Ⅱ类场地时应满足非抗震设计的要求；对乙类设防的钢筋混凝土房屋，还检查框架柱的最小纵向钢筋和箍筋配置是否符合鉴定要求。

b. 7度Ⅲ、Ⅳ类场地和8、9度时，框架梁柱的配筋尚应按“鉴定标准”第6.2.4条的规定，着重检查梁两端箍筋加密的范围和箍筋间距，柱上、下端箍筋加密的范围、箍筋间距和直径，乙类设防时需检查框架柱箍筋的最大间距和最小直径是否满足鉴定标准要求；检查框架柱截面尺寸、框架角柱及其他各柱纵向钢筋的总配筋率，以及框架柱净高与截面高度之比等是否符合鉴定标准要求。

c. 抗震墙的配筋与构造，8、9度时，对框架-抗震墙的墙板配筋与构造，应按“鉴定标准”第6.2.5条的规定，检查抗震墙的周边与框架梁柱能否形成整体或有加强的边框，墙板的厚度是否符合鉴定标准要求，墙板与楼板的连接能否可靠地传递地震作用。

④ 框架结构利用山墙承重时，山墙应有钢筋混凝土壁柱与框架梁可靠连接；当不符合时，8、9度应加固。

⑤ 砖砌体填充墙、隔墙与主体结构的连接，应按“鉴定标准”第6.2.7条的规定检查：

当考虑填充墙抗侧力作用时，检查填充墙的厚度和砂浆强度等级是否符合鉴定要求；检查填充墙沿柱高设置的拉筋及间距、伸入墙内的长度是否符合规定要求；当墙高大于5m时，检查墙内是否有连系梁与柱连接；对于黏土砖墙长度大于6m或空心砖墙长度大于5m，8、9度时检查墙顶与梁有否连接。

2）第二级鉴定（抗震承载力验算）

对于A类钢筋混凝土结构房屋的第二级鉴定，抗震鉴定标准推荐采用简化方法，即楼层综合抗震能力指数法（屈服强度系数法）进行综合评定，当楼层综合抗震能力指数$\beta \geqslant 1.0$时为符合鉴定要求，否则不满足鉴定要求需进行抗震加固。该方法是以震害为依据，通过震害实例验算进行统计分析得到的简化方法。楼层综合抗震能力指数的计算公式为：

$$\beta=\varphi_1\varphi_2\xi_y \tag{2-3}$$

$$\xi_y=V_y/V_e \tag{2-4}$$

式中　β——平面结构楼层综合抗震能力指数

φ_1——体系影响系数，可根据结构体系、梁柱箍筋、轴压比等符合第一级鉴定要求的程度和部位综合确定；当各项构造均符合 A 类建筑的规定时取 1.0，符合 B 类建筑的规定时取 1.25；当各项构造均符合非抗震设计规定时，取 0.8；当结构受损伤或发生倾斜但已修复纠正，上述数值尚宜乘以 0.8～1.0；

φ_2——局部影响系数，可根据局部构造不符合第一级鉴定要求的程度，采用下列三项系数选定后的最小值：与承载砌体结构相连的框架，取 0.8～0.95；填充墙等与框架的连接不符合第一级鉴定要求，取 0.7～0.95；抗震墙之间楼盖、屋盖长宽比超过规定值时，可按超过的程度，取 0.6～0.9；

ξ_y——楼层屈服强度系数；

V_y——楼层既有受剪承载力，按现行国家标准《建筑抗震鉴定标准》GB 50023 的有关规定计算；

V_e——楼层的弹性地震剪力，按现行国家标准《建筑抗震鉴定标准》GB 50023 的有关规定计算。

(3) B 类钢筋混凝土结构房屋的抗震鉴定

1) 第一级鉴定（抗震措施鉴定）

① 既有 B 类钢筋混凝土结构房屋的抗震鉴定，应按"鉴定标准"表 6.3.1 规定的鉴定时所采用的抗震等级，并按其所属抗震等级的要求核查抗震构造措施。

② 房屋的结构体系，应按下列规定检查是否符合要求：

a. 框架结构不宜为单跨框架；乙类设防时不应为单跨框架结构，且 8、9 度时按梁柱的实际配筋、柱轴向力计算的框架柱的弯矩增大系数宜大于 1.1；

b. 结构布置的规则性应按 A 类房屋上述相应要求检查，钢筋混凝土框架结构房屋的结构布置，尚应检查是否符合下列要求：

a) 框架应双向布置，框架梁与柱的中线宜重合；

b) 梁的截面宽度不宜小于 200mm，梁截面的高宽比不宜大于 4；梁净跨与截面高度之比不宜小于 4；

c) 柱的截面宽度不宜小于 300mm，柱净高与截面高度（圆柱直径）之比不宜小于 4；

d) 柱轴压比不宜超过"鉴定标准"表 6.3.2-1 的限值规定，超过时宜采取措施；对柱净高与截面高度（圆柱直径）之比小于 4、Ⅲ、Ⅳ类场地上较高的高层建筑的柱轴压比限值应适当减小。

c. 钢筋混凝土框架-抗震墙房屋的结构布置，尚应检查是否符合下列规定要求：

a) 抗震墙宜双向设置，框架梁与抗震墙的中线宜重合；

b) 抗震墙宜贯通房屋全高，且横向与纵向宜相连；

c) 房屋较长时，纵向抗震墙不宜设置在端开间；

d) 抗震墙之间无大洞口的楼盖、屋盖的长宽比不宜超过"鉴定标准"表 6.3.2-2 的规定，超过时应计入楼盖平面内变形的影响；

e）抗震墙墙板厚度不应小于 160mm 且不应小于层高的 1/20，墙板应有梁（或暗梁）和端柱组成的边框。

d. 钢筋混凝土抗震墙房屋的结构布置，尚应检查是否符合下列要求：

a）较长的抗震墙宜分成较均匀的若干墙段，各墙段（包括小开洞墙及联肢墙）的高宽比不宜小于 2；

b）抗震墙有较大洞口时，洞口位置宜上下对齐；

c）一、二级抗震墙和三级抗震墙加强部位的各墙肢应有翼墙、端柱或暗柱等边缘构件，暗柱或翼墙的截面范围按现行国家标准《建筑抗震设计规范》GB 50011 的规定检查；

d）两端有翼墙或端柱的抗震墙墙板厚度，一级不应小于 160mm，且不宜小于层高的 1/20，二、三级不应小于 140mm，且不宜小于层高的 1/25。

e. 房屋底部有框支层时，框支层的刚度不应小于相邻上层刚度的 50%；落地抗震墙间距不宜大于四开间和 24m 的较小值，且落地抗震墙之间的楼盖长宽比不应超过“鉴定标准”表 6.3.2-2 规定的数值。

f. 抗侧力黏土砖填充墙，应检查是否符合下列要求：

a）二级且层数不超过五层、三级且层数不超过八层和四级的框架结构，可计入黏土砖填充墙的抗侧力作用；

b）填充墙的布置应符合框架—抗震墙结构中对抗震墙的设置要求；

c）填充墙应嵌砌在框架平面内并与梁柱紧密结合，墙厚不应小于 240mm，砂浆强度等级不应低于 M5，宜先砌墙后浇框架。

③ 梁、柱、墙实际达到的混凝土强度等级不应低于 C20，一级框架梁、柱和节点不应低于 C30。

④ 梁、柱、墙的配筋与构造，检查是否符合下列要求：

a. 现有框架梁的配筋与构造，应符合“鉴定标准”第 6.3.4 条的规定要求；

b. 现有框架柱的配筋与构造，应符合“鉴定标准”第 6.3.5 条的规定要求；

c. 框架节点核心区内箍筋的最大间距和最小直径，宜符合“鉴定标准”第 6.3.6 条的规定要求；

d. 抗震墙墙板的配筋与构造，应符合“鉴定标准”第 6.3.7 条的规定要求；

e. 钢筋的接头和锚固，应符合现行国家标准《混凝土结构设计规范》GB 50010 的要求。

⑤ 填充墙应按下列要求进行检查：

a. 砌体填充墙在平面和竖向的布置，宜均匀对称；

b. 砌体填充墙，宜与框架柱柔性连接，但墙顶应与框架紧密结合；

c. 砌体填充墙与框架刚性连接时，应符合下列要求：

a）沿框架高每隔 500mm 有 2ϕ6 拉筋，拉筋伸入填充墙内长度，一、二级框架沿墙全长拉通；三、四级框架不应小于墙长的 1/5 且不小于 700mm；

b）墙长大于 5m 时，墙顶部与梁宜有拉结措施，墙高度超过 4m 时，宜在墙高中部有与柱连接的通长钢筋混凝土水平连系梁。

2）第二级鉴定（抗震承载力验算）

对于 B 类钢筋混凝土结构房屋的第二级鉴定，“鉴定标准”推荐采用现行国家标准《建筑抗震设计规范》GB 50011 的方法进行抗震分析，按现行国家标准《建筑抗震鉴定标准》GB 50023 的规定进行结构构件承载力验算，当抗震措施不满足鉴定要求时，可计入构造影响进行综合抗震能力的评定；当抗震措施满足鉴定要求时，主要抗侧力构件的抗震承载力不低于规定的 95%、次要抗侧力构件的抗震承载力不低于规定的 90%，也可不要求进行加固处理。乙类设防的框架结构还应进行变形验算，即进行多遇地震下的弹性变形验算和罕遇地震下的弹塑性变形验算。变形验算方法，实际上是抗震设计规范用来控制新建结构破坏程度和防止倒塌的，对于评估既有建筑破坏程度和控制倒塌也有同样的作用与较好的可靠性。结构构件承载力的抗震验算公式为：

$$S \leqslant R_c / \gamma_{Ra} \tag{2-5}$$

$$R_c = \varphi_1 \varphi_2 R \tag{2-6}$$

式中　S——结构内力（轴向力、剪力、弯矩等）组合的设计值；计算时，有关的荷载、地震作用、作用分项系数、组合值系数，按现行国家标准《建筑抗震设计规范》GB 50011 的规定采用，其中地震作用效应（内力）调整系数按现行国家标准《建筑抗震鉴定标准》GB 50023 的有关规定采用；

R_c——整个结构综合考虑构造和承载力等因素具有抵抗地震作用的能力；

R——结构构件承载力设计值，按现行国家标准《建筑抗震设计规范》GB 50011 的方法进行分析，采用实际截面、实际配筋，其中按实际材料强度等级确定的材料强度设计指标的取值和构件承载力验算公式等按现行《建筑抗震鉴定标准》GB 50023 的有关规定采用；

γ_{Ra}——抗震鉴定的承载力调整系数，按现行国家标准《建筑抗震鉴定标准》GB 50023 的规定采用。

需要说明的是，对于钢筋混凝土结构房屋，上述抗震鉴定验算以及后面需要的抗震加固验算，PKPM 软件系列已推出 JDJG “建筑抗震鉴定和加固设计软件”，可供用户分别按后续使用年限 30 年（A 类建筑）、40 年（B 类建筑），以及 50 年（C 类建筑）进行抗震鉴定计算和加固设计使用。但要注意，计算模型必须符合房屋结构实际，计算参数等需按现行《建筑抗震鉴定标准》GB 50023 和《建筑抗震加固技术规程》JGJ 116 的相关规定采用。

7. 单层钢筋混凝土柱厂房的抗震鉴定

（1）检查重点与有关规定

1）检查重点

单层钢筋混凝土柱厂房的震害表明，装配式结构的整体性和连接的可靠性是影响厂房抗震性能的重要因素，因此，不同烈度下的单层钢筋混凝土柱厂房，应对下列关键薄弱环节进行重点检查：

① 6 度时，应检查钢筋混凝土天窗架的形式和整体性，排架柱的选型，并注意出入口等处的女儿墙、高低跨封墙等构件的拉结构造。

② 7 度时，除按上述要求检查外，尚应检查屋盖中支承长度较小构件连接的可靠性，并注意出入口等处的女儿墙、高低跨封墙等构件的拉结构造。

③ 8 度时，除按上述要求检查外，尚应检查各支撑系统的完整性、大型屋面板连接

的可靠性、高低跨牛腿（柱肩）和各种柱变形受约束部位的构造，并注意圈梁、抗风柱的拉结构造及平面不规则、墙体布置不匀称等和相连建筑物、构筑物导致质量不均匀、刚度不协调的影响。

④ 9度时，除按上述要求检查外，尚应检查柱间支撑的有关连接部位和高低跨柱列上柱的构造。

2）有关规定

单层钢筋混凝土柱厂房的抗震鉴定，既要考虑抗震构造措施鉴定，又要考虑抗震承载力评定。对于A类、B类厂房，其抗震构造措施鉴定都要求检查结构布置、构件构造、支撑、结构构件连接和墙体连接构造等，但是它们在鉴定要求的宽严程度、依据的标准不同。A类厂房的抗震构造措施的鉴定要求，基本与原95抗震鉴定标准相同；B类厂房的抗震构造措施，基本采用原89抗震设计规范的要求，并根据现行抗震设计规范适当增加了鉴定要求，比A类厂房的鉴定要求偏严。抗震承载力评定，在有些情况下还应结合抗震承载力验算进行综合抗震能力评定。

当关键薄弱环节不符合鉴定要求时，应进行加固或处理，这是提高厂房抗震安全性的经济而有效的重要措施；一般部位的构造、抗震承载力不符合鉴定要求时，可根据不符合的程度和影响的范围等具体情况，提出相应对策。

（2）抗震措施鉴定

抗震措施鉴定的鉴定要求，包括以下各个项目：

1）结构布置

对于A类厂房，主要是8、9度时对厂房结构布置的鉴定要求：厂房侧边贴建的生活间、变电所、炉子间和运输走廊等附属建筑物、构筑物，宜有防震缝与厂房分开；厂房两端和中部不应为无屋架的砖墙承重，锯齿形厂房的四周不应为砖墙承重；工作平台宜与排架柱脱开或柔性连接；多跨厂房砖围护墙宜为外贴式，不宜为一侧有墙另一侧敞开或一侧外贴而另一侧嵌砌等，单跨厂房可两侧均为嵌砌式；仅一端有山墙和不等高厂房等。凡不同程度存在扭转效应时，其内力增大部位的鉴定要求需适当提高等。

对于B类厂房，上述各项鉴定要求不仅适用于8、9度而且也适用于6、7度设防的厂房，并且还要求：厂房跨度大于24m，或8度Ⅲ、Ⅳ类场地和9度时，屋架宜为钢屋架；柱距为12m时，可为预应力混凝土托架。6～8度时突出屋面的天窗宜采用钢天窗架或矩形截面杆件的钢筋混凝土天窗架；9度时，宜为下沉式天窗或突出屋面钢天窗架。

2）构件形式

根据震害调查总结，不利于抗震的构件形式，主要有Π形天窗架立柱、组合屋架上弦杆，以及排架上柱、柱根及支承屋面板小立柱的截面形式。

对于A类厂房，构件形式的鉴定要求具体有：钢筋混凝土Π形天窗架，8度Ⅰ、Ⅱ类场地在竖向支撑处的立柱及8度Ⅲ、Ⅳ类场地和9度时的全部立柱不应为T形截面；对屋架上弦端部支承屋面板的小立柱高度、截面与配筋的要求；组合屋架的下弦杆宜为型钢，8、9度时，其上弦杆不宜为T形截面；钢筋混凝土屋架上弦第一节间和梯形屋架的端竖杆的配筋，9度时不宜小于4ϕ14；对薄壁工字形柱、腹板大开孔工字形柱、预制腹板的工字形柱和管柱等整体性差或抗剪能力差的排架柱（包括高大山墙的抗风柱）的构造鉴定要求应适当提高，8、9度时，排架柱柱底至室内地坪以上500mm范围内和阶形柱上柱自牛腿面至吊车梁顶面以上300mm范围内的截面宜为矩形；8、9度时，山墙的抗风砖柱应有竖向配筋等。

对于B类厂房，还要求屋架上弦端部支承屋面板小立柱的配筋及屋架端竖杆的配筋应比A类厂房要适当提高，如屋架端竖杆的配筋，6～7度时不宜小于4ϕ12，8～9度时不宜小于4ϕ14等。

3）屋盖支撑布置和构造

工程经验和震害表明，厂房设置完整的屋盖支撑是使装配式屋盖形成整体稳定的空间体系、提高屋盖结构的整体刚度，以承担和传递水平荷载（如地震荷载等）的重要构造措施。

对于A类厂房，屋盖支撑布置的鉴定要求，在现行《建筑抗震鉴定标准》GB 50023中，不仅对无檩和有檩屋盖的支撑布置分别给出了明确的鉴定要求，而且在下列情况下还要求：厂房单元端开间有天窗时，天窗开洞范围内相应部位的屋架支撑布置应适当提高要求；8～9度时，柱距不小于12m的托架（梁）区段及相邻柱距段的一侧（不等高厂房为两侧）应有下弦纵向水平支撑；拼接屋架（屋面梁）的支撑布置要求应适当提高；跨度不大于15m的无腹杆钢筋混凝土组合屋架，厂房单元两端应各有一道上弦横向支撑，8度时每隔36m、9度时每隔24m尚应有一道等。

屋盖支撑的构造尚应符合下列要求：

① 7～9度时，上、下弦横向支撑和竖向支撑的杆件应为型钢；

② 8～9度时，横向支撑的直杆应符合压杆要求，交叉杆在交叉处不宜中断；

③ 8度时Ⅲ、Ⅳ类场地跨度大于24m和9度时，屋架上弦横向支撑宜有较强的杆件和较牢的端节点构造。

对于B类厂房，屋盖支撑布置的鉴定要求，也在现行《建筑抗震鉴定标准》GB 50023中，对无檩和有檩屋盖的支撑布置不但分别给出了明确的鉴定要求，同时还规定屋盖支撑布置和构造除应符合A类厂房的要求外，对8～9度时跨度不大于15m的薄腹梁无檩屋盖，尚应符合在厂房单元两端各有一道竖向支撑的要求。

4）排架柱的构造与配筋

排架柱的构造与配筋，主要是指排架柱的箍筋构造（箍筋直径与间距），以及高低跨厂房中柱牛腿承受水平力的纵向钢筋的配置与构造，对排架柱的抗震能力有着重要影响。

对于A类厂房，排架柱的构造与配筋的鉴定要求，在现行《建筑抗震鉴定标准》GB 50023中给出了具体规定，主要是针对排架柱的下列各部位：①有柱间支撑的柱头和柱根，柱变形受柱间支撑、工作平台、嵌砌砖墙或贴建披屋等约束的各部位；②柱截面突变的部位；③高低跨厂房中承受水平力的支承低跨屋盖的牛腿（柱肩）。

对于B类厂房，排架柱上述各部位的构造与配筋的鉴定要求，比A类厂房的要求偏严，在现行《建筑抗震鉴定标准》GB 50023中也给出了具体规定。

5）柱间支撑

工程经验和震害表明，设置柱间支撑是增强厂房整体性和纵向刚度、承受和传递纵向水平力（如纵向地震力等）的重要构造措施。

对于A类厂房，柱间支撑（包括柱间支撑的构造和布置）的鉴定要求，包括柱间支撑应为型钢，其布置应符合下列要求：①7度时Ⅲ、Ⅳ类场地和8、9度时，厂房单元中部应有一道上下柱柱间支撑，8、9度时单元两端宜各有一道上柱支撑；②8度时跨度不小于18m的多跨厂房中柱和9度时多跨厂房各柱，柱顶应有通长水平压杆，此压杆可与梯形屋架支座处通长水平系杆合并设置；③7度时Ⅲ、Ⅳ类场地和8度时Ⅰ、Ⅱ类场地，下柱柱间支撑的下节点在地坪以上时应靠近地面处；8度时Ⅲ、Ⅳ类场地和9度时，下柱柱间支撑的下节点位置和构造应能将地震作用直接传给基础。

对于B类厂房，柱间支撑设置的鉴定要求，比A类厂房又增加了一些要求，主要有：①地震烈度不大于7度、有吊车或8～9度时，单元两端宜各有一道上柱支撑；②柱间支撑斜杆与水平面的夹角不宜大于55°，斜杆的长细比、交叉支撑在交叉处的构造均规定了要求；③6～7度时，就要求下柱支撑的下节点在地坪以上时应靠近地面处，能使地震作用直接传给基础。

6）结构构件的连接构造

对于A类厂房，结构构件的连接构造的鉴定要求，主要有：7～9度时，檩条在屋架（屋面梁）上的支承长度不宜小于50mm，且与屋架（屋面梁）应焊牢，槽瓦等与檩条的连接件不应漏缺或锈蚀；大型屋面板在天窗架、屋架（屋面梁）上的支承长度不宜小于50mm，8～9度时尚应焊牢；锯齿形厂房双梁在牛腿柱上的支承长度，梁端为直头时不应小于120mm，梁端为斜头时不应小于150mm；天窗架与屋架，屋架、托架与柱子，屋盖支撑与屋架，柱间支撑与排架柱之间应有可靠连接；8、9度时，吊车走道板的支承长度不应小于50mm；山墙抗风柱与屋架（屋面梁）上弦应有可靠连接，当抗风柱与屋架下弦相连时，连接点应设在下弦横向支撑节点处；天窗端壁板、天窗侧板与大型屋面板之间的缝隙不应为砖块封堵等。

对于B类厂房，除上述要求外还包括：大型屋面板应与屋架（屋面梁）焊牢，靠柱列的屋面板与屋架（屋面梁）的连接焊缝长度不宜小于80mm；突出屋面天窗架的侧板与天窗立柱宜用螺栓连接；屋架（屋面梁）与柱子的连接，8度时宜为螺栓，9度时宜为钢板铰或螺栓等。

7）黏土砖围护墙的连接构造

对于A类厂房，黏土砖围护墙的连接构造的鉴定要求，主要包括：纵墙、山墙、高低跨封墙和纵横跨交接处的悬墙，沿柱高每隔10皮砖均应有2ϕ6钢筋与柱（包括抗风柱）、屋架（包括屋面梁）端部、屋面板和填沟板可靠拉结；砖围护墙的圈梁其连接构造要求，详见现行《建筑抗震鉴定标准》GB 50023中的相关规定；预制墙梁与柱应有可靠连接，梁底与其下的墙顶宜有拉结；位于出入口、高低跨交接处和披屋上部的女儿墙不符合要求时应采取相应措施等。

对于B类厂房，除上述要求外还有：砖围护墙的圈梁宜闭合，圈梁的截面与配筋、连接构造等要求要比A类厂房偏严些，现行《建筑抗震鉴定标准》GB 50023中均有相应规定；墙梁宜采用现浇，当采用预制墙梁时，与柱应有可靠连接且梁底与其下的墙顶宜有拉结，厂房转角处相邻的墙梁还应相互可靠连接等。

8）砌体内隔墙的构造

对于A类厂房，砌体内隔墙的构造鉴定要求主要有：独立隔墙的砌筑砂浆，实际达到的强度等级不宜低于M2.5，厚度为240mm时高度不宜超过3m；当到顶的内隔墙必须和屋架下弦相连时，此处应有屋架下弦水平支撑；8、9度时，排架平面内的隔墙和局部柱列的隔墙应与柱柔性连接或脱开，并应有稳定措施等。

对于B类厂房，除上述要求外还要求：到顶的内隔墙与屋架（屋面梁）下弦之间不应有拉结，但墙体应有稳定措施；隔墙除应与柱柔性连接或脱开并有稳定措施外，顶部还应有现浇钢筋混凝土压顶梁。

（3）抗震承载力验算

对于A类厂房，一般情况下，不需进行抗震承载力验算；但对8、9度时，厂房的高低跨柱列、支承低跨屋盖的牛腿（柱肩）、高大山墙的抗风柱、锯齿形厂房的牛腿柱，双向柱距不小于12m、无桥式吊车且无柱间支撑的大柱网厂房，以及7度Ⅲ、Ⅳ类场地和8度时结构体系复杂或改造较多的其他厂房，可按现行《建筑抗震设计规范》GB 50011的规定进行纵、横向的抗震计算，并按现行《建筑抗震鉴定标准》GB 50023规定的验算公式［即式（2-7）］进行结构构件的抗震承载力验算，但结构构件的内力调整系数、抗震鉴定的承载力调整系数等，均应按A类建筑的相应规定采用。

$$S \leqslant R/\gamma_{Ra} \tag{2-7}$$

式中 S——结构构件内力；

R——结构构件承载力设计值，其中材料强度等级按现场实际情况确定；

γ_{Ra}——抗震鉴定的承载力调整系数。

B类厂房，除6度和7度Ⅰ、Ⅱ类场地，柱高不超过10m且两端有山墙的单跨及等高多跨厂房外，当抗震构造措施符合上述鉴定要求时，可不进行构件截面的抗震验算；其他B类厂房，应按现行《建筑抗震设计规范》GB 50011的规定进行纵、横向的抗震计算，并按上述抗震验算公式（2-7）进行结构构件的抗震承载力验算，但结构构件的内力调整系数和抗震鉴定的承载力调整系数等，均应按B类建筑的相应规定采用。

2.2.4 鉴定实例

某生活区楼房震后检测鉴定实例

1. 工程概况

某大型国营企业的职工生活区位于四川省江油市，共有24栋居民楼（以下简称江油生活区）。在2008年5·12汶川大地震影响下遭受不同程度的震害。为了尽快恢复正常生活和生产，在楼房的震后应急评估工作结束之后，即对这批楼房的受损情况进行检测、鉴定，为楼房的加固修复提供技术依据。

24栋楼房中1～21号楼和电信楼位于同一个社区内，另外两栋22号、23号住宅楼位于另一个社区。

从原设计、建造年代来看，这批楼房大致可分为两个时期：

（1）原设计建造于1990～1999年之间的1～20号，22～23号以及电信楼共23栋楼房，采用的抗震设防标准为《建筑抗震设计规范》GBJ 11—89。

（2）原设计建造于2003～2004年完成的一栋楼房，即21号住宅楼，采用的抗震设防标准为《建筑抗震设计规范》GB 50011—2001。

这批楼房中的住宅楼，主体均为多层砌体结构，细分之下还可分为两大类：第一类是纯粹的多层砌体结构（居民住宅），主体四～七层不等，主要采用预制楼板，横墙承重体系。第二类是底部框架－多层砌体结构，如21～22号楼房，底层为钢筋混凝土框架（用做医院、底商等），上部为五层或六层砖混结构（居民住宅），主要采用预制楼板，纵横墙承重体系。

2. 检测鉴定的主要依据

由于当时国家尚未颁布新的抗震鉴定标准，业主方、检测鉴定方以及加固设计等有关方根据房屋的原设计建造年代和现状，协商确定基本按照GBJ 11—89的抗震设防水准进行，即后来颁布的GB 50023－2009中的B类建筑进行鉴定和加固。具体的依据主要有：

(1)《建筑抗震鉴定标准》GB 50023—1995；简称95《抗震鉴定标准》。

(2)《建筑抗震设计规范》GBJ 11—89；简称89《抗震设计规范》。

(3)《建筑结构检测技术标准》GB/T 50344—2004。

(4) 其他相关的国家规范、规程及标准。

3. 主要震害现象和震害特征

在委托方有关人员的大力配合下，我方对这些楼房进行了现场调查、检测，对有条件进入的单元进行了入户检查。现场检查发现，在5·12特大地震作用下，以及一个月来接连不断的余震作用下，这些楼房结构普遍遭到损伤，甚至破坏，出现了不同程度的震害。

(1) 楼房的主要震害现象

从现场检查的情况来看，17～21号楼震害相对较小，楼房仅在部分楼层（一～三层）门窗洞口的墙体上发现较为明显的斜裂缝，部分户内的预制板板缝轻微开裂，楼房轻微损坏。

此外的其他楼房，如1～16号楼以及22号、23号楼、电信楼等楼房的震害相对较重，结构构件和非结构构件普遍遭到损伤，甚至破坏。概括起来，楼房的震害现象主要有以下几种情况：

楼房的山墙普遍出现水平向或略微倾斜的裂缝，开裂位置以一层中间部位、一层顶到二层的部位最为典型，少数楼房在二、三层出现开裂（如2号楼）。部分楼房的墙体严重裂缝，如1号、9号、10号、13～16号楼、电信楼、2号和3号等楼房。

住宅楼内部的横墙也普遍出现水平缝或斜裂缝，尤其以一～三层户内的承重横墙最为明显。

楼房的外纵墙出现明显开裂，如二～四层卧室窗下的墙体，普遍出现严重斜裂缝或X形交叉斜裂缝，损伤严重的已经酥裂；窗间墙出现水平缝，裂缝贯穿墙体；一层楼梯间墙体水平开裂等现象。部分纵墙裂缝与横墙上的裂缝已经连通。

楼房的内纵墙也出现明显的斜裂缝，如客厅与卧室之间的内纵墙，部分裂缝与横墙上的裂缝已经连通。

门洞上方以及户内的门洞上方，过梁与圈梁之间的墙体普遍出现明显的斜裂缝或X形交叉斜裂缝，严重的已经酥裂。

住宅楼一～三层普遍出现角部构造柱混凝土水平开裂，严重的甚至出现混凝土断裂、钢筋屈曲的现象（如1号楼）。部分楼房户内门洞上方的圈梁（过梁）、楼梯间的圈梁混凝土出现断裂。

楼房普遍出现户内预制板板缝开裂，板缝加大或松动，板底抹灰和纵缝填料甚至脱落，严重的已经出现渗漏，如华江2号、3号楼等。

易损伤、易倒塌的非结构构件，如楼房一层附属的小院墙体与主体结构拉开，普遍出现开裂、损伤。户内吊柜的砖砌体柜壁普遍损伤，壁板损伤严重的已经酥裂，阳台挡板出现斜裂缝或X形交叉裂缝。

另外，部分户内的个别楼板跨中部位板底还出现横向裂缝或斜裂缝，如1号、2号、6号、12号楼、22号楼等楼房。

（2）震害特征

在2002年之前，即《建筑抗震设计规范》GB 50011—2001实施之前，江油市的抗震设防烈度为6度。除21号楼之外，江油生活区的这批楼房基本上是在1990～1999年之间设计、建造，绝大部分楼房在每层均设置圈梁，构造柱也比较完善。但由于此次汶川5·12特大地震对江油市的影响较大，烈度超过了原设计时的设防烈度，这是造成楼房普遍出现震害，并且震害较重的主要原因。

江油市受到的地震作用影响，由震中汶川大致上自西向东而来。这批砖混结构的楼房在此次地震作用下，遭受的损伤和破坏表现出一定的特点。其震害特征大致有以下几个方面：

1）楼房墙体普遍出现开裂，其损伤特点是，楼房一～三层的承重横墙，包括东西两侧的山墙和内横墙，出现以水平缝为主的破坏，同时还伴有斜裂缝。楼房东西向的自承重纵墙，尤其是二～四层的外纵墙，普遍出现严重的斜裂缝或交叉斜裂缝。楼房墙体严重裂缝甚至酥碎，抗震能力大幅度降低，甚至遭到破坏。

2）楼房的整体性连接构造存在明显的损伤，楼房普遍存在预制板板缝开裂的现象；楼房四个角部的构造柱出现混凝土断裂，严重的已经酥碎，钢筋屈曲；部分圈梁也出现混凝土断裂。结构的整体性连接和构造遭到一定的破坏，楼房的整体抗震性能明显降低。

3）楼房中易损伤、易倒塌的非结构构件也普遍出现震害，严重的甚至会危及人身安全。

4）楼房损伤破坏的程度与砌筑砂浆强度密切相关，砂浆强度偏低的楼房，其震害也相对较重。

5）楼房震害的严重程度与楼房的平面布置有一定的关系。如楼梯间为圆弧形的楼房（如6～12号楼等），底层为砖墙，二层以上为环形梁，水平方向传力不利。楼梯间入口处的墙体普遍开裂，相邻的户内的纵横墙也明显裂缝。另外，13号、15号和16号楼户内的客厅与门厅之间无横墙，横墙间距过大，在实测砂浆强度偏低的情况下，结构的损伤更为突出。

4. 楼房的震损检测鉴定结果

通过现场调查、检测、鉴定和分析，这些砖混结构的楼房在此次特大地震的影响下，出现了普遍的震害，主体结构和非结构构件存在不同程度的破坏和损伤，楼房的抗震性能也受到不同程度的影响。对各栋楼房的震损情况逐一进行检测鉴定和抗震能力分析，以下是典型楼房的检测鉴定结果，见表2-10、表2-11。

13号住宅楼抗震检测鉴定结果 **表 2-10**

一、楼房概况
13号楼原设计建造于1998年左右，主体为七层砖混结构，首层层高3.0m，标准层层高2.8m，屋顶檐口标高19.8m。横墙承重体系，除了厨、卫等局部采用现浇板以外，其他区域采用预制空心楼板，基础采用钢筋混凝土条形基础。该楼房共3个单元，房屋宽度约11m，总长度约42m，建筑面积约为3157m^2
二、检测鉴定结果
1. 结构体系及布置： 楼房原设计按89《抗震规范》设计，平立面布置基本规则
2. 实测材料强度推定等级： 砂浆：一～七层，M0.4；砖：一～七层，MU10； 混凝土：圈梁、构造柱C18
3. 整体性连接构造 (1)横墙交接处连接符合89《抗震规范》要求，震后未见明显损伤。 (2)客厅、卧室普遍发现预制板板缝开裂，部分房间已出现渗漏，预制板支承未见明显错位。 (3)楼房每层均设圈梁，内外圈梁的布置和构造满足89《抗震规范》要求。 (4)楼房构造柱的布置和构造也满足该规范要求。震后楼房一层构造柱混凝土断裂（共发现3处），东南角的构造柱钢筋屈曲。 该楼房的整体性连接构造受到损伤
4. 墙体震损： (1)楼房一层、二层的承重横墙和自承重纵墙普遍出现斜裂缝或水平缝。 (2)外纵墙二～四层卧室窗下墙体普遍出现X形交叉斜裂缝或斜裂缝，严重的已经酥裂。五～七层窗下角出现八字状斜裂缝，窗上角的窗间墙出现水平缝，损伤相对较轻。 (3)入户门洞上方过梁与圈梁之间的墙体出现交叉斜裂缝或斜裂缝，严重的已经酥裂。二～五层户内卧室、客厅的门洞上方部位也普遍出现类似损伤
5. 易损伤易倒塌的构件： (1)一层附属小院的墙体与主体结构无可靠拉结，墙体已拉开、损伤； (2)户内的砖砌吊柜壁普遍损伤，严重的已经酥裂
6. 其他： 户内的客厅与门厅之间的横墙间距达到5.7m，在实测砂浆强度偏低的情况下，横墙间距超过95《鉴定标准》要求，对结构抗震不利
7. 震后楼房综合抗震能力分析： 根据楼房的震害情况，考虑实测材料强度，按89《抗震规范》进行分析，在7度设防的标准下，该楼房的抗震承载能力分析结果为：一～五层纵墙和一～四层横墙严重不满足要求；六层纵墙和五层横墙不满足要求；七层纵墙和六～七层横墙满足要求
三、鉴定结论
该楼房遭受的震害较重，墙体的抗震能力大幅度降低，整体性连接构造受损，易损易倒构件遭到损伤，楼房的综合抗震能力不足。需要进行加固修复
四、处理建议
1. 采取加固措施，提高墙体及房屋整体的抗震能力。 2. 采取适当措施加强现有楼房的整体抗震性能，对混凝土断裂的构造柱进行修复，对钢筋已屈曲的部位进行恢复处理。 3. 对一层附属的小院墙体和户内的砖砌吊柜等易倒易损的非结构构件进行处理。 4. 结合加固，对楼房的使用功能进行修复

22 号住宅楼抗震检测鉴定结果　表 2-11

一、楼房概况
22 号楼原设计建造于 1989 年左右，主体为六层，底层为框架（底商），层东侧附属单层框架结构（半圆形的会议室）为现浇钢筋混凝土结构。二～六层为砖混结构（住宅），底层层高 3.3m，二～六层层高 3.0m，屋顶檐口标高 19.15m。楼房的楼屋盖主要采用预制楼板，局部采用现浇板（一层的会议室及二～六层的厨房区域）。二～六层住宅的大卧室为纵墙承重，其他区域为横墙承重，绝大部分墙体厚度为 240mm（厨、卫区域隔墙的厚度为 180mm）。基础采用钢筋混凝土灌注桩。建筑面积约为 2050m^2
二、检测鉴定结果
1. 结构体系及布置： 楼房主体的平立面布置基本规则。 楼房住宅部分的承重结构采用纵横墙混合承重，对楼房的抗震不甚有利
2. 实测材料强度推定等级： 砂浆：一～六层，M0.4；砖：一～六层，MU10； 底层框架梁、柱混凝土：C25；二～六层圈梁、构造柱混凝土：C18
3. 整体性连接构造： (1)楼房原设计纵横墙交接处连接符合 95《鉴定标准》要求，但低于 89《抗震规范》的要求。 (2)客厅、卧室普遍发现预制板板缝开裂，部分房间已出现渗漏，预制板支承未见明显错位。 (3)楼房每层均设圈梁，内外圈梁的布置和构造满足 95《鉴定标准》要求。震后二～四层户内门洞上方的圈梁多处出现混凝土断裂（如二单元 221、222、232、242，一单元 121、132 等户）。二层顶部的圈梁东北角（221 户内）出现开裂。 (4)楼房的构造柱的布置和构造也满足 95《鉴定标准》要求。震后楼房东北角的构造柱在二、三层出现混凝土断裂。 该楼房的整体性连接构造受到较为严重的损伤
4. 墙体震损情况： (1)楼房东西两侧山墙二、三层出现斜裂缝，墙体严重开裂；东侧山墙损伤尤其严重，墙体已破坏。 (2)一～三层楼梯间横墙及二～四层户内横墙出现水平缝或斜裂缝。 (3)北侧外纵墙二～六层卧室窗间墙体出现水平缝，卧室窗下角、客厅门洞上部普遍出现八字状斜裂缝，裂缝贯穿墙体。 (4)入户门洞上方过梁与圈梁之间的墙体出现交叉斜裂缝或斜裂缝，严重的已经酥裂。二～五层户内卧室的门洞方部位也普遍出现类似损伤。 注：由于现场条件所限，未能进入底层框架的商铺区域检查
5. 易损伤易倒塌的构件： 楼房北侧二～六层卧室窗外的圆弧形挡板普遍出现交叉斜裂缝或斜裂缝，损伤严重。室内的吊柜壁板也普遍出现损伤
6. 其他震损： 个别户内的楼板板底出现裂缝，如一单元二层 122 户内楼板横向裂缝、二单元四层 242 户内板角斜裂缝
7. 震后楼房抗震能力分析： 根据楼房的震害情况，考虑实测材料强度，按 95《鉴定标准》进行分析，在 7 度设防的标准下，该楼房二～五层纵墙和横墙的楼层综合抗震能力指数严重不满足要求，六层纵墙和横墙的楼层综合抗震能力指数不满足要求；按照原设计图纸验算底层框架的楼层综合抗震能力满足要求
三、鉴定结论
该楼房为底层框架砖房，抗震设防水准与生活区其他楼房相比较低，楼房自身的抗震能力较差，遭受的震害严重，二层及以上楼层的墙体抗震能力大幅度降低，整体性连接构造受到较为严重的损伤，易损易倒构件遭到严重损伤，楼房的综合抗震能力不足。需要进行处理

续表

四、处理建议
22号楼的加固修复建议如下： 1. 采取加固措施，提高墙体及房屋整体的抗震能力，改善结构目前的受力体系中对抗震的不利之处；底层框架区域的装修吊顶打开后若发现框架梁、柱及节点损伤，应一并考虑加固处理。 2. 采取适当措施，加强现有楼房的整体抗震性能，对混凝土断裂的构造柱、圈梁进行恢复处理，对墙体的整体性连接进行修复。 3. 结合楼房的整体加固，对北侧的阳台挡板进行处理，对户内断裂的楼板以及开裂渗漏的板缝进行处理，对楼房的使用功能进行修复。 该楼房的处理，宜结合其具体情况，考虑加固修复的难度、代价等因素进行综合考虑

注：鉴于该房屋原设计建造于89《建筑抗震设计规范》颁布实施之前，因此经过各方协商后按照95《抗震鉴定标准》的要求进行鉴定。

5. 总体鉴定评估结果和处理建议

根据对江油生活区24栋楼房的震损检测和鉴定结果，总的来看，17～21号楼的震害较轻，对整体抗震性能影响较小。楼房的抗震能力略有降低，综合抗震能力基本满足7度抗震设防的要求。除17～21号楼以外的其他楼房，遭受的震害较为严重，对整体的抗震性能影响较大，楼房的抗震能力大幅降低，楼房的综合抗震能力已不满足或严重不满足7度抗震设防的要求。需要对江油生活区的这些楼房进行加固修复。

由于结构在建设之初采取了一定的抗震措施，楼房自身有一定的抗震能力，并未垮塌。对于江油生活区这些遭受震害的住宅楼，绝大部分可以通过结构加固、裂缝修补、功能恢复等措施对楼房进行修复。但对于震害严重的22号楼，宜结合楼房的特殊情况（加固修复或异地重建的代价、可行性等因素）进行综合考虑。

对于震害较轻的17～21号楼，建议以裂缝修补为主，对震害结合楼房使用功能进行修复。

对于除17～22号楼以外的18栋楼房，震害较重、综合抗震能力不足，建议以结构加固为主，提高墙体抗震能力，加强楼房的整体抗震性能，同时兼顾非结构构件及楼房使用功能的修复。

加固修复中应遵循的原则有：

(1) 加固修复的顺序遵循先修补，后加固的原则。

(2) 新增面层（板墙）或新增构件与原结构构件应保证能够共同工作。

(3) 楼房加固后的楼层综合抗震能力指数不应小于1.0。

(4) 同一楼房中的楼层综合抗震能力指数不应超过下一楼层综合抗震能力指数的20%。

(5) 自承重墙体加固后的抗震承载能力不应超过同一楼层中承重墙的抗震承载能力。

(6) 材料强度建议依实测强度取值。

(7) 地震作用宜考虑实际发生的震害程度，同时考虑楼房的原设计建造情况和相应的设防烈度。

(8) 其他：

1) 构造柱断裂，钢筋屈曲的部位，补焊钢筋，用强度等级适当的修补料修复。

2) 圈梁混凝土裂缝处理：0.4mm以上的压力灌浆灌缝，0.4mm以下的表面封闭。

3）个别预制板楼板板底的横向裂缝，纵缝的缝隙处的渗漏处理，以及需要结合加固进行功能修复。

2.3 冰雪灾损调查与检测

2.3.1 引言

冰雪灾害是一种常见的气象灾害，拉尼娜现象是造成低温冰雪灾害的主要原因。中国属季风大陆性气候，冬、春季时天气、气候诸要素变率大，导致各种冰雪灾害每年都有可能发生。在全球气候变化的影响下，冰雪灾害成灾因素复杂，致使对雨雪预测预报难度不断增加。

研究表明，中国冰雪灾害种类多、分布广。东起渤海，西至帕米尔高原；南自高黎贡山，北抵漠河，在纵横数千公里的国土上，每年都受到不同程度冰雪灾害的危害。历史上我国的冰雪灾害不胜枚举。2008年1月起，中国南方大部分地区和西北地区东部出现了罕见的持续大范围低温、雨雪和冰冻的极端天气。这次灾害的特点主要有以下几个方面：一是强度大、范围广，持续的时间长；二是损失是历史罕见的；三是住房倒塌和损坏的受灾群众转移安置和生活保障工作任务量非常大；四是公路和铁路滞留旅客的应急救助任务非常艰巨；五是电力和通信网络受损严重。

人类对自然资源和环境的不合理开发和利用及全球气候系统的变化，也正在改变雪灾等气象灾害发生的地域、频率及强度分布。植被覆盖度的减少，裸地的增加，导致草地退化，为雪灾灾情的放大提供了潜在条件。

1. 冰雪灾害的分类

冰雪灾害可分为冰雪洪水、冰川泥石流、暴风雪、冰湖溃决、雪崩、风吹雪等造成的灾害。冰雪灾害由冰川引起的灾害和积雪、降雪引起的雪灾两部分组成。

（1）冰雪洪水

冰川和高山积雪融化形成的洪水。其形成与气象条件密切相关，每年春季气温升高，积雪面积缩小，冰川冰裸露，冰川开始融化，沟谷内的流量不断增加；夏季，冰雪消融量急剧增加，形成夏季洪峰；进入秋季，消融减弱，洪峰衰减；冬季天寒地冻，消融终止，沟谷断流。冰雪融水主要对公路造成灾害。在洪水期间冰雪融水携带大量泥沙，对沟口、桥梁等造成淤积，导致涵洞或桥下堵塞，形成洪水漫道，冲淤公路。

（2）冰川泥石流

冰川消融使洪水挟带泥沙、碎石混合流体而形成的泥石流。青藏高原上的山系，山高谷深，地形陡峻，又是新构造活动频繁的地区，断裂构造纵横交错，岩石破碎，加之寒冻风化和冰川侵蚀，在高山河谷中松散的泥沙、碎石、岩块十分丰富，为冰川泥石流的形成奠定了基础。在藏东南地区，冰川泥石流活动频繁，尤其在川藏公路沿线，危害极大。位于通麦县以西的培龙沟自1983年以来，年年爆发冰川泥石流，其中1984年先后爆发5次，造成严重损失：7月27日，泥石流冲走公路钢桥；8月7日，泥石流造成6人死亡；8月23日，持续时间23h，淹没104道班，堵塞帕隆藏布主河道，使河床升高10余米，冲毁6km公路，停车54d；10月15日，冲走钢桥一座，阻车断道12d。1985年培龙沟两度爆发泥石流，冲毁道班民房22间，淹没毁坏汽车80辆，造成直接经济损失500万元以上。古乡沟位于波密县境内，是中国最著名的一条冰川泥石流沟。1953 年 9 月下旬，爆发规模特大的冰川泥石流。此后，每年夏、秋季频频爆发，少则几次至十几次，多则几十次至百余次，且连续数十年不断，其规模之大，来势之猛，危害之剧，在国内外实属罕见。

(3) 暴风雪

降雪形成的深厚积雪以及异常暴风雪。由大雪和暴风雪造成的雪灾由于积雪深度大，影响面积广，危害更加严重。如 1989 年末至 1990 年初，那曲地区形成大面积降雪，造成大量人畜伤亡，雪害造成的损失超过 4 亿元。1995 年 2 月中旬，藏北高原出现大面积强降雪，气温骤降，大范围地区的积雪在 200mm 以上，个别地方厚 1.3m。那曲地区 60 个乡、13 万余人和 287 万头（只）牲畜受灾，其中有 906 人、14.3 万头（只）牲畜被大雪围困，同时出现了冻伤人员、冻饿死牲畜等灾情。此外，在青藏、川藏和中尼公路上，每年也有大量由大雪堆积路面而造成的阻车断路现象。

(4) 风吹雪

大风携带雪运行的自然现象，又称风雪流。积雪在风力作用下，形成一股股携带着雪的气流，粒雪贴近地面随风飘逸，被称为低吹雪；大风吹袭时，积雪在原野上飘舞而起，出现雪雾弥漫、吹雪遮天的景象，被称为高吹雪；积雪伴随狂风起舞，急骤的风雪弥漫天空，使人难以辨清方向，甚至把人刮倒卷走，称为暴风雪。风吹雪的灾害危及到工农业生产和人身安全。风吹雪对农区造成的灾害，主要是将农田和牧场大量积雪搬运他地，使大片需要积雪储存水分、保护农作物的农田、牧场裸露，农作物及草地受到冻害；风吹雪在牧区造成的灾害主要是淹没草场、压塌房屋、袭击羊群、引起人畜伤亡；风吹雪对公路也会造成危害。

2. 冰雪灾害的预防措施

冰雪灾害多发生在山区，一般对人身和工农业生产的直接影响不大。其最大危害是对公路交通运输造成影响，由此造成一系列的间接损失。为防治冰雪融水对公路造成危害，主要是在沟内采取适当的拦挡措施，构筑混凝土坝、格栅坝等，一方面可阻挡泥沙碎石出沟，另一方面被拦挡的物质堆积起来后还可起到稳定沟床和沟坡、减少泥沙侵蚀的作用。此外，对经常淤积的桥涵进行适当的工程改造，扩大桥涵孔径，增加排泄能力。对于冰川泥石流的防治措施主要是在沟内采取拦挡措施，通过拦挡，消减泥石流对沟外设施的冲击破坏，使少量出沟的泥沙顺利排泄，减轻灾害。另一方面，沟内被拦挡的泥沙石块回淤后，亦可起到稳定沟床和沟坡的作用，减少沟内来沙量。在泥石流特别严重的沟内，还可设置数道拦挡坝进行堵截。预防冰雪灾害措施关键是要在做好天气预报的基础上，预先采取防护措施，如疏导牲畜，转移牧民，采取一些保温防冻措施等。另外，对草场牧区、厂矿企业及道路交通等要进行全面规划，在设置上要布局合理，利于及时疏导转移。

2.3.2 冰雪灾损的建（构）筑物的调查与检测

近几年来，世界各地遭受严重暴风雪灾害的事件不断在冲击着人们的视野，从国外到国内，从国内的北方肆虐到国内的南方，暴风雪灾害在不断升级演绎。2008 年，中国南方暴风雪灾害，成为 2008 年度中国重大影响事件之一。它给人民生活造成了巨大的危害，同时使国家遭受了巨大的经济损失。

据统计：截至 2008 年 2 月 12 日，仅中国南方低温雨雪冰冻灾害已造成倒塌房屋

35.4万间，损坏房屋140.8万间，紧急转移安置151.2万人，受灾人口达1亿之多，间接影响的人口难以计数。因灾造成直接经济损失约1111亿元（未含工矿企业和文教卫生事业单位损失）。

2008年2月21-25日，新疆伊犁哈萨克自治州、博尔塔拉蒙古自治州、克孜勒苏柯尔克孜自治州、阿克苏地区、喀什地区、和田地区等地先后出现一次较强降雪过程，造成4.7万人受灾，因灾倒塌房屋183间，毁坏房屋891间。

2009年2月12至14日，吉林省中、南部地区普降暴雪，造成辽源、白山、通化等3市的14个县（市、区）受灾。初步统计，受灾人口11.2万人，因灾转移安置人口191人；倒损房屋5033间，损毁蔬菜大棚42hm^2，鸡、羊、猪圈（舍）3.6万m^2。

2009年12月以来，新疆北部地区多次遭受雪灾、低温等灾害，遇了60年一遇的、最严重的雪灾，给民众生产生活造成很大损失。

暴风雪灾害的发生伴随着房屋的损坏甚至倒塌，而受损或倒塌的生产工业用房一般是轻钢结构的房屋，而民用房屋一般结构都是砖木结构或生土木结构的房屋；此外，大量的输电塔、通信塔等钢结构高耸结构出在冰雪灾害中发生破坏。

1. 轻钢结构房屋受灾分析

在暴风雪频繁发生的地区，轻钢结构房屋受到损坏的问题比较突出。根据2005年威海特大暴风雪灾害的记录，有大约16%的钢结构房屋倒塌或受损，其中大多为轻钢结构；同样2008年南方冰雪灾害中，南方及北方各省大面积轻型钢结构厂房倒塌或发生不同程度破坏。

轻钢结构经历冰雪灾害后的主要破坏、损伤和变形表现为：

整体垮塌，刚架梁、柱严重屈曲，檩条、墙梁扭屈破坏，屋面板坍塌，刚架柱柱脚被拔出，梁、柱及屋面檩条产生扭曲变形，梁的挠度及柱的侧移过大，斜梁连接处折断，梁柱连接处断裂以及柱间支撑弯折等，见图2-3～图2-8。

图2-3　轻钢结构的破坏表现之一　　　图2-4　轻钢结构的破坏表现之二

现场调查检测过程中，尤其应注意的是带有女儿墙、高低跨、屋面有高差、某一侧有高墙等的轻钢结构厂房，这类轻钢厂房的损坏情况多是从檩条弯曲变形，屋面板起伏，内衬板开裂引起屋面塌陷到屋面板和檩条脱落连带钢柱被拉倒，更有甚者，钢柱柱脚损坏，锚栓拉断，连带锚栓拔断，整个房屋倒塌。如果屋面先坏，积雪落下会有利于卸载，此时主体结构损害会较轻。见图 2-9～图 2-12。

图 2-5 轻钢结构的破坏表现之三

图 2-6 轻钢结构的破坏表现之四

图 2-7 轻钢结构的破坏表现之五

图 2-8 轻钢结构的破坏表现之六

图 2-9 轻钢结构较轻的破坏形式之一

图 2-10 轻钢结构较轻的破坏形式之二

图 2-11　轻钢结构较轻的破坏形式之三

图 2-12　轻钢结构较轻的破坏形式之四

高低跨建筑屋面的破坏一般是局部性塌陷，随着暴雪的发生会伴有强风，使雪产生漂移，将高跨屋面的雪吹落在低跨房屋屋面上，这样低跨屋面靠近高跨端的墙根处会形成较大的堆聚荷载，使实际承受的荷载值超过设计荷载值，造成屋面的局部破坏。而漂移雪的大小及其形状分布，与高低屋面的高差有关。高差不太大时，漂移积雪在墙根一定范围内呈三角形分布，这对于低跨屋面是很不利的，雪荷载在墙根部位积累过厚，容易引起屋面的塌陷。当高差较大时，靠近墙根的积雪不一定十分严重，漂移积雪将分布在一个较大的范围内。对于带有女儿墙或某侧有高墙的房屋建筑，雪在屋面上积累到一定的厚度后，无法在风的作用下滑移落到地面，造成女儿墙或某侧高墙墙根处局部承受的荷载过大，当大于设计荷载值时，屋面局部就易于塌陷。图 2-13 为高低跨建筑堆聚积雪的情况，图 2-14 为带有较高女儿墙堆聚积雪后破坏的情况。

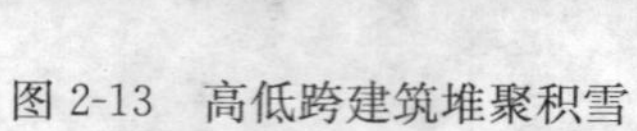

图 2-13　高低跨建筑堆聚积雪

图 2-14　带有较高女儿墙堆聚积雪后破坏

此外，部分厂房受到超重的雪荷载后，屋面可能产生凹陷，若檩条下弯后仍在弹性范围内，则采取措施及时将雪载卸后，檩条可复位，修整后可以继续使用。见图 2-15、图 2-16。

冰雪灾害中轻钢结构受损的原因不仅与特大冰雪、冻雨灾害有关，另一方面，设计、制作、安装以及使用维护等方面所存在的安全隐患则是事故发生的内在原因。

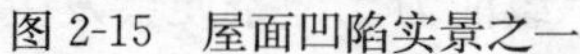

图 2-15 屋面凹陷实景之一

图 2-16 屋面凹陷实景之二

(1) 设计方面

1) 设计条件与实际条件不符合

对于门式刚架轻钢结构房屋或其他桁架钢结构建筑的荷载取值，《建筑结构荷载规范》GB 50009—2001 (2006 年版) 及《门式刚架轻型房屋钢结构技术规程》CECS 102：2002 规定的屋面活荷载标准值取 0.5kN/m^2，对于受荷水平投影面积大于 60m^2 的刚架构件可取不小于 0.3kN/m^2。在现实设计中有些设计单位或设计人员则不区分屋面构件和刚架构件，均取 0.5kN/m^2 或 0.3kN/m^2，而根据有关人员的实地测量，2008 年南方冰雪灾害中屋面雪荷载达到 0.7～1.2kN/m^2，这就造成了设计荷载与实际荷载的较大差值，导致结构的安全储备减少或根本没有安全储备。

同时，雪荷载不均匀分布的问题应引起重视。《建筑结构荷载规范》GB 50009—2001 (2006 版) 表 6.2.1 注 1：单跨双坡屋面仅当 $20°\leqslant\alpha\leqslant30°$时，采用不均匀分布。而一般轻钢厂房坡度在 5%～10%，故在设计时一般都采用均匀分布计算。但是，从冰雪灾害中破坏的轻钢结构厂房来看，部分双坡屋面轻钢厂房出现半边垮塌，经检测分析，这主要就是雪荷载的不均匀分布所致。这就说明荷载规范规定的坡度 20°可能偏大。

由于 08 年冰雪灾害发生于春季，温度较冬季高，雪中易有水存在，密度更大；雨、雪、风交加，雪的黏度比较大，容易产生堆聚，雪被吹到有阻挡处，也易出现堆聚现象。许多钢结构建筑在其女儿墙和檐口等高差较大处冰雪堆积冻结形成冰块（有的厂房无女儿墙，也出现了雪的堆聚导），致屋面构件受力增大，部分杆件失稳从而引起结构整体倒塌。因此对高低跨、女儿墙、屋面有高差处（一般指高差达到 2m 以上）雪荷载增大。

2) 计算假定及简图不合理

许多门式刚架的中柱都是按照摇摆柱设计的，但是实际的构造却没有做到铰接，而是一种半刚性连接，这样便会导致中柱顶部承受巨大弯矩而破坏。一些变截面构件的设计不合理，刚度突变太大，在刚度突变处容易产生破坏。同时，对于钢梁与框架柱顶的连接一般在设计中考虑成刚性连接，但实际工程中却有很多是采用端板连接，这其实是一种半刚性连接，本身钢梁的截面尺寸较小，刚度较小，其对框架柱的约束作用就有限，而采用端板连接使得这种约束作用进一步削弱，从而使得柱的平面内计算长度与规范的取值相差较大，也就造成了计算上的误差。檩条设计未考虑扭转，因为屋面荷载并未通过檩条的剪切中心，所以会使檩条产生扭钢结构。屋面板仅是简单的和檩条通过自攻螺钉连接，甚至有些连自攻螺钉布置都很少，这就不能有效的限制檩条转动。

3）屋面系统设计及节点构造不合理

对于不同的荷载、不同的檩条间距，屋面板厚度、板型、螺钉数量都应当不同。而设计单位往往对屋面板板型的选择、连接方式等没有设计，很多设计人员在选取屋面板型，厚度，自攻螺钉的数量时往往照搬其他工程的样本，这就造成了设计与实际的脱节。此外，在拉条设计位置、檩条、彩板、天沟设计、隅撑设计等方面设计不够细致。

许多钢结构节点的设计深度还未没达到施工图的标准，图纸节点构造不详，于是施工单位随意选用节点做法，造成质量隐患。比如施工单位为了降低造价而省去了面板搭接处的止水粘带等做法，这样会造成雪融化后水逐渐渗入，为保温棉所吸收，当吸水量达到一定程度，而屋面的设计荷载又较小时就容易超出结构的承载能力，檩条便会发生过大变形而破坏，从而影响整个刚架的安全性。

(2) 制作方面

有的轻钢结构柱脚锚栓被拔出，锚栓的锚固长度过短，严重削弱了柱脚的抗拔能力。在钢结构厂房中经常出现的制作方面的问题有：除锈马虎，未达到要求；油漆前杂质未清除干净；或者是先对钢板进行除锈，加工完毕后直接涂装，造成油漆不久就出现返锈，剥落；构件喷涂时漆膜厚度不均匀，内部表面的涂膜厚度普遍不够等。

现在流行所谓的优化，满应力设计，在中国目前的材料供应情况、加工制作水平以及安装水平下，再加上屋面板材料，檩条以及各部分的构件之间连接使用钢量过分偏低，局部的断面太小，安全储备不够，例如，钢板供应基本上负公差，这样总体来说就降低了承载力。

(3) 安装方面

由于不遵守操作规程而给结构造成安全隐患的例子比比皆是：①安装用临时支撑措施不到位，造成构件在吊装过程中变形过大或失稳损坏；②柱脚锚栓偏位，丝扣保护不好，造成柱脚板标高偏差大锚栓受弯大，产生较大初应力；③现场焊缝质量差，厂房连接焊缝成形不好，高低不平，宽窄不一，咬边、焊瘤较多；④屋面板纵向焊缝处所要求的胶状密封剂未装，在板的四面搭接处及开口处没有另外涂胶，自攻螺钉少打或没打，自攻螺钉头部下没有安装橡胶垫，造成屋面漏水等。

(4) 使用及维护方面

从冰雪灾害的受损情况看，最轻的是檩条挠曲变形，屋面板起伏，这与使用方在冰雪灾害天气时所采取的措施不无关系。比如有的使用方在开始下雪不久即组织人员到屋面扫雪，除冰；有的在屋面板上开洞卸去部分积雪，使变形回弹，避免了屋面塌落；有的用脚手架对檩条临时支撑，约束了檩条的继续变形。当然，也有屋面上人过多反而引起屋面系统的更大变形，甚至引起坍塌的。有些轻钢结构厂房在积雪过程中未坍塌，而到融雪之时倒塌，主要是因为屋面有了一些积雪，而且靠近檐口处，比较厚。天气暖和后，屋面其他地方的积雪开始融化，水向檐口处流来，而落管水被冰冻，堵住了，所以又增加了质量，使部分房屋再次倒塌。

2. 砖木结构、生土木结构房屋受灾分析

在我国的西北农村民用居住的房屋还普遍存在一部分砖木结构和生土木结构。当暴风雪袭来时，砖木和生土木结构的房屋最易受损害依然是屋面部分，这跟砖木和生土木结构的屋面构造有关。

砖木结构和生土木结构的屋盖采用木制构件，屋面采用木檩条、木椽条（俗称檩子和椽子）承重；上铺芦苇束或红柳束、厚麦草做保温层；最后用草泥做屋面。对于这样的屋面构造，屋面承重是木质的材料，木头易受时间和周围的环境的影响，从而影响其受力，就避免不了在暴风雪袭来时遭受损坏，一般的损坏形式是屋面塌陷，对于年代久远的一些房屋，就容易引起整个墙壁的坍塌。见图 2-17～图 2-19。

图 2-17 屋面塌陷实景之一

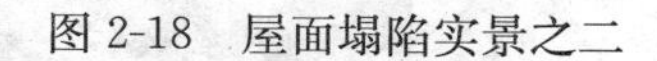

图 2-18 屋面塌陷实景之二

3. 输电塔及通信塔在雪灾中的破坏受灾分析

冰雪灾害中，多处高压输电塔及移动通信钢结构塔倒塌，严重影响了各地的供电系统正常工作和人民群众的生产生活。铁塔的破坏主要的破坏方式为：(1) 铁塔整体垮塌；(2) 铁塔颈部扭折。见图 2-20、图 2-21。

图 2-19 整体坍塌

冰雪灾害中的雪凝灾害还有一个特点，就是大气在垂直方向上是比较稳定的。当高空的冰晶降落到锋面以上的位置时，由于温度稍高而形成雨滴。雨滴再往下降落到锋面以下，遇寒冷空气时形成过冷却水（在适当的时候，这种过冷却水冻结成冻雨）。这种低于 0℃的过冷却水滴，在碰到树枝、电线、枯草或其他地上物，就会在这些物体上冻结成外表光滑、晶莹透明的一层冰壳，有时边冻边淌，像一条条冰柱。这种冰层在气象学上又称为“雨凇”。冻雨多发生在冬季和早春时期。我国出现冻雨较多的地区是贵州省，其次是湖南、江西、湖北、河南、安徽、江苏及山东、河北、陕西、甘肃、辽宁南部等地。其中山区比平原多，高山最多。冻雨是一种灾害性天气。它在地物上冻结并积累后能压断电线和电话线，严重的冻雨会压塌房屋，压断树木、竹子，还会冻死农作物和蔬菜。

图 2-20 铁塔整体垮塌

图 2-21 铁塔颈部扭折

图 2-22 钢塔杆件和电线上的凝冰

对于输电塔、通信塔等钢结构塔架，平时的设计中裹冰厚度一般取 10～30mm，而在 2008 年特大冰雪灾害中，钢塔杆件和电线上的实际凝冰达到 50～100mm（图 2-22），大大超出了平时的设计荷载，成为大量钢塔倒塌的主要原因。在这次雪灾中，不仅钢塔杆件本身，连电线上都挂着厚厚的冰瘤子，这不仅增加了输电铁塔的负重，也大大增加了相邻铁塔间的拉力；同时，由于电线和铁塔上裹了厚厚的冰层，使铁塔在风荷载作用下的受风面积大大增加，其风振形态及受力性能都发生了很大改变。而在冰冻情况下，钢铁构件由于低温而导致延性降低，产生冷脆现象，使得铁塔更容易被拉倒、扯塌。而对于通信塔，倒塌的原因除了制作安装方面可能存在缺陷外，主要是塔身的局部裹冰过厚，造成塔架受力不平衡，而裹冰过厚则使得塔架所受风荷载增大，这两者的共同作用最终造成铁塔倒塌。

2.3.3 冰雪灾损的道路的调查与检测

多年冻土在我国分布非常广阔，约占我国国土面积的五分之一（21.5%），约占世界多年冻土总面积的 10%，冻土是一种对温度极为敏感的土体介质。冬季，冻土在负温状态下就像冰块，随温度的降低体积发生剧烈膨胀，顶推上层的路基、路面。而在夏季，冻土随着温度升高而融化，体积缩小后使路基发生沉降，这种周期性变化往往很容易导致路基和路面塌陷、下沉、变形、破裂。见图 2-23、图 2-24。

图 2-23　路面破裂实景之一

图 2-24　路面破裂实景之二

此外，在我国北方季节性冰冻地区，道路不均匀冻胀的问题是必须注意解决的问题之一。在一些水文、地质较差的地区如果处理不当，路面就容易产生不均匀冻胀，形成隆起和高低不平的路面，影响道路的正常使用。其产生的主要原因如下：

1. 土质

粉土类毛细水上升高度大，毛细上升速度快，在负温作用下水分聚积严重，这类土在水分增多后，极易丧失稳定。黏土类毛细水上升高度虽高，但毛细水上升速度较慢，因此，只有在水源供给充足并且冻结速率缓慢的情况下，这类土才能形成较严重的水分积聚现象，引起冻胀。道路在冬季有一定的均匀冻胀是允许的，基本不会影响道路的正常使用和形成路面损坏，但是不均匀的冻胀，道路各断面的冻结深度不同，形成局部隆起就会引起路面的破坏影响道路的正常使用。在对有冻害道路进行翻修时，从开挖土基来看，冻害严重处，土质都很杂乱，土壤毛细水的上升、水分的积聚都不一样，冻结后则形成道路的不均匀冻胀。如果土质是均匀的，只是土基潮湿，土壤毛细水上升、水分积聚，冻胀量大但冻胀均匀，要高都高，要低都低，这样对道路破坏较不均匀冻胀为小。形成道路不均匀冻胀的土质杂乱情况有：道路填方有黏土、粉质土、砂砾夹杂混填在一起，砂土中间回填了一部分黏土形成“土囊”，周围砂土中的水分很容易积聚到黏土中，形成严重的不均匀冻胀。

2. 压实度

土基压实度对道路的冻胀有着直接的影响，土基碾压密实，水分的积聚量就少，冻胀就较轻，当压实度达到 98％时，冻胀量就很小。当土基碾压不均匀，密实度较小时，土中孔隙即利于毛细水上升也利于土壤冻结后水分的聚积迁移。因此土基的压实度对道路的冻胀影响较大。

3. 水分的供给

道路的冻胀主要是因为土中水分向上转移形成冰晶体和聚冰层所引起的。冰晶体的形成和发育过程不断使路基发生变化，经过几次冻融循环之后，路基土的结构发生了变化，由原来的致密结构变为疏松状态。对于路基土中含水量的增加，细颗粒土比粗颗粒土更敏感，如粉土和黏土，当含水量稍微增加时，其强度会明显降低。路基土状态（含水量和密实度）的变化是促成路基强度改变的原因，含水量与密实度之间存在着一定的函数关系，根据现场的实地观测得出路基土的含水量与密实度随季节成波形起伏变化。季节性冰冻地区，如果冻前降雨量较大则土在冻前含水量就较大，土基潮湿，极易形成冻胀，对于土基内局部土质不同的地方，如局部含黏土或粉质土的地方易形成局部积水导致不均匀冻胀。以上三种因素如果同时出现，道路的不均匀冻胀就会很严重，而这三种因素常常是不确定的，易引起道路的不均匀冻胀。不均匀冻胀使路面出现高低不平的现象并且产生冻胀裂缝，发展下去会更加严重，造成车速降低直至无法正常行驶，到了春融期就会形成翻浆使道路遭到破坏。

2.4　洪水灾损调查与检测

2.4.1　引言

洪水是一种随机自然现象，是最主要的自然灾害。目前地球各类自然灾害所造成的损失中，洪涝占 40%、热带气旋占 20%、干旱占 15%、地震占 15%、其余占 10%。可见水灾损失所占比例之大。我国是世界上受洪涝灾害影响最大的国家之一，频繁的洪水灾害每年都给社会经济和人民的生命财产造成巨大损失。

我国地处东亚大陆，地形地势情况复杂，气候地区差异很大，东部受季风气候和热带气旋影响，暴雨洪水灾害非常突出。据历史记载，自公元前 206 年至 1949 年的 2155 年间，发生较大洪水灾害 1092 次，平均每两年就有一次。新中国成立后，虽然在全国范围内大力整治江河，兴建了许多水利工程，抗洪能力有了一定的提高，但由于我国江河多、水情各异，洪涝灾害仍很频繁。

2.4.2　我国洪水灾害成因分析

洪水虽然是水运动的一种特殊现象，它却须在一定的自然或人为的条件下或环境中才会形成洪涝灾害。产生水灾的原因很多。台风暴雨、潮汐海啸、堤坝溃决、江河漫溢、地震山崩、冰雪洪水、冰凌壅塞等都可能引起洪水灾害。因此水灾不是仅与气象因素有关的天灾，而是与天、地、人三个层次均密切相关的灾害。但总的说来，主要影响因素包括下面四个方面。

(1) 气象气候原因。暴雨是造成洪涝灾害的直接原因。我国发生的洪水绝大多数是由暴雨引起，暴雨具有多而强及季节变化明显等特点。在江淮流域和东部沿海地区，平均每 2 年有 1～2d 的大暴雨（日降水≥100mm）。两广沿海、台湾、海南等地，平均每年有 2～4d。由于降水量丰沛且分布不均，致使高峰洪水超过河道的泄洪能力，特别是当出现洪水不利情况时，必然导致灾害的发生。

(2) 地形地貌原因。我国暴雨具有分布受地形影响显著的特点，具备形成洪涝灾害的基本条件。加之我国山地丘陵面积大（占国土面积的 70%以上），急骤的暴雨所产生的大量径流由山区倾注入湖区和江河，极易成灾。

(3) 人类活动引起洪涝灾害的人为因素有如下十个方面：

① 毁林毁草，造成生态破坏，水土流失，目前我国森林覆盖率仅有8.7%，生态环境恶化，水土流失加剧，我国水土流失面积已从20世纪50年代的$116\times10^4km^2$，增至现在的$160\times10^4km^2$，占国土面积的1/6之多[10]；

② 围垦和填占湖池河渠，使水系的调蓄系数渐渐消失，仅以湖北省为例，该省素有“千湖之省”之荣誉，1949年尚有湖泊1066个，但由于毁林开荒，围湖造田，再加上游的来沙，造成很多湖泊泥沙淤积严重，现仅剩300个，湖面面积也减少了2/3以上，使其蓄洪泄水能力大为降低，水灾频繁；

③ 人为侵占行洪河道或缩窄河道行洪断面；

④ 城镇或新城区选址不当，选在地势低洼之处；

⑤ 对易受水灾地区，尤其是蓄滞洪地区缺乏规划、控制和管理；

⑥ 建筑缺乏适洪工程技术措施，以致水毁严重；

⑦ 没有规划建设安全避水桥路系统；

⑧ 城市设防偏低，又缺乏万一洪水漫顶或破堤灌城的周密的减灾对策；

⑨ 生命线基础设施如给水、排水、医疗、供电、通信等系统防洪保障能力偏低；

⑩ 过量开采地下水造成地面沉降；

(4) 其他灾害诱发的灾害具有群发性，如地震、滑坡、泥石流等常常引起水灾。

2.4.3 我国洪水灾害区域分布特点

我国的气候具有明显的季风特点。由于各地距海远近差异很大，因而气候复杂多变，降雨的时空分布极不均匀，东南沿海地区，正常年降水量大于1600mm，而西北广大地区仅200～400mm，有些地区甚至不足200mm。洪涝灾害具有明显的地理分异规律，发生频率和强度亦差异很大。大体上说，东部多，西部少，沿海地区多，内陆地区少；平原地区多，高原山地少。从地区来看，洪涝主要分布在七大流域的中下游广大地区。

长江流域暴雨一般每年4月份从流域的东南部江西的鄱阳湖上游开始，最先是赣江、昌江上游，逐渐向西移至赣江，继而转到洞庭湖水系湘江、资水、沅水、乌江，进而入四川，最后到汉江流域，到10月份后，全流域暴雨基本结束。在7、8月暴雨推移到四川各大支流时，雨区覆盖面大，暴雨持续时间长。由于长江中下游两岸的$12.6\times10^4km^2$平原区地面普遍低于汛期洪水位，因此经常遭受着洪水的威胁。

黄河历史上以洪涝灾害频繁而著称，近两千年来中下游决口泛滥1593次，大的改道26次。解放后沿江兴建了一系列大型水利枢纽工程，三次加高黄河大堤，但仍发生过几次大的冰凌洪水灾害，且由于泥沙淤积、河床不断抬高等原因，黄河洪水的威胁日益剧增。

淮河流域近500年来，发生洪水灾害350次，1931年的洪水淹没耕地7700万亩，死亡7.5万人。1975年暴雨成灾，板桥、石漫滩两座大型水库及一大批中小型水库相继溃坝，20多个县市，820万人口，1500多万亩耕地受灾，京广线中断18d，人员伤亡惨重，直接经济损失近100亿元。

海河流域位于东亚温带半干旱季风气候区。流域多年平均降雨量559mm，年内分配集中于7～9月，年际间变化很大。1949年以前的580年间，发生水灾387次，近三百余年有5次淹及北京，8次水进天津。辽河1985年、1986年连续两年洪水成灾，损失共计达72.1亿元。珠江流域西、北江1915年同时发生百年一遇以上大水，堤防溃决，广州市被淹七天七夜，悟州市水上三楼，三角洲地区淹没农田647万亩，灾民达382万，死伤10余万人。松花江1932年大水，哈尔滨市被淹三月，受灾难民23.8万人，12万人流离失所，无家可归。1957年大水，哈尔滨市出现有记录以来最高江水位，受灾人口达28万，洪水淹没面积达$1.3\times10^{4}km^{2}$。

2.4.4　我国防洪抗灾工作中存在的问题

早在公元前4000年，古埃及人就认识了尼罗河定期泛滥的水文特征，发展了引洪灌溉。到公元前2900年，世界上第一座重力石坝——尼罗河科希什坝诞生，从而揭开了人类防治洪涝灾害的序幕。我国人民同洪水作斗争具有悠久的历史。从防洪的技术措施方面大致可将其分为三个阶段：即古代以堤防为主并结合护岸、分洪道和截弯取直等措施的低级防洪体系；近代在国家一级水平上有组织地实施的中级防洪措施体系；现代以发展工程防洪措施和非工程防洪措施相结合为特点的高级防洪系统。

通过历代人民的努力，特别是自20世纪50年代以来，我国对受洪水威胁最严重的大江大河中下游地区进行的全面整治，使防洪体系不断完善，防洪标准不断提高。目前我国已有江河堤防$17\times10^{4}km^{2}$，保护100多万平方公里土地、5亿人口及工农业产值的70%。但随着社会经济发展对防洪的要求的提高，防洪工作中也出现了愈来愈尖锐的矛盾。概括起来，我国目前防、减灾工作主要存在以下问题：

（1）抗灾工程的设计标准与施工质量较低，与所在地区灾害强度不相适应。

（2）减灾规划没有纳入国民经济发展计划，土地利用与建设规划不合理现象严重存在，以至一些城镇和构筑物建在潜伏洪灾威胁严重的地区。

（3）有些抗灾工程年久失修，甚至人为破坏，减少或失去了抗灾能力。

（4）人类的工程活动对自然环境的改造，又诱发和加剧了洪灾的发生。

（5）灾害意识与减灾能力薄弱，灾害监测力量不足，技术落后，灾害预报水平较低，防灾、抗灾和救灾技术装备落后，以致灾害发生前准备不足，灾害发生后束手无策，增大了灾害损失。

（6）没有完善的灾害管理体制，这是扩大灾害损失的重要原因。

（7）洪灾发生发展规律及防洪抗灾对策研究水平与先进国家相比有一定差距，难于给防洪救灾决策提供快速而准确的信息和科学依据。

在建筑工程方面的抗洪措施主要根据国家规范和法规，通过规划设计、加固和更新，提高房屋和道路、桥梁、管线等设施的抗洪能力。具体而言，主要是提高抗水流动力作用能力和抗水浸泡能力。提高抗水流动力作用能力的主要措施有：

（1）制定加固和更新改造规划，指导提高和改善现有房屋和工程结构的抗洪能力。

（2）制定建筑和工程结构的抗洪设计规范，使新建房屋和工程结构能承受静水和动水压力以及浮托力，结构骨架坚固，连接牢靠，整体性好。制定规范的关键是正确确定“设计洪水”。

（3）制定洪水险情区划和土地利用规划，作为规划建设的准绳。

（4）采用平屋顶、平面转折少、能避洪救人的结构形式。

（5）房屋基础应有碎石或碎砖三合土垫层，埋深不应小于50cm，并采用毛石或砖用水泥砂浆砌筑。提高抗水浸泡能力主要是选好建筑材料，主要是采用在水中不会丧失承载能力的，即抗浸泡的建筑材料，生土制品（如土坯，泥土等）水解材料一般不宜采用，当没有其他材料可以代用，且出于经济原因必须采用时，可在其中加石灰或水泥，或在砌体外表面涂上防水层。

此外，房屋还要能承受舢板等产生的撞击力，电器插座离地面的高度应大于 1m。地下设施要采取措施防止洪水淹没。

2.4.5 洪水灾害对建（构）筑物的影响

洪水使我国人民蒙受过巨大的灾难，它破坏人类住区，毁坏农作物，剥蚀耕地，冲毁灌溉系统，浸蚀土地，使河流改道。例如，1935 年长江流域洪灾，14.5 万人丧生，5100 万亩农田遭灾。1938 年花园口黄河大堤决口，河南、安徽、江苏等地 44 个城市被淹没，89 万人死亡。1939 年海河洪水使天津市积水达 2 月之久，冲毁铁路 160km。1975 年 8 月淮河上游板桥，石漫滩水库垮坝，淹没水田 1500 万亩，仅遂平县就死亡 2 万多人。1991 年 5 月淮河流域和长江中下游水灾使安徽和江苏两省一些城市和农村遭受严重损失，死亡 2295 人，受伤 49973 人，1900 万人无家可归，经济损失 685 亿元（130 亿美元）。洪水灾害对建（构）筑物的损害作用相当大，1998 年我国洪水灾害尤为严重，不但洪水量级大，而且波及范围广、持续时间长。受灾人口 2.23 亿人，死亡 3004 人，倒塌房屋 497 万间，直接经济损失 1666 亿元。

洪涝灾害对建（构）筑物的损害作用

1. 泛洪期间洪水的冲击和冲刷作用

(1) 洪水对建筑（构）物的直接冲击作用

泛洪区的许多建筑物如城镇旧房，村镇的土坯墙房屋，空斗墙房屋等，结构性能较差、房屋的墙体抵抗不住洪水的冲击力作用而损坏，甚至墙倒屋塌，见图 2-25。

图 2-25 洪水冲击导致墙倒屋塌

(2) 洪水对地基土的冲刷和浸蚀作用

地基土遇水长期浸泡后，水分子楔入土颗粒之间，破坏粘结薄膜，土体的抗剪强度有所下降，并表现出较高的压缩性。如果建筑物场地土质分布不均匀，将导致基础的差异沉降，严重的会引起建筑物开裂，结构受损。洪水长期浸泡对某些场地土地基的影响十分明显，湿陷性黄土受水浸泡后，在土自重压力和附加压力的作用下，将发生湿陷现象，对建筑造成危害；膨胀土吸水后体积膨胀，失水后体积收缩，会造成建筑物基础位移，建筑物和地坪开裂、变形，甚至遭到严重破坏；软土地基的压缩性与含水量呈线性关系，受水浸泡后，地基土含水量增加，土质软化，土体的抗剪强度降低，附加沉降量大，如果沉降不均匀性严重，将导致建筑物倾斜，墙体开裂、结构损坏；杂填土层厚度变化较大，均匀性差，土层结构比较疏松，含有机质较多，一般还具有浸水湿陷性，作为建筑物地基，长期受水浸泡时，地表水大量浸入基础，使松散的基土颗粒发生移动流失，到一定程度后，建筑物会发生大量下沉，发生不均沉降致使建筑物受损。

洪水流动过程中，将一些较疏松的表层土冲走形成地坑，当建筑物位于地坑周围时，随着洪水作用时间的延长，建筑物的地基土被洪水冲刷、掏空，导致建筑物基础滑移、断裂，使建筑倾斜、墙体开裂、结构件损坏或建筑物倒塌。见图2-26，图2-27。

图2-26　洪水冲刷地基导致建筑物倒塌之一

图2-27　洪水冲刷地基导致建筑物倒塌之二

图2-28　洪水浸泡导致建筑物倒塌

(3) 洪水长期浸泡对墙体结构的影响

对于砌筑砂浆质量较差或等级较低的建筑物，在长期的洪水浸泡下其砂浆软化，强度降低。严重的将影响到结构的安全性。土墙浸泡23h后散体，泥浆砌筑的砖墙破坏。这类建筑主要是城镇旧房屋和村镇建筑。见图2-28。

另外，由于洪水的长期浸泡，将使墙体粉刷层砂浆软化、剥落，造成建筑物构造损坏。对钢结构，洪水浸泡使钢结构锈蚀也是一个严重的问题。

2. 暴风雨对建筑物损坏作用

由于连续的暴雨，可使部分建筑物特别是旧建筑物的屋面损坏漏水。同时，与暴雨相伴的大风、台风、龙卷风也会使建筑的瓦材、屋面结构、悬挑结构损坏，严重的可造成建筑物的倒塌。

3. 洪涝灾害中山体滑坡对建筑物损害作用

(1) 处于滑坡山体上的建筑物，其损坏形式有：

1) 建筑物倒塌：这类建筑物建于滑坡山体上，随山体滑坡的移动而倒塌。

2) 建筑物部分悬空：这类建筑物建于滑坡山体旁，当建筑物的部分地基土随滑坡山体滑动后，建筑物部分基础悬空而使建筑物倾斜，墙体开裂甚至局部倒塌。

(2) 处于滑坡山体下的建筑物

山体滑坡过程中，处于山坡脚下的建筑易被泥砂冲击损坏，倒塌或被土体覆盖掩埋。

2.4.6　洪水灾害对建（构）筑物的检测与鉴定

建（构）筑物在经受过洪水灾害后，在对受损建（构）筑物进行调查与检测时，应根据洪水灾害对建（构）筑物的破坏影响及结构类别，主要进行以下检测内容：

(1) 地基及基础受损检测；

(2) 建筑倾斜沉降及不均匀沉降测量;

(3) 砌体结构及砌筑砂浆质量检测;

(4) 钢筋混凝土结构损伤检测;

(5) 屋盖系统漏水及结构检测;

(6) 钢结构构件浸水后的锈蚀状况检测。

具体在调查与检测过程中,可参照下列规律和方法:

1. 地基、基础

建筑物被水淹后,不管受淹的深浅,基础一般都浸泡在水里,地基土质的含水量基本都达到饱和,故其承载力往往根据土质的类型而有不同程度的下降,由此使基础下沉或滑移。一般讲来,柔性基础抵抗这种变形的能力要强一些,而刚性基础则弱。同为刚性基础,条石基础比砖基础强,有地圈梁的又比无地圈梁的强。由于地基承载力下降,使基础不均匀沉陷或滑移,引起上部结构明显倾斜、位移、裂缝、扭曲等,是建筑物受水灾后显著的变形或破坏特征。

2. 柱、墙

由于被水淹,除基础变化外有时柱、墙也直接浸泡在水里,随水淹的深度,柱、墙承受了静水压力和动水压力,并因水的浸蚀而产生不同程度的斑驳脱落。一般说来,土墙、砖墙、小型预制块墙,特别在无外粉刷的情况下,形变、受蚀比较严重和明显。

3. 梁、板

梁、板的变形及损伤,主要由基础的沉陷和滑移引起,且通常表现为长期受水淹或洪峰来后而出现。

4. 屋架、屋面

屋架多见于民居及工业厂房中,民居又多以木屋架为主。受洪水灾害后,由于基础变形的影响及屋架本身的受冲击,往往变形和破坏较大,如果端节点连接松动,且有明显裂缝或支撑系统失效导致倾斜。

2.4.7 洪水灾损的道路和桥梁的检测与鉴定

道路经洪水后的损坏是世界各国共同存在的一个普遍问题,是公路建筑物遭到洪水破坏的一种自然灾害。其造成的直接或间接经济损失决不能低估,每年造成我国公路直接损失达十多亿元,应引起足够的重视。如河流或洪水严重冲刷造成的桥梁损坏,长期淘刷造成路基及其防护支挡设施的坍塌,长时间淹没浸泡造成的路基路面失稳变形等。

1. 道路桥梁水毁及其特点

道路水毁主要是指由于水的影响导致道路构造物出现的各种损坏。主要有:桥涵因洪水的冲击与冲刷而造成的破坏,沿河公路及其冲刷防护建筑物因洪水的顶冲和淘刷而造成的坍塌与破坏,各种小型排水构造物被冲毁等。另外,滑坡、崩塌、泥石流、路基下沉与滑动、路面翻浆等损坏的形成和发展过程中,水是一个关键因素,也属于道路水毁范畴。通过统计数据分析,道路水毁具有以下特点:

① 灾害频率不高,但往往破坏带来的损失大。

② 在公路水毁中,防护工程的水毁所占比重较大。

③ 多年来人们违反自然规律,乱砍滥伐,破坏生态平衡的行为日益受到大自然的惩罚;在陡坡上开荒种田,砍伐林木,破坏植被,往往造成塌方滑坡,经常堵塞公路;盲目

改河造田，与水争地，压缩河床断面，则加快了河水流速，加大了河水对路基的冲击力，当洪水来临后，则破坏作用更为显著；在公路沿线随意开山取土取石，搞基建时随便向河床堆放废物，造成的后果是淤塞河床，泄洪受阻，使河床抬高或下切，对公路的威胁也愈来愈大。

④ 水毁重复出现较为普遍。由于修复工程资金、设计、施工等方面的原因，致使有的防护工程垮了修，修了垮，反复多次，重复水毁。

⑤ 从桥梁水毁情况看，小桥涵被冲毁的多，大中型桥梁极少；桥梁附属工程被冲毁的多，主体工程受损害的较少。

对路基、桥梁构造物遭遇洪水后的损坏类型进行划分：

① 将路基受损后形态分为路基边坡坍塌、路基边坡滑移、路基沉陷、路基整体坍塌和路基冲断五类，如图2-29～图2-33所示。

图2-29　路基边坡塌方

图2-30　路基边坡滑移

图2-31　路基沉陷开裂

图2-32　路基整体坍塌

② 将桥梁构造物受损后形态分为五类，即桥台破坏、桥墩破坏、拱圈开裂、桥梁上部附属结构物破坏和桥梁整体滑移或坍塌，如图2-34～图2-38所示。

2. 道路、桥梁经历洪水后出现损坏的原因分析

(1) 路基坍塌

路基坍塌主要指边坡地下水通过挖方一侧未压实土体渗入路基，其中一部分向填方一侧渗流，同时软化填方土体，另一部分沿填挖交界面边界流动，并向填方边坡下脚排泄，

图 2-33 路基整体冲断

图 2-34 桥台倾覆

图 2-35 桥墩倾覆

图 2-36 拱圈开裂

图 2-37 桥梁上部结构破坏

图 2-38 桥梁整体破坏

如果坡脚等未进行必要的支护，在自重和荷载作用下发生滑移，可能使路基发生整体或局部滑移破坏。路基坍塌损害了路面的通车功能，易造成交通中断，是比较严重的病害。形成路基坍塌的主要原因有：

1）山体地质条件差，如岩层走向倾向边坡，岩体风化破碎或为土夹石等，遇水软化；

2）缺乏合理的排水措施，路基极易被冲刷；

3）路基边坡土质松软、坡度过陡，缺乏必要的支护措施。

（2）路基沉陷

路基沉陷是指路基在垂直方向上产生较大的沉降，路基的不均匀下陷，将造成局部路段的基层破坏，进而导致路面破损严重，出现大面积坑槽、松散和沉陷，降低路面行驶质量，影响行车安全，甚至中断交通。形成路基沉陷的主要原因有：

1）地下水丰富路段、路基未能得到有效处理；

2）填方路段填料选择不当，施工过程中超厚度碾压，压实度不足；

3）路基一侧或两侧，排水不畅，水浸入公路路基；

4）在碳酸盐地区，道路之下正好为岩溶洼地或漏斗，其中的沉积物松软，在行车动载的作用下沉积物压密、侧向流动和下陷。

（3）防护与加固工程损坏

防护与加固工程损坏主要是指挡土墙、驳岸等防护工程在不断受到水流冲刷下基础失稳，产生滑移、鼓肚等破坏。产生破坏的主要原因有：

1）防护加固工程所处地基不良或基础设置深度不够；

2）挡土墙自身排水不畅；

3）线位位置选择不合理，挤压河道，引起局部冲刷。

（4）桥涵破坏

桥涵破坏主要是指在山洪暴发情况下，洪水冲刷淘空桥基，使桥梁失稳损坏或涵洞开裂。桥涵类水毁是公路水毁预防中的重中之重，应引起高度重视。形成桥涵破坏的原因有：

1）涵洞位置设置欠佳，孔径偏小，满足不了排洪要求；

2）涵洞进口处理不当，泄洪时发生洪水流向偏差；

3）桥位选择不当，河床的地质条件差，极易发生冲刷，进而影响桥梁基础及墩台结构；

4）桥涵日常养护差，长期得不到清理，发生堵塞，水流不畅；

5）河床变化较快，水流偏差较大。

（5）道路、桥梁除了洪水、罕见暴雨等特殊自然原因和山体滑坡、地震等特殊地质原因造成的损坏外，其设计、施工与养护管理中存在的一些问题也是主要影响因素。

1）设计中存在的问题

近年来，我国公路防排水设计水平明显提高，但公路水毁的现场调查中仍发现存在一些问题，主要集中在：

① 边坡防护类型及形式选择具有盲目性，往往凭经验确定，未与实际情况紧密结合；②泄洪区或沿河高路堤及桥头护坡设计不够完善，通常仅作常规设计，没有针对性的进行浸水路堤设计与验算，容易出现边坡长期浸水或受强水流作用后滑塌变形；③具体排水设施设计存在缺陷，使设施使用中无法发挥正常功能，如设排水沟端部处理、不同设施结合部位处理等细部设计不够细致，导致排水不畅等问题；④公路路基路面排水设施综合设计力度不足，未形成完善系统；⑤公路防排水设计与自然沟河、水利设施等协调不足，存在相互影响；⑥部分地区公路水文分区设计依据不合理；⑦桥梁桥位设计不合理，水文水力计算有误；下部基础形式选择不当，忽视调治构造物的设置或设置不当；防护工程不坚固

或防护不到位。

2）施工中存在的问题

随着我国道路工程施工监理制度的推行，施工质量已有明显提高，但不可否认施工中依然存在一些问题。一是对排水设施及防护设施等附属工程的重要性认识不足；二是施工中工程管理不善，质量控制不严，图快求省，施工质量差。

3）养护中存在的问题

养护中存在以下几个问题：①河道人为变迁，使桥涵水毁；②未能全面养护，正常养护应在枯水期进行河道清淤、导流、河底铺砌、调治构造等防护工程的维修，由于河道变迁，原主河淤积，导流设施成了摆设起不了导流作用，水直接冲击桥梁锥坡、引道，造成了桥梁毁坏；③预防为主，防治结合工作较差；④管理工作粗放，没有经常养护，很少进行调查、研究及旧路更新改建工程，多数路线、桥涵档案资料不齐、不全给决策、维修、养护带来极大困难。

2.4.8 实例

1. 某造船厂船体车间

某造船厂紧临长江边，其船体车间及附房建于 1976 年。主厂房（建筑面积约 5000m^2）为双跨钢排架结构（每跨 24m），屋盖为钢屋架及大型屋面板，布置有四台大型的起重机。该厂房基础为钢筋混凝土独立柱基础。附房为三层砖混结构，钢筋混凝土条基，建筑面积 1000m^2。据地质勘探报告，主厂房及附房的地基表层为厚度为 0.5～2m 不等的杂填表土，其下为深厚的淤泥质土。

该厂房在 1991 年的洪涝灾害中受淹的时间长达一个半月，受淹深度为 2m。

经现场检测和调查，该厂房的受损情况如下：

(1) 厂房围护墙及附房部分墙体 2m 高范围内的墙面粉刷剥落，砌筑砂浆（混合砂浆）泡水后软化，钢柱、钢支撑及钢梯锈蚀。

(2) 临江的一跨柱列长期浸泡在水中。地基土质软化，地基产生严重的不均匀沉降。经现场静力触探和测量检测：主要持力层的压缩模量从原有的 3.1MPa 降为 2.5MPa，结构向西倾斜，最大倾斜度达 0.011L，沉降差 46.5cm，从而引起上部结构严重损伤。

1）钢屋架内应力增大，钢架变形。

2）部分屋面板灌缝开裂，防水缝局部损坏而漏水。

3）吊车梁变形，吊车轨道及接头错位，吊车无法正常运行。

4）檩条及屋架支撑变形，应力增大。

5）附房墙面开裂，部分裂缝为通缝。

6）地面开裂。

该厂房采用锚杆静压桩托换方案加固地基及纠偏，对上部结构加固。加固费用近 30 万人民币。

2. 某厂盐酸车间

某厂位于南京城内，地势较低，其盐酸车间位于旧水塘边（软弱地基），为砖混单层厂房结构，刚性基础。在洪涝灾害中受水浸泡近一个月，经现场检测和调查：该厂房地基未作特殊处理，受水浸泡后地基土软化，使建筑物产生严重的不均匀沉降，厂房墙面形成倒八字形裂缝，裂缝宽度最大达 2.5cm，厂房结构严重受损。

3. 某单位仓库

该仓库紧临南京古城墙。在1991年的特大洪涝灾害中，由于暴雨冲刷使古城墙倒塌，倒塌的城砖、砂土撞击到该仓库，使仓库东侧山墙的A、D、F轴线纵墙三小柱距范围内墙体受到不同程度的损伤，墙面出现明显的斜裂缝，最大缝宽达0.5cm。

4. 某宾馆受山体滑坡的影响

在1991年的洪涝灾害中，由于连续的暴雨使南京某山体滑坡，位于该山顶上的某三星级宾馆的九号楼、十号楼部分地基土随滑坡坍塌，基础部分脱空，钢筋混凝土地基梁断裂，两幢客房楼停业，造成巨大的经济损失。为了确保两幢楼和坡下建筑的安全，对滑坡进行了治理。滑坡治理及客房楼加固的工程费用达30万人民币。

2.5　风沙灾损检测与鉴定

2.5.1　引言

沙化（沙质荒漠化）是荒漠化的一种重要类型，是以流动沙丘前移入侵、土地风蚀沙化、固定沙丘活化与古沙翻新等一系列风沙活动为主要标志的土地退化过程。风沙灾害是由风沙活动造成的人畜伤亡，村庄、田、牧场埋压，交通设施损坏，土地生物生产能力下降，大环境质量恶化，各种运输机械和精密仪器毁损等共同组成的生态灾难。在我国北方，日趋严重的风沙灾害已经使人类的生存环境遭到极大的破坏，对原有的社会经济的发展模式产生了重大影响，迫使我们不得不设法探寻新的生存与发展模式，以求得对新环境的适应，进而使已经遭到破坏的环境尽可能地得到恢复。

1. 现状

我国是世界上受沙化危害严重的国家之一。目前全国荒漠化土地达262万km^2，占国土面积的27.3%，其中沙化土地为161万km^2，占全国荒漠化土地面积的61.3%，占国土面积的16%。全国沙化土地主要分布在我国北方广大干旱和半干旱，以及部分半湿润地带。其中，我国北方农牧交错带、草原区、大沙漠的边缘地带是沙化最为严重的地区，风沙活动最为活跃的沙化土地近30万km^2。这些地区是防沙治沙的重点地区。

“沙患”严重影响着人民生活、制约了经济发展，已经成为中华民族的心腹之患。其主要危害有：

一是蚕食可利用土地。新中国成立以来，我国已有66.7万hm^2耕地、236万hm^2草地和639万hm^2林地与灌草地沙化；全国土地沙化面积已达161万km^2，且越来越严重，每年增加2460km^2；二是掩埋村舍、沙进人退。全国有2.4万多个村庄、1400km铁路，3万km公路和5万多公里灌渠常年遭受沙害威胁；三是造成人员伤亡和经济损失。据初步估算，全国“沙患”每年造成的损失达540亿元，约占全球荒漠化造成损失的16%，而其造成的生态服务价值的损失，则更难以估计。

2. 趋势

沙化土地扩展速度加快。全国每年土地沙化扩展的速度已从20世纪70年代的1560km^2，增加到20世纪80年代的2100km^2和90年代的2400km^2，相当于一年沙化掉一个中等县的土地面积。20世纪70年代以来，内蒙古阿拉善、新疆塔里木河下游、青海柴达木盆地东南部，沙化土的年均扩展速度达4%以上；北方农牧交错带的毛乌素沙地，乌盟后山地区、河北坝上地区，沙化土地的年均扩展速度达8%以上。

总体来讲，我国风沙灾害的发展趋势是：治理速度赶不上沙化速度，局部改善、整体恶化的趋势还在延续，"沙进人退"的局面没有从根本上得到遏制，且有不断加剧之势。

2.5.2　风沙危害成因及危害

1. 成因

风沙危害是风力作用下地面物质被侵蚀、搬运及再堆积过程的产物。因此，足以产生风沙运动的风力作用和承受风力作用的地面物质基础是风沙危害形成的2个必要条件。除此之外，风沙危害的形成及其程度尚受许多外在因素的影响。

我国沙漠主要分布在极端干旱地区，沙地主要分布在半干旱地区。大量研究表明，气候干燥、地表富含沙性沉积物、植被覆盖较低、大风频发是沙漠形成的主要自然因素。沙化土地主要是由于人类不合理的土地利用，使沙漠边缘流沙蔓延，固定沙丘活化和古沙翻新，以及沙质土地风蚀沙化而形成的。由此可见，沙漠是自然的产物，而现代沙化土地则是在干旱半干旱气候背景下，在广泛分布沙质沉积物的地区人为所致。我国风沙灾害加剧的成因主要是：气候干燥多风、生态用水不足和沙化土地面积增大。

气候干燥多风。沙尘暴是沙化的产物，沙尘暴频发期均对应于干旱期。例如，在公元1060～1270年、1640～1720年、1810～1920年3段时期，我国大部分地区表现为干旱期。同期，沙尘暴高频率发生。近50年来，受全球气候变暖的影响，我国北方大部分地区气温明显增高，而降水量减少，呈现出暖干化现象。气候干燥化加剧，为沙化土地的扩展创造了重要的环境条件。

近年我国北方地区冬春季温差增大，强冷空气活动频繁，使大风频发，为沙化土地的扩展提供了动力条件。冬春季气温变幅加大，使大气层处在不稳定状态，遇低压冷风过境，极易形成大风天气。而大风频发正是风沙灾害多的一个重要的动力条件。

生态用水严重不足。随着人口的剧增，从河流或地下取用淡水资源量明显增加，使维护植被生长的水资源不能得到保证，即生态系统用水严重短缺。加之，无节制抽取地下水，导致地下水位的大幅度下降，有些地段的地下水埋深已经低于植物根系分布的深度，结果造成植被枯死。原来被这些植被固定的沙质地表失去了植物的保护，一遇大风极易起沙扬尘。从这一角度看，生态系统用水短缺，亦是人类不合理利用水资源的结果。经济发展与生态保护用水竞争激烈，若确保了生产和生活用水，就使生态用水得不到保证，如额济纳河下游，塔里木河下游胡杨林的大面积死亡，就是因水源短缺造成的。京津平原地区覆沙扩展亦与维护沙地植被的地下水位下降有密切关系。由于生态用水不能保证，使大面积的植被干枯，失去保护地表沙性物质的抗风蚀功能，加快了沙化土地的发展，以及沙漠边缘沙丘向农田前沿的入侵。

沙化土地面积增大。沙尘暴恶劣天气是生态脆弱的一种突出表现，其根本原因是水土资源的不合理利用，导致大量土地沙化。而造成土地沙化的主要原因是滥牧、滥垦、滥伐、滥采、滥樵。我国北方大部地区，特别是农牧交错地带，人口密度增加，土地负荷加重，土地利用粗放，滥垦滥种。由于处在森林与草原过渡地带，分布一些疏林和灌丛草地，为了获得耕地和木材，开垦这些土地，滥伐疏林和灌丛，结果导致覆沙层活化，这在河北坝上和大兴安岭西坡尤为突出。天然草地游耕游牧、超载过牧，形成大面积的撂荒地和退化草地，极易沙化。这些地区经济落后，当地人民常常以采挖药材作为一项主要收入，如过度采挖麻黄、甘草、发菜等，从而大范围地破坏了植被。由于贫困，即便处在煤炭能源基地的老百姓也因无能力使用煤炭，采挖各种灌木作为燃料，破坏植被，造成地面植被覆盖度整体减小。由于北方地表多为疏松的沙质沉积物，一旦植被破坏，必然造成沙丘活化、古沙翻新、地表风蚀沙化，从而使沙化土地面积扩大。

在冬春两季，大面积的耕作农田、退化草地和沙化土地地表裸露，沙尘物质丰富，成为风沙灾害得以加剧的重要物质基础。沙化土地是当地沙尘活动的物源，也是其下风向地区的重要尘源。

2. 风沙灾害的危害

风沙灾害的危害主要有两个，一是风；二是沙。大风的危害也有两个：一是风力破坏；二是刮蚀地皮。先说风力破坏。大风破坏建筑物，吹倒或拔起树木电杆，撕毁农民塑料温室大棚和农田地膜等。大风作用于干旱地区疏松的土壤时会将表土刮去一层，叫做风蚀。其实大风不仅刮走土壤中细小的黏土和有机质，而且还把带来的沙子积在土壤中，使土壤肥力大为降低。此外大风夹沙粒还会把建筑物和作物表面磨去一层，叫做磨蚀，也是一种灾害。

沙的危害主要是沙埋。前面说过，狭管、迎风和隆起等地形下，因为风速大，风沙危害主要是风蚀，而在背风凹洼等风速较小的地形下，风沙危害主要便是沙埋了。

2.5.3　风沙灾损的建（构）筑物的检测与鉴定

工业与民用建筑的沙害类型主要是房前屋后积沙对房屋的正常作用功能的影响及积沙侧向压力对房屋安全的影响。房屋积沙图片见图 2-39。

图 2-39　房屋积沙

2.5.4　风沙灾损的道路和桥梁的检测与鉴定

风沙灾损发生后，风沙地区公路沙害类型主要有两种：路基和路面的风蚀；路基、路面和桥涵的沙埋。铁道工程风沙灾害危害形式包括危及行车安全、对线路设施的破坏以及对路基桥涵的损害。主要表现为：道床积沙，阻碍列车进路，使列车途停或颠覆；风沙流反复漫道，加速铁路设施的磨损；路基与路肩受强烈风蚀，影响线路质量。

1. 路基、路面沙埋

当公路穿越密集的流动沙丘群时，则易造成沙丘整体迁移上路，阻碍交通，尤其是沙丘群低矮，主风向单一且与路基垂直时，沙丘移动迅速，造成大量沙子堆

图 2-40　路基沙埋

积，路面形成堆状沙积；当过境饱和风沙流在运行过程中遇到路基阻碍时，由于地形的变化而削弱风沙流的挟沙能力，引起多余沙粒沉积，造成舌状积沙和片状积沙。路基沙埋图片见图 2-40。

2. 路基风蚀

沙区的一个重要特征是气候干燥、风大沙大、而沙区路基主要有当地的风沙土填筑而成、路基结构松散，固结性差，受到风力作用，路基上的沙粒或土颗粒被风吹走，出现路基削低，掏空和坍塌等现象，从而引起路基的宽度和高度的减小危及行车安全。

2.6　滑坡、泥石流及沉陷灾损调查与检测

2.6.1　我国的滑坡、崩塌和泥石流灾害情况、灾损特点，灾害评估的重要性

我国 70%的国土为山区，由于特殊的地形和地质环境条件，是世界上滑坡、崩塌和泥石流灾害频发的国家之一。每年雨季，全国各地发生的地质灾害数以百计，造成道路中断、列车颠覆、摧毁工厂和矿山场房设备、埋没农田等基础设施，损毁大量城镇和农村房屋建筑，造成重大人员伤亡事故，直接经济损失达上千亿元。特别是近几十年来，随着西部大开发战略的实施，越来越多的工程建设迅速向山区推进，人类工程活动对自然条件的改变越来越大，人为诱发的滑坡、崩塌及泥石流等地质灾害数量逐年增加，危害严重，给国民经济造成重大影响。

与此同时，近年来持续活跃的地震灾害在危害人类同时，也产生一系列连环的次生灾害，甚至次生灾害造成的破坏性更为强烈。如四川汶川及青海玉树地震及引发大面积山体崩塌、滑坡和泥石流，巨大的滑坡体吞噬了大量乡镇房屋和基础设施，造成严重人员伤亡。北川县约有 5000 人死于崩塌、滑坡与泥石流，失踪人数超过 18000 人。大面积地质灾害还严重破坏了地面交通，滑坡体及崩塌物滑入江中，形成数十处堰塞湖，使震中生命线中断，造成抢救工作的极度困难，贻误了抢救生命的宝贵时间，扩大了震害的严重程度。

虽然滑坡、崩塌和泥石流同属于地质灾害范畴，但它们的形成条件、发生机理和发展规律不尽相同。滑坡多发生在河流宽谷段的斜坡上、低山缓丘或黄土梁峁段斜坡上，自然坡度在 40°以下，除大型崩塌性滑坡以外，多数滑坡产生缓慢移动变形，造成建（构）筑物拉裂或挤压变形。崩塌多发生在高山峡谷地段，自然坡度大于 45°以上，远比滑坡发生突然，往往砸伤或埋没建（构）筑物。泥石流常发生在沟谷地段或自然斜坡上，沟谷纵坡及斜坡坡度大于 25°以上，它的发生必须有松散的堆积物，合适的坡降及充分的水源条件，三者缺一不可。泥石流发生后来势凶猛、威力无比，所经过之处，常常摧毁或埋没建（构）筑物，损失惨重。

地质灾害评估对防灾减灾具有重要意义，它可分为三部分：

第一是地质灾害危险性现状评估，查明评估区已发生的地质灾害的分布，分析地质灾害形成的地质环境条件、分布、类型、规模、变形活动特征，主要诱发因素与形成机制，对其稳定性进行初步判定，在此基础上对其危险性和对工程危害的范围与程度作出评估。第二是地质灾害危险性预测评估，对工程建设场地及可能危及工程建设安全的邻近地区可能加剧或引发的地质灾害的危险性作出评估；对工程建设自身可能遭受已存在的地质灾害

隐患作出预测评估；对工程建设中、建成后建（构）筑物可能引发或加剧地质灾害的可能性、危险性和危害程度作出预测评估。第三是地质灾害综合评估，依据地质灾害危险性现状评估和预测评估结果，充分考虑评估区的地质环境条件的差异和潜在的地质灾害隐患点的分布、危险程度，综合评估地质灾害危险程度。依据地质灾害危险性、防治难度和防治效益，对建设场地的适宜性作出评估，提出防治地质灾害的措施和建议。其中，危险性的量化评价可用于空间评价预警和时间预警，而危害性评价可以作为防灾减灾的决策依据。

2.6.2 滑坡、崩塌和泥石流灾损的建（构）筑物的检测与鉴定

（1）对建在滑坡体上已经出现变形开裂的建（构）筑物，应认真调查、勘探、试验、查清变形发生的真正原因，不仅要调查建（构）筑物本身和地基变形情况，而且要调查滑坡的稳定情况，以便作出正确的判断。

若滑坡已处于稳定状态，无斜坡变形的影响时，则按一般灾损建（构）筑物的检测与鉴定进行。

若建（构）筑物变形与滑坡变形有关系，则必须在保证滑坡稳定的基础上处理建（构）筑物变形。这里可能有两种情况：其一，治理滑坡费用十分昂贵，不如搬迁建（构）筑物；其二，建（构）筑物难以搬迁，如对古建筑、重要建（构）筑物等，则只能从稳定滑坡上采取措施。首先是消除作用于滑坡的因素，如灌溉水下渗、生产生活用水下渗、管道漏水等，应截断和引出水源，加强排水。若是开挖、加载等引起，则应采用减重、压脚及支挡工程，如挡土墙、抗滑桩、预应力锚索抗滑桩、预应力锚框架等，根据具体情况采取不同措施。有时也可只保建（构）筑物稳定而不必治理整个滑坡。

（2）对受崩塌和泥石流灾损的建（构）筑物，首先要对崩塌和泥石流灾害进行评估，分析崩塌和泥石流灾害源的稳定程度和发生频度，若将来还有可能发生，或治理费用昂贵，则可考虑搬迁建（构）筑物躲避地质灾害。若崩塌和泥石流灾害源趋于稳定，或花费较小费用经过治理可以维持长期稳定，则可按一般灾损建（构）筑物进行检测鉴定。

2.6.3 滑坡、崩塌和泥石流灾损道路的检测与鉴定

滑坡、崩塌和泥石流灾害还时常损坏铁路、公路及城镇道路，桥涵和隧道设施，中断交通运输。

1. 滑坡防治采取的工程措施

根据滑坡产生原因、滑体及滑动特征、推力大小、危害程度等，选择治理措施和结构类型。一般多采用抗滑桩、锚索抗滑桩、抗滑挡墙、锚索框架、锚索地梁、支撑渗沟、地表排水、地下排水、刷方减重、填方反压等挡、支、排、减、压的综合治理工程措施。

（1）滑坡工程监测内容

滑坡工程监测内容有：地表裂缝监测、坡体位移监测、滑坡深部位移监测、地表水监测、地下水位监测、降雨量监测、结构物应力监测、宏观变形迹象监测等。

（2）滑坡防治施工重点

① 施工季节应尽量安排在旱季滑坡相对稳定期；

② 完善实时性施工组织设计；

③ 确定合理的施工顺序及方法；

④ 充分做好施工的准备，包括人员、设备、机具、材料安排、分项工程的顺序安排及质量和安全保证体系。

⑤ 在施工顺序上应先施工地表排水、临时排水及裂缝夯填等，后施工主体工程；先施工应急工程，后施工永久工程；对正在活动的滑坡应先安排地表位移监测工作，保障施工安全。

⑥ 支挡工程的施工应分段跳槽开挖及浇筑，尽量减少对滑坡稳定的扰动。

⑦ 贯彻动态施工原则，做好开挖过程的地质编录，若地质情况与设计有出入，及时通知设计单位调整设计后再继续施工。

⑧ 控制施工和生活等用水浸入滑坡体；材料堆放、弃土（渣）等不能影响滑坡的稳定。

⑨ 做好施工过程中出现滑动险情时的应急处理预案。

⑩ 做好质量检测体系及自检与外检工作。

(3) 在边坡施工过程中应重点防范的滑坡因素

① 自然因素：大气降雨汇聚坡体、河水上涨浸泡坡脚、洪水及泥石流冲切坡脚、地震。

② 人为因素：开挖坡脚、斜坡上部加载、随意弃渣、采空塌陷、爆破振动、库水浸淹、破坏植被、水管断裂、施工水池泄露、工农业用水及生活用水渗漏等。

(4) 滑坡坡面各级坡顶排水施工检测事项

① 按设计要求设置坡顶平台宽度及横坡坡度，确保排水顺畅。

② 坡顶平台上的排水沟应采用浆砌片石或现浇混凝土，应设置在平台中间位置，不宜挨上一级坡脚设置；排水沟汇水面不宜过大、泄水口之间不宜过长，泄水槽应设置消力坎。

③ 坡顶一定范围内的地面应处理密实、平整并设置向外排水横坡，以利排水。

④ 坡（地）面根据地质情况，可种草、植树或采用隔水层处理。

⑤ 检查坡顶一定范围内地表，若存在坑槽、陷穴或洞穴，必须人工挖开用灰土或黏土进行夯填密封，并保证没有汇水处或表面坑洼现象。

⑥ 对坡顶范围面积大的坡面，应在最上一级防护坡顶以远位置设置截水沟，以减少防护坡面的汇水。

(5) 抗滑桩施工顺序及支挡工程注意事项

抗滑桩的施工顺序为：测放桩位→坑口开挖和锁口盘制作→开挖一段桩井（1.0m～1.5m)→浇筑护壁混凝土→重复上两道工序直至桩底标高→混凝土封闭桩底→绑扎桩身钢筋→浇筑桩身混凝土。

抗滑桩施工应注意事项：

① 抗滑桩要按桩排方向及控制桩身的坐标，准确放线定位。

② 抗滑桩施工前应先将桩位附近边坡或表层易滑塌部分予以清除，并做好桩位附近地表水的拦截工作。

③ 抗滑桩应跳桩分节开挖，按设计做好锁口盘和每节护壁。每节开挖深度 1.0m，开挖一节，做好该节护壁，当护壁混凝土具有一定强度后方可开挖下一节，护壁各节纵向钢筋必须焊接，禁止简单绑扎。

④ 浇筑护壁混凝土时，必须保证护壁不侵入桩截面净空以内。桩坑开挖过程中应随时校准其垂直度和净空尺寸。

⑤ 在开挖桩孔过程中，地质人员要下坑进行地质编录，核对地层岩性及滑面位置，如发现与设计情况不符时，应及时与监理及设计人员联系，以便及时作出设计变更。

⑥ 对掩埋式抗滑桩，掩埋段护壁不能省掉，桩身混凝土浇筑完以后，掩埋段桩坑用三合土夯填密实。

(6) 预应力锚索框架

1) 每孔锚索一定要按设计要求荷载张拉、锁定。

2) 锚索孔位测放力求准确，偏差不得超过±10cm，钻孔倾角允许误差±2°；考虑沉渣的影响，为确保锚索深度，实际钻孔深度要大于设计深度0.5m。

3) 锚索成孔禁止开水钻进，以确保锚索施工不至于恶化边坡岩体工程地质条件。钻进过程中应对每孔地层变化（岩粉情况）、进尺速度（钻速、钻压等）、地下水情况以及一些特殊情况作现场记录。若遇坍孔，应立即停钻，进行固壁灌浆处理，注浆24h后重新钻进。

4) 锚索成孔后的孔径不得小于设计值。钻孔完成之后必须使用高压空气（不小于0.5MPa）将孔中岩粉清除孔外，以免降低水泥砂浆与孔壁岩体的粘结强度。

5) 锚索材料采用高强度、低松弛预应力钢绞线，规格为$\Phi^s15.2$，强度1860级。要求顺直、无损伤、无死弯。

6) 锚固段必须除锈、除油污，按设计要求绑扎分线环；自由段除锈后，涂抹黄油并立即外套波纹管，两头用铁丝扎紧，并用电工胶布缠封。

7) 锚索下料采用砂轮切割机切割，避免电焊切割。考虑到锚索张拉工艺要求，实际下料长度要比设计长度多留2.0m，即锚索长度$L_{锚}=L_{锚固段}+L_{自由段}+2.0m$（张拉段）。锚具采用OVM系列型号。

8) 锚索孔内灌注水泥砂浆，水灰比为0.4～0.45，灰砂比1：1，砂浆体强度不低于30MPa。采用从孔底到孔口返浆式注浆，注浆压力不低于0.25MPa，当砂浆体强度达到设计强度80%后，方可进行张拉锁定。

9) 框架梁采用C25钢筋混凝土现场浇筑，浇筑时预埋OVM锚垫板及孔口PVC管，节点处务必振捣密实。

10) 每片框架整体浇筑，一次完成，两片框架之间设置2cm伸缩缝，内填浸沥青木板。待框架梁混凝土达到设计强度后方能进行张拉锁定锚索。

11) 锚索张拉作业前必须对张拉设备进行标定。正式张拉前先对锚索进行1～2次试张拉，荷载等级为0.1倍的设计拉力。

12) 锚索张拉分五级进行，每级荷载分别为设计拉力的0.25、0.5、0.75、1.0、1.2倍，除最后一级需要稳定10～20min外，其余每级需要稳定5min，并分别记录每一级钢绞线的伸长量。在每一级稳定时间里必须测读锚头位移三次。

13) 当张拉到最后一级荷载且变形稳定后，卸荷至锁定荷载锁定锚索。锚索锁定后，切除多余钢绞线，用C25混凝土及时封闭锚头坑。

(7) 预应力锚索施工检测要点

① 锚索施工前，应进行锚索现场基本试验（抗拔试验）。

② 锚索材料采用高强度、低松弛的$\Phi^s15.2$钢绞线，材料强度为1860MPa，要求顺直、无损伤或死弯。

③ 锚固段必须除锈、除油污。

④ 锚索下料或切除多余钢绞线，采用砂轮切割机切割，严禁电焊、氧气切割。

⑤ 锚索孔位测放力求孔口坐标准确，一般控制的五个基本钻孔参数（孔口坐标、孔径、孔深、锚索孔轴线的空间走向和倾角）符合设计要求。

⑥ 钻孔成孔后的孔径不得小于设计值，孔内岩粉、岩土渣、地下水等清理干净。

⑦ 锚索孔内锚固体（浆体）及承压镦或锚索框架等混凝土强度达到设计强度后，方可进行锚索张拉、锁定、封闭锚头。

（8）预应力锚索张拉施工检测要点

① 张拉设备选用的千斤顶、限位板、工具锚应配套。

② 张拉用千斤顶的张拉力（额定出力）比实际一般要有1.2～1.5倍的富余度，确保施工安全。

③ 锚索张拉前必须对张拉设备的千斤顶、油泵、压力表进行标定。

④ 对锚具应进行外观检查、硬度试验、静载锚固性能试验。

⑤ 张拉前将孔口处理平整，安装钢垫板、外锚头、千斤顶及工具锚，组装完成并检查合格。

⑥ 张拉吨位和相应的压力表读数要制成表格，张拉按设计要求分级进行张拉和测量锚索的伸长值，在全部张拉完成后进行一次补张拉，使锚索均匀受力并补偿部分锚索的预应力损失。

⑦ 预应力锚索张拉应按设计要求，确定验收试验和正常张拉的锚索比例，按比例分别张拉。

⑧ 制定安全措施，设置安全设施。

（9）预应力锚索孔灌浆施工检测要点

① 浆体材料严格按设计要求选用，并经试验选定满足设计强度要求的配合比。

② 灌（压）浆设备根据浆体材料、灌（压）浆方式或要求，并结合实际锚固地层情况等综合确定选用。

③ 制浆严格按配合比搅拌均匀、随搅随用并在水泥初凝前用完。

④ 为确保锚孔浆液饱满，通常采用反向压浆工艺将压浆管下到孔底，由内向外压浆，防止由于排气堵塞、锚固段底部有压缩空气或滞留水泥而造成浆液不饱满。

⑤ 当出现跑浆、漏浆情况时，应采用间歇式注浆，或改变浆液浓度或增加促凝剂。

⑥ 当孔口产生返浆时，停止注浆；浆液凝固缩孔后应及时进行补浆，确保锚索孔砂浆饱满。

（10）坡面防护工程施工注意事项

① 采用浆砌片石防护的坡面，严格按设计坡度刷坡，确保刷坡面平顺、密实，避免虚方铺垫。

② 砌石料及砌体厚度、砂浆强度应满足设计要求，砂浆须饱满，禁止用风化石砌体。

③ 按设计要求，预留足够的泄水孔并在进水端设置反滤层与过滤网，确保地层排水通畅。

④ 浆砌片石护坡基础应适当加深、加大，以保证足够的承载能力。

⑤ 浆砌石护坡面伸缩缝严格按设计要求布设密实、饱满、不渗水。

（11）挡墙及护面墙

① 护面墙施工应避开雨期施工，防止雨水浸泡基坑。

② 墙身材料采用M10砂浆砌片石，石料强度不低于25MPa，厚度不小于15cm，分层错缝搭接砌筑。

③ 根据地质条件，墙长每10m设置沉降缝，缝宽2～3cm，缝内可采用沥青油毡、浸沥青木板或沥青麻絮填塞。

④ 沿墙身上下左右每隔3m设泄水孔一个。

⑤ 砌片石料应满足强度要求，严禁用风化石砌筑，砂浆应饱满、密实，砌缝应用M10砂浆勾缝，以防水流下渗。

2. 崩塌防治主要工程措施

（1）崩塌发生时如何应急自救

发生崩塌时，应迅速向崩塌体两侧跑，不能向崩塌物滚动的方向跑。

雨季开车路过陡崖，一定要留心观察，看靠山侧是否有溜泥，路面是否有落石现象。

（2）如何防范崩塌

切忌在陡崖（探头石）附近停留、休息。

不要在陡坎和危石突出的地方避雨。

不要攀爬危岩。

注意收听当地天气预报，避免大暴雨天进入山区旅行。

（3）防治崩塌的工程措施

1）遮挡。即遮挡斜坡上部的崩塌物。这种措施常用于中、小型崩塌或人工边坡崩塌的防治中，通常采用修建明硐、棚硐等工程进行，在铁路工程中较为常用。

2）拦截。对于仅在雨后才有坠石、剥落和小型崩塌的地段，可在坡脚或半坡上设置拦截构筑物。如设置落石平台和落石槽以停积崩塌物质，修建挡石墙以拦坠石；利用废钢轨、钢钎及钢丝等编制钢轨或钢钎棚栏来拦截，这些措施也常用于铁路工程。

3）SNS边坡柔性防护系统。SNS（Safety Netting System）系统是以高强度柔性网（菱形钢丝绳网、rocco环形网、高强度钢丝格栅）作为主要构成部分，并以覆盖（主动防护）和拦截（被动防护）两大基本类型来防治各类斜坡坡面地质灾害如崩塌、岸坡冲刷、爆破飞石、坠物等危害的柔性安全防护系统技术和产品。

4）支挡。在岩石突出或不稳定的大孤石下面修建支撑柱、支挡墙或用废钢轨支撑。

5）护墙、护坡。在易风化剥落的边坡地段，修建护墙，对缓坡进行水泥护坡等。一般边坡均可采用。

6）镶补勾缝。对坡体中的裂隙、缝、空洞，可用片石填补空洞，水泥砂浆勾缝等以防止裂隙、缝、洞的进一步发展。

7）刷坡、削坡。在危石、孤石突出的山嘴以及坡体风化破碎的地段，采用刷坡措施，清除危岩体，放缓边坡。

8）排水。在有水活动的地段，布置排水构筑物，以进行拦截与疏导地表水。

3. 减轻或避防泥石流的主要工程措施

（1）跨越工程——是指修建桥梁、涵洞，从泥石流沟的上方跨越通过，让泥石流在其下方排泄，用以避防泥石流。这是铁道和公路交通部门为了保障交通安全常用的措施。

(2) 穿过工程——指修隧道、明硐或渡槽，从泥石流的下方通过，而让泥石流从其上方排出。这也是铁路和公路通过泥石流地区的又一主要工程形式。

(3) 防护工程——指对泥石流地区的桥梁、隧道、路基及泥石流集中的山区变迁型河流的沿河线路或其他主要工程措施，作一定的防护建（构）筑物，用以抵御或消除泥石流对主体建（构）筑物的冲刷、冲击、侧蚀和淤埋等的危害。防护工程主要有：护坡、挡墙、顺坝和丁坝等。

(4) 排导工程——其作用是改善泥石流流势，增大桥梁等建（构）筑物的排泄能力，使泥石流按设计意图顺利排泄。排导工程，包括导流堤、急流槽、束流堤等。

(5) 拦挡工程——用以控制泥石流的固体物质和暴雨、洪水径流，削弱泥石流的流量、下泄量和能量，以减少泥石流对下游建筑工程的冲刷、撞击和淤埋等危害的工程措施。拦挡措施有：拦渣坝、储淤场、支挡工程、截洪工程等。

对于防治泥石流，常采用多种措施相结合，比用单一措施更为有效。

拦挡坝检测与鉴定：

(1) 施工时，实际的坝基与坝肩处的地层岩性与设计不相符时应及时通知设计单位作出必要的修改。

(2) 拦挡坝应与其所在位置处的沟谷垂直，具体施工时如设计与实际不符，可作适当的调整。

2.7 火灾灾损调查、检测与鉴定

2.7.1 引言

随着国民经济和现代化建设的发展，房屋密度加大，高层建筑不断涌现；随着建筑业的现代化，新型建筑材料被广泛应用，种种因素度增加了建筑物发生火灾的频率。

我国在20世纪80年代平均每年发生火灾30000次以上，年损失超过2亿元。仅1986年发生火灾38758起，死亡2691人，经济损失达7亿元。2000年以后，火灾的发生和损失有增无减，譬如2003年湖南衡阳火灾（图2-41），2009年元宵节央视新台址配楼的火灾，造成的人员伤亡和财产损失令人震惊（图2-42）。

图2-41 2003年湖南衡阳火灾扑救现场

图2-42 2009年央视新台址配楼火灾现场

建筑物在发生火灾后，应尽快进行火灾调查，统计直接经济损失，恢复建筑物的使用功能，要恢复建筑物的功能，就必须科学的判断建筑物的受损程度，确定合理的加固修复方案。这就需要对火灾后的建筑首先进行调查、检测和鉴定。

2.7.2　火灾后结构检测鉴定的程序与内容

根据委托方提出的要求和目的，火灾后结构鉴定可分为初步鉴定和详细鉴定两级进行。

初步鉴定的主要内容包括如下几个方面：

（1）火灾现场初步调查。通过肉眼观察或使用简单的工具确定火灾后结构状况，检查结构损伤破坏特征，确定受灾范围。

（2）查阅技术资料。包括火灾报告，原设计图纸，施工验收资料，使用维护改造资料及其相关文件，并与实际结构状况核对。

（3）了解火灾起因、火灾部位、火灾过程及灭火方法。

（4）根据附录中方法，初步推断温度分布，确定受灾范围，评估构件及结构的损伤状态等级。初步鉴定时，结构构件的损伤状态，可根据构件烧灼损伤、变形、开裂（或断裂程度）按下列标准划分成四个不同等级：Ⅰ级为轻微或直接遭受烧灼作用，结构材料及结构性能未受影响，不必采取措施；Ⅱ级为轻度烧灼，未对结构材料及结构性能产生明显影响，尚不影响结构安全和正常使用，应采取耐久性或外观修复措施，一般可不采取加固措施，必要时进行详细鉴定；Ⅲ级为中度灼烧尚未破坏，显著影响结构材料或结构性能，明显变形或开裂，对结构安全或正常使用产生不利影响，应采取加固或局部更换措施；Ⅳ级为破坏，火灾中或火灾后结构倒塌或构件塌落；结构严重烧灼损坏、变形损坏或开裂损坏，结构承载能力丧失，危及结构安全，必须立即采取安全支护、彻底加固或拆除更换措施。

（5）提出初步鉴定结论。明确火灾后建筑结构是否需要全部或部分拆除；对危险区域或危险构件中提出安全应急措施；确定是否需要进行详细鉴定；如需要进行详细鉴定，提出详细鉴定建议和方案。

详细鉴定的主要内容包括如下几个方面：

（1）制定检测鉴定方案。

（2）火灾温度和范围的调查分析。根据附录一中介绍的方法，确定火场温度和作用范围。有条件时可进行火场温度分析计算，绘制火灾过程温度曲线及最高温度分布图。

（3）对建筑结构的现状进行现场测绘和记录。

（4）对结构的外观，损伤，变形，材料性能等进行现场检测。

（5）对结构进行计算分析，必要时可进行现场荷载试验。

（6）对构件和结构的安全性进行评定，其方法与一般既有建筑结构的鉴定方法类似。

根据初步鉴定或详细鉴定的结论提出鉴定报告。报告中应明确提出火灾后建筑结构的可靠性是否满足要求。若不满足要求，应提出修复、加固、更换或拆除的具体建议。图2-43给出了火灾后建筑结构鉴定程序的框图。需要指出的是火灾下建筑结构一般已受到损伤，因此所有现场检测工作必须在保证安全的前提下进行。

2.7.3　火灾现场调查

1. 初步查勘

建筑物遭受火灾后，首先应由消防部门进行火灾原因及火灾损失调查，在消防部门调查结束后方可进行结构受损诊断。

诊断工作应由受灾单位或保险公司委托具有火灾鉴定权的检测鉴定单位进行。委托方需提出委托书，检测鉴定单位根据委托书的要求进行工作。

根据委托书的要求及工作内容，检测单位派出诊断工作组。诊断工作组应由具有火灾诊断与处理工作经验的工程师负责。

初步查勘是诊断工作组第一次到火灾现场时所做的工作。

（1）查勘目的与要求

火灾现场进行查勘的目的包括以下几点：

① 初步了解受火灾建筑物火灾前的使用情况和火灾后损伤概况；

② 通过目测调查和摄影，记录火灾后建筑结构受损概况及物品烧损的原始情况；

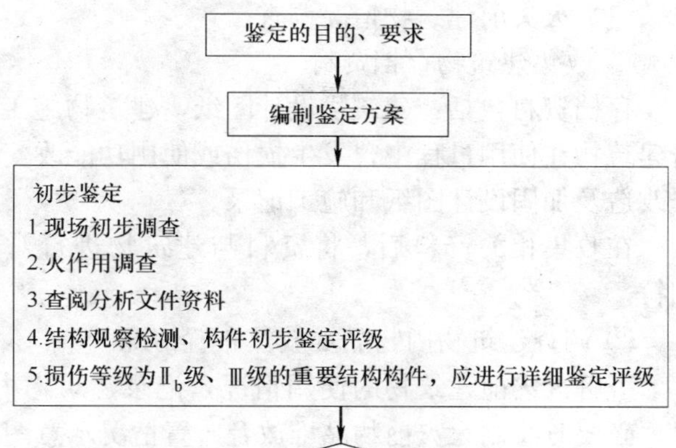

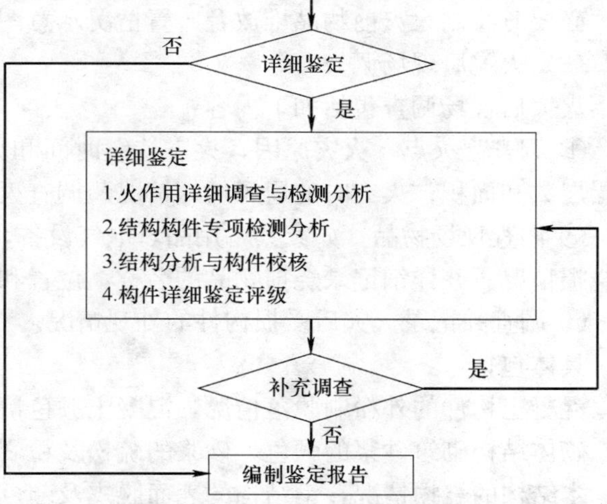

图 2-43　火灾后结构鉴定框图

③ 根据目测的结构损伤情况初步确定受火严重区，受损中心区和一般受损区；通知委托单位对危险构件采取安全措施；

④ 拟定详细调查，结构性能检测和结构受损分析及加固处理的工作内容和计划表；

⑤ 与委托人单位签订诊断与处理工作技术服务合同；

⑥ 通知委托单位为诊断工作组进入现场创造条件。准备工作包括：现场详细调查所需的资料；现场检测所需的水，电，脚手架，梯子，操作记录工作台等；现场调查与检测工作的联系人员。

（2）查勘内容

火灾现场查勘的主要内容有：

① 初步了解建筑物概况，包括：建筑物层数，结构形式，外貌，建造时间，建筑物使用功能，建筑位置及周围环境和建筑物的重要性。

② 了解火灾发生时间和灭火过程。

③ 收集消防部门的火灾灾情报告。

④ 火灾现场的目测调查和摄影记录。

2. 详细调查

详细调查包括两大内容：火灾前建筑物情况的调查和火灾后现场调查。

（1）火灾前建筑物情况调查

① 收集建筑物存档资料

存档资料包括：建筑物设计图纸，建筑物施工日志，隐蔽工程验收及竣工验收资料。若建筑物在使用过程中曾发生损伤或使用功能改变，则应收集建筑物的损伤鉴定报告，维修改造及加固设计图纸和施工记录。

在收集相关资料后，将资料与建筑物进行对比，确定原有设计与现有建筑物情况相符。

② 调查建筑物内物品堆放及布置情况

了解火灾前建筑物的使用情况，记录建筑物内部各部位的物品种类，数量及堆放位置，必要时绘制火灾前物品堆放及布置情况示意图。

（2）火灾后现场调查

火灾后现场调查包括如下内容：

① 调查起火点，火灾原因，火灾持续时间和火灾蔓延的途径；调查火灾所影响到的楼层层数和面积；火灾时的通风通烟情况；调查灭火方式及灭火过程。

② 调查现场物品（如家具，用品，电气设备，货物，门窗，建筑配件及装潢材料等）的烧损情况，并详细记录烧损物品的名称，位置和烧损程度，收集现场残留物。

③ 调查并记录火灾后受损构件的外观情况。

具体包括：

混凝土构件的外粉刷脱落情况，混凝土颜色情况及构件的截面尺寸情况等；

砌体结构砌筑砂浆的颜色，砂浆的疏松及粉刷砂浆的剥落情况；

木结构的烧损情况，钢结构的表面脱皮及颜色变化。

④ 通过摄影或摄像方式客观地反映建筑物遭受火灾后的损坏情况。

全视图摄影或摄像：通过摄影或摄像反映建筑物遭受火灾后的受损全貌，包括建筑物外貌及受损区域全貌。

局部摄影或摄像：对具体的受损构件进行摄影或摄像，客观地反映出建筑构件的受损情况。特别是爆裂露筋的混凝土构件，采用局部摄影方式是最好的反映方法。

（3）现场调查的顺序及安全措施

第一步：了解处于危险状态的结构构件的外貌，采取措施防止结构构件在调查检测过程中破坏或坍塌造成事故。

第二步：判断有无结构构件在调查检测过程中会因振动等因素而破坏或坍塌，必要时作好标记和采取安全措施。

第三步：正式进入现场调查。

调查应从危险最小的一侧开始，逐个构件检查。调查过程中要随时观察是否存在响声等标志构件继续变形或发生坍塌破坏的预兆。

调查混凝土结构构件外观损伤时，应特别注意受力主筋的状态，注意梁、板、柱构件的接头及支撑部位的受损情况，做好记录和标记。

2.7.4　火灾温度判定

建筑结构在火灾高温作用下的材性变化，与火灾现场的温度有关，也与受火时间有关。从我国火灾统计资料来看，同一区域构件受火最高温持续时间多在 30～120min 之间，其中60min以内的占81%。因此建筑结构火灾损伤鉴定和修复设计的关键，在于正确判定结构构件内部经历的温度分布情况，特别是100℃，300℃，500℃，700℃等温度线的位置。国外评估常用的方法是在确定构件表面受火温度和持续时间条件下，按热力传导方程计算受损构件内部的分布。但火灾实际情况极为复杂，影响因素很多，火灾现场不同位置的火灾程度不同，该方法与实际情况出入较大。由于当前建筑均无智能化系统，不能像飞机"黑匣子"那样对建筑状态随时进行记录，一旦火灾发生，其各部位的燃烧温度、燃烧时间和升温、旺盛及衰减过程都无记录可查，因此只能在火灾熄灭的废墟中对现场进行调查和取证，以帮助进行分析判断，而取证也多以灾后现场的遗留物为主。下面介绍目前常用的判定方法。

1. 外观检查方法

通过检查或场残留物的燃烧、熔化、变形和烧损程度即可估计火灾现场的受火温度，进而推定当量升温时间。如玻璃烧熔软化，其温度一般要达到700℃；钢窗变形，其温度在600～700℃；铝合金门窗、柜台熔化，它们所处的火场温度应当在750℃左右。其他材料的熔点等数据可参照《火灾后建筑结构鉴定标准》附录A，据此推断火场温度。

2. 混凝土表面特征推定法

通过现场调查与检测，详细记录下混凝土表面颜色、外观特征和锤击反映，然后对照表2-12可大致推断出混凝土构件的受火温度。

混凝土表面颜色、裂损剥落、锤击反应与温度的关系 **表2-12**

温度(℃)	<200	300～500	500～700	700～800	>800
颜色	灰青,近视正常	浅灰,略显粉红	浅灰白,显浅红	灰白,显浅黄	浅黄色
爆裂、剥落	无	局部粉刷层	角部混凝土	大面积	酥松、大面积剥落
开裂	无	微细裂缝	角部出现裂缝	较多裂缝	贯穿裂缝
锤击反应	声音响亮、表面不留下痕迹	较响亮、表面留下较明显痕迹	声音较闷、混凝土粉碎和塌落,留下痕迹	声音发闷、混凝土粉碎和塌落	声音发哑、混凝土严重脱落

3. 钢结构表面颜色推定法

结构钢高温过火冷却后，表面颜色随经历的最高温度的升高而逐步加深，这对于判定构件曾经经历的最高温度有一定的参考价值。高温冷却后的钢材的表观特征与钢材的种类、高温持续时间、冷却方式、表面光洁程度等有关。Q235钢所经历的最高温度与表面颜色的关系可参照表2-13。

Q235钢所经历的最高温度与表面颜色的关系 **表2-13**

经历的最高温度(℃)	Q235钢试件表面的颜色	
	初步冷却	完全冷却
240	与常温下基本相同	—
330	浅蓝色	浅蓝黑色
420	蓝色	深蓝黑色
510	灰黑色	浅灰黑色
600	黑色	黑色

由于实际构件表面在绝大多数情况下或有防腐涂料或有锈蚀，因此表 2-13 提供的钢材的表观颜色仅供参考。

4. 混凝土表面烧疏层厚度法

受火后混凝土一定厚度内其有效高度降低较多，混凝土易于凿除，这个厚度叫做混凝土烧损层。在混凝土烧损层表面有一层强度很低的疏松层，叫做混凝土烧疏层。不同的受火温度会产生不同的混凝土烧疏层厚度，见表 2-14。

混凝土烧疏层厚度与受火温度关系　　表 2-14

受火温度(℃)	500～700	700～800	800～850	850～900	900～1000	>1000
混凝土烧疏层厚度(mm)	1～2	2～3	3～4	4～5	5～6	>6

5. 由火灾燃烧时间推算火灾温度

一般情况下，民用住宅和公用建筑物（如旅馆、商店、剧院等）火灾一般在起火房间内即被扑灭，火灾持续时间约 60min，温度约 700～1000℃。随着起火房间内燃烧荷载的增加，火灾持续时间可延长至 90～120min，温度提高至 800～1100℃。工业厂房、仓库由于燃烧荷载较大，火灾持续时间可达 120～240min，温度高达 1200～1500℃。当然火灾持续时间的长短与火灾时可燃物的多少与种类有关，也与灭火方式和灭火条件有关。

6. 碳化深度检测方法

混凝土受火前已经有一个碳化深度值。在高温下，混凝土中的氢氧化钙加速进行热分解而使混凝土呈中性。因此火灾前后混凝土的碳化深度值存在较大的差异。为消除龄期、混凝土强度等级等因素影响，比较准确地推断建筑构件表面温度，可以采用火灾后和火灾前碳化深度差与火灾前的碳化深度值比较来推定建筑构件表面温度。根据有关单位试验数据进行分析，碳化深度比值与温度关系见表 2-15。

碳化深度比值与受火温度关系　　表 2-15

碳化深度比值	1.00	1.60	2.50	4.00	9.00
混凝土受火温度	正常温度	200℃	400℃	600℃	800℃

7. 根据混凝土强度降低系数推定火场温度

混凝土的立方体抗压强度 f_{cut} 与温度 T 的关系可用下式表达。

$$f_{cut}=f_{cu} \qquad T\leqslant 400℃$$

$$f_{cut}/f_{cu}=1.6-0.0015T \quad 400℃<T\leqslant 800℃$$

式中　f_{cu}——常温下混凝土的立方体抗压强度。

利用现场测试的过火混凝土强度和未过火的同条件混凝土强度进行比较计算即可推定建筑构件表面受火温度。

8. 混凝土烧失量测量

混凝土烧失量试验是目前推估混凝土最高受火温度的较精确的方法之一。根据高温下水泥水化物及其衍生物分解失去结晶水，同时混凝土中 $CaCO_3$ 分解产生 CO_2，从而减轻其质量的原理，首先测定不同温度所对应的烧失量，得到相应的回归关系，然后由实际过火混凝土的烧失量大小来推断该混凝土的最高受火温度。

9. 化学分析法

主要是检测硬化水泥浆体中是否残留结合水或者混凝土中是否残留氯化物。前者根据残留物结合水含量与温度之间的关系，可以估计出混凝土构件的温度梯度和强度的损失。后者根据含氯离子的混凝土深度与温度的关系可以推测混凝土表面受火温度和持续时间。

10. 电子显微镜分析方法

混凝土在高温作用下，不仅会由于脱水反应产生一些氧化物，还会在水化、碳化和矿物分解后又产生许多新的物相。不同的火灾温度，所产生的相变和内部结构的变化程度亦不同，根据这种相变和内部结构变化的规律，就可用电子显微镜或X衍射分析（表2-16）判定火灾温度。为了使判定结构更可靠，在抽取构件表面被烧损的混凝土块时应同时抽取构件内部未烧损的混凝土块进行电镜分析（表2-17），以便进行对比分析，提高判断结构的精度。

X衍射分析　　**表2-16**

物相特征	特征温度(℃)
水化物基本正常	<300
水泥水化产物水化铝酸三钙脱水 $C_3A*aq \rightarrow C_3A+nH_2O$	280～330
水泥水化产物氢氧化钙脱水 $Ca(OH)_2 \rightarrow CaO+H_2O$ 或砂石中α-石英发生变相 $\alpha\text{-}SiO_2 \rightarrow \beta\text{-}SiO_2$	580 570
骨料中白云石分解 $CaMg(CO_2)_2 \rightarrow CaCO_3+MgO+CO_2\uparrow$ 骨料中方解石及水泥石碳化生成物分解 $CaCO_3 \rightarrow CaO+CO_2\uparrow$	720～740 900

电镜分析　　**表2-17**

物相特征	特征温度(℃)
Ⅱ物相基本正常	<300
方解石集料表面光滑、平整，水泥浆体密集，连续性好	280～350
石英晶体完整，水泥浆体中水化产物氢氧化钙脱水，浆体开始发现酥松，但仍较紧密，连续性好，氢氧化钙晶型缺损、有裂纹	550～650
水泥浆体已脱水，收缩成为酥松体，氢氧化钙脱水、分解、并有少量CaO生成，而吸收空气中水分产生膨胀	650～700
水泥浆体脱水，收缩成团块板块状，并由CaO生成吸收空气中水分、内部互相破坏	700～760
浆体脱水放出CaO成为团聚体，浆体酥松、孔隙大	760～800
水泥浆体成为不连续团块，孔隙很大，CaO增加	800～850
水泥浆体成为不连续的团块，孔隙很大，但石英晶体较完整	850～880
方解石出现不规则小晶体，开始分解	880～910
方解石分解成长方形柱状体浆体脱水、收缩后空隙很大	910～940
方解石分解成柱体状，浆体脱水、收缩后空隙更大	980

11. 颜色分析

颜色分析法完全不同于表观检测中根据表面颜色判断遭受温度的方法。英国阿斯顿大学工程与应用科学系的 N. R. Short 在这种方法中结合岩相学，引入了另一种分析颜色的色彩模式。

检测所用仪器是奥林帕斯的反射光偏振显微镜和相应的颜色分析处理软件。颜色分析法在色调值和所遭受的温度及受损深度之间建立关系，只需检测构件样本的色调值即可推至经历高温的温度和受损深度。另外，颜色分析法所用到的仪器及相关配套的工具和软件价格不菲使之在我国应用还有相当难度。

12. 根据标准升温曲线

火灾现象是一种偶然事件，建筑火灾一般分为三个阶段，即成长期、旺盛期和衰减期。根据这一规律，国际上制定了 ISO-834 标准升温曲线模拟建筑工程实际火灾温度情况。

火灾下钢筋混凝土结构构件截面的温度分布随时间而变化，而且混凝土的导热系数、比热和质量密度等也随温度的变化而有所改变。室内火灾的空气升温过程除了使用计算机对火灾进行物理模拟以外，还有通过收集、整理和分析数据，归纳总结出的经验公式。我国采用较多的是国际标准组织制定的 ISO-834 标准升温曲线，调查火灾所经历的时间来推算火灾温度，其升温段方程如下：

$$T=345\lg(8t+1)+T_0 \tag{2-8}$$

式中 T——标准温度（℃）；

T_0——自然温度，火灾发生在夏季时取 30；

t——火灾经历时间，最大值取 240min。

13. 超声波方法

根据张辉试验可知：受火温度在 200℃以上时，混凝土超声波波速随着火灾温度升高呈明显的线性下降。受火温度在 100℃以下时，混凝土超声波速没有明显变化；受火温度在 300℃以下时，混凝土超声波速降低的幅度不超过 20%；受火温度在 500℃时，超声波速分别降低了 32.7%和 36.0%（保温 2h 和 4h，下同）。受火温度在 700℃时，超声波速分别降低了 49.0%和 52.6%；受火温度在 900℃时，超声波速分别降低了 67.5%和 71.5%；受火温度在 1000℃时，超声波速分别降低了 23.2%和 21.3%。在同一火灾温度条件下，混凝土受火时间越长，其超声波速降低的幅度越大。但受火时间延长对混凝土超声波速的影响没有受火温度提高显著。

14. 根据钢结构损坏现象

大火燃烧至一定温度时，钢结构中的压杆常常发生压屈破坏，可以通过结构上分布的荷载计算出压杆在高温下的临界压屈力，由此求出火灾时的材料屈服强度，再以此高温时的屈服强度与已知结构材料在常温下的屈服强度进行比较，即可推断压杆压屈时相应于该高温屈服点的构件温度。

2.7.5 火灾现场检测

火灾后建筑物受损诊断的现场检测，是通过一定的仪器设备、工具等进行现场测试，从而获取各种参数。检测结果是对结构构件以至整个建筑物进行受损分析的依据。

现场检测的主要内容包括：

（1）火灾后结构材料性能的检测；

（2）受损结构外观检测；

（3）火灾引起的建筑物及建筑构件变形检测。

现场检测应尽可能地采用多种方法检测，然后综合分析给出检测结构。因为遭受火灾后结构损伤、材料性能的变化是很复杂的，仅仅依靠某种单一的方法很难获得准确的结果。

现场检测应分区域进行，区域划分原则上是根据火灾温度区域确定，特殊情况下可根据现场调查的构件损坏情况确定。

1. 火灾后混凝土结构现场检测方法

（1）混凝土构件烧伤深度检测

混凝土构件的烧伤深度可用超声波法或凿孔法检测。

烧伤深度又分混凝土烧疏层厚度和烧伤层厚度。烧疏层是指混凝土构件表面受火作用后被烧疏损坏、用凿子或小锤轻轻施力即掉下来的部分；烧伤层是指混凝土构件内部因火灾温度作用，混凝土强度已经损失的部分。烧疏层与烧伤层之间具有较明显的颜色界线，通过凿孔后观察混凝土颜色变化即可确定。

（2）混凝土爆裂检测

混凝土爆裂检测是观察记录混凝土在火灾作用下的爆裂露筋情况。

一般情况下新建建筑物（1～2 年使用期内）的混凝土含水率较高，在火灾温度特别是在火焰的直接作用下混凝土易发生爆裂现象。混凝土爆裂后降低了构件的刚度，并使裸露钢筋受火温度较高，导致钢筋强度损失较大。爆裂的检测主要是通过目测判断爆裂类型、记录爆裂面积、确定影响深度。

1）大面积爆裂

新建建筑的混凝土含水率较高，在火灾时因温度急剧增加，易发生大面积爆裂。

2）局部爆裂

局部爆裂的外观表现有以下几类：

① 混凝土表层脱皮。受火作用后混凝土表层局部错落，使混凝土构件表面起泡或出现凹点。

② 骨料破碎。火灾的高温作用下，构件表面产生的高热应力使骨料破碎。

③ 角部破碎。构件（梁或柱）的凸角部位处于两面受火状态，致使角部混凝土烧疏掉角。

2. 混凝土构件裂缝的检测方法

火灾后混凝土构件裂缝的检测，主要包括详细检测及记录混凝土构件裂缝数量、宽度、走向和长度，必要时刻采用超声波法检测裂缝的深度。

火灾后混凝土构件出现的裂缝主要分如下几类：

（1）不规则分布的温度裂缝。这类裂缝数量多、呈不规则的网状分布在构件的受火部位。它影响于结构构件的表层，对构件承载力影响不大。

（2）混凝土温度收缩裂缝。由于火灾温度作用使混凝土超静定结构产生温度内力及收缩变形，当温度内力或收缩变形较大时使结构或构件的中部产生裂缝。这类裂缝数量不多但裂缝宽度较大，因此应作详细的检测和记录。

（3）沿钢筋的温度裂缝。这类裂缝是由于钢筋与混凝土的热变形差所引起。它将影响钢筋与混凝土的粘结力。

（4）火灾温度裂缝与构件受力裂缝叠加。混凝土结构在荷载作用下存在细微受力裂缝，当火灾作用后，这类裂缝扩展使裂缝宽度超过规范要求。另外由于原有裂缝的存在造成了钢筋受火温度较高。因此这类裂缝属于较危险的裂缝，应详细检测。

3. 火灾后混凝土强度检测方法

火灾后，由于受火的不均匀性，构件各部位混凝土强度的损失是不相同的。即使在同一截面内，截面内部的混凝土强度较截面外部的混凝土强度损失小，甚至不损失。因此，本节所指的是火灾后混凝土强度检测是指受损层平均强度的检测。

火灾后混凝土强度检测方法有间接检测法（如回弹法、射钉法、拔出试验法和红外热像法等）和直接检测法（如钻芯法）。下面分别予以介绍。

（1）回弹法

回弹法主要是通过测定混凝土的表面硬度来确定混凝土的强度。火灾后的混凝土构件其内外强度存在差异，弹性模量和强度依据受火温度和持续时间，随混凝土受损伤的深度而发生改变，而火灾后混凝土结构构件各部分受损伤的程度是不同的。因此回弹法用于检测火灾后受损范围的混凝土，必须进行修正。很多学者做过回弹法用于火灾后检测强度的试验，得出了很多回归修正公式，误差总的来说是可以接受的。

（2）射钉法

射钉法最早由美国提出，试验时将一枚钢钉射入到混凝土表面，然后测量钢钉未射入的长度，并找出它们与混凝土抗压强度的关系。这种方法快捷、方便而且离散性较小，对水平和竖向构件均适合，而且适合于出现剥落的构件，当然对比较粗糙的表面也要略作处理。这种试验也适合于平整表面和凿开的表面，且适合于探测不同深度混凝土的强度，只要将试验完的混凝土表面凿掉即可。射钉法测定的强度比其他方法要好些，若将试验结果与未损伤的混凝土相比较则可靠性更高。

（3）拔出试验法

拔出法是把一根螺栓或相类似的装置埋入混凝土构件中，然后从表面拔出，测量其拔出力的大小来评定混凝土的强度，一般为预埋拔出法和后装拔出法。对火灾后的建筑主要采取后者，它又分为钻孔内裂法和扩孔拔出法。钻孔内裂法首先采用直径为 6mm 电钻，在混凝土表面上钻一个深度为 30～35mm 的孔，用吹风机清除孔内粉尘，把一个用开槽靠尺检查和调整锚栓与混凝土表面的垂直度后，再装上张拉千斤顶，进行拉拔试验。扩孔拔出法在丹麦称 Capo 试验，意为“切割”和“拔出”试验，基本做法是采用一台便携式钻机，在混凝土出现裂缝时为止。该法试验结果变异性较大，通过与未损伤混凝土的试验结果相比较，可以改进试验结果的可靠性，但这种方法较射钉法要差。

（4）红外热像法

同样，采用红外热像法也可以检测混凝土的强度。红外热像平均温升 x 与混凝土强度损失 f_{cut}/f_{cu} 之间的关系如下式所示。

$$f_{cut}/f_{cu}=-1.1641x+2.8226 \tag{2-9}$$

（5）钻芯法

钻芯法是检测未受损混凝土强度较直接和较精确的方法。但对于火灾混凝土，有时因为构件太小或破坏严重（强度小于 10MPa），难以获得完整的芯样。其次，由于火灾混凝土损伤由表及里呈层状分布，所获得芯样很难说具有代表性。这种方法在高度较高、构件截面呈斜面时很难实施，其主要用来检测重要构件的强度而非混凝土的表面强度。

检测火灾后构件的混凝土强度时，应先清除遭受火灾而疏松的混凝土表层，用砂轮将凹凸不平的构件表面磨平。

受火灾后混凝土强度的损失情况相当复杂。因此，仅仅用某一种方法进行检测，精度是不够的，应该用多种方法检测，然后综合分析给出火灾后受损层混凝土平均强度推定值。火灾后混凝土强度的损失，还可以根据构件的表面温度查相应的研究曲线而得到。

4. 火灾后钢筋材料性能检测方法

火灾后钢筋性能的变化直接影响结构构件的承载力，特别是存在初始裂缝构件中的钢筋。其受火温度比无裂缝构件中的钢筋的受火温度大。因此，确定混凝土构件中钢筋的材料性能变化是火灾后现场检测的一项重要工作。

火灾后钢筋性能变化的检测方法主要有以下四种：

（1）间接法：先确定钢筋受火温度，然后查相关有关表格或曲线求得火灾后钢筋强度及弹性模量的损失值；

（2）直接法：从具有特征部位取样做钢筋材料性能试验；

（3）化学分析法；

（4）电镜观察法。

5. 结构变形检测方法

结构变形检测主要是指梁板的挠度检测、柱的偏移检测和墙体的偏移检测。结构的变形（主要指永久变形）是确定结构损伤程度的重要标志之一。测量可采用经纬仪、水准仪、全站仪等精密仪器测量，也可采用铅垂吊线、拉水平线等简单方法较为粗略的测量方法。主要根据结构自身的变形状况，以及构件的类型，重要性等选择不同的检测方法。

6. 结构性能试验

通过以上的现场检测，可获得火灾后结构诊断所需的参数。但是，有时仅以检测获得的参数去分析、确定结构现场有承载力的做法，其精度还达不到要求，所以必要时应进行现场结构性能试验。通过现场试验，可得出受火损伤的结构构件的实际强度、刚度和抗裂性等比较可靠的数据。根据试验结构可确定火灾后建筑结构的实际剩余承载力。

2.7.6 火灾灾损混凝土结构鉴定

1. 混凝土结构受损分析

遭受火灾作用的混凝土结构的混凝土强度损失，主要取决于构件受火温度的高低。当受火温度低于 300℃时混凝土的水泥石内部发生蒸压作用。水泥颗粒的水化作用加快，加速了水泥石的硬化作用。同时由于水泥石中的游离水被蒸发排除，使水泥颗粒之间粘结紧密。所以，在受火温度不高时混凝土强度不一定降低，有时还会有所提高。当温度超过 300℃后，硅酸二钙脱水对水泥石的晶架结构破坏严重，混凝土强度急剧下降；当温度继续升高，$Ca(OH)_2$ 脱水分解，水泥石的微观结构受到破坏，最终混凝土破坏。另外，火灾后的冷却方式对混凝土强度也有较大的影响。试验结构表明，用冷水突然冷却的混凝土强度比自然冷却的混凝土强度降低约 5%～10%。这种由于混凝土突然受冷水作用使混凝土内外产生较大的应力差，使混凝土表面突然收缩，导致裂缝的产生，从而降低混凝土强度。

火灾作用后的混凝土构件内钢筋的极限强度、屈服强度、弹性模量等都随着火灾作用时钢筋温度的升高而降低。钢筋的延伸率和膨胀系数则随温度升高而增加，其变化程度随钢筋种类的不同而不同。普通钢筋，当火灾作用温度为200℃以下时，强度几乎没有变化。当温度大于200℃时钢筋强度开始下降。预应力钢筋在火灾温度作用后，强度下降比非预应力钢筋快，同时粘结力也有较大的下降，高温松弛引起的应力损失也非常大。对冷拔钢丝、冷拉钢丝等冷加工钢筋在温度达350℃时其冷强性能损失很大。

火灾作用下，各类混凝土构件的受损情况是各不相同的。

（1）混凝土梁

火灾时，混凝土梁一般都处于三面受火状态，而且均是梁底部（受拉区）直接受火。遭受火灾后，往往沿梁的主筋方向出现纵向裂缝及跨中出现横断裂缝。新浇混凝土梁底面及两侧面混凝土常常爆裂、剥落和露筋。

（2）混凝土柱

混凝土柱在火灾时有单面受火（外墙柱）、两侧受火（墙角柱）及三侧、四侧受火等的多种状态。一般情况下柱的中上部受损较严重。

（3）混凝土楼板

在火灾事故中，楼板处于最不利的位置，一般在5～15min内楼板底表面温度可以从20℃上升到600℃。由于楼底板表面温度急剧上升，混凝土又具有热惰性大的特点，一般情况下，楼板的破坏比梁、柱更为严重，表面更易爆裂。而预应力多孔板的主筋是冷拔低碳钢丝与混凝土的粘结力更易破坏，预应力的损失较大，所以预应力多孔板在火灾作用下总是受损最严重的构件。一定厚度的板底抹灰层可使楼板温度明显降低。有关耐火试验表明，10mm厚的砂浆的隔热效果相当于20mm厚的混凝土，加热100min后，每10mm厚的砂浆层可使温度降低约150℃。

2. 火灾作用下混凝土材料的力学性能

普通混凝土的高温性能主要取决于其组成材料的矿物化学成分、配合比和含水量等因素，还因为试验设备、试验方法、试件的尺寸和形状，以及加热速度和恒温时间等的不同而有较大差别。

（1）抗压强度和抗拉强度

根据已有的试验研究，一般认为：混凝土因为骨料类型的差异，随温度升高，其强度降低值也不同，轻骨料和钙质骨料（如石灰石）混凝土的高温强度高于硅质骨料（如花岗石）混凝土；混凝土的强度越高，高温下强度的损失越大；随着水灰比的增大，混凝土的高温抗压强度降低，但温度较高时，降低的幅度较小；混凝土的抗压强度随着暴露于高温下时间的增大而下降，下降幅度随温度提高而增大；升降温后的残余抗压强度比高温时的抗压强度降低；升温速度较慢的混凝土比升温速度较快的混凝土抗压强度稍低；经过多次升温降温循环，混凝土的强度逐渐降低，但大部分强度损失在第一次升温循环就已出现。

《火灾后建筑结构鉴定标准》CECS 252：2009中给出的高温下混凝土抗压强度折减系数见表2-18～表2-20。

混凝土高温时抗压强度折减系数　　表 2-18

温度(℃)	常温	300	400	500	600	700	800
$\frac{f_{cu,t}}{f_{cu}}$	1.00	1.00	0.80	0.70	0.60	0.40	0.20

混凝土高温自然冷却后抗压强度折减系数　　表 2-19

温度(℃)	常温	300	400	500	600	700	800
$\frac{f_{cu,t}}{f_{cu}}$	1.00	0.80	0.70	0.60	0.50	0.40	0.20

混凝土高温水冷却后抗压强度折减系数　　表 2-20

温度(℃)	常温	300	400	500	600	700	800
$\frac{f_{cu,t}}{f_{cu}}$	1.00	0.70	0.60	0.50	0.40	0.25	0.10

注：1. $f_{cu,t}$——混凝土在高温下或高温冷却后的抗压强度；
　　f_{cu}——混凝土原有抗压强度。
　2. 当温度在两者之间时，采用线性插入法进行内插。

《火灾后建筑结构鉴定标准》中给出的钢筋在高温下的抗拉强度折减系数见表 2-21。

高温时钢筋抗拉强度折减系数　　表 2-21

温度(℃)	抗拉强度折减系数		
	HPB235	HRB335	冷拔钢丝
室温	1.00	1.00	1.00
100	1.00	1.00	1.00
200	1.00	1.00	0.75
300	1.00	0.80	0.55
400	0.60	0.70	0.35
500	0.50	0.60	0.20
600	0.30	0.40	0.15
700	0.10	0.25	0.05
800	0.05	0.10	0.00

注：对于热轧钢筋 HPB235 和 HRB335，钢筋强度指标为屈服强度；对于冷拔钢丝，钢筋强度指标为极限抗拉强度。

（2）弹性模量

钢筋弹性模量随温度升高的变化趋势与强度的变化相似。当温度不超过 200℃，弹性模量下降有限；温度在 300～700℃之间迅速下降；当温度为 800℃时弹性模量很低，一般不超过常温下弹性模量的 10%。

《火灾后建筑结构鉴定标准》中给出的混凝土弹性模量折减系数见表 2-22。

高温自然冷却后混凝土弹性模量折减系数　　表 2-22

温度(℃)	室温	300	400	500	600	700	800
$\frac{E_{h,t}}{E_h}$	1.00	0.75	0.46	0.39	0.11	0.05	0.03

（3）应力-应变关系

高温下钢筋的应力-应变关系常采用二折线方程。对于预应力钢筋，在高温作用下受热膨胀，使预应力值很快大幅度降低，而且预应力混凝土比普通混凝土更易出现开裂、剥落。根据美国的试验资料介绍，当温度达到 316℃左右时，钢筋蠕变增大，弹性模量比正常工作时降低 20%，使构件的承载能力降低，当温度升到 427℃，预应力钢筋的强度则完全丧失。

3. 火灾作用下钢筋与混凝土的粘结性能

在钢筋混凝土结构中，钢筋和混凝土之间的有效粘结作用是其共同作用的基础，高温作用下，两者的粘结强度也会发生很大的变化。

钢筋与混凝土之间的粘结强度，主要是由钢筋表面与水泥胶体间的胶结力、混凝土与钢筋间的摩擦力、混凝土与钢筋接触面上的机械咬合力组成。在高温下，由于混凝土的膨胀系数比钢筋小，混凝土环向挤压钢筋，从而使混凝土与钢筋之间的摩擦力增大；另一方面，高温下混凝土的抗拉强度随温度升高而显著降低，因此，降低了混凝土与钢筋之间的粘结力。

高温对光圆钢筋与混凝土的粘结强度影响是很严重的，而对螺纹钢筋与混凝土之间的粘结强度影响则相对较小。此外，有锈和无锈的光圆钢筋与混凝土之间的粘结强度在高温下也不同。

火灾后钢筋与混凝土的粘结力变化取决于温度、钢筋种类等，《火灾后建筑结构鉴定标准》中给出的混凝土弹性模量折减系数见表 2-23。

高温自然冷却后混凝土与钢筋粘结强度折减系数　　表 2-23

温度(℃) / 钢筋种类	常温	300	400	500	600	700	800
HPB235 钢筋	1.00	0.90	0.70	0.40	0.20	0.10	0.00
HRB335 钢筋	1.00	0.90	0.90	0.80	0.60	0.50	0.40

2.7.7　火灾灾损钢结构鉴定

1. 钢结构受损分析

火灾对钢结构房屋的损伤相当严重，这是因为钢材的耐火性能较差。火灾实例表明，一幢未采取防火措施的钢结构房屋会在 15min 左右的大火中坍塌。1992 年江苏某市纺织厂的一幢钢结构厂房遭受火灾，仅 30min 后该厂房即被烧坍塌。

钢材在温度升高时强度降低。当温度为 200℃左右时极限强度有局部提高；当温度超过 300℃后，屈服点及极限强度开始急剧下降；当温度达到 600℃时，其强度几乎降到零。

钢结构房屋在火灾作用下，其钢材性能的变化情况大体如下：

火灾温度在 200～250℃时，油漆涂料保护层被烧坏；火灾温度在 300～500℃时引起构件翘起，强度下降。此时由于温度变形的增加，加大了结构内应力，钢结构中一些薄弱杆件开始变形、损伤。火灾温度在600～700℃时钢材韧性降低，强度也大幅度降低，此时结构承载力降低较大。若结构处于满负荷状况则会发生屋倒楼塌的情况；若结构上荷重比设计值小，则结构变形，局部损坏。温度在1200℃以上时，钢材纯铁体分裂，渗碳体呈大粒状，钢结构承载能力几乎为零。

从另一意义上说，钢结构房屋的防火设计极为重要，采取防火措施（刷防火涂料等）与未采取防火措施的钢结构，其火灾作用下损伤差别甚大。目前许多储仓和单层厂房的钢结构屋架，仅刷防锈漆，一旦失火，屋架将面临变形过大甚至坍塌的危险。

2. 火灾作用下钢材的力学性能

高温作用下，普通结构钢的力学性能将发生明显的变化。其原因可能有以下两个方面：一是钢材的导热系数较大。当火灾发生后，由于热交换作用，热量在钢材内迅速传递，由火焰直接灼烧之处的高温迅速传向邻近的低温处。二是钢材内部存在着缺陷。从微观分析得知，钢中原子以结点方式整齐地排列着，常温下，以结点为中心，在一定振幅范围内进行热振动；高温时，原子因获得能量，离开平衡结点而易于形成空位，温度越高，空位越多。空位削弱了原子间的结合力，破坏首先从空位开始，渐渐向周围扩展。

(1) 结构钢强度和弹性模量

普通结构钢的屈服强度和弹性模量随温度升高而降低。超过300℃后，已无明显的屈服极限和屈服平台；普通结构钢的极限强度基本随温度升高而降低，但在180～370℃内出现蓝脆现象，极限强度有所提高；超过400℃后，普通结构钢的强度与弹性模量开始急剧下降。

《火灾后建筑结构鉴定标准》CECS 252：2009中给出的结构钢在高温下的屈服强度折减系数见表2-24。

结构钢高温过火冷却后的屈服强度折减系数 **表2-24**

温度(℃)	屈服强度折减系数	温度(℃)	屈服强度折减系数
	高温过火冷却后		高温过火冷却后
20	1.000	500	0.707
100	1.000	550	0.581
200	1.000	600	0.453
300	1.000	700	0.226
350	0.977	800	0.100
400	0.914	900	0.050
450	0.821	1000	0.000

(2) 高强度螺栓所用钢材及耐火钢的力学性能

目前高强度螺栓已在工程中广泛应用，其所用钢材在高温下的力学性能为：在各温度下，钢材没有屈服平台；低于300℃时，极限强度略有降低，但降低的幅度很小，不出现钢材的蓝脆现象；300～400℃时，强度降低幅度逐渐加大，塑性明显增大，但仍有较高强度；400～600℃时，强度降低非常大，极限强度约为常温时的10%，与普通结构钢特点相近。

随着科技日新月异，新型结构钢如雨后春笋般大量涌现，耐火钢尤其引起工程界的注意。耐火钢的高温屈服强度比普通结构钢高出很多；600℃时，高温屈服强度高于室温下屈服强度的2/3；弹性模量仍保持室温时的75%以上。

3. 火灾后钢结构的鉴定评估标准

火灾后钢结构的损伤检测主要包括防火保护的受损情况、残余变形与撕裂、局部屈曲与扭曲以及构件的整体变形等。一般通过普通测试方法即可获得所需的消息。火灾后钢材力学性能的监测主要采用现场取样后的直接测试法，也可采用经专门标定后的硬度法。

根据现场调查、资料分析获得的结构信息，可分别按表2-25和表2-26对防火保护的受损情况、残余变形与撕裂、局部屈曲与扭曲以及构件的整体变形四个子项进行评定，取其中受损最严重的级别作为钢结构间的初步鉴定等级。当钢结构构件火灾后严重破坏，难以加固修复，需要拆除更换时应评为Ⅳ级。对于格构钢构件，应根据防火保护层受损、连接板残余变形与撕裂、焊缝撕裂与螺栓滑移及变形断裂三个子项，按表2-27进行评定，并取其中损伤最严重的级别作为焊缝连接或螺栓连接的初步鉴定等级。当火灾后钢结构连接大面积损坏、焊缝严重变形或撕裂、螺栓烧损或断裂脱落，需要拆除或更换时，该构件连接初步鉴定为Ⅳ级。对损伤等级为Ⅱ级和Ⅲ级的重要结构构件或连接，应进行详细鉴定评级。

火灾后钢构件基于防火受损、残余变形与撕裂、局部屈曲与扭曲的初步鉴定评级标准

表2-25

等级评级要素		各级损伤等级状态特征		
		Ⅰ	Ⅱ	Ⅲ
1	涂装与防火保护层	完好无损；防火涂装或防火保护层开裂但无脱落	防腐涂装完好；防火涂装或防火保护层开裂但无脱落	防腐涂装碳化；防火涂装或防火层局部范围脱落
2	残余变形与撕裂	无	局部轻微残余变形，对承载力无明显影响	局部残余变形，对承载力有一定影响
3	局部屈曲与扭曲	无	轻度局部屈曲或扭曲，对承载力无明显影响	主要受力截面有局部屈曲或扭曲，对承载力无明显影响；非主要受力截面有明显局部屈曲或扭曲

注：有防火保护层的钢构件按1、2、3项评定，无防火保护的钢构件按2、3项评定。

火灾后钢构件基于整体变形的初步鉴定评级标准　　**表2-26**

等级评级要素	构件类别		各级损伤等级状态特征		
			Ⅰ	Ⅱ	Ⅲ
挠度	屋架、网架		$\leqslant l_0/400$	$>l_0/400$，$\leqslant l_0/200$	$>l_0/200$
	主梁、托梁		$\leqslant l_0/400$	$>l_0/400$，$\leqslant l_0/200$	$>l_0/200$
	吊车梁	电动	$\leqslant l_0/800$	$>l_0/800$，$\leqslant l_0/400$	$>l_0/400$
		手动	$\leqslant l_0/500$	$>l_0/500$，$\leqslant l_0/250$	$>l_0/250$
	次梁		$\leqslant l_0/250$	$>l_0/250$，$\leqslant l_0/125$	$>l_0/125$
	檩条		$\leqslant l_0/200$	$>l_0/200$，$\leqslant l_0/150$	$>l_0/150$
弯曲矢高	柱		$\leqslant l_0/1000$	$>l_0/1000$，$\leqslant l_0/500$	$>l_0/500$
	受压支撑		$\leqslant l_0/1000$	$>l_0/1000$，$\leqslant l_0/500$	$>l_0/500$
柱顶侧移	多高层框架的层间水平位移		$\leqslant h/400$	$>h/400$，$\leqslant h/200$	$>h/200$
	单层厂房中柱倾斜		$\leqslant l_0/1000$	$>H/1000$，$\leqslant H/500$	$>H/500$

注：l_0——构件的计算跨度；h——框架层高；H——柱高。

火灾后钢结构连接的初步鉴定评级标准　表 2-27

等级评级要素		各级损伤等级状态特征		
		Ⅰ	Ⅱ	Ⅲ
1	涂装与防火保护层	完好无损;防火保护层有细微裂纹且无脱落	防腐涂装完好;防火涂装或防火保护层开裂但无脱落	防腐涂装碳化;防火涂装或防火层局部范围脱落
2	残余变形与撕裂	无	轻度残余变形,对承载力无明显影响	局部残余变形,对承载力有一定影响
3	焊缝撕裂与螺栓滑移及变形断裂	无	个别连接螺栓松动	主要受力节点板有一定的变形,或节点加劲肋有较明显的变形

火灾后钢结构的详细鉴定评级和一般既有结构构件安全性鉴定评级方法类似，不再详述。

2.7.8 火灾灾损砌体结构鉴定

1. 火灾后砌体结构的鉴定

火灾后砌体结构的损伤检测主要包括外观损伤（高温冷却后引起剥落）、裂缝和构件变形。其检测方法主要为目测或采用常规的量测工具进行测量。砌体材料强度的检测法和普通砌体结构的检测方法类似，详见《砌体工程现场检测技术标准》GB/T 50315—2000。但对间接测试法，如回弹法、贯入法等，需要进行专门的标定以获得特定的测强曲线。

根据现场调查、资料分析获得的结构信息，可分别按表 2-28 和表 2-29 进行初步鉴定评级。当砌体结构构件火灾后严重破坏，需要拆除或更换时，该构件初步鉴定为Ⅳ。对损伤等级为Ⅱ级和Ⅲ级的重要结构构件，应进行详细鉴定评级。

火灾后砌体结构基于外观损伤和裂缝的初步鉴定评级标准　表 2-28

等级评级要素		各级损伤等级状态特征		
		Ⅰ	Ⅱ	Ⅲ
外观损伤		无损伤、墙面或抹灰层或有烟熏	抹灰层有局部脱落或脱落,灰缝砂浆无明显烧伤	抹灰层有局部脱落或脱落部位砂浆烧伤在 15mm 以内、砖表面尚未开裂变形
变形裂缝	墙、壁柱墙	无裂缝,无灼烧痕迹	有痕迹显示	有裂缝,最大宽度 w_f 小于 1.5mm
	独立柱	无裂缝,无灼烧痕迹	无裂缝,有灼烧痕迹	有裂缝显示
受压裂缝	墙、壁柱墙	无裂缝,无灼烧痕迹	个别块体有裂缝	裂缝贯通 5 皮砖
	独立柱	无裂缝,无灼烧痕迹	个别砖块体有裂缝	裂缝贯通 3 皮砖

注：对墙体裂缝有严格要求的建筑结构，表中裂缝宽度可乘 0.4，对次要建筑可乘 1.5。

火灾后砌体结构基于侧向（水平）唯一变形的初步鉴定评级标准（mm）　表 2-29

等级评级要素		Ⅰ	Ⅱ	Ⅲ
多层房屋	顶层位移或倾斜	≤5	>5,≤20	>20
	顶层位移或倾斜	≤15	>15,≤30 和 $3H/1000$ 中的较大值	>30 和 $3H/1000$ 中的较大值

续表

<table>
<tr><th colspan="3">等级评级要素</th><th>Ⅰ</th><th>Ⅱ</th><th>Ⅲ</th></tr>
<tr><td rowspan="3">单层房屋</td><td colspan="2">有吊车厂房墙、柱位移</td><td>≤H_T/1250</td><td>＞A级限制，但不影响吊车运行</td><td>＞A级限制，影响吊车运行</td></tr>
<tr><td rowspan="2">无吊车厂房位移或倾斜</td><td>独立柱</td><td>≤10</td><td>＞10，≤15和1.5H/1000中的较大值</td><td>＞15和1.5H/1000中的较大值</td></tr>
<tr><td>墙</td><td>≤10</td><td>＞10，≤30和3H/1000中的较大值</td><td>＞30和3H/1000中的较大值</td></tr>
</table>

注：H—自基础顶面至柱顶总高度；H_T—基础顶面至吊车梁顶面的高度。

2. 火灾作用下砌体的力学性能

普通黏土砖在生产过程中，由于制作砖坯需要加入大量水在黏土原料中才能成型，1050℃高温焙烧后，所加水分蒸发，土中草根等有机物烧尽，故砖内孔隙较多。这些孔隙的存在，使砖具有较小的导热性能，即导热系数值小［约为0.55W/(m·K)］，因而在火灾作用下，热在砖内的传递较慢，故黏土砖本身不因受火作用丧失强度。但是，砖在长时间受火作用后，黏土原料中的铁质矿物会出现溶化，对砖墙砌体来说，除了砖外，尚有砂浆灰缝。火灾时，砂浆会因火烧开裂而失去粘结力，从而导致砖墙整体性能下降，以致破坏。四川消防科学研究所的试验表明：240mm厚砖墙在单面受火条件下，当试验炉内温度达1206℃时（加热了11.5h），砖墙背火面的温度才达220℃（此温度为构件失去隔火作用时的温度，即墙体如果出现穿透裂缝，火焰透过裂缝蔓延，或使紧靠火面的纤维制品自燃的温度）。可见，砌体结构的耐火性能是比较好的。但实际情况中还有许多不利因素需要考虑。比如火场中，火灾发生在室内，外墙的内侧面则因受热膨胀，而外侧由于无任何约束致使墙内出现弯曲。当砌体的灰缝不能承受墙体向外弯曲产生的拉应力时，则崩裂而塌落，一般塌落发生在墙高1/3～1/2范围内。

火灾后砌体结构的详细鉴定评级和一般既有结构构件安全性鉴定评级方法类似，不再详述。

2.7.9　实例

火灾灾损结构检测鉴定实例

1. 某大学学生综合楼火灾后检测鉴定

（1）工程概况

某大学学生综合楼，主体为高层框架-核心筒结构，2008年11月17日上午11：40时，在结构17层局部发生起火现象，由于混凝土结构木模板未拆除，致使17层部分结构发生火灾，猛烈燃烧20min后火势被控制在局部区域，但后由于停水等原因火势发生蔓延，并使其上部3层结构发生火灾，整个火灾过程大约持续4h。发生火灾区域木模板烧毁，同时火灾致使部分构件发生损伤。发生火灾时建筑仍在建设中（已建至20层，主体尚未完工，见图2-44、图2-45）。

为确保该楼的安全性，建设方特委托某专业鉴定单位对该楼进行火灾后结构鉴定，为结构加固修复提供技术依据，并提出处理意见及方案。

（2）检测鉴定范围及主要工作内容

鉴定工作范围为该综合楼17～20层火灾影响范围内结构。

检测鉴定的主要工作内容如下：

图 2-44 发生火灾的在建综合楼

图 2-45 发生火灾的综合楼内部景象

1）建筑物基本情况调查和资料搜集；

2）确定火灾影响范围；

3）结构外观和内在质量检查、检测；

4）结构材质性能检测；

5）分析火灾对结构的作用、结构受损程度；

6）提出检测鉴定结论和处理方案。

（3）现场调查、检测结果

1）建筑物基本情况调查

该建筑为在建的现浇框架核心筒结构。抗震设防烈度为 8 度。17～20 层混凝土框架柱和剪力墙设计强度等级为 C40，梁板混凝土设计强度等级为 C35。楼板钢筋保护层厚度为 15mm；梁、柱主筋钢筋保护层厚度为 25 mm；剪力墙保护层厚度为 20 mm。

火灾发生时，结构 20 层顶板已浇筑完成，正在进行 21 层钢筋绑扎作业。17～20 层混凝土龄期尚未满 28d，模板未拆除，致使起火后木模板燃烧引起火灾。根据甲方提供的资料，各层发生火灾时混凝土龄期见表 2-30。

发生火灾时各层混凝土龄期 **表 2-30**

浇筑部位	浇筑日期	火灾时混凝土龄期(d)	标养试块抗压强度（MPa）	最高温度（℃）	最低温度(℃)
17 层柱	2008.10.14	34	50.3	23	11
17 层墙	2008.10.15	33	47.0	24	12
17 层梁板	2008.10.19	29	44.8	25	12
18 层柱	2008.10.22	26	48.5	16	8
18 层墙	2008.10.23	25	46.2	14	2
18 层梁板	2008.10.27	21	44.5	18	7
19 层柱	2008.10.30	18	48.3	16	6

续表

浇筑部位	浇筑日期	火灾时混凝土龄期(d)	标养试块抗压强度(MPa)	最高温度(℃)	最低温度(℃)
19 层墙	2008.10.31	17	47.7	16	4
19 层梁板	2008.11.4	13	50.4	7	3
20 层柱	2008.11.7	10	51.1	13	3
20 层墙	2008.11.9	8	48.3	12	1
20 层梁板	2008.11.15	2	—	11	−1

2）火灾过程调查

据调查，施工管理人员在上午 11：30 下班后，现场工人在楼顶加班绑扎钢筋，在 11：40 左右发现 17 层冒烟，项目部人员赶到现场后发现 17 层核心筒西南方向有两垛木方已起火。项目部人员对火场进行了扑救，火势被控制在 17 层，未向上蔓延。就在此时，配电室断电，消防水断水，未能对火场进行进一步扑救，后火灾蔓延至 18～20 层。消防队 12：00 左右赶到现场进行灭火。因楼层较高，位于楼西侧的消防云梯够不到着火楼层，同时消防队在楼东侧迅速接消防水龙头，于下午 12：40 左右两架高消防云梯到达现场，13：00 接消防水带，开始向起火处喷水灭火。经过消防队员努力，于下午 15：20 将火扑灭。

在整个火灾过程中，17 层最先发生火灾，然后向上蔓延，总共着火时间为 4h 左右，着火为逐渐向上方蔓延，每层旺火持续时间大致为 1h。

3）火灾温度判断

现场检测鉴定时火灾已发生 21d。进入火灾现场可以看到，火场梁板木模板大部分被烧黑，地上木材燃烧后残留木炭较多。火场混凝土板、梁被熏黑、烧毁或爆裂；板底部位爆裂露筋，小区域严重烧损位置局部塌落（图 2-46）；个别梁局部爆裂露筋（图 2-47）。柱表面状况完好，部分柱顶端被熏黑。

图 2-46　板底严重烧损，局部混凝土塌落

火灾温度的高低和持续时间直接影响到结构的损伤程度，因而判断受损结构的火灾温

图 2-47　梁局部爆裂露筋

度是十分重要的。主要根据火灾调查访问、现场可燃物状况、燃烧环境条件、燃烧过程、残留物性状和构件损伤程度判断。

① 根据现场残留物判断火灾温度

现场中观察到脚手架钢管未发生明显弯曲变形；顶板木模板和脚手板烧坏，形成大孔。梁表层模板烧坏，部分梁和梁表层连接部分模板未完全燃烧形成木炭。因此，可以推断火场最高温度在 900℃以下。部分梁、顶板模板完全烧毁，形成木炭，受火温度在 700～900℃，部分模板未完全燃烧部位温度在 500～700℃。仅表层模板烧毁部位，受火温度在 300～500℃；未有模板部位或仅表层熏黑区受火温度在 300℃以下。

② 根据构件外观损伤判断火灾温度

本次火灾主要是顶板、梁受到损伤，部分顶板大面积塌落，部分构件发生大面积保护层爆裂现象，主要是由于混凝土内水分无法顺利由空隙和裂缝排出去，积聚在内部形成热内压，从而使混凝土产生爆裂。由于本工程为在建项目，混凝土含水率较高，尤其是 19、20 层混凝土龄期非常短，含水率为 10%～20%，在这种情况下，混凝土在 500℃左右就会发生爆裂。

根据现场结构表面损伤及旺火持续时间，可以判定火灾最高温度在 700～900℃；部分顶板塌落、大面积保护层爆裂部位受火温度在 600～800℃；局部爆裂破损顶板、剪力墙和梁受火温度在 400～600℃；柱顶端和模板未完全烧坏，表面状况完好部位受火温度在 200～400℃；剪力墙和部分顶板受火焰烧烤影响，表面熏黑或模板未烧透部位受火温度大致在 200℃以下。

4）构件损伤范围和程度检测分析

根据现场检查结果，17 层过火范围内结构，5～1/5 轴、1/B～C 轴区域内顶板混凝土完全塌落，钢筋外露，但钢筋未发现受火弯曲变形现象；1/5～6 轴、B～F 轴区域顶板和 2～5 轴、B～1/B 轴区域顶板底部混凝土大面积爆裂，钢筋外露。1/5～6 轴、B～E 轴区域顶板上表面混凝土大面积开裂露筋。C/5-6、F/5-6 梁局部混凝土爆裂露筋；5/C-F、B/5-6 局部混凝土脱落。

18 层过火范围内结构，1/4～5 轴、C～D 轴区域，5～1/5 轴、C～D 轴区域顶板底部混凝土局部爆裂，钢筋外露；1/5～6 轴、B～F 轴区域顶板底部小面积局部爆裂，钢筋外露，部分区域混凝土小面积脱落。1/5～6 轴、C～E 轴区域顶板上表面混凝土大面积开裂露筋。C/5-6、梁底局部混凝土爆裂露筋；1/5/C-F 局部混凝土脱落，跨中梁底局部混凝土脱落，预应力筋外露。

19 层过火范围内结构，5～1/5 轴、C～F 轴区域顶板混凝土完全塌落，钢筋外露，但钢筋未发现受火弯曲变形现象；1/5～6 轴、C～F 轴部分区域顶板混凝土完全塌落，钢筋外露，但钢筋未发现受火弯曲变形现象，部分区域顶板底部混凝土局部爆裂，钢筋外露；5～6 轴、B～C 轴部分区域顶板底部混凝土小面积脱落。C/5-6、6/C-D、1/5/C-F、5/C-F 梁局部混凝土爆裂露筋，混凝土脱落。

20 层过火范围内结构，1/4～6 轴、C～F 轴部分区域顶板底部混凝土局部爆裂钢筋外露，局部区域顶板底部混凝土脱落；1/3～5 轴、1/B～C 轴区域顶板底部混凝土局部爆裂钢筋外露，局部区域顶板底部混凝土脱落；5～6 轴、B～C 轴部分区域顶板底部混凝土小面积脱落。1/D/1/4-6、C/5-6、1/5/B-C、1/5/C-F、1/C/1/4-6、5/C-F 梁局部混凝土爆裂露筋，混凝土脱落；1/5/C-F 梁底两处混凝土脱落，预应力筋外露。1/4 轴、1/C～1/E 区域剪力墙局部墙体外表面混凝土爆裂，钢筋外露。

由于火灾时温度、消防水及构件自身因素影响，过火范围内构件发生不同程度损伤，按照《火灾后建筑结构鉴定标准》，根据构件烧灼损伤、变形、开裂程度，可以把受火构件分为四类：Ⅳ重度受损区域，Ⅲ中度受损区域，$Ⅱ_b$ 轻度受损区域，$Ⅱ_a$ 轻微或未直接遭受烧灼区域。各等级的特征如下：

Ⅳ重度受损区域：构件表面受火温度在 600～800℃，构件塌落或严重破坏。主要是 17 层、19 层部分塌落的顶板。

Ⅲ中度受损区域：构件表面受火温度在 400～600℃，构件表面混凝土爆裂深度在 20mm 以上，超过构件钢筋保护层厚度，爆裂露筋；钢筋受火温度在 300℃以下。主要部位为 17～20 层部分爆裂露筋顶板和局部破损梁。

$Ⅱ_b$ 轻度受损区域：构件表面受火温度在 200～300℃，部分构件表层混凝土局部爆裂，深度在 20mm 以下，未达到构件钢筋保护层厚度；部分构件颜色被烧黑或混凝土略变颜色，钢筋受火温度在 100℃左右。主要部位为柱顶端和 17～20 层模板未完全烧毁梁、板。

$Ⅱ_a$ 轻微或未直接遭受烧灼区域：构件仅过火熏黑或受火焰影响区，表层混凝土基本完好，表面受火范围在 200℃以下。主要部位为离火场中心区较远，没有模板或模板未发生旺火燃烧的构件。

5）火灾后结构材性检测分析

① 混凝土强度检测结果

本次检测采用取芯法和回弹综合法对混凝土构件强度进行检测评定，并对结果进行对比分析。

检测结果表明：各层混凝土强度值至检测日期时尚未达到强度设计要求值。从取芯测试结果来看，(a) 由于混凝土浇筑期不同，至发生火灾时龄期越长的构件在检测时强度越高；(b) 处在强度增长期的混凝土，火灾的发生对混凝土强度增长有一定程度的影响。

同时19层和20层梁、板同时浇筑，但取芯强度平均值梁高于板，说明板构件和梁构件比较，强度增长受火灾影响较大。从回弹法测试结果来看，19层和20层构件混凝土强度明显偏低，说明火灾对浇筑期较短的混凝土构件的表层强度影响较大。

由于发生火灾时，部分混凝土结构尚未到28d养护龄期，环境温度较低，火灾后人员撤离现场，加上模板均已损坏，使火灾后无法进行正常的养护，加上火灾过程中构件水分蒸发，易使混凝土无法进行正常的水化反应，从而影响构件混凝土强度增长。

混凝土自浇筑起，强度增长需要有一个较长过程，其中前期影响最大，但火灾后由于多种原因，混凝土强度增长受到影响，为了保证后期强度增长，需对受火灾影响混凝土构件加强养护。

② 钢筋保护层厚度检测结果

根据检测结果，所检测区域内抽查到的构件钢筋保护层厚度：构件顶板、剪力墙钢筋保护层厚度基本满足原设计要求和规范偏差要求；个别主梁钢筋保护层厚度不满足规范要求，部分梁箍筋保护层偏低；柱主筋和箍筋保护层厚度基本满足原设计和规范偏差要求。

③ 结构混凝土中钢筋位置测试

现场测试使用钢筋位置测定仪对结构各主要构件的箍筋间距及受力钢筋数量进行抽测，根据测试结果，结构顶板和剪力墙钢筋布置及箍筋间距均满足原设计要求。

④ 碳化深度检测结果

根据测试：各批次混凝土结构碳化深度实测总平均值范围在2.7～3.5mm。表层脱落构件碳化平均值为10.0mm，其余构件碳化平均值最大为4.8mm。

未受火灾影响构件经检测基本未发生明显碳化现象。根据对比分析，火灾造成的构件表层混凝土受温度影响发生分子脱水的化学反应，使表层混凝土中性化，碳化测试深度即为构件混凝土发生化学反应深度，范围为2.7～3.5mm。根据现场取芯结果来看，构件表层疏松深度和碳化深度基本一致，说明本楼混凝土表层因火灾温度影响，造成混凝土表层化学反应，分子失水，在表层形成疏松层，影响深度大致和碳化测试深度一致。

部分表层脱落区域碳化测试深度较大，根据现场混凝土块采样分析，碳化深度也基本和疏松层厚度一致。

6）钢筋力学性能测试

根据现场取样，对现场不同温度条件下的钢筋进行了取样测试，测试结果见表2-31。

钢筋取样测试结果 **表2-31**

试件编号	取样位置	直径(mm)	屈服点(MPa)	抗拉强度(MPa)	伸长率(%)	火灾影响程度
1号	17层板5-1/5/B-C	10	430	520	28.5	混凝土爆裂区，温度影响在300℃以下
2号	17层板1/5-6/C-D	12	380	535	22.5	局部过火影响
3号	17层板1/5-6/D-E	14	355	535	23.0	高温影响区，局部表层变色
4号	18层板C-D/4-5	12	450	555	29.5	混凝土爆裂区，温度影响在300℃以下
5号	19层板E-F/5-1/5	10	385	500	29.0	局部过火影响
6号	19层板D-E/1/5-6	14	360	555	24.5	混凝土爆裂区，温度影响在300℃以下

根据试验室测试，虽然火灾后受温度影响较大构件钢筋力学性能略有下降，但仍满足

钢筋力学性能使用要求，只是钢筋力学性能安全储备有所减少。

（4）结构构件鉴定评级

根据《火灾后建筑结构鉴定标准》CECS 252：2009 和《火灾后混凝土构件评定标准》DBJ 08-219-96，对本楼火灾过火范围内结构进行火灾后结构鉴定评级。

根据现场检查、检测结果，对该学生综合楼 17～20 层火灾后受损构件的鉴定评级标准见表 2-32。

鉴定评级标准　　**表 2-32**

构件	评级结果	评级标准
柱	Ⅱ$_a$级	仅柱顶受火焰影响被熏黑，构件表层比较完整
剪力墙	Ⅱ$_a$级	过火范围内墙在顶部被熏黑，基本无火灾引起的表面损伤
	Ⅱ$_b$级	部位发生保护层爆裂露筋现象
梁	Ⅱ$_a$级	表层熏黑，基本无火灾引起的表面损伤
	Ⅱ$_b$级	高温范围内，局部表面损伤，混凝土脱漏或保护层爆裂露筋
板	Ⅱ$_a$级	表层熏黑，基本无火灾引起的表面损伤
	Ⅱ$_b$级	高温范围内，局部表面损伤，混凝土脱漏或保护层爆裂露筋
	Ⅲ级	高温范围内，表面损伤严重，大面积混凝土脱漏或保护层爆裂露筋
	Ⅳ级	高温影响范围，板混凝土完全塌落，钢筋裸露

（5）鉴定结论

根据以上对该学生综合楼 17～20 层火灾后受损构件进行的检测鉴定和结果分析，提出如下结论：

1）本次火灾过火范围为 17～20 层结构西部和南部区域，作用于混凝土表面的温度为 400～700℃，受火作用面中心区最高温度为 700～800℃；每层火灾轰然期持续时间约为 1h。

2）根据现场检测：①混凝土强度：由于部分构件火灾时混凝土未达到 28d 龄期、火灾后构件脱水、养护条件不足等原因，本次测试时构件强度低于设计值及试块强度，现阶段需加强构件养护，保证后期强度增长。②钢筋力学性能：本次钢筋受火后力学性能强度略有下降，但构件钢筋配置基本满足原设计和规范要求。③柱、顶板及剪力墙钢筋保护层厚度基本满足原设计要求，大部分梁钢筋保护层厚度满足原设计要求，个别梁个别部位保护层偏薄。④表层未爆裂混凝土构件碳化测试深度平均值为 2.7～3.5mm，最大值为 4.8mm；表层局部脱落区碳化测试深度平均为 10mm 左右；受火后混凝土构件表层疏松层深度和碳化测试深度基本一致。

3）本次火灾使学生综合楼 17～20 层过火范围内顶板、梁、柱和剪力墙均受到了不同程度损伤，以过火顶板烧损最为严重。顶板、梁、柱顶部和剪力墙混凝土表面呈黑色或浅灰白色、部分构件局部表面龟裂。①所有柱构件受伤程度较轻，仅在柱顶端部表面熏黑。②剪力墙除个别墙体局部混凝土爆裂露筋外，其余受火范围内构件表面状况完好，受损程度较小。③大部分过火范围内梁表面状况完好，小部分构件局部表面混凝土爆裂，个别部位露筋。④顶板过火范围内低温度影响区构件表面状况完好；高温影响区部分构件混凝土爆裂，局部钢筋暴露；小部分高温区域顶板混凝土完全塌落，钢筋外露。

4）该学生综合楼17～20层过火范围内受损构件所有柱鉴定评级为$Ⅱ_a$级；剪力墙除个别墙段为$Ⅱ_b$级，其余为$Ⅱ_a$级；大部分梁鉴定评级为$Ⅱ_a$级，个别为$Ⅱ_b$级；顶板鉴定评级部分温度影响较小部分为$Ⅱ_a$级，局部混凝土脱落部分为$Ⅱ_b$级，大面积混凝土脱漏露筋塌落为Ⅲ级，完全塌落部分为Ⅳ级。因此，均需根据不同损伤状况采取不同程度的加固处理措施。

（6）处理建议及方案

1）楼板：鉴定评级为Ⅳ级的塌落顶板，评级为Ⅲ级的混凝土保护层大面积脱落顶板，剔除边部残留混凝土后，增补20%原配筋截面面积后重新浇筑混凝土。鉴定评级为$Ⅱ_b$级的局部混凝土脱落顶板，需在脱落部位剔除20mm厚表层，涂刷界面剂后重新采用高强高黏性修补砂浆修补。鉴定评级为$Ⅱ_a$级顶板在表面清洗后涂刷混凝土保护液，进行耐久性防护处理。

2）梁：鉴定评级为$Ⅱ_b$级、局部混凝土脱落、露筋梁构件，需根据损伤部位状况，剔除混凝土脱落处20mm表层混凝土后，涂刷界面剂，使用高强高黏性修补砂浆修复处理。对局部混凝土脱落，致使预应力筋暴露部位，应剔除该部位混凝土后，在预应力钢筋表层涂刷润滑剂，修复无粘结预应力筋破损外表层，再进行相应的混凝土修复。大部分鉴定评级为$Ⅱ_a$级、表层熏黑或过火影响梁构件，在表面清洗后涂刷混凝土保护液，进行耐久性防护处理。

3）柱和墙：对过火范围内柱和表层过火熏黑剪力墙在表面涂刷混凝土保护液，进行耐久性防护处理。对于鉴定评级为$Ⅱ_b$级的个别部位墙体，为应剔除20mm表层混凝土后，涂刷界面剂，使用高强度高黏性修补砂浆修复处理。

4）对受本次火灾影响混凝土构件加强养护处理。

2．某快速轨道交通轻轨站火灾后结构检测鉴定

（1）工程概况

某快速轨道交通轻轨工程，其中全线唯一的双层车站于2009年12月28日发生火灾，站台顶部预应力盖梁和普通混凝土站台梁、行车梁及橡胶支座受到火灾影响，站台北侧和站台连接的钢轨道梁局部受到火灾影响（图2-48，图2-49）。为了分析火灾过程、火灾后

图2-48 该车站火灾发生现场图

图2-49 该车站火灾后状况

结构受损状况，为结构的修复和加固提供技术依据，根据业主、设计、施工提供的火灾过程描述，结合设计图纸，对火灾影响区域的结构进行调查，并提供加固修复处理建议。

该车站分为站台层和展厅层，车站分为7个墩轴，从1号轴到7号轴长度85m；其主要受力构件为“干”字形墩台，顶部为车站盖梁，其长度为17.2m，采用后张预应力结构(C50混凝土)，其余站台层站台梁和行车梁均为C40普通钢筋混凝土，站厅层采用井字梁结构（目前未施工）。

(2) 检测鉴定范围及主要工作内容

鉴定工作范围为该车站受火灾影响结构。

本次检测鉴定的主要工作内容如下：

1）建筑物基本情况调查和资料搜集；

2）确定火灾影响范围；

3）结构外观和内在质量检查、检测；

4）结构材质性能检测；

5）分析火灾对结构的作用、结构受损程度；

6）对火灾影响构件进行鉴定评级；

7）提出检测鉴定结论和处理建议；

8）甲方提供的有关图纸、资料。

(3) 现场调查、检测结果

1）建筑物基本情况调查

该建筑为在建结构，目前已建成混凝土“干”字墩台、顶层盖梁及上层行车梁、站台梁。建筑物抗震设防烈度为7度。预应力盖梁混凝土设计强度等级为C50，行车梁、站台梁混凝土设计强度等级为C40。行车梁、站台梁底部钢筋净保护层厚度为35mm。

火灾发生时，各盖梁后张预应力筋已张拉完毕。根据施工记录，盖梁混凝土浇筑施工日期见表2-33，站台梁、行车梁浇筑时间见图2-50。

盖梁混凝土浇筑施工日期　　**表2-33**

盖梁编号	浇筑施工日期	火灾时龄期(d)
1号盖梁	2009.10.27	62
2号盖梁	2009.11.06	52
3号盖梁	2009.11.08	50
4号盖梁	2009.11.23	35
5号盖梁	2009.11.23	35
6号盖梁	2009.11.22	36
7号盖梁	2009.11.22	36

根据施工方提供资料，盖梁底面和侧面采用钢模板，下部采用100mm×100mm木方支承模板。盖梁浇筑完后在强度达到50%后拆除侧模。侧模拆除后在盖梁周围采用棉被包裹，盖梁侧面加挂电暖气加温（电暖气的排部是盖梁每个面14台均匀布置）。站台梁及行车梁采用竹胶板满铺，碗口架上托上放置100mm×100 mm木方两层，两层木方之间加一次棉被。火灾发生时卫星路站正值冬期施工阶段，为了整体保暖，在站台外部在碗口架

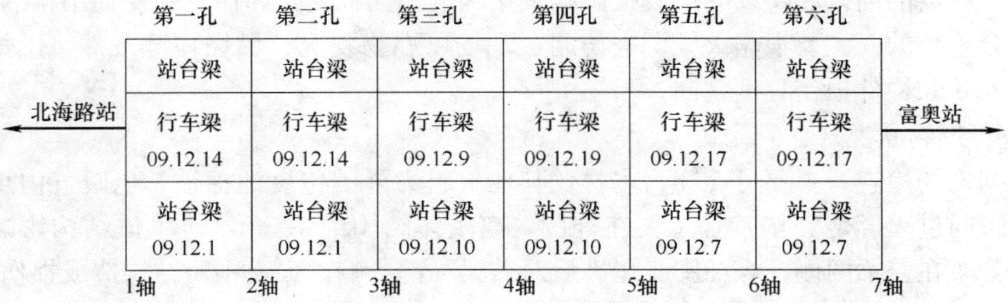

	第一孔	第二孔	第三孔	第四孔	第五孔	第六孔	
	站台梁	站台梁	站台梁	站台梁	站台梁	站台梁	
← 北海路站	行车梁 09.12.14	行车梁 09.12.14	行车梁 09.12.9	行车梁 09.12.19	行车梁 09.12.17	行车梁 09.12.17	富奥站 →
	站台梁 09.12.1	站台梁 09.12.1	站台梁 09.12.10	站台梁 09.12.10	站台梁 09.12.7	站台梁 09.12.7	

1轴　2轴　3轴　4轴　5轴　6轴　7轴

图 2-50　行车梁及站台梁浇筑时间图

外侧统加挂防寒棉被，外侧棉被到站台梁的距离约 1.5m。

2）火灾过程调查

据调查，起火时间是 2009 年 12 月 28 日下午 16 时 15 分，火是从 7 号轴向 1 号轴推进的，当时正好是南风，风力大概为 3 级。由上至下，整体向 1 号轴推进。根据施工方提供资料，卫星路站大面积过火时间大概 30min，消防队在起火 50min 后扑灭了大的火源，剩下是一些小的木方在燃。

火灾发生后外围保温棉被点燃后迅速蔓延，造成整体结构各部位迅速着火。外围棉被着火后很快烧尽，模板、木方为主要可燃物持续燃烧，旺火持续时间大概为 30min。在消防部门扑灭大的火源后在盖梁顶部附近仍有局部区域可燃物继续燃烧。

过火时间长的主要是第二孔和第三孔行车站台梁底和上盖梁附近区域。由于第二孔和第三孔行车站台梁底模板除盖梁上部局部区域外已经拆除，过火时间长的正好是堆放木方棉被和模板的位置。盖梁附近是因为外面包裹棉被，里面又是有加温电暖气，在盖梁与站台梁、行车梁之间又有木方加棉被，所以过火时间比较长。四号轴盖梁是双盖梁比其他盖梁过火时间长。盖梁混凝土在过火中有爆裂声，声音比较大，估计是电暖气爆裂时里面的油溅落在盖梁上燃烧，瞬间高温引起盖梁混凝土剥落。经调查分析研究，本次火灾的整体结构火灾过程曲线如图 2-51 所示，该曲线为火灾主火焰燃烧最高温度包络曲线（时间温度包络图），建筑结构损伤作用主要在旺火期。具体建筑物各部位所受火作用的温度和时间，要根据该部位受火作用条件、温度和时间具体确定。

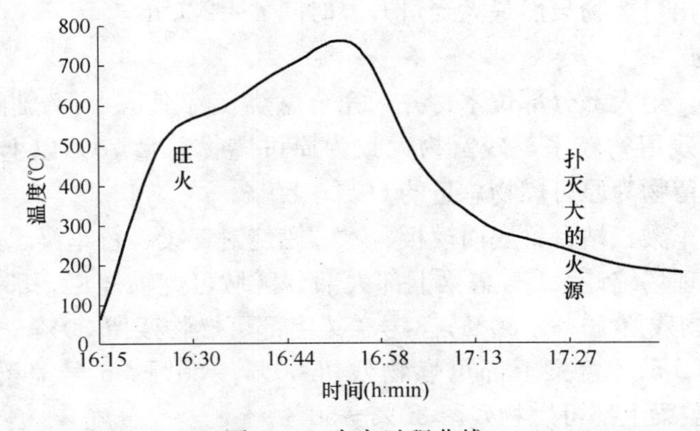

图 2-51　火灾过程曲线

3）火灾温度判断

火灾温度的高低和持续时间直接影响到结构的损伤程度，因而判断受损结构的火灾温度是十分重要的。主要根据火灾调查访问、现场可燃物状况、燃烧环境条件、燃烧过程、残留物性状和构件损伤程度判断。

① 可燃物状况

根据现场检查，主要可燃物为木材，其他材料为外围包裹的棉被、电暖气内煤油等。棉被为瞬间过火燃烧完毕，且主要在外围，离主体结构约1.5m，对主体结构影响较小。电暖气分布在盖梁两侧，煤油膨胀爆破后对盖梁局部影响。火灾中对结构造成损伤起主要作用的为支承结构的模板和木方。根据现场统计，木方截面为100mm×100mm，横向布置间距平均为400mm，纵向布置间距平均为1000mm，行车梁、站台梁底部模板为10mm厚竹胶板。可推算出若可燃物充分燃烧，每平方米最大可燃物总热值Q=312MJ。

根据现场检查盖梁下部钢模板、木方支承尚未拆除；1～4号行车梁、站台梁的梁底面模板除盖梁上部区域外均已拆除，4～7轴线间行车梁、站台梁梁底面模板均未拆除。火灾发生时上述部位模板为主要可燃物。

② 燃烧环境条件及燃烧过程

火灾发生时结构尚为在建结构，底部站厅层尚未施工，且当时有三级左右南风，有利于整体火灾现场温度向外扩散。在发生火灾后，外围保温棉被很快烧尽，由于外围棉被离主体结构有一定距离，过火时间较短，对结构影响不大。模板、木方燃烧时间相对较长，且和结构相连，火焰及温度可直接影响到结构表面，为火灾主要影响因素。

由于盖梁底部为钢模板，且已和盖梁有一定间隙，故对盖梁底部混凝土主要为热辐射。盖梁底部燃烧火焰在盖梁两侧向上传热，造成盖梁侧面直接到受火焰烧烤。

在发生火灾时，4号盖梁上部模板、木方几乎烧尽，燃烧最为充分，为最不利温度场。取最不利的盖梁顶部至行车梁、站台梁底面部位计算火荷载密度：

$$q_{\mathrm{T}}=\frac{Q}{A_{\mathrm{T}}}=97.5\mathrm{MJ/m^2} \tag{2-10}$$

计算通风系数：

$$F=0.53\frac{\sum A_{\mathrm{W}}H^{1/2}}{A_{\mathrm{T}}}=0.053 \tag{2-11}$$

因此，可推断出可燃物轰然最大当量升温时间t_e=28min。

③ 现场残留物

根据实际调查，绝大部分部位木材并未完全燃烧，特别是4～7轴间的行车梁、站台梁底部模板、木方残留物较多，残留物大致为原可燃物总量70%以上。根据现场统计，各盖梁底部木方残留物为原可燃物总量的60%～80%。

盖梁上部，行车梁、站台梁底面模板、木方燃烧对盖梁、行车梁、站台梁及橡胶支座均造成影响。根据现场统计，1号盖梁上部大部分区域可燃物烧尽，部分部位残留30%；2号盖梁上部可燃物残留10%～30%；3号盖梁上部可燃物残留30%～60%；4号盖梁上部几乎可燃物烧尽；5号盖梁上部可燃物残留60%～80%；6号盖梁上部可燃物残留60%～80%；7号盖梁上部可燃物残留30%～50%。

根据可燃物种类及燃烧状况，可以推断火场最高温度在800℃以下。部分盖梁上部和行车梁、站台梁连接部位模板、方木完全烧毁，形成木炭，受火温度在700～800℃，部分方木未完全燃烧部位温度在 500～700℃。表层无模板，在燃烧模板、方木附近区域，受火温度在 300～500℃；离火场较远的未有模板部位、仅表层熏黑区或梁底部模板未烧透区域受火温度在 300℃以下。

(a) (b) (c)

图 2-52 构件外观损伤

④ 构件外观损伤判断

检测鉴定时火灾已发生三个月左右，进入火灾现场可以看到火场混凝土盖梁、行车梁及站台梁被熏黑或局部表层剥落；部分盖梁侧面及行车梁、站台梁底面及侧面表层混凝土剥落，行车梁、站台梁橡胶支座表层烧损，个别支座表层橡胶开裂。见图 2-52。

根据现场结构表面损伤、旺火持续时间及推断的当量升温时间，部分盖梁侧面、顶面及行车梁、站台梁底面表层混凝土剥落，可以判定火灾最高温度在 700～800℃；局部暗黄色及表层龟裂的梁侧面、底面受火温度在 500～700℃；表面状况基本完好，直接受火焰影响变黄色部位受火温度在 300～500℃；受火焰烧灼影响表面熏黑或模板未烧透部位受火温度大致在 300℃以下。

⑤ 火灾温度场推定

根据以上检查结果，综合可燃物状况、燃烧环境及条件、火灾残留物、构件损伤等因素推断：行车梁、站台梁位于盖梁上部区域火场温度为 700～800℃，盖梁两侧上部为

500～700℃，行车梁、站台梁底面离盖梁稍远、火焰直接影响区域为300～500℃，熏黑及模板未烧透区温度场在300℃以下。

⑥ 混凝土内部温度场推定

构件受火后，混凝土构件内部随着时间温度场由外向内扩散，使混凝土内部受到温度场影响，混凝土内钢筋等受到一定温度影响后，材性和力学性能在一定程度下会发生变化，为了对温度场内构件内部进行分析，需根据构件表面温度、当量升温时间，对构件内部温度场进行推断。

根据现场检查，4号盖梁上部可燃物几乎烧尽，构件火灾烧损最为严重，为温度场影响最不利位置。构件内部温度场推断选取4号盖梁及上部行车梁、站台梁端部进行推断分析。

4号预应力盖梁钢筋净保护层设计厚度为57mm，预应力波纹管离表面最近距离200mm。根据《火灾后建筑结构鉴定标准》CECS 250：2009推定，在最大当量升温时间为28min，表层温度800℃条件下，盖梁侧面在内部35mm处温度为220℃左右，在内部55mm处温度在100℃以下。所以盖梁内普通钢筋及预应力钢筋受温度几乎无影响，在结构计算中对钢筋承载力不予折减。

3-4/A站台梁位于4号盖梁上部的梁端底部火场温度及损伤最为严重。且行车梁为箱梁，梁底厚度最厚处300mm，最薄处180mm，梁底混凝土净保护层为35mm。根据《火灾后建筑结构鉴定标准》CECS 250：2009推定，在最大当量升温时间为28min，表层温度800℃条件下，梁底在内部35mm处温度在200℃左右，在内部55mm处温度在100℃以下。梁底最外层钢筋火灾中最高温度不会超过200℃。根据《火灾后建筑结构鉴定标准》CECS 250：2009，HRB335钢筋在高温达到200℃冷却后屈服强度折减系数为0.95，极限抗拉强度折减系数为1.0。根据行车梁受损部位特点，梁端主要承受剪切应力，钢筋受力较小，局部受火影响区域最外层HRB335钢筋强度略微降低对结构构件承载能力影响不大，故构件整体计算中对钢筋承载力可不予折减。

4）构件损伤范围和程度检测分析

由于火灾时温度、消防水及构件自身因素影响，过火范围内构件发生不同程度损伤，按照《火灾后建筑结构鉴定标准》CECS 252：2009，根据构件烧灼损伤、变形、开裂程度，可以把受火构件分为四类：Ⅳ重度受损区域，Ⅲ中度受损区域，$Ⅱ_b$轻度受损区域，$Ⅱ_a$轻微或未直接遭受烧灼区域。根据该轻轨站现场实际情况，本次检测各等级的特征如下：

Ⅲ中度受损区域：表面混凝土局部剥落，表面颜色呈浅灰白色，用小锤敲击时声音发闷；橡胶支座橡胶层表层破损、变形。

$Ⅱ_b$轻度受损区域：表层混凝土局部区域颜色暗黄色，用小锤敲击时声音较闷；支座烧伤变形。

$Ⅱ_a$轻微或未直接遭受烧灼区域：构件仅过火熏黑或受火焰影响区，表层混凝土基本完好。主要区域为离火场中心区较远，没有模板或模板未烧透区域。

根据现场检查结果，过火范围内盖梁损伤部位主要在盖梁两个侧面。盖梁底面有钢模板，过火时未受火焰直接烧烤，现场检测时尚未拆除，无检查条件。盖梁顶面由于火灾残留物较多，除边沿部位外，其余部位无检查条件。盖梁侧面模板在火灾时均已拆除，火灾时，盖梁底部木方及行车梁、站台梁底面模板燃烧均对盖梁侧面直接火焰烧烤，再加上侧面布置了一定数量的加热器，加热器爆裂，煤油洒在盖梁侧面混凝土表面，造成侧面损伤较为严重，出现局部混凝土剥落。

根据现场检查，1～7 号盖梁侧面有不同程度损伤：

1 号盖梁两个侧面局部区域混凝土剥落，最大剥落深度 12mm，表层受火熏黑或变色。

2 号盖梁两个侧面局部区域有小面积混凝土剥落，部分区域表层受火熏黑或变色。

3 号盖梁两个侧面局部区域混凝土剥落，最大剥落深度 25mm，表层受火熏黑或变色。

4 号盖梁由两个盖梁组成，中间设有沉降缝，北侧盖梁的北侧面混凝土表层受火熏黑或变色，南侧盖梁的南侧面混凝土大面积剥落，最大剥落深度 15mm。

5 号盖梁两个侧面局部区域混凝土剥落，最大剥落深度 20mm，表层受火熏黑或变暗黄色。

6 号盖梁两个侧面局部区域混凝土剥落，最大剥落深度 15mm，部分区域表层受火熏黑或变色，南侧面西端局部混凝土表层龟裂。

7 号盖梁两个侧面局部区域混凝土剥落，最大剥落深度 20mm，部分区域表层受火熏黑或变色。

5 号、6 号盖梁由于预应力张拉较晚，火灾发生时锚具端头封堵材料尚未完全硬化，受火灾后养护环境影响，部分端头封堵材料破损。

行车梁、站台梁主要损伤部位在盖梁上部支座附近的梁端底面。1～4 轴间行车梁、站台梁底部除盖梁上部模板、木方均已拆除，在盖梁上部为主要过火区。部分盖梁上部可燃物较为充分，行车梁、站台梁底面损伤较重，局部混凝土剥落脱落。其中 4 号盖梁上部可燃物几乎烧尽，行车梁、站台梁位于盖梁上部附近区域损伤较重。5～7 轴模板火灾时尚未拆除，梁底面模板均过火，但除个别区域外，大部分模板均未烧透，经凿开模板检测，梁底面混凝土尚未变色，未造成大面积损伤。在行车梁外侧面模板均已拆除，局部区域，特别是盖梁支座附近受火影响出现表层混凝土变暗黄色及局部混凝土剥落。根据现场检查，部分行车梁、站台梁存在非火灾影响缺陷，部分梁底面不密实；特别是支座处局部钢筋外露，形成狗洞。

橡胶支座处在盖梁上部，附近均有模板、木材等可燃物，处于火焰直接烧烤位置及较高温度场，本次检查发现支座受损较为严重，大部分支座均受火影响表层变黑，保护橡胶层烧损，部分橡胶层变形，鼓起开裂。

5）火灾后结构材性检测分析

① 混凝土强度

本次检测采用回弹法对混凝土构件强度进行检测评定。检测结果表明：盖梁混凝土强度不能满足原设计 C50 要求，最小值推定值为 40.7MPa；行车梁、站台梁回弹测试值基本满足原设计 C40 要求。

由于发生火灾时，部分混凝土结构尚处于养护龄期，环境温度较低，火灾后人员撤离现场，加上模板均已损坏，使火灾后无法进行正常的养护，加上火灾过程中构件水分蒸发，易使混凝土无法进行正常的水化反应，从而影响构件混凝土强度增长。

混凝土自浇筑起，强度增长需要有一个较长过程，但火灾后由于多种原因，混凝土强度增长受到影响，为了保证后期强度增长，需对受火灾影响混凝土构件加强养护。

② 钢筋保护层厚度检测结果

根据检测结果，所检测区域内的构件绝大部分钢筋保护层厚度满足原设计要求，个别构件不满足要求，保护层偏低。

③ 结构混凝土中钢筋位置测试

现场测试使用钢筋位置测定仪对结构各主要构件的箍筋间距及受力钢筋数量进行抽测。根据测试结果，盖梁、行车梁及站台梁钢筋布置及箍筋间距基本满足原设计要求。

④ 碳化深度检测结果

根据测试：盖梁、行车梁及站台梁混凝土结构火焰直接烧灼区碳化深度实测平均值范围为1.5～1.8mm，最大值3.5mm。表层剥落脱落区域碳化平均值为1.0mm，行车梁、站台梁熏黑区构件碳化平均值大致为1.0mm。火灾范围外构件经检测，未发现明显碳化现象。

根据对比分析，火灾造成的构件表层混凝土受温度影响发生分子脱水的化学反应，使表层混凝土中性化，并使混凝土疏松，因此，碳化测试深度即可推断为构件混凝土烧损疏松深度。因此，根据碳化测试结果，受温度火焰影响，火焰直接烧灼区构件混凝土烧损深度平均值为1.5～1.8mm，最大值为3.5mm；表层剥落脱落区域烧损深度为1.0mm左右；熏黑区构件烧损深度平均值为1.0mm。

部分表层剥落、混凝土脱落区域碳化测试深度未明显增大，说明混凝土剥落后，剥落区此后未受到长时间烧灼或高温作用。

⑤ 钢筋力学性能测试

根据现场取样，对和站台连接的受火影响的钢箱梁腹板钢材强度进行了测试，本次检测采用硬度法对钢结构材料抗拉强度进行测试，并和未受火灾影响区进行了对比分析。根据测试结果（表2-34），实测抗拉强度平均值基本满足Q235钢375～500MPa的要求，火灾后钢材抗拉强度和未受火灾影响区并无明显差异。

钢材抗拉强度测试结果　　**表2-34**

构件位置	杆件类型	抗拉强度(MPa)			平均值
		1	2	3	
受火区域	腹板	469	475	510	485
	腹板	419	461	445	442
	腹板	491	453	473	472
未受火区域	腹板	451	465	521	479
	腹板	467	514	535	505
	腹板	530	544	521	532

6）专项检测

① X光衍射分析

混凝土结构受高温影响后，根据特征温度不同，呈现不同的物相特征。根据混凝土的物相特征，可推断出混凝土内温度分布状况及损伤深度。现场选取了18个试样进行了X

光衍射分析。根据X光衍射分析结果，试样水化物基本正常，仅部分构件表层有少量水化产物脱水后化学元素，未发现骨料分解后化学元素。

因此，从X光衍射分析来看，火灾仅对构件表层水化产物有轻微影响，对骨料化学成分未造成影响，构件内部混凝土结构火灾过程中未受到过高温影响。

② 预应力灌浆密实性雷达测试

为了对盖梁预应力灌浆的密实性进行测试，现场采用雷达探测对盖梁进行测试。经过对雷达探测图像判读发现，本次抽查的三根预应力盖梁的预应力孔道波形正常，表明其灌注砂浆密实度较好，无明显缺陷。但是探测图像显示6号盖梁南侧西端端部存在非预应力区的混凝土浇筑缺陷。现场通过锤击对缺陷部位进行了进一步勘察确认。

(4) 构件火灾影响分析

根据现场检查、检测及分析，受火影响的混凝土结构表层受到不同程度损伤，表层疏松层深度平均为1.6～1.8mm，最大处3.7mm，对混凝土构件整体受力影响不大，在构件分析时，混凝土构件可按原设计截面尺寸取值。

根据回弹测试，行车梁、站台梁混凝土强度基本满足原设计要求，盖梁混凝土强度不能达到原设计要求，最小强度推定值为40.7MPa。因此，在构件分析时，行车梁、站台梁混凝土强度按原设计C40取值，盖梁混凝土强度按C40取值。

根据现场实测，钢筋布置及保护层厚度基本同原设计一致，可按原设计进行分析计算。

盖梁普通钢筋及预应力钢筋受温度场影响在100℃以下，钢筋力学性能未发生明显变化，钢筋强度可按原设计取值。行车梁、站台梁在端部底面的最外层钢筋受温度场影响在200℃左右，屈服强度略微下降，极限抗拉强度不变，由于端部主要受剪切应力，钢筋受力较小且仅影响局部区域，计算分析时，行车梁、站台梁钢筋强度可按原设计取值。

和站台连接钢箱梁过火区域钢材强度和未过火区域钢材强度无明显差异，均满足原设计要求。计算分析可按原设计取值。

支座受火灾影响较重，表面破损，部分支座橡胶表层烧损破裂，不能满足原设计长期使用功能。

综合检测结果，该轻轨站混凝土构件、钢箱梁未因火灾发生影响结构承载能力的损伤和材性变化；支座受火损伤严重，不能满足原设计长期使用功能；盖梁强度不满足原设计要求，部分构件存在非火灾影响缺陷。

(5) 结构构件鉴定评级

1) 初步鉴定评级

根据《火灾后建筑结构鉴定标准》CECS 252：2009，对该轻轨站火灾过火范围内结构根据构件烧灼损伤、变形、开裂（或断裂）程度评定损伤状态等级，并根据构件温度场影响大小、损伤等对构件具体区域进行火灾后结构初步鉴定评级。

根据现场检查、检测结果，对该轻轨站火灾后受损构件的初步鉴定评级标准见表2-35。

2) 详细鉴定评级

火灾后结构构件的详细鉴定评级，应根据检测鉴定分析结果，评定b、c、d级。

b级基本符合国家现行标准规范下限水平要求，尚不影响安全，尚可正常使用，宜采取适当措施；

初步鉴定评级标准 **表 2-35**

构件	评级结果	评级标准
行车梁、站台梁	Ⅱa级	过火范围内被熏黑或温度波及区，模板未完全烧透区，基本无火灾引起的表面破损，钢筋力学无影响
	Ⅱb级	局部发生保护层剥落现象，表面变为黄色或暗黄色，声音较闷，局部钢筋力学性能略微下降
盖梁	Ⅱa级	表层熏黑或未变色，基本无火灾引起的表面损伤，温度场对钢筋力学性能无影响
	Ⅱb级	局部表面损伤，混凝土脱漏或保护层剥落，表面变黄色或暗黄色，声音较闷，钢筋无外露，温度场对钢筋力学性能无影响
支座	Ⅱa级	支座表层漆、外围橡胶防护层未完全烧损，橡胶层未发现明显烧损或异常变形
	Ⅱb级	高温范围内，支座表层漆、外围橡胶防护层烧损。橡胶层表层变色，略微变形
	Ⅲ级	支座表层漆完全烧黑，橡胶层表层烧损变色、开裂，有明显变形

c级不符合国家现行标准规范要求，在目标使用年限内影响安全和正常使用，应采取措施；

d级严重不符合国家现行标准规范要求，严重影响安全，必须及时或立即加固或拆除。

根据初步鉴定评级结果及结构分析，对受影响的上部盖梁、行车梁及站台梁进行了详细鉴定评级。

(6) 检测鉴定结论及处理意见

1) 检测鉴定结论

根据对该车站火灾后受损构件进行的检查、检测、分析及鉴定评级，提出如下检测鉴定结论：

① 本次火灾过火范围为车站顶部盖梁及行车梁、站台梁。主要可燃物为木材，受火作用面中心区最高温度为700～800℃；火灾旺火持续时间约为0.5h。

② 部分盖梁上部和行车梁、站台梁连接部位附近由于模板、方木完全燃烧及混凝土表层局部剥落，表层黄色、暗黄色或混凝土表层龟裂区域其过火温度在700～800℃；部分方木未完全燃烧部位，直接受火焰烧灼区，表层暗黄色或黄色过火温度为500～700℃。表层无模板，在燃烧模板、方木附近，表面状况基本完好区域，受火温度在300～500℃；离火场较远的没有模板、仅表层熏黑区或梁底部模板未烧透、表面基本未变色区域受火温度在300℃以下。

混凝土构件在内部35mm处最高温度在200℃左右，在55mm处最高温度在100℃以下。温度对构件内普通钢筋及预应力钢筋无明显不利影响，结构计算中对普通钢筋及预应力钢筋计算强度可不予折减。

③ 根据现场检测：

a) 混凝土强度：盖梁混凝土强度不满足原设计C50要求，最低强度推定值40.7MPa。行车梁、站台梁混凝土强度满足原设计C40要求。

b）构件钢筋配置基本满足原设计和规范要求。

c）钢筋保护层厚度基本满足原设计和规范要求。

d）表层未剥落混凝土构件碳化测试深度平均值在 1.5～1.8mm，最大值为 3.7mm；表层局部脱落区碳化测试深度平均为 1mm 左右；受火后混凝土构件表层疏松层深度和碳化测试深度基本一致。

e）受火影响钢箱梁的钢材强度未因火灾发生明显变化，满足原设计要求。

④ 经专项 X 光衍射检测分析表明，构件表层混凝土水化产物变异深度大致为 2～3mm，同疏松层深度基本一致。经雷达探测，抽查的三根预应力盖梁的预应力孔道波形正常，表明其灌注砂浆密实度较好，无明显缺陷。

⑤ 本次火灾使该车站过火范围内盖梁、行车梁、站台梁及橡胶支座均受到了不同程度损伤：

a）盖梁混凝土表面呈黑色或暗黄色、局部表面龟裂、剥落。

b）行车梁、站台梁在盖梁上部附近区域表面呈黑色或暗黄色，部分盖梁上部位置混凝土表层剥落；局部区域存在非火灾影响缺陷。

c）支座损伤严重，大部分支座橡胶层表层烧损，少部分支座橡胶层表层变形开裂。

⑥ 对长春市快速轨道交通轻轨三期工程（四号线南段）卫星路站过火范围内构件盖梁初步鉴定评级为：部分过火区域，表层基本完好或熏黑，温度场较低区域初步鉴定评级为$Ⅱ_a$级；部分表层破损，变黄色或暗黄色，温度场较高区域初步鉴定评级为$Ⅱ_b$级。行车梁、站台梁端部受火温度场较高，表层混凝土破损或变色区域初步鉴定评级为$Ⅱ_b$级，离温度场较远、表层熏黑区或模板未烧透区域初步鉴定评级为$Ⅱ_a$级。个别受火影响较少、基本完好支座初步鉴定评级为$Ⅱ_a$级，大部分支座初步鉴定评级为$Ⅱ_b$级，少部分破损严重支座初步鉴定评级为Ⅲ级。

结合构件初步鉴定评级及构件火灾影响分析，所有行车梁、站台梁详细鉴定评级为 b 级，所有盖梁鉴定评级为 b 级。

⑦ 该车站混凝土构件、钢箱梁未因火灾发生影响结构承载能力的损伤和材性变化；支座受火损伤严重，不能满足原设计长期使用功能；盖梁强度不满足原设计要求，部分构件存在非火灾影响缺陷。

2）处理意见

① 盖梁：鉴定评级为$Ⅱ_b$级，局部混凝土剥落区域，剔除 15mm 表层混凝土，其余侧面和顶面剔除 10mm 表层混凝土后，涂刷界面剂，使用修补砂浆对盖梁表层进行修复处理。

② 行车梁、站台梁：鉴定评级为$Ⅱ_a$级区域，对受火灾影响，表层熏黑或未受火直接影响区域，在表面清洗后涂刷混凝土保护液，进行耐久性防护处理。鉴定评级为$Ⅱ_b$级、表层混凝土剥落部位，剔除脱落处 15mm 表层混凝土后，涂刷界面剂，使用修补砂浆对表层进行修复处理。

③ 支座：对过火范围内支座进行更换处理。

④ 对受本次火灾影响混凝土构件加强养护。

第 3 章　地震灾损处理

3.1　概　　述

我国是个多地震的国家，87%的行政区域属于地震区，历史上发生过多次大地震，除贵州省、浙江省和香港特别行政区以外，所有的省、自治区、直辖市均属于 6 度以上抗震设防烈度，强震及地震带主要分布于五个地区：台湾、西南、西北、华北、东南沿海，见图 3-1。

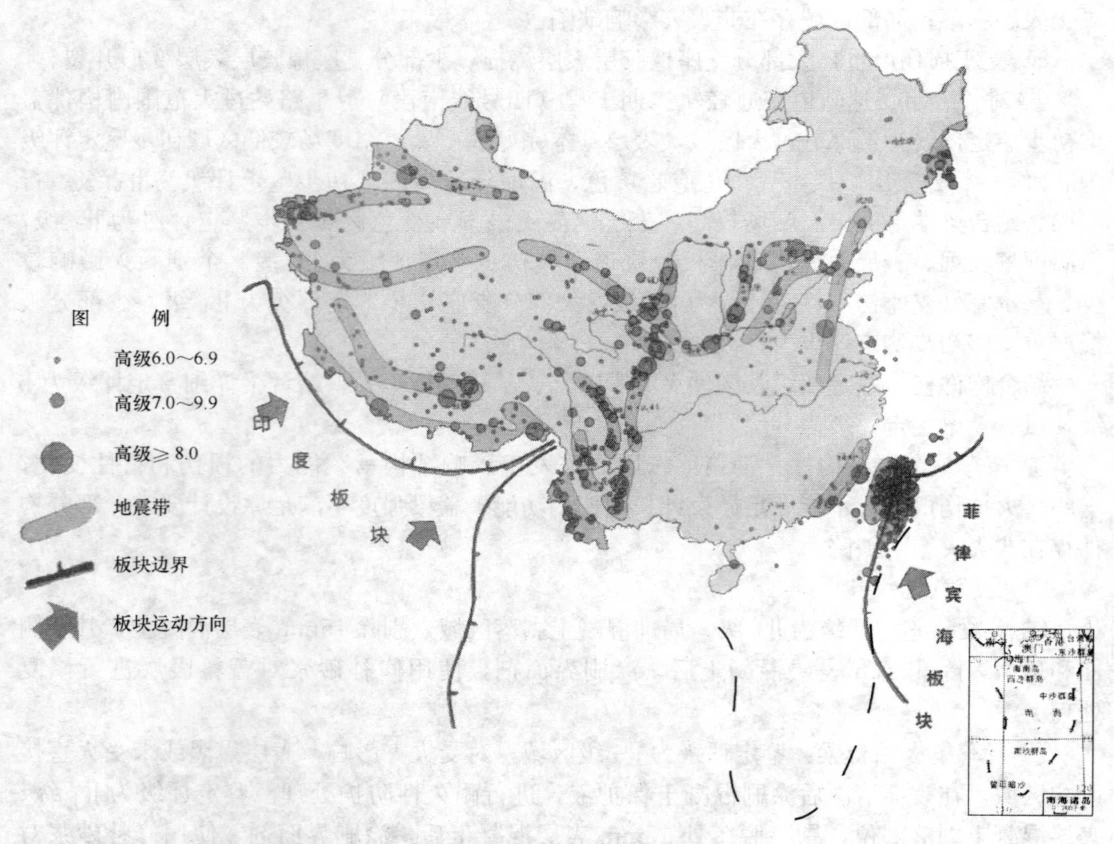

图 3-1　中国强震及地震带分布图

20 世纪以来，我国共发生 M6.0 级以上地震近 800 次，比较大的地震有：1966 年 3 月 8 日和 3 月 22 日河北邢台 M6.5 和 M7.2 地震，1975 年内蒙古五原 M6.0 地震，1976 年 7 月 28 日唐山 M7.8 大地震，1981 年四川道孚 M6.8 地震，1988 年云南澜沧-耿马 M7.6 地震，1996 年云南丽江 M7.0 地震，2008 年 5 月 12 日四川汶川 M8.0 地震，2010

年4月14日玉树M7.1地震。其中2008年5月12日14时28分四川汶川发生的M8.0级地震，震中位于汶川县映秀镇（纬度31.0°N、经度103.4°E），震源深度14km，是我国自新中国成立以来最为强烈的一次地震，严重受灾地区达10万km^2，包括震中50km范围内的县城和200km范围内的大中城市。全国大部分地区有明显震感，泰国、越南、菲律宾、日本等地也有震感。截至2008年6月24日，地震已造成69185人遇难，18467人失踪，374170人受伤，4624万人受灾。由于在1976年唐山大地震前建造的建筑物基本没有考虑抗震设防，历次大地震对建筑物都造成非常大的破坏，轻则开裂倾斜，重则局部损坏甚至全部倒塌。

近年来全球地震也频繁发生，每次大地震都造成人员伤亡，房屋损坏，灾后重建需要国际支援。如印尼海啸发生在雅加达当地时间2004年12月26日（星期日）上午7时58分55秒，在印度洋苏门答腊岛北部的近海发生了M9.0级（根据U.S. Geological Survey）的强烈地震，震中位于北纬3.298°，东经95.779°，苏门答腊岛西160km，震源在印度洋海底下10km深处。地震传到孟加拉国、印度、马来西亚、缅甸、新加坡和泰国。这次地震的地理范围很大，出现了超过1000km的地质断层，主震发生后的当天发生了多次的余震，其中M5.0级以上的强余震达16次，最大余震震级为M7.1级。此次大地震还改变了印尼部分岛屿地形。呼啸着的巨浪越过海岸线，袭击了印度尼西亚、斯里兰卡、印度、泰国和马尔代夫等国近海岸的城市和乡村。罹难人数达二十几万，有一百多万人无家可归。灾害最为严重的地区为印尼亚齐省北起班达亚齐南至美兰波（Meulaboh）沿海岸线长约200km、宽1～10km的区域，房屋倒塌，公路、桥梁冲毁，村庄被夷为平地，近乎无人区。根据印尼国家发展计划署的统计数据，共有约1000个村庄及社区受到影响，造成127000间房屋完全被毁，另有约152000间房屋损毁严重。其中房屋损毁就造成全国60多万人无家可归，估计房屋损失达14亿美元。海啸还使基础设施严重毁坏，交通设施的损失约高达5.2亿美元。共有316km的国道及省级道路在灾害中受损，121座桥梁被毁，316座桥梁受损，在灾害中受损或破坏的地方道路总长估计达到1000多公里。亚齐省和苏北省各有5座及9座港口受损。机场基础设施损害相对较小，主要为震害。灾区的电厂均未有明显的破坏，仅部分民用配电线路受到一定的损坏，海啸过后灾区处于停水、停电状态。据印尼国家发展计划署的建议，灾后的恢复重建计划是：1）恢复阶段，这一阶段约持续三年。主要工作是对一些在灾害中遭受损害但经过修缮后尚可以居住的房屋进行维修，按照每平方米约22美元的单位价格，建议政府在恢复阶段投入1.15亿美元。2）重建阶段，初步估计为五年。这一阶段，重建或异地重建在灾害中完全被损坏的或已经不再适合继续居住的房屋，完成居民生活所必需的一些配套设施如排水管线、道路、医疗卫生设施的规划重建。按照每平方米约87美元的单位价格，建议投入3.47亿美元。

2005年10月08日当地时间8时50分36秒（格林尼治时间03时50分36秒），在巴基斯坦北部巴控克什米尔地区发生M7.8级强烈地震，距首都伊斯兰堡东北95km，震源深10km，震中位于北纬34.4度，东经73.6度。地震波及巴基斯坦、印度、阿富汗、印尼等国，后来有多次余震，有时一天上百次。地震给巴基斯坦造成重大的经济损失和人员伤亡，据巴基斯坦地震灾区统计数字显示，截止到10月19日，已经有79000名巴基斯坦人被证实在地震中遇难，另有65038人受伤，330万人无家可归。重灾区穆扎法拉巴德、巴拉考特、巴格和阿莱四个城市，公路毁坏、山体滑坡、滚石塌方、地表陷落、公路断裂的凄惨景象随处可见，公路毁坏最短的70km，最长的120km。救援靠直升飞机和骡子。灾区75%房屋被毁，约50万间房屋倒塌；灾区水电全部中断，80%发电站损坏。灾区重建需要资金50亿美元，恢复重建所需时间约10年。

2009年9月30日南太平洋萨摩亚群岛附近海域发生M8.0级地震并引发海啸，造成人员伤亡和财产损失，部分建筑遭受损伤。2009年至2010年瓦努阿图共和国所处南太平洋地区发生多起地震，震后对我国援建项目进行普查，发现部分建筑有裂缝。

2010年1月海地M7.3级地震，20多万人伤亡；2010年2月智利M8.8级地震；2010年9月4日新西兰南岛发生M7.1级地震，城市建筑及基础设施大面积损坏，但没有人员死亡。2010年10月印尼又发生地震、海啸和火山爆发，2011年3月1日日本东北部发生M9.0级地震。

震级是反映地震能量的大小，我国采用国际通用震级标准（里氏震级共分9个等级），一次地震只有一个等级，每相差1级，地震释放的能量相差32倍。地震烈度是距震中不同距离的地面及建筑物、构筑物遭受地震破坏的程度。同一个地震，烈度却因地而异，不同的地方，烈度值不一样。我国将地震烈度分为12度：2度以下人感觉不到；3度少数人有感；4～5度睡觉的人惊醒，吊灯摆动；6度器皿倾倒，房屋轻微破坏；7～8度房屋破坏，地面裂缝；9～10度桥梁、水坝损坏，房屋倒塌，地面破坏严重；11～12度毁灭性破坏。7度以上称为强烈地震，如唐山地震震级为M7.8级，震中烈度为11度，天津市地震烈度为8度，北京市烈度为6度，石家庄、太原等地烈度为4～5度。

地震按震源深度分为三类：小于60km的为浅源地震，60～300km为中源地震，大于300km为深源地震。世界上大部分地震都是浅源地震，震源深度在5～20km，中源地震较少，深源地震更少，震源越浅，对地面及建筑物的破坏越大。1976年7月28日唐山大地震震源深度约12km，2008年5月12日汶川大地震震源深度约10km，2010年4月14日青海省玉树地震震源深度约14km，都属于浅源地震。

地震序列：把一次强震发生前后一定时间内（几天、几个月或几年）发生的大大小小地震按时间排列起来称为一个地震序列。地震按地震序列分类有如下几种：

（1）主震余震型——主震非常突出，余震十分丰富；

（2）群震型——有2个以上大小相近的主震，余震十分丰富；

（3）孤立型——有突出的主震，余震次数少、强度低。

地震引起的振动以波的形式从震源向各个方向传播，地震波传播方式有三种：

（1）纵波——振动方向与传播方向一致，上下振动，传播速度最快，为6km/s，见图3-2、图3-3。

（2）横波——振动方向与传播方向垂直，水平晃动，传播速度次之，约为4km/s；见图3-4、图3-5。

（3）面波——纵、横波传至地面后，沿地面传播成为面波，传播速度最慢，约为3.5km/s。

离震中较远的地方，人们感受到的地震波主要是面波，这种波频率低，可以传得比较远。2008年5月12日14时35分，汶川地震发生时，北京通州区也发生M3.9级地震，其他部分地区也有明显震感。纵波引起建筑物上下竖向震动，横波引起建筑物水平震动，横波比纵波对建筑物的影响大。地震所引起的地面振动是一种复杂的运动，波形会叠加。

抗震设防区划是根据一个城市内不同地区（段）地震地质、工程地质、水文地质、历史地震的区别，反映其地震作用强度和震害分布的差异，在综合考虑城市不同地区（段）功能和工程结构特点等因素的基础上，确定不同地区的设防烈度和设计地震动参数。

图 3-2 纵波引起路轨上下变形

图 3-3 纵波引起路面上下变形

图 3-4 横波引起路轨左右变形

图 3-5 横波引起桥面左右变形（北川桥梁）

3.2 震损建筑物处理

3.2.1 地震对建筑物的损害特征

1. 底层框架砖房震害特征

底层框架砖房是指底层为框架承重而上部各层为砖墙承重的多层房屋。底层框架砖房是砖房和框架组成的混合承重结构，从抗震概念设计原则可以看出，这种由上下不同材料组成的复合结构，对于抗震性能是不利的。事实证明，在历次地震中这类结构的震害都是比较重的。

底层内框架砖房的结构特征是头重脚轻，上刚下柔，而底层外刚内柔，地震时，上部各层与底层振动不协调，加重了震害，同时当底层采用内框架砖房时，砌体外纵墙由于过量侧移引起的平面外弯曲破坏或纵向剪切破坏而发生崩塌，破坏更为严重。如果底层过度加强，则导致薄弱层转移至二层，引起砖墙的破坏。

这类建筑主要位于临街的两侧，底层为商业用房，上部为住宅或办公楼。底层框架无剪力墙，首层现浇混凝土楼盖厚重，上层砖混结构质量较大，有“头重脚轻”、“底柱软弱”的特点。在地震时底层框架砖房上部抗侧移刚度大，底层抗侧移刚度相对较小，房屋的侧移将集中发生在相对柔弱的底层，结构底层内力（弯矩、轴压、剪力）最大，过量的侧移引起底层的严重破坏，结构破坏集中于底部，主要特征是：

（1）底层倒塌倾斜或裂缝

严重的往往表现为底层外墙、柱的压溃，底层维护墙破坏，楼房整体下挫，底层消失或整体倒塌；一般损坏为底层外墙、柱的损坏。底层的砖墙损坏表现在：1）端横墙和内横墙出现斜裂缝或交叉斜裂缝，直至倒塌；2）纵墙在窗口上、下出现水平裂缝，或窗间墙上出现交叉斜裂缝，或兼而有之；3）外墙转角处出现交叉斜裂缝，严重时墙角塌落。房屋整体倾斜或局部倾斜，轻者底层框架梁柱节点裂缝，围护墙裂缝。水平构件梁、板则多为次生破坏。框架柱损坏表现在：钢筋混凝土柱在顶端、底端产生水平裂缝或局部压碎崩落，在高烈度区出现弯折，底层倒塌，上部几层砖房原地或稍有错位整体坐落。底层的破坏实景可见图3-6～图3-8。

（2）底层框架砖房过渡层的震害

多数情况下上部各层的震害较轻，如果底层过度加强，刚度较大、承载力较高，则导致薄弱层转移至二层，引起上部砖墙的破坏。

图3-6　北川房屋底层消失、整体下挫

图3-7　北川房屋底层倾斜

2. 砖混结构震害特征

砖混结构即墙体为砖砌体构件，楼板或梁为钢筋混凝土构件组成。这类房屋主要为多层建筑的住宅，开间较小，横墙较多；也有一些为多层的办公楼或医院建筑、学校教室等公共建筑，开间大横墙少，有些为纵墙承重。砌体结构的墙体抗压强度高，但抗拉、抗剪强度低，需要有圈梁、构造柱约束提高抗震性能，如脆性砖墙无圈梁、构造柱围箍，关键部位是非配筋砖砌体、梁底无混凝土梁垫、梁在墙上偏置等原因造成局部破坏而导致墙体倒塌。预制板侧斜平边无咬合、板端无堵头、板间无混凝土灌缝、板端伸出筋无连接等种种不合规范的现象，造成地震时墙倒引起板坠、板断导致楼塌（图3-9），成排悬挂的断板和房屋倒塌，汶川地震基本是唐山震害的重复。

地震时砖混结构破坏严重的倒塌，中等的墙体掉落，轻者墙体开裂。大量没倒的建筑物裂缝特征是窗间墙或窗下墙出现交叉裂缝。门洞上方角部斜裂缝，未开洞的墙出现斜裂缝或交叉裂缝，见图 3-10～图 3-12。

图 3-8 都江堰房屋底层损坏

图 3-9 地震时墙倒引起板坠、板断导致楼塌

图 3-10 砖混结构地震时破坏严重的倒塌（穿心店）

图 3-11 砖混结构局部倒塌

多层砌体房屋震害特点：

（1）房屋的层数越多、高度越高，破坏越严重。

（2）不同烈度时的破坏部位变化不大，破坏程度有显著差别。

（3）住宅类砌体结构横向墙体数量相对较多、开洞较少，抗震能力相对要高，地震时开裂破坏轻微，但对于教学楼、医院等横墙数量较少的建筑，破坏比较严重。

（4）多层砌体结构纵向开有较多的门窗洞口，抗震能力低，地震时易开裂破坏，裂缝发生在窗间或窗下墙部位产生的 X 形裂缝或单向斜裂缝，且贯穿整个墙段，见图 3-13。

（5）纵横墙连接薄弱，地震中致使外纵墙大片闪落，唐山大地震此类震害较为明显。随着抗震设计对砌体结构纵横墙连接的重视，此类震害相应减少，但农村自建房中仍有此类震害发生。

（6）墙体转角部位应力集中，容易产生破坏，尤其是房屋的四角，兼受扭转等复合应力，特别容易产生破坏，甚至引起倒塌。

（7）历次震害表明，砌体结构设置圈梁、构造柱是提高结构整体性与防倒塌的重要措施。圈梁设置不当震害加重，圈梁在横墙上拉通太少，地震时随外墙倒塌而脱落。唐山陡河电站办公楼，五层砖混结构，圈梁兼作窗过梁，未设在楼板平面处，顶层部分倒塌，圈梁甩落在地。汶川地震中砌体结构中的构造柱发生压屈、剪切破坏，有效抑制了墙体开裂，防止结构的倒塌，见图 3-14、图 3-15。

图 3-12　砖混结构严重破坏

图 3-13　砖混结构窗间墙或窗下墙出现交叉裂缝

图 3-14　无圈梁构造柱砖混结构大部分局部倒塌

图 3-15　有圈梁构造柱砖混结构裂而不倒

（8）木屋盖整体性差，地震时木屋架易塌落，顶层墙体破坏严重。屋面局部突出的部位破坏严重。预制空心板间如无可靠连接，楼屋盖整体性差，地震破坏严重。

（9）非结构构件的破坏中，女儿墙偏高，无任何拉结措施，或拉结措施不当，地震时易开裂或闪落。外廊栏板无拉结措施，地震时闪落。

3. 钢筋混凝土框架结构震害特征

框架结构抗震性能稍好于底框砖房和砖混结构，但是框架底柱较细且无剪力墙支撑，抗侧能力差，地震时底柱多在柱端（柱顶、柱脚）及钢筋连接处压溃，偶有整体倒塌（图

3-16)。没有体现出框架结构应“强柱弱梁，强剪弱弯，强节点弱构件，强锚固”的要求，破坏多呈“强梁弱柱”的形态。

单跨框架整体刚度小，地震时位移大，单跨框架仅有框架作为抗震防线且冗余度小，因而在地震中很容易形成机构从而破坏继而倒塌，填充墙及框架柱破坏严重。

单向框架是指仅对横向框架进行平面结构分析，对纵向按连续梁计算，仅考虑其承担垂直荷载，在箍筋配置和纵筋的锚固上也常按一般梁考虑。而地震作用时，实际上横向的基本周期和纵向的基本周期相当接近，纵横向的总地震力也大致接近，每个柱子在纵向和横向承受的地震剪力和弯矩也差不多。

图 3-16 框架结构的倾斜倒塌

多层框架震害特点：

(1) 整体倒塌或倾覆

底层刚度小时由于底层抗侧移刚度和屈服强度骤然降低，位移增大，屈服强度系数比上面各层小得多，引起底层严重破坏甚至倒塌。房屋愈高，受到的地震作用和倾覆力矩愈大，破坏的可能性也愈大。

(2) 薄弱层倒塌（底层破坏、顶层塔楼破坏、中间层破坏）

多层和高层框架房屋的中间层布置较弱的楼层，强地震时常出现异常的震害，而且高层房屋的竖向地震作用也是破坏的原因，这些楼层也出现最大压应力或最大拉应力，在竖向刚度突变时，刚度小的楼层在水平和竖向地震的共同作用下，由于抗震承载力不足而毁坏倒塌（图 3-17）。

立面刚度不均匀造成顶层或中间层破坏：

图 3-17 某办公楼二楼倒塌（局部框架）

1) 有裙房等的大底盘建筑，若裙房与主楼相连而不设缝，体形的突变引起刚度突变，使主楼在接近裙房的楼层相对较为柔弱，地震时因塑性变形集中效应而产生过大层间侧移，导致严重破坏；

2) 上部为抗震墙等刚性结构，下部为框架，出现倾覆破坏；

3) 突出屋顶的收进建筑（如水箱间、电梯机房等）破坏严重；

4) 顶层空旷大房间震害严重；

5) 高低层毗连房屋震害加重。

(3) 柱节点破坏

1) 柱顶部破坏是现浇混凝土框架柱最多见的震害，没有体现“强柱弱梁”的抗震设计理念（图 3-18）。

柱端混凝土酥碎、散落、竖向钢筋压屈；柱顶大偏心受压，使受拉侧作用效应超过钢筋混凝土柱的弯曲抗拉强度。

图3-18 一般的柱顶节点破坏

斜裂缝：柱头顺斜裂缝下滑错动，钢筋顺斜裂缝方向弯曲，严重者混凝土全部崩落，上层梁板下塌，柱内纵筋压弯成灯笼状。其主要原因是水平地震作用使柱顶受到压、弯、剪联合作用，在柱顶刚度变化处，由于主拉应力破坏而形成45°斜裂缝或在地震反复作用下形成交叉裂缝，进而压崩斜裂缝端部混凝土，严重时全部崩落并使纵筋外露弯曲。

竖向裂缝：主要是箍筋不足或梁柱相交处箍筋布置较差所致。

2）柱底柱根部的破坏率相对柱顶较低（图3-19）。

3）柱身中段的震害相对柱顶和柱底较少，但同样存在严重震害，如柱身配箍太小引起的柱身剪切破坏（图3-20）。

图3-19 柱根剪切破坏

图3-20 扁平柱长向剪切损坏

4）角柱的震害常比边柱和中柱更为严重（图3-21）：①在双向刚接框架中，地震作用的双向偏心与重力荷载的双向偏心叠加，使角柱的地震承载力更显不足；②多层和高层建筑中，水平地震作用引起较大倾覆力矩，在框架整体斜向弯曲时，使角柱受到的附加轴力最大；③结构体系或重力荷载分布不均匀时，各楼层的质心与刚心间偏心使在地震平动作用下出现扭转振动，同时地震动还存在扭转分量，它加剧了结构的扭转振动，角柱在扭转振动过程中比其他框架柱相对侧移大，承受的扭转作用也最多。

（4）带有填充墙的框架破坏

框架结构中填充墙的作用很重要，它提高框架结构的刚度和抗震能力，但是由于填充墙布置不规则、不对称，造成薄弱部位应力集中而破坏加重。

图 3-21 角柱的震害常比边柱和中柱更为严重

这种结构形式主要在 20 世纪 80 年代前应用较多，其震害特点：

1）嵌砌于框架间的填充砖墙在地震时与钢筋混凝土框架共同承受地震水平作用，在一定程度上约束了填充墙框架的侧移，但是多层框架地震中抗位移能力强，填充墙体抗变形能力弱，裂缝严重，装修材料大量破坏。

框架结构中填充墙的破坏是最为普遍，严重的砌体填充墙体局部或全部平面外倒塌，一般的砌体填充墙的斜裂缝和交叉裂缝是常见的震害（图 3-22、图 3-23）。

2）填充墙与主体结构连接不牢倒塌，设有与柱拉结钢筋的填充墙震害较轻；嵌砌于框架内的砌体填充墙施工时未与周边框架柱、梁、板顶紧者震害最重，因其实际上成为平面外独立悬臂墙，平面外全部倒塌或顶部倒塌。

3）框架平面内嵌砌砖填充墙时，柱上端易发生剪切破坏。

4）填充墙未沿柱全高布置，出现短柱现象，框架柱在窗洞处因受窗下墙的约束而发生短柱型剪切破坏。

5）电（楼）梯间的砌体填充墙震害比较普遍，也较严重。

(5) 短柱破坏

图 3-22 填充墙裂缝较多

图 3-23 填充墙脱落

短柱破坏特点是剪切承载力不足，长短柱在同一层中同时存在时，短柱破坏严重；框架柱由于墙上开洞嵌固出现短柱现象而震害加重（图3-24）。

图3-24　填充墙造成短柱，框架柱破坏

（6）楼梯柱破坏

1）框架中的楼梯斜梁和踏步板构成类似竖向钢筋混凝土斜撑，作用于楼梯柱或支承中间平台梁板的框架柱，承受更大的地震剪力。

2）有时楼梯平台柱上下与框架梁连接，实际形成短柱而加重了震害。

3）在构造上应按短柱考虑，控制轴压比，箍筋间距应加密。

（7）平面刚度不均匀破坏

L形等不对称平面的建筑；开口房屋由于刚度极不均匀，破坏率显著增高；电梯间布置上存在较大偏心也将使震害加重；带有较长翼缘或凸出的T形、十字形、U形、H形、Y形平面的建筑，由于地震时侧移差异而使震害加重。

（8）框架梁破坏

梁端：斜裂缝正八字形、竖裂缝（图3-25）；梁的跨中在中部1/3跨度范围内出现竖向裂缝；短梁出现斜裂缝，且斜裂缝延伸很长。

（9）梁柱节点

梁柱节点在水平地震作用下，左、右梁顺时针绕节点的同方向弯矩和上、下柱逆时针绕节点的反方向弯矩的作用，在节点处引起的剪力比柱子的剪力大得多。并使节点域受到一个对角方向的压力和另一对角方向的拉力，当节点域的主拉应力超过混凝土抗拉强度时，即产生剪切型的斜向裂缝。地震作用反向时，将在另一方面产生斜裂缝，地震作用的往复作用，节点域可能产生多条交叉裂缝，混凝土剥落、酥裂，梁、柱纵筋在节点区的锚固失效。见图3-26，图3-27。

图3-25　梁端剪切破坏（梁端应设箍筋加密区）

4．钢筋混凝土框架-抗震墙结构震害特征

钢筋混凝土框架和钢筋混凝土抗震墙两类抗侧力构件组成，抗震墙能提供比框架大得多的抗侧移刚度，承受整体弯曲能力占70％以上。由于框架、抗震墙协同工作时，抗震墙顶部框架的反向水平力将使抗震墙各个截面弯矩大幅度减小，墙体弯曲变形以及由此产生的侧移和层间侧移显著减少，震害也相对减轻，砖围护墙和填充墙的震害显著减轻。

值得注意的是，汶川地震中，框架-剪力墙（核心筒）结构主要在成都和绵阳等少数城市才有采用，而这些城市在本次地震中的烈度并不高。因此，框架-剪力墙（核心筒）结构的抗震性能在这次地震中没有表现出来（图 3-28）。

图 3-26　一般的框架节点破坏

图 3-27　节点破坏（节点应强于梁、柱）

5. 全剪力墙结构震害特征

钢筋混凝土抗震墙结构一般多用于多层特别是高层民用建筑的住宅，其震害都较轻，小开间现浇抗震墙也只是出现轻微裂缝，汶川地震中受损轻微，无一倒塌。

突出于建筑顶、侧的凸起部分，由于鞭鞘效应高层建筑反应强烈，容易失去周边扶持，也容易遭受震损或倒塌。

6. 钢结构建筑震害特征

与传统结构体系相比，钢结构建筑物在地震作用下能充分发挥钢材的强度高、延性好、塑性变形能力强等优点，在地震中表现优于砖混结构。

图 3-28　江油钢筋混凝土框架-抗震墙结构办公楼底层破坏较严重

钢结构震害特征：

（1）节点连接破坏：支撑连接及梁柱节点连接处，杆件支座处、网架节点损坏(图 3-29～图 3-31)。

（2）构件破坏。

（3）结构倒塌：钢结构抗震性能虽好，但在大地震中也存在倒塌现象，如 1995 年日本阪神地震，1985 年 9 月 19 日墨西哥首都墨西哥城 M8.1 地震中有 10 栋钢结构房屋倒塌。图 3-32、图 3-33 为汶川地震中某加油站，由于柱底部锚固比较差，很难抵抗水平地震引起的弯矩和剪力，在地震中倒塌。

（4）非结构构件破坏：大部分由于自重较轻和强度较高，钢结构抵御地震的能力比较强，震害比较轻，主要发生在围护结构。图 3-34 为绵阳九洲体育馆，其主体结构和支座均无明显损伤，仅在围护结构和钢结构的结合处有轻微碰撞破坏。图 3-35 为江油县体育馆，主体结构轻微损伤，网架结构无明显损伤，网架结构支座松动严重。

图 3-29　成都车站候车室大厅网架支座螺栓松动

图 3-30　柱间支撑节点处破坏、压杆失稳

图 3-31　单层钢结构工业厂房柱间支撑断裂损伤

图 3-32　加油站倒塌

图 3-33　加油站柱底支座出现问题

7. 内框架砖房震害特征

内框架砖房指内部为框架承重、外部为砖墙承重的房屋，包括内部为单排柱到顶、多排柱到顶的多层内框架房屋以及仅底层为内框架而上部各层为砖墙的底层内框架房屋（图 3-36）。由于内外不同材料组成的复合结构，对于抗震性能都是不利的，事实证明，在历次地震中这两类结构的震害都是比较重的。

内框架砖房的抗侧力构件主要是砖墙，砖墙破裂后，刚度降低，变形增长，部分地震剪力开始转移到钢筋混凝土框架，当超过框架的承载力时，框架将会破坏，这类混合结构，在地震时被各个击破。

(a)

(b)

图 3-34　地震中的九洲体育馆

(a)

(b)

图 3-35　地震中的江油县体育馆

内框架砖房的破坏特征如下：

(1) 单排柱内框架砖房的破坏比双排柱和多排柱要严重。

外墙破坏后，单排柱框架是不稳定体，不能单独承受水平和竖向荷载。现行设计规范已不允许采用这类结构。

(2) 两排柱的内框架砖房，当两排柱间距离较小、边跨柱距大时，震害严重。

对于两排柱或多排柱砖房，中间为框架结构，边跨由框架柱和外纵墙承重，外纵墙倒塌后丧失对楼盖的承重能力，当边跨梁跨度较短，可作为短悬臂梁而保存不折断，而大边跨的房屋，常因长悬臂而承载力不足使边跨梁折板断落，加重震害。

(3) 平面不规则的内框架砖房震害加重。

(4) 横墙间距越大，横墙与山墙以及毗连的纵墙震害加重。

(5) 开（敞）口的内框架砖房震害加重（图 3-37）。

(6) 下面各层设置内柱、顶层为无内柱的空旷房屋震害加重。

(7) 底层内框架砖房多数是底层倒塌（图 3-38）。

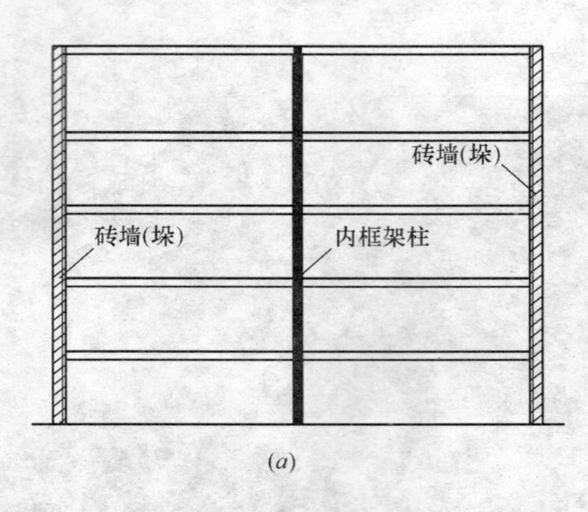

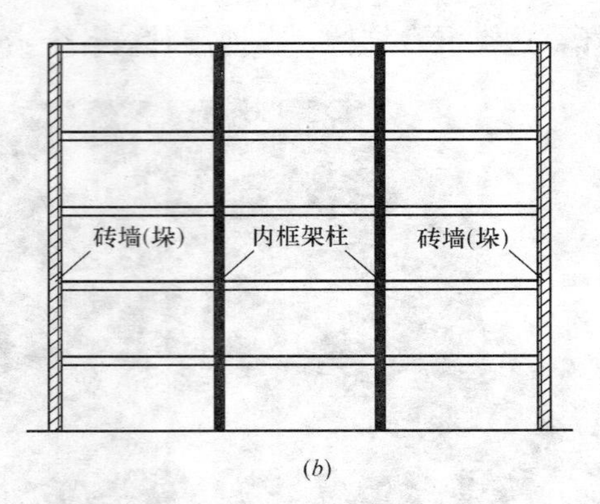

图 3-36　内框架砖房结构

（a）单排柱内框架结构；（b）两（多）排柱内框架结构

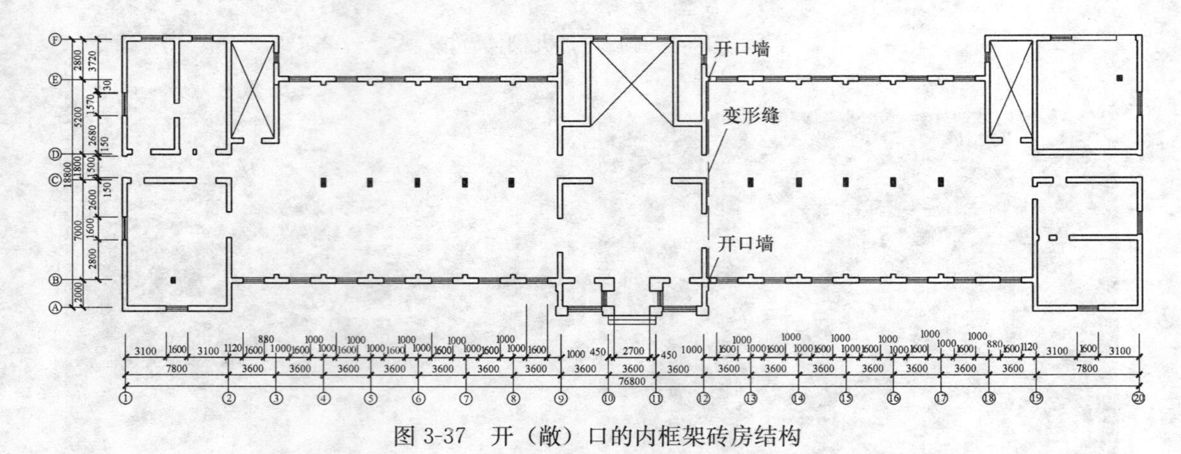

图 3-37　开（敞）口的内框架砖房结构

底层内框架上刚下柔，对于底层是“内柔外刚”，不利于抗震，现行设计规范不允许采用这类结构。

（8）顶层砖墙

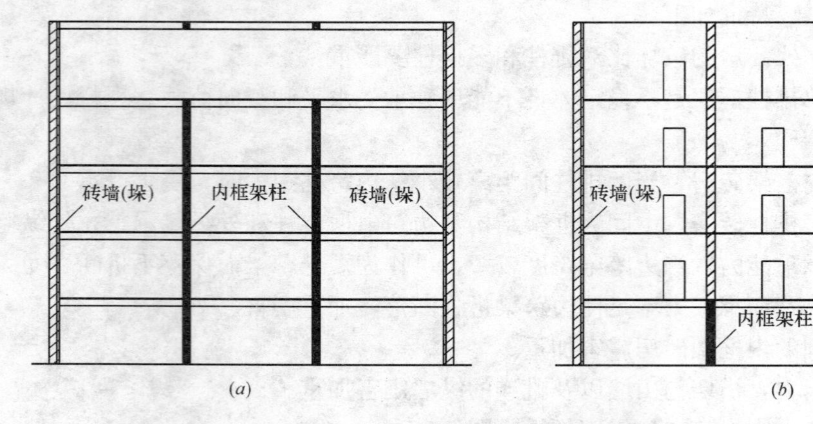

图 3-38　底层内框架砖房结构

（a）内框架结构顶层抽柱形成空旷房屋；（b）底层内框架

① 外纵墙是顶层破坏最严重的部位，空旷的内框架砖房横墙间距大，楼盖的外甩力使得外纵墙在大梁底面或窗间墙上下端产生水平裂缝，砖砌体局部压碎、崩落，甚至倾斜、倒塌呈现出平面的弯曲破坏。中段最为严重。纵向窗间墙出现交叉裂缝。

② 端横墙也是顶层震害较重的部位，端横墙的窗间墙在横向地震作用下，抗剪承载力不足，出现交叉裂缝。而在纵向地震作用下出现水平裂缝，当端屋盖与山墙连接不牢时，进而向外倾斜，重则连同端开间屋盖向外倒塌。

(9) 底层横墙破坏严重

作为横向主要抗剪构件，常出现交叉或单向斜裂缝，严重时，横墙破碎坍塌，丧失承载能力，导致整个房屋倒塌。特别是由于空间需要，底层减少横墙，其震害更为严重。

(10) 纵墙破坏情况

纵墙出现平面外弯曲、倾斜、倒塌和沿墙面的交叉或单向斜裂缝。

(11) 内框架柱破坏比墙体轻

内框架柱在墙体破坏后，承受水平地震产生的剪力和弯矩。总体说来内框架柱的震害要比周边的砖墙轻。

(12) 在墙体内设置钢筋混凝土构造柱的内框架砖房震害显著减轻。

8. 砖木结构和砖石结构震害特征

由于木材可以就地取材，砌体使用较少，这种结构的造价非常低，在村镇多采用这种结构作为简易厂房、仓库等。但是这种结构的砌体墙和砌体柱强度不高，且大多年代较久，底部砖混顶部为木屋架的房屋，木屋架多有倒塌。在地震中容易发生屋面破坏和局部倒塌，见图 3-39～图 3-42。

古代建筑震害程度不同，砖、石结构多有裂缝、倒塌；木结构房屋震害较小，多保存完整。

图 3-39 江油某厂房砖柱木屋架倒塌

图 3-40 安县某厂房砖木结构

9. 农村民居

矮、轻、柔的传统木结构房屋震害轻微；高、重、硬的砖混结构房屋大多倒塌损失惨重。缺乏规范、管理及配套的适用技术，建房混乱，农村民房破坏较多。

10. 单层厂房

单层厂房主要由砌体墙、钢筋混凝土柱、钢筋混凝土屋盖组成，厚重的混凝土屋盖大多塌落，以及砖砌体柱子剪切错位，山墙开裂、外闪塌落，钢筋混凝土柱上部开裂损坏，屋架端部填充墙损坏，屋架杆件损坏、断裂，柱与吊车梁连接处水平裂缝，天窗架杆件断裂等。见图 3-43～图 3-46。

图 3-41　红白镇中学单层教室

图 3-42　都江堰木结构房屋损坏

图 3-43　单层厂房山墙开裂

图 3-44　厂房屋架杆件损坏、断裂

图 3-45　屋架端部填充墙损坏

图 3-46　有吊车厂房钢筋混凝土上柱开裂损坏

3.2.2　震害原因及效应分析

1. 平立面规则效应

平面不规则产生扭转震害加重，立面不规则，楼层与楼层之间产生刚度差，震害加重。如平面呈L形或C形，平面局部有凹凸变化等，使得建筑物的刚度中心和质量中心不重合或距离太大，地震时产生扭转加大。见图3-47～图3-50。

图3-47　江油某办公楼平立面都不规则

图3-48　穿心店房屋平面不规则

图3-49　彭州房屋立面不规则

图3-50　江油建筑立面不规则

2. 边角效应

震损或倒塌多发生在房屋端部或角隅，原因是水平惯性力作用下缺乏横向支撑。框架结构角柱破坏比边柱严重，边柱比中柱严重。见图3-51、图3-52。

3. 鞭鞘效应

突出于建筑顶、侧的凸起部分，如屋顶的水箱间及楼梯、电梯间等，由于地震力加大很多倍，易失去周边扶持，产生过大的位移，也容易遭受破坏或倒塌。见图3-53。

4. 峰腰效应

结构平面的薄弱峰腰部位，刚度突变和应力集中，往往成为震损最集中的区域。如楼梯间为平面中薄弱峰腰部位，见图 3-54。

图 3-51　彭州住宅底层角部破坏

图 3-52　房屋端部或角隅破坏

图 3-53　屋顶的水箱间及楼梯、电梯间破坏

图 3-54　楼梯间为平面中薄弱峰腰部位

5. 底层效应

地震时结构底层内力（弯矩、轴压、剪力）最大，结构破坏集中于底部。表现为底层墙、柱的压溃，并引起倒塌，造成伤亡。水平构件梁、板则多为次生破坏。

6. 楼梯效应

地震时框架变形，楼梯遭受反复拉、压作用而断裂，并影响柱的内力。楼梯在平面中的位置很重要，不宜布置在端头。

在地震往复作用下，楼梯板相当于斜撑，受力为拉压弯构件，而在以往的结构设计中，仅将梯板当受弯构件计算。

楼梯梁在承受地震力的同时，还承受来自双方向楼梯板的剪切扭转作用。见图 3-55～图 3-57。

7. 防震缝效应

缝宽不足，使两侧建筑物地震时相互碰撞，加重破坏；缝内落入物造成填塞，地震时不能起到缝的作用，加重破坏；防震缝两侧相邻建筑物楼层高度不同发生互撞，缝两侧为不同材料建造时由于结构动力特性不同，地震反应不同，可能有相位差，地震时碰撞的震害加重；防震缝未彻底断开造成震害加重。

应按相关规范要求设防震缝并保证宽度，不得取消或填塞，避免造成缝侧挤压、碰撞破坏。见图 3-58～图 3-60。

图 3-55 北川住宅楼梯在端部

图 3-56 楼梯间短柱剪切破坏

(*a*)

(*b*)

图 3-57 楼梯踏步板剪切破坏

图 3-58 防震缝宽度不足

图 3-59 江油某建筑抗震缝破坏

图 3-60　多层框架与相邻房屋碰撞造成破坏

8. 非结构构件倒塌

填充墙、隔断墙等自承重构件地震时倒塌，幕墙、外窗、广告牌、女儿墙、栏杆板、雨罩等地震时脱落、下坠而引起伤亡，应重视此类构件连接构造的设计和施工，消除安全隐患。

9. 悬挑构件

单边走廊的教学楼或宿舍楼震坏严重，特别是悬挑式外走廊震害严重，见图 3-61～图 3-63。

10. 施工质量影响

房屋缺乏图纸资料，施工质量系统检测分析难度极大，很难作出“豆腐渣工程”的判断，但是施工质量是保证结构安全的重要方面，是房屋安全的主要因素，应加强和规范施工质量的实体检验和验收。

(*a*)

(*b*)

图 3-61　单边走廊的宿舍楼局部倒塌

图 3-62　单边走廊的宿舍楼震坏严重

图 3-63　悬挑式外走廊震害严重

11. 年代特征

建造年代对结构破坏程度的影响有两方面：使用年限的长短和设计规范安全度的不同，将384栋建筑震害情况按照各版本抗震设计规范的实施年份划分，得到表3-1和图3-64所示的震害情况统计。可以发现1978年以前的建筑结构破坏的情况最严重，其原因主要是，使用年限较长；当时经济水平较低，大多数房屋以砌体结构为主，而砌体结构本身的抗震性能相对于其他结构较弱；设计规范的安全储备水平较低。20世纪70年代房屋彻底倒塌；20世纪80年代低层砖混结构严重受损，摇摇欲坠；20世纪90年代砖混结构因设计、施工缺陷而局部受损；21世纪按规范设计、施工、验收的房屋具有较好的抗震能力，只轻微损伤。大量的损坏严重甚至倒塌的房屋多半是未经设计的民房和20世纪90年代以前建造的房屋。

89及2002建筑抗震设计规范对多层砖房设构造柱及圈梁的措施，大大提高了房屋的抗倒塌能力。

建筑震害情况统计（按建造年代分类） **表3-1**

建造年代	可以使用	加固后使用	停止使用	立即拆除	建筑物总数
1978及以前	5（10%）	19（39%）	4（8%）	21（43%）	49
1979～1988	21（35%）	20（33%）	8（13%）	11（18%）	60
1989～2001	35（40%）	27（31%）	14（16%）	12（14%）	88
2002及以后	32（52%）	19（31%）	3（5%）	7（11%）	61
不详	44（35%）	45（36%）	16（13%）	21（17%）	126

12. 加固改造的影响

早期房屋按规范“五花大绑”加固后大震而不倒，而未抗震加固的房屋则多有倒塌。不合理的改造加重震害，如填充墙不能随意拆除（包括框架结构）。

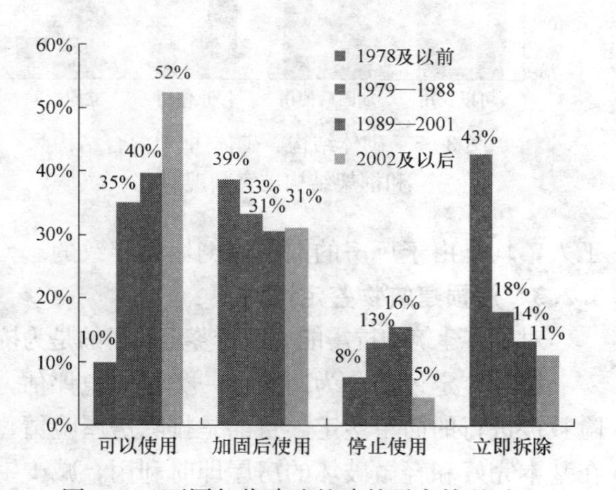

图3-64 不同年代建造的建筑震害情况对比

13. 结构形式分析

震区大量应用的砌体结构、砌体-框架混合结构和框架结构的不同震害程度的对比见表3-2、图3-65。

破坏程度严重而应立即拆除和停止使用所占的比例来看，不同结构形式的抗震性能按以下顺序依次增强：砌体结构——砌体-框架混合结构——框架结构——框架-剪力墙（核心筒）结构/钢结构。除了各类结构本身抗震性能的差别以外，结构体系和施工质量的离散程度也对结构的抗震性能有一定的影响。比如各种砌体结构建造随意，有时没有进行设计，很多情况下结构体系不清楚，因此结构的抗震性能难以把握，破坏情况也多种多样，可能是砌体墙剪切破坏或砂浆强度不足错动剪切破坏，也可能是楼板拉结破坏和砌体墙的倾覆破坏。而框架结构、框架-剪力墙结构和钢结构，大多情况下结构体系的传力路径比较清晰，施工工艺先进，容易保证质量，结构的抗震性能能够比较准确的预测和设计，这类结构如发生严重震害，大多是由于施工质量问题或严重结构不规则造成。房屋倒塌与否划定了生死界线，结构整体稳固性（Robustness）的研究意义重大。结构抗倒塌设计和既有结构加固改造设计有待规范化。

各类结构形式建筑的震害情况统计　　表 3-2

	可以使用	加固后使用	停止使用	立即拆除
砌体-木架屋顶结构	0（0%）	2（50%）	0（0%）	2（50%）
砌体结构	42（21%）	74（37%）	33（16%）	52（26%）
砌体-框架混合结构	20（48%）	9（21%）	4（10%）	9（21%）
框架结构	66（63%）	40（38%）	8（8%）	9（9%）
框架-剪力墙（核心筒）结构	5（71%）	2（29%）	0（0%）	0（0%）
轻钢结构（屋面）/钢桁架拱	4（57%）	3（43%）	0（0%）	0（0%）

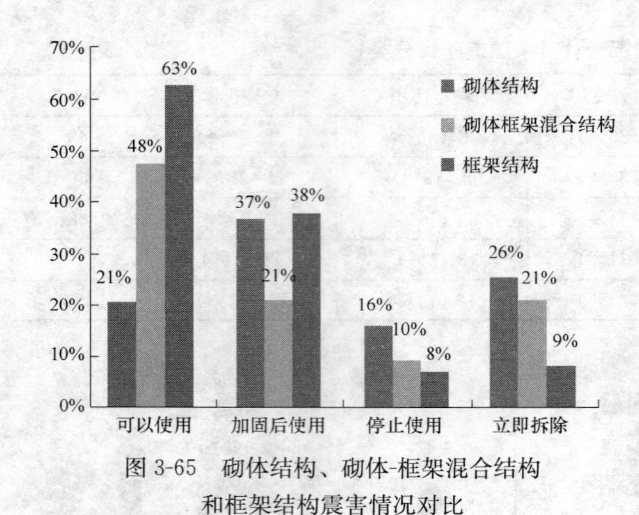

图 3-65　砌体结构、砌体-框架混合结构和框架结构震害情况对比

14. 建筑结构中构造连接的影响

单层钢筋混凝土排架厂房支撑系统的完整可靠是其防倒塌的重要措施，如工业厂房的柱间支撑、屋面支撑应加强。

结构构件之间的连接应加强，屋面板与屋架的焊接，屋面板或屋架与柱子焊接连接，使得地震时大型预制板损坏但不应掉落。

工业厂房围护墙体（山墙、檐墙、女儿墙）与主体结构的拉结非常重要，四川矿山集团地震中死亡 3 名工人，宁江机床厂地震中死亡 13 名工人，均是由于厂房的围护墙倒塌而导致的。

3.2.3　震损建筑物鉴定评估

对现有建筑的抗震能力进行鉴定，目的是为抗震加固或采取其他抗震减灾对策提供依据。

抗震鉴定评估分为两类：一类是应急评估，又称一级鉴定，是指受到地震影响后为抢险救援进行的简单鉴定，目的是排除房屋险情，避免人员伤亡，划分建筑震害程度，对处在基本完好和轻微破坏的房屋即时利用，减少室外露宿人数，避免发生传染性疾病等地震次生灾害；对损害严重的房屋采取抢修排险等处理措施，避免余震等发生时产生更大的破坏。另一类是详细鉴定，又称系统鉴定，是指受到地震影响的建（构）筑物在恢复重建阶段，根据震害程度，确定恢复重建（加固）的数量和规模，为政府决策提供依据，或未受到地震影响但需要对其抗震能力进行评估的，针对本地区的抗震设防目标，对抗震构造措施和地震承载力等进行详细的检测、全面的评定，为抗震加固提供依据，实行以预防为主的方针，减轻地震破坏，减少损失。

1. 震损建筑应急评估

震损建筑应急评估或快速评估主要以承重构件外观检查的破坏程度和破坏数量为主，

通过观察目测和经验判断等手段，必要时核查设计施工资料，辅助于裂缝卡、卷尺、锤子、凿子、螺丝刀、吊锤等简单方便的仪器设备进行检测，根据工程经验对单个建筑物进行评估。

根据《建筑地震破坏等级划分标准》建设部（1990）建抗字377号，应急评估将建筑破坏等级划分为：基本完好（含完好）、轻微损坏、中等破坏、严重破坏、倒塌五个等级。其划分标准及处理意见如下：

Ⅰ.基本完好：承重构件完好，个别非承重构件轻微损坏，附属构件有不同程度破坏。一般不需修理即可继续使用。

Ⅱ.轻微损坏：个别承重构件轻微裂缝，个别非承重构件明显破坏，附属构件有不同程度的破坏。不需修理或需稍加修理，仍可继续使用。

Ⅲ.中等破坏：多数承重构件轻微裂缝部分明显裂缝，个别非承重构件严重破坏。需一般修理，采取安全措施后可适当使用。

Ⅳ.严重破坏：多数承重构件严重破坏或部分倒塌。应采取排险措施，需大修、局部拆除。

Ⅴ.倒塌：多数承重构件倒塌，需拆除。

建筑地震破坏等级的划分，以建筑直接遭受的地震破坏为依据，震前已有其他原因造成的损坏，在评定地震破坏等级时不应考虑在内。确定建筑地震破坏程度时，应以承重构件的破坏程度为主，引入相应的数量概念：个别是指5%以下，部分是指30%以下，多数是指超过50%。

应急评估时建筑震害观测先外部后内部，严重破坏或局部倒塌可不再进行内部检查，在确保安全的情况下，方可进室内检查，远处可先用望远镜观察。

外部重点检查部位有结构体系、层数、总高度，竖向构件或局部楼层倾斜，房屋整体倾斜，倒塌的位置、地基沉降变形等。

内部检查重点是：

（1）结构类型：常见的结构类型有多层砌体砖房、钢筋混凝土框架房屋、底层框架和多层内框架砖房、钢筋混凝土框架-剪力墙结构、全剪力墙结构、钢结构、单层工业厂房、单层空旷房屋、烟囱、水塔等。

（2）结构体系的合理性：1）传力明确；2）竖向构件的上、下连续；3）部分结构或构件丧失抗震能力不会对整个结构产生较大影响。不良结构体系如单跨多层框架、砖与钢筋混凝土混合承重底层框架砖房、内框架砖房。

（3）构件类型及所处位置：构件所处位置不同，其重要性不同，如底层比顶层重要，角柱比边柱重要等；构件类型不同，重要性不同，如构件重要性系数在危房鉴定标准中这样定义的：柱、墙（竖向构件为主要构件）——2.4（柱中不允许有塑性铰）；主梁、屋架（水平构件）——1.9；次梁——1.4；板（一般构件）——1.0。

（4）构件的抗震性能较差的部位：1）多层砌体房屋窗间墙、房屋四角墙体；2）预制构件支承处；3）框架柱的短柱；4）单层厂房中柱的变截面处。

（5）对建筑抗震整体性能影响较大的楼层：1）底层框架砖房中的底层；2）内框架砖房中的顶层等。

各种结构如多层砖房、钢筋混凝土框架房屋、底层框架和多层内框架砖房、单层工业厂房、单层空旷房屋、民房、烟囱、水塔等建筑的地震破坏等级划分都有具体的规定。

多层砖房的地震破坏时，应着重检查承重墙体和屋盖，并检查非承重墙体和附属构件。砖混结构评估分级见表3-3。

砖混结构评估分级　　表3-3

项目	基本完好	轻微损坏	中等破坏	严重破坏	倒塌
承重墙体及其连接	完好，轻微裂缝<5%	轻微裂缝<30%，出屋面小间房间明显裂缝	严重裂缝或倒塌<5%，部分墙体明显裂缝<30%	明显裂缝>50%，严重裂缝<30%，局部酥碎或倒塌<5%	房屋残留部分不足50%
屋盖系统	完好	屋盖完好或轻微损坏	塌落构件<5%	楼、屋盖塌落<30%	房屋残留部分不足50%
次要墙体及其连接	轻微裂缝<30%	明显破坏<30%	非承重构件严重裂缝或局部酥碎<5%	成片倒塌	房屋残留部分不足50%
附属构件	有不同程度破坏	开裂或倒塌	倒塌	倒塌	倒塌

钢筋混凝土框架（包括填充墙框架）房屋应着重检查框架柱，并检查框架梁和墙体（填充墙）。多层钢筋混凝土框架房屋的地震破坏等级应按下列标准划分，见表3-4。

Ⅰ．基本完好：框架柱、梁完好，个别墙体与柱连接处开裂。

Ⅱ．轻微损坏：个别框架柱、梁轻微裂缝；部分墙体明显裂缝；出屋面小建筑明显破坏。

Ⅲ．中等破坏：部分框架柱轻微裂缝或个别柱明显裂缝；个别墙体严重裂缝或局部酥碎。

Ⅳ．严重破坏：部分框架柱，主筋压屈、混凝土酥碎、崩落；部分楼层倒塌。

Ⅴ．倒塌：房屋框架残留部分不足50%。

钢筋混凝土框架结构评估分级　　表3-4

项目	基本完好	轻微损坏	中等破坏	严重破坏	倒塌
框架柱、梁及其连接	完好	轻微裂缝<5%，出屋面小建筑明显破坏	轻微裂缝<30%，明显裂缝<5%	主筋压屈、混凝土酥碎、崩落<30%	房屋残留部分不足50%
屋盖系统	完好	屋盖完好或轻微损坏	塌落构件<5%	楼、屋盖塌落<30%	房屋残留部分不足50%
次要墙体及其连接	轻微裂缝<5%	明显裂缝<30%	严重裂缝或局部酥碎<5%	部分楼层倒塌	房屋残留部分不足50%
附属构件	有不同程度破坏	开裂或倒塌	倒塌	倒塌	倒塌

评定底层框架上部砖房地震破坏时，应着重检查承重墙体和底层框架柱，并检查框架梁和非承重墙体。底层框架砖房的地震破坏等级应按下列标准划分，见表3-5。

Ⅰ．基本完好：承重墙体完好，底层框架柱、梁完好；非承重墙体轻微裂缝。

Ⅱ．轻微损坏：个别承重墙体轻微裂缝，底层个别框架柱、梁轻微裂缝；出屋面小建筑、楼梯间墙体明显裂缝；部分非承重墙体明显裂缝。

Ⅲ．中等破坏：部分承重墙体明显破坏；底层部分框架柱轻微裂缝或个别明显裂缝，个别非承重墙体严重裂缝。

Ⅳ. 严重破坏：多数承重墙体明显裂缝，部分严重裂缝，局部酥碎或倒塌；底层部分柱主筋压屈、混凝土酥碎、崩落；部分楼、屋盖塌落。

Ⅴ. 倒塌：底层倒塌或房屋残留部分不足50%。

底层内框架砖房结构评估分级　　**表 3-5**

项目	基本完好	轻微损坏	中等破坏	严重破坏	倒塌
承重墙体和底层框架柱、梁及其连接	完好	轻微裂缝<5%，出屋面小建筑明显裂缝	墙体轻微破坏<30%，柱轻微裂缝<30%，明显裂缝<5%	墙体明显裂缝>50%，严重裂缝<30%，局部酥碎或倒塌。主筋压屈、混凝土酥碎、崩落<30%	底层倒塌，房屋残留部分不足50%
屋盖系统	完好	屋盖完好或轻微损坏	塌落构件<5%	楼、屋盖塌落<30%	房屋残留部分不足50%
框架梁和非承重墙体及其连接	轻微裂缝<5%	明显裂缝<30%	严重裂缝<5%	部分楼层倒塌	房屋残留部分不足50%
附属构件	有不同程度破坏	开裂或倒塌	倒塌	倒塌	倒塌

评定多层内框架砖房的地震破坏时，应着重检查承重墙体，并检查内框架柱、梁和非承重墙体。多层内框架砖房的地震破坏等级应按下列规定划分，详见表3-6。

Ⅰ. 基本完好：承重墙体完好；内框架柱、梁完好；个别非承重墙体轻微裂缝。

Ⅱ. 轻微损坏：部分承重墙体轻微裂缝或个别明显裂缝；内框架柱、梁完好；出屋面小建筑明显破坏；非承重墙体明显裂缝或个别严重裂缝或局部酥碎。

Ⅲ. 中等破坏：部分承重墙体明显裂缝；内框架柱轻微裂缝；非承重墙体严重裂缝或局部酥碎。

Ⅳ. 严重破坏：多数承重墙体严重裂缝或局部倒塌；部分内框架柱主筋压屈、混凝土酥碎崩落；部分楼、屋盖塌落。

Ⅴ. 倒塌：多数墙体倒塌，部分内框架梁和板塌落。

多层内框架砖房结构评估分级　　**表 3-6**

项目	基本完好	轻微损坏	中等破坏	严重破坏	倒塌
承重墙体和内框架柱、梁及其连接	完好	承重墙轻微裂缝<30%或明显裂缝<5%，梁、柱完好。出屋面小建筑明显破坏	承重墙体明显裂缝<30%，柱轻微裂缝	重墙体严重裂缝或局部倒塌>50%，内框架柱主筋压屈<30%、混凝土酥碎崩落	墙体倒塌>50%，内框架梁和板塌落<30%
屋盖系统	完好	屋盖完好或轻微损坏	塌落构件<5%	楼、屋盖塌落<30%	房屋残留部分不足50%
非承重墙体及其连接	轻微裂缝<5%	明显裂缝<30%或严重裂缝<5%	严重裂缝或局部酥碎	部分楼层倒塌	房屋残留部分不足50%
附属构件	有不同程度破坏	开裂或倒塌	倒塌	倒塌	倒塌

评定单层钢筋混凝土柱厂房的地震破坏时，应着重检查屋盖、柱及其连接，并检查天窗架，柱间支撑和墙体（围护墙）。单层钢筋混凝土柱厂房的地震破坏等级应按下列标准划分，详见表3-7。

Ⅰ. 基本完好：屋盖构件、柱完好；支撑完好；个别墙体轻微裂缝。

Ⅱ. 轻微损坏：部分屋面构件连接松动；柱完好；个别天窗架明显破坏；支撑完好；部分墙体明显裂缝或掉砖。

Ⅲ. 中等破坏：屋面板错位，个别塌落；部分柱轻微裂缝；部分天窗架竖向支撑压屈；部分柱间支撑明显破坏；部分墙体倒塌。

Ⅳ. 严重破坏：部分屋架塌落；部分柱明显破坏；部分支撑压屈或节点破坏。

Ⅴ. 倒塌：多数屋盖塌落，多数柱折断。

单层钢筋混凝土柱厂房结构评估分级　　表 3-7

项目	基本完好	轻微损坏	中等破坏	严重破坏	倒塌
屋盖、柱及其连接	完好	屋面构件连接松动＜30%；柱完好	屋面板错位；塌落＜5%；柱轻微裂缝＜30%	屋架塌落＜30%；柱明显破坏＜30%	屋盖塌落＞50%；柱折断＞50%
屋盖系统	完好	屋盖完好或轻微损坏	塌落构件＜5%	楼、屋盖塌落＜30%	房屋残留部分不足 50%
天窗架，柱间支撑和墙体（围护墙）	轻微裂缝＜5%	天窗架明显破坏＜5%；支撑完好；墙体明显裂缝或掉砖＜30%	天窗架竖向支撑压屈＜30%；柱间支撑明显破坏＜30%；墙体倒塌＜30%	支撑压屈或节点破坏＜30%	房屋残留部分不足 50%
附属构件	有不同程度破坏	开裂或倒塌	倒塌	倒塌	倒塌

评定单层砖柱厂房地震破坏时，应着重检查砖柱（墙垛，下同）、墙体，并检查屋盖及其与柱的连接。单层砖柱厂房的地震破坏等级应按下列标准划分，详见表 3-8。

Ⅰ. 基本完好：柱完好；山墙、围护墙轻微裂缝；屋面与柱连接松动，溜瓦。

Ⅱ. 轻微损坏：个别柱、墙轻微裂缝；个别屋面与柱连接处位移。

Ⅲ. 中等破坏：部分柱、墙明显裂缝；山墙尖局部塌落；个别屋面构件塌落。

Ⅳ. 严重破坏：多数砖柱、墙严重裂缝或局部酥碎；部分屋盖塌落。

Ⅴ. 倒塌：多数柱、墙倒塌。

单层砖柱厂房结构评估分级　　表 3-8

项目	基本完好	轻微损坏	中等破坏	严重破坏	倒塌
砖柱（墙垛）、墙体	柱完好；山墙、围护墙轻微裂缝	柱、墙轻微裂缝＜5%	柱、墙明显裂缝＜30%	砖柱、墙严重裂缝或局部酥碎＞50%	多数柱、墙倒塌＞50%
屋盖系统	完好	屋盖完好或轻微损坏	塌落构件＜5%	楼、屋盖塌落＜30%	房屋残留部分不足 50%
屋盖及其与柱的连接	屋面与柱连接松动，溜瓦	屋面与柱连接处位移＜5%	山墙尖局部塌落；屋面构件塌落＜5%	屋盖塌落＜30%	房屋残留部分不足 50%
附属构件	有不同程度破坏	开裂或倒塌	倒塌	倒塌	倒塌

单层空旷房屋指影剧院、俱乐部等。评定单层空旷房屋地震破坏时，应着重检查大厅与前、后厅连接处和大厅与前、后厅的承重墙体，并检查舞台口悬墙、屋盖。单层空旷房屋的地震破坏等级应按下列标准划分：

Ⅰ. 基本完好：大厅与前、后厅个别连接处墙轻微裂缝；承重墙、柱完好。

Ⅱ. 轻微损坏：大厅与前、后厅部分连接处轻微裂缝；个别承重墙、柱轻微裂缝。

Ⅲ. 中等破坏：大厅与前、后厅连接处墙明显裂缝；部分承重墙、柱明显裂缝，山墙尖局部塌落；舞台口承重悬墙严重裂缝。

Ⅳ. 严重破坏：多数承重墙、柱严重裂缝；部分屋盖塌落。

Ⅴ. 倒塌：房屋残留部分不足50%。

2. 震损建筑详细鉴定评估

详细鉴定评估以现场检测数据为主，结合图纸资料和检测结果进行抗震构造措施核查和抗震承载力验算。鉴定流程如下：

(1) 确定建筑物的设防类别和设防烈度

详细鉴定首先依据《建筑工程抗震设防分类标准》GB 50223—2008，确定建筑物的设防类别，共有甲类、乙类、丙类、丁类四类，分别是特殊设防类、重点设防类、标准设防类、适度设防类的简称。按照《建筑抗震设计规范》GB 50011—2010 附录A确定建筑物的设防烈度，共有6、7、8、9度四级，其抗震措施核查和抗震验算的综合鉴定应符合下列要求：

甲类，应经专门研究按不低于乙类的要求核查其抗震措施，抗震验算应按高于本地区设防烈度的要求采用。

乙类，6～8度应按比本地区设防烈度提高1度的要求核查其抗震措施，9度时应适当提高要求；抗震验算应按不低于本地区设防烈度的要求采用。

丙类，应按本地区设防烈度的要求核查其抗震措施并进行抗震验算。

丁类，7～9度时，应允许按比本地区设防烈度降低一度的要求核查其抗震措施，抗震验算应允许比本地区设防烈度适当降低要求；6度时应允许不作抗震鉴定。

(2) 现有建筑应根据实际需要和可能，按下列规定选择其后续使用年限：

在20世纪70年代及以前建造经耐久性鉴定可继续使用的现有建筑，其后续使用年限不应少于30年；在20世纪80年代建造的现有建筑，后续使用年限宜采用40年或更长，且不得少于30年。

在20世纪90年代（按当时施行的抗震设计规范系列设计）建造的现有建筑，后续使用年限不宜少于40年，条件许可时应采用50年。

在2001年以后（按当时施行的抗震设计规范系列设计）建造的现有建筑，后续使用年限宜采用50年。

后续使用年限是对既有建筑经抗震鉴定后继续使用所约定的一个时期，在这个时期内，建筑不需重新鉴定和相应加固就能按预期目的使用、完成预定的功能。

不同后续使用年限建筑的抗震鉴定原则：A类30年建筑抗震鉴定（基本沿用95标准方法）；B类40年建筑抗震鉴定（相当于89设计规范方法）；C类50年建筑抗震鉴定（现行设计规范方法）。标准中给出的是最低后续使用年限，有条件时宜选择更长的后续使用年限，不得随意减少后续使用年限。

(3) 不同后续使用年限建筑的抗震设防目标及鉴定方法

后续使用年限50年的现有建筑，具有与现行国家标准《建筑抗震设计规范》GB 50011相同的设防目标；后续使用年限少于50年的现有建筑，在遭遇同样的地震影响时，其损坏程度略大于按后续使用年限50年的建筑。

现行的建筑抗震设计规范针对新建的建筑物，其抗震三个水准目标是小震不坏，中震可修，大震不倒。两个阶段设计：第一阶段，针对绝大多数建筑，承载力验算，多遇地震作用（小震）结构弹性地震作用标准值和相应的地震作用效应，建筑物具有必要的承载力，在第三水准下大震不倒，由概念设计和抗震构造措施保证；第二阶段，针对不规则特殊结构，弹塑性变形验算，特殊情况下，除第一阶段验算外，罕遇地震作用（大震）对薄弱部位进行弹塑性验算。

对既有建筑抗震鉴定同样要保证大震不倒，但小震可能会有轻度损坏，中震可能损坏较为严重。设防目标是在后续使用年限内具有相同概率保证前提条件下得到的，因此从概率意义上现有建筑与新建工程的设防目标一致。

抗震鉴定分为两级：

第一级鉴定：宏观控制与构造鉴定和简单的抗震能力验算。

第二级鉴定：根据抗震验算和构造影响，评定其综合抗震能力，综合抗震能力包括承载能力和变形能力。

A类建筑采用逐级鉴定、综合评定的方法，第一级鉴定通过时，可不进行第二级鉴定，评定为满足鉴定要求。第一级鉴定未通过时，进行第二级鉴定，作出判断。

B、C类建筑并行鉴定、综合评定。需同时进行两级鉴定后，进行综合评定。

B类建筑中，抗震措施满足要求时当主要抗侧力构件承载力不低于规定值的95%、次要抗侧力构件承载力不低于规定值的90%时，可不进行加固。

（4）提高重点设防类建筑的鉴定要求，主要有：

1）乙类建筑，6～8度应按比本地区设防烈度提高1度的要求核查其抗震措施，9度时应适当提高要求，抗震验算应按不低于本地区设防烈度的要求采用。

2）Ⅰ类场地上的乙类建筑，其构造措施的鉴定要求不降低。

3）乙类多层砌体房屋的层数和高度控制。

4）A类砌体房屋中属重点设防类的，在第一级鉴定中增加了对构造柱设置的鉴定内容，不符合要求时需对综合抗震能力予以折减。

5）构造柱的设置：按提高1度的要求检查，横墙较少的教学楼还要按增加一层的要求检查，其中外廊或单面走廊的按再增加一层的要求检查。

6）不允许独立砖柱支承大梁，跨度较大的乙类砌体房屋宜采用现浇或装配整体式楼屋盖。

7）不应采用单跨框架结构。

8）框架结构增加了强柱弱梁验算要求。

9）A类框架结构增加了6度区的配筋构造鉴定要求。

10）B类框架结构要求进行变形验算。

11）乙类建筑不允许采用内框架或底层框架结构。

场地条件和基础类别的利弊：

1）Ⅰ类场地的建筑，其构造要求可降低1度采用；

2）全地下室、箱基、筏基和桩基等整体性较好的基础，上部结构的部分鉴定要求可适当降低；

3）Ⅳ类场地、复杂地形等，则有关要求相对提高；

4）8、9度时，尚应进行饱和砂土和黏土液化的判别。

(5) 现有建筑宏观控制和构造鉴定的基本内容及要求

1) 当建筑的平、立面不规则，质量、刚度分布和墙体等抗侧力构件的布置在平面内明显不对称时，应进行地震扭转效应不利影响的分析；当结构竖向构件上下不连续或刚度沿高度分布突变时，应找出薄弱部位并按相应的要求鉴定。

2) 检查结构体系，应找出其破坏会导致整个体系丧失抗震能力或丧失对重力的承载能力的部件或构件；当房屋有错层或不同类型结构体系相连时，应提高其相应部位的抗震鉴定要求。对建筑抗震整体性能影响较大的部位、楼层有：多层砌体房屋四角、底层大房间；底层框架的底层；内框架的顶层等。

3) 检查结构材料实际达到的强度等级，当低于规定的最低要求时，应提出采取相应的抗震减灾对策。

4) 多层建筑的高度和层数，应符合《建筑抗震设计规范》GB 50011 和《建筑抗震鉴定标准》GB 50023 各章规定的最大值限值要求。

5) 当结构构件的尺寸、截面形式等不利于抗震时，宜提高该构件的配筋等构造抗震鉴定要求。

6) 结构构件的连接构造应满足结构整体性的要求；装配式厂房应有较完整的支撑系统。

7) 非结构构件与主体结构的连接构造应满足不倒塌伤人的要求；位于出入口及人流通道等处，应有可靠的连接。非结构构件指女儿墙等出平面的悬臂构件；围护墙体、填充墙等自承重构件；外墙贴面和雨篷等。

8) 当建筑场地位于不利地段时，尚应符合地基基础的有关鉴定要求。

9) 构件布置重点检查多层砌体房屋窗间墙的宽度；框架柱的短柱；单层厂房的变截面砖柱等。

(6) 抗震承载力验算

构件抗震承载力验算公式：

$$S \leqslant R_c / \gamma_{Ra} \tag{3-1}$$

$$R_c = \psi_1 \psi_2 R \tag{3-2}$$

式中 ψ_1——构造的整体影响系数，如圈梁、构造柱、梁柱节点等整体连接构造；

ψ_2——构造的局部影响系数，如局部尺寸、楼梯间等；

γ_{Ra}——抗震鉴定的承载力调整系数，反映了不同后续使用年限要求的不同；

R——结构构件承载力设计值，按现行国家标准《建筑抗震设计规范》GB 50011 的规定采用；其中，各类结构材料强度的设计指标应按《建筑抗震鉴定标准》GB 50023 标准附录 A 采用，材料强度等级按现场实际情况确定；

S——结构构件内力（轴向力、剪力、弯矩等）组合的设计值。计算时，有关的荷载、地震作用、作用分项系数、组合值系数，应按现行国家标准《建筑抗震设计规范》GB 50011 的规定采用；其中，场地的设计特征周期可按《建筑抗震鉴定标准》GB 50023 的表 3.0.5 确定，地震作用效应（内力）调整系数应按《建筑抗震鉴定标准》GB 50023 各章的规定采用，8、9 度的大跨度和长悬臂结构应计算竖向地震作用。

抗震鉴定中构件承载力计算应注意的问题：

1) 多层砌体房屋：a) 砂浆强度等级高于砖、砌块的强度等级时，墙体的砂浆强度宜按砖、砌块的强度等级采用；b）8 度和 9 度的地震作用取值分别为：0.12 和 0.20，为抗震设计取值的 0.75 和 0.56 倍；c）应以楼层的综合抗震能力而不是以个别墙段的抗震能力为标准。

2）多层和高层钢筋混凝土房屋：a）承载力调整系数取为按规范设计的 0.85，则梁为 0.64，柱为 0.68，构件抗剪为 0.72 等；b）节点少设箍筋问题；c）剪力墙结构中的连梁问题。

（7）抗震鉴定的结论及处理建议

1）满足抗震鉴定要求：继续使用，应注明后续使用年限。

2）对不符合鉴定要求的建筑，可根据其不符合要求的程度、部位对结构整体抗震性能影响的大小，以及有关的非抗震缺陷等实际情况，结合使用要求、城市规划和加固难易等因素的分析，提出相应的维修、加固、改变用途或更新等抗震减灾对策。

3）维修：少量次要构件不满足要求或外观质量存在问题，结合维修处理。

4）加固：不满足抗震鉴定要求，从政治、经济、技术的角度，通过加固能达到鉴定要求，按加固规程加固。

5）改变用途：不满足鉴定要求，但可通过改变用途降低设防类别，使其通过加固或不加固达到新的鉴定要求。

6）更新：结合规划拆除，短期使用的需采取应急措施。

3.2.4　震损建筑物处理

1. 震损建筑物加固处理方案选择

（1）加固设计要以地震后的建筑结构检测鉴定报告为依据，并考虑应急处理措施的影响，通过多种加固方案的比较，确定经济合理、便于施工的优化方案。

建（构）筑物震后修复和加固的对策，宜符合表 3-9 的规定。

建（构）筑物震后修复和加固的对策　　**表 3-9**

重建设防烈度	建筑地震破坏等级				
	基本完好	轻微破坏	中等破坏	严重破坏	倒塌
低于遭遇烈度	A	B	C	D或E	E
等于遭遇烈度	A	C	D	D或E	E
高于遭遇烈度	X	D	D或E	E	E

注：A——不需修复就可以继续使用；B——需要修复；C——以修复为主，局部加固为辅；
D——加固为主；E——拆除；X——按重建设防烈度进行鉴定，并采取措施处理。

（2）建（构）筑物震后修复和加固设计时，首先应确定建筑物的结构体系和传力路径，确定建筑结构安全等级、建筑物耐火等级、抗震设防类别和设防烈度、场地土类别、后续使用年限。应按现行国家标准《建筑抗震设防分类标准》GB 50223 确定设防分类，采用现行《建筑抗震设计规范》GB 50011 附录 A 规定的抗震设防烈度和设计基本地震加速度。加固方法按《建筑抗震设计规范》GB 50011、行业标准《建筑抗震加固技术规程》JGJ 116 的有关规定执行。

（3）结构加固设计方案的确定，应具有明确的计算简图和合理的地震作用传递途径，应避免因部分结构或构件破坏而导致整体结构丧失抗震能力，并避免因部分结构或构件破坏而导致丧失整个结构对重力荷载的承载能力。应按照“强柱弱梁、强节点弱构件、强剪弱弯”的原则进行设计，重点加固柱子和承重墙体等主要构件，尽量减少梁板等受弯构件的加固量，重点加固构件和结构之间的连接节点，使节点的连接强度高于构件的强度，构件的抗剪承载力大于抗弯承载力。

加固设计应考虑地基基础的承载力和变形等，以及上部结构加固后对地基基础的影响。结构加固应确保地基基础与上部结构形式之间的相互匹配，屋面结构与主体结构的相互匹配，结构与构件之间的相互匹配。加固设计应确保结构之间、构件之间等连接锚固符合设计规范要求。对抗震构造措施以及支撑系统等不符合抗震规范要求的应进行加固。

（4）抗震加固设计应遵循下列原则：

1）当原结构沿高度和沿平面设置的构件及其刚度分布符合规则性要求时，对新增设构件的布置，必须保持原结构的规则性；若原结构在某个主轴或两个主轴方向的布置不符合规则性要求时，宜利用新增设构件的不规则布置，使加固后的结构能消除或减少不规则性；

2）对原结构合理的传力途径，应使新增构件后仍能得到保持；对原结构有缺陷的传力途径，应利用新增构件予以改变；

3）应根据结构地震损伤的程度，分析损伤的原因，并通过有效的加固措施使结构损伤的部位得到加强；

4）应防止新增设构件形成新的薄弱层，并应利用所增设构件的位置、尺寸和厚度的变化，消除或减轻原有薄弱层的不利影响；

5）当原有建筑的不同部位有不同类型的承重结构体系时，应对不同类型结构相连部位采取消除原布置影响的构造措施，使之具有比一般部位更高的承载能力和更强的变形能力；

6）当原结构构件处于明显不利的状态时，如短柱、强梁弱柱等，应在加固设计中采取能改善该构件的受力状态，或将地震作用转移到新增设的、受力状态合理的构件上的措施。

（5）地震受损建筑结构分析和构件承载力验算，应符合下列要求。

1）结构的计算简图，应根据加固后的荷载、地震作用和实际受力状态确定。

2）结构构件的计算截面尺寸，应采用实际的截面尺寸。

3）结构构件承载力验算时，应计入实际存在的偏心、结构构件变形造成的附加内力、结构损伤对承载能力的影响，以及加固后的实际受力程度、新增部分的应变滞后和新旧部分协同工作程度对承载力的影响。

4）抗震加固设计时，对受损并已经修复的结构构件，其承载能力宜乘以0.8～1.0的震损系数。

（6）地震受损建筑加固所用的材料，应符合相应国家有关标准规范的规定。加固方法和加固材料的选择应不影响建筑物的防火性能和适用性能，放射性污染和有害物质含量不超标。

2. 常用的加固方法

（1）震损多层砌体房屋的抗震加固应根据震损情况，分别采用不同的抗震修复加固措施。

1）拆砌原墙加固：墙体裂缝宽度大于15mm且墙角砖被压碎、砂浆强度低于M1.0，墙体承载力明显下降时，宜拆除墙体重新砌筑。

2）注浆加固：墙体裂缝宽度在0.3～15mm且砂浆强度不低于M1.0，可采用压力注浆修补，对砌筑砂浆饱满度差或砌筑砂浆强度等级偏低的墙体，可采用满注浆加固。

3）面层或板墙加固：墙体承载力不足时，可在墙体的一侧或两侧采用水泥砂浆面层、钢筋网水泥砂浆面层或钢筋混凝土板墙等加固，并应采取有效措施保证新旧两部分界面的粘结牢固。

4）外加构造柱加固：构造柱设置不满足要求时，可在墙体交接处采用钢筋混凝土构造柱或组合柱加固。加固设计和施工时应保证构造柱与圈梁、墙可靠拉结，或与现浇钢筋混凝土楼、屋盖可靠连接。

5）外套钢筋混凝土加固：对承载力或延性不足的砖柱（墙垛）可用现浇钢筋混凝土围套加固。

6）增设圈梁加固：当圈梁设置不满足要求时，可增设圈梁。外墙圈梁宜采用现浇钢筋混凝土，内墙圈梁可用钢拉杆代替。

7）增设托梁加固：当楼、屋盖预制构件支承长度不满足要求时，可采用增设托梁或采取增强楼、屋盖整体牢固性的措施加固。

(2) 震损的钢筋混凝土结构修复加固，应采用下列方法：

1）采用增设消能支撑、钢筋混凝土抗震墙、柱间支撑、翼墙、改变梁端底部钢筋的锚固状态、加固节点等措施，改善结构整体抗震能力和总体刚度水平。

2）采用粘钢或外包钢、增大截面、粘贴碳纤维、粘贴玻璃纤维复合材等加固方法，弥补构件承载力不足。

3）采用增设支托并加强连接处锚固等措施弥补楼面、屋面板支承长度的不足。

4）采用增设拉结钢筋等措施，改善砌体墙、填充墙和柱、梁之间的连接能力。

5）采取加强柱子强度、静态切割增设结构缝等方法，减小原墙体或各类平台布置所形成的短柱或柱子附加内力。

6）当部分受损的结构构件无法利用，以及女儿墙、雨篷等非结构构件不符合现行有关标准规定时，应采用无振动切割等方法予以拆除或截短。

7）对贴砌在框架柱平面外的围护墙体，当缺少构造柱或圈梁的约束已损坏时，应更换为嵌砌在框架柱平面内的轻质墙体。轻质墙体应与主体结构可靠拉结，同步受力变形。

8）对破坏严重和设置在拐角处的楼梯，以及高层框架-剪力墙结构或剪力墙结构采用的与框架填充墙连接的楼梯，除应加固楼梯本身外，尚应对支撑楼梯的框架柱进行增大承载能力的加固；并应对楼梯梁和墙体与框架柱的连接进行加固。

9）加固前应对构件的局部损伤和裂缝进行处理和修复。

(3) 震损的钢结构加固和修复，可采用下列方法：

1）提高结构整体性可采用增设构件和支撑的方法；提高构件承载力和刚度可采用加大截面法；增设构件和支撑应保证加固件有合理的传力途径；加固件宜与原有构件的支座或节点有可靠的连接，连接可采用焊接、螺栓连接、铆接等，一般优先采用焊接。

2）钢结构构件裂缝的修补有焊接修补、嵌板修补、附加盖板等方法。

3）构件连接节点的加固，可焊缝连接、高强度螺栓连接、铆接和普通螺栓连接：①对焊缝连接的加固：直接延长原焊缝的长度，如存在困难，也可采用附加连接板和增大节点板的方法，增加焊缝有效高度；增设新焊缝。②对高强度螺栓连接的加固：增补同类型的高强度螺栓；将单剪结合改造为双剪结合；增设焊缝连接。③对铆接和普通螺栓连接的加固：全部或局部更换为高强度螺栓连接；增补新铆钉、新螺栓或增设高强度螺栓；增设焊缝连接。

4）当受压构件或受弯构件的受压翼缘破损和变形严重时，为避免矫正变形或拆除受损，可在杆件周围包以钢筋混凝土，形成劲性钢筋混凝土的组合结构。为了保证两者的共同工作，应在外包钢筋混凝土的部位上焊接能传递剪力的零件。

5）钢结构的加固有卸荷加固和负荷加固两种形式。负荷加固时，必须对施工期间钢构件的工作条件和施工的过程进行控制，确保施工过程的安全。

3.3 震损构筑物处理

3.3.1 震损构筑物处理概述

构筑物种类繁多，在实践中常遇的构筑物主要有：水塔、烟囱、贮仓、水池、通廊、井架井塔、双曲线冷却塔、电视塔、高炉、尾矿坝等。通常地震发生后最有可能遇到破坏的构筑物为烟囱、水塔、贮仓、通廊等。

构筑物广泛用于我国国民经济建设中，并起到重要的作用。构筑物遭遇地震后，其破坏的主要形式可以归为以下几种情况：

① 地基基础：地基的破坏表现为液化、震陷；基础的破坏表现为不均匀沉降、倾斜、开裂、地脚螺栓松动、拔出、扭曲、剪断等；

② 主体结构的破坏表现为：开裂、酥裂压碎、错位、倾斜或侧移、折断、坍塌、倒塌等；

③ 维护结构的破坏表现为：开裂、脱落、与主体结构连接损坏、塌落等。

地震的突发性和不易预测性导致地震发生后直接造成各类建（构）筑物破坏和倒塌，是破坏力极强的自然灾害。通过对我国及世界各地经历的数次地震的总结，构筑物地震破坏的主要原因为：

① 未能按抗震设防要求建造（如：唐山、阪神地震等）；

② 构筑物建筑物位于地震断层上（如：阪神、伊兹米特、集集地震等）；

③ 构筑物建筑物坐落于软地基上（如：墨西哥、乌恰及印度古吉特拉邦地震等）、建筑物底层层高过大、跨度过大（伊兹米特、集集地震等）。

1. 构筑物

(1) 烟囱

烟囱是用于排放工业与民用炉窑高温烟气的高耸构筑物。通过烟囱可将烟气排入高空并能改善燃烧条件，且减轻烟气对环境的污染。

烟囱是最古老、最重要的防污染装置之一。烟囱的发明极早，当原始人发现火时，同时发现了这样一个道理：哪里有火，哪里必有烟。最早的烟囱即是室内的通气孔，当把“火”带进室内做饭和取暖时烟也随之而入。这就迫使人们不得不设法在屋顶和墙壁上开些通气孔，以此来驱除屋内的烟雾。这种方法作为一种规范的人类实践活动已保留了几十万年。人类曾花了很长的时间来改进大烟囱。过去学术界普遍认为：人类文明的发源地埃及和美索不达米亚气候温暖，因而家庭取暖也就没有成为一个紧迫的问题。最后，一个法国考察队宣布他们在幼发拉底河上游挖掘庞大的废墟城市马里时，发现了一座配备着许多烟囱的约有4000年历史的宫殿，从而使上述观点得到改变。诚然，罗马人在发展设计新颖的热气取暖系统时，也大大地改进了烟囱。但目前流行的观点仍认为，“烟囱”这一概念是1200多年前由叙利亚人、埃及人以及犹太商人从东方引入西欧的。

目前，中国最高的单筒式钢筋混凝土烟囱为210m。最高的多筒式钢筋混凝土烟囱是秦岭电厂212m高的四筒式烟囱。现在世界上已建成的高度超过300m的烟囱达数十座，例如米切尔电站的单筒式钢筋混凝土烟囱高达368m。

烟囱由筒身部分和烟囱内衬（包括隔热层）及附属设施（囱帽、烟道口、爬梯）组成。

烟囱一般为钢筋混凝土结构、砌体结构和钢结构三种。

(2) 水塔

水塔是用于储水和配水的高耸结构，用来保持和调节给水管网中的水量和水压。主要由水柜、基础和连接两者的支筒或支架组成。在工业与民用建筑中，水塔是一种比较常见而又特殊的建筑物。

按建筑材料分为钢筋混凝土水塔、钢水塔、砖石支筒与钢筋混凝土水柜组合的水塔。水柜也可用钢丝网水泥、玻璃钢和木材建造。过去欧洲曾建造过一些具有城堡式外形的水塔。法国有一座多功能的水塔，在最高处设置水柜，中部为办公用房，底层是商场。中国也有烟囱和水塔合建在一起的双功能构筑物。按水柜形式分为圆柱壳式和倒锥壳式。在中国这两种形式应用最多，此外还有球形、箱形、碗形和水珠形等多种。支筒一般用钢筋混凝土或砖石做成圆筒形。支架多数用钢筋混凝土刚架或钢构架。水塔基础有钢筋混凝土圆板基础、环板基础、单个锥壳与组合锥壳基础和桩基础。当水塔容量较小、高度不大时，也可用砖石材料砌筑的刚性基础。

水塔的历史悠久，到目前为止钢筋混凝土倒锥壳水塔已在国内外修建了3000多座。

汉口水塔建于1908年，曾是汉口近代消防标志性建筑，在很长一段时期，它承担着消防给水和消防瞭望的双重任务，曾是大汉口最打眼的构筑物。

南宁市最早的水塔——凌铁水塔，该水塔位于植物路53号凌铁水厂内，于1934年4月与凌铁水厂同时建成，为南宁市第一座水塔。塔高25m，占地面积16m^2，储水容量80m^3，装有进水管和出水管各1条。该塔因蓄水容积过小，且远离市中心区，1937年新华街水塔建成之后，只用于滤池反冲洗及供凌铁村附近居民用水，于20世纪60年代停止使用，1969年曾进行过一次全面的除锈油漆保养，现保存完好。

齐齐哈尔的昂昂溪清末铁路水塔，是有着百年历史的水塔，在大树的环抱下，建筑状况依然完好。当时的黑龙江将军程德全决定，自筹资金修筑一条铁路与东清铁路衔接。为了给行驶的火车补水，所以又修建了两座铁路水塔，其中的一座就是昂昂溪铁路水塔。后来，俄国人以“铁路附属地”内清政府无权干预为理由，拒绝中国人使用水塔。因此，昂昂溪清末铁路水塔自建成后一天也没有使用过。

(3) 贮仓

贮仓一般有钢筋混凝土结构、砌体结构和钢结构三种。

我国贮仓建设自1922年开始，当时在上海市的上海水泥厂建造了圆筒仓，也是我国第一座贮仓构筑物。中华人民共和国成立后，随着国民经济建设的需要，兴建了各种形式的贮仓，贮仓结构广泛应用于煤炭、电力、冶金、粮食等工业系统中，一般用来贮存水泥、砂子、矿石、煤炭、化工原料及谷物等，也可作为仓库，贮仓作为构筑物是生产企业中不可缺少的设施。

贮仓结构建设的发展向着大容量、轻型、多功能、电气化和自动化发展。特别是立筒仓由于其机械化、自动化程度较高，便于储物的进出，目前在大型港口有着广泛应用。

1998 年以来，根据国家经济的需要，粮食行业建成了具有 900 亿斤仓容的粮仓。全国分布广泛其中包括大型平房仓、浅圆仓和砖圆仓等。

近年来，预应力混凝土筒仓在我国煤炭、水泥及电力等行业有了很大的发展。特别是对于直径较大的筒仓使用更为广泛。

砌体贮仓有筒仓和散装平房仓。砌体筒仓多用于贮存均匀散状或粉状物料所组成的散料。砌体散装平房仓是 1998 年开始广泛用于粮食行业的贮仓类型，此次汶川大地震涉及此类型的贮仓较多。

我国采用薄钢板装配或卷制而成的钢板筒仓是近 20 余年引进、发展起来的新技术，钢板仓具有自重轻、建设工期短、便于机械化生产等优点，在粮食、食品、饲料、轻工等行业已广泛应用。目前常用的钢板仓的制作、施工方法主要是焊接、螺栓装配和螺旋卷边三种方式。

（4）通廊

贮仓主要贮存各种生产资料、半成品和成品，然后通过各种交通工具送到下一道工序。通过下一道工序的主要构筑物就是通廊，所以在地震发生时，贮仓和通廊一旦破坏，会使一些工厂停产，造成很大的经济损失。通廊一般采用钢结构、混凝土结构或其他混合结构。

2. 抗震设防是减轻地震损失的有效途径

地震损失的大小与建筑物是否采取合理的抗震设计和抗震措施以及建设质量的优劣密切相关。20 世纪正反两方面的地震实例都说明结构抗震是减轻地震损失的有效途径。智利康塞普西翁市在 1835 年、1939 年和 1960 年先后三次遭到特大地震的袭击。第一次地震仅 6s 时间，该城即被夷为一片废墟；第二次地震又造成房倒屋塌，死亡 2.8 万人；之后该市吸取了教训，对建筑物实行抗震设防，结果在 1960 年再次发生 M8.3 级地震时，新建房屋大都完好，特别是该城的一座现代化炼钢厂，由于建设时采取了许多抗震措施，地震时损失轻微，震后不到一星期即恢复了生产。在我国，类似的震例也有许多。例如，河北邢台地区和山西大同阳高地区分别在 1966 年和 1989 年发生 M6.8 级和 M6.1 级强烈地震，造成严重人员伤亡和房屋破坏，但震后恢复重建时两地都采用了合理的抗震设防标准，结果在 1981 年和 1996 年两地分别再次发生 M5.8 级破坏性地震时，震区房屋经受住了考验，损失极小。再如，云南东川市是新中国成立后迅速发展起来的新兴城市，建设时因考虑了抗震设计和措施，结果在 1966 年 2 月遭受强烈地震时，损失也很小。最近几年在日本、土耳其及我国台湾等地发生的一系列大地震还表明，凡是按新抗震规范或较合理的抗震规范设计的建筑物受损坏程度就低，凡按旧规范或未严格按合理规范设计的建筑物受破坏程度就高；但与此同时，原认为一些能抗大震的现代化构筑物如铁路、公路高架桥等，在地震中也不同程度受到了破坏，这些情况综合显示，人类在结构抗震方面的任务还十分艰巨，需要在总结经验的基础上不断改进和发展。此外，土耳其伊兹米特等大地震还暴露出建筑物质量低劣造成人员伤亡和财产损失的严重问题，这是建筑承包商偷工减料、弄虚作假，政府部门及其工作人员监督不力、甚至玩忽职守酿造的人类悲剧，对此在工程建设上应特别引以为戒。

3. 抗震加固的重要性

对已建建筑物和构筑物进行抗震加固，是我国防震减灾工作的重要内容。经过加固的建筑物和构筑物在近几年内发生的地震中，有的已经经受了考验，证明抗震加固与不加固大不一样，抗震加固确实是保证生产发展和人民生命安全的积极而有效的措施。最有说服力的例子是天津发电设备厂，唐山地震前，用了40多吨钢材，加固了全厂64项主要建筑物，地震时全厂没有一个车间倒塌，没有一个屋架塌落，保障了设备完好，震后3d就恢复了生产。而相邻的天津重机厂，震前没有加固，遭到严重破坏，停产半年，修复加固用去了700多吨钢材。又如，1981年1月，四川道孚发生M6.9级地震，道孚县城两栋已经加固的建筑物（县邮电局机房和粮食仓库）震后完好，15min后就同外界取得了联系，并保障了震后的正常粮食供应。

1960年广东新丰江水库发生M4.3级地震，水库大坝发生轻微破坏；事后根据周恩来总理指示按7度加固大坝。1961年当地又发生M6.1级地震，烈度达7度强，水库大坝安然无恙。

1966年河北邢台发生M7.2级地震，导致1万多人死亡；之后，邢台地区提出建筑物“基础牢、房屋矮、房顶轻、施工好、连接紧”的要求。1981年邢台发生M5.8级地震，建筑物基本没有破坏。

1990年山西大同阳高地区发生M6.1级地震，大片房屋倒塌，在世界银行支持下震区按7度设防，1996年原地发生M5.8级地震，没有造成破坏。

1976年唐山发生M7.8级地震，整个城市被毁，但有一家面粉厂是用乌鲁木齐的设计图纸（抗M8级地震）建造的，地震后框架不倒。

智利瓦尔帕莱索市的建筑物是按照规定的要求设防的，1985年发生M7.8级地震，100万人口的城市（与当时唐山人口相同）死亡150人。

阿根廷圣胡安市1944年发生M7.8级地震，死亡5000人；经过抗震设防，1977年发生M7.4级地震，死亡70人。

2001年6月28日，美国西雅图发生M6.8级地震，但由于近10年来当地政府十分重视地震灾害预防，例如，花了近2亿美元的经费，加固了市区的危房等，因而地震只造成1人死亡，而且还是因为受地震刺激，心脏病发作而死的。

抗震加固不仅在发生地震时能大大减轻房屋的破坏，保障人员的安全，而且在没有发生地震的时候，也可以增强建筑物和构筑物的安全，延长使用年限，在抗御其他灾害等方面具有明显的经济效益、环境效益和社会效益。

4. 构筑物地震破坏等级划分

（1）安全性等级

房屋建筑的安全性等级可分为基本完好、轻微破坏、中等破坏、严重破坏和倒塌五级。

（2）处理方法

根据房屋建筑的安全性等级可采用继续使用、应急加固处理维修后继续使用和禁止使用三种处理方法。

基本完好：承重构件完好无损，个别非承重构件有轻微破坏，可以继续使用。

轻微破坏：个别承重构件出现可见裂缝，非承重构件有明显裂缝，简单维修后继续使用。

中等破坏：多数承重构件出现轻微裂缝，部分有明显裂缝，个别非承重构件破坏严重，应急加固与维修后继续使用。

严重破坏：多数承重构件破坏严重或局部倒塌，禁止使用。

倒塌：多数承重构件破坏严重，濒于崩溃或已倒塌，禁止使用。

5. 构筑物危险判断与快速安全评估

地震发生后对构筑物应作出危险判断和快速评估，经过5·12汶川大地震和玉树地震后，已经制定了一些方法并且实施。

(1) 烟囱

常见的烟囱包括：砖结构烟囱、混凝土结构烟囱和钢结构烟囱三类，其危险判断与安全快速评估按照地基基础、筒身及支承结构、内衬、附属设施四个方面综合判断，具体为：

① 砖结构烟囱危险判断与安全快速评估

完好（可继续使用）：烟囱周围地基无塌陷、断裂等地质破坏；基础区域无明显开裂；烟囱筒身基本无开裂，筒身无倾斜变形（烟囱顶部实测侧移变位与高度的比值小于等于1/300）；烟囱内衬（包括隔热层）基本无损坏，附属设施（囱帽、烟道口、爬梯）无损坏。无危险。

轻微破坏（修复后使用）：烟囱周围地基无塌陷、断裂等地质破坏，基础无明显开裂；烟囱筒身有宽度小于等于1.0mm的裂缝，筒身无明显局部凹凸变形，筒身无明显倾斜变形（烟囱顶部实测侧移变位与高度的比值小于等于1/250）；烟囱内衬（包括隔热层）基本无损坏或有裂缝，但尚不影响筒身安全，附属设施（囱帽、烟道口、爬梯）有损坏但与烟囱主体结构连接较好，基本不影响筒身结构安全，短期无倒塌或掉落的可能。基本无危险，不可长时间在周围停留。

中等破坏（加固修复后使用）：使用烟囱周围地基无塌陷，基础外围存在地基开裂，基础开裂；烟囱筒身存在宽度大于1.0mm的环向或纵向裂缝，有明显局部压碎、凹凸变形或有局部掉砖现象，筒身有较大的倾斜变形（烟囱顶部实测侧移变位与高度的比值大于1/250）；烟囱内衬（包括隔热层）损坏或有裂缝，影响筒身安全，附属设施（囱帽、烟道口、爬梯）有损坏，与烟囱主体结构连接损坏，影响筒身结构安全，有倒塌或掉落的可能。危险，不可靠近。

严重破坏（拆除重建或加固修复后使用）：烟囱周围地基有塌陷或断裂地质破坏，基础外围存在较多数量的地基开裂，裂缝数量多；烟囱筒身有宽度大于1.0mm的环向与纵向裂缝，筒身有严重的局部凹凸、压碎变形，局部砖已掉落，筒身有过大的倾斜变形或移位，有随时倒塌的可能；烟囱内衬（包括隔热层）损坏，影响筒身安全，附属设施（囱帽、烟道口、爬梯）损坏严重，与烟囱主体结构连接破坏，影响筒身结构安全。随时有倒塌或掉落的可能。非常危险，应远离附近。

倒塌（需重建）：烟囱已部分或整体倒塌。危险，不可靠近。

② 混凝土结构烟囱危险判断与安全快速评估

完好（可继续使用）：烟囱周围地基无塌陷、断裂等地质破坏；基础无开裂；烟囱筒身基本无开裂或存在少数宽度小于等于0.3mm的裂缝，筒身无倾斜变形（烟囱顶部实测侧移变位与高度的比值小于等于1/300）；烟囱内衬（包括隔热层）基本无损坏，附属设施（囱帽、烟道口、爬梯）无损坏。无危险。

轻微破坏（修复后使用）：烟囱周围地基无塌陷、断裂等地质破坏，基础区域无明显开裂，烟囱筒身有少数开裂，裂缝宽度小于等于0.5mm，局部有轻微压碎现象，筒身无明显的倾斜变形（烟囱顶部实测侧移变位与高度的比值小于等于1/250）；附属设施（囱帽、烟道口、爬梯）有损坏，但与烟囱主体结构连接较好，基本不影响筒身结构安全，短期无倒塌或掉落的可能。基本无危险，不可长时间在周围停留。

中等破坏（加固修复后使用）：使用烟囱周围地基无塌陷，基础外围存在开裂现象，基础开裂；烟囱筒身存在少数宽度大于1.0mm的环向或纵向裂缝，筒身有明显局部凹凸或压碎变形，筒身有较大的倾斜变形（烟囱顶部实测侧移变位与高度的比值大于1/250）；附属设施（囱帽、烟道口、爬梯）有损坏，与烟囱主体结构连接损坏，影响筒身结构安全，有倒塌或掉落的可能。危险，不可靠近。

严重破坏（拆除重建或加固修复后使用）：烟囱周围地基有塌陷或断裂地质破坏，基础外围存在较多数量的地基开裂，基础开裂；烟囱筒身有宽度大于1.0mm的环向与纵向裂缝，筒身有明显局部凹凸或压碎变形，倾斜变形或移位严重，有随时倒塌的可能；附属设施（囱帽、烟道口、爬梯）损坏严重，与烟囱主体结构连接破坏，影响筒身结构安全。随时有倒塌或掉落的可能。非常危险，应远离附近。

倒塌（需重建）：烟囱已部分或整体倒塌。危险，不可靠近。

③ 钢结构烟囱危险判断与安全快速评估

完好（可继续使用）：烟囱周围地基无塌陷、断裂等地质破坏；基础区域无明显裂缝；筒身与支撑系统无倾斜变形（烟囱顶部实测侧移变位与高度的比值小于等于1/300），筒身无明显局部凹凸变形；烟囱内衬（包括隔热层）基本无损坏，附属设施（囱帽、烟道口、爬梯）无损坏。无危险。

轻微破坏（修复后使用）：烟囱周围地基无塌陷、断裂等地质破坏，基础无明显裂缝；筒身与支撑系统无明显的倾斜变形（烟囱顶部实测侧移变位与高度的比值小于等于1/250），筒身存在局部凹凸变形；附属设施（囱帽、烟道口、爬梯）有损坏但与烟囱主体结构连接较好，基本不影响筒身结构安全，短期无倒塌或掉落的可能。基本无危险，不可长时间在周围停留。

中等破坏（加固修复后使用）：使用烟囱周围地基无塌陷，基础外围存在少数地基裂缝，基础开裂；筒身有明显局部凹凸变形，焊缝附近有局部裂纹，筒身及支撑系统有较大的倾斜变形（烟囱顶部实测侧移变位与高度的比值大于1/250）；附属设施（囱帽、烟道口、爬梯）有损坏，与烟囱主体结构连接损坏，影响筒身结构安全，有倒塌或掉落的可能。危险，不可靠近。

严重破坏（拆除重建或加固修复后使用）：烟囱周围地基有塌陷或断裂等地质破坏，基础外围存在一定数量的地基裂缝，基础区域裂缝较多；筒身有明显局部凹凸或弯曲变形，焊缝附近开裂、钢连接损坏，筒身与支撑系统倾斜变形或移位过大，有随时倒塌的可能；附属设施（囱帽、烟道口、爬梯）损坏严重，与烟囱主体结构连接破坏，影响筒身结构安全，随时有倒塌或掉落的可能。非常危险，应远离附近。

倒塌（需重建）：烟囱弯曲或倾斜过大随时倾覆，或已整体倒塌。危险，不可靠近。

（2）水塔

常见的水塔包括砌体结构水塔、混凝土结构水塔和钢结构水塔三类，其危险判断与安全快速评估按照地基基础、水箱、支承结构三个方面综合判断，具体为：

① 砌体结构水塔危险判断与安全快速评估

完好（可继续使用）：水塔周围地基无塌陷、断裂等地质破坏，基础区域无明显裂缝；水塔水箱与支承结构无开裂和渗水现象，无倾斜变形（支承结构顶部实测侧移变位与高度的比值小于等于3/1000）。无危险。

轻微破坏（修复后使用）：水塔周围地基无塌陷、断裂等地质破坏，基础区域无明显开裂；水塔水箱与支承结构基本无开裂或只存在少数宽度小于等于0.5mm的裂缝，有局部渗水现象，无明显倾斜变形（支承结构顶部实测侧移变位与高度的比值小于等于6/1000），基本无危险。不可长时间在周围停留。

中等破坏（加固修复后使用）：使用水塔周围地基无塌陷，基础外围存在少数地基裂缝，基础开裂；水箱及支承结构存在宽度大于1.0mm的裂缝，水箱有明显局部凹凸或压碎变形或有局部掉砖现象，渗水、漏水现象比较严重，支承结构有较大的倾斜变形（支承结构顶部实测侧移变位与高度的比值大于6/1000）。危险，不可靠近。

严重破坏（拆除重建或加固修复后使用）：水塔周围地基有塌陷或断裂地质破坏，基础外围与基础区域裂缝较多；水箱与支承结构有宽度大于1.0mm的裂缝，水箱有明显局部凹凸或压碎变形，部分砖已掉落，渗水、漏水严重，支承结构有过大的倾斜变形或移位，有随时倒塌或倾覆的可能，非常危险，应远离附近。

倒塌（需重建）：水塔结构已部分或整体倒塌。危险，不可靠近。

② 混凝土结构水塔危险判断与安全快速评估

完好（可继续使用）：水塔周围地基无塌陷、断裂等地质破坏；基础区域无明显开裂；水塔水箱与支承结构基本无开裂和渗水现象，无明显倾斜变形（支承结构顶部实测侧移变位与高度的比值小于等于3/1000）。无危险。

轻微破坏（修复后使用）：水塔周围地基无塌陷、断裂等地质破坏，基础无明显裂缝；水塔水箱与支承结构轻微开裂，裂缝宽度小于等于0.3mm，有局部渗水现象，无明显倾斜变形（支承结构顶部实测侧移变位与高度的比值小于等于6/1000）。基本无危险，不可长时间在周围停留。

中等破坏（加固修复后使用）：水塔周围地基无塌陷，基础外围存在地基开裂，基础开裂；水箱及支承结构裂缝宽度大于1.0mm，水箱有较大局部凹凸或压碎变形现象，渗水、漏水现象比较严重，支承结构有较大的倾斜变形（支承结构顶部实测侧移变位与高度的比值大于6/1000）。危险，不可靠近。

严重破坏（拆除重建或加固修复后使用）：水塔周围地基有塌陷或断裂地质破坏，基础外围地基开裂严重，基础开裂；水箱与支承结构有宽度大于1.0mm的裂缝，水箱有严重局部凹凸或压碎变形，渗水、漏水严重，支承结构有过大的倾斜变形或移位，有随时倒塌或倾覆的可能。非常危险，应远离附近。

倒塌（需重建）：水塔结构已部分或整体倒塌。危险不可靠近。

③ 钢结构水塔危险判断与安全快速评估

完好（可继续使用）：水塔周围地基无塌陷、断裂等地质破坏，基础区域无明显裂缝；水塔水箱与支承结构基本无局部凸凹变形现象，无明显倾斜变形（支承结构顶部实测侧移变位与高度的比值小于等于3/1000）。无危险。

轻微破坏（修复后使用）：水塔周围地基无塌陷、断裂等地质破坏，基础区域无明显开裂；水塔水箱与支承结构基本完好，节点或焊缝区域有少数微裂纹，轻微倾斜变形（支承结构顶部实测侧移变位与高度的比值小于等于6/1000）。基本无危险，不可长时间在周围停留。

中等破坏（加固修复后使用）：水塔周围地基有塌陷现象，基础开裂；水箱有较多局部凹凸变形现象，节点或焊缝区域有裂纹，有渗水、漏水现象，支承结构有较大的倾斜变形（支承结构顶部实测侧移变位与高度的比值大于6/1000）。危险，不可靠近。

严重破坏（拆除重建或加固修复后使用）：水塔周围地基有塌陷或断裂地质破坏，基础区域裂缝较多，开裂；水箱有过大的局部凹凸变形，渗水、漏水严重，节点连接局部破坏，焊缝区域有明显裂纹，支承结构有过大的倾斜变形或移位，有随时倒塌或倾覆的可能。非常危险，应远离附近。

倒塌（需重建）：水塔结构已部分或整体倒塌。危险，不可靠近。

（3）贮仓

常见的贮仓包括：砌体结构贮仓、混凝土结构贮仓和钢塔架结构贮仓三类，其危险判断与安全快速评估按照地基基础、仓体与支承结构和附属设施（贮仓进出料口、连接、爬梯）四个方面综合判断，具体为：

① 砌体结构贮仓危险判断与安全快速评估

完好（可继续使用）：贮仓周围地基无塌陷、断裂等地质破坏，基础区域无裂缝；贮仓仓体与支承结构基本无裂缝，无倾斜变形（贮仓顶部侧移变位与高度的比值小于等于5/1000）；附属设施（贮仓进出料口、连接、爬梯）无损坏，与贮仓主体结构连接较好。无危险。

轻微破坏（修复后使用）：贮仓周围地基无塌陷、断裂等地质破坏，基础区域无明显开裂；贮仓仓体与支承结构基本无裂缝或只存在少数宽度小于等于0.5mm的裂缝，无明显倾斜变形（贮仓顶部侧移变位与高度的比值小于等于6/1000）；附属设施（贮仓进出料口、连接、爬梯）有损坏但与贮仓主体结构连接较好，基本不影响贮仓结构安全，短期无倒塌或掉落的可能。基本无危险，不可长时间在周围停留。

中等破坏（加固修复后使用）：贮仓周围地基无塌陷，基础外围开裂贯通，基础开裂；贮仓仓体与支承结构存在宽度大于1.0mm的裂缝，仓体有明显局部凹凸变形或压碎或有局部掉砖现象，支承结构有较大的倾斜变形（贮仓顶部侧移变位与高度的比值大于6/1000）；附属设施（贮仓进出料口、连接、爬梯）有损坏，与贮仓主体结构连接损坏，影响贮仓结构安全，有倒塌或掉落的可能。危险，不可靠近。

严重破坏（拆除重建或加固修复后使用）：贮仓周围地基有塌陷或断裂地质破坏，基础区域裂缝较多、开裂；贮仓仓体与支承结构有大面积宽度大于1.0mm的裂缝，仓体有严重局部凹凸或压碎变形，部分砖已掉落，贮仓仓体与支承结构有过大的倾斜变形或移位，有随时倒塌或倾覆的可能；附属设施（贮仓进出料口、连接、爬梯）损坏，与贮仓主体结构连接损坏严重，随时有倒塌或掉落的可能。非常危险，应远离附近。

倒塌（需重建）：贮仓结构已部分或整体倒塌。危险不可靠近。

② 混凝土结构贮仓危险判断与安全快速评估

完好（可继续使用）：贮仓周围地基无塌陷、断裂等地质破坏，基础区域无开裂；贮仓仓体与支承结构基本无裂缝，无倾斜变形（贮仓顶部侧移变位与高度的比值小于等于5/1000）；附属设施（贮仓进出料口、连接、爬梯）无损坏，与贮仓主体结构连接基本完好。无危险。

轻微破坏（修复后使用）：贮仓周围地基无塌陷、断裂等地质破坏，基础区域基本无开裂；贮仓仓体与支承结构基本无裂缝或存在少数宽度小于等于0.5mm的裂缝，轻微倾斜变形（贮仓顶部侧移变位与高度的比值小于等于6/1000）；附属设施（贮仓进出料口、连接、爬梯）有损坏但与贮仓主体结构连接较好，基本不影响贮仓结构安全，短期无倒塌或掉落的可能基本。无危险，不可长时间在周围停留。

中等破坏（加固修复后使用）：贮仓周围地基无塌陷，基础外围存在地基开裂，基础开裂；贮仓仓体及支承结构存在宽度大于1.0mm的裂缝，仓体有明显局部凹凸或压碎变形现象，支承结构有较大的倾斜变形（贮仓顶部侧移变位与高度的比值大于6/1000）；附属设施（贮仓进出料口、连接、爬梯）有损坏，与贮仓主体结构连接损坏，影响贮仓结构安全，有倒塌或掉落的可能。危险，不可靠近。

严重破坏（拆除重建或加固修复后使用）：贮仓周围地基有塌陷或断裂地质破坏，基础区域严重开裂；贮仓仓体与支承结构有大面积宽度大于1.0mm的裂缝，仓体有严重局部凹凸或压碎变形，贮仓仓体与支承结构有过大的倾斜变形或移位，有随时倒塌或倾覆的可能；附属设施（贮仓进出料口、连接、爬梯）损坏，与贮仓主体结构连接损坏严重，随时有倒塌或掉落的可能。非常危险，应远离附近。

倒塌（需重建）：贮仓结构已部分或整体倒塌。危险，不可靠近。

③ 钢塔架结构贮仓危险判断与安全快速评估

完好（可继续使用）：贮仓周围地基无塌陷、断裂等地质破坏，基础区域基本无开裂；贮仓仓体与支承结构无倾斜变形（贮仓顶部侧移变位与高度的比值小于等于5/1000）；附属设施（贮仓进出料口、连接、爬梯）无损坏，与贮仓主体结构连接基本完好。无危险。

轻微破坏（修复后使用）：贮仓周围地基无塌陷、断裂等地质破坏，基础区域有轻微开裂；贮仓仓体与支承结构轻微倾斜变形（贮仓顶部侧移变位与高度的比值小于等于6/1000），塔架杆件无明显变形；附属设施（贮仓进出料口、连接、爬梯）有损坏但与贮仓主体结构连接较好，基本不影响贮仓结构安全，短期无倒塌或掉落的可能基本。无危险，不可长时间在周围停留。

中等破坏（加固修复后使用）：贮仓周围地基无塌陷，基础外围存在地基开裂，基础开裂；贮仓仓体及支承结构有较大的倾斜变形（贮仓顶部侧移变位与高度的比值大于6/1000），塔架杆件有明显变形，部分连接处损坏；附属设施（贮仓进出料口、连接、爬梯）有损坏，与贮仓主体结构连接损坏，影响贮仓结构安全，有倒塌或掉落的可能。危险，不可靠近。

严重破坏（拆除重建或加固修复后使用）：贮仓周围地基有塌陷或断裂地质破坏，基础外围存在严重的地基开裂，基础区域裂缝较多、开裂；贮仓仓体有明显局部凹凸变形过大，塔架杆件有严重变形，大部分连接处损坏；贮仓仓体与支承结构有过大的倾斜变形或移位，有随时倒塌或倾覆的可能；附属设施（贮仓进出料口、连接、爬梯）损坏，与贮仓主体结构连接损坏严重，随时有倒塌或掉落的可能。非常危险，应远离附近。

倒塌（需重建）：贮仓结构已部分或整体倒塌。危险，不可靠近。

(4) 通廊

通廊常用于工业输料，由地基基础、支架及上部承重结构和维护系统组成，一般采用钢结构、混凝土结构或其混合结构，其危险判断与安全快速评估按照地基基础、承重结构和维护系统三个方面综合判断。

完好（可继续使用）：通廊周围地基无塌陷、断裂等地质破坏，基础区域无裂缝或不均匀沉降；支架结构基本无裂缝，无倾斜变形（支架顶部侧移变位与高度的比值小于等于1/1000）；上部在结构支座处无滑移变形；维护系统无损坏，与通廊主体结构连接较好。无危险。

轻微破坏（修复后使用）：通廊周围地基无塌陷、断裂等地质破坏，基础区域无明显裂缝与不均匀沉降；通廊支架结构基本无裂缝或只存在少数宽度小于等于0.5mm的裂缝，支架杆件及连接无明显损坏，轻微倾斜变形（支架顶部侧移变位与高度的比值小于等于1/750），上部结构在支座处无明显滑移；维护系统与主体结构连接较好，个别部位损坏，但不影响通廊结构安全，短期无倒塌或掉落的可能。基本无危险，不可长时间在周围停留。

中等破坏（加固修复后使用）：通廊周围地基有局部塌陷、断裂等地质破坏，基础区域有明显的裂缝或不均匀沉降；通廊支架结构出现裂缝，宽度大于0.5mm的裂缝，支架杆件及连接有明显损坏，局部弯曲或断裂，倾斜变形较大（贮仓顶部侧移变位与高度的比值大于1/750），上部结构在支座处有明显滑移或局部塌落；维护系统与主体结构连接损坏，影响通廊结构安全，短期有掉落的可能。危险，不可靠近。

严重破坏（拆除重建或加固修复后使用）：通廊周围地基有塌陷或断裂地质破坏，基础外围存在严重的地基开裂，基础区域有较多裂缝或已破坏，地基不均匀沉降严重；通廊支承结构有大面积宽度大于1.0mm的裂缝，上部结构与支架连接损坏，部分出现脱落下坠，支架结构有严重的倾斜变形或倒塌；维护系统损坏，与通廊主体结构连接脱落。非常危险，应远离附近。

倒塌（需重建）：通廊结构已大部分损坏或整体倒塌。危险，不可靠近。

6. 构筑物抗震防护与加固修复方法

结构抗震加固应根据实际情况，分为应急加固或防护、加固修复两种方式。

一般应急加固或防护是需要构筑物在抗震救灾期间发挥作用，或对其保护待以后进行加固，或进行防护以免伤人或损坏设备。对于体积较小的构筑物或通廊，应急防护与加固一般采用临时支撑的方法，将可能发生倒塌或进一步破坏的结构进行防护；而对于高耸的烟囱、水塔等构筑物，进行结构应急加固防护的难度较大；对于有可能倒塌的构筑物，应根据发生倒塌时可能波及的范围，确定并划分出危险区域并加设警示标志，禁止人员和设备靠近危险区域。

加固修复一般在震后重建期间进行，需要由有资质的专业机构对构筑物进行检测鉴定后，并根据检测鉴定结果进行加固修复设计，由专业施工队伍进行加固修复。对构筑物的加固修复应根据结构的破坏程度、生活与生产需要和加固修复费用等综合考虑，对完好或轻微破坏的构筑物，可考虑进行加固修复比较合理；对严重破坏的结构，基本按拆除重建的方式处理；对中等破坏的结构，应根据检测鉴定结果、技术可行性、经济合理性等综合因素考虑，确定加固修复还是拆除重建。对发生较大或过大倾斜整体变形的构筑物进行加固时，必须采取措施先纠偏再进行加固修复。

构筑物常用的加固修复方法有：

① 钢筋砂浆面层加固法：适合砖结构开裂或局部损坏的情况。

② 钢套箍加固法：适合砖或混凝土筒壁结构有开裂或局部损坏的情况。

③ 现浇或喷射混凝土套加固法：适合钢筋混凝土结构开裂、局部损坏、局部压碎等的情况。

④ 外加钢筋混凝土圈梁和柱加固法：适合砖结构开裂或局部损坏的情况。

⑤ 构件加大截面加固法：适合钢筋混凝土细长构件（如柱、梁等构筑物的支架或承重框架结构）在开裂、过大变形、局部压碎等的情况。

⑥ 增加支撑或构件加固法：适合钢结构或钢筋混凝土结构，在原结构修复的基础上再增加新的承载与整体连接稳定构件的情况。

⑦ 纠偏复位与加固：适合构筑物在发生较大或过大的整体倾斜变形时的加固纠偏的情况。

7. 构筑物拆除、加固过程中的注意事项

构筑物在拆除过程中，应制定较详细的拆除方案，做好周边区域的安全防护措施，避免因拆除引起的对人、设备、周围建筑等损坏，尽量由专业的拆除队伍进行拆除，可考虑爆破、机械等方法。用人工拆除方法时，要确保在拆除期间不发生构筑物的整体垮塌，采取措施严防拆除过程伤人。对重要或有价值的设备拆卸，在拆除构筑物前做好设备防护，有条件时先拆卸设备后拆除构筑物，或先用将上部危险结构部分拆除后拆卸设备的方法。

构筑物加固必须先设计后施工，加固施工过程中，应注意对原结构的支撑防护，避免施工荷载引起构筑物的损坏和人员伤亡，加固施工要由专业人员进行，在施工时加强对构筑物结构安全状态的监控。

3.3.2　烟囱和水塔

烟囱和水塔一般有钢筋混凝土结构、砌体结构和钢结构三种。

1. 震害

历次地震震害表明，受到地震破坏的都是砖烟囱，钢筋混凝土结构烟囱受到地震破坏的几乎没有。

1975 年 2 月 4 日 19 点 36 分我国辽宁省海城、营口县一带发生强烈地震。震级 M7.3 级，震源深度 16.21km，震中烈度为 9 度强。这次地震震中区面积为 760km^2，区内房屋及各种建筑物大多数倾倒和破坏，铁路局部弯曲，桥梁破坏，地面出现裂缝、陷坑和喷沙冒水现象，烟囱几乎全部破坏。

1996 年 5 月 3 日 11 时 32 分 46 秒，我国内蒙古自治区包头市西北部发生了M6.4 级破坏性地震。地震中破坏的工业构筑物主要有烟囱、水塔、料仓等。与历次地震震害相似，受到地震破坏的都是砖烟囱。烟囱破坏主要发生在上部 1/5 的范围内，有顶部塌落的，有开裂的，也有局部落砖的。

2008 年 5 月 12 日四川大地震时，位于四川盆地西北部绵竹市的许多中小企业都有自备水塔，同时还建了一些烟囱，高度在10～40m。几乎所有烟囱和水塔均为砖砌筒身，无圈梁、无抗震构造措施。据鉴定结果统计，90%的水塔和烟囱报废，整体倒塌的和顶部塌落的约占30%。大部分的水塔和烟囱根部破坏，出现环状水平通缝或底部砌体剪切破坏，斜裂缝多，宽度大，甚至上下错位。由于建筑规划选址不当，房屋建在高耸构筑物倒塌直径范围内，造成二次建筑物破坏。

强烈地震对烟囱的破坏是很大的，由于烟囱破坏，烟火很容易飘出炉外，引起火灾。例如，著名的美国旧金山地震，主要是因烟囱倒塌、烟火溢出引起的火灾，另一烟囱火灾发生在恢复生产时期。明显的烟囱破坏易于发觉，震后人们采取了措施，但对不明显的破坏，如有的出现裂缝，有的出现折断，外表看起来完整，实际内部已损坏，当继续使用时，烟火窜出引起火灾。唐山地震后，据天津市统计，发生这样的火灾就有31起。

在地震区，水塔可按单质点体系计算地震力。根据震害现场观察结果，砖支筒水塔不宜建在8度地震区。水塔震害多数发生在支筒变断面处、门窗孔洞削弱处和支架中梁、柱和水柜的连接处。地基失效，也能使水塔沉陷或倾斜。

2. 震害原因分析

① 水塔底座尺寸偏小，与其高度、吨位不相匹配，高宽比明显不足。

② 水塔砌体截面偏小，有的水塔高约40m，底部墙厚仅370mm。

③ 水塔和烟囱砌体砂浆强度偏低，未根据部位设置不同强度砂浆。

④ 水塔和烟囱无抗震构造措施，未见圈梁，有的仅底部设一道圈梁，未见砌体配筋，顶部鞭鞘效应没有考虑，未见加强措施。

⑤ 水塔、烟囱常出现根部或圈梁处，以及混凝土塔身与砖筒身连接处水平环向裂缝，缝宽大于2mm。

⑥ 烟囱破坏主要发生在上部1/5的范围内，有顶部塌落的，有开裂的，也有局部落砖的。

3. 震损处理

烟囱的抗震加固设计首先应满足现行国家规范《烟囱设计规范》GB 50051—2002，水塔的抗震加固设计应执行《高耸结构设计规范》GB 50135—2006，及《建筑抗震设计规范》GB 50011—2010。

当烟囱和水塔出现倾斜时，首先应对其进行加固处理后，再实施纠倾扶正。一旦构筑物的刚度和强度不够，在纠倾扶正时会导致在原有的基础上进一步破坏，甚至倒塌，造成二次损坏。

烟囱和水塔的抗震加固措施主要为增强强度、提高延性和加强整体性。增强强度、提高延性的措施有在建筑物和构筑物外面增加水泥砂浆面层、钢筋网水泥砂浆面层或钢筋混凝土面层，也可采用喷射混凝土的方法加固。对于砖烟囱可采用扁钢网箍进行加固。加强建筑物和构筑物整体性措施，主要有加设圈梁、加设构造柱和加设拉杆等。外加圈梁可采用现浇钢筋混凝土圈梁或加型钢圈梁。

（1）混凝土水塔和烟囱

烟囱计算时采用的混凝土的抗压强度设计值和弹性模量按有关规范折减。

1）处理的材料的要求如下：

① 混凝土水塔处理的混凝土强度等级，应比原混凝土强度等级提高一级，且不应低

于 C25，预应力混凝土强度等级不应低于 C30。

② 混凝土烟囱处理的混凝土强度等级，应比原混凝土强度等级提高一级，且不应低于 C25。

2）处理的主要方法如下：

混凝土水塔和烟囱筒身裂缝、压碎掉渣，支撑结构、附属建筑、连接构件等灾损处理可采用外箍筋加混凝土面层法（或喷射混凝土法）、扁钢套箍法、外加混凝土梁柱法、构件加大截面法、灌缝法等。

（2）砌体水塔和烟囱

砌体水塔和烟囱的震损处理计算时，砖砌体在温度作用下的抗压强度设计值和弹性模量可不考虑温度的影响。

1）处理的材料的要求如下：

砌筑砂浆的强度等级，应比原砂浆强度提高一级。黏土砖强度等级不应低于 MU10，水泥石灰砂浆强度等级不应低于 M5。

2）处理的主要方法如下：

水塔和烟囱筒身裂缝、压碎掉渣，支撑结构、附属建筑、连接构件等震损处理可采用外箍筋加混凝土面层法（或喷射混凝土法）、扁钢套箍法、外加钢筋混凝土梁柱法、构件加大截面法、灌缝法等。

（3）钢结构水塔和烟囱

钢结构水塔和烟囱的震损处理，应执行现行有关钢结构加固规范。

（4）水塔和烟囱的构造连接处理

① 水塔和烟囱震损处理后，其与附属建筑的连接及相关管线应恢复原状。

烟囱的附属建筑物为压顶板、烟道口、爬梯、内衬等。水塔的附属建筑物为水塔的输水管线、水箱等。

② 水塔水箱渗水漏水除作结构震损处理外，应采用适当防水材料作防渗、防漏处理。

③ 烟囱内衬应根据震损情况，予以修复或恢复。

3.3.3 贮仓

1. 贮仓

1976 年海城、唐山发生地震后，有关人员对两地区的煤炭、冶金及建材等系统的筒仓进行了震害的实地考察。筒仓是高重心结构震害调查资料表明，柱支撑式方仓震害严重，筒壁支撑的圆形筒仓最轻，其中唐山地区柱支撑筒仓倒塌及严重损害率，在 9 度区约为 22.2%，10～11 度区约为 46.6%，其震害破坏部位大都在柱与其上部仓壁或与其基础的连接部位，筒壁支撑筒仓的倒塌几乎没有。由此可见，筒壁支撑或筒壁与内柱共同支撑的仓下结构形式其抗震性能优于柱支撑的仓下结构形式。

1976 年以前，唐山地区设计的筒仓是没有抗震设防要求的，筒壁支撑的筒仓震后破坏是最轻的。由此可见其可靠度是相当大的。

震害调查还表明无论是方仓或圆筒仓，仓体的震害轻微，显然这是因为仓下层地震作用最大而其刚度反而最小形成仓下薄弱层，因此建议在地震区宜采用筒壁支承形式。

从结构特征上分析，筒壁因其为壳体结构，刚度较大、变形适应能力强，抗扭转性能好，地震时刚度大的结构耗能明显加大，对地震作用效应的消能作用有明显的效果。国内外研究表明，筒壁支撑的筒仓，可靠度比柱支撑的筒仓大，是震害较轻的原因之一。另外仓体与仓下支撑结构连接处，筒壁支撑的筒仓与柱支撑的筒仓相比截面变化缓和，不像柱支撑筒仓那样发生巨大的刚度突变，从而消除了应力集中，减少地震作用效应对结构的破坏。此外，筒壁支撑或筒壁与柱共同支撑筒仓，一般采用条形、环形或筏形基础，基础与地基接触面大，相应的阻尼也大，筒仓整体稳定性好，这也都是筒壁支撑抗震性能优于柱支撑的有利条件。

对于柱支撑的方仓或圆形筒仓，其结构形式是典型的上大下小、上重下轻，造成仓下支柱的轴压比较大。大多为独立基础，仓体稳定性差。上部仓体与仓底支柱的连接处，刚度往往有较大的突变，造成支柱的延性差。在单排仓或群仓储料不对称时，地震效应的扭转作用将会加剧筒仓的破坏。

仓顶建筑物在地震荷载作用下，受鞭梢效应的影响，有动力放大作用。从实际震害中可以看到，在辽南地震中，建在7、8烈度设防区内的筒仓，不论采用何种材料，仓顶建筑物只要设计合理，绝大多数均未倒塌，在唐山地震中，由于地震烈度高达9、10度甚至更高，仓顶建筑物绝大多数倒塌，其中以砖混结构破坏更为突出，而钢筋混凝土框架结构，特别是钢结构承重、轻质围护墙的仓顶建筑物，破坏程度明显减轻，有的还相当完好，因此要应尽可能地采取合理的结构形式。

在我国的震害调查中，无论是圆形还是方形筒仓的仓壁和仓底板，几乎没有破坏的，破坏较严重者多为柱支承的筒仓。

震害调查还表明柱支承的筒仓倒塌无一例外的都在柱头部位折断。在7度设防区的筒仓在此部位出现裂缝，8度设防区水平裂缝明显甚至有压酥现象，9度设防区出现明显压酥挤碎，碎块脱落，钢筋被压弯呈灯笼状。唐山地震时在10度和11度地区绝大部分为严重破坏甚至倒塌。柱底与基础交接处的破坏一般较柱头稍轻，但也不容忽视，因此抗震设计中，对柱头、柱脚这两个重要部位予以加强是十分必要的。

目前对于贮仓的震害调查及数据仅针对混凝土结构的筒仓。

我国唐山地震的震害还表明，柱承式贮仓震害严重，对于抗震性能好的钢结构贮仓如果设计时不进行抗震设防，也同样遭到破坏。唐山钢铁公司炼钢厂两座钢结构高位贮仓在地震中倒塌，支柱柱顶折断，地脚螺栓拔出。分析其原因，是支承柱强度不足，柱与贮仓连接处刚度突变，应力集中，并且仓体刚度远大于支柱刚度，贮仓总刚度很大。由于贮仓自重在柱的侧移上又会引起附加弯矩，使柱处于极不利的工作状态，成为贮仓失稳倒塌的主要原因。贮仓根据使用条件形式各异，料重也各不相同。为了更准确地判断震害，本书采取抗震变形验算来判断震害等级。采取典型的、结构相同的贮仓进行计算，计算时结构模型按框架考虑。仓体的刚度远大于支柱刚度，因此计算时视仓体为刚体，支承柱上下端视为固定端。沿水平方向输入地震作用，根据结构抗震变形验算的层间弹塑性位移角判断贮仓的震害等级。

1999年9月21日凌晨1时47分12.6秒，台湾中部地区于南投县集集附近发生强烈地震（简称9·21集集地震）。台湾全岛在地震中有21座粮仓倒塌，1.5万多吨稻谷被毁，1996年5月3日包头市地震中包头稀土铁合金厂一小型二层砖结构料仓，震后全部倒塌。2008年5月12日四川大地震，对位于四川盆地西北部绵竹市单层厂房（粮库“干打垒”墙体）进行震害调查，许多中小企业的厂房均为单层，多建于20世纪80～90年代。跨度9～18m，檐高4～10m，多数为砖排柱，轻钢结构或钢木结构屋盖，个别厂房内为钢筋混凝土排架柱、薄腹梁、槽形板（或大型屋面板）结构体系，有的带桁车。砖柱厂房几乎都无圈梁，开大窗，柱间墙高低不一，年久失修，破坏现象主要表现为：

1）砖壁柱破坏严重，错位现象明显，大多数破坏砖柱已失稳，有倒塌危险；

2）山墙破坏严重，山墙尖根部水平通缝明显，甚至上下错位；

3）石棉瓦屋盖在厂房端部开间破坏较重，青瓦屋面塌落现象普遍。

在四川各地，1998年以后国家投资新建了许多散装粮库，由于按抗震规范设计，5·12大地震均未造成大的震害，仅有个别墙体有裂缝，经过修复后可以使用，见图3-66、图3-67。

(*a*)

(*b*)

图3-66　四川省20世纪50年代的房式仓破坏情况

2. 贮仓的分类

贮仓结构类型很多。储仓的分类按计算方法、平面形状、建造材料的不同来分类。根据不同的类型用于不同的行业。

(1) 贮仓按计算方法的不同分为深仓和浅仓两大类。

从使用方面定义，浅仓主要供短期储料使用，可作为卸料、受料、配料和给料的设施；深仓主要供长期贮备物料使用。

常用的混凝土浅仓的形式：方形斗仓、圆形斗仓、槽形仓、单斜仓、平底仓等。

常用的混凝土深仓的形式：混凝土方仓、混凝土圆仓、砌体圆仓、预应力混凝土圆仓、钢仓等。

从计算方面定义，贮仓当高度与直径或边长的比值大于1.5时为深仓，反之为浅仓。

(2) 贮仓按平面形状的不同分为方形、矩形、圆形和多边形仓。

主要是根据使用功能及贮料物理特性采取的不同的平面形式。在计算上有不同的方法。

(3) 贮仓按材料的不同分为预应力混凝土仓、钢筋混凝土仓、砌体仓和钢板仓。

3. 贮仓的结构设计

(1) 设计原则

震损贮仓结构分析和构件承载力验算，应符合下列要求：

① 结构的计算简图，应根据加固后的荷载、地震作用和实际受力状态确定。

(a)　(b)　(c)　(d)

图 3-67　四川省 20 世纪 90 年代的房式仓破坏情况

② 结构构件的计算截面尺寸应采用实际的截面尺寸。

③ 结构构件承载力验算时，应计入实际存在的偏心、结构构件变形造成的附加内力、结构损伤对承载能力的影响，以及加固后的实际受力程度、新增部分的应变滞后和新旧部分协同工作程度对承载力的影响。

④ 震损加固设计时，对受损并已经修复的结构构件，其承载能力宜乘以 0.8～1.0 的折减系数。

⑤ 震损建（构）筑物加固所用的材料，应符合相应国家有关标准规范的规定。

(2) 混凝土结构筒仓

筒仓在各个行业的用途都极为广泛，特别是钢筋混凝土结构的筒仓，而且还可以设计成不同的平面形状。

筒仓分浅仓和深仓两种。当竖壁高度小于储仓最小跨度的一倍半时为浅仓。

浅仓按平面形状分矩形浅仓和圆形浅仓。对于平均粒径大于 200mm 小于 1000mm 的粗块状散体贮料不适用于深仓，只适用于低壁仓或斗仓。

浅仓主要用于短期贮料使用，其结构选型主要取决于贮料的性质、贮存周期、结构受力的可靠性及使用的方便。浅仓多为柱支撑的结构形式。

深仓按平面形状分矩形和圆形，深仓多为筒壁落地或筒壁落地与柱共同支撑的结构形式。

无论深仓还是浅仓，其抗震能力主要取决于仓下的支撑结构。根据震害调查表明深仓的筒壁落地支撑结构形式有利于抗震。

筒仓的设计应遵循以下原则：

① 工艺设计

筒仓作为构筑物用于贮存散料，需进料和出料，因此首先应满足工艺设计的要求。特别是当贮仓用于转运或周转时，贮料进出仓频繁需要的机械化和自动化程度较高，因此必须满足工艺设计的要求。

工艺设计通常包括确定使用功能、贮仓容量、贮料物理特性、平面形式、贮料高度、装卸方式等。

② 结构计算

筒仓的建筑抗震设防分类应按筒仓的使用功能由工艺专业确定，但是不应低于丙类。

直接作用于仓上的自重及贮料质量，根据现行的设计规范对各种仓形选取不同的计算方法。荷载计算时应考虑结构在使用过程中可能出现的最不利组合。

筒仓的荷载主要为静载和储料荷载。整体相连的群仓进行仓下层及地基基础计算时的荷载效应组合时应考虑满载及偏载两种情况。

根据工程设计的实践对于钢筋混凝土筒仓，当群仓时风荷载影响很小，仅当独立仓（一般直径较大）且风荷载较大时可考虑风荷载。

抗震设计中当仓下支撑结构为柱支撑时，可按单质点结构体系简化计算。

(3) 砌体结构筒仓

砖砌圆筒仓由于材料性能、贮物容量和高度等因素，大部分设计成圆形。1989 年由中国工程建设标准化委员会编制发行的《砖砌圆筒仓技术规范》CECS 08：89 中规定了单仓容量、贮料、直径和高度，充分说明了其使用的局限性。特别强调的是基本烈度为 9 度区不应建造砖筒仓，8 度区必须采用时，应根据实际情况采取必要的抗震措施。

在随着国民经济的发展壮大目前使用的很少，但是粮食行业使用较多，主要原因是造价低，谷物贮料适合，一般以 2 个或 4 个为一组，同时还要求储料装载均匀，防止不均匀沉降造成筒壁裂缝等。通常建在非地震区和 7 度区，目前未见震损的实例。

(4) 散装谷物平房仓

散装谷物平房仓在粮食行业应用广泛，自新中国成立初期至今仍在建造。一开始按前苏联仓房模式建造称为苏式仓，后经过改造成为房式仓，历经许多发展和变化直到 2010 年制定《粮食平房仓设计规范》GB 50320—2001，从此进入了安全可靠的平房仓设计阶段。

散装谷物平房仓的结构设计应考虑空仓、满仓及单侧堆载时与其他荷载的不利组合。

砌体结构利用原有块材作为承重构件材料，在计算时应根据使用年限、块材状况等因素，对其强度进行折减，折减系数可取 0.6～1.0。

4. 震损处理

1976 年唐山大地震后，1979 年制定了第一版的《建筑抗震设计规范》，储仓结构设计上都进行了抗震设计，并且取得了成效，在以后历次的地震中，基本上都达到了设计要求。因此，至今震损的实例几乎没有。

(1) 混凝土结构贮仓

混凝土结构贮仓震损处理时采用的混凝土结构强度等级，应比原强度等级提高一级，并不应低于C25。

混凝土结构贮仓可根据震损部位、程度选用增大构件截面面积、外包钢加固、预应力加固、外粘钢加固、碳纤维加固、改变结构传力途径等方法。

对存放谷物及其他食品的贮仓处理，严禁在混凝土中掺入有害人体健康的添加剂或做涂层。

(2) 砌体结构贮仓

砌体结构贮仓灾损处理，应符合下列要求：

① 砌体结构处理不得使用有严重风化、碱蚀、酥松的块材。

② 砌筑砂浆的强度等级，应比原砂浆强度提高一级。

③ 根据砌体构件的受力状态和裂缝特征等因素，确定裂缝修补方法。主要有填缝密封修补法和水泥灌缝修补法等。

④ 散装谷物平房仓的纵横墙交接处咬槎有明显损坏，处理时应增设圈梁和构造柱。

⑤ 当屋架或大梁下砖砌体支座局部压碎或其下墙体出现局部竖向裂缝时，可增设梁垫。当支座损坏较严重，但尚未影响结构安全时，可在增设可靠的临时支撑后，用提高一级强度的砂浆与砌块填砌。

⑥ 空心砖墙和空斗墙不宜采用灌浆处理。

⑦ 空心砖墙不宜采用钢筋网砂浆面层处理。

(3) 钢结构贮仓

① 震损钢结构贮仓的处理应采用卸荷加固形式。

② 震损处理钢材宜采用Q235。

③ 震损处理钢构件采用的钢板厚不宜小于4mm，钢管壁厚不宜小于3mm，角钢不宜小于56mm×36mm×4mm，铆接或螺栓不宜小于50mm×5mm（长×直径）。

④ 利用原钢材或钢构件时，应进行材料检测，并按有关标准对钢材、钢构件进行强度复核。

⑤ 钢结构震损处理方法主要有加大构件截面、加大连接强度、粘钢法等。

⑥ 钢结构灾损处理宜采用焊缝连接、摩擦型高强度螺栓连接，或同时采用焊缝和摩擦型高强度螺栓的混合连接。

⑦ 钢柱损坏或稳定性不足时，可增设型钢柱或浇筑混凝土等。

⑧ 震损钢梁强度或稳定性不足时，可增设型钢、组合梁、支撑、系杆等。

⑨ 震损钢屋架强度、稳定性不足时，可增设加固弦杆、支撑、系杆。钢屋架倾斜时应采取纠偏措施。

(4) 储仓倾斜与沉降

震损的筒仓出现倾斜时，可以根据筒仓加荷载的特点进行纠倾处理。

当筒仓的沉降满足规范要求时优先采用控制储料加载法纠倾扶正。当倾斜筒仓沉降不满足规范要求时，采用控制贮料加载方法纠倾扶正后再整体抬升。

如果沉降超出规范要求，工艺通过改造地下通廊设备达到使用要求，亦可不予顶升。可以通过经济技术比较确定实施方案。

(5) 贮仓的其他要求

① 对于震损贮仓处理首先应满足工艺要求。

② 震损贮仓处理当为一般维修时可不卸载施工。

③ 为了防止次生灾害的发生当为加固、纠倾、抬升综合处理时，一般应在空仓条件下施工。

④ 震损倾斜的贮仓处理宜先加固后纠倾扶正。

⑤ 贮仓周围大面积堆载对基础产生的不利影响，因此大量卸载时应考虑贮物存放问题。

⑥ 卸载时应制定严格的顺序以防导致仓体进一步的破坏。

⑦ 设置必要的和长期的沉降观测点进行观测。

⑧ 通廊应重点检查地下通廊渗水情况，上通廊钢桁架等及连接件局部弯曲或断裂，变形较大，支座有明显滑移和局部塌落等。

3.4 震损桥梁道路处理

3.4.1 震损桥梁处理

1. 桥梁震害基本情况

(1) 桥梁震害原因

① 强烈地震时，地形地貌产生剧烈的变化（如地裂、断层等），河流两岸地层向河心滑移等导致桥梁结构的破坏；

② 地震时河床砂土液化，地基失效，桥梁墩台基础大量下沉或不均匀下沉引起的破坏；

③ 在地震惯性力作用下，导致桥梁结构某一部分产生的内力或变位超过结构构造和材料强度所能承受的限度，从而发生不同程度的破坏。

(2) 桥梁震害分类

桥梁震害常见的破坏情况可分类如下：

① 横桥向比纵桥向震害严重，补强时横桥向亦比纵桥向更加重要。

② 地基土液化使墩台基础产生下沉、滑移、倾斜、断裂。

③ 梁的纵横向移动、撞击，造成落梁、落拱或整体坍塌。

④ 拱上建筑物局部破坏、拱圈变形断裂、折断、坍塌。

⑤ 桁梁扭曲、位移、坍落。

⑥ 支座的剪断、倾斜、变位等。

根据桥梁破坏程度、受损状况及损伤特性，按照结构功能丧失程度，将其震害等级由轻微至严重分为 A、B、C、D、E 五级，见表 3-10。

2. 桥梁震后紧急加固修复

震后应急保通阶段，为提高抗震救灾生命线的通行能力和通畅性，对瓶颈路段的受损桥梁应尽速采取多种修复、补强和加固方法。震后应急抢通阶段，对震害损伤较轻的桥梁可采取相关紧急修复技术，对结构受损部位予以修复，从而达到快速抢通的目的。紧急修复技术主要针对震害损伤较轻的桥梁，以时效性为优先考虑原则，主要内容包括：外包混凝土补强、粘贴钢板补强、粘贴纤维材料补强、裂缝灌浆补强、局部材料置换与修补、受损桥墩临时支护、裸露桥基保护等。

桥梁震害分级表　　**表 3-10**

破坏等级	应急保通阶段使用情况	震后灾后重建处置	主要特征描述
A-无破坏	不需处置即可正常通行	不需处置	无
B-轻微震害	不需处置即可正常通行	需简单进行处置维修	主要构件无明显结构性损伤。①主梁发生轻微移位,移位在 5cm 以内;②桥墩无倾斜,也无开裂现象;③桥台轻度破坏,桥台背墙、翼墙轻微开裂
C-中等破坏	不需处置但需限制通行或处置后恢复正常通行	震后通过简单处置、加固后,达到正常使用标准	①主梁发生移位,但仍有安全支撑,无落梁风险;移位在 5cm 以上,但未从支座垫滑落;②桥墩无明显倾向,桥墩轻微开裂或保护层剥落但未伤及核心区混凝土,但桥墩承载能力无明显下降;③桥台中度破坏,桥台背墙、翼墙开裂
D-严重破坏	需处置后满足应急抢险通行	震后需加固处置才可达到正常使用标准	①主梁发生严重移位,存在落梁风险;②桥墩明显倾向,桥墩严重开裂,形成主裂缝或形成多条剪切缝并延伸至核心区,桥墩承载能力明显下降;③桥台严重破坏,背墙、翼墙垮塌,桥台该类帽梁剪断
E-完全损毁或失效	完全丧失通行能力,已无修复必要	需要进行结构构件的更换或撤除重建	①全桥或部分联跨发生整体垮塌;②主梁发生整跨落梁;③桥墩出现剪断或压溃

对于灾害中因落桥而阻断的桥梁，不论其受灾情形为完全落桥损毁或部分落桥损毁，应考虑采用紧急便道、便桥的型式予以紧急抢通。紧急便道、便桥一般以时效性为优先考虑原则，结构稳定性及安全性次之。便道、便桥等临时结构的可根据河川历史流量、现场地质环境、现场既有材料等因地制宜进行设置，主要包括：土堤便道、水泥涵管便道、钢涵管便道、集装箱货柜土堤便道、临时钢便桥等。震后应急保通阶段，为提高抗震救灾生命线的通行能力和通畅性，对瓶颈路段的受损桥梁应尽速采取第二阶段修复补强，即快速修复补强。快速修复补强技术原则上与紧急抢修技术相同，其差异处在于施工所需时间稍长。快速修复补强可采用的技术范围略大于紧急抢修技术，主要针对不属于紧急抢修范围的相关快速补强技术。

对于震后评价为“中等破坏”、“严重破坏”的桥梁，应采取快速加固或临时支撑的方式以解决临时通车的需要。因为地震的随机性和震后桥梁剩余承载能力的不确定性，紧急修复（加固）技术没有明确的性能目标要求。

临时加固技术措施有：

（1）防落装置设置法

防落装置设置法可于灾后增设临时支承座或增设临时防落挡板等作为紧急维修使用，以避免落桥情况发生。

（2）钢板表面粘贴修补法

钢板表面粘贴修补法是在已裁切完成的钢板与构件裂缝间，涂敷环氧树脂胶粘剂，以达到构件修复的目的。混凝土构件表面的灰尘、油污浮浆、化学药剂或旧有的修补材料等，于钢板粘贴前必须先进行清理处理，以提高钢板与构件间的粘结能力。

（3）千斤顶及临时支撑法

千斤顶及临时支撑法可于地震灾害发生后迅速提高受损桥梁的稳定性及安全性，以降低二次灾害发生的可能性。方式为在受损的构件附近架设临时性支撑稳定桥梁结构，对于上部结构位移或支承失去功用的情况，可采用千斤顶设施来扶正偏移的上部结构或恢复支承原有功能。

(4) 铺设临时覆盖板法

对于发生桥面落差、伸缩缝错开分离或桥面磨耗层受损时，可用大面积的钢板覆盖于受损的桥面上，以迅速恢复中断交通的通畅及提高行车的安全。

(5) 纤维增强高分子复合材料补强法

纤维增强高分子复合材料补强法乃利用复合材料中的高强度纤维及树脂涂料对受损构件所进行的补强措施；常用于桥墩柱的补强方式有贴片补强法、缠绕补强法、预铸薄壳补强法。

3. 桥梁震后永久加固修复

(1) 桥梁震后加固的一般原则

① 选择加固措施的原则应是降低桥梁结构发生倒塌或严重损坏的可能性。当选择加固措施时，应考虑结构的整体的承载能力。在最终选择加固方案时主要考虑的应是经济和实用。因此，既有桥梁的加固类别分为以下四类：

加固类别甲：按照甲方要求，加固桥梁的承载能力水平高于现行抗震设计规范要求的性能水平。

加固类别乙：以现行规范为标准，加固桥梁的承载能力水平不低于现行抗震设计规范的性能水平相同。

加固类别丙：按照甲方要求，综合考虑加固难度和经济因素，加固桥梁的承载能力水平低于现行抗震设计规范的性能水平，但应加强对桥梁的养护和监测。

加固类别丁：按照甲方要求，综合考虑加固难度和经济因素，不采取加固措施，但应加强日常养护，随时监测桥梁运营情况，尽量减少桥梁破坏所造成的损失。

② 如果单个构件的破坏导致结构可能发生倒塌，就必须加固该构件；如果构件破坏导致桥梁的使用功能有所损失，对于重要性桥梁，这可能也是不可接受的，即不满足结构承载性能要求，就必须加固该构件；如果该构件的破坏不会导致不可接受的后果，可根据实际情况来判别是否需对该构件进行加固。

③ 应对经加固后的桥梁结构整体性能进行重新评价，判断通过加固后的承载性能是否得到了改进，满足了预期的性能要求。

④ 选择加固方案时应该考虑到实际施工和维护的难度，加固的效果宜经过试验研究，证实其有效性。

(2) 桥梁震后加固的主要内容

1) 桥梁上部结构加固

① 可通过对上部结构施加体外预应力来提高震后能力。

② 可通过设置平行于上部结构且沿纵桥向的连梁来改善上部结构的震后性能。

③ 通过增加上部结构横向连系梁的方法，提高桥梁的整体性，改善上部结构的震后性能。

2) 桥梁场地加固

① 桥梁穿过断层或很接近断层时，应尽可能通过加固提高结构的位移能力，应对下部结构塑性铰区增加额外的箍筋以提高延性变形能力。

② 多跨简支梁桥穿过断层，宜仔细考虑是否采用使其上部结构保持连续的加固措施。

③ 在每个桥墩、桥台处可用弹性支座替换原有支座支撑上部结构，这些支座允许发生很大变形且具有一定的自复位能力。

④ 近断层的竖向地震动加速度可能很大，应注意采取加固措施避免上部结构发生上拔的现象。

⑤ 对于重要桥梁位于或接近不稳定的斜坡，应仔细评价斜坡的稳定性，可采取清除岸坡、减轻质量等措施进行加固。

⑥ 对于重要桥梁，可将桥台设置在斜坡顶部的后边，增加两个边跨。使用岩层锚杆锚固或其他技术将位于岸坡的桩承台锚固住。

⑦ 对于预计可能发生液化的桥址场地，一是清除或改进有液化可能的场地条件，二是提高结构承受大位移的能力，通过这两方面来提高结构的震后性能。

⑧ 当桥址场地的稳定性存在问题时，可采用以下几种加固方法进行加固：

a. 降低地下水位；

b. 通过振捣压实、振动替换使土壤密实；

c. 竖向排水网（石头柱）；

d. 使用渗透性强的材料增加可能场地处的压重；

e. 压浆。

3）桥梁基础加固

① 当进行基础构件的加固时，应特别注意考虑土的特性，基础构件的分析和设计应考虑土的强度和各种可能的破坏模式。

② 提高承台的弯曲强度可以通过在既有承台表面覆盖一层钢筋混凝土，并通过暗销与原有承台连接起来。顶部钢筋应主要布置在一倍的加固承台厚度范围内，承台表面在浇筑混凝土前应凿毛表面以利于剪力的传递，承台新、旧混凝土之间应设置足够的暗销以保证之间的剪力传递。如果暗销还用于承受剪力，则暗销应穿过原有承台的厚度，并应可靠锚固。

③ 通过增加承台的厚度将增加截面的抗弯高度，从而提高了承台正弯矩区的抗弯强度。如果还不够，还可通过加宽承台，并需在底部增设钢筋。

④ 承台加固中，设置钢筋的位置宜布置在距离墩柱的一倍承台厚度的范围内。

⑤ 如果暗销的抗拉能力不足以满足加固要求，可采用扩大承台并在承台周边的整个厚度内设置箍筋来代替暗销。

⑥ 可以通过设置预应力筋来提高承台的正、负弯矩区的抗弯强度。

⑦ 通过增加承台厚度、穿过承台的竖向钢筋或预应力筋、水平向穿过承台的预应力筋等来提高承台的抗剪能力。

⑧ 在承台加宽部分设置额外的箍筋对于提高承台的抗剪能力效果较差。

⑨ 承台、墩柱节点区的剪切强度加固，可采用于承台剪切强度不足使用的加固方法相同，加固的有效性宜通过试验来验证。

⑩ 墩、柱纵筋锚固不足的加固，可采用将承台直接锚固到地基或增加承台中的抗拉

桩，但加固的有效性需要通过试验验证。

⑪ 承台倾覆抗力的提高可以通过扩大承台的平面尺寸，增加抗拉桩（桩数），直接锚固到地基或基岩等措施实现。

⑫ 如果桩基础的破坏或承台滑动不会导致结构发生倒塌，则可采取震后加固或替换措施。

4）桥台加固

当桥台的破坏影响重要桥梁的使用功能时，宜考虑对桥台进行加固。

① 可通过设置桥台搭板，改善因填土破坏或桥台破坏导致的桥台过分沉降。

② 为了减少震后桥台的不连续性，搭板至少长 3m，搭板应按简支跨计算，钢筋混凝土板应跨越全长。

③ 桥台平行于或垂直于桥台面的位移可通过设置锚杆得到改善。由于台后填土在地震作用下可能会移动，锚杆应延伸到台后足够深度，以避免台后填土移动而使锚固失效。设计的锚固方式提供的极限能力应该大于或等于地震作用下上部结构传给桥台的剪力或桥台背后的土压力。

5）墩柱的加固

既有桥梁的钢筋混凝土桥墩、柱弯曲强度、延性变形能力和剪切强度的震后能力的加固可采用钢管外包加固方法、复合材料加固方法、加大截面方法等一些加固技术进行。

① 对于矩形桥墩、柱，当采用钢管外包加固方法加固时，宜采用椭圆形的钢管。

② 当加固桥墩、柱的弯曲强度、剪切强度后，应评价加固承台和基础的承载力，以便能够承受增加的剪力和弯矩。

③ 采用加大截面法改善钢筋混凝土桥墩、柱的延性能力，必须保证加大截面对原有墩柱截面的约束作用。

④ 采用复合材料加固方法，需确认施工环境，正确、合理地安排施工，控制施工品质。

6）盖梁、节点区加固

① 应加强盖梁的抗弯能力，确保加固后的盖梁的弯曲强度足以使塑性铰仅在桥墩、柱内形成。

② 当盖梁是通过支座支撑上部结构时，可通过在盖梁两立面凿毛，其表面设置加劲的支撑梁来提高盖梁的弯曲强度，新的混凝土与旧的混凝土应该通过直接穿过既有盖梁的螺栓连接。

③ 当盖梁是通过支座支撑上部结构时，盖梁的弯曲强度可以通过设置在支撑梁内的预应力筋或体外预应力筋来提高，如图 3-68 所示。

④ 整体式盖梁的弯曲强度加固，可通过将支撑梁设置在盖梁底面来提高正弯曲强度，负弯曲强度提高可通过凿去顶部部分混凝土，设置附加钢筋来实现。

⑤ 整体式盖梁的弯曲强度加固，可通过设置体外预应力筋并在预应力管内压浆来提高盖梁正、负弯矩区的弯曲强度，如图 3-69 所示。

⑥ 盖梁的剪切强度提高可通过设置全高度的支撑梁来实现。预应力筋通过增加弯压区的深度和减小桁架抗剪机理中混凝土对角压杆的临界角也可提高盖梁的抗剪能力。

⑦ 盖梁、柱节点区震后能力的提高可通过在既有节点区两侧面增加钢筋混凝土或完

全更换节点实现。

⑧ 可通过在既有盖梁下部现浇一根连梁来改进盖梁的震后性能，如图3-70所示。并应根据能力设计原理设计以确保塑性铰形成在桥墩中而不是在连梁内。

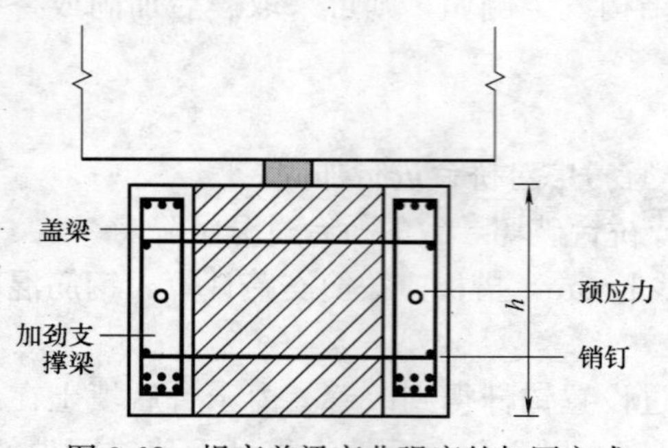

图3-68 提高盖梁弯曲强度的加固方式

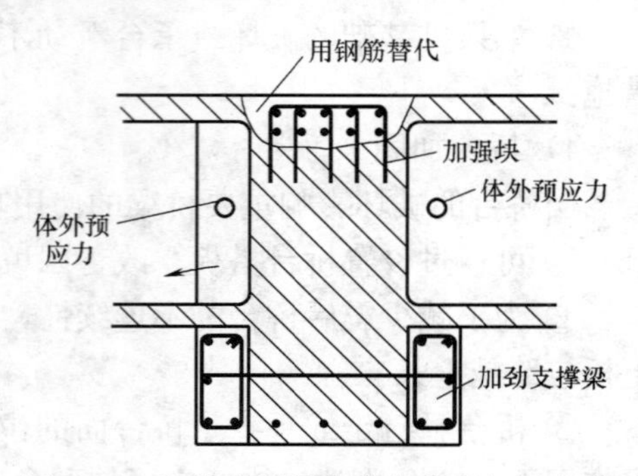

图3-69 整体式盖梁的弯曲强度加固方式

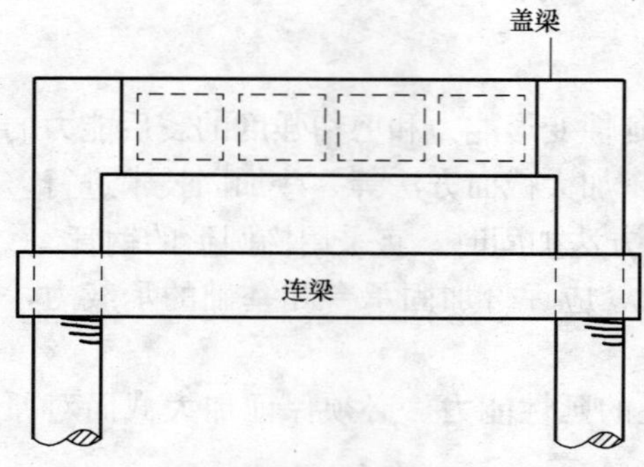

图3-70 横向加固的连梁法

⑨ 采用增加连梁来加固盖梁，应对新塑性铰区的延性能力进行校核。桥墩中的剪力由于连梁以下的桥墩高度变矮而增加，因此有时还需要评价是否需对桥墩进行加固。

⑩ 盖梁抗扭能力的提高可通过在桥墩面内从一排桥墩到另一排桥墩之间增加一个边梁（平行于主梁）来降低盖梁的扭矩来实现。并应根据能力设计原理确保塑性铰不出现在边梁中。

7）支座、伸缩缝及防落梁措施加固

① 可通过设置拉杆将桥梁相邻构件连接起来以改善结构的震后能力。常用的拉杆限位装置一般为钢缆索或粗钢筋，根据其材料拉杆根据其用途可分为三种：纵桥向伸缩缝处约束、横桥向支座处约束和竖向运动约束。

② 纵桥向伸缩缝处设置拉杆限位装置可限制伸缩缝处的相对变形从而降低这些部位可能的损坏。当支座锚固螺栓和类似构件不足以避免支座的破坏和丧失支撑能力时，采用纵桥向拉杆限位装置可以改善这些构造细节的不足。

③ 纵桥向拉杆限位装置在最大地震力作用下应保持在弹性范围内，并有足够的间隙满足正常使用条件下温度等变形的要求。

④ 纵桥向拉杆限位装置应对称设置以免引入偏心约束。应该仔细评价拉杆限位装置破坏提前后可能造成的不利后果。

⑤ 纵桥向拉杆限位装置应该沿着预期移动的主方向设置。

⑥ 当墩顶处设置伸缩缝时，则伸缩缝处的拉杆限位装置还应与桥墩连接。每个约束装置必须能够承担两跨的惯性力。

⑦ 通过结构分析得到纵桥向限位装置的荷载和有效刚度，可以采用频谱法运用拉伸和压缩模型确定限位器荷载，或者在有些情况下采用近似静力的分析方法也可满足要求。

⑧ 重要桥梁限位器的承载能力应高于抵抗上部结构恒载的0.35倍所产生的等效静水

平力。当两个上部结构构件连接在一起时，限位器最小承载能力应该取每一构件单独工作时两个承载力的较大值。对于震后性能等级较低的“规则”桥梁可不进行分析，要求限位器具有0.35倍的恒载值的最小承载力，即可作为其设计荷载。

⑨ 当满足下面一些条件时可以仅连接相邻跨的上部结构，见图3-71，即地震作用下伸缩缝处相对变形足够小而不会发生落梁且其中一跨已与既有桥墩可靠连接。

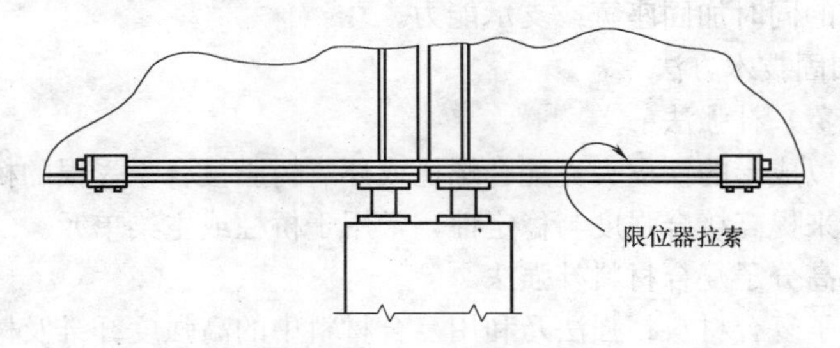

图3-71　仅连接相邻跨的上部结构

⑩ 为满足拉杆限位装置的传力要求，有时需要对安装拉杆限位装置的部位如横隔板进行加固。当横隔板比较弱时，一种加固构造细节是将约束装置锚固在梁侧面或桥面板（顶板）的下面。

⑪ 拉杆限位装置的附属连接装置、既有结构锚固部位等应能够承担1.25倍的拉杆限位装置的极限承载力。

⑫ 横向约束装置在地震作用下应保持弹性状态，应考虑到桥墩屈服后，额外的力将会传给约束构件。考虑到多个横向约束装置往往存在安装误差，这会使它们受力不均匀。因此横向约束装置设计力取值应将分析计算得到的数值提高25%。

⑬ 为了防止地震作用下上部结构发生竖向提离，或当竖向地震力超过恒载50%时，应采用竖向约束装置进行加固，如图3-72所示。

⑭ 支座、伸缩缝处设置约束装置进行加固时大多数要求在既有混凝土上钻孔，当需要钻孔时，应考虑两方面的内容，即，一方面是钻孔装置需要的空间，另一方面是与主筋或预应力缆可能相交的情况。如果相交，应该避开预应力结构的主要钢筋、预应力缆等。

⑮ 当约束装置不能够避免丧失支撑能力时，应考虑加宽座宽（加宽支承面）。

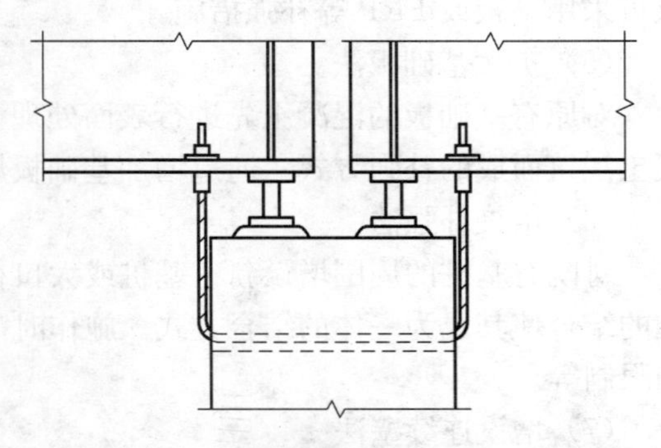

图3-72　竖向位移限位器加固

⑯ 由于在地震作用下，加宽部分的座宽（支承面）将因上部结构落下而承受大的竖向力和水平滑动力，因此加宽部分应能够承受两倍的恒载加最大活载反力和竖向力等于恒载反力、水平力等恒载数值乘以加速度系数。

⑰ 对于跨中伸缩缝处的座宽（支承面）加宽，可使用厚壁管延伸作为延伸支承面来增加座宽。

⑱ 如果支座破坏可能会导致结构倒塌或对于重要桥梁丧失其使用功能，则需考虑更

换支座。

⑲ 在同一跨的活动支座或固定支座更换时应采用相同类型的支座，保证梁转动是相同的且满足对称性。更换的支座和其锚固构件应能承担分析计算得到的竖向、纵桥向和横桥向的地震力。

⑳ 更换支座后应校核垫块、座宽、支承能力是否满足新支座条件下的传力要求。可能需要在更换支座的同时加固座宽或支承能力。

4. 桥梁震后加固技术方法

(1) 钢板（包覆）补强法

钢板补强法是以成形的铁皮夹克配合螺栓或环氧树脂接合于受损的桥梁单元，并以水泥砂浆灌注于接缝来提高接合强度与稳定性，常用于桥柱或主梁单元。

(2) 纤维增强高分子复合材料补强法

纤维增强高分子复合材料补强法乃利用复合材料中的高强度纤维及树脂涂料对受损构件所进行的补强措施；常用于桥墩柱的补强方式有贴片补强法、缠绕补强法、预铸薄壳补强法。

FRP 补强法施作时需特别考虑施工环境的温度、湿度及涂料黏度等限制与处理方式。

(3) 增大梁截面法

当梁的强度、刚度、稳定性和抗裂性能不足时，通常可采用增大构件截面、增加配筋的加固方法加以补强。对于抗拉不足的简支梁可在梁底受拉区或侧面增配补强主筋，或在腹板上增设补强箍筋，然后喷涂浇筑混凝土，进而使梁的抗弯截面增大，提高桥梁的承载能力。

(4) 钢筋混凝土包覆法

钢筋混凝土（RC）包覆补强法系在既有的矩形桥墩柱上配置钢筋及组立模板，并以混凝土浇筑而成的补强方式。对于圆形或椭圆形的桥墩柱，由于其模板架立较为困难，建议可采用钢板或 FRP 等补强措施。

(5) 扩大基础板法

对原有基础板的混凝土先进行表面处理，并依设计需求增设箍筋或植筋，然后进行混凝土浇筑而成的补强方式。通过增加基础板尺寸来提升基础的承载能力。

(6) 增桩补强法

对既有基桩的周围增设新有基桩或大口径的基桩而成的补强方法，通过新桩与既有基础的结合使其成为一体的结合方式。施作时需特别考虑各桩的间距、挖填方土量及施工空间限制等。

(7) 增设连续壁法

增设连续壁法是在沉箱基础周围施作连续壁体，并对周边范围内施作地基改良，以期望连续壁能提供足够的劲度及侧向抵抗力来抵抗侧向土压力或水压力，以加强沉箱基础的稳定性。

(8) 加劲挡土墙法

对于严重受损的桥台壁体或边坡，可实行以加劲网格及叠置碎石包等加劲材方式，配合桥台面墙混凝土的浇筑而形成的壁体来加强桥台或边坡稳定性的补强措施。

(9) 地锚补强法

地锚补强法是在受损的桥台壁体上进行钻孔，并置入预应力构件灌浆加压的，以提升桥台壁体强度而实行的补强方式。

（10）置换伸缩缝法

当震后桥梁伸缩缝呈现过度密合、开离，或伸缩缝装置损毁失去作用时，需采用更换伸缩缝方式来进行修补，也可视施工需求配合覆盖临时钢板措施来增加行车时的安全性与舒适性。

（11）置换或修补支承法

震后桥梁支承常见的损坏方式为构造本身的损坏或失去原有功能。支承损坏后可采用置换支承或增设隔减震支承、阻尼器等方式处理；支承失去原有功能可先以千斤顶支撑上部结构，随后调整支承高度或位置等方式来处置。震后桥梁若有立即通车需求时，也可配合采用架设临时支撑或增设临时防落装置等措施。

（12）地基改良法

为了提高震后桥梁基础的承载力或土壤稳定性，采用压实砂桩法、灌浆法、砂渗法或生石灰桩法来加强软弱地基的承载能力而实行的补强方式。

（13）表面修补法

表面修补法主要针对构件表面裂缝进行修补，以防止因裂缝而导致钢筋锈蚀，为表面处理法与填充法的组合。常采用抹浆、凿槽嵌补、喷浆、填缝等修补方式。裂缝表面修补法又因选用材料或施工方式不同可分为水泥砂浆涂抹法、环氧砂浆涂抹法、凿槽嵌补法、表面喷浆法及打箍加固封闭法等。

（14）压力灌浆法

压力灌浆法主要利用高压将水泥或化学材料灌注至构件的裂缝。采用压力灌浆法于施工前，须针对构件裂缝进行检测及表面处理，以确认修补数量、范围、钻孔孔眼位置、浆液数量、灌浆加压设备的选择等。

（15）重新浇筑法

重新浇筑法为将混凝土构件或钢筋断面局部缺损的部分或全部拆除而重新浇筑新混凝土的修复法。此法能将断面修复成原来的状况，对于需将既有构件增加性能时，可于原构件上加筑混凝土，使其断面扩大，以使构件机能提升。

5. 后梁式桥加固后性能评价

震后梁式桥加固后性能评价是为了保证结构在剩余设计基准期内，有充足的承载能力和变形能力，以满足现行设计规范的要求。可根据现行设计规范的方法进行震后桥梁加固后性能评价。

对于震后加固的桥梁结构应进行承载力分析、多遇地震（设计地震 E1）和罕遇地震（设计地震 E2）作用下的内力和变形分析。

加固后承载力分析可参考桥梁的相关设计规范中的方法。

加固后抗震分析方法分为两类：能力-需求比方法和 PUSHOVER 分析方法（延性能力分析方法或极限状态分析方法）。能力-需求比方法又可分为：基于地震系数法、基于反应谱法和基于时程法。应根据待评价桥梁的具体情况按现行规范的要求选用适当的分析方法。

震后桥梁加固技术适用表见表 3-11。

震后桥梁加固技术适用表 表 3-11

加固技术	适用单元	适用范围	适用损坏形式	材料种类	材料易取性	施工速度	施工场所限制性	使用年限	强度需求
表面修补法	主梁、桥面板、横隔梁、帽梁、桥墩柱、基础构造、支承、防落装置、桥台	适合小断面的修复	裂缝、混凝土剥落、钢筋外露	水泥砂浆、环氧砂浆、沥青、甲基丙稀酸脂类、防锈材料	极容易	快，视现场施工环境而定	低	5～10年	无明确需求，以恢复构件单元外观及维持原构件单元强度
压力灌浆法	主梁、桥面板、横隔梁、帽梁、桥墩柱、基础构造、支承、防落装置、桥台、伸缩缝	适合裂缝的修复抑制裂缝扩大	裂缝、破裂、混凝土剥落、钢筋外露	水泥灌浆材、环氧树脂灌浆材、甲基丙稀酸脂类	容易	3.5～5.5m/工作天	低	5～10年	无明确需求，以恢复构件单元外观及维持原构件单元强度
重新浇筑法	主梁、桥面板、横隔梁、帽梁、基础构造、桥台	将构件部分或全部拆除而重新浇筑混凝土或针对混凝土构件局部剥落而修复	裂缝、破裂、变形、压碎	水泥砂浆、混凝土	容易	快，视现场施工环境而定	中	10～25年	维持原构件单元强度及耐久性
防落装置设置法	主梁、桥面板、横隔梁	主梁位移有落桥的可能，帽梁支承处破损产生高低差	倾斜、位移、沉陷、隆起	混凝土、环氧树脂胶粘剂；钢制托架；防落装置	可	2工作天/块	中	5～10年	防落装置无明确需求规定；防落长度规定 $N=50+0.25L+H$
钢板表面粘贴修补法	主梁、桥面板、横隔梁、帽梁、桥墩柱、桥台	修补裂缝、增加结构物强度与刚度	裂缝、破裂、混凝土剥落、钢筋外露	环氧树脂胶粘剂、钢板材料	可	快，视现场施工环境而定	低	5～10年	维持原构件单元强度
千斤顶及临时支撑法	主梁、桥面板、横隔梁、帽梁、桥墩柱、基础构造、支承、防落装置、桥台	单元结构损伤变形，承载力降低	裂缝、破裂、变形、压碎、倾斜、位移、混凝土剥落、钢筋外露	千斤顶、型钢构件	可	5工作天/座	中	5年以下	恢复构件单元原位及提升桥梁单元结构稳定性
铺设临时覆盖板法	桥面板、引道、伸缩缝	桥面板发生高低差、伸缩缝开口	裂缝、破裂、变形、沉陷隆起	钢面板	容易	快，视现场施工环境而定	低	5年以下	无明确需求，旨在提升行车稳定性

续表

加固技术	适用单元	适用范围	适用损坏形式	材料种类	材料易取性	施工速度	施工场所限制性	使用年限	强度需求
桥面加铺加固法	桥面板	加高梁板的有效高度	裂缝、破裂、变形	混凝土或钢筋混凝土	容易	慢，视现场施工环境而定	低	5～10年	增加梁板的抗弯能力、改善荷载横向分布
钢板补强法	主梁、横隔梁、帽梁、桥墩柱	以承受暂时性载重为主	裂缝、破裂、混凝土剥落、钢筋外露	环氧树脂胶粘剂或板材料（钢皮夹克）	可	慢，视现场施工环境而定	中	10～25年	提高抗震能力、增加抗剪、抗弯及承重能力
纤维增强高分子复合材料法	主梁、桥面板、横隔梁、帽梁、桥墩柱、基础构造、桥台	材料具高强度、高抗腐性、重量轻、剪裁容易、造价较高，应用范围广	裂缝、破裂、变形、沉陷隆起	纤维材料（碳纤维、玻璃纤维、芳纶纤维）、环氧树脂	不易	60m/工作天	高	25～50年	提高抗震能力、增加抗剪、抗弯及承重能力
增大梁截面法	主梁、横隔梁、帽梁	当梁构件强度、刚度、稳定性及抗裂能力不足时	裂缝、破裂、变形	混凝土或钢筋混凝土、环氧树脂胶粘剂	容易	慢，视现场施工环境而定	中	10～25年	提高抗震能力、增加抗剪及抗弯能力
钢筋混凝土包覆法	桥墩柱	主要用于增加桥柱的强度及主筋截断部位补强	裂缝、破裂、混凝土剥落、钢筋外露	钢筋、混凝土	容易	慢，视现场施工环境而定	中	10～25年	提高抗震能力、增加抗剪、抗弯及承重能力
扩大基础板法	基础构造	欲稳固基础及增加基础板垂直及侧向承载力	裂缝、破裂、变形、压碎、混凝土剥落、钢筋外露	钢筋、混凝土	容易	慢，视现场施工环境而定	中	25～50年	增强垂直及侧向承载力
增桩补强法	基础构造	欲稳固基础及增加地工承载力	裂缝、破裂、变形、压碎、折断、倾斜、位移	钢壳桩材、预铸桩材、型钢材、混凝土	可	慢，视现场施工环境而定	高	25～50年	增强垂直及侧向承载力
增设连续壁法	基础构造	欲提升基础刚性，施工空间受限、施工时间成本高	裂缝、破裂、压碎、变形、折断、倾斜、位移、沉陷隆起、混凝土剥落、钢筋外露	稳定药液、钢筋、混凝土	可	慢，视现场施工环境而定	高	25～50年	提升基础刚性

续表

加固技术	适用单元	适用范围	适用损坏形式	材料种类	材料易取性	施工速度	施工场所限制性	使用年限	强度需求
加劲挡土墙法	桥台	欲抑制挡土墙墙身倾斜位移或沉陷	裂缝、破裂、变形、沉陷隆起倾斜、倾倒、混凝土剥落、钢筋外露	碎石材、加劲材、混凝土	可	慢，视现场施工环境而定	高	25～50年	增加墙身抗弯抗剪能力；稳定背填土、防止侧向位移
地锚补强法	桥台	抑制挡土墙身倾斜位移或沉陷	裂缝、破裂、变形、混凝土剥落、钢筋外露	预应力钢材、水泥砂浆	可	慢，视现场施工环境而定	高	25～50年	增加墙身抗弯抗剪能力；稳定背填土、防止侧向位移
置换伸缩缝法	伸缩缝	伸缩缝有错位或变形时应予以更换	破裂、变形、沉陷隆起	伸缩缝装置	可	快，视现场施工环境而定	中	10～25年	增加墙身抗弯抗剪能力；稳定背填土、防止侧向位移
置换/修补支承法	支承	支承有裂纹或变形时应予以更换	裂缝、破裂、变形、压碎、位移、脱落	无收缩水泥砂浆、支承装置	可	快，视现场施工环境而定	中	10～25年	主要目的在于恢复支承原有功能
地基改良法	基础构造	以固结灌浆、将低承载地基地下水位或置入加劲材来增加土层承载力	沉陷隆起、位移、倾斜	灌浆/止水药液、水泥砂浆、砂料、生石灰		慢，视现场施工环境而定	中	25～50年	稳定软落土层、增加土壤承载力

注：表中 N—最小梁端防落长度（cm）；L—跨径（m）；H—由基础面算起，下部结构的高度（m）。对桥台而言，采用邻近桥墩的桥墩高度，但单跨桥时，$H=D$；对桥墩而言，采用该桥墩高度；对悬臂伸缩接头而言，取接头前后邻近桥墩的平均高度。

3.4.2　震损道路处理

1. 震损道路处理的基本原则：

震损道路处理要以恢复原有道路使用功能和减灾水平为主，适当提高道路抗灾能力；恢复重建方案的选择应因地制宜，技术可行、经济合理，在保证使用功能的前提下，灵活采用技术指标；重视环境保护，合理利用土地资源，倡导采用节能技术，实现可持续发展。

震损道路处理的基本原则有如下几点：

（1）震损道路的处理应充分利用原有工程，应因地制宜以恢复为主，重建为辅；

（2）震损道路应根据原设计标准进行恢复设计与施工，当条件有困难时，可根据现场实际情况分期分批实施，先通车再逐步达到原设计标准；

（3）应查明道路沿线地质情况，防止恢复重建工程引发的次生灾害发生；

（4）道路工程恢复重建应结合环境保护工程和基本农田保护情况，提出合理可行的处治方案，不容许将清理的滑塌物乱堆、乱弃，造成次生灾害的发生。

2. 道路路基震害类型有如下形式：

（1）路基沉陷、开裂、滑移、扭曲、隆起、挤压破坏等；

（2）挡土墙、支挡构造物的坍塌、外移、墙面鼓胀，基础脱空及位移变形，锚杆、框架、防护网失效、挂网喷浆破坏等；

（3）土液化产生的路基沉陷、坍塌等；

（4）边坡的碎落、危岩、落石、崩塌、滑坡、泥石流等对公路造成威胁的次生地质灾害；

（5）地震对路基产生的其他破坏，如山体滑坡形成堰塞湖引起水位上升淹没公路，河道被压缩致使水流冲毁路基等。

路基震害及次生地质灾害在平原区路段主要表现为砂砾夹层地震液化；山区路基主要表现为开裂、滑移、沉陷、隆起、挡土墙倾斜变形、垮塌，边坡崩塌，以及山体滑坡、崩塌落石、坡面碎屑流、泥石流等次生地质灾害掩埋路基和砸坏路基、堰塞湖和泄洪影响导致路基被淹没或水毁。路基因填料不当，填筑方法不合理，压实不足，在地震荷载作用下可能引起路堤向下沉陷。路堤不均匀下陷，造成局部路段破坏，影响交通。在较陡的山坡上填筑路基，如果原地面未挖台阶、清除杂草等，坡脚又无支撑物，在地震荷载和水的作用下，有可能使路基整体或局部滑移，使路基失去整体稳定性。以上两方面均可不同程度的引起路基开裂、扭曲、隆起、挤压、支挡构造物的坍塌等破坏。挡土墙因地震荷载可以转动，也可以向外滑动。墙后土体可能下陷，使它们所支持或保护的结构发生二次破坏，像挡墙的上、下处的公路填筑和建筑物。如果支挡结构的地震诱发变形过大，附近重要结构或设施可能承受不可接受的服务功能损失，包括公用设施中断，结构破坏或进出通道的丧失。

在地震荷载作用下，可引起砂土液化、边坡的碎落、危岩、落石、崩塌、滑坡、泥石流等次生地质灾害，从而引起路基沉陷、坍塌，造成路基结构物的大量破坏。

3. 道路路面震害类型有路面纵向裂缝、横向裂缝、沉陷、波浪、坑槽、碎裂、路面强度降低等。

道路纵向裂缝：多出现在填方路基沉降变形路段，多呈路基至路面贯通性开裂。

横向裂缝：多出现在填挖交界、搭板末端附近、桥梁伸缩缝、刚柔路面衔接等部位，面结构的贯通裂缝。

路面沉陷、波浪：由于地震波作用导致路面出现沉陷、波浪。

路面坑槽、碎裂：多由上边破崩塌落石砸损形成。

路面强度结构不够：地震造成路基强度显著下降，导致路面结构整体承载能力不足。

4. 震损道路的调查及检测应遵循下列原则：

(1) 查明道路沿线地质条件，对沿线不良地质和特殊岩土进行分析研究，为恢复重建工程道路处治方案提供依据和参考；

(2) 查明路基、边坡、支挡防护工程的位置、范围、规模、形式等，分析震害成因以及对道路的危害程度；

(3) 地震引起的泥石流，应查明泥石流的成因、类型、规模、特征、发展趋势以及对公路的危害程度；

(4) 调查与检测震灾后路面破损状况、路面结构强度、路面平整度以及路面抗滑能力等，并搜集原设计、施工等数据。

5. 震损道路的检测内容及方法可参照表3-12执行。

震损道路的检测内容及方法　　**表3-12**

部位		检测内容	检测方法
路基		路基沉降量、裂缝形态及宽度	水平仪、尺量等
混凝土构造物		混凝土强度	回弹法、超声波监测
路面	沥青路面	路面弯沉、平整度、抗滑性能、车辙等	自动弯沉仪、3m直尺法、平整度仪、制动距离法等、必要时采用雷达检测路面结构内部受损情况
	混凝土路面	板底脱空、结构强度、回弹模量、接缝传荷能力等	回弹法超声波监测

6. 震损道路处理应遵循下列原则：

根据调查与检测结果对道路工程的安全性、修复可行性进行评估，分析公路的重要性、交通组成、地形、地质条件等因素，确定恢复或重建方案。下列震损采用重建方案：

(1) 滑坡、崩塌、泥石流、堰塞湖淹没等导致主体工程严重损毁路段；

(2) 路基严重开裂变形、支挡防护工程严重垮塌，通过工程处理难以恢复的路段；

(3) 滑坡、泥石流等地质病害严重影响路基安全，工程处置困难，工程投资高，施工和营运风险大的路段；

(4) 其他无法恢复的工点或路段。

7. 震损道路的处理方法应根据表3-13处理方法选择。

震损道路的处理方法　　**表3-13**

破坏形式		处理方法
路基	沉陷、开裂、扭曲变形	可选用注浆(砂)法、桩基法、夯填法、骨料置换等方法处理
	隆起、挤压破坏	清除隆起部位，用大吨位机具碾压密实
	路堤滑移	1. 先采取堆草袋、砌石、填夯等方法临时修复路堤，恢复交通； 2. 根据滑坡原因，选用抗滑挡墙、反压护道、抗滑桩等措施进行支挡加固处理，并辅以疏排地表水、地下水的工程措施； 3. 缺乏回填修复材料时，可采用桩基础的矮墩桥梁结构，以改变道路土质路基的稳定性

续表

破坏形式		处理方法
路基	路堑高边坡	锚杆(索)框架加固、锚杆(索)框架与抗滑桩联合处治,辅以截、排水措施
	滑坡	做好地表排水、地下排水、减载与反压工程、支挡加固工程、滑坡土改良、夯填滑坡裂缝等
	崩塌	清除危岩、支挡加固、遮挡与拦截
支挡防护工程		整体垮塌时,可整体拆除重建;局部垮塌时,可对垮塌部位恢复重建
路面	损坏	灌缝、局部修补、罩面、补强等
	堆积物	路面有大量滑落孤石、树干、砂土碎石堆积物,路旁山体没有产生滑坡、泥石流,路基也没有滑塌时,路面堆积物可推移到合适地点存放、处理

例如：1995 年神户地震表明，在地震荷载作用下，支挡结构最常见的坍塌机制包括过度倾斜导致倾覆失稳或结构破坏，混凝土重力式或悬臂式挡土墙的开裂。

第4章 冰雪灾损处理

4.1 概 述

4.1.1 冰雪灾害及其特点

1. 冰雪灾害

冰雪灾害是一种常见的气象灾害，拉尼娜现象是造成低温冰雪灾害的主要原因。

中国属季风大陆性气候，冬、春季时天气、气候诸要素变率大，导致各种冰雪灾害每年都有可能发生。在全球气候变化的影响下，冰雪灾害成灾因素复杂，致使对雨雪预测预报难度不断增加。

研究表明，中国冰雪灾害种类多、分布广。东起渤海，西至帕米尔高原；南自高黎贡山，北抵漠河，在纵横数千公里的国土上，每年都受到不同程度冰雪灾害的危害。历史上我国的冰雪灾害不胜枚举，1951年以来，我国范围大、持续时间长且灾情较重的雪灾就达十几次。

人类对自然资源和环境的不合理开发和利用及全球气候系统的变化，也正在改变雪灾等气象灾害发生的地域、频率及强度分布。植被覆盖度的减少，裸地的增加，导致草地退化，为雪灾灾情的放大提供了潜在条件。

冰雪灾害由冰川引起的灾害和积雪、降雪引起的雪灾两部分组成。冰雪灾害主要有：冰川泥石流、冰雪洪水、暴风雪、冰湖溃决、雪崩、风吹雪等造成的灾害。

(1) 冰川泥石流。是冰川消融使洪水挟带泥沙、碎石混合流体而形成的泥石流。青藏高原上的山系，山高谷深，地形陡峻，又是新构造活动频繁的地区，断裂构造纵横交错，岩石破碎，加之寒冻风化和冰川侵蚀，在高山河谷中松散的泥沙、碎石、岩块十分丰富，为冰川泥石流的形成奠定了基础。在藏东南地区，冰川泥石流活动频繁，尤其在川藏公路沿线，危害极大。位于通麦县以西的培龙沟自1983年以来，年年爆发冰川泥石流，其中1984年先后爆发5次，造成严重损失。7月27日，泥石流冲走公路钢桥；8月7日，泥石流造成6人死亡；8月23日，持续时间23h，淹没104道班，堵塞帕隆藏布主河道，使河床升高10余米，冲毁6km公路，停车54d；10月15日，冲走钢桥一座，阻车断道12d。1985年培龙沟两度爆发泥石流，冲毁道班民房22间，淹没毁坏汽车80辆，造成直接经济损失500万元以上。古乡沟位于波密县境内，是中国最著名的一条冰川泥石流沟。1953年9月下旬，爆发规模特大的冰川泥石流。此后，每年夏、秋季频频爆发，少则几次至十几次，多则几十次至百余次，且连续数十年不断，其规模之大、来势之猛、危害之巨，在国内外实属罕见。

(2) 冰雪洪水。是冰川和高山积雪融化形成的洪水。冰雪洪水的形成与气象条件密切相关，每年春季气温升高，积雪面积缩小，冰川冰裸露，冰川开始融化，沟谷内的流量不断增加；夏季，冰雪消融量急剧增加，形成夏季洪峰；进入秋季，消融减弱，洪峰衰减；冬季天寒地冻，消融终止，沟谷断流。冰雪融水主要对公路造成灾害。在洪水期间冰雪融水携带大量泥沙，对沟口、桥梁等造成淤积，导致涵洞或桥下堵塞，形成洪水漫道，冲淤公路。

（3）暴风雪。是降雪形成的深厚积雪以及异常暴风雪。由大雪和暴风雪造成的雪灾由于积雪深度大，影响面积广，危害更加严重。如1989年末至1990年初，那曲地区形成大面积降雪，造成大量人畜伤亡，雪害造成的损失超过4亿元。1995年2月中旬，藏北高原出现大面积强降雪，气温骤降，大范围地区的积雪在200mm以上，个别地方厚1.3m。那曲地区60个乡、13万余人和287万头（只）牲畜受灾，其中有906人、14.3万头（只）牲畜被大雪围困，同时出现了冻伤人员、冻饿死牲畜等灾情。此外，在青藏、川藏和中尼公路上，每年也有大量由大雪堆积路面而造成的阻车断路现象。2007年3月初，东北地区百年不遇的强暴风雪造成了许多轻型钢结构房屋或屋盖损坏，甚至倒塌。2008年1月下旬，南方特大暴风雪除造成轻型钢结构房屋的损坏或倒塌外，还造成很多输电塔的倒塌，大范围的停电给人们生活和工农业生产造成不可估量的损失。

（4）风吹雪。是大风携带雪运行的自然现象，又称风雪流。积雪在风力作用下，形成一股股携带着雪的气流，粒雪贴近地面随风飘逸，被称为低吹雪；大风吹袭时，积雪在原野上飘舞而起，出现雪雾弥漫、吹雪遮天的景象，被称为高吹雪；积雪伴随狂风起舞，急骤的风雪弥漫天空，使人难以辨清方向，甚至把人刮倒卷走，称为暴风雪。风吹雪的灾害危及到工农业生产和人身安全。风吹雪对农区造成的灾害，主要是将农田和牧场大量积雪搬运他地，使大片需要积雪储存水分、保护农作物墒情的农田、牧场裸露，农作物及草地受到冻害；风吹雪在牧区造成的灾害主要是淹没草场、压塌房屋、袭击羊群、引起人畜伤亡；风吹雪还会对公路造成危害。

以上几种冰雪灾害中，前两种的危害最严重，但并不常见。同时，建筑物经过这样的灾害之后，基本已失去修复价值。后两种的危害对轻型房屋或轻型屋面造成不同程度的损坏。本章主要针对几种常见的冰雪灾害对房屋特别是钢结构建筑（构）物的破坏，以及对房屋地基基础和道路的破坏，提出处理意见和处理方法。

2. 冰雪灾害的主要特点

冰雪灾害的特点主要有以下几点：

（1）灾害发生的时间较短。从下雪开始到雪停通常只是几个小时到几天不等，在短时间内，雪灾即可形成。

（2）持续的时间长。雪灾中形成的积雪和浮冰在很长时间内难以融化，可以存在数周至数月不等，而且在此期间会一直伴随着低温。

（3）影响范围大。通常雪灾都会跨越多个地区或多个省，这是气象灾害的最大特点。如2008年1月下旬的雪灾波及了湖南、湖北、贵州等。

（4）对建（构）筑物，道路的破坏较大。冰雪灾造成建（构）筑物的表面附着厚度较大的浮冰或积雪，使得建（构）筑物的荷载大大增加，甚至超过承载力极限，导致建（构）筑物破坏。低温、冰冻会使道路的表面在冰雪融化后结冰造成公路路面的冻融鼓包，反复冻融后产生破坏。

（5）冰雪灾害产生的间接影响非常严重，如电力中断，生产停滞，道路交通瘫痪，供暖中断等，给人们的生产生活带来很大的不便，给社会造成巨大的经济损失。

冰雪灾害的特点总体概括为影响范围广，持续时间长，灾害程度重，对环境、社会影响深远。

近年来暴雪灾害频频发生。2007 年 3 月 3～5 日，极其罕见的暴雪、大风、寒潮、暴雨、风暴潮降临到中国东北地区。其中辽宁省大部分地区出现自 1951 年有完整气象记录以来最严重的暴雪和大风天气，最大降雪量 78mm；最大积雪深度 440mm。气象评估此次暴雪天气为一级暴雪灾害，属最严重级别，辽宁省总经济损失达 145.9 亿元，死亡 13 人。冰雪灾害对轻型房屋钢结构造成的破坏最为严重，据不完全统计辽宁省有 92 家企业的 300 余处钢结构厂房遭到不同程度的损坏。

2008 年 1 月 10 日至 2 月 12 日期间，中国浙江、江苏、安徽、江西、河南、湖北、湖南、广东、广西、重庆、四川、贵州、云南、陕西、甘肃、青海、宁夏、新疆和新疆生产建设兵团等 21 个省（区、市、兵团）均受到低温、雨雪、冰冻灾害影响，死亡 107 人，失踪 8 人，紧急转移安置 151.2 万人；农作物受灾面积 1.77 亿亩，绝收 2530 万亩；森林受损面积近 2.6 亿亩；倒塌房屋 35.4 万间，损坏房屋 86.2 万间；直接经济损失 1111 亿元。主要包括：电缆、输电塔被压断，以及寒冷天气造成用电量猛增，电力供不应求，造成部分地区大面积停电，部分铁路、公路停运、封闭。大量的轻钢结构房屋遭到不同程度的破坏。见图 4-1、图 4-2。

图 4-1　轻钢结构房屋破坏

图 4-2　钢结构塔架的破坏

2009年11月上中旬，影响山西、河北、河南、山东、陕西、湖北的大雪已经造成470.9万人受灾。倒塌房屋7000多间，死亡18人；农作物受灾面积145千hm^2。因灾直接经济损失34亿元。

2006年1月，横扫欧洲的严寒暴雪使波兰南部一个正在举行赛鸽展的展览馆，其屋盖结构采用空间钢桁架，因屋面积雪过厚不胜负荷突然坍塌，当时馆内有500多人，至少66人死亡，170多人受伤。德国巴伐利亚州一座建于1972年的滑冰馆，因暴风雪造成屋面积雪，屋顶无法支撑积雪的质量而倒塌，造成15人死亡，34人受伤。2007年1月，准备用于2010年温哥华冬季奥运会开幕式和闭幕式的温哥华体育场穹顶，也因屋面积雪过厚坍塌。

综上所述，雪灾会对轻型房屋钢结构、大跨度房屋钢结构屋盖及钢结构通信或微波塔构成较大的威胁。

4.1.2　冰雪灾害建（构）筑物的破坏

1. 轻型房屋钢结构的破坏形式及原因

冰雪灾害造成轻型房屋钢结构的破坏形式有：屋面结构坍塌，檩条破坏，刚架梁、柱破坏，构件连接节点断裂，刚架柱脚锚栓被拔出，房屋垮塌等。

（1）屋面结构坍塌

如图4-3（*a*）所示某农贸市场支撑在钢筋混凝土屋面边梁上的波纹拱屋面因积雪过大而压垮。如图4-3（*b*）所示某体育馆网架结构屋面夹芯板被积雪压塌。

(*a*)

(*b*)

图4-3　屋面结构坍塌

（2）檩条破坏

檩条弯扭变形过大，甚至造成与屋面梁连接撕裂，如图4-4所示。

（3）刚架梁破坏

门式刚架斜梁产生过大的弯扭变形，如图4-5所示。

（4）刚架柱破坏

刚架柱发生平面外的弯扭变形，甚至倾斜，如图4-6所示。

（5）构件连接节点断裂

梁柱连接节点，梁屋脊节点接触面脱开，以及梁拼接节点栓孔处板受剪或受挤压破坏，或螺栓杆被剪断，如图4-7所示。

图 4-4　檩条破坏

图 4-5　刚架梁破坏

图 4-6　钢柱破坏

(6) 刚架柱脚破坏

锚栓被拔出，柱脚螺栓杆脱锚等，如图 4-8 所示。

(7) 房屋垮塌

由于部分柱完全丧失承载力导致房屋部分甚至整体垮塌，如图 4-9 所示。

上述轻型房屋钢结构的破坏主要是雪灾造成屋面积雪过大，远超过设计规范规定的雪荷载取值，我国南方建筑和北方建筑对雪荷载的设计取值不同，南方建筑雪荷载取值比北方建筑低。如现行《建筑结构荷载规范》中沈阳地区 50 年一遇的雪荷载标准值为 $0.5kN/m^2$，积雪厚度 0.333m（雪的平均容重 $1.5kN/m^3$），而 2007 年 3 月的雪灾，女儿墙附近屋面等特殊部位屋面的积雪厚度最大达 2.4m，平均积雪厚度约 1.5m，且雪的容重达 $1.8kN/m^3$。可见屋面局部雪荷载严重超出规范取值，结构的受力构件实际受力已经超出了构件的承载能力，导致构件破坏或房屋局部或整体的垮塌。

建筑形体不当或设计方案考虑不周全，如高低跨相连、女儿墙较高是造成雪荷载堆积的主要原因。此外，施工质量缺陷等方面也是造成轻型房屋钢结构破坏的原因。

(a)

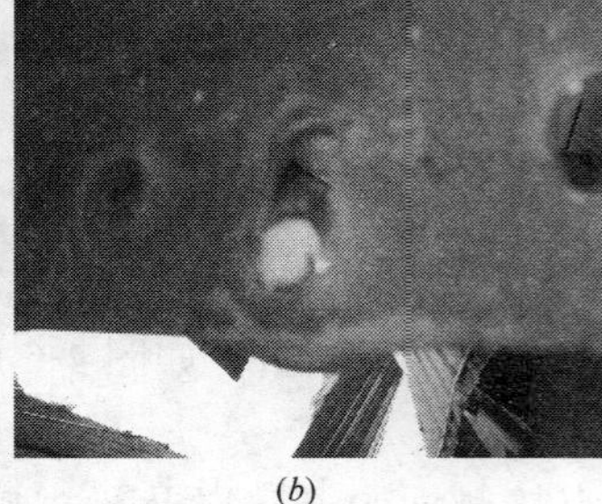

(b)

(c)

图 4-7　构件连接节点断裂

(a)　　(b)

图 4-8　刚架柱脚破坏

(a)　　(b)

图 4-9　房屋垮塌

次生灾害（如人工除雪方式或维护、加固不当）也会造成轻型房屋钢结构破坏。

一些房屋的屋面结构在雪灾下先于主体结构破坏，起到了卸载的作用，避免了主体结构的倒塌。

2. 钢结构塔架的破坏形式及原因

钢结构塔架包括输电塔和通信塔，其破坏形式主要有：塔架局部杆件破坏，杆件连接节点破坏，柱脚破坏，塔架整体破坏，以及输电塔导线被拉断等。

(1) 塔架局部杆件破坏

杆件弯曲和扭转，杆件破坏的数量会随着灾情的严重程度而增加。

(2) 杆件连接节点破坏

主要表现为螺栓被剪断，节点板被撕裂，焊缝断裂，节点处变形过大。

(3) 柱脚破坏

由于塔身倾斜，导致柱脚锚栓被拉出（或拉坏），柱脚处杆件受拉屈服或受压屈曲。

(4) 塔架整体破坏

输电塔因导线被拉断导致水平受力不均匀，使塔身出现扭转或倾斜，甚至倒塌。

(5) 导线被拉断

主要分为两种情况：两侧导线同时被拉断；一侧导线被拉断。一侧导线被拉断杆件的破坏程度会高于两侧被拉断的杆件。

输电塔、通信塔等钢结构塔架，设计中裹冰厚度一般取10～30mm。2008年初南方冰雪灾害中，由于空气湿度大、气温低，钢塔杆件和电线上的实际凝冰厚度达到50～100mm，远超过设计荷载，是造成钢结构塔架破坏的主要原因。同时，由于电线和铁塔上裹了厚厚的冰层，使铁塔在风荷载作用下的受风面积大大增加，其风振形态及受力性能都发生了很大改变。而在冰冻情况下，钢铁构件由于低温而导致延性降低，产生冷脆现象，使得塔架更容易破坏。钢结构通信塔架破坏的主要原因是塔身的局部裹冰过厚，造成塔架受力不平衡，而裹冰过厚则使得塔架所受风荷载增大。

钢筋混凝土结构、砌体结构和普通钢结构等建（构）筑物，因其自重大，冰雪荷载占全部荷载的比例很小，因此对其上部结构影响很小，不会造成破坏。但对维护结构或系统有一定的影响。

3. 道路的破坏形式

冰雪灾害对道路的影响主要是道路冻害引起路面冻胀，春季因冰雪融化而使路基翻浆、十/破坏，路基的不均匀冻胀和强度下降，会危害道路的安全和正常使用。

4.2　冰雪灾损评估

4.2.1　评估的目的和意义

灾损评估是通过专业机构对受灾地区的建（构）筑物，道路进行检测，对建（构）筑物和道路遭受冰雪灾害的破坏程度进行统计和概括。

目的：是对遭受冰雪灾害的建（构）筑、道路的受损程度，以及建（构）筑物的可靠性，包括安全性、使用性和耐久性，主要是前两者，进行评估和鉴定，最后提交评估报告。

意义：对遭受冰雪灾损的建（构）筑物进行灾损评估，可以为灾损建（构）筑物的处理提供依据。经过评估之后，按建筑物和道路的灾损情况，将灾损划分等级，根据不同的破坏等级，提出相应的处理意见。如果建（构）筑物的安全性严重不足，则属于危房，应尽快拆除，不必再作任何处理；如果使用性受到影响，应对其作加固、修复处理。

4.2.2　评估的方法和步骤

1. 评估的一般方法

目前对建（构）筑物可靠性评估的方法主要有三种：传统经验法、实用鉴定法和概率法。

（1）传统经验法

传统经验法是我国习用的方法。这种方法是在按原设计规程校核的基础上，根据当前规范和参考以前的规范凭经验判定。这种方法主要依据目测调查、结构验算及经验进行评价，具有鉴定程序少，方法简便、快速、直观及经济等特点，在旧房普查和定期评估中被广泛采用。但是，由于此法未用现代化测试手段，有些项目无法调查。因此，即使调查人员水平较高，对疑难现象的判断亦可能失准。

（2）实用鉴定法

实用鉴定法是在传统经验法的基础上发展起来的。它运用数学统计理论，采用现代化的检测技术和计算手段对建筑物进行多次调查、分析，逐项评价和综合评价。实用鉴定法一般需进行三次调查：

1）初步调查。调查建（构）筑物的概况，包括建设规模、图纸资料、用途变化、环境、结构形式及鉴定评估的目的等。

2）调查建（构）筑物的地基基础（基础和桩、地基变形及地下水），建筑材料（混凝土和钢材，砖的性能和外围结构的材料），建筑结构（尺寸、变形、裂缝、损伤、接头、抗震能力、振动特性及承载能力等）。

3）结构计算和分析，以及在试验室进行构件试验或模型试验。

由上可见，这种方法需要专门机构并花费相当的时间和资金，因此该方法的应用受到一定的限制。在实际工作中，往往与传统经验法相结合，以弥补经验法的不足，提高鉴定的可靠性。

(3) 概率法

实用鉴定法得出的评价结论，虽较传统经验法更接近实际，但影响建（构）筑物的诸因素，如作用力 S、结构抗力 R 等都是随机变量，甚至是随机过程。因此，建（构）筑物的可靠度应通过计算失效概率去分析。

概率法的基本概念是建（构）筑物抗力 R，作用力 S，都是随机变量，它们之间的关系为：

当 $R>S$ 时，表示可靠；

当 $R=S$ 时，表示合格，到达极限状态；

当 $R<S$ 时，表示失效。

目前，在建（构）筑物的普查工作中，一般采用传统经验法或与实用鉴定法相结合的方法。对于重点检测的建（构）筑物，应采用实用鉴定法。

《民用建筑可靠性鉴定标准》（GB 50292）和《工业建筑可靠性鉴定标准》（GB 50144）中的鉴定评估方法，它采用分级多层次的综合评定方法，即先对房屋的子单元、单个构件进行鉴定，然后对房屋的局部进行鉴定，最后归纳对整幢房屋进行综合鉴定评估。

2. 评估的步骤

冰雪灾损建（构）筑物评估鉴定的步骤见图 4-10，各类鉴定适用于不同范围，按不同的要求选用不同的鉴定类别。

3. 民用建筑可靠性鉴定

(1) 民用建筑可靠性鉴定，可分为安全性鉴定和正常使用性鉴定。

1）安全性鉴定的适用范围

① 建（构）筑物鉴定或其他应急鉴定；

② 建（构）筑物改造前的安全检查；

③ 临时性建（构）筑物需要延长使用期的检查；

④ 使用性鉴定中发现有安全问题。

2）使用性鉴定的适用范围

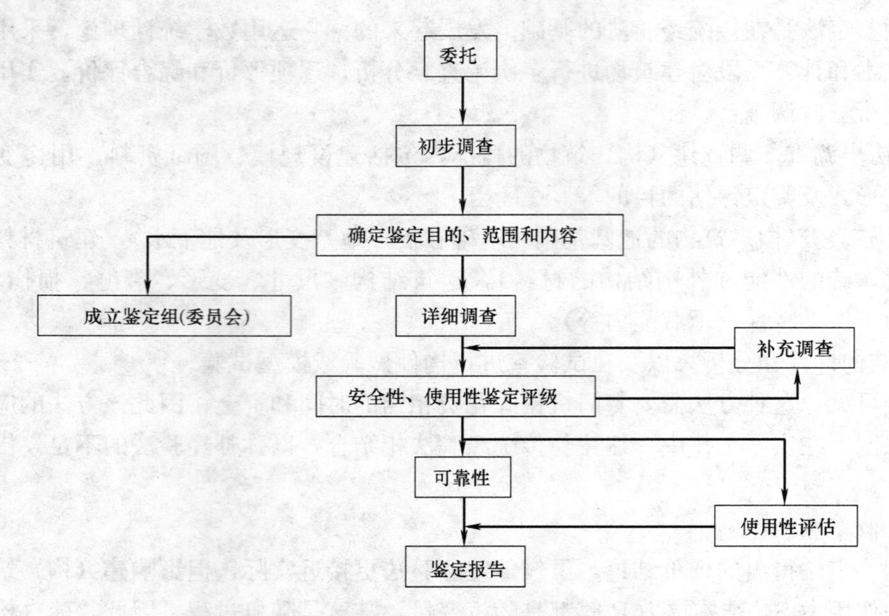

图 4-10　冰雪灾损建（构）筑物评估鉴定的步骤

① 建（构）筑物日常维护的检查；

② 建（构）筑物使用功能；

③ 建筑物有特殊使用要求的专门鉴定。

3）可靠性鉴定的适用范围

① 建（构）筑物大修前的全面检查；

② 重要建筑的定期检查；

③ 建（构）筑物改变用途或使用条件的鉴定；

④ 建（构）筑物超过设计基准期继续使用的鉴定；

⑤ 为制订建（构）筑物群维修改造规划而进行的普查。

鉴定的目的、范围和内容应根据委托方提出的鉴定原因和要求，经初步调查后确定。

图 4-10 框图中的调查具有广泛的含义，包括访问、查档、验算、检验和现场检查实测等。根据鉴定工作的进程分为初步调查、详细调查和补充调查。其中，初步调查的目的是了解建（构）筑物的历史和现状的一般情况，为下一阶段的结构质量检测提供有关依据。初步调查一般应包括以下几个方面的内容：图纸资料（如岩土工程勘察报告、设计计算书、设计变更记录、施工图、施工及施工变更记录、竣工图、竣工质检及验收文件、定点观测记录、事故处理报告、维修记录、历次加固改造图纸等）；建（构）筑物历史（如原始施工、历次修缮、改造、用途变更、使用条件改变以及受灾情况）；考察现场，按照资料核对实物［调查建（构）筑物实际使用条件和内外环境、查看已发现的问题、听取有关人员的意见等］；填写初步调查表；制订详细调查计划及检测、试验工作大纲并提出需由委托方完成的准备工作。

（2）详细调查是可靠性鉴定的基础，其目的是为结构的质量评定、结构验算和鉴定以及后续的加固设计提供可靠的资料和依据。根据实际需要选择下列工作内容：

1）结构基本情况勘查：包括结构布置及结构形式；圈梁、支撑（或其他抗侧力系统）布置；结构及其支承构造；构件及其连接构造；结构及其细部尺寸，其他有关的几何参数。

2）结构使用条件调查核实：包括结构上的作用；建（构）筑物内外环境；使用史（含荷载史）。

3）地基基础检查：包括场地类别与地基土（包括土层分布及下卧层情况）；地基稳定性；地基变形及在上部结构中的反应；评估地基承载力的原位测试及室内物理力学性能试验；基础和桩的工作状态（开裂、腐蚀和其他损坏的检查）；其他因素（如地下水抽降、地基浸水、水质、土的腐蚀等）的影响或作用。

4）材料性能检测分析：包括结构构件材料；连接材料；其他材料。

5）承重结构检查：包括构件及其连接工作情况；结构支承工作情况；建（构）筑物的裂缝分布；结构整体性；建（构）筑物侧向位移（包括基础转动）和局部变形；结构动力特征。

6）围护系统使用功能检查。

7）易受结构位移影响的管道系统检查。

鉴定评级过程中，如发现某些项目的评级依据尚不充分，或者评级介于两个等级之间，需要进行补充调查，以获得较正确的评定结果。

撰写鉴定报告是整个鉴定过程的最后一项工作。鉴定报告一般应包括下列内容：建（构）筑物概况；鉴定的目的、范围与内容；检查、分析、鉴定的结果；结论和建议；附件。

4. 鉴定评级的层次和等级划分

（1）安全性鉴定

安全性鉴定按构件、子单元、鉴定单元三层次，每一层次分为四个等级进行鉴定。这里的构件可以是一个单件，如一根梁或柱，也可以是一个组合件，如一榀桁架或一根组合柱，还可以是一个片段，如一片墙或一段条形基础。构件是可靠性鉴定最基本的鉴定单位。

子单元是由构件组成，民用建筑可靠性鉴定标准按地基基础、上部承重结构和围护结构系统分为三个子单元。

鉴定单元由子单元组成，根据被鉴定建（构）筑物的构造特点和承重体系的种类，可将该建（构）筑物划分为一个或若干个可以独立进行鉴定的区段，这样的每一区段为一鉴定单元。结构安全性鉴定的层次和等级关系见图 4-11。

1）按规定的检查项目和步骤，从第一层次开始，逐层进行评定。

2）根据构件的检查项目评定结果，确定单个构件等级。

3）根据子单元各检查项目及各种构件的评定结果，确定该子单元等级。

4）根据子单元的评定结果，确定鉴定单元等级。

建（构）筑物结构鉴定单元（子

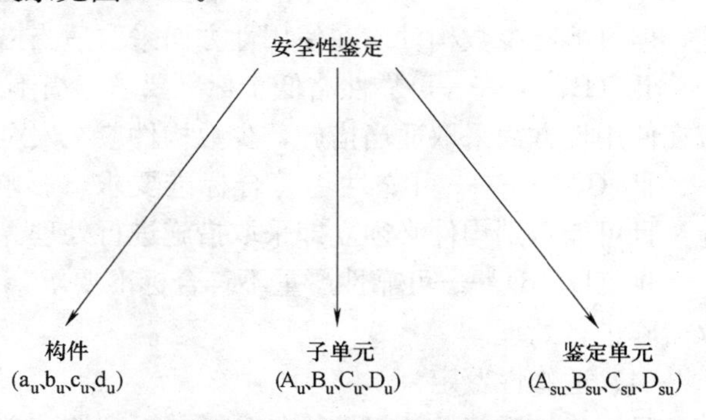

图 4-11 结构安全性鉴定的层次和等级关系

单元、构件）安全性鉴定四个等级标准如下：

A_{su}（A_u、a_u）——安全性符合标准要求，具有足够的承载能力，不必采取措施进行处理。

B_{su}（B_u、b_u）——安全性略低于标准要求，尚不显著影响承载能力。可不采取措施，但可能有少数构件应采取措施进行处理。

C_{su}（C_u、c_u）——安全性不符合标准要求，显著影响承载能力。应采取措施，且个别构件须立即采取措施进行处理。

D_{su}（D_u、d_u）——安全性不符合标准要求，已严重影响承载能力。必须及时或立即采取措施进行处理。

（2）正常使用性鉴定

正常使用性鉴定按构件、子单元和鉴定单元三个层次，每一层次分为三个等级进行鉴定。这里指的构件，子单元、鉴定单元的划分与安全性鉴定相同，也是从第一层次开始逐层进行评定，结构正常使用性鉴定的层次与等级关系见图 4-12。

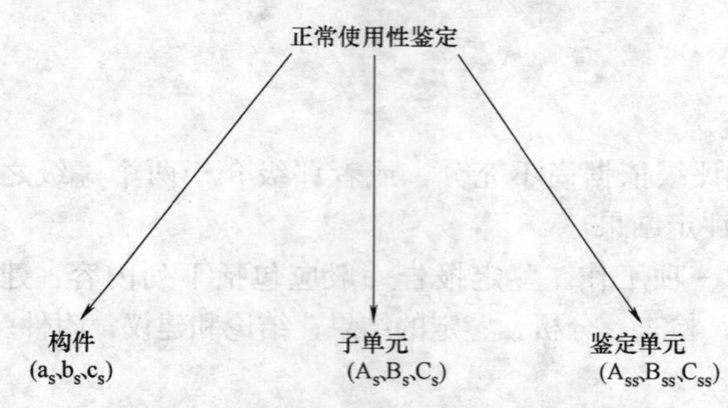

图 4-12 结构正常使用性鉴定的层次与等级关系

建（构）筑物结构鉴定单元（子单元、构件）使用性鉴定三个等级标准如下：

A_{ss}（A_s、a_s）——使用性符合标准要求，具有正常的使用功能，不必采取措施进行处理。

B_{ss}（B_s、b_s）——使用性略低于标准要求，尚不显著影响使用功能。可不采取措施，但可能有少数构件应采取适当措施进行处理。

C_{ss}（C_s、c_s）——使用性不符合标准要求，显著影响使用功能，应采取措施进行处理。

（3）可靠性鉴定

可靠性鉴定是按构件、子单元、鉴定单元三个层次，每一层次分为四个等级进行鉴定。各层次可靠性鉴定评级，以及层次的安全性和使用性的评定结果为依据综合确定。民用建筑可靠性鉴定评级的各层次分级标准如下：

Ⅰ（A、a）——可靠性符合标准要求，具有正常的承载力和使用功能，可不采取措施，但可能有少数构件应在使用性方面采取适当措施进行处理。

Ⅱ（B、b）——可靠性略低于标准要求，尚不显著影响承载力和使用功能，有些构件应在使用性方面采取适当措施，少数构件应在安全性方面采取措施进行处理。

Ⅲ（C、c）——可靠性不符合标准要求，影响正常的承载力和使用功能。应采取措施，且可能个别构件必须立即采取措施进行处理。

Ⅳ（D、d）——可靠性严重不符合标准要求，已危及安全，应停止使用，必须立即采取措施进行处理。

（4）适修性鉴定

民用建筑适修性评级按构件、子单元、鉴定单元三个层次，分为四个等级进行鉴定。

各层次分级标准如下：

A_r（A_r、a_r）——构件易加固或易更换，所涉及的相关构造问题易于处理。适修性好，修后可恢复原功能。所需的总费用远低于新建的造价，应予修复或改造。

B_r（B_r、b_r）——构件稍难加固或稍难更换，所涉及的相关构造问题易于或稍难处理。修后可恢复或接近原功能。所需的总费用为新建的造价30%～70%以上。适修性尚好，宜予修复或改造。

C_r（C_r、c_r）——难修或难改造，或所涉及的相关构造问题难处理，或所需的总费用为新建的造价70%以上。适修性差，是否有保留价值，取决于重要性和使用要求。

D_r（D_r、d_r）——该鉴定对象已严重残损，构造很难加固，亦难更换，或所需总费用接近、甚至超过新建。适修性很差，除非是纪念性或历史性建筑，一般宜予拆换或重建。

（5）评估的结论主要是按照国家标准，通过对灾损建（构）筑物的可靠性和安全性进行评估鉴定，进行灾损评级。根据鉴定评估对象的灾损评级，提出相应的处理要求。

5. 民用建筑冰雪灾损可靠性鉴定

民用建筑可靠性鉴定，主要是安全性鉴定和正常使用性鉴定，冰雪灾害灾后建（构）筑物的鉴定评级主要是安全性鉴定和使用性鉴定。

评估鉴定工作内容包括受理委托，成立鉴定小组，对建筑物进行全方位的调查，根据相应评级标准评级，提交鉴定评估报告等内容。

（1）冰雪灾损民用建筑安全性鉴定

冰雪灾损民用建筑安全性鉴定分为构件、子单元和鉴定单元三个层次，每一层次分为四个安全性等级和三个使用性等级，鉴定时第一层次（构件）是基础，故鉴定评级应从第一层次开始，然后评定第二层次，最后评定第三层次。具体见表4-1。

可靠性鉴定评级的层次、等级划分及工作内容　　表4-1

<table>
<tr><td colspan="2">层次</td><td>一</td><td colspan="2">二</td><td>三</td></tr>
<tr><td colspan="2">层名</td><td>构件</td><td colspan="2">子单元</td><td>鉴定单元</td></tr>
<tr><td rowspan="8">安全性鉴定</td><td>等级</td><td>a_u、b_u、c_u、d_u</td><td colspan="2">A_u、B_u、C_u、D_u</td><td>A_{su}、B_{su}、C_{su}、D_{su}</td></tr>
<tr><td rowspan="2">地基基础</td><td></td><td>按地基冻融情况、变形或承载力等项目评定地基灾损等级</td><td rowspan="2">基础评定</td><td rowspan="6">鉴定单元安全性评级</td></tr>
<tr><td>按同类材料构件各检查项目评定基础灾损等级</td><td>每种基础灾损评定</td></tr>
<tr><td rowspan="3">上部承重构件</td><td rowspan="2">按承载能力、不适合继续承载的位移、变形或残损等检查项目评定单个构件灾损等级</td><td>每种构件灾损评级</td><td rowspan="3">上部承重结构评级</td></tr>
<tr><td>结构侧向位移，倾斜评级</td></tr>
<tr><td></td><td>按结构支撑、圈梁、结构件连系等检查项目评定灾损结构整体性等级</td></tr>
<tr><td>围护系统部分</td><td colspan="3">按上部承重结构检查项目及步骤评定围护系统部分层次安全性等级</td></tr>
</table>

续表

<table>
<tr><td colspan="2">层次</td><td>一</td><td colspan="2">二</td><td>三</td></tr>
<tr><td colspan="2">层名</td><td>构件</td><td colspan="2">子单元</td><td>鉴定单元</td></tr>
<tr><td rowspan="6">正常使用性鉴定</td><td>地基基础</td><td>—</td><td colspan="2">按上部承重结构和围护系统工作状态评估地基基础评级</td><td>鉴定单元正常使用性评级</td></tr>
<tr><td>上部承重构件</td><td>按位移、裂缝、风化、锈蚀等检查项目评定单个构件等级</td><td colspan="2">每种构件等级</td><td rowspan="5">上部承重结构评级Ⅰ、Ⅱ、Ⅲ、Ⅳ</td></tr>
<tr><td rowspan="2">围护系统功能</td><td rowspan="2"></td><td>结构侧向位移评级</td><td rowspan="2">围护系统评级</td></tr>
<tr><td>按屋面防水、吊顶、门窗、地下防水及其他防护设施等检查项目评定围护系统功能等级</td></tr>
<tr><td rowspan="2">等级</td><td>按上部结构检查项目及步骤评定围护系统承重部分各层次使用性等级</td><td></td><td rowspan="2">鉴定单元可靠性评级</td></tr>
<tr><td colspan="2">a、b、c、d</td></tr>
<tr><td rowspan="3">可靠性鉴定</td><td>地基基础</td><td colspan="2">以同层次安全性和正常使用性评定结果并列表达，或按标准《民用建筑可靠性鉴定标准》GB 50292—1999 规定的原则确定其可靠性等级</td><td>鉴定单元正常可靠性评级</td><td></td></tr>
<tr><td>上部承重结构</td><td colspan="4"></td></tr>
<tr><td>围护系统</td><td colspan="4"></td></tr>
</table>

表 4-1 中列出了评级的层次等级划分及工作内容，对于某个层次的某个评级项目，在《民用建筑可靠性鉴定标准》GB 50292—1999 中作出了具体的分级标准，见表 4-2、表 4-3。

安全性鉴定分级标准　　　**表 4-2**

层次	鉴定对象	等级	分级标准	处理要求
一	单个构件或其他检查项目	a_u	安全性符合本标准对 a_u 级的要求，具有足够的承载能力	不必采取措施
		b_u	安全性略低于本标准对 a_u 级的要求，尚不显著影响承载能力	可不采取措施
		c_u	安全性不符合本标准对 a_u 级的要求，显著影响承载能力	应采取措施
		d_u	安全性极不符合本标准对 a_u 级的要求，已严重影响承载能力	必须及时或立即采取措施

续表

层次	鉴定对象	等级	分级标准	处理要求
二	子单元的检查项目	A_u	安全性符合本标准对 A_u 级的要求，具有足够的承载能力	不必采取措施
		B_u	安全性略低于本标准对 A_u 级的要求，尚不显著影响承载能力	可不必采取措施
		C_u	安全性不符合本标准对 A_u 级的要求，显著影响承载能力	应采取措施
		D_u	安全性极不符合本标准对 A_u 级的要求，已严重影响承载能力	必须及时或立即采取措施
	子单元的每种构件	A_u	安全性符合本标准对 A_u 级的要求，不影响整体承载能力	可不必采取措施
		B_u	安全性略低于本标准对 A_u 级的要求，尚不显著影响整体承载能力	可能有极个别构件应采取措施
		C_u	安全性不符合本标准对 A_u 级的要求，显著影响整体承载能力	应采取措施，且可能有个别构件必须立即采取措施
		D_u	安全性极不符合本标准对 A_u 级的要求，已严重影响整体承载能力	必须立即采取措施
	子单元	A_u	安全性符合本标准对 A_u 级的要求，不影响整体承载能力	可能有个别一般构件应采取措施
		B_u	安全性略低于本标准对 A_u 级的要求，尚不显著影响整体承载能力	可能有极少数构件应采取措施
		C_u	安全性不符合本标准对 A_u 级的要求，显著影响整体承载能力	应采取措施，且可能有极少数构件必须立即采取措施
		D_u	安全性极不符合本标准对 A_u 级的要求，已严重影响整体承载能力	必须立即采取措施
三	鉴定单元	A_{su}	安全性符合本标准对 A_u 级的要求，不影响整体承载能力	可能有极少数一般构件应采取措施
		A_{su}	安全性略低于本标准对 A_u 级的要求，尚不显著影响整体承载能力	可能有少数构件应采取措施
		A_{su}	安全性不符合本标准对 A_u 级的要求，显著影响整体承载能力	应采取措施，且可能有少数构件必须立即采取措施
		A_{su}	安全性极不符合本标准对 A_u 级的要求，已严重影响整体承载能力	必须立即采取措施

可靠性鉴定分级标准　　表 4-3

层次	鉴定对象	等级	分级标准	处理方案
一	单个构件	a	可靠性符合本标准对 a 级的要求，具有正常的承载功能和使用功能	不必采取措施
		b	可靠性略低于本标准对 a 级的要求，尚不显著影响承载功能和使用功能	可不必采取措施
		c	可靠性不符合本标准对 a 级的要求，显著影响承载功能和使用功能	应采取措施
		d	可靠性极不符合本标准对 a 级的要求，已严重影响承载功能和使用功能	必须及时或立即采取措施
二	子单元中的每种构件	A	可靠性符合本标准对 A 级的要求，不影响整体承载功能和使用功能	可不必采取措施
		B	可靠性略低于本标准对 A 级的要求，尚不显著影响整体承载功能和使用功能	可能有极个别构件应采取措施
		C	可靠性不符合本标准对 A 级的要求，显著影响整体承载功能和使用功能	应采取措施，且可能有个别构件必须立即采取措施
		D	可靠性极不符合本标准对 A 级的要求，已严重影响安全	必须立即采取措施
	子单元	A	可靠性符合本标准对 A 级的要求，不影响整体承载功能和使用功能	可能有个别一般构件应采取措施
		B	可靠性略低于本标准对 A 级的要求，尚不显著影响整体承载功能和使用功能	可能有极少数构件应采取措施
		C	可靠性不符合本标准对 A 级的要求，显著影响整体承载功能和使用功能	应采取措施，且可能有极少数构件必须立即采取措施
		D	可靠性极不符合本标准对 A 级的要求，已严重影响安全	必须立即采取措施
三	鉴定单元	Ⅰ	可靠性符合本标准对 A 级的要求，不影响整体承载功能和使用功能	可能有极少数一般构件应采取措施
		Ⅱ	可靠性略低于本标准对 A 级的要求，尚不显著影响整体承载功能和使用功能	可能有少数构件应采取措施
		Ⅲ	可靠性不符合本标准对 A 级的要求，显著影响整体承载功能和使用功能	应采取措施，且可能有少数构件必须立即采取措施
		Ⅳ	可靠性极不符合本标准对 A 级的要求，已严重影响安全	必须立即采取措施

（2）灾损民用建筑构件安全性鉴定评级的方法

在表 4-2 中以安全性是否符合 GB 50292 对 a_u 级的要求进行分级，因此在本节中将介绍灾损民用建筑构件安全鉴定评级的方法。进行构件安全性鉴定评级时，应验算被鉴定构件的承载能力。

验算时采用的计算模型应符合实际情况，计算方法符合现行设计规范的规定，结构上的冰雪作用应检测核实，结构或构件的几何参数应采用实测值，并计入冰雪灾损、锈蚀、风化、缺损等影响，当结构或构件施工无质量问题且无严重性能退化时构件材料强度的取值可采用原设计值，否则应先进行现场检测。

以上是冰雪灾损民用建筑构件安全性鉴定的一般规定，对于构件来说，受冰雪灾害损害最大的应属钢结构构件，其中轻钢结构和钢结构塔架受冰雪灾害的影响最明显，这里主要介绍对钢结构构件的鉴定评级。

冰雪灾损钢结构构件安全性鉴定包括承载能力、不适宜继续承载的变形、构造三个检查项目。

承载能力、构造项目评级按表 4-4、表 4-5 进行。对于承载力的评估主要是考虑在原设计基础上附加的冰雪荷载后，灾损钢结构建（构）筑物构件的承载能力。

钢结构构件（含连接）承载能力等级的评定　　表 4-4

构件类别	$R/(\gamma_0 S)$			
	a_u	b_u	c_u	d_u
主要构件	$\geqslant 1.0$	$\geqslant 0.95$,且<1	$\geqslant 0.90$,且<0.95	<0.90
一般构件	$\geqslant 1.0$	$\geqslant 0.90$,且<1	$\geqslant 0.85$,且<0.90	<0.85

注：当构件或连接出现脆性断裂或疲劳开裂时，应直接定为 d_u 级。

钢结构构造等级评定　　表 4-5

检查项目	a_u 级或 b_u 级	c_u 级或 d_u 级
连接构造	连接方式正确，构造符合国家现行设计规范要求，无缺陷，或仅有局部的表面缺陷，工作无异常	连接方式不当，构造有严重缺陷（包括施工遗留缺陷）；构造或连接有裂缝或锐角切口；焊缝、铆钉螺栓有变形、滑移或其他损坏

不适于继续承载项目的评级按下列规定进行：

1）对桁架（屋架、托架）的挠度，当实测值大于其计算跨度的 1/400，验算其承载能力时，考虑由位移产生的附加应力影响。若验算结果不低于 b_u级，定为 b_u级，但需要附加观察使用一段时间的限制；若验算结果低于 b_u 级，根据实际严重程度定为 c_u级或 d_u级。

2）对桁架顶点的侧向位移，当其实测值大于桁架高度的 1/200，且有可能发展时，应定为 c_u级。

3）冰雪灾害引起其他受弯构件的挠度，以及构件本身的挠度或施工偏差造成的侧向弯曲，按表 4-6 的规定评级。

钢结构受弯构件不适于继续承载的变形的评定　　表 4-6

检查项目	构件类别			c_u 级或 d_u 级
挠度	主要构件	网架	屋架（短向）	$>l_s/200$，且有可能发展
			楼盖（短向）	$>l_s/250$，且有可能发展
		主梁、托梁		$>l_0/300$
	一般构件	其他梁		$>l_0/180$
		檩条等		$>l_0/120$
侧向弯曲的矢高	深梁			$>l_0/660$
	一般实腹梁			$>l_0/500$

注：l_0——计算跨度；l_s——网架计算跨度。

（3）构件使用性鉴定

冰雪灾损构件使用性鉴定主要是针对钢结构构件。钢结构构件的正常使用性鉴定一般包括位移和锈蚀两个项目。对钢结构受拉构件，尚应以长细比作为检查项目参与上述评级。位移项目包括受弯构件挠度和柱顶水平位移两项内容。

桁架或其他受弯构件的挠度根据检测结果按下列规定评级：若检测值小于计算值及现行设计规范限值时，评级为 a_s 级；若检测值大于或等于计算值，但不大于现行设计规范限值，评为 b_s 级；若检测值大于现行设计规范限值时，应评为 c_s 级。对一般构件，当检测值小于现行设计规范限值时可不作验算，直接根据其完好程度评为 a_s 级或 b_s 级。

钢柱的水平位移（或倾斜）根据检测结果按下列规定评级：若该位移的出现与整个结构有关，按《民用建筑可靠性鉴定标准》GB 50292—1999 表 7.3.3 所列的评定结果，取与上部承重结构相同的级别作为该柱的水平位移等级；若该位移的出现是孤立事件，按《民用建筑可靠性鉴定标准》GB 50292—1999 表 7.3.3 所列的层间数值，根据检测结果直接评级。

锈蚀项目的评级按表 4-7 进行。受拉构件的长细比检查项目按表 4-8 评级。

钢结构构件和连接锈蚀（腐蚀）等级评定　　表 4-7

锈蚀程度	等　级
面漆及底漆完好，漆膜尚有光泽	a_s 级
面漆脱落（包括旗鼓面积），对于普通钢结构不大于 15%；对薄壁型钢和轻钢结构不大于 10%；底漆基本完好，但边角处可能有锈蚀，易锈部位的平面上可能有少量点蚀	b_s 级
面漆脱落（包括旗鼓面积），对于普通钢结构大于 15%；对薄壁型钢和轻钢结构大于 10%；底漆锈蚀面积正在扩大，易锈部位可见到麻面状锈蚀	c_s 级

钢结构构件长细比等级的评定　　表 4-8

构件类别		a_s 级或 b_s 级	c_s 级
主要受拉构件	桁架拉杆	≤350	>350
	网架支座附近处拉杆	≤300	>300
一般受拉构件		≤400	>400

注：评定结果取 a_s 级还是 b_s 级应根据其完好程度确定；当钢结构受拉构件的长细比略大于 b_s 级的限值，但该构件的下垂尚不影响其正常使用时，仍定为 b_s 级；张紧的圆钢拉杆的长细比不受本表限制。

（4）子单元的安全性鉴定评级

冰雪灾损民用建筑安全性的第二层次鉴定评级，应按地基基础上部承重结构和围护系统的承重部分划分为三个子单元，并应分别按本节规定评定。若不要求评定围护系统的可靠性，也可不将围护系统承重部分列为子单元，而将安全性鉴定并入上部承重结构中。

1）地基基础

冰雪灾害下，民用建筑地基基础的不均匀沉降评估，按下列规定评定等级：

A 级。民用建筑未产生沉降裂缝，不均匀沉降小于现行国家、行业标准、规范和规程规定的容许沉降差，且建筑物未出现倾斜，使用功能正常。

B 级。民用建筑结构出现轻微的沉降裂缝且不会继续发展，不均匀沉降小于现行国家、行业标准、规范和规程规定的容许沉降差，且建筑物未出现倾斜，使用功能基本正常。

C级。民用建筑结构沉降裂缝继续发展，短期内无终止趋向，不均匀沉降大于现行国家、行业标准、规范和规程规定的容许沉降差，使用功能受到影响，且建筑物出现轻微倾斜，但尚有调整余地。

D级。民用建筑结构产生较大沉降裂缝且发展显著，不均匀沉降大于现行国家、行业标准、规范和规程规定的容许沉降差，使用功能受到严重影响，且建筑物出现较大倾斜或倒塌，无调整余地，无法继续使用。

2）上部承重结构

冰雪灾害中，上部承重结构（子单元）的安全性鉴定评级根据其所含各构件的安全性等级、结构侧向位移等级来评定。

① 构件的安全性等级。各种同类构件的安全性等级根据单个受检构件（第一层次）的评定结果，分主要构件和一般构件，可按表4-9的规定进行。

各种主要构件安全性等级的评定 **表4-9**

等级	多层及高层房屋	单层房屋
A_u	在该类构件中，不含c_u级或d_u级，一个子单元含b_u级的楼层数含量不多于$(\sqrt{m}/m)$%，每一层的b_u级不多于25%，且任一轴线（或任一跨）上的b_u级含量不多于该轴线（或跨）构件数的1/3	在该类构件中，不含c_u和d_u级，一个子单元b_u级含量不多于30%，且任一轴线（或任一跨）上的b_u级含量不多于该轴线（或跨）构件数的1/3
B_u	在该类构件中，不含c_u级或d_u级，一个子单元含c_u级的楼层数含量不多于$(\sqrt{m}/m)$%，每一层的c_u级不多于15%，且任一轴线（或任一跨）上的c_u级含量不多于该轴线（或跨）构件数的1/3	在该类构件中，不含d_u级，一个子单元c_u级含量不多于20%，且任一轴线（或任一跨）上的c_u级含量不多于该轴线（或跨）构件数的1/3
C_u	在该类构件中，一个子单元含c_u级的楼层数含量不多于$(\sqrt{m}/m)$%，每一层的d_u级不多于5%，且任一轴线（或任一跨）上的d_u级含量不多于1个	在该类构件中，可含d_u级，一个子单元d_u级含量不多于7.5%，且任一轴线（或任一跨）上的d_u级含量不多于1个
D_u	在该类构件中，d_u级的含量或分布多于c_u级的规定数	在该类构件中，d_u级的含量或分布多于c_u级的规定数
等级	多层轻型钢结构房屋	单层轻型钢结构房屋
A_u	在该类构件中，不含c_u级或d_u级，一个子单元含b_u级的楼层数含量不多于$(\sqrt{m}/m)$%，每一层的b_u级不多于25%，且任一轴线（或任一跨）上的b_u级含量不多于该轴线（或跨）构件数的1/3	在该类构件中，不含c_u和d_u级，一个子单元b_u级含量不多于30%，且任一轴线（或任一跨）上的b_u级含量不多于该轴线（或跨）构件数的1/3
B_u	在该类构件中，不含c_u级或d_u级，一个子单元含c_u级的楼层数含量不多于$(\sqrt{m}/m)$%，每一层的c_u级不多于15%，且任一轴线（或任一跨）上的c_u级含量不多于该轴线（或跨）构件数的1/3	在该类构件中，不含d_u级，一个子单元c_u级含量不多于20%，且任一轴线（或任一跨）上的c_u级含量不多于该轴线（或跨）构件数的1/3
C_u	在该类构件中，一个子单元含c_u级的楼层数含量不多于$(\sqrt{m}/m)$%，每一层的d_u级不多于5%，且任一轴线（或任一跨）上的d_u级含量不多于1个	在该类构件中，可含d_u级，一个子单元d_u级含量不多于7.5%，且任一轴线（或任一跨）上的d_u级含量不多于1个
D_u	在该类构件中，d_u级的含量或分布多于c_u级的规定数	在该类构件中，d_u级的含量或分布多于c_u级的规定数

注：1. 表中轴线是指结构平面布置图中的横轴线或纵轴线。m——房屋鉴定单元的层数。
2. 构筑物可参照此表规定执行。

② 结构侧向位移的安全等级。灾损民用建筑由于地基土冻融、膨胀，造成建（构）筑物的倾斜，产生一定的侧向位移，因此要对民用建筑的侧向位移进行鉴定评级。

对上部承重结构不适于继续承载的侧向位移，应根据其检测结果，按下列规定评级：

a）当检测值已超出表 4-10 界限，且有部分构件（含连接）出现裂缝、变形或其他局部损坏迹象时，应根据实际严重程度定为 C_u 级或 D_u 级。

b）当检测值虽已超出表 4-10 界限，但尚未发现上款所述情况时，应进一步作计入该位移影响的结构内力计算分析，并按 GB 50292 的规定，验算各构件的承载能力，若验算结果均不低于 b_u 级，仍可将该结构定为 B_u 级，但宜附加观察使用一段时间的限制。若构件承载能力的验算结果低于 b_u 级，应定为 C_u 级。

各类结构不适于继续承载的侧向位移　　**表 4-10**

<table>
<tr><th rowspan="2">检查项目</th><th rowspan="2" colspan="4">结构类别</th><th>顶点位移</th><th>层间位移</th></tr>
<tr><th>C_u 级或 D_u 级</th><th>C_u 级或 D_u 级</th></tr>
<tr><td rowspan="12">结构平面内的侧向位移(mm)</td><td rowspan="4">混凝土结构或钢结构</td><td colspan="3">单层建筑</td><td>$>H/400$</td><td>—</td></tr>
<tr><td colspan="3">多层建筑</td><td>$>H/450$</td><td>$>H_i/350$</td></tr>
<tr><td rowspan="2">高层建筑</td><td colspan="2">框架</td><td>$>H/550$</td><td>$>H_i/450$</td></tr>
<tr><td colspan="2">框架剪力墙</td><td>$>H/700$</td><td>$>H_i/600$</td></tr>
<tr><td rowspan="8">砌体结构</td><td rowspan="4">单层建筑</td><td rowspan="2">墙</td><td>$H\leqslant 7$m</td><td>>25</td><td>—</td></tr>
<tr><td>$H>7$m</td><td>$>H/280$ 或 >50</td><td>—</td></tr>
<tr><td rowspan="2">柱</td><td>$H\leqslant 7$m</td><td>>20</td><td>—</td></tr>
<tr><td>$H>7$m</td><td>$>H/300$ 或 >40</td><td>—</td></tr>
<tr><td rowspan="4">多层建筑</td><td rowspan="2">墙</td><td>$H\leqslant 7$m</td><td>>40</td><td rowspan="2">$>H_i/100$ 或 >20</td></tr>
<tr><td>$H>7$m</td><td>$>H/250$ 或 >90</td></tr>
<tr><td rowspan="2">柱</td><td>$H\leqslant 7$m</td><td>>30</td><td rowspan="2">$>H_i/150$ 或 >15</td></tr>
<tr><td>$H>7$m</td><td>$>H/330$ 或 >70</td></tr>
<tr><td colspan="5">单层排架平面外侧向位移</td><td>$>H/750$ 或 >30</td><td>—</td></tr>
</table>

注：1. H——结构顶点高度；H_i——第 i 层的层间高度。

2. 墙包括带壁柱墙；对木结构房屋的侧向位移（或倾斜）和平面外侧向位移可根据当地经验进行评定。

③ 冰雪灾害中，民用建筑上部承重结构的安全性等级根据上述两方面的评定结果按下列规定确定：

a）一般情况下，应按各种主要构件和结构侧向位移（或倾斜）的评级结果，取其中最低一级作为上部承重结构（子单元）的安全性等级。

b）当上部承重结构按表 4-9 评为 B_u 级，但若发现其主要构件所含的各种 C_u 级构件（或其连接）处于下列情况之一时，宜将所评等级降为 C_u 级：C_u 级沿建筑物某方位呈规律性分布，或过于集中在结构的某部位；出现 C_u 级构件交汇的节点连接；C_u 级存在于人群密集场所或其他破坏后果严重的部位。

c）当上部承重结构按表 4-9 评为 C_u 级，但若发现其主要构件（不分种类）或连接有下列情形之一时，宜将所评等级降为 D_u 级：任何种类房屋中，有 50％以上的构件为 C_u 级；多层或高层房屋中，其底层均为 C_u 级；多层或高层房屋的底层，或任一空旷层，或框支剪力墙结构的框架层中，出现 D_u级；或任何两相邻层同时出现 D_u 级；脆性材料结构中出现 D_u 级；在人群密集场所或其他破坏后果严重部位出现 D_u 级。

d）当上部承重结构按表 4-9 评为 A_u 级或 B_u 级，而结构整体性等级为 C_u级时，应将所评的上部承重结构安全性等级降为 C_u级。

e）当上部承重结构在按前述的规定评为 A_u 级或 B_u 级，而各种一般构件中，其等级最低的一种为 C_u 级或 D_u 级时，尚应按下列规定调整其级别：若设计考虑该种一般构件参与支撑系统（或其他抗侧力系统）工作，或在抗震加固中，已加强了该种构件与主要构件锚固，应将所评的上部承重结构安全性等级降为 C_u 级；当仅有一种一般构件为 C_u 级或 D_u 级，且不属于前述的情况时，可将上部承重结构的安全性等级定为 B_u 级；当不止一种一般构件为 C_u 级或 D_u 级，应将上部承重结构的安全性等级降为 C_u 级。

3）围护系统的承重部分

冰雪灾损中，围护系统上的浮冰荷载会大大增加，例如排水系统会因管道结冰而使荷载急剧增加。所以应鉴定维护系统承重部分的安全性。

围护系统承重部分（子单元）的安全性，应根据该系统专设的和参与该系统工作的各种构件的安全等级进行评定。

各构件的安全等级根据每一受检构件的评定结果及构件类别按表 4-9 评级。

围护系统承重部分的安全性等级，根据上述评定结果按下列规定确定：

① 当仅有 A_u 级和 B_u 级时，按占多数级别确定。

② 当含有 C_u 级或 D_u 级时，可按下列规定评级：若 C_u 级或 D_u 级属于主要构件时，按最低等级确定；若 C_u 级或 D_u 级属于一般构件时，可按实际情况，定为 B_u 级或 C_u 级。

③ 围护系统承重部分的安全性等级，不得高于上部承重结构等级。

6. 子单元的使用性鉴定评级

民用建筑正常使用性的第二层次鉴定，包括地基基础、上部承重结构和围护系统三个子单元。构筑物正常使用性的第二层次鉴定，包括地基基础和上部承重结构两个子单元。

（1）地基基础

地基基础的正常使用性根据上部承重结构或围护系统的工作状态进行评估。若安全性鉴定中已开挖基础（或桩）或鉴定人员有必要开挖时，也可按开挖检查结果评定单个基础（或单桩、基桩）及每种基础（或桩）的使用性。

1）当上部结构和围护系统的使用性未发现问题，或所发现的问题与地基基础无关时，可根据实际情况评定为 A_u 级或 B_u 级。

2）当上部结构或围护系统所发现的问题与地基基础有关时，可根据上部承重结构和围护系统所评的等级，取其中较低一级作为地基基础的使用性等级。

3）当一种基础（或桩）按开挖检查所评的等级为 C_s 级时，应将地基基础使用性的等级评定为 C_s 级。

（2）上部承重构件

上部承重构件子单元的安全性鉴定等级根据各种构件的安全性等级，以及结构侧向位移等级进行评定。当建筑物的使用要求对振动有限制时，还应评估振动（颤动）的影响。

1）同类构件

各种同类构件的安全性等级根据单个受检构件（第一层次）的结果，分主要构件和一般构件，分别按表 4-11、表 4-12 的规定评定。

每种构件使用性等级的评定　　　**表 4-11**

等级	多层及高层房屋	单层房屋
A_u	在该类构件中，不含 C_u 级，一个子单元含 B_u 级的楼层数不多于 $(\sqrt{m}/m)$%，且一个楼层的含量不多于 35%(40%)	在该类构件中，不含 C_u 级，一个子单元 B_u 级含量不多于 40%(45%)
B_u	在该类构件中，一个子单元含 C_u 级的楼层数不多于 $(\sqrt{m}/m)$%，且一个楼层的含量不多于 25%(30%)	在该类构件中，一个子单元 C_s 级含量不多于 30%(35%)
C_u	在该类构件中，C_s 级含量或楼层数多于 B_s 级的规定	在该类构件中，C_u 级含量多于 B_u 级的规定

注：表中括号内的数字对应一般构件，不加括号的数字对应主要构件，m 为房屋鉴定单元的层次；当计算的含有低一级构件的楼层为非整数时，可多取一层，但该层中允许出现低一级构件数，应按相应的比例折减（即以该非整数的小部分作为折减系数）。

结构侧向（水平）位移等级的评定　　　**表 4-12**

检查项目	结构类别		位移限制 A_u	位移限制 B_u	位移限制 C_u
钢筋混凝土结构或钢结构侧向位移	多层框架	层间	$\leqslant H_i/600$	$\leqslant H_i/450$	$>H_i/450$
		顶点	$\leqslant H/750$	$\leqslant H/550$	$>H/550$
	高层框架	层间	$\leqslant H_i/650$	$\leqslant H_i/500$	$>H_i/500$
		顶点	$\leqslant H/850$	$\leqslant H/650$	$>H/650$
	框架-剪力墙 框架-筒体	层间	$\leqslant H_i/900$	$\leqslant H_i/750$	$>H_i/750$
		顶点	$\leqslant H/1000$	$\leqslant H/800$	$>H/800$
	筒中筒	层间	$\leqslant H_i/950$	$\leqslant H_i/800$	$>H_i/800$
		顶点	$\leqslant H/1100$	$\leqslant H/900$	$>H/900$
	剪力墙	层间	$\leqslant H_i/1050$	$\leqslant H_i/900$	$>H_i/900$
		顶点	$\leqslant H/1200$	$\leqslant H/1000$	$>H/1000$
砌体结构侧向位移	多层房屋（柱承重）	层间	$\leqslant H_i/650$	$\leqslant H_i/500$	$>H_i/500$
		顶点	$\leqslant H/750$	$\leqslant H/550$	$>H/550$
	多层房屋（墙承重）	层间	$\leqslant H_i/600$	$\leqslant H_i/450$	$>H_i/450$
		顶点	$\leqslant H/700$	$\leqslant H/500$	$>H/500$

注：表中系对一般装修标准而言，若为高级装修应事先协商确定；H——结构顶点高度，H_i——第 i 层的层间高度；木结构建筑的侧向位移对建筑功能的影响问题可根据当地使用经验进行评定。

2）侧向位移

对检测取得的主要风荷载（可含有其他作用，但不含地震作用）引起的侧向位移值，应按表 4-12 的规定评定每一个测点的等级，并按下列原则分别确定结构顶点位移和层间位移等级：对顶点位移，按各测点中占多数的等级确定；对层间位移，按各测点中最低的等级确定。根据以上两项评定结果，取其中较低等级作为上部承重结构侧向位移使用性等级。当检测有困难时，允许在现场取得与结构有关参数的基础上，采用计算分析方法进行鉴定。若计算侧移不超过表 4-12 中 B_s 级界定，可根据该上部承重结构的完好程度评为 A_s 级或 B_s 级；若计算的侧向位移值超过表 4-12 中 B_s 级界限，应定为 C_s 级。

3）上部承重结构的使用性等级

一般情况下，应按各种主要构件及结构侧向所评的等级，取其中最低一级作为上部承重结构的安全性等级。若按此标准评为 A_s 级或 B_s 级，而一般构件所评等级为 B_s 级时，应按下列规定作调整：

① 当仅发现一种一般构件为 C_s 且其影响仅限于自身时，可不作调整；若其影响波及非结构构件、高级装修或围护系统的使用功能时，则可根据影响范围的大小，将上部承重结构所评等级调整为 B_s 级或 C_s 级。

② 当发现多于一种一般构件为 C_s 级时，可将上部承重结构所评等级调整为 C_s 级。

当需评定振动对某种构件或整个结构正常使用性的影响时，可根据专门标准的规定，对该种构件或整个结构进行检测和必要的验算，若其结果不合格，应按下列原则对前面的评级进行调整：当振动仅涉及一种构件时，可仅将该种构件所评等级降为 C_s 级；当振动的影响涉及整个结构或多于一种构件时，应将上部承重结构以及所涉及的各种构件均降为 C_s 级。

遇到下列情况之一时，可直接将上部承重结构的使用性等级直接定为 C_s 级：

a）在楼层中，其楼面振动（颤动）已使室内精密仪器不能正常工作，或已明显引起人体不适感。

b）在高层建筑的顶部几层，其风振效应已使用户感到不安。

c）振动引起的非结构、构件开裂或其他损坏，已可通过目测判定。

（3）围护系统（子单元）的正常使用性鉴定评级，取围护系统的使用功能等级及其承重部分的使用性等级的较低等级。

围护系统使用功能的评级根据表 4-13 的规定进行逐项评级，并按下列原则评定：一般情况下，可取其中最低等级作为围护系统的使用功能等级；当鉴定的房屋对表中各检查项目的要求有主次之分时，也可取主要项目中的最低等级作为维护系统使用功能等级；当按主要项目所评等级为 A_s 级或 B_s 级，但有多于一个次要项目为 C_s 级时，应将所评级降为 C_s 级。

围护系统承重部分使用性等级的评定，先按表 4-11 评定其每种的等级，然后取其中最低等级，作为该系统承重部分使用性等级。

对围护系统使用功能有特殊要求的建筑物，尚应另按现行专门标准进行评定，当评定结果合格，可维持原所评等级；若不合格，应将评定等级降为 C_s 级。

7. 民用建筑鉴定单元的安全性及使用性评级

民用建筑鉴定单元的安全性鉴定评级，应根据其地基基础、上部承重结构和围护系统承重部分等的安全性等级，以及与整幢建筑有关的其他问题进行评定。

围护系统使用功能等级的评定 **表 4-13**

检查项目	A_s	B_s	C_s
屋面防水	防水构造及排水设施完好，无老化、渗漏及排水不畅的迹象	构造设施基本完好，或略有老化迹象，但尚不渗漏或积水	构造设施不当或已损坏，或有渗漏，或积水
吊顶（顶棚）	构造合理，外观完好，建筑功能符合设计要求	构造稍有缺陷，或有轻微变形或裂纹，或建筑功能略低于设计要求	构造不当或已损坏，或建筑功能不符合设计要求，或有碍外观的下垂

续表

检查项目	A_s	B_s	C_s
非承重内墙（隔墙）	构造合理，与主体结构有可靠联系，无可见位移，面层完好，建筑功能符合设计要求	略低于 A_s 级要求，但尚不显著影响其使用功能	已开裂、变形，或已破损，或使用功能不符合设计要求
外墙（自承重墙或填充墙）	墙体及其面层外观完好，墙脚无潮湿迹象，墙厚符合节能要求	略低于 A_s 级要求，但尚不显著影响其使用功能	不符合 A_s 级要求，且已显著影响其使用功能
门窗	外观完好，密封性符合设计要求，无剪切变形迹象，开闭或推动自如	略低于 A_s 级要求，但尚不显著影响其使用功能	门窗构件或其连接已损坏，或封闭形差，或有剪切变形，已显著影响其使用功能
地下防水	完好，且防水功能符合设计要求	基本完好，局部可能有潮湿迹象，但尚不渗漏	有不同程度损坏或有渗漏
其他防护设施	完好，且防护功能符合设计要求	有轻微缺陷，尚不显著影响其防护功能	有损坏，或防护功能不符合设计要求

注：其他防护设施系指隔热、保温、防尘、隔声、防潮、防腐、防火等各种设施。

一般情况下，鉴定单元的安全性等级应根据地基基础和上部承重结构的评定结果按其中较低等级确定。当按此标准评为 A_{su} 级或 B_{su} 级，但围护系统承重部分的安全性等级为 C_u 级或 D_u 级时，可根据实际情况将鉴定单元所评等级降低一级或二级，但最后所定的等级不得低于 C_{su} 级。

对下列任一情况，可直接评为 D_{su} 级：

1）建筑物处于有危房的建筑群中，且直接受到威胁。

2）建筑物朝某一方向倾斜，且速度开始变快。

当新测定的建筑物动力特性与原先记录或理论分析的计算值相比有下列变化时，可判其承重结构可能有异常，但应进一步检查、鉴定后再评定该建筑物的安全性等级：

1）建筑物基本周期显著变长（或基本频率显著下降）。

2）建筑物振型有明显改变（或振幅分布无规律）。

鉴定单元使用性等级根据地基基础、上部承重结构和围护系统的使用性等级，以及与整栋建筑有关的其他使用功能问题评定，一般情况下，取三个子单元中低的等级确定。当遇见下列情况之一时，宜将所评等级降为 C_{ss} 级：

1）房屋内外装修已大部分老化或残缺。

2）房屋管道、设备需要全部更新。

8. 民用建筑的可靠性评定

民用建筑可靠性鉴定，应按照划分的层次，以其安全性和正常使用性的鉴定结果为依据逐层进行。

当不要求给出可靠性等级时，民用建筑各层次的可靠性，可采取直接列出其安全性等级和使用性等级的形式予以表示。

当需要给出民用建筑各层次的可靠性等级时，可根据其安全性和正常使用性的评定结果，按下列原则确定：

1）当该层次安全性等级低于 B_u 级、bu 级或 B_{su} 级时，应按安全性等级确定。

2）除上款情形外，可按安全性等级和正常使用性等级中较低的一个等级确定。

3）当考虑鉴定对象的重要性或特殊性时，允许对本条第2）款的评定结果作不大于一级的调整。

4）构筑物可靠性鉴定可参照民用建筑可靠性鉴定方法进行。

9．工业建筑的可靠性鉴定

在《工业建筑可靠性鉴定标准》GB 50144—2008中，对于工业建筑的鉴定评估采用了分级多层次综合评定方法。评定单元划分为结构布置和支撑系统、承重系统和围护系统等组合项目，每个组合项目又分为若干子项，从而形成子项、项目（组合项目）、评定单元层次，每个层次分为四个等级，在三个层次上直接进行可靠性评级。该标准主要适用于下列已建工业厂房的可靠性鉴定：

1）以混凝土结构、砌体结构为主体的单层或多层工业厂房的整体厂房、区段或构件。

2）以钢结构为主体的单层厂房的整体厂房、区段或构件。

（1）工业厂房鉴定评级的层次及等级划分

工业厂房可靠性鉴定评级应划分为子项、项目（或组合项目）、评定单元三个层次，每个层次划分为四个等级，并应符合表4-14的规定。

工业厂房可靠性鉴定评级的层次及等级划分　　表4-14

<table>
<tr><th>层次</th><th>评定单元</th><th colspan="3">项目或组合项目</th><th>子　项</th></tr>
<tr><td>等级</td><td>一、二
三、四</td><td colspan="3">A、B、C、D</td><td>a、b、c、d</td></tr>
<tr><td rowspan="10">范围与内容</td><td rowspan="10">评定单元</td><td rowspan="2">结构布置和支撑系统</td><td colspan="2">结构布置和支撑布置</td><td></td></tr>
<tr><td colspan="2">支撑系统长细比</td><td>支撑杆件长细比</td></tr>
<tr><td rowspan="6">承重结构系统</td><td rowspan="3">地基基础</td><td>地基、斜坡</td><td></td></tr>
<tr><td>基础</td><td>按结构类别同相应结构的子项</td></tr>
<tr><td>桩和桩基</td><td>桩、桩基</td></tr>
<tr><td colspan="2">混凝土结构</td><td>承载能力、构造与连接、裂缝</td></tr>
<tr><td colspan="2">钢结构</td><td>承载能力（含构造和连接）、变形</td></tr>
<tr><td colspan="2">砌体结构</td><td>承载能力、构造与连接、变形、裂缝</td></tr>
<tr><td rowspan="2">围护结构系统</td><td colspan="2">使用功能</td><td>屋面系统、墙体及门窗、防护设施</td></tr>
<tr><td colspan="2">承重结构</td><td>按结构类别同相应结构的子项</td></tr>
</table>

鉴定工作的第一层次是子项评级，每一子项根据某项功能的极限状态进行评定，等级分a、b、c、d四级。

第二层次是项目（或组合项目）的鉴定，某些项目如结构布置并不再细分子项，则其直接进入项目的鉴定，有子项的项目鉴定均根据各子项的评定结果评定，承重结构体系组合项目的等级评定采用传力树评级法。项目评定等级分A、B、C、D四级。

最后进行鉴定单元的可靠性鉴定，其根据各项目的评定结果进行综合评定，分为一、二、三、四级。

（2）各鉴定等级的标准

工业厂房可靠性鉴定的子项、项目（或组合项目）、评定单元应按下列规定评定等级：

1）子项

a级：符合国家现行标准、规范要求，安全适用，不必采取措施。

b级：略低于国家现行标准、规范要求，基本安全适用，可不必采取措施。

c级：不符合国家现行标准、规范要求，影响安全或影响正常使用，应采取措施。

d级：严重不符合国家现行标准、规范要求，危及安全或不能正常使用，必须采取措施。

2）项目

A级：主要子项符合国家现行标准、规范要求；次要子项略低于国家现行标准、规范要求。可正常使用，不必采取措施。

B级：主要子项符合或略低于国家现行标准、规范要求；个别次要子项不符合国家现行标准、规范要求。尚可正常使用，应采取适当措施。

C级：主要子项略低于或不符合国家现行标准、规范要求，应采取适当措施；个别次要子项严重不符合国家现行标准、规范要求，应采取措施。

D级：主要子项严重不符合国家现行标准、规范要求，必须采取措施。

3）评定单元

一级：可靠性符合国家现行标准、规范要求，可正常使用，极个别项目宜采取适当措施。

二级：可靠性略低于国家现行标准、规范要求，不影响正常使用，个别项目应采取措施。

三级：可靠性不符合国家现行标准、规范要求，影响正常使用，有些项目应采取措施，个别项目必须立即采取措施。

四级：可靠性严重不符合国家现行标准、规范要求，已不能正常使用，必须立即采取措施。

10. 工业厂房结构的鉴定评级

(1) 结构布置与支撑系统

结构布置和支撑系统的鉴定评级应包括结构布置和支撑布置、支撑系统长细比两个项目。

1）结构布置和支撑布置项目应按下列规定评定等级：

A级：结构和支撑布置合理，结构形式与构件选型正确，传力路线合理，结构构造和连接可靠，符合国家现行标准规范规定，满足使用要求。

B级：结构和支撑布置合理，结构形式与构件选型基本正确，传力路线基本合理，结构构造和连接基本可靠，基本符合国家现行标准规范规定，局部可不符合国家现行标准规范规定，但不影响安全使用。

C级：结构和支撑布置基本合理，结构形式、构件选型、结构构造和连接局部可不符合国家现行标准规范规定，影响安全使用，应进行处理。

D级：结构和支撑布置、结构形式、构件选型、结构构造和连接不符合国家现行标准规范规定，危及安全，必须进行处理。

2）支撑系统长细比的评定分两步进行，对于钢支撑杆件的长细比先按表4-15定单个构件的等级，然后再根据单个支撑杆件长细比子项的各个等级的百分比评定支撑系统长细比项目的等级，其标准为：

A级：单个支撑构件b级数量不大于30%，且不含c、d级。

B级：单个支撑构件c级数量不大于30%，且不含d级。

C级：单个支撑构件d级数量小于10%。

D级：单个支撑构件d级数量大于或等于10%。

钢支撑杆件长细比评定等级　　**表4-15**

厂房情况	支撑杆件种类		支撑杆件长细比			
			a	b	c	d
无吊车或有中、轻级工作制吊车厂房	一般支撑	拉杆	≤400	>400,≤425	>425,≤450	>450
		压杆	≤200	>200,≤225	>225,≤250	>250
	下柱支撑	拉杆	≤300	>300,≤325	>325,≤350	>350,
		压杆	≤150	>150,≤200	>200,≤250	>250,
有重级工作制吊车或有≥5 t锻锤厂房	一般支撑	拉杆	≤350	>350,≤375	>375,≤400	>400,
		压杆	≤200	>200,≤225	>225,≤250	>250,
	下柱支撑	拉杆	≤200	>200,≤225	>225,≤250	>250,
		压杆	≤150	>150,≤175	>175,≤200	>200,

注：1. 表内一般支撑系统指除下柱支撑以外的各种支撑。
2. 对于直接或间接承受动力荷载的支撑结构，计算单角钢受拉杆件长细比，应采用角钢的最小回转半径。但在计算单角钢交叉拉杆在支撑平面外的长细比时，应采用与角钢肢边平行轴的回转半径。
3. 设有夹钳式吊车或刚性料耙式吊车的厂房中，一般支撑拉杆的长细比宜按无吊车或有中、轻级工作制吊车厂房的下柱支撑中拉杆一栏评定等级。
4. 对于动荷载较大的厂房，其支撑杆件长细比评级宜从严。
5. 当有经验时，一般厂房的下柱支撑杆件长细比评级可适当从宽。
6. 下柱交叉支撑压杆长细比较大时，可按拉杆进行验算，并按拉杆长细比评定等级。

（2）地基基础

地基基础的鉴定评级包括地基、基础、桩和桩基、斜坡四个项目。

1）地基项目宜根据变形观测资料并结合上部结构开裂、吊车运行情况，按下列规定评级：

A级：厂房结构无沉降裂缝或裂缝已终止发展，不均匀沉降小于国家现行《建筑地基基础设计规范》规定的容许沉降差，吊车运行正常。

B级：厂房结构沉降裂缝在短期内有终止发展趋向，连续2个月地基沉降速度小于2mm/月，不均匀沉降小于国家现行《建筑地基基础设计规范》规定的容许沉降差，吊车运行基本正常。

C级：厂房结构沉降裂缝继续发展，短期内无终止趋向，连续2个月地基沉降速度大于2mm/月，不均匀沉降大于国家现行《建筑地基基础设计规范》规定的容许沉降差，吊车运行不正常，但轨顶标高或轨距尚有调整余地。

D级：厂房结构沉降裂缝发展显著，连续2个月地基沉降速度大于2mm/月，不均匀沉降大于国家现行《建筑地基基础设计规范》规定的容许沉降差，吊车运行不正常，轨顶标高或轨距没有调整余地。

2）基础项目应根据基础结构类别按相应结构构件的评级方法评定。

3）桩和桩基项目含桩、桩基两个子项，应分别评定，取两个子项中较低的等级。其中桩基按地基项目评级。桩的等级的评定方法为：

单桩的承载力与截面面积有关，对于木桩和钢桩根据其截面的削弱程度评级；混凝土桩在使用期间极少发生腐烂或腐蚀，故不评定单桩；而灰土桩、砂桩、石灰桩、碎石桩等属于复合地基，它们与周围的土体共同承受荷载，故这些桩划入地基范围内评级。木桩和钢桩的单桩评级按以下规定确定：木桩没有或有轻微表层腐烂，钢桩没有或有轻微表面锈蚀时评为a级；木桩腐烂的横截面积小于原截面积的10%，钢桩锈蚀厚度小于原有壁厚的10%时评为b级；木桩腐烂的横截面积为原截面积的10%～20%，钢桩锈蚀厚度为原有壁厚的10%～20%时评为c级；木桩腐烂的横截面积大于原截面积的20%，钢桩锈蚀厚度大于原有壁厚的20%时评为d级。

当基础为群桩时，桩子项的等级按各单桩等级和下列规定确定：

a级：单桩b级数量不超过30%，且不含c、d级。

b级：单桩c级数量不超过30%，且不含d级。

c级：单桩d级数量不超过10%。

d级：单桩d级数量大于或等于10%。

建造在斜坡上或斜坡附近的建筑物，在使用期间如果斜坡丧失稳定性，建筑物可能遭受破坏或危害。所以除应鉴定地基外，还应对建造区域内的斜坡稳定进行鉴定评级。对斜坡进行鉴定时应观察建筑物有无倾斜或局部破坏情况，地面有无开裂或陷坑，调查历史上是否发生过滑动，停止滑动后已长期稳定还是近期又发生过滑动迹象等。斜坡项目根据其稳定性按以下规定评级：没有发生过滑动，将来也不会再滑动，则可评为A级；以前发生过滑动，停止滑动后将来不会再滑动，则评为B级；发生过滑动，停止滑动后将来可能再滑动，则评为C级；发生过滑动，停止滑动后目前又滑动或有滑动迹象，则评为D级。

(3) 单层厂房钢结构

单层厂房钢结构或构件项目鉴定评级包括承载力（含构造和连接）、变形偏差三个子项，其中承载力为主要子项。

1) 钢结构或构件的承载力子项应进行强度、稳定性、连接、疲劳等验算，其鉴定评级如表4-16所示。对材质有疑问时，对于重级工作制或吊车梁，尚需检验其常温冲击韧性，必要时检验负温冲击韧性；当结构经受过150℃以上温度或受过骤冷骤热影响时，应检查其烧伤程度，必要时还需取样测定其力学性能指标。

钢结构或构件承载力评定标准 **表4-16**

结构或构件种类	承载能力 $R/(\gamma_0 S)$			
	a	b	c	d
屋架、托架、梁、柱、中级与重级制吊车梁一般构件及支撑连接、构造	≥1.00 ≥1.00 ≥1.00 ≥1.00	<1.00,≥0.95 <1.00,≥0.95 <1.00,≥0.92 <1.00,≥0.95	<0.95,≥0.90 <0.95,≥0.90 <0.92,≥0.87 <0.95,≥0.90	<0.90 <0.90 <0.87 <0.90

2) 钢结构构件的变形评级见表4-17。

钢结构或构件的变形评定等级 **表 4-17**

钢结构或构件类别		变形			
		a	b	c	d
檩条	轻型屋盖 其他屋盖	$\leqslant l/150$ $\leqslant l/200$	＞a 级变形，功能无影响	＞a 级变形，功能有局部影响	＞a 级变形，功能有影响
桁架、屋架及托架		$\leqslant l/400$	＞a 级变形，功能无影响	＞a 级变形，功能有局部影响	＞a 级变形，功能有影响
实腹梁	主梁 其他梁	$\leqslant l/400$ $\leqslant l/250$	＞a 级变形，功能无影响	＞a 级变形，功能有局部影响	＞a 级变形，功能有影响
吊车梁	轻级和 $Q<50$t 中级桥式吊车 重级和 $Q>50$t 中级桥式吊车	$\leqslant l/600$ $\leqslant l/750$	＞a 级变形，吊车运行无影响	＞a 级变形，吊车运行有局部影响，可补救	＞a 级变形，吊车运行有影响，不可补救
柱	厂房柱横向变形 露天栈桥柱的横向变形 厂房和露天栈桥柱的纵向变形	$\leqslant H_t/1250$ $\leqslant H_t/2500$ $\leqslant H_t/4000$	＞a 级变形，吊车运行无影响	＞a 级变形，吊车运行有局部影响	＞a 级变形，吊车运行有影响，不可补救
墙架构件	支承砌体的横梁(水平向) 压型钢板、瓦楞铁等轻墙皮 横梁(水平向)支柱	$\leqslant l/300$ $\leqslant l/200$ $\leqslant l/400$	＞a 级变形，功能无影响	＞a 级变形，功能有影响	＞a 级变形，功能有严重影响

注：1. l——受弯构件的跨度；H_t——柱脚地面到吊车梁或吊车桁架上顶面的高度。

2. 本表为按长期荷载效应组合的变形值，应减去或加上制作反拱或下挠度。

3）钢结构构件的偏差评级按表 4-18 进行。

钢结构构件的偏差评级标准 **表 4-18**

偏差内容	偏差		
	a	b	c或d
天窗架、屋架和托架的不垂直度	不大于天窗架、屋架和托架高度的 1/250，且不大于 15mm	构件的不垂直度略大于 a 级允许值，且沿厂房纵向有足够的垂直支撑保证这种偏差不再发展	构件的不垂直度大于 a 级允许值，且有发展的可能
受压构件对通过主受力平面的弯曲矢高	不大于杆件自由长度的 1/1000，且不大于 10mm	不大于杆件自由长度的 1/660	大于杆件自由长度的 1/660
实腹梁的侧弯矢高	不大于杆件跨度的 1/660	略大于杆件跨度的 1/600，且不可能发展	大于杆件跨度的 1/660
吊车轨道中心对吊车梁轴线的偏差	$e\leqslant 10$mm	$10\text{mm}<e\leqslant 20\text{mm}$	$e>20$mm，吊车梁翼缘与轨底接触面不平直

① 当变形、偏差比承载能力（包括构造和连接）相差不大于一级时，以承载能力（包括构造和连接）的等级作为该项目的评定等级。

② 当变形、偏差比承载能力（包括构造和连接）低二级时，以承载能力（包括构造和连接）的等级降低一级作为该项目的评定等级。

③ 当变形、偏差比承载能力（包括构造和连接）低二级时，可根据变形、偏差对承载能力的影响程度，以承载能力（包括构造和连接）的等级降一级或二级作为该项目的评

定等级。

（4）围护结构系统的鉴定评级

围护结构系统的鉴定评级应包括使用功能和承重结构两个项目。

1）使用功能应包含屋面系统、墙体、门窗、地下防水等子项，可按表4-19进行评级。

围护结构系统使用功能的鉴定评级　　表4-19

子项名称	使用功能			
	a	b	c	d
屋面系统	构造完好，排水畅通	有老化、鼓泡、开裂或轻微损坏、堵塞等现象，但不漏水	多处老化、鼓泡、开裂、腐蚀或局部损坏、穿孔，有堵塞或漏水现象	多处严重老化、腐蚀或多处损坏、穿孔、开裂，局部严重堵塞或漏水
墙体及门窗	完好	墙体及门窗框、扇完好，抹面、装修、连接或玻璃等轻微损坏	墙体及门窗或连接局部破坏，已影响使用功能	墙体及门窗或连接严重破损，部分已丧失使用功能
地下防水	完好	基本完好，虽有较大潮湿现象，但没有明显渗漏	局部损坏或有渗漏现象	多处破损或有较大的漏水现象
防护设施	完好	有轻微损坏，但不影响防护功能	局部损坏已影响防护功能	多处损坏，部分已丧失防护功能

注：防护设施系指为了隔热、隔冷、隔尘、防湿、防腐、防撞、防爆和安全而设置的各种设施及顶棚吊顶等。

围护结构系统使用功能项目评定等级，可根据各子项对建筑物使用寿命和生产的影响程度确定出一个或数个主要子项，其余为次要子项。应取主要子项中最低等级作为该项目的评定等级。

2）围护结构系统中的承重结构或构件项目的评定等级，应根据其结构类别按本标准相应结构或构件的规定评定等级。

围护结构系统组合项目的评定等级，应按使用功能和承重结构项目中的较低等级确定。

对只有局部地下防水或防护设施的工业厂房，围护结构系统的项目评定等级，可根据其重要程度进行综合评定。

（5）工业厂房的综合鉴定评级

工业厂房的综合鉴定可根据厂房的结构系统、结构现状、工艺布置、使用条件和鉴定目的，将厂房的整体、区段或结构系统划分为一个或多个评定单元进行综合评定。

厂房评定单元的综合鉴定评级应包括承重结构系统、结构布置和支撑系统、围护结构系统三个组合项目。综合评级结果应列入表4-19。

厂房评定单元的承重结构系统组合项目的评定等级分为A、B、C、D四级，可按下列规定进行：

1）将厂房评定单元的承重结构系统划分为若干传力树。

2）传力树中各种构件的评定等级，可分为基本构件和非基本构件两类，并应根据其所处的工艺流程部位，按下列规定评定：

① 基本构件和非基本构件的评定等级，应在各自单个构件评定等级的基础上按其所

含的各个等级的百分比确定。

基本构件：

A级：含B级且不大于30%，不含C级、D级。

B级：含C级且不大于30%，不含D级。

C级：含D级且小于10%。

D级：含D级且大于或等于10%。

非基本构件：

A级：含B级且小于50%，不含C级、D级。

B级：含C级、D级之和小于50%，且含D级小于5%。

C级：含D级且小于35%。

D级：含D级且大于或等于35%。

② 当工艺流程的关键部位存在C级、D级构件时，可不按上述规定评定等级，根据其失效后果影响程度，该种构件可评为C级或D级。

3）传力树评级取树中各基本构件等级中的最低评定等级，当树中非基本构件的最低等级低于基本构件的最低等级二级时，以基本构件的最低等级降一级作为该传力树的评定等级；当出现低三级时，可按基本构件等级降二级确定。

4）厂房评定单元的承重结构系统的评级可按下列规定确定：

A级：含B级传力树且不大于30%，不含C级、D级传力树。

B级：含C级传力树且不大于15%，不含D级传力树。

C级：含D级传力树且小于5%。

D级：含D级传力树且大于或等于5%。

5）仅以结构系统为评定单元的综合鉴定评级，可按照本条第2）款执行。

注：1. 承重结构系统包括地基基础及结构构件。

2. 传力树是由基本构件和非基本构件组成的传力系统，树表示构件与系统失效之间的逻辑关系。基本构件是指当其本身失效时会导致传力树中其他构件失效的构件；非基本构件是指其本身失效是孤立事件，它的失效不会导致其他主要构件失效的构件。

3. 传力树中各种构件包括构件本身及构件间的连接点。

厂房评定单元的综合鉴定评级分为一、二、三、四4个级别，应包括承重结构系统、结构布置和支撑系统、围护结构系统三个组合项目，以承重结构系统为主，按下列规定确定评定单元的综合评级：

① 当结构布置和支撑系统、围护结构系统与承重结构系统的评定等级相差不大于一级时，可以承重结构系统的等级作为该评定单元的评定等级。

② 当结构布置和支撑系统、围护结构系统比承重结构系统的评定等级低二级时，可以承重结构系统的等级降一级作为该评定单元的评定等级。

③ 当结构布置和支撑系统、围护结构系统比承重结构系统的评定等级低三级时，可根据上述原则和具体情况，以承重结构系统的等级降一级或降二级作为该评定单元的评定等级。

④ 综合评定中宜结合评定单元的重要性、耐久性、使用状态等综合判定，可对上述评定结果作不大于一级的调整。

4.2.3　加固工程检测实例

1. 工程概况

该厂房屋面及网架工程于2005年竣工投入使用（图4-13），网架覆盖面积（东西235m，南北150m）约为35250m²，分为单元1和单元2两个部分：单元1网架覆盖范围为96m×150m；单元2网架覆盖范围为138m×150m，网架内分布18m×24m与24m×24m钢柱网，钢柱顶为网架支座。该工程网架形式为各单元网架都是正交正放桁架式网架，所有单元均为螺栓球节点。网架高度为2700mm，网格长度为3000mm；上弦螺栓球节点处设支托，支托与屋面主檩条采用M12螺栓并加垫圈连接，主檩条采用斜卷边规格（C120×60×20×3）的镀锌檩条，支撑双坡彩钢板屋面；屋面采用双层彩色压型钢板+次檩条+保温棉，屋面坡度为5%，檐口高度为10.7m。

(a)

(b)

图4-13　厂房的网架结构

2. 灾后屋面及网架结构破损情况

(1) 屋面破损情况调查

该厂房屋面积雪分布不均匀，在屋面南侧采光天窗西侧积雪较深，雪深达800mm，屋面南侧部分（2880m²）变形明显（图4-14）。由于屋面不均匀受力，产生局部变形破坏，有4处屋面变形引起檩条明显扭曲变形（图4-15）。

现场检测发现该屋面变形区域内多数檩条支托存在不同程度倾斜，实测上弦节点支托最大倾斜值为80mm（图4-16）。同时发现屋面部分防水有开裂破损情况（图4-17）。

(a)

(b)

图4-14　南侧屋面变形

(*a*)

(*b*)

图 4-15 檩条变形

(*a*)

(*b*)

图 4-16 檩条托倾斜

(*a*)

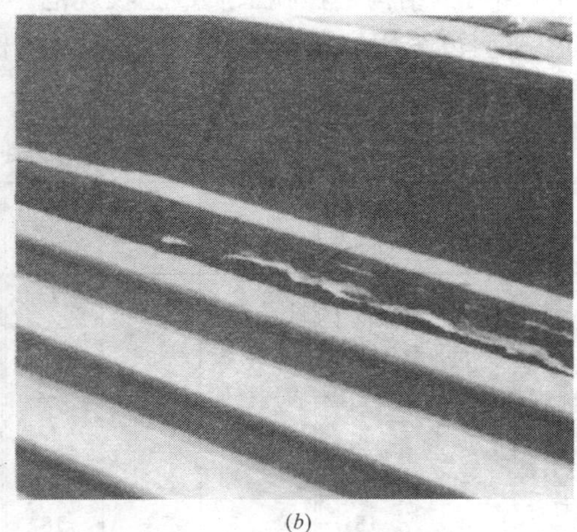

(*b*)

图 4-17 屋面防水开裂

(2) 网架破损情况

经现场查看，网架部分杆件发生了不同程度的弯曲变形（图 4-18），个别杆件被从螺栓球中拔出（图 4-19）。

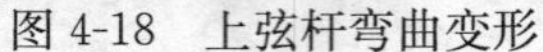

图 4-18　上弦杆弯曲变形

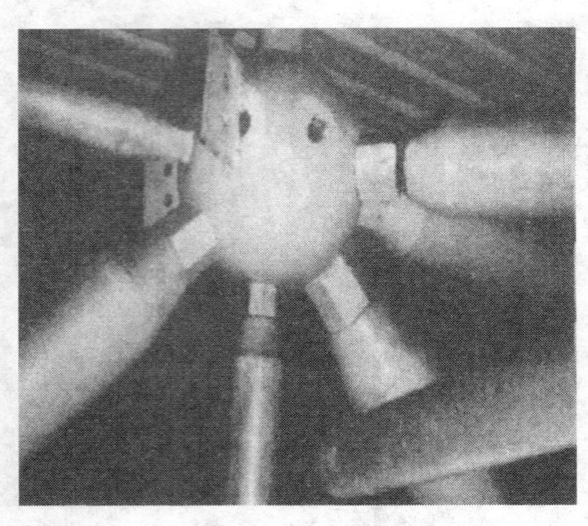

图 4-19　上弦杆被拔出

3. 厂房屋面及网架结构检测

（1）屋面檩条变形检测

现场调查发现遭受雪灾当日，屋面北侧积雪较少，南侧屋面在位于采光天窗西侧因天窗突出而积雪较深，积雪较深处屋面发生变形，变形区域内的主（次）檩条变形较大，有的主檩条已经严重屈曲变形，现场对该屋面严重变形区域内的主檩条进行弯曲变形检测，除严重屈曲变形的 46 根主檩条外，周边部位屋面主檩条变形最大值为 135mm，有 182 根主檩条变形不满足现行《钢结构设计规范》GB 50017 中檩条挠度容许值 $L/200$（15mm）的要求。

（2）网架上、下弦杆及腹杆的不平直度抽检

现场依据现行《空间网络结构技术规程》JGJ 7、《网架结构工程质量检验评定标准》JGJ 78 和《钢结构工程施工质量验收规范》GB 50205 的要求对网架上弦、下弦、腹杆杆件的不平直度采用靠尺和卡尺进行抽检，抽检部位主要在变形杆件及其周边杆件处，检测结果见表 4-20。

杆件变形弯曲矢高检测结果　　表 4-20

位置	序号	挠度值（mm）	位置	序号	挠度值（mm）	位置	序号	挠度值（mm）	位置	序号	挠度值（mm）
单元 1 上弦杆件	1	14	单元 2 腹杆杆件	1	7	单元 2 上弦杆件	9	8	单元 2 上弦杆件	22	6
	2	44		2	8		10	24		23	28
	3	9		3	93		11	11		24	15
	4	37		4	26		12	59		25	11
	5	7		5	7		13	拔出		26	18
	6	7	单元 2 上弦杆件	1	38		14	70		27	36
	7	27		2	34		15	19		28	拔出
	8	18		3	18		16	22		29	94
	9	26		4	49		17	65		30	24
	10	29		5	107		18	63		31	9
	11	30		6	50		19	13		32	37
	12	37		7	19		20	77		33	16
	13	35		8	24		21	74		34	30

检测结果表明单元 1 有 13 根上弦杆件、单元 2 有 32 根上弦杆件及 5 根腹杆杆件的变形弯曲矢高范围在 7～107mm 之间，变形杆件的不平直度均不满足规范（$L/1000$，且≯5mm，L 为杆件长度）的要求，同时抽检周边杆件表明其杆件的不平直度满足规范的要求。检测发现单元 2 有 2 根上弦杆被从螺栓球中拔出。

（3）屋面网架下弦节点的挠度值检测

现场依据现行《建筑结构检测技术标准》GB/T 50344 规定的 B 类抽样检测最小样本容量要求，选用一次计数抽样方案，对 33 行（单元 1）和 47 行（单元 2）螺栓球分别抽检不少于 8 行螺栓球节点，按《空间网络结构技术规程》JGJ 7 要求进行抽检，并对变形区域网架及未变形区域网架下弦中央球节点的线挠度值进行检测，采用 TOPCON 全站仪进行观测，实测单元 1 网架下弦中央球节点的线挠度值最大为－23mm；单元 2 网架下弦中央球节点的线挠度值最大为－90mm，满足《空间网络结构技术规程》JGJ 7 中“对网架的容许挠度不应超过 $L/250$”（24m 跨允许偏差 $L/250=96$mm；18m 跨允许偏差 $L/250=72$mm）的要求。

（4）网架上、下弦变形区域内螺栓球节点裂缝缺陷检测

现场依据《空间网络结构技术规程》JGJ 7 及《网架结构工程质量检验评定标准》JGJ 78 的要求对网架上、下弦变形区域内的螺栓球节点是否存在裂缝缺陷进行检测，经现场勘察，未发现螺栓球节点存在裂纹缺陷。

4. 灾害综合分析

本次检测通过对该屋面及网架工程结构设计、施工质量调查及雪灾影响，对该工程进行综合分析。

（1）设计

依据甲方提供的网架工程原建筑及结构施工图纸对该网架工程进行验算。验算时网架工程的结构方案、结构布置、结构尺寸及其使用材料同原设计，设计荷载取值均按原设计考虑，在考虑设计使用年限为 50 年的条件下，经计算该网架结构设计承载力及杆件长细比等均满足现行《空间网络结构技术规程》JGJ 7 要求。

（2）施工质量

经现场调查发现，该厂房网架上弦球节点处支托与主檩条连接用螺栓存在缺失或用铁线代替的未按原设计图纸要求进行施工的情况，单元 1 统计缺失 241 个螺栓，单元 2 统计缺失 553 个螺栓，同时该部位多处未作防锈处理（图 4-20～图 4-22）。部分杆件及螺栓球未完全涂刷防火材料（图 4-23）。

（3）灾害影响

该工程遭遇特大雪灾后，较深的积雪造成单元 2 屋面南侧部分发生坍塌变形，多处檩条屈曲，其多数支托发生倾斜，最大倾斜值为 80mm；使该网架杆件中 50 根杆件弯曲变形不满足规范要求，2 根上弦杆被从螺栓球中拔出破坏。该厂房屋面及网架工程在遭受实际雪荷载超过设计考虑 50 年一遇雪荷载取值，屋面支撑结构按国家现行规范要求在此次雪荷载下设计抗力明显考虑不足，这是导致网架屋面局部变形破坏的主要原因。

5. 检测结论

通过对雪灾后厂房屋面及网架工程的破损情况调查、检测结果及计算分析，得出如下结论：

(*a*)

(*b*)

图 4-20　檩条支托螺栓缺失

图 4-21　螺栓用铁丝代替

图 4-22　支托与檩条连接处未作防锈处理

(*a*)

(*b*)

图 4-23　螺栓球防火材料涂刷不全

（1）经验算，该网架结构设计承载力及杆件长细比等均满足规范要求。

（2）经检测发现，该网架工程存在一定施工质量问题，主要问题如下：

1）网架上弦球节点处支托与主檩条连接用螺栓存在漏装现象严重；

2）上弦球节点处支托与主檩条连接部位多处未作防锈处理；

3）部分杆件及螺栓球未完全涂刷防火材料。

（3）该工程遭遇特大雪灾后，积雪较深的（单元2）部分屋面坍塌变形，檩条屈曲，其支托发生倾斜，特别是网架部分杆件产生弯曲变形，个别杆件从螺栓球中被拔出，造成严重破坏。主要问题如下：

1）该厂房南侧的四处屋面变形较严重，并有2880m^2屋面发生塌陷变形；

2）屋面变形区域内的主（次）檩条超过钢材屈服强度，有46根主檩条严重屈曲变形，另有182根主檩条变形不满足规范要求；

3）该屋面变形区域内多数上弦球节点处檩条支托存在不同程度倾斜；

4）现场对网架的上弦、下弦、腹杆杆件的不平直度进行抽检，有50根杆件不满足规范要求，并有上弦杆从螺栓球中拔出。

6. 加固建议

通过雪灾后厂房屋面及网架工程破损情况调查，修复雪灾造成的破坏主要依据《空间网络结构技术规程》JGJ 7、检测结果、原设计施工图及该工程实际现状，提出如下加固处理方案：

（1）屋面工程按原设计要求，对变形较严重的2880m^2屋面（含次檩条）全部更换。

（2）根据该厂房的重要性，建议所修复的主檩条的结构安全等级提高一级，对不满足要求的228根主檩条修复采用同规格的双檩条代替。

（3）对网架杆件变形不满足规范要求和被拔出破坏的杆件重新更换（按设计适当加大直径）。

（4）对发生倾斜的上弦球节点处檩条支托进行补强处理。

（5）对已破坏的屋面防水进行修复。

（6）连接主檩条部位缺失螺栓、支托与檩条连接部位未作防锈处理和部分杆件及螺栓球未完全涂刷防火材料的施工质量问题应由原施工单位负责处理。

甲方、设计与施工单位充分考虑以上加固建议，并于2007年10月对受损工程进行了加固处理。2009年2月12日，沈阳市再次遭遇暴风雪袭击，先雨后雪，积雪最深处超过0.5m。根据以上建议加固后的该网架结构厂房一直保持完好。

4.3　冰雪灾损建（构）筑物处理技术

4.3.1　概述

冰雪灾损建（构）筑物的处理主要是对结构构件进行加固或将损坏的构件进行拆除、更换等一系列处理措施。

对灾损建（构）筑物的加固比较复杂，它不仅受到建筑物原有条件的种种限制，而且灾损建筑物本身就存在着各种各样的问题。这些问题的起因往往错综复杂，有的无案可查，有的相当隐蔽。另外，已建钢结构因年代不同，设计施工常与现状相差很大。以上种种情况，在考虑灾损建筑物鉴定、加固方案时，应周密并慎之又慎，严格遵循工作程序和加固原则。对选用的方法不仅应安全可靠，而且要经济合理。因此，在阐述灾损建筑物结构、构件的加固方法之前，先概述灾损建筑物结构加固的工作程序和一般原则，以及加固的方法的选择。

（一）加固工作程序

冰雪灾损建（构）筑物加固的工作程序如下：

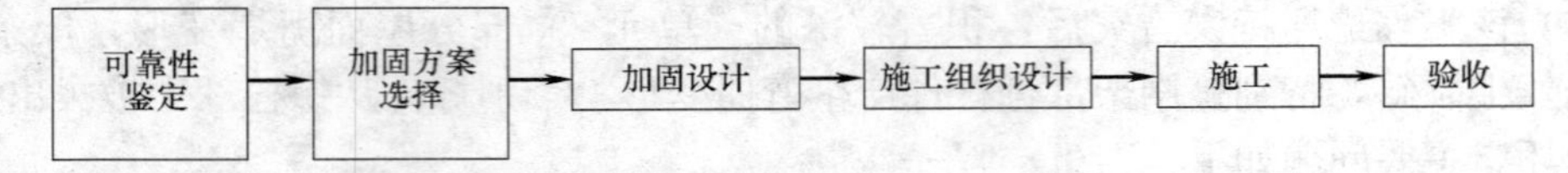

1. 可靠性鉴定

可靠性鉴定是已有建（构）筑物加固工作的基础。如果结构某些部位的实际强度没有测准，个别薄弱环节未能找到，一些细部构造没有掌握，就有可能使加固工作事倍功半，虽然加固，而隐患仍存。

已建建筑物可靠性鉴定步骤：

（1）对建筑物进行宏观调查。

（2）根据现状以及用户的要求，确定鉴定的项目和内容。

（3）实地检测。实地检测的内容包括：结构形式，截面尺寸，受力状况，计算简图，材料强度，外观情况，裂缝位置和宽度，挠度大小，焊缝强度，焊缝材料，连接构件强度，地基沉降等情况。

（4）根据实测强度进行理论分析计算，求出该建筑物的承载指标和耐久性等级。

（5）将这些指标评定标准进行比较，得出该建筑物的可靠性鉴定结论。

上一节已经介绍过了，在此不赘述。

2. 加固方案的选择

灾损建（构）筑物加固方案的选择，十分重要。加固方案选择的适当与否，不仅影响资金的投入，更重要的是会影响加固的质量。譬如，对挠度过大，但是仍具有足够承载力的构件，若仅仅使用增大截面的方法加固是不可取的。因为加大构件的截面面积，并不会减小挠度。有效方法是采用施加预应力的方法加固，或外加预应力支撑，或改变受力体系，这样可以使挠度不再发展，同时可以使挠度逐渐恢复；在条件允许的情况下，可先将挠度矫正，然后采用增大截面的方法加固。对于承载力不够的构件，以有限选用增设支撑法，以使荷载能够被其他构件分担，或增大构件截面尺寸的方法加固提高构件本身的承载力。

合理的加固方案应该达到下列要求：加固效果好，对使用功能影响小，技术可靠，施工简便，经济合理，外观整齐。

3. 加固设计

灾损建（构）筑物加固设计，包括被加固构件的承载力验算、构造处理和确定施工步骤三大部分。

在上述三部分工作中，这里需强调：在承载力计算中，应特别注意新加部分与原结构构件的协同工作。一般来说，新加部分的应力滞后于原结构；加固结构的构造处理不仅应满足新加构件自身的构造要求，还应考虑其与原结构构件的连接。

4. 施工组织设计

加固工程的施工组织设计应充分考虑下列情况：

（1）施工现场狭窄、场地拥挤等。

（2）受生产设备、管道和原有结构、构件的制约。

（3）需在不停产或局部停产的条件下进行加固施工。

由于大多数加固工程的施工是在负荷或部分负荷的情况下进行的，因此施工时的安全非常重要。其措施之一是，在施工前，尽可能卸除一部分外载，并施加预应力顶撑，以减小原构件中的应力。

（二）加固的一般原则

对灾损建（构）筑物加固的方法各不相同，但是它们共同遵照以下原则。

1. 方案制定的总体效应原则

在制定灾损建（构）筑物的加固方案时，除了考虑可靠性鉴定结论和委托方提出的加固内容及项目外，还应考虑加固后的建筑物的总体效应。例如，对灾损建（构）筑物的柱子的加固，有时会改变整个结构的动力特性，从而产生薄弱层，对抗震带来不利影响。再如，对沉积冰雪的清理，或对塔架及线路浮冰的清除，会造成构件或整个结构或相关承重构件承受的荷载增加，使原本未发生破坏的杆件也损坏。因此，在制定加固方案时，应对建筑物总体考虑，不能采用“头痛医头，脚痛医脚”的办法。

2. 材料的选用和取值原则

（1）加固设计时，原结构的材料强度按如下规定取用：如原结构材料种类和性能与原设计一致，按原设计（或规范）值取用；当原结构无材料强度资料时，可通过实测评定材料强度等级，再按现行规范取值。

（2）加固材料的要求：用以加固的钢材一般选用Ⅰ级或Ⅱ级钢，下面会具体介绍。

3. 荷载计算原则

对加固结构承受的荷载，应作实地调查和取值。一般情况下，对冰雪灾损建（构）筑物，当原结构是按《工业与民用建筑结构荷载规范》TJ 9-74或《建筑结构荷载规范》GBJ 9-87取值者，在鉴定阶段，对结构验算仍按原规范取值，一经确定需要加固验算，则应按《建筑结构荷载规范》GB 50009—2001规定取值，同时要加上按所受雪灾折算的冰雪荷载。

4. 承载力验算原则

在承载力验算时，结构的计算简图应根据结构的实际受力状况和结构的实际尺寸确定。构件的截面面积应采用实际有效截面面积，即应考虑构件已有的损伤、缺陷、锈蚀等不利影响。验算时，应考虑结构在加固时的实际受力程度及加固部分的材料强度设计值进行适当的折减，还应考虑实际荷载偏心、结构变形、局部损伤、温度作用（低温冰冻的影响）等造成的附加内力。当加固使结构的质量加大时，尚应对相关结构及建筑物的基础进行验算。

5. 其他原则

对于由冻融引起的地基不均匀沉降造成的结构损坏，应在加固设计中提出相应的处理对策，随后再进行加固。

结构的加固应综合考虑其经济性，尽量不损伤原结构，并保留其有利用价值的结构构件，避免不必要的构件拆除或更换。

4.3.2　轻型钢结构房屋

（一）概述

我国住房的建筑形式和风格千差万别，但就传统结构体系而言，则以砖混、钢筋混凝土结构为主，这种结构自重大，梁、柱粗大，自身的刚度和强度都很大，在雪灾中，此类结构的构件不会因承受过大的雪荷载而发生破坏。然而，冰雪灾害中，轻型钢结构房屋最容易受到损坏。

轻型钢结构主要是用在不承受大载荷的承重建筑。采用轻型 H 型钢（焊接或轧制；变截面或等截面）做成门形钢架支承，C 形、Z 形冷弯薄壁型钢作檩条和墙梁，压型钢板或轻质夹芯板作屋面、墙面围护结构，采用高强度螺栓、普通螺栓及自攻螺栓等连接件和密封材料组装起来的低层和多层预制装配式钢结构房屋体系。

钢材自身的强度很高，但是其构件的截面比其他结构的构件要小很多，构件的刚度相对也较小，因此在过大冰雪荷载作用下，更容易产生过大挠度或发生稳定破坏。

同时在低温环境中，钢材材料本身的强度也会有一定的下降，同时塑性和韧性性能下降。尤其是在构件的连接处，焊缝或锚栓的强度会有所降低，塑性性能下降，如果同时受到过大荷载作用，就会容易造成连接处破坏。

因此钢结构房屋在冰雪灾害中的灾损情况最为严重。其中门式刚架轻型房屋和多层框架轻型钢结构房屋尤为突出（图 4-24、图 4-25）。

图 4-24　门式刚架房屋

图 4-25　轻型钢结构房屋

下面来介绍门式刚架轻型房屋和多层框架轻型钢结构房屋冰雪灾损的处理技术。

（二）门式刚架轻型房屋和多层框架轻型钢结构房屋灾损处理技术

1. 处理应遵循的一般原则

在对冰雪灾损门式刚架轻型房屋和多层框架轻型钢结构房屋进行处理的过程中，一般应遵循以下几方面原则：

（1）当屋面板变形过大时，为了避免屋面雪荷载进一步增大进而导致的其他破坏，应及时清理积雪，或者可以直接拆掉积雪较厚处的屋面板清理积雪。

（2）当需要拆除或更换结构构件时，为保证安全，施工前应切断电源、关闭管道，以免造成施工事故或人员伤害。对于需要采取保护措施的设备或物品，应事先做好保护工作，并由专人监察，以免造成不必要的损失。

（3）拆除或更换结构构件要有一定的顺序，应先易后难，先拆除次要构件后拆除主要构件。

（4）拆除或更换结构构件时，设置临时支撑是必要的，同时也要注意安全措施的设置，当需要火焰切割时，应采取防火措施，以防止发生火灾或人员伤害。

在对灾损房屋进行处理的同时，不仅要遵守上述的几项原则，还要注意一些问题，如要有合理的施工设计方案，注意材料的节约，施工人员的技术水平以及是否具有职业资格，还有就是注意安全。

在对灾损钢结构构件处理中的最主要的措施就是加固，下面将介绍对钢结构加固的有关原则和主要方法。

2. 加固设计与施工的一般原则

（1）冰雪灾损钢结构经可靠性鉴定需要加固时，应根据可靠性鉴定结论和委托方提出的要求，由专业人员按本标准进行加固设计。加固设计的内容和范围，可以是结构整体，亦可以是指定的区段、特定的构件或部位。

（2）加固后的钢结构的安全等级应根据结构破坏后果的严重程度、结构的重要性和下一个试用期的具体要求，由委托方和设计者按实际情况商定。

（3）钢结构加固设计应与实际施工方法紧密结合，并应采取有效措施，保证新增截面、构件和部件与原结构连接可靠，形成整体共同工作。应避免对未加固部分或构件造成不利影响。

（4）轻型钢结构加固可按下列原则进行承载能力计算和正常使用极限状态验算：

1）结构的计算简图应根据结构作用的荷载和实际状况确定；

2）加固后若改变传力路线或使结构质量加大，应对相关结构或构件及建筑物的地基基础进行必要的复核。

（5）加固设计应综合考虑其经济效益，例如：不损伤原结构、避免不必要的拆除或更换。但是如果加固成本过高，可以考虑直接更换破坏构件。

（6）加固构件的布置，最好能够使加固后结构质量和刚度分布均匀、对称，应尽量避免由于局部加强所导致的结构刚度或强度突变，影响结构的力学性能。

（7）材料应符合下列规定：

1）待加固钢结构，应对其材料质量状况进行评估：

① 根据设计文件、钢材质量证明书、施工记录、竣工报告、可靠性评估报告等文档资料或样品试验报告，对于待加固钢结构的原材料性能指标给出评价；

② 如果没有充足的文档资料，或者给出的数据不充分、不完全、有疑虑，或者发现有影响结构和材料性能的缺陷或损伤时，应按国家现行有关标准进行抽样检验。

2）钢结构加固材料的选择，应按现行《钢结构设计规范》GB 50017 规定并在保证设计意图的前提下，便于施工，使新老截面、构件或结构能共同工作，并应注意新老材料之间的强度、塑性、韧性及焊接性能匹配。

（8）钢结构加固应注意：轻钢结构在负荷条件下，不准采用电焊加固；正确选择焊接工艺；注意环境温度影响；注意高温对结构安全的影响。

（三）轻型钢结构加固的一般方法及选择

在了解了轻钢结构房屋的破坏特征、破坏原因，并作出需加固的判断之后，因根据构件的外观、验算结果以及现场条件等因素选择合适的加固方法，及时进行加固。

1. 加固的一般方法

钢结构加固的方法有很多种，常用的方法有：减轻荷载法、改变原计算图形、加大原结构构件截面和连接强度、阻止裂纹扩展等，当有成熟经验时，亦可采用其他有效加固方法。经鉴定需要加固的钢结构，根据损害范围一般分为局部加固和全面加固。局部加固是对某承载能力不足的杆件或连接节点处进行加固，有增加杆件截面法、减小杆件自由长度法和连接节点加固法。全面加固是对整体结构进行加固，有不改变结构静力计算图形加固法和改变结构静力计算图形加固法两类。增加或加强支承体系，也是对结构体系加固的有效方法。增加原有构件截面的加固方法是最费料最费工的方法（但往往是可行的方法）；改变计算简图的方法最有效且多种多样，其费用也大大下降。

加固结构的施工方法有：负荷加固、卸荷加固和从原结构上拆下应加固或更新的部件进行加固。加固施工方法应根据用户要求和结构实际受力状态，在确保质量和安全的前提下，由设计人员和施工单位协商确定。

（1）带负荷加固。施工最方便，也较经济。适用于构件（或连接）的应力小于钢材设计强度的80%时，或构件无重大损坏（破损、变形、翘曲等）的情况下。此时为了使新加固杆件参与受力，有时需要对被加固杆件采取临时卸荷的措施。另外，在加固时应注意不影响其他构件的正常使用。

（2）卸荷加固。适用于结构损坏较大或构件和连接的应力状态很高，需要暂时减轻其负荷时。对某些主要承受可动荷载的结构（如吊车梁等），可限制其可动荷载，即相当于大部分卸荷。

（3）从原结构上拆下应加固或更新的部件。当结构破坏严重或原截面承载力过小，必须在地面进行加固或更新时采用。此时必须设置临时支撑，使被换构件完全卸荷；同时，必须保证被换构件卸下后整个结构的安全。确定加固方案前，应搜集下列资料：

1）原有结构的竣工图（包括更改图）及验收记录。

2）原有钢材材质报告复印件或现场材质检验报告。

3）原有结构构件制作、安装验收记录。

4）原有结构设计计算书。

5）结构或构件破损情况检查报告。

6）现有实际荷载和加固后新增加荷载的数据。

2. 加固方法的选择

（1）改变结构计算图形加固

改变结构计算图形加固法是指采用改变荷载分布状况、传力路径、节点性质和边界条件，增设附加杆件和支撑、施加预应力、考虑空间协同工作等措施对结构进行加固的方法。改变结构计算图形的加固过程，除应对被加固结构承载能力和正常使用极限状态进行计算外，尚应注意对相关结构构件承载能力和使用功能的影响，考虑在结构、构件、节点以及支座中的内力重分布，对结构（包括基础）进行必要的补充验算，并采用切实可行的合理构造措施。采用改变结构计算图形的加固方法，设计与施工应紧密配合，未经设计允许，不得擅自修改设计规定的施工方法和程序。采用调整内力的方法加固结构时，应在加固设计中规定调整内力（应力）或规定位移（应变）的数值和允许偏差及检测位置和检验方法。

改变结构计算图形加固法通常采用的具体措施如下：

1）增加结构或构件的刚度

① 增加支撑以加强结构空间刚度，采用按空间结构进行验算，挖掘结构潜力。

② 加设支撑以增加刚度，或调整结构的自振频率，以提高结构的抗震性能。

③ 增设支撑或辅助杆件，以减少构件的长细比，提高构件的稳定性。增设拉杆或增设支撑，见图 4-26。

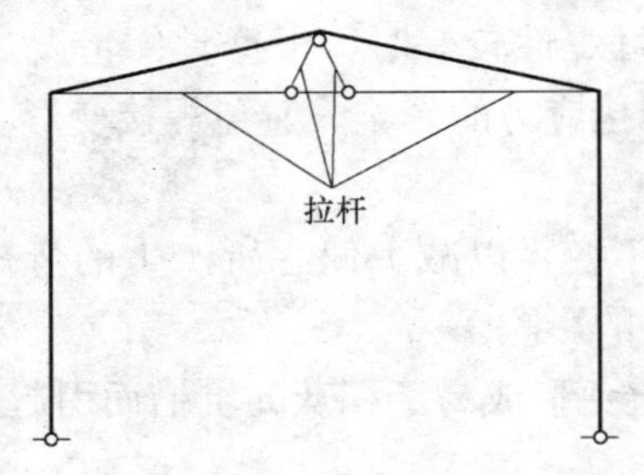

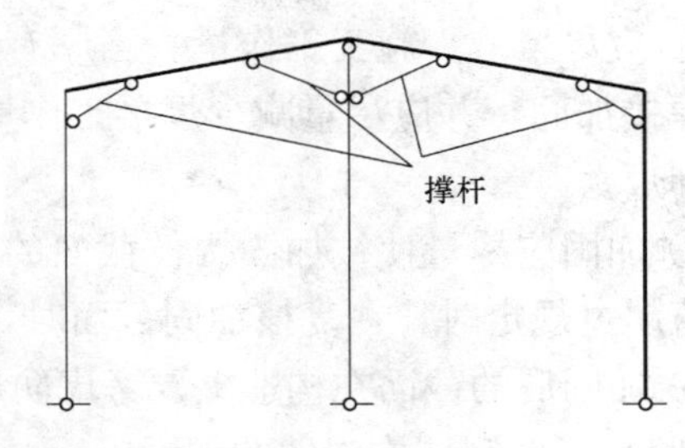

图 4-26 增设拉杆或增设支撑

④ 重点加强某一构件的刚度，以承受更多的内力，从而减轻其他构件的内力。

⑤ 设置拉杆或适度张紧的拉索以加强结构的刚度，减少挠度，见图 4-27。

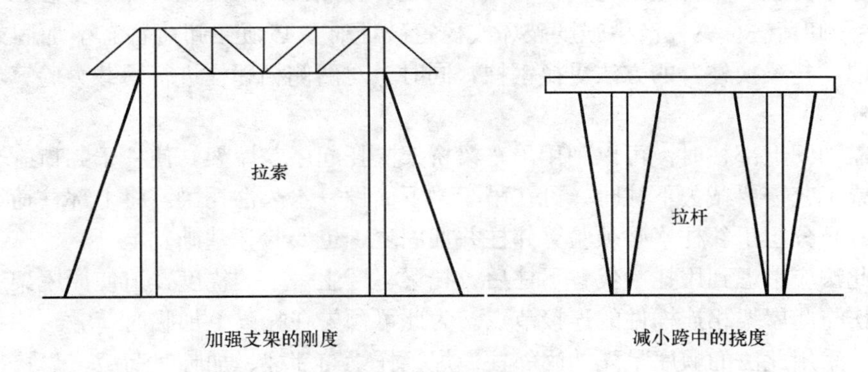

图 4-27 设置拉索

2）改变构件的截面内力

① 变更荷重的分布情况。如将一个集中荷重分为几个集中荷重。

② 变更端部的连接。如将铰接变为刚接。

③ 增加中间支座或将简支结构端部连接使之成为连续结构。

④ 调整连续结构的支座位置。

⑤ 将构件变为撑杆式构架。

⑥ 施加预应力。

(2) 加大构件截面加固法

1）加大构件截面加固法的一般规定如下：

① 采用加大截面加固钢构件时，所选截面形式应有利于加固技术要求，并要考虑已有缺陷和损伤的状况。

② 加固的构件受力分析的计算简图，应反映结构的实际条件，考虑损伤及加固引起的不利变形，加固期间及前后作用在结构上的荷载及其不利组合，对于超静定结构尚应考虑因截面加大，构件刚度改变使体系内力重分布的可能，必要时应分阶段进行受力分析和计算。

③ 加大截面，根据构件受力情况及原截面形式，选择适当的截面加固形式，并进行必要的计算。

2）采用该方法应注意的事项如下：

① 注意加固时的净空限制，使新加固的构件不得与其他杆件相冲突。

② 加固设计应适应原有构件的几何状态，以利施工。

③ 应尽量减少施工工作量。当原有结构钢材的可焊性较好时，根据具体情况尽量考虑用焊接加固，并应尽量减少焊接工作量，以减少焊接应力的影响，避免焊接变形。还应避免仰焊。

④ 加固应尽量使被加固构件截面的形心轴位置不变，以减少偏心所产生的弯矩。当偏心值超过规定时，在复核加固截面时，应考虑偏心的影响。

⑤ 加固后的截面在构造上要考虑防腐的要求，避免形成易于积灰的坑槽而引起锈蚀。

（四）轻型钢结构构件的加固

1. 钢柱的加固

（1）柱身加固

钢柱通常为轴压构件或压弯构件，结合其受力特点，应采用以下加固方法。

1）柱子卸荷法。钢柱产生强度破坏或稳定破坏时，必须在卸荷状态下加固或更换新柱时，采取“托梁换柱”的方法更换钢柱，同时，对两侧相邻柱进行承载力验算或采取加强某一列柱。

当仅需加固上部柱时，可以利用吊车梁桥架支托起屋盖屋架，使柱子卸荷。当下部柱需要加固或工艺需要截去下柱时，可在吊车梁下面设一永久性托梁，将上部柱荷载（包括吊车梁荷载）分担于邻柱（必须验算邻柱并加固之，也要验算基础）上。

采用此法应考虑到用托梁代替下柱后，托梁将产生一定的挠度，迫使原屋架下沉，从而可能损伤与此屋架相连构件的连接节点。为此可预先在托梁上加临时荷载，使托梁具有预先挠度。采用此法的顺序是先加固邻柱、焊接托梁与邻柱、加临时荷载、焊接托梁与中柱、卸下临时荷载、加固或截去下部柱。

2）补强柱的截面。一般补强柱截面用钢板或型钢，采用焊接或高强度螺栓与原柱连接成一个整体。

常见的钢柱截面加大加固形式见图 4-28。

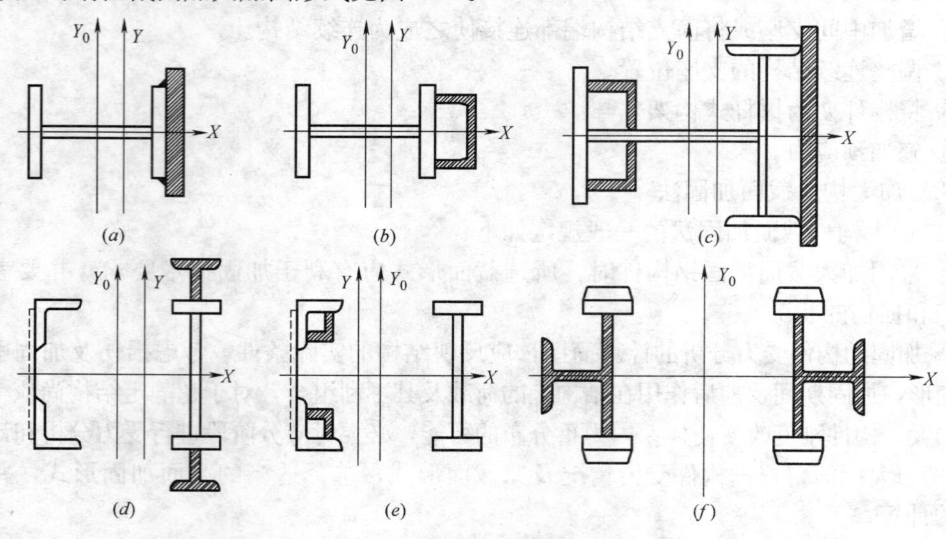

图 4-28　常见的钢柱截面加大加固形式

选择适当的加固截面形式，其截面强度和稳定验算应按《钢结构加固技术规范》CECS 77：96 第 5.3 节的规定计算。

3）增设支撑。增设支撑以减小柱自由长度，提高承载能力。在截面尺寸不变的情况下提高了柱的稳定性。

4）改变计算简图，减小柱外荷载或内力。

5）在钢柱四周外包钢筋混凝土进行加固，可明显提高承载能力。

（2）柱脚加固

1）柱脚底板厚度不足加固方法

增设柱脚加劲肋，以达到减小底板计算弯矩的目的。在柱脚型钢间浇筑混凝土，使柱脚底板成为刚性块体。为增加粘结力，柱脚表面油漆和锈蚀要清除干净。

2）柱脚锚固不足加固方法

增设附加锚栓。当混凝土基础较宽大时采用。在混凝土基础上钻出孔洞，插入附加锚栓，浇注环氧砂浆或硫磺砂浆（孔洞直径为锚栓直径加 20mm，深度大于 $30d$）。将整个柱脚包以钢筋混凝土。新配钢筋要伸入基础内，与基础内原钢筋焊接。

3）钢柱脚加固结构，它包括钢柱、侧边加劲肋板、中间加劲肋板、柱脚底板、柱脚螺栓，在钢柱的两个工字型钢之间设置刚性盖板，在刚性盖板的下面焊接锚拉钢筋，在钢柱、柱脚底板及刚性盖板之间浇筑混凝土，辅助小梁分别焊接在刚性盖板的上面和钢柱的柱脚翼缘或腹板上。锚拉钢筋的直径 d_2 为 16～20mm，间距为 150mm。混凝土的等级在 C20 以上。刚性盖板的四边均与柱脚留出 15mm 的缝隙。刚性盖板设置两个灌浆孔。此种做法中的锚拉钢筋增加了混凝土与柱脚的粘结力，刚性盖板及辅助小梁增大了底板刚度，从而使混凝土与柱脚底板形成一体，共同抵抗柱脚弯矩，具有了很好的加固效果。

（3）柱加固承载力验算法

负荷状态下加固计算，重要的问题是加固后应力能否重分配，即加固后原有截面能否将原有应力分配到新补强的构件截面上去，如能重分配，新老荷载之和，可以平均分配给新老截面上，否则原有荷载仍由原截面承担，新增加荷载由新老截面（即加固后总截面）平均分担。到目前为止，加固后应力重分配尚未为试验所完全证实（至少在弹性阶段），可是对静载结构来说，当截面一部分进入塑性状态，应力最终会重分配，所以计算中静载结构可以新老截面共同工作原则来计算；当在动载结构情况下，塑性区很难形成，不考虑应力重分配，计算时将加固前和加固后的情况分别计算，然后求其总和。在卸荷的情况下加固，就不存在上述问题。

卸荷状态下，截面验算按加固后总截面，并考虑加固折减系数，按现行规范计算，即按负荷状态下加固截面作用静力荷载的验算公式计算，杆架、杆件、梁也是如此。

2. 梁柱节点加固

梁柱节点加固应采用增大体积的方法进行加固。例如，可在节点域的范围之内增设补强板或在节点四周梁柱相交处各设置 2 道肋板，从而达到增大体积的目的。

3. 钢梁的加固

承受冰雪荷载后，如果钢梁变形处于弹性阶段，当荷载消除以后，变形和挠度可自行修复；如果钢梁变形处于塑性变形，而且变形较大，应对其进行加固。

钢梁加固应尽量在负荷状态下进行，不得已需卸荷或部分卸荷状态下加固时，可以采用临时支柱卸荷；对于实腹式梁设置临时支柱时，应注意临时支柱处实腹梁腹板的强度和稳定，以及翼缘焊缝（或栓钉）的强度；对于吊车梁来说，限制桥式吊车运行，即相当于大部分已卸荷。钢梁的加固方法：

（1）改变梁支座部分连续方法进行加固。在支座部分的梁上下翼缘焊上钢板，使其变成连续体系，该钢板所传递的力应恰好与支座弯矩相平衡，连续后可使跨中弯矩降低 15%～20%。

（2）支撑加固梁方法。支撑加固主要是斜撑加固，分长斜撑和短斜撑两种，常见形式见图 4-29。长斜撑支在柱基础上，能减小柱子的内力。短斜撑通常支在柱子上。一般采用焊接方法连接斜撑和梁，验算时要考虑梁中间部分（斜撑支点之间）会产生压力。用斜撑加固时也必须加固梁截面。当梁的荷载增加时，除加固梁外还要加固柱子和柱基。

（3）吊杆加固梁方法。在层高较高的房屋内，用固定于上部柱的吊杆加固梁；由于吊杆不沿腹板轴线与梁相连，故梁又受扭；吊杆应施加预应力，吊杆按预应力和计算荷载引起的应力总和确定。

（4）下支撑构件加固梁方法。当允许梁卸荷加固时，可采用下支撑构件加固法，下撑杆使梁变成有刚性的上弦梁桁架。

（5）增补梁截面加固法。

常见的钢梁截面加大加固形式见图 4-29。

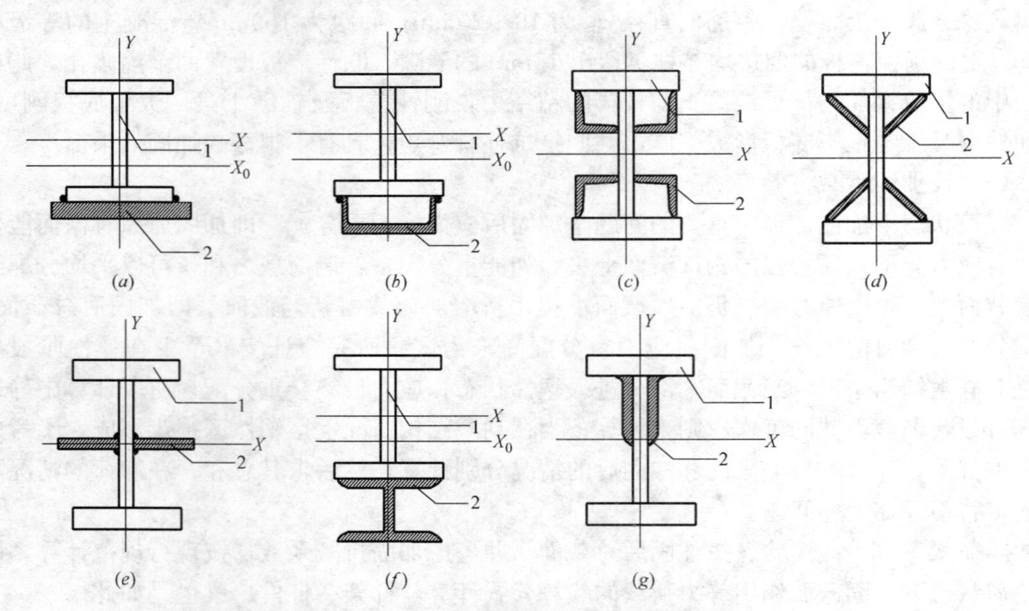

图 4-29　常见的钢梁截面加大加固形式

1—原结构构件；2—加固件

选择适当的加固截面形式，其截面强度和稳定验算应按《钢结构加固技术规范》CECS77∶96 第 5.2 节的规定计算。

4. 架（托架）加固方法

第一种：屋架体系加固法是设法将屋架与其他构件连系起来，或增设支点或支撑，以形成空间或连续体系的方法。

第二种：整体加固法是为了增强屋架总承载能力，改变桁架的杆件内力。

第三种：对杆件进行加固，采用加大截面法加固。

（五）连接的加固和加固件的连接

钢结构加固工作中连接和节点加固占有重要位置。与钢结构建造一样，加固连接有铆接、螺栓连接和焊接方式，加固连接方式选用必须满足既不破坏原结构功能，又能参与工作的要求。铆接连接的刚度最小（普通螺栓连接除外）；焊接连接刚度最大，整体性好；高强度螺栓连接介于两者之间。由于施工繁杂，目前铆接已渐淘汰，加固现场施工焊接最为方便；但焊接对钢材材性要求最高，在原结构资料不全、材性不明的情况下，用焊接加固必须取材样复验，以保证可焊性。焊接连接的加固，仍可用焊接。当使用焊接法确有困难时，可用高强度螺栓或铆钉，不得已的条件下可用精制螺栓，不准使用粗制螺栓作加固连接件。

（1）结构加固连接方法，即焊缝、普通螺栓和高强度螺栓连接方法的选择，应根据加固原因、目的、受力状态、构造及施工条件，并考虑结构原有的连接方法确定。

（2）负荷下连接的加固，必须采取合理的施工工艺和安全措施，并作验算以保证结构（包括连接）在加固负荷下具有足够的承载力。

（3）焊缝连接的加固。

1）焊缝连接的加固，可采用增加焊缝长度、有效厚度的方法或两者同时采用。

2）新增加固角焊缝的长度和焊脚尺寸（焊缝高度）或熔焊层的厚度，应由连接处结构加固前后设计受力改变的差值，并考虑原有连接实际可能的承载力计算确定。加大焊缝高度：为了确保安全，焊条直径不宜大于 4mm，每道焊缝的堆高不宜超过 2mm，如需增加的高度较大，每次以 2mm 为限。后一道堆焊应待前一道堆焊冷却到 100℃以下才能施焊，这是为了使施焊过程尽量不影响原有焊缝强度；加长焊缝长度：在原有节点能允许增加焊缝长度时，应首先采用加长焊缝的加固连接方式，尤其在负荷条件下加固时，焊条直径宜在 4mm 以下，电流 200A 以下，每一道焊缝高度不超过 8mm，宜逐次分层施焊，后道施焊应在前道焊缝冷却到 100℃后再进行。钢结构加固应选择合理的连接方式。钢结构加固应优先采用电焊连接。

3）负荷下用焊缝加固结构时，应尽量避免采用长度垂直于受力方向的横向焊缝，否则应采取专门的技术措施和施焊工艺，以确保结构施工时的安全。

4）负荷下用堆焊增加角焊缝有效厚度的办法加固焊缝连接时，应按式（4-1）计算和限制焊缝应力。

$$\sqrt{\sigma_f^2+\tau_f^2}\leqslant\eta_f f_f^w \tag{4-1}$$

式中 σ_f、τ_f——分别为按角焊缝有效面积（h_e、L_w）计算的垂直于焊缝长度方向的应力和沿焊缝长度方向的剪应力；

η_f——焊缝强度影响系数，可按表 4-21 采用。

焊缝强度影响系数 η_f **表 4-21**

加固焊缝总长度(mm)	≥600	300	200	100	50	30
η_f	1.0	0.9	0.8	0.65	0.25	0

5）加固后直角角焊缝的强度按下列公式计算，并可考虑新增和原有焊缝的共同受力作用，当力垂直于焊缝长度方向时按式（4-2）计算；当力平行于焊缝长度方向时按式（4-3）计算；在各种力综合作用下，σ_f和τ_f共同作用处按式（4-4）计算。

$$\sigma_f=\frac{N}{h_e l_w}\leqslant f_f^w \tag{4-2}$$

$$\tau_f=\frac{V}{h_e l_w}\leqslant 0.85 f_f^w \tag{4-3}$$

$$\sqrt{\sigma_f^2+\tau_f^2}\leqslant 0.95 f_f^w \tag{4-4}$$

式中　N——通过焊缝形心的拉力、压力；

V——通过焊缝形心的剪力；

σ_f——按角焊缝有效截面计算的垂直于焊缝长度方向的应力；

τ_f——按角焊缝有效截面计算的沿焊缝长度方向的剪应力；

h_e——角焊缝的有效厚度，对于直角角焊缝等于$0.7h_f$，h_f为较小焊脚尺寸；

l_w——角焊缝的计算长度，对每条焊缝其实际长度减去10mm；

f_f^w——角焊缝的强度设计值，根据加固结构原有和加固用钢材强度较低的钢材，按《钢结构设计规范》GB 50017 表3.4.1-3确定。

（4）螺栓连接的加固。

1）螺栓需要更换或其连接需加固时，应首先考虑采用适宜直径的高强度螺栓连接。当负荷下进行结构加固，需要拆除结构原有受力螺栓或增加、扩大钉孔时，除应设计计算结构原有和加固连接件的承载能力外，还必须校核板件的净截面强度。

2）用焊缝连接加固螺栓连接时，应按焊缝承受全部作用力设计计算其连接，不考虑焊缝与原有连接件的共同工作，且不宜拆除原有连接件。

（5）加固件的连接。

1）加固件应具有足够的设计承载能力和刚度，同时与被加固结构有可靠的连接。

2）加固件与被加固结构的连接，应根据设计受力要求经计算并考虑构造和施工条件确定。对于轴心受力构件，可根据式（4-4）计算。对于受弯构件，应根据可能的最大设计剪力计算；对于压弯构件，可根据以上两者中的较大值计算。对于仅用增设中间支承构件（点）来减少受压构件自由长度加固时，支承杆件（点）与加固构件间连接受力，可按式（4-5）计算。

$$V=\frac{A_t f}{50}\sqrt{\frac{f_y}{235}} \tag{4-5}$$

式中　A_t——构件加固后的总截面面积；

f——构件钢材强度设计值，当加固件与被加固构件钢材强度不同时，取较高钢材强度的值；

f_y——钢材的屈服强度，当加固件与被加固件钢材强度不同时，取较高钢材强度的值。

3）加固件的焊缝、螺栓等连接的计算可按《钢结构设计规范》（GB50017）第7.1.1条至第7.1.4条和第7.2.1条至第7.2.3条的规定进行，但计算时，对角焊缝强度设计值应乘以0.85，其他强度设计值或承载力设计值应乘以0.95的折减系数。

（6）构造与施工要求。

1）焊缝连接加固时，新增焊缝应尽可能地布置在应力集中最小、远离原构件的变截面以及缺口、加劲肋的截面处；应该力求使焊缝对称于作用力，并避免使之交叉；新增的对接焊缝与原构件加劲肋、角焊缝、变截面等之间的距离不宜小于100mm；各焊缝之间的距离不应小于被加固板件厚度的4.5倍。

2）摩擦型高强度螺栓连接的板件连接接触面处理应按设计要求和现行《钢结构设计规范》GB 50017及《钢结构工程施工质量验收规范》GB 50205的规定进行。

4.3.3 钢结构塔架

（一）钢结构塔架灾损处理应遵循的原则

（1）应在塔架产生过大变形之前，及时清理积雪或浮冰，避免使塔架由于过大变形而破坏或倒塌；

（2）拆除或更换塔架腹杆时应先易后难，先拆除次要构件后拆除主要构件，同时应设置必要的临时支撑；

（3）在拆除、更换杆件，或加固施工前，应切断电源，并做好必要的准备工作，设置必要的防护措施；

（4）已经倒塌或发生不可修复的变形的塔架，应拆除重建；导线未损坏应将导线妥善放置，同时将覆冰清理，塔架重建后应重新安装；导线已损坏应在塔架重建之后，重新挂线；

（5）整体冰雪荷载较大的区段，且覆冰较难处理，应在各档距之间增设辅助塔架，塔架设计应符合相应的设计规范。

（二）微波塔冰雪灾损处理

1. 概述

微波塔是负责微波发送和接收的电子系统钢结构塔架，一般在地势比较高的地方，且塔自身的高度也较高。

（1）微波塔常见的立面形式：塔架的立面根据其轮廓线的形状可分为直线形、折线形和曲线形（多折线形）三大类，如图4-30、图4-31所示。

（2）腹杆的选型

图4-30 微波塔

(*a*)　(*b*)　(*c*)

图4-31 微波塔立面形式

（*a*）直线形；（*b*）折线形；（*c*）曲线形

微波塔塔架常用的腹杆体有三大类：交叉腹杆体系、K 形腹杆体系和菱形腹杆体系，如图 4-32 所示。

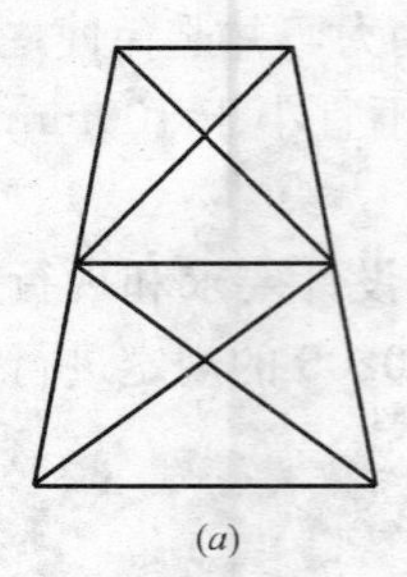
(*a*)

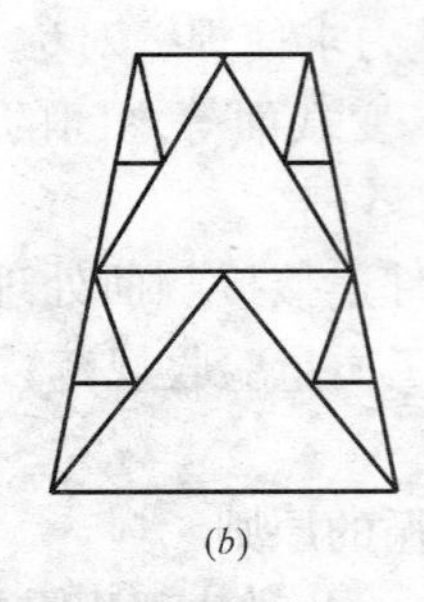
(*b*)

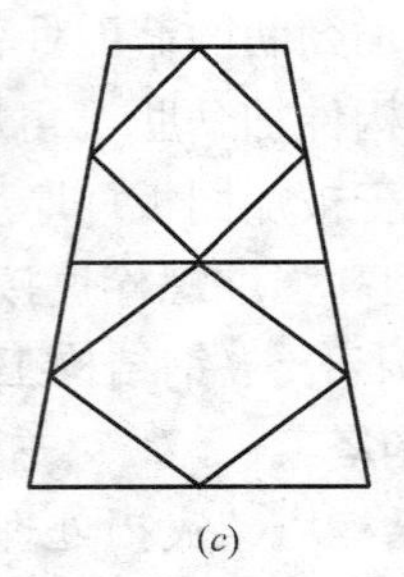
(*c*)

图 4-32　腹杆体系
(*a*) 交叉腹杆体系；(*b*) K 形腹杆体系；(*c*) 菱形腹杆体系

在塔架的设计中不难发现，腹杆体系的受力均不大，故在确定腹杆体系时往往是依据构造（刚度）要求而定，长细比成为控制因素，其稳定强度起控制作用，材料未能充分发挥作用，故在承受过大的浮冰荷载后，竖向荷载加大，容易产生过大挠度甚至失稳破坏。

2. 微波塔塔架的灾损处理

(1) 除冰

清除浮冰（图 4-33）是灾损处理的第一步，目的是尽快减轻塔架的冰雪荷载，将灾损的程度降到最低。

对于微波塔来说，在缺乏电力供应的条件下主要还是靠人工除冰，即专业人员携带除冰工具沿塔身攀爬至塔顶，然后从塔顶向下将沿途的浮冰用除冰工具清除掉，以使整个输电塔架在除冰过程中始终保持头轻脚重状态。切忌不可从塔底先进行除冰，因为这样除冰工作顺序极易造成高耸的输电塔变得越来越头重脚轻，一旦外部扰动到一定程度，突然发生输电塔的失稳垮塌是极难避免的。此法最为普遍，对于微波塔也较为实用，但是在除冰过程中应考虑工人自身的荷载，如果塔身承受的浮冰荷载过大且出现已经破坏的薄弱环节，应考虑其他方法，以免出现事故。如果塔身所受的浮冰荷载不是很大，且塔身较为坚固且未出现局部的破坏，可考虑此方法，而且除冰人员尽可能做到对称进行除冰，以使塔架两侧荷载对称以免造成扭曲力和斜拉力不均衡，加速塔架的垮塌。

其他方法：通过大功率风力灭火器吹出的风，将融冰剂喷洒到供电铁塔、供电线路上（在风力灭火器出口添加融冰剂），达到除冰的目的。冰剂要求是颗粒的，如果融冰剂是液体或粉剂（面的），可以把融冰剂包在其他颗粒物上（如：沙子等颗粒物）。因为风力灭火器吹出的风有一定的动力，风把融冰剂也吹得很远，让融冰剂通过惯性与冰接触，所以能够将融冰剂吹送到冰雪的表层上，加快冰的融化速度。为了让风吹到冰上，可以把风力灭火器的出风口管加长。工作人员也可以从供电铁塔上面往下吹融化剂（用手提风力灭火器）。

(2) 塔身构件灾损处理

对未发生破坏的塔架或构件实行加固方案；对已经破坏的塔架、塔身局部或杆件，实行加固或拆除更换的方案。

钢结构微波塔塔架系全钢结构，其杆件（多为等肢角钢）通过焊接或螺栓连接搭建而

(a)

(b)

图 4-33 塔架除冰

成，主要承受冰荷载、恒荷载、安装或检修时的人员及工具自重以及断线等荷载。根据结构所受竖向浮冰荷载的大小以及破坏的位置，类型等状况对塔架具体构件或部位采用不同的加固方法和方案。

下面具体介绍一下微波塔的加固方案

1）对塔身整体进行加固

在遭遇冰雪灾害以后，由于覆冰已经附着在整个塔身，使塔身自重增加，转动惯量加大，塔身受风荷载的作用就会增强，因此需要提高塔身侧向刚度。

加固工作主要是在塔身每隔 1/3 或 1/2 处以及塔顶等部位设置拉杆或适度张紧的拉索以加强结构抗侧力刚度。见图 4-34。

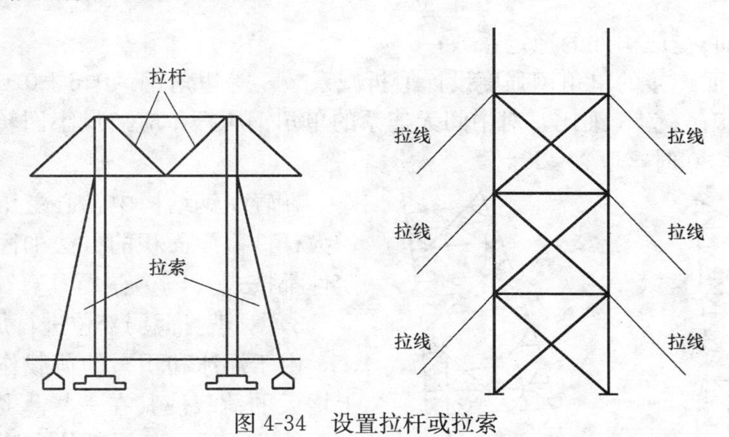

图 4-34 设置拉杆或拉索

2）对塔架杆件进行加固

当塔架遭遇冰雪灾害后，杆件上附着大量覆冰，同时塔身荷载大大增加，导致受力杆件自身承受的荷载增加很多，致使杆件承载力不足。加固工作主要是增大杆件截面面积，其截面加固形式见图 4-35。

并按式（4-6）和式（4-7）计算其强度和稳定性。其中，式（4-6）是轴心受拉或轴心

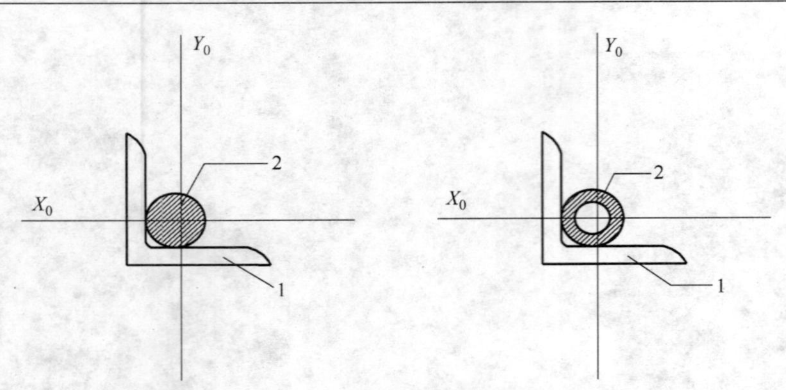

图 4-35 塔架杆件截面加固形式

1—原结构，2—加固件

受压的加固构件的强度计算公式；式（4-7）是轴心受压构件的稳定性验算公式。

$$\frac{N}{A_n} \leqslant 0.85k_1 f \tag{4-6}$$

式中 A_n——加固后构件净截面面积；

N——加固时和加固后构件所受总轴心压力；

k_1——轴心受力加固构件的强度降低系数。

对非焊接加固的轴心受力或焊接加固的轴心受拉的直接承受动力荷载或震动荷载的构件 $k_1=0.85$；对仅受静力荷载或间接动力荷载作用的构件取 $k_1=0.9$；对焊接加固的受压构件按下面公式取值：

$$k_1=0.85-0.23\sigma_0/f_y$$

式中 σ_0——构件未加固时的名义应力。

$$\frac{N}{\varphi A} \leqslant \eta k_1 f \tag{4-7}$$

式中 φ——轴心受压构件的稳定系数；

η——单面连接的单角钢强度设计值折减系数，等边角钢$=0.6+0.0015\lambda$但不大于0.9；λ为长细比，对中间无连系的单角钢压杆，应按最小回转半径计算，当$\lambda<20$时，取$\lambda=20$。

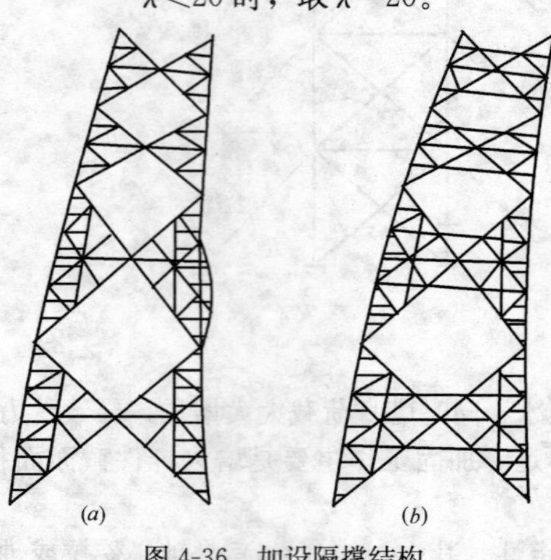

图 4-36 加设隔撑结构

在轻型钢结构中轴心受压杆件，若采用增大杆件截面面积的方法加固，其强度和稳定性都按式（4-7）进行计算。

3）对塔身薄弱部位进行加固

由于浮冰和积雪的荷载作用，在输电塔上增大的荷载使其在一些薄弱的部位发生破坏，故此，这些薄弱部位在冰雪灾害下应成为危险截面，这正是灾损发生的关键部位。在冰雪灾害中，往往输电塔的破坏是从危险截面开始发生，因此，应在塔身的薄弱部位施加隔撑结构来强化这一部位的强度，使其在更大荷载作用下不易发生破坏。

4）对连接加固

由于塔架上覆冰荷载的作用，使得连接处所承受荷载大大增加，致使连接处的承载力不足，根据连接的种类采取不同的加固方案。

对于焊接连接，加固工作主要是采取增加焊缝长度、有效厚度或两者同时增加的办法实现；当仅用增加焊缝长度、有效厚度或两者共同增加的办法不能满足连接加固的要求时，可采用附加连接板的加固方法（图 4-37），附加连接板可以用角焊缝与基本构件相连（图 4-37*a*），也可以采用附加节点板与原节点板对接（图 4-37*b*、4-37*c*），不论采取哪种方法，都需要进行连接受力分析并保证连接（包括焊缝及附加板件、节点板等）能够承受各种可能的作用力。

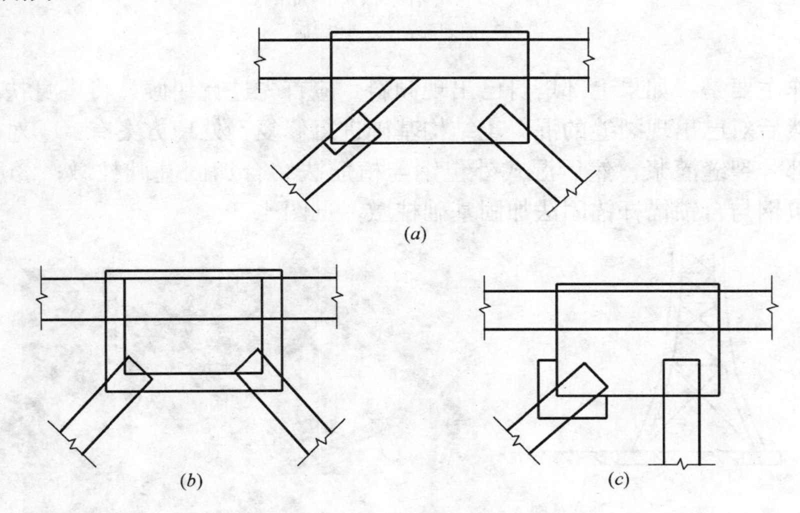

图 4-37　附加连接板加固方法

（*a*）角钢上贴附加焊缝板；（*b*）加大节点板长和宽；（*c*）局部加大节点板

对螺栓和铆钉连接的加固，可采用更换或新增螺栓或铆钉加固；用摩擦型高强度螺栓部分地更换结构连接的铆钉，组成高强度螺栓和铆钉的混合连接；用焊接连接加固螺栓或铆钉连接。

5）对塔架根部的加固

微波塔塔架自重以及塔身荷载都是通过塔架底部杆件，以及底部构件根部连接传递给基础的，由于塔架上增加的覆冰荷载的作用，导致底部受力杆件自身以及根部连接构造承受的荷载增加很多，致使承载力不足。加固主要工作是加固此处构件，可采用增大截面的方法加固，同时根据底部构件根部的具体情况，决定是否采取以下措施：重新浇筑底座混凝土，在底部构件根部外包一定厚度的混凝土，见图 4-38。采取措施的同时要注意对塔架做好支撑。

6）对微波塔基础的加固

有两点原因使得微波塔基础需要加固：①微波塔塔架自重以及塔身荷载最终都会由基础承担，由于塔架上增加的覆冰荷载的作用，导致基础承载力不足；②由于地基土受冰雪影响而产生冻融造成基础的不均匀沉降，从而造成基础混凝土结构出现较大裂缝，甚至断裂，造成上部塔身倾斜。此时需要对基础混凝土进行加固。

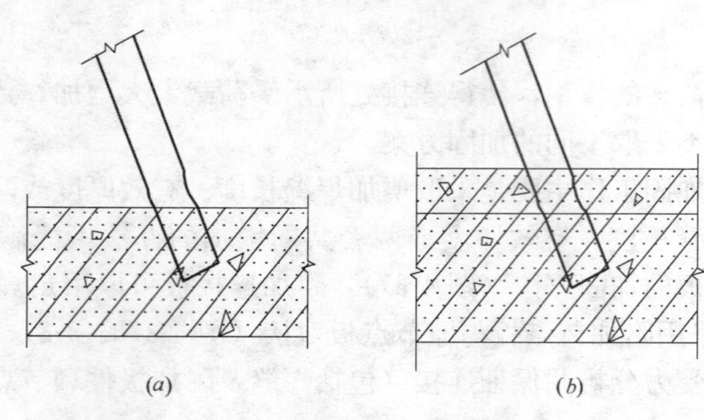

图 4-38　对塔架根部的加固

(a) 加固前；(b) 加固后

加固工作主要是：如果上部塔身已出现倾斜，应首先进行纠倾，将塔身扶正后，做好临时支撑，然后对已出现裂缝的混凝土结构基础进行修复。处理方案有：①对裂缝进行表面封缝；②部分裂缝灌浆，然后湿式外包钢与植筋法结合加固基础柱墩；③所有裂缝灌浆，然后外包钢与自锁锚杆锚固法加固基础柱墩，见图 4-39。

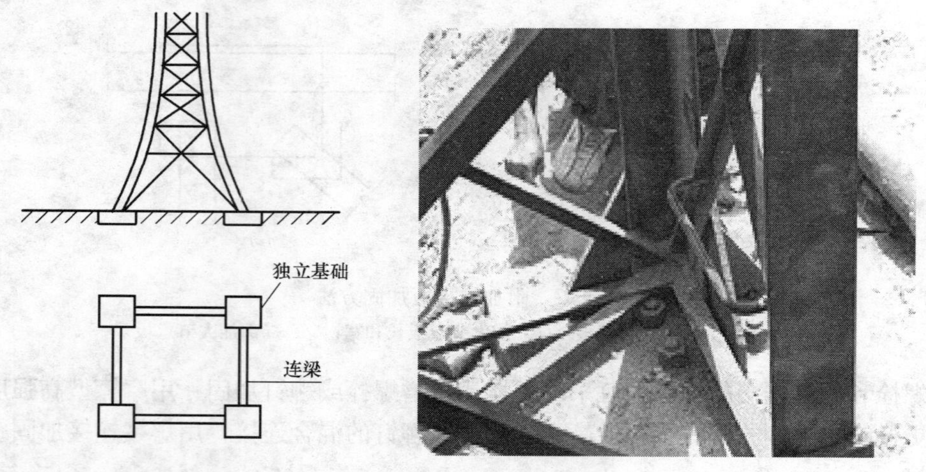

图 4-39　对微波塔基础的加固

（三）输电塔的冰雪灾损的处理

1. 概述

输电塔是一种重要的工程结构，一般是由角钢组成的超静定杆系结构系统。其作用主要是支持高压或超高压架空送电线路的导线和避雷线的钢结构构筑物，塔身结构与微波塔类似（图 4-40）。输电塔的类型根据在线路上的位置、作用及受力情况分类见表 4-22。

输电塔类型　　**表 4-22**

悬垂型(导线通过悬垂绝缘子挂在塔上)				耐张型(也称承力型,导线通过耐张绝缘子挂在塔上)				
直线塔	转角塔	跨越塔	换位塔	直线塔	转角塔	跨越塔	换位塔	终端塔

还可根据不同的电压等级、线路回路数、导线及避雷线的布置方式、材料及结构形式来确定塔的名称（图 4-41）。

输电线路塔主要承受冰荷载、线拉力、恒荷载、安装或检修时的人员及工具的质量以及断线等荷载。设计时应考虑这些荷载在不同气象条件下的合理组合，恒荷载还包括塔、线、金具、绝缘子的质量及线的角度合力、顺线不平衡张力等。断线荷载在考虑断线根数(一般不考虑同时断导线及避雷线)、断线张力的大小及断线时的气象条件等方面，各国均有不同的规定。

图 4-40 输电塔

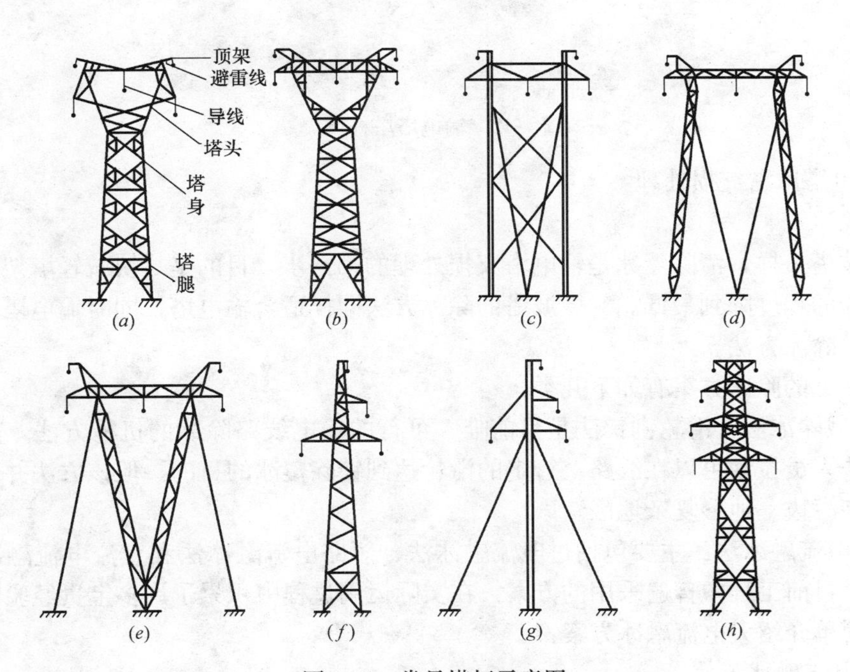

图 4-41 常见塔杆示意图

(a) 猫头型塔；(b) 酒杯型塔；(c) 拉线门型杆；(d) 拉线门型塔；
(e) 拉线 V 型塔；(f) 千字型塔；(g) 拉线单杆；(h) 桶型塔

输电塔基础的种类很多，并随塔的类型、地形、地质、施工及运输的条件而异，常见的有：①整体式刚性基础；②整体式柔性基础；③独立式刚性基础；④独立式柔性基础；⑤独立式金属基础；⑥拉线地锚；⑦卡盘及底盘。上述①、②类基础主要用于塔身窄用地小的情况，③、④类基础用于软土地基，⑤类则适用于山区或搬运及取水较困难的地区，⑥类只用于拉线塔，⑦类只用于钢筋混凝土塔。除应考虑地基和基础的强度外，尚需核算基础的上拔与倾覆稳定性。

当遭遇冰雪灾害时，冰冻雨雪天气引起超过设计标准的覆冰荷载，使铁塔破坏和倒塌，在具体作用方式上又有所不同，可以大致分为将铁塔压坏、拉坏、扭坏、屈曲失稳破坏以及拉扭共同破坏等几种形式。在荷载增大的同时，输电铁塔承受风荷载和偶然断线等危险情况，在水平荷载作用下，结构系统中分为拉杆和压杆，拉杆一般为强度破坏，压杆为稳定破坏。而且，基础大多为独立混凝土结构，塔基础混凝土会由于地基土冻融产生的不均匀沉降或者上部塔身的倾覆产生的拉力而出现裂缝或断裂。由于输电线路较长，输电线路因受冬季冰雪危害通常容易引起严重的断线、塔杆倒塌（图 4-42）、引发大面积停电、限电等事故，所以需要明确如何对输电塔冰雪灾损进行处理。

图 4-42　输电塔塔杆倒塌

2. 输电塔冰雪灾损处理

(1) 除冰

同微波塔一样，清除浮冰是输电塔灾损处理的第一步，目的是尽快减轻塔架的冰雪荷载，将灾损的程度降到最低。对微波塔的除冰方法同样适合输电塔，同时输电塔及线路也有其特有的除冰方法。

目前常见的除冰方案有如下几类：

1) 机械除冰法：滑轮刮铲法是目前唯一可行的输电线路除冰的机械方法，其过程是由地面工作人员拉动可以在线路上行走的滑轮达到铲除覆冰的目的。但该方法并不适用于我国西部高海拔、地形复杂地区。

2) 大电流融冰法：主要包括过电流融冰法、短路电流融冰法和直流电流融冰法。此类方法也是目前工程中普遍采用的方案，在实际运用过程中积累了许多宝贵经验。

下面简单介绍大电流融冰方案：

① 过电流融冰

对 220kV 及以上轻载线路，可以主要通过科学的调度，改变电网潮流分配，使线路电流达到覆冰临界电流以上；110kV 及以下变电所间的联络线，可通过调度让其带负荷运行，并达临界电流以上；其他类型的重要轻载线路，可在线路末端变电所母线上装设足够容量的并联电容器或电抗器。提升负荷电流防止线路覆冰是工程应用中最方便、有效和适用的除冰方法。

② 短路融冰

短路方案的主要思路是将线路在某处三相短接（不接地），然后在此线路上施加一定电压，利用短路电流产生热量进行融冰。

③ 直流电流融冰

采用直流电流融冰可大幅降低直流融冰所需的容量，提高了直流融冰效率，特别是针对目前500kV及计划建设的更高等级直流输电线路，采用直流电除冰是可行的。

④ 被动法：被动法就是依靠风、地球引力、随机散射和温度变化等脱冰的被动方法，无需附加能量。现已经在输电线路上得到应用的有平衡重量、线夹、除冰环、阻雪环、憎水憎冰涂料、风力锤等，用来减少输电线路的覆冰，还有用安装防震锤等来减少导线的舞动。被动法有费用低的优点，但不能阻止覆冰的形成，而且仅适用于特定的地区。

其他方法：除上述几种方法外，还有利用电磁脉冲、气动脉冲、电晕放电、电子冻结、碰撞前颗粒加热和冻结等防冰除冰方法，但很多还处于理想或试验阶段。

(2) 塔身构件灾损处理

对输电塔的灾损处理主要包括塔灾损的处理和线路灾损的处理，塔身处理主要是对未发生破坏的塔架或构件实行加固方案，对已经破坏的塔架、塔身局部或杆件，实行加固或拆除更换的方案。

钢结构输电塔塔架系全钢结构，其杆件（多为等肢角钢）通过焊接或螺栓连接搭建而成，主要承受冰荷载、线拉力、恒荷载、安装或检修时的人员及工具的质量以及断线等荷载。根据结构所受竖向浮冰荷载的大小以及破坏的位置、类型等状况对塔架具体构件或部位采用不同的加固方法和方案。

下面具体介绍输电塔的加固方案：

1) 对塔身加固的方案

在遭遇冰雪灾害以后，由于整个塔身以及两侧线路已经附着厚重的覆冰，使塔身竖向荷载增加，线路的张力加大，两侧的拉力增大，同时塔身受风荷载的作用增强，因此需要提高塔身侧向刚度。

加固工作主要是在除冰之后，在塔身或塔顶等部位设置拉杆或适度张紧的拉索以加强结构刚度，拉杆或拉索要在四侧同时布置，同时应对承受荷载较大的杆件进行加固，可采用加大截面法。可参见微波塔此处的做法。

2) 对线路的加固方案

由于冰雪荷载超过设计值，使导线的承载力不足，同时造成塔架两侧的拉力过大，如果两侧张力失去平衡，或一侧线路出现断裂，会使塔架有发生倾覆的危险。因此应将一部分荷载分散或转移给别的结构。加固工作主要是在塔架档距之间，增设新塔架或支撑，并等距布置（图4-43）。

3) 对构件的加固方案

当塔架和线路遭遇冰雪灾害后，塔架自身和线路上增大的荷载全部传给受力杆件，同时杆件上附着大量覆冰，受力杆件自身承受的荷载大大增加，致使杆件承载力不足。加固

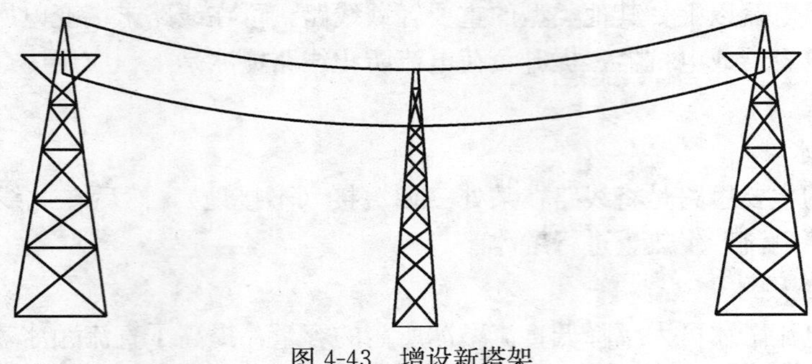

图 4-43　增设新塔架

工作主要是增大杆件截面面积，其截面加固形式可参照微波塔；并按规定计算其强度和稳定性。

4）对连接加固

由于塔架上覆冰荷载的作用，使得连接处所承受荷载大大增加，致使连接处的承载力不足，根据连接的种类采取不同的加固方案；加固方案可参照微波塔。

5）对基础的加固

当遭遇冰雪灾害，输电铁塔基础混凝土会由于地基土冻融产生的不均匀沉降或者上部塔身的倾覆产生的拉力而特别容易出现裂缝或断裂，同时由于其处于野外，冰雪灾害伴随大风使得风荷载作用较大且风向不定，拉、压杆角色经常变换，致使基础受荷反复变化，裂缝不断扩大，而且平时的恶劣自然环境也会腐蚀基础钢筋，因此，输电铁塔基础在冰雪灾害中会出现比较严重的裂缝，大大缩短混凝土基础使用寿命。由于输电路线较长，荷载很大，作用在基础上的力也很大。

4.3.4　其他建（构）筑物

（一）概述

其他建（构）筑物按结构类型分主要包括：钢筋混凝土结构、砌体结构和普通钢结构等。由于这些结构的建（构）筑物承重构件的强度和刚度都很大，冰雪荷载对其上部结构作用较小，不会产生破坏。冰雪灾害对这些结构的建（构）筑物破坏主要是通过由其造成的地基冻融、冻胀，从而对建筑物造成破坏，破坏的形式主要有：

（1）基础混凝土开裂。

（2）基础以及上部结构倾斜。

（3）砌体结构墙体开裂。

（4）柱脚断裂。钢筋混凝土结构，柱脚会产生裂缝。

（5）围护结构的破坏。排水系统堵塞，排水管胀裂，门窗由于不均匀沉降导致的变形和破坏，供暖系统被冻坏等。

因此，应针对其他建（构）筑物的每种破坏形式，确定具体的加固方案，并对受损构件进行加固或修复。

（二）处理方案

1. 基础混凝土开裂的处理

基础开裂倾斜，主要是由于地基土受冻融影响，承载力不足所引起。首先，应对地基土进行处理。可以通过增加负温来降低未冻水的含量以满足冻土的强度要求；通过控制冻结与解冻速度等措施，可以降低冻胀量与冻融沉量，以及避免融陷的危险发生，采用注浆法可对冻融土体进行加固，提高其承载力。

（1）冰雪灾害中的地基处理和加固方法

1）换土垫层法

将冻融土层开挖至一定深度，回填抗剪强度较大的材料，如砂、粉煤灰、矿渣等，并分层夯实，形成双层地基。压缩性较小的垫料、垫层能有效扩散，提高承载力，减少沉降。

2）注浆法

在清除掉冻融土后，通过注入水泥浆液或化学浆液的措施，使土粒胶结，用以提高地基承载力，减少沉降，增加稳定性，防止渗漏，适用于处理砂土、粉土、淤泥质黏土、粉质黏土、黏土和一般人工填土层，也可使用在托换工程中。

3）高压喷射注浆法

将带有特殊喷嘴的注浆管，通过钻孔置入到处理土层的预定深度，然后将浆液（常用水泥浆）以高压冲切土体。在喷射浆液的同时，以一定速度旋转、提升，即形成水泥土圆柱体；若喷嘴提升而不旋转，则形成墙状固结体，加固后可用以提高地基力，减少沉降，防止砂土液化、管涌和基坑隆起，建成防渗帷幕。

4）水泥土搅拌法

水泥土搅拌法施工时分湿法（亦称深层搅拌法）和干法（亦称粉体喷射搅拌法）两种，湿法是利用深层搅拌机，将水泥浆与地基土在原位拌合；干法是利用喷粉机，将水泥粉或石灰粉与地基土在原位拌合。搅拌后形成柱状水泥土体，可提高地基承载力，减少沉降，增加稳定性和防止渗漏，建成防渗帷幕。

（2）基础的加固方法

地基土处理同时，对基础进行加固，以增大基础支撑面积、加强基础刚度或增大基础的埋置深度等。下面介绍一些基础的加固方法：

1）基础补强注浆加固法

基础补强注浆（亦称灌浆）加固法适用于基础因受机械损伤、不均匀沉降、冻胀或其他原因引起的基础裂损的加固。其具体做法就是在基础破损处钻孔，然后把水泥浆或环氧树脂等浆液从钻孔中注入，对基础进行加固。

2）扩大基础底面积法

扩大基础底面积法适用于既有建筑的低级承载力或基础底面积。尺寸不满足设计要求，或基础出现破损、裂缝时的加固。其具体做法是采用混凝土套或钢筋混凝土套加大基础底面积，其中采用素混凝土包套时，基础可仅加宽200～300mm；采用钢筋混凝土外包套，可加宽300mm以上。

在进行原有基础评价后，若原基础承受偏心受压，或受相邻建筑基础条件限制，或为沉降缝处的基础，或为了不影响室内正常使用而只在室外施工时，可采用不对称加宽或者是单面加宽基础；若原基础承受中心荷载，可采用双面对称加宽基础；对于单独柱基础加固，可沿基础底面四边扩大基础。

若原基础加宽施工之前，对于加套的混凝土或钢筋混凝土套加宽部分，其地基上应铺设厚度和材料均与原基础垫层相同的夯实垫层，从而使得加套后的基底标高和应力扩散条件相同且变形协调。

当条形基础进行加宽施工时，应按长度1.5～2.0m划分成许多单独段，然后分批、分段、间隔进行施工。不应在基础的全长范围内挖成连续的坑槽而使全长的地基土暴露过久，导致地基土浸泡软化，从而使得基础随之产生较大的不均匀变形。

由于施工条件以及其他一些原因的限制，当不宜采用混凝土套或钢筋混凝土套加大基础底面积时，可采用改变基础形式的方法加大基底面积，如将原独立基础改成条形基础；将原条形基础改成十字交叉条形基础或筏形基础；将原来的筏形基础改成箱形基础等；也可采取一些措施来加强建筑物的刚度和强度，减少结构自重（如选用轻型材料、轻型结构、减少墙体质量、采用架空底板代替室内厚填土）；也可以设置地下室或半地下室，采用覆土少、自重轻的箱形基础；调整各部分的荷载分布、基础宽度或埋置深度；对不均匀沉降要求严格或重要的建筑物，必要时可选用较小的基地压力等。

3）加深基础法

如果验算后，原地基承载力和变形不能满足上部结构荷载要求时，除了可采用增加基础底面积的方法外，还可将基础落在较好的新持力层上，也就是加深基础法。这种托换加固方法也称为墩式托换或坑式托换。

加深基础法适用于地基浅层有较好的土层可作为基础持力层，且地下水位较低的情况。其具体做法是将原基础埋置深度加大，越过发生冻融的土层，使基础支撑在较好的持力层上以满足设计对地基承载力和变形的要求。若地下水位较高时，则应根据需要采取相应的降水或排水措施。

2. 对基础上部结构倾斜的处理

处理方法主要是对灾损建筑物进行纠倾。灾损建（构）筑物纠倾处理设计时应遵循以下几点原则：

（1）综合分析倾斜的原因：冰雪灾损建（构）筑物倾斜主要是由于地基土冻融引起的不均匀沉降导致基础及上部结构的倾斜；

（2）纠倾方法的选择应根据建（构）筑物的倾斜原因、倾斜量、裂损状况、结构及基础形式、整体刚度、工程地质条件、环境条件和施工条件等，结合各种纠倾方法的适用范围、工作原理、施工程序等因素综合确定；

（3）纠倾常用的方法有：迫降法、抬升法、预留法、横向加载法及综合法等；

（4）对纠倾程序、参数（如沉降速度、回倾量、回倾速度等）以及安全防护措施进行优化，确定最佳方案。

3. 砌体结构墙体的处理

（1）对已开裂的墙体，可采用压力灌浆修补；对砌筑砂浆饱满度差或砌筑砂浆强度等级偏低的墙体，可采用满墙灌浆。

1）压力灌浆修补

压力灌浆修补是将裂缝表面封闭后，用压力灌浆法灌浆材料，恢复构件的整体性。压

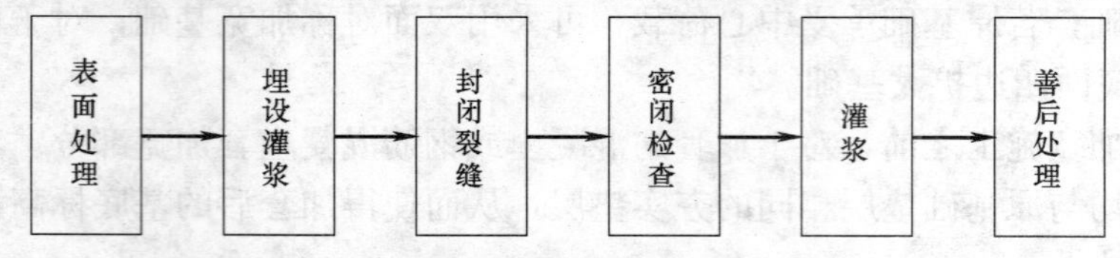

图4-44 压力灌浆修补工艺流程

力灌浆修补工艺可按图 4-44 所示进行。

压力灌浆法施工应符合下列规定：

① 表面处理：裂缝灌浆前，应用钢丝清除裂缝表面的灰尘、浮渣及松散混凝土，将裂缝两侧 20～30mm 处清理干净并保持干燥。

② 埋设灌浆嘴：灌注施工可采用专用的灌注器具进行，一般应埋设灌浆器。其灌注点间距应根据裂缝宽度和裂缝深度综合确定，一般宜为 200～300mm。

③ 封闭裂缝：灌浆嘴埋设后，宜用环氧胶泥封闭，形成密闭空腔，预留浆液进出口，再用灌浆泵或针筒注胶瓶将浆液压入缝隙，并使之注满。

④ 封闭检查：裂缝封闭后应进行压气试漏，检查密封效果。试漏需待封缝胶泥或砂浆有一定强度时进行。试漏前沿裂缝涂一层肥皂水，从灌浆嘴通入压缩空气，凡漏气处，应予修补密封至不漏为止。

⑤ 灌浆：根据裂缝特点用灌浆泵或注胶瓶注浆。检查灌浆机具运行情况，用压缩空气将裂缝吹干净。

⑥ 善后处理：待灌缝材料凝固后，方可将灌缝器具拆除，然后进行表面处理。

2）砖砌墙体注浆绑结加固工艺

绑结是一种加固已有砖砌体结构的技术方法。绑结加固的目的是增强砖砌体结构抵抗受压、受拉、受剪的能力并将破碎的砖砌体连接在一起。

墙体注浆绑结加固施工应符合下列规定：

① 设灌浆嘴：400mm×500mm 布置，埋设灌浆嘴，灌浆嘴采用 ϕ20 钢管，埋入深度为 60mm，用结构胶进行固定。

② 满墙灌浆，外墙和内墙孔隙均用速凝材料封闭。用压力空气进行密闭检查，发现不密闭处要及时处理。

③ 浆液配制：PO32.5 级水泥内掺 APF 剂，浆液配制后应搅拌均匀，初凝时间要在 30min 以上。

④ 应用压力注浆机械将浆液注入墙体。灌浆从最低位置开始，逐步向上和对称向两侧发展。当浆液从邻近注浆孔自由流出时，注浆中止。

(2) 当裂缝细而密时，宜采用钢筋混凝土抗剪砖及钢筋网抹水泥砂浆方法进行处理。

(3) 墙角用外粘型钢加固，或钢筋混凝土包角或镶边；墙垛还可用现浇钢筋混凝土套加固。采用外粘型钢加固法时，应先选用角钢；角钢的厚度不小于 5mm，角钢的边长，不应小于 50mm。新增混凝土层的最小厚度，采用人工浇筑时，不应小于 40mm，采用喷射混凝土施工时，不应小于 50mm。

(4) 局部更换和加强。当砖墙裂缝较宽又数量不多时，可以采用局部更换墙体的办法，即将裂缝两侧的砖拆除，然后用 M7.5 或 M10 砂浆补砌。局部修补的另一种方法是拉结法，即沿裂缝设置素混凝土或钢筋混凝土墙。

4. 对柱脚的处理

用外粘型钢加固，钢筋混凝土包角或镶边，或用现浇钢筋混凝土套加固时，应遵循以下原则：

1）采用外粘型钢加固法时，应先选用角钢；角钢的厚度不小于 5mm，角钢的边长，对柱不应小于 75mm。外粘型钢的两端应有可靠的连接和锚固。对柱的加固，角钢下端应锚固于基础中；中间应穿过各层楼板，上端应伸至加固层的上一层楼板底或屋面板底；若相邻两层柱的尺寸不同，可将上下柱外粘钢交汇于楼面，并利用其内外间隔嵌入厚度不小于10mm的钢板焊成水平钢框，与上下柱角钢及上柱钢箍相互焊接固定。

2）外包混凝土加固方法分为四周外包、单面加厚和两面加厚等加固方法。

在加固柱的设计和施工中，应保证新旧柱之间的结合和联系，使它们能整体工作，以较好地发展它们之间的内力重分布，充分发挥新柱的作用。加固柱的构造设计及施工应特别注意如下几点：

① 当采用四周外包混凝土加固法时，应将原柱面凿毛、洗净，箍筋采用封闭型，间距应符合《混凝土结构设计规范》GB 50010规定。

② 当采用单面或双面增浇混凝土的方法加固时，应将原柱表面凿毛，凹凸不平度≥6mm，并应采取下述构造措施中的一种：

a. 当新浇层的混凝土较薄时，用短钢筋将加固的受力钢筋焊接在原柱的受力钢筋上。新增受力钢筋与原受力钢筋的连接采用短筋焊接时，短筋的直径不应小于20mm，长度不应小于其直径的5倍，各短筋的中距不应大于500mm。

b. 当新浇层混凝土较厚时，应用U形箍筋。U形箍筋应焊在原有箍筋上，单面焊缝长度应为箍筋直径的10倍，双面焊缝长度应为箍筋直径的5倍。锚固法的做法是：在距柱边沿不小于箍筋直径的3倍，且不小于40mm处的原柱上钻孔，孔深不小于箍筋直径的10倍，孔径应比箍筋直径大4mm。

③ 新增混凝土层的最小厚度，采用人工浇筑时，不应小于60mm，采用喷射混凝土施工时，不应小于50mm。

新增受力钢筋与原受力钢筋的净间距不应小于20mm，并应采用短筋或箍筋与原钢筋焊接，其构造应符合下列要求：

a. 当新增受力钢筋与原受力钢筋的连接采用短筋焊接时，短筋的直径不应小于20mm，长度不应小于其直径的5倍，各短筋的中距不应大于500mm。

b. 当截面受拉区一侧加固，且用混凝土围套加固时，应设置环形箍筋或加锚式箍筋。

5. 围护结构的处理

围护结构的破坏形式如表4-23所示。

围护结构的破坏形式 **表4-23**

围护结构类型	破坏形式			
压型钢板屋面板	未产生变形，屋面完好	轻微变形，局部向下产生一定挠度	有较大变形，且普遍有向下挠度，局部连接处有破损	变形挠度均较大，多处连接处被拉裂，使冰雪渗漏
屋面排水及排水管道	完好，排水通畅	有轻微堵塞，管道未出现损伤	堵塞较严重，排水困难，管道局部出现冻胀、鼓包	无法排水，大面积冻胀，多处胀裂破损

围护结构可按如下处理措施处理：

(1) 压型钢板屋面板：对于轻微变形，如局部有一定挠度，可不进行处理；出现较大变形，可对变形进行矫正，对连接处的破损可采用添加附加薄板进行焊接修复；对于连接处破坏严重的，可更换屋面板。

（2）屋面排水系统：对堵塞严重的排水管道，可在外部安装升温融冰装置。对局部冻裂的管道，可在外部进行修补，外贴或焊薄钢板；对冻胀破坏严重的排水管道，可进行更换。

4.3.5　道路冰雪灾损的处理

（一）概述

道路的处理应分为两方面：

（1）道路路面的覆冰积雪的清除。在冰雪灾害中，应首先进行除冰，以保证道路的通畅，交通运输的安全，并为后续灾损处理做好前提工作。

（2）道路路面路基冻融破坏的处理。

（二）道路冰雪灾损处理措施

1. 道路除雪融冰的措施

清除道路冰雪的措施主要包括3项：排除降雪，阻止积雪，融化冰雪。可通过人工除雪或除雪设备（图4-45）对道路积雪进行清理，对路面覆冰可采用撒沙、撒盐或喷洒除雪剂等措施处理。

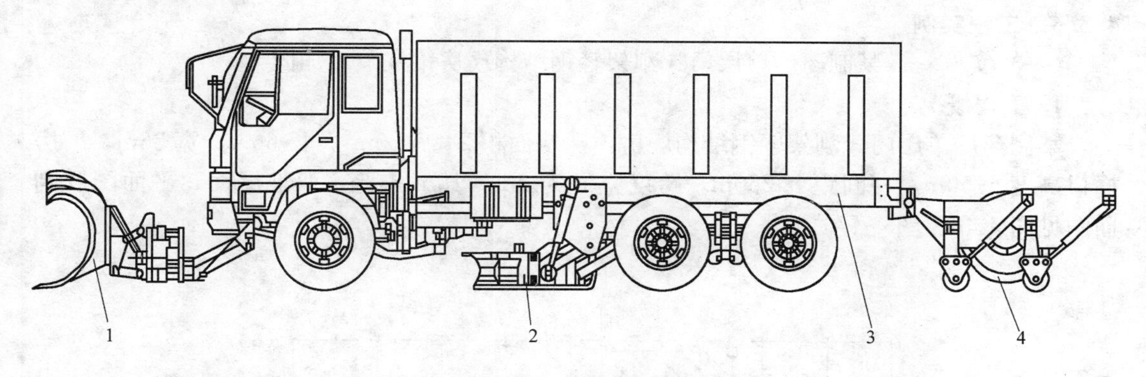

图4-45　DQXⅠ型多功能道路清雪车

1—前铲（用于清除浮雪和密实度较小的积雪）；2—中铲（用于清除中等密实度的道路积雪）；3—载重汽车；4—后滚（用于清除高密实度积雪和冰雪）

2. 道路的冻融破坏处理措施

道路的冻融破坏处理可采用置换法、隔温法、清除法等。

（1）置换法：此法是以优质土置换软弱土，确保填土稳定和减少沉降量。施工方法有人工挖掘置换和借填土自重或用爆炸法将软弱土挤出的强制置换两种。其施工比较容易，多数情况下能在短时间内达到所要求的目的。从可靠性来说人工挖掘置换较优。置换材料应采用即使受到水浸也不致降低承载力的粗粒土，但必须进行充分压实。

（2）隔温法：此法是在路面中，铺设隔温材料，利用隔温材料良好的隔温性能，并具有承载能力高，耐水性好的特点，以控制冻结作用侵入到冻胀性路基土的深度，防止道路的冻胀破坏，比如聚苯乙烯薄板。采用这种方法，应注意在隔温层上垫层的施工工艺。避免垫层材料和在机械压实过程中，对隔温材料造成破坏。

（3）清除法：此法是将冻融翻浆破坏的路面清除掉，重新铺设该路面，本法适用于路面冻融破坏的范围和深度均较小。在处理过程中要避免过多损伤未冻融路面，并应进行充分压实。

（三）注意事项

（1）采用置换法处理时，置换深度宜为最大冻深的 0.7 倍，置换材料应选砂、砾石、碎石等粗颗粒材料。

（2）采用隔温法处理时，隔温材料的承载力、耐久性、耐水性及热传导率应满足相关规范要求。

（3）可采用其他改造方法：如降水法、桩基法、抗冲碎石桩法等。

（4）施工过程中的注意事项：

1）施工前应采取措施降低道路冻融区路基土中的含水量，达到设计要求时方可进行施工。

2）新老路面接缝处应采用细石砂沥青进行处理并压实，同时提高新填土的压实度标准。

3）在采用隔温法进行上垫层施工时，应采取保护措施避免破坏隔温层。

4）在路基地下水位较高的路段，应在所处理路面 1～1.5m 处理设盲管，保证路面以下积水的有效排除。

4.3.6　工程实例

（一）实例一：某制药厂单层门式刚架轻钢结构厂房梁柱节点加固

1. 工程概况

某制药厂单层门式刚架轻钢结构厂房，建筑面积 2427.25m^2，长 66m，宽 36m，厂房檐口高度 5150m，柱间距 8.250m，跨度方向为 2m×18m 连跨，双坡屋面，平面图及剖面图见图 4-46、图 4-47。

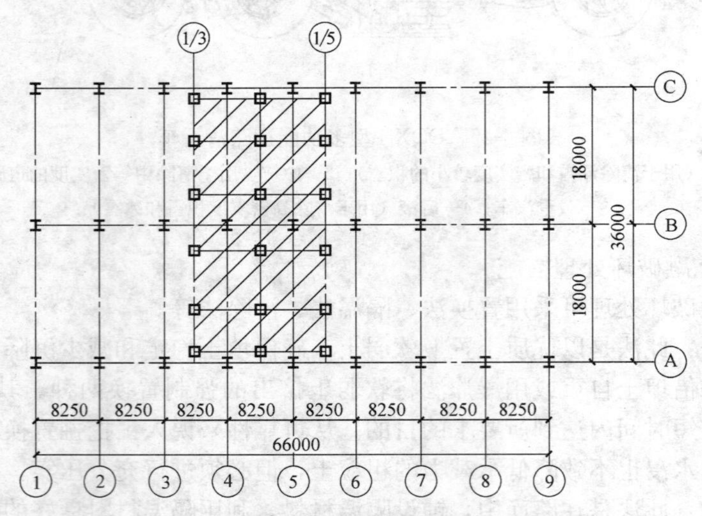

图 4-46　厂房平面（阴影部分为钢框架范围）

原设计为库房，且主体刚架和屋面及墙面围护结构已施工完成。甲方要求将库房改为制药生产车间，由于此车间为洁净厂房，原设计未考虑制药生产车间刚架梁上的悬挂荷载，其中包括吊顶、空调管道、消防管道、消音器、高效过滤器、防火管道及防火阀等设备。

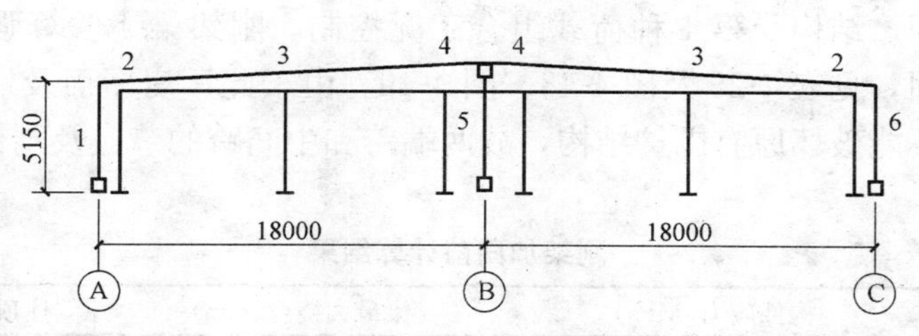

图 4-47 厂房剖面与计算简图

经计算，部分构件及梁柱节点域应力超过钢材强度设计值，需要对刚架进行加固。原厂房结构形式为门式刚架结构，边柱柱脚为铰接形式，中柱为摇摆柱。构件的拼接连接采用 10.9 级摩擦型高强度螺栓，摩擦系数为 0.45，刚架采用 Q235B 钢，梁柱均为焊接 H 型钢。加固设计主要依据：原设计院施工图及新增悬挂荷载工艺平面布置图，国家有关设计规程、规范。计算荷载：该地区的基本风压为 0.40kN/m²；基本雪压为 0.35kN/m²，屋面恒荷载为 0.30kN/m²，屋面活荷为 0.30kN/m²，地震设防烈度为 7 度（0.10g），设计地震分组为第 1 组，Ⅱ类场地土。新增悬挂荷载在③轴线至⑥轴线为 1.2kN/m²，而且振动较大，考虑加固角焊缝引起的残余应力对结构在动荷载作用下的强度有较大影响，故在③轴线至⑥轴线刚架下部增设 2 跨钢框架，此部分悬挂荷载由框架承担，单独计算，④轴线及⑤轴线的 2 榀刚架不加固。其他跨间的新增悬挂荷载为静载，大小为 0.8kN/m²。

常用的加大截面的加固方式有：加大截面高度、加厚翼缘板、变工字形截面为箱形截面等。

本工程是由于荷载增加引起的结构加固，从经济及施工周期方面考虑，同时由于工艺及厂房净高的限制，采用加大原结构构件截面加固方法。梁构件采用加厚翼缘板方式，梁柱节点采用加大截面高度及节点域增设加劲肋的方式。加固材料采用 Q235B 钢板，E43 焊条。

加固焊接施工时，有较多部位为立焊及仰焊，而且加固焊接为高空作业，对施工焊接质量的要求较高。

根据《门式刚架轻型房屋钢结构技术规程》CECS 102，变截面门式刚架采用弹性分析方法确定各种内力。采用通用有限元软件 ANSYS 计算。校核时考虑的荷载组合工况为：①1.2 恒＋0.9×1.4（活＋风）；②1.2 恒＋1.4 活；③1.2 恒＋1.4 风；④1.2 重力荷载代表值＋1.3 地震。

2. 计算过程

(1) 加固前刚架构件的应力和变形验算

原刚架构件截面尺寸见表 4-24。

原刚架构件截面尺寸 **表 4-24**

杆件号	截面尺寸(mm)	构件长度(mm)	截 面 形 式
1	250×400～650×6×8	4500	变截面柱
2	240×450～650×6×8	5000	变截面梁
3	240×450×6×8	8000	等截面梁
4	240×450～700×6×8	10000	变截面梁
5	250×450×6×8	5300	等截面柱

实际计算表明，结构受第1种荷载组合工况控制。刚架梁4验算强度不满足设计要求，需要进行加固，见表4-25及图4-48、图4-49。由于此厂房屋面及墙面围护结构已施工完成，加固时不能破坏原有围护结构，故两端跨和中间跨的节点及刚架梁采取2种不同的加固形式。

刚架加固前计算结果　　**表4-25**

杆件号	构件应力(MPa)	梁最大挠度(mm)	柱顶最大水平位移(mm)
1	171.9	—	14.3
2	157.6	59.3	—
3	179.9	78.1	—
4	260.3	37.8	—
5	37.6	—	13.5

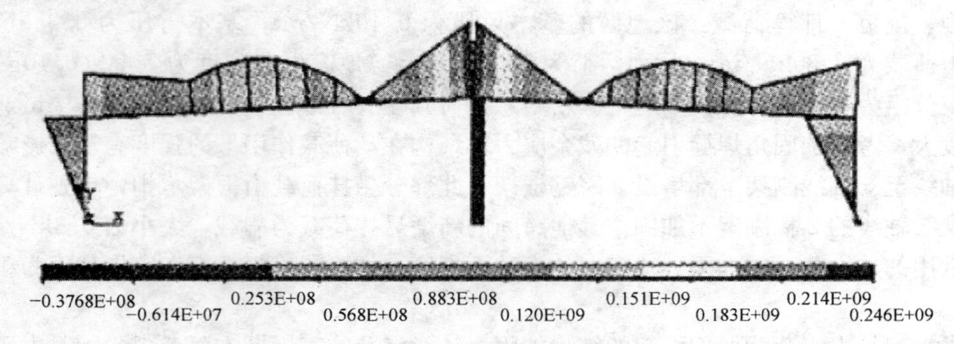

图4-48　加固前最大应力

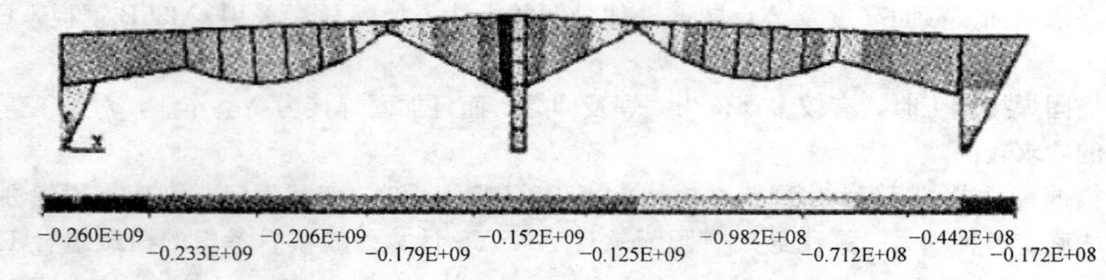

图4-49　加固前最小应力

加固时实际名义应力σ_{omax}按2种工况计算：①1.2恒+1.4风；②1.2恒+1.4活。名义应力$\sigma_{omax}=101\text{MPa}<0.55f_y=129.25\text{MPa}$，承载能力富余较大，同时考虑围护结构已完工，故采用负荷状态下的加固方式。

(2) 加固前节点承载能力的验算

为考查节点的受力性能，本书单独取出边刚架进行分析。在螺栓端板处建立接触单元，完全模拟实际结构的受力状态。加固前节点域的有限元模型如图4-50所示。

对于普通门式刚架节点而言，其破坏模式主要是由于弯矩引起的节点域腹板的屈曲，节点的剪切变形十分明显。本书中加固前的节点也出现了这种形式的破坏。

(3) 节点域的验算

加固前边柱节点域在设计荷载作用下，梁柱节点域剪应力验算不满足设计要求，中心区域50%的面积屈服，故需要加固，如图4-51所示。在加载的过程中节点域腹板的屈服从其中心位置开始，随着荷载的增大，屈服的部分逐渐扩大。同时，在梁端和柱端的受压翼缘还存在局部的应力集中现象，也可能会造成结构破坏。对中柱节点域计算也出现明显的屈服现象。

图4-50　加固前的有限元模型

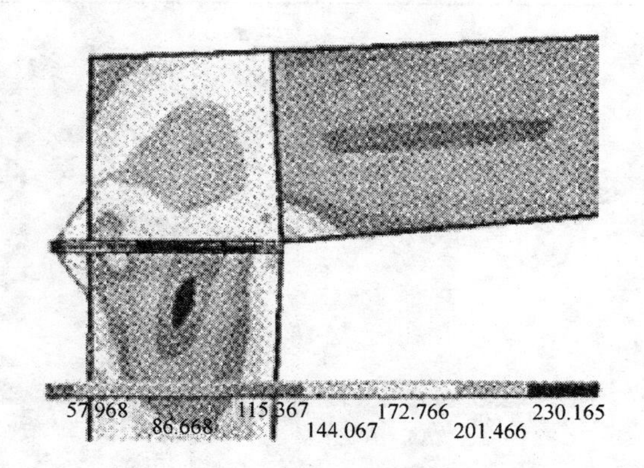

图4-51　加固前节点的应力

（4）连接高强度螺栓的验算

考虑屋面坡度为5%，故刚架梁忽略轴力影响。最大受拉螺栓的拉力计算公式为：$N_1=M_{y1}/\sum y_{2i}\leqslant N_{bt}$，其中$N_{bt}=0.8P$，为单个高强度螺栓的抗拉承载力设计值；P为高强度螺栓的预拉力设计值。1根10.9级M20摩擦型高强度螺栓的预拉力设计值$P=155kN$，在设计荷载作用下，梁端弯矩为169.15kN·m，计算边缘单根螺栓最大拉力为89.5kN＜0.8×155kN=124kN，满足设计要求。同时，由于螺栓提供了较强的约束，且螺栓端板较厚（20mm），故螺栓连接处没有发生破坏。

3. 刚架梁的加固设计

刚架梁4采用加大构件截面，对中跨梁上下翼缘焊接4块10mm厚80mm宽钢板，对边跨梁下翼缘焊接1块8mm厚200mm宽钢板。

加固设计采用ANSYS，取单榀刚架按平面结构进行计算，梁柱计算用到的单元为beam54单元，它是二维弹性渐变不对称梁单元，具有拉伸、压缩和弯曲功能的单轴单元，该单元每个单元有3个自由度：节点坐标系的x、y方向的平动和绕z轴的转动。

根据《钢结构加固技术规范》CECS 77：96按构件的设计条件类别为Ⅳ类，加固后构件的最大应力考虑加固构件的强度降低系数为0.9，加固后构件最大应力190.1MPa＜0.9×215MPa；刚架梁的最大挠度78.1/18000=1/230＜1/180；刚架柱的最大侧移14.1/5150=1/365＜1/60，加固后构件的最大应力及变形见表4-26。刚架梁柱加固后构件最大应力及最小应力见图4-52、图4-53。

刚架加固后计算结果　　　　**表4-26**

杆件号	构件应力(MPa)	梁最大挠度(mm)	柱顶最大水平位移(mm)
1	142.2	—	14.1
2	140.4	52.9	—
3	164.9	67.8	—

续表

杆件号	构件应力(MPa)	梁最大挠度(mm)	柱顶最大水平位移(mm)
4	190.1	28.6	—
5	39.6	—	13.5

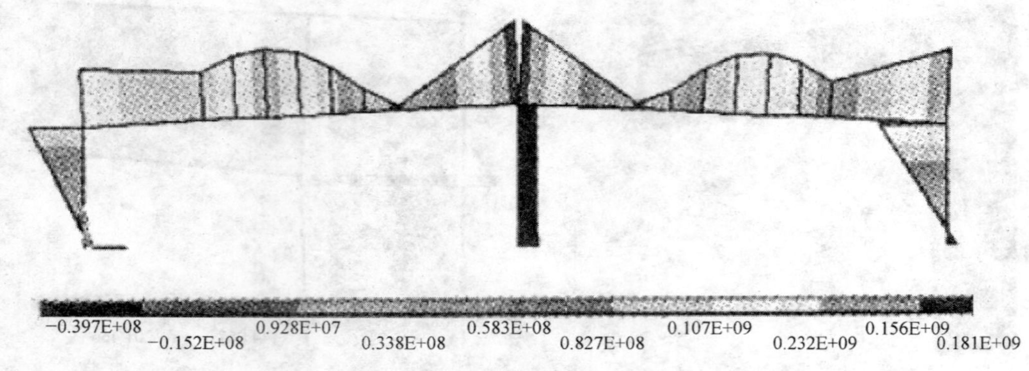

图 4-52　加固后最大应力

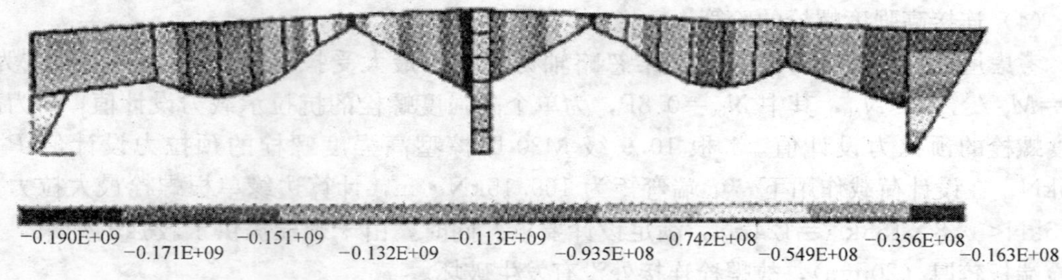

图 4-53　加固后最小应力

4. 节点域的加固设计

原刚架梁柱连接采用端板横放形式，刚架梁柱的节点加固分为边柱和中柱节点 2 种形式。加固采用节点加腋及节点域增设加劲肋，见图 4-54。

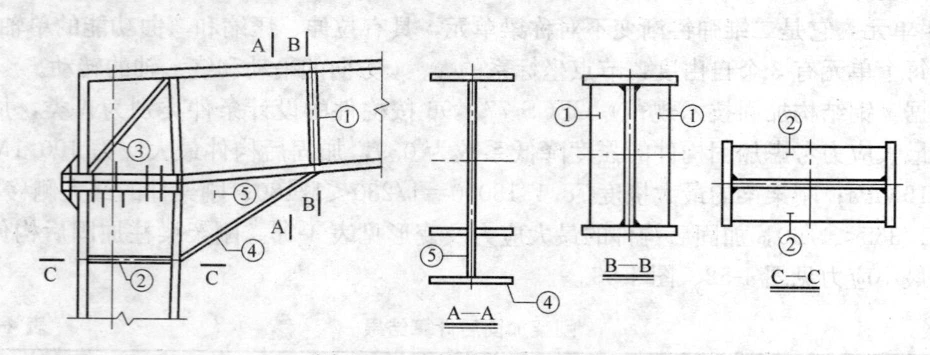

图 4-54　边柱节点域加固节点

板件①～⑤为加固板件。计算采用 ANSYS 提供的高阶实体单元 solid 95 及 solid 92，其中 solid 95 是三维 8 节点实体单元 solid45 的高阶单元，本单元由 20 个节点定义，每个节点具有 x，y，z 3 个方向的平动自由度。solid 92 是 10 节点单元，每个节点的自由度和

solid 95 相同。这 2 个单元都具有塑性、蠕变、膨胀、应力刚化、大变形和大应变的功能。

加固后的节点有限元模型见图 4-55，它与加固前节点的受力状态有所不同，如图 4-56所示。

图 4-55 加固后模型

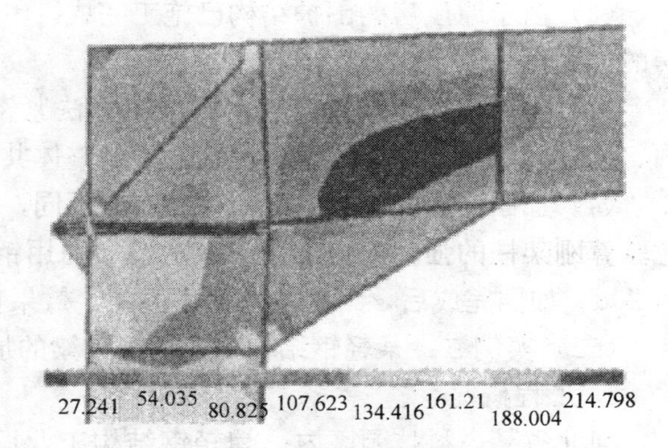

图 4-56 节点加固后的应力

节点域上由于设置了斜向的加劲肋，节点域柱腹板由原来的四边固支板变成了 2 块三边固支板，节点域腹板上的主拉应力流方向是从左下到右上的 45°方向，与肋板方向相同，这就有效地限制了节点域腹板的剪切变形。

加固后节点附近的最大应力不是出现在梁或节点域腹板上，而是出现在柱翼缘和腋相接处。国外已有的对于腋加固的研究表明，对于加固后的节点，梁上节点处大部分的荷载都通过腋的翼缘以轴力的方式直接传递到柱上，在柱翼缘产生较大的应力集中，不过这部分的应力还是在设计的控制范围之内；同时由于原刚架柱脚采用铰接方式，故在一定程度上能缓解这种应力集中的现象。加固后节点域的应力减小为 134.5MPa，但角部出现局部应力集中，最大应力为 175MPa。另外，中柱节点域的加固方法及设计和计算方法同边柱，其加固节点见图 4-57、图 4-58，其中，板件①～⑥为加固板件。

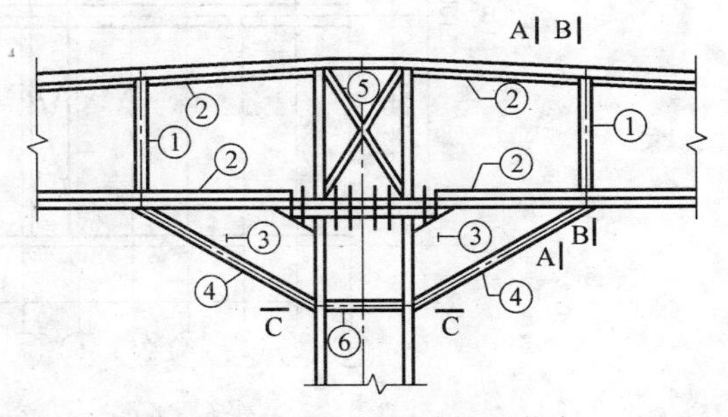

图 4-57 中柱节点域加固节点

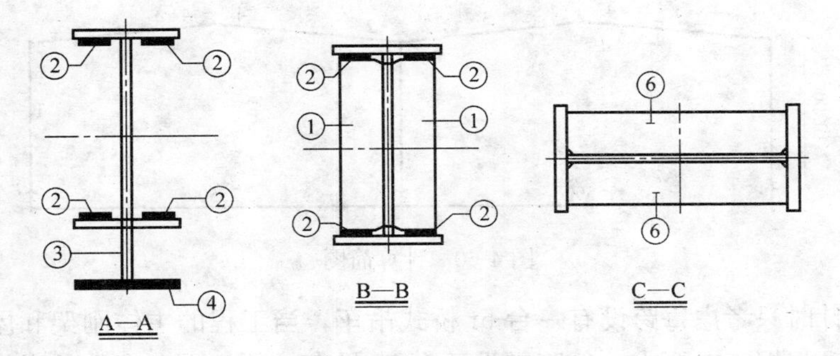

图 4-58 中柱节点域剖面

5. 结论

（1）采用焊接方式加大原结构构件截面及节点域增设加劲肋方式具有费用低、施工周期短等优点，但现场焊接工作量大，对焊缝的质量要求较高。

（2）由于原厂房的围护结构已施工完成，考虑现场焊接的可实施性，对两端跨及中间跨的加固可采取不同截面加大形式。

（3）钢结构加固设计应与实际施工方法紧密结合，并应采取有效措施，保证新增截面、构件和部件与原结构连接可靠，形成整体共同工作。

（4）加固前后的节点的受力状态有所不同，故在加固时，补强节点和梁的同时还要注意验算刚架柱的强度。本工程中，刚架加固用钢量为 2.2t，钢框架用钢量为 8t，加固时间 20d。加固完成后，厂房投入使用 1 年，效果良好。

（二）实例二：某轻钢结构工业厂房钢梁的加固。

1. 工程概况

河北省某高科技园区内一幢轻钢结构工业厂房。该厂房平面尺寸 90m ×51m，柱距 6m，采用双坡双跨结构形式，柱高 10.2m，柱脚刚接，刚架柱采用等截面实腹式焊接工字形截面，刚架梁采用变截面实腹式焊接工字形截面。其结构平面见图 4-59。

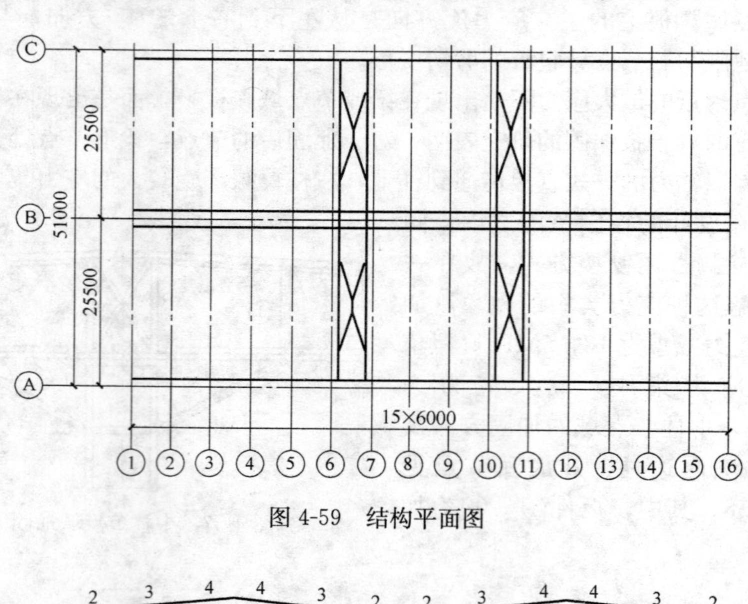

图 4-59　结构平面图

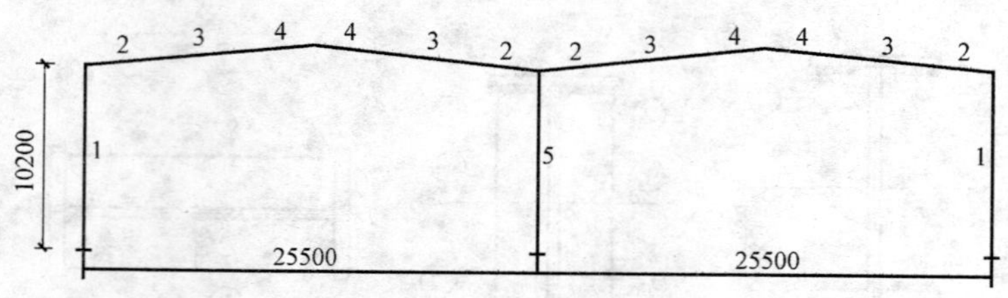

图 4-60　计算简图

该厂房设计时只考虑每跨设有一台 5t 桥式吊车，当工程的主体刚架和屋面板安装完工后，甲方发现根据工艺要求，每跨需设两台 5t 吊车，由于吊车台数的增加，必须对原有结构进行校核。校核计算使用的屋面恒荷载按实际结构荷载取值 0.3kN/m^2（刚架自重程序自动计算，考虑到结构次要构件和连接件质量，乘以 1.30 的放大系数）；每跨设有 2 台 5t 吊车；其余荷载按原设计取值，屋面活荷载 0.3kN/m^2；基本风压 0.4kN/m^2；基本雪压 0.3kN/m^2。依据上述计算条件，采用通用有限元软件 ANSYS，取单榀刚架按平面结构进行计算，主体刚架钢材采用 Q235。其计算简图见图 4-60，构件截面尺寸见表 4-27。

构件截面尺寸 **表 4-27**

规格＼构件号	1	2	3	4	5
构件长度(mm)	10200	4000	6000	2750	10200
截面尺寸(mm)	270×500×8×12	220×(650～400)×6×10	220×(650～400)×6×10	220×650～400×6×10	270×300×6×12
备注	等截面	变截面	等截面	变截面	等截面

校核计算时，共考虑了 14 种工况，现列出其中 3 种最不利工况，见表 4-28。

最不利工况组合 **表 4-28**

工况	恒载	活载	吊车荷载			风荷载
			P_{max}在左	P_{max}集中在中柱	T_{max}(⟶)	⟶
工况 1	1.0	1.0	1.0		1.0	
工况 2	1.0	0.85	0.85		0.85	0.85
工况 3	1.0	1.0		1.0	1.0	

注：1. 表中所列荷载均为设计值，所列系数为荷载组合系数，有风荷载组合时为 0.85，无风时取 1.0。
2. 表中箭头代表该荷载作用方向；吊车荷载考虑 2 台吊车。

校核计算结果见表 4-29。

校核计算结果汇总 **表 4-29**

计算工况＼计算结果	构件 1 应力	构件 2 应力	构件 3 应力	构件 4 应力	构件 5 应力	梁最大挠度(mm)	柱最大侧移(mm)
工况 1	244.3	233.4	171.9	171.7	247.2	104(1/245)	51
工况 2	230.7	168.2	126.8	126.8	232.7	78	58(1/176)
工况 3	182.5	200.5	146.4	146.2	256.0	86	13

注：应力单位为 MPa，挠度单位为 mm；构件 1 和构件 5 应力为考虑整体稳定后的结果。

经校核发现，所有构件刚度满足规范要求，但构件 1、构件 2 和构件 5 不满足强度和整体稳定的设计要求，必须对原结构进行加固。

2. 加固方案选择

本工程采用增大原结构构件截面加固法，门式刚架轻型房屋钢结构实腹式工字形截面工程中常用的增大构件截面的加固方式主要有：加大截面高度，加厚翼缘板，变工字形截面为箱形截面等方式，见图 4-61。

其中图 4-61（*a*）、（*b*）、（*c*）为梁常用加固形式。图 4-61（*a*）能大幅度提高构件承载

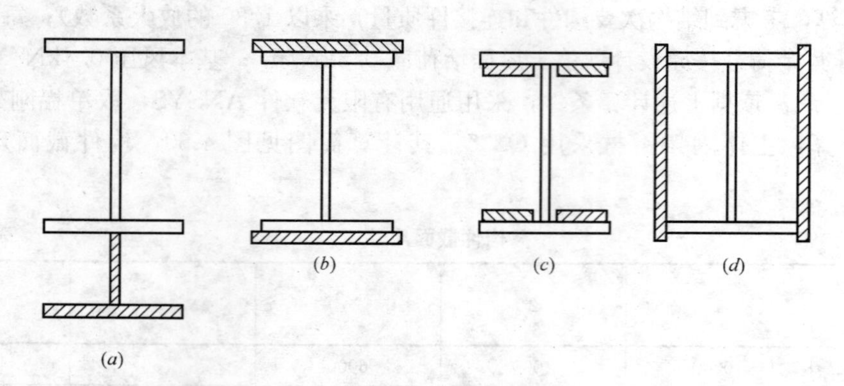

图4-61　常见截面加固形式

注：图中阴影部分为加固钢板

力和刚度，施工较复杂，可大幅度提高结构承载力及刚度。图4-61（*b*）、图4-61（*c*）能最大程度提高单块钢板的强度，但对结构刚度提高不明显。本工程原刚架梁构件最大应力233.4MPa，原结构刚度满足设计要求，故图4-61（*b*）、图4-61（*c*）为最佳加固方式，同时考虑到屋面板不能卸下，最终选择图4-61（*c*）方式加固刚架梁。

图4-61（*a*）、（*b*）、（*c*）为柱常用加固形式。图4-61（*b*）、图4-61（*c*）可大幅度提高柱平面内整体稳定承载力，而图4-61（*d*）加固方式可大幅度加大原构件弱轴方向的回转半径，减小平面外的长细比，提高柱截面平面外的整体稳定承载力，而且施工方便。本工程从经济角度考虑，采用图4-61（*c*）方式加固。梁柱所有加固钢板厚12mm，构件沿全长加固，加固截面见图4-62。

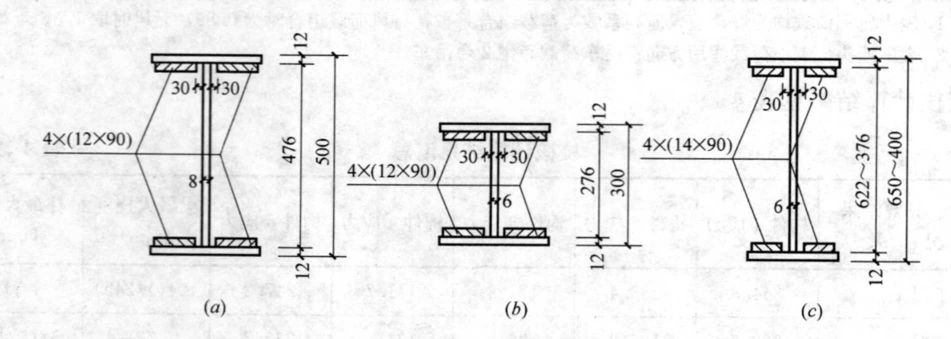

图4-62　截面加固详图

（*a*）构件1截面加固详图；（*b*）构件5截面加固详图；（*c*）构件2截面加固详图

3. 加固计算

（1）刚架加固计算

钢结构加固有卸载条件下的补强加固和负载条件下补强加固两种方式。本工程屋面板及面板已安装完工，但吊车荷载尚未加上，结构主要承受自重，负荷不大，经计算加固时的最大名义应力$\sigma_{0\max}=90.3\text{MPa}<0.55f_y=115.50\text{MPa}$，承载能力富余较大，同时甲方不同意把结构卸下加固，故采用负荷下加固补强原则。对于承受静力荷载的构件，采用"加固后全截面屈服准则"，考虑塑性内力重分布，加固后的整个截面按新构件计算承载力。

为安全起见，引入构件加固折减系数 η_m 和 η_{EM}，同时考虑焊接残余变形等因素的影响，具体计算公式如下：

1）门式刚架轻型房屋钢结构其屋面坡度一般不大于10%，故刚架梁可忽略轴力影响，近似视为受弯构件：

$$\frac{M_X}{\varphi_b W_{nx}} \leqslant \eta_m f \tag{4-8}$$

式中 M_X——加固后构件承受的绕 X 轴的弯矩；

W_{nx}——加固后构件的截面抵抗矩；

φ_b——均匀弯曲受弯构件的整体稳定系数；

η_m——加固折减系数，其值取0.9；

f——截面中最低强度级别钢材的抗弯强度设计值。

2）刚架柱按压弯构件计算

$$\frac{N}{\varphi_y A} + \frac{\beta_{tx} M_x + N\omega_x}{\varphi_b W_{1x}} \leqslant \eta_{EM} f \tag{4-9}$$

式中 N——加固后构件承受的轴心压力；

A——加固后构件的毛截面面积；

φ_y——加固后截面在弯矩作用平面外的轴心受压构件稳定系数；

β_{tx}——等效弯矩系数；

W_{1x}——加固后整个截面在弯矩作用平面内较大受压纤维毛截面抵抗矩；

η_{EM}——加固折减系数，其值取0.9；

ω_x——构件对 X 轴初始挠度和焊接残余挠度之和；

f——钢材换算强度设计值。

按照上述计算方法，得到加固后结构的承载性能，其具体结果见表4-30。

加固计算结果汇总 **表4-30**

计算结果 / 计算工况	构件1应力	构件2应力	构件3应力	构件4应力	构件5应力	梁最大挠度(mm)	柱最大侧移(mm)
工况1	153.5	175.3	149.7	147.2	174.0	79(1/323)	38
工况2	138.1	121.3	115.1	109.4	151.5	59	41(1/248)
工况3	114.8	146.9	129.1	128.9	171.1	69	11

注：1. 表中所列荷载均为设计值，所列系数为荷载组合系数，有风荷载组合时为0.85，无风时取1.0。
2. 表中箭头代表该荷载作用方向；吊车荷载考虑2台吊车。

加固后的构件最大应力175.3MPa<0.9×215=189MPa，梁的最大挠度79mm，柱的最大侧移41mm，同时原截面构件强度基本满足设计要求，原节点承载力有所富余，经验算节点满足继续承载要求，无需另行加固。可见加固结果满足规范要求。

（2）吊车梁加固计算

吊车梁加固计算，按每跨2台5t桥式吊车考虑，采用Q235钢材，其相应的吊车设计参数见表4-31。

吊车设计主要性能参数　　**表 4-31**

起重量 G_m(t)	跨度 L_k(m)	轮距 K(m)	桥架宽 B(m)	小车重 g(t)	总重 G(t)	最大轮压 P_{max}(t)
5	22.5	5	6.1	3.51	1.25	2.51

原吊车梁截面计算结果见表 4-32。

原吊车梁校核计算结果表　　**表 4-32**

截面尺寸(mm)	跨度(m)	正应力(MPa)	剪应力(MPa)	跨中挠度(mm)
450×10×300×10×550×10	6	114.9	95.0	6.1(1/900)

从表 4-32 可看出，原截面虽满足强度、刚度和整体稳定的要求，但截面设计不合理。吊车梁上翼缘板其外伸宽厚比＝22＞15，不满足板件局部稳定要求。由于吊车梁板件尚未下料，故可对原吊车梁重新进行设计，重新设计后的截面和计算结果见表 4-33。

设计后吊车梁计算结果　　**表 4-33**

截面尺寸(mm)	跨度(m)	正应力(MPa)	剪应力(MPa)	跨中挠度(mm)
350×12×240×10×550×8	6	114.9	95.0	6.1(1/900)

重设计的吊车梁截面满足设计要求。原吊车梁牛腿高度 530mm，和柱采用二级对接焊缝连接，承载力富余较大，经校核满足加固后继续承载的要求。

（三）实例三：某厂房屋架节点加固实例

1. 工程概况

1990 年营口化纤厂决定利用原铸造、铆焊厂房作为烟用丙纶工厂的主生产车间。原厂房为单层排架结构，采用了 18m 跨梯形钢屋架（下弦标高 9.3m)，砖墙围护，有 2 台 5t 桥式吊车，总建筑面积 3500m²。根据烟用丙纶的生产工艺要求增加吊顶和空调等。因此，对原铸造、铆焊厂房内的钢屋架进行了验算和实测，发现其部分节点焊缝不能满足要求（图 4-63)。考虑资金、工期等原因，决定对钢屋架进行带荷加固。

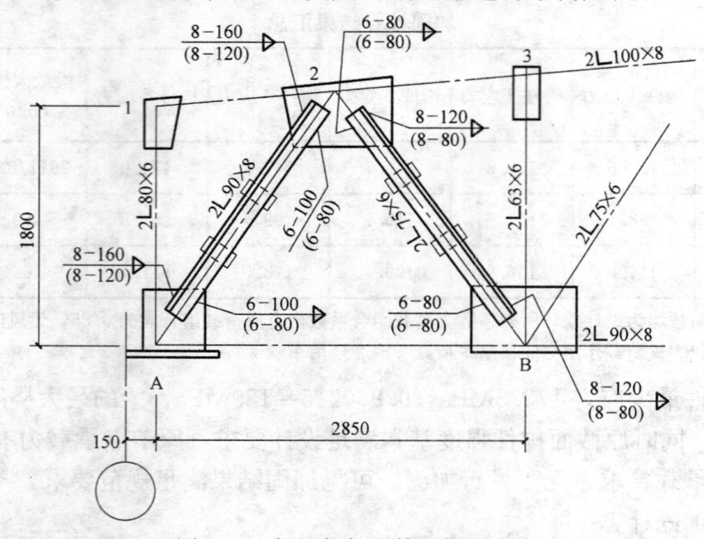

图 4-63　钢屋架加固前后焊缝比较

注：图中 8-160 表示加固后焊缝厚度、长度；(8-120) 表示加固前焊缝厚度、长度。

2. 加固方法

根据图 4-63 的比较结果，经过现场的详细论证，选择了屋架下弦中间借助于 5t 桥式吊车向上卸荷，然后加固节点 A、2、B。

(1) 卸荷

根据厂房内条件，利用 5t 桥式吊车的平台作为卸荷的一个中间承台（图 4-64）。由千斤顶向上顶起屋架，此处设一数据控制表，经上支撑、吊车桥架、下支撑把屋架传来的荷载传至地面，既便于操作，又稳妥安全。

(2) 节点的加固

如图 4-65 所示，先在节点处增设加强板，与原节点板焊牢成一整体，然后施焊加强板与厚杆件间焊缝，并补足原焊缝至计算厚度。施工中应注意每个节点的各个焊缝的施工顺序：1）补足一侧角钢肢尖处焊缝；2）待焊缝、角钢和连接板完全冷却后，补足另一侧角钢肢尖处焊缝；3）待焊缝、角钢和连接板冷却后，补足一侧角钢肢背处焊缝；4）待完全冷却后，再补足另一侧角钢肢背处焊缝。

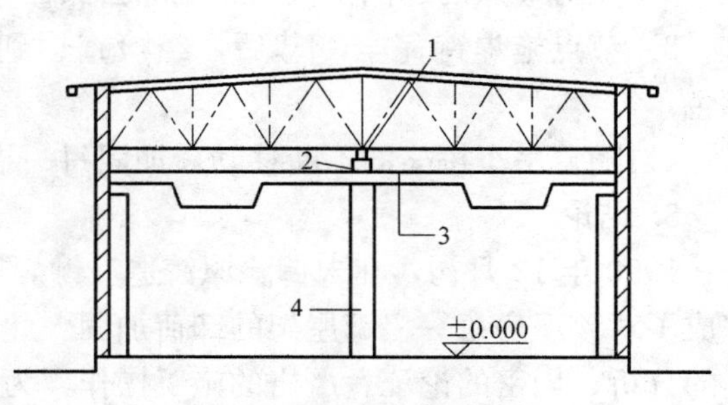

图 4-64 钢屋架卸荷小意
1—千斤顶；2—上支撑；3—吊车；4—下支撑

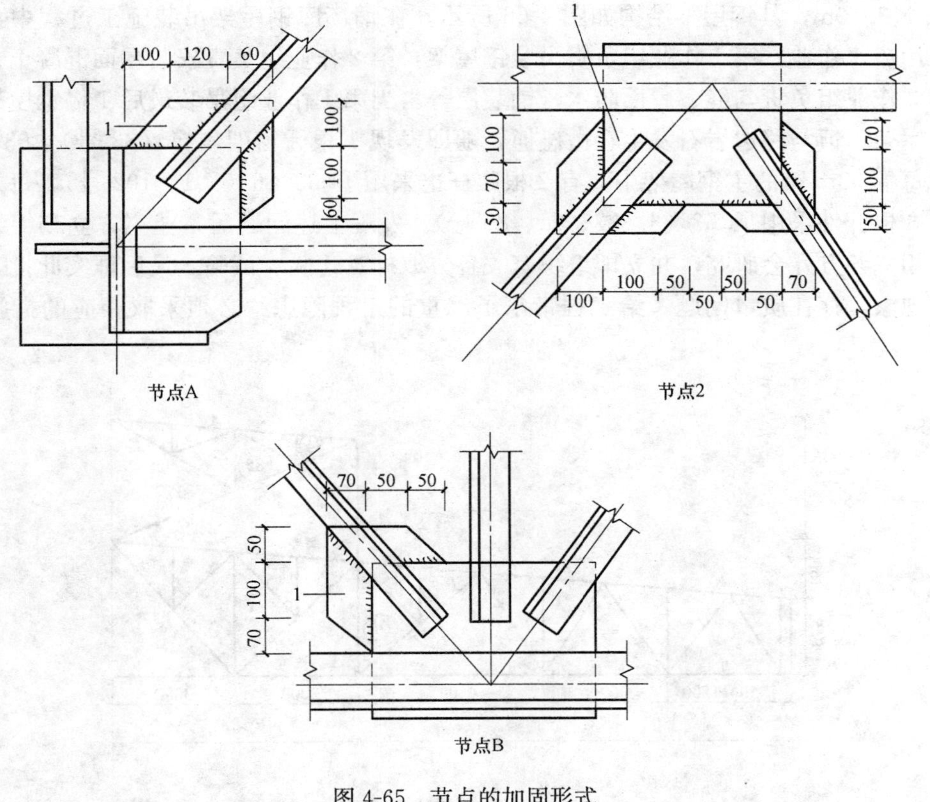

图 4-65 节点的加固形式
1—加强板

（3）卸荷值的确定

明确节点焊缝施工顺序后，再验算每个节点施工第一道焊缝时其他焊缝所能承受的剪应力（最大值），求得拉杆（或压杆）的允许拉力（或压力）值，最终确定了在钢屋架下弦中部卸荷值为 200kN。值得注意的是，钢屋架被卸荷时，下弦中间节点处拉杆变号成为压杆，经稳定性计算，能够满足要求，从而保证结构的安全。

（4）施工措施

1）在钢屋架下固定住 5t 吊车，卸荷后以吊车桥架为施焊操作平台。

2）先对节点的加固部位用铁刷除去漆面和铁锈，清净表面浮灰，露出金属光泽。

3）节点施焊待完全冷却后，经检查达到质量要求后，刷防锈漆，恢复其本来表面颜色。

4）随着吊车桥架的不断移动，加固每一榀钢屋架。

3. 结论

1990 年 12 月初，在未拆除原铸造、铆焊厂房屋盖、未搭设脚手架的情况下，成功地完成了对该厂房每一榀钢屋架的卸荷加固。此次加固充分利用了厂房的自身条件，经过科学的分析、周密的论证、严格的施工操作、为厂房节约了大量的资金。这对于其他同类需加固的结构也可提供一定的参考。

（四）实例四：某厂房钢屋架杆件加大截面加固实例

某厂为了满足市场要求，扩大生产规模，在第二车间新建钢坯库，钢坯库平面尺寸为 126.0m×33.0m，其钢屋架结构如图 4-66 所示。在钢坯库钢屋架吊装施工过程中，施工单位采用流水作业，第 1 作业组负责吊装钢屋架，第 2 作业组负责安装屋面混凝土预应力板，第 3 作业组负责勾缝、屋面防水、铺装层等。当第 1 作业组吊装最后 1 榀钢屋架的天窗时，屋架不慎与路边岩石发生轻微碰撞，随即发现 1 根天窗架斜撑（83 号）∟63×6 脆断。而每榀 33m 跨的主钢屋架中，有 2 根腹杆也采用了∟63×6（101、102 号），每榀天窗架中有 3 根杆件采用了∟63×6（83、84、85 号）。发现上述问题后，业主方立刻组织工程建设的相关各方开会研究，并立即组织有关各方取样、化验、试验。最后证实此批∟63×6 有混材现象，存在质量问题。给工程带来了严重的工程隐患，必须采取相应的措施加以处理。

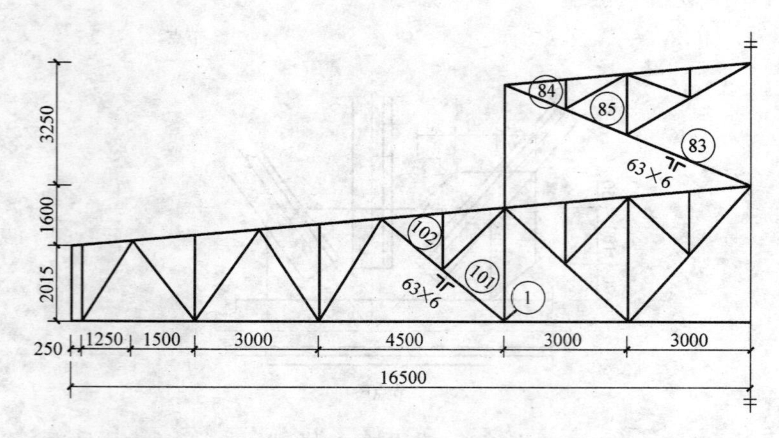

图 4-66　屋架结构示意图

1. 事故现象

钢屋架中∟63×6 设计上采用 Q235 材质。经检验，此批∟63×6 良莠不齐，有合格产品，也有不合格产品，存在混材现象。质量问题主要表现在：含碳量较高，屈服点 f_y较高，延伸率较低，冷弯脆断。

2. 处理方案

为了工程安全正常使用，应对该质量隐患进行查除。本工程在选取处理方案时，难点在于施工现场已将预应力混凝土屋面板吊装完毕。加固工作或拆除屋面板更换不合格的∟63×6，或在钢屋架受荷载作用下进行处理。前者要求工期长，费用很高，处理难度不大；后者对设计、施工要求较高，技术难度较大，有一定的风险。经多方考察，提出以下2个方案。

（1）拆除重建方案

拆除重建方案是将已安装定位的混凝土预应力屋面板、钢天窗、钢屋架等全部拆卸吊装下来，更换不合格的∟63×6 后，再重新安装。由于绝大多数屋面板已吊装定位完毕，只待做屋面防水，若采用此方案，将增加工程难度及工程费用，延误工期，造成较大的直接经济损失及间接损失。

（2）局部加固方案

根据本工程的实际情况，提出加大（替代）原结构构件截面的局部加固补强方案，其中分为焊缝连接补强（热加工）及摩擦型高强度螺栓连接补强（冷加工）2 种方式。热加工补强及冷加工补强 2 种方式均是在已施工就位的屋架上分别对旧∟63×6 进行加强。2 种方式均不改变原屋架的基本受力体系，不用重新拆装、吊装返工，仅仅增加部分材料费及人工费，补强费用低，且对工期无大的影响。

（3）推荐采用的方案

就上述 2 个方案进行讨论研究，认为局部加固方案优点较多，工期较短，故推荐使用。根据提供的施工图及现场考察，提出了局部补强方案分为热加工补强及冷加工补强 2 种方式：

1）热加工补强

新加的∟100×80×8 与旧的∟63×6 位置相同且对称布置，紧贴旧的角钢，翼缘相对应。在节点板处，应根据计算得出的焊缝长度，将尺寸不够大的节点板加大，新加角钢与旧角钢共同作用，其受力明确，仅是截面形心移动了 1.22cm，考虑到是铰接桁架，这一尺寸与整体桁架的尺寸相比，已可忽略不计。

2）冷加工补强

新加的等强度角钢对称布置，其位置紧贴旧的∟63×6，翼缘重叠。在节点板处，采用高强度螺栓连接。由于螺栓孔对节点板造成截面减少，若经计算需要加强，则采用加劲板加强。如此处理后，新加角钢与旧角钢共同作用，其受力是明确的，仅是截面形心移动了 1.78cm，考虑到是铰接桁架，这一尺寸与整体桁架的尺寸相比，可忽略不计。

由于原有的角钢并未拆除，这两种方法处理后杆件的刚度及断面均比原有杆件大，给该杆件带来了安全储备，消除了质量隐患。

经过深入讨论研究，认为在局部补强方案中，热加工补强方案工艺简单，部分工作可在后场完成，易于高空操作；其难度在于负荷状态下采用热加工方法，必须对杆件、连接的应力进行详细的复核，制定出切实可行的施工方案。冷加工补强方案优点是负荷状态下在节点板的焊缝以外钻孔，不会对结构产生大的扰动；其难度是高空钻孔精度难以保证，冷热混合连接工艺要求很高，在构件受力后，杆件与连接之间的平整度无法控制。

关于荷载作用下的钢屋架局部焊接问题，需要进行进一步深入研究。众所周知，钢结构焊接过程是在焊件局部区域加热熔化后又冷却凝固的过程。由于不均匀温度场的存在，导致焊件的膨胀及收缩极不均匀，冷却后产生残余应力，加之外荷载作用，很可能产生不利的应力。根据《钢结构加固技术规范》CECS 77 第3.1.10条及第5.1.4条规定，“负荷下焊接加固结构，其加固时的最大名义应力 σ_{omax}，应按表5.1.3划分的结构类别予以限制”，“对于Ⅲ、Ⅳ类结构分别为 $|\sigma_{omax}| \leqslant 0.55f_y$”，结合后面的计算分析结果，可以得出结论：在现有荷载情况下，停止增加其他荷载，制定出合理可行的施工工艺及顺序，负荷状态下的热加工补强是可行的。

根据以上分析，热加工补强方案具有可操作性，只要准备充分，设计正确，施工方案合理，组织得力，设备齐全，是可以保证热补强工作正常进行的。鉴于上述理由，推荐选用焊缝连接加固方案。

3. 加固设计

(1) 计算简图

根据新增钢坯库土建施工图及G511图集，将钢屋架简化成图4-66所示的桁架图，与∟63×6有关的杆件编号为83、84、85、101、102。

(2) 设计荷载

工程当时处于施工阶段，屋面板已铺装完毕，但防水及屋面铺装层工序还未开始。补强工作所需时间较短，因此，补强阶段可不考虑风荷载、活荷载、雪荷载、积灰荷载及温度荷载。根据这一工况，查G410屋面板标准图，得到均布荷载 $q=1300\text{N/m}^2$，加上填缝质量，$q=1400\text{N/m}^2$，节点荷载设计值为 $p=1.2\times1400\times6.0$(板长)$\times1.5$(板宽)$=15.12\text{kN}$。

(3) 计算结果

使用浙江大学编制的MASTER空间杆元程序，对屋架的上述工况及其他荷载最不利组合工况进行了计算。现将加固工作开始时与∟63×6角钢有关杆件的应力、内力的计算结果整理如表4-34所示。

加固工作开始时杆件的应力、内力　　　　**表4-34**

项　目	杆件编号	应力(MPa)	内力(N)	备注
天窗架	83	4.32	6320	负号为拉应力
	84	−17.50	−25530	
	85	−28.40	−41300	
屋架	101	−79.40	−11570	
	102	−87.10	−126800	

(4) 结果分析

上面5个杆件中，102杆的内力及应力最大，102杆起控制作用。从计算结果可得出以下结论：

1） $|\sigma_{102}|=N/A=8.1\text{MPa}<0.55f_y=112.7\text{MPa}$，满足《钢结构加固技术规范》CECS 77：96 第 5.1.4 条规定，可以在负荷下焊接加固结构。

2）补强设计时，应以相关杆件的最大应力作为控制应力，对杆件进行补强计算。

（5）新加角钢与旧角钢、节点板布置及计算

1）新旧角钢布置如图 4-67 所示。

2）新旧角钢节点大样如图 4-68、图 4-69 所示。其施工顺序为：将旧角钢垂直节点板的一肢在节点板范围内按 45°截去（图 4-68）；在后场将新加角钢与新加连接板焊接；将焊好连接板的新加角钢外缘与截去一肢的旧角钢内缘紧靠，用 M8 普通螺栓临时定位，与原有连接板焊接（图 4-69）。

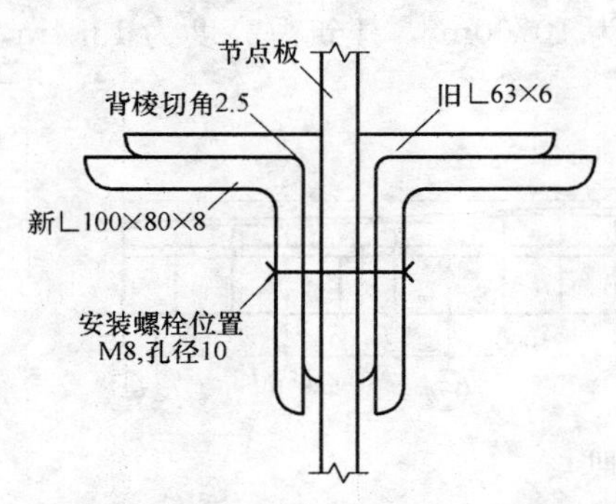

图 4-67　新旧角钢位置关系

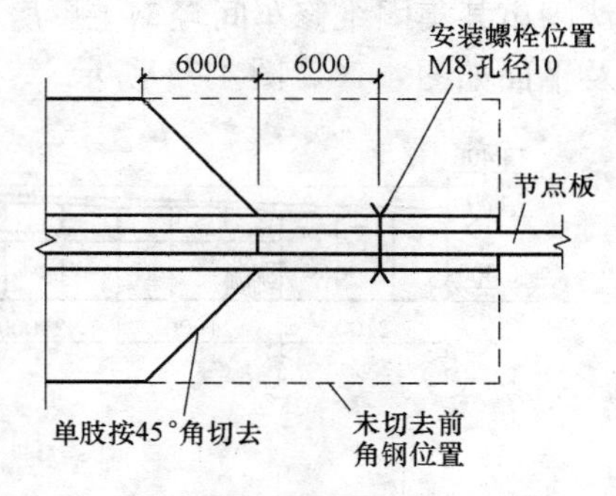

图 4-68　旧角钢切肢

3）焊缝高度、长度按《钢结构设计规范》GB 50017—2003 的规定进行计算。对于塞焊的计算，由于焊缝质量不易保证，为安全起见，将其焊缝设计强度降低 20％使用。

4）节点板上的焊缝边距、端距也应满足构造要求。本工程中与∟63×6 角钢有关的节点板有 6 种形式，在设计和施工时应注意此点。由于选用∟100×80×8 为不等边角钢，新角钢与旧角钢相比，截面形心仅移动了 3mm，故由于新加角钢而产生的附加应力及弯矩可忽略不计。

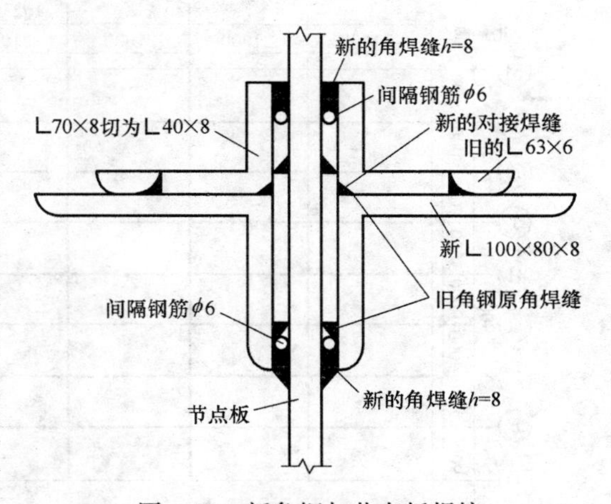

图 4-69　新角钢与节点板焊接

4. 施工工艺

在补强施工中严格遵守《钢结构工程施工质量验收规范》GB 50205—2001，《钢结构加固技术规范》CECS 77：96。为了保证施工安全，专门设计加工了一套格构式临时支撑，每榀屋架开始加固前，用格构式临时支撑紧顶在屋架下弦①节点上及与之对称的节点上。格构式临时支撑只起安全保护作用，但未对待加固屋架施加预应力。经核算，在加固过程中即使旧∟63×6 的某一根发生意外断裂，原受力体系会演变为由下弦两点支撑及两端支撑的钢屋架，在加固时的工况下，屋架结构是安全的。另外屋架加固不可全面铺开，

要隔榀施工，每榀屋架加固完成后，再转入下一榀的加固。对旧角钢切肢时，做到当天切肢，当天将新角钢补强焊接完毕。

5. 结论

本工程 2001 年 4 月加固结束后即投入使用。在 3 年多的运行过程中，经过两次检测，结果表明检测值均在设计范围内且没有大的差异。实践证明，在对工业厂房进行加固时，要提出安全可靠、技术先进、经济合理的处理方案，综合考虑各方面的因素，如施工队伍的水平、施工工期、施工费用、对生产的影响等，邀请有关方面的专家充分加以论证，选择最优的加固方案。

（五）实例五：某厂房冰雪灾损加固实例

1. 工程概况

沈阳市某集团维修车间轻钢主厂房，建筑面积为 10700m²，建筑总高度为 13.4m，其剖面及平面如图 4-70、图 4-71 所示。

图 4-70　建筑剖面

图 4-71　建筑平面（屋面塌陷分布图）

轻钢部分采用单层多跨双坡焊接工字形截面门式刚架钢结构承重的结构体系，平面尺寸为 147m×72m，共有 7 跨，8 个柱距，每跨为 21m，柱距 9m。雪灾后，厂房的结构局部损坏，部分承重构件发生严重变形。该厂房建筑物的边跨（⑳～㉓与Ⓓ～Ⓜ轴间）屋面变形明显，特别是⑰～⑳与Ⓛ～Ⓜ轴间、⑳～㉓与Ⓛ～Ⓜ轴间、⑳～㉓与Ⓓ～Ⓔ轴间的3处屋面塌陷。檩条屈曲，钢柱上部弯曲破坏，山墙产生明显的侧弯变形。其余部分建筑物在雪荷载作用下各承重结构构件发生了不同程度的变形，但未观察到由于基础不均匀沉降以及由此引起的明显结构变形。屋面塌陷区域如图4-71、图4-72所示。

图4-72 结构破坏情况

(*a*) 屋面塌陷变形；(*b*) 檩条屈曲丧失承载力；(*c*) 钢柱弯曲破坏；(*d*) 外山墙侧向弯曲变形

2. 修复及加固设计原则

从整体来说，事故后的修复加固设计依据应按新的荷载规范，并考虑现场实际情况。在最大限度不影响厂房内生产的情况下，对厂房进行修复加固处理，使其能承受当时或更大的暴雪荷载作用。

加固设计原则如下：

根据专家评审意见及业主要求，确定如下设计原则。

1）应依据现行设计标准、加固规范和检测鉴定报告；荷载设计取值依据《建筑结构荷载规范》GB 50009—2001（2006版），轻钢结构设计依据《门式刚架轻型房屋钢结构技术规程》CECS 102：2002；基本雪压取50年一遇：0.5kN/m²，基本风压取50年一遇：0.55kN/m²。

2）根据实际情况确定恒荷载取值。

3）根据本工程的重要性和本次罕遇雪灾危害程度，宜适当加大结构安全度和抗灾害能力：屋面积雪分布系数可较现行规范的规定适当提高，以现场雪载分布为基础，取 2.0～4.0，范围适当加大；主要承重钢构件的结构重要性系数取 1.1。

4）檩条计算时，各部分雪荷载取值宜参考本次雪灾的实测积雪分布规律。

5）应考虑未破坏构件和连接的塑性变形对结构的不利影响。

6）方案应具有可操作性，尽量减少对生产的影响。

7）应本着保证生产、保证安全、加固方案合理、施工可行的原则妥善进行。

8）修复、加固工作可结合生产情况，分阶段实施。

3. 主刚架的加固设计

（1）主刚架加固方案选择

针对刚架的加固修复设计共提出了 2 个方案，见表 4-35。

刚架加固方案比较　　**表 4-35**

	方　案　1	方　案　2
设计荷载	除按新规范风雪荷载有所提高外，其他荷载不变（恒荷载 0.5kN/m²）	考虑到实测的悬挂荷载（管道等）较低，选择的恒荷载有所降低，为 0.3kN/m²（刚架自重除外）
存在问题	构件的稳定性及强度均不符合要求	构件仅平面外稳定性不足
处理方法	柱：所有柱翼缘要对称焊 4 个角钢来提高截面承载力 梁：为尽量减少焊接量，采用加腋处理	柱：增设柱间刚性系杆 梁：在柱顶附近梁下翼缘处增设刚性系杆
设计评定	加固量较大（尤其焊接工作量较大），严重影响生产	加固量相对较小，焊接工作量小，对生产影响小

针对方案 1 和方案 2 分别开了 2 次专家评审会，认为由于厂内对环境要求极高（不能有灰尘进入等），要尽量避免焊接等施工工作量，最终确定了仅通过增设系杆改善平面外稳定性的方案 2。

（2）主刚架加固设计

荷载取值如下：

基本雪压：0.5kN/m²，积雪分布系数如图 4-73 所示。

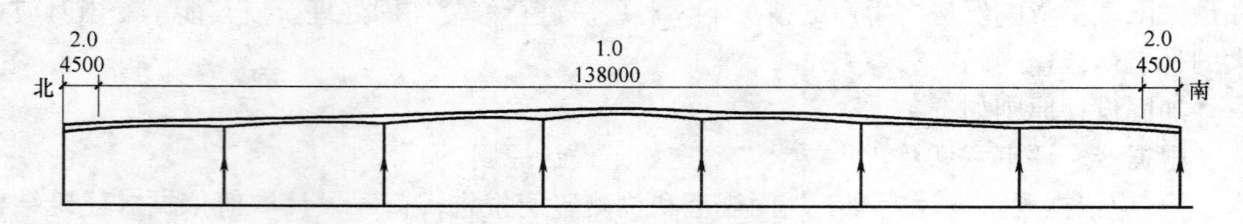

图 4-73　刚架雪载分布系数

基本风压：0.55kN/m²；恒荷载：0.3kN/m²（刚架自重除外），其中屋面自重 0.2kN/m²，吊挂荷载 0.1kN/m²。按此荷载对原结构进行核算，并同时考虑到实际结构柱铰为双向刚接（计入此因素，可使平面外计算长度系数取为 0.9），结构存在以下几个问题。

1）若各轴刚架柱平面外稳定应力比存在不同程度的超限。平面外计算长度按 5.5m 计，稳定应力才可满足要求（应力比<1）。

2）刚架梁平面外稳定应力比同样超限。平面外计算长度按 3m 计，才可达到要求。由此，确定刚架加固内容如下：

柱：增设柱间刚性系杆，减小各轴平面外计算长度（0.9×5.85m=5.265m<5.5m，满足），如图 4-74 所示。

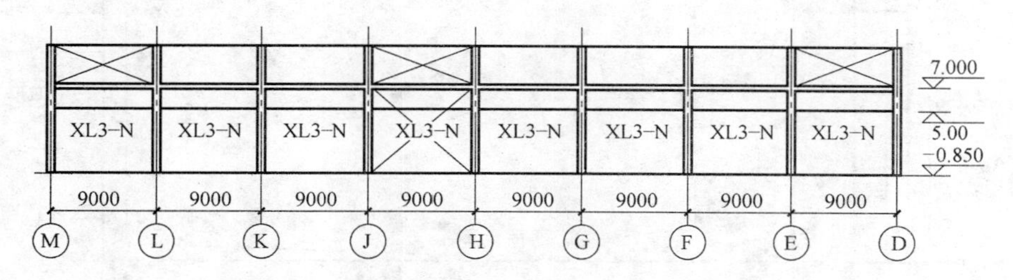

图 4-74 柱间系杆加固（XL3-N 为增设刚性系杆）

梁：在柱顶附近梁下翼缘处增设刚性系杆，使负弯矩区梁平面外支撑点间距控制在 3m 以内，如图 4-75 所示。

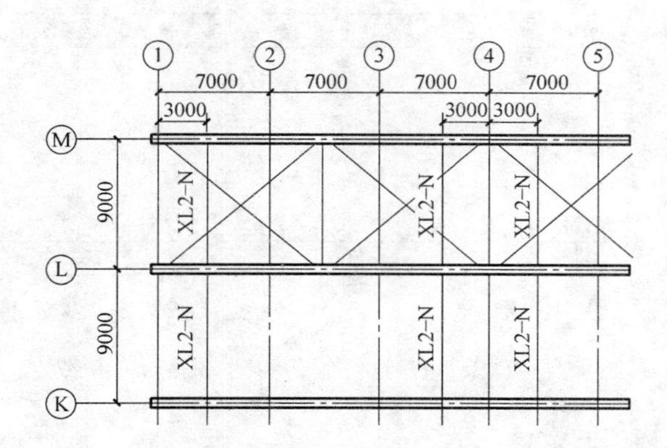

图 4-75 梁间系杆加固（XL2-N 为增设刚性系杆）

4. 围护结构加固设计

（1）檩条加固设计

在积雪荷载较大位置，揭去屋面外板（保留内板，以不影响厂内生产），更换和增加檩条。

基于经济合理性的充分考虑，根据雪荷载分布情况（图 4-76），进行必要的分区檩条加固设计（图 4-77）。

1）雪荷载较小区域（1 区），在原檩条处背靠背增加 2.5mm 厚同截面高度 C 形檩条，形成双檩。

2）雪荷载较大区域（2、3、4、5 区），在原檩条处增加 3.0mm 厚同截面高度 C 形檩条。

3）雪荷载最大区域 1（6 区），加固采用背焊等高 25a 热轧槽钢。

4）雪荷载最大区域 2（7、8 区），修复采用高频焊接 H 型钢檩条。

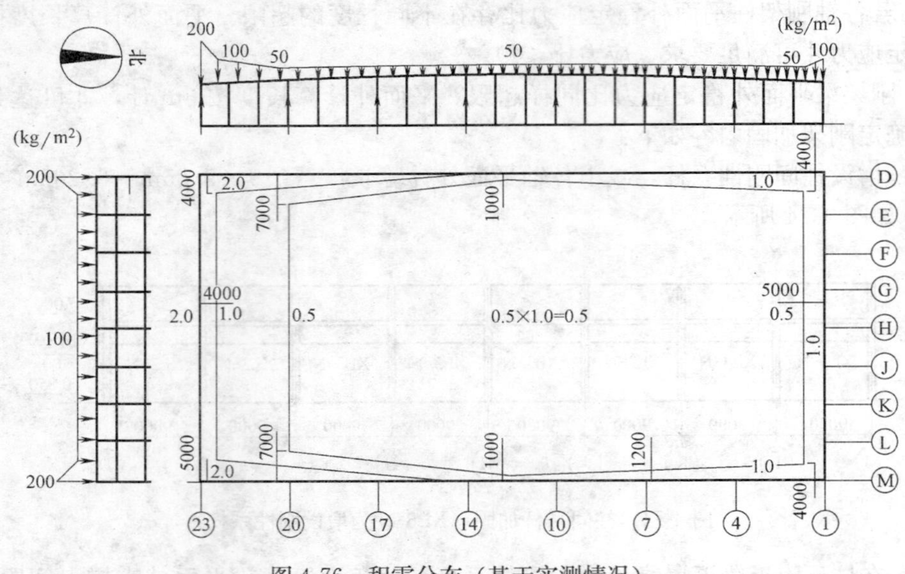

图 4-76　积雪分布（基于实测情况）

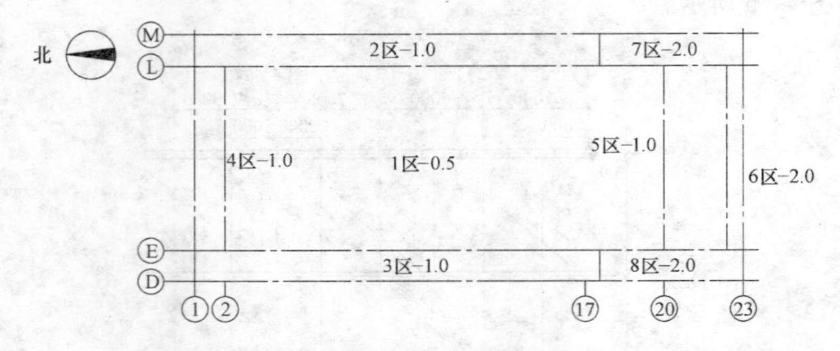

图 4-77　檩条布置分区（数字表示积雪分布系数）

（2）其他围护结构加固设计

屋面支撑：按照现行规范，对刚架间的刚性系杆的要求有所提高。因此，设计时增加多道刚性系杆，提高结构的整体性。墙梁：在某些部位的墙梁处再增加1道墙梁，形成双檩布置。吊车梁：增设吊车梁间的连接系杆。雨篷：在横梁上加焊槽钢，提高抗扭刚度。

5. 结论

（1）轻钢结构超载能力较差，在设计时更要充分考虑到罕遇因素的影响，例如，对屋面可能积雪区域作檩条加强设计。

（2）加固设计不能只局限于结构方面本身的设计措施，更要充分考虑原有结构的客观条件限制。本厂房不能停产，同时对环境要求极高，甚至不能有灰尘，这要求设计人员尽可能不采取利用焊接、粘接等加大截面的常规手段，而要有所变通。

（3）加固设计应从实际出发，灵活处理，不应教条地固守于规范。在保证安全合理的基础上，按实际荷载进行加固设计，可能会大大减少施工量，较好满足生产环境要求。

（4）该工程修复加固自2007年5月开始施工，2007年10月完工，经历住了2008年冬季雪灾的考验。

（六）实例六：输电塔基础裂缝检测加固工程实例

1. 工程概况

河南省电力局所属漂淮线 220kV 线路输电线路总长 70km，输电铁塔共计 52 个。铁塔基础的 4 个短柱为 800mm×800mm，高 1.2m 的独立混凝土结构，设计强度等级为 C15。

经过多年使用后，短柱上出现了大量的裂缝，开裂主要形式为侧面纵向裂纹，其中最大裂缝宽度达 5mm，超过 2mm 的裂缝贯穿较深，向下开挖至地下 0.9m 仍在向下延伸，向上延伸至台阶上表面与地脚螺栓环向裂缝相连。裂缝出现已有相当长的时间而且还在快速发展，对线路安全运行构成严重隐患。运用钻芯法检测部分基础混凝土强度，测得混凝土 15 年相当龄期的抗压强度评定值多数在 35MPa 以上，少数为 21.4MPa，说明混凝土强度还是很高的。基础通过补强加固可以达到原设计要求。

由于基础使用年限已久，施工情况及各种原始资料不详。为了对破损原因分析及加固设计提供准确，可靠的数据，武汉理工大学对铁塔基础进行了全面的材料测试和结构检测，找出了裂缝产生的原因。

（1）结构检测内容

1）测量铁塔基础的几何尺寸和地脚螺栓的安装尺寸；

2）探明铁塔基础中裂缝的分布、宽度和深度，并绘制裂缝分布图；

3）检测基础中钢筋数量及布筋方式，绘制实际配筋图。

（2）材料检测内容

1）采用综合测试手段，确定基础混凝土的主要化学组成、矿物成分、显微结构和主要侵蚀介质；

2）对发生开裂的混凝土和正常混凝土进行碳化深度的测定和评价；

3）对混凝土碱骨料反应导致混凝土开裂的可能性进行分析和评价；

4）测定混凝土中 Cr 的含量，确定钢筋的锈蚀程度和混凝土顺筋开裂的可能性；

5）评价环境侵蚀性化学腐蚀对混凝土耐久性的影响。

（3）检测结论

经过现场测试和代表性样本的试验分析，漂淮线混凝土基础开裂的主要原因是：

1）现场混凝土配合比不准、搅拌不均、跑模、振捣不到位、养护不良，这些因素导致混凝土不匀质、离析、局部水化热过大，出现干缩等原始微裂纹；

2）混凝土中高碱组分和含有风化黏土矿物的石英骨料发生碱骨料反应，使网络状裂纹、局部微裂缝产生和发展，少数基础保护层过薄，导致严重的钢筋锈蚀；

3）环境土壤、地下水中 SO_4^{2-} 含量较高，侵蚀基础混凝土，与水化产物反应生成钙钒石、石膏，产生膨胀破坏；

4）箍筋位置、间距、绑扎等与设计严重不符，导致承载力低于设计值；

5）突遇荷载（本处风荷载为主）反复作用，且基础受拉、压荷载不定，使基础混凝土中已经存在的初始裂缝进一步扩展、增大，出现严重的开裂。横向裂缝由受拉荷载引起，纵向荷载由受压荷载引起。

上述因素中，前三项导致原始微裂缝的产生，属于铁塔基础开裂的起因和诱导因素；而荷载效应则加速混凝土开裂的扩展过程。

目前大部分短柱的破损属于结构性裂缝，因此，必须采取可靠的加固措施。

2. 加固方案

裂缝修补的根据是裂缝调查、原因分析及危害性评定；修补范围、方法及材料的选择，主要根据功能要求、开裂原因、裂缝形状、结构类型及环境条件等因素确定。本次加固目的是要恢复和增强原柱结构承载力和耐久性，使新加部分与原柱形成一个整体可靠的连接，达到联合工作的目的。本着安全、经济、高效、便利的方针，根据基座的破损程度和裂缝开展情况，分为三种情况制定加固方案。

（1）第 1 种方案：对裂缝进行表面封缝

第 1 类基础（裂纹较轻微）裂缝仅在第 1 级台阶表面上分布，数量少，且宽度小于 0.5mm，深度较小，属于非结构性裂缝，不存在混凝土基础的承载力下降问题，但是由于环境因素的影响，可能继续发展成为结构性裂缝，因此必须及时封补裂缝。

（2）第 2 种方案：部分裂缝灌浆，然后湿式外包钢与植筋法结合加固柱墩。

第 2 类基墩（裂纹较严重）裂缝仅发展至第 1 级台阶侧面较深处，且与第 1 级台阶表面主要裂缝相互贯通，宽度和贯穿深度很大，属结构性裂缝，对结构安全构成较大威胁。必须采取补强措施。

对于小于 0.5mm 的裂缝用武汉大学建筑物检测与加固工程研究中心研制的 WSS 密封胶（性能见表 4-36）实施密封。

裂缝修补用胶部分物理性能指标　　**表 4-36**

胶体名称	胶凝时间 25℃±1℃（min）	抗压强度(MPa) ≥	抗剪强度(MPa) ≥	拉伸模量（MPa）
WSS 裂缝密封胶	30～60	40	15	3650
WEP 结构注缝胶	40～80	42	18	1050

混凝土加固后钻芯取样检测报告　　**表 4-37**

编　　号	1 号	2 号	3 号
芯样修正强度(MPa)	20.8	22.6	32.5
破坏特征	混凝土处破坏		

表 4-37 说明采用这两种裂缝处理方法后，柱墩可以完全恢复结构的整体性能。外包钢加固法是以型钢（一般为角钢）外包于构件四角（或两角）的加固方法。优点是施工简便，现场工作量较小，受力较为可靠，能大幅度提高截面承载能力。湿式外包钢，外包钢与构件之间采用乳胶水泥粘贴或环氧树脂化学灌浆等方法粘贴，使型钢与原构件能整体受力。

加固后短柱截面刚度 EI 可近似按下式计算：

$$EI = E_{cv} I_{cv} + 0.5 E_{\alpha} A_{\alpha} a^2 \tag{4-10}$$

式中　E_{cv}——原有构件混凝土弹性模量；

I_{cv}——原有构件截面惯性矩；

E_{α}——加固型钢弹性模量；

A_{α}——加固构件一侧外包型钢截面面积；

. a——受拉与受压两侧型钢截面形心间的距离。

第2类基础裂缝灌浆后，对基座进行加固采取外包粘钢和植筋加固技术。先植筋，后外包粘钢，植筋与外包钢结构用螺栓连接，在柱与外包钢结构之间浇注乳胶水泥砂浆。具体做法见图4-78。

（3）第3种方案：所有裂缝灌浆，然后外包钢与自锁锚杆锚固法加固柱墩。

第3类裂缝（裂纹严重）发展至第2、3级台阶，基墩各表面的主要裂缝相互连通，其宽度和贯穿深度很大。属非常危险的结构性裂缝。此时结构有随时倒塌的可能，必须采取及时、有效的加固处理。

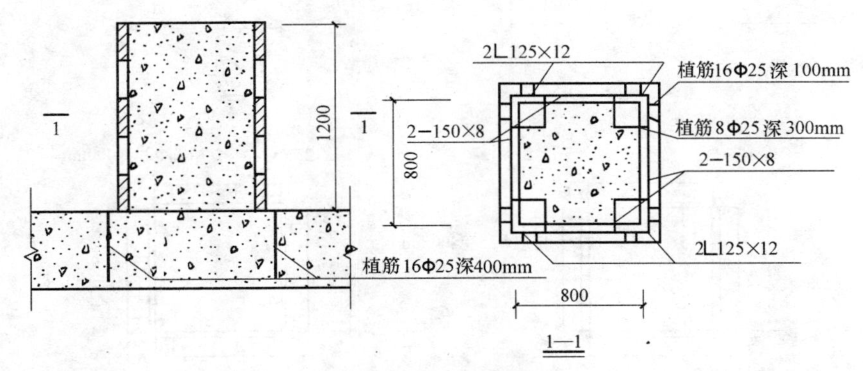

图4-78 柱墩加固立面

先对所有的裂缝作灌浆处理，确保结构的整体性能，然后外包钢与自锁锚杆锚固法加固柱墩。自锁锚杆法是一种新型的锚固技术，是在混凝土结构上先用普通钻头钻孔至设计埋置深度，然后改用扩钻头将孔底扩成倒锥面，再将锚杆插入，在轴压力作用下锚杆端补张开自锁，并灌注无机粘接材料填充，具有强度高、耐温、耐水、耐老化等特点。

损害严重的基墩外包钢加固时应加强构造处理。自锁锚杆法运用在这里可以充分保证新增加部分与原结构共同工作，同时可以避免传统植筋方法胶体易老化的缺点，增强了加固结构的耐久性，非常适用于输电线基础的环境。具体做法见图4-79。

采取上述3种方案加固结构后，在柱表面外挂，立模板浇筑5～10cm厚C20细石混凝土，要求柱顶做成锥面体。这一措施第一可以扩大柱子截面，起到进一步加固柱墩的作用；第二可以起到防护钢结构表面锈蚀问题，使加固后结构强度更高，又可以解决加固结构的耐久性问题。

3. 施工技术要点

（1）混凝土上表层出现剥落、蜂窝、腐蚀等劣化现象的部位应予凿除，对于较大面积的劣质层在凿除后应用聚合物水泥砂浆进行修补。

（2）打磨混凝土表面，使其平整，模板接头有高差等处应用不平整修补材料填补，尽量减少高度差。转角粘贴处要进行倒角处理并打磨成圆弧状。

（3）加固时，应对钢材表面进行除锈。角钢定位后，扁钢箍和封闭板自下往上分段焊接，焊后角钢、扁钢箍和封闭板内表面涂界面胶粘剂。在界面胶粘剂初凝前，在柱与外包钢结构之间浇筑乳胶水泥砂浆。

（4）锚杆锚固时，需在植筋部位画线定位，使用电锤钻孔，除去孔洞中浮尘，并用酒

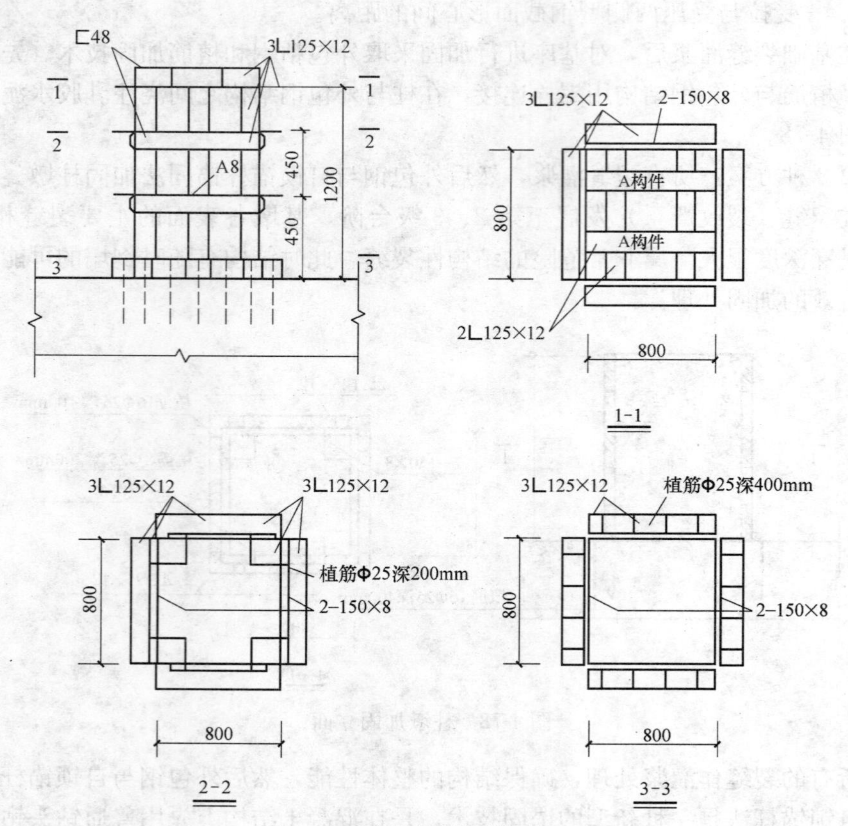

图 4-79　严重破损柱墩加固立面

精或丙酮清洗孔洞，植入钢筋，应保证孔洞内密实。

（5）防护混凝土应是抗裂、抗渗高性能混凝土。

4.4　加固施工与质量控制

4.4.1　施工前的准备

施工前的准备包括：施工前期准备、开始进入施工前的准备、施工组织设计、确定加固工程的施工顺序、施工实施中要掌握的技术要点和施工方法等。

1. 施工前期准备

主要分为：新旧钢材取样试验，确定采购新钢材的材质和焊条、连接螺栓型号，确定施工方案和技术交底。

2. 开始进入施工前的准备

施工准备主要包括：图纸确认，核查现场的钢材、焊条、连接螺栓等，确定工艺规程，确定预制生产场地，确定生产组织方式，确定生产计划，备齐施工设备、机具、防护器具等。

3. 施工组织设计

加固工程的施工组织设计应充分考虑下列情况：

（1）施工现场狭窄、场地拥挤等。

（2）受生产设备、管道和原有结构、构件的制约。

（3）需在不停产或局部停产的条件下进行加固施工。

由于大多数加固工程的施工是在负荷或部分负荷的情况下进行的，因此施工时的安全非常重要。其措施之一是，在施工前，尽可能卸除一部分外载，并施加预应力顶撑，以减小原构件中的应力。

4. 确定加固工程的施工顺序

通常情况下，加固工程应按照如下顺序进行：

（1）加固件、增加的新杆件和节点板、零部件等的预制加工；

（2）增加的新杆件与节点板地面拼装；

（3）搭设作业脚手架；

（4）喷砂除锈、清除旧钢结构表面覆盖的所有腐蚀的氧化层及渣物；

（5）测量旧钢结构现状的各种尺寸数据和矫正变形；

（6）搭设卸荷支撑钢架设施和卸除作业面处钢结构上的荷载；

（7）加固件和新增加的杆件与原有旧钢结构高空焊接（或螺栓连接）连接作业，连接后的杆件矫正；

（8）拆除卸荷支撑钢架设施；

（9）检查验收和测量有关数据；

（10）修整和油漆涂装作业；

（11）全面检查验收、专家评定；

（12）拆除作业脚手架。

5. 施工实施中要掌握的技术要点和施工方法

（1）原有旧钢结构考察、取样、试验、评定工作一定要做好做细，必须要有权威的专业试验室对原旧钢结构和加固用的新钢材进行取样试验，并出具评定报告，确定需采购新钢材的材质和焊条规格型号（或螺栓）、焊接连接工艺的技术要求（或螺栓）。

（2）根据现场对原有旧钢结构进行喷砂除锈、清除表面覆盖的所有腐蚀的氧化层及杂物后的现状，与设计者一起讨论确定实用可靠的处理、加固、改造方案。

（3）检查运至工地现场新钢材的材质和焊条规格型号（或螺栓），一定要同试验室出具的评定报告要求一致，绝对不得任意改换。确实需要改换时，一定要试验室重新出具新的评定报告。技术管理人员和操作专业工人一定要细心核对用于具体施工部位上的新钢材材质和焊条规格型号（或螺栓）是否与评定报告上要求的一致（如：奇普塞德市场改扩项目用的焊条有3种，每一种使用的部位都是不一样的。从中国进口的新钢材HPB235和原旧钢结构型钢的连接用E4315-J427焊条。从中国进口的新钢材间连接用E4303-J422焊条，从当地采购的英国标准钢材间连接用当地买的E7018美国标准焊条）。一定要绝对准确，杜绝一切不符合要求的行为，任何的失误将导致无法预见的后果。

（4）原有旧钢结构的除锈、清除表面覆盖的腐蚀氧化层及渣物要彻底，必须用空压机连接专用的喷砂除锈机进行，个别腐蚀严重的部位要人工用钢凿、榔头、砂轮机凿或磨。喷砂除锈的砂子采用中细黄砂，需晒干，因高空作业污染很大，一定要搭设周围环境防护设施和做好操作人员的防护。

（5）测量原有旧钢结构现状的各种尺寸数据和矫正变形工作是不可缺少的，矫正方法宜采用物理办法，不得用加热烘烤办法。

（6）增设卸荷支撑钢架设施和卸除作业面处钢结构上的荷载是非常重要的工作，必须做好。卸荷支撑钢架和卸除作业面处钢结构上的荷载方案一定要可靠实用，必须重视，任何的失误将导致不堪设想的后果。

（7）施工步骤和作业顺序不能随意颠倒，确实需要颠倒时，必须要由主管技术人员确认安全、施工质量不受影响，并经总工程师同意后才能进行，不然将导致不堪设想的后果。

（8）必须做好样板的施工，经有关方面的技术人员和专家评定后，才能推广到整个工程的施工作业。

（9）必须重视高空焊接连接作业的安全和施工质量。在保证高空作业安全情况下，要选择技术水平高、有经验的高级专业焊工进行操作作业，一定要保证焊缝的质量，没有缺陷。操作人员必须要系安全带，电焊机具要绑牢在高空安全处。

（10）涂装作业一定要满足设计和规范要求。原有旧钢结构已经使用多年，经过喷砂除锈后，很容易再次腐蚀生锈，因此必须满足油漆厚度的要求（一定要超过 100nm 以上），尤其是要保证最里面的那几度防锈漆（一般三度以上）的施工质量。

（11）其余的要求和施工方法与新的钢结构施工是一样的，请另见其他文献。

4.4.2　施工时的注意事项

施工前期，在拆除原有损坏构件或清理原有构件时，应特别注意观察是否有与原检测情况不符合的地方。工程技术人员应亲临现场，随时观察有无意外情况出现。如有意外，应立即停止施工，并采取妥善的处理措施。在补强加固时，应注意新旧构件结合部位的粘结或连接质量。

加固钢结构的施工应遵循以下几点原则：

（1）为保证安全，施工前应切断电源、关闭管道，以免造成施工事故或人员伤害。

（2）结构加固方案要便于制作、施工，便于检查。

（3）必须保证结构的稳定，事先应该检查各连接点是否牢固。必要时可先加固连接点或增设临时支撑，以保证后续工作的顺利进行。

（4）加固时，必须清除原有结构表面的灰尘，刮除油漆或锈迹，以保证加固件与原结构连接牢固。加固完毕后，应重新涂刷油漆。

（5）连接加固应尽可能采用高强度螺栓或焊接。采用高强度螺栓加固时，应验算钻孔截面削弱后的承载能力；采用焊接加固时，实际荷载产生的原有杆件应力最好在钢材设计强度 60%以下，极限不得超过 80%，否则应采取相应的措施才能施焊。

（6）对结构上的缺陷、损伤（如位移、裂损、变形、挠曲等）一般应首先予以修复，然后才进行加固。修复加固时，应先装配好全部加固零件。如用焊接连接，则应按先两端后中间的顺序，以点焊固定。

（7）在负荷状态下用焊接连接时，应慎重选择焊接参数（如电流、电压、焊条直径、焊接速度等），应避免由于焊接输入的热量过大，使结构构件过多的丧失承载能力，从而引发结构的进一步变形或危险情况。焊接加固的环境温度应在 0℃以上，宜在大于或等于 10℃的环境下施焊。

(8) 确定合理的焊接顺序，以使焊接应力尽可能减小，并能够促使构件卸荷。

(9) 先加固修复最薄弱的部位和应力较高的构件。凡能立即起补强作用，并对原构件强度影响较小的部位应先施焊。

(10) 钢结构在加固施工过程中，若发现原结构或相关工程隐蔽部位有未预计的损伤或严重缺陷时，应立即停止施工，并会同设计者采取有效措施进行处理后再继续施工。否则，禁止继续施工。

(11) 对于在加固的时候，可能会出现结构的倾斜、失稳或倒塌等不安全因素的钢结构，在加固之前，应采取相应的临时安全措施，以防止事故发生。

(12) 加固应尽可能做到不停产或少停产，因停产的损失往往是加固费用的几倍或几十倍。能否在负荷下不停产加固，取决于结构的应力应变状态。一般构件的内应力小于钢材设计强度的 80%，且构件损坏变形等不是太严重时，可采用负荷不停产加固方法。

(13) 建筑物的加固施工应速战速决，以减少因施工给用户带来的不便和避免发生意外。

4.4.3　加固工程中的质量控制

负责加固工程施工的单位应具有相应的资质，施工单位应有完善的质量管理和工程检验制度，能够在施工前针对加固工程的特点，制定较完善的施工技术方案和安全措施。

加固和修复处理所使用的材料、建筑构配件等应具有产品合格证，并进行进场验收，凡涉及安全、功能的有关产品，应按有关施工验收规范和加固设计规范的有关规定进行进场见证取样，有资质的试验室复验，不满足规范要求的严禁使用。

对加固后新增焊缝质量进行检验，焊缝检验一般可用外观检查和内部无损检验，前者主要检查外观缺陷和几何尺寸是否满足设计要求，后者主要检查内部缺陷。内部无损检验目前广泛采用超声波检验，X 射线或 γ 射线透照或拍片。

加固工程应按施工技术标准进行质量控制，每道工序完成后，应按现行国家标准的规定进行检查；若施工质量不符合相应国家标准的工序，应立即停止下一工序并进行返工。

4.4.4　工程验收

加固竣工后，使用单位或其主管部门应组织专业技术人员进行验收。

(1) 建（构）筑物加固工程可按处理技术方案和协商文件进行验收，并应符合相应的现行建（构）筑物施工质量验收规范的规定。

(2) 建（构）筑物加固工程施工质量验收，应提供下列文件备查和归档：

1) 委托任务书及加固过程有关协议文件；

2) 可靠性评估报告及有关文件；

3) 建（构）筑物施工图、加固设计及修改设计等有关文件；

4) 加固所用材料、连接材料（焊接材料及紧固件）、油漆等材料的质量证明书或试验报告；

5) 焊缝外观质量检查及无损探伤报告；

6) 设计要求的其他相关资料；

7) 建（构）筑物加固工程的竣工验收报告。

(3) 经质量检验或试验，加固工程的质量如果满足本标准及现行有关规范的规定时，可通过验收。

附：灾损评估报告　　报告编号（　）

一、委托单位/个人概况

单位名称		法人代表		代理人	
灾损建（构）筑物（道路）地址				委托日期	

二、灾损建（构）筑物（道路）工程概况

建（构）筑物（道路）用途		建造年月	
结构类别		建筑面积	
平面形式		高度/层数	
产权性质		产权证编号	

三、灾损评估的目的

四、灾损情况

五、评估结论

报告撰写人　　　年　　月　　日

六、处理建议

七、评估人员

八、评估单位技术负责人签章

评估人：　　　　审定人：

审核人：　　　　评估单位：

日期　　年　　月　日　　　　（公章）

第5章 洪水灾损处理

5.1 洪水特点及灾损类型

我国是世界上洪水最多的国家，洪水灾害主要集中在我国东南部。目前我国大约2/3的国土面积、1/2人口、100多座大中城市、全国70%的工农业总产值受到不同类型和不同程度的洪水灾害威胁。

洪水是一个十分复杂的灾害系统，它的诱发因素极为广泛。水系泛滥、风暴、地震、火山爆发、海啸等都可以引发洪水，人为因素也是造成洪水泛滥的一个主要方面。在各种自然灾难中，洪水造成的人员死亡占全部自然灾难死亡人口的75%，经济损失占到40%左右。更加严重的是，洪水灾害总是发生在人口稠密、农业垦殖度高、江河湖泊集中、降雨充沛的地方，如北半球暖温带、亚热带等。中国、孟加拉国是世界上水灾最为频繁、肆虐的地方，美国、日本、印度和欧洲也较严重。

5.1.1 暴雨与洪水

暴雨是指一天内（24h）的降雨量达到50mm或以上的雨，如果达到100mm或以上则称为大暴雨。降雨量达到200mm或以上的雨称为特大暴雨。

洪水可分为江河洪水、湖泊洪水和风暴潮洪水等。按照不同的成因，江河洪水又可分为暴雨洪水、山洪、融雪洪水、冰凌洪水和溃坝洪水等。其中，暴雨洪水是由强降雨形成的，是常见的威胁最大的洪水，时间集中，强度大，是我国大部分地区洪水的主要类型。山洪是指由于暴雨、拦洪设施溃决等原因，在山区沿河流或溪沟形成的暴涨暴落的洪水，时常伴随发生滑坡、崩塌和泥石流等自然灾害。山洪主要发生在我国的黄土高原、云贵高原、青藏高原、大兴安岭等地，具有突发性强、水量集中、破坏力大等特点。

5.1.2 洪水量级划分

根据我国防洪管理工作的实际需要，国家标准《水文情报预报规范》GB/T 22482—2008对洪水量级划分标准重新进行了修订，按洪水要素重现期小于5年、5～20年、20～50年、大于50年，将洪水分为小洪水、中洪水、大洪水、特大洪水四个等级，具体如下：

(1) 洪水要素重现期小于5年的洪水，为小洪水；

(2) 洪水要素重现期为5～20年的洪水，为中洪水；

(3) 洪水要素重现期为20～50年的洪水，为大洪水；

(4) 洪水要素重现期大于50年的洪水，为特大洪水。

估计重现期的洪水要素项目包括洪峰水位（流量）或时段最大洪量等，可依据河流（河段）的水文特性来选择。

5.1.3　洪水特点

根据大量的调查研究，我国暴雨洪水的特点可以总结为以下几个方面：

(1) 空间分布不均匀。我国地处欧亚大陆的东南部、太平洋西岸，地理位置决定了影响我国降水的主要因素是大陆气流与海洋气流相互交绥、激荡作用的结果。洪水在地域上的分布与各地区的降水量大小和地表径流下垫面的条件有关。降水量大的地区，河流水系的洪水也大。以黑龙江呼玛至云南腾冲划一条东北～西南走向的斜线，这条线相当于年降雨量均值400mm和年最大24h雨量均值50mm等值线的位置，它将中国分成东、西两部分。暴雨洪水主要分布在东部地区，地域分布的特点是东西向变化大，南北向变化小。

(2) 季节性明显。我国的年降水量有明显的季节性，导致了我国洪水发生的季节变化规律。随着副热带高压的北移、南撤过程，夏季我国雨带也南北移动。一般年份，4～6月上旬，雨带主要分布在华南地区。6月中旬至7月上旬，是长江、淮河和太湖流域的梅雨期。7月中旬至8月，雨带从江淮北部移到华北和东北地区。9月，副热带高压南撤，随即雨带也相应南撤，东海和南海台风暴雨十分活跃。当台风登陆我国和深入内陆时，高强度的狂风暴雨，也可形成暴雨洪水。据统计，4～10月全国大部分地区降雨量占全年平均降雨量的70%以上，6～8月降雨量可占全年平均降雨量的50%左右。我国暴雨洪水多发生在春夏秋三个季节。

(3) 洪水峰高量大，干支流易发生遭遇性洪水。我国地形的特点是东南低、西北高，呈阶梯状，有利于东南暖湿气流与西北冷空气交绥的加强，地面坡度大，植被条件差，造成汇流快、洪水量级大。我国几条主要河流面积较大，干支流洪水经常遭遇，区间来水多，洪峰叠加，易形成峰高量大的暴雨洪水。

(4) 洪水年际变化大。洪水因受多种因素变化的影响，在时程和量级上都有一定的随机性变化特点。我国七大流域洪水年际变化很大，各年洪峰流量相差甚远，北方比南方更明显。如长江以南地区大水年的洪峰流量一般为小水年的2～3倍，而海河流域大水年和小水年的洪峰流量比可相差几十倍甚至上百倍。

(5) 大洪水具有阶段性和重复性。洪水在时程和量级上也有一定的周期性和连续性的变化特点。从时间上看，一个流域出现大洪水的时序分布虽然是不均匀的，但从较长时间进行观察，在许多河流上，一个时期大洪水发生的频率较高，而另一时期频率较低，频发期和低发期呈阶段性的交替变化。而且，在高频期内大洪水有连续性。从空间上讲，我国暴雨洪水的发生与当地的天气和地形条件有密切关系，凡是近期出现大洪水的流域和区域，历史上也都发生过类似的大洪水，重复出现暴雨洪水的现象普遍存在。如1998长江大洪水就类似于1954年的长江大洪水。

(6) 洪发频率与损失均呈增长趋势。在全球变暖的大背景下，极端天气变得越来越频繁，冷天更冷，热天更热，雨越下越大，洪水灾害发生的频率增大。同时，我国人口增长和经济发展使受灾程度加深。新中国成立后，我国人口增加了三倍多，尤其是东部地区人口密集，长江三角洲的人口密度更大，全国工农业总产值增加了几百倍。近年来，乡镇企业得到迅猛发展，东部、中部地区乡镇企业的产值占全国乡镇企业的总产值的90%以上。因此，经济的不断发展，在相同频率下洪水所造成的各种损失成倍增加。此外，各江河的中下游地区农业发达，具有众多的商品粮棉油的生产基地，一旦受灾，农业损失也相当严重。

5.1.4 洪灾设防

洪水灾害是一种多发性的自然灾害。在洪水造成的各类损失中，建（构）筑物的损坏对生产和生活影响最大，也最为严重。洪灾设防区划分标准见表5-1。

洪灾设防区划分标准 **表5-1**

设防等级	设防名称	划分标准
一级	严重洪灾区	a 国家规定的泄洪区 b 地面低于附近江、河、湖泊的正常水位 c 近年来曾发生过特大洪灾，建(构)筑物和道路损坏严重 d 预测将来可能发生特大洪灾
二级	一般洪灾区	a 地面低于附近江、河、湖泊的警戒水位 b 近年来曾发生过一般洪灾，建(构)筑物和道路受损 c 预测将来可能发生洪灾
三级	洪灾影响区	a 地理位置临近洪灾区 b 可能会受到洪灾影响

5.1.5 建（构）筑物洪水灾损类型

建（构）筑物的洪水灾损类型主要有洪水冲击、洪水冲刷、洪水浸泡、退水效应、洪水引起滑坡五个方面。

(1) 洪水直接冲击建（构）筑物。洪水在压力作用下，直接冲击建（构）筑物，造成破坏。图5-1、图5-2为洪水冲击建（构）筑物的实例图片。

图5-1 洪水冲毁建筑物之一

图5-2 洪水冲毁建筑物之二

（2）洪水冲刷建（构）筑物。洪水冲刷建（构）筑物，淘空地基土，使上部结构产生裂缝，甚至使建（构）筑物倾斜、倒塌。

（3）洪水浸泡建（构）筑物。洪水淹没后，保持某一水位，经过一段时间后才能泄退。由于洪水浸泡，建（构）筑物的结构材料受到一定影响，结构材料的强度降低；地基土的抗剪强度指标发生变化，一般情况下地基承载力也会降低，从而引起建（构）筑物结构破损、整体倾斜甚至破坏。

我国的农村建筑大多数仍为传统的土木砖石类结构，包括生土墙体承重建筑（如土坯墙瓦房、土坯墙草房、夯土墙瓦房、夯土墙草房、土窑洞等）、木构架承重建筑、石结构建筑、砖砌体建筑以及砖土混合承重建筑、石土混合承重建筑、木土混合承重建筑等，近年来建造了一些混凝土结构建筑。土坯墙草房的墙体采用黄泥砌筑自制的土坯（土坯的尺寸各地差异较大），墙体的外表面与内表面用泥浆抹平后刷白（有的建筑墙体外侧不粉刷），毛竹、芦席或稻草盖顶。土坯墙瓦房的墙体与土坯墙草房相同，但屋顶用木屋架、椽子、芦席、小青瓦或机平瓦盖顶。土坯墙瓦房和土坯墙草房遭受洪水浸泡后多数倒塌。土坯墙体在洪水中受到浸泡，土坯逐渐松软，强度丧失，承受不了上部荷载产生倒塌。另外，草顶或瓦顶破烂漏雨，雨水由屋顶渗入墙体，浸泡的土坯墙体的强度也逐渐降低，产生垮塌。图5-3为洪水浸泡瓦房的实例图片。

图5-3　洪水浸泡建筑物之一

农村砖土混合承重建筑（如墙体外侧用砖砌筑、内侧采用土坯黄泥砌筑的瓦房等）遭受洪水浸泡后与生土墙体承重建筑的破坏形态基本一致，大多数倒塌。

农村砖砌体建筑的墙体为青砖或红砖，采用砂浆或黄泥砌筑。这类建筑物遭受洪水浸泡后，墙体局部出现裂缝甚至局部垮塌。这是因为农村砖砌体建筑的基础埋置深度较浅，受到洪水浸泡后，地基产生不均匀沉降。差异沉降使墙体承受剪力作用，当墙体抗剪强度不足时（如空斗砖墙、黄泥砌筑的实砖墙等），墙体便产生局部斜裂缝、甚至垂直裂缝。图5-4和图5-5为洪水浸泡建筑物的实例图片。

（4）洪水退水效应。洪水退水后，地下水位降低，浸泡后的地基土失水后，其物理力学性质再次发生变化，在对地下水反应程度不同的土层中产生不同的应力重新分布，从而产生不均匀沉降，导致结构与构件开裂，建（构）筑物发生倾斜。

（5）洪水引起滑坡。洪水引起滑坡，滑坡体上的建（构）筑物发生结构破坏、倾斜甚至倒塌；滑坡体下的建（构）筑物受到滑坡体的冲击，也会发生结构破坏、倾斜甚至倒

图 5-4　洪水浸泡建筑物之二

图 5-5　洪水浸泡建筑物之三

塌。图 5-6 为滑坡体上的建筑物破坏的实例图片，图 5-7 为滑坡体下的建（构）筑物受冲击破坏的实例图片。

图 5-6　滑坡体上的建筑物发生破坏

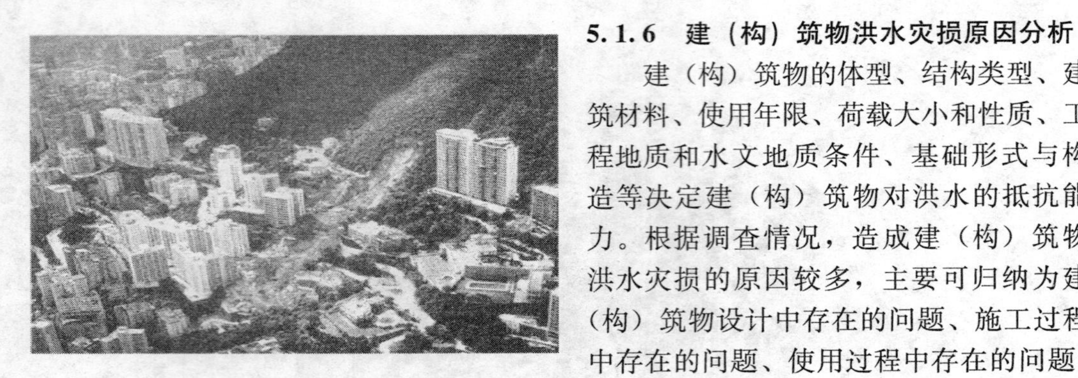

图 5-7　滑坡体下的建筑物受冲击破坏

5.1.6　建（构）筑物洪水灾损原因分析

建（构）筑物的体型、结构类型、建筑材料、使用年限、荷载大小和性质、工程地质和水文地质条件、基础形式与构造等决定建（构）筑物对洪水的抵抗能力。根据调查情况，造成建（构）筑物洪水灾损的原因较多，主要可归纳为建（构）筑物设计中存在的问题、施工过程中存在的问题、使用过程中存在的问题、自然灾害原因以及社会方面的原因五个方面。

（1）建（构）筑物设计中存在的问题

① 建（构）筑物选址问题

随着我国人口的增长和建设用地的减少，一些建（构）筑物的选址对洪水灾害考虑不足，如防洪区建（构）筑物场地的地势过低、建（构）筑物基础底标高处于多年洪水线以下，造成洪水浸泡；场地边坡遭洪水冲刷，坡顶建（构）筑物的外边缘距离坡顶过近，造成倾斜、甚至垮塌；有的建（构）筑物建造到泄洪区，或基础伸入行洪区等，遭洪水冲毁；场地位于滑坡体脚下，水平距离过小，受到滑坡体冲击。

② 建（构）筑物设计问题

建（构）筑物设计问题主要表现为防洪区建（构）筑物软弱地基未经处理、或处理不当，洪水浸泡场地后产生不均匀沉降；防洪区建（构）筑物基础形式不当，整体性差、刚度小，遭到洪灾后产生破损；防洪区建（构）筑物上部结构整体性差（如缺省圈梁等），抵抗洪水的能力低，易产生破坏；防洪区建（构）筑物的建筑材料选用不当（如采用土坯、或过低强度的砌体等），遭遇洪水后产生严重破坏；防洪区建（构）筑物的工程做法不当，如地下部分未作防水处理、采用混合砂浆等，导致结构受损等。

（2）建（构）筑物施工问题

建（构）筑物施工问题主要表现为防洪区建（构）筑物施工质量差、偷工减料（如地基土压实系数不足，地基处理的宽度不足；砌体砌筑时砂浆标号达不到设计要求、砂浆不饱满、蜂窝麻面等），导致建（构）筑物遭受洪水袭击时，产生破坏。

（3）建（构）筑物使用问题

建（构）筑物使用问题主要表现为防洪区建（构）筑物在使用过程中，防水功能遭到人为地破坏，洪水到来后，建（构）筑物丧失应有的抗洪能力。如建（构）筑物散水严重破坏导致地基浸水；屋面严重渗水导致墙体渗水破坏等。

（4）自然灾害原因

洪水的水深、流速、历时以及洪水中漂浮物的大小与性质等决定了建（构）筑物所承受冲击力的大小。由于气候的变化，最近一段时间，多次发生超设计强度的洪水，引起建（构）筑物灾损。

（5）社会方面的原因

各地的防洪措施、防洪能力、防灾减灾意识以及恢复能力也严重影响建（构）筑物洪水灾损程度。

5.1.7　道路洪水灾损类型

道路的洪水灾损类型主要有路基水毁、路面水毁、边坡失稳、涵洞水毁以及构筑物水毁五个方面。

（1）路基水毁。受地形的限制，不少路段与河道并行，路基受洪水淘刷，造成坍塌与滑动；沿河溪路基无冲刷防护加固措施，或防护结构的基础埋深不足时，路基被洪水冲毁。这类破坏多发生在水流很急的顺直河道，以及河弯外侧的护岸、挡墙等；半填半挖路基、填方一侧的坡脚或挡墙基础遭到洪水冲击产生垮塌；或者是水位较高时，边坡上部的小石块、石屑、土体被水流冲走，造成路基塌方；路基受到洪水长期浸泡，土体抗剪强度降低，沿松动面下坠，产生下沉和塌陷等。图 5-8、图 5-9 为洪水冲毁路基的实例图片。

图 5-8　洪水冲毁路基之一

图 5-9　洪水冲毁路基之二

（2）路面水毁。路面设计标高偏低时，洪水漫溢、顶冲，会造成路面破坏；洪水淹没道路，泥沙淤积，路面翻浆；道路紧靠山坡，洪水沿山坡汇流山沟，水流遇到乱石或跌坎猛烈飞溅，沥青混凝土路面产生坑槽、龟裂；滑坡、崩塌体堵挡路边冲沟，冲沟洪水漫溢，路面遭到破坏；涵洞位置不当、或孔径偏小、或洞底坡度不足，造成排水输砂不畅，洪水冲毁路面，如混凝土路面断板等，中断交通。

目前，我国的村镇道路正逐渐由砂石道路向沥青道路过渡。洪水侵蚀道路时，泥浆流失，砂石面层被冲走，沥青路面起鼓、开裂甚至局部塌陷。图5-10、图5-11为洪水冲毁路面的实例图片。

图5-10　路面被洪水浸泡成碎片

图5-11　路面被洪水冲塌

(3) 边坡失稳。边坡塌方、滑坡，土方堆积在路基上，增加路基荷载，造成路基滑移，随后遭洪水冲垮；路基上侧边坡未作支挡，上方坡体在洪水作用下产生滑坡，滑坡体覆盖道路，中断交通；路基位于滑坡体上，在洪水作用下，整个滑坡体产生滑移，道路断裂；沿河路基对岸山坡出现塌方，造成河道堵塞使洪水改变流向，冲刷防护结构，造成路基边坡失稳。图5-12～图5-15为洪水冲毁道路边坡的实例图片。

图5-12　洪水造成道路边坡失稳

图5-13　道路边坡失稳

图 5-14 洪水道路边坡失稳

图 5-15 道路边坡坍塌

(4) 涵洞水毁。涵洞被洪水中的漂浮物或泥石流堵塞，失去排洪能力；洪水穿越道路，冲毁涵洞下游边坡，路基坍塌，甚至整个路基连同涵洞一起被冲走，造成道路中断。图 5-16 为洪水冲毁道路涵洞的实例图片。

(5) 构筑物水毁。洪水冲垮路基防护构筑物或其他各种小型排水构筑物，或者挡土墙基础在洪水冲刷下产生失稳，造成路基塌方与滑坡。图 5-17 为洪水冲垮路基防护构筑物的实例图片。

图 5-16 洪水冲毁道路盖板涵洞

图 5-17 洪水冲垮路基防护构筑物

5.1.8 道路洪水灾损特点

道路的洪水灾损特点可总结为以下几个方面：

(1) 灾损频率不高，但损失严重。大部分洪水均有季节性强的特点，多发于主汛期。同时，洪水又具有毁灭性的特点，特别是山洪，容易形成很大的瞬时流量，流速大、冲刷强、含砂量高、破坏力大，顷刻之间，就可对公路、涵洞、防护工程以及沿线设施造成毁灭性破坏，中断交通。另外，山洪还具有突发性的特点，山区多以变质岩、风化石灰岩、风化花岗岩组成，易冲蚀，汇流迅速，而且沟道调蓄能力小，坡度大，流程短，极易突发成灾。

(2) 防护工程的洪水灾损所占比重较大。

(3) 人为破坏环境（包括破坏植被、改河造田、路旁取土、河床堆积），导致洪水灾损的威胁增大。

(4) 道路洪水灾损的重复性较大。

5.1.9 道路洪水灾损原因分析

洪水造成道路灾损的原因是多方面的，有人为的原因（如设计、施工、养护等方面的原因），也有自然方面的原因。

(1) 道路设计中存在的问题

认真分析各种道路洪水灾损可以发现，道路洪水灾损的主要原因是由于设计依据与实际情况不相符合，或者是设计时考虑的水力因素不够全面，具体表现在以下几个方面：

① 边坡防护类型及形式选择盲目，犯经验主义，与实际情况出入较大；或边坡支护处理不当，导致边坡破坏。道路的边坡在降雨过程和降雨后的受力与变形状态各不相同的。强降雨过程中锚杆的应力常有显著的增加，锚索框架梁应力增加速度稍慢。强降雨过后锚索应力常常是逐渐增加，而且要在降雨后较长的一段时间后才逐渐趋于稳定。浆砌片石、拱形骨架等浅表层防护对降雨的反应具有突然性，常常导致边坡崩塌，破坏过程具有瞬时性。

② 道路与河道平行，一边傍山一边临河，路基（或路堤）多为半挖半填，边坡未采取防冲刷或加固措施，洪水淘刷造成路基（或路堤）出现缺口甚至坍塌。或者是，防护加固工程的位置不合理，挤压河道，引起局部冲刷，尤其是在弯道处，更容易引起局部冲刷。也有的是，防护墙基础埋深不足，软弱地基土没有得到较好的处理。

③ 填方路段的填料选择不当，路基结构不尽合理，容易遭到洪水破坏。

④ 道路防洪标准偏低，路面设计防洪水位标高不足，造成洪水漫溢路面，甚至冲毁道路。

⑤ 路基和路面的排水坡度过小，积水现象严重。强降雨后，道路外部变形一般比较迅速，如边坡表层、冲沟等产生较大的变形。外部变形一般不可恢复，需要及时修补。降雨的下渗导致深部变形，所以深部变形比较滞后，而且变形速度一般增加较慢，常常在雨后一段时间才开始发展。强降雨初期深部变形很小，强降雨后一般仍然保持一定的速度并持续一个月左右。由于控制深部变形的加固方法以锚索等防护方式为主，锚索的刚度较小，受力后可发生较大的变形，深部变形的延续时间较长，所以，因道路积水的影响是深远的。但是，如果加固措施得当，降雨后的一段时间深部变形可以获得一定的补偿，变形呈减小的趋势，并逐渐趋于稳定。

⑥ 泄洪区或沿河路堤及桥头护坡设计不完善，没有针对性地对路堤进行防御性设计与验算，造成路长期浸水、变形、滑塌。

⑦ 洪水位骤降，道路边坡内形成了自道路向河道方向的退水与渗流，产生冲击力和渗透力，造成边坡失稳。

⑧ 排水设施存在缺陷（如排水沟的接口、端头等部位处理不当，导致排水不畅等），特别是边坡堑顶排水沟未修或排水沟已经堵塞的边坡，往往出现较大面积的冲沟甚至出现局部边坡崩塌的现象。道路的防排水设施与自然河沟、水利设施不协调时，也会造成相互影响。

⑨ 涵洞位置不当，孔径偏小，满足不了排洪要求。

（2）道路施工中存在的问题

① 施工管理不善，质量达不到设计要求，主要有以下几个方面：

构成路基的土质差，岩石风化严重，遇水软化；填料路段施工过程中超厚度碾压，压实系数达不到设计要求，路基在水流和漂浮物的冲击下，产生破坏。

挡土墙砌筑时砂浆强度达不到设计要求，砌筑砂浆不饱满，石料偏小，砌筑整体强度不足。挡土墙在水流与漂浮物的冲击下，出现断裂，形成溃决。

② 涵洞进口处理不当，泄洪时发生洪水流向偏差。

③ 植被遭到破坏，水土流失，径流冲击导致边坡塌方。

（3）道路养护中存在的问题

① 预防为主，防治结合的工作未得到落实，忙于常规养护，忽视调查研究，未能给改造、维修提供详细的资料。

② 全面养护工作不到位。在枯水期，河道的清淤、导流、河底铺砌、调治构造、涵洞清理等维修工作没有全面进行，导流设施起不到应有的作用，导致洪水灾损。

（4）自然灾害方面的原因

造成道路洪水灾害的原因，除了人为因素外还存在着自然方面的原因。

① 洪水强度严重超越防洪设计标准。

② 不良地质、地形路段的山体滑移，位于该山体上的道路随之滑移。

5.2 洪水灾损调查

我国是世界上水灾最为频繁的国家。据记载，从公元前 206 年至公元 1949 年中华人民共和国成立的 2155 年间，大水灾就发生了 1029 次，几乎每两年就有一次。号称中华母亲河的黄河，曾在历史上决口 1500 次，重大改道 26 次，平均每 3 年有一次决口，每 100 年有一次大改道，淹死数百万人，水灾波及范围达 25 万 km^2。

20 世纪我国经历了 4 次大洪水，即 1931 年、1954 年、1991 年和 1998 年大洪水。

1931 年气候反常，入夏后全国大部分地区出现长时间阴雨天气，6～8 三个月内，珠江、长江、淮河、海河、辽河以及松花江流域降雨多达 35～50d，桂林则达 59d。不断出现的大雨和暴雨，造成全国性的大水灾。全国共有 16 个省受灾，其中最严重的是安徽、江西、江苏、湖北、湖南五省，山东、河北、浙江次之。洪水来势凶猛，长江中下游江堤圩垸普遍决口，荆江大堤沙沟子、一弓堤、朱三弓堤等处决口，长江干流自湖北省石首至江苏南通沿程漫溢决口354处。江汉平原、洞庭湖区、鄱阳湖区、太湖区大部分被淹，武汉市被水淹没达100d之久。据统计，半数房屋被冲，近半数的人流离失所，举家逃难。加之社会动荡、其他自然灾害，以及随之而来的饥饿、瘟疫等，受灾人口达1亿人。

1954年的全流域型特大洪水致使全国受灾面积达2.4亿亩，成灾面积1.7亿亩，死亡3.3万人，汉口最高洪水水位达29.73m，洪峰流量达76100m^3/s。这年汛期，雨季来得早，暴雨过程频繁，持续时间长，降雨强度大，笼罩面积广，长江干支流洪水遭遇，枝城以下1800km河段最高水位全面超过历史最高纪录。长江干堤和汉江下游堤防溃口61处，扒口13处，支堤、民堤溃口无数。长江中下游湖北、湖南、江西、安徽、江苏5省有123个县市受灾，京广铁路100d不能正常运行。由于洪涝淹没地区积水时间长，房屋大量倒塌，庄稼大部分绝收。该洪水不仅造成当年重大经济损失，而且对以后几年经济发展都产生了很大负面影响。

随着社会的进步，我国人民治理洪灾的经验不断丰富，特别是现代科学技术的发展，现代化的治洪水平迅速提高，已与昔日不能相提并论。所以，本节的洪水灾害调查主要集中在最近几十年间，对防洪治洪具有一定的借鉴意义。

5.2.1　七大江河洪水灾害调查

(1) 珠江洪水灾害。珠江流域洪水频繁。1915年7月珠江发生流域性大洪水，西江、北江洪峰流量皆达200年一遇的最高峰。西江与北江洪水相遇，东江也发洪水，北江大堤溃决，梧州三层楼上水，广州被洪水淹没7d，珠江三角洲受灾农田648万亩，灾民378万人，死伤十余万人，经济损失高达100亿元。

(2) 长江洪水灾害。新中国建立以来，1954年长江洪水最大。1954年的洪水淹没农田4755万亩，受灾人口1888万人，死亡3.3万人，直接经济损失100亿元。

(3) 淮河洪水灾害。自1194年淮河下游被黄河截夺后，淮河成为我国洪水灾害最严重的河流之一。1957年8月由于台风影响，该流域范围内连降暴雨，发生特大洪水，淹没面积达1.2万km^2，其中，农田1700万亩，1100万人受灾，经济损失达100亿元。

(4) 黄河洪水灾害。解放前的1000年中黄河决口达1500次，大改道26次。1117年黄河决口，淹死100万人。1642年水淹开封，全城37万人中，死亡34万人。但解放后，由于加修了黄河防洪大堤，50多年来安然无恙。

(5) 海河洪水灾害。海河是易发生洪水的河流。解放后水淹面积达到或超过5000万亩的年份有1949、1954、1956、1963年。其中1963年洪水最大，三大水系决口2400处，有104个县市遭灾，淹没农田6600万亩。保定、邢台、邯郸市水深2～3m，倒塌房屋450万间，受灾人口2200万，死亡5640人，2254个工矿企业停产，京广铁路27d不能通车，直接经济损失60亿元。

(6) 辽河洪水灾害。辽河历史上洪水频繁，近800年发生洪水81次。解放后1951年、1953年都曾发生特大洪水，1985年因受台风影响连降暴雨，辽河、浑河、太子河同时出现洪水，决口4000多处，受灾人口1200多万人，倒塌房屋17.4万间，受灾农田6000多万亩，直接经济损失47亿元。

(7) 松花江洪水灾害。1932年松花江大水，哈尔滨被淹，水深平均3m，38万人口中

24万人受灾。1985年8月松花江大水，受灾农田3500万亩，倒塌房屋91万间。

5.2.2 “1991”洪水调查分析

1991年全国有18个省市区遭受洪涝灾害，受灾耕地面积1.3亿亩。特别是在5月下旬至7月中旬，淮河流域和长江中下游地区平均降雨超过500mm，雨量最大的地方超过1600mm，致使安徽、江苏两省发生特大洪灾。两省受灾人口占两省总人口的71%，被洪水围困的人数达1700多万，农作物受灾面积占播种面积的60%，损失粮食170亿kg，各种基础设施直接经济损失达450亿元。200万无家可归的灾民在淮河大堤上搭起了一眼望不到头的临时住棚。

1991全国气候异常，西太平洋副热带高压长时间滞留在长江以南，江淮流域入梅早，雨势猛，历时长。淮河发生了自1949年以来的第2位大洪水，3个蓄洪区、14个行洪区先后启用。淮河流域的洪泽湖蒋坝最高水位达14.06m，入江水道金湖最高水位11.69m，超过历史最高纪录0.50m；兴化最高水位达3.35m，比1954年3.08m高出0.27m。长江流域的南京站最高潮位达9.69m，为当时历史上第三高水位。太湖出现了有实测记录以来的最高水位4.81m，滁河晓桥最高水位12.63m，超过历史最高水位0.56m；秦淮河东山最高水位10.74m，超过历史最高水位0.26m。松花江干流也发生两次大洪水，哈尔滨站最大流量10700m^3/s，佳木斯站最大流量15300m^3/s，分别为1949年以来第3位和第2位。

1991年特大洪水的特点是：（1）雨期提前，降雨量大而集中，洪水来势猛、持续时间长。淮河流域和长江中下游地区，大范围连降暴雨，降雨量最高地方比常年多2～5倍。著名风景区黄山光明顶，7月6日18时至7日18时，24h降雨量达328.4mm，为千年一遇的特大暴雨。（2）水灾发生在夏粮收获和秋粮播种季节，造成两季作物减收。（3）重灾区过分集中，洪水发生在人口密集、经济发达的地区，造成了严重的损失。

面对特大洪灾，中国各级政府调动一切财力和物力，组织人民群众和当地驻军等，展开了规模巨大的抗洪救灾斗争，首先全力保卫大江大河和水库堤防的安全；其次对被洪水围困的群众进行抢救、转移和安置；第三是排水救灾、抢种农作物和抢修生命线工程；第四是在自力更生的基础上，呼吁国际社会提供救灾援助（1980年我国曾因湖北水灾和河南旱灾，向国际社会发出呼吁。本次为我国第二次呼吁国际社会和动员国内人民支援灾区）。

5.2.3 “1998”洪水调查分析

1998年我国气候异常，长江、松花江、珠江、闽江等主要江河发生了大洪水。降雨量大、影响范围广、持续时间长，全国共有29个省、自治区和直辖市遭受了不同程度的洪涝灾害。据统计，农田受灾面积3.34亿亩，成灾面积2.07亿亩，死亡4150人，倒塌房屋685万间，直接经济损失2551亿元。江西、湖南、湖北、黑龙江、内蒙古、吉林等省（区）受灾最为严重（图5-18）。

受诸多因素（1997年5月，发生了20世纪以来最强的厄尔尼诺事件，当年年底达到盛期；西太平洋副热带高压异常；亚洲中纬度环流异常，阻塞高压活动频繁；高原积雪偏多等）的影响，1998年6～8月长江流域平均降雨量为670mm，比多年同期平均值多183mm，偏多37.5%，仅比1954年同期少36mm，为20世纪的第二位全流域型大洪水。1998年汛期，长江上游先后出现8次洪峰，并与中下游洪水遭遇，形成了全流域型大洪水。1998年长江洪水的特点是：洪水发生范围广，洪水发生时间早，洪峰次数多、洪水

图 5-18　洪水淹没家园

量级大，洪水遭遇恶劣，洪峰水位高，高水位洪水持续时间长。

松花江上游的嫩江流域，6 月上旬至下旬出现持续性降雨过程，部分地区降了暴雨。7 月上旬降雨仍然偏多，下旬又出现持续性强降雨过程。8 月上中旬再次出现强降雨过程，大部分地区出现了大暴雨。嫩江流域 6～8 月平均降雨量 577mm，比多年同期平均值多 255mm，偏多 79.2%。松花江干流地区 6～8 月平均降雨量 492mm，比多年同期平均值多 103mm，偏多 26.5%。其中，松花江干流哈尔滨 8 月 22 日出现最高水位 120.89m，超过历史实测最高水位 0.84m，流量 16600 m^3/s，洪水重现期约为 150 年，大于 1932 年（还原洪峰流量 16200m^3/s）和 1957 年（还原洪峰流量 14800m^3/s）洪水。1998 年嫩江、松花江洪水均为历史上有记录以来的最大洪水。

6 月份，珠江流域的西江发生了百年一遇的大洪水。西江支流桂江上游桂林水文站 6 月份连续出现 4 次洪峰，最高水位达 147.70m，为历史实测最高值。受上游干支流来水和区间降雨的共同影响，西江干流梧州最大流量 52900m^3/s，水位 26.51m，为 20 世纪的第二位大洪水。

另外，1998 年闽江洪水为 20 世纪的最大洪水。控制站七里街水文站洪水重现期约为 150 年，支流富屯溪上游邵武水文站洪水重现期约为 200 年，闽江干流十里庵水文站洪水重现期约为 200 年。

在党中央、国务院直接领导和关怀下，数百万军民同洪水作了殊死的搏斗，全军和武警部队投入抗洪抢险兵力达 30 多万人，有 110 多名将军亲临一线指挥，抗御了一次又一次的洪水袭击，终于保住了重要堤防，保住了重要城市和主要交通干线，保护了人民的生命安全，最终取得了抗洪抢险的全面胜利。

5.2.4 “2010” 洪水调查分析

由于极端气候频发，2010 年我国西南 5 省市首先遭遇了百年一遇的大旱，河流干枯，粮食绝收，人畜饮水困难。接着便是大范围、持续的暴雨引发洪水灾害，给国家造成了巨大的损失。全国 28 个省、2 亿多人受到洪水影响，国家宣布将 8 月 15 日定为“舟曲泥石流灾害全国哀悼日”。

2009 年的冬天冷空气频频。从全国大范围来说，该冬季出现了 5 次强冷空气，3 次寒潮天气。一个冬季里强冷空气达 8 次之多，是历史上少见的。冷的地方主要是东北、华北与新疆的北部，北京温度比常年偏低了 1.7℃。但是，2009 年冬季大部分地区还是正常偏暖，尤其是西南地区，像青藏高原，较往年暖的很多。整个冬季，全国还是属于暖冬，平均温度比常年偏高了1℃。从整体来看，温度偏低的地方少，偏高的地方多。我国西南地区秋季雨水就明显偏少。云南2009年的冬季和2010年春季都没有降雨，干旱非常严重。

在全球变暖的大背景下，极端天气发生的概率增加。全球在变暖，但是不排除冬天可能会特别冷，寒潮可能会特别多，这是不矛盾的。总体是变暖的，但是可能会发生冷的更冷，热的更热，雨越下越大的情况。

2010年南方持续暴雨，千万百姓受灾。江西等南方地区3月上旬就出现早汛，5月初出现重大汛情。持续多日的强降雨活动，让南方诸多地区形似孤岛。降雨范围不断扩大，强度也丝毫没有减弱，广州暴雨更是破百年纪录。

(1) 5月的暴雨与洪水

2010年5月5～7日，四川、重庆、贵州、江西、广东等部分省市相继遭受暴雨袭击，重庆、贵州同时伴随大风冰雹天气。强降雨导致部分地区出现山洪、泥石流等灾害，部分河流发生超警戒水位洪水。其中，广州平均降雨量超过100mm，中心区严重内涝。广州暴雨的严重性在它连续三次明显的大降雨，广州市7日、9日和14日各一次，一周里两场大暴雨、一场暴雨（这场暴雨也接近大暴雨的水平）。一周三次降雨量累计高达440mm，打破羊城百年纪录。7日的那一次暴雨在凌晨的1时～4时降雨量为200mm，3个小时下了200mm的特大暴雨是非常罕见的（图5-19）。据广东省防汛防风防旱总指挥部通报，广州、韶关、河源、梅州、惠州、清远6市受灾，受灾人口87.53万，转移6.75万人，全省造成12人死亡3失踪，直接经济损失10.52亿元。广州这次特大暴雨过程有三个特点：一是雨量之多历史罕见，二是雨强之大历史罕见，三是范围之广历史罕见。

5月9～11日，四川、重庆、贵州、江西、广东等省份遭受暴雨袭击，255万人受灾，因灾死亡65人，失踪14人。

图5-19　5月7日一夜暴雨后的广州黄石花园

5月12～14日，暴雨范围遍及广西东南部、广东中西部、江西南部、福建西南部、湖南等地。位于暴雨中心的怀化溆浦县遭受严重洪涝灾害。13日下午1时55分许，该县善溪乡150m长的公路大桥发生垮塌事故，桥上两位村民及时逃离，幸运脱险。该乡地处林区，大量树木被洪水冲入河中，堵塞在桥墩下，为大桥的安全埋下了隐患。当地乡政府从上午10时起对该大桥进行警戒，严禁车辆和行人过桥。13时55分，大桥因不堪重负轰然倒塌。大雨从12日晚间开始一直持续到13日12时，其中晚间雨量迅速增大，全县有10个监测点24h降雨量达到100mm以上，最高降雨量达到194mm。该县共有26个乡镇受灾，受灾人口13.25万人，农作物受灾面积达15.3万亩，其中绝收面积5010亩，因灾死亡牲畜1500头；倒塌民房480间，1100栋民房进水，4座桥梁被冲毁，68条公路中断。直接经济损失2.1亿元。

5月16～19日，广东、福建、广西、湖南、江西、湖北、重庆、四川、贵州、安徽、云南11省区市的部分地区遭受洪水灾害。由于连续数场暴雨袭击，广东省多个山塘水库决堤（图 5-20）。18 日下午 3 时许，火炉山水库堤坝出现管涌后决堤，决口有 10m 多宽，近万方水裹着泥石倾泻而出，山脚下的苗圃被淹，百余名林场和工厂员工被紧急撤离，所幸无人员伤亡。

图 5-20　山塘决口淹没工业区

5 月 20～23 日，江淮、江南和华南北部普遍降雨 40～80mm，湖南北部和江西北部的部分地区降雨超过 100mm。其中，连续 3 天的强降雨使江西 69 万多人受灾，造成直接经济损失 3.33 亿元。江西的南城县遭受强雷电、冰雹天气袭击，电闪雷鸣伴随着倾盆大雨，2 个多小时的降雨量达 120mm 以上，甚至出现了 50 年来最大冰雹，直径足有 50mm，这是江西自 1960 年以来的最大冰雹。

5 月 28～31 日，西藏东部、四川、云南、贵州西部都出现了降雨。四川中部、云南西部降雨也较大。

(2) 6 月的暴雨与洪水

6 月 1～2 日，贵州铜仁地区、黔东南州、黔南州等地部分县遭受洪涝灾害，7 万余人受灾，3 人死亡。广西桂北、桂中地区出现了强降雨天气，部分县市区出现洪涝灾害。连日暴雨导致广西玉林市容县泥石流不断，山体崩塌等地质灾害造成 29 人死亡，1 人失踪，3 人受伤。

6 月 7～10 日，黄淮及其以南地区出现大到暴雨、部分地区大暴雨，湖北、湖南累计降雨量超过 100mm 的覆盖范围达 5.8 万平方公里，皖赣鄂交界地区 8 日 8 时至 9 日 8 时平均降水量 55.2mm，为 1951 年以来 6 月上旬第 3 最大单日降水量。

6 月 13 日以后，我国华南、江南、西南大部出现入汛以来第 14 次强降雨过程，造成江西、福建、湖南等南方 10 省区遭受严重的洪涝灾害，累计受灾人口达 2939 万人，农作物受灾 1619 千 hm^2，因灾死亡 200 人、失踪 123 人，转移人口 240.8 万人，倒塌房屋 21.5 万间，直接经济损失约 433 亿元。福建南平建溪镇建溪中学遭洪水围困，被围困师生 1600 多人。另外，福建沙县高砂发生特大山体滑坡，多人被埋，武警官兵和干部群众全力搜救。6 月 13 日夜里起，南平市中南部普降暴雨，其中延平区降特大暴雨。13 日 20 时至 14 日 19 时，延平各地降雨量普遍在 200mm 左右。此次强降雨导致延平、顺昌等地多处出现山体滑坡、泥石流等地质灾害。6 月 15 日 20 时，强降雨造成福建省南平市 6 人死亡、18 人失踪。

6 月 13 日 20 时许，河北省涞水县九龙镇遭遇百年不遇的特大暴雨及大风冰雹恶劣天气，顷刻间，山洪裹着巨石、泥浆呼啸而下，席卷了九龙镇沿河道的六个村庄，受灾人口 3100 多人、牲畜 2000 多头（只），倒塌损坏房屋 499 间、桥梁 5 座、车辆 31 辆，毁坏道路 10.7km（图 5-21，图 5-22），另有 2 人失踪，直接经济损失达 8197.8 万元。

6 月 18 日凌晨起，福建省富屯溪流域发生特大暴雨，福建省有 3 个县降雨量超过 200mm。泰宁县 6h 雨量 225mm，雨量为百年一遇。18 日 3 时至 19 日 6 时，福建降雨量 100～199.9mm 的有 13 个县，超过 200mm 分别为将乐 242mm、顺昌 249mm 和泰宁

图 5-21 洪水冲毁道路

277mm。受暴雨影响，闽江金溪将乐站洪峰水位超警戒 3.89m，富屯溪洋口站洪峰水位超警戒 1.26m，闽江干流延福门站洪峰水位超警戒 7.51m。闽江沙溪口水库 18 日 22 时入库洪峰流量达 2.1 万 m^3/s，洪水重现期百年一遇。

图 5-22 山洪冲击房屋

6 月 14～20 日，江西省出现了罕见的强降水集中期，全省平均累计雨量达 196mm，局部超过 500mm，部分地区出现了严重的洪涝、内涝、地质灾害，造成 491 万人受灾，3 人死亡。6 月 19～20 日，江西省余江县遭遇罕见特大暴雨袭击，强降雨导致县城内白塔河河水漫过堤岸，余江县城与外界连通的 4 条道路全部被洪水淹没（图 5-23）。

图 5-23 洪水冲断公路

6 月 21 日下午 6 时 30 分，江西抚州市临川区唱凯堤突然决堤，该堤全长 81.8km，决堤部位宽从 60m 逐渐加大，22 日上午，缺口距离大约 340m，缺口处内外落差 23cm。决堤造成受灾乡镇 4 个、受灾村 41 个，被淹区平均水深 1～2m，4 个乡镇共计 15 万人，其中罗针镇、唱凯镇受灾最严重，整个被淹区人口 10 万人（图 5-24）。灾情发生后，党中央、国务院、中央军委领导十分关心。胡锦涛总书记亲自指示南京军区组织 800 多人抢险队伍连夜赶赴抚州，开展抗洪抢险。当地政府也与洪水赛跑，3.5 万名群众在很短的时间内实现快速转移，安然脱险。1.5 万余名解放军指战员、公安武警消防官兵、民兵预备役人员、市县乡村各级干部投入抗洪抢险（图 5-25）。在决口 6d 之后，江西抚河唱凯堤在 27 日傍晚 18 时 15 分完成封堵。

图 5-24　唱凯堤决口附近受灾乡村

图 5-25　唱凯堤堵口施工现场

从 18 日 8 时至 20 日 8 时，湘中以北及湘东南局地相继遭受高强度暴雨袭击，该省累计降雨 100～200mm 的 130 站，200mm 以上 8 站，最大 1h 降雨为沅陵草龙潭站 125mm（19 日 10～11 时），频率达 300 年一遇。受此影响，湖南江湖库塘水位普遍上涨，湘江干流当年第 2 次出现全线超警戒水位洪水，资水干流第 2 次出现超警戒水位洪水。21 日 8 时城陵矶水位达 29.81m，较历年同期均值明显偏高。据初步统计，本次降雨共导致湖南 14 个市州 1090 个乡镇 769.4 万人受灾，因灾倒塌房屋 2.53 万间，桂东、芷江、新田、双牌县县城进水受淹。在抗击此次暴雨过程中，湖南共投入抢险人数 7.1 万余人次，其中部队官兵 8100 人次。各地及时启动预案，应急转移人口 37 万余人，解救洪水围困民众 2.03 万人。17 日晚，绥宁县境内普降大暴雨、特大暴雨，山洪泥石流频发，当地防汛部门通过山洪灾害监测预警系统及时发布转移命令，使 8.25 万人连夜实行避灾转移。

6 月 23 日开始，沅水中上游、资水中游和湘水中下游普降暴雨，局部降大暴雨。湖南全省 100mm 以上笼罩面积 4 万 km^2，50mm 以上笼罩面积 7.7 万 km^2，日降雨量超过 100mm 的 37 站，超过 50mm 的 199 站，最大为怀化市溆浦县金家洞站 180.5mm。日雨量最大为长沙县黄鹄村 247.3mm。受强降雨影响，四水及洞庭湖区水位均出现上涨（图 5-26、图 5-27）。其中湘江干流株洲以下在“6.19”洪水尚未退出警戒水位的情况下，水位均出现复涨。24 日 14 时，湘江长沙站水位 37.32m，超警戒水位 1.32m；湘潭站水位 39.53m，超警戒水位 1.53m，流量 16900m³/s；株洲站 41.06m，超警戒水位 1.06m，流量 12800m³/s。25 日早上 8 时，湘江长沙段出现 38.46m 的洪峰水位，为本世纪最高水位，超警戒水位 2.46m，超保证水位 0.09m，相应流量 19300m³/s，是湘江长沙站历史上出现的第 3 高水位。9 时左右，水位回落至 38.45m。

图 5-26 湘江洪水将橘子洲大桥桥墩全部淹没

图 5-27 湘江洪水包围的长沙橘子洲景区

6 月 25 日晚，云南省马龙县遭特大暴雨袭击，穿城而过的横山河全线漫坝，上游水库也向外溢水 1.5m，导致马龙县城被淹。马龙县全县 5.5 万多人受灾，交通、通信中断，一位老人在灾害中死亡，另有 165 人受伤。受灾最为严重的小海子村由于房屋都是土木结构，有 98%的房屋一夜之间全部倒塌，周围几个村庄也是如此，有 95%的房屋成为废墟（图 5-28）。

图 5-28 清理垮塌的建筑物

6 月 29～30 日，贵州西南部再次出现强降雨。洪灾导致兴仁县新马场乡米粮村 1 人失踪。29 日 8 时至 30 日 8 时，贵州西南部的兴义市降 106.7mm 大暴雨，兴仁县、三都县分别降 84mm、50.9mm 暴雨。另有 6 个乡镇降大暴雨、33 个乡镇降暴雨，其中兴义市则戎乡降雨量达到 167.5mm。受强降雨影响，黔西南州兴义市、兴仁县遭受洪涝灾害。两县市有 6 个乡镇 3.2 万人受灾，农作物受灾 1.2 千 hm²，灾害直接经济损失 1200 余万元。

连续降雨是导致当地山体不断滑坡的诱因。从 6 月下旬以来，关岭连续多日有雨，27～28 日一早的强降雨更如“致命一击”，其中 28 日上午 9 时关岭县岗乌镇一小时降雨量就达 52mm。从 26 日 11 时至 29 日 11 时，4 天之内当地降雨量超过 300mm，为当地全年降雨量的 1/3～1/4。6 月 28 日 14 时许，贵州关岭县因连续强降雨发生山体滑坡，共造成岗乌镇大寨村大寨、永窝两个村民组 38 户 107 人被埋，滑坡造成的泥石流总长 1.5km 左右。

(3) 7 月的暴雨与洪水

7 月 8～11 日，贵州省遵义市道真仡佬族苗族自治县遭遇强降雨袭击，最高降雨量达 209mm，强降雨持续时间达 29h。全县受灾人口 153900 余人，失踪 1 人，伤 32 人。农作物受灾 15165 公顷，倒塌住房 156 间，损坏 1189 间。暴雨导致道路损毁严重，全县 14 个乡镇中有 12 个已不通路，4 条出县公路仅有 1 条勉强通车。灾害已造成直接经济损失 1.3 亿元。

7 月 17 日，四川达州万源市突降特大暴雨，雨量超过 250mm，暴雨导致的洪灾造成该市 4 人死亡、14 人失踪。

图 5-29 为被洪水围困的建筑物。

7 月 13 日，云南省昭通市巧家县小河镇遭受暴风雨袭击，凌晨 4 时 10 分，暴雨引发特大滑坡泥石流灾害，造成 13 人死亡，31 人失踪，43 人受伤（图 5-30）。

图 5-29　洪水围困建筑物

图 5-30　洪水冲毁小河镇建筑物

7 月 21 日 4 时 30 分左右，辽宁省铁岭市铁岭县辽河支流胜利河阿吉段由于短时间内受到高强度集中降雨影响，出现决口，决口长度 20m。险情发生后，铁岭市、铁岭县两级地方党委和政府迅速组织当地驻军、公安干警、民兵预备役 400 多人抗洪抢险，安全转移受威胁群众 3000 多人。

(4) 8 月的暴雨与洪水

2010 年 8 月 7 日 23 时 20 分，一场特大暴雨突降甘肃舟曲，20min 后，县城北面的罗家峪、三眼峪泥石流下泄，首先冲倒靠近山脚的平房，接着夹带着泥沙的石流越滚越大，越过一道又一道阻挡，把宽约 500m、长约 5km 的区域夷为平地（图 5-31）。倾泻而下的泥石，拥堵在三眼峪入江口以下至瓦厂桥约 1km 多长的江道内，阻断白龙江，形成堰塞湖。抬高白龙江舟曲县城段水位约 10m，江水倒灌，舟曲大半个县城被淹。此次泥石流灾难致舟曲死亡人数达到 1254 人，失踪 490 人。

8 月 19～21 日，辽宁丹东地区遭受特大暴雨袭击，鸭绿江发生新中国成立以来第二大洪水。丹东 44 个乡镇严重受灾，多处公路冲毁，桥梁中断，大量人员被困，丹东市各险区共有 6.4 万名群众被安全转移。

受持续暴雨影响，宝成铁路线跨石亭江大桥（四川德阳广汉市小汉境内）两个桥墩三孔被冲毁。8 月 19 日从西安开往昆明的 K165 次列车两节车厢在四川广汉市境内掉进石亭江（图 5-32），被洪水冲出 200m 远。经过紧张的营救，车上人员已全部安全转移，未出现人员伤亡。

图 5-31 洪水泥石流后的曲舟

图 5-32 洪水冲毁石亭江大桥

(5) 9月的暴雨与洪水

9月16日14时至9月19日19时，新疆阿图什市连日普降大雨到暴雨，降水总量达41.6mm，造成山洪暴发。洪水冲毁农田，还冲毁防洪坝、水渠、防渗渠等水利设施，以及145km道路和10座大桥（图5-33），洪水造成4人死亡，2人失踪，转移群众7000余人，直接经济损失达1.11亿元。

图 5-33 洪水冲毁桥梁

2010年9月6～7日，安徽亳州市出现较强降水。强降水时段主要集中在7日凌晨到上午，强度强、雨量大。大部分地区雨量超过100mm，其中涡阳南部和蒙城、利辛中北部降水量达200～350mm。全市降水量超过250mm以上的乡镇有12个，超过300mm的乡镇有11个，涡阳县曹市镇441.2mm，蒙城岳坊镇428.7mm。此次暴雨洪涝共造成全市1608320人受灾，27848人被困，紧急转移安置3283人；农作物受灾面积154686.0hm^2，其中成灾面积70592.7hm^2，绝收926.7hm^2；倒塌房屋765间，损坏房屋1998间。

(6) 10月的暴雨与洪水

从2010年9月30日20时开始，我国海南岛遭受了持续9天的大暴雨，为1951年该省有气象记录以来最长大暴雨天气过程。全省平均累积过程雨量超过645mm，突破历史极值。全省16个市县、202个乡镇（街道）受灾，受灾人口273.88万，转移人口44.71万人，因灾死亡3人；倒塌房屋3064间，农作物受损16.67万hm^2，其中绝收7.4万hm^2，水产养殖损失16.3万t，几乎是毁灭性的；交通、供电、水库等基础设施受损严重；强降雨灾情造成直接经济损失约91.4亿元。

本次海南的大暴雨突破了多年纪录。自9月30日夜间至10月6日8时，万宁市连续7d普降大暴雨，局部特大暴雨，全市20个观测站累积降雨量均超过800mm，其中3个超过1000mm，最大的为龙滚站1189.8mm，过程雨量为历史罕见。10月2日，陵水站降水量达239.0mm，突破该站30年同期10月份日最大降水量极值。10月4日14时～5日14时的一天时间内，全岛共有204个监测站雨量超过100mm，其中69个超过200mm，10个超过300mm，琼海市中原镇雨量最大，达445.2mm。10月5日，琼海降水量达

604.0mm，突破该站历史日最大降水量极值。

10月15日海南出现新一轮强降水天气。10月15日8时至18日7时，全岛平均降雨量为279.5mm，其中15个市县出现100mm以上降水，12个市县代表站雨量超过200mm，9个市县代表站雨量超过300mm，2个市县代表站雨量超过400mm，最大的三个站依次为：屯昌531.7mm、澄迈468mm、海口388.9mm。两天多的持续强降水，再加上国庆期间的强降水，海南省主要江河水均处于偏高水位，多数水位超过警戒水位。灾情发生后，海南省军区解放军官兵及当地边防武警官兵积极帮助灾民清理淤泥、修复被洪水冲毁的桥梁、道路等，同时大批卫生医疗和防疫人员分头进入各受灾区，进行全面消毒。图5-34、图5-35为被洪水围困和冲毁的建筑物。

图5-34　洪水围困建筑物

图5-35　洪水冲毁建筑物

5.2.5 湖南“7·15洪灾”调查分析

(1) 洪水灾害调查

受强热带风暴“碧利斯”影响，2006年7月14～16日，湘南郴州、衡阳、永州等地出现罕见暴雨，暴雨中心在耒水流域，14 日 8 时至 17 日 8 时，湘水流域平均降雨 330mm。湘江一级支流耒水流域出现百年一遇的特大洪水，3 天内暴涨 10.11m，超过历史最高水位。本次灾害（强热带风暴、暴雨、洪水、滑坡、泥石流）造成湘南 230.2 万人受灾。暴雨洪水导致京广铁路湘南段中断，大量旅客列车停运，仅长沙就有近 3 万旅客出行受到影响。灾情发生后，公路和民航调动大批汽车和包括波音 777 大型飞机在内的交通工具疏导客流。“7・15”巨灾给湖南省造成了巨大的损失，涉及供水供电系统、通信系统、交通运输系统、工农业生产系统、灾区居民等。据中国台风统计年鉴，“碧利斯”强热带风暴导致的损失远远超过了湖南省 1985～2002 年所有台风造成损失的总和。

图 5-36 洪水围困建筑物

(2)“7・15”洪灾的特点

本次洪水灾害的特点可总结为以下各方面：

① 降雨强度大、范围广，洪水来势猛。此次暴雨强度大，耒水流域出现的特大洪水为百年一遇。

② 受灾人口众多，经济损失重大。据湖南日报报导，灾害主要发生在湘江流域中上游，此次灾害链导致湖南省受灾人口众多，因灾损失 78 亿元人民币，占湖南省 2004 年全省国民生产总值的 1%。由此可见，此次巨灾给湖南省带来的人员伤亡和经济损失非常惨重。

③ 城乡受灾严重。部分地区农作物连续遭洪水浸泡，或遭受泥石流掩埋。全省减收粮食 75.62 万 t，倒塌房屋 8.42 多万间，其中农村房屋倒塌占绝大多数。洪水导致城市严重内涝，洪水在郴州市郴江河畔造成街道部分房内积水达 2.5m，在耒阳市则出现了支流入耒水口附近街道积水深度达 3m（图 5-36）。

④ 生命线工程遭受重创。此次水灾仅在郴州市就造成了 119 座水电站损坏，造成京广铁路、京珠高速公路、106、107 国道和 212、213、320、322、324 省道等交通干线多处中断，全省共有 2 座中型水库、99 座小型水库受损，损坏溪河堤防 6732 处，另外大量水渠被洪水冲刷损毁。

(3) 洪水灾害分析

这次巨灾是在特大暴雨、陡峭地形等自然因素与工程因素、灾害预警系统不够完善以及人们防灾意识薄弱等社会经济因素的共同作用下形成的。

① 自然因素。强热带风暴“碧利斯”带来的暴雨强度大，湘江流域上游地区地貌类型主要以丘陵山地为主，集中降雨容易在山区形成洪水，从而引发滑坡、泥石流等自然灾害。

② 社会经济因素。工程建设的不合理及维护的不到位增加了承灾体的脆弱性，降低了承灾体的御灾能力，如城市下水道系统存在问题，滨河建设的不尽合理，住房选址不当，修建公路破坏山体坡面稳定条件等。

③ 生态平衡遭到破坏，水土流失严重。

④ 预警机制不够健全、防灾意识薄弱导致了区域应对巨灾的能力不足。

5.2.6 四川“98洪灾”调查分析

(1) 洪水灾害调查

1998年夏季，四川遭受了继1991年洪灾后的又一次特大暴雨袭击和特大洪水灾害，造成了严重损失。1998年5～9月间，四川省各地相继遭受了15次降雨天气和洪水灾害，受灾范围遍及全省180个县（市），受灾人口为2718万，受灾农作物2566万亩，倒塌建筑物32.78万间，道路多处被毁，交通中断，直接经济损失123亿元。其中有8次特大洪水灾害：第一次，5月7日2时～18时30分，达川地区的达县、大竹、开江、渠县、宣汉等县遭到大风暴雨袭击，最大降雨量为124mm，造成洪水暴发，山体滑坡，有14个城镇进水，最高水位2.01m，大量建筑物倒塌。第二次，5月20日下午至21日上午，巴中、平昌、通江、南江等地普降暴雨，最大降雨量为314mm，并伴随8级大风和冰雹，17个乡镇严重受灾，许多道路和桥梁被洪水冲毁。第三次，6月28～29日，达川地区6个县市普降暴雨，最大降雨量为176.5mm，造成山洪暴发，河水猛涨，道路被冲毁。第四次，6月28日～7月1日，凉山州的13个县市和攀枝花市遭遇了10年未遇的特大洪灾，多条公路被毁。第五次，7月4～6日，成都市区及周围县市遭受特大暴雨，最大降雨量为352mm，许多地方成为汪洋，建筑物被洪水淹没、甚至冲垮（图5-37）。第六次，6月28日～7月6日，甘孜地区连降暴雨，最大降雨量为101mm，公路中断。第七次，7月5～14日，宜宾地区数天暴雨造成洪水、泥石流、山体滑坡等灾害，多条公路被毁。第八次，8月19～21日，广元、绵阳、德阳、成都等45个县区发生大暴雨天气，最大降雨量为200mm，有11个县城进水，大量建筑物被毁，多条公路遭到破坏。洪水冲毁路基，造成宝成、成渝、达成等3条铁路相继中断。

图5-37　洪水围困建筑物

(2) 洪水灾害特点

① 持续时间长，受灾范围广。本次暴雨断断续续经历了5个月的时间，受灾范围遍及全省180个县（市），超过了1981年和1991年。

② 暴雨强度大，洪水突发性强。暴雨导致8次特大洪水灾害，洪水来势凶猛，造成嘉陵江中上游、涪江中上游、沱江中上游河流水位暴涨。

③ 破坏性大，经济损失大。本次暴雨破坏性大，导致四川腹地洪水泛滥，建筑物倒塌，农作物受损，铁路、公路中断等。其中，成昆铁路米易至攀枝花之间被洪水和泥石流冲毁，冲空路堤90m，钢轨悬空5m，行车中断64h。

(3) 洪水灾害分析

① 气候异常

5～9月间，西南地区有低气压发展，巴尔喀什湖和贝加尔湖一带有较强冷空气南下，而长江中上游长期被热带高压所控制，这样，南方热空气和北方冷空气在四川一带交汇，再加上低压的作用，就形成1998年的暴雨天气。

② 不利的地形地貌

四川盆地是一个汇水盆地，西高东低，山高坡陡，暴雨在地面上靠重力作用迅速汇集到河谷中，形成具有很大冲击力的洪水。这种洪水的特点是来得快速而凶猛，因为地理因素，水根本无从排泄，造成的破坏是可怕的。同时，嘉陵江、涪江、沱江、岷江等诸多江河汇集平原后，泥沙沉积，河床淤塞，容易造成洪水灾害。

③ 生态平衡遭到破坏，水土流失严重

由于各种因素和人为的乱砍滥伐，毁林开荒，森林面积的大幅度降低，植被受到严重破坏，从根本上动摇山体植被拦蓄功能，导致大量水土流失。每逢大雨，许多地区山体滑坡、泥石流等自然灾害增多，泥沙在没有任何阻挡的情况下随着滚滚洪水冲入江湖，最后沉积在江河湖底，致使江湖河床淤高，水流受阻，水位抬升，造成灾害。同时，植被受到破坏，生态失去平衡，由此带来的是局部或大部分地区气候反常，恶劣天气出现频率增大。

④ 河道缺乏统一管理，泄洪能力下降

不按防洪要求进行村镇建设，任意挤占河道；在河中挖砂，河堤基础被掏空；随意往河道抛扔杂物和垃圾等，造成河道变窄，泄洪能力下降。

5.2.7 台湾洪水灾害调查分析

(1) 南投县洪水灾害分析

2008年9月16日，台湾南投降雨量超过1000mm，塔罗湾溪暴涨，距洪水最近的2层木结构芦山宾馆首当其冲，涌出的大量泥石流将整座宾馆淹没。当时宾馆一员工先跑到外面一处高坡，另一员工慢了一步，被困在宾馆内。位于芦山宾馆斜对面的绮丽温泉饭店为5层建筑物，下午近3时许，洪水淘空了建筑物临溪的挡墙，五层楼的饭店往溪边倾斜，惊险万分，房客与员工迅速逃离。不到4时，建筑物地基坍塌，大楼“轰”地一声倒在洪水里（图5-38）。洪水水位因大楼倒塌顿时上升，旁边的大红色拱形铁桥“温泉彩虹桥”不堪冲击而垮塌。当天下午的洪水还淘空了芦山派出所对面的玉池饭店地基，建筑物岌岌可危。另外，洪水又淹没了碧绿、一品居、闲云等饭店一层楼。

(2) 台东县洪水灾害分析

2009年8月初，台湾台东县知本温泉区入口的路基惨遭洪水淘空，附近建筑物的地基土流失，包括便利商店在内近10家店面掉入水中，楼高6层的金帅大饭店逐渐倾斜。9日一早，附近居民有人大喊“金帅可能要倒了”，人们发现金帅大饭店已经倾斜近20°，饭店旁边的商店部分已掉入河里，只剩下残骸。幸亏业主在前一天看到情势不好，收拾了大部分东西，贵重物品也先撤离，所以没有造成人员伤亡。上午11时38分时，金帅大饭店整栋建筑物倒塌（图5-39）。由于先前旅客已紧急疏散，未有伤亡。

图5-38　洪水冲毁绮丽温泉饭店

图5-39　洪水冲毁大饭店

5.2.8　沪昆铁路洪水灾害调查分析

（1）洪水灾害调查

2010年5月23日凌晨2时许，连日降雨造成山体滑坡掩埋线路，由上海南开往桂林的K859次旅客列车，行驶到江西境内沪昆铁路余江至东乡间时发生事故，列车第1至9节车厢脱线，中断上下行线路行车（图5-40）。事故造成19人遇难，11人重伤，60余人轻伤。

图5-40　洪水滑坡摧毁铁路

事故发生后，胡锦涛总书记高度重视，要求迅速组织力量，抢救受伤人员，尽快恢复正常运输秩序。南京军区官兵，江西省消防、交警、医疗等部门立即组织近万名人员参与抢险救灾。现场救援分两条线同时进行。一方面组织救援力量，全力抢救伤员；另一方面，疏导被埋道路，恢复沪昆铁路这条东西交通大动脉的通行（图5-41）。经过近万名救援人员的奋力抢修，中断了19h的沪昆铁路，于当天晚上9点左右全线恢复通车。

(2) 灾损分析

造成这起事故的原因是，由于事发地连降暴雨，造成山体突然滑坡。K859次列车经过处铁路上方20m是一条公路，公路上方20m处山体发生坍塌，致使运行中的列车发生脱线。

图5-41 铁路抢修

专家组现场勘察认为，这次滑坡是强降雨诱发的突发性边坡地质灾害。滑坡地段处位于沪昆铁路江西余江至东乡段K699m处的南侧边坡，高约17m，长60m，宽30m，厚3～8m，体积约9000m³，该边坡滑动前原始坡度约30°。

据东乡气象局提供的数据，事发前当地11d内累计降水量251mm，事发前24h东乡县晓岗镇降水量达60mm。在降水入渗作用下，含黏性土的斜坡表层岩土体达到饱和状态，强度降低，增加了下滑力，致使滑动岩土体从公路上方下滑，冲破多道铁路防护网，掩埋单向铁路轨道，造成运行中的K859次旅客列车（上海南开往桂林）机车及第1～9号车厢脱轨。

5.2.9 "213国道"茂县段洪水灾害调查分析

(1) 洪水灾损调查

2010年6月7日晚间，连降暴雨，岷江水位升高、流速加快，致使"震中生命线"国道213线发生三处险情：茂县南新镇七星关回塘湾处80m长路面被冲毁，松潘县岷江乡K714km处先是被洪水淹而后遭泥石流，映汶路老虎嘴段约70m路基半幅垮塌。7日晚岷江水流量达到1280m³/s，凶猛的岷江水到达"老虎嘴"后，由于河段突然变窄，水位抬高，松散的碎石被抛到岷江左侧，造成岷江改道，冲向右边的213国道。强大的冲力将外挡墙冲毁后，又掏空了路基下的碎石和泥土，造成路基塌陷（图5-42）。

图5-42 洪水冲毁毁路基

(2) 道路抢修

灾情发生后，当地相关部门立即组织了60多名工人及大型机械到现场抢修。为了防止路基完全被冲垮，现场人员采用钢绳网兜大石头，然后抛填到垮塌处，迅速修复地基，然后用挖土机抛石抢修（图5-43）。

图 5-43　道路抢修

5.2.10　清连高速公路洪水灾害调查分析

（1）洪水灾损调查

清连高速公路是广东第一条由普通公路改造成高速路的项目，改造工程于 2006 年 8 月全面动工，改建好的清连高速公路全长 215.25km，南起清远市郊的迳口，北至粤湘交界的连州市大路边镇凤头岭。在一级公路设计的基础上，高速化改造设计为双向 4 车道，设计车流量为 8 万辆/d。

清连高速公路沿线地区整个地势从西北向东南部倾斜，境内山峦叠翠，江河纵横。西北部高山属南岭山脉体系，多为海拔 800～1400m 以上的山地，海拔 1000m 以上的山峰达 198 座。东南部是地势较低的丘陵和河谷冲积平原。洼地最低处海拔仅为 6m。

图 5-44　道路上的泥石流和塌方

2010 年 5 月，广州地区遭受暴雨连续袭击，降雨范围大，降水量大，导致受灾面比较广。5 月 13～16 日，清远市累积平均降雨量为 93.3mm，累积雨量超过 100mm 的有 47 个（占 39%）、超过 200mm 的有 4 个（分别出现在佛冈烟岭、高岗，英德黎溪，连山永和）。5 月 15 凌晨，广东清连高速公路清新县迳口段，因暴雨出现多处泥石流和塌方，阻断了交通（图 5-44）。当地有关部门紧急出动大型机械到场抢险。5 月 16 日，广东清远至连州高速公路出现多处大面积塌方，其中一处塌方缺口宽约 10m，延伸到公路路基下，高速公路路面有部分已经悬空。

（2）灾损分析

山洪冲刷使高速公路一侧原本用水泥和石块浆砌的护坡出现严重的剥落，路基被淘空，一段十几米长的公路路肩悬空，露出厚厚的水泥面层，公路护栏也出现弯曲变形（图 5-45）。为了避免出险处有车辆通过酿成意外，管理部门临时设置了路障，禁止车辆靠边行驶，并在塌陷处覆盖防水尼龙布，阻止灾情的扩大，并出动了工人到场清理险段，为下一步的抢修工程做好准备。

图 5-45 大面积路基塌陷

5.3 洪水灾损鉴定

洪水灾害的形成有两方面条件，其一是自然灾变，其二是受灾体。自然灾变的形成具有自然与社会双重因素；受灾体包括社会受灾体、自然环境和资源受灾体。在自然灾变与受灾体两个基本条件制约下，自然灾害以受灾体的损毁程度显示出来，而受灾体的破坏损失，又将影响社会经济环境和自然环境，从而进一步影响致灾的自然因素与社会因素，从而削弱或加剧灾变。如此的联系和互馈，构成洪水灾害系统。

建（构）筑物和道路洪水灾损的影响因素较多，主要可分为三大类：

(1) 致灾因子。洪水的流速、水深、历时等决定建（构）筑物和道路承受洪水冲击情况。

(2) 建（构）筑物和道路本身的性质。建（构）筑物和道路的结构形式、材料、使用时间、地理位置、空间形态等决定其对洪水的抵抗能力。

(3) 社会经济环境。各地采取的防洪措施不同，城市与农村的防洪抗灾能力不同，以及人们对防洪减灾的意识也存在着较大差别。

洪水引起建（构）筑物和道路丧失正常使用功能和损坏，对周围环境造成不利影响时，应进行灾损评估与灾损鉴定，并采取相应措施进行灾损处理。

5.3.1 洪水灾损评估步骤

洪灾损失评估工作大致可分为5个步骤：

(1) 实地调查（或数值模拟、遥感分析），确定洪水淹没范围、淹没水深、淹没历时等致灾特性。

(2) 现场调查洪水灾害的规模和灾损程度，搜集社会经济统计资料，对社会经济数据进行分析，反映社会经济方面的灾损指标。

(3) 判断洪水灾害发生的类型和原因，将水情特征分布与社会经济特征分布进行对比，获取洪水影响范围内不同淹没水深下建（构）筑物和道路的数量及分布。

(4) 选择具有代表性的典型地区、典型建（构）筑物和道路灾损案例分别作调查统计，搜集与灾损案例相关的水文地质资料、原设计文件、竣工资料和使用情况等，根据调查资料估算不同淹没水深、历时条件下，建（构）筑物和道路洪灾损失率。

(5) 根据影响区内各类建（构）筑物和道路分布和洪灾损失率关系，计算洪灾损失。

5.3.2　建（构）筑物洪水灾损鉴定

建（构）筑物洪灾损失鉴定工作可根据建（构）筑物的重要性、用途、面积、体型、结构形式、荷载大小与性质、工程地质条件、水文地质条件等，分为初步鉴定和可靠性鉴定等。

(1) 初步鉴定

由于事出突然，时间紧张，建（构）筑物洪水灾损初步鉴定宜按又快又准的原则进行，尽快得出初步结论，尽量避免次生灾害发生。建（构）筑物洪水灾损初步鉴定可参考以下程序进行。

① 基本情况登记

建（构）筑物名称，地址，用途，建筑规模，结构形式，初步鉴定时间。

② 结构、地基与基础损伤情况鉴定

按照“轻微”、“中等”、“严重”三个级别，对建（构）筑物的结构、地基与基础中重要项目进行鉴定。

a. 建（构）筑物整体或部分倾斜；

b. 基础与上部结构错动程度；

c. 地基与基础淘空程度；

d. 柱损伤程度；

e. 梁损伤程度；

f. 楼板损伤程度；

g. 承重墙损伤程度；

h. 边坡损伤程度，对建（构）筑物影响程度。

③ 非结构构件损伤情况鉴定

按照“轻微”、“中等”、“严重”三个级别，对建（构）筑物的非结构构件中的重要项目进行鉴定。

a. 填充墙损坏程度；

b. 外部装饰材料（如墙面）损坏程度；

c. 女儿墙、阳台损坏程度；

d. 门窗损坏程度；

e. 电梯损坏程度；

f. 楼梯损坏程度；

g. 室外台阶、散水损坏程度；

h. 广告牌、招牌损坏程度；

i. 吊顶、地面损坏程度。

④ 室内设施损伤情况

按照“轻微”、“中等”、“严重”三个级别，对建筑物室内设施的重要项目进行鉴定。

a. 照明灯具及其线路损坏程度；

b. 给水排水器具及其管道损坏程度；

c. 空调器、散热器及其管道损坏程度；

d. 通信机具及其线路损坏程度。

⑤ 初步鉴定结果

根据实际情况，初步鉴定结果应给出综合判断和处理建议，处理建议分别为："可以继续使用"、"需要维修处理"、"需要处理并限制使用"、"宜拆除"等。

（2）可靠性鉴定

灾损建（构）筑物应按照《危险房屋鉴定标准》、《民用建筑可靠性鉴定标准》、《工业厂房可靠性鉴定标准》等国家规范和行业标准进行危险性鉴定和结构可靠性鉴定。

① 现场勘察

a. 收集图纸资料，如岩土工程勘察报告、设计计算书、设计变更记录、施工图、施工及施工变更记录、竣工图、竣工质检及验收文件（包括隐蔽工程验收记录）、定点观测记录、事故处理报告、维修记录、历次加固改造图纸等；

b. 了解建筑物历史，如原始施工、历次修缮、改造、用途变更、使用条件改变以及受灾等情况；

c. 根据资料核对实物，调查建筑物实际使用条件和内外环境、查看已发现的问题、听取有关人员的意见等；

d. 结构基本情况勘查，包括结构布置及结构形式，圈梁、支撑（或其他抗侧力系统）布置，结构及其支承构造；构件及其连接构造，结构及其细部尺寸，梁柱墙损坏部位、损坏程度、裂缝情况，钢斜撑的变形情况，钢板裂缝情况，以及钢结构构件的接头破坏情况等；

e. 结构使用条件调查核实，包括结构上的作用，建筑物内外环境，使用历史（含荷载史）等；

f. 地基基础检查，包括地基土分布及下卧层情况，地基稳定性（斜坡），地基变形，评估地基承载力的原位测试及室内物理力学性质试验等，基础和桩的工作状态（包括开裂、腐蚀和其他损坏的检查），地基与基础淘空程度以及淘空基础占总基础的百分比，基础沉降量，基础不均匀沉降差等；

g. 材料性能检测分析，包括结构构件材料，连接材料，其他材料等；

h. 承重结构检查，包括构件及其连接工作情况，结构支承工作情况，建筑物的裂缝分布；

i. 建（构）筑物的倾斜与局部变形，包括建（构）筑物的水平位移、倾斜方向、倾斜率等；

j. 结构动力特性；

k. 围护系统使用功能检查；

l. 室内设备与管道系统检查，包括电器设施、给排水器具及其管道、空调器、散热器及其管道、通信机具及其线路等。

② 洪水灾损危险建（构）筑物鉴定

洪灾建（构）筑物危险性鉴定根据《危险房屋鉴定标准》进行，分构件危险性鉴定、建（构）筑物组成部分（地基基础、上部承重结构、围护结构）危险性鉴定、建（构）筑物危险性鉴定等三个层次，其重点是判断洪灾建（构）筑物是否已经构成危险建（构）筑物，对未达到危险状态的结构构件不再进行区分。

洪灾建（构）筑物危险性鉴定的具体内容，在此不再赘述。

③ 洪水灾损建（构）筑物的可靠性鉴定

洪灾建（构）筑物的可靠性鉴定根据《民用建筑可靠性鉴定标准》、《工业厂房可靠性鉴定标准》等国家规范和行业标准进行。洪灾建（构）筑物的可靠性鉴定是对受到洪水灾害损伤的建（构）筑物上的荷载效应、结构抗力及其相互关系的检查、测定、分析判断并得出结论的过程。结构的可靠性包括了安全性、适用性和耐久性。由于洪灾建（构）筑物的设计标准、服役时间、使用情况、以及损伤程度的不同，洪灾建（构）筑物的可靠性鉴定标准同样分为四个级别。

洪灾建（构）筑物的可靠性鉴定详见本书的“灾损调查与检测”部分，在此也不再赘述。

5.3.3　道路洪水灾损鉴定

道路洪水灾损鉴定工作主要分为外观检查和实体检测，检查项目的规定值或允许偏差按照《公路工程质量检验评定标准》执行。

(1) 外观检查

① 路基土石方工程外观检查

路基外观检查的内容与标准为：路基边坡坡面平顺、边坡稳定，曲线圆滑，不得亏坡。

② 水工程外观检查

排水沟内侧及沟底应平顺，无阻水现象，外侧无脱空，砌体坚实，勾缝牢固。

③ 洞工程外观检查

涵洞工程外观检查的内容与标准为：涵洞进出口顺适，洞身直顺，帽石、八字墙、一字墙平直，无翘曲现象，洞内无杂物、淤泥、阻水现象；台身、涵底铺砌、拱圈、盖板无裂缝；涵洞处路面无跳车现象。

④ 支护结构工程外观检查

支护结构工程外观检查的内容与标准为：砌体坚实牢固，勾缝平顺，无脱落现象；沉降缝垂直、整齐，上下贯通；泄水孔坡度向外，无阻塞现象；墙身无裂缝，无局部破损；混凝土表面的蜂窝麻面不得超过该部位面积的0.5%，深度不得超过10mm。

⑤ 路面工程外观检查

路面工程外观检查的内容与标准为：混凝土板的断裂块数，高速公路和一级公路不得超过0.2%，其他公路不得超过0.4%；混凝土板表面的脱皮、印痕、裂纹、石子外露和缺边掉角等病害现象，高速公路和一级公路不得超过受检面积的0.2%，其他公路不得超过0.3%；路面侧石应直顺、曲线圆滑，接缝填筑应饱满密实，胀缝无明显缺陷。沥青混凝土面层、沥青碎石面层：表面应平整密实，不应有泛油、松散、裂缝、粗细料明显离析等现象，对于高速公路和一级公路，有上述缺陷的面积（凡属单条的裂缝，则按其实际长度乘以0.2m宽度，折算成面积）之和不得超过受检面积的0.03%，其他公路不得超过0.05%；搭接处应紧密、平顺、烫缝不应枯焦；面层与路缘石及其他构筑物应衔接平顺，不得有积水现象；沥青表面应平整密实，不应有松散、油包、波浪、泛油、封面料明显散失。

⑥ 交通安全设施外观检查

(2) 实体检测

① 路基土石方工程实体检测内容为：压实度，弯沉，路基边坡。

② 排水工程实体检测内容为：断面尺寸，铺砌厚度等。

③ 涵洞工程实体检测内容为：结构尺寸，流水面高程。

④ 支护结构工程实体检测内容为：混凝土强度，断面尺寸，表面平整度。

⑤ 路面工程实体检测内容为：沥青路面压实度，沥青路面弯沉，混凝土路面强度，混凝土路面相邻板块高差，混凝土路面平整度，混凝土路面的厚度、宽度和坡度。

根据工程质量外观检查和实体检测的结果，按《公路工程质量检验评定标准》对道路洪水灾损进行评定。分部工程质量等级分为合格、不合格两个等级。

5.4 建（构）筑物洪水灾损处理

建（构）筑物的洪水灾损的预防与处理是一个系统工程，包括防治对策、防洪设计、灾损处理等。

5.4.1 建（构）筑物防洪设计

（1）场地选择方案。

为了保证建（构）筑物的防洪安全，其建设场地应避开大堤险情高发地段，避开地质灾害易发地段，避开不稳定土坡等不利地段，远离旧的溃口；宜优先选择地势较高的场地、或有防洪围护设施的地段作为建（构）筑物建设场地。

选择建（构）筑物场地时，首先要进行岩土工程勘察，取得可靠的工程地质和水文地质资料。另外，地形、地貌、降水量、地表径流系数、多年洪水位等也是建（构）筑物选址时必要的基础数据。

（2）基础设计方案。建（构）筑物应采用对防洪有利的基础方案。基础宜坐落在沉降稳定的正常固结土或超固结土上，避开欠固结土地基。基础类型宜采用深基础，如桩基、箱基等，以增强建（构）筑物的抗倾覆、抗冲击性能。有些复合地基，如石灰桩复合地基、砂桩复合地基，在防洪区不宜采用。多层建筑物的基础浅埋时，应注意加强基础的刚度和整体性，如采用片筏基础，增设地圈梁等。

（3）上部结构设计方案。为了抵抗洪水侵袭，建（构）筑物应加强上部结构的整体性。多层建筑物应设置足够的构造柱和圈梁。对于农村建筑，不能采用黏土作为砌筑材料，避免洪水浸泡后，造成整体垮塌。

（4）建筑材料。防洪建（构）筑物应选择防水性能好、耐浸泡的建筑材料，如钢筋混凝土、混凝土等。砖砌体应设置防护面层，木结构应作防腐处理。

5.4.2 洪水灾损防治对策

建（构）筑物洪水灾损防治对策应从以下几个方面入手，全方位进行防治：

（1）增强防灾意识。各级主管部门要通过多种形式宣传洪水灾害的突发性和危害性，提高干部、职工、广大人民群众对洪水灾害的认识，统一思想，增强大家的防灾减灾意识，未雨绸缪，切实做好防御洪水灾害的准备。

（2）建立预报预警系统。管理部门应加大投入，逐步建立一系列完善的洪灾预报预警系统。要与当地的气象部门建立密切联系，加强短期的天气预报与监测，增长预见期。气象台站应经常通报灾害易发区的气象预报。管理部门要加强监测，及时发现异常情况。

(3) 做好预防与抢修工作。管理部门应组织好由指挥、行政、后勤、抢险队员、医疗卫生人员组成的抢修队伍，准备实施抢险救灾任务。抢险队伍可分为专业队、常备队、预备队、抢险队以及机动抢险队等。

(4) 实现综合治理。管理部门应按照统一规划、分工合作、近远期相结合以及先急后缓的原则，认真做好洪水灾害的摸底调查工作和防治方案的编制工作，逐步实现综合治理。根据不同地域的气象、水文、地理、地势、地貌以及人口数量等多种因素，分析洪水成灾几率和程度，分级划出警戒区域，制定综合治理方案，报相关部门批准并付诸实施。特别对于地质灾害易发地区，应划界立标，确定洪水灾害特级或以及警戒区，报请当地政府同意并发文，严格控制居住、生产和建设活动。

5.4.3　洪水灾损处理原则

建（构）筑物洪水灾损处理应遵循以下原则：

(1) 建（构）筑物灾损处理方案应根据灾损鉴定结论确定，并应完善其使用功能，兼顾美观；

(2) 灾损造成的危险构件，应先采用施工工期短、方法可靠的应急措施进行加固；

(3) 灾损处理设计方案应便于施工，并减少对生产或生活的影响；

(4) 灾损处理施工时，应合理选择施工工艺，减少扰动；

(5) 灾损处理应采用动态设计和信息化施工。

5.4.4　洪水灾损处理

(1) 洪水灾损处理设计文件的内容应包括：建（构）筑物现状、工程地质条件、处理方案比选、处理设计、施工要求、质量控制指标、环境及相邻设施的保护措施等。

(2) 洪水冲击造成建（构）筑物灾损可采取下列措施进行处理：

① 根据结构损伤情况，可采用裂缝修补、加大截面、外包钢加固、预应力加固、增设支点加固、粘钢加固、粘贴纤维布加固、配筋水泥砂浆面层加固、捆绑式加固以及托换等方法对结构和构件进行处理。

② 根据基础损伤情况，可采用加大基础底面积、加深基础以及基础补强等方法进行基础加固。采用砖加固基础时，砖强度等级不宜低于MU10，砂浆强度等级不宜低于M5。

③ 根据地基灾损情况，可采用桩式加固、注浆加固以及换填等方法进行地基处理。

(3) 洪水冲刷引起的灾损可采取下列措施进行处理：

① 轻微的地基淘空面，可采用干硬性混凝土或水泥砂浆进行充填。

② 严重的地基淘空面，可利用注浆法或树根桩进行处理。

③ 均匀沉降较小时，可根据实际情况采用加强上部结构和增加基础刚度等方法进行加固。不均匀沉降较大时，可采用锚杆静压桩法、树根桩法、注浆法、高压喷射注浆法、硅化法、碱液法、加深基础法、加大基础面积法、抬墙梁法和基础补强法等进行加固。

④ 洪水冲刷引起建（构）筑物倾斜需要纠倾时，应结合防复倾加固措施，对受影响或已破损的结构构件和关键部位进行相应的结构改造与加固补强。

(4) 洪水浸泡引起的灾损可采取下列措施进行处理：

① 根据结构损伤情况，可采用裂缝修补、外包钢加固、粘钢加固、粘贴纤维布加固和网状配筋水泥砂浆面层加固等方法对水浸结构进行补强。采用注胶（浆）法进行裂缝处理施工时，应先采取措施对裂缝进行清洁处理。对地下水位以下的结构裂缝处理应同时采

取防渗措施。

② 洪水浸泡的钢结构，应重新进行防锈蚀处理。

③ 洪水浸泡的地下室，应进行结构与构件的补强和防水处理。

④ 根据地基浸泡情况，可采用加大基础底面积、加深基础、桩式加固、注浆加固、高压喷射注浆以及换填等方法进行地基加固。

⑤ 对于浸泡的湿陷性黄土地基，当湿陷变形较小并已趋于稳定时，可仅对上部结构进行加固。当湿陷变形较大或变形尚未稳定时，可采用双灰桩法、夯实水泥土桩法、坑式静压桩法、锚杆静压桩法、硅化法、碱液法以及灰土挤密桩围箍地基法（图 5-46）进行处理。对于非自重湿陷性黄土地基，加固深度宜达到基底压应力小于湿陷起始压力之土层。对于自重湿陷性黄土地基，加固深度宜穿透全部湿陷性土层。在湿陷性黄土场地施工时，应采取有效措施防止施工用水或其他水再次浸泡地基。采用围箍地基法施工时，应先施工外排桩，由外及内、隔排隔孔成桩。

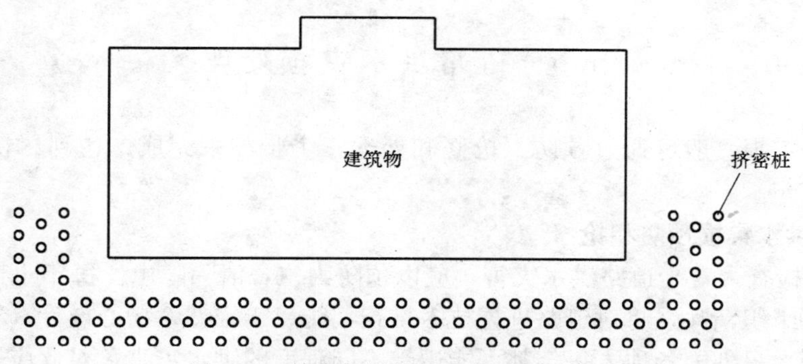

图 5-46 挤密桩围箍地基法平面示意图

洪水浸泡湿陷性黄土地基，造成建（构）筑物湿陷变形时，采用双灰桩、夯实水泥土桩或灰土挤密桩围箍地基法配合其他加固法进行处理，是一种可按一定施工程序边施工边观测、逐步逼近的有效方法。一些工程实践证实，由于挤密作用，围箍地基施工过半时，建（构）筑物湿陷变形就大为收敛，围箍施工接近尾声时，建（构）筑物的裂缝已经开始合拢。所以，一些湿陷变形的建（构）筑物，仅通过围箍地基法便可达到加固、甚至纠倾的目的，与其配合的其他加固法可根据实际情况进行取舍。

采用双灰桩围箍地基时，应采用粒径不大于 50mm 的新鲜生石灰块，有效氧化钙含量不宜低于 70%。桩孔验收合格后，立即灌料、夯实，并且将生石灰与粉煤灰料随拌随灌。为了保证双灰桩的桩身密实度，每段填料厚度一般不大于 400mm。

⑥ 对于浸泡杂填土地基引起的不均匀沉降，可根据实际情况采用加强上部结构和增加基础刚度等方法进行处理。当不均匀沉降较大时，可采用注浆、树根桩、双灰桩、加深基础、加大基础面积、抬墙梁和基础补强等方法进行加固。

⑦ 对于浸泡的膨胀土地基，可采用换填、土性改良等方法进行地基加固。施工时宜分段处理，快速作业，及时回填与封闭。

(5) 洪水引起滑坡的灾损可采取下列措施进行处理：

① 采用先治坡后治房的原则，统筹治理。可采用支挡、减载、反压和注浆等措施对滑坡体进行加固。

② 破损程度轻微的建（构）筑物，可采用裂缝修补等方法进行补强处理。

③ 破损程度较严重的建（构）筑物，可采用加大截面、外包钢加固、预应力加固、增设支点加固、粘钢加固、粘贴纤维布加固、配筋水泥砂浆面层加固、捆绑式加固以及托换等方法对结构和构件进行加固，必要时可采用锚杆静压桩、树根桩、注浆和高压喷射注浆等方法对地基进行加固。

(6) 对于重要的灾损建（构）筑物，可结合移位技术将建（构）筑物移至防洪有利地段，其基础底标高宜在多年洪水线以上，并与堤防有一定的安全距离。

(7) 洪水灾损处理施工前应编制施工技术方案和施工组织设计，并对施工过程中可能出现的不利情况制定应急措施。

(8) 洪水灾损处理施工过程中，应进行变形观测，必要时对相邻的建（构）筑物和地下设施同时进行监测。对重要的或对沉降有严格要求的建（构）筑物尚应在完工后继续观测，直到沉降稳定为止。

5.5　道路洪水灾损处理

道路洪水灾损一般可通过预防、抢修和处理三个步骤来完成，达到尽快恢复交通的目的。

5.5.1　道路洪水灾损预防和抢修

(1) 预防检查。对于道路洪水灾害，应以预防为主，清除隐患。每年汛期前，各级道路主管部门要组织精兵强将对道路进行技术排查，防患于未然，精心设计，精心施工，修一处，保一处。另外，各地方每年都可能遭受不同程度的洪水灾害，对此应进行认真调查与总结，搜集大量的现场资料，寻找真正的原因，结合实际情况进行预防性设计与施工。同时，注意科技成果的采用，积极推动科技发展。

道路洪水灾害预防检查的主要项目有：①边沟、盲沟、跌水井等排水系统有无淤塞，路面、路肩的横坡是否正确，路肩上是否存在堆积物阻碍排水；②引坡、护坡、涵洞、挡土墙基础是否存在被淘空或损坏现象；③涵洞、透水路堤是否有淤塞、漂浮物、堆积物等影响排水；④沿河路段的路基有无孔洞或下沉现象；⑤浸水路堤和边坡路基有无松裂现象；⑥道班房屋的基础有无淘空，墙体有无裂缝，屋面防水层是否完好，等等。

(2) 做好水灾预警工作。洪灾预警工作的内容有：①清理、疏通各种排水系统；②修缮、加固各类道路构筑物；③采取措施，防止漂浮物大量下冲；④检修好水泵、管道、电器等相关的防洪排水设施。

(3) 加强汛期巡视工作。各管理机构应在汛期内组织工程技术人员进行巡视，检查涵洞、路基、路面、护坡以及构筑物。对小的隐患应当场排除，对严重破损危及交通安全的部位，应在两端设置警告标志或禁止交通标志，并及时报告上级。

(4) 确保物资供应。道路洪灾抢险需要大量的物资，包括砂石料、木桩、编织袋、绳索等；必备的工具有锄头、铁锹、钢铲、簸箕、推车等；必备的照明设备有发电机、电线、灯具等；主要运输工具有各类汽车；清除塌方的工具有铲车、挖掘机等。抢险材料可采用现场备料和物资部门备料两种方式。

(5) 统筹安排抢修工作。为了进行有效的抢修工作，应该统筹安排。易毁路段和构筑物应设置专门的抢修队伍守护，备足抢修材料、工具、用具以及救生、照明、通信设备等。当洪水对道路产生破坏时，应进行紧急抢修，防止灾害扩大。

5.5.2 道路洪水灾损处理措施

（1）路基洪水灾损处理措施

① 对于一般软弱场地上的路基洪水灾损处理，宜采用级配良好的砾类土、砂类土或碎石等对路基进行换填加固。对于欠固结土、淤泥、淤泥质土场地的路基，还可以采用石灰桩法、掺石灰法等进行加固。洪水浸泡过的灾损路基，可采用注浆、高压喷射注浆和桩式加固等方法进行处理。

当需要用透水性不同的土填筑路基时，应将透水性强的土填筑路基下层，将透水性弱的土填筑路基上层。在地下水位较浅的路段，应铺设砂砾层切断毛细水上升，以免影响路基的稳定性。

② 修缮路基排水设施。路基边坡的纵坡不应小于 0.5%，单向排水长度不宜超过 500m，分段设置排水沟，涵洞将水引出路基，以免排水积聚在边沟内下渗，影响路基稳定。

③ 路堑必须设置边沟，对于较长的路堑必须设置合理的纵坡，当纵坡较大，且有冲刷可能时，应给予加固加深，或改用跌水井、急流槽等设施。路堑挖方上侧距离挖方坡口 5m 外应设置一道或多道截水沟，以便使地表水汇入截水沟引到排水沟，或由涵洞排出。

④ 对于半挖半填路段，两侧山体坡度必须开挖到位，必要时设置合理的碎落台，对于地质不良路段，采用浆砌毛石或骨架植物等方法进行坡面防护；防止山体滑坡或泥石流。

（2）路堤洪水灾损处理措施

① 路堤填料应选择稳定性好的级配砾类土、砂类土以及石料。由于粒径过大的石料在碾压过程中很难移位和摊平表面，从而很难进一步破碎和压实，施工质量难以保证，所以，石料的粒径不宜过大，过渡层最大粒径应小于 150mm。另外，粒径较大的填料给施工质量检测也带来不便，影响施工质量控制。

② 用浆砌毛石或骨架植物等方法对新筑路堤进行坡面防护。

③ 膨胀土地区加固路堤时，宜采用非膨胀土或膨胀土进行掺灰处理，掺灰后的总胀缩率不宜大于 0.7%，并确保边坡防护质量。

④ 软土场地加固路堤时，路堤底部宜设置透水性水平垫层，厚度宜为 0.5m。

（3）路面洪水灾损处理措施

① 路面基层应采用水泥土、二灰土、碎石土等以提高路面的水浸稳定性，面层宜采用密实型路面结构，以防雨水下渗。

② 提高路面级别。

（4）防护工程洪水灾损处理措施

① 道路防护工程中，浆砌片石挡墙用得比较多，一方面用来支撑路堤填土确保道路宽度，同时又可以起到防御洪水对路堤、路基的冲刷作用。洪水强度越大，冲刷路基越深；当水流与挡墙正交时，冲刷最深。随着水深的增加，当水面与挡墙路面平齐时，冲刷深度达到最大值，洪水继续上涨漫溢路面，挡墙基础的冲刷深度不再增加。所以，挡墙基础按水位与路面平齐时的冲刷深度进行处理，安全可靠。

② 对于无冲刷地基，防护工程基础埋深不应小于 1.0m。对于冲刷地基，防护工程基

础埋深应在冲刷线以下至少1.0m。

③ 挡土墙应设置排水设施，以疏干墙后填土中的积水，防止积水产生静水压力、产生冻胀力、降低填土的抗剪强度等。

④ 路堑挡土墙后地面应作好排水处理，设置排水沟，必要时夯实地表土减少雨水或地面水下渗。墙趾前的边沟应进行铺砌加固，防止边沟水渗入基础。

⑤ 浆砌片石挡墙的泄水孔应视泄水量大小确定孔径。泄水孔间距一般为2～3m，上下泄水孔应错开布置，下排泄水孔应高出地面。若为路堑墙，泄水孔应高出边沟水位0.3m。若为浸水墙，泄水孔应设置在常水位以上0.3m。

(5) 涵洞洪水灾损处理措施

① 对于山区沿溪道路，一般每隔300m设置一道涵洞，通常设置在凹凸曲线顶部或纵坡的陡缓变坡处，穿越村庄路段为排除村庄地面积水也应设置涵洞。涵洞应设置直径不小于1000mm的钢筋混凝土管涵、或墙深高度不小于1000mm的钢筋混凝土板涵或石拱涵。对于山区道路，涵洞不仅排水而且输沙，如果孔径太小，流沙或杂物堵塞涵洞后，人工清淤较难，涵洞排水功能减弱，一旦山洪暴发，涵洞极易被冲毁。

② 涵洞进水口应采用浆砌片石，当涵前排水沟纵坡较大时，应设置跌水井、急流槽等设施，以减缓洪水流速。

5.6 洪水灾损处理实例分析

我国建（构）筑物和道路的洪水灾损每年都有发生，数量较多，多在农村、乡镇、县城等，造成了较大的损失。以下对比较典型的工程实例进行分析。

5.6.1 某住宅楼洪水灾损处理

(1) 灾损概况

国营某厂位于山西绛县，地处黄土丘陵地区，其场地多为人工切挖山脚夯填沟壑后形成的，即多为半挖半填场地。

该厂生活区二区在20世纪90年代建设了一栋3层砖混住宅楼，建筑面积约1800m^2。20世纪90年代末的一场秋季大雨，场地积水，造成地基土严重湿陷，导致该3层住宅在短时间内产生大量沉降（包括不均匀沉降），墙体开裂，建筑物丧失了使用功能。于是，建设单位拆除了该3层建筑物，并于2000年在原址上重新建造了另一5层住宅楼（编号为第12栋住宅楼）。

第12栋住宅楼为5层砖混结构建筑物，共6个单元，矩形平面布置，中间以变形缝分开（上部结构分开，基础相连），东西总长度61.1m，南北宽11.3m，层高3.0m，建筑高度16.0m，总建筑面积为3660m^2（包括阳台面积），于2001年建成并投入使用。该住宅楼南北两面分别与已建成的第11栋住宅楼和第13栋住宅楼相邻，东面与已建成的第5栋住宅隔路相对，总平面图见图5-47。

第12栋住宅楼室内地坪为±0.000，室外设计标高为－0.6m，采用钢筋混凝土条形基础（混凝土强度C15），±0.000以下的墙体采用MU10机砖、M7.5水泥砂浆砌筑，基底标高－2.000，其下为0.1m厚的素混凝土垫层，再下为2.0m厚的灰土垫层（其中上为3∶7灰土垫层厚0.6m，下为2∶8灰土垫层厚1.4m）。该住宅楼采用深层搅拌桩处理地

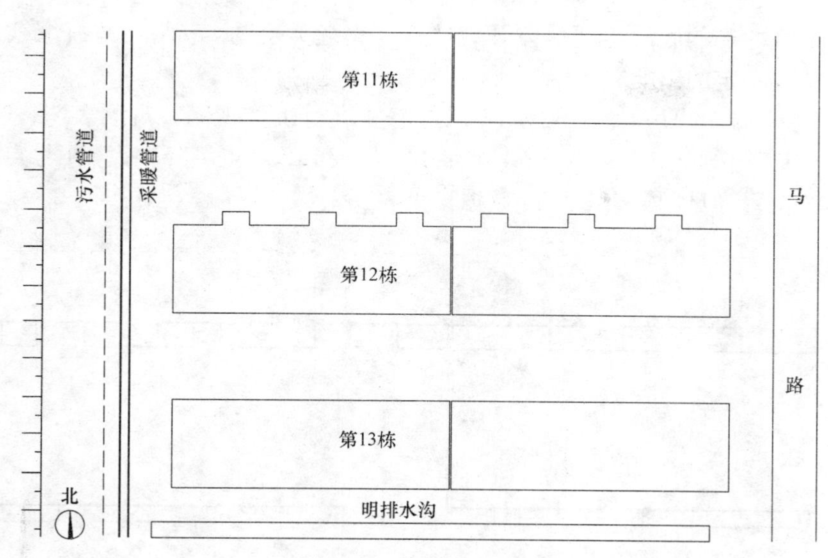

图 5-47 总平面示意图

基，桩径 500mm，桩距 1.2m，正三角形布置，有效桩长 7.0m，复合地基承载力为 160kPa，桩顶位于灰土垫层之下。第 12 栋住宅楼南立面照片见图 5-48，西立面照片见图 5-49。

图 5-48 第 12 栋住宅楼南立面

图 5-49 住宅楼西立面

(2) 灾损分析

第 12 栋住宅楼在使用过程中，多次遭遇暴雨袭击，洪水浸泡场地，地面产生不同程度的下沉。与第 12 栋住宅楼西山墙相距 5m 左右的地下平行敷设着一条陶土排水管道，地面上尚有临时建筑。与排水管道平行敷设的还有暖气管道，位于排水管道与第 12 栋住宅楼之间。由于室外地面下沉，第 12 栋住宅楼北侧地下生活给水管道破裂，自来水发生渗漏，随后该给水管道得到了修理。但是修理时尚可感觉到地基土沉降过程中给水管道受到较大外力作用。

洪水浸泡和场地地下管道漏水使第 12 栋住宅楼地基土产生湿陷，造成建筑物变形缝以西的 3 个单元产生不均匀沉降，部分墙体开裂。2007 年夏，在该建筑物周围采用洛阳铲对地基土进行探测，发现其含水量很大，判定地基浸水。

2007 年 5 月的监测表明，第 12 栋住宅楼倾斜（约 50mm），9 月其倾斜量达到 70mm，东西单元变形缝两侧的底层房间墙体开裂严重（裂缝宽度约 3mm），并有继续发展之势，对居民生活造成一定的影响。

从 2007 年 9 月 11 日开始，对第 12 栋住宅楼进行沉降观测。观测表明，9 号点沉降量最大，24d 沉降 16mm，7 号点、8 号点、11 号点和 12 号点沉降较大，1 号点没有沉降。沉降观测点的位置详见图 5-50，沉降数据详见表 5-2。

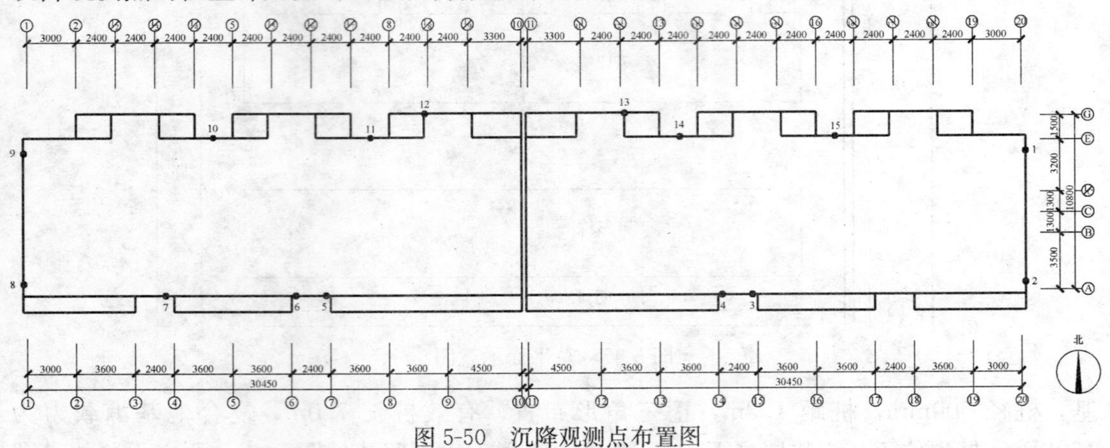

图 5-50　沉降观测点布置图

沉降观测记录（mm）　　**表 5-2**

观测点	1	2	3	4	5	6	7	8	9	10	11	12	13	14	15
9 月 11 日	0	5	36	9	70	46	71	141	171	140	104	55	27	20	12
12 日	0	5	40	5	69	43	70	140	168	140	105	62	31	24	11
13 日	0	5	40	6	74	47	70	140	168	138	105	62	25	22	9
14 日	0	4	39	7	75	47	71	144	170	135	103	58	26	16	11
15 日	0	5	38	7	66	45	73	141	171	138	107	59	29	17	8
17 日	0	6	36	9	71	47	75	142	178	144	108	59	30	20	10
18 日	0	7	39	8	76	51	77	146	180	147	113	63	33	23	16
19 日	0	7	35	10	82	54	83	150	182	144	111	61	30	22	13
20 日	0	6	39	9	77	52	80	149	181	143	111	61	29	20	12
21 日	0	9	40	11	79	52	80	151	180	147	112	66	34	22	17
22 日	0	8	35	12	76	56	76	151	184	145	113	66	32	23	16
24 日	0	9	38	8	66	49	78	154	186	143	112	63	28	23	13
25 日	0	8	40	9	72	52	77	155	184	143	112	61	29	20	13
26 日	0	9	36	11	76	58	82	154	183	148	116	66	35	25	16
27 日	0	8	38	12	77	56	81	154	185	150	112	65	31	22	12
28 日	0	9	36	11	77	54	80	152	186	147	112	63	31	21	14
29 日	0	8	37	9	77	54	80	154	186	149	116	67	34	22	14
30 日	0	8	36	10	76	54	79	153	187	148	113	65	32	21	12

从工程地质条件（详见下文）中可以看到，该场地位于丘陵斜坡地带，西侧场地土为人工压实填土，东侧场地土为原状土，最东侧山脚下（已切挖）的场地土为超固结土。因此，场地同一层地基土的物理力学性质相差较大、均匀性较差。虽然西侧人工压实填土的压缩系数较小，但含水率很低，湿陷性较大（中等～强烈湿陷性），而东侧地基土的湿陷

性仅为弱湿陷性。所以，洪水浸泡场地后，西侧人工压实填土产生较大湿陷，建筑物产生不均匀沉降。另外，人工压实填土在场地西侧形成临空面，临空面上还作用着较大的荷载（临时建筑），导致场地地基土稳定性较差。从图 5-51 中可以看到，洪水浸泡场地后，土体抗剪强度降低，临空面的护坡产生较大的裂缝与凸起。

图 5-51 场地西侧护坡墙体变形照片

(3) 工程地质条件

① 地形与地貌

该国营厂位于黄土丘陵地区的山脚下，其场地是人工切挖山脚夯填沟壑后形成的，场地剖面是由 2 个直角梯形（其中东侧为原状土直角梯形，西侧为填土直角梯形）斜边重合组成。

② 原工程地质勘察情况

山西省建一公司于 2000 年 5 月对第 12 栋住宅楼进行了工程地质勘察，勘察最大深度为 13.5m，地基土自上而下分为三层。

第①层：该层由压实填土—粉质黏土（Q_4^1）组成。J4 以西的场地为压实填土，土中含有碎石、姜石等，层厚 4.5～6.0m，可塑～坚硬，弱～强烈湿陷性，中～高等压缩性。地基承载力标准值为 140kPa，含水率 w=14.6%，孔隙比 e=0.888，液限 w_l=27.8%，塑限 w_p=17.6%，压缩系数 $a_{1\text{-}2}$=0.265MPa^{-1}。J4 以东的场地为（Q_4^1）粉质黏土，土中含有碎石、砖块等，层厚 5.0～6.5m，可塑～软塑，中等湿陷性，中～高等压缩性，地基承载力标准值为 150kPa。含水率 w=23.4%，孔隙比 e=1.02，液限 w_l=29.5%，塑限 w_p=17.9%，压缩系数 $a_{1\text{-}2}$=0.673MPa^{-1}。

第②层：该层由压实填土—粉质黏土（Q_4^1）组成。J4 以西的场地为压实填土，层厚 3.0～4.0m，可塑～坚硬，中等～强烈湿陷性，低～高等压缩性，地基承载力标准值为 130kPa，含水率 w=12.6%，孔隙比 e=0.975，液限 w_l=27.6%，塑限 w_p=17.2%，压缩系数 $a_{1\text{-}2}$=0.094MPa^{-1}。J4 以东的场地为（Q_4^1）粉质黏土，层厚 3.5～6.0m，可塑，弱湿陷性，中～高等压缩性，地基承载力标准值为 140kPa，含水率 w=24.5%，孔隙比 e=0.995，液限 w_l=34.6%，塑限 w_p=21.0%，压缩系数 $a_{1\text{-}2}$=0.376MPa^{-1}。

第③层：Q_4^1 湿陷性粉质黏土，软塑、可塑～坚硬，弱～强烈湿陷性，中高等压缩性，地基承载力标准值为150kPa，含水率 w=29.9%，孔隙比 e=0.996，液限 w_l=37.7%，塑限 w_p=23.2%，压缩系数 a_{1-2}=0.06MPa^{-1}。

地基评价：该场地位于丘陵斜坡地带，场地内部分土质为人工填土，部分为原状土，且同一土层内的物理力学性质指标相差较大。所以，该场地地基土稳定性与均匀性较差，但可不考虑液化影响。场地北半部（$\triangle zs$>7cm，$\triangle s$>60cm）为Ⅲ级自重湿陷性黄土，2个探井在－10m处的试样湿陷系数 δ_s 分别为0.051和0.061。南半部（$\triangle zs$<7cm，$\triangle s$<30cm）为Ⅰ级非自重湿陷性黄土，2个探井试样在－9m（东侧）和－10m（西侧）处已为黄土状粉质黏土，不再具有湿陷性质。

③ 补充岩土工程勘察情况

事故发生后，山西科宇工程勘察检测有限公司于2007年9月11日对第12栋住宅楼地基进行了补充勘察。本次勘察采用WSY-15型双缸液压双桥静力触探仪进行原位测试，采用LMC-D310型静力触探微机测量记录。该场地土自上而下分为三层：

第①层：素填土，层厚8.5～8.9m，层底埋深8.5～8.9m，土层岩性特征为褐黄色～黄褐色粉质黏土，从静探曲线分析为可塑～流塑状。

第②层：粉质黏土，层厚12.7～13.3m，层底埋深21.6～21.8m，土层岩性特征为褐黄色～褐红色粉质黏土，从静探曲线分析为可塑～流塑状。

第③层：卵石勘察范围内揭露层厚0.6～0.7m，土层岩性特征为卵石层，其填充物为圆砾及粗、中砂，从静探曲线分析，该层土质呈稍密～中密状。

④ 深层搅拌桩地基检测情况

第12栋住宅楼地基处理结束后，2000年7月21日对深层搅拌桩地基进行检测。深层搅拌桩总数为847根，其中216根为喷粉桩，位于场地西部，631根为喷浆桩，位于场地中部。随机抽取139根桩进行动测，前128根桩为喷浆桩，其中，A类（优良）桩占49%，B类（良好）桩占38%，C类（合格）桩占12%，D类（不合格）桩占1%，符合《基桩低应变动测规程》JGJ/T 93—95的相关标准，说明该批喷浆桩质量良好。后11根桩为喷粉桩，其中，A类（优良）桩占20%，B类（良好）桩占50%，C类（合格）桩占20%，D类（不合格）桩占10%。由于在抽取时，有许多桩体松动，不能进行动测，所以该批喷粉桩质量一般。

在检测过程中，发现多数喷粉桩的桩头水泥土不密实，试块无侧限抗压强度比较低，不能满足设计要求。所以，建议喷粉桩宜从顶面下挖60～100cm，除去桩头和桩间土，然后做灰土垫层。

⑤ 补充探井勘察情况

2007年10月10日在建筑物北侧补充探井进行勘察，取土深度分别为6、7、8、9、10、11、12、13、14、15m。除9m试样为粉土外，其余试样均为粉质黏土。除9m试样为硬塑状态外，其余试样均为可塑状态，属于高压缩性土，均为非湿陷性土。

(4) 加固与纠倾设计

第12栋住宅楼最大倾斜约70mm，最大倾斜率为4.38‰，小于《建筑物移位纠倾增层改造技术规范》CECS 225：2007规定的纠倾合格标准（4.5‰），所以该建筑物的病害处理应以加固为主，在加固过程中考虑纠倾效应。

根据2007年10月初在建筑物北侧补充探井进行勘察的情况看，原湿陷性地基土浸水后，从标高－6.60m开始以上地基土的湿陷性已经消除。另外，从2007年9月以来的沉降观测资料分析，目前建筑物的湿陷沉降也基本趋于稳定。综合考虑第12栋住宅楼现状、工程地质条件（如高压缩性地基土等）、原地基处理情况（7m长深层搅拌桩，2m厚灰土垫层）、周边环境、以及加固工程就地取材、场地恢复与居民搬迁问题等，第12栋住宅楼的加固工程采用双灰桩在建筑物基础外进行围箍，利用桩体的挤密效应加固地基，稳定建筑物，阻止外部水进一步浸泡地基土。

双灰桩料由生石灰与粉煤灰组成，夯入桩孔后具有膨胀、吸水、热化和离子化作用。它的加固机理分为物理和化学两个方面。物理方面有成孔挤密桩间土、生石灰吸水膨胀挤密桩间土、桩土高温效应、置换作用、桩对桩间土的遮拦作用、排水固结作用以及加固层的减载效应等。化学方面有桩身材料的胶凝反应、石灰与桩周土的化学反应（包括离子化作用、离子交换—水胶连接作用、固结反应、碳酸化反应等）。双灰桩料与桩周土的化学反应生成新的大团粒单元，比原来的土粒单元体积增大3倍左右，使土的微观结构发生变化，产生了新的结晶体。这种结晶体难溶于水，强度高，并具有抗水性。

考虑到建筑物场地有限，本加固工程紧贴原建筑物灰土垫层外布置了3排双灰桩，形成围箍。双灰桩按等边三角形布置，桩径300mm，排中心距为650mm，桩中心距为750mm。以室内地坪±0.000为准，室外设计标高为－0.600，住宅楼北面与西面桩长为15m，南面桩长为11m，桩身采用双灰料夯填，桩顶3.0m范围内用2：8灰土夯填封桩，双灰桩加固布置详见图5-52，总桩数为496根。

双灰桩的桩孔填料为生石灰掺和粉煤灰，其体积配合比为：生石灰：粉煤灰＝7：3，其中生石灰采用粒径为20～50mm的新鲜生石灰块，欠火灰和过火灰均不得超过5%，保证生石灰的质量，桩料必须夯实。

建筑物的纠倾则利用第12栋住宅楼地基土浸水沉降的特点，首先用双灰桩加固完沉降较大一侧地基（即完成第一阶段的加固施工，亦即完成西北角Ⓑ轴线——①轴线——⑯轴线之间的加固施工），让建筑物在自重和配重（在沉降较小一侧适当加压，包括基础堆载和楼层堆载）的作用下进行回倾，然后再进行第二阶段的加固施工。

(5) 加固与纠倾施工

① 成桩工艺

根据建筑物的环境条件，本项目采用机械洛阳铲成孔、投料夯实的成桩工艺。该施工方法噪声小，振动小，工期短，质量可靠，利于小场地作业。

② 桩身材料

桩身材料为生石灰掺和粉煤灰，其体积配合比为：生石灰：粉煤灰＝7：3。生石灰采用粒径为20～50mm的新鲜生石灰块，欠火灰和过火灰均不超过5%，确保生石灰的质量。桩顶材料为2：8灰土（桩顶3.0m范围）。

③ 施工方法

a. 施工程序

双灰桩施工分2个阶段进行。

第一阶段，首先从西北角开始施工西、北两面的双灰桩，分别向东延伸至⑯轴线，向南延伸至Ⓑ轴线。每排桩施工时，间隔桩位实施，并且由外排向内排推进，直至完成西北角Ⓑ轴线—①轴线—⑯轴线之间所有的双灰桩。

第二阶段，施工剩余的西、南方向双灰桩，先施工外排，然后由外排向内排推进，每排桩均间隔桩位进行施工。

b. 灌料夯实

桩孔验收合格后，立即灌料、夯实，并且生石灰与粉煤灰料应随拌随灌。

为了保证双灰桩的桩身密实度，掺合料应保持适当的含水量，粉煤灰含水量宜控制在30%左右。每延米的灌料量为每延米的桩体积乘以1.3的充盈系数，并宜按重量进行控制。每次下料厚度一般不大于400mm。每个桩成孔后必须立即完成灌料夯实，如果孔内存水，应用小型水泵排干后灌料夯实。

夯实标准：双灰料用夯锤夯实，当出现清脆的夯击声时即可停夯。

(6) 墙体加固

根据建筑物裂缝开展的情况，墙体加固分为四种情况：

① 对于微细裂缝（裂缝宽度小于0.2mm），采用弹性防水材料、聚合物水泥膏或渗透性防水剂等，涂刷于裂缝表面，达到恢复其防水性及耐久性的目的。

② 对于裂缝宽度大于0.3mm、深度较深的裂缝，采用灌浆法将黏度较小的黏合剂或密封剂灌入裂缝深处，达到恢复结构整体性、耐久性及防水性目的。

③ 对于裂缝宽度大于0.5mm的裂缝，沿裂缝开V形或U形槽，采用填充法嵌填环氧树脂胶泥或环氧砂浆，达到恢复结构整体性、耐久性及防水性目的。

④ 对于裂缝宽度大于12mm的裂缝，宜局部清除砖与砂浆，用高强度的机砖与砂浆重新砌筑，达到恢复结构整体性、耐久性及防水性目的。

(7) 场地管道整改

① 彻底检查第12栋住宅楼周边地下的水暖设施（包括管道与附属构筑物），并进行有效维修与更换，确保各种水暖设施无渗无漏，消除隐患，具体做法应满足《湿陷性黄土地区建筑规范》的相关要求。

② 对于第12栋住宅楼周边的采暖地沟，应在内壁重新抹防水砂浆，并补做检漏井。

③ 将第12栋住宅楼西侧的陶土排水管道改为承插式铸铁管或承插式钢筋混凝土管，并做检漏管沟。

④ 建筑物周围6m范围内应保持排水畅通，不得堆放阻碍排水的物品或垃圾，并且严禁大量浇水。

(8) 小结

通过对第12栋住宅楼洪水灾损的分析与处理，得出以下的经验与教训：

① 山区半挖半填形成的建筑场地，同层地基土的物理力学性质差异较大，均匀性和稳定性都比较差。如果将整栋建（构）筑物放置在半挖半填的两种地基土上，除了采取建筑措施、结构措施和施工措施防止建（构）筑物产生不均匀沉降危害外，地基防水措施、场地排水措施以及地下管道防水措施等也必须按实际情况进行考虑，不可侥幸。

② 采用了双灰桩在建筑物基础垫层外进行围箍加固地基的方法效果很好。该加固工程于2007年10月开始，随着双灰桩围箍加固建筑物地基的进行，住宅楼的沉降逐渐停止，部分墙体裂缝也有逐渐合拢的迹象，整体倾斜量也在慢慢减小。双灰桩加固布置平面图见图5-52。建设单位和施工单位为了赶在春节前结束工程，避免场地施工给居民过节

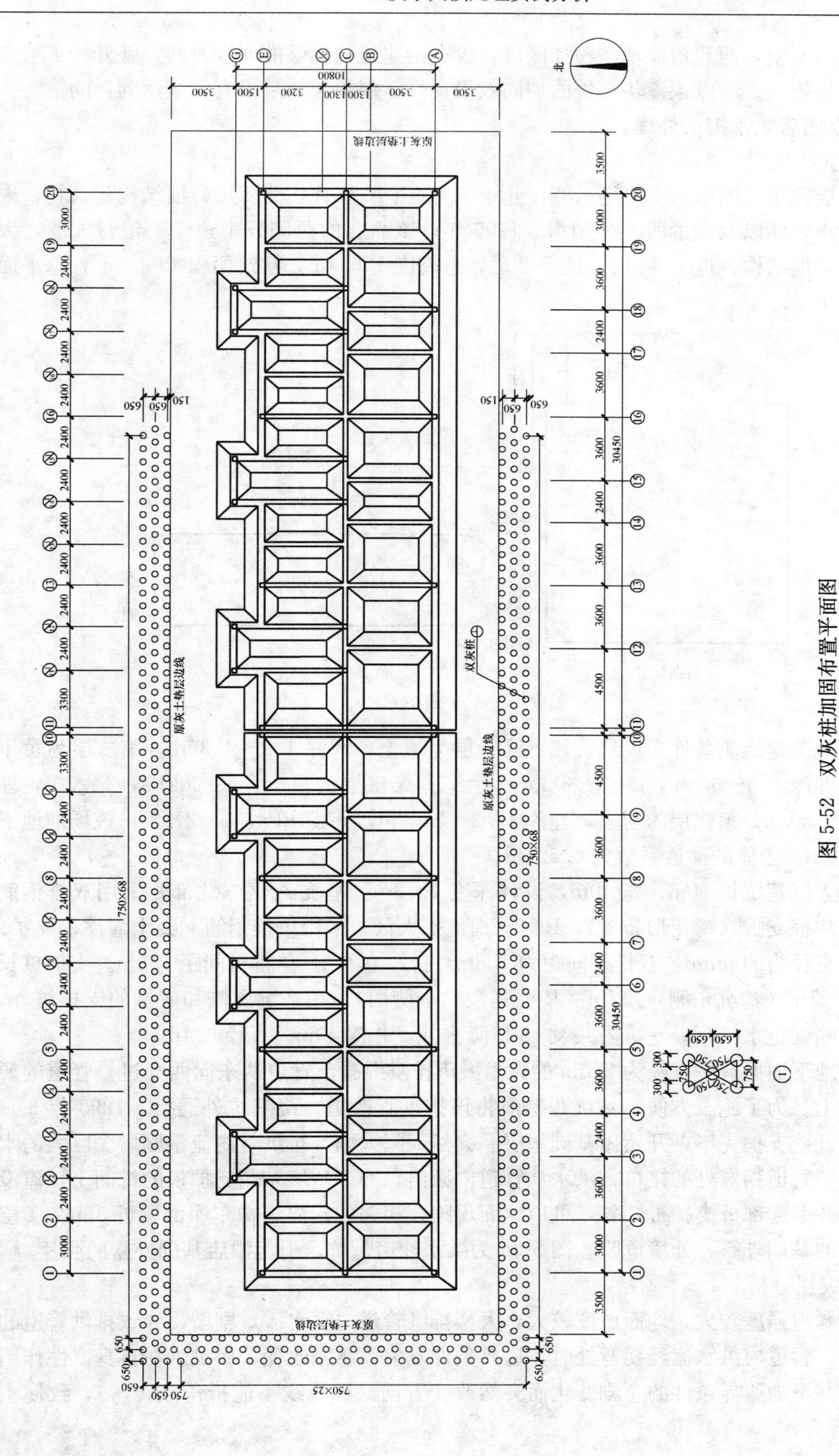

图 5-52　双灰桩加固布置平面图

带来更多的不便，西北角地基围箍加固后，没有给建筑物足够的回倾时间，就开始了第二阶段双灰桩施工。所以，该住宅楼的加固效果良好，但纠倾效果没有完全达到目的。

5.6.2　某酒店洪水灾损处理

(1) 灾损概况

某酒店位于太原市五一广场一侧，建于 20 世纪 70 年代，为 4 层砖混结构建筑物，内设若干大小餐厅以及少量的办公用房。1995 年，该酒店的西侧开工建设一银行大厦，大厦为内筒外框结构，地上 33 层，地下 2 层，总高度 136.4m，建筑面积 43800m^2，总平面如图 5-53 所示。

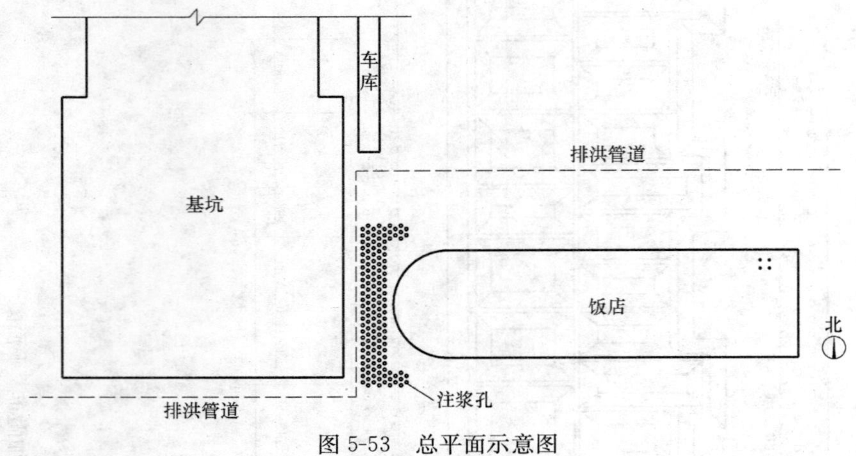

图 5-53　总平面示意图

该场地工程地质条件为：地表往下第一层为填土，埋深 1.3～4.35m；第二层为黄土状粉土，埋深 3.5～6.5m，c=23.8kPa，φ=7°；第三层为粉土，c=26kPa，φ=30°，埋深 10.5～18.5m；第四层为粉土，埋深 17.2～24.2m，c=51kPa，φ=21.3°；该场地地下水位-4.0m，土体的渗透系数为 0.5m/d。

银行大厦基坑长 90m，宽 40m，设计深度 10.3m。基坑 A 区（北部）采用双排钢筋混凝土灌注桩支护（梅花形布置），B 区（南部扩大区）采用单排钢筋混凝土灌注桩支护。支护桩的直径为 800mm，双排桩间距为 1.8m，排距 0.9m，单排桩间距 1.2m。支护桩长度分别为 21m（基坑东侧），17m（基坑其余三个侧面）。在基坑西侧和南侧的支护桩外，设置了旋喷桩止水帷幕。基坑内共设 18 口降水井，井深 40m，直径 0.4m。

该场地下面原有一直径为 2.0m 的大型城市排洪混凝土管道从东向西穿过，管道的源头在东山上。为了施工方便，基坑开挖前将该排洪管改道，绕基坑外通行。1995 年 6 月间该基坑开挖支护完毕，开始做基础垫层。突然天降大雨，排洪管内流量剧增。巨大的水击力撞开了管道拐弯处的接口，洪水从管道内激出，冲开基坑东侧支护桩的桩间土，淹没了基坑，并引起部分支护桩倾斜，桩后地面塌陷，相邻的砖混结构车库倒塌近 30m，4 层豪华酒店的基础外露，处境危险。图 5-54 为洪水冲垮基坑、引起酒店基础外露的照片。

(2) 灾损分析

由于暴雨强度较大，地面坡度较大，大型排洪管道内洪水流量剧增，导致排洪管道的压力很大。管道内洪水流经拐弯处时，边界条件发生了急剧改变，而洪水在自身惯性作用下，流线并不随边界条件的急剧变化而突然改变方向（即流线不能折角地转弯），致使主流脱离固体边壁，受到压缩或扩散，引起流速分布的迅速改组，惯性阻力显著增大，管壁经受巨大的水击作用，产生很大的拉力。同时，水击力随着管径的增大而剧增。本工程混凝土管道的管径为 2m，在拐弯处未做反推力支墩（一般说来，管径小于 300mm 时，可以不设支墩），周围的回填土密实度不足，洪水在拐弯处产生的巨大水击力撞开混凝土管道的接口，造成洪水泄露。

图 5-54 基坑与酒店洪水灾损照片

由于基坑的东侧未做止水帷幕，管道泄露的洪水直接冲击支护桩，使支护桩受到很大的水平推力，产生倾斜。洪水冲走桩间土，从而造成桩后地面塌陷，邻近的车库倒塌、破坏；附近的酒店地基土塌陷、流失。

（3）灾损处理

事故发生后，首先抢修排洪管道，然后对 4 层酒店的基础进行注浆加固，同时在基坑东侧支护桩外围进行土体加固。具体做法为：在支护桩外钻孔，间距 1.5m，用直径 32mm、长 8m 的带孔钢管插入钻孔中，将 42.5 级水泥配成 1∶1 的水泥浆，用 $5kg/cm^2$ 的压力注入钢管，加固地基土，保护酒店。倒塌的车库被拆除，等待银行大厦的地下部分完工后，重新修建车库。

（4）小结

① 由于大型排洪管道直径较大，管内洪水压力大，因此尽量避免突然改变走向，以免洪水产生较大的水击作用，破坏管道。否则，应在拐弯处设计防冲击支墩。

② 大型排洪管道在临空面附近敷设时，必须做好防护措施。

5.6.3 某堤坝构筑物洪水灾损处理

（1）灾损概况

长江干堤湖南段的一些穿堤构筑物，由于原设计标准低，施工质量差，经过多年洪水作用，产生基础下沉、地基翻浆与渗漏等灾损。

该工程地质条件为：该地段位于长江Ⅰ级阶地前缘，为近代河流冲积漫滩，地面高程为 22～30m。该构筑物建于全新统冲积堆积层上，从上至下分别为灰褐色粉质黏土，黄褐色黏土，局部夹有淤泥质的粉质黏土，呈软塑～可塑状，厚度为 1.5～9.0m，再下层为粉细砂和砂砾石层，厚度 10～40m。

该场地地下水为孔隙型潜水和孔隙型承压水，孔隙型潜水径流条件差，接受大气降水和河流侧向补给，水位埋深 1～5m。孔隙型承压水主要储集于粉细砂和砂砾石层中。粉细砂承压水顶板埋深 1.5～9.0m。

（2）构筑物加固

根据实际情况，低排水涵闸基底应力较大，一般为 140～300kPa，所以采用粉喷桩加固地基。粉喷桩将水泥与地基土强制搅拌，形成水泥土的团粒结构，并封存各个土团之间的空隙形成紧固的联结，同时新生成的化合物在水和空气中逐渐硬化，形成坚硬的水泥土。水泥粉喷桩和桩周土体形成复合地基，共同承受竖向荷载。该工程的水泥粉喷桩直径为0.5～0.6m，桩间距为1.0～1.5m，桩长12～15m，水泥用量为（45～60)kg/m。

低排水涵闸基础下的地基中存在较厚的粉细砂和砂砾石层，尽管水泥粉喷桩处理地基后，增强了地基土的抗渗能力，但是，粉喷桩之间的间隙形成了渗水通道，起不到完全防渗的作用。所以，该工程在低排水涵闸的迎水面采用高压摆喷桩形成挂式防渗墙，布置在防洪闸室底板外侧，绕过构筑物斜向大堤，布桩轴线长度控制在80m，与堤身防渗墙相接。高压摆喷桩的摆角为15°，水压力控制在20～40MPa，压缩空气0.5～0.7MPa，灌浆压力为1MPa，要求防渗墙厚度不小于200mm，强度不小于4MPa，渗透系数小于10^{-6} cm/s。不透水层深度小于10m时，则灌浆孔深入不透水层1.5m；不透水层埋藏深度较大时，则灌浆孔深度控制在12～15m，形成悬挂式防渗板墙。

该项目竣工后，经过几个洪水期的检验，未发生任何险情。

5.6.4　某高速公路洪水灾损处理

（1）灾损概况

某高速公路位于山前冲沟地段（属丘陵地貌），为高填方路堤，沥青碎石路面。该公路运营一年后，路面出现裂缝。裂缝路段的路堤最高达17m。雨季里，洪水冲击路堤，边坡外鼓，出现横向裂缝，形成了滑坡体雏形。路堤土体错动，局部土体滑塌，堵塞了排水通道，进一步加剧了洪水对路堤的冲刷与浸泡。

该高速公路的路堤采用压实黏土填筑，上层填土呈可塑～硬塑状态，稍湿，含碎石，为该路段的主要压实土层。下层填土呈软塑状态，湿，混合碎石。路面上部为沥青碎石路面，下部为泥面结构层。

（2）灾损分析

通过实际勘查和稳定验算，该高速公路的洪水灾损原因可从以下几个方面分析：

① 路堤施工时，对原冲沟表层的不良土层没有进行彻底的清理，导致路基不均匀下沉，沥青路面产生垂直于行驶方向的裂缝。

② 路堤下层填土较软，并且其压实系数过小，形成软弱带。洪水沿滑动带流动。

③ 原边坡的稳定系数偏低，遭受雨水浸泡后，土体含水率增加，抗剪强度降低，于是产生滑坡。

（3）灾损处理

根据实际情况，灾损处理采用压密注浆与土钉墙相结合的方案。在填土中注入水泥浆固化胶结松软填土，改善填土的物理力学性质，提高土体的整体性、变形模量和抗剪强度，增大土体与土钉的摩擦力。用土钉将滑动体与稳定填土路基紧密结合，改善土体的力学特性，依靠土钉与周围土体接触面上的粘结摩阻力，与其周围土体形成复合土体，有效地承受拉力和剪力。

① 注浆加固

取注浆扩散半径为1.0m，有效半径为0.5m，注浆深度为15m，进入下层。根据注浆有效半径，设计各注浆孔间距为1m，梅花状布孔，注浆管垂直于坡面，注浆管长15m，直径为50mm，注浆范围应超出裂缝发生范围5m左右。

黏性土中初始注浆压力取0.2～0.3MPa，稳压为0.8～1.0MPa，稳压时间约为30min。当埋深浅于10m时，取较小的压力值注浆。

注浆液采用42.5级普通硅酸盐水泥，水灰比为0.2～0.25，加高效减水剂（减水率

35%）。根据大量工程实例总结的经验，注浆加固后土体的重度、黏聚力和内摩擦角均有一定提高。本路堤加固后，γ=20kN/m^3，c=30kPa，φ=28°。

② 土钉加固

根据滑动面的特征，取土钉长度 L=15m，贯穿整个滑动面，土钉与水平面夹角取20°。土钉为直径30mm的螺纹钢，土钉孔径取100mm，土钉水平间距为1.7m，竖向间距为2m。土钉的布置范围应超出裂缝出现范围5m，最上排土钉距边坡顶面距离为1.5m。水泥浆采用42.5级早强普通硅酸盐水泥制浆，水灰比0.2～0.25，掺高效减水剂、早强剂和适量膨胀剂，压浆机压力不小于0.4MPa。采用孔底注浆法，设置排气管。

坡面铺设Φ8钢筋网片，网片间距150mm×150mm，坡面上下段钢筋网搭接长度为300mm。土钉钢筋与钢筋网焊接，焊接区域内的钢筋应当加强。边坡面层采用100mm厚的C25细粒式混凝土保护。

5.6.5 某公路洪水灾损处理

(1) 灾损概况

某公路位于宁夏山区，多处因降雨、洪水造成路堑边坡、路堤边坡滑塌，滑动土体大，最长的滑动土体长达200m。

该公路地处山区，地层及岩性比较复杂，地貌多状。地层以古生代结晶灰岩为基层，其上沉积有砂岩和黄土。

该地区高寒阴湿，温差大，日照时间长，太阳辐射强烈。

(2) 灾损分析

该公路边坡土体滑塌存在多方面的原因。首先，该公路地处山地，山坡岩层倾向公路，层间夹有软弱层或风化层，形成滑移体。其次，该地段地下水丰富，降雨冲刷边坡，边坡土体强度降低，在重力作用下沿软弱面整体滑动。

(3) 灾损处理

根据各路段的具体情况，该山区公路边坡灾损处理措施如下：

① 挡土墙防护。在山区公路灾损处理过程中，挡土墙起着重要的作用。挡土墙结构形式多样，适用性扩大，如重力式挡土墙、加筋土挡墙、混凝土挡墙、柱板式挡墙、锚杆式挡墙、锚定板式挡墙等。

② 砌片石护坡。浆砌片石护坡适用于坡脚易受水冲刷、坡面剥落严重、或边坡土体含有夹砂层的坡段，也可作为局部加强防护措施的手段。干砌片石护坡用于边坡局部淘空和局部坍塌的坡面坑洼的修补。

③ 骨架防护。骨架防护适用于各类裂土。

④ 植被防护。边坡植被可以防止雨水冲刷，也可以调节土体湿度，防止裂缝产生，还可以固土，防止坡面风化剥落。树草的根系发达，可形成密集的根网，使边坡免遭径流的侵蚀。另外，植被防护的美化作用也是不可低估的。

5.6.6 某涵洞洪水灾损处理（一）

(1) 灾损概况

某涵洞位于湖南岳阳段，在1998年、1999年的洪水中，地基与基础遭到损坏。该场地的工程地质为全新统冲积堆积，其上部为粉质黏土和黏土，局部夹淤泥质粉质黏土或粉砂层，呈软塑～可塑状，厚度大于2m；下部为粉细砂层和砂砾层。场地地下水主要为上层滞水和承压水，其中上层滞水埋深为1～5m。

(2) 灾损分析

为了防止涵洞产生过量沉降或地基破坏，采用了水泥土进行加固。水泥土加固是由水泥、砂土混合配制，分层夯实，形成一种具有抗冲击、防渗透性能的柔性基础。这种基础经济实用，施工速度快。在地下水位以下，水泥与砂土的配制比例为1∶9，水位变化区的配合比为1∶5，水位变化区以上的配合比为1∶7。压实后的水泥土重度为18～19kN/m³。

置换水泥土的厚度由下式确定，水泥土的置换厚度一般为1.5～4m。

$$p_{cz}+p_z \leqslant f_{az}$$

式中　p_{cz}——垫层底面处土的自重应力；

p_z——垫层底面处的附加应力；

f_{az}——垫层底面处经过深度修正后地基承载力特征值。

5.6.7　某涵洞洪水灾损处理（二）

(1) 灾损概况

某道路穿越丘陵地带时横跨冲沟，为了保持排水畅通，回填冲沟时设置涵洞。该涵洞为盖板涵，长34.27m，共10节，毛石混凝土基础。由于施工便道堵塞下游，造成雨季整个涵基全部浸泡在水中。涵洞进口端二节的东侧墙体产生的水平裂缝宽约4mm，出口端东侧墙体三节半产生裂缝，西侧墙体二节产生裂缝，裂缝宽度多为10mm，最宽达80mm，涵洞中段东侧墙体亦有微小裂缝。

该地区工程地质条件以第四系Q_3黄土、砂黏土以及Q_2黏性土为主，沿途冲沟发育。原设计基底下换填厚的砂夹碎石垫层至老黏土顶面。

(2) 灾损分析

① 施工中偷工减料。地面调查和勘探表明，本线路穿过的冲沟中堆积了一定厚度的冲填土，该土层呈饱和、软塑状态，与其下的老土相比，具明显较高的压缩性。冲填土的压缩模量为4.0MPa，而其下的老土压缩模量达14～25MPa。填土与其下的老土属完全不同性质的两类土。不仅如此，因堆填年代不同、填料种类不同和受沟底原来地形控制，填土呈现较大不均匀性和不稳定性。原设计要求清除基底下填土，换填砂夹碎垫石层。施工时没有很好地换填垫层，雨季积水时，造成涵洞地基不均匀变形、涵洞墙体及底板开裂。涵洞基础下新期堆积层下游端最厚，亦是涵洞裂缝事故集中之处。

② 防水措施不力。本工程没有实施有效预防雨水措施，甚至人为造成积水，导致地基浸泡，加之涵洞过早通过洪水，地基被冲刷淘空，导致地基不均匀变形更加发展。降雨后东侧首先积水，东墙明显下沉，涵洞基础板出现沿洞轴向裂缝。雨季大量雨水从涵洞两侧以及从涵洞内流过，雨水不仅浸泡地基而且洪流冲刷基础，造成部分基础断裂。

③ 施工质量没有保证。设计要求将基础下的冲填土换填为砂夹碎石垫层，但施工中未执行或仅局部执行，取样试验表明，砂夹碎石垫层密实度达不到设计要求，试样浸水后产生较大的附加沉降。砌体质量也存在问题。涵出口端基底土被冲刷掏空，涵洞基础外缘部分跌落，表明砌体强度过低。事实上，在涵洞砌体施工中，曾因砂浆质量达不到要求被勒令停工。另外，涵洞盖板与支座设计是简支，而施工时改为现浇，降低了对不均匀沉降的适应性，致使涵洞墙体出现水平裂缝，加剧了破坏程度。

第6章 风沙灾害防治及灾损处理

6.1 风沙灾害概述

风沙灾害是指因风沙活动或风沙现象造成的灾害。风沙现象是指风挟带起大量沙尘，按一定路径移动扩散，造成空气浑浊、能见度显著降低的现象。风沙在活动过程中，对地表物质发生的侵蚀、搬运和堆积作用，称为风沙作用。风沙形成的基本条件是：地表具有大量容易被风吹起的疏松沙土物质；地面风速超过浮尘扬沙的风速。风沙主要出现在干旱、半干旱地区，但在偏于湿润地区的河滩、海滩和覆有大量松散堆积物的裸露田野等处也经常发生。根据风沙物质成分和强度，将风沙分为浮尘、扬沙和沙尘暴。浮尘和扬沙是指大量尘土或沙粒被风挟带，在空中浮游，造成空气浑浊，水平能见度不少于1000m的天气现象；沙尘暴是指大量尘土或沙粒被风挟带，在空中浮游，造成空气浑浊，水平能见度下降到1000m以下的天气现象。风沙活动是与气象条件密切相关的重要的地球外动力活动，它能局部改变地表形态，形成各种风沙地貌，并造成风沙灾害。风沙灾害主要表现是：风蚀土壤、磨蚀、沙割、沙埋、沙尘暴、浮尘以及土地沙漠化对环境的影响。

6.1.1 风蚀土壤

风蚀土壤是指地面的风蚀现象，它是运动的空气流与地表颗粒在界面上相互作用的一种动力过程，是沙粒运动和风沙流形成的开始。风蚀可细分为迎面吹蚀、底面潜蚀和反向掏蚀三种。他们的主要作用力分别是风作用力、涡旋阻力和渗透压力。迎风吹蚀一般发生在物体或沙丘的正面；潜蚀发生在地表层里；而掏蚀则发生在背风面和侧面。迎面吹蚀使丘体逐渐萎缩，迎风面向上倾斜；而背风面发生反向流动，进行反向掏蚀，形成凹口或凹陷带。所谓侧面副流和返弹回流，实质上是一种二次流，对物体产生侧向掏蚀。潜流指固体物质之间缝隙中的气流对物体的风蚀，如果地表是戈壁或草地，潜蚀就会发生，使地表粗化和裸露。

6.1.2 磨蚀

磨蚀是指夹沙气流对建筑物、设备设施的摩擦损失，主要包括对外表面的打磨和沙粒进入内部产生的研磨。风沙流对物体的外打磨，是指其对于物体四周的打磨作用。然而物体各面所受的力是不同的，当夹沙气流吹蚀圆形或扇形的表面时，气流分离。大约有43%左右表面是迎风吹蚀，压力是正的，其他表面压力是负的。表面压力为负值时，表面受到的是漩涡阻力作用，产生反向掏蚀。对于非光滑、非标准圆柱，由于有棱角、凹槽，流体绕流的分离线就不随流体速度而变化，而是固定在棱角线上发生。当气流变成风沙流后，正面风蚀和反面掏蚀就要强烈的多。因为风沙两相流的密度比气流大，粗颗粒发生迎面冲击，细颗粒起到研磨剂作用，因此，对物体的撞击磨损作用比纯气流要大得多。

6.1.3　沙割

沙割是指风沙流对植物的外在打磨。它主要是破坏植物的营养器官，缩小叶片面积，抑制植物生长，推迟生长周期和降低常量。有文献报道，蚕豆、小麦和牧草产量的减少与所受风沙损伤的程度成正比。

6.1.4　沙埋

沙埋是风沙流灾害最为显著和最为严重的一种形式。沙埋可以由风沙流沉积造成，也可以是由于沙丘整体前移而产生。风沙流的沉积压埋，主要是发生在分离回流区，有一个渐进的过程，而沙丘前移的压埋，则主要决定于沙丘本身的运动性质，与地表地物关系较小。压埋的速度一般要比风沙流沉积快得多，特别是低矮沙丘的压埋。

风沙流中沙土的沉积按运移机制可分为 3 类：①沉降堆积，主要适合于悬移尘粒的沉淀；②停滞堆积，主要是由于地表阻力增大，近地层风速减弱，挟沙能力降低，风沙流中跃移和蠕移的沙粒停止运动并产生堆积；③遇阻堆积，由于地表不连续变化（地形坡度变化）或性质发生变化，蠕移沙粒受阻沉积，一部分跃移沙粒也因为地面反向坡的弹射，改变已有的移动方向，产生堆积。

沙丘运动形式可以分为前进型、摆动前进型、复合前进型或合成前进型、摆动合成前进型四种。前进型是指在单一主风向下的运动，如新月形沙丘和新月形沙丘链，这种形式的运动是最快的。摆动前进型是指在两个相向风（一主一次）作用下的运动。主风起前进作用，次风起摆动作用。因此，前进速度相对较为缓慢，沙丘最后是以当地合成风向的方向而前进的。复合前进型指的是在两个相互垂直的风（一主一次）作用下的运动。主风推动主梁前进，次主风推动副梁前进，如格状沙丘就属于这种情况。主梁宽大而长，辅梁窄短，但始终能保持原来的框架。总的说来，这类沙丘的运动速度是较慢的。合成前进型指的是在两个成锐角的主导风向作用下的运动，如纵向沙垄，沙丘沿着两个主风合成的风向和风力前进。

因此，这类沙丘的运动成直线或蛇形前进，运动速度与摆动前进型相似。摆动合成前进型是指在多个主导作用下的运动，如金字塔沙丘。由于受山体的反射，气流转向辐合，风向变换频繁，所以沙丘体发育出三条或更多基本均衡的主脊线，因此运动速度较慢，有的多年几乎不动。

6.1.5　沙尘暴和浮尘

沙尘暴是沙暴和尘暴两者兼有的总称，是指强风把地面大量沙尘物质吹起卷入空中，使空气特别混浊，水平能见度小于 1000m 的严重风沙天气现象。其中沙暴系指大风把大量沙粒吹入近地层所形成的挟沙风暴；尘暴则是大风把大量尘埃及其他细粒物质卷入高空所形成的风暴。浮尘是指尘土、细沙均匀地浮游在空中，使天穹呈土黄色，水平能见度小于 10km 的天气现象，多为远处沙尘经上层气流传输而来，或是沙尘暴天气过后细颗粒物质在空中持续悬浮的现象。

沙尘暴天气主要发生在春末夏初季节，这是由于冬春季干旱区降水甚少，地表异常干燥松散，抗风蚀能力很弱，在有大风刮过时，就会将大量沙尘卷入空中，形成沙尘暴天气。从全球范围来看，沙尘暴天气多发生在内陆沙漠地区，源地主要有非洲的撒哈拉沙漠、北美中西部和澳大利亚。1933～1937 年由于严重干旱，在北美中西部就产生过著名的碗状沙尘暴。亚洲沙尘暴活动中心主要在约旦沙漠、巴格达与海湾北部沿岸之间的下美索不达米亚、阿巴斯附近的伊朗南部海滨，稗路支到阿富汗北部的平原地带。中亚地区哈萨克斯坦、乌兹别克斯坦及土库曼斯坦都是沙尘暴频繁（≥15/年）影响区，但其中心在里海与咸海之间沙质平原及阿姆河一带。我国西北地区由于独特的地理环境，也是沙尘暴频繁发生的地区，主要源地有古尔班通古特沙漠、塔克拉玛干沙漠、巴丹吉林沙漠、腾格里沙漠、乌兰布和沙漠和毛乌素沙漠等。

沙尘暴的危害主要是大风破坏建（构）筑物对人形成连带危害、破坏温室或塑料大棚、迅速磨损机械设备，此外，因为沙尘颗粒在沿程吸收和散射目标的反射光，使目标与背景的对比度减小，还会导致能见度迅速降低，研究表明，白天能见度降低到100m，空气层中的沙尘浓度大约要达到500mg/m^3，这样严重危害交通安全。尤其是强烈沙尘暴的连带危害是难以尽述的。

飘浮在空气中的悬移质沙尘还影响人类和动植物的呼吸等新陈代谢过程，影响生存空间环境卫生，污染水源。

6.1.6 土地沙漠化对环境的影响

沙漠是干旱气候的产物，早在人类出现以前地球上就有沙漠。但是，荒凉的沙漠和丰腴的草原之间并没有什么不可逾越的界线。有了水，沙漠上可以长起茂盛的植物，成为生机盎然的绿洲；而绿地如果没有了水和植物，也可以很快退化为一片沙砾。而人们为了获得更多的食物，不管气候、土地条件如何，随便开荒种地、过度放牧；为了解决燃料问题，不管后果如何，肆意砍树割草。干旱和半干旱地区本来就缺水多风，现在土地被蹂躏、植被遭破坏，降水量更少了，风却更大更多了，大风强劲地侵蚀表土，沙子越来越多，慢慢地沙丘发育。这就使可耕牧的土地，变成不宜放牧和耕种的沙漠化土地。

土地荒漠化简单地说就是指土地退化，也叫做“沙漠化”。1992年联合国环境与发展大会对荒漠化的概念作了这样的定义：“荒漠化是由于气候变化和人类不合理的经济活动等因素，使干旱、半干旱和具有干旱灾害的半湿润地区的土地发生了退化。”1996年6月17日，第二个世界防治荒漠化和干旱日，联合国防治荒漠化公约秘书处发表公报指出：当前世界荒漠化现象仍在加剧。全球现有12亿多人受到荒漠化的直接威胁，其中有1.35亿人在短期内有失去土地的危险。荒漠化已经不再是一个单纯的生态环境问题，而且演变为经济问题和社会问题，它给人类带来贫困和社会不稳定。到1996年为止，全球荒漠化的土地已达到3600万km^2，占到整个地球陆地面积的1/4，相当于俄罗斯、加拿大、中国和美国国土面积的总和。全世界受荒漠化影响的国家有100多个，尽管各国人民都在进行着同荒漠化的抗争，但荒漠化却以每年5～7万km^{2}的速度扩大，相当于爱尔兰的面积。到20世纪末，全球损失约1/3的耕地。在人类当今诸多的环境问题中，荒漠化是最为严重的灾难之一。对于受荒漠化威胁的人们来说，荒漠化意味着他们将失去最基本的生存基础——有生产能力的土地的消失。

狭义的荒漠化（即沙漠化）乃是指在脆弱的生态系统下，由于人类过度的经济活动，破坏其平衡，使原非沙漠的地区出现了类似沙漠景观的环境变化过程。正因为如此，凡是具有发生沙漠化过程的土地都称为沙漠化土地。沙漠化土地还包括了沙漠边缘风力作用下沙丘前移入侵的地方和原来的固定、半固定沙丘由于植被破坏发生流沙活动的沙丘活化地区。

广义荒漠化则是指由于人为和自然因素的综合作用，使得干旱、半干旱甚至半湿润地区自然环境退化（包括盐渍化、草场退化、水土流失、土壤沙化、狭义沙漠化、植被荒漠化、历史时期沙丘前移入侵等以某一环境因素为标志的具体的自然环境退化）的总过程。

6.2　风沙灾害形成的原因

风沙灾害是指在风力作用下，地表物质被吹蚀、搬运和再沉积的过程。风沙灾害是指风沙运动过程中风和挟沙气流对农作物、劳动工具、建筑物的破坏和长期损坏。风沙运动是土地沙漠化的必然过程，一般来说风沙活动必须具备两个条件：即风力条件和沙源条件。

6.2.1　风力作用

风是沙粒运动的原动力，但并不是所有的风作用于沙物质都能产生风沙活动，只有当风速大于起动风速时，沙质地表才会产生风沙活动。起动风速的值在不同的地表状况下是不同的，它与地表粒径和植被覆盖度等多种因素有关。

1. 风力作用的气候背景

由于欧亚大陆和太平洋的海陆分布对比关系以及青藏高原的影响，形成的气压分布形势和季风环流系统，使得远离海洋、深居内陆的我国广大北方地区冬季在西伯利亚-蒙古冷高压控制下气候寒冷干旱，夏季由于高山高原屏障，受湿润季风的影响很小，高温少雨，这样，使我国北方大部分地区气候干燥，大陆性气候十分明显。具有干旱少雨，日照强烈，冷热巨变和风力强劲四大特点。在强劲风力和干旱气候条件下，风化作用和盐分的累积作用加强，使地表植被覆盖度一般很低，在西北地区形成了大面积的沙漠、戈壁等光裸地面，这样就大大地强化了风力作用，使风力作用成为西北地区乃至整个北方地区地貌塑造的主要营力之一。

2. 风力的季节变化规律

我国北方风力作用程度存在着明显的季节变化。一般在冬春季节风力大而且出现频率高，尤其是8级以上大风主要集中在春季，占全年大风日数的40%～70%。这主要是由于冬季蒙古高原及其以北的西伯利亚地区在西伯利亚-蒙古冷高压稳定控制下，同时巨大的青藏高原形成独特的高原冷高压，使屋脊作用加强。高压气流南下，直接强烈影响我国北方。而春季西伯利亚-蒙古高压势力相对较弱，而且活动频繁，经常产生大风寒流，所以冬季和春季，是我国北方沙区的主要风沙活动季节。

6.2.2　地表物质及植被覆盖状况

在风力作用下，风沙运动的形成与地表组成物质的颗粒大小、松散或胶结状态、水分状况以及覆盖状况有关。

1. 粒度组成

在这里粒度不仅仅是指单个沙粒或土壤颗粒的大小，还包括若干颗粒结合成的团聚体或团块的大小。据研究表明，一定强度的风力所能吹蚀的颗粒有很大差别，一般风力可以吹蚀的颗粒直径在1mm以下，但较强的风力可以吹动直径2～3mm的颗粒。

我国沙漠和沙漠化地区地表颗粒多数为直径0.1～0.25mm的细沙。野外大量现场观测证实，对于一般干燥裸露的沙质地表来说，当在地表2m高处的风速达到4m/s左右时，沙子就可以起动了，形成风沙流。

2. 水分状况

沙子在湿润的情况下，表面会形成水膜，水膜连接形成包裹体，并且水分子间的静电引力使其黏滞性增加，加强颗粒间的团聚作用，因此也就要求沙子的起动风速值加大。

3. 覆被状况

这里的覆被状况包括地表性质和被植被或其他隔离物覆盖的状况。地表性质决定着粗糙度。粗糙地表由于摩擦阻力大，因而使沙子的起动风速加大。

一个地区的水分条件和植被状况是由当地降水量的多寡决定的。中国北方大部分地区降水量的年际变幅和季节分配差异都很大。例如，北京地区在1949～1984年的36年中最高降水量为1406.0mm（1959年），最少降水量仅261.5mm（1965年），两者相差5.4倍。

由于年降水量变幅很大，就使地表植被盖度（尤其是草本植被）发生很大的年际变化。甚至在一个大旱年出现之后，地表植被盖度锐减，而且需要几年或十几年的时间才能恢复到原来的盖度水平。植被盖度的降低，使地表出现裸露，为风力作用于沙质地表提供了有利的条件，也使风沙危害出现的几率大大增加。另一方面，降水的季节分配也严重不均。一般情况下，冬春季节降水量很少，夏秋季节降水量较多。在科尔沁沙地和乌兰察布草原风沙区，春季降水量仅占全年降水量的8%～13%。尤其是春季降水量少，不但使地表干燥，土层含水量低，而且抑制了地表植物的生根发芽和返青（休眠解除）过程，使春季植被盖度恢复缓慢，是一年中盖度的最低值。而此时正是风力作用在一年中最大的季节，也就是正值风季，这样，干旱季节与大风季节同时出现，在时间上为风沙危害的形成提供了有利条件。

6.2.3 气候变化在风沙灾害形成中的作用

我国东部处在东亚季风区，西部青藏高原影响着总的气候形势。每年蒙古高压的位置，东南副热带高压的强弱都对气候变化（降水区域、降水多少和强度、大风寒潮活动、台风登陆次数和强度等）有直接的影响。这些气候因素有着周期变化的规律。

地球物理学家除从太阳黑子、太阳风暴去寻找地球上气候变化的原因外，也经常从厄尔尼诺和反厄尔尼诺（拉尼娜）事件中去寻找原因。总之，气候变化除直接影响各地区风力大小外，还造成降水条件的极度不均匀。不管是降水的短周期正常波动，还是由于全球变暖所引起的较长时间尺度的干湿变化，都会对风沙灾害的形成及强度有一定的影响。年降水量的变化会直接影响到植被的分布和盖度。较长年份尺度上的持续干旱，会引起河流断流或改道，还会引起区域地下水位下降等，间接影响植被的分布和盖度，使植被分布范围变小，盖度降低，促进了风沙灾害的形成和助长了风沙灾害的强度，有时这种影响甚至超过了风力的影响。反之，如果年降水量持续增加，就使植被分布范围扩大，盖度增加，抑制风沙灾害的形成，削弱其强度。

6.2.4 人为因素在风沙灾害形成中的作用

人为因素在风沙灾害形成中的作用主要是由于人类过度的经济活动与资源环境不相协调，直接地或间接地破坏了脆弱生态环境中的植被，使原来有植被分布的沙质地表变成裸露的沙质地表，在风力的吹扬下形成风沙流，从而给人类生产和生活带来危害。

① 过度的人类活动直接破坏了地表植被。在草原大风区域不顾客观条件地垦殖，尤其是开垦后又撂荒；过度放牧（过度啃食和反复践踏）和樵采活动是植被破坏的根源。

② 不合理的人类活动使植被分布的生态条件发生改变，间接地破坏了植被。比如改变水系和水资源的分配。使一些地区的水分条件发生不可逆转性的亏缺，改变了土壤层的抗风蚀能力和植被覆盖条件，致使地表裸露，出现风沙流。

6.3 风沙灾害的基本特征

6.3.1 风沙灾害在时间上的分布特征

风沙灾害在时间上的变化特征仍然受制于自然和人为两大因素的变化及其相互影响。风沙灾害的年际变化主要受气候干湿波动、风况和人类活动对地表植被的影响程度的制约，持续干旱的年份或人类活动对植被破坏严重时，风沙灾害就大。反之，风沙灾害减小。风沙灾害的季节变化也与我国北方明显的大陆性气候特征及农业生产活动的季节性密切相关。北方大部分地区风沙灾害主要集中于冬春季节，尤其以春季更为严重。春季正值干旱多风季节，植被仍处于休眠状态，盖度为年内最低，又是北方的农耕季节，沙质地表被翻动和疏松化，为风沙灾害的发生起了促进作用。

6.3.2 风沙灾害的空间分布特征

风沙灾害主要分布在我国北方广大的干旱、半干旱和部分半湿润地区以及青藏高原整个沙区。包括东北西部、华北北部和西北地区，涉及内蒙古、新疆、西藏、青海、甘肃、宁夏、陕西、山西、河北、辽宁、吉林11个省、自治区。关于风沙灾害程度的空间分布方面的研究目前还不太多。有的学者曾对我国北方沙漠化灾害危险度作过评价和分区，共划分出16个沙漠化灾害危险度区。其中最严重的有5个区，分别是：a. 科尔沁重度区：包括科尔沁北部科尔沁右翼中旗等7个旗县；b. 坝上及后山重度区：包括河北坝上、锡林郭勒盟南五旗和乌兰察布盟后山地区的一部分；c. 鄂尔多斯重度区：包括陕北五个县和内蒙古鄂尔多斯六旗（市）等13个县，大部分地区为农牧交错带；d. 宁夏重度区：包括宁夏北部石嘴山市及银南的中卫等县；e. 青藏高原重度区：包括整个藏北高原、藏南“两江一河”和青海“三大盆地”和“三江源”地区。

6.4 风沙灾害的定量评估

我国北方大部分地区受到不同程度的风沙灾害，只有对风沙灾害作出定量评估，才能制定出正确的防沙治沙政策和对策。对于风沙灾害的定量评估，迄今为止还没有一套比较公认的尺度来度量。只是从各个不同角度来估算风沙灾害的程度。

6.4.1 对沙漠化灾害危险度的评估

沙漠化灾害危险度评估是风沙灾害评估的重要分支。沙漠化灾害危险度是指沙漠化对地区社会经济发展的直接危害与潜在威胁的程度。有学者已对我国北方地区的沙漠化灾害危险度评价进行过比较系统的研究。研究认为，沙漠化灾害是自然过程与社会经济过程相互交织并与特定地域条件结合而形成的一类地域综合体，沙漠化过程与社会经济发展水平决定着沙漠化灾害的发生发展及其可能程度。其中，社会经济水平主要体现在人口和经济发展水平两个方面；沙漠化过程的强弱则主要取决于沙漠化的形成条件（包括潜在自然条件、人口压力和牲畜压力)、现状与发展速率。因此，人口水平、经济水平、沙漠化潜在条件、人口压力、牲畜压力、沙漠化现状与发展速率7个因子共同影响着沙漠化灾害的发生与发展。进行沙漠化灾害危险度评价也必须要以这7个方面为依据进行评价。并进一步制定出具体评价指标，建立数学模型，计算出沙漠化灾害危险度指数，然后，进行分级分区，划分出不同程度的沙漠化灾害危险度区。据此，在我国共划分出15个沙漠化灾害危险度区，其中6个轻度区、5个中度区和4个重度区。6个轻度区分别是：呼伦贝尔区、东北平原中西部区、晋西北区、陕甘宁区、柴达木区、蒙新区。5个中度区分别是：蒙甘宁新区、陕北南缘区、蒙陕区、共和盆地区、准噶尔盆地区。4个重度区分别是：科尔沁区、坝上及后山区、鄂尔多斯区、宁夏区。

6.4.2 对土壤风蚀量的评估

野外测定土壤风蚀量一般是测定某一时段内土壤风蚀厚度。室内风洞实验则是测定出一定风蚀床面在一定时间内的风蚀表土的重量。然后通过对土壤内营养成分含量的分析，估算出一定区域在一定时段内营养成分的损失量。利用此类方法可以初步评估农田或牧场的风沙灾害。有研究表明，乌兰察布盟后山地区因土壤风蚀每年每公顷农田平均损失沃土280.5万kg。其中，有机质3825kg，氮3090kg，磷6000kg。

6.4.3 对区域风沙蚀积量的估算

对一定区域不同类型的典型地段输沙量进行测定，通过遥感解译和现场调查确定各不同类型的面积或输沙断面，然后求算出整个区域风沙的风蚀和堆积量。利用此类方法可以初步估算进入水库、河道或交通线路的风沙量。有人曾对晋陕内蒙古接壤区的风沙蚀积量进行过估算，结果表明，该区域风蚀总量为1.09亿t/年，平均风蚀强度为1600t/(年·km)。

6.4.4 沙漠地区交通线路风沙灾害程度的评估

塔里木沙漠公路贯穿塔克拉玛干沙漠，公路沿线各地段的风沙灾害程度不同，1997年，董治宝对其沙害程度建立了如下数学模型：

$$S=\frac{V^2}{H^8} \tag{6-1}$$

式中 S——输沙量；

V——平均风速；

H——空气相对湿度。

即输沙量与平均风速的平方成正比，与空气相对湿度的8次方成反比。利用此公式可以定量地对沙漠公路沿线的风沙灾害程度进行评估。

6.4.5 对风沙造成的直接经济损失的评估

对由风沙危害所导致的农作物或牧草产量的减少量进行评估，对一场大风或沙尘暴所导致的农田毁种、重播造成的经济损失进行估算，或对风沙造成的人畜伤亡、房屋倒塌、交通、通信线路中断导致的损失进行评估，是日常工作中经常要进行的。如河北坝上张北县8万hm^2沙漠化农田中，每年由于风沙灾害毁种、改种的农田达2.07万hm^2，仅1984年一次改种用籽量就达48.5万kg。1986年5月，哈密地区出现罕见12级东南风，造成哈密地区铁路226.1km长度的沙害，积沙59处，总积沙量74918m^3，部分设备毁坏，铁路运输中断近两天，并使新近完工的180km线路被毁，造成极为严重的经济损失。该类资料一般散见于各级政府的灾情调查报告之中。

6.5 风沙灾害的预防

我国北方各风沙灾害地区有着不同的成因类型和相异的自然条件，依据因地制宜、因害设防的治理原则，在防治措施和途径上也各具特点，现就风沙危害防治的基本原理及防治的基本途径两方面作概要的说明。

6.5.1 风沙灾害防治的基本原理

风沙灾害是风沙活动给人类的生产和生活等经济活动带来的不利影响。在一般情况下，风沙灾害的防治，就是要最大限度地降低风沙活动的强度。风沙活动的实质是大于临界风速的起沙风作用于沙质地表而产生风沙流的过程，风沙流是沙粒从地表被吹蚀、搬运和再沉积三个环节反复循环的宏观表现。风沙防治的实质在于削弱引起风沙流形成和沙丘移动的风力，减少气流中的含沙量和固结沙质地表、提高抗风蚀能力。

基于上述基本原理，目前风沙防治的基本方法有三类，即植物固沙、机械固沙和化学固沙。植物固沙包括对天然植被的恢复和人工植被的建立。植物治沙措施虽收效慢，但当植物长成并发挥防护作用后，防护时间较长，具有改造与利用相结合的特点，还具有改善局部小气候等多种功能，是风沙治理中最广泛应用的措施。但植物固沙常受到自然环境条件尤其是水分条件的制约。一般情况下，在无灌溉条件时，多年平均降水量在200mm以上地带的风沙危害防治，可以植物固沙措施为主。在多年平均降水量在200mm以下地带的风沙灾害防治，则以机械固沙措施为主。腾格里沙漠东南缘的宁夏沙坡头地区年平均降水量为188mm，一般被认为是植物固沙的年降水量极限。当然这里不包括由于地形等因素而产生的某些地段降水再分配的情况和在灌溉条件下进行的局部的小范围的防沙绿化的情况。机械防沙主要包括各类机械沙障和导风板等。机械防沙措施具有不受水分条件限制、见效快的特点，但防护期短暂，需要定期更新或维修。因此，往往适用于风沙严重危害的交通沿线、农田、居民点周围，并常和植物固沙措施相配合。化学方法治理风沙灾害，主要是喷洒人工加固剂起到阻止气流直接作用于沙面和固结流沙的作用。化学治沙措施收效快，但成本高，一般应用于风沙极为严重而植物措施又较困难的重要工矿居民点和交通沿线地区。但是无论哪种措施都很少单独采用，在具体应用时，往往针对沙害类型和自然条件等特点，将各类措施相互结合构成一定的防护体系，才能更有效地发挥防止风沙危害的作用。近年来，我国在荒漠地带绿洲沙害的防治、荒漠草原及草原地带沙漠化土地的治理，以及铁路公路交通沿线风沙灾害的防治等方面都逐渐总结出因地制宜的综合防护措施，现分别加以讨论。

6.5.2 风沙荷载的计算方法

目前在风沙方面的结构设计中，暂还没有成熟的规范专门对风沙流风压的计算进行规定，而从这么多年的现场实践来看，设计人员往往在计算建筑物的风沙荷载时，按净风计算，如果安全系数不够大的话，往往造成隐患或者形成事故，因此应根据各地风沙流的特点，适当选择风沙流密度进行风压计算。

风沙流的风压主要由两部分构成，即净风荷载和沙粒冲击荷载。净风荷载可以通过《建筑结构荷载规范》计算所得，沙粒冲击荷载可由以下模型求得（蒋富强，2009），具体方法如下：

首先假设沙粒为形状规则，大小均匀的球状颗粒，其与构筑物的撞击为弹性碰撞，碰撞方向为垂直于构筑物表面，反弹速度与撞击速度一致，这对于工程来说是偏于安全的。由动量公式：

$$mv_i-m(-v_i)=F\cdot\Delta t$$

可得

$$F=\frac{2mv_i}{\Delta t} \tag{6-2}$$

Δt 时间内撞击沙粒的质量 m 的计算公式如下：

$$m=\rho_i\cdot s\cdot v_i\cdot\Delta t$$

风沙流密度 ρ_i 是指大于起沙风速情况下某一风速所对应的单位体积空气中所含的沙粒质量（kg/m^3），与距地表高度、风速大小等紧密相关，可由现场风沙流观测所求得，集沙总量公式如下：

$$Q_h=\Sigma\rho_i A v_i T$$

式中 Q_h——输沙强度观测系统某一高度处的集沙总质量（kg）；

A——输沙强度观测系统的集沙器进沙口面积（m^2）；

v_i——风沙流密度所对应的风速（m/s）；

T——在取样时间内起沙风所持续的时间（s）。

所以，沙颗粒撞击墙体的冲击压强为：

$$\omega_2=\frac{2\rho_i\cdot v_i^2}{1000}=\frac{\rho_i\cdot v_i^2}{500}\ (kN/m^2) \tag{6-3}$$

式中 ρ_i——在大于起沙风速情况下某一风速所对应的风沙流密度（kg/m^3）；

v_i——风沙流密度所对应的风速（m/s）。

风沙引起建（构）筑物的荷载等于净风荷载和沙粒冲击压叠加的最大值。

6.5.3 道路工程的沙害预防

道路工程的风沙害的预防首先必须从建设初期选线阶段开始，避免由于设计人员认识不到位、前期勘察工作不细致所造成的严重损失，风沙问题归根结底是一个环境问题，微地形地貌对风沙流的影响非常大，前期的详细调查工作非常重要，好的线路走向较差的线路走向防风沙措施要简单得多，在工程全寿命期间的资金投入也要节省很多。而常见的线路沙害问题如下所示：

1. 路基风蚀

绝大部分路堤用角沙土、圆沙土填筑，粗粒土路基因缺乏黏性，结构疏松，易受到风蚀，兰新和南疆线路的路基风蚀现象十分普遍。路肩部位最易受风蚀，风蚀严重时甚至路肩全无，枕木头外露，路基宽度不足；路堤坡面次之。在风蚀路基边坡上形成明显的风蚀带，下部堆积带，中部过渡带，迎风坡的路基风蚀最为严重，而背风坡由于涡流作用易出现掏蚀，遭受风蚀的路基，边坡多变缓，路肩棱角磨成浑圆状，使路基宽度减小，坡面出现风蚀槽眼。坡角一般不风蚀，反而有堆积现象。

在路堑处，边坡堑顶及路堑两端风力较大，加之路堑易风化，大风吹蚀堑壁表面薄弱部分，使堑顶呈浑圆形或不规则性，当大风蚀去堑壁松软的夹岩层，如卵石、砂石及胶结不紧密砂质、土质层时，堵塞线路。

2. 线路积沙

线路积沙是风沙危害的主要表现形式。兰新铁路东段因大风造成沙埋轨道，致使职工经常出动清沙疏通线路。线路积沙的主要原因是风沙流受阻使沙粒在线路上堆积；其次沙丘整体前移，埋压道床。风沙流遇到路堤阻挡，或遇路堑沉落，使大量沙粒停积下来掩埋线路，如片状沙埋、舌状沙埋、堆状沙埋等形式，直接威胁运营安全，造成列车慢行、停运、脱轨掉道甚至造成重大行车事故。在严重地段有些路堑的钢轨面以上积沙厚度达到50cm以上，需出动人员抢险。站区内的积沙造成道岔不能正常扳动，影响安全行车。

3. 线路设备损害

涵洞口是风沙流的通道，风沙流通过涵洞时动能衰减跌落的沙粒造成涵洞出水口处大量沙粒堆积，堵塞涵洞。另外涵洞多为干河沟床的通道，沙源较为丰富。流沙带来的积沙堵塞桥涵，致使暴雨形成的洪水不能下泻。在南疆线，清理桥涵通道内积沙成为日常维修的繁重任务。

积沙可造成道床板结，轨道失去弹性。由于列车振动和冲击，枕木盒中的沙子不断沉入轨枕底部，使线路几何尺寸不能得以有效控制，道床功能逐渐丧失，轨面标高改变，产生拱道、低接头、三角坑等病害，同时提高了维修成本。钢轨及连接扣件常年被积沙锈蚀，钢轨磨耗伤损、轨面压宽、掉块及老化程度加快，配件折断、轨枕劈裂失效、线路爬行、低接头，缩短大修年限，损坏设备。线路曲线超高和加宽不易保持，相对改变轨距和超高值。

大风刮断列车自动报警天线、鸣笛标。由于道床内细粒物质增多，保存了较多的水分，轨道电路的绝缘条件部分丧失，产生红光带，造成绿灯通行信号在降水后经常变为红灯，影响列车正常运行。

气流中沙粒具有较大能量，对钢轨、机车、车辆及通信设备进行撞击和磨蚀，甚至堵塞油眼，造成机件严重磨损，机车牵引力降低。由于风力强大，地表坚硬，沙粒的反弹高度可达5m。由于粗大沙粒的冲击磨蚀，致使水泥电杆被打磨、电线磨损，车厢外部油漆磨光，在经历特大风后，会造成严重损失。

4. 恶化线路环境

站区环境恶化，造成道岔转辙器失灵、尖轨和基本轨不密贴。沙尘还造成能见度小、瞭望条件差，给列车运行造成极大的威胁，同时造成机车、客车、通信信号、站务控制系统污染。此外，常出现巡道工无法出巡线路，线路大、中维修周期缩短。

5. 列车设备损坏及倾覆

2006年4月9日，兰新铁路"百里风区"发生特大风沙灾害，列车车窗玻璃被打碎，针对列车玻璃被打碎地点有两种说法，一说在小草湖车站站区内，路基基本为零填断面，上游为一沟口，另一说在沿线路堑地段，是由风沙流中的蠕移层（即粒径较大的石子）滚落下来打碎的。针对上述情况，采取了在小草湖车站修建挡风墙和在路堑地段修建1.5m高的挡风墙等工程措施。

针对道路工程的沙害预防，尤其是铁路的小曲线半径地段、沟口地段及一些特殊地形地貌地段是列车经常出事故地段，通过提速线路改造后小半径曲线基本消除，只是一些特殊地形地貌地段风的活动特点还尚未研究透彻。风沙问题与风向的上下游地形有很大关系，上游有无加速地形地貌，要彻底根治风沙灾害问题需要对以上特殊地形进行干扰，仅仅依靠全线统一形式的挡风墙对这些特殊问题是很难解决的。

总之，形成风沙灾害的原因是多方面的，除了风沙是主因以外，还包括了各种设备的防风沙能力，防治线路风沙灾害是一个庞大的综合系统工程，除了风沙环境治理（工程治沙措施、生物防沙措施）和提高各种设备的抗风沙能力外，还应该建立强风沙天气下，列车合理的行车调度办法。根据风沙灾害呈现的多种类型，结合灾害发生的时间、地点及详细现场勘察分析报告，在综合考虑铁路行业经济技术指标的基础上，制定合理的防治措施体系。

6.5.4 工民建的沙害预防

在风沙地区修建工业与民用建筑时，通常均存在着没有充分考虑防风沙工作的严峻性问题，往往以近期临时防护工程措施代替远期的永久防护工程措施，在工程建设期没有充分考虑工程项目在全寿命期的防沙措施费用，导致工程项目建成后防沙工程投资欠账较多。工程项目建设最好能将经济效益和社会效益充分结合起来，在取得经济效益的同时充分考虑社会效益，环境保护、人与环境相协调的可持续发展战略、科学发展观必须在项目建设初期得到充分的考虑与重视。

6.5.5 农田的沙害预防

在我国北部广大地区，东起大兴安岭，西至帕米尔高原，分布着浩瀚的戈壁、沙漠、沙地及沙质草原。在这一地区，强烈的风沙活动，给农牧业生产带来了严重的危害。风沙危害农田是由风沙流活动所造成的。流动沙丘在风沙流的作用下，不断向前移动；沙质土地在风沙流的作用下，发生风蚀；半固定沙地和风蚀地在风沙流作用下，使沙源向顺风方向蔓延。这样就造成了风沙对农田的危害。风沙危害农田可概括为下述三种方式：

（1）土壤风蚀

土壤风蚀是风沙危害农田的一种主要方式。春季播种作物时，正值风季，这时沙质耕地基本上处于裸露状态，在强风作用下，疏松的表土易遭风蚀，往往将刚入土的种子甚至幼苗随风吹散，造成毁种，有时要重播2～3次甚至4～5次。同时，耕作层日益变薄，细土和有机质吹失，沙粒含量增加，肥力下降，粮食作物亩产很低，以致后来不适宜耕种而弃耕。这种危害方式特别是在草原开荒地区更易发生。

（2）沙打禾苗

在耕地及周围半固定沙地和风蚀地上，由于风蚀所形成的风沙流，在运动过程中，以接踵而来的沙粒打击作物幼苗，轻者使幼苗茎叶受伤，发育不良，重者使幼苗枯死，造成晚熟减产或无收。

（3）沙埋农田

大面积流动沙丘和零星沙丘，在不断前移的过程中，埋没其前方的农田。同时，在沙丘前方还形成一条风沙流蔓延带，使土壤逐渐形成风沙土，在风力作用下，耕地本身起沙和外来风沙流一起危害作物。

这三种危害方式，是由耕作土壤风蚀过程中的沙粒吹扬、搬运、堆积和流动沙丘移动这一系列过程所造成的。各地因风沙危害农田的沙源情况不同，农田沙害形式也不一样。总的说来，我国东部半干旱沙区农田以流动沙丘前移和耕作土壤风蚀危害为主，西部绿洲灌溉农田以流动沙丘前移和风沙流危害为主，而半湿润沙漠化区农田以土壤风蚀和沙打禾苗危害为主。

针对沙源来自耕地以外，农田遭受流沙埋压和外来风沙流的袭击，在治理上主要是营造防风固沙林带和封沙育草，以固定、控制和阻截沙源为主；针对沙源来自农田内部，即耕地土壤受风蚀而起沙，防治途径主要在于营造护田林网和采取农业耕作措施，以削弱近地面风力，改善土壤物理性质，增强土壤的抗风蚀能力为主。根据不同的沙源情况，风沙危害农田特点和自然条件，从治理的角度出发，归纳为绿洲灌溉农田、半干旱沙区农田和半湿润沙漠化区农田 3 种风沙防治类型加以说明。

1. 绿洲灌溉农田的风沙防治

这一地区主要指贺兰山乌鞘岭以西的广大地区。这里的农田通常分布于绿洲内部，危害农田的风沙流主要是来源于绿洲边缘的流动沙丘、干河床、戈壁和绿洲内部的流动沙丘、半固定沙丘及风蚀地。在绿洲边缘，从耕地到沙源营造防风阻沙林带，建立封沙育草带，以固定、控制和阻截外来风沙，避免耕地遭受流沙埋压和风沙流的袭击。在绿洲内部以人工沙障相辅建立固沙植被和营造农田防护林网，以削弱地面风力，减少就地起沙。主要的治理措施如下所述：

（1）封沙育草带的建设

① 由于长期风沙活动的结果，在绿洲边缘与沙漠接壤处形成宽度不等的固定半固定沙丘带。灌丛沙堆起伏较小，多生长柽柳和白茨；丘间有低缓沙地，一般生长骆驼刺、甘草、油蒿、沙蒿、苦豆子及其他沙生植物。由于这些植物种的繁殖能力很强，虽遭人为破坏，一经封育，特别是在引水灌溉情况下，经过 3～5 年之后，植被覆盖度就可恢复到 40%～50%以上，即能起到防风固沙作用。

② 封沙育草区的宽度，各地是根据迎风面沙源分布和自然形成的半固定沙丘带宽度来决定的。初期封育时，由于沙生植被稀疏，风沙活动很强，在沙漠与绿洲接壤地带，规划宽度为 500～1500m。规划区作为重点封育区，严禁放牧、打柴、刨根、割草、挖药材等人为活动，保护一草一木。规划区邻近地段，作为沙源与封禁区的缓冲地带，严格控制放牧，禁止刨根式的樵采，使沙生植被得以滋生和蔓延。

③ 在封育区，结合丘间低地造林和补种沙生植物，可利用农田余水灌沙，以加速沙生植被的恢复。一般 3～4 年后骆驼刺、油蒿、沙竹、芦苇、苦豆子、黄喇麻等天然植被的覆盖度可由原来的 20%～30%增加到 50%～60%，流沙趋于稳定。

④ 在封育区内的丘间低地栽植沙枣、杨树、灌木柳等乔灌木树种，并在农田边缘营造由沙枣、杨树、柳树等混交而成的防沙紧密结构林带，从而形成封沙育草与人工林相结合的乔、灌、草综合的防护体系，防止风沙危害农田的效果尤为显著。

⑤ 封沙育草区原为绿洲放牧和樵采基地的，经过数年或多年封禁之后，沙生植被覆盖度可达 60%～70%以上，这时可以进行合理利用，一般可进行适度放牧。对于柽柳、白刺等萌生性灌木，可在贴近地面处，适当进行平茬，作为编笆、编筐及烧柴等材料，同时还能促使灌丛萌发复壮。适当限制挖刨甘草等药材，以利其根蘖萌生，防止流沙再起。

（2）防沙阻沙林带的营造

① 根据“因地制宜、因害设防”的原则，在防风阻沙林带应片林、块林和带状林错综分布，不必强求整齐统一，以沙丘的丘间低地、风蚀地、缓平沙地造林为主，尽可能少占用绿洲周边耕地或宜农土地，也不应远离绿洲，否则因生长环境水土条件差，引水灌溉困难，造林不易成活，即使一时灌水成活，成林因缺水也会枯死。

② 营造防风固沙林带时，应由近及远，先易后难。这就是说，先在绿洲周边造林，逐渐向外扩展加宽。对于沙丘地段，先在丘间低地造林，“前挡后拉”，以丘间林包围沙丘；随着丘顶被风力削平，在退沙部分再进行造林，以扩大丘间林地面积。这样，在不采取沙障等工程技术措施直接固沙的情况下，能够形成较为稠密的防风阻沙林带。

③ 防风阻沙林带由乔灌木树种组成，以行间混交为宜，愈接近外来沙源一侧，灌木比重应该增大，使之形成紧密结构，以便把前移的流动沙丘和远方来的风沙流阻拦在林带外缘，不致侵入林带内部及其背风一侧的耕地。

④ 防风阻沙林带的宽度取决于沙源状况，在大面积流沙侵入绿洲的前沿地区，风沙活动强烈，农业利用暂时有困难，应全部用于造林，林带宽度小者 200～300m，大者 800～900m 乃至 1km 以上。流沙迫近绿洲，前沿沙丘排列整齐，可贴近沙丘边缘造林，林带宽度为 50～100m。绿洲与沙丘接壤地区为固定、半固定沙丘，林带宽度可缩小至 30～50m。

绿洲与沙源直接毗连地带，若为固定半固定沙丘、缓平沙地或风蚀地，因风积沙不多，应在绿洲边缘营造防风阻沙林带，宽度为 10～20m，最宽不超过 30～40m。如在吐鲁番盆地的绿洲迎风侧栽上 3～5 行柽柳，使之阻截戈壁和风蚀地风沙流，日久积沙而形成固定柽柳沙垄，对柽柳沙垄背风侧乔木林带起到保护作用，不致影响林带灌水。

⑤ 营造大型防风阻沙林带，必须与封沙育草相结合，绿洲周边利用田间灌溉余水和供水灌溉沙地，促使沙丘、戈壁天然植被繁生，以期形成乔木、灌木和草本植物相结合的多层固沙阻沙屏障。在大型防风阻沙林带规划区内的大片沙丘或零星沙丘，应通过植物固沙措施逐步加以固定。实践证明，我国西北绿洲周边营造防风阻沙林带的乔木树种主要是沙枣、小叶杨、二白杨、新疆杨、钻天杨、箭杆杨、加拿大杨、青杨、旱柳、白柳、榆树等，灌木树种为梭梭柴、柽柳、沙棘、柠条锦鸡儿、花棒及沙拐枣等。

(3) 农田防护林网的设立

① 为了提高防护林网的防风作用，营造通风结构和疏透结构的窄林带为最好。不过无论何种结构林带，在林带背风面至林高 15 倍的地方，平均风速比旷野降低 40%～50%，在林高 20 倍的地方，风速可降低 20%左右。

② 护田林网建设，应结合条田、方田建设，实行全面规划，水、土、林综合治理，条田（方田）、渠系、道路、林带四配套。林带基本形成之后，因农田灌溉侧渗或地下水较浅，一般可不再进行常年灌溉。

③ 林带配置：鉴于我国西北地区大风频繁，风沙活动强烈，时有沙尘暴和黑风暴发生，以建设窄林带、小网格的护田林网为最好。一般说来，主林带间距 200～300m，副林带间距 500～600m，即每一网格内的条田面积为 10～18hm^2。在沙质地上，主林带间距可以缩小为 150～200m，副林带间距 400～500m，每块条田面积 6～10 公顷。窄林带应由 2～3 行乔木组成，最多不得超过 5 行。

④ 绿洲地区水土条件优越，建设护田林网可选用速生乔木树种，乌兰布和沙漠北部垦区和河套灌区的林网树种多为旱柳、小叶杨、钻天杨、新疆杨、箭杆杨等。腾格里沙漠东南缘各灌区的林网树种主要是箭杆杨。河西走廊的林网树种为二白杨、新疆杨等。柴达木盆地的林网树种主要有青杨。新疆诸绿洲及新垦区的林网树种为新疆杨、钻天杨、白柳等。

(4) 工程措施

① 黏土沙障

黏土沙障分为两种。一种是就地挖掘黏土或黏壤土，在沙丘迎风坡面上，垂直主风向(大致沿着沙丘等高线)，铺设一道道的小土埂，土埂彼此平行，必要时适当加设几道纵向小土埂，即成黏土行列式沙障；另一种是在成行铺设的基础上，再平行于主风向铺设一道道的小土埂，为黏土格状沙障。铺设黏土行列式沙障，土埂彼此间距最大不超过4m，一般为2～3m，土埂高15～20 cm，底宽30～40cm；铺设黏土格状沙障，其规格一般为1m×5m和2m×3m，土埂高15cm，底宽30cm。

黏土沙障的固沙作用主要体现为三点：a. 沙障经一个风季后，埂间中部沙面因受风蚀而下凹，埂侧稍有积沙。埂距愈大，埂间沙面风蚀就愈深，但最大风蚀深度通常不超过埂距的1/10，一般约为埂距的1/12。埂间沙面风蚀到这一极限，即形成不再受到风蚀和堆积的稳定浅凹地。因此，在流动沙丘上栽植梭梭或直接播种沙生植物时，就要提前铺设黏土沙障，避开埂间沙面风蚀阶段，为幼苗的成活和生长创造稳定环境。b. 黏土沙障内20cm高度上的风速比流动沙丘上相对削弱20%～30%，在距沙面2m高处上削弱风速达40%以上。埂间初期形成的稳定浅凹地，具有集中雨水改善沙层水分状况的有效作用。雨后，黏土沙障内相同湿度沙层的厚度比相邻流沙厚10～15cm；0～50cm深沙层的含水量比流沙一般提高20%；表面干沙层厚度为8～10cm。c. 铺设黏土沙障，就地取材，每公顷仅用90～120个工，连同维修不超过150个工，比设置柴草沙障经济、耐久。对于改善贫瘠的流沙及提高其抗蚀能力均有作用。黏土沙障一般可维持4～5年以上，种植的沙生植物多在3～4年即可郁闭成丛，以后就不再需要铺设黏土了。

② 草沙障

设置柴草沙障，可用高粱秆、玉米秆、麦草、稻草、芦苇、芨芨草、油蒿、树枝等材料。一般说来，在耕地边缘可设置单行或双行高立式沙障，障高0.5～1.0m，双行间距1～2m，以防止风沙流危害；在农田边缘的流动沙丘上，可垂直主风设置半隐蔽行立式沙障或格状沙障，障高一般不超过20cm，行列式沙障间距1～2m，格状沙障规格为1m×1m和1.5m×2m。根据观测，在流动沙丘上设置草沙障，大大改变了下垫面性质。设置1m×1m规模的半隐蔽式草方格沙障，粗糙度达1.571cm，比裸露流沙提高205～600倍。在流沙上，2m高处的起沙风速为4.5m/s，但在1m×1m草方格沙障间，9～10m/s风速才能起沙。这就使得障间沙子上升的涡流强度减弱，在离地面2m高处障间风速比裸露沙面减弱30%～40%。因此，沙障能起到稳定沙面的作用。

在沙丘上设置柴草沙障之后，由于气流在障前被迫抬高，在障后下降，形成大而单一的回旋涡流，障间沙面受到风蚀，造成障前后积沙，但障间沙面风蚀深度与黏土沙障一样，一般不超过沙障间距的1/10，一旦形成固定凹形沙面，沙面即趋于稳定。沿流沙和风蚀地边缘设置高立式沙障，其背风面削弱风速的有效距离可达$10H$～$20H$（H指沙障高度），对于防止风沙流袭击农田有显著作用。

(5) 农业技术措施

① 合理选择和配制作物

实践证明，耐沙割的作物有大麻、小麦、大麦、青稞、糜子、马铃薯、向日葵、高粱、谷子等；单子叶作物由于其顶芽包在叶子里，叶片经沙割部分全部焦枯之后，在灌溉条件下，很快就能长出新叶，死亡率偏低。

如吐鲁番地区在一般情况下，棉花尽可能安排在沙性小的地块里，而沙性大的耕地多种植耐风沙的小麦品种和高粱。吐鲁番地区还在沙地边缘种大麻，棉田畦埂上种高粱。大麻和高粱作为高秆作物，生长较快，抗风沙能力强，在一定程度上可起到人工沙障的作用。

根据在乌兰布和沙漠北部垦区的实验，在新垦沙荒地上种植高粱、玉米等中耕作物，风季幼苗稀疏，易遭风蚀、沙割之害。如果在同一条田内，在迎风侧种植耐沙割的密播作物小麦，则受害较轻，并且对下方种植的高粱、玉米等中耕作物，有一定的防护作用。

② 沙土耕作

绿洲灌区夏收作物比重较大。收获后如何防止裸露耕地风蚀，保持肥沃表土和墒情，是沙土耕作的重要问题。横对主风向耕翻，犁沟与垡垄不平整，以增加地表粗糙度，减弱近地面风力，对防止土壤风蚀有一定作用。

河西地区实行伏灌或秋灌的沙土耕地，耕后先用木制钉齿耙耙平耙碎大土块，然后耢平土地，使地面保持大量小土块。这就解决了土块过大容易跑墒，土块过于粉碎容易造成土壤风蚀的矛盾。

③ 播种技术

作物在幼苗期不耐风沙，可以调节播种期，使作物幼苗避开风季。河西地区根据当地风沙活动的季节和作物特性，对于风蚀较重的耕地，种植适于迟播的糜子等生长期短的作物，避开大风季节，即使夏播的玉米、谷子、棉花等作物，一般也适当延期播种，以便缩短在风季经历的时间，又可利用地边杂草削弱田间风力。至于麦类及向日葵、大麻等作物一般实行早播，这是因为早春解冻时，土壤比较湿润，不易受到风蚀，可抓全苗，同时这类作物一旦生长起来，抗沙害能力较强。

加大播种量，沙土因受风蚀，作物的保苗率偏低。为了使单位面积保持足够的作物密度，一般都要加大作物播种量。以小麦为例，河西金塔地区沙土播种量比一般耕地每公顷增加 22.5～37.5kg，可大大提高幼苗地的抗风蚀能力。

上述的工程技术措施和农业技术措施，虽然不能从根本上防止土壤风蚀和外来风沙流的袭击，但是在防护林带、阻沙林带和封沙育草带起作用之前，因地制宜加以综合应用，对于防止和减轻风沙对农田的危害是完全必要的，效果也是显著的。

2. 半干旱沙区农田的风沙防治

这一地区主要包括我国贺兰山以东，白城、康平以西，彰武、多伦、商都、榆林、盐池、景泰以北的沙地农田。这一区域农田与流动沙丘、固定沙丘、半固定沙丘或是带状相间或是镶嵌分布。在滩地和甸子地上的农田所遭受的风沙危害主要是流沙前移压埋耕地和风沙流对作物幼苗的击打。这时的主要治理措施是在沙丘与耕地接壤处建设防沙林带，林带外侧设立封沙育草带和对流动沙丘的固定。在平缓的坨子和梁地上的农田，危害主要是来自于本身的土壤风蚀，所以其防治途径为营造农田防护林带。主要的防治措施如下所述：

（1）流沙治理

① 前挡后拉，顺风推进

在鄂尔多斯沙区，晚秋和早春，在沙丘迎风坡中下部，垂直于主风向，沿沙丘等高线成行栽植 2～3 年生的油蒿野生苗或枝条，每坑 10～20 根，栽植深度为 30～40cm，上面露出10～20cm，株距0.5～1.0m，行距1.5～2.0m。在远离油蒿固定、半固定沙丘的地区，一般就用沙柳固沙，在沙丘迎风坡下部栽植一行或两行2～3年生的沙柳枝条，每坑栽植4～5株，株距0.5～1.0m，行距2～3m甚至4～5m。沙丘迎风坡中下部密植固沙植物后，沙丘在风蚀作用下逐渐趋于平缓、可继续栽植固沙植物或乔木树种。

在科尔沁沙地，晚秋和早春，先在流动沙丘迎风坡中下部，成带密植差巴嘎蒿野生苗条或扦插黄柳条，每条带宽0.5～1.0m，栽植2～4行，株距0.5m，带间距离1～2m。待沙丘顶部被风力一削低，即可全面栽上固沙植物。一般经过3～4年流沙基本被控制时可栽2年生松树苗。为了改良土壤肥力加强固沙作用，栽植松树前，在黄柳或差巴嘎蒿带间可播种小叶锦鸡儿，或栽植2年生胡枝子苗。松苗由于不耐轻微的风蚀、沙割和沙埋，在固沙植物带间栽植时，一般都要适当平铺一些杂草，使之得以成活与生长。

② 乔灌木丘间低地造林，先造后固

在鄂尔多斯沙区，春季在流动沙丘背风坡下部或丘脚栽植1～2行旱柳、小叶杨及加拿大杨3～4年生的高秆，长3～4m，粗4～5cm，栽植深度根据地下水位的深浅而定，一般为1～2m，株行距2m×3m。在高秆前方的丘间低地栽植沙柳、紫穗槐、旱柳、杨树等苗木和插条，迎风坡先不栽植固沙植物。沙丘前移进入丘间低地，高秆片林愈遭沙埋林生长愈旺，2～3年后沙丘顶部即逐渐削平，变成缓起状沙丘，然后在沙丘迎风坡栽上固沙植物。

在科尔沁沙地，丘间低地通常栽植小叶杨、小青杨、紫穗槐及黄柳，如果地下水平时埋深2～3m，雨季地表又无临时性积水现象，也混植松树，营造针阔混交林。

③ 乔灌结合，又造又固

在沙丘迎风坡下部和丘间低地同时栽植乔木和灌木，前挡后拉，逐渐拉平沙丘，然后再适当栽植油蒿固沙植物，或播种草木樨，或借助于自然生草使沙丘完全固定下来。

④ 乔灌草并举，综合治理

在丘间低地栽植耐沙压的乔灌木树种，在沙丘迎风坡下部栽植固沙植物。以后随着沙丘的前移，丘间低地幼林受到沙埋，生长茁壮，迎风坡下部被固沙植物所控制，丘顶便逐渐被风力削平，这里即可全面栽上固沙植物。同时，在丘间低地林下可播种草木樨等牧草。由于这里水分条件较好，草木樨生长旺盛，既能改良土壤，又能提供饲草。

据调查，在鄂尔多斯沙区，流动沙丘通过"前挡后拉，顺风推进"固沙造林方法，5～6年期间可使乔灌木林覆被率达50%以上，人工播草或自然生草覆被率可占总面积的40%，沙丘普遍变缓，乔、灌、草相结合，流沙基本上即可固定。在科尔沁沙地，流动沙丘通过"前挡后拉，顺风推进"固沙造林方法，连同植物固沙2～3年的期限在内，到10年时可使流动沙丘变成高达2m的郁闭松林，愈往后，松林生长愈快，栽植后17年生的松林，一般高度可达5～6m，直径在6～7cm以上，成为一片松林。

(2) 封育保护带

在环林带外侧设立封育保护区，其宽度1～2km不等，依据实际地形而定。封存带不仅可迅速提高植被覆盖率，而且可巩固流沙治理的成果，从而最终实现减少形成风沙流的沙源，起到保护农田的作用。

毛乌素沙地伊金霍洛旗毛乌聂盖地区，从1952年起通过封沙育草和治沙，使整个地区以油蒿为主的沙生植被恢复得很好，牧场扩大到1220hm^2。占总土地面积的78.3%，农牧业生产大为发展。

在毛乌素沙地境内以油蒿植被为主的固定沙丘和平缓沙地区域，凡撂荒的风蚀地上，经过3年，天然下种的油蒿灌丛，高35cm，冠幅30～35cm，一般封闭4～5年，植被高度可达60～70cm。鄂托克旗年降水量300mm左右，封育1～2年，自然生长画眉草、狗尾草、蒺藜等杂草，总覆盖度达70%；继续再封育3～5年，赖草、白草等根型植物繁生；6～10年恢复到接近于原生植被状况。以冷蒿、草木樨、黄芪、兴安胡枝子、沙生针茅、戈壁针茅等植物占优势。

(3) 农田防护林带

① 在比较湿润并有灌溉条件的川地和滩地或甸子地上，乔木生长可高达15～20m，沿渠、田、路营造护田林带，横对主风向的主林带间距300～400m，副林带间距600～800m。在土壤风蚀较强的耕地上，林带网格可以小一些，主林带间距100～150m至200～300m，副林带间距200～300m，一般说来，在风蚀性耕地上，主林带间距应按树高的15～29倍确定。

② 主、副林带一般应为2～3行，宽5～6m，少占地。

③ 为了有效地防止耕作土壤风蚀，在营造乔木护田林带的同时，在主副林带之间适当栽植一些灌木林带。

④ 无论水浇地或旱地，凡四周特别是主风侧为流动沙丘和半固定沙丘，应在地边营造防风阻沙林带，并在沙丘地段栽植固沙植物，以防止流沙侵入耕作区。

⑤ 营造护田林网树种，乔木为小叶杨、多种杂交杨、新疆杨、旱柳、榆等，灌木主要是沙柳、差巴嘎蒿、沙棘、山竹岩黄蓍、胡枝子、柠条锦鸡儿、小叶锦鸡儿、黄柳、小红柳、榆树等。这些乡土树种具有很强适应性，多为先锋树种，固沙作用很强。乔木树种可用小叶杨、小青杨、加拿大杨、樟子松、油松、旱柳等。

3. 湿润半湿润沙漠化区农田的风沙防治

湿润半湿润沙漠化区主要指我国嫩江下游、吉林西部、黄淮海平原和南方一些江河沿岸分布的风沙化土地（朱震达等，1981）。这一地区的年平均降水量为400～700mm，最多可达1500mm，一般都有草本或木本植被生长，即使在沙丘活化的地段也有多年生草本植物。由于自然环境较优越，所以这一地区的农田风沙防治措施主要体现在活化沙丘的治理上，提高植被盖度以减少风沙流对作物的割打；农田防护林建设主要为防治土壤风蚀和改善小区域环境。

(1) 充分利用水资源发展灌溉农业，着重利用地下水发展机井灌溉、埋设塑料管道发展喷灌滴灌等节水技术，沙地利用由原来的一年一熟改为两年三熟或一年两熟，提高沙地的利用率。

(2) 建立以窄林带小林网，乔灌结合、灌草结合为主的防风沙体系。同时根据不同情况，在农田中利用带状覆盖种植，在沙丘地采用格状覆盖种植，利用棉花、玉米茬秆进行高秆留茬防止土壤风蚀。

(3) 在沙地利用方面采用长短结合、以短养长的方式：一般情况下，沙地开发利用需要2～3年才能见效，如果树等，为了获得较快的经济效益，还需栽植当年能见效的瓜类和一年生油料作物。实践说明，在沙质荒漠土地上，发展果树1～3年为以农养果、以短养长阶段，4～5年可以实现以果养果，而自第6年开始可进入以果养农、以果促副阶段。

（4）部分活化沙丘、沙岗和沙梁可实行天然封育，3～5 年时间可以恢复。也可采取人工措施促进沙丘固定。如在嫩江下游、吉林西部主要以栽植锦鸡儿、胡枝子和紫穗槐及差巴嘎蒿来使活化的沙丘固定，以胡枝子为最好；在南昌，沙丘上栽植单叶蔓荆子等，既可固定沙面，又可作为药用植物。

农田沙害防治的目标是：建立既防治沙害又促进经济持续健康发展的防护体系。其防护措施主要是根据不同的自然条件、不同的治理对象，采取相应的措施，起到生态效益的作用。围绕农业沙害防治措施在干旱地带主要采取“护、阻、固、封”的措施，在半干旱地区主要采取“调、护、固、封”的措施，而在湿润半湿润地区主要采取“水、林、旅”相结合的措施，具体措施系统如图 6-1 所示。

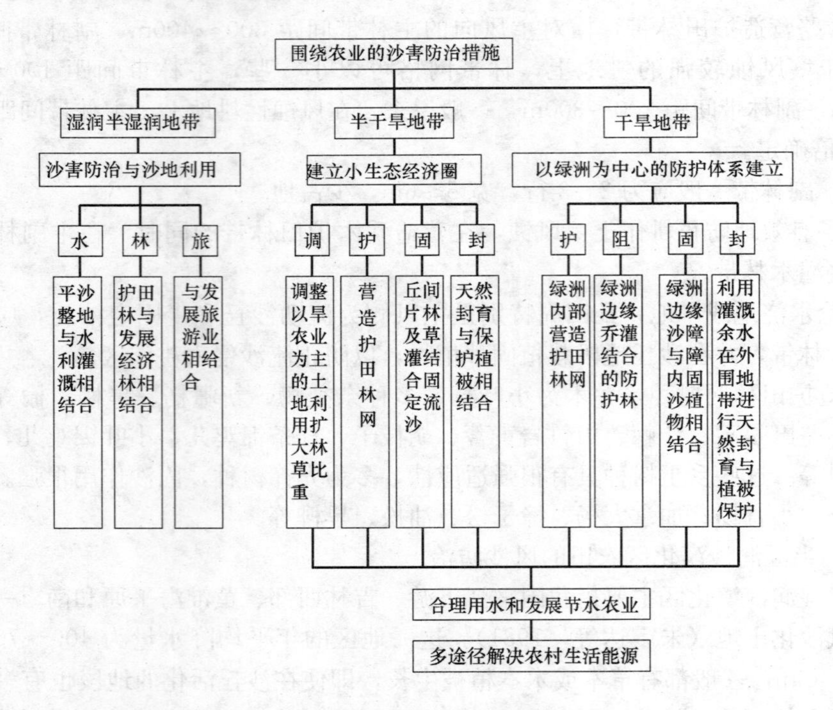

图 6-1　农田沙害防护技术措施系统

6.5.6　草场的沙害预防

我国沙区天然草地总面积 13412.1 万 hm^2，占全国天然草地总面积的 34.14%。由于自然条件恶劣和人类活动扰动强烈，近年来沙区草场退化、沙漠化严重，已给区域生态环境和畜牧业生产造成了严重危害，开始影响沙区人民的生存与社会经济发展。因此，加强沙区草场沙害的防治，对于保护和改善沙区生态环境、促进沙区社会经济，特别是畜牧业经济的发展具有重要意义。

1. 减轻放牧强度，采取合理放牧制度，使草场植被逐步恢复

草场过度放牧，是目前我国草场退化、沙漠化的根本原因之一。减轻草场放牧强度，采取合理的放牧制度和放牧方法，给草场植被一个休养生息的时间，使之逐步恢复更新、繁衍能力，是目前防治草场沙害最经济有效的方法。

（1）减轻草场放牧强度

不同环境条件下形成的草场，其植物群落组成、生产力、耐牧性是不同的，因而草场的载畜能力也不同。在我国北方沙区，由于气候干旱、冬季严寒、风沙活动强烈等原因，草场植被生产力低，生草土层薄，牧草的可食性和耐践踏性均不高，因而草场的载畜能力一般都较低。如东北半湿润沙区，草场单产是我国沙区草场中最高的，平均也只有5016kg/hm²。而西北干旱沙区草场单产非常低，一般1000～2000kg/hm²。沙区草场牧草可食草率平均为50.02%，平均每公顷草场的理论载畜量仅为0.52个羊单位。由于各地都在单纯追求家畜养殖数量，使草场实际载畜量每公顷已达0.92个羊单位，超载77.6%。草场长期超载过度放牧，一方面，因供草不足导致家畜营养不良、个体变小、体重变轻，抗寒越冬能力差，容易造成成批死亡；另一方面，由于牧草被过度啃食，植物高度和盖度大幅度下降，使地表裸露，特别是放牧强度增大后，使地表受到践踏机会增大，在过度践踏之下，表土经常处于破碎状态，因而容易受到风力作用而发生风蚀，使草场沙漠化。因此，要根治草场沙漠化，首先要减轻草场放牧强度。

减轻草场放牧强度，就是对超载过牧的草场逐步减少放牧家畜的数量，使实际载畜量逐步和理论载畜量相一致，从而使草场植被从重压下解脱出来，逐步恢复。牧草的利用率和草场载畜量的计算公式如下：

$$利用率=\frac{应该采食的牧草质量}{牧草总质量}\times 100\%$$

$$载畜量=\frac{饲料储藏量(kg/hm^2)\times 利用率}{牲畜日食量(kg/d)\times 放牧天数}$$

当草场减轻放牧压力后，植被盖度、草层高度及地上、地下生物量明显增加。草层高度和盖度的增加会使地面粗糙度提高，既能减轻风力对地面的作用，又能使流沙沉积，而地下生物量的增加，会增强根系同结土壤的能力，减轻土壤的可蚀性，从而起到防治草场沙漠化的作用。

(2) 采取合理的放牧制度

各种草场植物都有着自身的生长规律，不同牧草在不同时期对放牧的反应不同。因此，采取合理的放牧制度，使草场植物在反应强烈期尽量少受家畜放牧啃食、践踏影响，或给其一定休养生息的时间，保证其在放牧啃食后能较好的恢复，这对防治草场沙漠化极为重要。草场放牧利用制度主要有季节放牧、分区轮牧和常年放牧等多种方式。其中季节放牧是根据草场的类型、特性及水热条件，将草场分为夏秋场和冬春场分别按季节利用。一般夏秋场选在饮水条件好，周围比较空旷，牧草以禾本科为主的草场，如河滩地、低湿草甸、干草甸和高寒山地等，这类草场冬春寒冷风大、牧草产量季节变化大，只宜夏秋放牧。冬春场一般选在沙丘草地，这类草场沙丘高低起伏，植被又以灌木半灌木为主，不仅对畜群冬季防风防寒有利，而且冬季沙丘阴坡积雪也能部分解决放牧中家畜饮水问题。

草场的季节利用是草场合理利用的一种形式，但并不足以防止草场的破坏。因为在某一季节里，家畜一直集中放牧于某一草场，会严重抑制牧草的生长，所以草场在分季利用基础上，还应分区轮牧。分区轮牧是根据牧草生长情况和畜群的饲草需要量，将草场按计划分成小区，然后按一定时间循序轮回放牧。分区轮牧可使草场得到短期休养生息的时间，保证牧草的良好发育和更新，同时还能提高草场的利用率和减少家畜寄生虫病传染的机会。划区轮牧时，轮牧周期和每个小区的放牧时间应根据牧草再生速度和放牧强度而定。草场轮牧周期以30～40d为宜，每个小区的放牧时间在中牧条件下一般为7～10d；6～7月，轻牧条件下可延长为10～12d；8～9月，重牧条件下可缩至4～7d；冬春季均以10d为宜。

除了上述两种放牧方式外，草原牧区普遍采用的是常年放牧方式即草场不分季节，也不划区轮牧，全年均在同一草场定点放牧。这种放牧方式使牧草没有休养生息的时机，对草场植被破坏比较严重。采取这种放牧方式，一是因为放牧场比较小，家畜多，草场周转不开；二是因为尚未意识到草场合理利用问题，仍然采用传统的游牧方式四处放牧，对这种放牧方式，今后应加以改进。

2. 封沙育草，植树造林，恢复植被

当草原沙漠化十分严重时，仅靠减轻草场放牧压力，采取合理的放牧制度，已很难在短期内达到恢复植被的目的。特别是草原一旦发生沙害，在干旱多风年份就会有自然发展的趋势，如不及时采取有效措施，沙漠化面积就会迅速扩展。这时，采取更为有效的封沙育草、草地补播、植树造林等措施，对于迅速控制草场沙漠化的蔓延和沙害的加剧是十分必要的。

(1) 草场封育

草场封育是将沙漠化比较严重的草场封育起来，禁止放牧和樵采利用，使植被逐步恢复，它是草场沙害防治最为经济有效的一种措施。一般在半干旱地区，轻度沙漠化草场封育1～2年，植被就可得到恢复；对于严重沙漠化草场，虽因沙丘的高低和范围的大小不同而植被恢复时间有很大差别，但一般5～10年植被都会恢复或明显改善。对于干旱地区，草场封育后植被恢复的速度因干旱而受到影响，但只要给以足够的时间，不用很多的投入，其植被终究会缓慢恢复。

在半干旱地区，草场封育应注意选择退化比较严重、封育后又能较快恢复的草场。从沙害治理的角度讲，流动沙地草场最需要封育保护，但流动沙地风沙活动强烈，种子很难落地生根，短期封育成效不会十分显著，必须采取其他更为有效的措施。而封育草场应选择中度退化草场或半固定半流动沙地，这类草场植被盖度一般在30%～50%左右，植物有一定密度，风沙流活动较弱，封育后的植物能加快繁衍和蔓延，使植被盖度和产量迅速提高，也能很快控制风沙活动。而对于退化较轻的草场或固定沙地，一般通过减轻放牧强度、改进放牧制度即可有效改善植被状况，一般不需封育。

在干旱地区，植被稀疏，植物生长缓慢。对于无水荒漠草场，无论是否退化、沙漠化，都应严格封育禁止利用。对于有水荒漠草场，封育草场的选择，应以轻度和中度沙漠化草场为主。流动沙地一般属于沙漠范畴，如果没有地下水供给，仅靠天然降水其植被是很难自然恢复的。因此，干旱地区流动沙地草场的封育，应选择地下水浅而丰富的地区。

草场封育有长年封育、短期封育和临时封育3种方式。应根据草场面积的大小、形状、退化沙漠化程度进行选择。一般来说，对于面积较大、相对连片的严重沙漠化草场或流动沙地，可实施长期封育，在干旱地区甚至可实施永久封育。而对于沙漠化较轻，封育后植被恢复较快的草场，可实施短期封育。实验表明，在半干旱地区，即使是严重退化草场，封育后2～3年，草地植被也可得到迅速恢复，使植被盖度、草层高度和生物量明显增加，地表完全被覆盖，这时可再进行合理放牧。对于草地面积不足或草地类型较多的地区，可实行退化、沙漠化草场的临时封育，给草地植物一个休养生息的时间。

短期封育和临时封育的时间可根据具体情况确定，如常年封育、夏季封育、冬季封育，春季封育或春夏封育，甚至只封育1～2个月。一般来说，实施夏季封育、冬季放牧时，应选择灌木半灌木比较多的灌丛草场，这类草场一方面植被较密，有利于冬季遮风和雪后放牧利用，另一方面使草本层能有所生长，增加地表覆盖，减轻冬季践踏造成地表风蚀。如果是1～2个月的短期封育，应选择退化、沙漠化比较严重的平坦沙质草地，封育时间可选择在春季牧草萌发期和秋季牧草停止生长的前一个月。因为春季牧草萌发时主要是靠根系中储存的营养物质，这时退化、沙漠化草场植物因上年秋季根系中储藏的营养物质不足，而长势较差，封育1～2个月可使其迅速产生有效光和面积，促进生长。而秋季封育1～2个月，则有利于其根部储藏更多营养物质，对安全越冬和次年春季生长有利。如果是夏季封育，可放到7月前后，因为在一年当中，7月是牧草再生能力最强的一个月，各种沙漠化程度的草场此时封育均可获得较高的再生草产量，特别是退化较严重的草场，7月份封育的效果要强于轻度退化草场和未退化草场。

（2）草场补播

为了加快沙漠化草场的恢复速度，有时需要对沙漠化草场直接实施牧草补播。草场补播是在基本不破坏原来植被的基础上，将牧草种子直接播种于沙漠化草场中，在一定的保护措施下，能正常萌发生长，逐步覆盖地表。它所建立的草场是半人工草场，实践证明，对沙漠化草场实施牧草补播是沙漠化草场治理的有效途径，可使草场植被迅速恢复、产量和质量大幅度提高。

草场补播主要有飞播和人工播种两种方法。飞播一般适用于地形开阔，面积较大的连片补播区，它具有规模大、速度快的优点，但成本高，限制条件多，由于一次需要较多的资金，并要使用飞机，一般只能由组织实施。人工补播主要适用于一村、一户进行小面积沙漠化草场补播，它具有成本低、简便易行、限制因素少等优点，是广大沙区最常用的一种草场补播方法。

① 补播地块的选择

补播地的选择应注意以下几点：

a. 年降水量在200mm以上的地区，补播效果较好。年降水量低于200mm的地区，虽然也可进行补播，但难度较大。

b. 地势最好平坦开阔，选择平缓起伏沙地、平缓低矮横向沙垄均可。

c. 用于飞播的地块应大于1500～2000hm^2，最好成长方形，以便提高飞播效果。人工补播地块不受面积限制，但为了便于封育管理，不应太分散，面积最好在10公顷以上。

d. 沙丘高度最好低于5m。若为相对高度5～10m的中等高度沙丘，其沙丘密度应小于30%。相对高度10m以上沙丘密集分布的沙地无论飞播还是人工补播，效果都不够好。

e. 补播地块植被盖度最好在20%～30%，盖度大于30%时不利于种子落地。而且植被高度最好不高于80～100cm。如果选择植被盖度较大的草场进行补播，应注意事先进行地面处理。

f. 补播区最好避开风沙活动强烈地区，尤其是风蚀区，否则保苗率极低。

g. 如果是进行飞播，飞播区最好附近有比较平坦宽直的柏油路或硬面土路，以便飞机能就近起落添加种子和机油。

② 草种的选择

沙区草地气候干旱，风沙活动强烈，补播时应注意草种的选择。适于半湿润沙区草地补播的草种主要有斜茎黄芪、草木樨、羊草、差巴嘎蒿等；适于半干旱地区补播的有斜茎黄芪、小叶锦鸡儿、沙棘、花棒、羊柴、差巴嘎蒿、籽蒿、油蒿、沙米、兴安胡枝子等；适于干旱和极端干旱区的主要草种有籽蒿、沙拐枣、花棒、梭梭等。这些草种的选择，还可根据有无灌溉条件或地下水的深浅进行调整和跨地域使用。

草种确定以后，采购种子时要严格检查种子质量。因为沙地自然条件较差，对种子要求严，所以最好选择一、二级种子。

③ 地面处理

为了保证补播的种子能够完全落入土壤，并能得到良好的覆土和萌发条件，沙区草场补播牧草之前应视地表情况进行地面处理。沙区草场地面类型比较复杂，有松散的流动半流动风沙土，也有较紧实的固定半固定风沙土，还有少量比较黏重的草甸土，不同类型的地面应采取不同的地面处理方法。对于流动半流动风沙土来说，一般不需进行特殊的地面处理。播种前只需把羊群赶进播区充分践踏，使地表留下大量蹄印即可。这样播下的种子就可落入蹄坑，再在播后用树枝轻扫地面就可使种子覆土。对于固定半固定沙地和沙质草甸，由于植被盖度较大，一般补播牧草不仅仅是为了增加地表覆盖，更主要是为了改良草场的质量。这类草场补播前必须进行地表处理，否则补播不易成功。地面处理可进行带状重耙或浅耕，带宽 1～2m，带距 3～5m，深度 5～10cm。这种处理方法只适于人工撒播，而不适宜大面积飞播。沙区风大，这种地面处理存在着地面风蚀的危险，因此，地面处理必须在风季过后进行，而且带的宽度不宜大。补播可连年逐步进行，以致草场全都被补播改良。

④ 选择适宜的播种期

补播的植物种子发芽和定植及其幼苗生长都需要适宜的水分、温度和光照，而飞机播种还要考虑云层、风速和有无雷雨等。在我国北方沙区，春季一般寒冷、干旱、风大、风沙流活动强烈，如果此时补播，一方面种子因低温干旱不易萌发，另一方面因风蚀或沙埋使种子外露或深埋，丧失发芽的可能。特别是沙区春季虫鼠危害严重，早春播种常因虫鼠危害而损失较大，因此，沙区草场补播不宜选在春季。在我国中东部沙区，一般 5 月中下旬气温开始迅速回升，大风发生频率迅速降低，6 月中下旬雨季来临。在 5 月下旬到 6 月中旬播种，可使种子在一定的风力下得到轻度覆沙，覆沙后很快进入雨季而得到适宜水分，从而能使其迅速萌发和生长。而且此时草场大多数牧草已长到一定高度，对其萌生苗有一定的保护作用。如果夏秋播种，虽然水热条件好，但萌生苗生长期太短，根系入土浅，不利于越冬。对于西部干旱区，也应选择雨季来临前的 1 周左右播种，或雨季初期播种。

⑤ 播种量

播种量的多少，关系到单位面积成苗的多少。而播种量的多少不仅取决于种子的大小，同时还要考虑鼠、虫、兔害和日灼等自然因素的影响。一般大粒种子的播种量 15～25kg/hm^2，小粒种子 7.5～15kg/hm^2。无论飞播或人工撒播，都要注意种子质量。对种子质量低于其标准的，要按优质种所占比例计算播种量。质量特别差的种子不宜用于播种。

⑥ 补播草场的保护

补播草场不论用于刈草地或放牧地，播种后的最初几年都应进行保护。其原因有三点：一是补播的草种一般都是多年生植物，这些植物初期生长缓慢，特别是播种当年和第二年生长前期，其根系较浅，此时放牧或刈割影响其生长和产量；二是补播的牧草多为优良牧草，一般都具有萌发早、产量高和品质好等优点，如不加以保护，势必成为早春或四季家畜集中放牧地，而且也会导致无计划的放牧和收割，使补播草场严重过度利用；三是可能成为早春虫鼠集中活动地，受到虫鼠的严重危害。补播草场的保护，一是在最初几年要实施封育禁牧，待牧草长到一定时期后才可利用；二是实行有计划的刈割，严格掌握刈割频率和留茬高度，禁止利用过度；三是注意防虫灭鼠，特别要加强早春虫鼠危害的防治。

(3) 植被重建与营造牧场防护林

当草场严重沙漠化而成为流动沙地时，采用封沙育草措施在短期内很难奏效，如果实施补播植物，又因风沙活动强烈，种子易被吹蚀而不能成功，对这类沙地最有效的办法就是采取人工固沙造林措施，重建植被。固沙造林一方面可以重建沙地的草场植被，另一方面也可防止沙丘前移，危害附近的草场、农田、村庄和道路。但流动沙地自然条件严酷，只有采取合适的技术才能达到目的。

① 流动沙地营造固沙林

在流动沙丘固沙造林时，应首先在沙丘迎风坡采用灌木半灌木固沙，如用差巴嘎蒿、黄柳、小叶锦鸡儿、沙棘、胡枝子等沙生先锋灌木半灌木树种。待流沙初步固定以后，紧接着在灌木沙障之间营造适宜的乔木树种，如沙枣、旱柳、榆树、樟子松等抗旱、耐风沙能力为较强的乔木树种。在丘间低地、丘间湿地可以直接营造乔木林。在流动沙丘的丘间低地及沙丘迎风坡下半部先进行固沙造林，而待丘顶及落沙坡被风自然刮平后，再进行这部分的沙地造林，其优点一是地形变得低平，接近地下水位，二是丘顶被风削平后，能够减轻风蚀沙压，有利于植物的成活生长。

沙地前挡后拉造林是在我国各地沙区治沙造林中广泛应用的一种十分有效的固沙方法。这种方法是在沙丘前方的背风坡脚至丘间低地地段，栽置乔灌木树种，以阻挡沙丘前移。同时在沙丘迎风坡下部配备灌木树种固沙，固住迎风坡沙面，利用自然风力削平沙丘上部，使整个沙丘逐步平缓、固定，形成前挡后拉之势。这种方法巧妙地利用流沙中两个易于进取的部位使之连成一体，有效地控制整个沙丘前移，体现了适地适树原则，充分发挥了乔木、灌木与环境本身优势，既节省劳动力，又能获得明显的生态效益。

② 营造收场防护林

在北方干旱、半干旱地区，由于受水分的影响，一般草场不适宜大规模营造牧场防护林，因而实践中牧场防护林也较为少见。但实际上，在半干旱地区，特别是降水量在350～450mm的地区，只要树种选择得当，营造技术合适，是完全可以营造起牧场防护林的。在一些地下水位充足且较浅的沙地，如科尔沁沙地、毛乌素沙地，更是具有营造牧场防护林的条件。在有条件的地区，营造牧场防护林，对于防治草原沙害具有重要意义。

牧场防护林建设应注意三个问题：

一是注意选择合适的树种。选择合适的树种是牧场防护林建设成功的关键，各沙区在选择防护林树种时，应充分考虑当地的水热条件，尽量选择那些耗水量少，抗旱性强、耐风沙、生长速度适中的树种。在我国北方半干旱农牧交错区，适宜营造牧场防护林的树种主要有樟子松、油松、黄柳、旱柳、榆树、紫穗槐、柠条锦鸡儿、小叶锦鸡儿、枸杞、山杏等，在一些地下水条件较好的地区，还可适当选择一些杨树树种。

二是注意林带的空间配置。营造牧场防护林时，一般来说主林带要垂直于主风向，副林带垂直于次主风向。林带间距应根据当地风力强弱、草场沙漠化程度及地形确定。一般牧场防护林带的间距要大于农田防护林带，在地势平坦开阔地区间距在1000m左右。在沙地中，特别是半固定半流动沙地，间距可适当缩小，也可先营造大网格林带，然后在大网格中营造小网格。

三是注意乔灌草的合理配置。对于牧场防护林来说，乔灌草的合理配置比农田防护林更为重要。这一方面是由于草原上水热条件不如农区，以乔木为主的林带往往因供水不足而生长缓慢，并形成小老头树；另一方面牧场防护林除防风阻沙作用外，还具有冬季家畜食用和避风等功能。牧场防护林建设，应以灌木和小乔木为主，尽量不要采用杨树等耗水量多的大乔木。其配置方式为4～6行灌木、1～2行乔木，成2（灌）：1（乔）：2（灌）分布或2（灌）：1（乔）：2（灌）：1（乔）：2（灌）分布。行距因树种不同而有差异，一般行距3～4m，株距2～4m。行间种植草本植物。

(4) 控制对草场植被的进一步破坏，防止新的沙源地的形成

草场植被的人为破坏，是草场沙漠化的最主要原因之一。要治理草场沙害，制止对草场植被的进一步破坏，防止新的沙源地的形成极为重要。

① 防止滥挖药材

麻黄、甘草、苁蓉、虫草都是草原上的名贵药材，市场上供不应求，一些不法分子为了追求经济利益，置国家法律于不顾，在草原上大肆滥挖甘草、苁蓉、虫草、发菜，滥割麻黄，不仅造成资源日益枯竭，而且严重破坏天然植被，造成草原沙漠化。一些天然甘草的主产区，一到秋季往往看到成群结队的人在草原上滥挖甘草，采挖后坑土不进行回填，致使草原千疮百孔、丘坑遍野，一到风季挖出的土随风吹扬，漫天风沙，而挖出的土坑在风力作用下发生掏蚀，不断扩大，结果草场很快沙漠化。因此，防治草原沙漠化必须坚决制止草原上滥挖滥采药材。

制止草原滥挖药材，一是要加大进行《草原法》、《森林法》和《水土保持法》等法律的宣传力度，增强人们保护植被的法律意识和观念；二是要加强地方上的行政管理，组建保护草原的监督队伍，发现滥挖滥采药材的现象要坚决制止；三是大力发展人工栽培甘草、麻黄、苁蓉等药材，逐步缩小或取消对天然药材的大量收购，从根本上杜绝对天然药材的采挖。

② 禁止在草原上樵采

在广大沙区以及干旱荒漠区，天然草场植被多以灌木半灌木为主，这对于提高地面粗糙度，降低地表风速，减轻地表沙漠化起到了重要作用。但灌木半灌木热值要比草本植物高，且燃烧持续时间长，因而常被作为燃料大量被樵采。据调查，在地处农牧交错区的科尔沁沙地，当地农民的生活燃料21%取自沙地植物，平均每户每年樵采大约654kg，相当于0.6～10hm^2。地上沙地植物的生物量如果单位面积樵采率按30%计算，每户樵采破坏草场2～3hm^2。另外，在小城镇居住的居民，为了解决四季燃料问题，在秋季也是车拉驴驮就近去城镇周围草场砍柴，造成城镇周围自近向远植被受到严重破坏，如甘肃金塔县过去几十年大多数居民都靠砍柴作燃料，结果使方圆几十公里的植被受到彻底破坏，草地完

全沙漠化。在交通、矿山、水利等工程建设中，为了就近取材，也往往砍伐施工场地周围的灌木半灌木作为燃料。据资料显示，全国沙漠化土地中有33.2%为樵采活动和工矿城市建设破坏植被造成的。所以，防止樵采对草场植被的破坏，是草原沙害防治的根本措施之一。

防止樵采造成的土地沙漠化问题的发生，首先要解决广大农牧民的燃料问题，这一方面可以通过发展经济，增加农牧民收入，购置煤炭解决，也可通过发展沼气或太阳能来补充农村能源；二是要大力植树造林，特别是发展薪炭林，利用修整下来的枝条解决农村烧柴问题；三是要建立植被的保护制度，破坏植被要赔偿，谁破坏谁治理，破坏植被严重的要依法追究法律责任；四是要严禁城镇、工矿居民使用天然植物作为家庭燃料，杜绝城镇居民到草场上去砍柴；五是在工矿、交通建设中，要把生态建设与项目建设结合在一起，严禁控制对植被的破坏，并做到边建设边绿化。

③ 草地鼠害的防治

鼠类危害是导致沙质草场严重退化的主要原因之一。鼠类对草场的破坏，一是大量啃食牧草地上部分，一只鼠一昼夜啃食牧草量可达30～500g，10只大鼠的日采食量大致相当于1只羊的日采食量。显然，在鼠的种群数量相当大时，其啃食的牧草量是十分惊人的。二是鼠类在地下筑巢做窝时，将挖出的大量土壤堆积地面，形成大小不一的土丘，一方面减少草场有效面积，另一方面冬春干燥季节在大风的吹扬下常引起草场沙漠化。如1982年新疆沙湾县博尔通古黄兔尾鼠肆虐，鼠害严重地段每公顷有鼠洞4000多个，最多达6802个，每公顷有鼠300多只，最多达500多只，鼠害区草场似被翻耕过一般，使草场受到毁灭性的破坏。准噶尔盆地腹地的古尔班通古特沙漠中福县、富蕴县境内的冬春草场上，大沙鼠洞群的覆盖率平均达29.0%，最高达50%，洞群周围寸草不生，附近灌木多因啃食过度而死亡。内蒙古库伦旗额勒顺镇1300多公顷的牧场，也是因为鼠害严重而沙漠化。因此，国家对草场鼠害防治十分重视，每年都要投入大量资金进行防鼠灭鼠，其成效也是十分显著的。

草场灭鼠主要采取毒饵法。这种方法是将毒物掺入到鼠喜食的食物中，然后撒到鼠类活动区内，使鼠类采食后中毒死亡。制作毒饵时，先将粒状饵料，如小麦、高粱、谷子等加入其质量3%的植物油，使饵料表面均匀涂上一层油后，再按一定比例加入毒剂，经搅拌均匀后即可使用。也可将鼠喜食的牧草晒干粉碎后加工成颗粒饲料作为饵料。毒饵的投放可采取人工投放和机械投放等几种方式。投放的方式取决于灭鼠区的大小和鼠的种群密度。一般灭鼠范围小，种群密度低，可采用人工投放的方式，而灭鼠范围大，鼠的种群密度高时，可采取机械喷洒或飞机喷投的方式。

灭鼠方法除了常用的毒饵法外，还有喷雾法、烟熏法、水淹法等，特别是利用鼠类天敌，如狐狸、黄鼬、猫头鹰等进行灭鼠，既能保护生态平衡，又能防止环境污染，是最经济有效的方法。

④ 草原虫害的防治

沙区草地植被的害虫主要有蝗虫、草地毛虫、蚜虫、金龟子、柠条豆象等。其中危害范围大且最为严重的是蝗虫。如青海省近几年虫害面积达97万hm^2，主要是蝗虫危害。在蝗虫危害严重的草场上，虫口密度达200头/m^2以上，牧草损失率一般达30%～50%，高者达60%～90%，每5～6年都会大发生一次。在内蒙古东部科尔沁草原，蝗虫危害也相当严重。其中赤峰市发生频率最高，1977～1988 年的 12 年间几乎每年发生，每年面积达 6 万 hm^2，虫害密度 30～50 头/m^2，最高达 120～200 头/m^2。各地的蝗虫种类有一定差别，如青海主要以李氏大足蝗、白边痂蝗最多，内蒙古则主要是亚洲小车蝗、皱膝蝗（Angaracris）、白边痂蝗、小翅雏蝗、李氏大足蝗、黄径小车蝗、大垫尖翅蝗等。这些蝗虫主要发生和危害于固定半固定草场和低湿甸子草场，但在大发生年份其范围内各种草场均受其危害。蝗虫危害时间因各地气候条件而有所不同，在内蒙古东部蝗虫一般发生于 5 月下旬以后，至 6 月下旬后危害加重。

在北方沙地，另一个主要的害虫是草地螟。该害虫分布面积大，繁殖率高，食性杂，在大发生年份，危害极为严重。例如，1988 年内蒙古赤峰市巴林右旗、敖汉旗、林西县发生面积达 10.7 万 hm^2，平均虫害密度 70～80 头/m^2，最高达 600 头/m^2。由于该虫害种群密度大，发生和迁移过程中，所到之处植被无不被啃食一光。而且该虫适应性和扩散性很强，发生频率很高，如不及时防治常造成大范围危害，因此对草地螟的防治要特别注意。

在西北荒漠地区，沙蒿金叶甲、白菠粗角叶甲、菊旗蚧、春尺蠖、柽柳条甲等也是危害草场的重要害虫。如 1983 年阿拉善左旗 400 万 hm^2。草场严重发生白茨粗角叶甲，单株最高虫口达 50 头。1988 年鄂尔多斯乌审旗和伊金霍洛旗发生柽柳条甲、柳苗跳甲危害面积达 8.7 万 hm^2，其中 5.3 万 hm^2 尤为严重，虫害密度 2650 头/株，最高达 7800 头/株，使 10%植株枯死，直接经济损失百万元以上。

6.6　风沙灾损处理

6.6.1　工民建的灾损处理

工业与民用建筑物的沙害类型主要是房前屋后积沙及构筑物的风沙磨损。其处理方法主要是清理积沙、建（构）筑物迎风侧部位加固和建（构）筑物迎风侧表面形态的改变，以此加大其抗风沙磨损的能力。

为了降低或减少风沙荷载对建（构）筑物所造成的倾覆或表面击打所造成的损失，建（构）筑物迎风侧表面以流线形或曲线形时，可以减少正面的风压和沙粒打击。房屋宜以节能保温建筑为宜，大风会造成大量热量散失，因此坐落位置应综合考虑太阳照射角度、当地主导风向、积沙可能堆积位置及防护治理措施等。墙体厚度宜充分考虑保温要求，房屋门窗宜采用密封措施。风沙地区建筑的设计宜充分考虑当地的风、热、光能等资源的利用。

6.6.2　道路的灾损处理

风沙灾损发生后，风沙地区公路沙害类型主要有两种：路基和路面的风蚀；以及路基、路面和桥涵的沙埋。铁道工程风沙灾害危害形式包括危及行车安全、对线路设施的破坏以及对路基桥涵的损害。主要表现为：道床积沙，阻碍列车进路，使列车途停、脱险或颠覆；风沙流反复漫道，加速铁路设施的磨损；路基与路肩受强烈风蚀，影响线路质量。风沙灾害是一个区域环境内发生的问题，大风行走路线每年基本变化不大，掌握大风行走路线利用上下游发生灾害的时间差，完全可以减轻风沙灾害对下游地区造成的损失。

对于道路沙害的处理，主要是找出沙害产生的根本原因，有针对性的进行防治。如针对路基和路面的风蚀可以采用加设挡风墙的形式，改变其风蚀部位，保证路基和路面的安全性；关于路基、路面和桥涵的沙埋现象，主要是采用一些工程治沙措施将改变风沙的堆积地点，同时通过一些生物措施逐步改变当地的小气候，最终逐步达到长期治沙的目的；同时加强线路设施的抗风沙能力，一旦发现损坏，立即更换，以此来保证线路的安全运营。

6.7 案例分析

6.7.1 线路沙害防治案例分析

我国是世界上荒漠面积较大，分布较广，沙漠化危害严重的国家之一。1957 年包兰铁路通车，开创了沙区筑路的先例，40 多年来，先后建成集二、干武、乌吉、兰新、南疆、青藏、集通、包神等穿越沙漠、戈壁的铁路线。已通车铁路穿越风沙区 15000 多公里。全国沙区公路较多，重要的有穿过浑善达克沙地的锡林浩特—张家口公路，穿过库布齐沙漠和毛乌素沙地的包头—榆林公路、塔里木沙漠公路。据我们所知，第一条全线设防的沙漠公路是位于宁夏中卫腾格里沙漠迎（水桥）—盐（湖）公路，全长 22km。塔里木沙漠公路 1995 年全线通车，穿行流沙 447km，1999 年作为世界上第一条和最长的沥青混凝土沙漠公路被列入吉尼斯纪录，全线建起以机械固沙方法为主的第一期公路防沙治沙体系，是世界上见于报道的规模最宏大的沙漠公路防沙体系。

乔、灌、草结合，建立生物防护带当然是最解决问题的办法，但是，由于自然条件的限制，在干旱地区难以建起生物防沙体系，即使条件较好的地方，恢复或建立人工植被仍需要一定时间，不得不在建起生物防沙体系前，配合以工程防护措施，在极端干旱地区，更需依靠工程固沙体系，以便维持较长时间。

我国东西部自然条件的差异很大，虽然各地铁路、公路干线治沙都采用工程和生物结合的综合固沙措施，但侧重点不尽相同，东部以生物措施为主，辅以工程措施；而西部极端干旱地区，大面积采用以工程措施为主的防沙工程。中部年降水量 200mm 上下的地区，则更注重生物措施与工程措施的长期结合。

1. 包兰铁路沙坡头段铁路防护体系

包兰铁路沙坡头段铁路防护体系，是流动沙丘地区铁路沙害防治的典型代表。“包兰线沙坡头铁路治沙防护体系的建立”项目 1986 年获国家科技进步特等奖。包兰线迎水桥—干塘段穿越腾格里沙漠东南缘的沙漠铁路是我国最早建成的沙漠铁路，最早修建的沙漠头段铁路沙害防护体系具有开拓性质，采取工程防沙和植物防沙相结合，水路和旱路相结合，乔木和灌木相结合，植树和直播造林相结合，科研和生产相结合，造林和管护相结合的综合治沙方法，建成了由固沙防火带、灌溉造林带、草障植物带、前沿阻沙带、封沙育草带构成的“五带一体”铁路防沙体系。

沙坡头地区风沙地貌为相对高度 15～20m 的格状流动沙丘，年平均降雨量 185mm，地下水埋深在几十米以下，不能为植物利用，而沙丘表面干沙层（3～20cm）以下湿沙层的稳定含水量为 2%～3%，天然生长沙米、沙芥、百花蒿、籽蒿、花棒等，覆盖率仅 1%～2%。

经过大量引种试验，筛选出油膏、花棒、柠条锦鸡儿、中间锦鸡儿、小叶锦鸡儿、羊柴等适宜灌、草植物固沙带栽植的植物种。但随着植物的生长，耗水量增大，沙层含水状况恶化，人工植被逐渐衰退，覆盖度减小；同时，沙面出现结皮和大量低等植物——苔藓类和藻类。人工植被衰退表现为两点：a. 植被覆盖度急剧下降：1956年开始建设植物固沙带，经过20世纪60年代中期扩建，1973年调查，植被覆盖度一般达到30%，有的达到43.7%，但是1976年调查，植被总覆盖度下降到30%左右，而纯柠条植被的盖度从47%下降为22.5%；b. 植物种群结构发生变化：引入优良固沙植物，由于生态环境条件的变化（主要是流沙的固定，失去了沙埋的条件），或不开花，或只开花不结果，不能自行更新，逐渐消亡淘汰，唯有油蒿能天然更新，故植被群落逐渐被单一的油蒿群丛所替代。

如前所述，植被覆盖度的减小，并未影响流沙的固定，因为，沙丘表面被结皮层固结着。人工植被建起三四年，沙丘表面即已出现0.1～0.2cm厚的结皮，8年已发育到0.5cm，25年达到1.2cm，最初形成的结皮，质地松脆，皮下仍为性状与流沙相同的沙土，随着时间的推移，结皮的质地渐渐紧密，所调查到的人工植被形成24年时结皮变为灰棕色，质地紧密，抗风蚀性能强，并在结皮下出现3～4cm厚的灰棕色块状结构土层。结皮的形成首先是在植被的作用下，沙面稳定，大气降尘停留沙面，为生物结皮提供了细粒物质。参与结皮形成过程的有细菌、真菌、蓝藻、硅藻和隐花植物——苔藓类。

随着结皮的发育和成土过程的进展，雾冰器、多种虫实和小画眉草急剧繁衍，刺沙蓬、狗尾草、沙兰刺头、沙葱及分枝鸦葱等草本植物开始侵入，表土层越厚草本植物种越多，平水年和丰水年可形成较密集的草层，沙丘进一步固定。

自1956起先后试验栽植的乔木、灌木及半灌木达几十种，大多不适应恶劣的环境条件。即使当地乔木种也固沙丘水分、养分不足而生长不良，如适应性强的乡土树种沙枣也长成灌木状。1966年开始提灌黄河水，营造乔灌木林带，乔木用刺槐、小叶杨、二白杨、沙枣和樟子松，灌木用花棒、柠条、黄柳、紫穗槐等，生长良好，起到了防风和绿化双重作用。但在干旱地区营造林带，尤其种植乔木，必须有灌溉水源的先决条件，在许多地方难以推广应用。

2. 兰新铁路玉门段铁路防护体系

兰新线玉门段铁路防护体系，是戈壁地区铁路沙害防治的典型代表。我国许多铁路线穿行于砾质戈壁地区，戈壁地区风大，但沙源不足，故风沙流为不饱和风沙流，戈壁主要表现为风蚀。兰新线有60%的里程通过戈壁，玉门段位于祁连山北麓山前戈壁地区，“兰新线玉门段铁路治沙防护体系的建立”项目1994年获国家科技进步一等奖，可以作为防治戈壁沙流对铁路沙害的典型例证工程。

线路两侧除略有起伏的砾石（砾径多在2～20cm）覆盖平原（戈壁）外，尚有风蚀残墩、草灌丛沙堆及小片高度1～3m的小沙丘地分布。枯水年降水量仅25～41.5mm，丰水年可达165mm以上，而7月份一个月的降水占全年总量的1/4，相对应的冬春季连续无降水日高达140d以上。冬春季平均风速为3.3～4.7m/s，年大风日数42d。这些都是植物生长的不利因素，区内有昌马河、赤金河、白杨河和石油河等地表水源，又处在祁连山下，有地下水灌溉之便，地表水和浅层地下水均为淡水，这是建立灌溉林带的有利条件。

针对戈壁地区风速大，沙源不足，风沙流吹蚀能力强的特点，玉门段铁路沿线以“降低风速，切断沙源补给”为主要目的，采用“阻护结合、前紧后疏”的配置方式，在与线路平行处或近似平行处设置宽度不一，条数不等的林带，再配以其他生物的或工程的措施，组成以林带为主的防风阻沙体系。设置在最前沿的是高立式阻沙沙障，所用材料就地取材，利用当地灌木柳平茬下来的枝条，编成高 1.5m 的栅栏，栅栏按二排行列式或羽毛状排列，障后 10～15m 开始设置林带，林带根据风况和沙源情况“因害设防”。有三种防护模式。a. 一般防护模式，主风侧有一道或两道林带，前沿第一道宽 20～30m 防风阻沙林，上风侧配置两行灌木，下风侧置 3～5 行乔木。间隔 50m 置第二道防风林，林带宽度一般 20m，以乔灌行间混交。为不影响司机视线，林缘距铁路 40m。次主风侧一条林带，宽 20m，乔灌带状混交，林缘距铁路 35m。防风阻沙体系总宽度 130～195m。b. 次重点防护模式，一般主风向一侧有 2～3 道防风阻沙林带，在一般防护模式的基础上；增加了主风一侧前沿防风阻沙林的宽度，扩至 40～50m，行间距仍为 5m，变为前沿 3～4 带灌木，后沿 6～7 带乔木。视情况加大次主风向林带宽度至 20～25m。防护体系总宽度210～220m。c. 重点防护模式，在上述次重点防护的基础上，在主风向一侧前沿，再增设一道阻沙防风林带，宽度 40～50m，前沿灌木，后沿乔木，第一道林带与第二带的间隔为 100m。次主风一侧防护林带宽度适当增宽到 25～30m。重点防护段防护体系总宽度 370m。对防护体系以外的天然植被采取保护，并有意引洪水漫灌促进生长。

根据阻沙和防风不同的目的，选择不同的树种。营造阻沙林时选择那些地面覆盖率大，主、侧根发达，不怕沙埋、割、打，沙埋后很快生长出不定根，风蚀后能萌发出不定芽，能忍受大气和生理干旱，自行更新力强，易繁殖，生长快的沙生、旱生灌木、半灌木；防护林要求树体高大，枝叶茂密，生长迅速，郁闭快，根系发达，不易倒、折，抗风力强，耐干旱、耐贫瘠、寿命长的中、旱生乔灌木，以乔木为主。经引种筛选，既适宜当地环境，又符合上述条件的乔木树种有二白杨、银白杨、新疆杨、河北杨、合作杨、黑杨和沙枣；灌木有沙棘、柠条、花棒、梭梭紫和多种锦鸡儿。

戈壁地区土层中石（砾石）多土少，漏水筛肥，造成树木成活率低或活而不旺，难于成林。在营造铁路防护林的过程中，依据风沙流遇到地形起伏（或障碍）必有积沙的规律和总结群众经验，试用“开淘自然客土造林”的方法，取得实效。沟积的风积土疏松且含有枯枝落叶，有一定肥力，持水保水性能好，为树木（特别是幼年期）生长提供了优良的床面，提高了成活率。

兰新线玉门段铁路防沙治沙工程 1966 年 5 月开始调查、研究、设计，历经 20 余年边研究边建设，截止到 1994 年，已在军垦二道沟、三十里井巩昌河区间铁路两侧，营造防沙林带 96km，造林面积 560hm^2。修建灌溉渠道 120 多公里，在铁路两侧形成绿色屏障，控制了戈壁风沙流对铁路的侵袭，保证了行车安全，累计效益达百亿元。

3. 青藏铁路防护体系

青藏铁路是我国乃至世界上唯一的一条高寒干旱高原沙漠铁路，自 1983 年通车运营以来，风沙危害已成为危及青藏铁路安全运营的一大病害。据现场长期勘察数据可知，线路沙害达 93 处，累计里程 170.5km，约占全线 1/5，其中沙害严重地段 43km，较严重地段 54.8km，一般沙害地段 72km。

青藏铁路沙害防治的主要采用阻、固结合的铁路防沙结构，并且确立了合理的阻、固宽度。另外，通过对下导风输沙工程应用的试验研究，在输导沙工程用于铁路沙害防治方面取得了宝贵的资料和经验。在纵向沙丘沙害防治上，成功地创立了“V”型阻沙工程。

(1) 阻沙措施

片石包坡：在青藏线陶力段应用片石包坡阻导沙堤，堤高1.5～1.7m，顶宽0.2～0.3m，边坡1：1.5，可阻截流沙20～24m^3/m。片石包坡阻导沙堤就地取材，施工、维修容易，并且有利于沙生植物生长。

高立式PE沙障：高立式PE沙障是一种柔性防护体系，沙障高2m，透风系数为40%～50%，迎风侧为新型高效PE网，背风侧为铁丝网骨架。设置时用桩（钢管和混凝土基础）、钢丝固定、立柱埋深0.6m。高立式PE沙障施工与维修方便，阻沙性能好。

盐块挡沙墙：高3m，顶宽0.6m，边坡1：0.1，基础宽1.2m，深0.5～1.0m。盐块挡沙墙阻沙性能良好，可阻截流沙45m^3/m，适用于风口及输沙量很大的地段。

(2) 固沙措施

低立式PE网格沙障：低立式PE网格沙障高30cm，单个网格尺寸为2m×2m，埋深20cm。它能较好的起到固沙作用。

碎石方格：采用1.5m×5m和1m×4m的碎石方格固定流沙。铺设时，先打好埂，再往埂上倒碎石，最后用九齿叉把碎石均匀的覆盖在沙埂上，这样可节约石材。它可用作防火带，碎石可重复利用。

麦草方格：规格1m×1m，固沙性能良好，施工简便。线路东段和西段均有使用，但西段沙层含盐量高，易腐朽。

芦苇方格：规格有1m×2m、1.5m×3m和2m×4m不等，芦苇方格耐腐蚀，积沙量0.2～0.3m^3/m，寿命比草方格长，适用于在青藏线西段使用。

(3) 纵向沙丘防治

在青藏（线）伏沙梁地段根据风沙运动的基本特征对纵向沙丘进行了合理、有效的防治。采用“V”型导阻沙栅栏，将纵向沙丘区风沙流变零为整，向沙丘两侧输导，集中阻截于纵向沙丘，使沙丘增大、加高，改变其原有的形态，形成有利于风沙流停积的念珠状形态，从而达到阻截流沙的目的。

(4) 下导风工程输沙

1985年10月在青藏线K_{715}+900～K_{716}段右侧，平行线路修筑了加强风力障试验工程及试验路堤。安装的钢结构加强风力障，板面宽有1.2m和2.6m两种，下口高1.5m。经3年的试验研究认为，小板面（1.2m）加强风力障输沙效果良好，可以在允许道床积沙，但不埋钢轨的情况下使用；大板面（2.6m）加强风力障由于板前积沙严重，工程造价偏高，故不宜采用。

青藏线沙害点多线长，仅德令哈工务段1985年清沙民工每天达265人。设置防沙工程后，1986～1991年共减少清沙民工32.71万，折合费用212.6万元；同时，每公里减免桥涵清沙费用0.1万元，5年共节省费用41.86万元。设置防沙工程以后，使线路中修周期达到标准周期，按青藏线每公里中修费用6万元计算，1986～1991年仅此一项节省费用227.4万元。

4. 塔里木沙漠公路防沙工程

塔里木沙漠公路防沙工程，是极端干旱区流动沙漠地区交通沙害防止的典型代表。塔克拉玛干沙漠是我国最大的沙漠，世界第二大流动沙漠，其流动沙丘约占其总面积的85%，流动性为世界之最，而沙漠公路沿途92%穿越流沙。沙漠由各种形态、高度不等的活动沙丘组成，腹地沙丘的相对高度可达70m。据定位观测，高度1m左右的新月形沙丘，年移动速度为5～20m，每千米断面年输沙量为1000～2300m³。在这样恶劣的环境下，修筑公路很难，要治理沙害、确保公路畅通更难。

沙漠公路沿线年平均降水量只有32～48mm，蒸发量却高达3200～3400mm，空气的年平均相对湿度只有45%，春末夏初只有10%；夏季沙面的最高温度可达74℃，冬季-23℃；沙丘表面的干沙层厚20～40cm，而许多丘间低地地下水埋深在8m以下，并且除极少有的古河道有淡水外，绝大多数地方地下水为矿化度4.5g/L以上的咸水，有的矿化度高达25g/L。这些环境条件使生物治沙很难实施。为此，确定了“以机械固沙保证公路畅通为基础，生物固沙建立和恢复生态平衡为目标，以化学固沙为辅助措施”的治沙路线：第一步，建立栅栏阻沙，平铺草方格固沙为主的机械防沙体系；第二步，创造条件，利用井水灌溉，建立“绿色走廊”。

在机械固沙方法中，阻、固、输、导、控方法综合运用。沙漠公路项目经立项，治沙工作即已开始，在掌握区域风沙规律的基础上，防沙设计人员参加选线，使线路尽量避开沙害严重地段，通常置线路于风沙流不饱和的纵向复合型沙垄中下部位；对风沙流“能输则输，能导则导，必须采取阻固措施的才阻固”，防沙设计人员参与路基路面设计，在风速特别高的风口、平沙地设计“过沙断面”，并在两侧清障，以利输导风沙流通过道路，不在路面积沙；在风向比较单一，主风向与公路夹角小于45°时，把阻沙栅栏分段扭动角度，形成羽毛排导沙。在北民丰隆起地段地面有一层胶结的沙砾，风向复杂，设计了下导风工程。

塔里木沙漠公路现有防沙体系以栅栏阻沙和草方格固沙为主，试验段进行了高分子材料、乳化沥青、盐液喷洒固沙试验。扎制栅栏的材料就地取材，用芦苇，后来为快速施工，大量采用尼龙网；扎草方格材料用压碾改性（加大柔韧性）的芦苇。防护带的宽度依据从风沙地貌部位所判断的沙害程度灵活掌握，主风向一侧一般为50～80m，窄的30m，宽的40m；次主风向30m。全路建成阻沙栅栏893 km，草方格5352万m²。

塔里木沙漠公路生物防沙已经过树种选育、盐水灌溉技术等试验阶段，优选出十几种灌木和草本固沙植物，正在建立“试验示范段”，并准备了100多万株苗木，为下一步在全线开展生物治沙做好了物质准备。

塔里木沙漠公路防沙工程保证了公路的畅通，加快了沙漠腹地石油勘探开发的步伐，公路通车一年，即探明了储量达亿吨的塔中四号油田，并在第二年形成200万t产能。仅每年节省运费达2亿元。塔里木沙漠公路项目被列为1995年全国十大科技成就，1996年获国家科技进步一等奖。

上述例证说明，铁路、公路治沙一定要根据地区风沙环境的特征和风沙活动的规律分析，遵循风沙物理学的原理，综合运用生物的和工程的治沙措施，阻、固、输、导相结合才能取得好的效果。

6.7.2 农田沙害防护案例

1. 新疆和田

新疆和田是极端干旱地带绿洲沙害的防治的典型代表。它以绿洲为中心建立完整的治沙体系，即在绿洲外围半固定沙丘地区采取封育，保护天然植被，采用引洪淤灌进行恢复，并与灌、草相结合，建立保护带，不仅防止了风沙的侵袭，而且也为发展畜牧业创造了条件。在绿洲的边缘还建立宽100～300m环绕绿洲的防风沙基干林带358km。在绿洲内部建立以窄小林网为主的护田林网，并配置核桃、桑、杏、桃、葡萄等各类果木，实行林粮间作、林棉间作，使绿洲的林木覆盖率达40.2%。

在绿洲外围除采取封育以外，对孤立的流动沙丘采取平沙整地；对成片的流动沙丘在丘间低地引洪淤灌，营造片林，在丘表则利用芦苇或麦草等设置沙障进行固定；在有条件的地区则利用6～9月洪水期，引洪冲沙，平整土地，扩大耕地。

采取这些措施以后，环境有所改善，林网保护下的农田与空旷区相对比，风速降低25%，风沙流中含沙量减少40%～60%。经济效益也很明显，20世纪90年代初期与20世纪70年代末期相比，全县粮棉油总产量分别增长了1.17倍、1.1倍和2.31倍，粮食单产提高了3.3倍，人均收入提高了7.5倍。

2. 甘肃河西走廊临泽

甘肃河西走廊临泽是荒漠草原地区绿洲沙害防治的典型代表。根据临泽平川绿洲北部流动沙丘之间具有狭长的丘间低地和可以利用灌溉余水浇灌丘间低地的有利条件，首先在绿洲边缘沿干渠营造防沙林带，带宽10～50m不等，树种采用二白杨与沙枣。前者防风作用显著，多配置在具有下伏土层的地段；后者枝叶繁茂，阻挡风沙能力较好，并适宜较贫瘠的土壤。在营造防沙林的同时，在绿洲内部建立护田林网，规格为300m×500m，以二白杨、箭杆杨、旱柳、白榆为主。在绿洲边缘丘间低地及沙丘上，营造多种固沙林，在流动沙丘先设置黏土或芦苇（包括其他植物枝条等）沙障，在沙障保护下，在障内栽植梭梭、怪柳、花棒、柠条，这样就在绿洲边缘形成了“条条分割，块块包围”的防护体系。为了进一步防止外来的沙源，在上述防护体系外的流动沙丘地区又建立封沙育草带，禁止牧樵以促进天然植被的恢复。封沙育草带的植物有沙蒿、沙米、雾冰藜、沙拐枣、绳绵蓬、骆驼刺和猪毛菜等。封育带的宽度一般800～1000m，冬季农田有灌溉余水的条件下引入灌溉沙地加速植被的恢复。这样就以绿洲为中心，形成自边缘到外围的“阻、固、封”相结合的防沙体系，即绿洲外围封沙育草带——绿洲边缘沙丘地段设立沙障与栽植固沙植物相结合的固沙带和绿洲边缘以防沙林为主的阻沙带。当然在建立这一防沙体系的同时，还与恢复沙漠化土地生产力的措施相结合，即在原来废弃地区开渠引水，建设护田林网，改良土壤，发展农业。工城滩便是一个实例，其新发展的绿洲面积2935hm^2，粮食每公顷产5527.5kg，人均收入768.3元/年，既防止了流沙入侵，又恢复了土地生产力及生态环境，与治理前对比，环境有了明显的变化。

3. 宁夏盐池

宁夏盐池是草原和荒漠草原过渡带沙害防治的代表。在盐池，针对不同情况采取了不同的治理模式，在具有滩地、流动沙丘、固定半固定沙丘相间的半农半牧地区，以滩地为中心，开采地下水源（利用大口井等），开渠引水，平整土地，黏土压沙（或拉沙压碱），增施有机肥，改良土壤，营造护田林网，并与推广优良品种、地膜覆盖技术等相结合，建设基本农田。同时压缩那些在沙丘、沙地上受沙漠化危害严重的旱作农田面积。对于滩地外围的沙丘除保护固定半固定沙丘上的天然植被外，采用灌草相结合的措施固定沙丘，并补播牧草，以草定畜作为牧业用地。这样形成了一个以丘间滩地（或河谷阶地等）为中心。“防”、“治”、“用”相结合的小绿洲人工生态系统的整治模式。而在实施过程中采用“生态户”方式，这样既适合于沙区居民点分散的特点，又符合沙丘滩地、农牧用地犬牙交错分布的景观，容易达到生态、经济、社会三个效益一致性的目的。

4. 内蒙古哲里术盟奈曼旗

内蒙古哲里术盟奈曼旗是半湿润地区森林草原沙害防治代表。在沙漠化发展的坨地（波状沙地）地区，可以奈曼南部的黄花塔拉为例。针对该区沙漠化土地的发展主要系波状沙质草原过度农垦所造成，已发展到该地区面积81%的情况，所采取的基本措施是调整现有不符合生态原则的土地利用结构，改变现有广种薄收、以粮为主的旱农经济，扩大林草比重。调整的措施是压缩受沙漠化影响的旱农耕地面积，退耕还林还草，集约经营水分条件较好，地形平坦的滩地。与此同时，建立护田林网体系，使每一网格形成一个个小生态系统。水土条件较好的以农为主，有的以牧为主，有的以草灌结合固定流沙为主，形成一个林带、林网、片林相结合的多结构、多功能生态网，使农林牧土地利用的结构调整为21∶52∶27，沙漠化土地得到逆转，植被覆盖度已达35%，粮食单产提高了5倍多，总产增加了3.36倍，人均收入增加了1～3倍。

在甸坨交错，甸子地面积较小，以牧为主的沙漠化地区，一般以甸子地或坨间低地的居民点及其周边的农地为中心，开发地下水源，发展灌溉农业，建设基本农田，并在其边缘栽植乔灌草相结合的防沙林。而在其外围的沙地进行封育与丘间营造片林，丘表栽植固沙植物相结合的措施，并与补播牧草相配合，一方面固定流沙，另一方面又逐步达到用作牧场的目的。这种方式，不仅防止了流沙的入侵和沙丘的活化，改变了生态环境，而且还与发展牧农经济结合起来，奈曼白音塔拉一带土地沙漠化的治理就是采取了这种方式。

在甸坨交错，面积较为开旷的甸子地，以农为主的沙漠化地区，首先从固定流沙、封育草原开始，并与调整土地利用结构，以甸子地作为基本农田建设为中心相结合，以达到保护生态环境，恢复土地生产力的目的。昂乃尧勒甸子便是一例。尧勒甸子有土地1300hm^2，其中以流沙为主的沙漠化土地占77%，植被覆盖度小于15%。为了固定流沙，首先在沙丘表面栽植固沙植物（以差巴嘎蒿和黄柳等为主），采用活沙障的方式固定流动沙丘，同删压缩受沙漠化严重危害的坨地农田，退耕还牧，并以较开旷的甸子地为中心，打井灌溉，平整土地，建设成基本农田，且在单一的粮食作物中增加瓜果等收益较好的经济作物。此外，辅以增加农田投入、增施肥料、引进技术相配合。这样不仅改变了环境，而且发展了经济，流沙面积已减少到仅占总土地面积的25%，植被覆盖度增加到30%，粮食总产增加了70%，人均年收入增加了1.26倍。

5. 辽宁省章古台

辽宁省章古台是半干旱与半湿润过渡带黄土丘陵区沙害防治的典型代表。在辽宁章古台，林带距离及网格大小主要根据风沙灾害的程度、土地条件、主要树种生长高度等因素决定。一般主林带间距250～500m，副林带间距1000～2000m，主林带宽度一般3～5行，副林带一般2～3行。林带结构多为疏透结构和通风结构。乔木树种采用小叶杨、小青杨、青杨、加拿大杨、中东杨、旱柳、白榆等；灌木采用紫穗槐、胡枝子、山杏等。当植物覆盖度为70%～80%以上时，一般不发生风蚀；当覆盖度为50%～70%时，风蚀强度为0.5～0.2cm/年；覆盖度为30%～50%时，风蚀强度达2.5～20.0cm/年。

在流动沙丘东北部边缘分布 25 hm。耕地，营造林带前流动沙丘每年向前移动 14m，覆盖耕地 0.56hm^2。农田防护林带于 1970 年营造后至 1973 年开始发挥作用，到 1986 年减少流沙覆盖农田面积为 10.08hm^2，总产量（按玉米计算）累计为 64.26t，去掉生产投资净价值为 7.2 万元；同时使谷物增产 29.9%，考虑到林带占地及其对附近的减产影响，净增产效率为 8.0%，总经济价值为 4.89 万元。

第7章　滑坡、崩塌及泥石流灾害

7.1　滑坡、崩塌及泥石流灾害的概念

7.1.1　地质灾害的概念

中国是一个自然灾害频发的国家，其中就包括了地质灾害，这些灾害往往因其巨大的破坏性，给人民群众的生产和生活带来损失。所谓地质灾害，是指地质体在自然因素或人为活动作用下变形、破坏、运动而给人类生存环境造成危害和生命财产损失的地质现象。如深层地壳运动造成的地震、火山喷发、地裂缝；由斜坡块体运动形成的山体滑坡、崩塌、错落、倾倒、坍塌和岩体深层蠕变；由地表水作用形成的泥石流、碎屑流、水土流失；由地下水作用引起的岩溶塌陷、地面沉降、湿陷、涌水突泥等；由表生地质作用引起的沙漠化、盐渍化、风化剥落、膨胀、收缩等。

7.1.2　滑坡

滑坡是指斜坡上的土体或岩体，受河流冲刷、地下水活动、地震及人工切坡等因素的影响，在重力的作用下，沿着一定的软弱面或软弱带，整体地或分散地顺坡向下滑动的自然现象。滑坡的别名也叫地滑，我国许多地方山区的群众，形象地把滑坡称为“走山”、“垮山”、“地滑”、“走溜”、“山剥皮”或“龙爪”等。滑动后，滑体上各质点相对位置变化不大，滑动后形成圈椅状后壁、台阶和垅状前缘等独特的滑坡外貌。

滑坡是一整块或分几块岩土体的整体滑移，同一块体上的各质点在滑动过程中没有或少有相对位移，滑体上的建筑物、树木、庄稼等地物随滑体滑移数米至数十米后仍完好如初，或稍有变形，当然也有建筑物遭破坏者。一般滑坡的滑动特征是“缓慢或间歇性位移”，可延续几年甚至几十年呈周期性地滑移，往往是雨季大动，雨后小动或停止。当然也有少数崩塌性滑坡从缓慢滑动开始，以急剧快速滑落告终，相当大部分滑体冲出滑床，致使滑体前部碎裂。

滑坡除造成人员伤亡外，还经常摧毁住宅房屋、厂房，堵塞道路交通，颠覆列车，破坏水库大坝，毁坏农田，滑入江河中的滑坡还有可能形成堰塞湖，出现更大险情。

滑坡从孕育到消亡一般分为四个阶段：蠕动挤压阶段、匀速滑动阶段、剧滑破坏阶段、滑后暂时稳定或永久稳定阶段。滑坡要素平、剖面示意图见图7-1，滑坡实际照片见图7-2。

7.1.3　崩塌

崩塌（崩落、垮塌或塌方）是陡坡上的巨大岩体或土体，在重力和其他外力作用下突然脱离母体崩落、滚动、堆积在坡脚（或沟谷）的地质现象。产生在岩体中者称岩崩，产生在土体中者称土崩，规模巨大并涉及山体者称为山崩。崩塌过程中岩体（或土体）猛烈地翻滚、跳跃、相互撞击，最后零乱无序堆积于斜坡平缓地段或坡脚，形成锥状岩堆或土

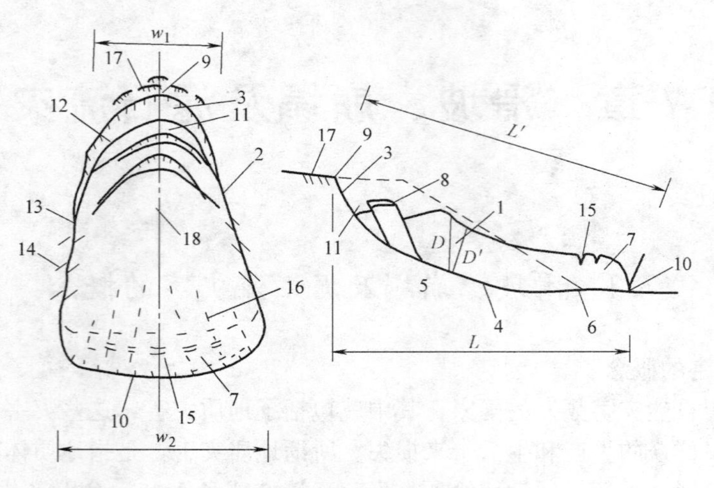

图 7-1　滑坡要素平、剖面示意图

1—滑坡体；2—滑坡周界；3—滑坡壁；4—滑动面；5—滑床；6—滑坡剪出口；7—滑坡舌与滑坡鼓丘；8—滑坡台阶；9—滑坡后缘；10—滑坡前缘；11—滑坡洼地（滑坡湖）；12—拉张裂缝；13—剪切裂缝；14—羽状裂缝；15—鼓胀裂缝；16—扇形张裂缝；17—牵引性张裂缝；18—主滑线

图 7-2　滑坡

石堆积。原岩体（或土体）结构遭到严重破坏，崩塌过程很短，从几秒钟到几分钟，运动距离可达几十至数百米，所以速度高，动能大，破坏力强，较难防范。

崩塌的产生主要是岩体受构造影响被多组节理切割而破坏，地形一般高陡，多发生在 50°以上陡坡上，受暴雨、地震、振动等作用而发生，一般有沿层面或其他软弱面的滑动式崩塌、倾倒式崩塌，及沿两组相交节理面或一组层面和一组节理面形成的“V”形槽式崩塌。实际发生的崩塌见图 7-3。

落石是个别石块从斜坡或边坡上坠落，在其运动路程上可能有多次弹跳，最后停止在斜坡较缓处或被树木等阻挡而停止。其单块体积从不足 1m^3 至几十甚至上百立方米。落石的发生具突然性和偶然性，较难预测。落石虽然体积不大，但危害严重，我国铁路上曾发生过落石砸坏钢轨、砸穿车厢、砸死巡道工人等事故。

图 7-3　崩塌

崩塌滚落下来的块石，常常砸毁山脚下的房屋和其他建筑，对过往车辆和行人构成致命威胁。

崩塌与滑坡有貌似之处，往往容易被人混淆，两者之间有一定联系和相同之处：

（1）崩塌、滑坡均为斜坡上的岩土体遭受破坏而失稳，在重力作用下由高向低处方向运动。

（2）常在相同的或近似的地形、地貌和地质环境条件下伴生。

（3）崩塌、滑坡可以相互包含或转化。如有的陡倾的顺层滑坡发生时也带有崩塌的性质；不稳定的大滑坡体前缘一般伴生崩塌；崩塌后的松散堆积物久而久之也可形成滑坡。

崩塌与滑坡区别主要表现在以下方面：

（1）两者运动方式不同，崩塌是岩土体作滚动式或跳跃式运动，有的为自由落体式运动，发生只有几秒钟、几分钟时间；而滑坡则是岩土体沿着某一软弱面作整体性滑动，动动停停，有的持续数年。

（2）崩塌发生之后，崩塌物常堆积在山坡脚，呈锥形体，结构零乱，毫无层序；而滑坡堆积物常具有一定的外部形状，滑坡体的整体性较好，反映出层序和结构特征。也就是说，在滑坡堆积物中，岩体（土体）的上下层位和新老关系没有多大的变化，仍然是有规律的分布。

（3）崩塌体完全脱离母体（山体），而滑坡体则很少是完全脱离母体的。多数部分滑体残留在滑床之上。

（4）崩塌发生之后，崩塌物的垂直位移量远大于水平位移量，其重心位置降低了很多；而滑坡则不然，通常是滑坡体的水平位移量大于垂直位移量。多数滑坡体的重心位置降低不多，滑动距离却很大。同时，滑坡下滑速度一般比崩塌缓慢。

（5）崩塌堆积物表面基本上不见裂缝分布。而滑坡体表面，尤其是新发生的滑坡，其表面有很多具有一定规律性的纵横裂缝。比如：分布在滑坡体上部（也就是后部）的弧形拉张裂缝；分布在滑坡体中部两侧的剪切裂缝（呈羽毛状）；分布在滑坡体前部的横张裂缝，其方向垂直于滑动方向，亦即受压力的方向；分布在滑坡体中前部，尤其是以滑坡舌部为多的扇形张裂缝，或者称为滑坡前缘的放射状裂缝。

7.1.4 泥石流

暴雨或水库、池塘溃坝或冰雪突然大量融化形成强大的水流，把山坡上散乱的大小块石、泥土、树枝等一起冲到低洼地或山沟中，变成一种黏稠的混杂物，并在出山口堆积下来，称为泥石流，民间也叫“走龙”、“走蛟”和“蛟龙”等。

泥石流是山区汛期常见的一种严重的水土流失（泥沙失稳搬运）现象。它是泥沙在水动力作用下失稳后，集中输移的自然演变过程之一，具有严重的灾害性。某些山区河流在汛期中由于暴雨或其他水动力如溃坝、冰川、融雪等作用于流域内不稳定的地表松散土体上，由于松散土体失稳参与洪流运动，因此在流域内形成两种汇流现象，一是水的汇流；二是沙的汇流。两种不同相的物质在共同的流动空间内混合而形成一种特殊的水、沙混合输移现象。当这种特殊的流体中含沙量超过某一限值后，因其流动特性的变化而形成的一种特殊洪流，它对工程设计及环境的影响与洪水、滑坡不同，称为泥石流。

泥石流的形成，需要具备丰富的固体物质、陡峻的地形及充足的水源这三个基本条件，缺一不可，如图7-4所示。

泥石流按物质组成可分为泥流型、水石型和泥石型三类。

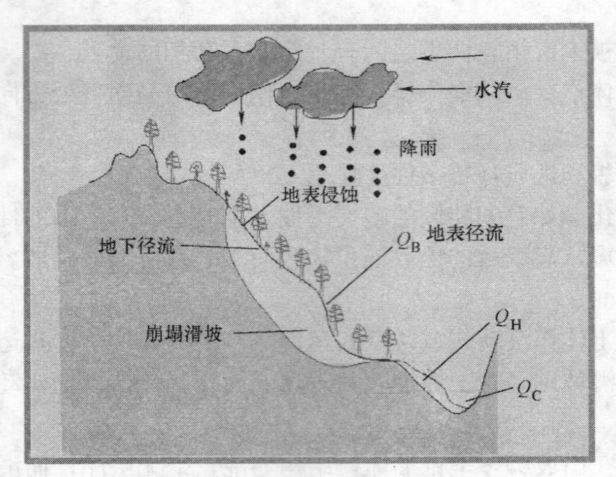

图7-4　泥石流形成过程示意图

(1) 泥流型：$r_c \geqslant 1.6tf/m^3$，泥沙粒径主要由均匀的粉粒级以下物质组成，多为非牛顿体。多集中分布在黄土及火山灰地区。

(2) 水石型：$r_c \geqslant 1.3tf/m^3$，粉粒及黏粒含量极少，以沙、块石为主，为牛顿体，多见于花岗岩地区。

(3) 泥石型：$r_c \geqslant 1.3tf/m^3$，介于上述两种类型之间，多为牛顿体，少部分也可以是非牛顿体。广见于各类地质体地区及堆积体中。

泥石流按生成部位可分为坡面型泥石流与沟谷型泥石流两大类。

坡面型泥石流的特点是：

(1) 活动规模小，限于30°以上斜面，破坏机制更接近于坍滑。

(2) 无恒定地域与明显沟槽，只有活动周界。

(3) 发生时空不易识别，成灾规模及损失范围小。

(4) 坡面土体失稳，主要是有压地下水作用和后续强暴雨诱发。暴雨过程中的狂风可能造成林、灌木拔起、倾倒，使坡面局部破坏。

(5) 总量小，重现期长，无后续性，无重复性。

(6) 在同一斜坡上可以多处发生，成梳状排列，顶缘距山脊线有一定范围。

(7) 可知性低、防范难。

沟谷型泥石流的特点是：

(1) 以流域为周界，受一定的沟谷制约。

(2) 以沟槽为中心，活动规模大，由洪水、泥沙两种汇流形成，更接近于洪水。

(3) 损失大，发生时空有一定规律性，可识别成灾规模。

(4) 主要是暴雨的冲蚀作用和汇流水体的冲蚀作用。

(5) 总量大，重现期短，有后续性，能重复发生。

(6) 列入流域防灾整治范围。

(7) 有一定的可知性，可防范。

在一些植被较好的陡坡面，下伏基岩或不透水层埋藏较浅、前期降水充分，上复松散土体饱水后，由于土体中 c、φ 值降低和有压地下水底作用，很可能形成坡面泥石流。坡面型泥石流形成后，诱发崩塌、滑坡，使地表植被破坏严重，为沟谷型泥石流的发育提供了丰富的固体物质的来源，如有集中性水源（集中性降水、水库或堰塞湖溃堤等），不可避免会产生沟谷型泥石流灾害，如图7-5所示。

泥石流的活动分三个过程：形成—输移—堆积，是地表一次破坏和塑造过程。平面呈一不对称的哑铃状，见图7-6，形成区和堆积区的形态极不稳定。

形成区由条带状向树枝状发展，流通区在发展过程中相对稳定，堆积区由于流域内来沙量的增长而不断扩展，进而逼下游大河变形。

图 7-5　坡面型泥石流可转化成沟谷型泥石流

泥石流可以在毫无征兆的情况下发生，能够对其运动路径上的物体施加巨大的冲击荷载。即使是小型泥石流也可以剥蚀植被，阻塞排水通道，破坏住宅，危及人类生命。

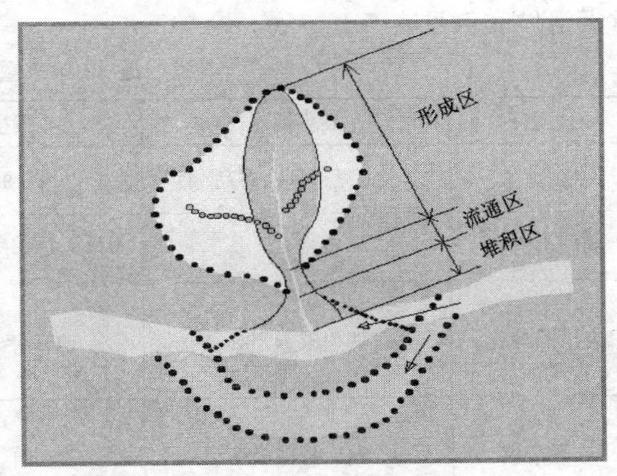

图 7-6　泥石流的活动特征示意图

滑坡及泥石流灾害有时相伴而生。滑坡或崩塌产生以后，滑体物质堆积坡脚，堵塞河道、沟谷甚至形成堰塞湖，为泥石流的孕育提供了丰富的物质来源；另一方面，泥石流运移过程中产生的冲切作用，切割岸坡或沟谷坡脚，也可诱发新的滑坡产生。故滑坡及泥石流有时候互为因果。

7.2　我国滑坡、崩塌及泥石流灾害概况

我国因领土辽阔、人口众多、气候多变，地形、地貌和地质条件复杂，而且火山作用、岩浆与地壳断裂活动分布普遍，地质灾害的类型多、分布广、频度高，带来的损失也相当巨大。

在我国古代，滑坡造成“移山淹谷”、“地移村淹”的事实，历史上早有记载。仅在甘肃省境内，自公元前 186 年～1981 年的 2160 多年间，有文字记载的滑坡就达 113 次。公元 689 年（唐永昌元年）陕西华县发生的大滑坡，曾使一个 30 余户的村庄毁于一旦。

我国有三分之二的国土为山区，由于特殊的地形和地质环境，一直是世界上崩塌、滑坡、泥石流等地质灾害较严重的国家之一。特别是西部地区，由于脆弱的地质环境，自然灾害频发，规模巨大，危害严重，严重制约了西部经济的发展。随着大规模基础设施的建设，人类工程活动使自然条件的改变越来越大，人为诱发的地质灾害也越来越多，其中尤以滑坡规模大、性质复杂、灾害严重、治理费用昂贵。

近几十年来，我国境内的滑坡活动更加频繁，尤其在南方，几乎每年都有规模不等的滑坡出现。我国南方的一个水库，曾因 165 万 m^3 的岩石滑坡，使溢出的水流高出堤坝 20

余米，冲毁了下游土地；1959年元月，宝成线发生一起滑坡，使30万m^3的土石堆积层滑移至嘉陵江中，造成江水断流，火车中断；1967年，在雅砻江上流，由于6800万m^3的土石猝然滑入江中，堵成高175～355m的天然堤坝，形成高40m的水头；1974年9月，在四川省南江县发生过一滑坡，巨大的滑体沿坡下滑，所到之处房屋、树木、农田全部被埋，高速滑坡体引起的强烈气浪，响声如雷、烟尘滚滚，沿途树木和建筑物应声倒下；1981年秋季，陕南一带连降暴雨，洪涝成灾，触发了大量滑坡及泥石流灾害，损失之重，为近百年所罕见，仅据风县、略阳、留坝、宁强、勉县和南郑6县统计，其发生滑坡泥石流20000余处，规模较大的有3000余处，摧毁房屋16000余间，死亡人数占洪涝灾害死亡人数的46%，经济损失约11亿元；1982年7月，四川云阳地区连降特大暴雨，致使城东长江北岸的鸡扒子老滑坡复活，约1300万m^3的岩体发生推移式滑动，180万m^3的岩体被推入长江航道，形成急流险滩，阻碍了长江航道的正常通行。我国近20年来重大滑坡实例见表7-1。

我国近20年来重大滑坡实例　　**表7-1**

滑坡名称	发生地点	发生时间	灾害情况
铁西滑坡	成昆线铁西车站	1980年	滑坡体积200万m^3，中断交通40天，治理费2300万元
洒勒山滑坡	甘肃省东乡县	1983年3月7日	滑坡体积5000 m^3，摧毁4个村庄，227人死亡
鸡扒子滑坡	四川省云阳县	1982年7月18日	滑坡体积1300万m^3，100万m^3滑入长江，造成急流险滩，治理费8500万元
新滩滑坡	湖北省秭归县	1985年6月12日	滑坡体积3000万m^3，摧毁新滩镇，侵占长江航道1/3，因提前预报无伤亡
韩城电厂滑坡	陕西省韩城市	1985年3月	滑坡体积500万m^3，破坏厂房设施，一、二期治理费5000余万元
天水锻压机床厂滑坡	甘肃省天水市	1990年8月21日	滑坡体积60万m^3，摧坏6个车间，7人死亡，损失2000多万元
头寨沟滑坡	云南省昭通县	1992年	滑坡体积400万m^3，变成碎屑流冲出4km，摧毁1个村庄
K190滑坡	宝成线K190	1992年5月	滑坡体积30万m^3，中断运输35天，砸坏明洞，改线花费8500万元
黄茨滑坡	甘肃省永靖县	1995年1月30日	滑坡体积600万m^3，摧毁71户民房，因提前预报无伤亡
岩口滑坡	贵州省印江县	1996年9月18日	滑坡体积260万m^3，堵断印江，淹没上游一村镇，威胁下游印江县城安全
八渡车站滑坡	南昆线八渡	1997年7月	滑坡体积500万m^3，威胁车站安全，治理费9000万元
北京戒台寺滑坡	北京市门头沟区	2004年7月	滑坡体积920万m^3，威胁千年古寺安全，治理费6300万元

我国东北、华北及西北地区的煤矿、公路、桥梁及其他工程建设中，也曾发生过较大

规模的滑坡，例如在包头市石扬矿区长汉沟煤矿的大发窑的西侧，有座标高500多米的西山，自1978年起，这座山在宽达500m的范围内，整座山缓慢前移，最快时日进三四十厘米，现在山的右端虽已停止移动，左端仍继续前进，每天走10多厘米。在短短几年之中，由于这座山的移动，矿区傍山而建成的职工宿舍都被挤走，二百多户人家的房屋被迫搬迁，一段20m宽的柏油马路也被埋入山下，车行至此只好绕道而行。

值得注意的是，新中国成立以来，随着铁路、公路、管线渠道等建筑不断向山区延伸，滑坡灾害也日益增多。1955年8月15日，发生的卧龙寺滑坡，把陇海铁路的路基向渭河方向推移了110多余米，下滑土石方达数千万方，迫使路基改线1.5km；1968年，成昆线渡口支线103车站滑坡，摧毁了铁路，沿江新建的五栋楼房竟被全部推入金沙江中。在我国现已通车的铁路沿线，就存在大小滑坡1000余处，工程滑坡在宝成、成昆、川黔、鹰厦及成渝等铁路沿线最为严重，约占我国山区铁路滑坡总数的一半。

国土资源部自1998年成立之日起，便决定着手进行全国性的地质灾害调查研究工作。由中国地质环境监测院具体负责实施的《县（市）地质灾害调查综合研究与信息系统建设》（以下简称《系统建设》），则是第一次在全国范围内建立统一的地质灾害调查信息平台。

从1999年开始试点进行的这一项目，地质灾害调查研究工作主要是针对我国地质灾害较为严重的地区，目标是查清山区丘陵区700个县（市）的地质灾害隐患点分布，并建立地质灾害群测群防网络体系，到2005年调查工作全部完成，总计投入约1.5亿元。此次调查的700个县（市），涉及全国30个省（区、市），覆盖面积208万km^2，涉及人口4.4亿。在共计11万处地质灾害调查点中，最终确定了地质灾害隐患点10.4万处。

从2006年开始，中央财政又专门投资1.8亿元，继续对其余942个县（市）进行调查。目前，山区、丘陵等潜在地质灾害地区野外调查研究已经基本完成，综合研究与信息系统建设预计将于2010年全部完成。

因此，此次全国性的地质灾害隐患点调查，调查面积已超过国土面积的五分之一，针对重点地区的详细调查也在进行中。在此基础上开展的《系统建设》，全面系统地总结了全国地质灾害的分布特征及区域分布规律，分析预测了全国地质灾害现状和发展趋势，开拓性地开展了全国地质灾害风险评价。可以说，《系统建设》为各级政府开展地质灾害防治提供了有力支撑。

由此可见，我国政府十分重视地质灾害（包括滑坡、崩塌及泥石流）的预防和治理，加强人员培训和地质灾害发生发展规律和预防措施的研究，较系统地掌握了各类滑坡的产生条件、作用因素、发生和运动机理，开发了一整套预防和治理工程措施，成功地治理了数以千计的滑坡，积累了丰富的经验，逐渐由被动治理发展到主动预防灾害的新阶段。

尽管如此，我们应该清醒的认识到，防灾减灾的道路十分漫长，尽管目前的科技水平十分发达，人类仍然无法准确地预测和预防地质灾害的发生，在强大自然灾害面前，人类显得无所适存。往往有的地质灾害发生以后，还会带来一系列连环的次生灾害，甚至次生灾害造成的破坏性更为强烈。举世瞩目的四川汶川大地震就是典型的例子。

2008年5月12日14时28分04秒发生在四川省的汶川大地震是新中国成立以来破坏性最强、波及范围最广、救灾难度最大的一次大地震。汶川大地震震害灾区面积达48km^2，涉及四川、甘肃和陕西3省84个县市。其中极重灾区10个县市。

地震造成69226人遇难、17923人失踪、374643人受伤，受灾人口近5000万人，抢救救灾人员累计解救和转移1486407人。据国家现场应急工作队的统计，直接经济损失达6920.11亿元，其中四川6177.29亿元、甘肃442.8亿元、陕西228.14亿元、重庆54.23亿元、云南16.82亿元、宁夏0.83亿元。

汶川大地震的区域地质环境极为脆弱，岩性多以板岩、砂岩、片岩和灰岩为主，岩体破碎，而且多表现为高山峡谷地形、地貌特征，由于地震诱发大量山体滑坡、崩塌、泥石流、堰塞湖等地质灾害。这些地质灾害沿地震带和极震区呈带状分布，其规模之大、数量之多、造成损失之重，举世罕见，加之这一地区人口又相对密集，这些因素是造成本次地震灾害损失极为惨重的主要原因之一。

据统计，强烈地震引发大面积山体崩塌、滑坡和泥石流，巨大的滑坡体吞噬了大量乡镇房屋和基础设施，造成严重人员伤亡。北川县约有5000人死于崩塌、滑坡与泥石流，失踪人数超过18000人。大面积地质灾害还严重破坏了地面交通，都江堰通往汶川的213国道、甘肃通往灾区的212国道多处被滑坡及崩塌堆积物掩埋；滑坡体及崩塌物滑入江中，形成35处堰塞湖，使震中生命线中断，造成抢救工作的极度困难，贻误了抢救生命的宝贵时间，扩大了震害的严重程度。

7.3　滑坡对建（构）筑物的破坏作用及表现

滑坡对建筑物的破坏作用与滑坡的性质、运动特征及与建筑物的相对位置有很大关系。有的滑坡运动缓慢，发生时征兆明显，仅造成建筑物开裂变形，不会产生大量人员伤亡事故；有的滑坡运动突然，使人防不胜防，不仅摧毁建筑物，而且造成人员重大伤亡。

7.3.1　滑坡运动特征及类型

滑坡运动可分为缓慢蠕动型；匀速滑动型；间歇性滑动型；高速滑动型。其中高速滑动型滑坡能量大、速度快、滑距长、发生突然，破坏性强，往往会产生灾难性后果。

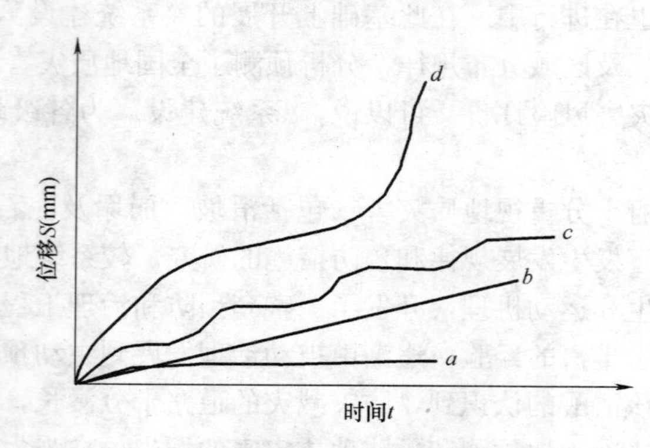

图7-7　滑坡运动类型示意图

a—缓慢蠕动型；*b*—匀速滑动型；*c*—间歇性滑动型；*d*—高速滑动型

高速滑坡的形成条件为：

(1) 具有相当大的高差（>100m）；

(2) 具有相当大的体积（>100万m^3）；

（3）具有较陡的滑面坡度（>20°）；

（4）具有较大的峰残强度差（>2）；

（5）具有较高的滑坡剪出口；

（6）滑坡前方有开阔地形。

下面列举两个高速远程滑坡的实例。

1963年10月，发生在意大利北部的瓦依昂水库库岸滑坡是20世纪最大、最惨的水库滑坡事件，当水库蓄水到710m高程时，2.5亿m^3岩石突然滑入水库。产生的涌浪越坝水头超过100m，造成泥石流冲毁下游村镇，2000～3000人死亡。

1985年6月12日，长江西陵峡新滩镇发生了大规模岩土滑坡。滑体约3000万m^3，属于超大型滑坡，新滩镇全部被摧毁，其中200万m^3土石高速滑入长江，激起涌浪高36m，波及范围26km，江水逆流超过13km，翻没大小船只77艘，致使9人丧生。滑坡舌伸入江中80余米，迫使长江封航4d，造成直接间接经济损失达数十亿元。所幸的是，由于提前进行了预报，滑坡区内457户居民，共1371人全部撤离，无一人伤亡，灾区的大部分财产也撤到了安全区，把灾害损失降低到最低限度，避免了一起重大伤亡事故的发生。

7.3.2 滑坡与建筑物的相对关系及破坏作用

（1）建筑物位于滑坡后缘，后缘的拉张裂缝将建筑物拉裂，甚至造成建筑物坍塌。如兰州市五泉山公园接待室的地面和东西侧墙被滑坡蠕动拉开宽10～20mm的贯通裂缝。兰州白塔山公园白塔也因坡体蠕动而将其北侧东、西侧房屋拉裂宽20～40mm的裂缝，并造成白塔的倾斜。又如陕西某厂高边坡滑坡使消防水池无法修建。

（2）主滑壁接近建筑物，使建筑物前面临空，安全受到威胁。如兰州市海石湾煤矿上工业广场建在一古老黄土滑坡体上，施工中古滑坡大部分复活，后缘裂缝破坏了锅炉房，并使一个主井架悬空。又如湘黔铁路一滑坡后缘裂缝已发展到桥墩台附近，严重威胁桥梁安全。

（3）建筑物位于滑坡前缘，这是最危险的情况，轻者建筑物受滑坡的推挤而隆起、开裂、破坏；重者则会产生楼毁人亡的灾难性事故。如陕西省韩城电厂后山滑坡使位于滑坡前缘阶地上的铁路路基向外突出0.5m，输煤栈桥和碎煤机房严重开裂，主厂房立柱断裂，锅炉基础抬升。不得不花巨资进行滑坡治理。又如天水市泰山庙滑坡将前部公路挡墙推裂。天水锻压机床厂更被滑坡摧毁了大部分车间，造成重大经济损失。

（4）建筑物位于滑坡体上，建筑物犹如“坐船”一般。如北京戒台寺滑坡，暴雨导致滑坡复活，寺院大部分古建筑物位于滑坡体上，滑坡在运动时，各条、各块之间运动速度不尽相同，导致古建筑物产生大量拉裂现象。重庆万梁高速公路张家坪滑坡，一个村庄位于滑坡体上，滑坡呈现“间歇式”运动形态，涝灾年时滑坡变形大，房屋开裂，村民只好搬到山梁上简易居住；旱灾年或正常年份，滑坡停止变形，村民又搬回来居住。

（5）铁路和公路路基、挡墙被滑坡拉断、错断抬升、掩埋的事例更多。铁路隧道被滑坡破坏者危害更严重，防治更困难，其破坏类型有以下几种（图7-8）：

a. 隧道洞口位于古滑坡体上，洞口开挖造成滑坡局部复活，引起衬砌开裂。如宝兰二线伯阳隧道进口，天巉公路唐家风台隧道出口，山西祁临高速公路常家山隧道出口。

b. 隧道位于滑坡的中部，滑坡滑动会将隧道错断，不得不做两排抗滑桩保隧道安全。

如成昆铁路东荣河一号隧道。

c. 隧道位于滑坡滑动面以下，但深度不够，隧道开挖，岩体松动，引起滑坡滑动，破坏隧道衬砌。如宝中铁路堡子梁隧道、宝天铁路105号隧道。

d. 隧道位于滑坡的中前部，滑坡移动将隧道边墙剪断、拱圈错位，或隧道受挤压而拱顶混凝土脱落。如陕西韩城桑树坪隧道、成昆铁路东荣河一号隧道。

e. 隧道位于古滑坡（或错落）前缘，因滑坡蠕动挤压隧道变形、开裂。如成昆铁路毛头马一号隧道位于古错落体前缘，长400m隧道内边墙位移，侧沟挤裂变形，几经治理而无效，只在处理古错落之后才得以稳定。

滑坡造成建（构）筑物开裂破坏的情况很多，不宜一一列举，从中已可看出其严重性。

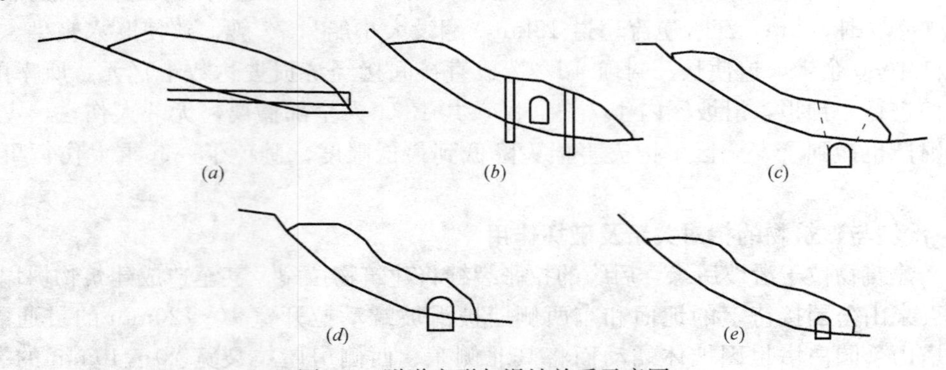

图7-8　隧道变形与滑坡关系示意图

(*a*) 隧道进口段穿过滑体；(*b*) 隧道在滑体中部；(*c*) 隧道在滑面以下；
(*d*) 隧道在滑坡前部被剪断；(*e*) 隧道在滑坡前部被挤裂

7.3.3　建（构）筑物变形裂缝的诊断

建（构）筑物是坐落在岩土体上的，其变形开裂和倾斜的原因，除结构本身的因素外，大多与地基的变形有关，或因地基岩土性质不同造成不均匀沉降，或因含水量过高的软弱地基固结下沉，甚至滑动（如软土路堤滑坡），或因黄土地基的湿陷下沉等。因此我们必须更多地从地基岩土的地质条件、工程性质及施工后各种自然和人为因素的作用下的变化上去分析其变形的原因，才能作出正确的判断。

对位于斜坡地带的建筑物的变形，我们必须把视野放得更大一些，注意斜坡的稳定条件和变化趋势，特别是人为工程活动后的可能变化。如坡体的工程地质、水文地质条件、坡体结构、岩体结构、有无古滑坡或其他斜坡变形现象，出现的建（构）筑物变形与斜坡变形的关系等。

滑坡变形有其自身的规律，如有倾向临空面的软弱层或软弱夹层存在才会形成滑坡，并常与地下水活动有关。就滑坡的裂缝分布规律来说，平面上如图7-9所示，其上部后缘为受拉段（牵引段），常形成张拉裂缝带，有多条张裂缝大致平行分布，或有小的错台，其中有一条为主拉裂缝，是动体与不动体的分界，延伸长、张开最大，错距最高。中部主滑段为整体滑移段，没有或很少有拉张裂缝，只在滑坡的两侧受不动体的影响形成剪切裂缝，在剪切裂缝出现之前，常先发生羽状张裂缝，它是下滑力与两侧阻滑力一对力偶作用的产物。滑坡前部抗滑段受到主滑段和牵引段的推挤，是被动破坏，故其裂缝出现较晚，先出现大致平行滑动方向的放射状张裂缝（受压而张裂），再出现滑坡前缘的鼓胀裂缝，垂直滑动方向，最后出现滑坡的剪出口裂缝，或顺坡，或反倾向山。了解这样的分布规律，可以帮助我们分析建（构）筑物在滑体上的什么部位，会发生什么性质的裂缝。同样，由建（构）筑物上发生的裂缝性质，也可帮助分析滑坡的规模大小。当然裂缝只是变形的表观现象，还必须结合坡体的地形地质条件，才能得出正确的结论。

以上是简单的典型滑坡的裂缝分析，实际工作中遇到的滑坡要复杂得多，应该把工程地质学与岩土力学与工程有机结合起来才能作出正确的分析和诊断。如兰州市白塔山公园白塔的倾斜变形，既要研究黄土地基的可能湿陷，又要研究灌溉渗水可能引起的斜坡滑动趋势，从地质条件、岩土性质和变形形迹（裂缝分布和性质）上综合分析，认为斜坡移动是白塔倾斜的主要原因，因此对斜坡采取抗滑桩和锚索框架加固后，并限制漫灌浇水，使白塔纠偏后保持了稳定。

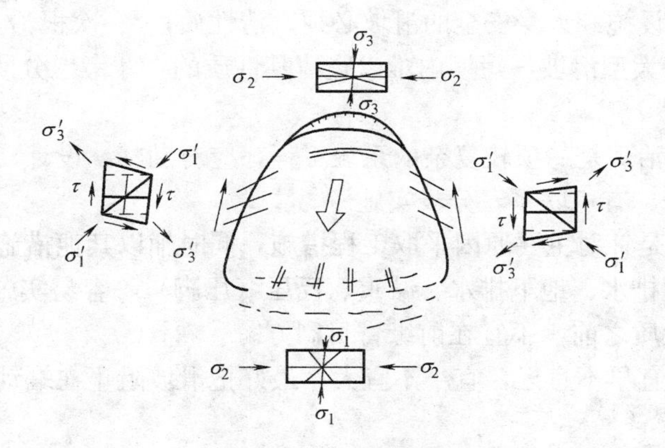

图 7-9　滑坡平面裂缝分布示意图

7.3.4　滑坡区建（构）筑物开裂的防治策略

首先，在选线、选厂、选建筑物地址时应该对拟选的斜坡进行较充分的地质工作，避开古老滑坡、现有滑坡和顺层斜坡变形地带，以及开挖或堆填后可能发生滑坡的地段。

其次，对施工后可能出现斜坡失稳的地段，设计中不能只考虑建（构）筑物本身，而应同时设计斜坡加固建筑物和排水系统，确保斜坡的稳定，以免斜坡变形引起建（构）筑物开裂。以往这种教训很多，主要是前期地质工作不足造成的。

第三，对建在斜坡上已经出现变形开裂的建（构）筑物，应认真调查、勘探、试验、查清变形发生的原因，不仅要调查建筑物本身和地基，而且要调查斜坡的稳定情况，以便作出正确的判断，“对症下药”。

若无斜坡变形的影响，则只按建筑物本身和地基条件去处理。

若变形与斜坡变形如滑坡有关系，则必须在保证斜坡稳定的基础上处理建筑物变形。这里可能有两种情况：其一，治理滑坡十分昂贵，不如搬迁建筑物；其二，建（构）筑物难以搬迁，如为古建筑、重要建筑物等，则只能从稳定滑坡上采取措施。首先是消除作用于滑坡的因素，如灌溉水下渗，生产生活用水下渗、管道漏水等，应截断和引出水源，加强排水。若是开挖、加载等引起，则应采用减重、压脚及支挡工程，如挡土墙、抗滑桩、预应力锚索抗滑桩、预应力锚框架等，根据具体情况采取不同措施。有时也可只保建筑物稳定而不必治理整个滑坡。

总之，地质条件千差万别，建（构）筑物的变形开裂情况也多种多样，只有较详细地调查勘探，全面而细致地分析，找出真正的病因，才能有针对性地做到预防和治理病害。

7.4　预防和治理滑坡的原则和措施

7.4.1　滑坡的防治原则

(1) 建（构）筑物选址应尽量避开大型滑坡和滑坡分布较集中的不良地段。

(2) 工程设施避不开的滑坡，不论是古老滑坡还是新滑坡，都应首先查清其性质和目前的稳定状态，然后分析工程建设对滑坡稳定可能造成的影响，应使工程布设尽量不破坏和影响滑坡的稳定性，必要时采取一定的预防措施。“预防为主，治理为辅”是基本原则。

(3) 对危害工程设施和人身安全的滑坡必须查清性质，“一次根治，不留后患”。只有对性质特别复杂的特大型滑坡，短期内难以查清其性质的，才考虑分期治理，先做应急工程，再做永久工程。

(4) 滑坡预防和治理是一项较复杂的系统工程，应对勘察、设计、施工、运营分阶段作出规划，提出要求，有机联系，分步实施。

(5) 滑坡治理应是针对主要原因采取工程措施，同时辅以其他措施综合治理。有条件时，应优先选择地面排水、地下排水、减重、反压（压脚）等容易实施和见效快的工程措施。在未查清滑坡性质之前，不宜在前缘盲目刷方。

(6) 滑坡的治理宜早不宜迟，宜小不宜大。最好把滑坡阻止在蠕动挤压阶段，以减少危害和治理工程投资。

(7) 防治滑坡的工程施工应安排在旱季，并应尽可能少扰动滑体的稳定，如先作地面排引水工程、支挡工程施工应分段跳槽开挖、加强支撑等。施工期应加强滑坡动态的监测，以免造成灾害。施工期的地质编录是不可缺少的工作。

(8) 防治滑坡的工程设施应加强养护维修，使其始终处于良好工作状态。

7.4.2　滑坡的预防

防止古老滑坡复活的措施：

(1) 不在古老滑坡体上进行灌溉耕作，变水田为旱田。

(2) 在滑坡前缘河沟中修建水库，必须论证滑坡的稳定性和可能造成的灾害损失。

(3) 在古老滑坡区布设厂矿和线路等设施，必须论证滑坡的稳定性及复活的可能性。应尽量避开大型古老滑坡和滑坡连续分布地段。若受其他因素限制避不开时，应事先设计采取预防性稳定加固措施。

(4) 应避免在某一级滑坡的抗滑地段作挖方，特别是深大挖方削弱抗滑力，不在滑坡的主滑和牵引地段填方、堆料增加下滑力。应该在滑坡的抗滑段作填方加载（但不应堵塞地下水出口），在滑坡的牵引和主滑段作适当的挖方减重（但不应引起上方斜坡新变形）。

(5) 当方案不能避开滑坡时，局部改移线路位置以减少对滑坡的扰动，并在滑体上加强地面排水工程。对大型滑坡最好用桥或隧道避开它，对小型滑坡可以用桥跨越它。实在避不开的滑坡，则应设置必要的预防其复活的工程措施，如地面排水、地下排水、一定的支挡工程（如挡土墙、抗滑桩）、河岸防护等。

(6) 设计应避免在滑坡体上特别是滑体上部设置蓄水池或渠道等易漏水的设施。

(7) 不得不在古老滑坡体前缘作挖方时，应在分析判断古老滑坡可能剪出段深度的前提下，先作支挡工程后开挖，以免坡体因开挖松弛表面水下渗而滑动。

防止已活动滑坡恶化的措施：

(1) 进行滑坡体内、外地面和地下监测，掌握滑坡发展变化的动态规律。

(2) 堵塞已产生的地表裂缝，防止地表水灌入。切断对滑坡不利的水源。

(3) 增作临时排水沟，把地表水引出滑坡区以外。

(4) 尽快开展地质调查和勘探工作，查清滑坡的性质和原因，判断其可能发展的趋势和范围，以便制定防止恶化的措施。在未查清滑坡性质前，切忌在前缘盲目刷方。

(5) 对危害严重的滑坡，立即在滑坡上部（牵引和主滑段）进行减载，常常是有效的防止恶化措施，但应有设计，不能因减载不当引起新的病害。有条件时，在滑体上部减重，下部压脚（反压）常是优先采取的快捷措施，但应注意填土下的疏排水措施及基底处理措施。

(6) 已滑动的滑坡的工程施工更应讲究方法，防止因施工削弱滑坡支撑，人为促使滑坡发展。

(7) 有条件时，在地下水多的地段用平孔排水先排一部分地下水，常可抑制滑坡的发展。

7.4.3　滑坡的治理措施（表 7-2）

主要滑坡治理措施分类表　　**表 7-2**

绕　避	排　水	力 学 平 衡	滑带土改良
1. 改移线路 2. 用隧道避开滑坡 3. 用桥跨越滑坡 4. 清除滑体	1. 地表排水 ①滑体外截水沟 ②滑体内排水沟 ③自然沟防渗 2. 地下排水 ①截水盲沟 ②盲(隧)洞 ③平孔群排水 ④垂直孔群排水 ⑤井群抽水 ⑥虹吸排水 ⑦支撑盲沟 ⑧边坡渗沟 ⑨洞—孔联合排水 ⑩电渗排水	1. 减重工程 2. 反压工程 ①土堤(护道) ②片石垛 3. 支挡工程 ①抗滑挡墙 ②挖孔抗滑桩 ③钻孔抗滑桩 ④锚索抗滑桩 ⑤锚索 ⑥支撑盲沟 ⑦抗滑键 ⑧排架桩 ⑨刚架桩 ⑩刚架锚索桩	1. 化学注浆 2. 旋喷桩 3. 石灰桩 4. 石灰砂桩 5. 焙烧

7.5　崩塌灾害活动特性及防治

崩塌是陡峻山坡上岩块、土体在重力作用下，发生的突然且急剧的崩落运动。崩塌的物质，称为崩塌体。崩塌体为土质者，称为土崩；崩塌体为岩质者，称为岩崩；大规模的岩崩，称为山崩，山崩常发生在高山峡谷区。崩塌体与坡体的分离界面称为崩塌面，崩塌面往往就是倾角很大的界面，如节理、片理、劈理、层面、破碎带等。崩塌体的运动方式为倾倒、崩落。崩塌体碎块在运动过程中滚动或跳跃，最后在坡脚处形成堆积地貌——

崩塌倒石锥。崩塌倒石锥结构松散、杂乱、无层理、多孔隙；由于崩塌所产生的气浪作用，使细小颗粒的运动距离更远一些，因而在水平方向上有一定的分选性。

7.5.1　崩塌的特征

（1）速度快（一般为5～200m/s），发生在50°～70°的斜坡上，一般呈滚动式运动；发生在70°～90°的陡崖上，呈弹跳式或是自由落体式运动。

（2）规模差异大（小于1～10000m^3），有的只是个别石块，不足1m^3，称之为落石，有的崩塌上万立方米，山崩则更大。

（3）崩塌下落后，崩塌体各部分相对位置完全打乱，大小混杂，形成较大石块翻滚较远的倒石堆。

7.5.2　崩塌的类型

根据坡地物质组成可分为：

（1）崩积物崩塌：山坡上已有的崩塌岩屑和沙土等物质，由于它们的质地很松散，当有雨水浸湿或受地震震动时，可再一次形成崩塌。

（2）表层风化物崩塌：在地下水沿风化层下部的基岩面流动时，引起风化层沿基岩面崩塌。

（3）沉积物崩塌：有些由厚层的冰积物、冲击物或火山碎屑物组成的陡坡，由于结构松散，形成崩塌。

（4）基岩崩塌：在基岩山坡上，常沿节理面、地层面或断层面等发生崩塌。

根据崩塌体的运动形式和速度可分为：

（1）散落型崩塌：在节理或断层发育的陡坡，或是软硬岩层相间的陡坡，或是由松散沉积物组成的陡坡，常形成散落型崩塌。

（2）滑动型崩塌：沿某一滑动面发生崩塌，有时崩塌体保持了整体形态，和滑坡很相似，但垂直移动距离往往大于水平移动距离。

（3）流动型崩塌：松散岩屑、砂、黏土，受水浸湿后产生流动崩塌。这种类型的崩塌和泥石流很相似，称为崩塌型泥石流。

7.5.3　产生崩塌的内在条件

（1）岩土类型。岩土是产生崩塌的物质条件。不同类型、所形成崩塌的规模大小不同，通常岩性坚硬的各类岩浆岩（又称为火成岩）、变质岩及沉积岩（又称为水成岩）的碳酸盐岩（如石灰岩、白云岩等）、石英砂岩、砂砾岩、初具成岩性的石质黄土、结构密实的黄土等形成规模较大的岩崩，页岩、泥灰岩等互层岩石及松散土层等，往往以坠落和剥落为主。

（2）地质构造。各种构造面，如节理、裂隙、层面、断层等，对坡体的切割、分离，为崩塌的形成提供脱离体（山体）的边界条件。坡体中的裂隙越发育、越易产生崩塌，与坡体延伸方向近乎平行的陡倾角构造面，最有利于崩塌的形成。

（3）地形地貌。江、河、湖（岸）、沟的岸坡及各种山坡、铁路、公路边坡，工程建筑物的边坡及各类人工边坡都是有利于崩塌产生的地貌部位，坡度大于45°的高陡边坡，孤立山嘴或凹形陡坡均为崩塌形成的有利地形。

岩土类型、地质构造、地形地貌三个条件，又统称为地质条件，它是形成崩塌的基本条件。

7.5.4 诱发崩塌的外界条件

(1) 地震，地震引起坡体晃动，破坏坡体平衡，从而诱发坡体崩塌，一般烈度大于7度以上的地震都会诱发大量崩塌。

(2) 融雪、降雨，特别是大暴雨、暴雨和长时间的连续降雨，使地表水渗入坡体，软化岩土及其中软弱面，产生孔隙水压力等从而诱发崩塌。

(3) 地表冲刷、浸泡河流等地表水体不断地冲刷边脚，也能诱发崩塌。

(4) 不合理的人类活动。如开挖坡脚，地下采空、水库蓄水、泄水等改变坡体原始平衡状态的人类活动，都会诱发崩塌活动。

还有一些其他因素，如冻胀、昼夜温度变化等也会诱发崩塌。

7.5.5 崩塌发生的时间规律

崩塌发生的时间大致有以下的规律：

(1) 降雨过程之中或稍微滞后。这里说的降雨过程主要指特大暴雨、大暴雨、较长时间的连续降雨。这是出现崩塌最多的时间。

(2) 强烈地震过程之中。主要指的震级在6级以上的强震过程中，震中区（山区）通常有崩塌出现。

(3) 开挖坡脚过程之中或滞后一段时间。因工程（或建筑场）施工开挖坡脚，破坏了上部岩（土）体的稳定性，常发生崩塌。崩塌的时间有的就在施工中，这以小型崩塌居多。较多的崩塌发生在施工之后一段时间里。

(4) 水库蓄水初期及河流洪峰期。水库蓄水初期或库水位的第一个高峰期，库岸岩、土体首次浸没（软化），上部岩土体容易失稳，尤以在退水后产生崩塌的几率最大。

(5) 强烈的机械振动及大爆破之后。

7.5.6 崩塌发生的前兆现象

(1) 山崖下突然出现岩石压裂、挤出、脱落或弹出；

(2) 山崖岩石内部传出开裂和挤压的声音；

(3) 陡崖岩石内部有几个方向的裂缝，岩体破碎；

(4) 陡峭的山上有块石掉下来，小崩小塌时有发生。

7.5.7 崩塌体边界的确定

崩塌体的边界条件特征，对崩塌体的规模大小起着重要的作用。崩塌体边界的确定主要依据坡体地质结构。

首先，应查明坡体中所有发育的节理、裂隙、岩层面、断层等构造面的延伸方向，倾向和倾角大小及规模、发育密度等，即构造面的发育特征。通常，平行斜坡延伸方的陡倾角面或临空面，常形成崩塌体的两侧边界；崩塌体底界常由倾向坡外的构造面或软弱带组成，也可由岩、土体自身折断形成。

其次，调查结构面的相互关系、组合形式、交切特点、贯通情况及它们能否将或已将坡体切割，并与母体（山体）分离。

最后，综合分析调查结果，那些相互交切、组合，可能或已经将坡体切割与其母体分离的构造面，就是崩塌体的边界面。其中，靠外侧、贯通（水平或垂直方向上）性较好的结构面所围的崩塌体的危险性最大。

例如1980年6月3日发生在湖北省远安县塩池河磷矿区的大型崩塌，其崩塌体的边界面就是后部垂直裂缝、底部白云岩层面及其他两个方向的临空面组成的。

又如：黄土高原地区常见的黄土崩塌体的边界面多由具90°交角的、不同方向的垂直节理面、临空面及底面黄土与其他不同岩性的分界面组成。此外，明显受断层面控制的崩塌体也是非常多见的。

7.5.8　崩塌形成的堆积地貌

(1) 崩塌下落的大量石块、碎屑物或土体堆积在陡崖的坡脚或较开阔的山麓地带，形成倒石堆。

(2) 倒石堆的形态规模不等。结构松散、杂乱、多孔隙、大小混杂无层理。倒石堆的形态和规模视崩塌陡崖的高度、坡度、坡麓边坡坡度的大小与倒石堆的发育程度而不同。边坡陡，在崩塌陡崖下多堆积成锥形倒石堆；边坡缓，多呈较开阔的扇形倒石堆。在深切峡谷区或大断层下，由于崩塌普遍分布，很多倒石堆彼此相接，沿陡崖坡麓形成带状倒石堆。

由于倒石堆是一种倾卸式的急剧堆积，所以它的结构松散、杂乱，多孔隙，大小混杂无层理。

(3) 倒石堆发育的三个阶段：

根据崩塌作用的强度以及后期的风化剥蚀，可以把倒石堆划分为三个发育阶段：

① 正在发展中的倒石堆：陡峻，新鲜断裂面，坡度陡。

② 趋于稳定的倒石堆：较和缓的轮廓，岩块风化，呈上陡下缓的凹形坡，表面碎屑有一定固结。

③ 稳定的倒石堆：坡面和缓，呈上凹形，结构紧密，部分胶结，生长植被。

在高山峡谷区进行工程建设，特别是道路建设，常常会遇到倒石堆。那些不稳定的倒石堆，很容易发生崩塌，下推力很大，可造成严重后果。因此事先必须充分估计可能发生的剧变，采用各种有效措施。

7.5.9　崩塌体的识别方法

对于可能发生的崩塌体，主要根据坡体的地形、地貌和地质结构的特征进行识别。通常可能发生的坡体在宏观上有如下特征：

(1) 坡体大于45°且高差较大，或坡体成孤立山嘴，或凹形陡坡。

(2) 坡体内部裂隙发育，尤其垂直和平行斜坡延伸方向的陡裂隙发育或顺坡裂隙或软弱带发育，坡体上部已有拉张裂隙发育，并且切割坡体的裂隙、裂缝即将可能贯通，使之与母体（山体）形成了分离之势。

(3) 坡体前部存在临空空间，或有崩塌物发育，这说明曾发生过崩塌，今后还可能再次发生。

具备了上述特征的坡体，即是可能发生的崩塌体，尤其当上部拉张裂隙不断扩展、加宽，速度突增，小型坠落不断发生时，预示着崩塌很快就会发生，处于一触即发状态之中。

如位于长江兵书宝剑峡出口右岸的链子崖危岩体即是有名的还在崩塌的崩塌体。组成坡体的灰岩形成高达100多米的陡壁，陡崖被众多的宽大裂缝深深切割，致使临江绝壁大有摇摇欲坠之势。对长江航运构成了很大的威胁。据史书记载，该处历史上几千年来曾多次发生崩塌堵江断航事件，这说明崩塌作用具有多发性的特点，在预测崩塌的可能性时，应考虑这个特点。

7.5.10 人类工程经济活动可能诱发崩塌

在形成崩塌的基本条件具备后，诱发因素就显得重要了。诱发因素作用的时间和强度都与崩塌有关。能够诱发崩塌的外界因素很多，其中人类工程经济活动是诱发崩塌的一个重要原因。

(1) 采掘矿产资源。我国在采掘矿产资源活动中出现崩塌的例子很多，有露天采矿场边坡崩塌，也有地下采矿形成采空区引发地表崩塌。较常见的有煤矿、铁矿、磷矿、石膏矿、黏土矿等的崩塌。

(2) 道路工程开挖边坡。修筑铁路、公路时，开挖边坡切割了外倾的或缓倾的软弱地层，大爆破时对边坡强烈震动，有时削坡过陡都可以引起崩塌，此类实例很多。

(3) 水库蓄水与渠道渗漏。这里主要是水的浸润和软化作用，以及水在岩（土）体中的静水压力、动水压力可能导致崩塌发生。

(4) 堆（弃）渣填土。加载、不适当的堆渣、弃渣、填土，如果处于可能产生崩塌的地段，等于给可能的崩塌体增加了荷载，从而破坏了坡体稳定，可能诱发坡体崩塌。

(5) 强烈的机械振动。如火车、机车行进中的振动、工厂锻轧机械振动，均可引起诱发作用。

7.5.11 崩塌的预防和治理

(1) 崩塌发生时如何应急自救？发生崩塌时，应迅速向崩塌体两侧跑，不能向崩塌物滚动的方向跑；雨季开车路过陡崖，一定要留心观察，看靠山侧是否有溜泥，路面是否有落石现象。

(2) 如何防范崩塌？切忌在陡崖（探头石）附近停留、休息；不要在陡坎和危石突出的地方避雨；不要攀爬危岩；注意收听当地天气预报，避免大暴雨天进入山区旅行。

(3) 防治崩塌的工程措施有：

① 遮挡。即遮挡斜坡上部的崩塌物。这种措施常用于中、小型崩塌或人工边坡崩塌的防治中，通常采用修建明硐、棚硐等工程进行，在铁路工程中较为常用，如图 7-10 所示。

② 拦截。对于仅在雨后才有坠石、剥落和小型崩塌的地段，可在坡脚或半坡上设置拦截构筑物。如设置落石平台和落石槽以停积崩塌物质，修建挡石墙以拦坠石；利用废钢轨、钢钎及钢丝等编制钢轨或钢钎栅栏来拦截，这些措施也常用于铁路工程。

图 7-10 防止崩塌落石的铁路棚硐

③ SNS 边坡柔性防护系统。SNS (Safety Netting System) 系统是以高强度柔性网（菱形钢丝绳网、rocco 环形网、高强度钢丝格栅）作为主要构成部分，并以覆盖（主动防护）和拦截（被动防护）两大基本类型来防治各类斜坡坡面地质灾害如崩塌、岸坡冲刷、爆破飞石、坠物等危害的

柔性安全防护系统技术和产品。

SNS主动防护系统。该系统按主要构成分为钢丝绳网、普通钢丝格栅（常称铁丝格栅）和TECCO高强度钢丝格栅三类，前两者通过钢丝绳锚杆和/或支撑绳固定方式，后者通过钢筋（可施加预应力）和/或钢丝绳锚杆（有边沿支撑绳时采用）、专用锚垫板以及必要时的边沿支撑绳等固定方式，将作为系统主要构成的柔性网覆盖在有潜在地质灾害的坡面上，从而实现其防护目的。

起加固作用的标准主动防护系统，在作用原理上类似于喷锚和土钉墙等面层护坡体系，但因其柔性特征能使系统将局部集中荷载向四周均匀传递以充分发挥整个系统的防护能力，即局部受载，整体作用，从而使系统能承受较大的荷载并降低单根锚杆的锚固力要求。此外，由于系统的开放性，地下水可以自由排泄，避免了由于地下水压力的升高而引起的边坡失稳问题；该系统除对稳定边坡有一定贡献外，同时还能抑制边坡遭受进一步的风化剥蚀，且对坡面形态特征无特殊要求，不破坏和改变坡面原有地貌形态和植被生长条件，其开放特征给随后或今后有条件并需要时实施人工坡面绿化保留了必要的条件，绿色植物能够在其开放的空间上自由生长，植物根系的固土作用与坡面防护系统结为一体，从而抑制坡面破坏和水土流失，反过来又保护了地貌和坡面植被，实现最佳的边坡防护和环境保护目的，如图7-11所示。

图7-11　SNS主动防护网

SNS被动防护网。该系统是一种能拦截和堆存落石的柔性拦石网。与传统拦挡结构的主要差别在于系统的柔性和强度足以吸收和分散传递预计的落石冲击动能，即从观念上一改传统的刚性或低强度低柔性结构为高强度柔性结构来实现系统防护功能的有效性。

以落石所具有的冲击动能这一综合参数作为最主要的设计参数，避开了传统结构设计中以荷载作为主要设计参数时所存在的冲击动荷载难以确定的问题，实现了结构的定量设计，已开发完善了足以适应各种常见形式和规模崩塌落石的不同标准化形式，其防护能量一般为40～3000kJ，并已能对高达5000kJ的更高能级进行特殊设防。

系统的结构和基础形式简单化，并以两根钢柱之间的一跨为单元连续布置，使其对各种复杂地形具有极强的适应性。

整个系统由钢丝绳网或环形网（需拦截小块落石时附加一层铁丝格栅）、固定系统（锚杆、拦锚绳、基座和支撑绳）、减压环和钢柱四个主要部分构成，系统的柔性主要来自于钢丝绳网、支撑绳和减压环等结构，且钢柱与基座间亦采用可动铰联结以确保整个系统的柔性匹配。

起围护作用的被动防护系统，既凭借系统自重覆压作用给潜在崩塌滑落体提供一定的稳定加固作用，部分限制崩塌的发生，又允许落石在系统与坡面构成的相对封闭空间内有一定限制地顺坡滚落，从而使落石在控制条件下顺坡安全向下滚落直至坡脚或坡上平台而不危及安全防护区域，而不是阻止崩塌的发生，它对崩塌落石发生区域集中、频率较高或坡面施工作业难度较大的高陡边坡是一种非常有效而经济的方法，如图7-12所示。

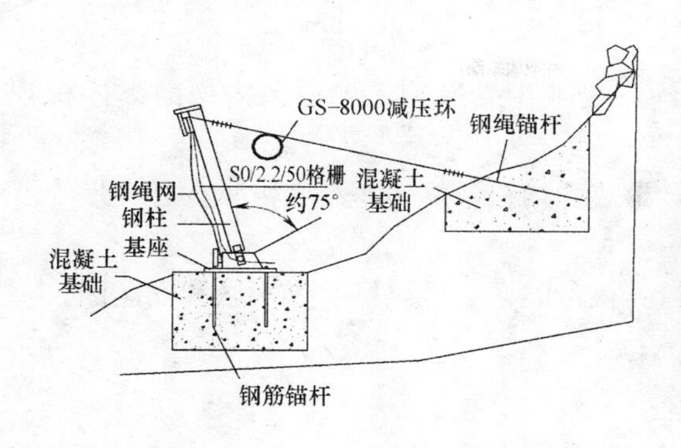

图 7-12 SNS被动防护网

(4) 支挡。在岩石突出或不稳定的大孤石下面修建支撑柱、支挡墙或用废钢轨支撑。

(5) 护墙、护坡。在易风化剥落的边坡地段，修建护墙，对缓坡进行水泥护坡等。一般边坡均可采用。

(6) 镶补勾缝。对坡体中的裂隙、缝、空洞，可用片石填补空洞，水泥砂浆勾缝等以防止裂隙、缝、洞的进一步发展。

(7) 刷坡、削坡。在危石孤石突出的山嘴以及坡体风化破碎的地段，采用刷坡措施，清除危岩体，放缓边坡。

(8) 排水。在有水活动的地段，布置排水构筑物，以进行拦截与疏导地表水。

7.6 泥石流的活动特性及预防

7.6.1 泥石流的运动特性

(1) 爆发突然，快速向下游运动，全过程历时短暂。

(2) 堆积特性：

一类：具有整体搬运、整体停积的特性，沙、石、浆体不发生分选。

二类：具有整体搬运、分散堆积的特性。有龙头状和侧向条带状堆积。

(3) 泥沙、石块在运动过程中易纳易出，容重及流量呈高度不均衡性和不稳定性。

(4) 运动边界不稳定，变形显著。

(5) 搬运能力大，惯性大，呈直进性，破坏能力极大。

7.6.2 泥石流灾害的规模

泥石流的规模以其输移物质总量来计算，一般分四个等级。

巨型：泥石流输移总量>50 万 m^3，$Q_c>300m^3/s$

大型：泥石流输移总量 20～50 万 m^3，$Q_c=100\sim300m^3/s$

中型：泥石流输移总量 2～20 万 m^3，$Q_c=10\sim100m^3/s$

小型：泥石流输移总量<2 万 m^3，$Q_c<10m^3/s$

7.6.3 泥石流灾害的强度

特强：沟口堆积扇规模很大，大河河型变化，形成区内松散体体积大，数量多且变形大。

强：沟口堆积扇规模较大，大河主流偏移，形成区内松散体体积较大，数量较多且变形较大。

中强：沟口堆积扇规模有一定发育，大河不受或少受影响，形成区内松散体体积较小，数量不多且变形较小。

弱：沟口堆积扇不发育，大河不受影响，形成区内松散体体积小，数量少且变形小。

7.6.4　泥石流灾害的危险性划分

泥石流可根据其危害程度划分为四个区域：极危险区、危险区、影响区和安全区。

极危险区：

(1) 洪水，泥石流能直接到达的地区：

a. 历史最高水位或最高泥位线以下的地区。

b. 历史泛滥线以内。

(2) 河沟两岸已知的及预测可能发生崩塌、滑坡的地区：

a. 有变形现象的崩塌、滑坡活动区域内。

b. 滑坡前缘可能到达的区域内。

(3) 大河在泥石流堆积的上下游区域：

a. 因挤压大河后，主流偏移而直接受灾的地区。

b. 因堵塞造成的上游淹没区，下游因溃坝造成的淹没区。

危险区：

(1) 历史最高水位或最高泥位线以上，因泥石流堵塞上游形成淹没区，在淹没水位以下地区。堵塞坝以下则按溃坝泥石流可能到达的范围内。

(2) 河沟两岸崩塌、滑坡后缘裂隙以上 50～100m 范围内，或按实地地形确定。

(3) 大河因泥石流堵江的，在极危险区以外仍可能发生灾害的区域。

影响区：与危险区相邻的地区，它不会直接受遭受灾害，但仍有可能受到灾害牵连而发生某些次级灾害的地区。

安全区：影响区以外的地区为安全区。

上述划分标准只考虑泥石流流动过程及沟岸崩滑和大河堵塞而形成的危险区域，暂不考虑人工建筑物形成的某些“安全”因素对危险区圈划的影响。危险区的划定主要是便于防洪抗灾、进行科学管理，有效实施紧急避难，保证人的安全，减少灾害损失。

7.6.5　泥石流沟的识别

(1) 物源依据：泥石流的形成，必须有一定量的松散土、石参与。所以，沟谷两侧山体破碎、疏散物质数量较多，沟谷两边滑坡、垮塌现象明显，植被不发育，水土流失、坡面侵蚀作用强烈的沟谷，易发生泥石流。

(2) 地形地貌依据：能够汇集较大水量、保持较高水流速度的沟谷，才能容纳、搬运大量的土、石。沟谷上游三面环山、山坡陡峻，沟域平面形态呈漏斗状、勺状、树叶状，中游山谷狭窄、下游沟口地势开阔，沟谷上、下游高差大于 300m，沟谷两侧斜坡坡度大于 25°的地形条件，有利于泥石流形成。

(3) 水源依据：水为泥石流的形成提供了动力条件。局地暴雨多发区域，有溃坝危险的水库、塘坝下游，冰雪季节性消融区，具备在短时间内产生大量流水的条件，有利于泥石流的形成。其中，局地性暴雨多发区，泥石流发生频率最高。

如果一条沟在物源、地形、水源三个方面都有利于泥石流的形成，这条沟就一定是泥石流沟。但泥石流发生频率、规模大小、黏稠程度，会随着上述因素的变化而发生变化。已经发生过泥石流的沟谷，今后仍有发生泥石流的危险。

7.6.6 遭遇泥石流时如何应急脱险

(1) 沿山谷徒步时，一旦遭遇大雨，要迅速转移到安全的高地，不要在谷底过多停留。

(2) 注意观察周围环境，特别留意是否听到远处山谷传来打雷般声响，如听到要高度警惕，这很可能是泥石流将至的征兆。

(3) 要选择平整的高地作为营地，尽可能避开有滚石和大量堆积物的山坡下面，不要在山谷和河沟底部扎营。

(4) 发现泥石流后，要马上与泥石流成垂直方向向两边的山坡上面爬，爬得越高越好，跑得越快越好，绝对不能往泥石流的下游走。

7.6.7 泥石流的预防措施

大地震以后，震区会进入滑坡、泥石流的新的活跃期，这个活跃期会持续好几年。应对整个地区的滑坡、崩塌及泥石流分布情况和灾害情况进行综合评估考察。

在抢险救灾和灾后重建过程中要谨防地震加剧山体滑坡、崩塌、泥石流灾害的发生，从而避免次生灾害的发生。

建筑物选址应避开河（沟）道弯曲的凹岸或地方狭小高度又低的凸岸；不要建在陡峻山体下，防止坡面泥石流或崩塌的发生。

长时间降雨或暴雨渐小之后或雨刚停不能马上返回危险区，泥石流常滞后于降雨暴发；白天降雨较多后，晚上或夜间密切注意雨情，最好提前转移、撤离。

人们在山区沟谷中游玩时，切忌在沟道处或沟内的低平处搭建宿营棚。游客切忌在危岩附近停留，不能在凹形陡坡危岩突出的地方避雨、休息和穿行，不能攀登危岩。

泥石流工程预防措施如下：

(1) 跨越工程——指修建桥梁、涵洞，从泥石流沟的上方跨越通过，让泥石流在其下方排泄，用以避防泥石流。这是铁道和公路交通部门为了保障交通安全常用的措施。

(2) 穿过工程——指修隧道、明硐或渡槽，从泥石流的下方通过，而让泥石流从其上方排泄。这也是铁路和公路通过泥石流地区的又一主要工程形式。

(3) 防护工程——指对泥石流地区的桥梁、隧道、路基及泥石流集中的山区变迁型河流的沿河线路或其他主要工程措施，建造一定的防护建筑物，用以抵御或消除泥石流对主体建筑物的冲刷、冲击、侧蚀和淤埋等的危害。防护工程主要有：护坡、挡墙、顺坝和丁坝等。

(4) 排导工程——其作用是改善泥石流流势，增大桥梁等建筑物的排泄能力，使泥石流按设计意图顺利排泄。排导工程，包括导流堤、急流槽、束流堤等。

(5) 拦挡工程——用以控制泥石流的固体物质和暴雨、洪水径流，削弱泥石流的流量、下泄量和能量，以减少泥石流对下游建筑工程的冲刷、撞击和淤埋等危害的工程措施。拦挡措施有：拦渣坝、储淤场、支挡工程、截洪工程等。

对于防治泥石流，常采用多种措施相结合，比用单一措施更为有效。

7.6.8　泥石流灾害的预报方法

泥石流的预测预报工作很重要，这是防灾和减灾的重要步骤和措施。目前我国对泥石流的预测预报研究常采取以下方法：

(1) 在典型的泥石流沟进行定点观测研究，力求解决泥石流的形成与运动参数问题。

(2) 调查潜在泥石流沟的有关参数和特征。

(3) 加强水文、气象的预报工作，特别是对小范围的局部暴雨的预报。因为暴雨是形成泥石流的激发因素。比如，当月降雨量超过350mm时，日降雨量超过150mm时，就应发出泥石流警报。

(4) 建立泥石流技术档案，特别是大型泥石流沟的流域要素、形成条件、灾害情况及整治措施等资料应逐个详细记录，并解决信息接收和传递等问题。

(5) 划分泥石流的危险区、潜在危险区或进行泥石流灾害敏感度分区。

(6) 开展泥石流防灾警报器的研究及室内泥石流模型试验研究。

7.7　近年来国内外滑坡、崩塌及泥石流灾害灾损实录

7.7.1　甘肃东乡族自治县洒勒山滑坡

1983年3月7日下午5时40分，甘肃省东乡族自治县的洒勒山北麓，突然发出一声“轰隆”巨响，亮起一道耀眼的闪光，1.7km宽的巨大山体，带着刺耳的呼啸声，迅速向山下滑动，数千万立方米的黄土，以排山倒海之势，每秒30m的高速度，扑向山脚。顷刻之间，方圆3km的新庄、苦顺和洒勒三个村庄，3000亩水田及一座水库，全被覆埋；正在田间劳动和忙于家务的270多名东乡族男女老幼，被活活埋进了厚达30～40m的黄土层中。这场惨剧的制造者不是别的，就是“罪恶累累”的滑坡。

这场灾难是因为缺少科学的预测预报而引起的。早在1970年前后，当地就有了预兆。当时山梁裂开几百米长的纵向裂缝，滑坡体缓慢地向下移动。滑动前两年，山梁裂开速度加快。1983年3月2日前后，当地群众发现窑洞、水窖变形，夜深人静时可以感觉到地动；牲畜、家畜显示不安，彻夜鸣叫不停。3月4日晚上，当地群众又听到了像重型轰炸机飞过一样的山鸣声。到了3月7日下午5时多，一次罕见的灾难性滑坡，终于猛烈地发生了。

从地质结构看，最上面一层为第四系的黄土层，黄土层之下是粉砂岩和泥岩组成的第三系红色层，比较黏，不易渗透水分。第四系黄土层中发育着为数众多的垂直节理，降雨和雪水很容易沿着这些节理下渗，进入第三系地层的顶部且富集起来。当泥岩层被泡软之后起着润滑剂作用，在黄土层和第三系泥岩之间就形成天然的滑动面，一旦位于斜坡上的黄土层处于压力不平衡状态，便很容易产生滑坡。洒勒山一带虽然没有大的活动性断裂带，也没发生过地震，但是1982年冬降雪量较多，入春以来冰雪融化，滑坡发生之前又曾降了雨，这些对滑坡都起了促进作用。

7.7.2　长江新滩滑坡

1985年6月12日凌晨3时45分，长江西陵峡新滩发生大规模整体滑移。总计方量约3000万m^3，使新滩镇全部被摧毁。其中200万m^3土石进入长江，激起涌浪高36m，波及范围26km，江水逆流超过13km，翻没大小船只77艘，致使9人丧

生。滑坡舌部伸入江中80余米，迫使长江封航4d，造成直接、间接经济损失达数十亿元。

滑坡口内有居民457户，1371人。由于成功地进行了及时预报，撤离果断，人员无一伤亡，灾区90%的财产撤到了安全区，使损失降低到最低限度，避免了一起重大伤亡事故的发生。

滑坡发生在长江长江北岸湖北秭归新滩镇，故名“长江新滩滑坡”。下距万里长江第一坝——葛洲坝水利枢纽工程72km，距高峡出平湖的长江三峡大坝坝址三斗坪27km，上离春溪镇4km，屈原故里秭归县城15km。滑坡北起广家岩脚下，南至新滩镇，相对高差840m，南北方向长约1700m，东西平均宽400m，面积约0.7km^2，平均厚度45m。

6月12日凌晨3时至3时45分，首先在滑坡西侧产生震动，然后出现巨大响声，约10min后，随着东侧的一声震响，即3时45分左右，就发生了惊天动地的整体性大滑动，在约3min左右的时间内，高程370m以上的主滑区，约1380万m^{3}的土石体沿堆积物与基岩风化接触带发生整体滑动，其中约480万m^{3}的土石向下冲出，其集中的一股沿西侧沟槽直冲入江，其余堆积在西侧沟中并覆盖于沟的下部，小部分扑向东南坡下，滑体向前冲出200～400m不等。在高程90m以下至长江为堆积区段，普遍高出原地面10～20m，堆积总方量约340万m^3。

长江新滩滑坡是一个高速型的滑坡，滑坡顶沿西侧沟的最大运动速度约为30m/s。滑坡滑动时引起地面强烈震动，离滑坡5km的地震台从3时51分58秒开始即有震动记录。

长江新滩滑坡是一次成功预测预报地质灾害的实例。大规模滑坡发生之前，常有地面异常、地下水异常、地动、地音、鸡犬不宁等异常现象出现，因此，这些现象可作为预测，预报滑坡的前兆。

滑坡发生整体性大规模滑动以前，有十分明显的先兆。主要表现在：地面位移速率明显增加，30～40m高程坡体出现剪切、膨胀现象；小规模泥石流时有发生；滑坡体上部水流下渗现象严重，而滑坡体下部出现潮湿、积水和泉流增大现象；时有响声从坡体内发出。6月9日于620m高程的坡体内，有一股含硫化氢气味的热气流。并有动物活动异常现象。特别是6月10日凌晨4时15分，在斜坡面部发生了60～70万m^{3}土的高速滑坡，并伴有喷水冒沙现象，喷出水柱高20m左右，100多米宽，后来出现大量涌水。舌部高长江约150m，房屋下推约60m。这些前兆现象，构成了滑坡预报的依据。

新滩滑坡是一个堆积层滑坡，滑床是上部覆盖物与下伏分化岩体的接触带，滑带呈不规则台坎状，属于推移式的，整体性高速滑坡，地下水作用是滑坡的主要促发因素。

长江西陵峡新滩滑坡成功预报的经验告诉我们，通过对自然地质环境的研究，有目的地开展变形监测和工程地质的综合分析，有可能作出滑坡的预测预报，使人们提前有所防范，这样可将滑坡灾害损失降低到最小。

7.7.3 重庆市武隆滑坡

2001年5月1日20时30分左右，重庆市武隆县县城江北西段发生了一起严重的滑坡灾难，滑坡体垂直高度468m，前缘宽552m，后缘宽25～30m，产生的土石方约有2万多立方米，滑坡不仅造成乌江北岸仙女路一幢九层楼房整体垮塌（图7-13），74人死亡，还阻断了通过武隆新县城的国道319线新干道4昼夜。

武隆滑坡是在特殊的环境条件下形成和发生的，具有高速剧滑的运动特征。武隆县地处高山峡谷区，沿乌江河谷展布，地质地貌条件复杂，这块地区岩石有硬有软，构造发育、裂缝多。在不破坏环境的情况下，地质活动还比较稳定，一旦人工开挖坡脚建房，使边坡原有力学平衡状态被打破，再加上降雨等激发因素，极易发生滑坡灾害。

经专家分析认为：(1) 滑坡岩体破碎、节理丰富并存在着顺坡节理是产生滑坡的内在因素；(2) 不合理山体开挖、扰动使已经很脆弱且已形成陡直的边坡创造了滑坡必然发生的条件；(3) 连续降雨且山体排水不畅诱发了滑坡的发生。

武隆滑坡事故告诫我们，在城镇发展进程中，地质灾害就像悬在人们头上的“达摩克利斯之剑”。在处理环境与发展的矛盾时，要重视对自然环境的保护和警惕地质灾害的发生，忽视它必然要付出惨重的代价。

7.7.4　香港宝城路滑坡

1972 年 7 月某日清晨，香港宝城路附近，2 万 m^3 残积土从山坡上下滑，巨大滑动体正好冲过一幢高层住宅——宝城大厦，顷刻间宝城大厦被冲毁倒塌并砸毁相邻一幢大楼一角约五层住宅，死亡 67 人。如图 7-14 所示。

图 7-13　重庆武隆滑坡摧毁了一栋楼房

图 7-14　滑坡摧毁香港宝城大厦

7.7.5　甘肃省兰州市九州开发区滑坡

2009 年 5 月 16 日下午，甘肃省兰州市九州开发区长江小区附近山体出现滑坡现象，该小区物业公司随即组织居民疏散。就在疏散工作进行的同时，20 时 50 分左右，山体滑坡导致该小区一住宅楼两个单元全部垮塌，一个单元部分垮塌。完全垮塌的第 5 和第 6 两个单元共有住户 32 户。7 条生命在一瞬间戛然而止。图 7-15 为夜间抢险救灾场景。

7.7.6　台湾高速公路发生滑坡摧毁一座高架桥

2010 年 4 月 25 日，台湾 3 号高速公路南下 3.1km 处的基隆七堵玛东山区发生山体滑坡，约 10 万 m^3 土石瞬间倾泻而下，掩埋六条行车道，摧垮一座高架桥，滑体覆盖公路路面 200 多米，有 2 辆小车躲避不及被埋入土石之下，如图 7-16 所示。

7.7.7　沪昆铁路 K699 处滑坡导致列车颠覆

2010 年 5 月 23 日 2 时 10 分，因连日降雨造成山体滑坡掩埋线路，由上海南开往桂林的 K859 次（编组 17 辆）旅客列车，运行至江西省境内沪昆铁路余江至东乡间(K699＋700米处)，发生脱轨事故，机车及机后第 1～9 位车辆脱线，沪昆铁路线中断。

事故造成19人死亡、11人重伤、60人轻伤。

图 7-15 救助人员夜间抢救幸存者

图 7-16 滑坡掩埋公路情况

经现场分析判断，造成这起事故的原因是，由于事发地数日连降暴雨，造成山体突然滑坡。K859次列车经过处铁路上方20m是一条公路，公路上方20m处山体发生坍塌，坍塌体约8000m^3。在列车运行中，坍塌体经公路滑落在铁路线上，致使列车发生脱线事故。如图7-17所示。

图 7-17 因山体滑坡被颠覆的列车

沪昆铁路是交通运输大动脉，事故造成了沪昆线9趟列车被迫停运，部分旅客滞留车站。事故发生后，南昌铁路局出动1500多人、20台大型挖掘机、4列重装救援设备，在武警、消防官兵的全力配合下，争分夺秒地清除铁轨上的障碍物，起复受损车辆，清理塌方现场，维修电缆，加固路基，尽最大努力尽快恢复通车。

经过铁路部门、地方政府和当地驻军，武警、公安干警等2000多人的全力抢修，19个小时后，因山体滑坡中断的沪昆铁路恢复正常行车。

7.7.8 宝成铁路109隧道山体崩塌

2008年5月12日14时25分，一列由陕西宝鸡开往四川成都的21043次货车从甘肃小城徽县车站开出，14时28分进入宝成线109号隧道时，汶川地震引发洞口山体崩塌，大量的岩石伴随着“轰隆隆”的巨响从山上滚落下来，瞬间堵住了109隧道的出口。危急时刻，列车司机迅速采取紧急制动措施，但车体还是以惯性20km的时速撞上巨石，致使这列长41节、载有600t航空汽油的货车脱轨，机车头部和一二节车厢发生火灾且火势异常凶猛，12节油罐起火爆燃，同时，约12万m^{3}崩塌物滑落嘉陵江中造成河道严重堵塞，形成堰塞湖，宝成铁路在甘肃境内中断通行（图7-18、图7-19）。作为我国第一条电气化铁路，宝成铁路是我国西北通向西南的大动脉。它的中断，断绝了一条通往抗震救灾前线的铁路“生命线”。

经过2000多名抢险施工人员12天的昼夜鏖战，5月24日10时，中断行车283h的宝成铁路109隧道得以抢通，宝成铁路随之恢复货物运输。

地震发生1个多月后，铁道部组织专家专程来到109隧道进行评估，评估后，专家一致认为726m长的109隧道在地震中受损严重，其使用寿命不足以承担连接西北、西南的客运任务，随即决定改线再建一座新的109隧道。

图7-18 109隧道洞口崩塌体

图7-19 被烧毁的火车头

7.7.9 湖北省远安县盐池河磷矿场崩塌

1980年6月3日，突然发生了一场巨大的岩石崩塌，山崩时，标高830m的鹰嘴崖部分山体从700m标高处俯冲到500m标高处的谷地，在山谷中乱石块覆盖面积南北长560m，东西宽400m，石块加泥土厚度20m，崩塌堆积的体积共100万m^3。最大的岩块有2700t重。顷刻之间盐池河上筑起一座高达38m的堤坝，构成一座天然湖泊。乱石块把磷矿区的五层大楼掀倒、掩埋，死亡307人，还毁坏了该矿的设备和财产，损失十分惨重。

盐池河山体产生灾害性崩塌，具有多方面的原因，除地质基础因素外，地下磷矿层的开采，是上部山体变形发生崩塌的最主要的人为因素。这是因为：磷矿层存在于崩塌体的下部，在谷坡底部出露。该矿采用房柱采矿法及全面空场采矿法。1979年7月采用大规模爆破房间矿柱的放顶管理方法，加速了上部山体及地表的变形过程。采空区上部地表和崩塌山体中先后出现地表裂缝十条，裂缝产生的部位都分布在采空区与非采空区对应的边界部位。这说明地表裂缝的形成与地下采矿有着直接的关系。后来裂缝不断发展，在降雨激发之下，终于形成了严重的崩塌灾害。

在发现山体裂缝后，该矿曾对裂缝的发展情况进行了简易监测，虽已掌握一些实际资料，但不重视分析监测资料，没有密切注意裂缝的发展趋势，因而不能正确及时预报，也是造成这次灾难性崩塌的主要教训之一。

7.7.10 “莫拉克”台风引发台湾南部地区泥石流灾害

2009年8月8日，台风“莫拉克”肆虐台湾南部地区。受其影响台湾中南部十多个县市3天来降下超大雨量，改写了台湾历年单日最大降雨记录，台湾南部屏东地区的总雨量最高达1600mm。根据台湾气象部门统计，从6日0时至9日8时，台湾南部的高雄、屏东和嘉义山区累积雨量都已超过2000mm。特大暴雨促发滑坡及泥石流频繁发生。

台风灾害发生后，多个村庄失去联系，其中小林村至少有600人被泥石流冲垮的山壁掩埋，生死不明。从空中拍摄的图片显示，甲仙乡已是满目疮痍，桥梁和道路中断，村庄进水，而小林村则完全被滚滚泥石流覆盖，整个村落大约200户人家惨遭掩埋，八九百位民众不知下落。“莫拉克”台风总计造成农业损失逾 7.5 亿元新台币，全台各地已开设 69 处收容所安置灾民；在交通方面，台铁的南回线、平溪线、内湾线、集集线以及屏东线的部分区间 9 日全线停驶，高速铁路也减班行驶，民航航班仍有部分取消或延后。

台湾“灾害应变中心”表示，“莫拉克”台风共造成全台 125 人死亡、62 人失踪、45 人受伤，超过 24000 人撤离。如图 7-20、图 7-21 所示。

图 7-20　台湾南部地区泥石流冲毁的房屋（1）

图 7-21　台湾南部地区泥石流冲毁的房屋（2）

7.7.11　山西省襄汾县泥石流灾害

2008 年 9 月 8 日 7 时 58 分，山西省襄汾县塔儿山矿区因暴雨发生泥石流，致使新塔矿业公司 980 沟尾矿库被冲垮。下泄尾砂量约 19 万 m^3，淹没面积约 35.9hm^2，共造成 276 人死亡，33 人受伤，直接经济损失 9619.2 万元。

襄汾县位于山西省中南部，总面积 1034km^2，辖 13 个乡镇。该县陶寺乡面积 66km^2，山区面积占总面积的 1/2。

横跨襄汾、曲沃、翼城三县的塔儿山富含铁矿，在襄汾境矿区占地面积 17km^2，分布在五条大沟、八条小沟间。当地媒体曾经报道称，当地私挖滥采一度十分严重。

9 月 8 日早 8 时，新塔公司选矿厂的尾矿库发生垮坝，宽约 600m，长约 3km 泥石流将下游的一个农贸集市和两个村子的部分房子冲垮。见图 7-22。

图 7-22　襄汾泥石流毁坏的车辆

事故发生时，被淹没的集市正值赶集之日。当地群众表示，若非事故发生尚早，后果更加不堪设想。这是一个生活用品齐备的集市，经营者主要是来自周边村庄，购物者主要是矿工。此次遇难者相当一部分也是矿工。

据初步分析，事故直接原因是非法矿主违法生产、尾矿库超储导致溃坝引起的。该尾矿坝高约 20m，尾矿库库容 18 万 m^3，其坐落的山体与地面落差近 100m。

泥石流发生当日，正值当地赶集时间，附近几个村庄及矿区的矿工都来赶集。没有人意识到一场巨大的灾祸正在悄悄地降临，泥石流淹没了数平方公里。泥石流平均的深度约有1m，泥石流的巨大冲击力把汽车直接卷起，有的则被撞成一团。“那种毁灭的速度，你是根本想象不到的！”几名存活下来的云合村村民形容说，溃坝时，发出一声巨响，“当你回头观望时，大水带着泥石已经来到了你面前。”

7.7.12　四川北川县城滑坡、崩塌及泥石流灾害

四川省北川县是全国唯一的一个羌族自治县，位于四川盆地西北部。北川全境峰峦起伏，沟壑纵横。县城位于四面环山的曲山镇，清清的湔江穿城而过，将老城及新城天然分隔为两个区域。“5·12”特大地震给这个边远山城造成巨大灾害，导致北川县城变成了一片废墟。全县共有16000多人死亡，3800多人失踪，幸存下来的完整庭不到10%。地震造成全县共倒塌房屋32万间（1200万m^2），并有8.5万间（323万m^2）房屋成危房，北川县城几乎被夷为平地，直接经济损失达661.7亿元。

造成北川县城大量人员伤亡和建筑物损毁的灾害类型不仅是地震震害，还有地震触发的滑坡、崩塌、泥石流及堰塞湖等次生地质灾害。其中，地震引起的次生地质灾害加剧了北川县城区的震害损失，共造成了2处滑坡、17处崩塌和2处泥石流，造成了北川县上千人死亡，大面积房屋被埋和多处公路被毁。

北川中学茅坝校区位于地势陡峻的景家山坡脚，此地在20世纪90年代被称为“乱石窑”，历史上曾发生过多次崩塌。在地震发生的短短几分钟里，景家山又产生了大规模的山体崩塌，崩塌体摧毁了茅坝中学，整个校舍被掩埋在巨石之下，仅剩下一面校旗，致使500余名师生遇难。图7-23为北川中学茅坝校区原校址。

景家山天然坡度大于50°，崩塌范围坡高近300m，坡宽150m，厚度10m，崩塌体积$30\times10^4m^3$。岩性为泥盆系上统灰白色灰岩、白云质灰岩，层面产状100°/25°。岩体结构呈块状，块体大小不一，最大块度达10m×10m×6m。从岩体结构来分析，景家山崩塌岩体主要为厚层状白云质灰岩、灰岩，顺坡的缓裂和反向的陡裂等多组节理发育，特别是溶蚀裂隙较为发育，岩体呈块状结构；从地质构造来分析，NE走向的龙门山地震断裂带通过景家山附近，导致山体产生较大的位移；从地形地貌来分析，崩塌发生位置斜坡坡度较大，地形较陡。上述三点是景家山崩塌发生的工程地质原因，而强烈的振动破坏效应是景家山大崩塌的触发因素。景家山崩塌全貌见图7-24。

图7-23　被崩塌体埋没的北川中学

图7-24　景家山崩塌全貌

北川县城平地不足一平方公里，老城区许多房屋沿着王家岩山下的105省道而建。王家岩滑坡导致北川县医院、计生委、公检法、小学和商业居民区等大面积房屋被埋，造成约1600人死亡。该滑坡体长290m，宽240m，厚度15m，面积69600m^2，体积约$100\times10^4m^3$。滑体为碎石土，滑床为变质砂岩、板岩。滑坡体平面呈舌形，滑面近视于圆弧，后部陡峻，前部平缓，前后缘高差约250m。

在短短几分钟内，100多万立方米的岩土从百米高处轰隆而下，水平滑距达200m以上，可见王家岩滑坡为岩质大型高速远程滑坡。其破坏过程分为3个阶段：①启程剧动阶段，整个坡体在重力和地震荷载作用下，产生贯通的滑动面，由地震引起的坡体振荡的能量及储存于滑体前部阻滑段的弹性应变能转化为滑体滑动的动能，产生初速度，使滑体启程剧动剪出；②破坏阶段，滑坡启程剧动后，岩体如同一刚体，迅速将势能转化为动能，产生剧烈的滑动破坏，滑体迅速向NE向运动，扑向山脚下的北川老县城，造成大量建筑物被埋；③碰撞停止阶段，当快速运动滑体运移一段距离后，遇到前方高密度建筑物的拦挡，滑体受阻而整体速度减缓直至停止，形成了坡度小于10°的滑坡体。如图7-25所示。

图7-25 王家岩滑坡全貌

地震灾区本身就是泥石流多发区，北川县已有灾害记录的主要泥石流沟多达501条，其中北川县城24条。“5·12”地震为沟谷型泥石流提供了大量的松散物质来源。

2008年9月24日，北川县、平武县等地遭遇多年不遇暴雨袭击，暴雨中心日降水量达370mm，在强降雨作用下，导致该区域河水暴涨，淹没了大片农田、板房安置区，冲毁公路、桥梁及安置房屋，造成数十人伤亡。魏家沟泥石流几乎将老城区全部掩埋，原有的排水管道系统全部破坏殆尽，地面被整体抬高5～8m，有些在大震中未曾倒塌的楼房底下三层全部被泥石流埋没。图7-26～图7-28分别给出了地震前后及泥石流灾害后的北川县城对比资料。

图7-26 地震前的北川县城

图 7-27　地震后的北川县城

图 7-28　泥石流侵袭后的北川县城

7.7.13　葡萄牙旅游胜地马德里亚岛泥石流灾害

葡萄牙马德里亚岛（Madeira）位于首都里斯本西南大约 900km 的大西洋上。这是一片散落在万顷碧波之中的群岛，其东面就是非洲大陆。当地是颇受世界游客喜欢的度假胜地。

2010 年 2 月 20 日，马德里亚遭遇 10 多年来最大一场暴雨袭击，暴雨引发洪水泥石流灾害，部分街道因此变成了“池塘”和“沼泽”。一些被从上游地区冲下来的汽车最后竟然“爬”到了下游地区房屋的顶部。各类残骸和垃圾堆满了街道和路口。救援人员在一些被困车辆内发现了遇难者的遗体，这次泥石流至少造成 40 人丧生，另外还有 120 多人受伤。

图 7-29　泥石流冲毁道路和房屋

很多道路和桥梁被泥石流完全摧毁，一辆消防车也在泥石流中被卷走，最后撞在一棵大树上才停下来。葡萄牙政府已经通过军用运输机向当地派遣了大量专业救援人员和各类急需的救护和通信物资。当地驻军也组建了抢险队。图 7-29 为泥石流冲毁的道路。

7.8 滑坡、泥石流灾害治理工程实例

7.8.1 北京戒台寺滑坡综合治理

（一）戒台寺及滑坡概况

戒台寺为全国重点文物保护单位，位于北京市门头沟区马鞍山北麓，距京城 25km。始建于隋开元年间，迄今有 1400 多年的历史，寺内建有全国最大的戒坛，可授佛门最高戒律“菩萨戒”，被誉为“天下第一坛”。寺内殿堂随山势高低而建，殿宇巍峨，错落有致。寺内古树名木甚多，仅国家级保护的古树达 88 棵，“潭柘因泉胜，戒台以松名”，早在明清时期，寺内十大奇松就已闻名天下。戒台寺不仅是佛教著名寺院，也是 2008 年北京奥运会“人文奥运计划”指定的旅游景点。

戒台寺南依马鞍山，北望石门沟，马鞍山近东西走向，戒台寺既坐落在风景秀丽的马鞍山北麓，同时又位于一南北向山梁的后部。戒台寺滑坡是指该山梁滑动对寺院构成威胁的地质灾害，它长约 1200m，东西向宽约 450m，滑坡后缘横跨寺院，寺内主要建筑物均位于滑坡体上，滑坡前后缘高差约 230m，滑体厚度约 47m，滑坡体积约 900 万 m^3。

（二）滑坡区地质概况

滑坡东、西两侧为自然冲沟及洼地，南面靠山，其余三面临空，滑坡所在的山梁与马鞍山呈圈椅状接触。南北向山梁上陡下缓，其上发育有四级缓坡台地，由南向北依次降落，戒台寺位于最后一级台地上。横贯山梁的 108 国道基本处在第三级缓坡台地上；108 国道以北 100m 处的大平台则为第四级台地。滑坡自上而下出现了 8 道横切山梁贯通的变形带，108 国道以北至第四级台地间的裂缝变形以塌陷为主；进寺路口至戒台寺院间的变形带有的呈塌陷性质，有的呈牵引拉张性质。

组成戒台寺斜坡及其周围的主要地层有石炭系（C）、二迭系（P）及第四系（Q）地层。第四系（Q）残坡积层及人工杂填土，一般厚 0.5～6m 主要分布于斜坡的表层和寺院平台。二迭系地层下部主要为微～中风化灰色、深灰色细砂岩、粉砂岩、含砾砂岩和砾岩，夹煤线；上部以灰色、灰绿色厚层状砂岩与薄层状粉砂岩互层，长石石英砂岩夹泥质粉砂岩。砾岩为灰色、灰白（风化呈黄色），一般厚 3～10m，较稳定，其砾石成分主要为燧石和石英岩。该套地层一般厚 130m，主要分布于 108 国道以北坡体。滑坡体主要由上石炭（C3）系岩层组成，上部为灰色、深灰色细砂岩、粉砂岩及页岩，夹 2～3 层黏土矿和煤层或煤线，下部为灰色、浅灰色含砾粗石英砂岩，风化较重，呈褐黄色。滑动带为褐黄色砂岩底下的一层黑色黏土矿，饱水软弱，砂岩含水，黏土矿形成相对隔水层。滑床以下为中石炭（C2）砂岩、黑色，含黄铁矿及石英较多，致密坚硬。

滑坡区地质构造发育，戒台寺位于马鞍山背斜之北翼，岩层倾向北，倾角 30°～45°，上陡下缓，与山体自然斜坡倾向一致。东西向构造共有 9 条，南北向构造有 3 条，这些纵横交错的构造将山梁切割得支离破碎。

（三）滑坡变形及其危害

（1）地表位移及对建筑物的危害情况

2004 年 7 月一场大雨之后，寺院内及进寺路上出现多处塌陷坑，地坪及部分殿堂原有裂缝开始明显增大，大悲殿及罗汉堂岌岌可危。与此同时，位于山梁西侧秋坡村大量民

房产生开裂和沉陷，成为危房。同年9月复建千佛阁挖基时，发现了一道长大地裂缝从地基斜穿而过，宽约35cm，复建工程被迫暂停。此裂缝从西围墙进寺分别穿过大悲殿→真武殿→牡丹院→千佛阁遗址→大雄宝殿→加蓝殿→鼓楼→出山门殿后，经停车场进入东侧自然沟，最宽处达350mm，最窄处仅有5mm，裂缝所经之处，建筑物出现局部下沉或拉裂，为拯救文物，管理处不得不将受损严重的殿堂落地保存，对有可能倒塌的文物实施支护。

2005年初春以来，随着地勘工作的深入及春融季节的到来，滑坡区变形逐渐增大并由南向北在山梁上新产生了几道贯通的裂缝，致使108国道多处被剪断并下陷，最大错台达70cm；寺内上水管道经常被拉断。为了掌握滑坡的位移情况，我们在戒台寺裂缝带上及寺外滑坡体上共建立了4个裂缝观测伸缩仪（曲线见图7-30所示），17个地面位移简易观测桩，每天观测一次滑坡的位移，并利用地质钻孔在滑坡体上设立了7个深孔位移监测孔，定期观测。结果表明：3月23日～5月7日，滑坡位移持续增大，有逐渐加剧的趋势，最严重时每天位移达7mm。5月7日之后，滑坡位移明显减缓，趋于收敛。但随着抗滑桩开挖的深入，滑坡有效支撑逐渐降低，8月以后，寺院西北部位移又开始加剧。17个简易观测桩建立时间参差不齐，累计位移不等，最早从1月4日起开始观测，其变化规律与伸缩仪基本相同。

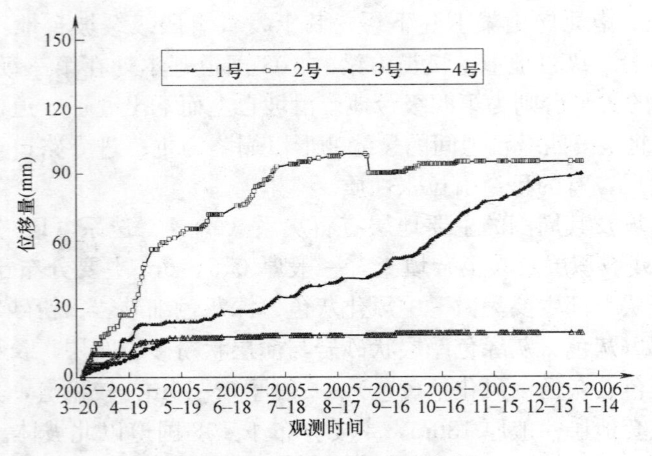

图7-30 滑坡位移-时间曲线

（2）滑坡深部位移观测情况

考虑到滑动面呈多层出现，为了解究竟有几层在动，哪一层最活跃，埋深多少，我们充分利用地质钻孔在滑坡体上设置了7个深部位移观测孔。从观测结果中可看出，有的测孔揭示了一层滑带，有的揭示了二层滑带；各孔位移量、滑动面深度及滑动方向不尽相同，这表明滑坡具有多块、多级及多层滑面的特征。滑坡深孔监测为我们对滑动面的确定和分析提供了可靠翔实的证据。图7-31及图7-32分别给出了ZK2-4及ZK3-4号测孔位移曲线，曲线的不连续处正是滑动面位置所在。ZK2-4表明地表下23m及47m处有两层滑动面，其中47m的滑动面位移剧烈。ZK3-4孔表明滑动面就在地表下14m处。

从滑坡变形情况分析，在实施抢险工程之前，滑坡位移呈直线上升趋势，处于不稳定状态，随着抢险工程的进行，转入时动时停的极限平衡状态，2005年雨季未发生明显变化，基本趋于平稳。但雨季后期，随着抗滑桩开挖的增多及桩的深入，滑坡变形有所加剧，可见抗滑桩施工对滑坡有一定的影响。

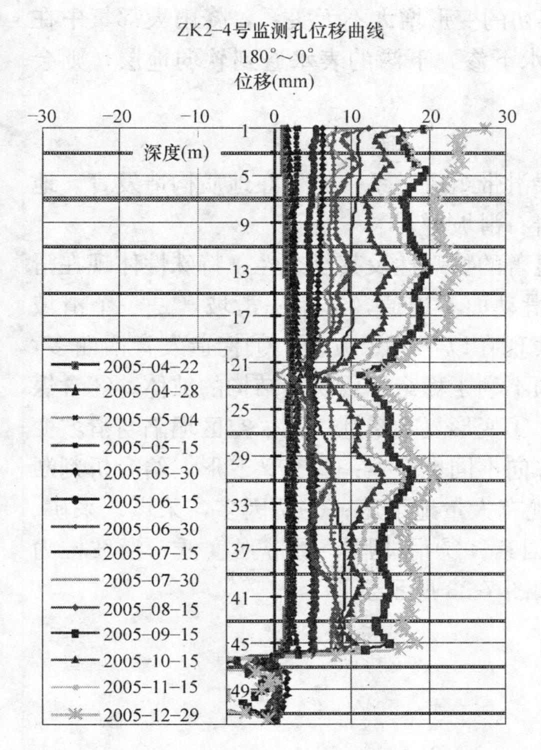

图 7-31 ZK2-4 号深孔位移曲线

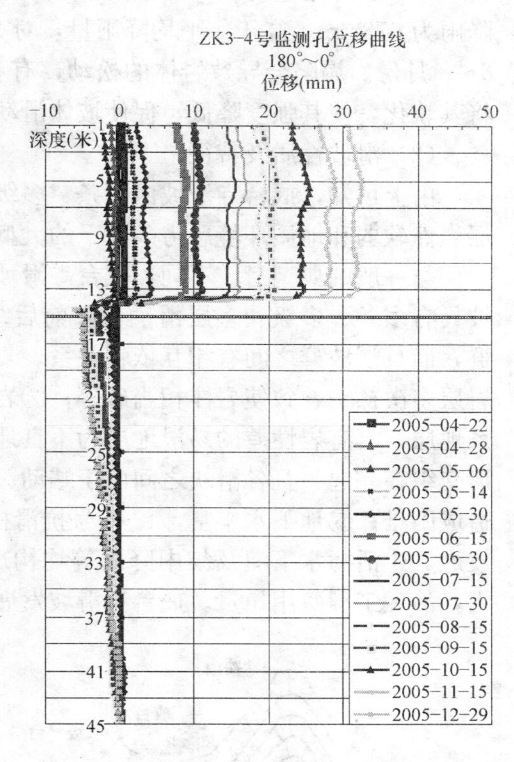

图 7-32 ZK3-4 号深孔位移曲线

（四）滑坡产生的原因及性质

（1）滑坡产生原因

1）当地的地质条件是滑坡得以发生的地质基础。岩层顺倾，软硬岩石相间以及复杂多变的地质构造裂面切割是滑坡发生的基本条件。

2）山梁周边及底下的采矿是最重要的诱发因素。组成山梁的山体矿产丰富，有煤矿、黏土矿和石灰石矿。几百年来居住在山梁附近的居民，向山梁掘洞开采矿层，烧制琉璃瓦及耐火材料，尤以采煤为盛。据调查，采煤有古代采煤和现代采煤两种活动迹象，在挖桩中有 8 个桩揭示了 11 个巷道，直通寺院。特别是近年来在山梁前部的大规模现代化采煤。采空塌陷在山梁前部形成新的临空面，使坡体松弛而最终可发展沿着某一软弱带蠕滑，并前赴后继依次向后贯通；此类由采空塌陷诱发的滑坡在全国许多矿区时有发生，戒台寺院内外的多处地裂变形与山梁四周的采矿活动是密切相关的。

3）马鞍山南坡长期的炸山取石，尤其是大剂量装药放炮所产生的强烈震动，使本来就已松弛的坡体更加松动，为地表水的下渗提供了便利条件，削弱了坡体的稳定性。

4）坡体松弛后寺院内大量生活用水因地面开裂或下水管道断裂产生渗漏，也加速了坡体的软化和变形，形成恶性循环。据调查，每天有 50～70m^3 生活污水源源不断地灌入地下。

5）大气降雨也是当前滑坡滑动的重要诱发因素。通过对戒台寺30年来气象资料的分析，年平均降雨量为592mm，最大降雨发生在1977年及1994年，达到970mm，2004年降雨为678mm，高于年平均降雨量，对2005年初的变形增大不无关系，降雨大都集中在6～8月份。塌陷会导致岩体的松动，有利于表水下渗，下渗的表水遇到软弱地层，则会将其软化，使其强度降低，促使坡体滑动。

（2）滑坡性质及特征

由上可知，戒台寺滑坡由多条、多级和多层滑带组成，系一产生在地质构造发育、地层岩性软弱和地质环境恶劣条件下的大型破碎岩石滑坡群。

与一般的典型滑坡不同，戒台寺滑坡具有显著的特殊性及其复杂性。特殊性体现在滑坡具有多条、多级和多层滑动带，前后级滑体滑动面不连通，非单一滑坡，是一个滑坡群，而且滑坡群之间有相互依赖关系。复杂性表现在以下几个方面：①构造发育褶曲多，岩层多次揉皱，致使岩体相当破碎；②岩层顺倾不利于稳定，属易滑结构的坡体；③含煤系地层，具有岩性差的易滑地层为不良地质区；④变形复杂零乱，其采空区塌陷与滑坡变形交织在一起，且各滑块之间由于蠕动、滑动方向不同也产生一些交叉变形，给分析判断造成困难；⑤地下水丰富，1～6号抗滑桩均发现有大量地下水；⑥诱因多，采煤、采矿、放炮、生活污水下灌及集中降雨等均构成诱发因素；⑦滑体厚，滑带强度低，滑坡推力大，治理工程费用昂贵。戒台寺滑坡发展机理如图7-33所示。

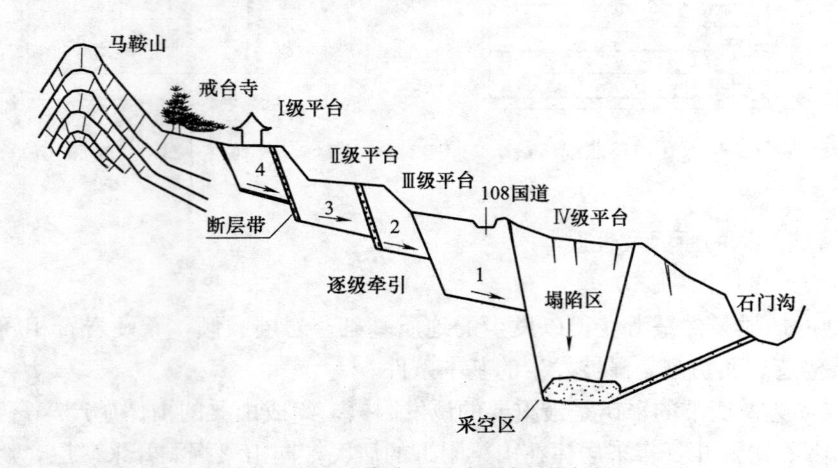

图7-33　戒台寺滑坡发展机理图示

（五）滑坡综合治理

（1）设计原则

1）先保寺、次治稳、后治本，分期分批治理。先通过应急抢险工程，保证在春融及勘察设计期间不产生大的滑动，防止对文物及人员造成损坏及伤害，尔后在关键部位实施一些“短平快”工程，保证在雨季到来之前，对滑坡进行有效的锚拉加固，最后在地质勘察工作的基础上寻求安全稳妥、经济合理的完善治理工程。

2）由于滑坡规模大，一次性根治费用太高，采用分期治理原则，一期工程先抢险救寺，二期工程保证戒台寺的稳定，三期工程保证108国道及进寺路的畅通和稳定。

(2) 预应力锚索技术在戒台寺滑坡治理中的优越性

治理滑坡主要是以保护千年古寺为目的，欲使建筑物损害最小，必须尽快遏制坡体变形，并把坡体变形控制在最小范围内。戒台寺既是国宝单位，又是北京市风景名胜区，从文物保护的角度讲，加固工程必须隐蔽，尽量少留痕迹。从地貌上看戒台寺内、外地形台坎多，地层岩性越往南越好，越往北越差；滑坡厚度越往南越簿，越往北越厚。兼顾上述因素，采用预应力锚索具有得天独厚的条件。

1）速度快，对坡体扰动少。锚索采用机械钻孔，对坡体扰动最小，可采用多台钻机同时作业，相对于其他工程措施，工期短，见效快，特别适合于抢险工程。

2）主动防护，可减少坡体变形，对保护古建筑物有利。锚索具有主动受力限制坡体松弛的优势，如预应力锚索抗滑桩、锚索框架及锚索墩等，这主要是在形成滑坡推力作用之前预先施加一个主动作用力，使坡体挤紧以减少松弛变形，这对保护建筑物是极为有利的，一般非预应力抗滑结构则没有此功能，只有当滑体产生变形以后才被动受力。

3）能因地制宜，设置灵活，便于隐蔽。寺内殿堂后许多挡墙外倾变形，采用预应力锚索地梁，锚索墩可依地形灵活布置，施工完以后便于隐蔽，易于复旧。此外，寺外斜坡上树木繁茂，锚索墩工程可适当避开大树，利于环保。

4）锚索与抗滑桩配合使用，可改善桩的受力条件。由于滑体厚，即使在寺院北围墙外侧，滑动面埋深 46m，滑坡推力达到 3300kN/m，如果采用普通抗滑桩，则桩长不应少于 70m，受力上为悬臂梁结构，桩身内力较大；如果在桩头布设预应力锚索，采用锚索抗滑桩，即在桩头增加了约束，相当于简支梁或超静定梁结构，桩身内力可大大减少。此外在桩位处，由北向南打锚索孔，能尽快进入好地层（硬岩），可提供足够的锚固力。

5）能减少工程费用，经济合理，缩短工期。锚索桩内力小，受力较合理，与普通抗滑桩相比，桩长和桩截面可大大减少，能节省费用，缩短工期。

(3) 处治措施

根据以往国内外治理大型复杂滑坡的经验，对戒台寺这种大型破碎岩石滑坡群采用单一的支挡措施不易奏效，在采取支挡、锚固、治水及裂缝灌浆等综合治理措施下方能解决问题。

1）应急抢险工程

在春融期间（2005 年 4 月初），滑坡活动剧烈，平均每天以 2mm 的速度发展，严重时一天位移达 7mm，且变形有加速趋势，随时都有产生大滑动的可能，对寺内管理人员、僧侣、游客及文物造成致命威胁，为防患于未然，北京市政府及文物部门当机立断，决定实施应急抢险工程，并制定紧急预案。

该工程是在戒台寺外围 4 个重点部位设置了预应力锚索地梁及锚索墩群，快速控制滑坡变形，共设计 109 孔锚索，见图 7-34。锚索工程施工速度较快，对地层及滑坡扰动少，特别适合于抢险。该工程历时一个月，于 2005 年 5 月 8 日完成，从监测结果看，已发挥了很好的作用。

2）保寺工程

保寺工程以保护戒台寺为宗旨。根据地质勘察结论，戒台寺所在的山梁已产生严重松弛，地层条件越往南越好，越往北越差，故支挡锚固工程均布置在戒台寺北围墙以外斜坡坡脚一线。对工程结构物以北的坡体暂不治理，故进寺路及 108 国道以北的坡体还会继续

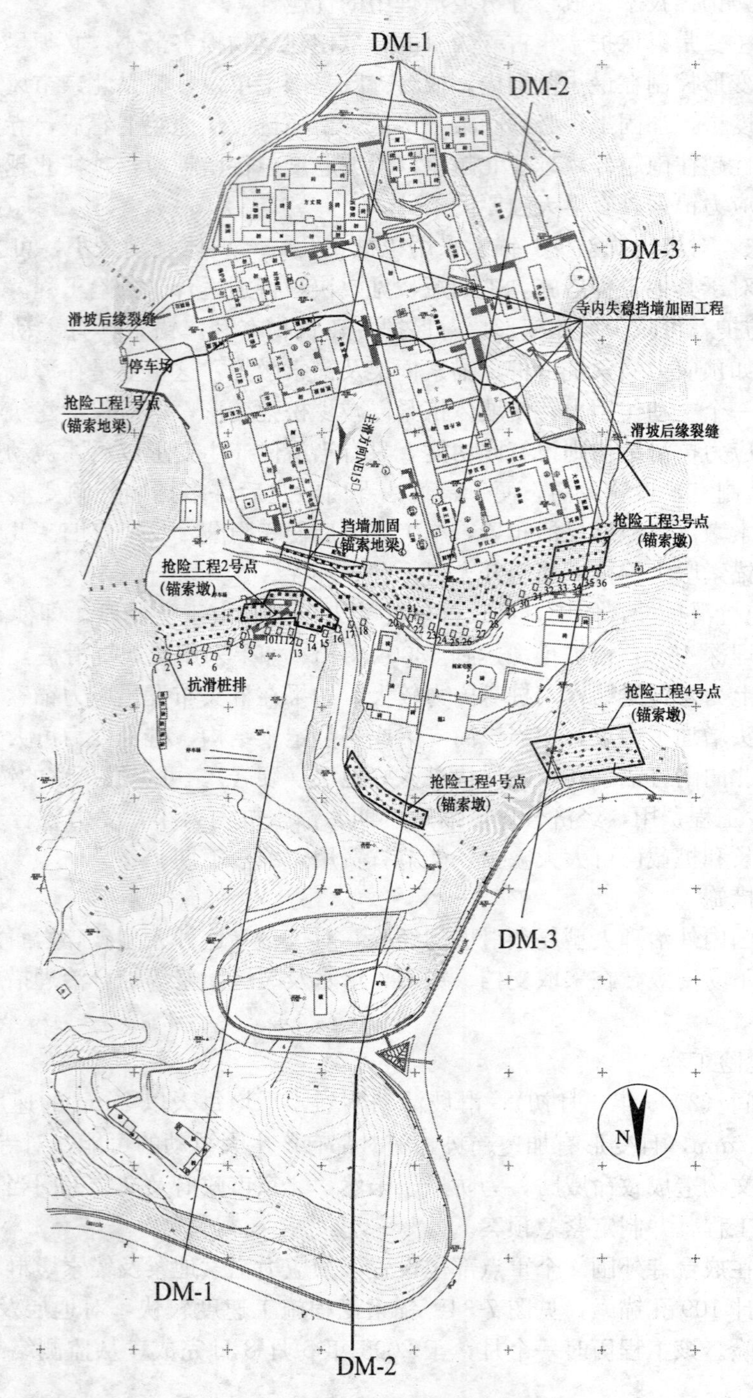

图7-34　滑坡治理工程布置平面图

变形和滑移，在计算桩的受力时，未考虑桩前岩土的抗力。如图7-35所示。

① 固脚。在寺院北围墙外的斜坡坡脚一线及大停车场南侧挡墙部位，布置一排预应力锚索抗滑桩，共35根，这是滑坡治理的主体工程。根据三个断面滑坡推力不同及滑带

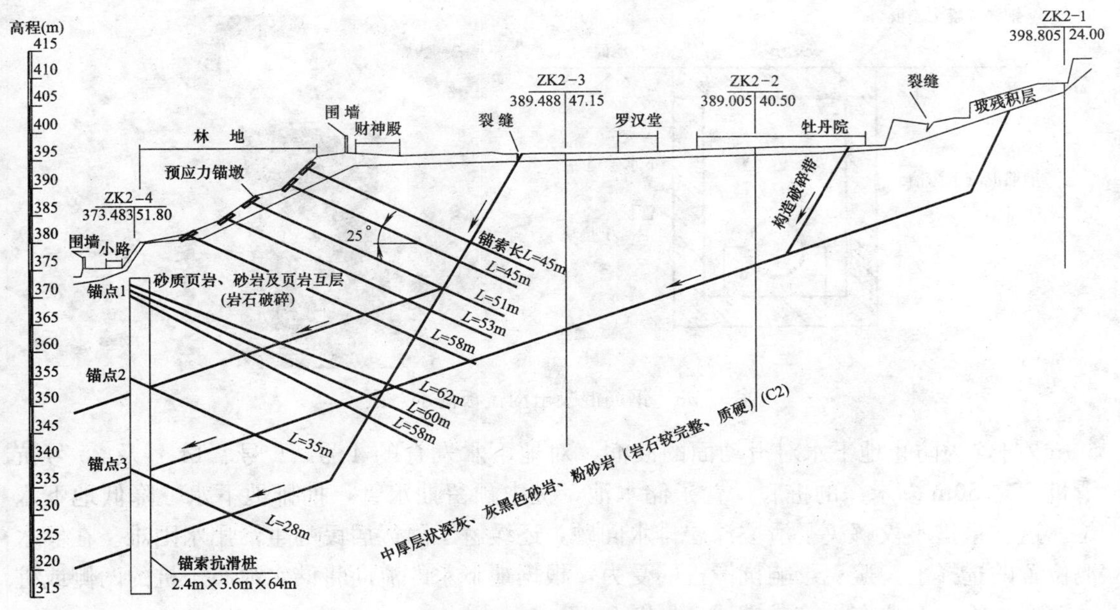

图 7-35 滑坡治理工程布置 1-1 断面

深浅情况将抗滑桩分成 MZ1、MZ2、MZ3 三种类型，MZ1 型桩截面为 2m×3m，桩头设置 2 排预应力锚索，桩长 50m；MZ2 型及 MZ3 型桩截面为 2.4m×3.6m，桩长为 55～64m 不等，每个桩头设计 3 排预应力锚索。另外，考虑滑动面的多层性，为防止桩顶浅层剪出，并为抗滑桩分担一部分滑坡推力，根据各断面下滑力大小，在桩顶以上斜坡上布置 3～5 排锚索墩群。

按照“动态化设计，信息化施工”的方法，桩坑开挖时安排 3 个地质人员进行地质编录，发现滑坡中间部位实际滑面比设计得要深，地层更为破碎，按理需增加桩长及增大桩截面，这意味着工程费用的增加及工期的延长。我们提出了多锚点抗滑桩的新结构，即在抗滑桩中弯矩较大部位增加了两排锚索，形成多点约束，减少桩中弯矩和剪力。这一新型抗滑结构的使用，丰富了滑坡防治的措施，节省了工程费用，在本次滑坡治理中发挥了关键作用。

② 综合治水。调查发现，对戒台寺滑坡有影响的水有三种，一是地表水，主要是寺院西围墙外山坡洪水；二是寺院生活污水；三是深层地下水。针对水害特点，分别采用排导、修复改造和抽排的三种措施，具体如下。

a. 截排地表水：在寺院西南侧围墙外有两处凹地，可能是早先的自然冲沟，山坡洪水没有出路只有进入寺院，在寺院产生漫流和渗透，从千佛阁遗址处灌入滑坡后缘裂缝。因此，在围墙内修筑截排水沟，拦截山坡洪水，在适当的地方引流出寺院。对寺内外已有的排水沟槽进行修复和改道，确保通畅无阻，尽量缩短地表水在滑坡体上的滞留时间。

b. 改造污水管道：修补和更换寺内上、下水管道，修筑一道钢筋混凝土盖板沟槽，将污水排水管置于其中，即使将来下水管道破裂，还有暗沟可以排泄，有效地防止生活污水渗入地下。见图 7-36。

c. 抽排地下水：在抗滑桩开挖中，有的桩中发现了大量地下水出露，最大出水量达

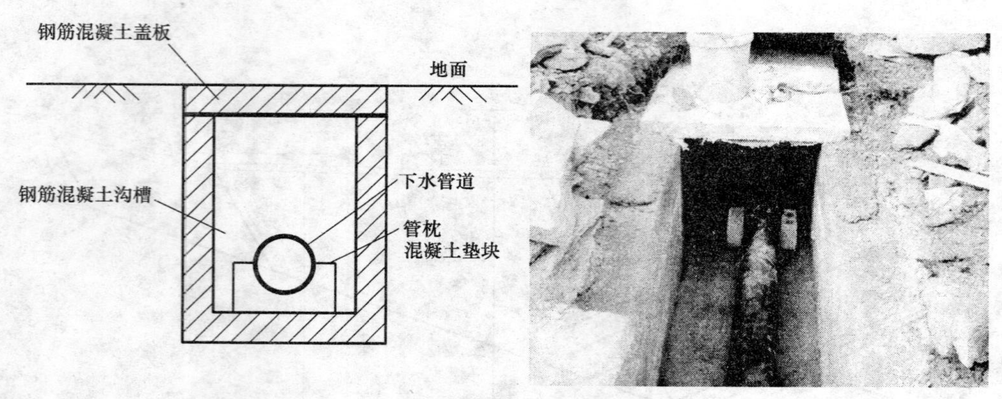

图 7-36　钢筋混凝土沟盖板沟示意图

$60m^3$/日，为防止地下水对滑动面的浸润，对地下水发育的 4 号、6 号、14 号及 25 号抗滑桩，在 50m 多米深的桩底设置了储水池，桩中预留抽水管，抽排地下水，降低地下水位。这一举措不仅解决了滑坡深层排水问题，还缓解了附近居民的生活用水困难。在储水池位置的选择上，避免影响抗滑桩的受力，根据地下水的流向将储水池布于桩的两侧或桩底较好，不应布置在桩前或桩后，见图 7-37。

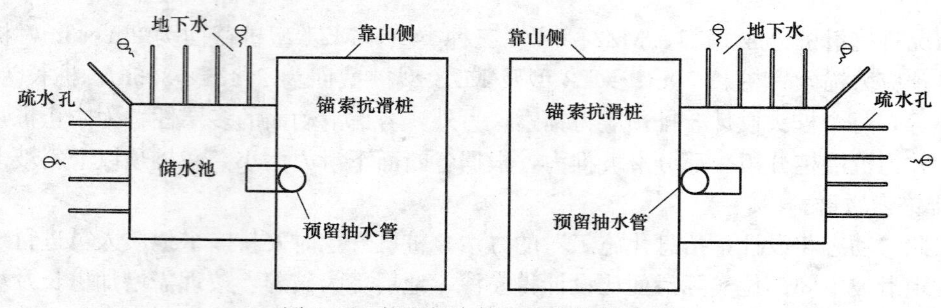

图 7-37　抗滑桩中储水池设置示意图

③ 裂缝注浆充填。由于滑坡后缘及多条构造带通过寺院，在后缘裂缝及构造带通过之处，岩体松弛破碎，建筑物变形最为严重，常伴有大量拉张、沉降裂缝。根据以往的经验，抗滑支挡工程完成后，坡体各块之间由于裂缝的存在，还有一个漫长的蠕动挤紧过程，此过程仍会造成寺内建筑物的破坏。为避免地表水沿裂缝下渗，消除蠕动挤紧效应，对原有裂缝及构造变形带预先主动进行注浆充填，防止建筑物继续变形破坏。

本次注浆的浆材主要有水泥砂浆、纯水泥浆、碎石混凝土、黏土及粉煤灰浆等，针对裂缝带的宽度、深度及旁边的建筑物和古树来确定浆材配合比和注浆工法。在较宽的裂缝处，灌注水泥砂浆或者混凝土；在较窄裂缝上灌注纯水泥浆；在寺内裂缝带附近有大量古树名松时，改变注浆材料，采用黏土、细砂、粉煤灰及少量水泥拌合料，以确保植物根系不受浆材固化包裹的影响。

④ 寺内外挡墙局部加固。戒台寺院西高东低，大量建筑物倚山墙梯级而建。在滑坡变形的影响下，寺内外多处挡墙有外倾和破坏迹象，个别还有坍塌的危险，这些挡墙大都用片石砌筑而成，粘结材料均为石灰砂浆，由于年代久远，强度很低，具有突然崩溃性。挡墙的变形给游客和附近的建筑物造成严重威胁。鉴于此，对配电房、关公殿、观音殿、

真武殿、方丈院等处的挡墙进行锚拉加固，消除其安全隐患。因地制宜在挡墙处设置锚索地梁或锚索墩进行局部锚拉加固，最后再作复旧处理。加固工程完成后，寺内、外挡墙变形迹象基本消除，有效地保证了寺院的正常开放。

（六）治理效果及评价

滑坡前期治理分两个阶段，抢险阶段从2005年4月9日至5月10日结束，历时一个月，工程完后滑坡的变形速率明显减缓；紧接着实施保寺工作，2006年9月30日结束，共历时17个月，工程完后寺院内的滑坡变形得到有效控制。在此期间工程经历了2006年和2007年两个雨季的考验，还经受了2007年7月4日河北地震的影响，均安然无恙。

通过深孔位移监测、地面位移监测、支挡结构受力测试、有限元数值计算及现场调查等多种手段来评价滑坡工后的稳定性。从图7-38可以看出，工后寺院地表位移基本趋于停止。

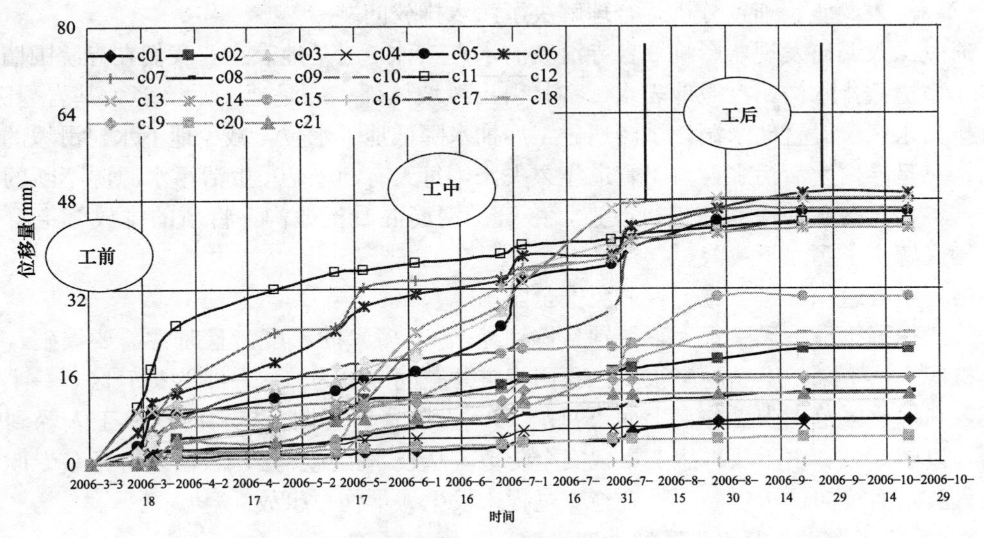

图7-38 地表各观测点位移-时间曲线

（七）体会与建议

滑坡治理主体工程35根抗滑桩，最深达64m，抗滑桩全部采用人工开挖，仅开挖需用4个月时间，开挖中需随时鼓风送氧，在通过煤层时还存在昔日的采煤巷道及瓦斯爆炸的危险。锚索累计长度35000m，最大单孔长度67m，在岩层破碎、裂隙发育、岩性软弱相间的地层中钻孔困难很大，塌孔、漏风、卡钻司空见惯，有时遇到较大的裂隙带或采煤巷道，注浆量是常规注浆量的5～17倍。本工程抗滑桩的深度及锚索的长度在国内也不多见，通过本滑坡治理工程实践，得到以下经验和体会。

(1) 动态设计、信息化施工，是处理特殊地质灾害的有效途径

与一般的建筑工程不同，滑坡治理是一项特殊的地质灾害防治工作，由于地质环境的复杂多变性、隐蔽性和不可确定性，在有限的资金和时间内，不可能将地下的情况了解得很透彻。针对此情况，本工程项目团队配备有地质人员、设计人员和施工人员，三者密切配合，从始至终参与施工全过程。在挖桩过程中，安排三个地质人员每天下桩井进行地质编录，取得了大量一手资料，绘制出了桩排地质横断面图，根据反馈的施工信息，设计人

员及时调整桩长，确保了抗滑桩的有效埋置深度。在锚索钻孔中，要求各班组记录钻进情况，技术人员及时分析地质情况，确保了锚索锚固段进入完整基岩的深度。35根抗滑桩开挖及500多个锚索钻孔全部进行地质编录，发现煤窑巷道及大量地下水及时与设计人员沟通，及时进行处理，避免了失误。

（2）知难而进，大胆创新、解决施工难题

困难对科研人员既是挑战，同时也是创新的机遇。我们在施工中大胆创新，为了弥补抗滑桩受力不足的问题，节约投资，首次在桩中设置锚索，率先提出了多锚点抗滑桩，改善了抗滑桩的受力状态；为了解决在桩内钻孔中的粉尘污染，特意研制了粉尘收集器；为防止丰富的地下水浸润滑面，首次在桩底设置储水洞；为解决锚索预应力衰减问题，首次提出了应力可调式锚索。这些科研成果受益于施工也指导了施工。由于深入钻研技术，不断改进施工工艺，精心组织，严谨施工，攻克了一个又一个技术难题。

（3）深入调研、细致分析，合理解决了污水排放问题

通过深入调研发现，影响戒台寺滑坡的水有三种，一是地表水，我们在寺院围墙内外设置了多道截排水沟，拦截地表水，将其引出滑坡体外；二是地下水，多为基岩裂隙水，在桩排富水区域设置储水洞，试图通过工后抽水降低地下水位，减少地下水对滑坡的不利影响；三是寺内生活污水，由于管道年久失修，每天有50～70t生活污水源源不断的灌入地下，本次对污水管道彻底进行改造，修筑了钢筋混凝土地沟，将新的排放管道置于其中，彻底解决了污水下渗隐患。

（4）精心组织、科学施工，避免安全隐患

人工挖掘抗滑桩风险很大，特别是挖到地下60多米的深度，且时常需要爆破，渣土需从桩底提吊上来，安全隐患很多。我们将桩井空间一分为二，一半为提升区，一半为躲避区，在躲避区范围内桩井自上而下每隔10m设防一道管棚。提料时挖桩工人躲到管棚下面，以防万一。由于从思想上重视安全防范，从技术措施上层层设防，并配备专职安全检查人员，实行岗位承包制，整个施工过程未发生人员伤亡事故。

7.8.2　重庆万梁高速公路张家坪滑坡治理

（一）滑坡概况

张家坪滑坡位于重庆市万州区分水镇和梁平县曲水乡境内，亦即万梁高速公路马王槽隧道进口附近，里程为K34＋600～K35＋000段，滑体纵向长约1000m，沿路线宽约332m，堆积层最厚处近40m，前后缘高差约330m，滑体约200万m^3。高速公路从滑坡的中前部以路基挖方和桥梁方式通过，路基中心最大挖深11m，堑坡高约20m。

因修建万梁高速公路，原分（水）余（家）公路不得不向山侧改移。2000年5月，分余公路在改线过程中开挖了10m深路堑，引起地表多处产生裂缝，水田开裂漏水，同时滑坡中后部的民房墙壁、地基及房前院坝均出现不同程度的变形裂缝，滑坡前缘的部分桥墩开始倾斜，滑坡的继续变形不仅危害在建高速公路的施工和建筑物，而且严重地影响了农业生产和村民的生活。

（二）滑坡环境地质条件

（1）自然地理条件

滑坡区处在构造剥蚀性低山～深丘地貌单元之中，后缘为北东方向展布的砂岩陡壁，自该陡壁以下山坡坡度变缓为20°～30°，山坡现已大部分辟为农田，水地、旱地并存，还

有少量荒地遗留，缓坡地带多建有民房。

区内属亚热带温暖湿润季风气候，气候温和湿润，降雨充沛，雨热同期，年内四季分明。年平均气温16～18℃，日最高气温达41.8℃，最低气温－6.6℃。正常年份降雨量为1185～1266mm，年最大降雨量1990mm，日最大降雨量250mm，雨季集中在5～9月，雨季降雨量约占全年降雨量的70%，区内相对湿度80%。当地盛行北风、北东风，风力一般为1.6～2.1级，最大风力可达8级。

（2）地层岩性

滑坡体及其周围分布的地层岩性主要为（从后缘到前缘依次）：

1）三叠系上统须家河组（T_{3xj}）砂岩、页岩：砂岩呈灰白、灰及灰黄色，岩层呈中粒结构，块状构造，砂泥质胶结，较坚硬，主要分布在滑坡体后缘一带，形成直立陡峭的铁峰山陡壁。页岩则为青灰或黑色，夹有炭质页岩，具泥质结构，页理发育，岩性软弱，与砂岩相比具明显的差异性。

2）侏罗系下统珍珠冲组（J_{1z}）砂岩、页岩互层：灰、黄褐、灰绿色，上部页岩具粉砂泥质结构，薄层构造，页理发育，岩层风化较严重，下部为中厚层状砂岩，细粒粉砂状结构，钙泥质胶结，夹有薄层煤线，岩性较坚硬。该组地层主要分布在滑坡体中后部的分余公路二盘线一带，与T_{3xj}地层整合接触。

3）侏罗系中统（J_{2X}）页岩、泥岩夹砂岩：深灰、灰绿色页岩为主，夹紫红、灰褐、灰黄色泥岩及青灰、灰黄色中厚层状砂岩。页岩、泥岩具泥质结构，中薄层构造或页理构造，砂岩则具中细粒砂状结构，砂泥质胶结。该套地层主要分布在滑坡体的中部并下伏于崩坡积层之下，东、西两侧基岩梁则有出露。由于破碎和强烈风化，岩层多呈泥状、鳞片状，泥化严重，可塑或软塑，物质成分较纯且密实。

4）侏罗系中统（J_{2XS}）泥岩夹砂岩：紫红或灰色，为侏罗系中统泥岩夹中薄层砂岩，或为灰色中层状的砂岩，多呈强风化～中风化状态。该套地层构成滑坡体前部的基底岩层，岩层产状根据露头调查，一般为NE40°～70°/N75°～85°。该套地层主要分布在滑坡体中前部及分余公路、高速公路一带。

5）块碎石土夹砂质黏性土（Q_4）：滑坡区中后部主要由三叠系砂岩、块石、碎石及页岩、泥岩风化碎屑物构成，滑坡区中前部主要由侏罗系厚层砂岩及泥岩、页岩强风化碎屑物组成，崩坡积、洪坡积成因，大小悬殊，物质成分比较杂乱，其堆积物厚度可达20～40m。

（3）地质构造及地貌特征

当地的地质构造背景主要是铁峰山倒转背斜构造，本区内该背斜构造以轴线NE40°方向穿过滑坡体后缘。背斜核部出露三叠系须家河组砂岩夹页岩、炭质页岩及煤层，背斜两翼出露侏罗系中统泥岩夹中薄层砂岩。分布在背斜北西翼的岩层产状平缓，一般为NW45°/N15°，地貌上呈现范围较大的缓坡地形。然而背斜南东翼岩层陡立倒转，其产状变化较大，多为NE40°～50°/N36°～89°，岩层受挤压、扭曲、断裂及层间错动作用明显，因而造成软质岩层在较大范围内产生挤压或断裂破碎带，从而形成张家坪古滑坡或老滑坡生成发育的地质基础。

张家坪滑坡的地貌形态具古滑坡或老滑坡的特征，滑坡体东、西两侧为基岩梁子，滑体最后部为陡峭的砂岩陡壁，滑坡体坡面则在陡壁、基岩梁的夹持下呈凹槽状及台阶状起伏地貌形态，与之形成明显地势反差。老滑坡的后缘延伸较远，前缘距陡壁坡顶1000多米，该陡壁高差近百米，坡顶后部逐渐变为15°～20°的反坡。

张家坪滑坡体的范围较大，基本上可按地貌特征划分为三级大的滑坡体，即后级滑坡（陡壁以下至二盘公路），该区主要为崩坡积堆积区；中级滑坡（二盘公路至一盘公路附近），此滑坡主要为洪坡积及老滑坡物质的堆积区；前级滑坡（一盘公路右侧至线路左侧以下180～200m）主要为滑坡堆积物、洪坡积物以及坡残积物堆积区。

（4）水文地质条件

张家坪滑坡的水文地质条件特征主要是地表汇水面积较大，滑坡后缘的陡壁砂岩构成丰富的地下水补给源，同时由于降雨较多，因而张家坪滑坡体内地下水较发育，其水文地质特征可按类型分述如下：

1）地表水

滑坡体内的地表水主要汇集在上、下两个水塘、少部分水田以及冲沟内，其补给来源主要是泉水，相互具有水力联系。池塘水主要供给当地居民生活用水及农田用水，其余地表水则由西侧冲沟排泄或渗入滑体内形成孔隙潜水。

2）地下水

当地地下水的补给来源主要受铁峰山倒转背斜构造的影响，基岩裂隙水大多赋存厚层状砂岩岩体之中，铁峰山北坡地势较高，南坡则低凹，因而基岩裂隙水易于沿构造裂隙或张性机构面径流到后级滑坡区，并以下降泉水的形式排泄，泉水流量一般为$2m^3/h$，雨后流量可达到$20\ m^3/h$。

滑坡体后缘的地下水接受铁峰山基岩裂隙水的补给后，逐步渗入到滑坡体内的松散堆积物内，形成滑坡体内的孔隙潜水。孔隙潜水除后部地下水补给外，大部分是接受大气降水和地表水的补给，通常在滑坡体内低凹处可见到泉水渗出，但天晴多日或大旱后泉水即干枯。

经勘探过程揭示，滑体内大地下水主要赋存在4～15m内的崩坡积堆积物中，其涌水量一般为$2.5\sim3.5m^3/d$。但在此深度以下到基岩顶面之间，地下水赋存则较微弱。根据钻探情况，中级滑坡体内地下水的富水区主要在中后部，其次地下水在滑坡前缘地带的中块和西块滑体中较丰富，由此对中级滑坡的变形滑动产生影响。

前级滑坡由于具古沟槽由宽变窄的地形、地貌特征，使得基岩顶面以上易于汇集地下水，加上东端的池塘地表水的补给，因而该级滑坡也是富水区，在工程地质条件等因素改变时将会影响到该滑坡的稳定性。

（三）滑坡性质、变形原因及稳定性评价

（1）滑坡的性质

根据地质勘测和地表位移监测资料，以及地质调查结果，可以认为后级滑坡基本处于稳定状态。

中级滑坡是目前变形较为明显且对路线及施工影响最大的滑体。该级滑坡体的组成为：上部为崩坡积及洪坡积物，前缘厚度可达30m左右，中后部为20～25m。堆积层之下的下伏岩层为破碎、强风化呈泥状的砂岩、砂质泥岩夹页岩，其与堆积层接触的一部分强风化岩层已被老滑坡切割，与老滑坡一起发生滑动而覆盖于下部基岩强风化层之上，实际上就形成了与基岩强风化层类似的老滑坡堆积物。组成滑床基底的岩层为侏罗系中统的泥岩和砂岩，在滑坡前缘为棕红色泥岩，中后部为青灰色、灰褐砂岩及粉砂质页岩，由此一并构成中级滑坡的基底。

前级滑坡主要是老滑坡堆积物，即中级老滑坡曾多次滑动后堆积于此前缘地带，由于受到分余公路、高速公路以下的近南北向的基岩梁子的阻挡，前级滑坡的滑动方向变为南20°西左右。目前变形活动迹象不甚明显，基本上处于自然平衡状态。

滑坡的性质属于区域性倒转背斜形成的破碎带基础上，再次发育形成的大型深层老堆积层滑坡，堆积层成因为崩坡积、洪坡积及滑坡堆积。其中堆积层滑坡的中级滑坡的前缘部分最为典型，老滑坡影响深度在分余公路一带达到25～30m埋深的强风化岩层之内，并且工程活动对其影响比较显著。

在中级滑坡前缘，通过开挖探井在7m、16m、25m等深度发现复活变形迹象，但老滑坡的复活影响在分余公路至滑体内高程为700m一带比较显著。此处不但地貌上为台阶状缓坡平台，而且钻孔中已证实侏罗系中统灰色中厚层砂岩（基底或滑床）在此亦为隐伏的基岩陡坡，以此为界，后部滑坡体堆积厚度变薄为20～25m，同时滑坡的地表变形监测资料也表明了该地带以上的变形趋于减弱。

(2) 滑坡变形原因

该滑坡由于具有老滑坡的基础条件，当自然诱发因素变化和发生作用时，都会产生不同程度的变形蠕动或滑动，从而对当地的居民生活和农业生产带来较大的影响。据访问了解该滑坡曾于1989～1990年期间发生过活动。当时主要是中级滑坡后缘一带的民房地基发生隆起、房屋产生开裂，其余地段未见变形迹象遗存，变形的主要原因是降雨引起地下水作用增强，作用于滑体与滑带而导致后部滑体变形蠕动。此外，在访问中得知该滑坡在解放前也曾发生过多次滑动，因而可认为张家坪滑坡在丰水年间是处在时滑时停的不稳定状态。

万梁高速公路在此施工过程中，对分余公路进行了部分改移工程，当堑坡开挖高度10m、改移宽度达5～10m时，引起分余公路以上坡体产生变形滑动，前缘土体坍滑并逐渐向后牵引发展，地表连续出现三道环状裂缝，地表裂缝最远距分余公路达100多米，下错量达10～20cm。

由于坡体中存在着不同成因的堆积物，其间不乏具有软弱条带或泥质条带，在地下水的作用下，极易形成滑动带使之变形蠕动。目前构成中层以上滑体的堆积层物质多处于松散、中密不均的状态，在降雨及地表水沿裂缝渗入滑体的情况下，滑体本身就存在着内部相互牵动而变形滑移的趋势。因而当前缘开挖坡脚形成新的临空面之后，削弱了阻滑段抗力，势必会引起老滑坡的复活。

(3) 滑坡稳定性评价

根据滑坡的变形情况及地表位移、钻孔深部倾斜观测等结果，对张家坪滑坡的各级和各条块滑体可作出以下稳定性评价。

张家坪滑坡的后级滑坡属于不良工程地质分区的范围，其目前变形只限于崩坡积堆积物的表层坍塌及局部崩塌，但整体上处在稳定状态之中。

中级滑坡的变形虽然目前主要表现在地表裂缝连通，但据钻孔揭露的滑动面扰动情况判断，其浅层、中层、深层等滑带清楚，滑带土呈可塑至软塑状，钻出岩芯见到有滑面痕迹。因而可认为中级滑坡目前处在不稳定状态，浅层滑带目前变形滑动量最为明显，这主要是工程活动的影响所致。中层、深层滑带则受工程地质条件的改变而被牵动变形，目前处在蠕动挤压的变形阶段。中级滑坡的这三层滑带的剪出口都在分余公路和高速公路一带，目前挤压和剪出迹象尚不明显，但在路基边坡施工中会随之出现急剧滑动。

中级滑坡的总体滑动方向确定为155°～160°之间，但前缘的三块浅层滑坡的滑动方向有所差别，东块为南43°东，中块为南25°东，西块则为180°。浅层滑体的滑带目前由于开挖边坡的影响而已贯通发育，滑体处在挤压变形的不稳定状态，稳定系数应在0.96～0.98之间，遇大雨或暴雨有随时下滑的危险。

中级滑坡的中层滑带在分余公路内侧的埋深为16～21m，深层滑带埋深则为25～30m，这两层滑带的主滑地段现已逐渐处于蠕动变形阶段，其前缘部分的变形情况在SK13号与SK15号探井中有明显反映，这说明在降雨、地表水、地下水及工程活动的影响下，中层、深层滑带受到牵动而变形滑动，使滑体处于不稳定状态，稳定系数在0.98～0.99之间。

对于中级滑坡深度为38～40m的基岩顶面附近的滑动情况，补勘中钻探揭露该深度范围的岩土密实，虽有软弱夹层存在，但未见扰动变形迹象。同时深孔位移观测结果也反映此深度内变形迹象微弱，据此可判定目前处在基本未受牵动的准稳定状态。但考虑到地下水的作用等自然条件的随机变化和工程活动的可能影响，因此仍应在工程整治设计中予以兼顾考虑为宜。

至于前级滑坡（即分余公路以下的滑体）稳定与否，根据此次补勘揭露情况，其滑体主要是原老滑坡体的堆积物覆盖于基岩顶面而形成，目前的滑体变形主要表现在西侧，地表变形观测未发现明显的位移量。此外，钻探揭露基岩由中厚层状砂岩和中薄层泥岩构成，基岩顶面风化带基本为未受扰动的状态，因此可以判定前级滑坡整体上是稳定的，其稳定系数可认为大于1。但考虑到高速公路的路基工程造成的加载影响，可能会使滑坡堆积体及表层堆积物沿着浅层滑面产生滑动，从而有牵动高速公路路基失稳的可能，因而应考虑设防，以保证高速公路路基地段的稳定。

（四）治理工程措施

根据以往国内外治理大型堆积层滑坡的成功经验，对张家坪滑坡采用单一的支挡措施难免事倍功半，必须采取支挡与排水等综合治理措施方能解决问题。

考虑到地下水对张家坪滑坡的复活起着至关重要的作用，所以采取了渗水隧洞、斜孔排水等截、排水工程，以此减弱或消除地下水对滑坡的不利影响。张家坪滑坡治理工程平面布置见图7-39。

(1) 截、排水工程

由于滑坡区地表大部分为水田，地表排水与农田灌溉十分矛盾，在不可能将水田变为旱地的情况下，排除滑坡区地下水就显得尤为重要和十分必要。

1) 渗水隧洞：在中级滑坡后部打一条渗水隧洞，隧洞进口设在滑体右侧山梁自然冲沟中，高程677m。隧洞靠近滑带下方且大部分位于基岩里，隧洞长178m，坡度2%及36.4%，隧洞净空宽1.5m，高1.8m，顶部用预制拱砖衬砌，边墙用浆砌片石砌筑，墙后及拱顶设反滤层及泄水孔。从地面向下垂直打五个检查井穿透隧洞，以便渗水及检查之用，为疏排滑体中各层地下水，每间隔7m从地表向下打渗水孔，穿透隧洞。修筑渗水隧洞旨在形成一道立体的截水帷幕，截排古沟槽底部及基岩顶面的地下水、疏排滑体中的地下水，从而提高下部滑带土力学指标，保证抗滑工程的长期有效性。

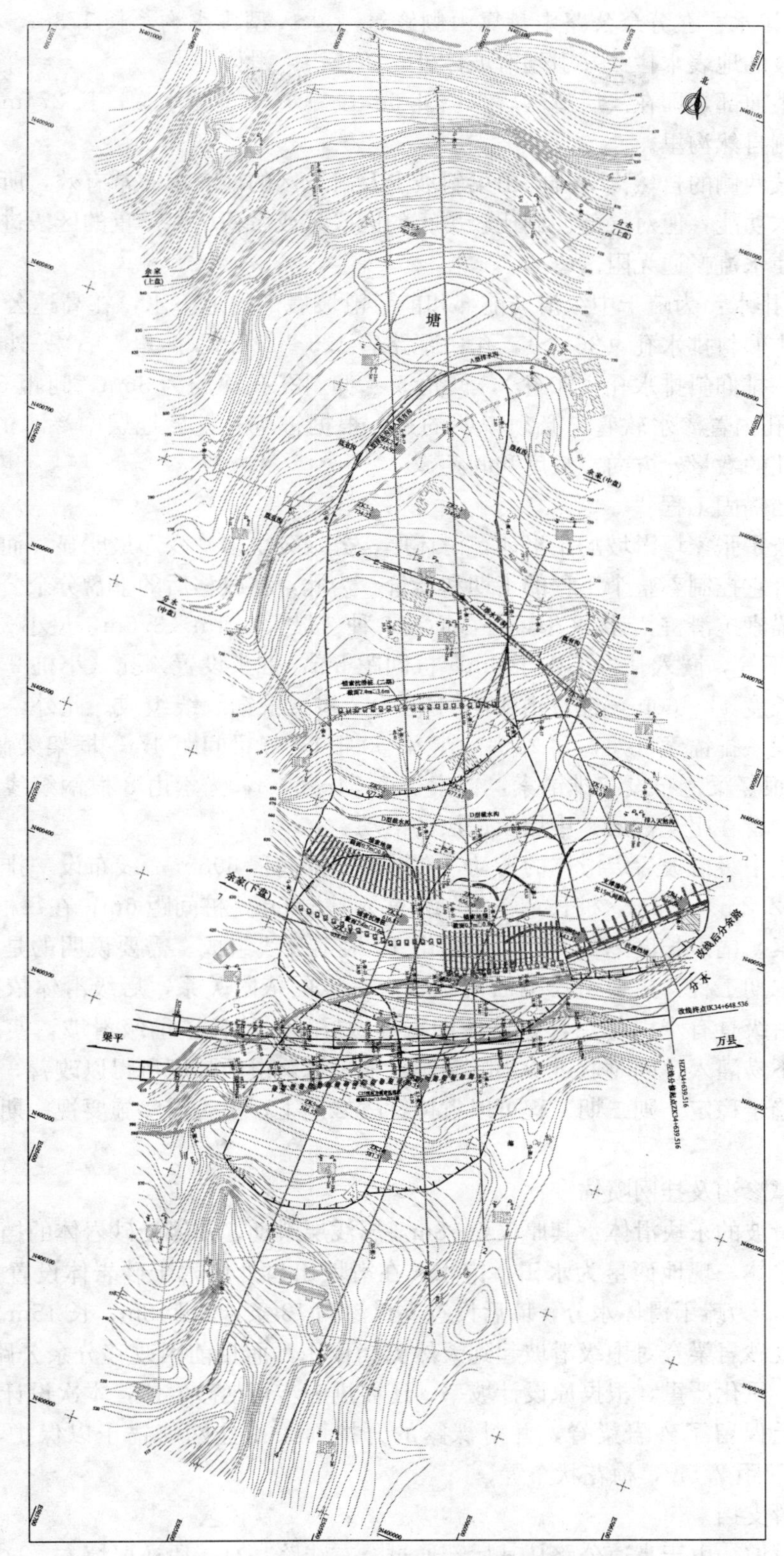

图 7-39 张家坪滑坡治理工程平面布置图

2）地表排水：在分余公路中盘靠山侧修筑一道 A 型排水沟，长 173m，将上池塘溢水及后级滑坡的地表水拦截并引到滑坡体外，防止渗入滑体。

在滑坡中前部，即在浅层滑体后缘以外 6m 设一道 C 型截水沟，长 274m，将地表水引入滑体两侧自然沟里。

由于滑坡两侧的自然沟对排除山梁斜坡上及滑坡区的地表水非常有效，所以充分利用自然沟的排水功能，但对局部冲刷比较厉害的区段，或淤积堵塞严重的区段进行铺砌、嵌补和清淤，使水流畅通无阻。

3）斜孔排水：为疏干中级滑坡前部和前级滑坡后部的地下水，在高速公路右线坡脚挡墙上打一排仰斜排水孔（36 个），孔口距路肩 1.5～2.5m，仰角 10°；另外在分余公路靠山侧也打一排仰斜排水孔（30 个），仰角 5°。仰斜孔孔深均为 36m，间距 6m，终孔孔径 110mm，孔内置渗水软管。必须说明的是，根据桩坑开挖后地层中渗水的实际情况，应调整仰斜孔的数量、方向、长度和间距。

（2）支挡锚固工程

中级滑坡是张家坪滑坡的主滑体，滑体厚、分级分块多，变形最明显，而且对高速公路影响最大，它控制着整个工程的工期和造价。为此，在改移后的下盘分余公路靠山侧斜坡上设一排锚索抗滑桩，计 32 根，桩截面有 3 种：最大 2.4m×3.6m，最小 2m×3m，桩长 18～40m 不等，嵌入基岩不少于 6m，桩间距 6m，桩头设置 4 孔（小桩 2 孔）预应力锚索，锚索长度 44～60m，锚索由 10（小桩为 8 根）根钢绞线组成。此外，在抗滑桩以上斜坡上布设一排锚索框架，共 25 片（竖梁 50 根），竖梁间距 4m，框架梁截面 0.7m×0.7m，在每根竖梁上布设三排锚索，锚索长度 54～59m，锚索由 8 根钢绞线组成，锚固段入岩 10m。旨在阻止浅层、中层及深层的滑动。

为了阻止中级滑坡后级滑体的滑动，在滑坡中部高程 698m 一线布设一排锚索抗滑桩 20 根，截面 2.2m×3.4m，桩长 25～40m，嵌入基岩 6m，桩间距 6m，在每根桩头设置 4 孔预应力锚索，锚索长度 29～40m，锚索由 10 根钢绞线组成。需要说明的是，该排锚索抗滑桩列为二期工程，主要考虑前后两级具有一定的依附关系，后级滑体依托于前级滑体，前级对后级具有牵引作用，如果一期工程做好了，稳住了前级滑坡，使后级不再松弛，地表水不易灌入，同时通过渗水隧洞排除地下水，滑面强度可得以改善，若经深孔监测滑体逐步趋于稳定，则二期工程可以省掉。故二期工程是否需实施要视一期工程整治效果而定。

（3）支撑渗沟及挂网喷锚

对中级滑坡的东块滑体：其厚仅 5～8m，属浅层滑动。前缘受砂岩体的挡护作用，堆积物止于砂岩体，现地面垦为水田，饱水。在滑坡出口处依附于砂岩体设置一道抗滑挡墙，墙高 5m，为疏干滑体水分，墙后设置支撑渗沟 13 条，间距 8m，长 15m。

由于该处砂岩梁脊对中级滑坡起到天然支挡作用，而目前因改移分余公路开挖爆破，砂岩体裸露，风化严重，根据原设计坡率，还需进一步切削砂岩体，本次设计改变了此段坡率，基本上保留了砂岩梁脊，并对裸露的开挖面采用挂网喷锚予以保护，锚杆长度 6.0m，纵横间距 2.5m，梅花状布置。

（4）抗滑支挡

对前级滑坡，由于高速公路从其后部通过，右线路基有一段还要填方，这对滑体的稳定是不利的，且左线桥梁墩、台也处在滑坡体上，一旦滑坡滑动，可导致桥梁及公路路基失稳破坏，故在线路左侧附近布设一排预应力锚索抗滑桩 23 根，桩长 18～40m，嵌入基岩不少于 6m，桩截面 2m×3m，每根桩上设两孔锚索，锚索长 40～48m，锚固段均入岩 10m，锚索由 8 根钢绞线组成。考虑一部分弃方反压在东滑块的前部，有利于该滑块的稳定，故将 B16～B23 号 8 根桩列入二期工程，以观后效。

(5) 弃土反压

由于桩坑及渗水隧道开挖尚有一万多立方米土石方需要寻找弃渣场地，经现场调查，滑坡前部与东侧山梁间夹有一块凹地，在凹地中部修建一道挡土墙，墙后凹地堆填弃渣，这样不仅解决弃渣问题，而且由于堆载，对前级滑坡的东块滑体起到了一定的反压作用，考虑其影响，可把支挡该滑体的 8 根预应力锚索抗滑桩放入二期工程。

挡渣墙采用衡重式挡土墙，墙高 4～8m，每 10m 为一段，共长 80m，墙体用 M10 浆砌片石砌筑。考虑到凹地为水田，且堆积物较厚，挡墙基底承载力及排水是关键，如若处理不当，将会产生次生灾害危及下部居民的安全。故对回填区淤泥必须清除，并把地面挖成台阶状，铺垫 40cm 厚的石渣垫层，防止滑动；为了排水，在沟槽部位修建两道纵向盲沟，将水引出墙外；此外，对墙基用石渣换填 60cm，拓宽 60cm 并夯填密实。需要说明的是，本处挡渣墙仅解决桩坑及渗水隧道开挖的土石方，高速公路路基本体工程的弃方不在考虑之列。此外，由于该场地未经勘探查明地质情况，故应在开挖基础时，由地质人员进行验槽，如与设计不符，随时予以变更和调整设计。

(6) 疏导排水

关于对原试桩 SK13 及 SK15 的处理，目前这两个试桩护壁向外渗水良好，为了充分利用其渗水功能，将其填满块石，井口用浆砌片石封闭，另外将下排正对其位置的 2 个仰斜孔加长并打穿两试桩，把水引出。

张家坪滑坡整治工程 2-2 断面见图 7-40。

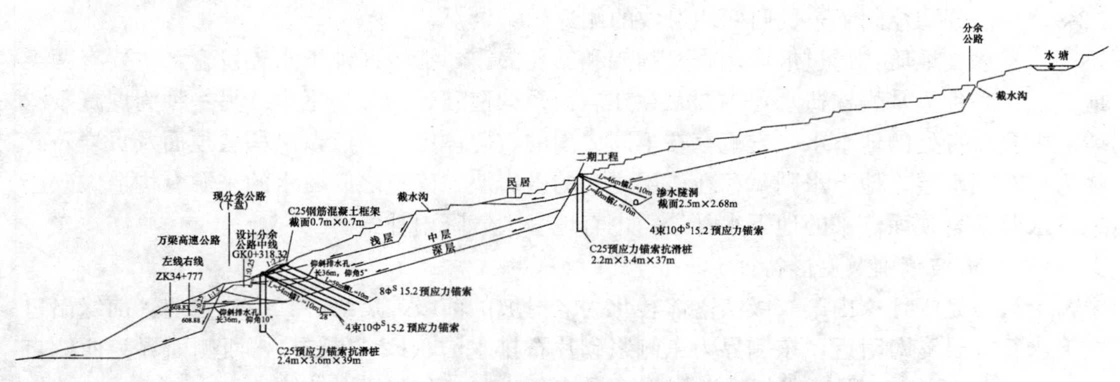

图 7-40　张家坪滑坡整治工程 2-2 断面图

7.8.3 中国燃气涡轮研究院高空台试验区山体上滑坡治理

(一) 滑坡概况

中国燃气涡轮研究院山体上滑坡位于四川省江油市大康乡平通河右岸的任家山。该滑坡是在老错落体的基础上转化的破碎岩石滑坡，它与下滑坡呈叠瓦状分布。20 世纪 80 年代后期，山体下滑坡产生滑动，使上滑坡前缘抗力降低，加之在整治下滑坡的施工中受多种因素的影响，如雨期施工中开挖桩坑暴露时间过长，排水盲洞施工中的大量塌方等，牵动了上滑坡的复活。

根据地质勘察成果，结合1989年以来的观测资料分析，滑坡变形一直在发展，从1995～1999年，90-3号孔在孔深16～17m滑面处累计位移已达37mm，且近两年有加速滑动的趋势；排水盲洞检查井8～10m处被挤裂，变形增大；公路靠山侧30多米处滑坡后缘裂缝贯通、下错。因此，种种迹象表明，该滑坡已经到了非治不可的地步，如果任其变形，滑坡一旦加速滑动，不仅毁坏斜坡上、下的已有建筑物，造成更大的灾害，而且滑坡还会向后发展，引发更大范围的山体滑动。

（二）滑坡区工程地质条件

(1) 地形地貌：滑坡所在的山坡为低于四周的阶梯状山坡，平均自然坡度约30°左右，走向NE45°～60°，从山脊线下有四个陡壁，三个平台和山前缓坡地段，它表明了该滑坡曾产生过四级重力错落，前两级已转化为滑坡。

(2) 地层岩性：地质勘察报告表明，该地区岩土分四个层次，由下往上：1）页岩夹薄层砂岩，呈块状；2）石英砂岩夹薄层页岩及泥质砂岩砂质泥岩，节理裂隙发育，呈碎块石状；3）断层破碎带，有多层泥化夹层，为形成多级滑面提供了条件；4）第四系坡积、洪积层，呈黏砂土、砂黏土夹碎块石状。

(3) 地质构造：本区地质构造作用强烈，滑坡区属龙门山山前褶皱带，本地位于任家坝～巩家坝主断裂处，滑坡位于当地主断层任家坝～巩家坝逆断层上盘。本区主要的断层构造有F1和F2两条，F1为逆冲断层；产状NE40°～50°/ N50°～70°，该断层沿滑坡前的平通河延伸，向东到平通河左岸的三厂区后的山梁坛罐窑一带，向西则受到滑坡区西端的F2断层的切割，破碎带宽500m。F2为张性断层，后期改造为张扭性断层，该断层沿滑坡西侧冲沟附近通过，穿过平通河下游南岸到松花岭向南东方向延伸，它将主构造线F1错断，其走向NW40°左右，倾向西，主要断层为F2-1，在本区内与之次一级还有F2-1、F2-3。它们分别控制了东、西两块滑坡的侧界。

(4) 水文地质：通过地面调查、物探和钻孔揭露，滑坡区地下水较发育，主要有两类地下水，一种为基岩构造水，主要赋存在志留系构造破碎的页岩之中。另一种为埋藏于滑坡之中及滑带处的地下水，它赋存在不同成因的破碎体中，一般以洪积层顶面及页岩破碎物为相对隔水层，地下水则赋存在该层之上的砂岩块、碎石之间，水的来源有构造破碎层地下水及基岩顶面流来的地下水补给，也有地表大气降雨补给。

（三）滑坡范围及变形特征

上滑坡处于任家山第二级错落体转化为老滑坡的前级，后缘在二级错台前，前缘出口在下水管8号支墩附近，东侧界为东侧浆砌片石排水沟（F2-3断层），西侧面界为西侧自然沟（F2-1断层），F2-2张扭性断层将上滑坡分为东、西两块滑坡体。

(1) 滑坡：长105m，宽55m，滑坡后缘位于公路山侧37m处，后缘裂缝呈折线形，整体是裂缝东侧张开较大，西侧不发育，东侧裂缝走向NE50°，缝宽10～23cm，下错10～15cm，西侧呈微裂缝，走向NW20°，缝宽1～2mm，无明显下错，后缘滑坡壁倾角70°，滑痕指向SE47°。

东滑坡为三层滑面，浅层为坡洪积物沿断层破碎带顶面的滑动，滑面深度11.27m，滑带物质为砂岩，砂质泥岩糜棱物，其前缘出口在盲洞山侧2～3m处；中层滑面深18m，滑面倾角15.5°，滑带物质为断层破碎带糜棱物，有多层泥化夹层，为砂页岩互层和页岩夹砂岩强风化糜棱物；深层滑面深23m，倾角13°，滑面物质为强风化页岩泥化物。

（2）滑坡：西滑坡南北长100m，东西宽50m，东侧界为F2-2，张扭性断层，西侧界上段以自然沟为界，下段以F2-1张扭性断层为界，滑坡后缘位于公路山侧32m处，后缘出现断续裂缝，其方向NE43°，据90年勘探结果，裂缝宽度10～15cm。下错4～10cm。

西滑坡滑面分三层，浅层滑面深10m，滑面倾角24°，为坡洪积物沿断层破碎带顶面的滑动；中层滑面深14.57m，倾角15°；深层滑面深21.5m，倾角22°，分别为沿错落带顶面、底面的滑动，滑带物质为砂岩，页岩断层破碎带糜棱物，其前缘出口位于7号支墩一线地形陡缓交界处，其滑动方向为SE47°。

（四）滑坡产生的主要因素

（1）地质构造和地层岩性是滑坡生成的物质基础。根据上述地质构造特征，山坡岩体至少受两期构造运动作用，形成了不同方向的构造面，构造面和结构面在空间的组合将山体切割成彼此不连续的结构体，特别是山体中存在的张性裂面和缓倾角的隐伏断层，对山体产生多次错落和滑动提供了有利条件。

从滑坡体的岩体结构看，上层由石英砂岩、块碎石或断层破碎带组成的洪、坡积物受地下水作用后强度变化不大。但由页岩碎块，岩屑，泥化物及糜棱化物质组成的坡洪积体，在地下水作用下强度降低，会使上覆岩土沿之滑动，下部分布于向河倾斜的缓倾角压性构造带的物质，岩性为砂岩，泥质砂岩，岩性极破碎呈现糜棱状，有多层泥化夹层，由于风化作用和沿此带错落和滑动，使该层岩土抗剪强度较低，为形成多级滑坡提供了条件，并直接影响着滑坡的稳定性。

（2）下滑坡的滑动是导致上滑坡变形的前提条件。据中国燃气涡轮研究院从1987年7月至1989年11月观测结果表明，在此期间，下滑坡最大位移为447mm，下滑坡的滑动减少了对上滑坡的抗力，引起了上滑坡的变形。

（3）盲洞开挖中的大量塌方是引起上滑坡滑动的因素之一，盲沟施工中大量塌方，引起周围岩体松弛，减少了对上滑坡的抗力。对滑坡的滑动提供了有利因素。

（4）地下水的发育给滑坡的变形提供了有利条件。由于上滑坡的变形，导致坡体结构松弛，一部分地下水渗入滑体，软化滑带，直接影响滑体的稳定性。同时，山坡面相对平缓，地面排水系统不完善，地表水易于下渗是导致滑坡变形的一个重要原因，深孔监测资料表明，滑坡变形速率同降雨量呈正相关，即有同步变化趋势。

（五）工程设计计算中考虑的问题

（1）计算中采用的滑带指标是据滑坡目前稳定度（0.98～1.02）反求主滑段的抗剪强度，$c=1.0$，$\varphi=13°$。

（2）该场地地震基本烈度为7度，故按7度地震烈度设防。

（3）计算滑坡推力时，安全系数K值的确定：在地震状态下，$K=1.05$；正常情况下，$K=1.15$，取两种状态最大值为设计控制值。

（4）东滑坡由于地下水较发育，且后缘滑面附近有承压水，故计算东滑坡时，考虑静水压力和浮托力。

（5）锚索周面摩阻力τ值是根据锚固段基岩的性质并参考其他地方拉拔试验的结果暂定为0.4MPa，施工前在现场做了6组拉拔试验，实际的τ值均大于设计假定值。

（六）整治工程措施

以支挡锚固为主体，结合坡体、坡面排水等附属工程综合治理措施，在制定工程方案时，我们曾考虑了两种方案：

1. 第一方案

（1）锚索抗滑桩：在Ⅳ-Ⅳ断面附近布置一排预应力锚索抗滑桩，共 18 根（东、西两滑坡各 9 根）。用以支挡和锚固中、深层滑坡体，桩截面为 2.0m×3.0m，桩长 14～26m 不等，桩朝向 SE47°每根桩头设置 2 孔预应力锚索，锚索长度 31～33m，锚索锚固段伸入基岩（页岩）面以下 12m。如图 7-41 所示。

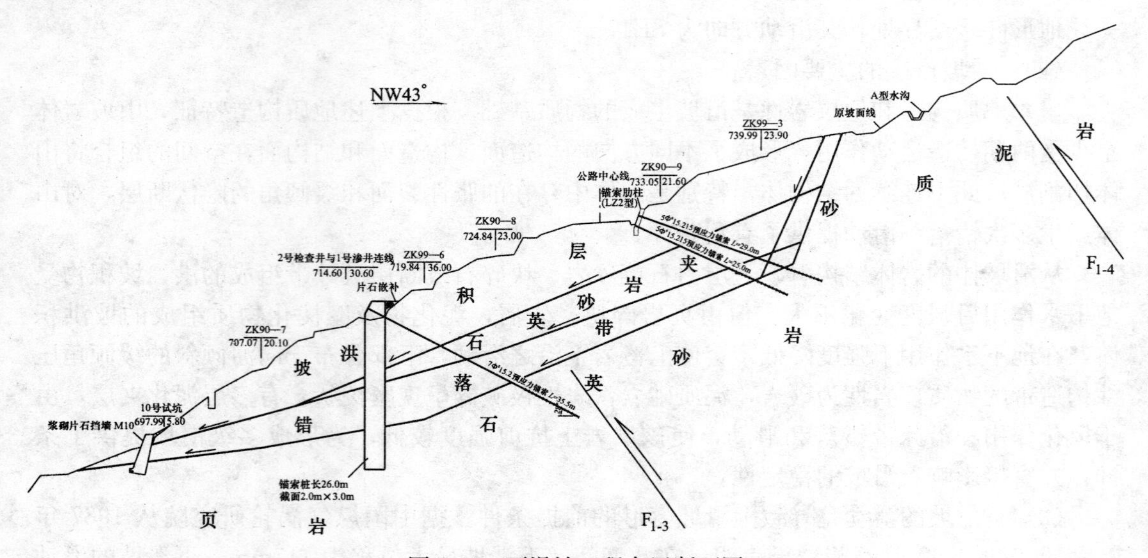

图 7-41　西滑坡工程布置断面图

（2）锚索肋柱：在公路靠山侧挡墙处设置一排预应力锚索肋柱（29 根），旨在锚固浅层滑体，以防浅层滑体在公路附近剪出。肋柱截面 0.5m×0.6m，每根肋柱上设置 2 孔预应力锚索，上、下排锚索长度分别为 18.5～20m、15.5～17m。

（3）浆砌片石挡墙：在滑坡出口处（7 号支墩附近），即高程 697m 沿线布置一道挡土墙，长 112m，高 6.0m 左右，用以支挡桩前滑体因环境恶化而滑动。

（4）集水井及仰斜排水孔：在东滑坡 99-2 号钻孔下方 4m 处设置一集水井，直径 4m，深度 24.5m，井底位于深层滑面以下的基岩里，在井底深层滑带附近径向放射状打 11 个仰斜排水孔，排水孔深度 10～40m，仰角 14°，用于排除滑体后部的地下水，同时，再打一个引水孔将集水井里的水排出井外。集水井布置如图 7-42 所示。

（5）地表截、排水沟：在东滑坡后方山坡上设置两道截水沟，西滑坡后方设置一道截水沟，将地表水截流引入滑体外两侧的既有排水沟，并修补和完善滑坡体内的原有排水设施，防止地表水下渗灌入滑坡体。新增截、排水沟共长 350m，梯形断面。在通过软硬地层分界处以及每隔 10～15m 需设沉降缝及伸缩缝，缝宽 2cm，并用沥青麻筋填实，表面用 M7.5 水泥砂浆抹平。

（6）夯填滑坡后缘裂缝：用三合土将后缘裂缝夯填密实，以防止地表水从后缘裂缝灌入滑体，软化滑面，降低土体强度。

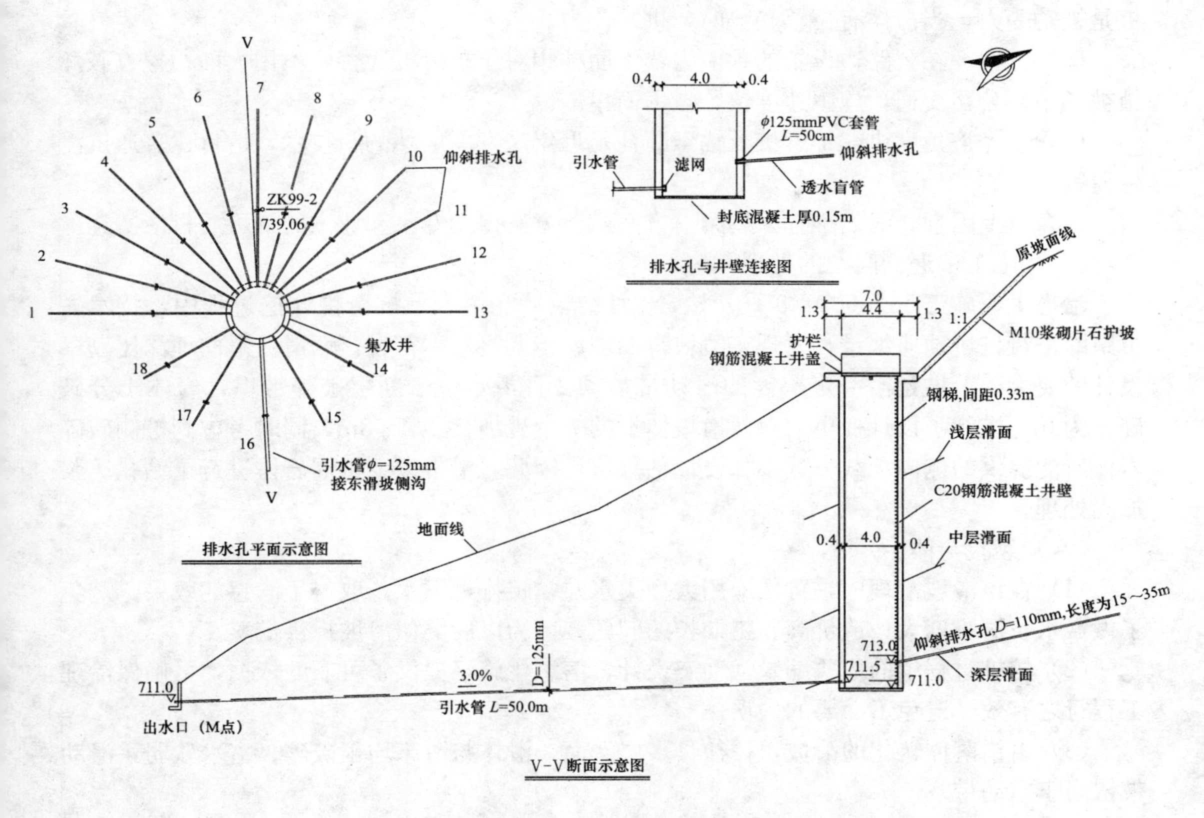

图 7-42 集水井示意图（单位：m）

2. 第二方案

该方案是将方案一中公路边的预应力锚索肋柱及Ⅳ-Ⅳ横断面附近的锚索抗滑桩均改为普通抗滑桩，把桩位作些移动，其他工程措施同方案一。具体工程布设为：

（1）普通抗滑桩：在Ⅱ号镇墩与90-2号钻孔沿线附近布设17根普通抗滑桩，桩长22～29m，用以阻止中、深层滑体滑动。1～15号桩截面2.4m×3.6m，16～17号桩截面2.2m×3.4m，桩朝向为SE47°。

（2）为防止浅层洪、坡积层滑动，东滑坡在公路山侧布置8根普通抗滑桩，西滑坡在公路河侧布置8根抗滑桩，共计16根，桩截面2.0m×2.4m，桩长17m。桩间距中至中6m，桩朝向SE47°。

3. 方案比选

由于滑坡出口处的支挡及其他附属工程措施相同，故方案的比选主要是锚索抗滑桩与普通抗滑桩、锚索肋柱与普通桩的比较。

（1）从结构受力上讲，普通桩是一个悬臂梁受力体系，它主要靠嵌于滑床以下的固定端承受弯矩和剪力，锚索桩相对普通抗滑桩多了一个支点，桩内应力相对较小，桩长和截面也相对较小。

（2）锚索桩通过施加预应力使桩主动压迫滑体，锚索拉力不仅使滑面上增加了一个与滑动方向相反的阻滑力，而且增大了滑面的正压力，提高了滑面的抗剪强度，而普通抗滑桩是被动受力，当滑体有位移趋势时，桩才受力。

（3）方案一在公路边设置的预应力锚索肋柱相对于抗滑桩而言，不用大面积挖方破坏植被和中断公路交通，施工速度快，技术简单。

（4）从经济角度讲，锚索桩及锚索肋柱是近年来发展成熟的新技术，造价比普通抗滑桩便宜。

综合以上因素，我们推荐采用第一方案，该方案得到专家和业主的认可后付诸实施。

（七）施工中遇到问题的处理

治理工程施工于2000年3月开始，8月结束。在第一批抗滑桩开挖过程中，技术人员跟踪进行桩坑地质编录，发现东滑坡滑面埋深与勘察基本符合，西滑坡滑面埋深比勘察设计的要大，滑坡是沿一定厚度的滑动带滑动，且滑带位于断层破碎带里，岩体十分破碎。为此，进行了设计变更，对西滑坡体上的7个桩加长了2～3m，同时考虑到桩侧破碎岩体所能提供的侧向承载力远不如设计估算值，因此对滑带以下桩周岩体进行了钻孔压浆加固处理。

（八）经验与体会

（1）在该滑坡治理中，首次应用大型集水井，疏排地下水，取得了满意的效果，避免了做截水盲洞难度大、造价高、工期长的问题，可为以后类似滑坡提供借鉴。

（2）挖桩过程中的地质编录为动态设计、信息化施工提供了可靠的依据，可确保治理工程行之有效、避免不必要的失误。

（3）由错落体转化的滑坡，往往具多层滑面，滑体与滑床均很破碎、富水软弱，滑动带依附于错动带。

（4）该滑坡治理提示我们，在现有抗滑桩设计计算中，基于桩周岩土体能提供一定的弹性抗力为基本假定。在实际工程中，若发现桩周岩体软弱破碎，不能提供设计所估算的弹性抗力时，应对桩周岩体进行注浆加固。

7.8.4 重庆万梁高速公路K4＋680～＋850滑坡治理

（一）工程地质概况

滑坡位于线路右侧，东与高边坡相连，里程为K4＋680～＋850，线路以浅路堑形式通过，原地貌特征为NE60°走向、高约50～70m的基岩陡坎和SE40°走向的高陡自然坡所围成的低洼平缓地，以水田为主。线路切断陡坡沿SW30°走向从田中通过，路堑开挖后，右坡形成高约10～15m的路堑边坡。

陡坎及坡体基岩主要为侏罗系的红褐色泥岩和灰黄色砂岩互层，中风化，层理清晰，层面NW60°～80°/N8°～20°，构造节理发育，主要有NW80°/S81°、NE60°/S80°、NE40°/S78°三组节理极为发育、张开。其中NE60°/S80°组走向与线路北侧该区的主沟谷走向相一致。

路堑边坡开挖出露的地层由上至下主要为：0～1m为种植黏土，红褐色，含泥岩砾石，可塑状；1～3m为泥岩，灰褐～棕褐色，成土夹碎、块石状，碎、块石粒径2～30cm不等，潮湿～含水，底面渗水较大，即该层为主要的含水层，且遇水易泥化，该层在K4＋720～＋765段呈一凹槽，深度可达7m；3～6m为泥岩夹粉砂质泥岩，棕红色、灰绿色，中风化，较完整，在一级平台以上约2m处有一剪出口，层间渗水；6m至路基顶面为泥岩与粉砂岩互层，棕红色、灰绿色，完整，层面呈波浪状不整合接触，砂岩强度低，可用镐挖，在距路基面约 2m 高处有一软弱条带，其产状 NE70°/N8°，雨后有少量水渗出。

（二）滑坡机理及特征

该滑坡为一坡残积物牵动下层破碎基岩形成的切层滑坡。在路基堑坡开挖后，坡体松弛，裂隙张开，导致水田灌溉用水和大气降水下渗，基岩抗剪强度降低，产生滑动，滑面出口较为明显。滑坡主体滑动方向为 NE10°。坡体表面出现多条拉张裂缝，在路堑边坡坡顶 10m 范围内最为密集，下错 20～100cm，有三幢民房有不同程度的开裂破坏。滑坡后缘位于基岩陡坎坡脚处，东侧界在涵管基础附近，西侧界在涵洞附近，出口在路堑边坡上，沿线路宽 170m，长约 90m。

（三）滑面指标反算及滑坡推力计算情况

断面	滑面	反算指标		滑坡推力(kN/m)	备 注
		c(kPa)	φ(°)		
Ⅱ-Ⅱ	浅层	10	5.6	443	安全系数 K=1.15
	深层	10	9.6	852	

（四）关于治理方案的比较

根据该病害的特点和发生机理，我们提出两个治理方案，一是抗滑桩方案：在线路右坡距线路中线 26.4m 处设置 23 根抗滑桩，用以支挡浅、深层的滑动。该方案的优点是：工艺简单，此段边坡已形成，抗滑桩施工可与路基护墙施工同时进行；缺点是：需跳桩开挖，工期较长，对坡体扰动较大，工程造价较高，处治费用为 268.3 万元。二是预应力锚固方案：在线路二级坡面上布设 141 孔预应力锚索，用以阻止浅、深层的滑动，在锚索端部设置锚梁和锚墩以提供反力。该方案的优点是：施工快捷，工作面宽，进度快，对坡体扰动小，梁（墩）间可种草绿化，工程造价较低，处治费用为 188.9 万元；缺点是：锚索施工与护墙施工相互影响。

经征求业主及有关专家意见后，决定采用方案二。

（五）整治工程措施

（1）放缓坡率：原设计中的 K4＋700～＋845 段坡率为 1∶1.25（设计变更后），现放缓至 1∶1.5，其中 K4＋700～＋715 段为变坡段，坡率由 1∶0.75 渐变为 1∶1.5。

（2）锚索加固：在线路右坡坡面上布设 141 孔预应力锚索，用以阻止浅、深层的滑动，锚索水平间距为 3m，上下布置 3 排，竖直间距为 2m，锚索由 8Φ^s15.2 高强度、低松弛钢绞线组成。在 K4＋704～＋740 段锚索长度自上而下依次为 23m、21m、18m；在 K4＋743～＋842 段锚索长度自上而下依次为 22m、19m、16m，锚索倾角 25°，锚固段长度均为 10m；在锚索端部设置 42 根锚梁和 15 个锚墩以提供反力。锚梁长 6.5～10.8m，截面尺寸 0.6m×0.6m；锚墩截面尺寸 1.5m×1.5m，厚 0.6m，锚梁和锚墩均采用 C25 钢筋混凝土现浇。

（3）仰斜排水：考虑坡体中含水较多，滑坡剪出口皆有水渗出，故在 K4＋722～＋842 段的一级坡下部布设一排仰斜排水孔，以疏干滑体水分，提高锚索锚固效果；仰斜排水孔间距 3m，长度 15m，仰角 18°，孔口位于路肩以上 1.0～1.5m，孔径 110mm，内插 ϕ100 排水软管。在滑体外围设置截排水沟，夯填地表裂缝。

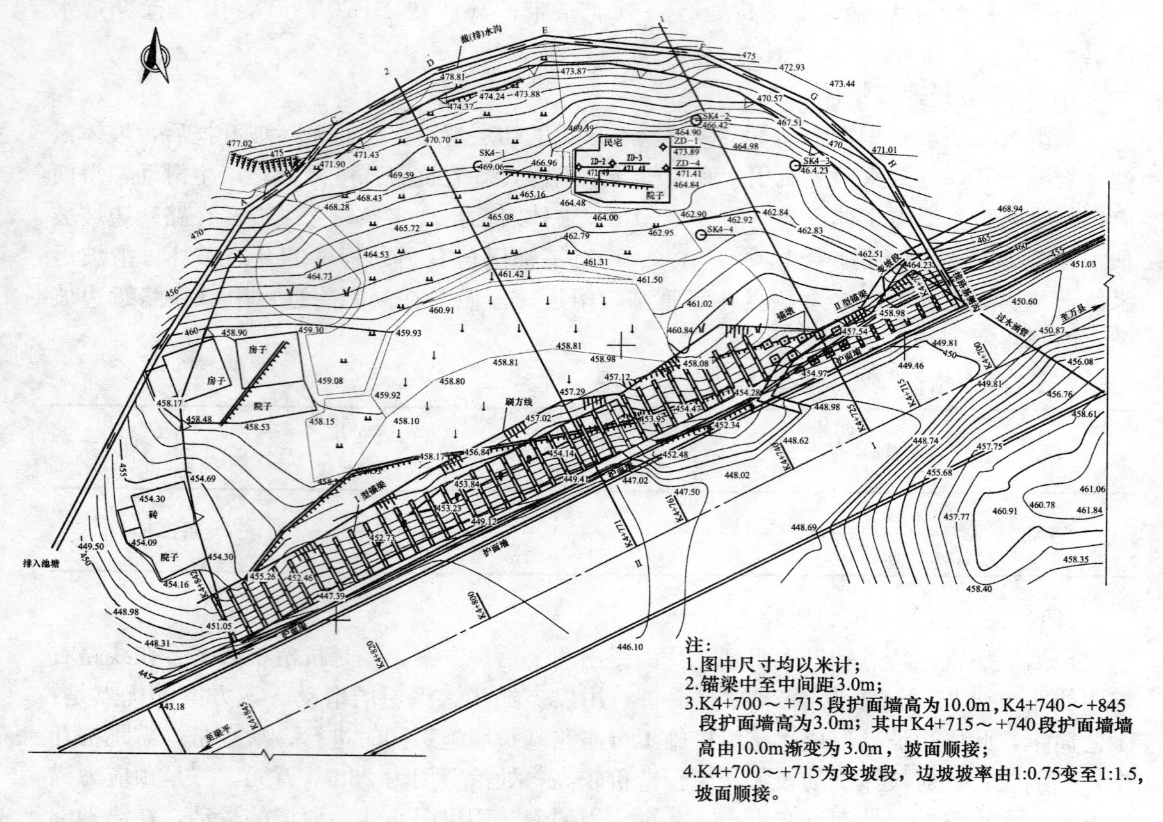

图7-43　滑坡治理工程平面图

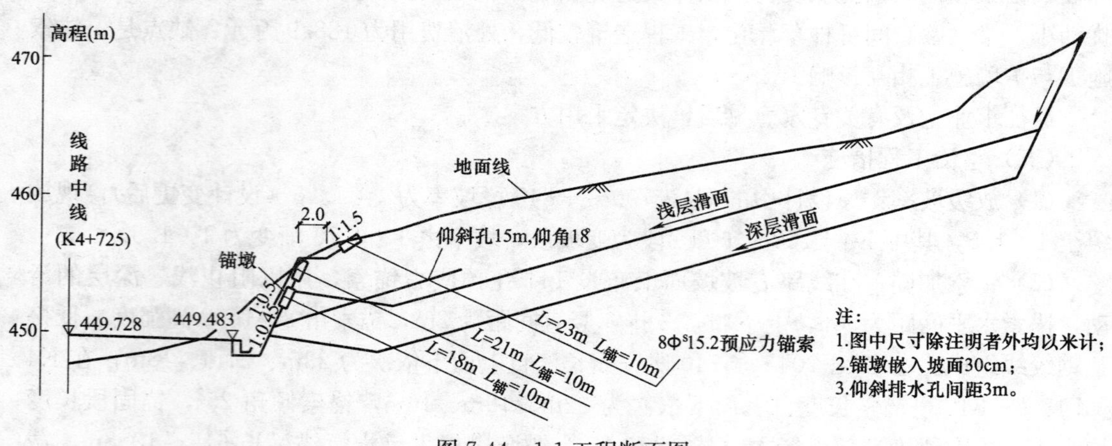

图7-44　1-1工程断面图

（4）坡面绿化：为防止坡面冲刷和美化线路两侧环境，锚梁间坡面种草或植草皮进行绿化。

7.8.5　内蒙古准格尔旗薛家湾镇开源路膨胀土滑坡治理

（一）滑坡概况

滑坡工点位于内蒙古准格尔旗薛家湾镇开源路与滨河路交汇处，原地形为缓坡丘陵地

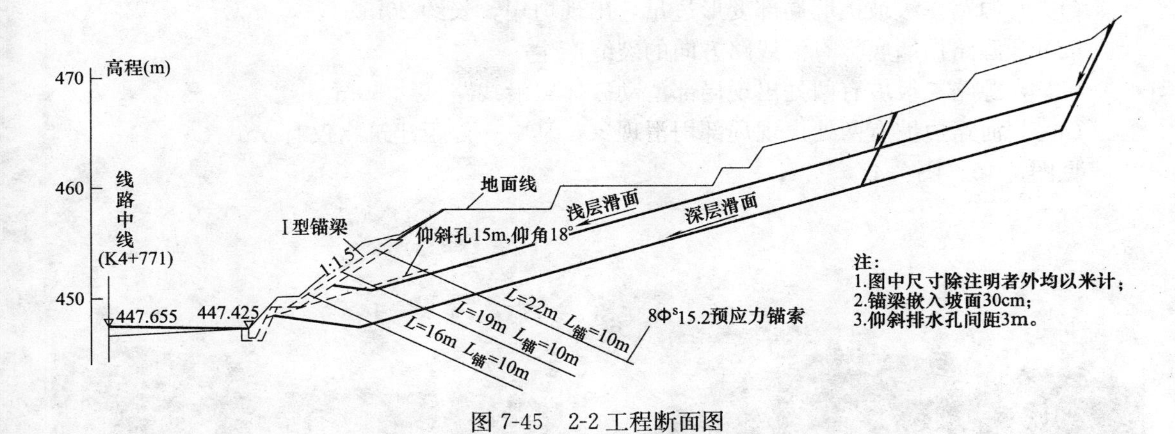

图 7-45　2-2 工程断面图

貌，为了连接 109 国道与薛家湾镇而修筑了一段快速通道，谓之开源路，全长约 900m，堑坡最大挖深 28m，原设计边坡分三级防护，一级坡为重力式挡墙，高 8m；二级坡坡比为 1∶0.9，高度 12m，采用浆砌片石护面墙防护，三级坡坡比为 1∶1.0，高度 8m，采用浆砌片石防护。2005 年春季开工，在开挖初期曾产生局部坍滑和滑坡病害，病害边坡累计长约 436 延米，治理前开源路一级坡挡墙出现局部变形破坏，二级坡产生大范围的滑动现象，影响了后续工程的进行。滨河路开挖坡脚后，也产生小范围滑动，滑体后缘距堑顶公园体育活动中心大楼最近只有 5m。

（二）滑坡工程地质条件

此处地层结构复杂、产状顺倾不利于边坡的稳定。场区地势平缓，东高西低，自然坡度 20°左右，无天然陡坎，表明土质的强度达不到自然陡立的条件。从堑坡开挖暴露出来的地层看，上部覆盖一层黄土，具湿陷性；其下为粉土，呈粉末状、无胶结强度，粉土之下大部分为褐色及灰白色泥岩，此泥岩极易风化，具有显著的吸水膨胀、失水收缩的性质，是一种典型的膨胀土。地层中局部还夹有砂层及卵石层，裂隙十分发育（呈网状），各种裂隙交叉组合，将土体切割得支离破碎，裂面间充填灰白色黏土（滑腻）或黑色铁锰薄膜。层面微向西倾，倾角约 8°，并具有一 19°左右的节理面，此面较发育，不利于坡体的稳定。

组成边坡的土性为膨胀性泥岩，工程性质较差。坡体主要由膨胀土（强风化泥岩）组成，在现场取了三组试样做土工试验，自由膨胀率分别为 66％、102％、105％，远远超过膨胀土 40％的判别标准，属于中、强等级膨胀土。与一般黏性土不同，膨胀土具有膨胀性、超固结性、多裂隙性和遇水崩解四大特殊的性质。由于土中含有较多的蒙脱石、高岭石或伊利石等膨胀性黏土矿物，干燥时强度较高，遇水后体积膨胀，强度大幅度降低，工程性质极差。鉴于膨胀土的特殊性质，常规的边坡支挡防护措施就显得十分单薄，应根据相应规范进行设计。

（三）目前边坡变形现状、病害性质、原因及发展趋势

目前，开源路一级坡挡墙支护已完成，墙高 8m；二级边坡高度 12m，坡比 1∶1.0，尚未防护；三级坡高度在 7m 以上，坡比为 1∶1.0，坡面用浆砌片石防护，已完成铺砌。

与开源路交叉的滨河路边坡已挖开数日，依然裸露，坍塌不断，未曾防护。

1. 变形现状

(1) 开源路一级坡挡墙局部变形过量，出现坍塌，长约20m。

(2) 开源路挡墙底部有沿线路方向的裂缝产生。

(3) 开源路二级坡有两处出现局部滑动破坏，沿线路长约60m。

(4) 滨河路边坡有两处出现局部坍滑现象，其中一处距建筑物仅有5m。

见图7-46、图7-47。

图7-46　开源路边坡全貌

图7-47　开源路膨胀土滑坡

2. 病害性质

从现场变形迹象分析，边坡病害的性质属膨胀土地区浅层滑坡，目前变形范围不大，但如果不及时处理，有可能转化成大规模坡体滑动，摧毁坡脚挡墙，还可逐渐向后牵引，影响坡顶建筑物的安全。

3. 病害产生原因

(1) 地质条件复杂，岩土性质差是病害产生的内因和地质基础。

(2) 目前的支挡防护措施是按一般土质边坡设计，而未考虑到膨胀土特殊的性质，边坡设计过高过陡，支挡防护措施单调。

(3) 尚未认识到膨胀土的危害，边坡开挖后，暴露时间太长，支挡防护措施未能及时跟上，以致坡体产生卸荷松弛变形，在大气降雨及风化作用下，土体强度大幅度降低。

(4) 施工方法及工序欠妥。

4. 病害发展趋势

开源路二级坡产生滑坡后，在二级平台上产生诸多裂缝，裂缝距三级坡坡脚只剩3m，若继续发展必将引起三级坡的变形，届时不仅破坏三级坡已经做好的护坡工程，还会对公园内的已有设施造成危害。

滨河路边坡有100多米开挖后，防护工程未做，但有几处已产生坍滑，坍滑后壁最近处距体育活动中心楼房仅有6m，若继续发展，必将引起房屋的变形，造成更大的经济损失。

(四) 整治工程设计和思路

1. 设计原则

(1)“保湿防渗、稳固坡脚”原则：保湿防渗就是保持土中含水量不发生变化。由于膨胀土堑坡坡脚，是应力集中形成塑性区的部位，重点固脚、强腰、削头。

(2) 一次根治，不留后患的原则。

2. 工程布置（图 7-48）

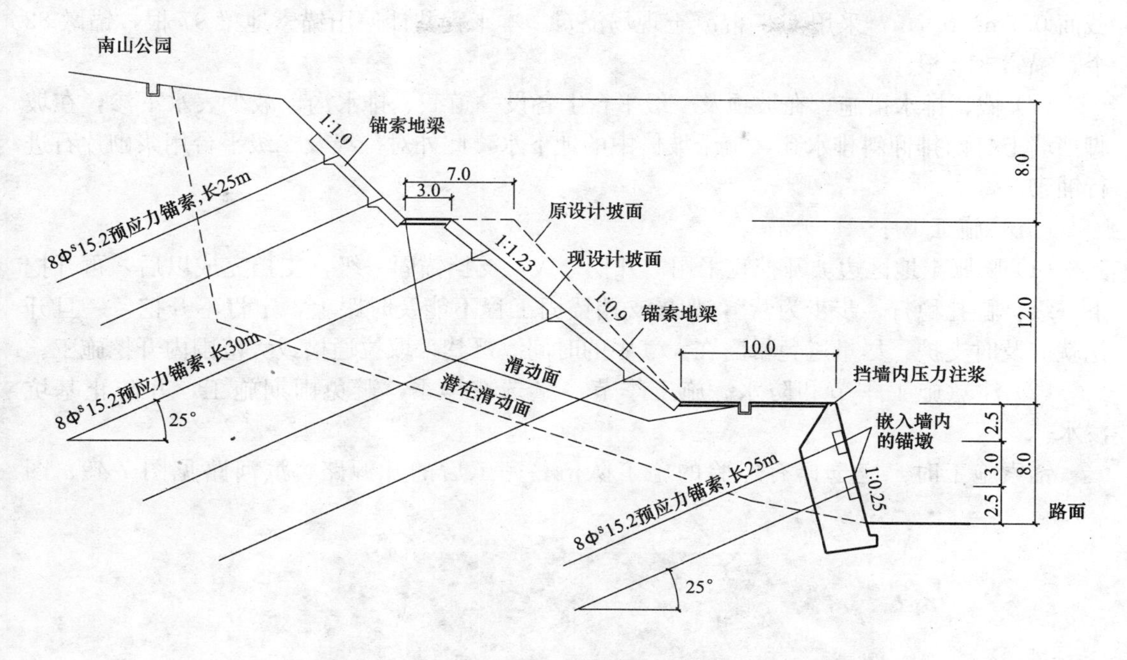

图 7-48　治理工程布置断面示意图（单位：m）

(1) 锚固现有坡脚挡墙。在开源路一级坡挡墙上每间隔 7.5m 设置两排预应力锚索墩，共计 82 个锚索墩，锚索墩嵌入墙体，单根锚索长 25m，锚固段 12m，防止在土压力及膨胀力作用下挡墙向外变形。

(2) 注浆加固现有挡墙。考虑挡墙施工时砂浆饱满度欠佳，充分利用锚索孔，在挡墙内压浆，增加挡墙的整体支挡能力。

(3) 适当放缓二级边坡。对开源路二级坡将坡比改为 1∶1.25，本级坡顶平台宽度相应减为 3m，坡体采用预应力锚索地梁加固，锚索地梁间距 5m，每根梁上设置 3 根预应力锚索，单根锚索长 30m，锚固段 12m，坡面防护按原设计，地梁嵌入防护体内，地梁表面与防护体表面齐平。

(4) 锚索地梁稳定三级坡。开源路三级坡已做了浆砌片石护坡。加固考虑到三级坡高度在 8m 以上，坡顶南山公园浇水绿化，坡体的稳定条件很差，坡面浆砌片石防护已完成；本级坡体采用预应力锚索地梁加固，锚索地梁间距 5m，每根梁上设置 2 根预应力锚索，单根锚索长 25m，锚固段 12m，地梁嵌入 1∶1 坡面浆砌片石防护体内，地梁表面与防护体表面齐平。

(5) 对滨河路堑坡，采用块石混凝土护面墙加固，墙面预留地梁槽，每间隔 4m 设置锚索地梁一道，每道地梁上设置 2 孔锚索。单根锚索长 30m，锚固段 12m，地梁嵌入块石混凝土护面墙内，地梁表面与护面墙表面齐平。

(6) 锚索墩、锚索地梁设计：锚索采用 8 束Φs15.2 高强度、低松弛钢绞线，锚固于稳定地层中，倾角 25°，锚固长度 15m。坡面承载体为钢筋混凝土地梁和锚索墩，嵌入坡面。锚索地梁长度分 19m 和 8m 两种，19m 锚索地梁上设置预应力锚索 3 根，8m 锚索地梁上设置预应力锚索2根。锚索设计荷载880kN，锁定荷载600kN。钢筋混凝土锚索地梁截面0.7m×0.7m，采用C25混凝土现场浇筑。本工程共计使用锚索地梁97根，锚墩82个，锚索313根。

（7）截、排水措施。在坡顶及一级平台上各设一道截、排水沟，减少表水下渗，在坡脚挡墙上打两排仰斜排水孔，疏干坡体中的地下水，此外对一级及二级平台用浆砌片石进行铺砌。

（五）施工工序

（1）膨胀土地区边坡开挖宜采用“开挖一级，支挡锚固一级，支挡完成以后，再开挖下一级，稳扎稳打，步步为营”，如果支挡锚固工程不能及时跟上，宁肯不开挖，一旦开挖就应及时支护，尽量避免暴露在大气中的时间。严禁采取拉通槽或大范围内开挖施工。

（2）注意施工季节和防水。施工季节尽量选在旱季，避免雨期施工，并防止基坑浸水。

锚索施工时，应选择有经验的施工队伍。完工后的开源路、滨河路见图7-49、图7-50。

图7-49　完工后的开源路

图7-50　完工后的滨河路一角

(六) 结论与体会

(1) 在勘察阶段，要按照岩土勘察规范里的判别标准，严把判识关，对符合膨胀土野外特征条件的地层，最好取样做自由膨胀率试验，进一步“验明正身”，不能漏判和错判。

(2) 在设计方面，正确选择设计方案，做出深挖长路堑与隧道的比较，高填长路堤与桥梁的比较；选择适合于膨胀土特性的合理边坡形式、陡度、高度，严格执行膨胀土地区相应设计规范；选择必要的有效工程措施；加强地表、地下排水工程。

(3) 边坡坡度，一般来说，由于膨胀土具有其独特的工程性质，它的工程性质很差，故其边坡坡度应比一般黏性土地区的坡度放缓1～2级，如果不加支挡或锚固工程时，通常不能陡于1∶1.5。但对3～5m以下的较低边坡来说，在某些条件下是可以不必放缓的，不过需有坡脚挡墙或和坡面防护等措施。

(4) 针对膨胀土“逢堑必滑，无堤不塌”的极端特性与严重性，我们提出“先发制坡，以防为主”的总原则。在充分掌握决定膨胀土滑坡发生与发展的工程地质条件和水文地质基础上，预先采取有效工程措施保证边坡的稳定性，制止滑坡的发生。采取以防水、防风化、防反复胀缩循环、防强度衰减的“四防”原则。

(5) 防治膨胀土滑坡的措施，应以排水和支挡为主，切忌随意刷方来处理滑坡，实践证明，采用大清方减载法整治膨胀土滑坡，非但不能收到预期效果，往往适得其反。

(6) 膨胀土地区施工，在膨胀土地区由于施工方法不当引起的滑坡及边坡病害屡见不鲜。因此，施工中必须充分掌握膨胀土所具有的卸荷膨胀、风化剥落和遇水膨胀等重要工程地质特性与规律，选择适合于膨胀土特性的正确的施工方法。通过对此处膨胀土高边坡病害的治理，我们有如下体会。

1) 选择有利的施工季节。在工期许可时，尽量将边坡开挖安排在旱季进行。如果一定要在雨期施工，必须做好截排水工作，防止基坑积水浸泡。如果防护工作跟不上，不如不挖，或者挖开后喷射一层水泥砂浆临时封闭保护。

2) 速战速决，避免持久战。最好是一边开挖，一边防护，开挖和防护交替进行，集中力量一气呵成。严禁开挖后，长久暴露在大气中放置不管。

3) 严格遵循正确的施工顺序。先排水，后主体；快速开挖，及时支挡；自上而下，分层逐级施工。

4) 对于支挡建筑物，施工时应先两端、后中间，跳槽开挖基坑，采取边挖边砌基础边修建的方法，及时恢复力的平衡状态，增强坡脚支撑。

5) 多养护、勤维修。由于膨胀土滑坡的发生，大多有一个从量变到质变的发育过程。边坡一旦出现变形，排水沟及坡脚最先产生破坏，如不及时治理与维修，则有进一步使变形扩大的可能。因此，应经常注意边坡与防护工程设施的工作状态。发现问题及时采取措施进行养护维修，“治小、治早、花钱少”。

6) 膨胀土地区的挡墙、护面墙、浆砌片石护坡等工程，要切实做好反滤层和泄水孔，杜绝做样子、不起作用。

7.8.6 内蒙古呼集高速公路K453滑坡治理

丹东～拉萨国道主干线老爷庙～呼和浩特高速公路集宁～呼和浩特段是内蒙古中部、西部地区重要的对外通道和经济干线，是自治区首府呼和浩特及西部五省区通往首都北京及华北地区的必经之路。因此该项目的建设，对于拉动西部地区的经济，改变内蒙古中西部地区交通基础设施落后的面貌，积极贯彻落实国家西部大开发的战略方针有着重大的政治意义。同时该项目所在地区多为国家及内蒙古自治区重点扶贫地区，因此该项目建成，对沿线地区早日脱贫，增进民族团结，巩固边疆，促进草原旅游资源的开发等均具有重要意义。

（一）滑坡概况

滑坡所在路段高速公路为长大路堑，里程 K453＋200～＋800，原设计左侧边坡高度 30～70m，分多级台阶。每级台阶高度 8m，平台宽度 2.0m，边坡坡率为 1：1.50。施工过程中，发现坡体岩土结构较复杂，有软弱条带，遂增加了注浆加固措施。2003 年 9 月，随着开挖深度的增加发生了滑动。最初，在工程开挖接近路面设计高程的 K453＋200～＋300 段出现局部滑塌，K453＋300 断面见图 7-51。随着路堑开挖继续进行，在后续几天降雨中，边坡出现大范围滑动破坏。此后不久，接着发生第二次滑动，变形范围进一步扩大，坡顶出现裂缝，牵引上方坡体失稳，最远处后缘裂缝距线路中心 160 余米；路槽坡脚产生隆起，并伴有渗水现象，滑动面清晰可见。在变形不止的情况下，不得不采取回填反压措施，才勉强维持堑坡的稳定。路堑右坡基本稳定。

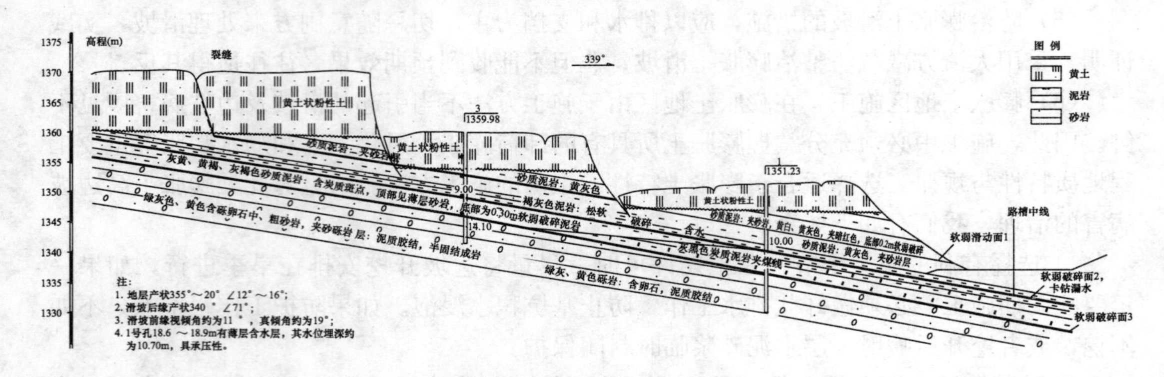

图 7-51　滑坡滑动后坡面形态（K453＋300 断面）

（二）滑坡环境地质条件及原因分析

此段线路通过低山缓丘区，地层上部为黄土，厚 10～15m，其下为砂泥岩互层，地层产状 355°～20°∠12°～16°，滑坡后缘产状 340°∠71°。滑坡前缘视倾角 11°，真倾角为 19°。钻孔 1 在 18.6～18.9m 有薄层含水层，其水位埋深约为 10.7m，具承压性。在里程 K453＋330 及 K453＋450 处有 F1 及 F2 两个断层通过，方向 NE22°，K453＋400 处地质剖面图见图 7-52，断层间的地层十分破碎。砂岩透水，泥岩相对隔水，在砂岩底面或泥岩顶面往往有 15～30cm 厚的软弱层，破碎、含水，多为灰黑色炭质泥岩夹煤线，常伴有卡钻、漏水现象。

产生滑坡的内在原因就是坡体中存在上述多个这样的软弱面，且层面倾向线路。软弱面为泥岩岩层，该泥岩层具有遇水膨胀的特性，且在水的浸润下强度急剧降低。坡脚部位泥岩在持续降雨期间，受地表水渗入、浸润，层间抗剪强度低，遂在边坡土体自重作用下发生剪切破坏。当堑坡开挖以后，切断了哪一层，那一层都有滑动的可能。尽管对边坡中上部岩土体进行了加固处理，但坡脚开挖后，支撑能力的丧失是导致边坡产生滑动的主因。

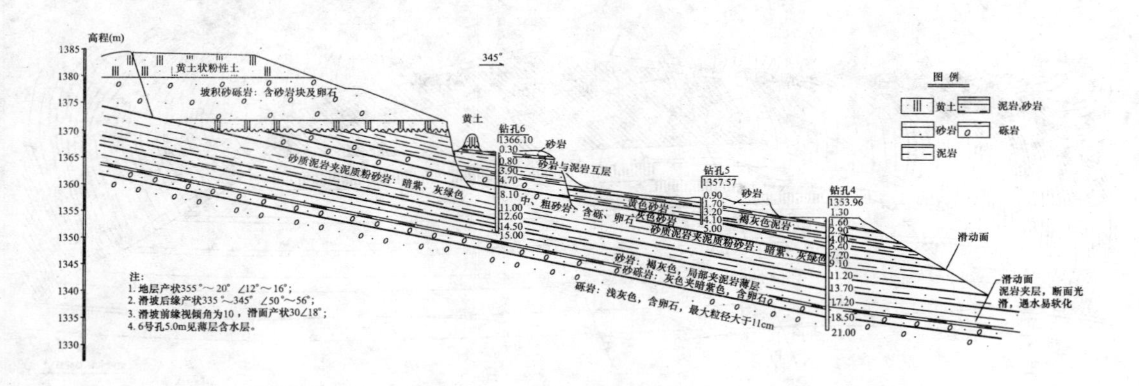

图 7-52 K453＋400 处地质剖面图

滑坡东侧为较大的自然冲沟，岩层产状倾向北东，滑动面西高东低，受堑坡中部 F2 断层的影响，东块地层风化严重，滑动面低、路槽切割多，边坡稳定性差，滑坡体变形大。西块岩层风化较轻，坡体变形小，相对较稳定。

从滑坡发生发展的过程看，产生滑动时边坡的稳定系数不到 0.97。发生破坏后，土体抗剪强度从原来的峰值强度进一步降低为残余强度（一般不到峰值强度的 50%）。目前，滑动体暂时停止滑动，稳定系数大体为 1.0。如果清除对滑动体其支撑作用的路槽内堆土，还会继续滑动。届时，滑坡稳定系数将为 0.97。对于高速公路路基工程，要求的工程安全系数不小于 1.20。因此，必须采取工程加固措施。

（三）整治方案的选择

滑坡治理方法很多，常用的有三种：a. 刷方减载，降低滑坡推力；b. 支挡、锚固，增加抗滑阻力；c. 疏排地下水、截排地表水，提高滑动面的强度，减少孔隙水压力（一般仅作为辅助措施）。一般根据滑坡性质、规模、推力大小、地形条件及对建筑物的危害综合选定。本滑坡除了在滑坡区外围及平台处设置截水沟以外，考虑到泥岩的膨胀性、路基面处碳质泥岩出露强度较低，采用卸载和支挡两方面的综合措施。

（1）坡顶减载：在坡顶卸除五级及平台以上的土方，减轻滑动体自重荷载。这样，可以保证支挡工程施工期间的安全。

（2）支挡工程：支挡工程包括抗滑桩和锚索工程。边坡下部采用抗滑桩支挡已经明显滑动的土体；边坡上部采用锚索框架加固坡顶，防止变形范围进一步扩大。

K453 滑坡治理工程平面布置见图 7-53。

（四）整治工程措施

设计安全标准：采用安全系数 1.25，符合高速公路路基设计标准。

（1）减载设计：卸除两级台阶高度（最高处），挖方宽度 30m。下部边坡总高度不超过 40m，上部边坡与地形顺接。

（2）钢筋混凝土抗滑桩设计：K453＋215～＋350 段，在边坡一级平台上设置一排 22 根锚索抗滑桩，桩长 15m；K453＋350～＋673 段，在边坡二级平台上设置一排 50 根锚索抗滑桩。桩间距（中到中）6.5m，共计 72 根。锚索抗滑桩截面 1.8m×2.4m，锚索采用 8Φs 15.2 锚索。

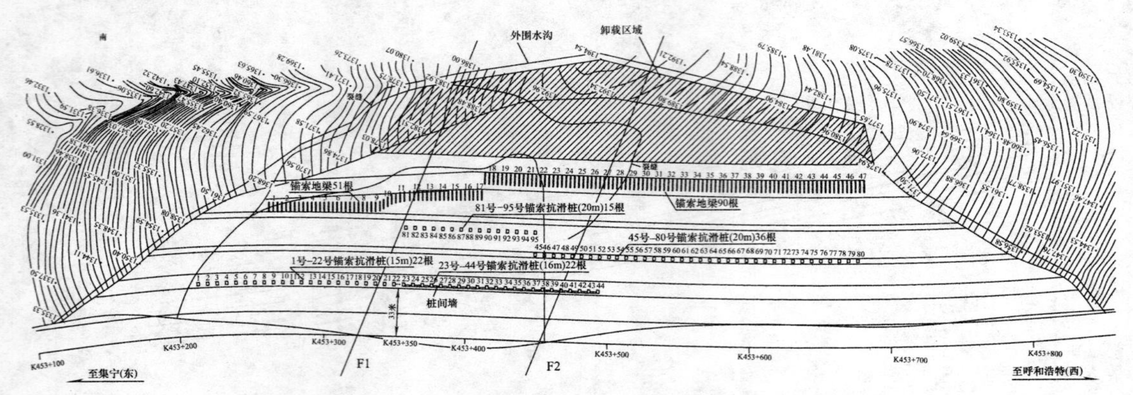

图 7-53 K453 滑坡治理工程平面布置图

(3) 锚索框架设计：锚索采用8束Φs15.2高强度（1860级）、低松弛钢绞线，锚固于滑床下稳定泥岩中，锚固长度12m。外侧挡土结构为钢筋混凝土框架，倾斜45°，紧贴坡面。每组锚索框架高10m，宽9m，竖肋和横梁各三根，预应力锚索9根。锚索设计荷载880kN，锚定荷载800kN。钢筋混凝土框架竖肋和横梁截面0.6m×0.7m，采用C25混凝土现场浇筑。竖肋间距（中到中）3.00m。共计使用锚索框架47组。从K453＋240至K453＋675，支挡长度423m。

(4) 坡面处理：夯填裂缝，修整坡面。坡面设置台阶及截水沟。一级斜坡设置浆砌片石护墙（封闭泥岩）。其余坡面进行种草绿化。

(5) 截排水工程：坡面台阶设置截水沟，边坡周界外侧设置环形排水沟，并与平台截水沟相通。考虑到内蒙地区特殊寒冷的气候环境，防止公路路基面产生冻胀破坏，在公路两侧边沟处设置截水盲沟，盲沟深度大于冻结深度1.6m，为防止盲沟堵塞，盲沟坑壁铺设土工布，盲沟出口设在东侧自然沟里。

K453＋400工程布置断面见图7-54。

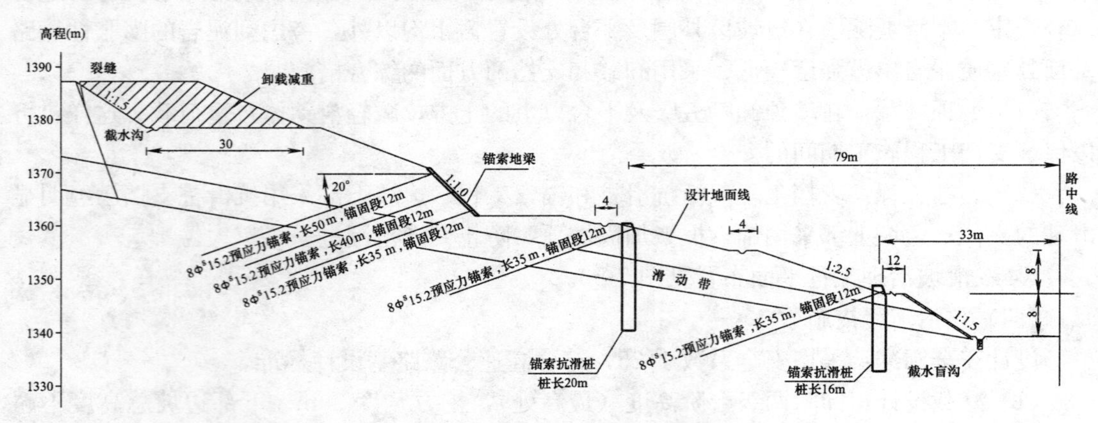

图 7-54 K453＋400工程布置断面图

（五）防治效果的分析

K453滑坡是内蒙古自治区规模和投资最大的一个滑坡，治理工程从2004年4月开始，于当年9月中旬结束，国庆期间高速公路全线通车。在抗滑桩开挖过程中，因坡体抗力的减弱，个别桩钢筋混凝土护壁因滑坡的蠕动而错断，给开挖人员的安全造成威胁，情况十分危险，最后改变施工计划，在加密监测的同时，减少开挖桩数量，加快第一批桩的浇灌，增加反压高度等措施维持施工的进行，这表明当时滑坡正处在极限平衡状态。为了检查工程治理效果，通车两年以后对滑坡进行回访，发现路基面及侧沟稳定，桩前一级边坡护面墙未见开裂现象，滑坡体上及后缘各条截排水沟完好无损，锚索抗滑桩及锚索地梁受力稳定正常。

7.8.7 川藏公路二郎山隧道东引道1号滑坡发生发展机理及治理对策

（一）1号滑坡概况

1997年7、8月，二郎山地区连降暴雨，洪水泛滥、河水猛涨、泥石流频繁发生。国道318线K2729～K2732段因之前发生多处严重坡体病害，导致公路路面悬空，路基下错，其中K2729＋920～K2730＋425段最为严重，其最大下沉量达1.6m，被定为1号滑坡。该滑坡位于四川省天全县两路乡，二郎山东坡龙胆溪南岸。滑坡前后缘高差近200m，南北长约350m，沿公路东西宽约500m（前缘溪边宽近700m），滑带最深达40m，滑体逾400万m^3。

根据坡体上变形特征，以里程K2730＋166（F1断层处）为界划分1号滑坡为东、西两条滑坡；东滑坡变形慢，西滑坡变形快。从前后缘出口和地物变形迹象推断，滑坡向临空可分为前后三级：前级滑坡出口在高程1905m一线，后缘在公路路面附近；中级滑坡出口在高程1935m一线，后缘在公路以上两环陡坎处；后级滑坡出口在公路内侧挡墙部位，后缘在高程2030m一线。从钻探和深部位移监测资料来看，东西两条滑坡均有三层滑带。1号滑坡是产生在老错落体上具有多条、多级和多层滑带的切层破碎岩石滑坡。

（二）整治前滑坡已产生的危害

由于滑坡地段的公路下陷塌落、半幅路面混凝土板悬空，只能单向行驶；来往车辆在滑坡两端排起了长队，堵车十分严重，成为制约川藏公路运输的瓶颈。与此同时，由于山侧挡墙及排水沟相继破坏，地表水在公路路面处汇积，使得路面雨季泥泞翻浆、冬季结冰打滑，行车十分困难。加之线路位于弯道，在该滑坡体内仅1998年11～12月一个多月时间里，军民车辆曾相继3次从下沉的公路上翻入龙胆溪中，死亡十余人，严重影响了公路的正常运营。

（三）滑坡的发生发展机理

滑坡机理，简言之就是滑坡从孕育、产生、发展变化之内在规律。为全面地认识此大型复杂滑坡的内部环境因素和外部诱发因素，现从以下方面进行分析。

1. 地形地貌特征与滑坡性质的关系

滑坡位于公路展线地段，龙胆溪在此下切很深，沟谷两岸不对称；北岸陡峻，南岸较缓。滑坡依附的山体走向近北东东向，滑坡区自上而下台阶状地形明显；公路以上有四阶、以下有一级陡坎，从龙胆溪北岸看南岸略具圈椅状轮廓，其为多次错落与滑动后的后缘典型外貌十分清楚。生长在区内的植物也有差别，东西滑坡分界处有一自然冲沟。它表明在K2729＋920～K2732的2km内是一在多次错落基础上生成的大型多条、多级老滑坡群，引起公路变形的1号滑坡只是老滑坡群中的两条滑坡的前部复活。

从平面上看，滑坡由西向东呈一向北凸出的垅状。龙胆溪环绕滑坡并从坡体的下方流过，在西滑坡前缘形成顶冲。因当地岩层的产状（自东而西由坡顶至溪边）分别是

NW9°～22°至NE15°、NE16°至NE28°、NW38°至NE12°及NW16°，它与坡面走向（由NE80°～60°至NE60°～50°）垂直或斜交并倾向山内，故只能生成切层滑坡，滑带应沿顺坡断裂带发育。亦因岩层产状在NNW～NNE/N或S沿山坡走向有三次转折，系在成山期受长、短轴构造应力的作用，使软硬岩相互间的地带形成构造核（眼球体）的结构所致。公路平台上下，从外貌地形上分析是后级滑坡出口和前级滑坡后缘所在的部位，目前正在沿公路内、外侧的陡坎下错者即是前级滑坡的后缘，而推挤公路内侧的挡墙使之平缓外移者则为后级滑坡的出口。

在公路面以上共有四级平行之陡坎（在东滑坡地段的走向NE80°，西滑坡处为NE50°），其中位于高处的两级应是上层滑坡依之生成的错、滑壁；靠近公路的两级陡坎位于上眼球外侧者则是下层滑坡的后缘错壁。在现公路所在大平台的上、下出水处是上层（即后级）滑带的出口部位。自公路平台至岸边下眼球体顶之间沿山坡走向有贯穿整个坡体上的垅状隆起带两层，它反映下层滑坡（即前级）至少已出现了两层滑带。由东而西，上滑层出口的高程呈东低西高状（海拔1930～1935m至1940～1945m之间），这一带坡上的树木已倾斜；其下滑层则是东高西低（在1905～1895m一带），在坡面上该部位普遍渗水或为湿地。据此可判断出前级滑坡已滑动的两滑层，在坡体上出露的部位。

自1997年7月暴雨之后，东、西两滑坡在公路附近均出现了前级滑坡的后缘下错裂缝：东滑坡在公路K2730＋060～＋123段的路面已下错4cm；西滑坡自K2730＋166～＋425间在公路以上邻近的两层陡坎处（标高1995m及2005m），基本上亦出现两环状断断续续的后缘裂缝，并下错30～40cm，特别在滑坡两端过公路的斜向剪切裂缝使路面剪断更为显著，此反映西滑坡内前级滑坡的后部已完全复活。同时西滑坡在公路以上最远的第4级陡坎处亦有断断续续平行于坡面的后缘裂缝出现，它反映西滑坡的后级滑坡业已复活。该段路基内侧的路堑挡墙，从其变形（既有下陷又有自墙底挤出裂缝带和竖向放射状裂缝）分析，公路路面一带应是后级滑坡的出口，所以在挡墙底出现水平裂缝、墙向外挤出、墙被放射状裂缝所切断；同时又是前级滑坡的后部，故全墙下陷。目前东、西两滑坡的地表变形与地裂缝的发展，也反映自1997年7月暴雨以后滑坡仍在继续复活并处在不断滑动与发展之中。

从坡体上所出露的构造核（眼球体）的规模大小分析，该核是在前期构造线NNE（由指向SEE西向东推的主应力）、二期构造线NNW-NW（逆时针力偶作用由派生指向NEE-NE南向北推的作用力）和具继承性后期构造线SN（由西向东推的主应力）三者作用下形成。故1号滑坡区的东、西两滑坡的错滑层应是依附于由北向南推的反作用力生成的顺坡逆断层发育；据此可推断东、西两滑坡各滑层是在错落的底错带内形成，而底错带的产状与所依附的顺坡逆断层是一致的。东滑坡在公路以上的陡坎系依附于NE80°/N∠60°～65°（具继承性后期活动SN构造的拉张）生成，其顺坡逆断层N80°E/N∠20°～25°为SN构造松弛生成；而西滑坡在公路以上陡坎系依附于N50°E/N∠60°～65°（短轴构造N40°W的张扭面）生成，其顺坡逆断层（N50°E/N∠20°～25°）为短轴构造N40°W松弛生成。滑层则是沿底错带内地下水贯通的一层生成，陡于底错带的倾角；此因顺坡逆断层带是切层的、各部位的岩性与厚薄不同，在坡体应力作用下因沉陷不均、呈带状错动，而使该带内地下水的通道与倾斜起伏等不一致，滑动带则应在逆断层带内形成而陡于顺坡逆断层带。

2. 坡体的结构及地质构造决定了滑坡的性质及特点

坡体系由志留系钙质板岩与泥岩间互层组成，基本上岩层的走向与坡体走向垂直或斜交；因位于二郎山剧烈的构造带附近，岩层必然遭挤压破碎；由于岩性分布不均及受地下水作用不同而风化程度有很大差异。钙质板岩呈中厚层状构造且岩性好、较坚硬，故风化不严重，受挤压后多呈块碎石状；泥岩则是中薄层结构岩性软弱、易于弯曲，受挤压后易呈碎石夹泥和糜棱条带状，故阻水而风化严重。所以，受构造应力作用后，硬者钙质泥岩形成构造核（眼球体），软者泥岩则揉皱包裹其外。为此，沿坡面走向在两南北向核（球）轴之间由相对揉皱风化的泥岩为主组成的坡体，能形成一条条顺坡的错滑体；东、西两条滑坡即以F1（K2730＋166）的核轴为界由两侧揉皱的中薄层状泥岩形成。同时，顺坡面上下两层核（球）之间，亦是由揉皱风化的泥岩为主组成者，特别在应力核顶、底的顺坡逆断层破碎带因其有一定厚度为形成软垫层提供条件，是坡体形成上、下多层错落的地质基础，故东、西两滑坡应是在多层错落基础上滑动的。由于当地山坡已变形范围内顺坡逆断层的层数不少于两层，故按钻孔岩芯揭露为两层老错滑体、三层老滑带（上眼球顶、底及下眼球顶）。

正因为从地形外貌上已判断出1号滑坡系发育在老错落体的基础上，呈两条各具三层的老切层破碎岩石滑坡；其边界条件与山坡构造格局密切相关，故对当地地层构造及裂面配套进行了复查与核对。现已证明，勘察期的原报告不足以说明1号滑坡的条块与构造之间的关系。

以下是依据1号滑坡所在山坡及其四周稳定部分（图7-55）受多次构造作用所残存的形迹调查与测绘，提出该山体成山后受构造作用的顺序及各组裂面生成的先后与改造（所指产状系当前实量的现状，未恢复至生成期的状态）。

（1）组成当地山体的岩石系志留系地层，变形体四周较稳定的岩层产状基本上是N20°～30°E/NW∠20°～25°，它与1号滑坡的后山山脊（主脉）走向一致；此说明该山体成山于γ_3年代（非SN构造于γ_2年代的康藏隆起之初期），为第一期长轴构造线。该长轴与区域构造所指的龙胆溪背斜，向河上游SSW倾伏一致，属龙门山NNE/NW断裂体系。各桩坑中揭露，在滑体内（约60m）最深断层（倾向河约10°）以上的破碎岩体之岩层产状多N30°～50°E/SE∠40°～60°，非独反映受错滑后所致，亦与受多期地质构造作用密切相关。

（2）从山坡向龙胆溪隆出与倾伏的短轴（支脉）指向NW30°～NW40°看，其倾伏端并向溪上游弯曲分析，它是受第二期逆时针力偶作用所致，属金坪NNW～NW/SW断裂体系。西滑坡现公路上沿之下错的一系列平行陡坎，即是依附于该第二期构造中生成的一组张扭性裂面NE50°/NW∠60°～65°发育生成。而各错滑块的底带亦是依附该期构造是在松弛产生的一组顺坡逆断层NE50°/NW∠20°～25°发育生成。因是缓倾裂面切割陡倾者，应生成“多”字形多层滑坡（后级为上层浅层滑坡、前级是下层深层滑坡）。

（3）在当地具继承性长期不断活动的大渡河断裂体系SN/W，由它产生的一组拉张裂面NE80°/N∠60°～65°，即是东滑坡在山坡上依之产生多级平行下错的陡坎，为该滑坡各错滑块的后缘错滑带。同样，各错滑块的底带亦是依附于SN构造在松弛期生成的一组顺坡断层NE80°/N∠20°～25°发育形成。由于该组逆断裂生成在后，切断各陡倾裂面（NE80°/N∠60°～65°），亦应生成“多”字形多层滑块。

（4）在1号滑坡内，由于沿后山向溪倾53°张性构造面（NE70/N<53°）松弛形成下

错断裂时，或者是NNE/N<50°在1号滑坡东块的东侧界构造核上一组逆断层（延伸长控制1号滑坡后界）松弛期向溪下错时生成的次一级断层NNE/N<10°。因之产生的倾向溪约10°的一组断层应生成最晚；从桩坑的深部揭露它切割各组裂面，其中最深一层断层的断层泥厚达5m，以上为松弛破碎岩体，下伏系完整岩体。该层含水承压、水量大，可补给至深、中层滑带，故该处坡体的岩土深层蠕动可深及此带。

（5）由东而西在1号滑坡范围所出露的F1（走向NW20°）逆时针旋转性质，系SN大渡河断裂体系中作用期生成的一组平移断层。在1号滑坡范围内它使中条核轴上两层构造应力核（眼球体）呈垅状向北突出。现上、下层核体之间已形成两层渗水带及湿地，既反映核体四周有相应顺坡逆断层的阻水作用，亦说明当前依附该层顺坡断层带发育的滑坡已经形成，并在活动中。

由于岩层产状垂直或斜交于坡面，在受长、短轴构造及具继承性SN构造的多次作用，岩体已因之破碎严重。在坡体近60m深的、向河倾约10°断层带以上的松弛破碎岩体，它是产生向龙胆溪多次错滑的基础。从1号滑坡东块的后缘陡坎（NEE/N<60°～65°）及西块后缘陡坎（NE/N<60°～65°）在松弛期沿这两组张性面垂直下错，即生成NEE/N<20°～25°及NE/N< N<20°～25°的属性次一级断裂组，即是当前错动与滑坡体的错落带依之生成的顺坡断层组。现以西滑坡Ⅵ-Ⅵ断面为例，从电测物探与钻探（沿滑动方向）的综合地质断面上实测出一组顺坡逆断层的倾角基本上是20°，它与力学配套的推断彼此核对相符，可反映其正确性。同样在Ⅵ-Ⅵ断面上NE50°/NW∠60°～65°的张性构造面，在以顺坡逆断层带（N50°E/NW∠20°）为软垫层生成的近期错落，可产生$\psi=65°-(45°-\varphi/2)$的顺坡滑动面；因已破碎严重而潮湿的软泥岩在重力作用下$\varphi=10°\sim15°$，所以$\psi=25°$，它与在该Ⅵ-Ⅵ地质断面上结合钻孔内监测的滑带位置量出的倾角基本相符，可证明其可靠性。在东滑坡东侧坡面上已找到了一组构造面NE64°/NW∠21°，它是相同性质顺坡压性断层结构面。为此，前者顺坡逆断层的倾角$\alpha=20°$为错落底错带的倾角，后者在错落基础上再转化滑动的滑带倾角$\psi=25°$，两者亦反映了该坡体的病害发展过程是先错后滑；它与组成坡体的岩土在不断破碎、风化和松弛下，使受湿一层岩土的c、φ值降低而产生错落再滑动的变化有关。

3. 滑坡复活的主因及不断发展的条件

在坡脚龙胆溪不断下切和冲刷坡体下，该坡体向临空是始终处于松弛状态；它促使了表水下渗及坡体内地下水沿顺坡逆断层向龙胆溪补给，而使上、下两层应力核之顶、底的岩土严重湿化，先沿该顺坡逆断层带逐层下错，再沿错带内地下水贯通的一层下滑。以西滑坡为例，在现河床下切过程中早已形成了以现公路一带的平台为出口的后级错体并已转化滑动，系一老错滑体；同样，以现下层应力核以上渗出的地下水及湿地一带为出口的老前级错滑体，亦早在龙胆溪河床下切至该标高之后即已形成，它亦是一级老错滑体。目前河床向下层眼球体之底在下切过程，今后当切过核（球）体之底露出揉皱的破碎泥岩及下一层顺坡逆断层带之时，将出现更深一层的更前一级的错动而后向滑动转化。这是当地自然环境与地质条件为之生成斜坡发育的必然结果；即溪水对岸坡的冲刷与下切促使斜坡松弛，坡体内地下水逐步由上层顺坡逆断层向下一层渗透、而深层地下水在雨季后期集中下又承压而上，两者集中使下层坡体在湿化下而错动，因错动使错带内生成贯通的地下水层流动，而沿之发育转化为滑动。这就是该坡体内老错滑体生成时的主要条件与原因。

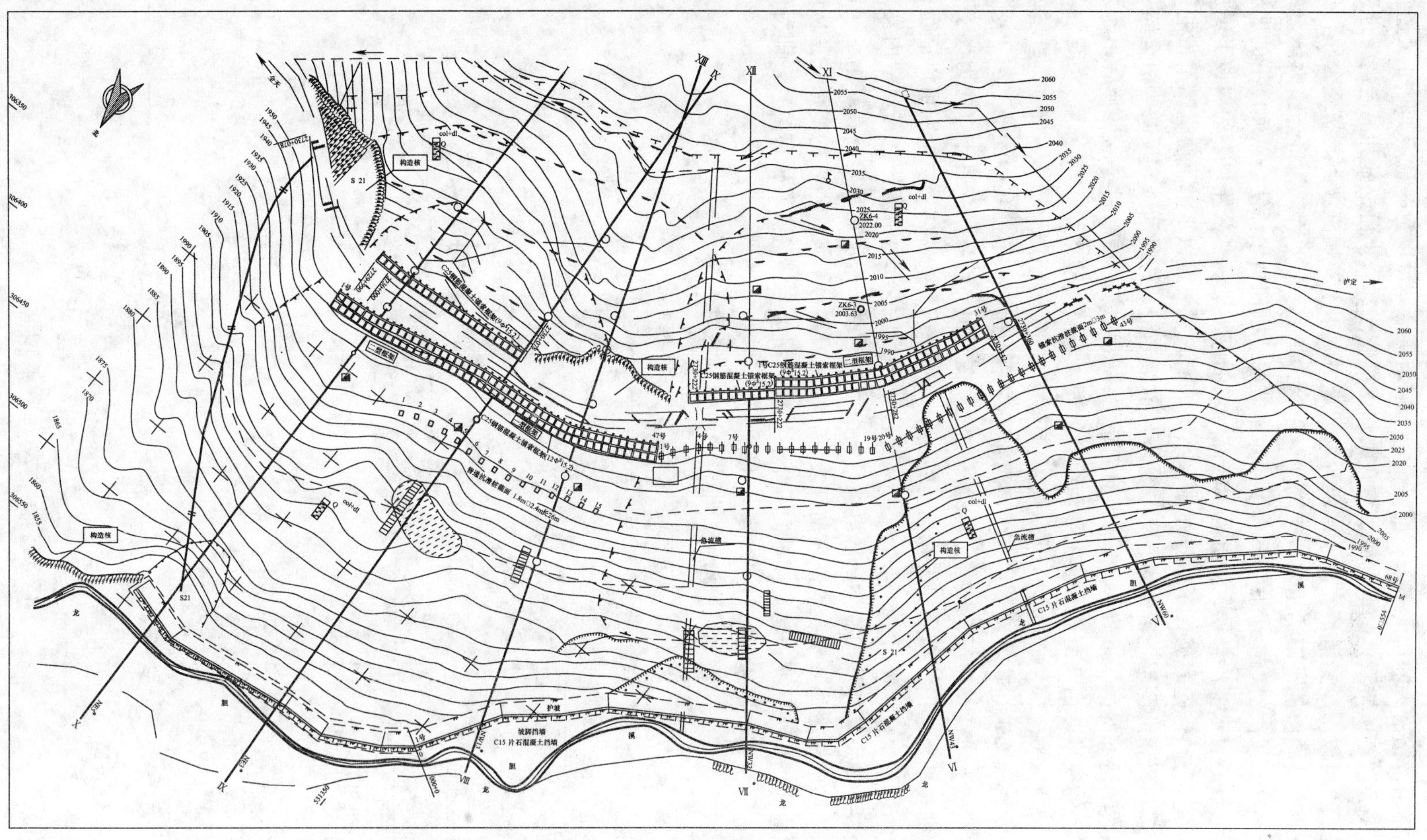

图 7-55　川藏公路前龙段 1 号滑坡整治工程平面图（比例 1：1000）

随后将因老错滑带的地下水向下层渗透，上层老错滑体可以暂时稳定。除非又逢特大暴雨或在人为切割该错滑体的前部时，它在失却支撑使前部岩土再松弛和沿老滑带地下水突然增大下也可以沿老错滑带复活。该西滑坡即是因近年不断切割坡脚与扩建公路，使后级上层滑坡以公路路面上下为出口，于1997年7月暴雨后而复活，并将公路内侧上挡墙沿墙底水平挤出。同时，由于坡脚溪水多年对岸坡的冲刷而坍塌，使公路面以下的坡体逐年松弛而导致地表水下渗量增大，此外，公路切坡的弃土堆积于公路以下的斜坡上增加了斜坡负荷，且公路修建时破坏了原自然排水系统，增大了公路以下沿下层老错滑带的地下水量，在多年累积的深层地下水承压下导致下层前级老错滑体复活（它反映为沿公路一带为前级滑坡的后部的严重下陷）。这是当前老错滑体复活的主要原因，也是今后不断发展与病害扩大的根本原由，需逐一研究如何综合处理。

正因为坡体下（深约60m处）有一层向河倾5°～10°的断层（厚5～6m），桩坑及钻孔已证实它含水并承压可补给深层及中层滑带。它是当地由大范围集中的地下水，系长期作用于该断层上盘已严重风化破碎并松弛的岩土；在此山高坡陡的条件下（应力大于不断风化衰减的强度）已出现深层岩土在蠕动的迹象，从深孔早期位移监测情况可以证明。

综上所述，1号滑坡产生机理如下：河谷下切→使山体产生错落→在错落带内发育滑动面→随着冲刷下切作用的持续→老滑坡开始滑动→老滑坡滑动后稳定→在暴雨、泥石流冲刷下→滑坡前缘坍塌→引发老滑坡前部复活，即形成1号滑坡。滑坡的变形先是从坡脚开始，以前缘坍塌为征兆，然后逐渐向上牵引发展。滑坡与错落有着依存关系，即滑体依附于错落体，滑带依附于错落带。

通过以上分析，可将1号滑坡的发生发展机理示于图7-56。

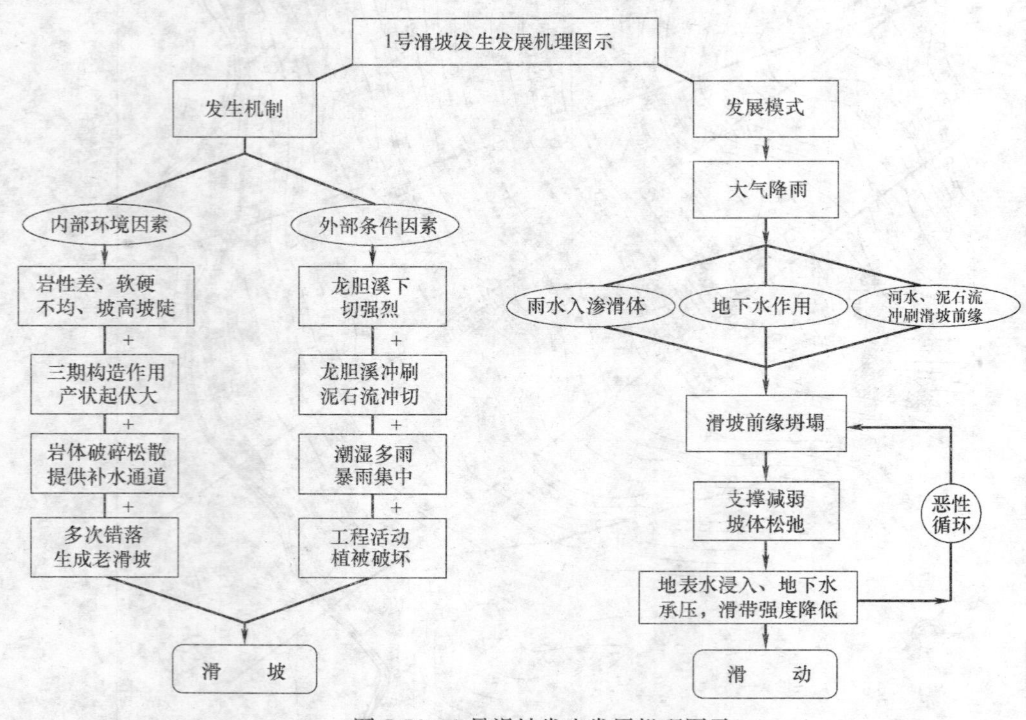

图7-56　1号滑坡发生发展机理图示

（四）坡体的稳定性及相应的整治措施

（1）位于山体坡脚下的龙胆溪仍处于不断下切过程，特别对岸上在由软泥岩、非钙质板岩为主组成的应力核的四周仍在不断遭破坏，两核轴间的错滑体可因前缘坍塌而复活向深层滑动发展。所以，现已修建的沿溪岸边的防冲墙是必要的，但是在现场考察中发现，墙较单薄且已有局部墙底被淘空，1 号滑坡以西有段挡墙出现两道水平剪切裂缝，墙顶的护坡破坏严重，反映了墙有不足之处和墙上坡体可能要坍塌；如不处理，坡体可因岸边坍塌而不断松弛，可由下而上逐步牵引破坏至坡顶，引起深层滑动，能产生突然崩滑而下的灾害，不可失察。应立即组织力量，增加监测点，研究对策进行必要的加固。

（2）坡体不稳是由于自然斜坡较陡（在 35°～40°之间）、高差大（达 150～200m），将随坡面松弛厚度的加深而在雨季中坍塌体增大。目前，在公路下抗滑桩至岸边挡墙之间的坡体，已有变形迹象应即加固坡体为上策。原坡体内地下水因切层的构造面发育而呈脉状水、鸡窝水、少成层水，但现对老滑体在前缘已采用了抗滑桩支挡加固（特别是采用预应力锚索加固），水文地质条件将要变动而成层水增多。在坡体一定深度内岩土的松弛可被控制，它既可增大坡体前部的支撑，亦可因山坡岩土在挤紧下而减少地表水的下渗，它是根治老错滑体复活可行的主体的措施之二。

（3）老滑体在错落基础上形成，属于切层性质。其地下水一般缺乏成层性以上层滞水的零散分布为主。但因抗滑桩的修建，桩排一线的桩后岩土可因被挤密实和桩身阻水，可将自然排水截面堵塞 1/3～1/2；为此，在抗滑支挡建筑物一线两桩之间各层滑带及其上下采用仰斜孔群排水、并降低水压始可生效。它可保证抗滑桩桩周强度、减小滑坡推力与水压作用，为必不可少应立即进行的辅助措施之一。现从桩坑及钻孔中反映的当地深层地下水补给深、中层滑带，特别对深层岩土的强度衰减作用影响极大，所以当前首要采用仰斜疏干孔群排此层水，并在长期监测下有必要时再在公路附近打盲洞拦截，列为备用措施。

（4）当地全年雨雪丰沛，位于二郎山岭东侧受小气候条件影响大，且暴雨雨量集中，为此，应加强在坡体上大范围的地表排水，它对减少表水下渗、防止表层坍塌及边坡滑坡的形成可产生主要作用。目前山坡上只有一条普通天沟（沟顶宽约 0.6m），应按需要增添，不可疏忽。恢复原山坡植被，亦是必要的工程措施。

（5）当前西滑坡以前级下层滑坡的中、深两层滑带复活为主，直接影响公路运营。现公路下方已设置一道抗滑桩排为支挡的主体工程，它应能经受考验。以路面平台附近为出口的后级上层滑坡，在前级滑坡移动下失去支撑为其复活的原因之一，因坡体松弛使地表水渗入增加，使滑带土软化而强度衰减亦是复活的因素。目前，对公路以上的山坡已设立一排预应力锚索框架，以防止后级滑坡滑动掩埋公路或推挤破坏公路内侧的挡墙而影响行车。

7.8.8 川藏公路前龙段路基病害与地质条件的关系

（一）前龙段地质环境

1. 地形地貌

川藏公路前硐桥至龙胆溪段全长 22.8km，地势西高东低，龙胆溪（天全河）由西向东而流，线路基本上沿龙胆溪南岸谷坡蜿蜒而行。沿线自然山坡总的坡形是下陡上缓、陡缓相接，一般自然坡下部 50°～60°，上部 30°～45°，反映了河流下切力强、侧蚀力大的特点。但在产生滑坡地段地形地貌有明显不同，自然坡呈台坎状，即下缓—缓坡平台—陡坡三种形态，在缓坡平台后部为清晰的圈椅状地形。

从线路及龙胆溪峡谷纵剖面上看，分为二个台阶。第一台阶前硐桥～鸳鸯崖段，河谷呈“U”字形，河谷相对宽广，河床相距公路路面高差为10～20m，河床比降小，所以线路坡度较小；第二台阶由鸳鸯崖开始展线至龙胆溪滑坡，线路上升高差、坡度较大，由标高1700m上升到2200m，线路相距河床高差为50～130m，该段河谷近似呈“V”字形。特别是1号滑坡至龙胆溪滑坡地段全长2.02km，下面河床比降大、流速大、下切力强，有些地段形成跌水。此段河谷两岸坡形不对称，北岸坡陡、岩性好；南岸坡缓、岩性差，为地质病害多发地段，在此段老滑坡、错落地貌明显，水文地质特征比较突出。

经调查分析，该地区的山脉与龙胆溪（天全河）峡谷的总走向基本一致，地形地貌的形成受川滇南北向构造带的影响，本地区受控于N20°～30°E、N30°～40°W及SN构造体系，形成一系列北西或北东向的山脉或河谷，属褶曲构造地貌。

2. 地层岩性及工程性质

根据四川省地质局《区域地质调查报告》及沿线地质调查，该段出露的地层岩性、工程性质自东而西分述如下（图7-57）。

元古代侵入岩二郎山花岗岩（r_2～r_{o2}）：在前硐桥至严江坪以西段，公路左侧路堑边坡及河谷两岸大面积出露。大柏牛崩塌就产生于此岩层中。花岗岩岩层工程性好。

二迭系地层：栖霞组（$P_1{}^q$）及茅口组（$P_1{}^m$）：岩性为灰至深灰色灰岩及泥质灰岩、页岩同上伏茅口组均为整合接触。此地层在鸳鸯崖一带重复出现。

三迭系上统地层（T_3）：须家河组（$T_3{}^x$）：岩性为砂岩（砂砾岩）～砂质页岩～页岩～炭质页岩或煤组成韵律层，此组地层比较稳定，沿线主要分布于严江坪至鸳鸯崖一线广泛出露，严江坪滑坡就产生于此地层中。在沿旧公路长约800m左右，产生大型滑坡三处。该岩层为中—强风化，岩石已风化破碎呈碎屑土状。该地层工程性极差。

泥盆系（D）：该地层出现于鸳鸯崖一带，工程性较好。

志留系地层（S）：志留系下统龙马溪组（S_1L）：在本地区岩相稳定，为一套半深海相笔石质页岩间夹砂岩、泥灰岩组成。志留系中统罗惹坪组（S2L）：为一套浅海相泥灰岩夹钙质泥岩组成，该地层是构成1号、2号、3号龙胆溪滑坡的主体地层，龙胆溪河谷南北两岸均有出露，滑坡在此地段最发育。该地层上部为紫色、灰绿色钙质泥岩夹生物碎屑灰岩；中部为钙质泥岩与生物灰岩互层；下部为灰色钙质泥岩夹团块状泥质灰岩。现场调查缺失上部地层，该段地层已变质，岩层工程性差。

第四系地层（Q）：从沿线路堑边坡及龙胆溪河谷两岸调查，第四系地层主要有坡残积层（Q^{dl+el}）、冲洪积层（Q^{pl+al}）。

坡残积层（Q^{dl+el}）：灰色、灰黄色亚黏土或碎（块）石土，主要分布在路堑边坡顶部及坡体表面，一般厚2～6～10m不等，分布不均（滑坡地段除外）。

冲洪积阶地堆积（Q^{pl+al}）：堆积物主要为卵石夹大漂石，其中夹有砂砾层及砂层，在大柏牛左（北）岸高过路面30～35m（Ⅱ级阶地）；严江坪滑坡群对岸（左岸），目前线路改线通过的位置为Ⅱ级阶地；1号滑坡东块的下边坡坡脚亦为Ⅱ级阶地。

3. 构造及岩体结构

本地区位于轴向NNE、向南西倾伏的新沟向斜的东翼，各地层受川滇径向构造带、二郎山断裂带、新沟向斜多次构造体系的复合与联合作用。由于山脉及龙胆溪的总走向基本上同主构造线走向一致，因之其次级断裂和节理发育，岩石破碎地下水丰富。从此次对沿线8处滑坡、崩塌及潜在的地质病害的调查研究和分析，说明同一地质条件下，不稳定坡体主要分布在结构面的产状与线路走向一致的地段，结构面控制边坡的稳定性和破坏机制。从各滑坡、崩塌工点中提出沿线影响边坡稳定性的主要结构面有以下规律：

断层面：这里指对滑坡、崩塌及地质病害起控制作用的断层规模较小，走向与纵深中延伸有限，一般在百米至千米。如龙胆溪滑坡西侧界外堑坡上钙质泥岩中的断层面，沿走向可见长约100m、沿倾向纵深贯穿整层岩体60～80m，面平顺如刀切、断层面光滑具擦痕。此类断层在二郎山花岗岩、钙质泥岩及灰岩中常见到，一些地段成簇状出现。

挤压破碎带：当地具有一类平行的密集劈理面和一类发育的破碎带（宽0.5～1.5m）。如在1号滑坡东侧界附近密集的破碎带，间隔1～3m，当线路走向与两者中任一类走向一致（或夹角小时），易成为病害体的后界及分级界面；在夹角接近45°时可形成病害体的侧界。

层间破碎带及软弱夹层：当地三迭系及志留系地层中的层间破碎带、顺坡断层破碎带及软弱夹层通常是滑动面（带）生成的依附面。特别1号滑坡的多层滑带是因坡体中存在了多层构造带倾向河所致；切层面的断层或构造面的软弱夹层倾向临空者称为顺坡断层。

花岗岩岩体中结构面：沿线出露的花岗岩中有下述两类结构面，如其组合向临空倾斜时易生成崩塌：①似层面结构面发育，似层厚0.5～2.0m，一般较平直；②由立面“X”结构面（两组节理面相互交叉）产生锥形体或楔形体崩塌。大柏牛大型崩塌就是沿“X”结构面的组合向临空倾斜时产生的。

构造裂面中的劈理面：在沿线调查中，构造裂面中的劈理面极发育，特别在1号滑坡及龙胆溪滑坡地段的劈理面密度3～6条/m，它反映地处于构造应力集中部位的岩石破碎，因之严重影响坡体的稳定性。在本地区主要发育节理有以下几组：①N30°E/N40～45°，面一般较平顺，延伸性好；②N40°W/N50～60°E，面光滑、顺直；③N70°～80°E/N70°W，面平顺，延伸性好；④N30°W/80～90°，下切较深，延伸性好，裂面平直。

从沿线的工程地质环境及滑坡、崩塌所处的工程地质条件来看，地形地貌的形成受控于川滇径向构造带的影响比较复杂；经过多期的地质构造运动、多期旋回火山活动、多期旋回岩浆侵入及变质作用，所以沿线地层岩性比较繁多、构造结构面比较发育（主要以压性或压扭性结构面为主），而且地表水网及地下水极丰富。滑坡所处的地质情况各不相同（包括地形地貌、地层岩性、地质构造、地表水及地下水情况），各个滑坡产生发展的地质基础虽不尽相同，但是在地质条件上有相同的规律，其相同的内在机制规律在于构造结构面形态控制着滑坡、崩塌的形成与发展。其中大柏牛崩塌，1号滑坡是典型的实例。

4. 地下水特征

上层滞水：在严江坪滑坡群、1号滑坡、龙胆溪滑坡的前缘及剪出口渗出地下水丰富，旱季则水量减少，沿线滑坡、地质病害均在雨季发生，特别是1号滑坡及龙胆溪滑坡在雨季位移量增大，说明当地土中水受气候控制，补给源主要来自大气降水和地表水流，降水量多及降水季节长时，因下渗量大，则坡内上层滞水的存在时间长，所以整治当地滑坡应加强疏排土中水工程和地表排水工程。

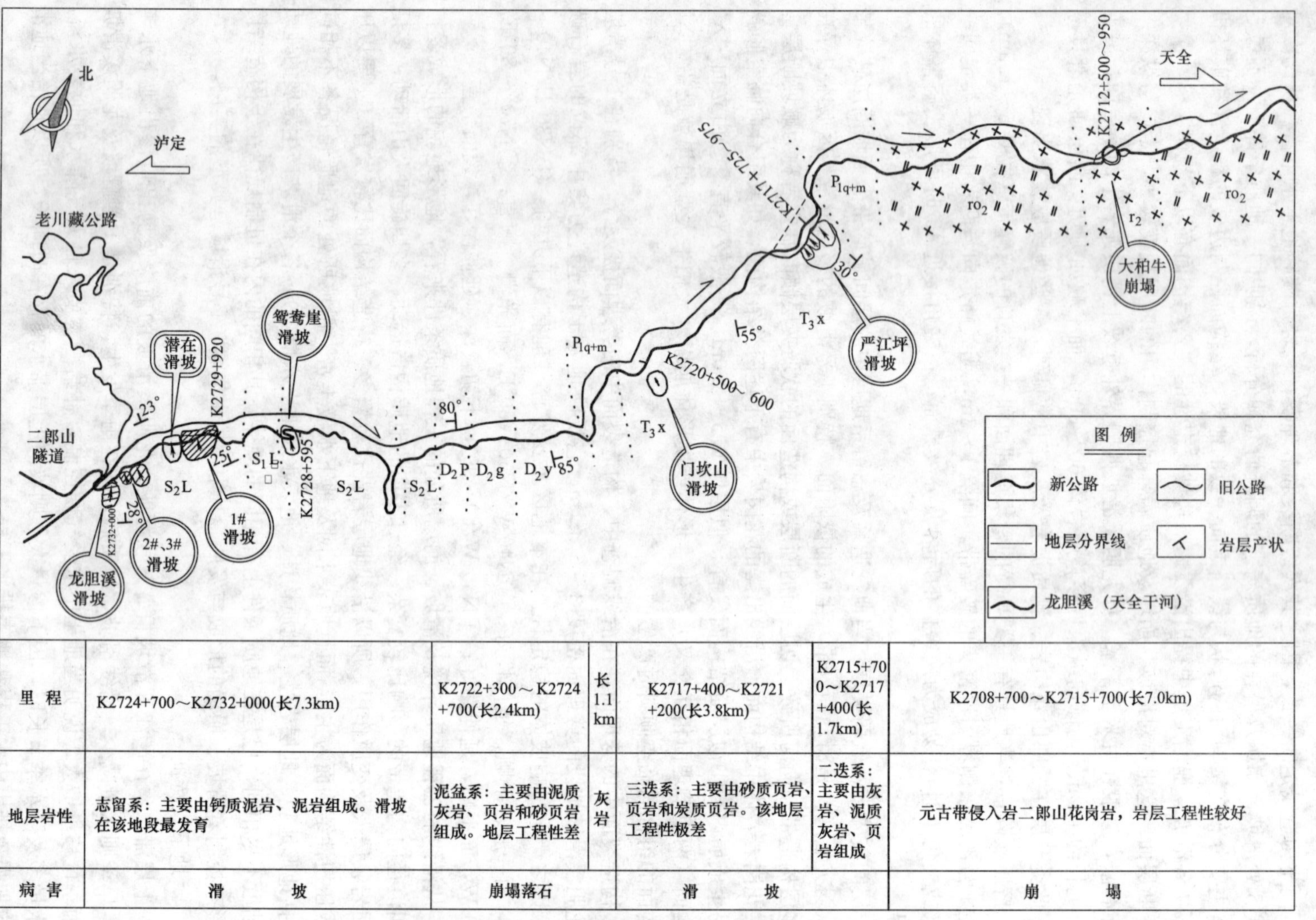

里程	K2724+700～K2732+000(长7.3km)	K2722+300～K2724+700(长2.4km)	长1.1km	K2717+400～K2721+200(长3.8km)	K2715+700～K2717+400(长1.7km)	K2708+700～K2715+700(长7.0km)
地层岩性	志留系：主要由钙质泥岩、泥岩组成。滑坡在该地段最发育	泥盆系：主要由泥质灰岩、页岩和砂页岩组成。地层工程性差	灰岩	三迭系：主要由砂质页岩、页岩和炭质页岩。该地层工程性极差	二迭系：主要由灰岩、泥质灰岩、页岩组成	元古带侵入岩二郎山花岗岩，岩层工程性较好
病害	滑坡	崩塌落石		滑坡		崩塌

图 7-57　川藏公路前碉桥～龙胆溪段滑坡及地层分布示意图

水泉、湿地：当地水泉、湿地主要出露于滑坡前缘、滑坡剪出口一线，呈"串珠"状。特别是1号滑坡的三个剪出口部位都出现以上现象，而严江坪滑坡群、龙胆溪滑坡在前缘系过湿带及严重渗水区。1号滑坡坡下龙胆溪河岸的河岸防护工程处，防冲挡墙墙面有多处裂缝向外渗水，显示该滑坡区地下水极其丰富，应研究其危害且予以整治。

5. 气候特征

前碉桥～龙胆溪公路位于二郎山东侧海拔1500～3600m、属暖湿带湿润气候区；因介于龙胆溪南北两峡谷对峙间，具山区气候特征。

据天全县气象局1992年1月～2002年8月间的降雨资料统计，年降雨量1272.6～1900.9mm，6～8月份降雨占年降雨量的60%～80%（图7-58），多以大雨或暴雨出现，最大年降雨量2300mm，最大日降雨量130mm。但本地区具有随海拔高度增加，降雨量增大的特点。

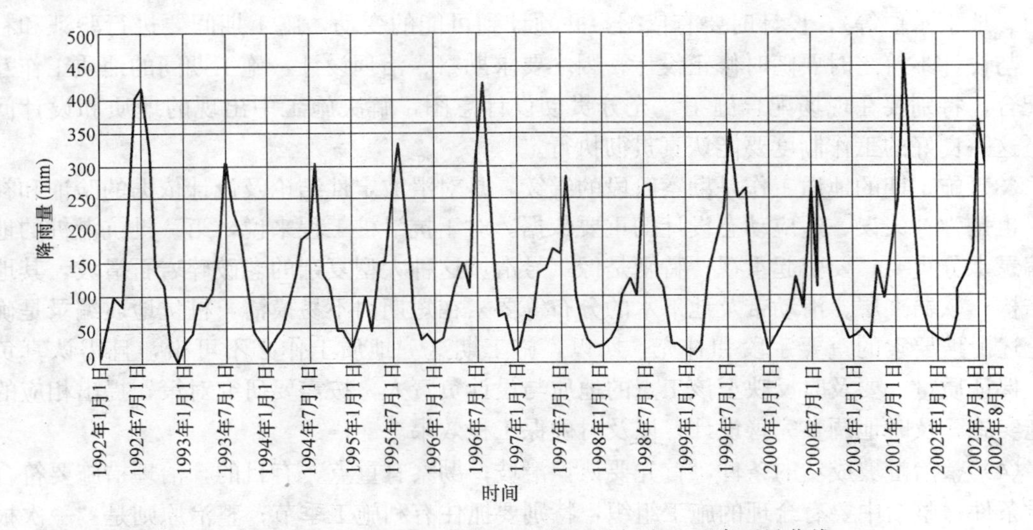

图7-58　1992年1月～2002年8月新沟地区降雨量曲线

（二）沿线病害特征、类型及分布规律

除大柏牛崩塌以外，沿线滑坡共有7处，另有一处是潜在老滑坡，其中已整治6处，改线绕避1处。滑坡集中分布在严江坪至龙胆溪段全长14km范围内（K2717＋725-K2732＋000）。

从前龙段沿线滑坡的分布和发生时间来看，具有如下规律：

（1）滑坡的发生具有明显的季节性。滑坡大都发生在雨季，这说明大气降雨对滑坡的发生具有激发作用。

（2）滑坡的分布具有区域集中性。即滑坡集中发生在地层岩性差、构造发育的路段，表明滑坡的产生与地质条件息息相关。

K2729＋860～K2732＋000段2.2km范围内为滑坡多发区。该段属同一地质构造单元，地形条件相似，滑坡性质和破坏模式相同，先产生大型错落，滑坡均在错落体上发育而成，1号滑坡具代表性。

（3）结构面形态控制着滑坡的形成和发展。在同一地质条件下，不稳定坡体主要分布在结构面的产状与线路走向一致的地段，结构面控制边坡的稳定性和破坏机制。凡是岩层产状顺倾路段易发生滑坡。

（三）沿线病害的治理经验

川藏公路前龙段自 1994 年技术改造起发生 8 处病害以来，陆续得到治理，取得了满意的效果，尤其是 1 号滑坡治理工程量大、投资多，结合治理工程已列专题进行研究，现就该段病害治理谈点经验与体会。

(1) 据病害体所处的地形、地质条件，充分优化治理方案，条件许可时尽量绕避病害。如对于大柏牛崩塌、严江坪滑坡群，在进行地面调绘和地质勘察的基础上，经多种方案比较均采用两桥两跨天全河，巧妙绕过病害体，达到一劳永逸。这是地质选线成功的范例，可见地质复杂地区的公路选线，工程地质工作十分重要。

(2) 滑坡治理是一项特殊的系统工程且是动态的，对之采用的工程措施要适应其地质条件（要预计到变化及可能考虑不周之处），才能取得效果。为此对关键性部位（如滑动带面、地下水位等），设计时要有依据，并预计到可能的变动，施工期间要进行验证和补充，与设计不符之时要随时修正设计；因之要求勘察、治理设计、施工期间的地质工作互相配合，特别要在现场配合施工，充分贯彻设计意图，解决施工中出现的地质和设计问题，这一良好的工作制度要能认真贯彻执行。

(3) 施工期的地质工作是勘察阶段的继续，是对滑坡定性结论及设计依据的验证和补充，也是弥补失误、适应动态设计的重要依据。对于抗滑桩工程来说，第一批抗滑桩的地质编录十分重要，要引起重视；特别是像 1 号滑坡这种大型复杂的老破碎岩石滑坡，其地质结构、软弱夹层、滑动带及地下水的分布等要素在短期内不易摸清，桩坑地质编录是确定上述滑坡要素的重要手段和补充，所以，施工期这一地质工作必不可少，且需认真负责、保证质量，要及时反映至该工点的地质与设计负责人，按需要研究对策，提出相应的措施实施，及时地调整完善设计，以及时确保工程效果。

(4) 整治滑坡成功的条件，首先要认识滑坡；勘察有重点、有目的，治理措施要符合地质条件；整治中要有合理的施工组织，特别要抓住有利施工季节；整治原则是“一次根治，不留后患”；对性质复杂的滑坡列专题结合施工进行深入研究，以确保治理效果，提高防治技术。

(5) 本段有四处滑坡的前缘地段受龙胆溪强烈冲刷，现修建了河岸防护工程，是正确的，可推广至整治类似的滑坡。

(6) 滑坡是山区公路建设中常见的不良地质现象之一，通过对复杂大型 1 号滑坡的勘察、整治、科研不难看出：勘察要采用多种手段，加上设置地面观测网及深部位移监测，从观测滑坡动态中确定滑坡的性质与稳定状态；在滑坡治理方面，根据滑坡的岩体结构采用多样化的措施综合治理；重视龙胆溪冲刷作用及河岸防护工程的作用，在施工期加强地质编录，验证勘察和设计结论，为变更设计提供了依据是一种好的做法，应该继承；施工后监测工作需持续一段时间，可对滑坡的稳定性及工程效果的评价提供依据，也可发现问题，提前预报，以便及早采取措施补救不足。

第8章　火灾灾损处理

8.1 概　　述

火的使用是人类最伟大的发明之一，是人类赖以生存和发展的一种自然力。火，燃尽了茹毛饮血的历史；火，点燃了现代社会的辉煌。但是火也给人类带来了巨大的灾难，由于种种原因导致的火灾，对人们的生命、财产都带来过巨大的损失。中国历史上，秦朝的宫殿被战火所毁。2001年，美国纽约的世贸中心被恐怖分子劫持飞机撞击，最后坍塌的原因也是大火所致。因此，研究火灾的发生、发展以及对建筑物的损害特征，并据此制定火灾预防和灾后处理的措施，对于减少损失是十分重要的。

8.1.1 火灾的基本概念

一、燃烧及火灾

1. 燃烧

凡是能与空气中的氧或其他氧化剂起燃烧化学反应的物质称为可燃物。人类正常利用火，是使可燃物的燃烧在时间上和空间上均处于可控状态下。燃烧的三个因素是可燃物、助燃物、火源。

燃烧的类型主要有闪燃、着火、自燃和爆炸等。

（1）闪燃与闪点：可燃液体挥发的蒸气与空气混合达到一定浓度，遇明火发生一闪即逝的燃烧，或者将可燃固体加热到一定温度后，遇明火会发生一闪即灭的闪燃现象，叫闪燃。在规定的试验条件下，液体或固体表面能产生闪燃的最低温度称为闪点。闪燃是短暂的闪火，不是持续的燃烧，其持续的时间一般不超过5s。这是因为闪点温度下，物体表面蒸发速度较慢，而蒸发出来的可燃气体仅仅能维持极短时间的燃烧，而新的蒸气还来不及补充，故闪燃一下就灭了。但是，如果温度继续升高，蒸发的速度加快，蒸气的数量增加较快，这时再遇明火便有起火燃烧或爆炸的危险，因此闪燃往往是持续燃烧的先兆。

（2）着火与着火点（燃点）：可燃物在空气中受着火源作用而发生持续燃烧的现象称为着火。可燃物开始燃烧时所需要的最低温度称为着火点或燃点。可燃物的燃点都高于其闪点，因此在评定液体的火灾危险时，燃点没有很大的实际意义。但是对于可燃固体和闪点较高的可燃液体具有实际意义，如果将这些物质的温度控制在燃点以下，就可防止火灾的发生。

（3）自燃与自然点：可燃物在空气中没有外来火源的作用，靠自热或外热而发生燃烧的现象，称为自燃。根据热源的不同，物质自燃分为自热自燃和受热自燃两种。使某种物质受热发生自燃的最低温度就是该物质的自燃点。在通常条件下，一般可燃物质和空气接触都会发生缓慢的氧化过程，但速度很慢，析出的热量也很少，同时不断向四周环境散热，不能像燃烧那样发出光。如果温度升高或其他条件改变，氧化过程就会加快，析出的热量增多，不能全部散发掉就积累起来，使温度逐步升高。当到达这种物质自行燃烧的温度时，就会发生自燃。

（4）爆炸与爆炸极限：物质发生急剧氧化或分解反应，产生温度、压力分别急剧增加或者两者同时急剧增加，并在瞬间放出大量能量的现象称为爆炸。爆炸可分为物理爆炸（由于液体变成蒸汽或者气体迅速膨胀，压力急速增加，并大大超过容器所能承受的极限压力而发生的爆炸）、化学爆炸（因物质本身起化学反应，产生大量气体和高温而发生的爆炸）和核爆炸（核武器或核装置在几微秒的瞬间释放出大量能量的过程）。在未燃烧物质中，以亚音速传播的爆炸称为爆燃，以超音速传播的爆炸称为爆轰。

在建筑物中发生的爆炸是由于可燃性气体、蒸气、粉尘、液滴与空气或其他氧化介质形成爆炸性混合物所发生的爆炸。可燃性气体、粉尘等与空气混合达到一定浓度时，遇火源发生爆炸的浓度范围，称为爆炸极限，通常用可燃性气体、粉尘等在空气中的体积百分比（%）来表示。当可燃性气体、粉尘等在空气中的浓度低于爆炸极限时，既不会发生爆炸也不会发生燃烧。爆炸性混合物发生爆炸的起码条件是达到爆炸极限浓度。但当可燃性气体、粉尘等在空气中的浓度超过爆炸极限时，也不会发生爆炸，而发生燃烧。

2. 火灾

当可燃物的燃烧在时间上和空间上处于不可控状态时，就会发生火灾。建筑物中部分结构材料和装修材料是可燃物，如结构材料中的木材，装修材料中的纺织品、油漆等；同时建筑物内可能存放可燃物品，如木质家具、布料、油品、酒精等。当上述可燃物出现不可控的燃烧时就会发生火灾。

二、火灾的分类及等级

1. 火灾的分类

2008 年 11 月 4 日发布、2009 年 4 月 1 日实施的国家推荐标准《火灾分类》GB/T 4968—2008 中，根据可燃物的类型和燃烧特性，将火灾分为 A、B、C、D、E、F 六类。

A 类火灾：指固体物质火灾。这种物质通常具有有机物质性质，一般在燃烧时能产生灼热的余烬。如木材、煤、棉、毛、麻、纸张等火灾。

B 类火灾：指液体或可熔化的固体物质火灾。如汽油、煤油、柴油、原油，甲醇、乙醇、沥青、石蜡等火灾。

C 类火灾：指气体火灾。如煤气、天然气、甲烷、乙烷、丙烷、氢气等火灾。

D 类火灾：指金属火灾。如钾、钠、镁、铝镁合金等火灾。

E 类火灾：带电火灾。物体带电燃烧的火灾。

F 类火灾：烹饪器具内的烹饪物（如动植物油脂）火灾。

2. 火灾的等级

根据 2007 年 6 月 26 日公安部下发的《关于调整火灾等级标准的通知》，新的火灾等级标准由原来的特大火灾、重大火灾、一般火灾三个等级调整为特别重大火灾、重大火灾、较大火灾和一般火灾四个等级。

特别重大火灾，指造成 30 人以上死亡，或者 100 人以上重伤，或者 1 亿元以上直接财产损失的火灾；

重大火灾，指造成 10 人以上 30 人以下死亡，或者 50 人以上 100 人以下重伤，或者 5000 万元以上 1 亿元以下直接财产损失的火灾；

较大火灾，指造成3人以上10人以下死亡，或者10人以上50人以下重伤，或者1000万元以上5000万元以下直接财产损失的火灾；

一般火灾，指造成3人以下死亡，或者10人以下重伤，或者1000万元以下直接财产损失的火灾。

注："以上"包括本数，"以下"不包括本数。

三、火灾的历程

室内火灾经历初起阶段、发展蔓延阶段、发展猛烈阶段和衰减熄灭阶段。

1. 初起阶段

此时的火灾范围较小，可燃物刚刚达到临界温度而燃烧，不会产生高热量辐射及高强度的气体对流，烟气量不大，燃烧所产生的有害气体尚未达到弥散，被困人员有一定时间逃生，对建筑物还未构成破坏。此时，如果消防扑救方法正确，人员充沛，可以把火灾控制在局部，甚至完全消灭。

2. 发展阶段

当火灾没有得到及时控制，继续持续燃烧，称为火灾的发展阶段。火灾的控制与失控也与当时火场燃烧物的种类、气候条件、扑救环境，以及扑救人员装备和方式有着直接的关系。这时的火灾持续燃烧速度加快，温度不断升高，气体对流增强，燃烧产生的炙热烟气迅速弥散。这些热传播的方式会加剧火势蔓延，火场范围扩大，火势也难以控制。

3. 旺盛阶段

火灾发展到这一阶段最危险，也最具破坏性。温度、气体对流强度、燃烧速度均达到峰值，并伴有可燃性物质不完全燃烧或因高温分解而释放的大量助燃物质和刺激性烟气，燃烧随时会产生突发性变化。如有燃爆性气体时，会产生瞬时爆燃，不仅扩大火势，对扑救人员、受困人员均会形成最大安全威胁，同时对建筑物也会形成毁灭性破坏。

4. 下降熄灭阶段

因可燃物质燃烧将尽，消防扑救手段等因素使火场温度下降，气体对流减弱，这时火灾称下降熄灭阶段。但这一阶段也因地理位置、火场环境等因素不同，持续时间也不一样，有时会持续很长时间，有时也会因建筑物本体坍塌，重新产生有氧对流而出现"死灰复燃"现象。

四、火焰

火焰是可燃物与助燃物发生氧化反应时释放光和热量的现象。虽然可燃物燃烧时的火焰温度不同，但通常火焰从内到外可分为焰心、内焰、外焰三部分。

1. 焰心

中心的黑暗部分，由可燃物蒸发、分解形成的能燃烧而还未燃烧的气体所组成，在火焰的三个组成部分中温度最低。

2. 内焰

包围焰心的最明亮部分，呈橙黄色，是气体未完全燃烧的部分，含有炭粒子，被烧热发出强光，并有还原作用，也称还原焰。其温度介于焰心与外焰之间。

3. 外焰

最外面几乎无光的部分，是气体完全燃烧的部分。含有过量而强热的空气，有氧化作用，也称氧化焰。外焰温度最高。

8.1.2 火灾对主要结构材料性能的影响

火灾对结构材料的影响主要与材料种类、火场最高温度、温度升高的速率、高温持续时间、燃烧稳定性以及灭火方式有关。

一、火灾对混凝土材料性能的影响

混凝土是指由胶凝材料将粗骨料（石子）、细骨料（砂）胶结成整体的工程复合材料的统称。通常讲的混凝土是指用水泥作胶凝材料，砂、石作骨料；与水（加或不加外加剂和掺合料）按一定比例配合，经搅拌、成型、养护而得的水泥混凝土，也称普通混凝土，它广泛应用于土木工程。混凝土具有原料丰富，价格低廉，生产工艺简单的特点，因而其用量越来越大；同时混凝土还具有抗压强度高，耐久性好，强度等级范围宽等特点，使其使用范围十分广泛，不仅在各种土木工程中使用，而且在造船业，机械工业，海洋开发，地热工程等行业，混凝土也是重要的材料。

1. 高温对混凝土不同组分的影响

（1）混凝土中的各种水分

混凝土中的水可分为化学结合水、吸附水和游离水三部分。

1）化学结合水：存在于各种水泥水化产物中，是和水泥发生水化反应的水，在接近混凝土终凝时约占总拌合用水量的5%。

在高温作用下，化学结合水会不同程度的分解逸出，并导致混凝土微观结构的破坏。

2）吸附水：又称为物理化学结合水，由于混凝土各固相具有很高的比表面、孔隙，此外，吸附力、分子间力、毛细管作用力都非常明显，因此会使混凝土中存在一定比例的吸附水，终凝时达到总用水量的25%。

在升温过程中，混凝土中的吸附水会脱离吸附并逸出混凝土，其对混凝土的影响较小。

3）游离水：终凝时约占总用水量65%～70%的水，存在于孔隙、毛细管中。

游离水在混凝土升温时，会吸收大量的热量，体积产生膨胀。存在于连通孔道内的水分会逸出，而处于封闭孔或受阻于连通孔中阻隔物的水，因体积膨胀造成孔壁等的破坏，会导致混凝土强度降低。

（2）混凝土中的水泥石

水泥石由水泥浆体包裹骨料硬化形成，对混凝土的各种性能都有比较大的影响。

水泥石随温度上升会产生两种主要影响。

1）水化硅酸钙凝胶的干缩：在常温下，水化硅酸钙的脱水是正常的，但当温度超过500℃时，由于大量急剧脱水，产生明显的破坏作用，使水泥石密度降低，从而导致强度降低。原始的不连贯的微裂缝迅速扩展并连续发展，形成大裂缝，造成混凝土的宏观破坏。水化硅酸钙凝胶脱水干缩导致的混凝土强度降低，往往是建筑物在火灾作用下突然倒塌的主要原因。

2）水泥石与骨料的不同受热形态：当温度上升到一定程度后，水泥石受拉，骨料受压，由此加剧了内裂缝的扩展，这也是混凝土强度降低的主要原因。因此，水泥用量越大，水灰比越小，受到高温影响时混凝土强度降低越明显。

综上所述，混凝土在火作用下的机理可归纳为：

（1）表面受火处温度升高速度明显高于内部，内外温差引起混凝土开裂；

(2) 水泥石受热分解，使胶体的粘结力破坏；

(3) 骨料和水泥石之间的不同受热变形形态，导致应力集中和微裂缝的开展。

2. 高温对混凝土抗压强度的影响

混凝土的抗压强度是其力学性能中最基本、最重要的一项，常常作为基本参量确定混凝土的强度等级和质量标准，并决定其他力学性能指标，如抗拉强度、弹性模量和峰值应变等的数值。同样，混凝土在不同温度下的抗压强度和应力-应变关系也是研究混凝土结构、构件高温性能的基础。

高温下混凝土立方体的抗压强度，国内外已进行过大量的试验研究。

(1) 高温下及高温后混凝土强度的影响因素

影响混凝土抗压强度的因素较多，比较一致的结论有：

1) 当温度在350℃以下时，混凝土的抗压强度与常温时抗压强度值差别不大，破坏形态与常温下的试件也没有太大差别；当温度超过350℃时，抗压强度明显下降，破坏形态也明显变化，试件（或构件）上、下两端的裂缝和边角缺损现象开始出现，并随温度的升高而渐趋严重；当温度达到900℃时，混凝土的抗压强度几乎不到常温下的10%。

2) 混凝土的强度越高，高温对其抗压强度的影响越明显，同样的温度下，抗压强度的损失越大。

3) 升温、降温后的残余抗压强度比高温时的抗压强度还要低，原因是冷却过程中试件内部的裂缝又有进一步的发展。

4) 随着水灰比的增大，混凝土在高温下的抗压强度降低值更大。

5) 持续高温下的混凝土抗压强度的下降大部分在第二天内就出现，温度越高，下降幅度越大，至第七天后抗压强度趋于稳定。

6) 混凝土龄期对高温下抗压强度的影响较小。

7) 试验温度低于600℃时，加热慢的试件比加热快的试件的强度低，但温度超过600℃时，升温速率对强度几乎没有影响。

高温对混凝土抗压强度的影响分为升温段和冷却后二个阶段。

(2) 升温段混凝土立方体抗压强度与温度关系

根据试验结果，文献[144]、[145]给出的升温段混凝土立方体抗压强度与温度关系式为：

$$\frac{f_{cu}^{T}}{f_{cu}}=\frac{1}{1+a\left(\frac{T}{1000}\right)^{b}} \tag{8-1}$$

式中　f_{cu}^{T}——温度为T（℃）时的混凝土立方体抗压强度（N/mm^2）；

f_{cu}——常温下混凝土立方体抗压强度（N/mm^2）；

T——计算时混凝土温度（℃）；

a、b——回归系数；$a=13\sim21$，平均值16；$b=5.7\sim7.2$，平均值6.3。

根据式（8-1）绘出的f_{cu}^{T}/f_{cu}-T关系曲线见图8-1。

文献[146]、[147]给出的自然冷却情况下的混凝土与温度间关系的经验公式[为统一起见，相同指标的符号均按式（8-1）进行统一]：

$$f_{cu}^{T}=\begin{cases}f_{cu} & (0℃<T\leqslant300℃)\\(137.86-0.1262T)\times10^{-2}f_{cu} & (300℃<T\leqslant1000℃)\end{cases} \tag{8-2}$$

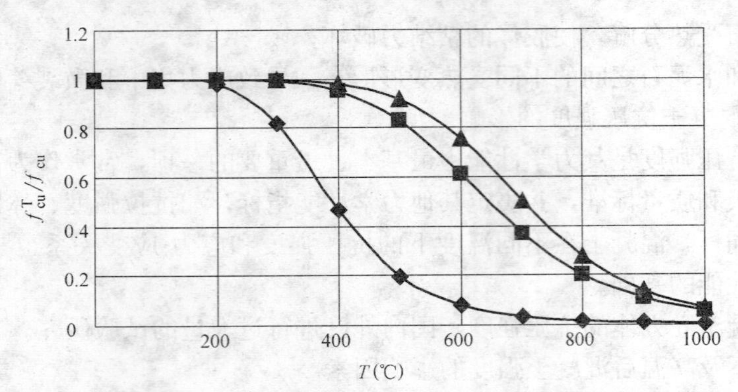

图 8-1　混凝土抗压强度与温度间的关系曲线

文献［148］、［149］给出的混凝土与温度间关系的经验公式：

$$f_{cu}^{T}=\frac{f_{cu}}{1+2.4(T-20)^{6}\times10^{-17}} \tag{8-3}$$

2009 年颁布实施的《火灾后建筑结构鉴定标准》CECS 252：2009，在附录 F 中以表格形式给出的“火灾后混凝土强度折减系数”见表 8-1。

混凝土高温时抗压强度折减系数　　**表 8-1**

温度(℃)	常温	300	400	500	600	700	800
$f_{cu,t}/f_{cu}$	1.00	1.00	0.80	0.70	0.60	0.40	0.20
备注	$f_{cu,t}$相当于式(8-1)～式(8-3)的 f_{cu}^{T}						

将式（8-1）的平均值、式（8-2）、式（8-3）以及表 8-1 所示的数据，绘制于一个图中（图 8-2）。从图中可以看出，它们基本一致。

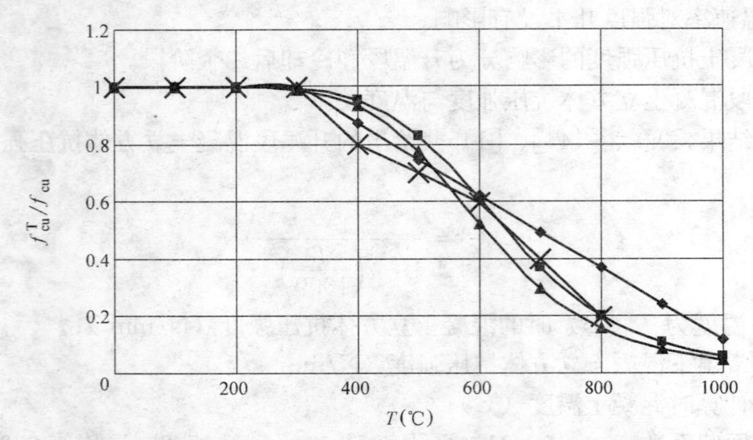

图 8-2　各研究者提出的混凝土抗压强度与温度间的关系的对比

在进行火灾鉴定时，可按《火灾后建筑结构鉴定标准》CECS 252：2009 来选用。

（3）冷却后混凝土立方体抗压强度与温度关系

经受高温并降温后的混凝土抗压强度，是火灾后进行结构损伤评估与加固设计的重要依据。经受火灾的高温及其后的降温过程，混凝土除了遭受高温对材料结构的破坏外，由于降温时其内部温度场的分布梯度与升温时截然相反，因而还将再次产生损伤。所以降温后混凝土的抗压强度比降温前更低。同时不同的降温方式对于降温后混凝土的强度影响非常明显。

文献［145］认为，可在式（8-1）的基础上，通过调整 a、b 的系数来表示降温后混凝土的抗压强度，其中：$a=26$，$b=6.5$。

文献［147］中认为式（8-2）即为自然冷却情况下降温后混凝土的抗压强度，对于水冷却情况下的混凝土立方体抗压强度与温度关系，可按式（8-4）进行计算。

$$f_{cu}^{T}=(100-0.0921T)\times10^{-2}f_{cu} \tag{8-4}$$

CECS 252：2009 提出，自然冷却、水冷却情况下，火灾后混凝土强度折减系数按表 8-2 的系数取用。

混凝土高温自然冷却后抗压强度折减系数　　表 8-2

温度(℃)		常温	300	400	500	600	700	800
$f_{cu,t}/f_{cu}$	自然冷却	1.00	0.80	0.70	0.60	0.50	0.40	0.20
	水冷却	1.00	0.70	0.60	0.50	0.40	0.25	0.10
备注		—	$f_{cu,t}$相当于式(8-1)～式(8-3)的 f_{cu}^{T}					

上述文献给出的自然冷却、水冷却情况下的混凝土强度与最高温度之间的对比见图 8-3。

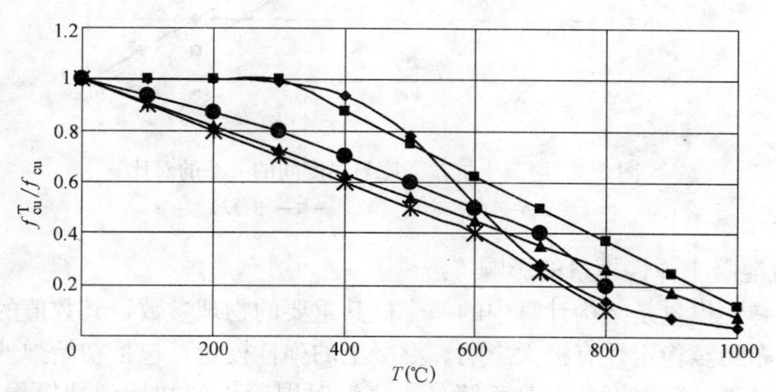

图 8-3　冷却后混凝土抗压强度与温度间的关系的对比

文献[145]　文献[147]自然冷却　文献[147]水冷却　CECS 252:2009自然冷却　CECS 252:2009水冷却

从图中可以看出，《火灾后建筑结构鉴定标准》CECS 252：2009 作为标准，其取值更偏于安全，实际工程鉴定评估和加固处理时可按其来选用。

3. 高温对混凝土抗拉强度的影响

在普通混凝土结构设计中一般主要考虑压应力而忽略拉应力，但是拉应力不仅始终存在而且成为混凝土开裂的关键因素。特别是火灾后的混凝土，其裂缝的增多、增大尤其发生在主拉应力作用区，抗拉强度对火灾作用后混凝土结构构件能否保持良好的工作性能起决定性作用。因此对高温下混凝土抗拉强度的研究是非常必要的。

高温下混凝土抗拉强度的试验一般采用立方体或圆柱体试件的劈裂试验方法。虽然试验结果比较分散，但其趋势是随着温度升高，混凝土抗拉强度单调下降。当温度在 100～300℃时，抗拉强度的降低比较缓慢，但超过 400℃后，降低速率明显增快。此外，由于升温过程中水分的蒸发、混凝土内部微裂缝的形成，使得高温下混凝土的抗拉强度比抗压强度损失要大。

根据试验结果，混凝土抗拉强度与高温的关系有以下计算公式：

自然冷却：
$$f_t^T=(1.0-0.001T)f_t \tag{8-5}$$

水冷却：
$$f_t^T=(100-0.1125T)\times10^{-2}f_t \tag{8-6}$$

式中　f_t^T——温度为 T（℃）时的混凝土抗拉强度（N/mm²）；

f_t——常温下混凝土抗拉强度（N/mm²）；

T——混凝土的温度（℃）。

根据式（8-5）、式（8-6）绘制的混凝土抗拉强度与温度之间的关系见图 8-4。

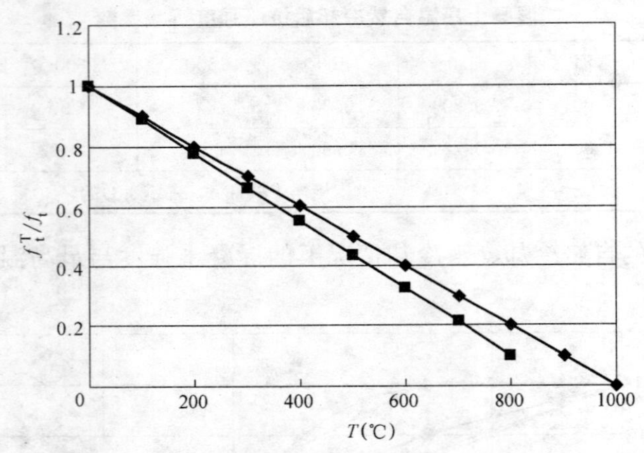

图 8-4　混凝土抗拉强度与温度间的关系的对比

—◆— 自然冷却　—■— 水冷却

4. 高温对混凝土弹性模量的影响

混凝土的弹性模量是结构计算中的一个极其重要的物理参数，其数值的大小对结构的变形、内力分布乃至稳定性有极大影响。混凝土的弹性模量，包括初始弹性模量和峰值变形模量，两者都随试验温度的升高而降低。高温时混凝土的初始弹性模量（E_c^T）与常温下（E_c）一样，取实测应力-应变曲线上应力 $\sigma=0.4f_c^T$ 与相应应变 ε 的比值，即是割线斜率；峰值割线模量则为棱柱体抗压强度与相应峰值应变之比值，$E_p^t=\dfrac{f_c^T}{\varepsilon_p^T}$。

高温作用下，由于混凝土内部材料之间热工性能的不相容性，导致内应力产生，出现细微裂缝；同时由于自由水的蒸发，使混凝土内部失水，造成变形增大，弹性模量降低。高温下其变化情况主要有如下特点：

（1）混凝土的弹性模量随着温度的增加而迅速降低，但在逐渐冷却至常温的过程中其弹性模量基本不变；混凝土的弹性模量主要取决于曾经达到的最高温度。混凝土初始弹性模量和峰值变形模量与温度的关系可用下式来表示：

$$\frac{E_c^T}{E_c}=\frac{E_p^T}{E_p}=(0.83-0.00117)T \qquad 60℃\leqslant T\leqslant700℃ \tag{8-7}$$

式中 E_c^T——高温下混凝土的初始弹性模量（N/mm²）；

E_c——常温下混凝土的初始弹性模量（N/mm²）；

E_p^T——高温下混凝土的峰值变形模量（N/mm²）；

E_p——常温下混凝土的峰值变形模量（N/mm²）。

（2）不同骨料对混凝土弹性模量的影响，由于试验影响因素的不同，其结论也有较大的差异。文献［151］对混凝土弹性模量随温度变化的研究表明：骨料对弹性模量的影响较大；在降温过程中，弹性模量基本保持高温时的数值不变。文献［152］指出轻质骨料混凝土高温后弹性模量降低量小，硅质骨料混凝土降低最大。而 Crue 则认为骨料类型和混凝土初始强度对高温下混凝土弹性模量影响不大。

（3）当温度高于 300℃时，混凝土的水灰比越高，其弹性模量随温度的升高降低越多。

（4）湿养护的混凝土比空气中养护的混凝土弹性模量损失多。

（5）高强混凝土的弹性模量比低强度混凝土受温度的影响小。

CECS 252：2009 给出的高温冷却后混凝土弹性模量的折减系数见表 8-3。

高温冷却后混凝土弹性模量的折减系数　　表 8-3

温度(℃)	室温	300	400	500	600	700	800
$E_{h,5}/E_h$	1.00	0.75	0.46	0.39	0.11	0.05	0.03

二、火灾对钢材性能的影响

在实际工程中，为了评估火灾后建筑物的损伤程度，必须对火灾后钢筋混凝土的力学性能进行分析，因此，火灾后钢筋力学性能的变化是一个不可或缺的参量。

钢筋（材）是现代工业制造的产品，材质均匀，材性稳定，且质量有保证，它的力学性能主要取决于钢材的合金成分和生产工艺，包括热处理过程。在高温作用下，钢材内部的金属晶体结构发生转变，致使力学性能出现相应的变化。

考虑到实际火灾中结构物的损坏程度及灭火过程的不同，钢筋有可能处于三种不同条件下发生冷却：①包裹在混凝土内，②暴露在空气中，③灭火时受到水的喷淋，因此试验中模拟相应的三种冷却方式：炉内冷却（对应于条件①）、空气冷却（对应于条件②）、喷水冷却（对应于条件③）。

1. 高温对屈服强度的影响

不同种类的钢筋，其强度随温度的变化规律有所不同，屈服强度是结构设计中加以利用的钢筋强度限值，它的确定决定着结构的承载力和延性。

（1）光圆钢筋：试验表明，在 500℃以前，屈服强度相比常温有不同程度的提高，500℃以后，自然冷却和炉内冷却屈服强度持续降低，而喷淋冷却屈服强度反而增大。采用线性分析，得出高温下光圆钢筋屈服强度的经验公式：

喷水冷却：
$$\frac{\sigma_s^T}{\sigma_s}=\begin{cases}1 & 0℃\leqslant T<500℃\\(75.65+0.0487T)\times10^{-2} & 500℃\leqslant T\leqslant900℃\end{cases}\tag{8-8}$$

自然冷却：
$$\frac{\sigma_s^T}{\sigma_s}=\begin{cases}1 & 0℃\leqslant T<500℃\\(114.95-0.0299T)\times10^{-2} & 500℃\leqslant T\leqslant900℃\end{cases}\tag{8-9}$$

炉内冷却：
$$\frac{\sigma_s^T}{\sigma_s}=\begin{cases}1 & 0℃\leqslant T<500℃\\(127.1-0.0542T)\times10^{-2} & 500℃\leqslant T\leqslant900℃\end{cases} \quad (8\text{-}10)$$

式中　T——钢筋的温度（℃）；

σ_s^T——温度为 T 时钢筋的屈服强度（N/mm^2）；

σ_s——常温下钢筋的屈服强度（N/mm^2）。

（2）螺纹钢筋：试验表明，在 500℃以前，屈服强度较之常温变化不大，500℃以后，屈服强度持续降低，700℃以后，自然冷却时屈服强度增大，在 900℃时，喷淋冷却和炉内冷却后钢筋发生脆断。得出高温下螺纹钢筋屈服强度的经验公式：

喷水冷却：
$$\frac{\sigma_s^T}{\sigma_s}=\begin{cases}1 & 0℃\leqslant T<500℃\\(112.75-0.0255T)\times10^{-3} & 500℃\leqslant T\leqslant700℃\end{cases} \quad (8\text{-}11)$$

自然冷却：
$$\frac{\sigma_s^T}{\sigma_s}=\begin{cases}1 & 0℃\leqslant T<500℃\\(154.95-0.1095T)\times10^{-2} & 500℃\leqslant T<700℃\\(45.55+0.465T)\times10^{-2} & 700℃\leqslant T\leqslant900℃\end{cases} \quad (8\text{-}12)$$

炉内冷却：
$$\frac{\sigma_s^T}{\sigma_s}=\begin{cases}1 & 0℃\leqslant T<500℃\\(137-0.074T)\times10^{-2} & 500℃\leqslant T\leqslant700℃\end{cases} \quad (8\text{-}13)$$

式中符号意义同光圆钢筋。

（3）高强度碳素钢丝：试验表明，在 200℃以内，屈服强度变化很小，200℃以后，屈服强度迅速持续下降，达到 900℃时，炉内冷却后下降了 71%，其余两种冷却后下降了 55%。在 500℃和 700℃时，由于试件脆断，无法测出 $\sigma_{0.2}$。由于三种冷却方式下屈服强度的变化规律相近，故采用统一的经验公式：

$$\frac{\sigma_{0.2}^T}{\sigma_{0.2}}=\begin{cases}1 & 0℃\leqslant T<200℃\\(116.12-0.0806T)\times10^{-2} & 200℃\leqslant T\leqslant400℃\end{cases} \quad (8\text{-}14)$$

式中　T——钢筋的温度（℃）；

$\sigma_{0.2}^T$——温度为 T（℃）时钢筋的条件屈服强度（N/mm^2）；

$\sigma_{0.2}$——常温下钢筋的条件屈服强度（N/mm^2）。

文献［153］给出了设计强度的折减系数，见表 8-4。

高温对钢筋设计强度影响的折减系数　　表 8-4

钢种 \ 温度(℃)	100	200	300	400	500	600	700
普通低碳钢筋	1.00	1.00	1.00	0.67	0.52	0.30	0.05
普通低合金钢筋	1.00	1.00	0.85	0.75	0.60	0.40	0.20
冷加工钢筋	1.00	0.84	0.67	0.52	0.36	0.20	0.05
高强钢丝	1.00	0.80	0.60	0.40	0.20	—	—

文献［153］认为高温时和高温后强度折减系数一致。

CECS 252：2009 在附录 G 给出了高温时 HPB235、HRB335 级钢筋及冷拔钢丝的强度折减系数，见表 8-5；对 HRB335 钢筋在高温冷却后的屈服强度、极限抗拉强度给出了折减系数，见表 8-6。

高温时钢筋强度折减系数　　**表 8-5**

钢种＼温度(℃)	室温	100	200	300	400	500	600	700	900
HPB235	1.00	1.00	1.00	1.00	0.60	0.50	0.30	0.10	0.05
HRB335	1.00	1.00	1.00	0.80	0.70	0.60	0.40	0.25	0.10
冷拔钢丝	1.00	1.00	0.75	0.55	0.35	0.20	0.15	0.05	0.00
备注	对于热轧钢筋 HPB235 和 HRB335，钢筋强度指标为屈服强度；对于冷拔钢丝，钢筋强度指标为极限抗拉强度。								

HRB335 钢筋高温冷却后强度折减系数　　**表 8-6**

温度(℃)	室温	100	200	250	300	350	400	450	500	600	700	800	900
屈服强度	1.00	0.95	0.95	0.95	0.95	0.95	0.95	0.90	0.90	0.90	0.85	0.85	0.80
极限抗拉强度	1.00	1.00	1.00	0.92	0.95	0.95	0.90	0.90	0.90	0.85	0.85	0.85	0.80

实际工程检测鉴定中可参照 CECS 252：2009 给出的折减系数，进行计算分析。

2. 高温对极限强度的影响

文献［147］根据试验结果，给出了经验公式。

（1）光圆钢筋：试验表明，500℃以前光圆钢筋的极限强度比常温有所提高，500℃后开始下降，只是在 900℃时自然冷却后略有上升，而喷水冷却时则急剧上升。三种不同冷却方式下光圆钢筋极限强度的经验公式如下：

喷水冷却：
$$\frac{\sigma_b^T}{\sigma_b}=\begin{cases}1 & 0℃\leqslant T<700℃\\(7.25+0.1325T)\times10^{-2} & 700℃\leqslant T\leqslant900℃\end{cases}\tag{8-15}$$

自然冷却：
$$\frac{\sigma_b^T}{\sigma_b}=\begin{cases}1 & 0℃\leqslant T<700℃\\(132.9-0.047T)\times10^{-2} & 700℃\leqslant T\leqslant900℃\end{cases}\tag{8-16}$$

炉内冷却：
$$\frac{\sigma_b^T}{\sigma_b}=1\tag{8-17}$$

式中　T——钢筋的温度（℃）；

σ_b^T——温度为 T（℃）时钢筋的极限强度（N/mm^2）；

σ_b——常温下钢筋的极限强度（N/mm^2）。

（2）螺纹钢筋：试验表明，500℃以下，极限强度比常温下有不同程度的提高，500℃以上时强度下降很快，达到 700℃以后，有所增大，即在 700℃时螺纹钢筋的极限强度最低。自然冷却和炉内冷却对螺纹钢筋极限强度影响的差别不大。

喷水冷却：
$$\frac{\sigma_b^T}{\sigma_b}=\begin{cases}1 & 0℃\leqslant T<500℃\\(127.5-0.055T)\times10^{-2} & 500℃\leqslant T<700℃\\(-105.25+0.2775T)\times10^{-2} & 700℃\leqslant T<900℃\end{cases}\tag{8-18}$$

自然冷却、炉内冷却：
$$\frac{\sigma_b^T}{\sigma_b}=\begin{cases}1 & 0℃\leqslant T<500℃\\(133.25-0.0665T)\times10^{-2} & 500℃\leqslant T<700℃\\(46.8+0.057T)\times10^{-2} & 700℃\leqslant T<900℃\end{cases}\tag{8-19}$$

式中符号意义同光圆钢筋。

（3）高强度碳素钢丝：试验表明，受火温度对高强度碳素钢丝的极限强度有较大影响。当温度在200℃以内时，强度几乎没有变化，之后强度开始下降，但幅度不大，达到400℃时强度损失不到原抗拉强度的15%；但400℃以后，抗拉强度有很大的下降，特别是受火温度为700℃时，极限强度的损失最大，损失约为原抗拉强度的60%；当温度大于700℃后，极限强度又有回升。三种冷却方式下，温度对高强度碳素钢丝的极限强度的影响如下：

喷水冷却、自然冷却：

$$\frac{\sigma_b^T}{\sigma_b}=\begin{cases}1 & 0℃\leqslant T<500℃\\(123.76-0.1188T)\times10^{-2} & 200℃\leqslant T<700℃\\(-42.875+0.1193T)\times10^{-2} & 700℃\leqslant T<900℃\end{cases}\tag{8-20}$$

炉内冷却：

$$\frac{\sigma_b^T}{\sigma_b}=\begin{cases}1 & 0℃\leqslant T<500℃\\(123.76-0.1188T)\times10^{-2} & 500℃\leqslant T<700℃\\(-2.8+0.062T)\times10^{-2} & 700℃\leqslant T<900℃\end{cases}\tag{8-21}$$

式中符号意义同光圆钢筋。

3. 高温对弹性模量的影响

钢筋的弹性模量随温度升高逐渐降低，与钢筋的种类和级别关系不大。四川消防科研所研究表明，钢筋在火灾后即冷态（常温）时弹性模量无明显变化，可取常温时的值。

文献［149］给出了经验公式：

$$\frac{E_s^T}{E_s}=\begin{cases}1.0+\dfrac{T}{2000\ln\left(\dfrac{T}{1100}\right)} & 20℃\leqslant T<600℃\\[2ex]\dfrac{600-0.69T}{T-53.5} & 600℃\leqslant T<1000℃\end{cases}\tag{8-22}$$

式中　T——钢筋的温度（℃）；

E_s^T——温度 T（℃）时钢筋的弹性模量（N/mm²）；

E_s——常温下钢筋的弹性模量（N/mm²）。

文献［153］给出了弹性模量的折减系数，见表8-7。

高温对钢筋弹性模量影响的折减系数　　表8-7

温度(℃)	100	200	300	400	500	600	700
折减系数	1.00	0.95	0.90	0.85	0.80	0.75	0.70

CECS 252：2009在附录H中给出的高温冷却后钢筋弹性模量的折减系数，见表8-8。

高温冷却后钢筋弹性模量的折减系数　　表8-8

温度(℃)	室温	300	400	500	600	700	800
折减系数	1.00	0.75	0.46	0.39	0.11	0.05	0.03

实际工程检测鉴定中可参照CECS 252：2009的折减系数，进行计算分析。

三、火灾对钢筋和混凝土粘结性能的影响

混凝土和钢筋之间的粘结性能是两者共同工作的基础，对构件的裂缝、变形和承载力有很大影响。在火灾条件下，一方面，由于混凝土的膨胀变形系数比钢筋小，故对钢筋产生环向挤压，从而增大两者之间的摩擦力；另一方面，混凝土的抗拉强度随温度升高显著减小，又降低了两者之间的粘结力。纵观国内外的研究成果，可以得出下述普遍性结论：

（1）高温作用下和高温作用冷却后，钢筋和混凝土之间的粘结强度会受到损伤，随温度增高，粘结强度呈连续下降趋势，变化规律与混凝土抗拉强度相似。

（2）混凝土抗压强度的损伤系数和变形钢筋粘结强度的损伤系数是同一量级的，冷却后的抗压强度的损伤仅比粘结强度稍大。

（3）高温粘结强度的降低幅度主要取决于钢筋的外表形状和锈蚀程度。变形钢筋的粘结强度比光圆钢筋的粘结强度大得多，严重锈蚀的光圆钢筋的粘结强度好于新轧光圆钢筋的粘结强度。

（4）影响粘结强度的因素很多，如强度、试验程序、钢筋形状和混凝土性能等，因而各个试验得出的损伤系数有一定差异，但总的变化趋势是一致的。

（5）高温下的粘结性能比冷却后的粘结性能稍好一些。

文献［154］认为，对高温后构件进行粘结强度方面的分析采用抗拉强度是可行的，因为测定粘结强度较为困难，而测定抗拉强度则较方便。故可用下式计算平均粘结强度：

$$\frac{\tau_u^T}{\tau_u}=\begin{cases}\dfrac{f_t^T}{f_t}-0.057\times\dfrac{T}{100} & 20℃\leqslant T<300℃\\[2ex] \dfrac{f_t^T}{f_t}-0.17 & 300℃\leqslant T\leqslant 700℃\end{cases} \tag{8-23}$$

文献［154］考虑到混凝土的粘结强度离散性比较大，在温度不高于400℃时，高温后粘结强度与常温粘结强度关系可简化为线性计算公式：

$$\tau_u^T=\left(1.0-\frac{T}{400}\right)\tau_u \tag{8-24}$$

式中　T——钢筋的温度（℃）；

τ_u^T——温度 T（℃）时钢筋与混凝土间的粘结强度（N/mm²）；

τ_u——常温时钢筋与混凝土间的粘结强度（N/mm²）；

f_t^T——温度 T（℃）时混凝土的抗拉强度（N/mm²）；

f_t——常温时混凝土的抗拉强度（N/mm²）。

CECS 252：2009 在附录 H 中给出的高温冷却后混凝土与钢筋粘结强度的折减系数，见表 8-9。

高温冷却后混凝土与钢筋粘结强度的折减系数　　**表 8-9**

钢筋种类 \ 温度(℃)	室温	300	400	500	600	700	800
HPB235 钢筋	1.00	0.90	0.70	0.40	0.20	0.10	0.00
HRB335 钢筋	1.00	0.90	0.90	0.80	0.60	0.50	0.40

实际工程检测鉴定中可参照 CECS 252：2009 的折减系数，进行计算分析。

四、火灾对结构钢力学性能的影响

火灾对结构钢的影响，与上述对钢筋的影响有相同，也有差异。

高温下的结构钢应力-应变曲线中没有明显的屈服极限强度和屈服平台，高温下钢的屈服强度的确定各国有不同的认识。

(1) ECCS（欧洲钢结构协会）采用应变为0.5%时的应力为屈服应力，高温下结构钢的屈服强度计算公式为式(8-25)。

$$\frac{f_y^T}{f_y}=\begin{cases}1+\dfrac{T}{767\ln(T/1750)} & 0℃\leqslant T<600℃\\ \dfrac{108(1-T/1000)}{T-440} & 600℃\leqslant T\leqslant 1000℃\end{cases} \tag{8-25}$$

(2) 英国规范（BS5850，part8）根据保护层对结构变形的要求不同，分别采用应变为0.5%，1.5%，2.0%时的应力为屈服强度（表8-10）。

英国规范采用的结构钢的强度折减系数　　表8-10

钢材温度(℃)	对应应变的强度折减系数 f_y^T/f_y		
	0.5%	1.5%	2.0%
100	0.97	1.00	1.00
150	0.959	1.00	1.00
200	0.946	1.00	1.00
300	0.845	1.00	1.00
350	0.826	0.968	1.00
400	0.798	0.956	0.971
450	0.721	0.898	0.934
500	0.622	0.756	0.478
550	0.492	0.612	0.382
600	0.378	0.460	0.272

(3)《火灾后建筑结构鉴定标准》CECS 252：2009在附录J中给出了结构钢在高温下以及高温过火后的屈服强度折减系数，见表8-11。

结构钢在高温下及高温过火后的屈服强度折减系数　　表8-11

温度(℃)	屈服强度折减系数	
	高温下	高温过火冷却后
20	1.000	1.000
100	1.000	1.000
200	1.000	1.000
300	1.000	1.000
350	0.977	1.000
400	0.914	1.000
450	0.821	0.987
500	0.707	0.972
550	0.581	0.953
600	0.453	0.932
700	0.226	0.880
800	0.100	0.816
900	0.050	—
1000	0.000	—

对比 ECCS、BS5850（part8）、CECS 252：2009，可以看出，ECCS 要求最为严格，而 CECS 252：2009 基本与 BS5850（part8）应变为 1.5%时的屈服强度最接近。

实际工程检测鉴定中可参照 CECS 252：2009 的折减系数，进行计算分析。

五、火灾对砌体材料力学性能的影响

砌体结构由多种材料组成，其材料力学性能受火灾的影响比较复杂。

1. 黏土砖

火灾对黏土砖力学性能的影响不大，这是因为黏土砖的制作工艺中就经过高温煅烧，不含结晶水等水分，即使含有少量石英，对制成品性能的影响也不大，因而再次受到高温作用时性能保持稳定，耐火性良好。黏土砖耐受 800～900℃的高温作用时，无明显破坏。

文献［155］的试验结果表明：

（1）当火灾温度低于 898℃时，砖的抗压强度略有提高；

（2）火灾温度为 898℃时，抗压强度比未遭受火灾的强度降低约 5%；

（3）当火灾温度为 986℃时，砖的抗压强度下降 16%；

（4）高温后喷水冷却下的砖，比自然冷却下的砖其抗压强度提高 8%左右。

《火灾后建筑结构鉴定标准》CECS 252：2009 在附录 K 中给出了火灾后黏土砖抗压强度与受火温度对应关系及折减系数，见表 8-12。

耐火试验得出，240mm 非承重砖墙可耐火 8h，承重砖墙可耐火 5.5h。

2. 石材

砌体块材中的石材也是一种耐火性能较好的材料。石材在 500℃以后，强度降低较明显，含石英质的石材还发生爆裂。出现这种情况的原因是：石材在火灾高温作用下，沿厚度方向存在较大的温度梯度，由于内外膨胀大小不一致而产生内应力，使石材强度降低，甚至使石材爆裂；石材中的石英晶体，在 573℃和 870℃还会发生晶体形变，体积增大，导致强度急剧降低，并出现爆裂现象；含碳酸盐的石材（大理石、石灰石），在高温下会发生分解反应，分解成 CaO，其强度低，而且遇水会消解成 $Ca(OH)_2$。

3. 砂浆

砂浆由胶结材料（水泥、石灰）、细骨料（砂）和水拌合而成。由水泥、砂、水拌合而成的称为水泥砂浆；由石灰、砂浆、水拌合而成的称为石灰砂浆；由水泥、石灰、砂、水一起拌合而成的称为混合砂浆。由于砂浆骨料细，含量低，因此骨料对凝结硬化后的坚硬砂浆高温性能的影响不如混凝土那样明显。

试验表明，砂浆在 400℃以下时，强度基本不降低，甚至有所增大；在超过 400℃后，强度显著降低，且在冷却后强度更低。这是由于砂浆中含有较多的石灰，这些石灰加热时会分解出 CaO，冷却过程中会消解成 $Ca(OH)_2$，体积急剧变大，组织疏松而引起的。从砖砌体的耐火试验观测到，当炉温达到 1100℃左右，距砖体受火表面 80mm 深的砌筑砂浆（1：1：3 混合砂浆）已经变得疏松，实际上已丧失强度。

试验还表明，强度低的砂浆和强度高的砂浆强度随温度升高降低的速度基本相同。喷水冷却相比自然冷却，砂浆的强度降低 17%左右。

《火灾后建筑结构鉴定标准》CECS 252：2009 在附录 K 中给出了火灾后砂浆抗压强度与受火温度对应关系及折减系数，见表 8-12。

4. 砌体

砌体是由块材（黏土砖、石材等）和砂浆分层砌筑而成。块材和砂浆为两种性质不同的材料，他们在火灾高温作用下的性能变化反映了砌体强度的变化。

《火灾后建筑结构鉴定标准》CEC S252：2009 综合了多个文献的资料，在附录 K 中给出了火灾后黏土砖砌体抗压强度与受火温度对应关系及折减系数，见表 8-12。

火灾后黏土砖、砂浆、砖砌体抗压强度与受火温度对应关系及折减系数　　表 8-12

指标	所受最高温度及折减系数					
	<100℃	200℃	300℃	500℃	700℃	900℃
黏土砖抗压强度	1.0	1.0	1.0	1.0	1.0	0
砂浆抗压强度	1.0	0.95	0.90	0.85	0.65	0.35
M2.5 砂浆黏土砖砌体抗压强度	1.0	1.0	1.0	0.95	0.90	0.32
M10 砂浆黏土砖砌体抗压强度	1.0	0.80	0.65	0.45	0.38	0.10

六、火灾对木材性能的影响

木材具有质量轻、强度高、导热系数小、容易加工、装饰性好、取材广泛等优点，因此作为一种重要的建筑材料在建筑工程中得到了广泛应用。木材明显的缺点是耐火性能差，易燃烧，在火灾高温下的性能主要表现为燃烧性能和发烟性能。在防火方面，将260℃作为木材起火的危险温度。在加热温度达到 400～460℃时，即使没有明火，木材也会自行着火。

试验研究表明，木材的平均燃烧速度一般为 0.6mm/min 左右，因此在火灾条件下，截面尺寸大的木构件，在短时间内仍可保持所需的承载力，因而它往往比未受保护的钢构件耐火时间长。

8.1.3　火灾后建筑物加固处理的原则

火灾后建（构）筑物的加固处理措施，以前往往凭经验主观判断，提出加固处理措施，这往往不规范，个人主观因素多。2010 年中国建筑标准化协会颁布实施的《灾损建（构）筑物处理技术规范》CECS 269：2010 对规范火灾后建（构）筑物的加固处理措施的设计、施工和验收提供了依据。火灾后混凝土结构的加固处理措施应遵循以下原则：

1. 根据初步调查结论，做出加固处理或拆除的结论

对于严重破坏且通过加固修复不能恢复其功能的建（构）筑物结构、构件应拆除，对于通过加固修复可恢复其功能的建（构）筑物应采取加固修复措施。

2. 火灾建（构）筑物的损坏加固修复设计应以鉴定评估结论为依据

与新建建筑设计以地质勘察报告为依据进行地基基础设计类似，火灾后建筑物的加固处理也应以鉴定评估的结论为依据。为使处理设计、施工具有针对性，必要时应对现场的火灾损害情况进行进一步的调查，并在处理过程中对加固处理设计进行变更。

3. 应满足建（构）筑物的使用功能和现行标准规定的抗火性能要求

火灾后建筑物的处理应首先满足其使用功能的要求；同时由于受过火灾的损害，因此应加强处理后建筑物的抗火能力，满足现行标准规定的抗火性能，在加固处理材料的选用、加固处理方法的选择以及材料的防护方面应认真研究。

4. 应确定合理使用年限

加固处理方法、材料的选用和设计时荷载值的选用，直接影响到建筑物加固处理后的使用年限；因此应根据工程实际情况，以及国家和地方政府的有关规定，由业主和设计单位共同确定，文献［156］、［126］规定，一般情况下宜按30年考虑。

确定合理使用年限后，对可变荷载、地震作用等参数应进行适当的折减。根据文献［15］的简化计算方法，计算出的不同设计年限对应的地震作用修正系数见表8-13。

不同设计年限对应的地震作用修正系数　　表8-13

设防烈度＼设计年限	5	10	15	20	25	30	35	40	45	50
7度、8度	0.332	0.460	0.559	0.642	0.717	0.779	0.841	0.895	0.946	1.000
9度	0.332	0.497	0.611	0.697	0.768	0.829	0.883	0.927	0.966	1.000

文献［158］给出了几类房屋在不同设计年限下的荷载标准值见表8-14。

几类房屋在不同设计年限下的荷载标准值　　表8-14

房屋类型	设计年限		
	5	25	50
住宅	1.56	1.87	2.00
办公楼	1.56	1.87	2.00
商店	2.73	3.27	3.50

5. 加固修复设计时应充分发挥火灾后结构剩余承载能力

在火灾作用下，结构材料由于物理和化学变化而使材料的力学性能有很大的降低，使结构构件也显示了不同程度的损伤破坏。从整个结构来讲，在火灾作用下，结构的变形、内力分布和承载力等均与在常温下有很大不同，且与火灾范围、温度、持续时间及升降温历程等许多因素相关。因此，火灾后结构承载力降低、结构失效以至于倒塌的危险依然存在。火灾受损建筑物结构的剩余承载力计算是火灾后结构可靠性鉴定的主要内容，也是进行修复加固设计的前提。

6. 应保证加固处理后结构或构件的整体工作性能

加固处理后的结构属于二次组合结构，新旧两部分存在整体工作和共同受力的问题，因此火灾后的加固处理设计，应与实际施工方法紧密结合，采取有效措施，保证新增构件和部件与原结构的连接可靠，新增截面与原截面连接可靠，形成共同工作的整体。同时应避免对未加固部分，以及相关结构、构件和地基基础造成不利影响。

7. 应有加固处理过程中的安全措施

火灾后的建筑物存在一定程度的损害，影响到结构的安全，而且加固过程中可能存在降低原有承载能力，或出现倾斜、失稳、变形过大或坍塌的结构，在加固处理文件中应提出相应的临时性安全措施，并明确要求施工单位必须严格执行。

8. 应考虑加固处理结构的二次受力，尽可能减小其不利影响

直观上，火灾后建筑物的加固处理，就是恢复结构的原始强度，使其像火灾前那样正常工作。但加固处理后结构的受力性能与一般未经过加固处理的结构有所不同，属于二次

受力结构。加固前原结构已经在荷载作用下受力，而且又是在受力的情况下遭受火灾损害，截面上已经存在初始的应力、应变。如果未对原结构进行卸荷的加固处理方法，则使加固部分不能马上分担荷载，而是在新增荷载的情况下才受力。于是，加固部分的应力、应变存在滞后的问题，不能有效发挥加固部分的承载能力。因此在进行加固处理时宜采取对原结构进行卸载的措施，减小二次受力的不利影响。

8.2　火灾的检测与鉴定

受火灾影响的建筑物能否继续使用，以前往往凭经验主观判断，加以修复或拆除重建。上海市颁布实施（1996 年）地方标准《火灾后混凝土构件评定标准》DBJ 08-219-96，是国内首次以标准形式给出的火灾评定标准。江苏省颁布实施的《火灾后建筑结构受损程度诊断与处理技术规程》，在国内首先提出火灾后工程混凝土受损的现场检测方法和系统的火灾温度判定方法。2009 年中国建设标准化协会颁布了《火灾后建筑结构鉴定标准》CECS 252：2009，系统对建筑结构的火灾损害检测、鉴定进行了规定。上述标准的颁布实施，逐步规范了火灾后建筑结构的检测与鉴定。实际工程中应按《火灾后建筑结构鉴定标准》CECS 252：2009 的内容和要求进行火灾鉴定。

8.2.1　检测鉴定程序和内容

建筑物发生火灾后应及时对建筑结构进行检测鉴定，检测人员应到现场调查所有过火房间和整体建筑物。这是因为：①要掌握火灾信息现场（火场物品分布及损坏状况；物品的变形、可燃物或残渣数量、分布等）不被破坏，以便全面准确推断火灾参数；②有些结构表面火灾后会随时间发生变化，例如混凝土火灾后 200～500℃表面随时间发生变化，时间长了就看不清了；③为防止火灾后结构延迟倒塌发生，造成次生灾害，结构鉴定应在火灾后尽快进行。对有垮塌危险的结构构件，应首先采取防护措施，对于确认有塌落风险的建筑物，应采取设置警戒、及时拆除、支承加固等防护措施。进行结构检测、调查应在保障安全的前提下进行，必要时采取专门的安全措施。

1. 检测鉴定程序

建筑结构火灾后的鉴定程序，可根据鉴定的需要分为初步鉴定和详细鉴定两个阶段进行（图 8-5）。

大量火灾后建筑结构鉴定的工程实践经验表明，在下列情况下可在初步鉴定完成后不必再作详细鉴定：

（1）建筑结构全面烧损严重，应当拆除。

（2）建筑结构过火烧损非常轻微，仅仅是表皮损伤的一般建筑结构。

（3）建筑结构烧损比较严重，修复费用超过拆除重建费用等。

除此之外，大多数需要保留的建筑结构均宜进行详细鉴定。

2. 初步鉴定内容

初步鉴定应包括下列内容：

（1）现场初步调查：现场勘察火灾残留状况，观察结构损伤严重程度；了解火灾过程；制定检测方案。

（2）火作用调查：根据火灾过程、火场残留物状况初步判断结构所受的温度范围和作用时间。

(3) 查阅分析文件资料：查阅火灾报告、结构设计和竣工等资料，并进行核实；对结构所能承受火作用的能力作出初步判断。

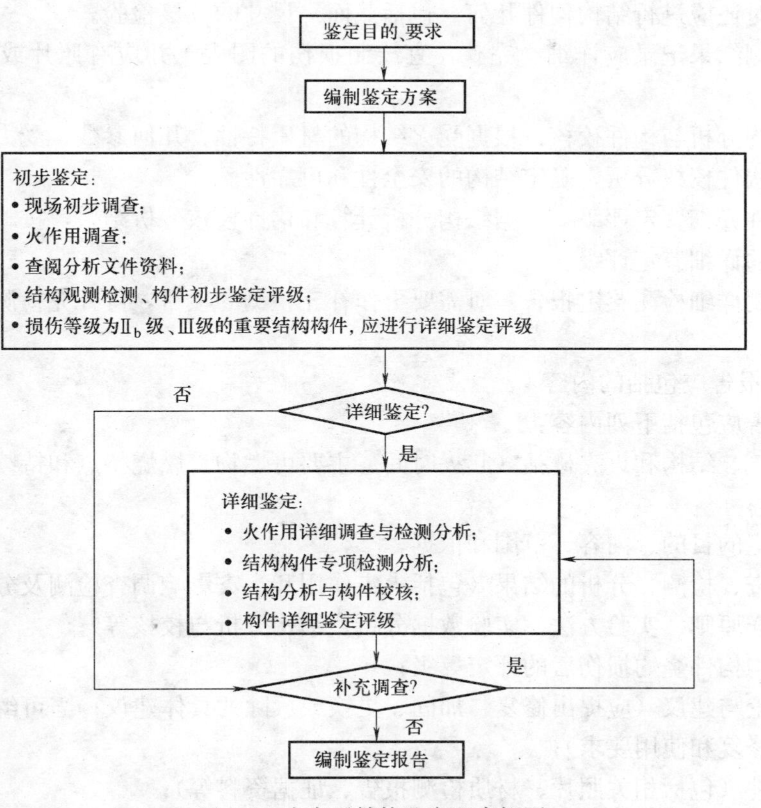

图 8-5 火灾后结构鉴定程序框图

(4) 结构观察检测、构件初步鉴定评级：根据结构构件损伤状态特征，按相关技术要求进行结构构件的初步鉴定评级。

(5) 编制鉴定报告或准备详细检测鉴定：根据相关技术要求对损伤等级鉴定为Ⅱ$_b$级、Ⅲ级的重要结构构件，应进行详细鉴定评级；对不需要进行详细检测鉴定的结构，可根据初步鉴定结果直接编制鉴定报告。

3. 详细鉴定内容

详细鉴定应包括下列内容：

(1) 火作用详细调查与检测分析：根据火灾荷载密度、可燃物特性、燃烧条件、燃烧规律，分析区域火灾温度-时间曲线，并与初步判断相结合，提出用于详细检测鉴定的各区域的火灾温度-时间曲线；也可根据材料微观特征判断受火温度。

(2) 结构构件专项检测分析：根据详细鉴定的需要作受火与未受火结构的材料性能、结构变形、节点连接、结构构件承载力等专项检测分析。

1) 混凝土结构和砌体结构：应详细检测构件的破坏、破损、裂缝、变形、颜色、混凝土碳化、敲击声音等，必要时应抽样检验混凝土、钢筋材料的力学性能、微观组织及化学成分变化。

2）钢结构：应详细检测构件的防火保护层、油漆、表面颜色、结构偏差变形、节点连接损伤等。必要时应抽样检验钢材和连接材料的力学性能、微观组织和化学成分变化。

3）对结构整体应进行结构变形及轮廓尺寸复核检测，包括：整体位移、侧移或挠曲变形，必要时还应进行结构构件几何（包括截面）尺寸的校核检验。

检查检测结果记录应详细、完整，宜绘制损伤的图表，并应有照片或其他影像记录资料。

（3）结构分析与构件校核：根据受火结构的材质特性、几何参数、受力特征进行结构分析计算和构件校核分析，确定结构的安全性和可靠性。

（4）构件详细鉴定评级：根据结构分析计算和构件校核分析结果，按相关技术要求进行结构构件的详细鉴定评级。

（5）编制详细检测鉴定报告：对需要再作补充检测的项目，待补充检测完成后再编制最终鉴定报告。

4. 鉴定报告应包括的内容

鉴定报告应包括下列内容：

（1）建筑、结构和火灾概括（起火时间、主要可燃物、燃烧特点和持续时间、灭火方法和手段等）；

（2）鉴定的目的、内容、范围和依据；

（3）调查、检测、分析的结果（包括火灾作用和火灾影响调查检测及分析结果，如检测项目、取样原则、实验方法、实验数据分析、结构分析与校核等）；

（4）结构构件烧灼损伤后的评定等级；

（5）结论与建议（应提出修复、加固、更换或拆除的具体建议；当可继续使用时，应提出维护、修复和使用要求）；

（6）附件（包括相关照片、材质检测报告、证据资料等）；

（7）其他，如日期、委托人、承担鉴定的单位、签章、摘要。

8.2.2　火灾调查与检测

一、内容与范围

（1）内容：火灾后建筑结构鉴定调查和检测的内容包括火灾影响区域调查与确定、火灾温度过程及温度分布推定、结构内部温度推定、结构现状调查与检测。针对具体项目，可根据结构特点、火灾规模、燃烧和灭火信息等所掌握的情况，在满足结构鉴定评估要求的前提下，简化有关内容。

所谓火灾影响区域，是指火场区域、高温烟气弥漫区域和不可忽略的温度应力作用区域的总称，应包括可能发生的各种火灾破坏。可能发生的火灾破坏包括：高温灼伤所致的结构材料劣化和损坏等。

火灾温度过程及温度分布推定，是指随着火灾引燃、蔓延、熄灭的过程所发生的温度升降变化过程和结构表面受热温度的宏观分布。调查火场温度过程是为了分析结构温度应力或变形的传播规律和特点；调查温度分布是为了宏观上判定不同区域结构相对的烧灼损伤程度。

（2）范围：火作用对结构可能造成的损坏，有直接烧灼损坏和温度应力作用损坏两个方面。直接烧灼损坏一般局限于火场和高温烟气弥漫区域的结构，但温度应力作用可能遍及整个建筑结构，或是结构系统相对独立的部分结构。因此，火灾后建筑结构鉴定调查和检测的对象应为整个建筑结构，或者是结构系统相对独立的部分结构。但是，有些建筑物，特别是采用砌体或其他耐火墙体材料分割的小房间建筑，火灾可能仅在少数房间范围、短时间发生，火灾温度应力作用有限，此时对于局部小范围火灾，经初步调查确认受损范围仅发生在有限区域时，也可仅仅考虑火灾影响区域范围内的结构或构件。这种做法在实际操作中，也取得了较好的效果。

二、火作用调查

(1) 火灾中结构受热温度由于受多种因素的影响，任何一种推断方法都存在其局限性，为比较准确地推断得出受热温度等指标，应采用多种方法，互相验证补充，因此火灾对结构的作用温度、持续时间及分布范围应根据火灾调查、结构表观状况、火场残留物状况及可燃物特性、通风条件、灭火过程等综合分析判断。在各类方法中，结构材料微观分析的方法比较可靠、直接，所以对于重要的烧损结构应有结构材料微观分析结果参与推断。

(2) 火场温度过程可根据火荷载密度、可燃物特性、受火墙体及楼盖的传热导性、通风条件及灭火过程等按燃烧规律推断；必要时可采用模拟燃烧试验确定。具体分析计算方法和试验方法可参考有关文献。

(3) 构件表面曾经达到的温度及作用范围，可根据火场残留物熔化、变形、燃烧、烧损程度等，按表 8-15～表 8-17（段玺文．建筑结构的火灾分析和处理．工业建筑，1985.）推断。该方法操作简单，判断直观，但应注意火场残留物的发现位置不一定就是受火作用时的位置，应注意加以区分。

火灾中直接受火烧灼的混凝土结构表面曾经达到的温度及范围可根据混凝土表面颜色、裂损剥落、锤击反应等，按表 8-18 进行推断。应用时应注意，由于混凝土原材料的不同、构件尺寸大小不同、受火搁置时间的影响等，有关特征可能存在差异，检测时应与未受火的同类构件进行对比判断。

玻璃、金属材料、塑料的变态温度 **表 8-15**

分类	名称	代表制品	形态	温度(℃)
玻璃	模制玻璃	玻璃砖、缸、杯、瓶，玻璃装饰物	软化或粘着	700～750
			变圆	750
			流动	800
	片状玻璃	门窗玻璃、玻璃板、增强玻璃	软化或粘着	700～750
			变圆	800
			流动	850
金属材料	铅	铅管、蓄电池、玩具等	锐边变圆，有滴状物	300～350
	锌	锚固件、镀锌材料	有滴状物形成	400
	铝及其合金	机械部件、门窗及配件、支架、装饰材料、厨房用具	有滴状物形成	650
	银	装饰物、餐具、银币	锐边变圆，有滴状物形成	950
	黄铜	门拉手、锁、小五金等	锐边变圆，有滴状物形成	950
	青铜	窗框、装饰物	锐边变圆，有滴状物形成	1000

续表

分类	名称	代表制品	形态	温度(℃)
金属材料	紫铜	电线、铜币	方角变圆，有滴状物形成	1100
	铸铁	管子、暖气片、机器支座等	有滴状物形成	1100～1200
	低碳钢	管子、家具、支架等	扭曲变形	＞700
建筑塑料	聚乙烯	地面、壁纸等	软化	50～100
	聚丙烯	装饰材料、涂料	软化	60～95
	聚苯乙烯	防热材料	软化	60～100
	聚乙烯	隔热、防潮材料	软化	80～135
	硅	防水材料	软化	200～215
	氟化材料	配管	软化	150～290
	聚酯树脂	地面材料	软化	120～230
	聚氨酯	防水、防热材料，涂料	软化	90～120
	环氧树脂	地面材料、涂料	软化	95～290

部分材料燃点 **表8-16**

材料名称	燃点温度(℃)	材料名称	燃点温度(℃)
木材	240～270	聚氯乙烯	454
纸	130	粘胶纤维	235
棉花	150	涤纶纤维	390
棉布	200	橡胶	130
麻绒	150	尼龙	424
酚醛树脂	571	聚四氟乙烯	550
聚乙烯	342	乙烯丙烯共聚	454

油漆烧损状况 **表8-17**

温度(℃)		＜100	100～300	300～600	＞600
烧损状况	一般油漆	表面附着黑烟	出现裂纹、脱皮	变黑、脱落	烧光
	防锈油漆	完好	完好	颜色变化	烧光

混凝土表面颜色、裂损剥落、锤击反应与温度的关系 **表8-18**

温度(℃)	混凝土颜色	爆裂、剥落	开裂	锤击反应
＜300	灰青，近视正常	无	无	声音响亮，表面不留下痕迹
300～500	浅灰，略显粉红	局部粉刷层	微细裂缝	较响亮，表面留下较明显痕迹
500～700	浅灰白，显浅红	角部混凝土	角部出现裂缝	声音较闷，混凝土粉碎和塌落，留下痕迹
700～800	灰白，显浅黄	大面积	较多裂缝	声音发闷，混凝土粉碎和塌落
＞800	浅黄色	疏松，大面积剥落	贯穿裂缝	声音发哑，混凝土严重脱落

(4) 火灾后结构构件内部截面曾经达到的温度的确定方法：

火灾后结构构件内部截面曾经达到的温度可根据火场温度过程、构件受火状况及构件材料特性按热传导规律推断。

1）火灾后混凝土结构构件内部截面曾经达到的温度，可根据当量标准升温时间 t_e 按《火灾后建筑结构鉴定标准》CECS 252：2009 附录 E 推断。所谓当量标准升温时间 t_e，可理解为：若实际火灾对混凝土结构的热损伤作用与标准火灾的某一特定时间下对同一混凝土结构的热损伤作用相同，则可将该标准火灾这一特定的持续时间定义为标准当量时间。

不同的通风系数和火灾荷载，具有不同的温度-时间曲线。如果直接以燃烧理论计算曲线作为升温条件计算构件温度场，由于失火房间通风系数和火灾荷载的多变性，只能采用计算机数值模拟解法而不方便使用。使用当量时间 t_e 可把千变万化的火灾下构件的温度场计算统一为标准升温条件下的计算，同时考虑了火灾的实际情况，因而较有实用价值。

2）火灾后混凝土结构构件内部截面曾经达到的温度，也可根据混凝土材料微观分析结果来推断。在进行详细检查时对拟评定的混凝土构件，根据其烧损的不同程度采集各种混凝土小样，并进行 X 衍射分析或电子显微镜分析，观察混凝土样品显微结构特征，并对照表 8-19 和表 8-20 中的混凝土微观物相特征。对应其特征温度推定相应的火灾温度和混凝土构件表面灼着温度。

X 衍射分析 **表 8-19**

物相特征	特征温度(℃)
水化物基本正常	<300
水泥水化产物水化铝酸三钙脱水 $C_3A*aq \rightarrow C_3A+nH_2O$	280～330
水泥水化产物氢氧化钙脱水 $Ca(OH)_2 \rightarrow CaO+H_2O$ 或砂石中 α-石英发生变相 $\alpha\text{-}SiO_2 \rightarrow \beta\text{-}SiO_2$	580 570
骨料中白云石分解 $CaMg(CO_3)_3 \rightarrow CaCO_3+MgO+CO_2$ 骨料中方解石及水泥石碳化生成物分解 $CaCO_3 \rightarrow CaO+CO_2$	720～740 900

电镜分析 **表 8-20**

物相特征	特征温度(℃)
Ⅱ物相基本正常	<300
方解石骨料表面光滑、平整，水泥浆体密集，连续性好	280～350
石英石完整，水泥浆体中水化产物氢氧化钙脱水，浆体开始发现酥松，但仍比较紧密，连续性好，氢氧化钙晶型缺损、有裂纹	550～650
水泥浆体已脱水，收缩成为酥松体，氢氧化钙脱水、分解、并有少量 CaO 生成，而吸收空气中水分产生膨胀	650～700
水泥浆体脱水，收缩成团块、板块状，并有 CaO 生成吸收空气中水分、内部互相破坏	700～760
浆体脱水放出 CaO 成为团聚体，浆体酥松、孔隙大	760～800
水泥浆体成为不连续体，孔隙很大，CaO 增加	800～850
水泥浆体成为不连续的团块，孔隙很大，但石英石晶体较完整	850～880
方解石出现不规则小晶体，开始分解	880～910
方解石分解成为长方形柱状浆体脱水，收缩后孔隙很大	910～940
方解石分解成柱状体，浆体脱水、收缩后孔隙更大	980

（5）当量标准升温时间 t_e 的确定

1）若曾经发生猛烈大火且主要可燃物为纤维素类物品时，当量标准升温时间 t_e 可根据火灾灾后调查和火灾荷载密度及通风条件按下列步骤确定：

① 调查确定在火灾中房间烧掉的可燃物种类和数量。

② 按下式计算室内实耗可燃物总热值 Q（MJ）：

$$Q=\sum m_i h_i \tag{8-26}$$

式中　m_i——实际烧掉的第 i 种可燃物质量（kg）；

h_i——第 i 种可燃物的发热量（MJ/kg），按表 8-21 取值。

③ 按下式计算房间火灾荷载密度：

$$q_T=\frac{Q}{A_T} \tag{8-27}$$

式中　q_T——房间火灾荷载密度（MJ/m²）；

A_T——房间六壁表面面积（包括窗，m²）。

④ 按下式计算房间的通风系数：

$$F=0.53\frac{\sum A_w H^{1/2}}{A_T} \tag{8-28}$$

式中　F——计算房间的通风系数（$m^{1/2}$）；

A_w——房间窗户窗洞面积（m²）；

H——窗户窗洞高度（m）。

⑤ 查表 8-22 确定当量升温时间。

可燃物单位发热量 h（MJ/kg）　　**表 8-21**

名　称	h	名　称	h	名　称	h
无烟煤	34	橡胶轮胎	32	聚苯乙烯	40
石油沥青	41	丝绸	19	石油	41
纸及制品	17	稻草	16	泡沫塑料	25
炭	35	木材	19	聚碳酸酯	29
衣服	19	羊毛	23	聚丙烯	43
煤、焦炭	31	合成板	18	聚氨酯	23
软木	29	ABS	36	聚氯乙烯	17
棉花	18	聚丙烯	28	甲醛树脂	15
谷物	17	赛璐珞	19	汽油	44
油脂	41	环氧树脂	34	柴油	41
厨房废料	18	三聚氰胺树脂	18	亚麻籽油	39
皮革	19	苯酚甲醛	29	煤油	41
油毡	20	聚酯	31	焦油	38
泡沫橡胶	37	聚酯纤维	21	苯	40
异戊二烯橡胶	45	聚乙烯	44	甲醇	23
石蜡	47	甲醛泡沫塑料	14	乙醇	27

当量升温时间 t_e（min） **表 8-22**

q(MJ/m^2)	F(m$^{1/2}$)										
	0.02	0.03	0.04	0.05	0.06	0.07	0.08	0.09	0.10	0.11	0.12
50	21	20	19	17	15	14	13	12	12	10	10
75	32	27	25	23	21	21	19	18	17	16	15
100	40	36	32	29	27	25	23	22	21	20	19
125	51	43	39	35	33	21	29	26	24	23	22
150	60	53	46	41	38	36	34	32	29	28	25
175	70	60	54	48	44	40	37	35	34	32	31
200	79	67	59	54	49	45	41	38	36	35	34
225	88	75	66	59	53	50	47	43	41	39	36
250	99	81	72	64	58	54	51	47	44	42	40
275	108	89	78	69	64	58	54	51	49	45	43
300	116	97	83	75	68	64	58	54	51	50	46
325	124	103	89	81	73	67	62	58	55	52	49
350	132	110	96	85	78	72	67	63	58	54	53
375	142	117	102	90	82	76	71	65	61	58	55
400	150	124	108	96	86	79	74	69	66	61	58
425	158	130	112	100	91	83	77	73	68	64	61
450	166	136	119	105	96	87	82	76	72	68	64
475			124	109	100	91	85	79	74	71	67
500			128	115	103	96	88	82	78	74	69
525			134	120	108	100	92	86	81	77	74
550			139	124	111	103	96	90	83	79	76
575			144	126	116	107	100	92	87	81	78
600			150	133	121	110	102	96	90	84	80
625			155	138	125	115	106	99	93	88	82
650			160	143	129	118	109	102	97	90	85
675				147	133	122	113	106	99	94	89
700				151	138	126	117	109	102	97	91
725				155	141	129	120	111	105	99	95
750				160	144	132	123	114	108	102	97
775				164	149	136	126	117	110	104	99
800				169	153	139	129	121	113	107	102
825				173	156	143	132	124	117	109	104
850				176	160	147	136	127	119	112	107

2）若未曾发生激烈大火，当量标准升温时间 t_e 可根据构件表面温度按下式推断：

$$t_e = \exp\left(\frac{T}{204}\right) \tag{8-29}$$

式中 T——构件表面温度（℃）。

3）对于直接受火的钢筋混凝土楼板，可根据构件表面颜色、裂损状况、锤击声音等特征，按表8-23确定当量标准升温时间 t_e。

标准耐火试验中混凝土构件的颜色及外观特征　　表8-23

当量标准升温时间 t_e(min)	炉温(℃)	构件外观特征				锤击声音
		颜色	表面裂纹	疏松脱落	露筋	
20	790	浅灰白，略显黄色	有少许细裂纹	无	无	响亮
20～30	790～863	浅灰白，略显浅黄色	有较多细裂纹	表面疏松，棱角处有轻度脱落	无	较响亮
30～45	863～910	灰白，显浅黄色	有较多细裂纹并伴有少量贯穿裂纹	表面起鼓，棱角处轻度脱落，部分石子石灰化	无	沉闷
45～60	910～944	浅黄色	贯穿裂纹增多	表面起鼓，棱角处脱落较重	无	声哑
60～75	944～972	浅黄色	贯穿裂纹增多	表面起鼓，棱角处严重脱落	露筋	声哑
75～90	972～1001	浅黄显白色	贯穿裂纹增多	表面严重脱落，棱角处露筋	露筋	声哑
100	1026	浅黄显白色	贯穿裂纹增多	表面严重脱落，棱角处严重露筋	严重露筋	声哑

三、结构现状检测

（1）结构现状检测应包括下列全部或部分内容：

1）结构烧灼损伤状况检查；

2）温度作用损伤或损坏检查；

3）结构材料性能检测。

（2）对直接暴露于火焰或高温烟气的结构构件，应全数检查烧灼损伤部位。对于一般构件可采用外观目测、锤击回声、探针、开挖探槽（孔）等手段检查，对于重要结构构件或连接，必要时可通过材料微观结构分析判断。

（3）对承受温度应力作用的结构构件及连接节点，应检查变形、裂损状况；对于不便观察或仅通过观察难以发现问题的结构构件，可辅以温度作用应力分析判断。

（4）火灾后结构材料的性能可能发生明显改变时，应通过抽样检验或模拟试验确定材料性能指标；对于烧灼程度特征明显，材料性能对建筑物结构性能影响敏感程度较低，且火灾前材料性能明确，可根据温度场推定结构材料的性能指标，并宜通过取样检验修正。

8.2.3　火灾后结构分析与校核

（1）火灾后结构分析应包括下列内容：

1）火灾过程中的结构分析，其目的是判断火灾过程中的温度应力对结构造成的损伤或潜在损伤。考虑火灾发生燃烧的顺序、升温、降温过程，会对不同结构产生不同时点的极值影响，因此应针对不同结构或构件（包括节点连接），考虑火灾过程中的最不利温度条件和结构实际作用荷载组合，进行结构分析与构件校核。

2）为研究结构火灾后继续使用过程的受力，应进行火灾后的结构分析。结构分析时，应考虑火灾后结构残余状态的材料力学性能、连接状态、结构几何形状变化和构件的变形和损伤等进行结构分析与构件校核。

结构内力分析，应考虑火作用时结构实际荷载的组合，注意掌握火灾中结构变化全过程（特别应分析最不利状态），火灾后结构的残余状态。

(2) 结构内力分析可根据结构概念和解决工程问题的需要在满足安全的条件下，进行合理简化。

1）局部火灾未造成整体结构明显变位、损伤及裂缝时，可仅考虑局部作用；

2）支座没有明显变位的连续结构（板、梁、框架等）可不考虑支座变位的影响。

(3) 火灾后结构构件的抗力可根据下列原则进行分析确定：

1）一般情况下，在考虑火灾作用对结构材料性能、结构受力性能的不利影响后，可按照现行规范和标准的规定进行验算分析；

2）对于烧灼严重、变形明显等损伤严重的结构构件，必要时应采用更精确的计算模型进行分析；

3）对于重要的结构构件，宜通过试验检验分析确定。

火灾后结构构件强度验算应根据构件材质、尺寸、实际荷载状态和设计状态并考虑火灾造成的残余变形、残余应力及材质性能衰减等因素进行验算。钢构件强度分析时应考虑由于火作用造成钢构件局部变化带来的影响，火灾作用造成连接螺栓连接强度的下降等。

8.2.4 火灾后结构构件的鉴定评级

一、火灾后结构构件的鉴定评级方法

(1) 火灾后的结构构件的评级分为：

a. 初步鉴定评级；

b. 详细鉴定评级。

火灾后结构构件的鉴定评级分初步鉴定评级和详细鉴定评级，是筛选法的具体应用。初步鉴定评级的内容较具直观性，易测，又容易掌握。初步鉴定评级主要是从外观和状态进行评级，这对结构构件火灾损伤的整体了解非常重要，也是构件鉴定与火灾后结构构件设计的首要条件，尤其对于混凝土构件，火灾后外观和状态的改变较为明显，且与内部微观结构及剩余承载力的改变有密切联系。如遇到火灾燃烧物少、烧灼时间短的小火灾，初步评定火灾损伤状态为$Ⅱ_a$者，可不必进行第二级详细鉴定评级。

第二级详细鉴定评级是在第一级初步鉴定的基础上进行，是根据结构上的作用及实测结构参数进行定量的剩余承载力计算分析，然后进行可靠性评级，当原结构防火措施好时，剩余承载力的要求可适当降低。但应注意力学计算模型的合理性及火灾后结构物化、几何等参数选择的正确性，以便获得正确的计算结果。火灾后构件评级标准与工业与民用建筑鉴定标准基本相同。

实际鉴定评级操作中，应将二级鉴定评级要求紧密地结合起来，使火灾后结构宏观损伤与承载力两组鉴定内容起到互为校核的作用。

(2) 火灾后结构构件的初步鉴定评级，应根据构件烧灼损伤、变形、开裂（或断裂）程度按下列标准评定损伤状态等级：

$Ⅱ_a$级——轻微或未直接遭受烧灼作用，结构材料及结构性能未受或仅受轻微影响，可不采取措施或仅采取提高耐久性的措施；

$Ⅱ_b$级——轻度烧灼，未对结构材料及结构性能产生明显影响，尚不影响结构安全，应采取提高耐久性或局部处理和外观修复措施；

Ⅲ级——中度烧灼尚未破坏，显著影响结构材料或结构性能，明显变形或开裂，对结构安全或正常使用产生不利影响，应采取加固或局部更换措施；

Ⅳ级——破坏，火灾中或火灾后结构倒塌或构件塌落；结构严重烧灼损坏、变形损坏或开裂损坏，结构承载能力丧失或大部分丧失，危及结构安全，必须或必须立即采取安全支护、彻底加固或拆除更换措施。

注：火灾后结构构件损伤状态不评Ⅰ级。

火灾后结构构件损伤状态之所以不评Ⅰ级，是因为虽然没有降低承载力和耐久性，但至少要重新进行清理和修缮方能使用，因此不宜评定为Ⅰ级。

另外尚应注意火灾后表面现象有时呈伪状态。例如混凝土表面被黑色覆盖，可能是没有明显的承载力降低或耐久性降低，但也可能是其表面被碳离子覆盖呈现黑色，但刮去覆盖的碳离子后，混凝土表面呈现灰白或土黄色，变形、裂缝非常严重，因此要综合考虑确定，区别熏黑和碳化变黑的区别，不可完全根据表面颜色确定。

(3) 火灾后结构构件的详细评级，应根据检测鉴定分析结果，评为b、c、d级。

b级——基本符合国家现行标准下限水平要求，尚不影响结构安全，尚可正常使用，宜采取适当措施；

c级——不符合国家现行标准要求，在目标使用年限内影响安全和正常使用，应采取措施；

d级——严重不符合国家现行标准要求，严重影响安全，必须及时或立即加固或拆除。

注：火灾后的结构构件不评a级。

二、火灾后混凝土结构构件的鉴定评级

在对火灾后混凝土构件进行初步调查时，除了解混凝土构件设计、施工状况和被调查构件周围各种材料的高温变态情况外，主要还应了解火灾后混凝土构件外观特征情况，作为判断火灾的火场温度及构件灼着温度的主要依据。

从试验结果和大量的调查中可以知道，混凝土构件的外观在受到火灾高温作用后会发生一系列变化，如温度不超过300℃时，混凝土表面仅看见黑烟；当温度在300～600℃时，混凝土表面会逐渐变色，由粉红色加深到铁锈红；当温度在600℃上升到700～800℃时，混凝土表面颜色逐渐泛黄，由浅黄色到土黄色；当温度超过800℃后混凝土表面颜色开始由土黄色到土白。又比如，混凝土受到高温作用后，其表面会生成许多网状裂缝，特别当混凝土达到临界温度580℃后，其表面会产生大量裂缝，并会发生爆裂和露筋现象，如果火灾后混凝土构件有爆裂和露筋现象，也说明该构件截面温度梯度变化很大，强度损失亦较大。

在进行混凝土构件外观调查时，还应注意由于构件设计的标准不同（如截面尺寸、配筋大小、强度等级），构件形状不同以及所处火灾区域不同，混凝土构件所受温度的作用和强度降低的程度不尽相同。在同等温度作用下，构件表面设计愈大，因尺寸效应的缘故，构件灼着温度相对较低，构件强度降低也较小；构件的形状不同、所处火灾区域不同，其灼着温度和强度降低程度不同，如楼板厚度较薄，又直接受到火焰冲击，热量不易逸散，其灼着温度较高，强度降低较大，梁截面较大，但三面受火，其灼着温度及强度降低次之，柱因截面较大，且侧面受火，其灼着温度及强度降低相对较小。因此可根据不同的构件、鉴定评级的不同阶段，分别进行鉴定评级。

1. 火灾后混凝土楼板、屋面板的初步鉴定评级

火灾后混凝土楼板、屋面板的初步鉴定评级应按表 8-24 进行。当混凝土楼板、屋面板火灾后严重破坏，难以加固修复，需要拆除或更换时，该构件初步鉴定可评为Ⅳ级。

火灾后混凝土楼板、屋面板初步鉴定评级标准 **表 8-24**

等级评级要素		各损伤等级状态特征		
		Ⅱa	Ⅱb	Ⅲ
油烟和烟灰		无或局部有	大面积有或局部被烧光	大面积被烧光
混凝土颜色改变		基本未变或被黑色覆盖	粉红	土黄色或灰白色
火灾裂缝		无火灾裂缝或轻微裂缝网	表面轻微裂缝网	粗裂缝网
锤击反应		声音响亮，混凝土表面不留下痕迹	声音较响或较闷，混凝土表面留下较明显痕迹或局部混凝土酥碎	声音发闷，混凝土粉碎或塌落
混凝土脱落	实心板	无	≤5 块，且每块面积≤10000mm^2	>5 块或单块面积>10000mm^2，或穿透或全面脱落
	肋形板	无	肋部有，锚固区无；板中个别处有，但面积不大于 20%板面积，且不在跨中	锚固区有，板有贯通，面积大于 20%板面积，或穿过跨中
受力钢筋露筋		无	有露筋，露筋长度小于 20%板跨，且锚固区未露筋	大面积露筋，露筋长度大于 20%板跨，或锚固区露筋
受力钢筋粘结性能		无影响	略有降低，但锚固区无影响	降低严重
变形		无明显变形	略有变形	较大变形

2. 火灾后混凝土梁的初步鉴定评级

火灾后混凝土梁的初步鉴定评级应按表 8-25 进行。当混凝土梁火灾后严重破坏，难以加固修复，需要拆除或更换时，该构件初步鉴定可评为Ⅳ级。

火灾后混凝土梁初步鉴定评级标准 **表 8-25**

等级评级要素	各损伤等级状态特征		
	Ⅱa	Ⅱb	Ⅲ
油烟和烟灰	无或局部有	多处有，或局部被烧光	大面积被烧光
混凝土颜色改变	基本未变或被黑色覆盖	粉红	土黄色或灰白色
火灾裂缝	无火灾裂缝或轻微裂缝网	表面轻微裂缝网	粗裂缝网
锤击反应	声音响亮，混凝土表面不留下痕迹	声音较响或较闷，混凝土表面留下较明显痕迹或局部混凝土粉碎	声音发闷，混凝土粉碎或塌落
混凝土脱落	无	下表面局部脱落或少量局部露筋	跨中和锚固区单排钢筋保护层脱落，或多排钢筋大面积钢筋深度烧伤

续表

等级评级要素	各损伤等级状态特征		
	Ⅱa	Ⅱb	Ⅲ
受力钢筋露筋	无	受力钢筋外露不大于30%梁跨度，单排钢筋不多于1根，多排钢筋不多于2根	受力钢筋外露大于30%梁跨度，单排钢筋多于1根，多排钢筋多于2根
受力钢筋粘结性能	无影响	略有降低，但锚固区无影响	降低严重
变形	无明显变形	中等变形	较大变形

注：表中梁的跨度按计算跨度确定。

火灾后混凝土楼板、屋面板（表8-24）、梁（表8-25）中关于火灾裂缝和变形值的定量问题，考虑到混凝土结构裂缝和变形等损伤参数离散性较大，且构件在结构不同部位的重要性不一样，因此检测人员在考虑构件火灾损伤程度及构件重要性等诸因素后，综合评定。也可按下列值评定：

裂缝宽度<0.1mm为轻微火灾裂缝；

裂缝宽度≤1.0mm为中等火灾裂缝；

裂缝宽度>1.0mm为火灾粗裂缝。

上述两表中变形主要指火灾引起的梁板的挠度，可参照下列值作初步评定：

$\delta \leqslant [\delta]$ 为Ⅱa级，无明显变形；

$[\delta] < \delta \leqslant 3[\delta]$ 为Ⅱb级，中等变形；

$\delta > 3[\delta]$ 为Ⅲ级，较大变形。

δ 为火灾后受弯构件实际挠度；$[\delta]$ 为受弯构件的挠度限值，按《混凝土结构设计规范》GB 50010的规定取值：当 $l_0 \leqslant 7m$ 时，$[\delta]=l_0/200$；当 $7m < l_0 \leqslant 9m$ 时，$[\delta]=l_0/250$；当 $l_0 > 9m$ 时，$[\delta]=l_0/300$。其中 l_0 为构件计算跨度，计算悬臂构件的挠度限值时，其计算跨度 l_0 按实际跨度的2倍取用。

3. 火灾后混凝土柱的初步鉴定评级

火灾后混凝土柱的初步鉴定评级应按表8-26进行。当混凝土柱火灾后严重破坏，难以加固修复，需要拆除或更换时，该构件初步鉴定可评为Ⅳ级。

火灾后混凝土柱初步鉴定评级标准 **表8-26**

等级评级要素	各损伤等级状态特征		
	Ⅱa	Ⅱb	Ⅲ
油烟和烟灰	无或局部有	多处有，或局部被烧光	大面积被烧光
混凝土颜色改变	基本未变或被黑色覆盖	粉红	土黄色或灰白色
火灾裂缝	无火灾裂缝或表面轻微裂缝网	轻微裂缝网	粗裂缝网
锤击反应	声音响亮，混凝土表面不留下痕迹	声音较响或较闷，混凝土表面留下较明显痕迹或局部混凝土粉碎	声音发闷，混凝土粉碎或塌落
混凝土脱落	无	部分混凝土脱落	大部分混凝土脱落
受力钢筋露筋	无	轻微露筋，不多于1根，露筋长度不大于20%柱高	露筋多于1根，或露筋长度大于20%柱高
受力钢筋粘结性能	无影响	略有降低	降低严重
变形	$\delta/h \leqslant 0.002$	$0.002 < \delta/h \leqslant 0.007$	$\delta/h > 0.007$

注：1. 表中 δ——层间位移；h——计算层高或柱高。
2. 截面小于400mm×400mm的框架柱，火灾后鉴定等级宜从严。

4. 火灾后混凝土墙的初步鉴定评级

火灾后混凝土墙的初步鉴定评级应按表 8-27 进行。当混凝土墙火灾后严重破坏，难以加固修复，需要拆除或更换时，该构件初步鉴定可评为Ⅳ级。

火灾后混凝土墙初步鉴定评级标准 **表 8-27**

等级评级要素	各损伤等级状态特征		
	$Ⅱ_a$	$Ⅱ_b$	Ⅲ
油烟和烟灰	无或局部有	大面积有，或部分烧光	大面积烧光
混凝土颜色改变	基本未变或被黑色覆盖	粉红	土黄色或灰白色
火灾裂缝	无或轻微裂缝	轻微网状裂缝，且无贯穿裂缝	严重网状裂缝，或有贯穿裂缝
锤击反应	声音响亮，混凝土表面不留下痕迹	声音较响或较闷，混凝土表面留下较明显痕迹或局部混凝土粉碎	声音发闷，混凝土粉碎或塌落
混凝土脱落	无	脱落面积小于 500mm×500mm，且为表面剥落	最大块脱落面积不小于 500mm×500mm，或大面积剥落
受力钢筋露筋	无	小面积露筋	大面积露筋，或锚固区露筋
受力钢筋粘结性能	无影响	略有降低	降低严重
变形	无明显变形	略有变形	有较大变形

5. 火灾后混凝土结构构件的详细鉴定评级

火灾后混凝土结构构件的详细鉴定评级应符合下列规定：

(1) 混凝土结构构件火灾截面温度场取决于构件的截面形式、材料热性能、构件表面最高温度和火灾持续时间。混凝土柱、梁、板的火灾截面温度场可按《火灾后建筑结构鉴定标准》CECS 252：2009 附录 E 推断判定。

(2) 火灾后混凝土和钢筋力学性能指标宜根据钻取混凝土芯样、取钢筋试样检验，也可根据构件截面温度场按表 8-1、表 8-2、表 8-5、表 8-6 判定。火灾后钢筋与混凝土弹性模量、混凝土与钢筋粘结强度折减系数可根据构件截面温度场，按表 8-3、表 8-8、表 8-9 判定。

(3) 火灾后混凝土结构或砌体结构构件承载能力可根据表 8-28 的分级进行鉴定评级，鉴定评级应考虑火灾对材料强度和构件变形的影响。

火灾后混凝土构件承载能力评定等级标准 **表 8-28**

构件类别		$R_f/(\gamma_0 S)$		
		b	c	d
重要构件	工业建筑	≥0.90	≥0.85	<0.85
	民用建筑	≥0.95	≥0.90	<0.90
次要构件	工业建筑	≥0.87	≥0.82	<0.82
	民用建筑	≥0.90	≥0.85	<0.85

注：1. 表中 R_f——结构构件火灾后的抗力；S——作用效应；γ_0——结构重要性系数，按现行国家标准《建筑结构可靠度设计统一标准》GB 50068 的规定取值。
2. 评定为 b 级的重要构件应采取加固处理措施。

三、火灾后钢结构构件的鉴定评级

1. 火灾后钢结构构件的初步鉴定评级

（1）初步评级方法

火灾后钢结构构件的初步鉴定评级主要根据比较容易观测到的宏观现象，一般应包括构件防火防护受损、残余变形与撕裂、局部屈曲与扭曲、构件整体变形四个子项，根据上述四个子项即可初步判断出哪些构件明显损坏（Ⅳ级），哪些构件火灾损伤较小（Ⅱ级），对于Ⅳ级构件一般情况下无需再进行进一步的检测，从而可大大减小工作量。在进行评定时，应根据构件防火防护受损、残余变形与撕裂、局部屈曲与扭曲、构件整体变形四个子项进行，并取各子项所评定的损伤等级中的最严重级别作为构件的损伤等级。

（2）火灾后钢构件防火防护受损、残余变形与撕裂、局部屈曲与扭曲三个子项的等级评定方法

对于有防火防护的钢构件，火灾后防火防护基本无损，则表示构件所经历的温度不高，构件损伤很小，因此评定为$Ⅱ_a$级。至于构件保护层脱落或出现明显裂缝，则表示构件可能在火灾中经历较高的温度，应再根据构件的局部屈曲和变形等情况对其损伤作进一步检测。

从火灾后的钢结构建筑案例现场调查来看，局部残余变形与局部屈曲是钢构件在火灾中常见的一种损伤，且构件有局部损伤时，并不一定出现很大的整体变形，因此钢结构的局部残余变形、局部屈曲是独立的损伤现象，应单独评定。

具体进行评定时，火灾后钢构件防火防护受损、残余变形与撕裂、局部屈曲与扭曲三个子项，按表8-29的要求评定损伤等级。

火灾后钢结构构件基于防火防护受损、残余变形与撕裂、局部屈曲与扭曲的初步鉴定评级标准　　**表8-29**

等级评级要素		各损伤等级的状态特征		
		$Ⅱ_a$	$Ⅱ_b$	Ⅲ
1	涂装与防火防护层	基本无损；防火防护层有细微裂纹，但无脱落	防腐涂装完好；防火涂装或防火防护层开裂但无脱落	防腐涂装碳化；防火涂装或防火防护层局部范围脱落
2	残余变形与撕裂	无	局部轻度残余变形，对承载力无明显影响	局部残余变形，对承载力有一定的影响
3	局部屈曲与扭曲	无	轻度局部屈曲或扭曲，对承载力无明显影响	主要受力截面局部屈曲或扭曲，对承载力无明显影响；非主要受力构件截面有明显局部屈曲或扭曲

注：有防火防护的钢构件按1、2、3项进行评定，无防火防护的钢构件按2、3项进行评定。

（3）火灾后钢构件整体变形的评级方法

火灾后钢构件的整体变形子项，按表8-30的规定评定等级。但构件火灾后严重烧灼损坏、出现过大的整体变形、严重残余变形、局部屈曲或部分焊缝撕裂导致承载力丧失或大部丧失，应采取安全支护、加固或拆除更换措施时评为Ⅳ级。

火灾后钢结构构件基于整体变形的初步鉴定评级标准　　表 8-30

等级评定要素	构件类别		各级变形损伤等级状态特征	
			Ⅱ$_a$级或Ⅱ$_b$级	Ⅲ级
挠度	屋架、网架		$>l_0/400$	$>l_0/200$
	主梁、托梁		$>l_0/400$	$>l_0/200$
	吊车梁	电动	$>l_0/800$	$>l_0/400$
		手动	$>l_0/500$	$>l_0/250$
	次梁		$>l_0/250$	$>l_0/125$
	檩条		$>l_0/200$	$>l_0/150$
弯曲矢高	柱		$>l_0/1000$	$>l_0/500$
	受压支撑		$>l_0/1000$	$>l_0/500$
柱顶侧移	多高层框架的侧向水平位移		$>h/400$	$>h/200$
	单层厂房中柱倾斜		$>H/1000$	$>H/500$

注：1. 表中 l_0——构件的计算跨度；h——框架层高；H——柱总高。
2. 评定结果取Ⅱ$_a$级或Ⅱ$_b$级，可根据实际情况由鉴定者确定。

表 8-26 中，Ⅲ级损伤变形界限值取为Ⅱ级损伤变形界限值的 2 倍，当火灾后构件的残余变形超过该值，说明构件的变形很大，损伤已很严重了。

（4）格构式钢构件的评级方法

除按上述项目进行评定等级外，还应对缀板、缀条与格构分肢之间的焊缝连接、螺栓连接进行评级，评级方法见本部分第 2 条。

（5）当火灾后钢结构构件严重破坏，难以加固修复，需要拆除或更换时，该构件初步鉴定可评为Ⅳ级。

（6）根据火灾后钢材表面颜色大致判定温度和损伤。

借助火灾后钢材表面的颜色来大致判定构件曾经历的最高温度和损伤，表 8-31 列出了结构钢高温过火冷却后的验算变化情况。大体上，钢材表面颜色随着钢材所经历的最高温度的升高而逐步加深。但是，由于高温过火冷却后钢材表面的颜色与钢材种类、高温持续时间、冷却方式等因素有关，而实际构件表面在绝大多数情况下或有防腐涂料或锈蚀，因此钢材表面的表观颜色仅作参考。

高温过火冷却后钢材表面的颜色　　表 8-31

试件经历的最高温度(℃)	试件表面的颜色(Q235)	
	初步冷却	完全冷却
240	与常温下基本相同	—
330	浅蓝色	浅蓝黑色
420	蓝色	深蓝黑色
510	灰黑色	浅灰黑色
600	黑色	黑色

2. 火灾后钢结构连接节点的初步鉴定评级

火灾后，钢结构应特别加强对连接节点的检测。连接节点处往往局部应力集中，现场焊接施工质量不易保证，因此在火灾下钢结构连接也时有出现损坏的，对于高强度螺栓连接，只要出现松动的，就应予以更换。

火灾后钢结构连接节点的初步鉴定评级，应根据防火防护受损、连接板残余变形与撕裂、焊接撕裂与螺栓滑移及变形撕裂三个子项按表 8-32 进行评定，并取按各子项所评定的损伤等级中的最严重级别作为构件的损伤等级。当火灾后钢结构连接大面积损坏、焊缝严重变形或撕裂、螺栓烧损或断裂脱落，需要拆除或更换时，该构件连接初步鉴定可评为Ⅳ级。

火灾后钢结构连接的初步鉴定评级标准　　**表 8-32**

等级评级要素		各级变形损伤等级状态特征		
		$Ⅱ_a$	$Ⅱ_b$	Ⅲ
1	涂装与防火保护层	基本无损;防火防护层有细微裂纹且无脱落	防腐涂装完好;防火涂装或防火保护层开裂但无脱落	防腐涂装碳化;防火涂装或防火保护层局部范围脱落
2	连接残余变形与撕裂	无	轻度残余变形,对承载力无明显影响	主要受力节点板有一定的变形,或节点加劲肋有明显的变形
3	焊缝撕裂与螺栓滑移及变形撕裂	无	个别连接螺栓松动	螺栓松动,有滑移;受拉区连接板之间脱开;个别焊缝撕裂

3. 火灾后钢结构详细鉴定评级的主要内容

火灾后钢结构详细鉴定评级应包括下列内容：

(1) 受火钢构件的材料特性：

1) 屈服强度和极限强度；

2) 延伸率；

3) 冲击韧性；

4) 弹性模量。

(2) 受火构件的承载力：

1) 截面抗弯承载力；

2) 截面抗剪承载力；

3) 构件和结构整体稳定承载力；

4) 连接强度。

4. 钢构件的详细鉴定评级

(1) 对于无冲击韧性要求的钢构件，可按承载力评定等级。构件承载力鉴定时，应考虑火灾对材料强度和构件变形的影响，按表 8-33 评定构件承载能力等级。

火灾后钢结构连接（含连接）按承载力评定等级标准　　**表 8-33**

构件类别	$R_f/(\gamma_0 S)$		
	b 级	c 级	d 级
重要构件、连接	≥0.95	≥0.90	<0.90
次要构件	≥0.92	≥0.87	<0.87

注：1. 表中 R_f——结构构件火灾后的抗力；S——作用效应；γ_0——结构重要性系数，按现行国家标准《建筑结构可靠度设计统一标准》GB 50068 的规定取值。

2. 评定为 b 级的重要构件应采取加固处理措施。

（2）对于有冲击韧性要求的钢构件，除按表 8-33 进行评级外，当构件受火后材料的冲击韧性不满足设计要求，且冲击韧性等级相差一级时，构件承载能力评定应评为 c 级；当其冲击韧性等级相差两级或两级以上时，构件的承载能力评定应评为 d 级。

5. 火灾后钢构件材料强度与冲击韧性的确定

受火构件的材料特性可能发生较大的变化，故详细鉴定时应对受火构件的材料特性进行调查，并作为承载力与冲击韧性评定的依据。

一般地，受火构件的材料特性宜采用现场取样，但若现场不易取样，或是现场取样对构件有较大的损害时，可采用同种钢材加温冷却试验确定。

现场取样应避开构件的主要受力位置和截面最大应力处，并对取样部位进行补强。如能确定作用温度，也可按表 8-11 判定不同温度下结构钢的屈服强度，作为参考。采用同种钢材加温冷却试验来确定构件的材料强度与冲击韧性时，钢材的最高温度与构件在火灾中所经历的最高温度相同，并且冷却方式应能反映实际火灾中的情况（喷水冷却或是空气自然冷却）。

四、火灾后砌体结构构件的鉴定评级

1. 火灾后砌体结构初步鉴定

火灾后砌体结构初步鉴定，根据外观损伤、裂缝和变形分布按表 8-34、表 8-35 进行初步鉴定评级。当砌体结构构件火灾后严重破坏，需要拆除或更换时，该构件初步鉴定可评定为Ⅳ级。

火灾后砌体结构基于外观损伤和裂缝的初步鉴定评级标准　　表 8-34

等级评级要素		各级损伤等级状态特征		
		$Ⅱ_a$	$Ⅱ_b$	Ⅲ
外观损伤		无损伤、墙面或抹灰层有烟黑	抹灰层有局部脱落或脱落，灰缝砂浆无明显烧伤	抹灰层有局部脱落或脱落部位砂浆烧伤在 15mm 以内，块材表面未开裂变形
变形裂缝	墙、壁柱墙	无裂缝，略有灼烤痕迹	有裂痕显示	有裂缝，最大裂缝宽度 w_{max}≤0.6mm
	独立柱	无裂缝，无灼烤痕迹	无裂缝，有灼烤痕迹	有裂痕
受压裂缝	墙、壁柱墙	无裂缝，略有灼烤痕迹	个别块材有裂缝	裂缝贯通 3 皮块材
	独立柱	无裂缝，无灼烤痕迹	个别块材有裂缝	有裂缝贯通块材

注：对墙体裂缝有严格要求的建筑结构，表中裂缝宽度，对次要构件可放宽为 1.0mm。

火灾后砌体结构基于侧向（水平）位移变形的初步鉴定评级标准（mm）　　表 8-35

等级评级要素			$Ⅱ_a$ 级或 $Ⅱ_b$ 级	Ⅲ级
多层房屋（包括多层厂房）	层间位移或倾斜		≤20	>20
	顶点位移或倾斜		≤30 和 $3H/1000$ 中的较大值	>30 和 $3H/1000$ 中的较大值
单层房屋（包括单层厂房）	有吊车的房屋墙、柱位移		>$H_T/1250$，但不影响吊车运行	>$H_T/1250$，影响吊车运行
	无吊车房屋位移或倾斜	独立柱	≤15 和 $1.5H/1000$ 中的较大值	>15 和 $1.5H/1000$ 中的较大值
		墙	≤30 和 $3H/1000$ 中的较大值	>30 和 $3H/1000$ 中的较大值

注：1. 表中 H——自基础顶面至柱顶总高度；H_T——基础顶面至吊车梁顶面的高度。
2. 表中有吊车房屋柱的水平位移限值，是在吊车水平荷载作用下按平面结构图形计算的厂房柱的横向位移。
3. 在砌体结构中，墙包括带壁柱墙。
4. 多层房屋中，可取层间位移和结构顶点位移的较低等级作为结构侧移项目的评定等级。
5. 当结构安全性无问题时，倾斜超过表中Ⅱ级的规定值但不影响使用功能时，仍可评为 $Ⅱ_b$ 级。

2. 火灾后砌体结构构件的详细鉴定评级

(1) 砌体结构构件火灾后截面温度场取决于构件的截面形式、材料的热性能、构件表面最高温度和火灾持续时间；

(2) 火灾后砌体、砌块和砂浆的强度可参照现行国家表中《砌体工程现场检测技术标准》GB/T 50315进行现场检测；也可现场取样分别对砌块和砂浆进行材料试验检测；还可根据构件截面温度场按《火灾后建筑结构鉴定标准》CECS 252：2009在附录K（即表8-12）推定砖和砂浆强度。当根据温度场推定火灾后材料力学性能指标时，宜采用抽样法试验进行修正。

(3) 火灾后砌体结构构件承载力指标，应按表8-28的评级标准执行。

8.3　混凝土结构的火灾灾损处理

在8.1节中，我们描述了火灾对混凝土、钢筋、钢筋与混凝土的粘结力的影响，在发生火灾后，不同混凝土构件的反应也不尽相同，这就是混凝土构件的抗火性能。了解不同混凝土构件的抗火性能，对于火灾后的加固处理是非常必要的，因为只有了解了各类构件抗火性能，才能在设计时做到有的放矢，避免出现抗火性能的薄弱环节，恢复或提高混凝土结构的抗火性能。本节首先分析混凝土结构的抗火性能，然后介绍构件的剩余承载力计算，最后给出火灾后混凝土构件的加固处理方法。

8.3.1　混凝土结构的抗火性能

一、混凝土结构抗火性能的特点

结构材料的高温性能决定了结构构件在火灾作用下强度和刚度的降低及变形能力的增大。结构材料受热膨胀、脱水及结构内部温度分布的非均匀性，使得结构构件在火灾中还产生附加的温度应力，过大的变形和过早的开裂以及受火初期结构表面的渗水等都是高温下特有的性能。对超静定结构，由于刚度变化和温度应力的作用，还引起火灾时结构的内力重分布现象。

除前述结构材料的高温力学性能外，结构受火灾时的表现性能还与实际结构所处的环境条件有关，如结构的装修、火灾的特性、结构的荷载水平等。对钢筋混凝土结构，钢筋的保护层厚度和混凝土的含水量对其抗火性能影响也很大。目前，结构抗火性能的研究方法仍是通过标准火炉对结构构件进行标准加温试验，同时考虑不同荷载水平和约束形式，考察其温度、变形、强度等变化规律。

根据现有的试验和理论研究成果，以及工程实践经验，钢筋混凝土结构的抗火性能与常温下的性能有很大的差异，具体说有如下特点：

(1) 内部温度场不均匀

混凝土的热传导系数很小，结构受火后表面温度迅速升高，而截面内部的温度增长缓慢，形成了很不均匀的温度场，表层的温度变化梯度最大。而且，温度场随着火灾时间的延续也会发生不断的变化，并对结构的内力、变形和承载力等将产生很大的影响。

(2) 材料性能的严重恶化

高温下，混凝土和钢筋的强度值与弹性模量值将减小，变形增大。混凝土还相继出现开裂、酥松和边角崩裂等外观损伤现象，并随着温度的升高而渐趋严重。这是混凝土构件和结构的高温承载力与耐火极限严重下降的主要原因。

(3) 应力-应变关系与温度和时间的耦合作用效应

因为高温结构的温度值和持续时间对于材料的强度和变形值等有很大影响，所以不能像分析一般结构的常温性能那样，单纯获得材料的应力-应变关系就可以了。因此，必须研究应力-应变与温度和时间之间的耦合作用效应，建立相应的耦合高温-力学本构关系，才能准确地分析结构的高温性能，这更增加了分析的难度。

(4) 构件截面应力和结构内力的重分布

构件截面的不均匀温度场必定产生不等的温度变形和截面应力重分布。超静定结构的高温区部分因为温度变形受到支座和节点的约束，以及相邻的非高温构件的约束，会产生内力（弯矩、剪力、轴力）重分布；而且随着温度的变化和时间的延续，会形成一个连续的内力重分布过程，最终出现与常温结构不同的破坏机构和形态，从而影响了构件的高温极限承载力。

(5) 破坏的过程和形态

普通混凝土结构在常温下的破坏过程比较缓慢，且有明显预兆。但在高温状况下钢筋混凝土结构会因变形突然增大而破坏，过程短促，很少有预兆；破坏后的结构构件会有很大的残余变形并且是肉眼明显可见的。

二、钢筋混凝土构件的抗火性能

钢筋混凝土构件主要是指梁、板、柱、墙等承重构件，对于在标准火灾作用下钢筋混凝土构件的高温性能，国外早就进行了大量的试验研究，我国的部分高等院校和建筑科学研究院等单位也相继对此进行了研究，获得了各种可借鉴的试验结论。研究结果表明，荷载位置及大小、构件和结构受火部位、构件表面最高温度、火灾持续时间、混凝土类型、构件截面尺寸与配筋率、构件保护层厚度等因素是影响高温下与高温后钢筋混凝土构件和结构力学性能的主要因素。

1. 钢筋混凝土受弯构件

梁和板构件的挠度随温度升高而增大，到一定时间后挠度迅速增大，结构失去承载能力而破坏。简支梁受火时对剪切破坏不很敏感；两跨连续梁较易发生剪切破坏。钢筋混凝土空心楼板比实心楼板抗火时间短，挠度变形大，而预应力空心楼板则更差。

文献［162］通过试验考察了不同升温曲线、荷载水平和保护层厚度下简支梁的抗火性能，试验结果表明：

(1) 受火面积增大对梁的抗火不利，三面加温梁的裂缝、挠度增长最严重，两面加温次之，一面加温裂缝和挠度增长最慢。

(2) 受拉钢筋在底部、梁两侧和三面受火的构件，增加底面混凝土保护层厚度，能提高构件的耐火性能。但过多的增大保护层厚度并不适宜，侧向混凝土保护层厚度增加对抗火性能基本不影响。

(3) 作用荷载大于极限荷载的50%时，钢筋混凝土简支梁的抗火能力会急剧降低。

由于超静定结构的试验比较复杂，相应的抗火试验国内外都比较少。文献［163］对两跨连续梁进行了抗火试验，考虑了加载位置、荷载水平以及单跨升温和双跨升温等几种因素，主要结论如下：

(1) 不论是荷载水平、加载位置、单跨升温还是双跨升温等各种试验条件，高温下混凝土连续梁的破坏相对简支梁来说要缓慢得多，连续梁的抗火能力明显地比简支梁高得多。

(2) 高温下钢筋混凝土连续梁一般在跨中截面出现塑性铰，然后在中间支座截面出现塑性铰，形成机构而破坏；破坏机构与常温下的不同。而且高温下出现的塑性铰与常温下的塑性铰也不同，其承受弯矩的能力随温度增加而不断降低。

(3) 不同荷载水平、加载位置以及单跨和双跨升温情况，连续梁内力重分布程度也不一样。加载位置的改变对内力重分布影响最大，而单跨升温和双跨升温的不同对内力重分布影响较小。

(4) 不管是单跨升温还是双跨升温，梁的最大挠度均随温度增加而逐渐增大，而且当温度较高（>400℃）时增大的速度更明显。

2. 钢筋混凝土受压构件

国内外已有许多受压构件的高温试验研究，试件为四面受火或三面受火。试验详细考察了骨料种类、预加载水平、混凝土强度、配筋率、含水率、截面形状、端部约束条件以及保护层厚度等对受压构件抗火性能的影响。主要结论如下：

(1) 混凝土骨料的种类对柱的耐火极限有明显影响。钙质骨料混凝土柱的耐火极限最大，其次为轻骨料混凝土柱，硅质骨料混凝土柱的耐火极限最低。偏心受压柱与轴心受压柱相比，骨料的种类对后者的影响更为明显。

(2) 随着预加荷载与极限荷载的比值增大，将使轴心受压混凝土柱耐火极限急剧减小，不同骨料的混凝土构件之间耐火极限的差异也在减小。

(3) 在常温下，提高混凝土的强度以增加柱的承载力是极为有效的措施。但是对高温构件，在钢筋含量、混凝土骨料种类、截面积、端部条件及含水量均接近的条件下，混凝土强度提高50%，轴心受压构件的耐火极限仅提高7%，这与高强混凝土在高温下抗压强度的损失比普通混凝土大是一致的。

(4) 柱子截面尺寸越大，内部温度比受火表面的温度低得多，相对火损面积小，其耐火极限高。一般粗柱为受压破坏，细柱则是侧向变形过大而破坏。轴心受压柱在两端铰支和两端固定的情况下，其抗火性能无大差异。但偏心受压柱皆因侧向挠度过大而导致破坏。

(5) 由于混凝土的导热性能差，使混凝土内部温度比受火面的温度要低得多。若混凝土保护层厚度增大，构件内钢筋的温度越低、钢筋强度降低幅度减小，可提高大偏心受压构件的耐火极限。但若保护层过大，在高温下过早爆裂使钢筋外露，却更加不利。

(6) 对轴心受压柱来说，纵向钢筋的含量增加一倍以上，柱的耐火极限仅提高12%。因此，增加纵向钢筋配筋率的方法并不能显著改善钢筋混凝土轴心受压柱的抗火性能。

3. 钢筋混凝土框架结构的抗火性能

框架结构受火灾作用时，截面内部温度产生梯度分布，由于不同部位受热的非均匀性，引起整个结构内部非均匀的温度场。而框架结构构件间的相互约束，又导致这非均匀的热变形产生附加温度应力。此外，非均匀的温度分布将引起结构强度、刚度和变形的非均匀性并引起结构的内力变化，从而导致高温下超静定结构的内力重分布。与常温相比，框架结构受高温和荷载作用时刚度衰减很快，变形过大而产生与常温下不同的破坏特征。

框架梁、柱在升温过程中，轴向膨胀量很大。在实际结构中因受邻近梁柱约束从而使框架整体产生很大的附加应力。高温作用下框架破坏时的弯曲变形和裂缝开展宽度都很大，和连续梁相比、破坏过程更缓慢，但宏观破坏现象更严重。柱子截面较小的框架，柱受火面混凝土严重剥落、纵向钢筋暴露。恒载值较大的框架或柱子截面较小的框架，在升温过程中变形明显地增大，在高温作用下承载力显著降低。

另外，按常温设计的框架结构，在高温下易发生剪切破坏和节点区受拉破坏。这主要是由于高温下钢筋和混凝土强度降低减弱了截面抗剪能力以及节点弯矩增大、高温下钢筋锚固失效等所致。

8.3.2 火灾后混凝土梁板的加固处理

一、火灾后梁板的剩余承载力计算

钢筋混凝土构件受火后基于火灾温度场的计算以及混凝土和钢筋高温下的本构关系，可以分析并计算构件的剩余承载能力。由于钢筋混凝土结构火灾高温作用后的受力性能较为复杂，到目前为止，我国还没有相应的规范给出混凝土结构受火后的承载力计算方法。通过国内外一些方法的对比，一般做法是：

(1) 根据温度场计算结果，把受火构件截面划分为若干个单元（条带），分别求得每个单元的温度，并确定钢筋处的温度。

(2) 对应各单元的温度，确定高温下钢筋与混凝土的强度折减系数，然后计算各单元的截面承载力。整个截面的承载力应为各单元截面承载力之和。

在进行截面承载力计算时，国内外研究者都认为：

1) 平截面假定仍然成立；

2) 受拉区混凝土的作用可以忽略不计；

3) 可以忽略受压区混凝土的瞬时热徐变，但必须考虑钢筋的瞬时热徐变。

基于这样的基本假定，可以进一步分析火灾作用后各种受力构件截面承载力的计算方法。

1. 受火构件截面特征参数计算

遭受火灾后的混凝土梁，其一是外围混凝土烧损，其二是内部混凝土强度有所降低，其三是内部钢筋强度有所降低。对上述三个因素可按下述方法进行处理。

(1) 梁截面宽度减小的计算

假定一矩形截面梁，其火灾前的截面如图 8-6（*a*）所示；实际火灾后的梁截面为图中阴影部分，如图 8-6（*b*）所示，但实际根据这样不规则截面进行计算比较繁琐、麻烦。对于两侧烧损深度变化不大的地方，取其平均值 b_C 作为梁截面宽度；对于变化比较大的部分，将保留的截面简化成有若干个小矩形条形成的阶梯形截面，即图 8-6（*c*）中阴影部分。

取其中一个小矩形条单元，其高度为 Δ_y，其宽度为 b_i，则该矩形条单元的面积为：

$$A_i=\Delta_y b_i \tag{8-30}$$

(2) 烧损后混凝土强度影响及折算面积的计算

烧损后的混凝土强度，由 f_c 变为 f_c^T，但计算中一般不采用实际的 f_c^T，而是认为其强度不变，仍为 f_c，而将其截面宽度相应减小，且其形心和合力不变。把图 8-6（*c*）中的阴影矩形条单元按 Δ_x 在竖向划分，形成 $\Delta_x\times\Delta_y$ 单元组成的网格，取每一小方格单元中心温度作为该单元的温度，按表 8-2 求出其火灾后实际强度 f_c^T（当鉴定报告给出实测混凝

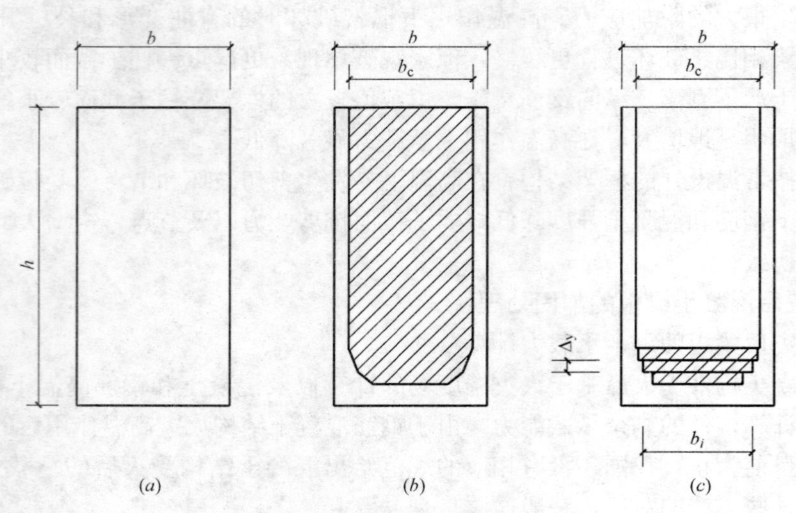

图 8-6　烧损后梁截面减小

土强度时，按实测)，则该单元的轴压力为：

$$\Delta_x \times \Delta_y \times f_c^T = \Delta_x \times \Delta_y \times k_{ci} \times f_c \tag{8-31}$$

式中　f_c——为常温下混凝土抗压强度设计值（N/mm²）；

f_c^T——火灾后混凝土的实际抗压强度推定值（N/mm²）。

高度为 Δ_y 的矩形条单元的轴压力为：

$$\sum_{b_c} \Delta_y \Delta_x k_{ci} f_c = \Delta_y b_c k_c f_c \tag{8-32}$$

式中　k_c——Δ_{y_i} 矩形条单元内截面宽度折减系数。

$$k_c = \frac{\sum_{b_c} \Delta_x k_{ci}}{b_c} \tag{8-33}$$

由于 k_c 随混凝土矩形条单元的竖向坐标 s 变化而变化，因此整体截面的宽度折减系数 $k_{c(s)}$ 为：

$$k_{c(s)} = \frac{\sum_{b_c} \Delta_x k_{ci(s)}}{b_c} \tag{8-34}$$

为简化计算，或当梁侧面混凝土强度降低不多，仍可继续利用时，将式（8-34）改写为：

$$k_{c(s)} = \frac{\sum_{b} \Delta_x k_{ci(s)}}{b} \tag{8-35}$$

则每个小矩形条单元的折减面积可按下式进行计算：

$$A_i = \Delta_{yi} b k_{c(s)} \tag{8-36}$$

(3) 钢筋强度折减的计算

在钢筋混凝土构件中，钢筋受火后其强度降低。在分析中可以用等强度代换的方法对火灾后钢筋混凝土构件进行承载力计算。也就是将受火后的钢筋强度视为不变，而把原有截面面积视为减小。这时假定同一种钢筋（受拉钢筋或受压钢筋）达到屈服强度时所受的力为：

$$\sum A_{si}f_{si}^{T}=\sum A_{si}f_{y}k_{si} \tag{8-37}$$

式中 A_{si}——第 i 根钢筋的面积（mm^2）；

f_{si}^{T}——火灾后第 i 根钢筋的强度（N/mm^2），按表 8-5、表 8-6 选用；

k_{si}——钢筋的面积折减系数。

2. 单筋矩形梁正截面承载力计算

单筋矩形截面梁，当混凝土损伤较大时，其截面宽度由 b 变为实际的 b_c，f_c 变为 f_c^{T}，除此之外，如图 8-7 所示，当受拉区受火时，只对受拉钢筋的强度产生影响，可按式（8-38）计算受火后的钢筋合力，然后按普通单筋矩形截面的计算方法进行计算；当受压区受火时，将影响的混凝土强度，可按（8-36）计算折减后的截面，然后进行计算。下面分别进行分析。

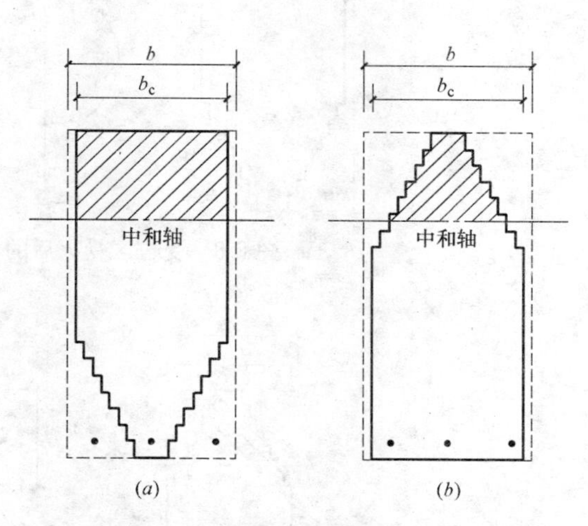

图 8-7 矩形截面受火后的有效截面

（a）受拉区受火；（b）受压区受火

（1）受拉区受火时抗弯承载力计算

受拉区受火后的单筋矩形截面梁的计算简图如图 8-8 所示。

由平衡条件，可知：

$$\alpha_1 f_c^{T} b_c x=k_s A_s f_y \tag{8-38}$$

$$x\leqslant\xi_b^{T}h_0 \qquad M_u^{T}=A_s^{T}f_y(h_0-0.5x) \tag{8-39}$$

$$x>\xi_b^{T}h_0 \qquad M_u^{T}=A_s^{T}f_y(h_0-0.5x_{max}) \tag{8-40}$$

$$x_{max}=\xi_b^{T}h_0=\frac{\beta_1 h_0}{1+\dfrac{f_y^{T}}{0.033E_s^{T}}} \tag{8-41}$$

式中 α_1——系数，按《混凝土结构设计规范》GB 50010 的规定计算；

b_c——火灾后梁截面实际宽度（mm）；

k_s——火灾后混凝土构件中钢筋的强度折减系数，按表 8-5、表 8-6 选用；

ξ_b^{T}——火灾后混凝土的相对受压区高度，根据 f_c^{T} 按《混凝土结构设计规范》GB 50010 的规定计算；

M_u^{T}——火灾后梁抗弯承载力（N/mm）；

A_s^{T}——火灾后钢筋折算截面面积（mm^2），$A_s^{T}=k_sA_s$；

f_y^{T}——火灾后钢筋实际强度（N/mm^2），$f_y^{T}=k_sf_y$；

E_s^{T}——火灾后钢筋弹性模量（N/mm^2），按表 8-8 确定。

（2）受压区受火时抗弯承载力计算

受压区受火时，受压区的有效截面是阶梯形，即认为在受压高度 x 范围内，混凝土应力均为 $\alpha_1 f_c$，只是受压区是由一组宽度为 $k_{c(s)}b$ 的矩形小条构成（图 8-9）。

由平衡条件，可知：

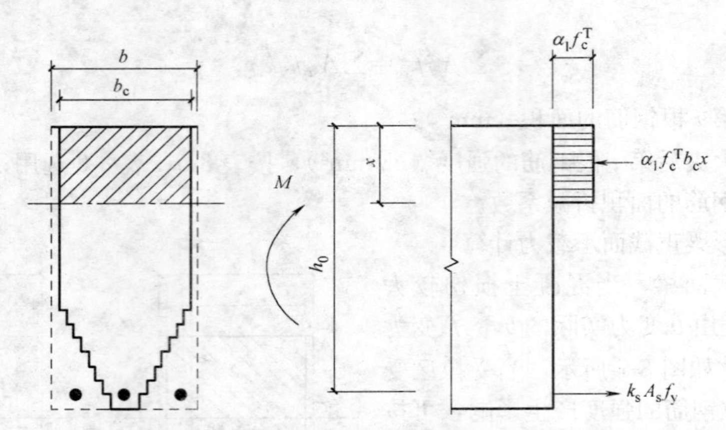

图 8-8　受拉区受火后的单筋矩形截面的计算简图

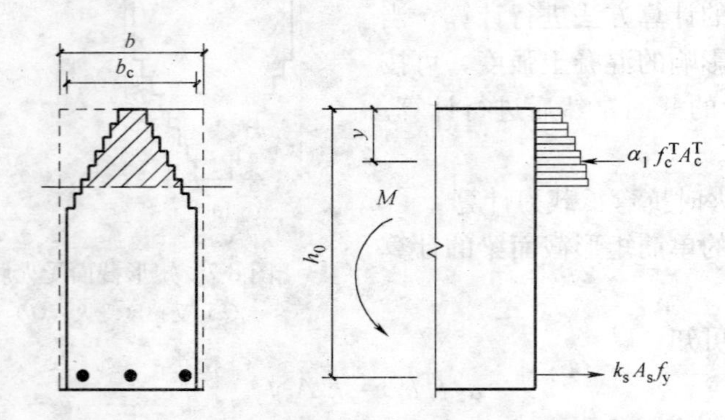

图 8-9　单筋矩形截面受压区受火后的计算简图

$$\alpha_1 f_c A_c^T = k_s A_s f_y \tag{8-42}$$

$$x \leqslant \xi_b^T h_0 \text{时} \qquad M_u^T = A_s^T f_y (h_0 - y) \tag{8-43}$$

$$x > \xi_b^T h_0 \text{时} \qquad M_u^T = A_s^T f_y (h_0 - y_b) \tag{8-44}$$

式中　A_c^T——受压区混凝土折算面积（mm^2），$A_c^T = \sum_s k_{c(s)} \Delta_y b$；

y——受压区混凝土形心位置至受压边缘的距离（mm）；

y_b——受压区高度达到界限受压高度时，受压区混凝土形心位置至受压边缘的距离（mm）。

其他同上。

3. 双筋筋矩形梁正截面承载力计算

(1) 受拉区受火时抗弯承载力计算

受拉区受火后的矩形截面梁其计算简图如图 8-10 所示。

由平衡条件，可知：

$$\alpha_1 f_c^T b_c x + k_s A_s^T f_y = k_s A_s f_y \tag{8-45}$$

$$x \leqslant \xi_b^T h_0 \text{时} \qquad M_u^T = \alpha_1 f_c^T b_c x (h_0 - 0.5x) + k_s A'_s f'_y (h_0 - a') \tag{8-46}$$

$$x > \xi_b^T h_0 \text{时} \qquad M_u^T = \alpha_1 f_c^T b_c x (h_0 - 0.5x_{max}) + k_s A'_s f'_y (h_0 - a') \tag{8-47}$$

$$x < 2a' \text{时} \qquad M_u^T = A_s^T f_y (h_0 - a') \tag{8-48}$$

式中 f'_y——受压钢筋强度设计值（N/mm^2）；

A'_s——受压钢筋面积（mm^2）；

a'——受压钢筋合力点到受压区边缘的距离（mm）。

其他同上。

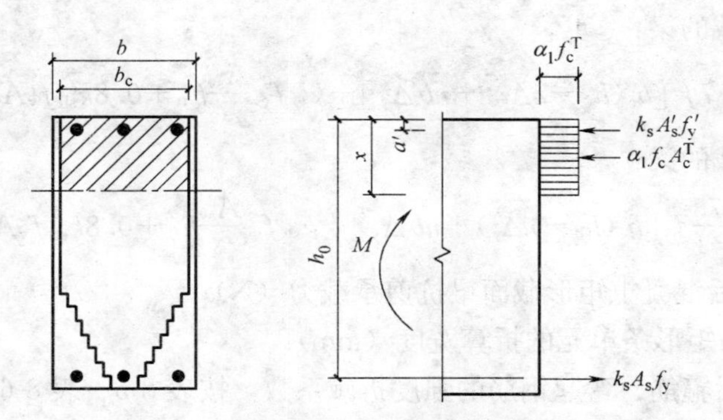

图 8-10 双筋矩形截面受拉区受火后的计算简图

(2) 受压区受火时抗弯承载力计算

与单筋矩形截面受压区受火时类似，受压区的有效截面是阶梯形，即认为在受压高度 x 范围内，混凝土应力均为 $\alpha_1 f_c$，只是受压区是由一组宽度为 $b_i=k_{c(s)}b$ 的矩形小条构成，此外就是增加受压区的钢筋合力，如图 8-11 所示。

由平衡条件，可知：

$$\alpha_1 f_c A_c^T + k_s A'_s f'_y = k_s A_s f_y \tag{8-49}$$

$$M_u^T = \alpha_1 f_c^T A_c^T (h_0 - y) + k_s A'_s f'_y (h_0 - a') \tag{8-50}$$

式中 y——受压区混凝土合力作用位置与受压边缘间的距离（mm）。

其余符号同上。

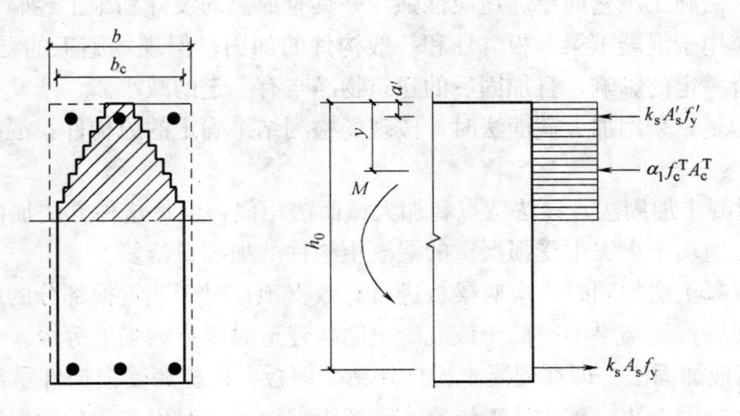

图 8-11 双筋矩形截面受压区受火后的计算简图

4. 矩形梁斜截面承载力计算

火灾后混凝土构件矩形截面抗剪承载力仍然由两部分组成：箍筋和弯起钢筋，受火后的混凝土。由于箍筋多为封闭状，与主筋形成骨架，而弯筋多由主筋弯起，锚固长度足够大，受力后不会发生滑移，所以计算抗剪承载力时不考虑粘结强度的影响，只需按温度确定钢筋强度，即在常温计算公式中，引入钢筋强度折减系数即可。受火后的混凝土其截面将发生变化，由未受火时的矩形 bh_0，变为一个矩形 $b_c(h_0-n\Delta_y)$ 和 n 个矩形条单元形成的梯形截面 $k_c nb_i\Delta_y$ 组成。所以火灾后矩形截面梁的抗剪承载力可按式（8-51）、式（8-52）进行计算。

对承受均布荷载的梁：

$$V_u^T=0.7f_t[b_c(h_0-n\Delta_y)+nb_i\Delta_y]+k_{sv}f_{yv}\frac{A_{sv}}{s}h_0+0.8k_{sb}f_yA_{sb}\sin\alpha \tag{8-51}$$

对承受集中荷载的梁：

$$V_u^T=\frac{1.75}{\lambda+1}f_t[b_c(h_0-n\Delta_y)+nb_i\Delta_y]+k_{sv}f_{yv}\frac{A_{sv}}{s}h_0+0.8k_{sb}f_yA_{sb}\sin\alpha \tag{8-52}$$

式中　V_u^T——火灾后混凝土矩形截面梁抗剪承载力（N）；

b_i——第 i 条矩形条单元的折算宽度（mm）；

k_{sv}、k_{sb}——火灾后箍筋、弯起钢筋的强度折减系数，按表 8-5、表 8-6 选用。

为避免斜压破坏，应满足：

$$V_u^T\leqslant V_{umax}=0.25\beta_c f_c[b_c(h_0-n\Delta_y)+nb_i\Delta_y] \tag{8-53}$$

二、火灾后梁板的加固修复

火灾后受损建筑结构在经过检测与鉴定，并计算剩余承载力的基础上，按照加固补强的原则，可以对受损结构进行修复和加固处理。混凝土结构的加固技术可分为直接加固法与间接加固法两大类。在对目前常用的结构加固方法进行总结的基础上，给出适合火灾后混凝土结构所采用的加固方法。

（一）常用加固修复方法

1. 直接加固法

（1）加大截面加固法。即采用增大过火构件的截面面积，以恢复其承载力而满足正常使用的方法。该法施工工艺简单、适应性强，并具有成熟的设计和施工经验；适用范围较广，可以广泛应用于混凝土梁、板、柱和一般构件的加固；但现场施工的湿作业时间长，对生产和生活有一定的影响，且加固后的建筑物净空有一定的减小。

需要注意的是，采用加大截面法时，按现场检测结果确定的原构件，混凝土强度不应低于 C10。

（2）置换混凝土加固法。该法特点和加大截面法相似，但是这种方法加固后不会影响建筑物的净空，适用于火灾中受损严重的混凝土构件的加固或修复。

采用置换混凝土法加固时，应对梁板进行有效支顶；对于非置换部分的原构件混凝土强度等级，按现场检测结果不应低于该混凝土结构建造时规定的强度等级。

（3）粘贴钢板加固法。即在混凝土构件外粘贴钢板，以提高受损构件承载力满足正常使用功能的一种加固方法。该法施工快速、现场无湿作业，对生产和生活影响小且加固后对原结构外观和净空无显著影响。

该方法适用面较广，对于混凝土受损严重和钢筋受损严重的构件均适用。加固效果很大程度上取决于胶结工艺和操作水平；且环境温度不大于 60℃，相对湿度不大于 70%，以及无化学腐蚀影响，否则应采取防护措施。

另外需注意，被加固的混凝土结构构件，其实测混凝土强度等级不得低于 C15，且混凝土表面正拉粘结强度不得低于1.5N/mm²。对于素混凝土构件，或纵向受力钢筋配筋率低于现行国家标准《混凝土结构设计规范》GB 50010规定的最小配筋率的构件，不能采用粘贴钢板加固法。

(4) 外粘型钢加固法。即在混凝土构件四周或受拉侧粘贴型钢、受压侧用钢板替代的加固方法。该方法可以用于火灾对于构件中钢筋影响较大的一类构件，如用于梁的加固。

采用化学灌浆外包钢加固时，型钢的表面温度不应高于60℃；当环境有腐蚀介质时应有可靠的防护措施。该法受力可靠、施工方便、现场工作量小，但用钢量较大，适用于使用上不允许显著增大截面尺寸，但又要大幅度提高其承载力的混凝土构件的加固。

采用外粘型钢加固梁时，其截面应力特征与粘贴钢板加固法十分相近，可按粘贴钢板的计算方法进行正截面和斜截面承载力计算。

(5) 粘贴纤维复合材（FRP，纤维增强塑料）加固法。常采用的FRP有CFRP（碳纤维）、GFRP（玻璃纤维），目前也采用HFRP（混杂纤维，由一种以上纤维混合粘贴，或混合编制形成）。粘贴FRP加固法除具有粘结钢板相似的优点外，还具有耐腐蚀、耐潮湿、几乎不增加结构自重、耐用、维护费用较低等特点。适用于各种受力性质的混凝土构件和一般构筑物。但对于混凝土部分受损严重的构件不适用，或需要结合其他的方法进行加固，另外这种方法需要专门的防火处理。

目前对采用无机胶粘贴纤维复合材的加固机理、设计计算方法已经取得了一定的成果，当有可靠经验时，可采用无机胶粘贴纤维复合材，这样可以提高该加固方法适用范围：在高温环境下可正常适用。

(6) 其他方法。

绕丝法。该法的优缺点与加大截面法相近；适用于混凝土构件斜截面承载力不足的加固，或需对受压构件施加横向约束力的情况。

锚栓锚固法。该法适用于混凝土强度等级为C20～C60的钢筋混凝土承重结构的改造、加固；不适用于已严重损坏的混凝土构件。当受损严重的构件必须拆除时，可以通过这种方法使新增构件与原结构构件实现比较可靠的连接。

2. 间接加固法

常用的间接加固法：外加预应力加固法（体外预应力）、增设支点加固法等。

(1) 外加预应力加固法。即采用外加预应力钢拉杆或钢绞线（分水平拉杆、下撑式拉杆和组合拉杆）或撑杆对结构进行加固的方法。该法能降低被加固构件的应力水平，不仅加固效果好，而且还能较大幅度地提高整体结构承载力，但加固后对原结构外观有一定的影响；适用于要求提高承载力强度和抗裂性及加固后占用空间小的混凝土承重结构，包括大跨度或重型结构的加固以及处于高应力、高应变状态下混凝土构件的加固，但不适用于收缩徐变大的混凝土构件。对于原构件截面偏小或原构件处于高应力、高应变状态下，且难以直接卸除其结构荷载的构件，外加预应力加固法具有明显优势。

(2) 增设支点加固法。该法是以减小结构的计算跨度和变形，提高其承载力的加固方法。按支承结构的受力性能分为刚性支点和弹性支点两种。刚性支点法是通过支承构件的轴心受压将荷载直接传给基础或其他承重结构的一种加固方法。弹性支点法是以支点结构的受弯或桁架作用来间接传递荷载的加固方法。

增加支点加固法适用于房屋净空不受限制的大跨度结构的加固。该法简单可靠，但易损害建筑物的原貌和使用功能，并可能减小使用空间；适用于具体条件许可的混凝土结构的加固。

（二）加固修复方案的选择

钢筋混凝土梁、板遭受火灾后，由于混凝土被烧酥、爆裂、剥落、开裂造成强度降低，构件的刚度减小；同时在高温作用下钢筋的弹性模量和强度降低，混凝土与钢筋的粘结力降低，最终造成构件的承载力下降。因此，经过对火灾后结构的检测和受损程度的鉴定后，应提出安全、适用和经济的修复加固方案。钢筋混凝土结构的加固方法很多，但应根据各种结构类型的特点、火灾损伤程度以及所需加固的部位，因地制宜地采用不同的修复加固方案。

可按表 8-36 的进行选择。

火灾后混凝土结构构件不同烧损程度的处理方法　　表 8-36

烧损程度	处理方法
基本完好轻微破坏	清理表面烧损层、空鼓层至坚实层，修复砂浆修复及饰面处理
中等破坏	凿除烧伤层至坚实层，深层裂缝灌浆，表面修复；采用加大截面、喷射混凝土、增设支点、体外预应力、外粘型钢、粘贴钢板、粘贴纤维等方法处理
严重破坏	凿除烧伤层，深层裂缝灌浆，表面修复；采用加大截面、喷射混凝土、增设支点、体外预应力、外粘型钢、置换及托换等方法处理
局部倒塌整体倒塌	置换、托换或拆除

（三）加固修复施工顺序

一般来说，火灾后对受损结构进行修复加固的施工顺序如下：

(1) 根据结构受损程度，按设计要求在梁和板底部设置安全支撑，以免在修复加固的施工过程中构件损伤继续发展甚至断裂、倒塌；

(2) 铲除构件原粉刷层、凿除烧酥层，进行烧伤层处理及截面修复工作；

(3) 对梁进行结构加固施工；

(4) 对楼板进行结构加固施工；

(5) 恢复原装饰，或按要求进行新的装饰施工。

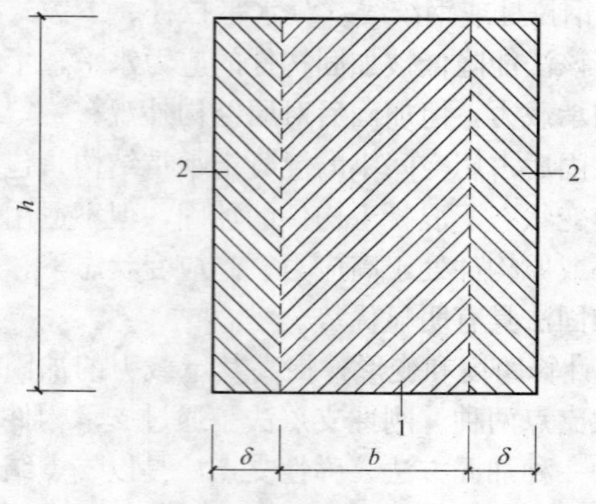

图 8-12　梁侧面加大截面法

1—梁；2—新加混凝土

（四）梁的加固设计

在一般火灾条件下，梁中受力钢筋强度在冷却后可恢复，构件承载力降低主要是由混凝土强度降低引起的。所以，钢筋混凝土梁的加固设计应设法提高受压区混凝土的抗压能力。在承载力降低不大，梁的配筋率较小时也可采用提高受拉主筋的方法来加固补强。梁的加固设计可采用下述几种方案：

1. 侧面加大截面法

即把烧损严重的混凝土铲除后，在梁两侧用混凝土对称加厚，如图 8-12 所示。

加大截面的宽度 δ 可按下式计算：

$$\delta \geqslant 0.6(1-k_{c(s)})b \tag{8-54}$$

式中 b——梁截面原宽度（mm）；

δ——侧面加大截面单侧宽度（mm），不包括剔除深度；

$k_{c(s)}$——整体截面的宽度折减系数，按式（8-34）、式（8-35）计算，当为支座截面时，取受压区高度中点处折减系数。

当钢筋强度受火影响降低时，应在新加截面部分增设纵向钢筋，其增加量应通过计算确定，计算时应注意梁截面增大带来的弯矩、剪力的增大。

该方法加固后的截面抗剪承载力尚应满足下式：

$$0.7f_t 2\delta h_0 \geqslant V-V_u^T \tag{8-55}$$

式中 h_0——梁截面计算高度（mm）；

f_t——新增混凝土的轴心抗压强度设计值（N/mm²）；

V——梁的剪力设计值（N）；

V_u^T——梁的剩余抗剪承载力（N），按式（8-51）、式（8-52）计算。

2. 底面（受拉区）加大截面法

在受拉区增加受力钢筋以提高梁的抗弯承载力时，可采用底面（受拉区）增大截面法（当增加钢筋后，出现超筋则不可应用此方法），因为在梁顶负弯矩区增大截面时，会影响到建筑物的正常使用，因此常是采用底面增大截面法。所需钢筋截面面积按下式计算：

$$0.7h_0 A_s f_y = M-M_u^T \tag{8-56}$$

式中 A_s——附加钢筋截面面积（mm²）；

f_y——附加钢筋抗拉强度设计值（N/mm²）；

$0.7h_0$——考虑协同工作条件后的近似内力臂（mm）；

h_0——截面有效高度（mm）；

M——梁弯矩设计值（N·mm）；

M_u^T——火灾后梁抗弯剩余承载能力（N·mm）。

对于增加配钢筋的梁，当新增加受力钢筋与原构件受力钢筋比较靠近时，可通过焊接短筋进行连接，短筋直径应不小于与之焊接的最小受力筋直径，长度不小于 $5d$，间距不大于 500mm，如图 8-13 所示。当新增加受力钢筋与原受力钢筋相距较远时，可采用弯起

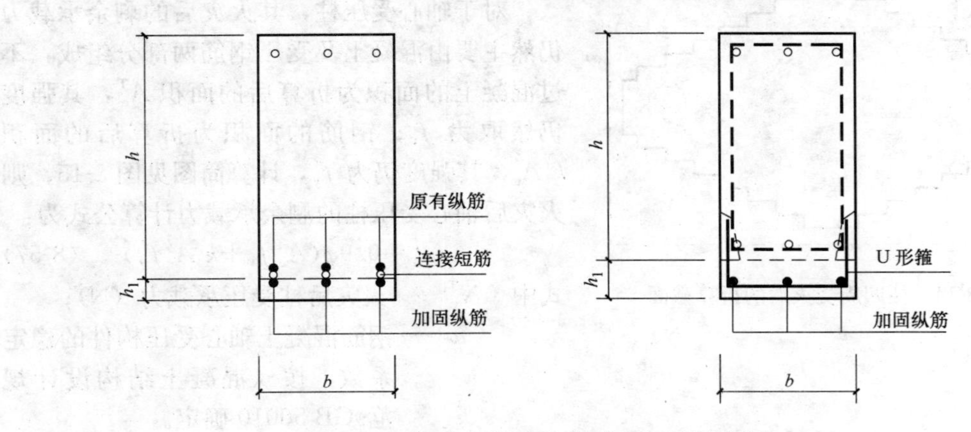

图 8-13 底面（受拉区）加大截面法示意图

短筋与新旧受力钢筋焊接或与原构件锚固的 U 形箍筋进行连接。采用短筋或弯起短筋焊接连接时，应对被加固梁采取支顶措施，因为焊接时增加的钢筋尚未起作用，而原纵向钢筋因焊接其强度大幅度降低，焊接施工期间存在危险因素。对于采用混凝土围套加固时，可通过所设置的封口箍筋进行连接。

3. 粘贴钢板、纤维材料的方法

可采用在梁底、梁侧粘贴钢板或纤维材料的方法对火灾后的梁进行加固处理，但应特别注意：

1）必须将烧伤层完全剔除干净，否则会影响粘贴材料与原构件的共同作用，不能达到加固效果；

2）必须对粘贴钢板、纤维材料后的构件进行防护，因为目前主要采用环氧树脂类有机胶粘剂粘贴，而有机材料胶粘剂的防火性能较差。

（五）板的加固设计

板的加固计算与梁基本相同。

1. 预应力混凝土空心板

对于轻微破坏的预应力混凝土空心板，可剔除表面的损伤，采用混凝土、修复砂浆等材料进行修复即可。对于中等破坏、严重破坏的预应力混凝土空心板，宜采用现浇混凝土楼板进行置换。这是因为，在火灾作用下，预应力混凝土空心板的预应力将会有较大降低，普通的加固方法很难将楼板承载力恢复。

2. 现浇混凝土楼板

一般情况下，楼板的跨中截面承载力降低幅度较小，只需把烧损严重的混凝土铲除，然后用细石混凝土复原截面即可。必要时可在板底粘贴钢板、纤维材料。

现浇连续板支座截面可用受压区粘贴钢板、纤维板材等方法加固。

8.3.3　火灾后混凝土柱的加固处理

（一）火灾后梁柱的剩余承载力计算

钢筋混凝土遭受火灾后，与梁类似的是可以用小矩形条形成的梯形截面来代表，不同的是柱四周受火的情况较多，因此其折算后的截面如图 8-14 所示。

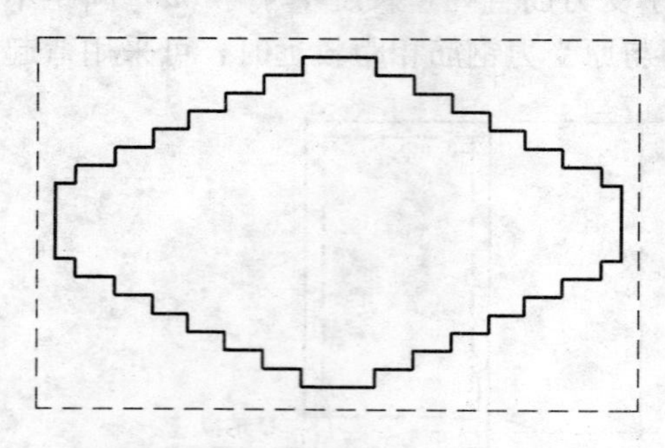

图 8-14　柱四周受火后的折算截面

（二）矩形截面轴心受压柱

对于轴心受压柱，其火灾后的剩余承载力仍然主要由混凝土及受压钢筋两部分组成，不过混凝土的面积为折算后的面积 A_c^T，其强度仍然取为 f_c；钢筋的面积为折算后的面积 $k_s A_s'$，其强度仍为 f_y'，计算简图见图 8-15，则火灾后轴心受压柱的剩余承载力计算公式为：

$$N_u^T = 0.9\varphi(A_c^T f_c + k_s A_s' f_y') \qquad (8\text{-}57)$$

式中　N_u^T——火灾后柱受压承载力（N）；

φ——钢筋混凝土轴心受压构件的稳定系数，按《混凝土结构设计规范》GB 50010 确定。

其他符号同前。

（三）矩形截面大偏心受压柱（$x\leqslant\xi_b^T h_0$）

其截面形状如图 8-16 所示，仍可用常温下的计算方法建立承载力计算公式。

$$x>2a', N_u^T=\alpha_1 f_c A_c^T+k_s f_y' A_s'-k_s f_y A_s \tag{8-58}$$

$$x\leqslant 2a', N_u^T=\frac{k_s f_y A_s(h_0-a')}{\eta e_i-h/2+a'} \tag{8-59}$$

相应的截面抗弯承载力为：

$$M_u^T=N_u^T e_0 \tag{8-60}$$

式中 M_u^T——火灾后柱受弯承载力（N/mm）；

e_0——轴向力对截面重心的偏心距（mm），$e_0=M/N$；M、N 为柱设计弯矩和轴向力（N/mm、N）。

其他符号同前。

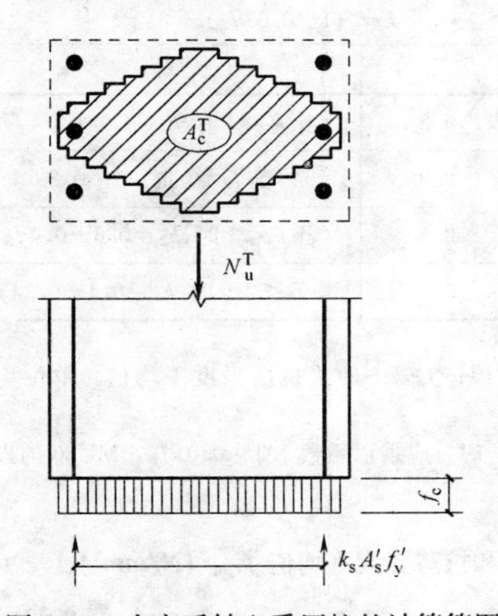

图 8-15 火灾后轴心受压柱的计算简图

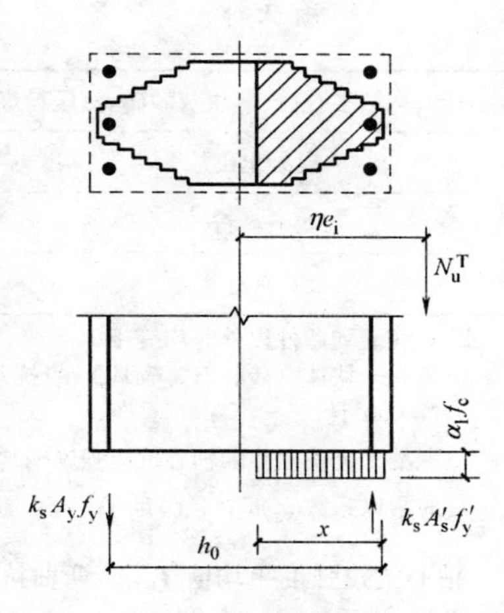

图 8-16 火灾后大偏心受压柱的计算简图

对于矩形截面小偏心受压柱（$x>\xi_b^T h_0$）可参照上述方法及常温下的方法进行计算。

8.4 砌体结构的火灾灾损处理

砌体由砌块和砂浆砌筑而成，块材（砖、砌块、石材等）和砂浆为两种性质不同的材料，他们在火灾作用下的性能变化就反映了砌体强度的变化。在 8.1 节给出了砌体中砖、石材、砂浆以及砌体高温作用下的性能。

8.4.1 砌体结构构件火灾剩余承载力的计算

一、砌体强度的取值

火灾后砌体结构构件剩余承载力计算或加固计算时，砌体强度的取值应按下列方法取值：

（1）当鉴定报告给出了实测砌块、砂浆或者砌体的强度时，按实测强度取值。

（2）当鉴定报告未给出实测强度，而只给出砌体温度时，可按《火灾后建筑结构鉴定标准》CECS 252：2009 在附录 K 中给出的火灾后黏土砖砌体抗压强度与受火温度对应关系及折减系数（表 8-12）选取其折减系数。

当所给火场温度在表 8-12 中无法直接查出或砂浆强度不是 M2.5 和 M10 时，可按《火灾后建筑结构鉴定标准》CECS 252：2009 在附录 K 的条文说明的原则，计算砌体折减系数。

也可按表 8-12 中给出的砖、砂浆折减系数，计算砖、砂浆的强度，按《砌体结构设计规范》GB 50003 给定的各类砌体强度平均值的计算公式计算其平均值，然后计算其设计值。

砌体轴心抗压强度平均值 f_m 的计算公式见表 8-37，轴心抗拉强度平均值 $f_{t,m}$、弯曲抗拉强度平均值 $f_{tm,m}$ 和抗剪强度平均值 $f_{v,m}$ 的计算公式见表 8-38。

砌体轴心抗压强度平均值 f_m（N/mm²）　　**表 8-37**

砌体种类	$f_m=k_1 f_1^{\alpha}(1+0.07f_2)k_2$		
	k_1	α	k_2
烧结普通砖、烧结多孔砖、蒸压灰砂砖、蒸压粉煤灰砖	0.78	0.5	当 $f_2<1$ 时，$k_2=0.6+0.4f_2$
混凝土砌块	0.46	0.9	当 $f_2=0$ 时，$k_2=0.8$
毛料石	0.79	0.5	当 $f_2<1$ 时，$k_2=0.6+0.4f_2$
毛石	0.22	0.5	当 $f_2<2.5$ 时，$k_2=0.4+0.24f_2$

注：1. k_2 在表列条件以外时均等于 1。
2. f_1——块体（砖、石、砌块）的抗压强度等级值或平均值；f_2——砂浆抗压强度平均值。单位均以 N/mm² 计。
3. 混凝土砌块砌体的轴心抗压强度平均值，当 $f_2>10$N/mm² 时，应乘以系数 $1.1\sim0.01f_2$，MU20 的砌体应乘以系数 0.95，且满足 $f_1>f_2$，$f_1\leqslant20$N/mm²。

轴心抗拉强度平均值 $f_{t,m}$、弯曲抗拉强度平均值 $f_{tm,m}$ 和抗剪强度平均值 $f_{v,m}$（N/mm²）　　**表 8-38**

砌体种类	$f_{t,m}=k_3\sqrt{f_2}$	$f_{tm,m}=k_4\sqrt{f_2}$		$f_{v,m}=k_5\sqrt{f_2}$
	k_3	k_4		k_5
		沿齿缝	沿通缝	
烧结普通砖、烧结多孔砖	0.141	0.250	0.125	0.125
蒸压灰砂砖、蒸压粉煤灰砖	0.09	0.18	0.09	0.09
混凝土砌块	0.069	0.081	0.056	0.069
毛石	0.075	0.113	—	0.188

砌体抗压强度设计值 f 按式（8-61）进行计算。

$$f=f_d=\frac{f_k}{\gamma_f}=\frac{f_m(1-1.645\delta_f)}{\gamma_f} \tag{8-61}$$

式中　f、f_d——砌体的强度设计值，一般写成 f（N/mm²）；

f_k——砌体的强度标准值（N/mm²）；

f_m——砌体的强度平均值（N/mm²）；

γ_f——砌体结构的材料性能分项系数，一般情况下，宜按施工控制等级为B级考虑，取$\gamma_f=1.6$；当为C级时，取$\gamma_f=1.8$；

δ_f——砌体强度变异系数：$\delta_f=0.17$（抗压），$\delta_f=0.2$（抗拉、抗弯、抗剪）；对毛石砌体：$\delta_f=0.24$（抗压）；$\delta_f=0.26$（抗拉、抗弯、抗剪）。

二、火灾剩余承载力的计算

按上述方法确定了火灾后砌体强度的设计值后，可按《砌体结构设计规范》GB 50003的方法对其剩余承载力进行计算。在此不再赘述。

8.4.2　火灾后砌体结构的加固修复

火灾后砌体结构的加固修复，分为承载力的加固修复和裂缝修补。

一、砖墙体的承载力加固修复

砖墙体承载力加固修复常用的方法有：外加钢筋混凝土面层加固法、外加钢筋网水泥砂浆面层加固法、增设扶壁柱加固法等。

砌体结构的加固设计，应核算原构件的应力水平β_m，应力水平β_m可按式（8-62）计算。

$$\beta_m=\frac{S}{R} \tag{8-62}$$

式中　S——根据可靠性鉴定结果确定的原构件实际作用效应（内力）；

R——原构件承载能力设计值。

（一）外加钢筋混凝土面层加固法

外加钢筋混凝土面层加固法是在砌体一侧或两侧增设现浇混凝土结合层，形成“砌体-混凝土”的一种组合砌体，从而达到大幅度提高砌体承载力和变形性能的一种加固方法，其优点是砌体抗弯强度、抗剪强度及延性性能均得到较大提高，适用于火灾造成砌体承载力大幅度降低而需大幅增加其承载力的加固。

可采用整体外加钢筋混凝土面层（图8-17）和局部外加钢筋混凝土面层（图8-18）的加固方法。整体外加钢筋混凝土面层加固法又称钢筋混凝土板墙加固，局部外加钢筋混凝土面层又称增设钢筋混凝土扶壁柱加固法。

当采用外加钢筋混凝土面层加固法，当原构件的应力水平$\beta_m\geqslant0.80$时，应在加固前卸载，使实际应力水平低于0.80。

1. 计算模型的确定

整体外加钢筋混凝土面层的计算模型可取1m宽度的墙体进行计算；局部外加钢筋混凝土面层（增设钢筋混凝土扶壁柱）的计算模型可按下列原则确定：

加固后的砌体墙，其计算宽度取为$b+s$（图8-18），b为新增混凝土宽度，s为新增混凝土的间距；有门窗洞口的砌体，其计算宽度取窗间墙的宽度，但当窗间墙宽度大于$b+\frac{2}{3}H$（H为墙体高度）时，仍取$b+\frac{2}{3}H$作为墙体计算宽度。

2. 轴心受压墙体的加固计算

采用外加钢筋混凝土面层加固轴心受压砌体构件时，其正截面承载力按下式进行计算：

$$N\leqslant\varphi_{com}(fA+\alpha_c f_c A_c+\alpha_s f'_s A'_s) \tag{8-63}$$

式中　N——构件加固后的轴心压力设计值（N）；

φ_{com}——轴心受压构件的稳定系数，可按加固后截面的高厚比和配筋率，按表 8-39 选取；

f——原构件砌体抗压强度设计值（N/mm^2），按 8.4.1 节确定；

A——原构件截面面积（mm^2）；

α_c——混凝土强度利用系数，对砖砌体，$\alpha_c=0.9$；对混凝土小型空心砌块砌体，$\alpha_c=0.75$；

f_c——新加混凝土的轴心抗压强度设计值（N/mm^2）；

A_c——新加混凝土的截面面积（mm^2）；

α_s——钢筋强度利用系数，对砖砌体，$\alpha_s=1.0$；对混凝土小型空心砌块砌体，$\alpha_s=0.9$；

f'_s——新加纵向钢筋的抗压强度设计值（N/mm^2）；

A'_s——新加钢筋的截面面积（mm^2）。

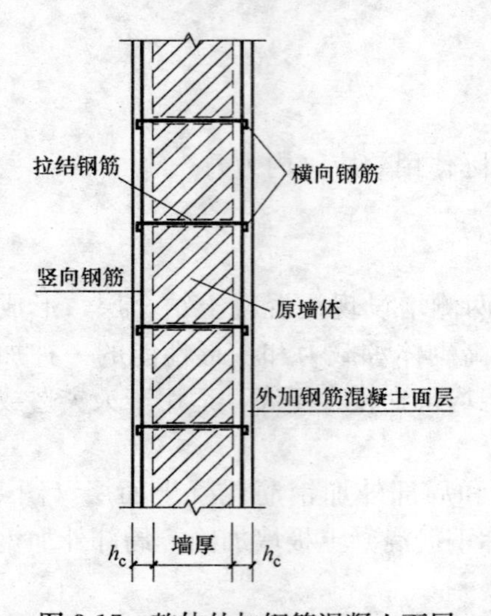

图 8-17　整体外加钢筋混凝土面层

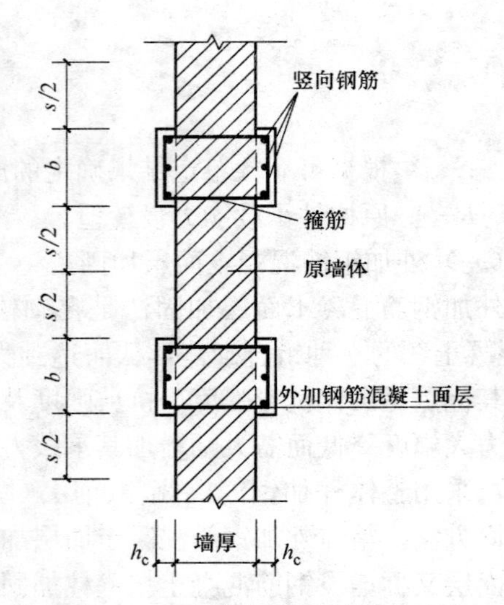

图 8-18　局部外加钢筋混凝土面层

轴心受压构件稳定系数 φ_{com}　　**表 8-39**

高厚比 β	配筋率 ρ(%)				
	0.2	0.4	0.6	0.8	1.0
8	0.93	0.95	0.97	0.99	1.00
10	0.90	0.92	0.94	0.96	0.98
12	0.85	0.88	0.91	0.93	0.95
14	0.80	0.83	0.86	0.89	0.92
16	0.75	0.78	0.81	0.84	0.87
18	0.70	0.73	0.76	0.79	0.81
20	0.65	0.68	0.71	0.73	0.75

3. 偏心受压墙体的加固计算

采用外加钢筋混凝土面层加固偏心受压砌体构件时，其正截面承载力按下式进行计算：

$$N \leqslant fA' + \alpha_c f_c A'_c + \alpha_s f'_s A'_s - \sigma_s A_s \tag{8-64}$$

$$N \cdot e_N \leqslant fS_s + \alpha_c f_c S_{c,s} + \alpha_s f'_s A'_s (h_0 - a') \tag{8-65}$$

此时，距离轴向力 N 较远一侧的钢筋应力 σ_s，应根据截面受压区相对高度 ξ，按下式进行计算：

当 $\xi \leqslant \xi_b$（大偏心受压）时，

$$\sigma_s = f_y \tag{8-66}$$

当 $\xi > \xi_b$（小偏心受压）时，

$$\sigma_s = 650 - 800\xi \tag{8-67}$$

$$\xi = \frac{x}{h_0} \tag{8-68}$$

其中截面受压区高度 x 可由下式求得：

$$f \cdot S_N + \alpha_c f_c S_{c,N} + \alpha_s f'_y A'_s e'_N - \sigma_s A_s e_N = 0 \tag{8-69}$$

$$e'_N = e + e_i - \left(\frac{h}{2} - a'\right) \tag{8-70}$$

$$e_N = e + e_i - \left(\frac{h}{2} - a\right) \tag{8-71}$$

$$e_i = \frac{\beta^2 h}{2200}\left(\frac{h}{2} - a\right) \tag{8-72}$$

式中 A'——砌体受压区的截面面积（mm^2）；

α_c——偏心受压构件混凝土强度利用系数，对砖砌体，$\alpha_c = 0.9$；对混凝土小型空心砌块砌体，$\alpha_c = 0.7$；

A'_c——外加面层受压区的面积（mm^2）；

α_s——偏心受压构件钢筋强度利用系数，对砖砌体，$\alpha_c = 1.0$；对混凝土小型空心砌块砌体，$\alpha_c = 0.95$；

e_N——钢筋 A_s 的重心至轴向力作用点的距离（mm）；

S_s——砌体受压区的截面面积对钢筋 A_s 重心的面积矩（mm^3）；

$S_{c,s}$——外加混凝土面层受压区的截面面积对钢筋 A_s 重心的面积矩（mm^3）；

ξ_b——加固后截面受压区相对高度的界限值，可近似按下列规定取用：对 HPB235 级钢筋，$\xi_b = 0.55$；对 HRB335 级钢筋，$\xi_b = 0.425$；

S_N——砌体受压区的截面面积对轴向力 N 作用点的面积矩（mm^3）；

$S_{c,N}$——外加混凝土面层受压区的截面面积对轴向力 N 作用点的面积矩（mm^3）；

e'_N——钢筋 A'_s 的重心至轴向力 N 作用点的距离（mm）；

e——轴向力对加固后截面的初始偏心距（mm），按荷载设计值计算，当 $e<0.05h$ 时，取 $e=0.05h$；

e_i——加固后的构件在轴向力作用下的附加偏心距（mm）；

β——加固后的构件高厚比；

h——加固后的构件截面高度（mm）；

h_0——加固后的构件截面有效高度（mm）；

a、a'——分别为钢筋 A_s 和 A'_s 的截面重心至较近截面边缘的距离（mm）；

A_s——距离轴向力 N 较远一侧的钢筋的截面面积（mm^2）；

A'_s——距离轴向力 N 较近一侧的钢筋的截面面积（mm^2）。

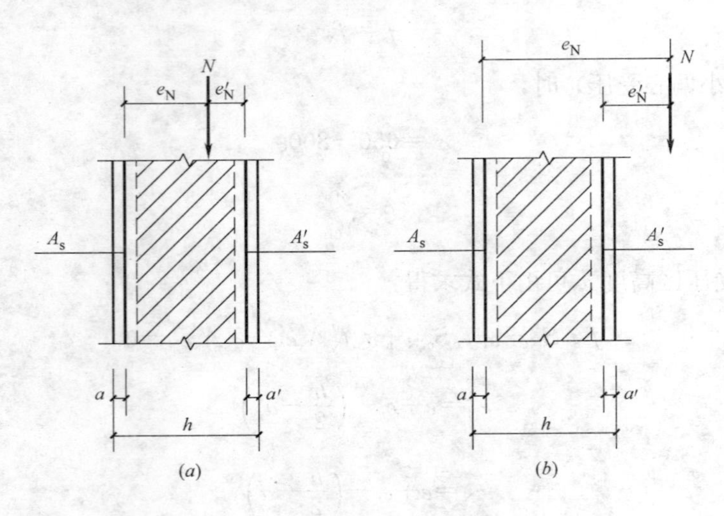

图 8-19　加固后的偏心受压构件

(a) 小偏心受压；(b) 大偏心受压

4. 构造要求

(1) 外加钢筋混凝土面层的厚度不应小于 60mm，当采用喷射混凝土施工时，不应小于 50mm。

(2) 加固用的混凝土强度等级不应低于 C20，当采用 HRB335 级钢筋或受振动作用时，不应低于 C25。

(3) 加固用的纵向受力钢筋，可采用直径为 8～25mm 的 HPB235 级或 HRB335 级钢筋；纵向钢筋的上下端均应有可靠锚固：上端应锚入有配筋的梁、梁垫、板或牛腿中，下端应锚入基础内。纵向钢筋的连接应采用焊接。

(二) 外加水泥砂浆面层加固法

外加水泥砂浆面层加固法是在面层砂浆中配设钢筋网、钢板网或焊接钢丝网，达到提高砌体承载力和变形性能（延性）的一种加固方法。优点是平面抗弯强度有较大幅度提高，平面内抗剪强度和延性提高较多，墙体抗裂性能有较大幅度的改善。

采用外加水泥砂浆面层加固法，当原构件的应力水平 $\beta_m \geqslant 0.85$ 时，应在加固前卸载，使实际应力水平低于 0.85。

1. 轴心受压墙体的加固计算

$$N \leqslant \varphi_{com}(fA + \alpha_{cm} f_m A_m + \alpha_s f'_s A'_s) \tag{8-73}$$

式中 α_{cm}——水泥砂浆的强度利用系数，对砖砌体，$\alpha_{cm}=0.85$；对混凝土小型空心砌块砌体，$\alpha_{cm}=0.75$；

f_m——新加砂浆的轴心抗压强度设计值（N/mm^2）；应取混凝土轴心抗压强度的70%作为水泥砂浆轴心抗压强度设计值；

A_m——新加水泥砂浆面层的截面面积（mm^2）；

α_s——钢筋强度利用系数，取 $\alpha_s=0.9$。

其余同外加混凝土面层加固轴心受压构件公式。

2. 偏心受压墙体的加固计算

采用外加水泥砂浆面层加固偏心受压砌体构件时，其正截面承载力按下式进行计算：

$$N \leqslant fA' + \alpha_{cm} f_m A'_m + \alpha_s f'_s A'_s - \sigma_s A_s \tag{8-74}$$

$$Ne_N \leqslant fS_s + \alpha_{cm} f_m S_{m,s} + \alpha_s f'_s A'_s (h_0 - a') \tag{8-75}$$

式中 α_{cm}——水泥砂浆的强度利用系数，对砖砌体，$\alpha_{cm}=0.9$；对混凝土小型空心砌块砌体，$\alpha_{cm}=0.8$；

A'_m——外加水泥砂浆加面层受压区的面积（mm^2）；

$S_{m,s}$——外加砂浆面层受压区的截面面积对钢筋 A_s 重心的面积矩（mm^3）。

其余同前。

当按式（8-73）～式（8-75）计算的水泥砂浆面层超过 50mm 时，应采用外加混凝土面层加固法。

3. 构造要求

（1）砌体承重构件的面层厚度，对于室内正常环境为 35～45mm；对于露天或潮湿环境为 45～50mm。

（2）加固用的水泥砂浆强度等级，对于轴心受压构件不应低于 M10，对于偏心受压构件不应低于 M15。

（3）对于加固钢筋，宜采用 HPB235 级，也可采用 HRB335 级。

（4）钢筋网片四周应与楼板、梁、柱或墙体连接。墙、柱加固增设的竖向受力钢筋，其上端应锚固在楼层构件、圈梁或配筋的混凝土垫块中；伸入地下的一端应锚固于基础中，锚固可采用化学植筋。

（5）钢筋网的横向钢筋遇门窗洞口时，对单面加固的情况，宜将钢筋弯入洞口侧面并沿周边锚固；对双面加固情况，宜将两侧的钢筋在洞口处闭合，且应在钢筋网弯折处加设竖向加固钢筋。

（三）增设扶壁柱加固法

在原砌体一侧或两侧增设砖扶壁柱或混凝土扶壁柱，来提高墙体承载力或改善其构造措施，应采取措施保证新增扶壁柱与原墙体的共同工作。采用混凝土扶壁柱的计算及要求可参见局部外加钢筋混凝土面层加固法。

1. 增设砖扶壁柱的计算

增设砌体扶壁柱加固受压构件时，可按下式计算：

$$N \leqslant \varphi(f_0 A_0 + \alpha_m f A) \tag{8-76}$$

式中 f_0——原砌体的抗压强度设计值（N/mm^2），按8.4.1节的方法确定；

A_0——原砌体的截面面积（mm^2）；

α_m——加固部分砌体与原砌体协同工作时，加固部分砌体的强度折减系数，当原砌体的应力水平 $\beta_m \leqslant 0.5$ 时，$\alpha_m = 0.9$；当 $0.5 < \beta_m \leqslant 0.7$ 时，$\alpha_m = 0.8$；当 $0.7 < \beta_m \leqslant 0.8$ 时，$\alpha_m = 0.7$；当 $\beta_m > 0.8$ 时，应采取卸载措施，使 β_m 不超过0.8；

f——加固部分砌体的抗压强度设计值（N/mm^2）；

A——加固部分砌体的截面面积（mm^2）；

φ——高厚比 β 和轴向力偏心距对受压构件承载力影响系数，采用加固后的截面折算厚度，按现行国家标准《砌体结构设计规范》GB 50003确定。

2. 构造要求

（1）新增设砌体扶壁柱的截面宽度不应小于240mm，其厚度不应小于120mm（图8-20）。

（2）加固用的块材强度等级应比原砌体强度等级体高一个等级，且不低于MU15，并应选用整砖（或砌块）砌筑；加固用砂浆的强度等级应比原砌体强度等级提高一个等级，并不低于M5。

（3）新增扶壁柱与原砌体间应通过局部剔除一皮砖，形成水平槽口，水平槽口间距不大于300mm（图8-21）。砌筑扶壁柱时，水平槽口处的原砌体与新增扶壁柱间应上下错缝，内外搭砌。

（4）扶壁柱必须增设基础，并与原基础连接，深度同原基础。

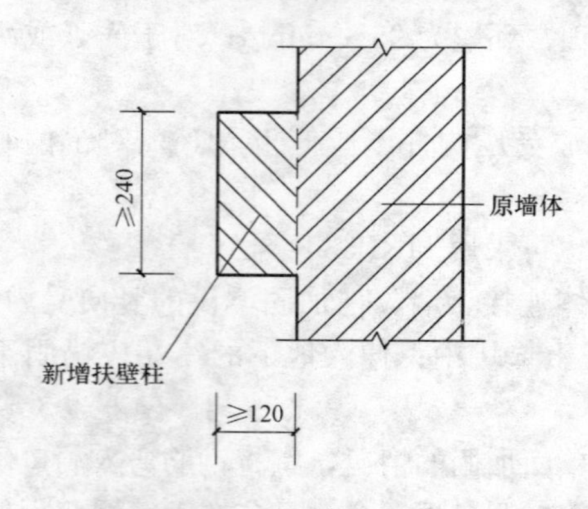

图8-20 新增扶壁柱尺寸

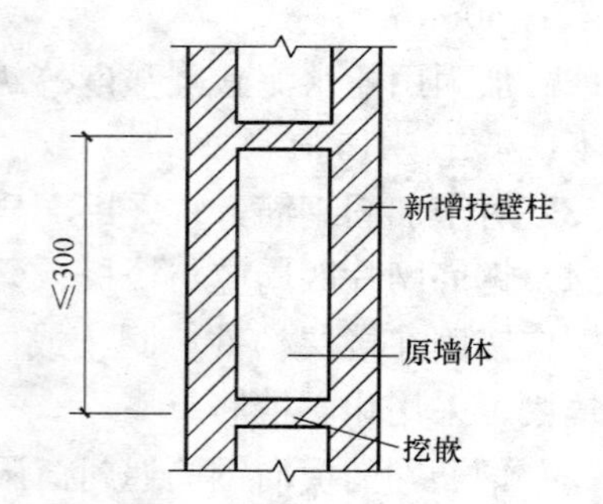

图8-21 新增扶壁柱与原墙体的连接

二、砖柱的承载力加固修复

砖柱承载力加固修复常用的方法有：外加钢筋混凝土面层加固法、外包型钢加固法、外加撑杆加固法等。

（一）外加钢筋混凝土面层加固法

采用外加钢筋混凝土面层加固砌体柱时，宜采用两面加固或四面加固的围套形式加固

(图 8-22)。

1. 加固计算

同墙体采用外加钢筋混凝土面层加固法。

2. 构造要求

(1) 应采用封闭箍筋，箍筋直径不小于 6mm，间距不大于 150mm。柱上下两端 500mm 范围内箍筋应加密，加密区箍筋间距可取 100mm。

(2) 若加固后的柱截面高度大于 500mm，应在柱侧面设置竖向构造钢筋，构造钢筋的直径不小于 12mm，并通过在原砌体上钻孔，相应位置设置拉结筋作为箍筋（图 8-23)。

(3) 其他构造同墙体采用外加钢筋混凝土面层加固法的要求。

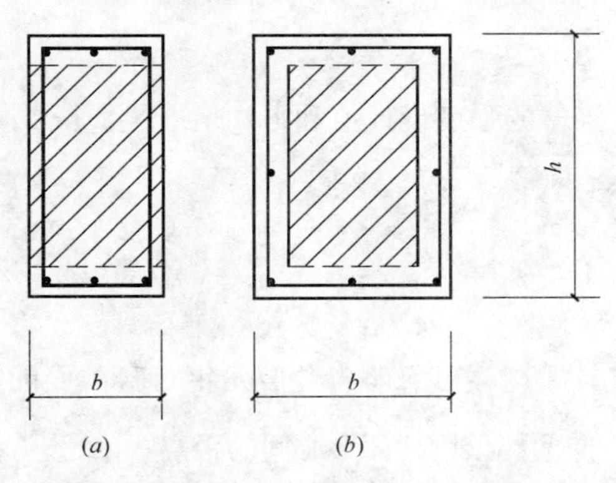

图 8-22 外加钢筋混凝土面层加固砌体柱
(a) 两面加固；(b) 四面加固

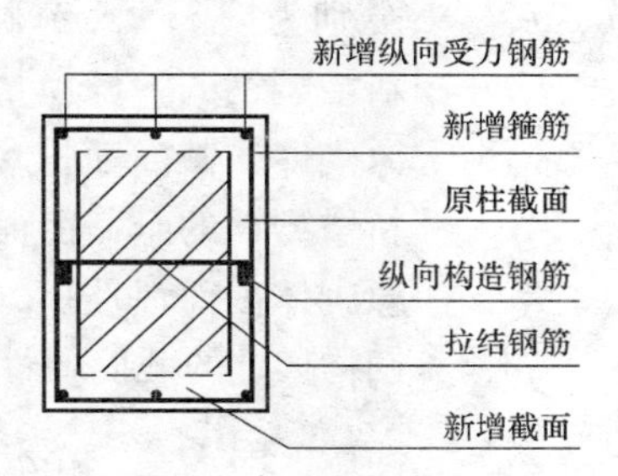

图 8-23 柱截面高度 >500mm 时的构造

(二) 外包型钢加固法

当不能增大砌体柱截面，但需要加固时，可采用外包型钢加固法。

采用外包型钢加固法，当原构件的应力水平 $\beta_m \geqslant 0.7$ 时，应在加固前卸载，使实际应力水平低于 0.7。

1. 钢构架柱与原砌体柱间的内力分配

采用外包型钢加固砌体承重柱，原砌体柱和加固钢构架柱承担的设计轴力 N 和弯矩 M，应按其刚度比进行分配，见式 (8-77)～式 (8-80)。

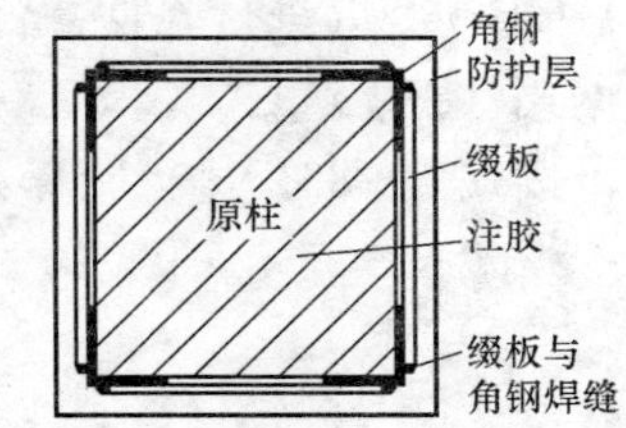

图 8-24 外包角钢加固砌体柱

原柱承担的轴向力设计值 N_m 和弯矩设计值 M_m：

$$N_m = \frac{\alpha_m E_m A_m}{\alpha_m E_m A_m + E_a A_a} N \tag{8-77}$$

$$M_m = \frac{\alpha_m E_m I_m}{\alpha_m E_m I_m + \eta E_a I_a} M \tag{8-78}$$

钢构架柱承担的轴向力设计值 N_a 和弯矩设计值 M_a：

$$N_a = N - N_m \tag{8-79}$$

$$M_a = M - M_m \tag{8-80}$$

式中 α_m——原砌体刚度降低系数，对基本完好柱，$\alpha_m = 1.0$；对轻微破坏柱，$\alpha_m = 0.9$；

对中等破坏柱，$\alpha_m=0.7$；对严重破坏柱，$\alpha_m=0$，即不考虑原柱的作用，全部荷载有钢构架柱承担；

E_m——火灾后原砌体的弹性模量（N/mm^2），可根据砌体的强度平均值 f_m 按下式进行计算：

当 $f_m \leqslant 1.5N/mm^2$ 时，

$$E_m=\frac{1000f_m}{3f} \tag{8-81}$$

当 $f_m > 1.5N/mm^2$ 时，

$$E_m=1000\left(1-\frac{1}{f_m}\right)\frac{f_m}{f} \tag{8-82}$$

f、f_m——分别为按 8.4.1 节确定的火灾后砌体的强度设计值和平均值（N/mm^2）；

E_a——新增型钢的弹性模量（N/mm^2）；

A_m——原砌体的截面面积（mm^2）；

A_a——新增型钢的全截面面积（mm^2）；

I_m——原砌体截面惯性矩（mm^4）；

I_a——钢构架柱的截面惯性矩（mm^4），计算时，可忽略各分肢角钢自身截面的惯性矩，即 $I_a=\frac{1}{2}A_a a^2$（a 为计算方向两侧型钢截面形心间的距离，mm）；

η——协同工作系数，可取 $\eta=0.9$。

2. 轴心受压构件的验算

采用外包型钢加固轴心受压砌体构件时，其加固后原柱和新增钢构架柱的承载力按下列要求进行验算：

(1) 原柱的承载力，应根据其所承受的轴向力 N_m，按现行国家标准《砌体结构设计规范》GB 50003 进行验算，若验算结果不符合使用要求，应加大钢构架柱的截面，并重新根据式（8-77）～式（8-80）对内力进行重新分配。

可按式（8-83）进行验算：

$$N_m \leqslant \varphi f A_m \tag{8-83}$$

式中 φ——高厚比 β 对轴心受压构件承载力影响系数，可按表 8-40 确定；

f——按 8.4.1 节确定的火灾后砌体的强度设计值（N/mm^2）；

A_m——原砌体的截面面积（mm^2）。

轴心受压构件的影响系数 φ **表 8-40**

砂浆	高厚比 β														
	≤3	4	6	8	10	12	14	16	18	20	22	24	26	28	30
≥M5	1	0.98	0.95	0.91	0.87	0.82	0.77	0.72	0.67	0.62	0.58	0.54	0.50	0.46	0.42
M2.5	1	0.97	0.93	0.89	0.83	0.78	0.72	0.66	0.61	0.56	0.51	0.46	0.42	0.39	0.36
M0	1	0.87	0.76	0.63	0.53	0.44	0.36	0.30	0.26	0.22	0.19	0.16	0.14	0.12	0.11

(2) 钢构架柱的验算，应按现行国家标准《钢结构设计规范》GB 50017 的要求进行验算，可按式 (8-84) 验算钢构架柱的截面正应力：

$$\sigma=\frac{N_a}{A_a}\leqslant f_a \tag{8-84}$$

式中 σ——钢构架柱在轴向压力作用的截面正应力 (N/mm^2)；

f_a——钢构架柱钢材折减后的抗压强度设计值 (N/mm^2)，对仅受静力荷载的结构，$f_a=0.95f$ (f 为钢材抗压强度设计值，N/mm^2)；对间接承受动力作用的结构，$f_a=0.90f$；对于直接承受动力荷载或振动作用的结构，$f_a=0.85f$。

(3) 外包型钢加固砌体柱后的承载力为钢构架柱和原砌体柱的承载力之和，不论角钢与砌体柱接触面处涂布或灌注何种粘结材料，均不考虑其粘结作用对计算承载力的提高。

3. 偏心受压构件的验算

采用外包型钢加固偏心受压砌体柱时，可分别按现行国家标准《砌体结构设计规范》GB 50003 和《钢结构设计规范》GB 50017 的规定进行计算。

(1) 原砌体柱的验算

仍可按式 (8-83) 进行验算，其中的影响系数 φ 可按表 8-41～表 8-43 取值。

偏心受压构件的影响系数 φ (≥M5) **表 8-41**

$\frac{e}{h}$ 或 $\frac{e}{h_T}$	高厚比 β														
	≤3	4	6	8	10	12	14	16	18	20	22	24	26	28	30
0.025	0.99	0.95	0.91	0.86	0.82	0.77	0.72	0.67	0.62	0.57	0.53	0.49	0.46	0.42	0.39
0.05	0.97	0.90	0.86	0.81	0.76	0.71	0.66	0.61	0.57	0.53	0.49	0.45	0.42	0.39	0.36
0.075	0.94	0.85	0.81	0.76	0.71	0.66	0.61	0.56	0.52	0.48	0.45	0.41	0.38	0.36	0.33
0.1	0.89	0.80	0.75	0.70	0.65	0.60	0.56	0.52	0.48	0.44	0.41	0.38	0.35	0.33	0.31
0.125	0.84	0.74	0.69	0.64	0.60	0.55	0.51	0.47	0.44	0.40	0.38	0.35	0.33	0.30	0.28
0.15	0.79	0.69	0.64	0.59	0.55	0.51	0.47	0.44	0.40	0.37	0.35	0.32	0.30	0.28	0.26
0.175	0.73	0.64	0.59	0.54	0.50	0.47	0.43	0.40	0.37	0.34	0.32	0.30	0.28	0.26	0.24
0.2	0.68	0.58	0.54	0.50	0.46	0.43	0.40	0.37	0.34	0.32	0.30	0.28	0.26	0.24	0.22
0.225	0.62	0.53	0.49	0.46	0.42	0.39	0.36	0.34	0.31	0.29	0.27	0.26	0.24	0.22	0.21
0.25	0.57	0.49	0.45	0.42	0.39	0.36	0.34	0.31	0.29	0.27	0.25	0.24	0.22	0.21	0.20
0.275	0.52	0.45	0.42	0.39	0.36	0.33	0.31	0.29	0.27	0.25	0.24	0.22	0.21	0.19	0.18
0.3	0.48	0.41	0.38	0.36	0.33	0.31	0.29	0.27	0.25	0.23	0.22	0.21	0.19	0.18	0.17

偏心受压构件的影响系数 φ（M2.5）　　表 8-42

$\frac{e}{h}$或$\frac{e}{h_T}$	高厚比β													
	≤3	4	6	8	10	12	14	16	18	20	22	24	26	28	30
0.025	0.99	0.94	0.89	0.84	0.78	0.72	0.66	0.61	0.56	0.51	0.47	0.43	0.39	0.36	0.33
0.05	0.97	0.89	0.84	0.78	0.72	0.67	0.61	0.56	0.51	0.47	0.43	0.39	0.36	0.33	0.30
0.075	0.94	0.84	0.78	0.72	0.67	0.61	0.56	0.51	0.47	0.43	0.39	0.36	0.33	0.30	0.28
0.1	0.89	0.78	0.73	0.67	0.61	0.56	0.51	0.47	0.43	0.39	0.36	0.33	0.31	0.28	0.26
0.125	0.84	0.73	0.67	0.62	0.56	0.52	0.47	0.43	0.40	0.36	0.33	0.31	0.28	0.26	0.24
0.15	0.79	0.67	0.62	0.57	0.52	0.47	0.43	0.40	0.36	0.33	0.31	0.28	0.26	0.24	0.22
0.175	0.73	0.62	0.57	0.52	0.47	0.43	0.40	0.36	0.33	0.31	0.28	0.26	0.24	0.22	0.21
0.2	0.68	0.57	0.52	0.48	0.43	0.40	0.36	0.34	0.31	0.28	0.26	0.24	0.22	0.21	0.20
0.225	0.62	0.52	0.48	0.44	0.40	0.37	0.34	0.31	0.29	0.26	0.24	0.23	0.21	0.20	0.18
0.25	0.57	0.48	0.44	0.40	0.37	0.34	0.31	0.29	0.26	0.24	0.23	0.21	0.20	0.18	0.17
0.275	0.52	0.44	0.40	0.37	0.34	0.31	0.29	0.26	0.24	0.23	0.21	0.20	0.18	0.17	0.16
0.3	0.48	0.40	0.37	0.34	0.31	0.29	0.27	0.25	0.23	0.21	0.20	0.18	0.17	0.16	0.15

偏心受压构件的影响系数 φ（M0）　　表 8-43

$\frac{e}{h}$或$\frac{e}{h_T}$	高厚比β													
	≤3	4	6	8	10	12	14	16	18	20	22	24	26	28	30
0.025	0.99	0.82	0.70	0.58	0.48	0.40	0.33	0.28	0.24	0.20	0.18	0.15	0.13	0.12	0.10
0.05	0.97	0.77	0.65	0.54	0.44	0.37	0.31	0.26	0.22	0.19	0.16	0.14	0.13	0.11	0.10
0.075	0.94	0.71	0.59	0.49	0.41	0.34	0.28	0.24	0.21	0.18	0.15	0.13	0.12	0.11	0.09
0.1	0.89	0.66	0.54	0.45	0.37	0.31	0.26	0.22	0.19	0.17	0.14	0.13	0.11	0.10	0.09
0.125	0.84	0.60	0.50	0.41	0.34	0.29	0.24	0.21	0.18	0.16	0.14	0.12	0.11	0.10	0.09
0.15	0.79	0.55	0.46	0.38	0.32	0.27	0.23	0.19	0.17	0.15	0.13	0.11	0.10	0.09	0.08
0.175	0.73	0.51	0.42	0.35	0.29	0.25	0.21	0.18	0.16	0.14	0.12	0.11	0.10	0.09	0.08
0.2	0.68	0.46	0.39	0.32	0.27	0.23	0.20	0.17	0.15	0.13	0.12	0.10	0.09	0.08	0.07
0.225	0.62	0.43	0.36	0.30	0.25	0.21	0.18	0.16	0.14	0.12	0.11	0.10	0.09	0.08	0.07
0.25	0.57	0.39	0.33	0.28	0.23	0.20	0.17	0.15	0.13	0.12	0.10	0.09	0.08	0.08	0.07
0.275	0.52	0.36	0.30	0.25	0.22	0.19	0.16	0.14	0.12	0.11	0.10	0.09	0.08	0.07	0.07
0.3	0.48	0.33	0.28	0.24	0.20	0.17	0.15	0.13	0.12	0.10	0.09	0.08	0.07	0.07	0.06

（2）钢构架柱的验算，应按现行国家标准《钢结构设计规范》GB 50017 的要求进行验算，对单向偏心受压构件可按式（8-85）验算钢构架柱的截面正应力：

$$\sigma=\frac{N_a}{A_a}+\frac{M_a}{\gamma W}\leqslant f_a \tag{8-85}$$

式中　γ——截面塑性发展系数，取 $\gamma=1.0$；

W——截面模量（mm^3）。

其余符号同前。

4. 构造要求

（1）当采用外包型钢加固砌体承重柱时，钢构架柱应采用 Q235 钢（3 号钢）制作；钢构架柱中的受力角钢和扁钢缀板的最小截面尺寸应分别为 L60×6 和 60mm×6mm。

（2）钢构架柱的四肢角钢，应采用封闭式缀板作为横向连接件，以焊接固定。缀板的间距不应大于 500mm。

（3）为使角钢及其缀板紧贴砌体柱表面，应采用聚合物砂浆粘贴角钢及缀板，也可采用注浆料进行压注。

（4）钢构架柱两端应有可靠的连接和锚固（图 8-25）；其下端应锚固于基础内；上端应抵紧在该加固柱上部（上层）构件的底面，并与预设的、锚固于梁、板、柱帽或梁垫的短角钢相焊接。

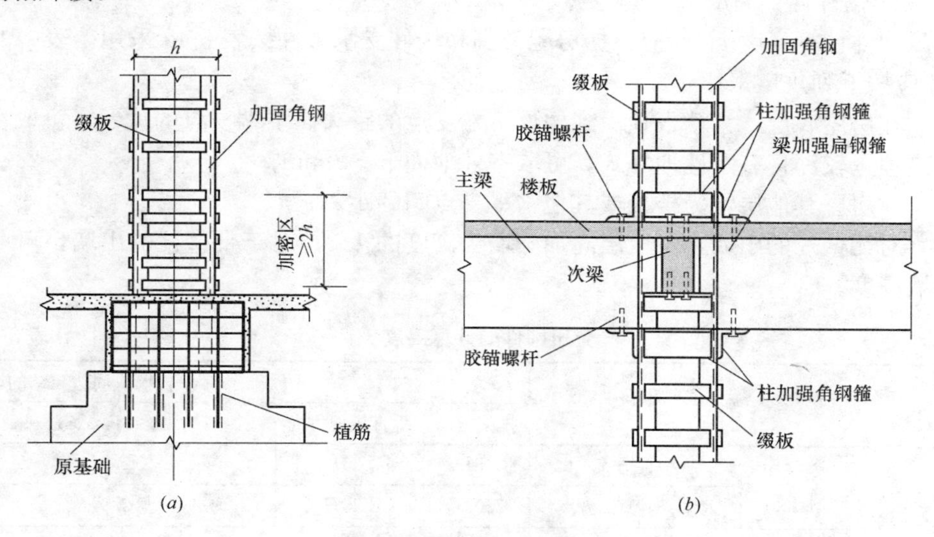

图 8-25　钢构架柱构造

(*a*) 柱基节点；(*b*) 楼层节点

在钢构架柱（从地面标高向上量起）的 $2h$ 和上端的 $1.5h$（h 为原柱截面高度）节点区内，缀板的间距不应大于 250mm。与此同时，还应在柱顶部位设置角钢箍予以加强。

（5）在多层砌体结构中，若不止一层承重柱需增设钢构架加固，其角钢应通过开洞连续穿过各层现浇楼板；若为预制楼板，宜局部改为现浇，使角钢保持通长。

（6）采用外包型钢加固砌体柱时，型钢表面宜抹厚度不小于 25mm 的 1∶3 水泥砂浆作保护层。

三、高厚比 β 的计算

1. 构件高厚比 β 可按下列公式进行计算：

对矩形截面
$$\beta=\gamma_{\beta}\frac{H_0}{h} \tag{8-86}$$

对 T 形截面
$$\beta=\gamma_{\beta}\frac{H_0}{h_T} \tag{8-87}$$

式中　γ_{β}——不同砌体材料构件的高厚比修正系数，按表 8-44 采用；

h——矩形截面轴向力偏心方向的边长，当轴心受压时为截面较小边长（mm）；

h_T——T形截面的折算厚度（mm），可近似按 3.5i 计算（i 为截面回转半径，mm）

H_0——受压构件的计算高度（mm）。

高厚比修正系数 γ_β　　　　**表 8-44**

砌体材料类别	γ_β
烧结普通砖、烧结多孔砖	1.0
混凝土及轻骨料混凝土砌块	1.1
蒸压灰砂砖、蒸压粉煤灰砖、细料石、半细料石	1.2
粗料石、毛石	1.3

2. 受压构件计算高度 H_0 的确定

受压构件计算高度 H_0，应根据房屋类别和构件支承条件按表 8-45 采用。表中的构件高度 H 应按下列规定采用：

（1）在房屋底层，为楼板顶面到构件下端支点的距离。下端支点的位置，可取在基础顶面。当埋置较深且有刚性地坪式，可取室外地面下 500mm；

（2）在房屋其他层，为楼板或其他水平支点间的距离；

（3）对无壁柱的山墙，可取层高加山墙尖高度的 1/2；对于带壁柱的山墙，可取壁柱处的山墙高度。

受压构件的计算高度 H_0　　　　**表 8-45**

房屋类别			柱		带壁柱墙或周边拉结的墙		
			排架方向	垂直排架方向	$s>2H$	$2H \geqslant s>H$	$s \leqslant H$
有吊车的单层房屋	变截面柱上段	弹性方案	$2.5H_u$	$1.25H_u$	$2.5H_u$		
		刚性、刚弹性方案	$2.0H_u$	$1.25H_u$	$2.0H_u$		
	变截面柱下段		$1.0H_l$	$0.8H_l$	$1.0H_l$		
无吊车的单层和多层房屋	单跨	弹性方案	$1.5H$	$1.0H$	$1.5H$		
		刚弹性方案	$1.2H$	$1.0H$	$1.2H$		
	多跨	弹性方案	$1.25H$	$1.0H$	$1.25H$		
		刚弹性方案	$1.1H$	$1.0H$	$1.1H$		
	刚性方案		$1.0H$	$1.0H$	$1.0H$	$0.4s+0.2H$	$0.6s$

注：1. 表中 H_u——变截面柱的上段高度；H_l——变截面柱的下段高度。

2. 对于上端自由的构件，$H_0=2H$。

3. 独立砖柱，当无柱间支撑时，柱在垂直排架方向的 H_0 应按表中数值乘以 1.25 后采用。

4. 表中 s——房屋横墙间距。

5. 自承重墙的计算高度应根据周边支承或拉结条件确定。

四、砌体裂缝的修补

火灾导致砌体产生裂缝后应根据裂缝种类，选择相应的加固修复方法和材料。砌体裂缝的分类、修补方法和所用材料如下。

（一）砌体裂缝的分类

砌体的裂缝可按照其对结构承载力的影响和性状进行分类。

1. 按对结构承载力的影响进行分类

按裂缝对结构、构件承载力的影响可分为两类：

(1) 承载力不足引起的裂缝：对这类裂缝应结合上述对砌体构件的加固进行处理。

(2) 影响砌体结构、构件正常使用性的裂缝：由承载力不足引起的裂缝之外的裂缝。我们讲的裂缝修补主要是针对这类裂缝的。

2. 按裂缝的性状进行分类

按裂缝的性状即裂缝是否继续活动可分为两类：

(1) 静止裂缝：由火灾引起的且不再变化的裂缝，这类裂缝的特点是：裂缝宽度和长度稳定，修补时选用的材料和方法仅与裂缝粗细有关，而与材料的刚性或柔性无关。

(2) 活动裂缝：裂缝宽度不能保持稳定、易随着正常使用的结构荷载或砌体湿热的变化而时开时合的裂缝。当无法完全消除其产生原因时，修补这类裂缝宜使用有足够柔韧性的材料，或无粘结的覆盖材料。

（二）砌体裂缝修补常用的材料

常用于裂缝修补的材料主要有以下 4 类：

1. 水泥类材料

结构用聚合物水泥砂浆和复合水泥砂浆等。

2. 钢材

包括钢筋、钢丝网、钢板网、钢条等。

3. 密封、嵌缝材料

包括有机硅密封胶、聚氨酯密封胶、聚硫密封胶、改性环氧类树脂、丙烯酸类密封胶以及其他聚合物材料等。

4. 纤维织物

包括耐碱玻璃纤维、高强玄武岩纤维等制成的织物。

（三）砌体裂缝修补常用的方法

常用的裂缝修补方法有：填缝法、压浆法、外加网片法和置换法等。根据工程的需要，这些方法尚可组合使用。

在进行裂缝修补时，应采取一定安全措施，确保施工期间的安全。

1. 填缝法修补砌体裂缝

填缝法适用于处理砌体中宽度大于 0.5mm 的裂缝。当用于处理活动裂缝时，应填柔性密封材料。

修复裂缝前，首先应剔凿干净裂缝表面的抹灰层，然后沿裂缝开凿 U 形槽。对凿槽的深度和宽度，应符合下列要求：

(1) 当为静止裂缝时，槽深不宜小于 15mm，槽宽不宜小于 20mm。

(2) 当为活动裂缝时，槽深宜适当加大，且应凿成光滑的平底，以利于铺设隔离层；槽宽宜按裂缝预计张开量 t 加以放大，通常可取为 (15mm＋5t)。另外，槽内两侧壁应凿毛。

(3) 当为钢筋锈蚀引起的裂缝时，应凿至钢筋锈蚀部分完全露出为止，钢筋底部混凝土凿除的深度，应能使除锈工作彻底进行。

对静止裂缝，可采用改性环氧砂浆、氨基甲酸乙酯胶泥或改性环氧胶泥等作为充填材料，其充填构造见图 8-26 (a)。

对活动裂缝，可采用丙烯酸树脂、氨基甲酸乙酯、氯化橡胶或可挠性环氧树脂等为充填用的弹性密封材料（或密封剂），并可采用聚乙烯片、蜡纸或油毡片等为隔离层，其充填构造见图8-26（*b*）。

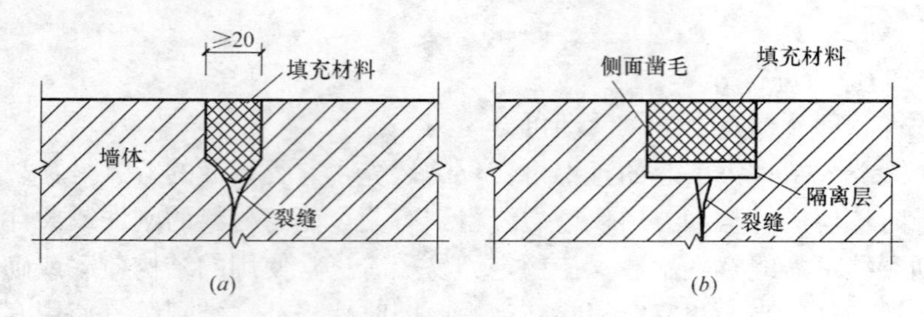

图8-26　填充法裂缝补图

对锈蚀裂缝，应在已除锈的钢筋表面上，先涂刷防锈液或防锈涂料，待干燥后再充填封闭裂缝材料。

对活动裂缝，其隔离层应干铺，不得与槽底有任何粘结。其弹性密封材料的充填，应先在槽内两侧表面上涂刷一层胶粘剂，以使充填材料能起到既密封又能适应变形的作用。

修补裂缝应符合以下要求：

（1）充填封闭裂缝材料前，应先将槽内两侧凿毛的表面浮尘清除干净。

（2）采用水泥基修补材料填补裂缝，应先将裂缝及周边砌体表面润湿。采用有机材料不得湿润砌体表面，应先将槽内两侧面上涂刷一层树脂基液，待固化后即可充填所选用的材料。

（3）充填封闭材料应采用搓压的方法填入裂缝中，并应修复平整。

2. 压浆法

压浆法即压力注浆法，适用于处理裂缝宽度大于0.5mm，深度较深的裂缝。压浆的材料有：无收缩水泥基灌浆料、环氧基灌浆料等。

压浆工艺应按下列框图规定的流程（图8-27）进行。

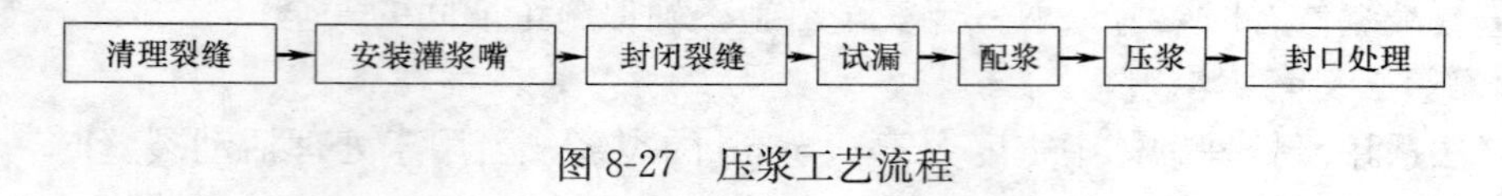

图8-27　压浆工艺流程

施工操作要点：

（1）清理裂缝

砌体裂缝两侧不少于100mm范围内的抹灰层剔凿掉，油污、浮尘清除干净；用钢丝刷、毛刷等工具，清除裂缝表面的灰尘、白灰、浮渣及松软层等污物；用高压气尽量清除缝隙中的颗粒和灰尘。

（2）灌浆嘴安装

1）灌浆嘴位置

当裂缝宽度在2mm以内时，灌浆嘴间距可取200～250mm；当裂缝宽度在2～5mm时，可取350mm；当裂缝宽度大于5mm时，可取450mm，且应设在裂缝端部和裂缝较大处。

2）钻眼

按标准位置钻深度 30～40mm 的孔眼，孔径宜略大于灌浆嘴的外径。钻好后应清除孔中的粉屑。

3）固定灌浆嘴

在孔眼用水冲洗干净后，先涂刷一道水泥浆，然后用 M10 的水泥砂浆或环氧树脂砂浆将灌浆嘴固定，裂缝较细或墙厚超过 240mm 时，墙两侧均应安放灌浆嘴。

（3）封闭裂缝

在已清理干净的裂缝两侧，先用水浇湿砌体表面，再用纯水泥浆涂刷一道，然后用 M10 水泥砂浆封闭，封闭宽度约为 200mm。

（4）试漏

待水泥砂浆达到一定强度后，应进行压气试漏。对封闭不严的漏气处应进行修补。

（5）配浆

根据浆液的凝固时间及进浆强度，确定每次配浆数量。浆液稠度过大，或者出现初凝情况，应停止使用。

（6）压浆

1）压浆前应先灌水，此时空气压缩机的压力控制在 0.2～0.3N/mm^2。

2）然后将配好的浆液倒入储浆罐，打开喷枪阀门灌浆，直至邻近灌浆嘴（或排气嘴）溢浆为止。

3）压浆顺序应自下而上，边灌边用塞子堵住已灌浆的嘴，灌浆完毕且已初凝后，即可拆除灌浆嘴，并用砂浆抹平孔眼。

在压浆时应严格控制压力，防止损坏边角部位和小截面的砌体，必要时，应作临时性支护。

3. 外加网片法

外加网片法适用于增强砌体抗裂性能，限制裂缝开展，修复风化、剥蚀砌体。

外加网片所用的材料包括：钢筋网、钢丝网、复合纤维织物网等。当采用钢筋网时，其钢筋直径不宜大于 4mm。当采用无纺布替代纤维复合材料修补裂缝时，仅允许用于非承重构件的静止细裂缝的封闭性修补上。

网片覆盖面积除应按裂缝或风化、剥蚀部分的面积确定外，尚应考虑网片的锚固长度。一般情况下，网片短边尺寸不应小于 500mm。网片的层数：对钢筋和钢丝网片，一般为单层；对复合纤维材料，一般为 1～2 层；设计时可根据实际情况确定。

4. 置换法

置换法适用于砌体受力不大，砌体块材和砂浆强度不高的部位，以及风化、剥蚀砌体，见图 8-28。置换用的砌体块材可以是原砌体材料，也可以是其他材料，如配筋混凝土实心砌块等。

置换砌体施工应满足以下要求：

（1）把需要置换部分及周边砌体表面抹灰层剔除，然后沿着灰缝将置换砌体凿掉。在凿打过程中，应避免扰动不置换部分的砌体。

（2）仔细把粘在砌体上的砂浆剔除干净，清除浮尘后充分润湿墙体。

（3）修复过程中应保证填补砌体材料与原有砌体可靠嵌固。

(4) 砌体修补完成后，再做抹灰砂浆。

示意图如图 8-28 所示。

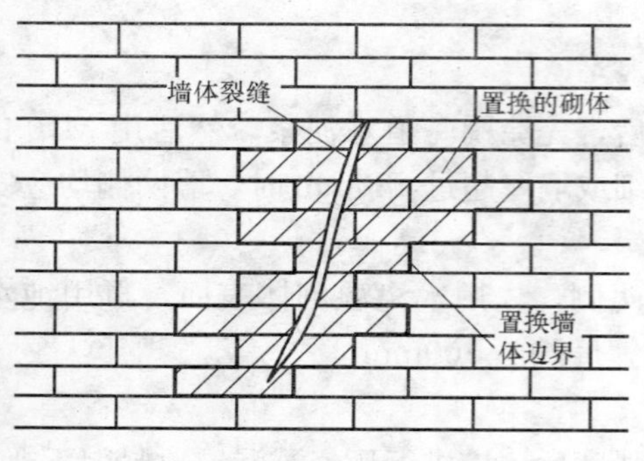

图 8-28　置换法处理裂缝图

8.5　钢结构的火灾灾损处理

8.1 节给出了钢材在高温作用下，其力学性能特别是其强度降低的折减系数。但实际工程中结构构件存在相互约束，遭受火灾时，会因为约束的存在，其抗火性能会发生变化。因此了解结构构件在约束状态下的抗火性能及火灾后钢结构、构件的剩余承载力，对于钢结构火灾灾损的处理是十分重要的。

8.5.1　钢结构在火灾时的受力性能特点

实际工程中，钢结构构件在火灾时的受力性能有其不同于标准构件的特点。

1. 内力重分布现象

在火灾条件下，结构的内力分布与常温下的内力分布将不同。这是因为：高温下，一是构件的弹性模量由 E 降至 E_T 导致其刚度下降而造成结构内力的重分布；二是当部分构件受火削弱或破坏后，相邻构件会帮助削弱构件受力。

2. 热应力的影响

无约束构件的热变形可自由发展，不会产生热应力，但约束构件由于受到周围其他构件的约束，温度升高使构件产生膨胀，温度降低使构件产生收缩，从而在该构件和约束它的构件内产生温度内力。同时，研究表明，端部有转动约束的钢梁较无转动约束的钢梁能承受更高的温度；钢框架中上下楼层约束受火钢柱的热膨胀会增加受火钢柱的轴压力，降低其极限温度；高次超静定结构火灾下的力学性能主要受热作用控制。

3. 约束构件承载方式的变化

实际结构中受约束构件的承载方式在火灾下可能发生变化。组合楼板存在“薄膜效应”，约束钢梁的“悬索线效应”在火灾下可能被激发，这对构件受力有利。

因此约束对钢构件的抗火性能即有利又不利，不利是存在温度内力，有利是承载力会有所提高。

8.5.2　火灾后钢结构的加固修复

火灾后钢结构的加固修复常用的方法有减轻荷载、改变计算图形、加大原结构构件截面和连接强度、阻止裂纹扩展等，当有成熟经验时，亦可采用其他的加固方法。经鉴定需要加固的钢结构，根据损害范围一般分为局部加固和全面加固。局部加固是对某承载能力不足的杆件或连接节点处进行加固，全面加固是对整体结构进行加固。

一、加固原则和程序

（一）技术要求

钢结构的加固设计和施工应满足下列技术要求：

1. 应遵循先鉴定，后加固的原则

加固设计应以鉴定结论为依据，根据鉴定结论和委托方提出的要求，由专业人员按规范要求进行加固设计。

2. 设计与施工紧密结合

钢结构加固设计应与施工紧密结合，并应采取措施保证新增构件、部件、截面与原结构连接可靠，形成共同工作，并应避免或减小对未加固部分或构件造成的不利影响，当无法避免时，应采取相应措施。

3. 计算规定

加固钢结构可按下列原则进行承载能力和正常使用极限状态验算：

（1）结构的计算简图应根据结构作用的荷载和实际状况确定；

（2）结构的计算截面，应采用实际有效截面面积，并考虑结构在加固时的实际受力状况，即原结构的应力超前和加固部分的应变滞后，以及加固部分与原结构的共同工作程度；

（3）加固后如改变传力途径或使结构质量增大较多，应对相关构件及建筑物基础进行必要的验算。

4. 荷载取值原则

（1）对符合现行国家标准《建筑结构荷载规范》GB 50009 的荷载，应按规范取用。

（2）对不符合《建筑结构荷载规范》GB 50009 规定或未做规定的永久荷载，可根据实际情况抽样测定。抽样数量应根据工程实际情况确定，但不得少于5年，且应以其平均值乘以 1.2 的系数作为该永久荷载的标准值。

对未作规定的工艺、吊车等使用荷载，应根据使用单位（委托方）提供的资料和实际情况取用。

5. 施工时应有安全预案

对加固时可能出现倾斜、失稳或倒塌等不安全因素的钢结构，在加固施工前，应制定安全预案，采取相应措施，防止事故的发生。

6. 施工时原结构构件名义应力的要求

（1）焊接钢结构加固时，原有结构构件或连接的实际名义应力值应小于 $0.55f_y$（f_y 为钢材或连接材料的强度设计值），且不得考虑加固构件的塑性变形发展。

（2）非焊接钢结构加固时，其实际名义应力值应小于 $0.7f_y$。

（3）当原有结构实际名义应力值不满足上述要求时，不得在负荷状态下进行加固。

（二）加固工作程序

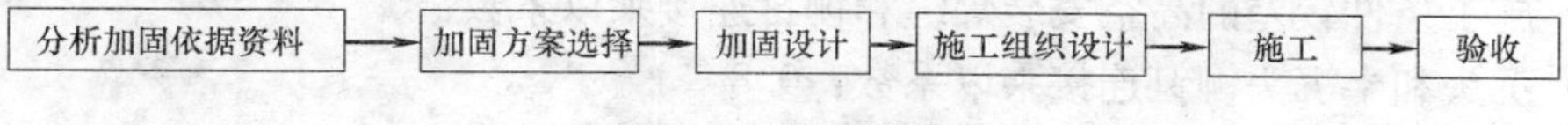

图 8-29 加固工作程序

1. 加固工作应按图 8-29 的程序进行。

2. 根据鉴定结论和有关资料，由设计人员会同施工人员，根据用户要求、结构实际受力状态，在确保质量和安全的前提下，由设计人员和施工单位协商确定适当加固方案。

3. 按选择的加固方案进行加固设计，应考虑适当的施工方法及合理的构造措施，并根据结构上的实际作用，进行承载力、正常使用极限状态等方面的验算。

4. 设计、施工应按现行国家规范进行。

（三）材料

1. 待加固的钢结构，应对其材料质量状况进行评价：

（1）根据设计文件、钢材质量证明书、施工记录、竣工报告、可靠性鉴定报告等文档资料或样品试验报告，对于待加固钢结构的原材料性能指标给出评价。

（2）如果没有充足的文档资料，或者给出的数据不充分、不完全、有疑虑，或者发现有影响结构和材料性能的缺陷或损伤时，应按国家现行有关标准进行抽样检验。

（3）对于符合现行国家标准规定的钢材，其强度设计值应按《钢结构设计规范》GB 50017规定取值，否则应按上述（1）和（2）条确定的屈服强度数值除以抗力分项系数 γ_R 取值：$f=\frac{f_y}{\gamma_R}$，且抗力分项系数 γ_R 取 1.1。

（4）对于气相腐蚀的钢结构构件，当其截面积损失大于 25%，或其板件剩余厚度小于 5mm 时，其材料强度设计值尚应根据腐蚀程度乘以表 8-46 所列相应的降低系数。对于特殊环境中腐蚀钢结构加固应专门研究确定。

腐蚀程度降低系数　　**表 8-46**

腐蚀程度（按 GB 50046—2008 分类）	降低系数	腐蚀程度（按 GB 50046—2008 分类）	降低系数
微腐蚀	—	中等腐蚀（Ⅴ类）	0.85
弱腐蚀（Ⅳ类）	0.90	强腐蚀类（Ⅵ）	0.80

2. 与待加固的钢结构匹配的连接的强度设计值，应按评定结果，可参照表 8-47～表 8-51 取值，并应按下列规定考虑相应的折减系数。

（1）单面连接的单角钢：

1）当按轴心受力计算强度和连接时乘以系数：0.85。

2）按轴心受压计算稳定性：

等边角钢乘以系数：$0.6+0.0015\lambda$，但不大于 1.0；

短边相连的不等边角钢乘以系数：$0.5+0.0025\lambda$，但不大于 1.0；

长边相连的不等边角钢乘以系数：0.70。

注：λ 为长细比，对中间无连系的单角钢压杆，应按最小回转半径计算，但 $\lambda<20$ 时，取 $\lambda=20$。

（2）无垫板的单面施焊对接焊缝乘以系数：0.85。

（3）施工条件较差的高空安装焊缝和铆钉连接乘以系数：0.90。

（4）沉头和半沉头铆钉连接乘以系数：0.80。

注：当几种情况同时存在时，其折减系数应连乘。

钢材的强度设计值（N/mm²） **表 8-47**

钢材		抗拉、抗压和抗弯 f	抗剪 f_v	端面承压(刨平顶紧) f_{ce}
牌号	厚度或直径(mm)			
Q235 钢	≤16	215	125	325
	>16～40	205	120	
	>40～60	200	115	
	>60～100	190	110	
Q345 钢	≤16	310	180	400
	>16～35	295	170	
	>35～50	265	155	
	>50～100	250	145	
Q390 钢	≤16	350	205	415
	>16～35	335	190	
	>35～50	315	180	
	>50～100	295	170	
Q420 钢	≤16	380	220	440
	>16～35	360	210	
	>35～50	340	195	
	>50～100	325	185	

注：表中厚度系指计算点的钢材厚度，对轴心受拉和轴心受压构件系指截面中较厚板件的厚度。

钢铸件的强度设计值（N/mm²） **表 8-48**

型号	抗拉、抗压和抗弯 f	抗剪 f_v	端面承压(刨平顶紧) f_{ce}
ZG200-400	155	90	260
ZG230-450	180	105	290
ZG270-500	210	120	325
ZG310-570	240	140	370

焊缝的强度设计值（N/mm²） **表 8-49**

焊接方法和焊条型号	构件钢材		对接焊缝				角焊缝
	牌号	厚度或直径(mm)	抗压 f_c^w	焊缝质量为下列等级时，抗拉 f_t^w		抗剪 f_v^w	抗拉、抗压和抗剪 f_f^w
				一级、二级	三级		
自动焊、半自动焊和 E43 型焊条的手工焊	Q235 钢	≤16	215	215	185	125	160
		>16～40	205	205	175	120	
		>40～60	200	200	170	115	
		>60～100	190	190	160	110	
自动焊、半自动焊和 E50 型焊条的手工焊	Q345 钢	≤16	310	310	265	180	200
		>16～35	295	295	250	170	
		>35～50	265	265	225	155	
		>50～100	250	250	210	145	

续表

焊接方法和焊条型号	构件钢材		对接焊缝				角焊缝
	牌号	厚度或直径(mm)	抗压 f_c^w	焊缝质量为下列等级时，抗拉 f_t^w		抗剪 f_v^w	抗拉、抗压和抗剪 f_f^w
				一级、二级	三级		
自动焊、半自动焊和 E55 型焊条的手工焊	Q390 钢	≤16	350	350	300	205	220
		>16～35	335	335	285	190	
		>35～50	315	315	270	180	
		>50～100	295	295	250	170	
	Q420 钢	≤16	380	380	320	220	220
		>16～35	360	360	305	210	
		>35～50	340	340	290	195	
		>50～100	325	325	275	185	

注：1. 自动焊和半自动焊所采用的焊丝和焊剂，应保证其熔敷金属的力学性能不低于现行国家标准《埋弧焊用碳钢焊丝和焊剂》GB/T 5293 和《埋弧焊用低合金钢焊丝和焊剂》GB/T 12470 中相关的规定。

2. 焊缝质量等级应符合现行国家标准《钢结构工程施工质量验收规范》GB 50205 的规定。其中厚度小于 8mm 钢材的对接焊缝，不应采用超声波探伤确定焊缝质量等级。

3. 对接焊缝在受压区的抗弯强度设计值取 f_c^w，在受拉区的抗弯强度设计值取 f_t^w。

4. 表中厚度系指计算点的钢材厚度，对轴心受拉和轴心受压构件系指截面中较厚板件的厚度。

螺栓连接的强度设计值（N/mm²）　　**表 8-50**

螺栓的性能等级、螺栓和构件钢材的牌号		普通螺栓						锚栓	承压型连接高强度螺栓		
		C 级螺栓			A 级、B 级螺栓						
		抗拉 f_t^b	抗剪 f_v^b	承压 f_c^b	抗拉 f_t^b	抗剪 f_v^b	承压 f_c^b	抗拉 f_t^b	抗拉 f_t^b	抗剪 f_v^b	承压 f_c^b
普通螺栓	4.6 级、4.8 级	170	140	—	—	—	—	—	—	—	—
	5.6 级	—	—	—	210	190	—	—	—	—	—
	8.8 级	—	—	—	400	320	—	—	—	—	—
锚栓	Q235 钢	—	—	—	—	—	—	140	—	—	—
	Q345 钢	—	—	—	—	—	—	180	—	—	—
承压型连接高强度螺栓	8.8 级	—	—	—	—	—	—	—	400	250	—
	10.9 级	—	—	—	—	—	—	—	500	310	—
构件	Q235 钢	—	—	305	—	—	405	—	—	—	470
	Q345 钢	—	—	385	—	—	510	—	—	—	590
	Q390 钢	—	—	400	—	—	530	—	—	—	615
	Q420 钢	—	—	425	—	—	560	—	—	—	655

注：1. A 级螺栓用于 d≤24mm 和 l≤10d 或 l≤150mm（按较小值）的螺栓；B 级螺栓用于 d>24mm 和 l>10d 或 l>150mm（按较小值）的螺栓。d——公称直径；l——螺杆公称长度。

2. A、B 级螺栓孔的精度和孔壁表面粗糙度，C 级螺栓孔的运行偏差和孔壁表面粗糙度，均应符合现行国家标准《钢结构工程施工质量验收规范》GB 50205 的要求。

3. 钢结构加固材料的选择，应按《钢结构设计规范》GB 50017 规定并在保证设计意图的前提下，便于施工，使新老截面，构件或结构能共同工作，并应注意新老材料之间的强度、塑性、韧性及焊接性能匹配，以利于充分发挥材料的潜能。

铆钉连接的强度设计值（N/mm²） **表 8-51**

铆钉钢号和构件钢材牌号		抗拉(钉头拉脱) f_t^r	抗剪 f_v^r		承压 f_c^r	
			Ⅰ类孔	Ⅱ类孔	Ⅰ类孔	Ⅱ类孔
铆钉	BL2 或 BL3	120	185	155	—	—
构件	Q235 钢	—	—	—	450	365
	Q345 钢	—	—	—	565	460
	Q390 钢	—	—	—	590	480

注：1. 属于下列情况者为Ⅰ类孔：

1）在装配好的构件按设计孔径钻成的孔；

2）在单个零件和构件上按设计孔径分别用钻模钻成的孔；

3）在单个零件上先钻孔或冲成较小的孔径，然后在装配好的构件上再扩钻至设计孔径的孔。

2. 在单个零件上一次冲成或不用钻模钻成的设计孔径的孔属于Ⅱ类孔。

二、结构构件加固方法

钢结构常用的加固方法有改变结构计算图形法和增大截面法。

（一）改变结构计算图形法加固

改变结构计算图形的加固方法是指采用改变荷载分布状况、传力途径、节点性质和边界条件，增设附加杆件和支撑、施加预应力、考虑空间协同工作等措施对结构进行加固的方法。

1. 基本要求

改变结构计算图形的加固方法应满足下列要求：

（1）改变结构计算图形的加固过程（包括施工过程）中，除应对被加固结构承载能力和正常使用极限状态进行计算外，尚应注意对相关结构构件承载能力和使用功能的影响，考虑在结构、构件、节点以及支座中的内力重分布，对结构（包括基础）进行必要的补充验算，并采取切实可行的合理构造措施。

（2）采用改变结构计算图形的加固方法，设计与施工应紧密配合，未经设计允许，不得擅自修改设计规定的施工方法和程序。

（3）采用调整内力的方法加固结构时，应在加固设计中规定调整内力（应力）或规定位移（应变）的数值和允许偏差，及其检测位置和检验方法。

2. 改变结构计算图形的一般方法

（1）改变结构计算图形的方法可采用下列增加结构或构件的刚度的方法进行加固。

1）通过增加支撑或杆件形成空间结构，设计时按空间结构进行验算（图 8-30）。

2）加设支撑增加结构刚度，或调整结构的自振频率等以提高结构承载力和改善结构动力特性（图 8-31）。

3）增设支撑或辅助杆件使构件的长细比减少以提高其稳定性（图 8-32）。

4）在排架结构中重点加强某一列柱的刚度，使之承受大部分水平力，以减轻其他柱列负荷（图 8-33）。

（2）对受弯构件可采用下列改变其截面内力的方法进行加固。

1）改变荷载的分布，例如将一个集中荷载转化为多个集中荷载；

2）改变端部支承情况，例如变铰接为刚接，见图 8-34；

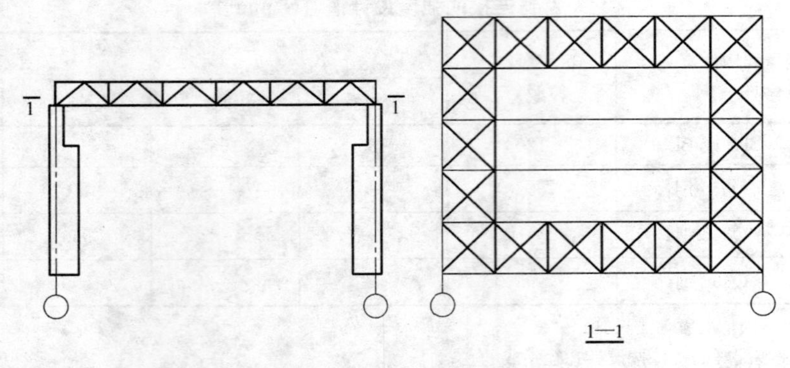

图 8-30　形成空间结构

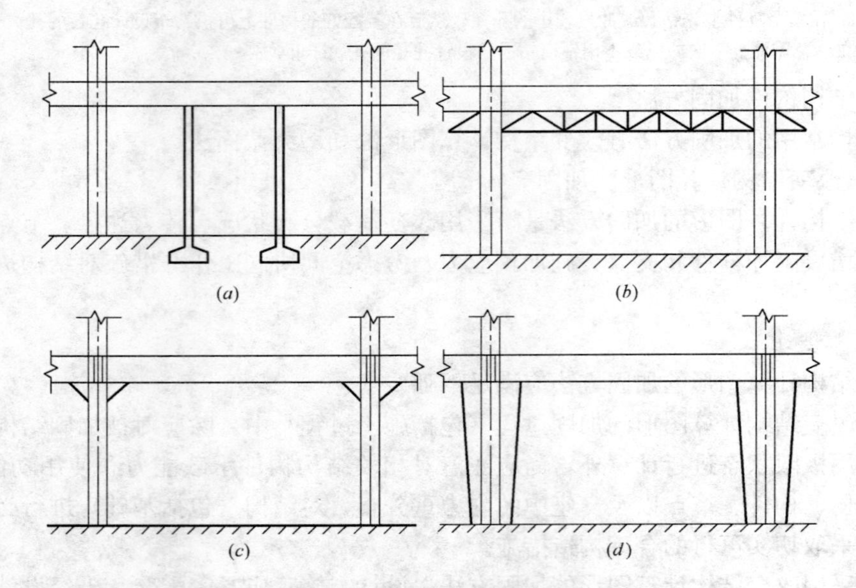

图 8-31　提高刚度、承载力，改善动力特性

(a) 增设梁支柱；(b) 增设梁撑杆；(c) 增设梁角撑；(d) 增设斜立柱

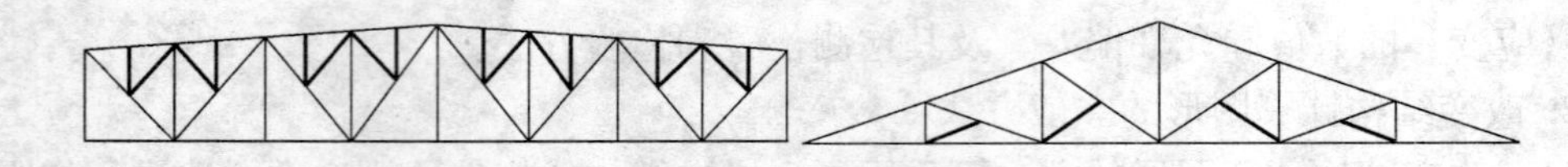

图 8-32　用再分杆加固桁架

3）增加中间支座或将简支结构端部连接成为连续结构，见图 8-35；

4）调整连续结构的支座位置；

5）将构件变为撑杆式结构，见图 8-36；

6）施加预应力。

（二）增大截面法

1. 加固形式

加大截面法的施工较为简单，尤其在满足一定条件下可在负荷状态下进行加固施工，因而是一种钢结构加固中常用的加固方法。

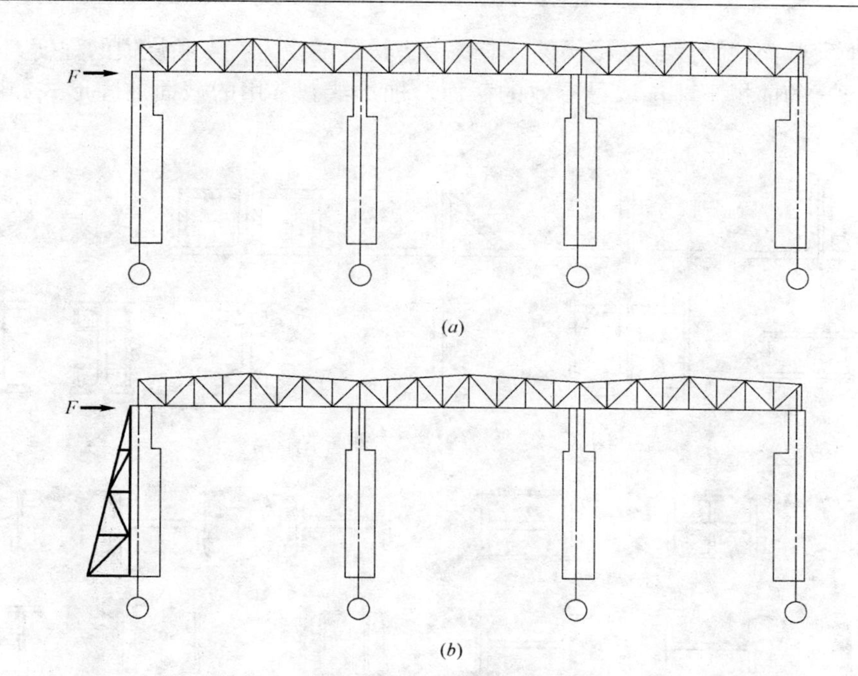

图 8-33　加强某列柱

(a) 加固前；(b) 加固后

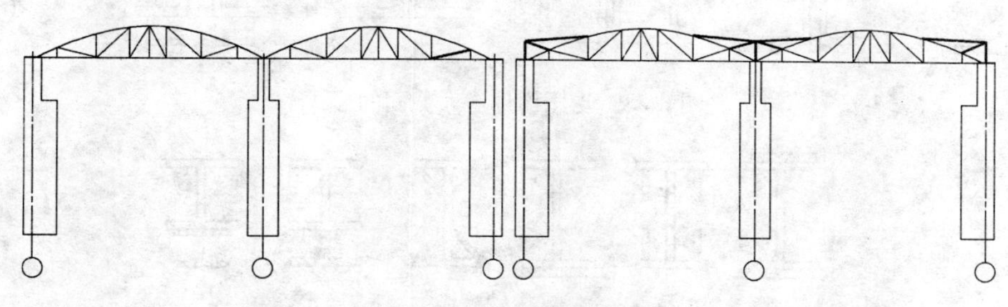

图 8-34　屋架铰接变固接

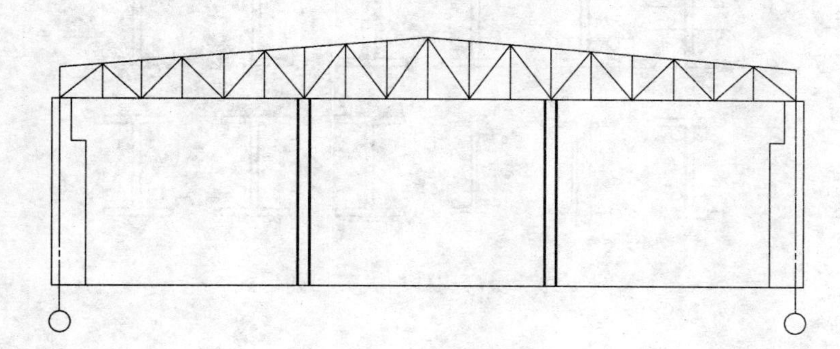

图 8-35　中间增设支座

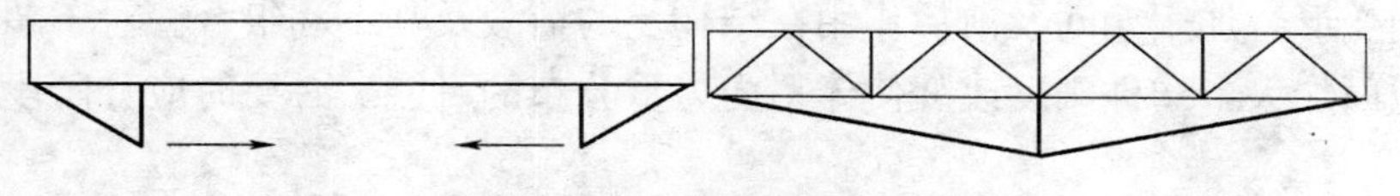

图 8-36　变构件为撑杆式结构

采用加大截面法加固钢结构构件，应该考虑构件的受力特点和烧损的程度，在方便施工、连接可靠的前提下，选取最有效的截面增加形式。常用的截面加固形式如图 8-37～图 8-39 所示。

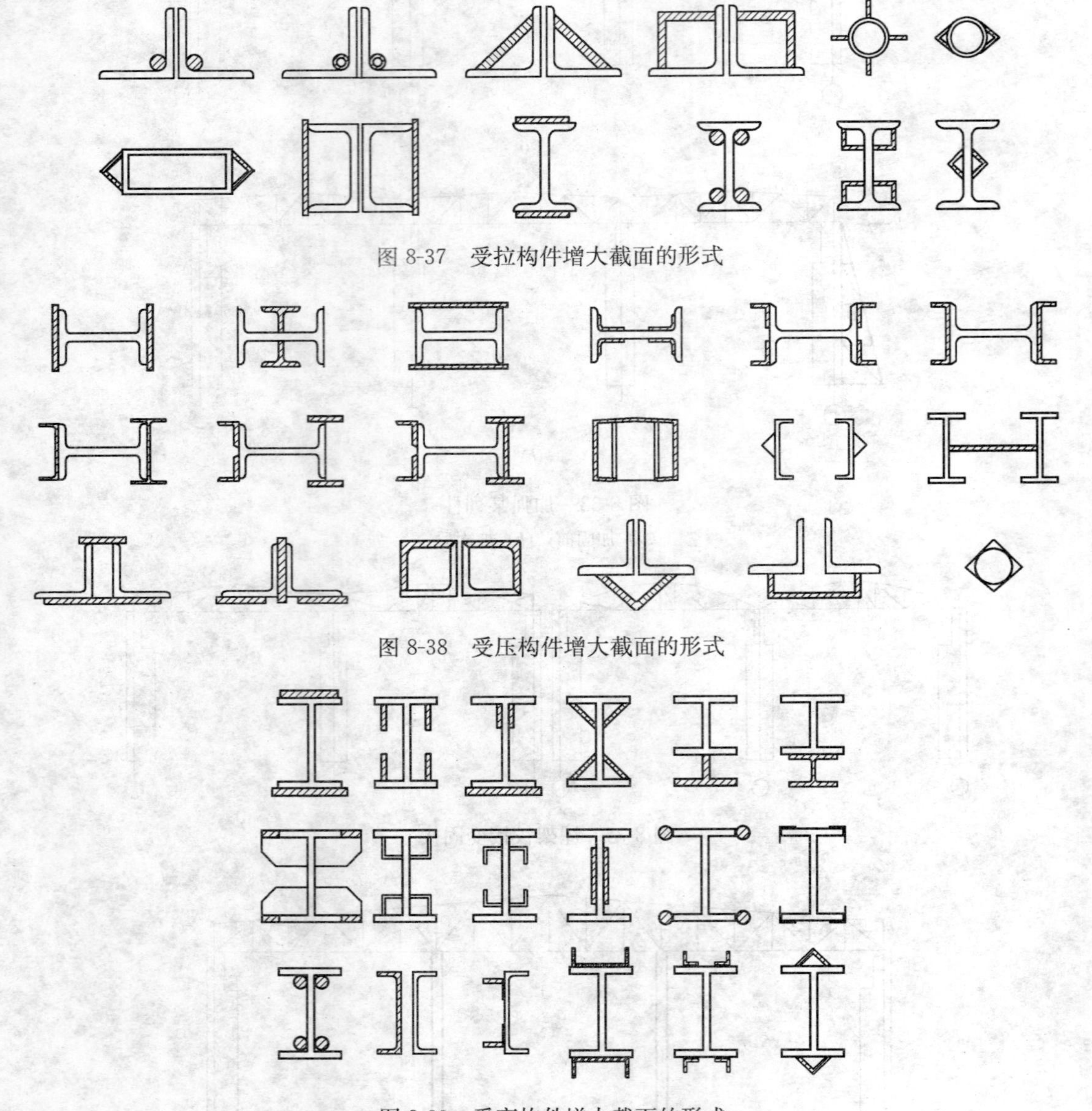

图 8-37　受拉构件增大截面的形式

图 8-38　受压构件增大截面的形式

图 8-39　受弯构件增大截面的形式

2. 加固计算要求

(1) 加固的构件受力分析的计算简图，应反映结构的实际条件，考虑火灾损伤及加固引起的不利变形，加固期间及前后作用在结构上的荷载及其不利组合。对于超静定结构尚应考虑因截面加大，构件刚度改变使体系内力重分布的可能。必要时应分阶段进行受力分析和计算。

(2) 按使用条件被加固构件的设计工作条件可分为四类（表 8-52）。

构件的设计工作条件类别 **表 8-52**

类别	使用条件
Ⅰ	特繁重动力荷载作用下的焊接结构
Ⅱ	除Ⅰ外直接承受动力荷载或振动荷载的结构
Ⅲ	除Ⅳ外仅承受静力荷载或间接动力荷载作用的结构
Ⅳ	受有静力荷载并允许按塑性设计的结构

(3) 对完全卸荷下加固后钢构件的计算，按加固后的截面以新结构按《钢结构设计规范》GB 50017 的规定进行计算。

(4) 负荷下焊接加固结构，其加固时的最大名义应力 σ_{0max} 应满足表 8-53 的要求。

负荷下焊接加固时的最大名义应力 σ_{0max} 应满足的条件 **表 8-53**

类别	满足的条件	类别	满足的条件
Ⅰ	$\lvert\sigma_{0max}\rvert \leqslant 0.2f_y$	Ⅲ	$\lvert\sigma_{0max}\rvert \leqslant 0.55f_y$
Ⅱ	$\lvert\sigma_{0max}\rvert \leqslant 0.4f_y$	Ⅳ	$\lvert\sigma_{0max}\rvert \leqslant 0.55f_y$

一般情况下，对于受轴心压（拉）力和弯矩的构件，其 σ_{0max} 可按下列公式确定：

$$\sigma_{0max}=\frac{N_0}{A_{0n}}\pm\frac{M_{0x}+N_0\omega_{0x}}{\alpha_{Nx}W_{0xn}}\pm\frac{M_{0y}+\omega_{0y}}{\alpha_{Ny}W_{0yn}} \tag{8-88}$$

式中 N_0——原构件的加固时的轴力设计值（N）；

M_{0x}——原构件加固时绕 x 轴的弯矩（N·mm）；

M_{0y}——原构件加固时绕 y 轴的弯矩（N·mm）；

A_{0n}——原构件的净截面面积（mm^2）；

W_{0xn}——原构件对 x 轴的净截面抵抗矩（mm^3）；

W_{0yn}——原构件对 y 轴的净截面抵抗矩（mm^3）；

α_{Nx}、α_{Ny}——x、y 向弯矩增大系数，对拉弯构件，取 1.0，对压弯构件按下式进行计算：

$$\alpha_{Nx}=1-\frac{N_0\lambda_x^2}{\pi^2 EA_0} \tag{8-89}$$

$$\alpha_{Ny}=1-\frac{N_0\lambda_y^2}{\pi^2 EA_0} \tag{8-90}$$

λ_x——原构件对 x 轴的长细比；

λ_y——原构件对 y 轴的长细比；

A_0——原构件的毛截面面积（mm^2）；

ω_{0x}、ω_{0y}——原构件对 x 轴和 y 轴的初始挠度（mm），其值取实测值与按式（8-91）或（8-92）计算的等效偏心距 e_{0x}（或 e_{0y}）之和；

$$e_{0x}=\frac{M_{0nx}(N_{0y}-N_0)(N_{0Ex}-N_0)}{N_0N_{0y}N_{0Ex}} \tag{8-91}$$

$$e_{0x}=\frac{M_{0ny}(N_{0y}-N_0)(N_{0Ey}-N_0)}{N_0N_{0y}N_{0Ey}} \tag{8-92}$$

N_{0y}、N_{0Ex}、N_{0Ey}，M_{0nx}、M_{0ny} 分别用下列各式计算：

$$N_{0y}=A_0\cdot f_y \tag{8-93}$$

$$N_{0Ex}=\frac{\pi^2 EA_0}{\lambda_x} \tag{8-94}$$

$$N_{0Ey}=\frac{\pi^2 EA_0}{\lambda_y} \tag{8-95}$$

$$M_{0nx}=W_{0nx}\cdot f_y \tag{8-96}$$

$$M_{0ny}=W_{0ny}\cdot f_y \tag{8-97}$$

（5）对于承受静力荷载或间接承受动力荷载的构件，一般情况下可根据原有构件和加固件之间的内力重分配的原则，按加固后的截面进行承载力计算；加固后构件的稳定性计算，可按加固后的截面取用稳定系数，同时考虑加固折减系数 η（η_n、η_m、η_{EM}）。

（6）对于承受动力荷载作用的构件，构件的加固计算应分别按加固前后两个阶段进行，并应遵守下列规定：

1）稳定计算分别按加固前和加固后的截面取用稳定系数；

2）可不考虑加固折减系数；

3）必要时对其剩余疲劳寿命进行专门研究；

4）加固后构件承载力计算，应以弹性阶段按原有构件截面边缘屈服准则进行计算，加固前原有构件的应力和加固后增加应力之和不应大于钢材的强度设计值。

（7）轴心受力构件加固后，应考虑构件截面形心偏移的影响，当形心轴的偏移值小于5%截面高度时，在一般情况下可忽略其影响。

（8）加固后的受弯构件和偏心受力构件，不宜考虑截面的塑性发展，可按边缘纤维屈服原则进行计算。

3. 轴心受力构件的加固

轴心受拉或轴心受压构件的原截面一般是对称的，若其烧损对截面的对称性影响不大，可采用对称的加固形式；若其烧损严重影响原构件截面的对称性，宜采用非对称加固形式，使加固后的截面对称，并宜使加固后的截面形心与原截面形心重合或接近，以减小附加受力的影响。

（1）轴心受拉或轴心受压构件的强度计算

轴心受拉或轴心受压的加固构件的强度按下式进行计算：

1）承受静力荷载的构件

$$\frac{N}{A_{0n}+A_{1n}}\leqslant\eta_n f \tag{8-98}$$

摩擦型高强度螺栓连接处的强度按式（8-99）进行计算：

$$\left(1-0.5\frac{n_1}{n}\right)\frac{N}{A_{0n}+A_{1n}}\leqslant\eta_n f \tag{8-99}$$

2）承受动力荷载的构件

$$\frac{N_1}{A_{0n}}+\frac{N-N_1}{A_{0n}+A_{1n}}\leqslant f \tag{8-100}$$

摩擦型高强度螺栓连接处的强度按下式进行计算：

$$\left(1-0.5\frac{n_{01}}{n_0}\right)\frac{N_1}{A_{0n}}+\left(1-0.5\frac{n_1}{n}\right)\frac{N-N_1}{A_{0n}+A_{1n}}\leqslant f \tag{8-101}$$

$$\left(1-0.5\frac{n_{01}}{n_0}\right)\frac{N_1}{A_0}+\left(1-0.5\frac{n_1}{n}\right)\frac{N-N_1}{A_0+A_1}\leqslant f \tag{8-102}$$

式中 N——加固后构件所承受的轴向力设计值（N）；

N_1——加固过程中实际荷载（包括施工荷载）作用下的轴心力设计值（N）；

A_0——原构件的毛截面面积（mm^2）；

A_{0n}——原构件的净截面面积（mm^2）；

A_1——加固增加的构件毛截面面积（mm^2）；

A_{1n}——加固增加的构件毛截面面积（mm^2）；

n_0——加固前在拼接处或节点处构件一端连接的高强度螺栓的数目；

n——加固后在拼接处或节点处构件一端连接的高强度螺栓的数目；

n_{01}——加固前所计算截面（最外列螺栓处）高强度螺栓的数目；

n_1——加固后所计算截面（最外列螺栓处）高强度螺栓的数目；

f——截面中最低强度级别钢材的抗拉或抗压强度设计值（N/mm^2）；

η_n——加固折减系数，对轴心受力构件，非焊接加固的轴心受力或焊接加固的轴心受拉Ⅰ、Ⅱ类构件取 $\eta_n=0.85$；Ⅲ、Ⅳ类构件取 $\eta_n=0.9$；对焊接加固的受压构件按式（8-103）计算取值，当采用非对称或形心位置改变的截面加固时，应按拉弯或压弯构件进行计算；

$$\eta_n=0.85-0.23\frac{\sigma_0}{f_y} \tag{8-103}$$

σ_0——构件未加固时的名义应力。

（2）轴心受压构件的稳定性

实腹式轴心受压构件，当无初弯曲且对称加固，或采取形心位置不改变的加固截面时，其稳定性按下列公式进行验算：

1）承受静力荷载的构件

$$\frac{N}{\varphi(A_0+A_1)}\leqslant\eta_n f^* \tag{8-104}$$

2）承受动力荷载的构件

$$\frac{N_1}{\varphi_0 A_0}+\frac{N-N_1}{\varphi(A_0+A_1)}\leqslant\eta_n f^* \tag{8-105}$$

式中 φ——加固后整个截面的轴心受压构件的稳定系数；

φ_0——加固前轴心受压构件的稳定系数；

f^*——钢材换算强度设计值（N/mm^2），按下列规定取用：

当 $f_0\leqslant f_S\leqslant1.15f_0$时，取 $f^*=f_0$；

当 $f_S>1.15f_0$时，按式（8-106）计算确定。

$$f^*=\sqrt{\frac{(A_1f_1+A_0f_0)(I_1f_1+I_0f_0)}{(A_1+A_0)(I_1+I_0)}} \tag{8-106}$$

式中 f_1——加固用钢材的强度设计值（N/mm^2）；

f_0——构件原采用钢材的强度设计值（N/mm^2）；

I_1——加固截面对加固后截面形心主轴的惯性矩（mm^4）；

I_0——加固前截面对加固后截面形心主轴的惯性矩（mm^4）；

当受压构件有初弯曲或非对称或加固后形心位置改变时，应按实腹式压弯构件计算其稳定性。

加固格构式轴心受压构件，当无初弯曲或采用对称截面加固，或采取形心位置不改变的加固截面时，按式（8-98）、式（8-99）计算其强度；按式（8-104）、式（8-105）计算其稳定性，对虚轴的长细比应按《钢结构件设计规范》GB 50017 的规定进行换算。当构件有初始弯曲或采用非对称截面形式加固引起附加偏心距时，按格构式压弯构件来进行加固处理。

4. 受弯构件的加固

（1）在主平面内受弯的加固受弯构件，应按下式计算其强度：

1）抗弯强度

承受静力荷载的构件

$$\frac{M_x}{r_x W_{nx}}+\frac{M_y}{r_y W_{ny}}\leqslant\eta_m f \tag{8-107}$$

承受动力荷载的构件

$$\frac{M_{x1}}{W^0_{nx}}+\frac{(M_x-M_{x1})y_0}{I_{nx}}+\frac{(M_y-M_{y1})x_0}{I_{ny}}\leqslant f \tag{8-108}$$

式中　M_x——绕加固后绕截面形心 x 轴弯矩设计值（N·mm）；

M_y——绕加固后绕截面形心 y 轴弯矩设计值（N·mm）；

M_{x1}——加固过程中实际荷载（包括施工荷载）作用下绕 x 轴的弯矩（N·mm）；

M_{y1}——加固过程中实际荷载（包括施工荷载）作用下绕 y 轴的弯矩（N·mm）；

W_{nx}——加固后整个构件的净截面对 x 轴的抵抗矩（mm^3）；

W_{ny}——加固后整个构件的净截面对 y 轴的抵抗矩（mm^3）；

r_x、r_y——截面塑性发展系数，宜取 1.0；

I_{nx}——加固后整个构件的净截面对 x 轴的惯性矩（mm^4）；

I_{ny}——加固后整个构件的净截面对 y 轴的惯性矩（mm^4）；

η_m——受弯构件加固强度折减系数；对Ⅰ、Ⅱ类焊接结构取 $\eta_m=0.85$，对其他结构取 $\eta_m=0.9$。

2）抗剪强度

承受静力荷载的构件

$$\tau=\frac{VS}{I(t_{w0}+t_{1w})}\leqslant\eta_m f_V \tag{8-109}$$

承受动力荷载的构件

$$\tau=\frac{V_1 S_0}{I_0 t_w}+\frac{(V-V_1)S}{I(t_{w0}+t_{w1})}\leqslant f_V \tag{8-110}$$

式中　V——加固受构件所受的剪力设计值（N）；

V_1——加固过程中实际荷载（包括施工荷载）作用下的剪力（N）；

I_0——加固前构件的毛截面惯性矩（mm^4）；

I——加固后构件的毛截面惯性矩（mm^4）；

S_0——加固前构件在计算剪力处以上毛截面对中和轴的面积矩（mm^3）；

S——加固后构件在计算剪力处以上毛截面对中和轴的面积矩（mm^3）；

t_{w0}——加固前原构件腹板厚度（mm）；

t_{w1}——加固后构件腹板增加的厚度（mm）；

f_V——钢材的抗剪强度设计值（N/mm²）。

3）局部承压强度

当梁上翼缘受到沿腹板平面作用的集中荷载，且该荷载处未设置支承加劲肋时，腹板计算高度上边缘的局部承压强度按下式计算：

$$\sigma_c=\frac{\psi F}{t_w l_x}\leqslant f \tag{8-111}$$

式中 F——集中荷载设计值（N），对动力荷载应考虑动力系数；

ψ——集中荷载增大系数，对重级工作制吊车梁取1.35，对其他梁取1.0；

l_x——集中荷载在腹板计算上边缘的假定分布长度（mm），按式（8-112）进行计算：

$$l_x=a+2h_y \tag{8-112}$$

a——集中荷载沿梁跨度方向的支承长度（mm），对于吊车梁可取为50mm；

h_y——自吊车梁轨顶或其他梁顶面至腹板计算高度上边缘的距离（mm）。

在吊车梁支座处，当不设置支承加劲肋时，应按式（8-111）计算腹板计算高度下边缘的局部承压强度，但取$\psi=1.0$。支座集中反力的假定分布长度，应根据支座具体尺寸，按式（8-111）计算确定。

4）折算应力

组合梁的腹板计算高度边缘处，若同时受有较大的正应力、剪应力和局部压应力，或同时受有较大的正应力和剪应力（如连续梁支座处或梁的翼缘截面改变处等），其折算应力按式（8-113）计算：

$$\sqrt{\sigma^2+\sigma_c^2-\sigma\sigma_c+3\tau^2}\leqslant\beta_1 f \tag{8-113}$$

式中 σ、τ、σ_c——腹板计算高度边缘同一点同时产生的正应力、剪应力和局部压应力，（N/mm²）；τ按式（8-109）、式（8-110）计算，σ_c按式（8-111）进行计算，σ按式（8-114）计算。

$$\sigma=\frac{M}{I_n}y_1 \tag{8-114}$$

I_n——加固后净截面惯性矩（mm⁴）；

y_1——所计算点至梁中和轴的距离（mm）；

β_1——计算折算应力的强度设计值增大系数；当σ与σ_c异号时，取$\beta_1=1.2$；当与σ_c同号或$\sigma_c=0$时，取$\beta_1=1.1$。

（2）在主平面内受弯的实腹式加固受弯构件的稳定性：

在最大刚度主平面内受弯的实腹式加固构件，其稳定性按下列公式进行计算：

承受静力荷载的构件：

$$\frac{M_x}{\varphi_b W_x}+\frac{M_y}{\gamma_y W_y}\leqslant\eta_m f^* \tag{8-115}$$

承受动力荷载的构件：

$$\frac{M_{x1}}{\varphi_b^0 W_x^0}+\frac{M_x-M_{x1}}{\varphi_b W_x}+\frac{M_{y1}}{\gamma_y W_y^0}+\frac{M_y-M_{y1}}{\gamma_y W_y}\leqslant f^* \tag{8-116}$$

式中 φ_b^0、φ_b——按加固前和加固后的构件截面确定的整体稳定系数，对I形和T性截面，可按《钢结构设计规范》GB 50017 确定，对箱形截面可取为 1.4；

W_x^0、W_x——加固前和加固后构件按受压纤维确定的对 x 轴的毛截面抵抗矩（mm^3）；

W_y^0、W_y——加固前和加固后构件按受压纤维确定的对 y 轴的毛截面抵抗矩（mm^3）；

γ_y——截面塑性发展系数，宜取为 1.0。

其余同前。

(3) 加固后构件的挠度：

1) 当在卸荷状态下加固时，其挠度计算方法与新结构相同；

2) 当在负荷状态下加固时，加固结构构件的总挠度 ω_T 一般可按式（8-117）确定，且总的 ω_T 值不应超过《钢结构设计规范》GB 50017 附录 A 规定的限值。

$$\omega_T = \omega_0 + \omega_W + \Delta\omega \tag{8-117}$$

式中　ω_0——初始挠度（mm），按实测资料或加固时荷载由加固前的截面特性计算确定；

ω_W——焊接加固时的焊接残余挠度（mm），按式（8-118）计算确定。

$$\omega_W = \frac{\delta h_f^2 L_S (2L_0 - L_S)}{200 I_0} \sum_{i=1}^{m} \xi_i \psi_i y_i \tag{8-118}$$

$\Delta\omega$——挠度增量（mm），按加固后增加荷载标准值和已加固截面特征计算确定；

δ——考虑加固件间断焊缝连续性的系数，当为连续焊缝时，取 $\delta=1.0$，当为间断焊缝时，取加固焊缝实际施焊段长度与延续长度之比；

h_f——焊脚尺寸（mm）；

L_S——加固件焊缝延续的总长度（mm）；

L_0——受弯构件在弯曲平面内的计算长度（mm），简支单跨梁时取梁的跨度；

I_0——原构件截面的惯性矩（mm^4）；

y_i——第 i 条加固焊缝至构件截面形心的距离；

ξ_i——与加固焊缝处结构应力水平 σ_{0i} 有关的系数，按表 8-54 取值；

ψ_i——系数，结构构件受拉和受压区均有加固焊缝时取 1.0，仅拉或压区有加固焊缝时取 0.8，计算稳定性时取 0.7。

ξ_i 取值表　　**表 8-54**

σ_0/f_y	0.1	0.2	0.3	0.4	0.5	0.6	0.7
ξ_i	1.25	1.50	1.75	2.00	2.50	3.00	3.50

注：f_y——为原构件钢材的屈服强度标准值。

5. 拉弯、压弯构件的加固计算

拉弯或压弯构件的截面加固应根据原构件的截面特性，受力性质和初始几何变形状况等条件，综合考虑选择适当的加固截面形式。当总挠度 ω_T 引起的附加弯矩较大时，应考虑其影响。

(1) 拉弯、压弯构件的强度

承受静力荷载的构件：

$$\frac{N}{A_{0n}+A_{1n}} \pm \frac{M_x}{\gamma_x W_{nx}} \pm \frac{M_y}{\gamma_y W_{ny}} \leqslant \eta_{EM} f \tag{8-119}$$

承受动力荷载的构件：

$$\left(\frac{N_1}{A_{0n}}\pm\frac{M_{x1}}{W_{nx}^0}\pm\frac{M_{y1}}{W_{ny}^0}\right)+\left(\frac{N-N_1}{A_{0n}+A_{1n}}\pm\frac{M_x-M_{x1}}{W_{nx}}\pm\frac{M_y-M_{y1}}{W_{ny}}\right)\leqslant f \tag{8-120}$$

式中 N——加固后构件所承受的轴心力（N）；

N_1——加固过程中实际荷载（包括施工荷载）作用下的轴心力（N）；

M_x、M_y——加固后构件绕 x 轴和 y 轴的弯矩（N·mm）；

M_{x1}、M_{y1}——加固过程中的实际荷载（包括施工荷载）作用下绕 x 轴和 y 轴的弯矩（N-mm）；

W_{nx}、W_{ny}——加固后整个构件的净截面对 x 轴和 y 轴的抵抗矩（mm^3）；

W_{nx}^0、W_{ny}^0——加固前原构件的净截面对 x 轴和 y 轴的抵抗矩（mm^3）；

η_{EM}——强度降低系数，对Ⅰ、Ⅱ类结构构件取 $\eta=0.85$；Ⅲ、Ⅳ类结构构件取 $\eta=0.9$；当 $N/A_n\geqslant0.55f_y$ 时，$\eta_{EM}=\eta_n$，按式（8-102）的说明和式（8-103）进行计算；

γ_x、γ_y——截面塑性发展系数，宜取为1.0。

（2）实腹式压弯构件平面内稳定性计算

1）在弯矩作用平面内的整体稳定性计算

承受静力荷载的构件：

$$\frac{N}{\varphi_x(A_0+A_1)}\pm\frac{\beta_{mx}M_x}{\gamma_x W_{1x}(1-0.8N/N_{Ex})}\leqslant\eta_{EM}f^* \tag{8-121}$$

式中 φ_x——加固后整个构件在弯矩作用平面内轴心受压构件稳定系数；

M_x——加固后所计算的构件段范围内的最大弯矩（N·mm）；

W_{1x}——加固后整个构件截面在弯矩作用平面内较大受压纤维毛截面抵抗矩（mm^3）；

β_{mx}——等效弯矩系数，按下列规定采用：

Ⅰ）框架柱和两端支承的构件：

① 无横向荷载作用时，$\beta_{mx}=0.65+0.35\frac{M_2}{M_1}$，$M_1$ 和 M_2 为端弯矩，使构件产生同向曲率（无反弯点）时取同号，使构件产生反向曲率（有反弯点）时取异号，$|M_1|\geqslant|M_2|$；

② 有端弯矩和横向荷载作用时，使构件产生同向曲率时，$\beta_{mx}=1.0$，使构件产生反向曲率时，$\beta_{mx}=0.85$；

③ 无端弯矩但有横向荷载作用时，$\beta_{mx}=1.0$；

Ⅱ）悬臂构件和内力分析未考虑二阶效应的无支撑纯框架和弱支撑框架柱，$\beta_{mx}=1.0$；

N_{Ex}——加固后整个构件截面的欧拉临界力，按下式计算：

$$N_{Ex}=\frac{\pi^2E(A_0+A_1)}{\lambda_x^2} \tag{8-122}$$

λ_x——加固后整个构件截面对 x 轴的长细比。

对于加固后由轧制截面组合成的T形和槽形单轴对称截面，当弯矩作用在对称轴平面且使较大受压翼缘受压时，除按式（8-121）计算外，尚应按下式计算：

$$\left|\frac{N}{A_0+A_1}-\frac{\beta_{mx}M_x}{W_{2x}(1-1.25N/N_{Ex})}\right|\leqslant\eta_{EM}f^* \tag{8-123}$$

式中　W_{2x}——加固后构件在弯矩作用平面内，对较小翼缘的毛截面抵抗矩（mm^3）。

承受动力荷载的构件：

$$\frac{N_1}{\varphi_x^0 A_0}+\frac{\beta_{mx}M_{x1}}{W_{1x}^0(1-0.8N_1/N_{Ex}^0)}+\frac{N-N_1}{\varphi_x(A_0+A_1)}+\frac{\beta_{mx}(M_x-M_{x1})}{W_{1x}[1-0.8(N-N_1)/N_{Ex}]}\leqslant f^* \tag{8-124}$$

式中　φ_x^0——加固前原有构件在弯矩作用平面内轴心受压构件稳定系数；

W_{1x}^0——加固前原有构件截面在弯矩作用平面内较大受压纤维毛截面抵抗矩（mm^3）；

N_{Ex}^0——加固前原有构件截面的欧拉临界力（N），按式（8-122）进行计算，不过截面面积和长细比采用加固前的参数。

对于加固后由轧制截面组合成的 T 形和槽形单轴对称截面，当弯矩作用在对称轴平面且使较大受压翼缘受压时，除按式（8-124）计算外，尚应按下式计算：

$$\left|\frac{N_1}{A_0}-\frac{\beta_{mx}M_{x1}}{W_{2x}^0(1-1.25N_1/N_{Ex}^0)}+\frac{N-N_1}{A_0+A_1}-\frac{\beta_{mx}(M_x-M_{x1})}{W_{2x}[(1-1.25(N-N_1)/N_{Ex})]}\right|\leqslant f^* \tag{8-125}$$

式中　W_{2x}^0——加固前原有构件截面在弯矩作用平面内对较小翼缘的毛截面抵抗矩（mm^3）。

2）在弯矩作用平面外的整体稳定性计算

承受静力荷载的构件：

$$\frac{N}{\varphi_y(A_0+A_1)}+\frac{\beta_{tx}M_x}{\varphi_b W_{1x}}\leqslant \eta_{EM} f^* \tag{8-126}$$

承受动力荷载的构件：

$$\left|\frac{N_1}{\varphi_y^0 A_0}+\frac{\beta_{tx}M_{x1}}{\varphi_b^0 W_{1x}^0}+\frac{N-N_1}{\varphi_y(A_0+A_1)}+\frac{\beta_{tx}(M_x-M_{x1})}{\varphi_b W_{1x}}\right|\leqslant f^* \tag{8-127}$$

式中　φ_y^0、φ_y——加固前和加固后截面在弯矩作用平面外的轴心受压构件稳定系数；

φ_b^0、φ_b——加固前和加固后构件均匀弯曲的受弯构件稳定系数，对 I 形和 T 性截面，可按《钢结构设计规范》GB 50017 确定。对箱形截面可取为 1.4；

β_{tx}——等效弯矩系数，可按《钢结构设计规范》GB 50017 确定。

（3）弯矩绕虚轴作用的格构式压弯构件的稳定性

弯矩绕虚轴（x 轴）作用的格构式压弯构件的稳定性，在静力荷载作用下弯矩作用平面内的稳定性可按下式计算：

1）格构式构件的整体稳定性

$$\frac{N}{\varphi_x(A_0+A_1)}+\frac{\beta_{mx}M_x}{W_{1x}(1-\varphi_x N/N_{Ex})}\leqslant \eta_{EM} f^* \tag{8-128}$$

式中　W_{1x}——压力较大分肢边缘的抵抗矩（mm^3），按下式计算：

$$W_{1x}=\frac{I_x}{y_0} \tag{8-129}$$

I_x——加固后的截面对 x 轴的毛截面抵抗（mm^3）；

y_0——由 x 轴到压力较大分肢的轴线距离或者到压力较大分肢腹板边缘的距离（mm），两者取较大值；

φ_x、N_{Ex}——按格构式构件的换算长细比确定。

2）按格构式构件的分肢计算

将分肢作为桁架弦杆，计算出 N 和 M_x 作用下的轴心力，然后将加固后的分肢截面按轴心受压构件计算稳定性。计算中应考虑加固折减系数 0.9。对于用缀板连接的格构式构件，尚应考虑由剪力引起的分肢的局部弯矩。

按上述规定验算分肢稳定性后，加固后的格构式压弯构件在弯矩作用平面内的整体稳定性一般可不作验算。

(4) 弯矩绕实轴作用的格构式压弯构件的稳定性

弯矩绕实轴作用的格构式压弯构件，其弯矩作用平面内和平面外的稳定性计算与实腹式构件相同，但在计算弯矩作用平面外的整体稳定性时，长细比应取换算长细比，φ_b 取 1.0。

(5) 弯矩作用在两个主平面内的实腹式压弯构件的稳定性

弯矩作用在两个主平面内的双轴对称加固实腹式工字形和箱形截面压弯构件，其稳定性按下列公式计算：

$$\frac{N}{\varphi_x A}+\frac{\beta_{mx}M_x+N\omega_x}{\gamma_x W_{1x}(1-0.8N/N_{Ex})}+\frac{\beta_{ty}M_y+N\omega_y}{\gamma_y\varphi_{by}W_{1y}}\leqslant\eta_{EM}f^* \tag{8-130}$$

$$\frac{N}{\varphi_y A}+\frac{\beta_{my}M_y+N\omega_y}{\gamma_y W_{1y}(1-0.8N/N_{Ey})}+\frac{\beta_{tx}M_x+N\omega_x}{\gamma_x\varphi_{bx}W_{1x}}\leqslant\eta_{EM}f^* \tag{8-131}$$

式中 φ_x、φ_y——加固后整个构件对强轴和弱轴的轴心受压构件稳定系数；

φ_{bx}、φ_{by}——均匀弯曲的受弯构件整体稳定系数；对箱形截面取 $\varphi_{bx}=\varphi_{by}=1.4$；对工字形截面，取 $\varphi_{by}=1.0$，φ_{bx} 可按《钢结构设计规范》GB 50017 取用（计算时取 $f_y=1.1f^*$）；

M_x、M_y——加固后所计算构件段范围内对强轴和弱轴的最大弯矩（N·mm）；

N_{Ex}、N_{Ey}——加固后整个构件分别对 x 轴和 y 轴的欧拉临界力（N）；

ω_x——构件对 x 轴的初始挠度 ω_{0x} 与焊接残余挠度 ω_{wx} 之和（mm）；

ω_y——构件对 y 轴的初始挠度 ω_{0y} 与焊接残余挠度 ω_{wy} 之和（mm）；

W_{1x}、W_{1y}——加固后整个构件对强轴和弱轴的毛截面抵抗矩（mm^3）；

β_{mx}、β_{my}、β_{tx}、β_{ty}——等效弯矩系数，按《钢结构设计规范》GB 50017 取用；

A——加固后整个构件的截面面积（mm^2）；

γ_x、γ_y——截面塑性发展系数，宜取为 1.0。

(6) 弯矩作用在两个主平面内的格构式压弯构件的稳定性

弯矩作用在两个主平面和有双向初弯曲和附加偏心（ω_w、ω_y）的加固的双肢格构式压弯构件，其稳定性按以下规定计算：

1）按整体计算：

$$\frac{N}{\varphi_x A}+\frac{\beta_{mx}M_x+N\omega_x}{W_{1x}(1-\varphi_x N/N_{Ex})}+\frac{\beta_{ty}M_y+N\omega_y}{W_{1y}}\leqslant\mu_{EM}f^* \tag{8-132}$$

2）按分肢计算：

在 N 和 M_y 作用下，将分肢作为桁架弦杆计算其轴心力，M_y 可按式（8-133）和式（8-134）计算，分配给两肢，然后按实腹式压弯构件平面内稳定性的计算方法计算分肢的稳定性。

分肢1：

$$M_{y1}=\frac{I_1/y_1}{I_1/y_1+I_2/y_2}M_y \tag{8-133}$$

分肢2：

$$M_{y2}=\frac{I_2/y_2}{I_1/y_1+I_2/y_2}M_y \tag{8-134}$$

式中　I_1、I_2——分肢1、分肢2对 y 轴的贯性矩（mm^4）；

y_1、y_2——M_y作用的主轴平面至分肢1、分肢2轴线的距离（mm）。

6. 构造与施工要求

（1）加大截面加固结构构件时，应保证加固件与被加固件能够可靠地共同工作、断面的不变形和板件的稳定性，并且要方便施工。

加固件的切断位置应尽可能减小应力集中并保证未被加固处截面在设计荷载作用下处于弹性工作阶段。

（2）在负荷下进行结构加固时，其加固工艺应保证被加固件的截面因焊接加热，附加钻、扩孔洞等所引起的削弱影响尽可能的小，为此必须制定详细的加固施工工艺过程和要求的技术条件，并据此按隐蔽工程进行施工验收。

（3）在负荷下进行结构构件的加固，当$|\sigma_{0\max}|\geqslant 0.3f_y$，且采用焊接加固件加大截面法加固结构构件时，可将加固件与被加固件沿全长互相压紧；用长20～30mm的间断（300～500mm）焊缝定位焊接后，再由加固件端向内分区段（每段不大于70mm）施焊所需要的连接焊缝，依次施焊区段焊缝应间歇2～5min。对于截面有对称的成对焊缝时，应平行施焊；有多条焊缝时，应交错顺序施焊；对于两面有加固件的截面，应先施焊受拉侧的加固件，然后施焊受压侧的加固件；对一端为嵌固的受压杆件，应从嵌固端向另一端施焊，若其为受拉杆，则应从另一端向嵌固端施焊。

当采用螺栓（或铆钉）连接加固加大截面时，加固与被加固板件相互压紧后，应从加固件端向中间逐次钻孔和安装拧紧螺栓（或铆钉），以便尽可能减少加固过程中截面的过大削弱。

（4）加大截面法加固有两个以上构件的静不定结构（框架、连续梁等）时，应首先将全部加固与被加固构件压紧和点焊定位，然后从力最大构件依次连续地进行加固连接。

（5）加固件的布置应适应原有构件的几何形状或已发生的变形情况，以利施工。但也应尽量不采用引起截面形心偏移的形式，难以避免时，应在加固计算中考虑。

（6）采用焊接补强时，应尽可能减少焊接工作量及注意合理的焊接顺序，以降低焊接变形和焊接应力，并尽可能避免仰焊。在负荷状态下焊接时，应采用较小的焊接尺寸，并应首先加固对原有结构构件影响较小、质量最薄弱和立即起到加固作用的部位。

（7）不应过多削弱原有构件的承载力：

尽可能采用高强度螺栓，并选用较小直径。

采用焊接连接时，应尽量避免采用与原有构件应力方向垂直的焊缝，不能避免时应采取专门的技术措施和施焊工艺，以确保结构施工的安全。

轻钢结构中的小角钢和圆钢构件不宜在负荷状态下进行焊接，必要时应采取适当措施。

三、连接的加固与加固件的连接

构件的增补或局部杆件的置换，都需要适当的连接。加固的杆件必须通过节点的加固才能参与原结构的工作，损坏的节点也需要加固。所以钢结构加固工作中连接与节点的加固占有重要的位置。

钢结构连接的加固方法根据加固的原因、目的、受力状态、构造和施工条件，并考虑原有结构的连接方法而确定，可采用焊缝、铆钉、普通螺栓和高强度螺栓等连接方法，一般可与原连接方法一致。当原有结构为铆钉连接时，可采用摩擦型高强度螺栓连接方法加固；如原有结构为焊接，当其连接强度不足时，应采用焊接，而不宜采用螺栓等其他连接方法；当为防止构件疲劳裂纹的扩展，可采用有盖板的摩擦型高强度螺栓连接方法加固。

钢结构常用的连接方法中，其连接的刚度即破坏时抵抗变形的能力的大小，依此为焊接、摩擦型高强度螺栓、铆钉和普通螺栓连接。一般应用刚度较大的连接加固刚度较小的连接，且计算时不宜考虑其混合受力。在同一受力部位连接的加固中，不宜采用刚度相差较大的连接方法，如焊缝与铆钉或普通螺栓共同受力的混合连接方法，但仅考虑其中刚度较大的连接（如焊缝）承受全部作用力时除外。如有根据可采用焊缝和摩擦型高强度螺栓共同受力的混合连接。

负荷下连接的加固，尤其是采用端焊缝或螺栓的加固而需要拆除原有连接，和扩大、增加钉孔时，必须采取合理的施工工艺和安全措施，并作核算以保证结构（包括连接）在加固负荷下具有足够的承载力。

（一）采用焊缝加固连接节点

1. 加固方法

（1）焊缝连接的加固，可依次采用增加焊缝长度、有效厚度或两者同时增加的办法实现。

（2）当仅用增加焊缝长度，有效厚度或两者共同的办法不能满足连接加固的要求时，可采用附加连接板（图 8-40）的办法，附加连接板可以用角焊缝与基本构件相连（图 8-40*a*）；也可用附加节点板与原节点板对接（图 8-40*b*、*c*），不论采用何种方法，都需进行连接的受力分析并保证连接（包括焊缝及附加板件、节点板等）能够承受各种可能的作用力。

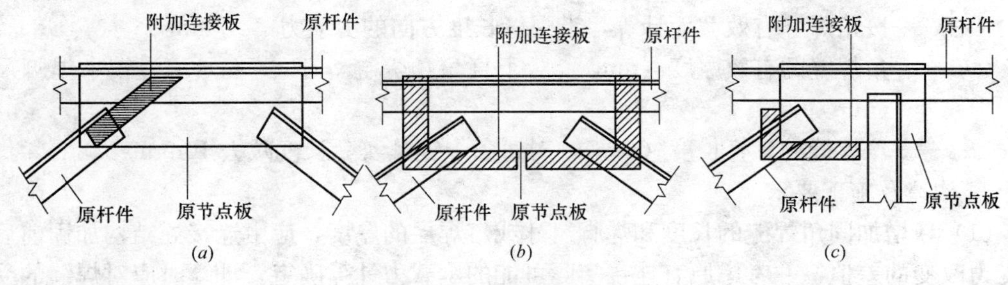

图 8-40　用附加连接板加固

（*a*）角钢上粘附加连接板；（*b*）加大节点板长和宽；（*c*）局部加大节点板

（3）当用焊缝加固普通螺栓或铆钉连接时，应按焊缝承受全部作用力设计计算其连接，不考虑两种连接的共同工作，且不宜拆除原有连接。

(4) 对原摩擦型高强度螺栓连接可采用焊缝加固，两种连接计算承载力的比值应在1～1.5范围内，加固后连接的总承载力为两者分别计算的承载力之和，但摩擦型高强度螺栓连接的承载力应乘以0.9的系数。

2. 设计计算

(1) 负荷下用堆焊增加角焊缝有效厚度的办法加固焊缝连接时，应按下式计算和限制焊缝应力：

$$\sqrt{\sigma_f^2+\tau_f^2}\leqslant\eta_f f_t^w \tag{8-135}$$

式中　σ_f、τ_f——分别为角焊缝有效面积（$h_e L_w$）计算的负荷下垂直于焊缝长度方向的应力和沿焊缝长度方向的剪应力（N/mm^2）；

f_t^w——角焊缝的强度设计值，根据加固结构原有和加固用钢材强度较低的钢材，按《钢结构设计规范》GB 50017确定；

η_f——焊缝强度影响系数，可按表8-55采用。

焊缝强度影响系数 η_f　　**表8-55**

加固焊缝总长度(mm)	≥600	300	200	100	50	≤30
η_f	1.0	0.9	0.8	0.65	0.25	0

(2) 加固后直角角焊缝的强度按下列公式计算，并可考虑新增和原有焊缝的共同受力作用：

1) 在通过焊缝形心的拉力、压力或剪力作用下：

当力垂直于焊缝长度方向时

$$\sigma_f=\frac{N}{h_e L_w}\leqslant f_t^w \tag{8-136}$$

当力平行于焊缝长度方向时

$$\tau_f=\frac{V}{h_e L_w}\leqslant 0.85 f_t^w \tag{8-137}$$

2) 在各种力综合作用下，σ_f和τ_f共同作用处：

$$\sqrt{\sigma_f^2+\tau_f^2}\leqslant 0.95 f_t^w \tag{8-138}$$

式中　σ_f——按角焊缝有效截面（$h_e L_w$）计算，垂直于焊缝长度方向的应力（N/mm^2）；

τ_f——按角焊缝有效截面计算，沿焊缝长度方向的剪应力（N/mm^2）；

h_e——角焊缝的有效厚度（mm），对于直角角焊缝等于$0.7h_f$，h_f为较小焊脚尺寸（mm）；

L_w——角焊缝的计算长度（mm），对每条焊缝其实际长度减去10mm。

3. 构造及施工要求

(1) 新增加固角焊缝的长度和焊脚尺寸或熔焊层的厚度，应由连接处结构加固前后设计受力改变的差值，并考虑原有连接实际可能的承载力计算确定。计算时应对焊缝的受力重新进行分析并考虑加固前后的焊缝的共同工作、受力状态的改变以及上述计算规定。

(2) 负荷下用焊缝加固结构时，应尽量避免采用长度垂直于受力方向的横向焊缝，否则应采取专门的技术措施和施焊工艺，以确保结构施工时的安全。

(3) 负荷下用增加非横向焊缝长度的办法加固焊缝连接时，原有焊缝中的应力不得超过该焊缝的强度设计值，加固处及其邻区段结构的最大初始名义应力σ_{0max}不得超过表8-53的规定。焊缝施焊时采用的焊条直径不大于4mm；焊接电流不超过220A；每焊道的焊脚尺寸不大于4mm；前一焊道温度冷却至100℃以下后，方可施焊下一焊道；对于长度小于200mm的焊缝增加长度时，首焊道应从原焊缝端点以外至少20mm处开始补焊，加固前后焊缝可考虑共同受力，按上述方法进行强度计算。

（二）采用螺栓加固连接节点

（1）铆钉连接因施工复杂、耗钢量多已极少使用，因此原锚栓或铆钉的连接需要更新或加固其连接时，应首先考虑采用适宜直径的高强度螺栓连接。当负荷下进行结构加固，需要拆除结构原有受力螺栓、铆钉或增加、扩大钉孔时，除应设计计算结构原有和加固连接件的承载能力外，还必须校核板件的净截面面积的强度。

（2）当用摩擦型高强度螺栓部分地更换结构连接的铆钉，从而组成高强度螺栓和铆钉的混合连接时，应考虑原有铆钉连接的受力状况，为保证连接受力的匀称，宜将缺损铆钉和与其相对应布置的非缺损铆钉一并更换。

（3）当用高强度螺栓更换有缺损的铆钉或螺栓时，可选用直径比原钉孔小1～3mm的高强度螺栓，但其承载力必须满足加固设计计算的要求。

（4）采用摩擦型高强度螺栓连接加固原有连接，当接触面情况不明时，摩擦面的抗滑移系数应按未经处理的轧制面考虑。

（三）加固件的连接

（1）为加固结构而增设的板件（加固件），除须有足够的设计承载能力和刚度外，还必须与被加固结构有可靠的连接以保证两者良好的共同工作。

（2）加固件与被加固结构间的连接，应根据设计受力要求经计算并考虑构造和施工条件确定。对于轴心受力构件，可根据式（8-139）计算；对于受弯构件，应根据可能的最大设计剪力计算；对于压弯构件，可根据以上两者中的较大值计算。

对于仅用增设中间支承构件（点）来减少受压构件自由长度加固时，支承杆件（点）与加固构件间连接受力，可按式（8-139）计算，其中A_t取原构件的截面面积：

$$V=\frac{A_t f}{50}\sqrt{f_y/235} \tag{8-139}$$

式中 A_t——构件加固后的总截面面积（mm²）；

f——钢材的强度设计值（N/mm²），当加固件与被加固构件钢材强度不同时，取较高钢材强度的值；

f_y——钢材的屈服强度（N/mm²），当加固件与被加固件钢材强度不同时，取较高钢材强度的值。

（3）加固件的焊缝、螺栓、铆钉等连接的计算可按《钢结构设计规范》GB 50017的规定进行，但计算时，对角焊缝强度设计值应乘以0.85的折减系数，其他强度设计值或承载力设计值应乘以0.95的折减系数。

（四）构造与施工要求

（1）焊缝连接加固时，新增焊缝应尽可能地布置在应力集中最小、远离原构件的变截面以及缺口、加劲肋的截面处；应该力求使焊缝对称于作用力，并避免使之交叉；新增的对接焊缝与原构件加劲肋、角焊缝、变截面等之间的距离不宜小于100mm；各焊缝之间的距离不应小于被加固板件厚度的4.5倍。

(2) 对用双角钢与节点板角焊缝连接加固焊接时（图8-41），应先从一角钢一端的肢尖端头1开始施焊，继而施焊同一角钢另一端2的肢尖焊缝，再按上述顺序和方法施焊角钢的肢背焊缝3、4以及另一角钢的焊缝5、6、7、8。

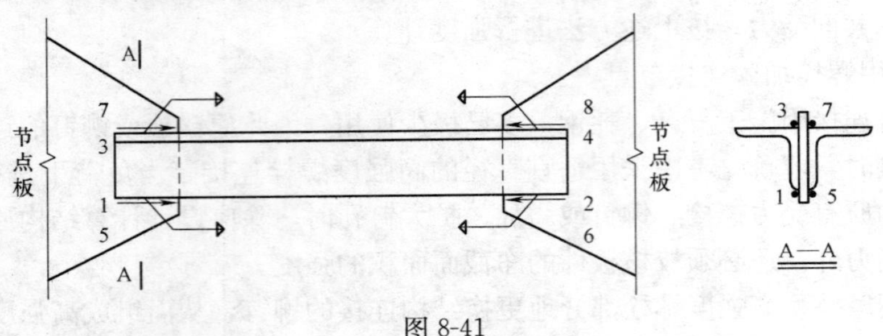

图8-41

(3) 用盖板加固受动力荷载作用的构件时，盖板端应采用平缓过渡的构造措施，尽可能地减少应力集中和焊接残余应力。

(4) 摩擦型高强度螺栓连接的板件连接接触面处理应按设计要求和《钢结构设计规范》及《钢结构工程施工及验收规范》的规定进行，当不能满足要求时，应征得设计人同意，进行摩擦面的抗滑移系数试验，以便确定是否需要修改加固连接的设计计算。

(5) 结构的焊接加固，必须由有较高焊接技术级别的焊工施焊；施焊镇静钢板的厚度不大于30mm时，环境空气温度不应低于−15℃，当厚度超过30mm时，温度不应低于0℃，当施焊沸腾钢板时，应高于5℃。

四、裂纹的修复与加固

(一) 裂纹修复与加固的原则

1. 裂纹的分类

钢结构的裂纹根据其产生的原因、裂缝长短、受力状况及扩展趋势可分为有和无扩展性或脆断倾向性裂纹两类。对于具有扩展性或脆断倾向性裂纹损伤时，应采取适当措施修堵、清除和加固。在修复前，必须分析产生裂纹的原因及其影响的严重性，有针对性地采取改善结构实际工作或进行加固的措施，对不宜采用修复加固的构件，应予拆除更换。在对裂纹构件修复加固设计时，应按《钢结构设计规范》GB 50017的规定进行疲劳验算，必要时应专门研究，进行抗脆断计算。

2. 为提高结构的抗脆性断裂和疲劳破坏的性能，在结构加固的构造设计和制造工艺方面应遵循下列原则：降低应力集中程度，避免和减少各类加工缺陷，选择不产生较大残余拉应力的制作工艺和构造形式，以及采用厚度尽可能小的轧制板件等。

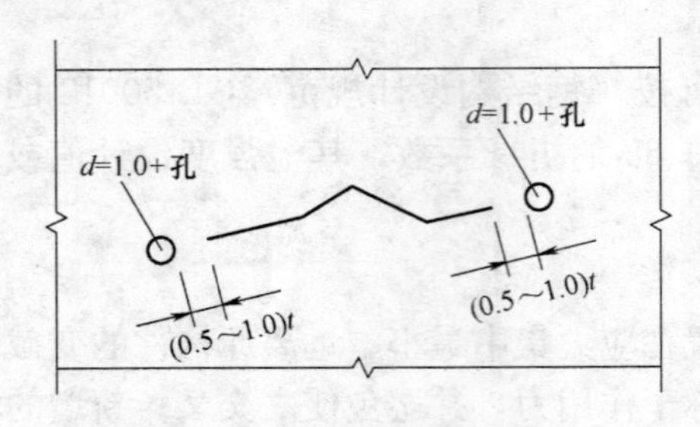

图8-42　裂纹两端钻至裂孔

3. 在结构构件上发现裂纹时，作为临时应急措施之一，可于板件裂纹端外（0.5～1.0）t（t为板件厚）处钻孔（图8-42），以防止其进一步急剧扩展，并及时根据裂纹性质及扩展倾向再采取恰当措施修复加固。

(二) 裂纹修复方法

裂缝修复的方法有焊接修补法、嵌板修补法、附加盖板修补法等，应优先采用焊接方法。

1. 焊接修补法

焊接修补法，一般按下述顺序进行：

(1) 清洗裂纹两边 80mm 以上范围内板面油污至露出洁净的金属面；

(2) 用碳弧气刨、风铲或砂轮将裂纹边缘加工出坡口，直达纹端的钻孔，坡口的形式应根据板厚和施工条件按现行《气焊、手工电弧焊及气体保护等焊缝坡口的基本型式与尺寸》的要求选用；

(3) 将裂纹两侧及端部金属预热至 100～150℃，并在焊接过程中保持此温度；

(4) 用与钢材相匹配的低氢型焊条或超低氢型焊条施焊；

(5) 尽可能用小直径焊条以分段分层逆向焊施焊，焊接顺序参见图 8-43，每一焊道焊完后宜即进行锤击；

(6) 按设计要求检查焊缝质量；

(7) 对承受动力荷载的构件，堵焊后其表面应磨光，使之与原构件表面齐平，磨削痕迹线应大体与裂纹切线方向垂直；

(8) 对重要结构或厚板构件，堵焊后应立即进行退火处理，也应先在端部钻至裂孔。

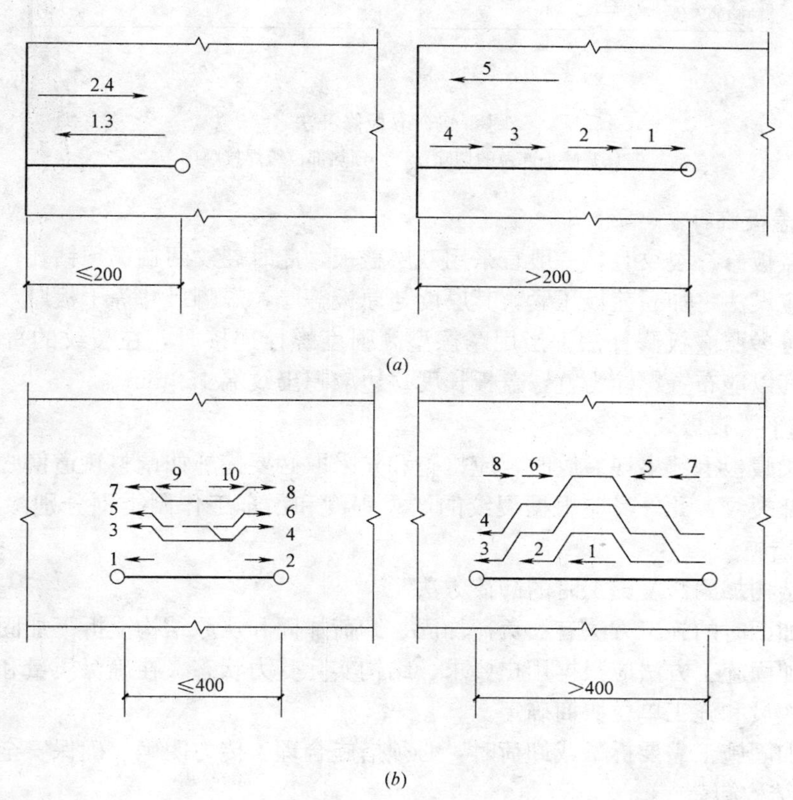

图 8-43 分段分层逆向焊法焊接顺序

(*a*) 裂纹由板端开始；(*b*) 裂纹在板中间

2. 嵌板修补法

对网状、分叉裂纹区和有破裂、过烧或烧穿等缺陷的梁、柱腹板部位，宜采用嵌板修补，修补顺序为：

(1) 检查确定缺陷的范围；

(2) 将缺陷部位切除，宜切带圆角的矩形孔，切除部分的尺寸均应比缺陷范围的尺寸大 100mm（图 8-44*a*）；

(3) 用等厚度同材质的嵌板嵌入切除部位，嵌入板的长宽边缘与切除孔间二个边应留有 2～4mm 的间隙，并将其边缘加工成对接焊缝要求的坡口形式；

(4) 嵌板定位后，将孔口四角区域预热至 100～150℃，并按图 8-44（*b*）所示顺序采用分段分层逆向焊法施焊；

(5) 检查焊缝质量，打磨焊缝余高，使之与原构件表面齐平。

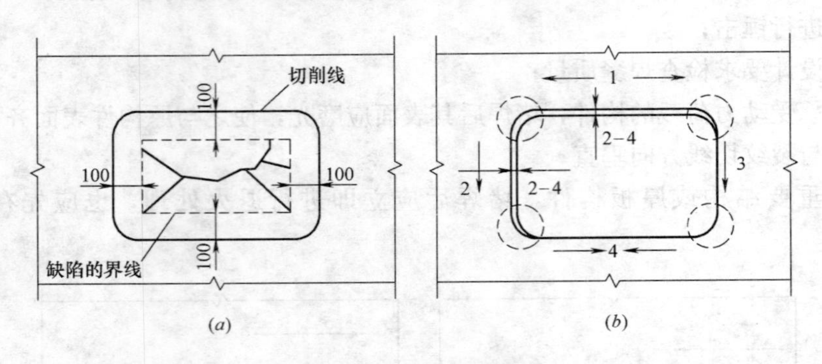

图 8-44　嵌板修补法

（*a*）缺陷部位的切除；（*b*）预热部位级焊接顺序

3. 附加盖板修补法

用附加盖板修补裂纹时，一般宜采用双层盖板，此时裂纹两端仍须钻孔。当盖板用焊接连接时，应设法将加固盖板压紧，其厚度与原板等厚，焊脚尺寸等于板厚，盖板的尺寸和焊接顺序可参照嵌板修补法。当用摩擦型高强度螺栓连接时，在裂纹的每侧用双排螺栓，盖板宽度以能布置螺栓为宜，盖板长度每边应超出纹端 150mm。

（三）吊车梁腹板裂纹修复

当吊车梁腹板上部出现裂纹时，应检查和先采取必要措施如调整轨道偏心等，再按焊接修补法修补裂纹，此外尚应根据裂纹的严重程度和吊车工作制类别分别参照选用图 8-45 中的加固措施。

五、钢结构加固修复施工时的卸荷方法

钢结构加固时的施工方法有：负荷加固、卸荷加固和从原结构上拆下加固或更新部件进行加固。加固施工方法应根据用户要求、结构实际受力状态，在确保质量和安全的前提下，由设计人员和施工单位协商确定。

钢结构加固施工需要拆下或卸荷时，必须措施合理、传力明确、确保安全。

1. 梁式结构卸荷

梁式结构，例如屋架，可以在屋架下弦节点下设临时支柱（图 8-46*a*）或组成撑杆式结构（图 8-46*b*）张紧其拉杆对屋架进行改变应力卸荷。此时，屋架应根据千斤顶或撑杆

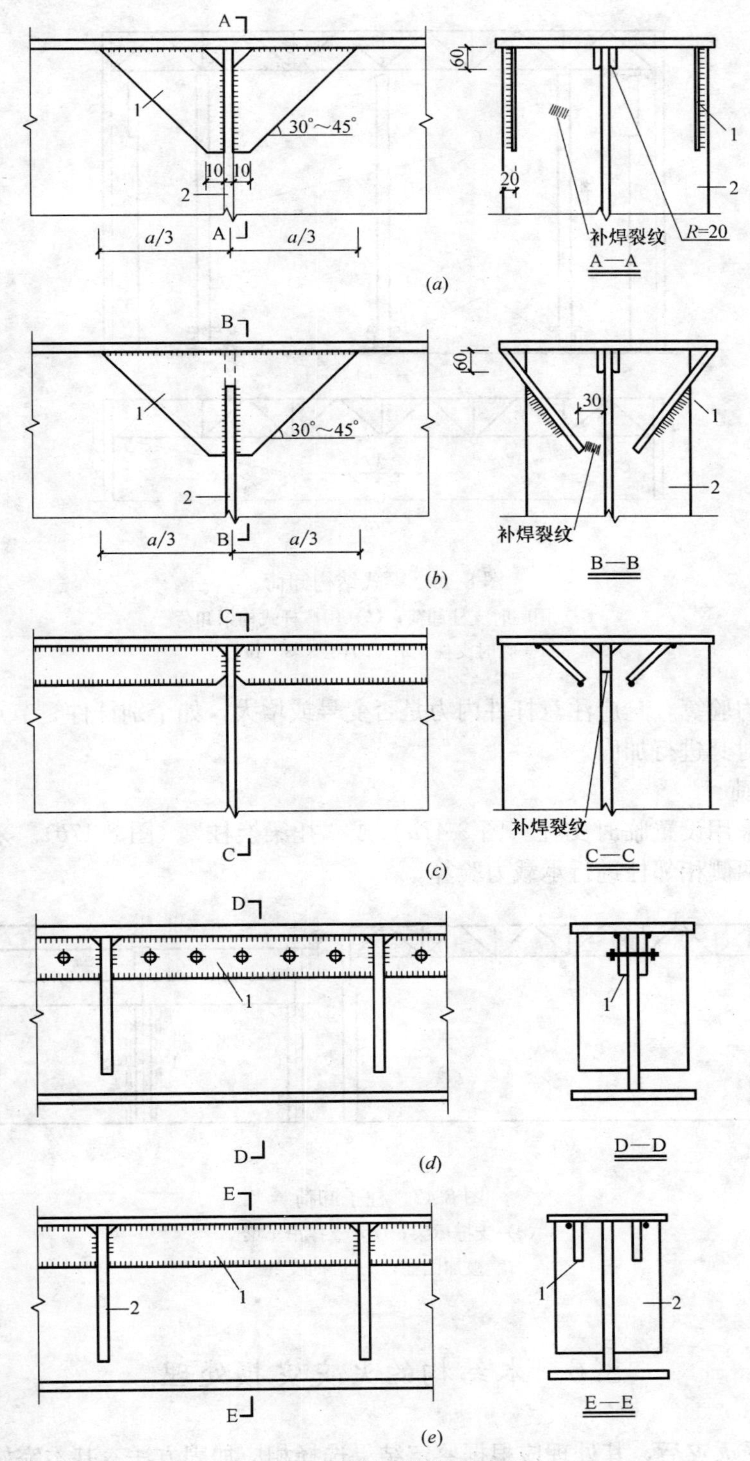

图 8-45　吊车梁加固方案

(*a*) 翼缘附加焊接局部垂直肋板；(*b*) 翼缘附加焊接局部斜肋板；(*c*) 翼缘附加焊接全长斜肋板；(*d*) 翼缘附加栓焊全长垂直肋板；(*e*) 翼缘附加焊接全长垂直肋板

1—附加肋板；2—原有肋板

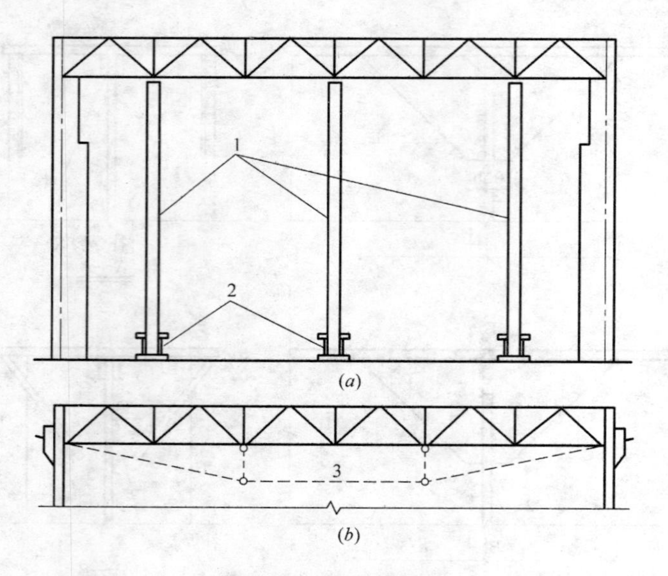

图 8-46　梁式结构卸荷

（a）用临时支柱卸荷；（b）用撑杆式构架卸荷

1—临时支柱；2—千斤顶；3—拉杆

压力进行承载力验算，且应注意杆件内力是否变号或增大，如个别杆件、节点承载力不足时，卸荷前应对其进行加固。

2. 柱子卸荷

柱子，可采用设置临时支柱（图 8-47*a*）或“托梁换柱”（图 8-47*b*）。采用“托梁换柱”时，应对两侧相邻柱进行承载力验算。

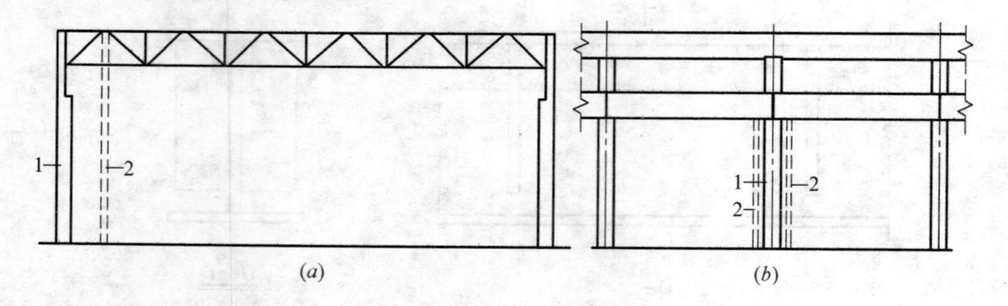

图 8-47　柱子卸荷

（a）支撑屋架；（b）支撑吊车梁

1—被加固柱；2—临时支柱

8.6　木结构的火灾灾损处理

木结构遭受火灾后，其处理应根据鉴定结果选择相应加固方法。基本完好和轻微破坏的木结构可首先清理结构表面，对表面进行修复；中等破坏的木结构，可采用增设支点、夹接、托接、墩接或局部置换的方法进行处理；对严重破坏的木结构宜采取置换或托换的方法进行处理[167,168]。

8.6.1　木结构的加固修复方法

木结构的加固修复方法主要有[167]：

（1）下撑式拉杆加固梁：梁枋构件的挠度超过规定的限值、承载能力不够以及发现有断裂迹象时，可采用增加下撑拉杆组成新的受力构件。在加固前，要特别注意检查木梁两端的材质是否腐朽、虫蛀，只有在材质完好的条件下才能保证拉杆固定牢靠。

（2）采用夹接、托接方法加固梁：木梁在支承点入墙端易产生腐朽、虫蛀等损坏，可采取夹接，或接换梁头。当用木夹板加固构造处理或施工较困难时，可采用型钢托接的方法。

（3）墩接法加固柱：当柱角烧损严重，但自柱底面向上未超过柱高的 1/4 时，可采用墩接柱角的方法，墩接材料可采用木材、钢筋混凝土或石材。

（4）FRP（纤维复核材料）加固：采用 FRP 可加固木板、木梁、木柱以及节点连接（图 8-48）。

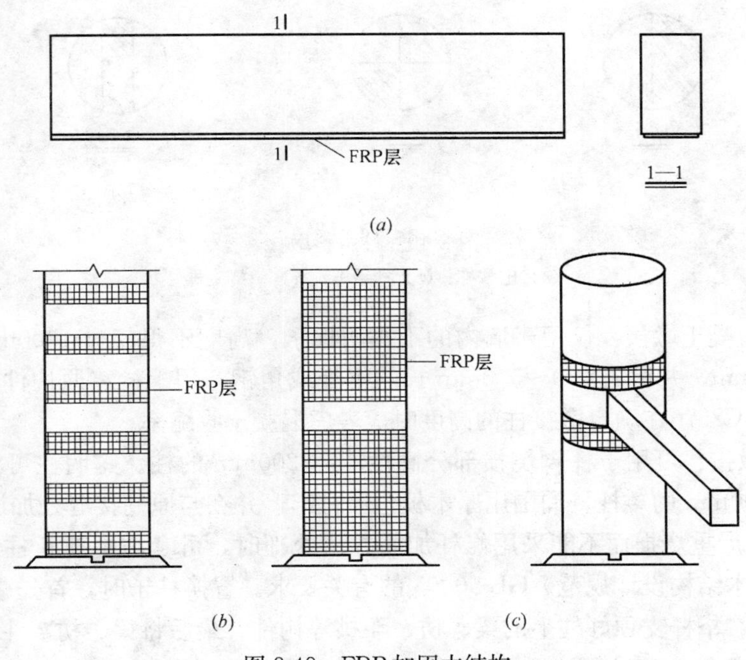

图 8-48　FRP 加固木结构
（*a*）木梁；（*b*）柱子；（*c*）节点

（5）更换构件：当构件破损严重时，可采用更换构件的方法进行处理。需要更换的梁、柱、斗栱等构件较多时，可采取落架重修的方法进行修整。

8.6.2　木结构构件的加固修复

（一）木柱

1. 当木柱有不同程度的烧损而需整修加固时可采用下列剔补或墩接的方法处理：

（1）当柱心完好，仅有表层烧损，且经验算剩余截面尚能满足受力要求时，可将烧损部分剔除干净，经防腐处理后，用干燥木材依原样和原尺寸修补整齐，并用耐水性胶粘剂粘接。如系周围剔补尚需加设铁箍或 FRP 箍 2～3 道。

（2）当柱脚烧损严重，但自柱底面向上未超过柱高的 1/4 时，可采用墩接柱脚的方法处理。墩接时，可根据烧损的程度、部位和墩接材料选用下列方法：

1）用木料墩接：先将烧损部分剔除，再根据剩余部分选择墩接的榫卯式样，如“巴掌榫”、“抄手榫”、“螳螂头榫”等（图 8-49）。施工时除应注意使墩接榫头严密对缝外，还应加设铁箍或 FRP 箍，铁箍应嵌入柱内。

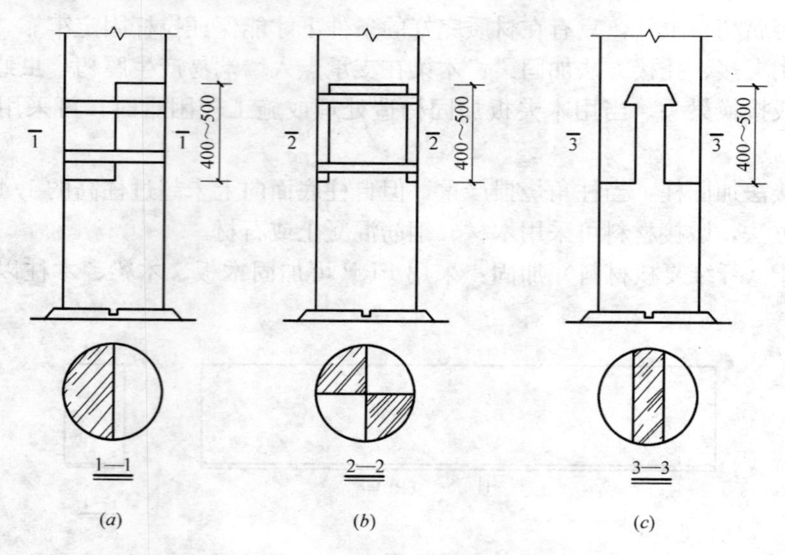

图 8-49　柱木料墩接

（a）巴掌榫；（b）抄手榫；（c）螳螂头榫

2）钢筋混凝土墩接：仅用于墙内的不露明柱子，高度不得超过 1000mm，柱径应大于原柱径 200mm，并留出 400～500mm 长的钢板或角钢，用螺栓将原构件夹牢。混凝土强度不应低于 C25。在确定墩接柱的高度时应考虑混凝土收缩率。

3）石料墩接：可用于柱脚烧损部分高度小于 200mm 的柱。露明柱可将石料加工为小于原柱径 100mm 的矮柱，周围用厚木板包镶钉牢，并在与原柱接缝处加设铁箍一道。

2. 当木柱严重烧损而不能采用修补加固方法处理时，可考虑更换新柱，新柱的材料选择应符合《木结构设计规范》GB 50005 的有关要求。置换柱子时，首先减轻梁架荷重。然后用千斤顶、牮杆支顶好柱上的梁、枋、斗栱等构件。最后将梁、枋、斗栱同时慢慢抬起，将坏柱子撤除，换上预先制作好的新柱子，再将梁、枋、斗栱归回原位，使榫卯吻合。

3. 在不拆落木构架的情况下墩接木柱时（负荷状态下墩接加固），必须用架子或其他支承物，将柱和柱连接的梁枋等承重构件支顶牢固，以保证木柱悬空施工时的安全。

（二）梁枋

（1）当梁枋构件有不同程度的烧损而需修补、加固时，应根据其承载能力的验算结果采取不同的方法。若验算表明其剩余截面面积尚能满足使用要求时，可采用贴补的方法进行修复，贴补前，应先将烧损部分剔除干净，经防腐处理后，用干燥木材，按所需形状及尺寸以耐水性胶粘剂贴补严实，再用铁箍、FRP 箍或螺栓紧固；若验算表明其承载能力已不能满足使用要求时，则须更换，构件更换时，宜选用与原构件相同树种的干燥木材，并预先做好防腐处理。

（2）当梁枋构件的挠度超过规定的限值或发现有断裂迹象时，应按下列方法进行处理：

1）在梁枋下面支顶立柱；

2）更换构件；

3）若条件允许可在梁枋内埋设型钢或其他加固件。

（3）对梁枋脱榫的维修，应根据其发生原因采用下列修复方法：

1）榫头完整，仅因柱倾斜而脱榫时，可先将柱拨正再用铁件拉结榫卯；

2）梁枋完整，仅因榫头烧损断裂而脱榫时，应先将破损部分剔除干净，并在梁枋端部开卯口，经防腐处理后，用新制的硬木榫头嵌入卯口内。嵌接时榫头与原构件用耐水性胶粘剂粘牢，并用螺栓固紧。榫头的截面尺寸及其与原构件嵌接的长度应按计算确定，并应在嵌接长度内用 FRP 箍或两道铁箍箍紧。

（4）对承椽枋的侧向变形和椽尾翘起，应根据椽与承椽枋搭交方式的不同，采用下列维修方法：

1）椽尾搭在承椽枋上时，可在承椽枋上加一根压椽枋，压椽枋与承椽枋之间用两个螺栓固紧压；椽枋与额枋之间每开间用 2～4 根矮柱支顶；

2）椽尾嵌入承椽枋外侧的椽窝时，可在椽底面附加一根枋木，枋与承椽枋用两个以上螺栓连接，椽尾用方头钉钉在枋上。

8.7 火灾工程处理工程实例

8.7.1 某大酒店火灾鉴定与加固

一、工程概括

某大酒店建筑面积为 1270m²，主体结构为四层钢筋混凝土框架结构，两端山墙原设计为砖承重墙，经实际检测为空心砌块承重墙，框架下为毛石及钢筋混凝土独立基础，框架混凝土原设计为 C28（当时为 300 号混凝土），其余构件为 C18（当时为 200 号混凝土）。楼板采用预制预应力空心楼板。该建筑物于 1995 年 5 月 31 日 22 时 45 分发生火灾，火灾起源于二楼，经消防部门奋力扑救，于次日凌晨 5 时被扑灭。

二、检测结果

（一）宏观检测

整个建筑物一至四层均发生了火灾，三、四层比一、二层燃烧严重，一、二层结构构件无抹灰层，三、四层有抹灰层，抹灰层有利于降低火灾对结构构件的损伤。每一层南端比北端损伤严重，建筑物的窗玻璃、暖瓶玻璃、暖瓶铝合金外壳以及铝合金饭盒、空调内铝合金部件全部熔化（图 8-50～图 8-52），三层有一门把手内的铜熔化，钢窗、暖气管道扭曲变形（图 8-53～图 8-55），由此可判定火场温度超过 1000℃，结合对混凝土构件表面颜色、表面特征的检测，各层火场温度分布区域见图 8-56～图 8-59。

（二）构件检测

1. 墙体

1 轴墙体原设计为砖承重墙，实测为空心砌块墙体。该墙体在四层增设了两个洞口（图 8-60），使墙体截面受到削弱，在 B～D 轴间存在竖向裂缝，裂缝宽度 2.5mm，从墙

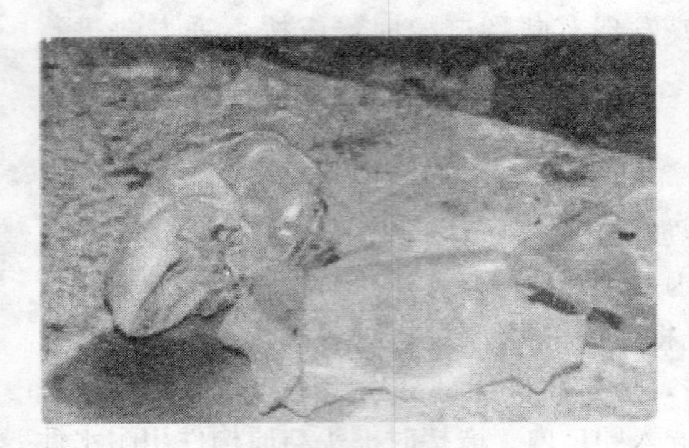

图8-50　玻璃熔化

图8-51　铝饭盒熔化

图8-52　空调内铝合金部件熔化

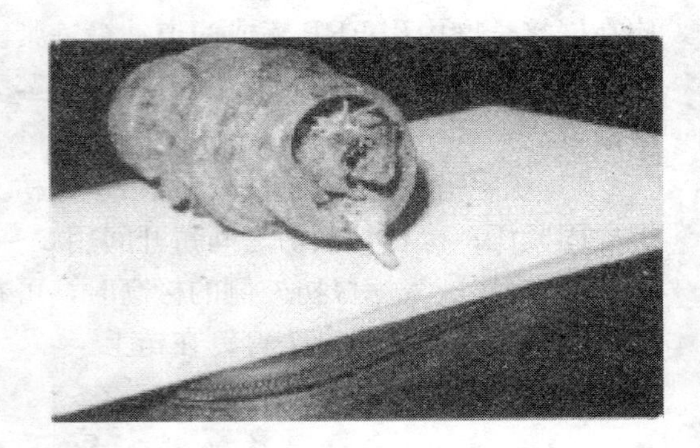

图8-53　门把手内铜熔化

图8-54　钢窗变形

图8-55　暖气管道变形

体顶部一直延伸至底部（图8-61），该墙体在A～B轴间中部亦有一条竖向裂缝，裂缝宽度2mm（图8-62）。1轴墙体三层，B～D轴间原窗洞改为门洞，门洞口西侧有一阶梯状斜裂缝（图8-63），中部有三条竖向裂缝，裂缝从顶部延伸至底部，裂缝宽度3mm，西端顶部有一斜裂缝；该墙体在A～B段开有两个小洞口，洞口处有一宽度2.5mm的竖向裂缝（图8-64）。二层1轴线山墙B～D段东端、西端各开有一个洞口。

2. 梁

(1) 屋面梁

3轴AB跨和BD跨梁抹灰脱落，混凝土呈微粉红色，敲击金属声，BD跨有垂直裂缝，裂缝宽度0.2mm。

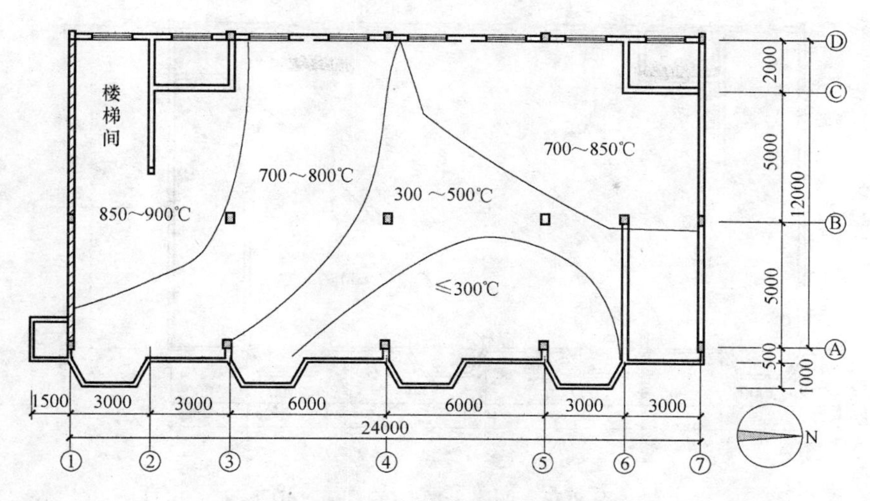

图 8-56　一层火场温度区域分布图

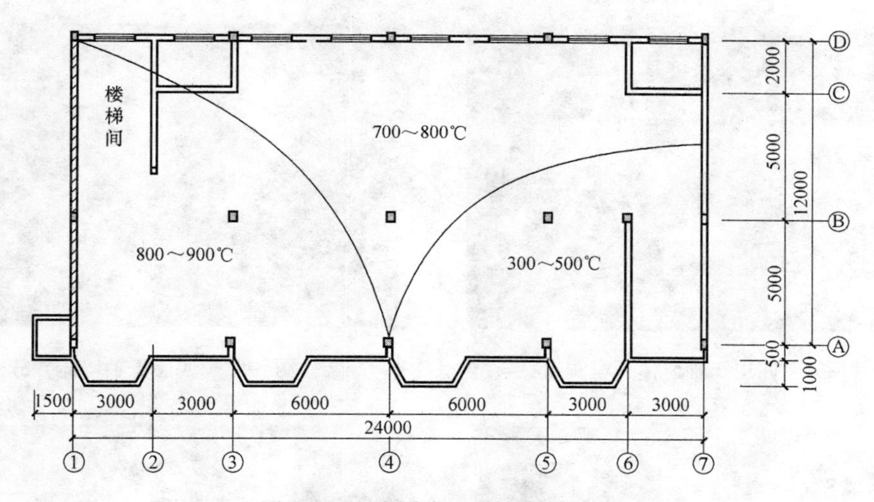

图 8-57　二层火场温度区域分布图

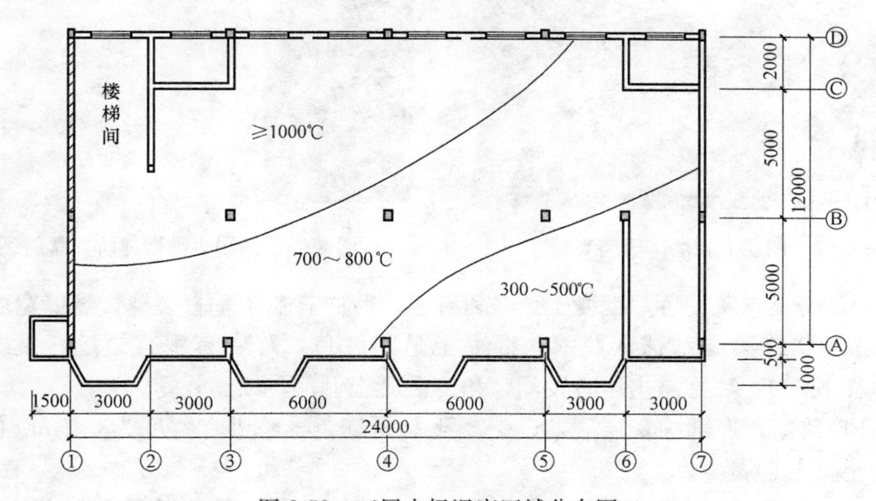

图 8-58　三层火场温度区域分布图

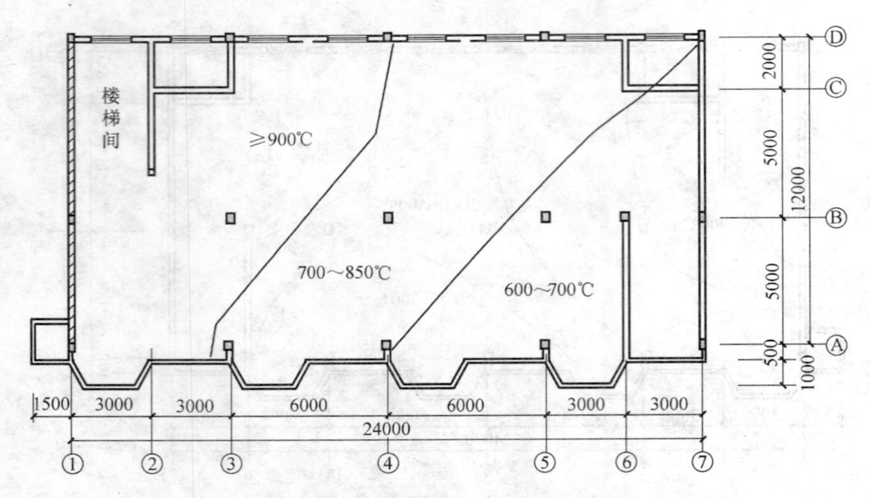

图 8-59　四层火场温度区域分布图

图 8-60　四层 1 轴墙体开设洞口

图 8-61　四层 1 轴墙体裂缝

图 8-62　四层 1 轴墙体竖向裂缝

图 8-63　四层 1 轴墙体阶梯状斜裂缝

4 轴 AB 跨梁抹灰脱落，混凝土呈微粉红色，跨中有数条垂直裂缝，裂缝宽度 0.2mm（图 8-65）；BD 跨梁局部抹灰脱落，混凝土呈粉红色，跨中有垂直裂缝，裂缝宽度为 0.1mm（图 8-66），底部敲击声音发闷，角部混凝土剥落，纵筋外露。

5 轴 BD 跨梁，底部抹灰层脱落，混凝土呈粉红色，跨中有宽度为 0.1mm 的垂直裂缝，混凝土敲击金属声。

A 轴线 3～4 轴间连梁抹灰层脱落，混凝土呈粉红色，角部混凝土剥离，纵向钢筋

图 8-64　四层 1 轴墙体竖向裂缝

图 8-65　4 轴屋面梁 AB 跨垂直裂缝

外露。

1 轴线 BD 间门窗洞口上方的过梁有宽度 2mm 的垂直裂缝（图 8-67）。

屋面梁大部分箍筋外露，说明原混凝土层保护层厚度偏小，不满足原设计要求。

图 8-66　4 轴屋面梁 BD 跨垂直裂缝

图 8-67　四层 1 轴过梁垂直裂缝

（2）四层楼面梁

3 轴梁 AB 跨和 BD 跨梁底部抹灰层脱落，混凝土微呈粉红色，AB 跨中有宽度为 0.1mm 的垂直裂缝，BD 跨中有宽度 0.2mm 的垂直裂缝（图 8-68），梁下部敲击声音发闷。

4 轴梁 AB 跨中有宽度 0.15mm 的垂直裂缝（图 8-69），敲击声音发闷；BD 跨跨中有宽度为 0.2mm 的垂直裂缝。

5 轴梁 AB 跨中有宽度 0.1mm 的垂直裂缝，BD 跨中有宽度 0.1mm 的垂直裂缝。

图 8-68　四层楼面梁 3 轴 BD 跨垂直裂缝

图 8-69　四层楼面梁 4 轴 AB 跨垂直裂缝

A轴连梁，1～3轴线间、4～5轴线间抹灰层脱落，混凝土呈粉红色，角部混凝土剥落。

该层大部分梁的箍筋外露。

（3）三层楼面梁

该层梁无抹灰层。

3轴梁AB跨和BD跨梁混凝土呈粉红色，敲击金属声。

4轴线框架梁、5轴线框架梁混凝土呈黑色，敲击金属声。

该层框架主梁跨中均有垂直裂缝，其中3轴线AB跨裂缝宽度为0.1mm，BD跨裂缝宽度为0.15mm；4轴线AB跨裂缝宽度为0.1mm，BD跨为0.1mm；5轴线AB跨裂缝宽度为0.1mm，BD跨为0.2mm。

A轴线连梁1～3轴线间、3～4轴线间、4～5轴线间混凝土呈粉红色。

（4）二层楼面梁

3轴线框架梁，AB跨，混凝土呈粉红色，下部敲击声音发闷；BD跨，跨中有垂直裂缝，裂缝宽度0.2mm，下部敲击声音发闷。

4轴线框架梁，AB跨，跨中有宽度为0.1mm的垂直裂缝；BD跨，跨中有宽度为0.1mm的垂直裂缝。

5轴线框架梁BD跨中有宽度为0.1mm的垂直裂缝。

3. 楼（屋）面板

为描述方便计，将楼（屋）面板进行了区域划分（图8-70），楼面板不包括楼梯间部分。

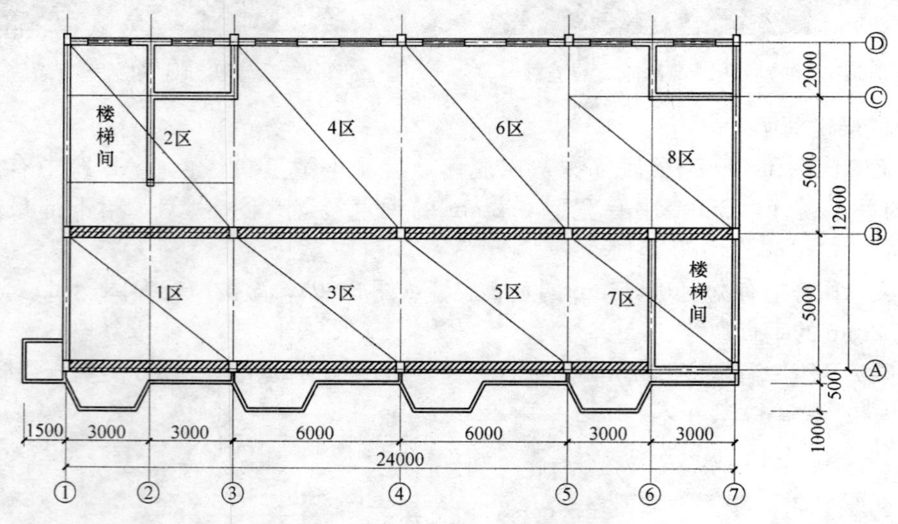

图8-70　楼板区域划分图

（楼面板不包括楼梯间部分）

（1）屋面板

1区：从A轴起第3块楼板、从B轴起第1、2、3块楼板，抹灰层脱落，混凝土呈微粉红色，敲击声音发闷。

2区：从B轴起第1～7块板，抹灰层脱落，混凝土呈粉红色，敲击声音发闷。

3 区：从 B 轴起第 1、3、4、6 块板，抹灰层脱落，混凝土呈粉红色。

4 区：所有板底抹灰层脱落，从 D 轴起第 1、2、3 块板，混凝土呈粉红色，第 3 块板敲击声音发闷。

6 区：所有楼板抹灰层脱落，从 D 轴起第 5、7、8、9 块板，混凝土呈粉红色。

挑檐板：抹灰层脱落，混凝土呈粉红色，根部由于连梁的遮挡损伤较轻。

(2) 四层楼板板

1 区：从 A 轴起第 2 块板、从 B 轴起第 1 块板，混凝土呈微粉红色。

2 区：大部分楼板抹灰层脱落，从 D 轴起第 1、2、5、6 块板和从 B 轴起第 2 块板，损伤较重，敲击声音发闷，有爆皮现象。

3 区：从 A 轴起第 1、2、6 块楼板，抹灰层脱落，混凝土呈粉红色，第 1、2 块板损伤较重，有爆皮现象。

4 区：从 B 轴起第 1～6 块板，抹灰层脱落，混凝土呈微粉红色。

5 区：从 B 轴起第 3、6 块板混凝土呈粉红色，第 3 块板敲击声音发闷。

6 区：大部分楼板抹灰层脱落，从 D 轴起第 1～5 块板，混凝土呈粉红色。

7 区：从 B 轴起第 1、2、3 块板损伤较重，敲击声音发闷。

8 区：从 B 轴起第 1～6 块板，混凝土呈粉红色，敲击声音发闷，有爆皮现象。

阳台板：混凝土粉红色，但根部较轻。

(3) 三层楼面板

该层楼板无抹灰层。

第 1、2、3、4 区楼板相对其他区域损伤较重。

1 区：从 B 轴起第 2、5、6、7 块板，敲击声音发闷。

2 区：从 B 轴起第 4 块板，敲击声音发闷。

3 区：从 B 轴起第 2 块板，敲击声音发闷。

其他区域混凝土呈黑色。

(4) 二层楼面板

该层楼板无抹灰层、损伤较重。

1 区：所有楼板，损伤较重，敲击声音发闷。

3 区：从 B 轴起第 2 块板，损伤较重，敲击声音发闷。

4 区：从 D 轴起第 4 块板，损伤较重，敲击声音发闷。

5 区：从 B 轴起第 2 块板，损伤较重，敲击声音发闷。

8 区：从 B 轴起第 1～7 块板，损伤较重，敲击声音发闷。

4. 柱

四层：ZA3（表示 A 轴交 3 轴柱，余同）、ZB3、ZA4、ZB4、ZA5、ZB5 抹灰层脱落，混凝土呈微粉红色，敲击金属声。

三层：ZA3 上部抹灰层脱落，混凝土呈微粉红色，敲击金属声；ZA4、ZA5 抹灰层脱落，敲击声音发闷；ZD5 纵筋外露（图 8-71）。

二层：该层柱无抹灰。ZA3、ZB3 混凝土呈粉红色，敲击声音发闷。

一层：ZA3 混凝土呈粉红色，敲击声音发闷，其他柱混凝土呈微粉红色。

该层柱由于施工原因柱顶部有截面缩小现象。

以上梁、板、柱检测中，混凝土呈粉红色，敲击声音发闷者损伤较重，未提及者损伤较轻。

5. 楼梯

建筑物北端（6～7轴间）楼梯基本完好；南端（1～2轴间）楼梯，一层楼梯平台梁纵向钢筋外露（图8-72），其他层楼梯梁纵筋外露；梯段板大面积露筋。

图8-71　三层ZD5柱纵筋外露

图8-72　1～2轴间楼梯一层平台梁纵筋外露

（三）构件变形检测

1. 梁挠度检测

梁挠度检测结果见表8-56。

梁挠度检测结果　　表8-56

构件位置		挠度δ(mm)	允许值[δ](mm)	是否满足要求
二层楼面梁	3轴AB跨	11	21.6	是
	3轴BD跨	2	32.4	是
	4轴AB跨	5	21.6	是
	4轴BD跨	5	32.4	是
	5轴AB跨	5	21.6	是
	5轴BD跨	2	21.9	是
三层楼面梁	3轴AB跨	15	21.6	是
	3轴BD跨	3	32.4	是
	4轴AB跨	7	21.6	是
	4轴BD跨	6	32.4	是
	5轴AB跨	11	21.6	是
	5轴BD跨	13	21.9	是
四层楼面梁	3轴AB跨	1	21.6	是
	3轴BD跨	1	32.4	是
	4轴AB跨	5	21.6	是
	4轴BD跨	5	32.4	是
	5轴AB跨	3	21.6	是
	5轴BD跨	19	21.9	是

续表

构件位置		挠度δ(mm)	允许值[δ](mm)	是否满足要求
屋面梁	3轴AB跨	13	21.6	是
	3轴BD跨	29	32.4	是
	4轴AB跨	6	21.6	是
	4轴BD跨	14	32.4	是
	5轴AB跨	—	—	—
	5轴BD跨	23	21.9	否
备注	计算允许挠度值[δ],跨度按实际测点位置确定			

除屋面5轴BD跨梁挠度超过《混凝土结构设计规范》GBJ 10-89的限值要求，其余梁满足挠度要求。

2. 柱、墙变形观测

经观测，墙、柱变形均较小，未进行检测。

（四）混凝土强度检测结果

利用回弹法和钻芯法结合，测得的梁柱混凝土强度检测结果见表8-57。

梁柱混凝土强度检测评定结果 **表8-57**

构件	强度推定值	构件	强度推定值	构件	强度推定值
一层ZA3	C15	三层ZB5	C20	二层L4-AB	C30
一层ZB3	C20	三层ZD5	C20	二层L4-BD	C20
一层ZB4	C15	四层ZA3	C25	三层L5-BD	C30
一层ZB5	C20	四层ZB3	C20	四层L3-AB	C25
二层ZA3	C30	四层ZA4	C25	四层L3-BD	C25
二层ZB3	C30	四层ZB4	C25	四层L4-AB	C15
二层ZA4	C30	四层ZA5	C30	四层L4-BD	C15
二层ZB4	C30	二层L3-AB	C20	四层L5-AB	C30
二层ZA5	C25	二层L3-BD	C15	四层L5-BD	C30
三层ZA3	C20	二层L4-AB	C30	屋面L3-BD	C20
三层ZB3	C25	二层L4-BD	C15	屋面L4-AB	C30
三层ZA4	C30	二层L5-AB	C30	屋面L4-BD	C30
三层ZB4	C15	二层L5-BD	C25	屋面L5-BD	C20
三层ZA5	C25	三层L3-BD	C25	屋面LA-34	C25
备注	为计算方便,强度推定值评定为强度等级				

（五）梁损伤深度检测

现场观察梁损伤较重，因此重点检测了梁的损伤深度，检测结果见表8-58。

三、鉴定评级

以下按《火灾后建筑结构鉴定标准》CECS 252：2009进行鉴定评级（原鉴定报告未进行）。经现场检测，原抹灰与基材间粘结不好，大面积抹灰层脱落，并非全部由火灾作用引起，另外消防喷水对抹灰层的脱落也有一定影响。

构件损伤深度检测结果（mm） 表8-58

构件	损伤深度	构件	损伤深度	构件	损伤深度
二层L3-AB	19	三层L4-BD	20	四层L5-AB	14
二层L3-BD	21	三层L5-AB	16	四层L5-BD	17
二层L4-AB	15	三层L5-BD	12	屋面L3-BD	16
二层L4-BD	22	四层L3-AB	15	屋面L4-AB	18
二层L5-AB	17	四层L3-BD	18	屋面L4-BD	17
三层L3-BD	15	四层L4-AB	20	屋面L5-BD	18
三层L4-AB	16	四层L4-BD	26		

(一) 初步鉴定评级

1. 楼（屋）面板

(1) 屋面板

1区：从A轴起第3块楼板、从B轴起第1、2、3块楼板，Ⅲ级，未提及者$Ⅱ_a$级。

2区：从B轴起第1～7块板，Ⅲ级，未提及者$Ⅱ_a$级。

3区：从B轴起第1、3、4、6块板，$Ⅱ_b$级，未提及者$Ⅱ_a$级。

4区：从D轴起第1、2、3块板，$Ⅱ_b$级，第3块板，Ⅲ级，未提及者$Ⅱ_a$级。

6区：从D轴起第5、7、8、9块板，$Ⅱ_b$级，未提及者$Ⅱ_a$级。

挑檐板：$Ⅱ_b$级。

其他未提及区域，楼板为$Ⅱ_a$级。

(2) 四层楼板

1区：从A轴起第2块板、从B轴起第1块板，$Ⅱ_b$级，其余$Ⅱ_a$级。

2区：第D轴起第1、2、5、6块板和从B轴起第2块板，Ⅲ级，其余$Ⅱ_a$级。

3区：从A轴起第1、2、6块楼板，$Ⅱ_b$级，第1、2块板，Ⅲ级，其余$Ⅱ_a$级。

4区：从B轴起第1～6块板，$Ⅱ_b$级，其余$Ⅱ_a$级。

5区：从B轴起第3、6块板，$Ⅱ_b$级，第3块板，Ⅲ级，其余$Ⅱ_a$级。

6区：从D轴起第1～5块板，$Ⅱ_b$级，其余$Ⅱ_a$级。

7区：从B轴起第1、2、3块板，Ⅲ级，其余$Ⅱ_a$级。

8区：从B轴起第1～6块板，Ⅲ级，其余$Ⅱ_a$级。

阳台板，$Ⅱ_b$级。

(3) 三层楼面板

1区：从B轴起第2、5、6、7块板，Ⅲ级，其余$Ⅱ_a$级。

2区：从B轴起第4块板，Ⅲ级，其余$Ⅱ_a$级。

3区：从B轴起第2块板，Ⅲ级，其余$Ⅱ_a$级。

其他区域$Ⅱ_a$级。

(4) 二层楼面板

1区：所有楼板，Ⅲ级，其余$Ⅱ_a$级。

3区：从B轴起第2块板，Ⅲ级，其余$Ⅱ_a$级。

4区：从D轴起第4块板，Ⅲ级，其余$Ⅱ_a$级。

5 区：从 B 轴起第 2 块板，Ⅲ级，其余$Ⅱ_a$级。

8 区：从 B 轴起第 1～7 块板Ⅲ级，其余$Ⅱ_a$级。

其他区域楼板为$Ⅱ_a$级。

2. 梁

（1）屋面梁

3 轴 AB 跨和 BD 跨，4 轴 AB 跨和 BD 跨，A 轴线 3～4 轴间连梁，$Ⅱ_b$级；1 轴线 BD 间门窗洞口上方的过梁，5 轴 BD 跨梁，Ⅲ级；其余$Ⅱ_a$级。

（2）四层楼面梁

3 轴梁 AB 跨和 BD 跨，4 轴梁 AB 跨和 BD 跨，5 轴梁 AB 和 BD 跨，A 轴连梁 1～3 轴线间、4～5 轴线间，$Ⅱ_b$级；其余$Ⅱ_a$级。

（3）三层楼面梁

3 轴梁 AB 跨和 BD 跨，5 轴线 BD 跨，A 轴线连梁 1～3 轴线间、3～4 轴线间、4～5 轴线间，$Ⅱ_b$级。

（4）二层楼面梁

3 轴梁 AB 跨和 BD 跨，4 轴梁 AB 跨和 BD 跨，$Ⅱ_b$级；其余$Ⅱ_a$级。

3. 柱

四层：ZA3、ZB3、ZA4、ZB4、ZA5、ZB5，$Ⅱ_b$级；三层：ZA3、ZA4、ZA5，$Ⅱ_b$级；ZD5，Ⅲ级；二层 ZA3、ZB3，$Ⅱ_b$级；一层：ZA3，$Ⅱ_b$级。其余$Ⅱ_a$级。

4. 楼梯

南端（1～2 轴间）楼梯，各层楼梯平台梁，各梯段板，Ⅲ级。

5. 墙体

1 轴墙体，Ⅳ级，其余墙体$Ⅱ_a$级。

（二）构件详细评级

1. 柱

柱的详细评级结果见表 8-59。

柱的详细评级结果　　表 8-59

构件	评定级别	构件	评定级别	构件	评定级别
一层 ZA3	c	一层 ZB3	b	一层 ZA4	b
一层 ZB4	c	一层 ZB5	b	三层 ZB4	b
三层 ZB5	b	三层 ZD5	b	四层 ZB3	b

2. 梁

梁的详细评级结果见表 8-60。

柱的详细评级结果　　表 8-60

构件	评定级别	构件	评定级别	构件	评定级别
二层 L3-AB	b	二层 L3-BD	c	二层 L4-BD	c
三层 L4-BD	b	四层 L4-AB	c	四层 L4-BD	c
四层 1 轴墙 BD 轴间过梁	c	屋面 L3-BD	b	屋面 L3-BD	c

四、鉴定结果

（1）1 轴墙体所用材料与原设计不符，原设计为砖承重墙，实际为砌块承重墙，两端与柱无可靠拉结，且该墙多处开设洞口，再有火灾作用的影响，承载力明显不足，墙体出现贯通裂缝，属严重破坏构件（Ⅳ级），必须采取加固处理措施。

（2）楼板、屋面板损伤较为严重。

1）以下楼（屋）面板评级为Ⅲ级：

屋面板：1 区从 A 轴起第 3 块楼板、从 B 轴起第 1、2、3 块楼板；2 区从 B 轴起第 1～7 块板；4 区从 D 轴起第 3 块板。

四层楼板：2 区：第 D 轴起第 1、2、5、6 块板和从 B 轴起第 2 块板；3 区从 A 轴起第 1、2 块板；5 区从 B 轴起第 3 块板；7 区从 B 轴起第 1、2、3 块板；8 区从 B 轴起第 1～6 块板，Ⅲ级。

三层楼板：1 区从 B 轴起第 2、5、6、7 块板；2 区从 B 轴起第 4 块板；3 区从 B 轴起第 2 块板。

二层楼板：1 区所有楼板；3 区从 B 轴起第 2 块板；4 区从 D 轴起第 4 块板；5 区从 B 轴起第 2 块板；8 区从 B 轴起第 1～7 块板。

2）以下楼（屋）面板评级为Ⅱ$_b$级：

屋面板：3 区从 B 轴起第 1、3、4、6 块板；4 区从 D 轴起第 1、2、3 块板；6 区从 D 轴起第 5、7、8、9 块板；挑檐板。

四层楼板：1 区从 A 轴起第 2 块板、从 B 轴起第 1 块板；3 区从 A 轴起第 1、2、6 块楼板；4 区从 B 轴起第 1～6 块板；5 区从 B 轴起第 3、6 块板；6 区从 D 轴起第1～5 块板。

3）除 1）、2）所列楼板，其余楼（屋）面板为Ⅱ$_a$级。

上述楼板均需采取处理措施。

（3）柱的详细评级表明，一层 ZA3、一层 ZB4 为 c 级；一层 ZB3、一层 ZA4、一层 ZB5、三层 ZB4、三层 ZB5、三层 ZD5、四层 ZB3 为 b 级。

评级为 b、c 级的柱均需进行加固处理。

（4）梁的详细评级表明，二层 L3-BD、二层 L4-BD、四层 L4-AB、四层 L4-BD、四层 1 轴墙 BD 轴间过梁、屋面 L3-BD 为 c 级；二层 L3-AB、三层 L4-BD、屋面 L3-BD 为 b 级。

（5）楼梯。南端（1～2 轴间）楼梯、各层楼梯平台梁、各梯段板均为Ⅲ级，需加固处理。

五、处理措施

（1）1 轴墙体拆除，重新砌筑砖墙体，施工时做好支撑。

（2）楼（屋）面板，评定为Ⅲ级的可更换新的楼板，或采用混凝土现浇楼板；评定为Ⅱ$_b$级的清除烧损层并修补后，粘贴碳纤维；评为Ⅱ$_a$级的清除烧损层后修补。

（3）柱评定为 b、c 级的均需进行加固处理，采用外粘型钢法进行加固处理。

（4）梁评定为 b、c 级的均需进行加固处理，采用加大截面法进行加固处理。

（5）楼梯损伤严重，拆除后重新浇筑。

8.7.2 某小高层住宅火灾鉴定与处理

一、工程概况

某小高层住宅，框架结构，局部设置钢筋混凝土墙体。以防震缝分为两部分，缝以左部分地上十一层，地下一层；缝以右部分地上九层，地下两层。抗震设防烈度为6度(0.05g)，设计地震分组为第二组。建筑场地类别为Ⅱ类，建筑物安全等级为二级，地基基础设计等级为乙级，建筑桩基安全等级为二级。该建筑物抗震设防分类为丙类，框架抗震等级为三级，剪力墙抗震等级为三级。混凝土强度设计等级：12.320标高（四层顶）及以下为C30，12.320标高以上为C25。

该建筑物于2009年04月01日上午7：50左右进行墙体保温板施工时，在三层18～19轴间发生火灾并蔓延至五层，8：10消防车赶到，8：40全部明火被扑灭，历时约50min。为了解该建筑物钢筋混凝土梁、板、柱遭受火灾后的状况，保证结构安全，对该住宅楼三、四、五层18～21轴间主体结构火灾后受损情况进行检测鉴定（平面示意图见图8-73）。

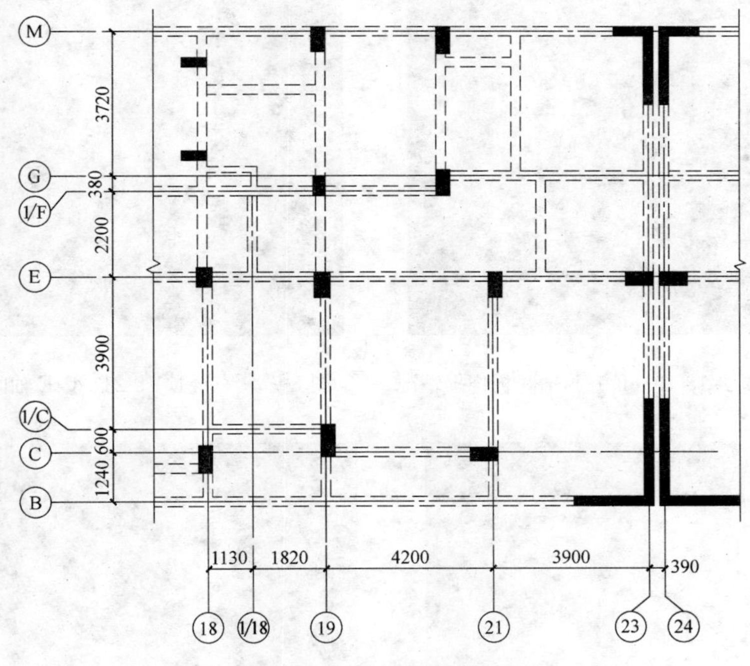

图8-73 平面示意图

二、检测结果及鉴定评级

（一）宏观检测

现场检测发现，该建筑物三层18～21轴间顶板火灾后受损较为严重，局部混凝土严重脱落、钢筋外露，烧伤深度较大，混凝土经燃烧后呈浅黄并现白色，装修铝合金骨架弯曲变形。混凝土严重脱落，钢筋外露区域火灾温度估计在900℃以上，混凝土构件火灾受损情况见图8-74～图8-79。（图8-79中“E×18-19轴间梁”表示“E轴梁18-19轴间”，以下同）

该建筑物的四层18～21轴间区域，个别顶板、梁混凝土保护层局部脱落、未露筋（图8-80、图8-81），其余板大部分为表面熏黑，梁、柱外面的木质装修层仅表层炭化，

图 8-74 三层顶 18-19～B-1/C 轴间板烧损情况

图 8-75 三层顶 18-19～1/C-E 轴间板烧损情况

图 8-76 三层顶 1/18-19～E-1/F 轴间板烧损情况

图 8-77 三层顶 19-21～C-E 轴间板烧损情况

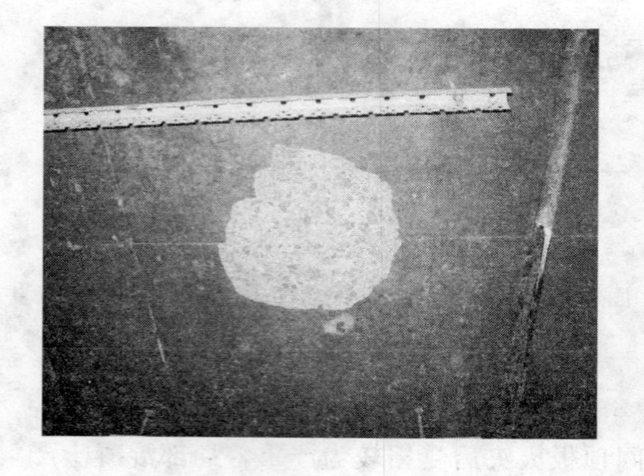

图 8-78 三层顶 19-21～E-G 轴间板烧损情况

图 8-79 三层顶 E×18-19 轴间梁侧面局部脱落

内部尚基本完好（图 8-82）；局部吊顶铝合金龙骨轻微变形（图 8-83）。

该建筑物的五层 18～21 轴间区域，梁、板、柱锤子敲击声较脆。吊顶铝合金龙骨完好，基本无变形。混凝土板表面烟熏发黑，但构件基本完好，无混凝土脱落及露筋现象，梁、柱外面的木质装修层仅表面熏黑，内部基本完好（图 8-84）。由此判断，五层 18～21 轴间区域的梁、板、柱基本无损伤。

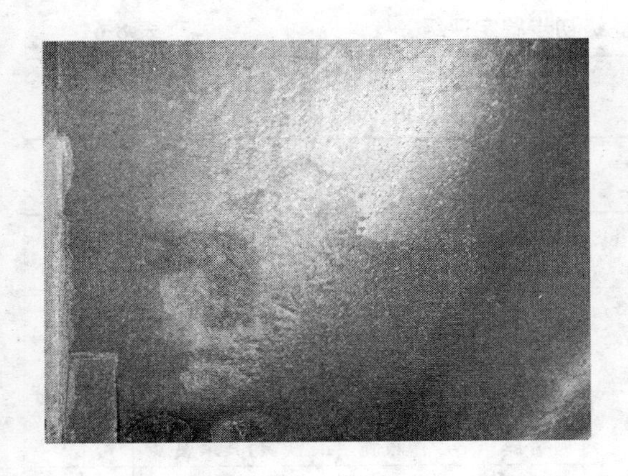

图 8-80 四层顶 19-21～B-C 轴间板局部脱落

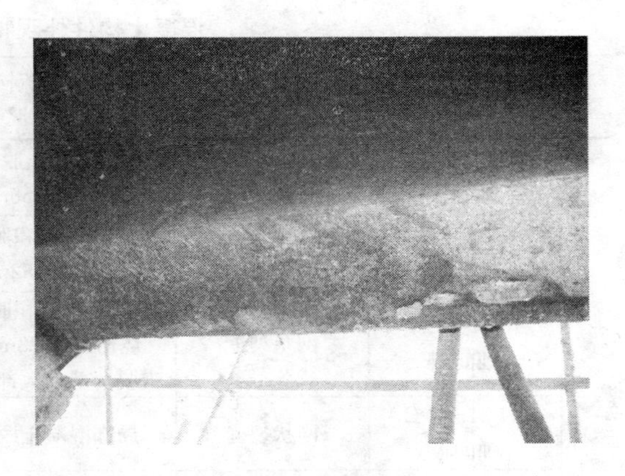

图 8-81 四层顶 B×19-21 轴间梁底面局部脱落

图 8-82 四层顶 19×C-E 轴间梁装修木材表层炭化

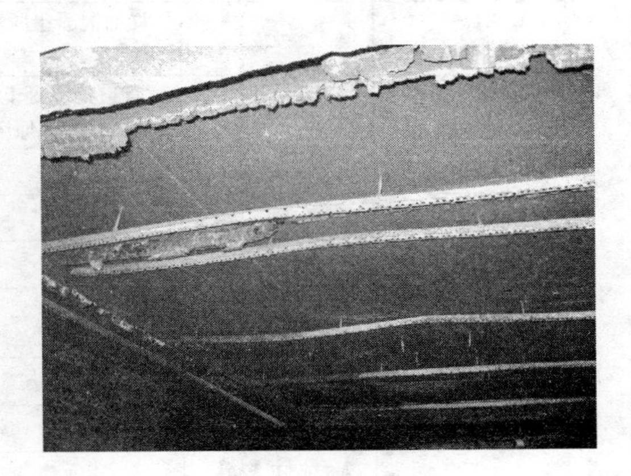

图 8-83 四层顶局部铝合金吊顶轻微变形

图 8-84 五层顶吊顶龙骨及装修木板基本完好

（二）火灾后各混凝土构件外观特征及回弹强度检测结果

该建筑物受火灾后各混凝土构件外观特征级初步鉴定评级见表 8-61，采用回弹和钻芯法结合检测构件混凝土强度，经修正的回弹强度推定值见表 8-62。

混凝土构件外观特征级初步鉴定评级 **表 8-61**

楼层	构件位置	表面开裂情况	混凝土疏松脱落情况	露筋情况	锤子敲击声音	混凝土颜色	初步鉴定评级
三层	18-19～B-1/C 轴间板	大量网状裂缝	局部混凝土脱落，烧伤深度 55mm	板底钢筋外露	声哑	未脱落部分粉红显浅黄	Ⅲ
	18-19～1/C-E 轴间板	大量网状裂缝	混凝土大面积脱落，烧伤深度 52mm	板底钢筋外露	声哑，敲击印痕较深	未脱落部分浅黄显白色	Ⅲ
	1/18-19～E-1/F 轴间板	网状裂缝	混凝土大面积脱落，烧伤深度 28mm，未脱落部分大部疏松	板底钢筋外露	声闷	脱落部分周围浅黄泛白	Ⅲ
	19-21～C-E 轴间板	网状裂缝	局部混凝土脱落	板底钢筋外露	熏黑部分声较脆	脱落部分周围浅黄，其余熏黑	Ⅱ$_b$
	19-21～B-C 轴间板	网状裂缝	局部混凝土脱落，烧伤深度 35mm	板底钢筋外露	脱落部分周围声较闷	未脱落部分浅黄泛白	Ⅲ
	19-21～E-G 轴间板	无	局部混凝土脱落，石子外露	无	声较脆	大部熏黑	Ⅱ$_a$
	18-19～G-M 轴间板	无	管道处混凝土不密实(施工原因)	无	声脆	熏黑	Ⅱ$_a$
	E×19-21 轴间梁	无	无	无	声脆	熏黑	Ⅱ$_a$
	19×G-M 轴间梁	无	无	无	声较脆	熏黑	Ⅱ$_a$
	21×E 柱	轻微网状裂缝	无	无	声较脆	局部熏黑	Ⅱ$_a$
	19-20～G-M 轴间板	无	无	无	声脆	熏黑	Ⅱ$_a$
	19×E 柱	细微网状裂缝	无	无	声较脆	局部熏黑	Ⅱ$_a$
	C×19-21 轴间梁	网状裂缝	无	无	中下部声闷	浅黄显白色	Ⅲ
	B×19-21 轴间梁	大量网状裂缝，梁底横向裂缝	纵筋下部保护层疏松	无	梁底向上 100mm 范围声闷	浅黄显白色	Ⅲ
	E×18-19 轴间梁	网状裂缝	角部保护层疏松	无	声较闷	灰白	Ⅱ$_b$
	1/F×18-19 轴间梁	无	抹灰爆皮未脱落	无	声脆	浅青色	Ⅱ$_a$
	1/18×E-G 轴间梁	无	侧面、底面抹灰爆皮未脱落	无	声脆	浅青色	Ⅱ$_a$
	18×C-E 轴间梁	无	抹灰层少量脱落	无	声脆	浅青色	Ⅱ$_a$
	1/C×18-19 轴间梁	大量网状裂缝	纵筋下部保护层疏松	无	中下部声闷	粉红显浅黄	Ⅱ$_b$
	B×18-19 轴间梁	大量网状裂缝	混凝土局部脱落	无	声闷	灰白为主浅黄色	Ⅲ
	G×19-20 轴间梁	无	装修木板未烧尽	无	声脆	熏黑	Ⅱ$_a$
	20×G-M 轴间梁	—	抹灰层完整	—	—	—	Ⅱ$_a$
	19×E-G 轴间梁	无	角部局部脱落	无	纵筋以下部位声较闷	下部颜色浅黄	Ⅱ$_b$
	19×C-E 轴间梁	无	无	无	声较脆	熏黑	Ⅱ$_a$
	21×C-E 轴间梁	无	无	无	声较脆	熏黑	Ⅱ$_a$
四层	E×19-21 轴间梁	无	无	无	声较脆	熏黑	Ⅱ$_a$
	19-21～C-E 轴间板	无	无	无	声较脆	熏黑	Ⅱ$_a$
	19-21～B-C 轴间板	无	局部混凝土脱落	无	声稍闷	局部浅黄	Ⅱ$_b$

续表

楼层	构件位置	表面开裂情况	混凝土疏松脱落情况	露筋情况	锤子敲击声音	混凝土颜色	初步鉴定评级
四层	C×19-21 轴间梁	轻微网状裂缝	无	无	声稍闷	灰白	$Ⅱ_b$
	B×19-21 轴间梁	网状裂缝	梁底混凝土局部脱落	无	声较脆	灰白	$Ⅱ_b$
	19×E-G 轴间梁	无	无	无	声较脆	熏黑	$Ⅱ_a$
	1/18-19～E-G 轴间板	无	无	无	声脆	熏黑	$Ⅱ_a$
	E×18-19 轴间梁	无	无	无	声较脆	熏黑	$Ⅱ_a$
	18-19～1/C-E 轴间板	无	无	无	声较脆	局部浅黄，大部熏黑	$Ⅱ_a$
	19×B 柱	无	无	无	声脆	青白	$Ⅱ_a$
	B×18-19 轴间梁	梁底轻微横向裂缝	无	无	声较脆	大部熏黑	$Ⅱ_a$
	18-19～B-1/C 轴间板	局部网状裂缝	无	无	声较脆	微黄	$Ⅱ_a$
	1/C×18-19 轴间梁	局部网状裂缝	无	无	声脆	浅黄	$Ⅱ_a$
五层	19-21～B-C 轴间板	无	无	无	声脆	熏黑	$Ⅱ_a$
	B×19-21 轴间梁	无	无	无	声脆	熏黑	$Ⅱ_a$

混凝土构件强度检测结果（MPa） **表 8-62**

楼层	构件位置	回弹强度推定值 $f_{cu,e}$	楼层	构件位置	回弹强度推定值 $f_{cu,e}$
三层	18-19～B-1/C 轴间板	22.9	四层	19×E-G 轴间梁	33.9/28.1（纵筋上/纵筋下）
	18-19～1/C-E 轴间板	22.3			
	1/18-19～E-1/F 轴间板	25.4		19×C-E 轴间梁	33.2
	19-21～C-E 轴间板	30.9		21×C-E 轴间梁	33.6
	19-21～B-C 轴间板	25.7		E×19-21 轴间梁	29.6
	19-21～E-G 轴间板	33.0		19-21～C-E 轴间板	30.2
	18-19～G-M 轴间板	30.7		19-21～B-C 轴间板	25.7
	E×19-21 轴间梁	33.9		C×19-21 轴间梁	25.6
	19×G-M 轴间梁	31.9		B×19-21 轴间梁	27.8
	21×E 柱	34.8		19×E-G 轴间梁	30.3
	19-20～G-M 轴间板	36.1		1/18-19～E-G 轴间板	30.1
	19×E 柱	36.2		E×18-19 轴间梁	30.4
	C×19-21 轴间梁	25.9		18-19～1/C-E 轴间板	30.3
	B×19-21 轴间梁	28.1		19×B 柱	31.2
	E×18-19 轴间梁	29.5		B×18-19 轴间梁	27.3
	1/F×18-19 轴间梁	30.7		18-19～B-1/C 轴间板	28.0
	1/18×E-G 轴间梁	30.2		1/C×18-19 轴间梁	29.2
	18×C-E 轴间梁	30.4	五层	19-21～B-C 轴间板	27.2
	1/C×18-19 轴间梁	26.4		B×19-21 轴间梁	29.4

由表 8-61、表 8-62 可以看出，三层 18-21～B-G 轴间混凝土顶板、18-21～B-1/C 轴间混凝土梁火灾损伤较严重，部分顶板混凝土强度回弹推定值小于 C25，比原 C30 的设计强度降低较多；四层仅 18-21～B-1/C 轴间混凝土构件强度有不同程度的降低；五层混凝土构件基本未受火灾影响。

（三）详细鉴定评级

如按《火灾后建筑结构鉴定标准》CECS 252：2009 进行鉴定评级，上述构件均为 b 级；如按《民用建筑可靠性鉴定标准》GB 50292—1999，18-19～B-1/C 轴间板、18-19～1/C-E 轴间板、1/18-19～E-1/F 轴间板、19-21～B-C 轴间板评定为 b 级，其余构件评定为 a 级。

三、鉴定结果

（1）18-19～B-1/C 轴间板、18-19～1/C-E 轴间板、1/18-19～E-1/F 轴间板、19-21～B-C 轴间板混凝土损伤较严重，混凝土强度降低较多，混凝土大面积脱落，按《民用建筑可靠性鉴定标准》GB 50292—1999 鉴定评级为 b 级。

（2）除 1 条的四个构件，其余构件按《民用建筑可靠性鉴定标准》GB 50292—1999 鉴定评级为 a 级，按《火灾后建筑结构鉴定标准》CECS 252：2009 进行鉴定评级，上述构件均为 b 级。

四、处理措施

（1）对于按《民用建筑可靠性鉴定标准》GB 50292—1999 鉴定评级为 b 级的构件，建议剔除烧损混凝土并采用修补砂浆或灌浆料修补后，在损伤部位沿双向粘贴宽度 100mm，净距 100mm 的 300g 碳纤维布一层。

（2）对于其他初步鉴定评级为 $Ⅱ_b$ 级和Ⅲ级的构件，应剔除损伤混凝土，采用修复砂浆或灌浆料修复。

（3）初步鉴定评级为 $Ⅱ_a$ 级的构件，可清洁混凝土表面，采用聚合物砂浆抹灰，厚度同原抹灰层。

8.7.3　某二层钢结构办公楼火灾鉴定与处理

一、工程概况

某公司办公楼为一两层建筑（图 8-85、图 8-86），平面呈 L 形，平面示意见图 8-87、图 8-88，剖面示意图见图 8-89。其主体结构系单跨双层轻型钢结构，跨度为 7.8m，柱距 7.5m（局部 7.0m）。一层层高约 3.60m，二层层高约 2.80m，屋脊标高约 6.80m。楼盖结构为 H 型钢楼面梁上铺设预制混凝土楼板，屋面结构为 H 型钢屋面梁上支 C 型钢檩条，上覆 ps 夹心板。ps 夹心板作隔墙及外围护墙板，其上嵌塑钢门窗或铝合金门。总建筑面积约 1300m^2。

据业主介绍，该建筑工程于 2007 年 12 月开工建设，2008 年 04 月竣工并投入使用。

据委托单位介绍，2009 年 02 月 16 日夜间约 11 点 30 分至 02 月 17 日凌晨约 02 点 30 分该办公楼发生火灾事故导致该建筑物受损，与该建筑有关的施工图、施工记录等室内所有资料也毁于一旦。遭受火灾后办公楼外观情况如图 8-85、图 8-86 所示。

二、主要调查检测结果

（一）火灾前后工程基本情况

该工程为一轻型钢结构框架、预制铺板式楼盖结构；框架梁、柱均为热轧 H 型钢，

图 8-85 办公楼南、西立面

图 8-86 办公楼东立面

钢构件表面涂灰色油漆；二层楼板为120mm厚预制混凝土空心板，北边办公区域楼板上铺约60mm厚水泥砂浆垫层，上覆10mm厚瓷砖，东边宿舍区域楼板上部铺约50mm厚水泥砂浆，板底抹灰均厚约3mm；楼梯立柱由C型钢扣焊而成，梯梁为槽钢，平台板及楼梯踏步为压纹钢板；房屋外围护墙及内部隔墙均为ps夹心板。

据业主介绍，主体结构基础为钢筋混凝土条形基础，西部回填较深处设钢筋混凝土短柱与H型钢柱连接。西边1～3轴处的条形基础下持力土层为黏性老土，其余部分基本坐落于岩石上。

火灾前，房屋一层主要用作会议室、实验室、厨房、餐厅等。二层北边部分主要为办公室、财务室、档案室等，东边部分为宿舍区。房屋平面、立面及剖面示意图如图8-87～图8-89所示。

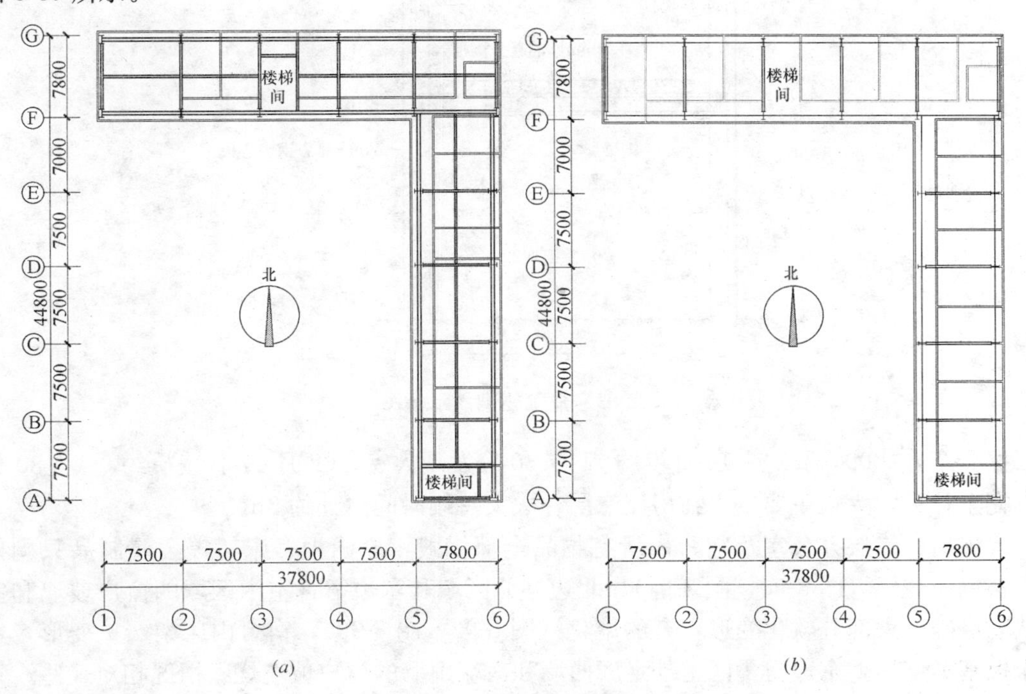

图 8-87 建筑物平面示意图

(a) 一层平面示意图；(b) 二层平面示意图

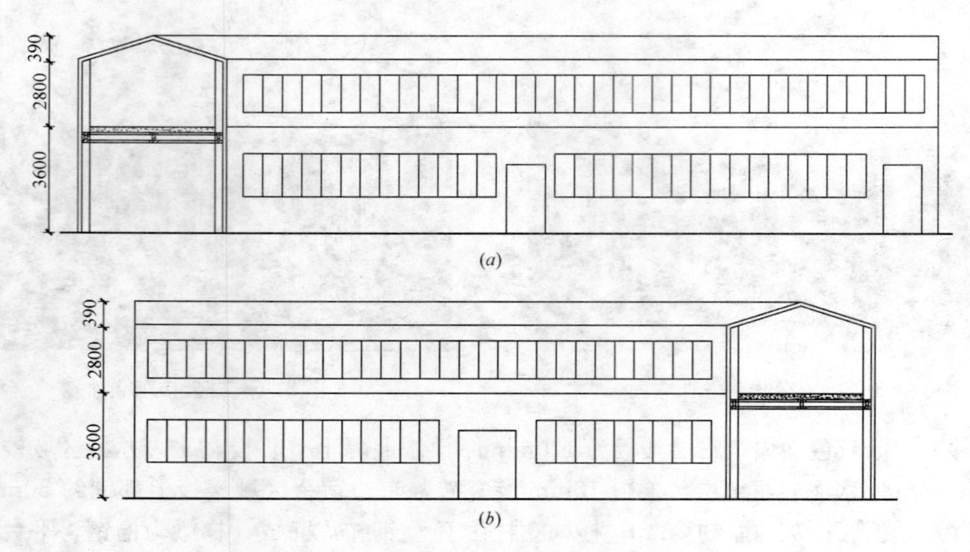

图 8-88　建筑物立面示意图

(*a*) 西面示意图；(*b*) 南面示意图

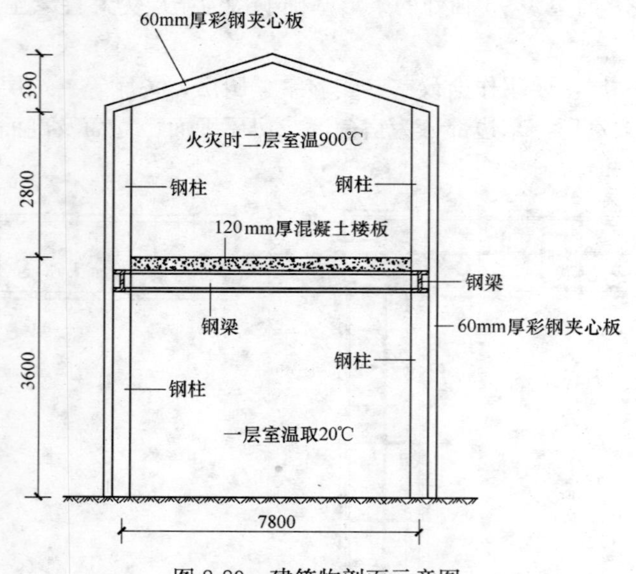

图 8-89　建筑物剖面示意图

据介绍，2009 年 02 月 16 日夜约 11 点 30 分发现火灾，02 月 17 日凌晨约 02 点 30 分将火完全扑灭，火灾主要发生在房屋二层，火灾持续时间总计约 3h。

火灾后，二层办公室及宿舍内所有物品全部烧毁，原橱柜、床架等金属制品只剩残骸，塑钢窗烧毁（图 8-90、图 8-91），北边办公区域和东边宿舍室内区域的窗户玻璃和室内玻璃烧碎且大部分软化变形，有的熔化（图 8-92、图 8-93），宿舍内床架严重变形，木制床板基本烧尽。东边宿舍区室外走廊西墙和南端山墙的窗户玻璃烧毁情况相对轻些，只见“烧碎”未见有“软化”或“熔化”现象。所有隔墙 ps 夹心板“夹芯”烧净只剩“铁皮”。

火灾后，二层框架梁、柱等钢构件严重变形，表面呈“红褐色”，尤其屋面梁及檩条严重扭曲，整个屋面塌陷（图 8-94、图 8-95）。其中北边办公区域较东边宿舍区域更甚。由于火灾持续时间长、温度高，所以二层结构烧损严重。

图 8-90 二层 F-G 轴间 4 轴附近屋面

图 8-91 二层 1/E 轴 5-6 轴间屋面

图 8-92 二层 1/1-2～1/F-G 轴间楼板南侧处玻璃

图 8-93 二层 6～1/E-F 轴间玻璃

图 8-94 二层 5-F 轴处梁柱节点

图 8-95 二层 B-1/B～1/5-6 轴间屋面

火灾后，一层受损情况较二层轻，其中北边区域楼梯附近及其以东区域烧损情况相对重些，楼梯东侧隔墙 ps 夹心板烧毁，板底附近钢构件及楼板底面“熏黑”，有的钢构件连接处存在明显移位现象（图 8-96），部分 PVC 管道、灯罩、管道吊杆软化变形，胶粘剂熔化致吊杆顶座脱落（图 8-97、图 8-98），楼梯西侧各房间板底附近钢构件及楼板底面和 ps

图 8-96　一层 3～F-G 轴梁与楼梯梁节点

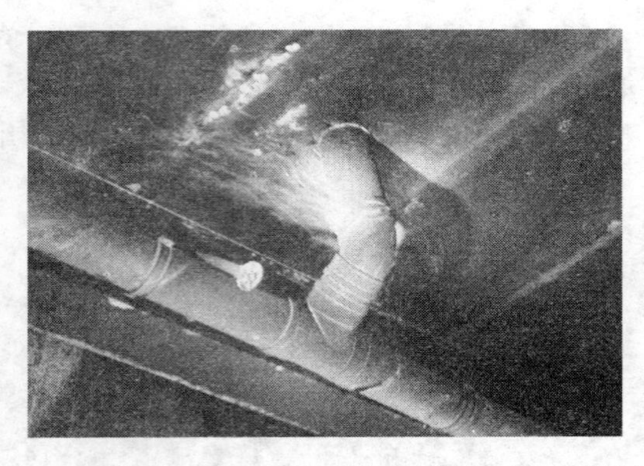

图 8-97　一层 2/5-6～3/F-G 轴顶板 PVC 管及吊杆座

图 8-98　一层 2/5-6～3/F-G 顶板掉落灯罩

夹心板隔墙不同程度“熏黑”、局部变形较大或明显。东边 F 轴以南区域各房间板底附近钢构件及楼板底面和 ps 夹心板隔墙“熏黑”程度及隔墙 ps 夹心板损伤程度相对较轻，其中大餐厅区域板底附近钢构件及楼板底面和隔墙 ps 夹心板未见明显“熏黑”现象，餐厅板底照明灯具较完整。

火灾后室外所见，一层北边区域大门以西的南、西、北三侧窗下围护砖墙存在很宽的倾斜和水平裂缝（图 8-99、图 8-100），其余部分砖墙未见有明显的开裂现象。

图 8-99　一层西南墙角南测墙体裂缝

图 8-100　一层西北墙角两侧墙体裂缝

（二）火灾温度判定

结构受损程度主要取决于火灾温度的高低、持续时间的长短及结构材料的性能等因素。而火灾温度的高低又取决于着火部位可燃物的多少和所释放热量的大小，因此，火灾时结构各部位的受火温度各异。由于火灾后可燃物已难以计量，故鉴定时主要根据现场残留物的受火变态性状、结构受损程度以及 ISO 834 标准温度-时间曲线（简称国际标准升温曲线）进行综合分析以判定建筑各区域受火温度。

依据所判定的建筑各区域受火温度，根据遭受火灾温度后构件表面状况并参考热传导理论计算结果以判定结构构件各部温度。

1. 建筑各区域判定受火温度

现场调查发现，北边办公区域的南北窗户玻璃和室内玻璃或制品火灾后均出现软化变形现象，有的熔化（图 8-90、图 8-91）；东边宿舍室内区域东侧窗户玻璃除烧碎外，大部出现软化变形现象，个别位置玻璃“熔化”，室内塑料制品熔化，木制床板烧尽，钢制床架严重变形。东边宿舍区室外走廊西墙和南端山墙的窗户玻璃只“烧碎”未见有“软化”或“熔化”现象。

从火灾现场钢结构构件烧损变形程度来看，北边办公区域较东边宿舍区域更甚。

现场调查所见玻璃或制品及塑料制品火灾后软化、熔化位置分布示意绘于图 8-101。

根据现场所调查残留物的变态性状、结构受损程度以及 ISO 834 标准温度-时间曲线（考虑到火灾的蔓延，火灾持续时间 t 按 60min 考虑）进行综合分析，所判定二层火灾温度如下：

北边办公区域为 800～950℃，东边宿舍室内区域为 600～800℃，东边宿舍区西侧走廊和南端山墙附近为 400～600℃。

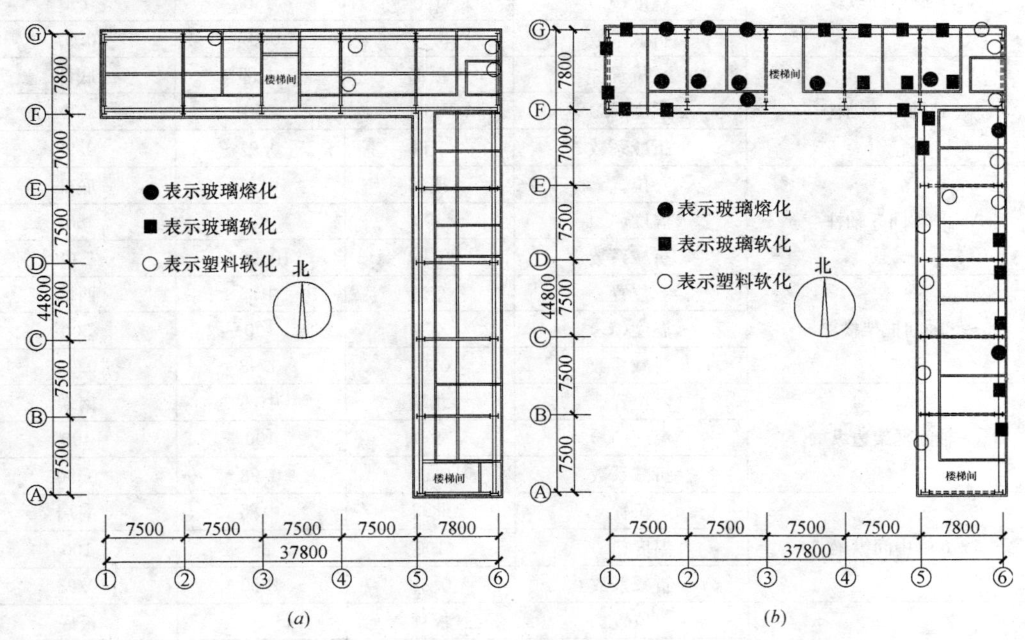

图 8-101 烧损残留物分布示意图

（a）一层示意图；（b）二层示意图

2. 构件各部位温度判定

依据判定的建筑各区域受火温度，根据遭受火灾温度后构件表面状况并参考热传导理论计算结果以判定结构构件各部位温度。

据表8-69所示钢柱标志尺寸及其相应产品规格，计算得钢柱截面形状系数$F/V=261$。计算知二层无保护层钢柱温度与空气温度相差无几，故取钢柱温度与空气的温度相同。

由于构件过火时间较长，为简化计算，假定在此温度场下二层钢柱沿全高温度相同，且按相应位置柱底偏低值温度计。

对轻钢结构来讲，可假定截面温度均匀分布，故计算中主要考虑构件长度方向的非均匀温度分布和影响。

一层构件各部温度判定结果列于表8-63。

构件各部计算温度及材料强度（粘结力）折减系数　　表8-63

构件	项目			
G、F轴柱	位置	顶部	中部	底部
	温度(℃)	550	350	180
	折减系数	0.85	0.91	0.96
G~F轴间框架横梁	位置	F轴端	中部	G轴端
	温度(℃)	400	150	400
	折减系数	0.90	0.97	0.90
G~F轴间框架边纵梁	位置	东端	中部	西端
	温度(℃)	400	150	400
	折减系数	0.90	0.97	0.90
G~F轴中间纵梁	位置	东端	中部	西端
	温度(℃)	150	150	150
	折减系数	0.97	0.97	0.97
A~E轴间6轴柱	位置	顶部	中部	底部
	温度(℃)	450	150	100
	折减系数	0.88	0.97	0.99
A~E轴间5轴柱	位置	顶部	中部	底部
	温度(℃)	300	80	50
	折减系数	0.92	0.99	1.00
5~6轴间框架横梁	位置	东端	中部	西端
	温度(℃)	400	100	300
	折减系数	0.90	0.98	0.92
5~6轴间框架边纵梁	位置	北端	中部	南端
	温度(℃)	400	100	400
	折减系数	0.90	0.98	0.90
5~6轴中间纵梁	位置	北端	中部	南端
	温度(℃)	100	35	100
	折减系数	0.98	1.00	0.98
G~F轴间混凝土楼板	位置	板顶	—	板底
	温度(℃)	500	—	150
	折减系数	0.78	—	0.99
5~6轴间混凝土楼板	位置	板顶	—	板底
	温度(℃)	500	—	35
	折减系数	0.78	—	1.0

（三）火灾后建筑主体结构受损检测

1. 高强度螺栓终拧扭矩值检查

现场抽检结果表明，该工程中采用的是10.9级高强度螺栓，由于没有施工过程中对高强度螺栓进行的扭矩系数检验资料，所以无法根据试验结果计算高强度螺栓终拧扭矩值。根据《钢结构工程施工质量验收规范》GB 50205—2001中对高强度螺栓连接副扭矩系数试验数值规定的“每组8套连接副扭矩系数平均值应为0.110～0.150”的要求，取连接副扭矩系数平均值0.130对该工程中采用的10.9级高强度螺栓终拧扭矩值进行抽查，抽查检测结果（限于篇幅未列出）可知，所抽检部位的高强度螺栓终拧值不在《钢结构工程施工质量验收规范》GB 50205—2001规定的10%允许偏差范围之内，不能够满足其质量控制要求。

2. 超声波检测焊缝内部缺陷

用CTS-9003型超声波探伤仪对该工程钢构件连接处焊缝进行了抽样检测（因无设计施工图故所测位置焊缝按焊缝等级为二级检验），检测结果列于表8-64。

超声波检测焊缝内部缺陷检测结果　　表8-64

工程名称	某办公楼		
仪器型号	CTS-9003型	板材材质	—
探头型号	2.5P9×9K2.5	试块型号	CSK-1A、RB-2
耦合剂	化学浆糊	耦合补偿	4dB
焊缝质量等级	二级	检验等级	B级
检测依据	1.《钢结构工程施工质量验收规范》GB 50205—2001 2.《钢焊缝手工超声波探伤方法和探伤结果分级》GB 11345—89		

序号	被检工件编号或位置	所测规格（mm）	检测情况记录（Y1,Y2,N）	评级	结论
1	一层6～A-B(南端)轴间钢梁下翼缘对接焊缝	$\delta=10$	Y1	Ⅳ	不合格
2	一层6～A-B(南端)轴间钢梁上翼缘对接焊缝	$\delta=10$	N	—	合格
3	一层1-2～G轴间钢梁下翼缘对接焊缝	$\delta=9$	Y1	Ⅳ	不合格
4	一层1-2～G轴间钢梁上翼缘对接焊缝	$\delta=9$	Y1	Ⅳ	不合格
5	一层1～F-G轴间钢梁(中部)下翼缘对接焊缝	$\delta=10$	Y2	Ⅰ	合格
6	一层1～F-G轴间钢梁(中部)腹板对接焊缝	$\delta=5.5$	Y2	Ⅰ	合格
7	一层3-4～G轴间钢梁(中部)腹板对接焊缝	$\delta=5.5$	Y1	Ⅳ	不合格
8	一层3-4～G轴间钢梁(中部)下翼缘对接焊缝	$\delta=9.0$	Y2	Ⅲ	合格
9	一层4-5～F轴间钢梁(东端)下翼缘对接焊缝	$\delta=8.5$	N	—	合格
10	一层4-5～F轴间钢梁(东端)腹板对接焊缝	$\delta=5.5$	Y2	Ⅱ	合格
11	一层6～E-F轴间钢梁(南端)下翼缘对接焊缝	$\delta=10$	Y1	Ⅳ	不合格
12	一层1/5～C-D轴间钢梁(西端)腹板对接焊缝	$\delta=5.5$	Y2	Ⅰ	合格
13	一层1/5～C-D轴间钢梁(西端)下翼缘对接焊缝	$\delta=9.0$	Y2	Ⅰ	合格
14	一层5-6～C轴间钢梁(中部)腹板对接焊缝	$\delta=7.0$	Y2	Ⅰ	合格
15	一层5～C-D轴间钢梁(南部)上翼缘对接焊缝	$\delta=10$	Y1	Ⅳ	不合格
16	一层5～C-D轴间钢梁(南部)下翼缘对接焊缝	$\delta=10$	Y1	Ⅳ	不合格

续表

序号	被检工件编号或位置	所测规格 (mm)	检测情况记录 (Y1,Y2,N)	评级	结论
17	二层 3-G 柱南翼缘对接焊缝	δ=9	Y2	Ⅰ	合格
18	二层 3-G 柱腹板对接焊缝	δ=6	N	—	合格
19	二层 3-F 柱北翼缘对接焊缝	δ=9	Y2	Ⅰ	合格
20	二层 3-F 柱腹板对接焊缝	δ=6	Y1	Ⅳ	不合格
21	二层 4-G 柱南翼缘对接焊缝	δ=9	N	—	合格
22	二层 4-G 柱腹板对接焊缝	δ=6	N	—	合格
23	二层 5-E 柱东翼缘对接焊缝	δ=9	Y2	Ⅰ	合格
24	二层 5-E 柱腹板对接焊缝	δ=6	N	—	合格
25	二层 5-A 柱东翼缘对接焊缝	δ=9	Y1	Ⅳ	不合格
26	二层 5-A 柱腹板对接焊缝	δ=6	Y2	Ⅰ	合格
备注	1. Y1——缺陷超标；Y2——缺陷未超标；N——无缺陷； 2. 除设计规定外，一般来说，二级焊缝，Ⅲ级为合格				

经过对焊缝无损探伤，发现所测部分焊缝存在需要记录的缺陷。根据《钢焊缝手工超声波探伤方法和探伤结果分级》GB 11345—1989 所测焊缝等级不完全满足Ⅲ级要求时，按照《钢结构工程施工质量验收规范》GB 50205—2001 有关规定，焊缝质量等级不能完全评定为二级。

3. 钢柱垂直度检测

用全站仪抽测了部分钢柱的轴线垂直度情况，检测结果列于表 8-65。

钢柱垂直度检测结果　　**表 8-65**

构件位置	柱层间侧向位移(mm)及倾斜率			
	东西方向(mm)	倾斜率(‰)	南北方向(mm)	倾斜率(‰)
一层柱 1-F	41.6(上偏东)	15.63	1.1(上偏北)	0.41
一层柱 4-F	1.3(上偏西)	0.48	0.7(上偏南)	0.26
一层柱 3-F	10.7(上偏东)	4.04	3.3(上偏南)	1.24
一层柱 2-F	10.9(上偏东)	4.05	0.1(上偏北)	0.04
一层柱 5-E	11.0(上偏西)	4.10	5.9(上偏南)	2.20
一层柱 5-D	2.7(上偏西)	1.00	4.7(上偏北)	1.74
一层柱 5-C	2.4(上偏西)	0.90	4.6(上偏北)	1.72
一层柱 6-D	8.1(上偏西)	2.80	0.4(上偏南)	0.14
一层柱 5-B	1.2(上偏西)	0.47	4.5(上偏北)	1.76
一层柱 5-A	4.7(上偏西)	1.75	16.7(上偏北)	6.20
一层柱 1-G	34.5(上偏东)	13.15	11.9(上偏南)	4.54
一层柱 2-G	13.1(上偏东)	5.14	11.2(上偏南)	4.39
一层柱 5-G	13.7(上偏西)	5.09	8.3(上偏南)	3.08
一层柱 6-C	0.1(上偏西)	0.04	17.8(上偏北)	6.60
一层柱 3-G	3.5(上偏西)	1.30	13.1(上偏南)	4.88
一层柱 5-F	12.9(上偏西)	4.81	0.4(上偏南)	0.15

续表

构件位置	柱层间侧向位移(mm)及倾斜率			
	东西方向(mm)	倾斜率(‰)	南北方向(mm)	倾斜率(‰)
一层柱 4-G	5.3(上偏西)	2.09	4.9(上偏南)	1.93
二层柱 5-E	8.7(上偏东)	0.28	22.7(上偏北)	9.31
二层柱 5-D	13.1(上偏东)	5.82	32.3(上偏北)	14.35
二层柱 5-C	15.4(上偏东)	6.57	58.9(上偏北)	25.14
二层柱 5-B	11.0(上偏东)	4.79	61.6(上偏北)	26.84
二层柱 6-D	5.5(上偏东)	2.30	58.3(上偏北)	24.45
二层柱 6-E	2.1(上偏东)	0.90	57.5(上偏北)	24.54

由表 8-65 可见，所测一层柱中 71%层间侧向倾斜率超出《民用建筑可靠性鉴定标准》GB 50292—1999 关于多层钢框架结构层间位移中 2.22‰（B_u 级）的最大限值要求，故其“不适于继续承载的侧向位移评定”为 C_u 级（显著影响整体承载）。

《火灾后建筑结构鉴定标准》CECS 252：2009 表 9.3.1-2 中规定对于多高层钢结构框架的层间位移，倾斜率＞2.5‰（$>h/400$）为Ⅱ$_a$ 级或Ⅱ$_b$ 级，＞5‰（$>h/200$）为Ⅲ级。所测中 14 个为Ⅲ级，占 30.4%，另有 10 个为Ⅱ$_a$ 或Ⅱ$_b$ 级，占 21.7%。

二层钢柱大部分目测即见明显变形。

由于受场地条件限制，现场仅抽检了少数钢柱。就所抽检构件检测结果来看，均远远超限（B_u 级）且倾斜率很大。

4. 钢梁挠度及侧向弯曲矢高检测

因二层钢梁严重挠曲、扭曲变形、塌陷，仅对一层部分钢梁用全站仪检测了其挠度及侧向弯曲矢高，检测结果列于表 8-66。

钢梁挠度及侧向弯曲矢高检测结果　　表 8-66

构件位置	挠度值(mm)	侧向变形(mm)
一层 1-F-G 轴间顶梁	+4.05	9.8(西)
一层 3-4-1/F 轴间顶梁	+10.2	2.8(北)
一层 4-F-G 轴间顶梁	+14.15	1.8(东)
一层 3-4-F 轴间顶梁	+6.4	5.3(南)
一层 2-3-F 轴间顶梁	+8.3	1.9(南)
一层 2-F-G 轴间顶梁	+16.6	3.5(东)
一层 1-2-G 轴间顶梁	+6.65	1.7(北)
一层 1-2-1/F 轴间顶梁	+19.7	2.0(南)
一层 1-2-F 轴间顶梁	+12.35	0.6(南)
一层 4-5-1/F 轴间顶梁	+16.2	0.9(南)
一层 4-5-G 轴间顶梁	+7.15	4.0(南)
一层 5-E-F 轴间顶梁	+5.4	1.0(东)
一层 6-C-D 轴间顶梁	+3.5	2.9(西)
一层 1/5-C-D 轴间顶梁	+18.9	1.6(西)
一层 5-6-C 轴间顶梁	+10.9	4.2(南)

续表

构件位置	挠度值(mm)	侧向变形(mm)
一层 5-6-D 轴间顶梁	+11.75	0.7(南)
一层 5-6-B 轴间顶梁	+14.85	2.9(北)
一层 1/5-A-B 轴间顶梁	+17.85	3.0(东)
一层 5-6-A 轴间顶梁	+1.85	6.8(北)

由表 8-66 可见，所测一层钢梁中 42.1%挠度超过《钢结构设计规范》GB 50017—2003 附录 A 中受弯构件的挠度容许限值，按《火灾后建筑结构鉴定标准》CECS 252：2009 评为 II_a 级或 II_b 级。

其中一根梁的侧向弯曲矢高超过《钢结构工程施工质量验收规范》GB 50205—2001 中受弯构件 1.0‰的侧向弯曲矢高容许偏差。

5. C 形钢檩条损伤情况检测

由于火灾持续时间长、温度高，钢檩条又位于焰头，因此 C 形钢檩条普遍烧损严重(图 8-90、图 8-91)。

6. 混凝土楼板损伤情况检测

由于遭受火灾的混凝土不符合混凝土质量内外一致的前提，因此，《回弹法检测混凝土抗压强度技术规程》JGJ/T 23—2001 明确规定了回弹法不适用于火灾后的测强。

试验表明当温度 $T \leqslant 119$℃时混凝土强度基本无损失。火灾现场情况表明，办公楼一层混凝土楼板底面基本未直接过火，计算表明火灾中板底最高温度约为 150℃，略高于 119℃。因此，现场采用回弹法检测板底混凝土抗压强度，以间接评估火灾后楼板混凝土的受损程度。回弹法检测结果列于表 8-67。

回弹法检测混凝土强度结果　　**表 8-67**

工程名称	某办公楼						
检测参考依据	《回弹法检测混凝土抗压强度技术规程》JGJ/T 23—2001						
构件名称	设计强度等级	施工日期	测区数量 n	强度计算结果			强度推定值(MPa)
				mf^c_{cu}	sf^c_{cu}	$f^c_{cu,min}$	
一层顶 1-2-1/F-G 轴间一预制板	—	2008	2	23.2	—	21.7	21.7
一层顶 1-2-F-1/F 轴间一预制板	—	2008	2	33.8	—	33.7	33.7
一层顶 3-4-F-1/F 轴间一预制板	—	2008	2	26.1	—	24.5	24.5
一层顶 4-5-1/F-G 轴间一预制板	—	2008	2	40.6	—	39.5	39.5
一层顶 5-1/5-E-F 轴间一预制板	—	2008	2	25.4	—	25.1	25.1
一层顶 5-1/5-D-E 轴间一预制板	—	2008	2	29.3	—	28.1	28.1
一层顶 5-6-A-1/A 轴间一预制板	—	2008	2	22.3	—	21.4	21.4
一层顶 3-4-1/F-G 轴间一预制板	—	2008	3	39.8	—	39.5	39.5
一层顶 5-6-C-1/C 轴间一预制板	—	2008	2	22.7	—	22.4	22.4
一层顶 2-3-1/F-G 轴间一补空板	—	2008	2	10.8	—	10.7	10.7

《混凝土结构设计规范》GB 50010—2002 中 4.1.2 条规定“预应力混凝土结构的混凝土强度等级不应低于 C30”。由附表 3 所列检测结果来看，所测板底混凝土的抗压强度偏

低。考虑到火灾发生在二层，楼板内部温度自上而下逐渐降低，遭受火灾的楼板混凝土质量上下不一致，其内部温度高处的板顶受损程度高于温度偏低的板底，因此板底强度可能更低。

7. 底层钢柱柱脚烧损情况

现场检查所见，钢柱柱脚有轻微锈蚀，未见有烧损现象。

8. 其他检查

（1）梁、板、柱构件尺寸及类型检测

梁、板、柱构件有关尺寸及类型实测结果列于表 8-68。

钢结构构件尺寸检测报告 **表 8-68**

工程名称	某办公楼			
检测依据	1.《钢结构工程施工质量验收规范》GB 50205—2001； 2.《热轧 H 型钢和剖分 T 型钢》GB/T 11263—2005			
序号	构件名称	尺寸检测结果(mm)		结论
		设计值 $h\times b\times t_1\times t_2\times t_3$	实测值 $h\times b\times t_1\times t_2\times t_3$	
1	一层 1-G 钢柱	—	349×174×5.4×8.4×8.5	—
2	一层 3-F 钢柱	—	346×173×5.4×8.5×8.4	—
3	一层 4-F 钢柱	—	347×174×5.4×8.5×8.4	—
4	一层 5-E 钢柱	—	347×173×5.4×8.4×8.5	—
5	一层 5-C 钢柱	—	347×173×5.4×8.2×8.4	—
6	一层 5-B 钢柱	—	347×173×5.4×8.4×8.3	—
7	一层 5-A 钢柱	—	347×173×5.4×8.4×8.2	—
8	一层 6-C 钢柱	—	347×174×5.4×8.2×8.4	—
9	一层 1-2-G 钢梁	—	346×173×5.5×8.6×9.0	—
10	一层 1-F-G 钢梁	—	395×197×5.7×10.4×10.4	—
11	一层 1-2-1/F 钢梁	—	346×173×5.8×9.0×9.0	—
12	一层 3-4-G 钢梁	—	346×173×5.5×8.5×9.0	—
13	一层 5-F-G 钢梁	—	394×201×7.0×10.5×10.3	—
14	一层 4-5-1/F 钢梁	—	345×173×5.4×8.4×8.3	—
15	一层 4-5-F 钢梁	—	346×175×5.4×8.5×8.4	—
16	一层 1/5-C-D 钢梁	—	349×175×5.4×9.0×8.3	—
17	一层 5-6-C 钢梁	—	399×198×7.0×10.5×10.6	—
18	一层 5-6-E 钢梁	—	350×175×5.8×8.6×8.8	—
19	一层 6-E-F 钢梁	—	397×201×7.0×10.8×10.6	—
20	二层 3-F 钢柱	—	346×173×5.2×8.4×8.4	—
21	二层 4-G 钢柱	—	346×173×6.0×9.0×8.7	—
22	二层 5-F 钢柱	—	347×173×6.0×8.7×8.7	—
23	二层 5-E 钢柱	—	347×174×6.0×8.7×9.0	—
24	二层 6-E 钢柱	—	344×174×6.0×8.7×9.0	—

根据实测结果所推定的钢构件截面标志尺寸列于表 8-69。主体结构验算中即以构件截面标志尺寸确定材料型号，计算或确定有关参数。

钢构件截面标志尺寸　　**表 8-69**

构件类型	标志尺寸(mm)	构件类型	标志尺寸(mm)
	$h\times b\times t_1\times t_2\times t_3$		$h\times b\times t_1\times t_2\times t_3$
柱	346×174×6.0×9.0×9.0	垂直框架的纵向楼面梁	346×174×6.0×9.0×9.0
框架横向楼面梁	396×199×7.0×11.0×11.0	檩条	180×65×20×2
框架横向屋面梁	198×99×4.5×7.0×7.0		

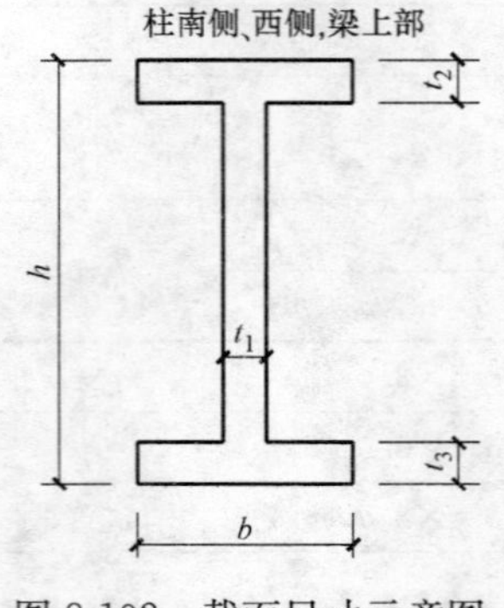

图 8-102　截面尺寸示意图

表 8-68、表 8-69 中的尺寸示意见图 8-102。

(2) C 形钢构件检查

现场检测表明，二层 C 形钢檩条、板肋烧损、变形严重，建议报废，一层 C 形钢构件受损相对较轻且为非结构构件，拆除后其"尺寸、形状"基本完整者经维修可继续使用。

(3) ps 板检查

遭受火灾后一层 G、6、1、A 轴 ps 墙板烧毁较严重。其余部分中，北边办公区域 ps 墙板损伤或污染较重，东边区域 D 轴以北部分及南端楼梯间 ps 墙板损伤或污染明显，餐厅、厨房西外墙窗下部分和 6 轴以西大部分隔墙污染相对轻些。

(4) 门窗检查

遭受火灾后一层 G、6、1 轴门窗受损较严重。其余部分中，北边办公区域门窗损伤或污染较重，东边区域 D 轴以北部分污染明显，餐厅、厨房部分污染相对较轻。

(5) 一层地面检查

一层地面虽未直接过火，但救火时的积水浸入地下土层使局部地面下陷，有的面砖脱落、起鼓等，其余地面遭受程度不同的污染。此外建筑物修复重建施工时将会破坏柱子周围原有地面，施工过程中地面也将会受损。

(四) 火灾主体结构构件受损评定

1. 主体结构二层钢构件

如前所述，火灾后，二层框架梁、柱、檩条等钢构件严重挠曲、扭曲变形，整个屋面结构塌陷，构件材质劣化，所测钢柱倾斜率很大，因此，其钢构件基本报废已无加固、修复价值。

2. 主体结构一层钢构件

已有试验表明，遭受火灾温度后钢材的力学性能变化与材料品种、受火温度和冷却方式有关。喷水冷却的强度比自然冷却的强度损失大，对喷水冷却而言，当温度 $T\leqslant 38℃$ 时基本无损失，当温度 $T>38℃$ 时强度即现降低。遭受火灾温度冷却后钢材的弹性模量变化较小，可不予折减，故验算中按原材取值。

焊缝遭受火灾温度后的力学性能变化一般认为同焊缝所连接母材的变化。

柱顶端连接节点中的高强度螺栓出厂前都经过热处理，再次遭受火灾温度后易产生退火现象，使材质发生变化，强度降低；其次如上所述，所抽检部位高强度螺栓终拧值均不能够满足《钢结构工程施工质量验收规范》GB 50205—2001 的有关质量控制要求。

根据所判定的不同区域构件各部温度，计算所得材料屈服强度折减系数列于表 8-63。

3. 混凝土楼板

试验表明，除温度外冷却方式对遭受火灾温度后混凝土的强度影响相当大，喷水冷却的强度比自然冷却的强度损失大。此外还与混凝土骨料有关。一般情况下石灰石骨料的混凝土强度损失比花岗岩骨料的混凝土强度损失小。根据当地实际情况，确定混凝土强度折减系数时，按喷水冷却和混凝土骨料为石灰石考虑。该种情况下，当温度 $T \leqslant 119$℃时强度基本无损失，当温度 $T > 119$℃时强度即现降低。

对钢筋与混凝土的粘结力而言，试验表明（喷水冷却、石灰石骨料），当温度 $T \leqslant 260$℃时基本无损失，当温度 $T > 260$℃时粘结力即降低。由表 8-63 可见，板底混凝土的温度远低于 260℃，故可认为楼板中板底钢筋与混凝土的粘结力没有降低，板顶钢筋与混凝土的粘结因火灾温度高而受损。

（五）主体结构验算

假定主体结构一层维持现状或稍加维修继续使用，主体结构二层构件拆除后按火灾前状况复原，其余构件、构造、材料等不变。

用中国建筑科学研究院研发的 PKPM 分析软件进行计算并与折减后的材料强度设计值进行验算、比较。

依据该建筑物原使用要求、地理位置以及《建筑结构荷载规范》GB 50009—2001 的有关规定，计算中楼面活荷载标准值取 2.0kN/m^2，屋面活荷载标准值取 0.30kN/m^2，风荷载标准值取 0.40kN/m^2，抗震设防烈度为 6 度，楼板尺寸、自重以及板顶、底面各构造层自重均按现场检测结果（材料、尺寸）计算。其计算结果列于表 8-70。

由表 8-70 所列验算结果来看，部分构件计算最大应力 σ_{max} 已超过材料强度设计值，不能满足规范有关结构安全性要求。

构件强度验算结果一览 **表 8-70**

构件	应力比	比值
G、F 轴柱	σ_{max}/f_t	1.23～2.09
G～F 轴间 1 轴框架横梁	σ_{max}/f_t	0.68
G～F 轴间 2～6 轴框架横梁	σ_{max}/f_t	1.33～2.22
G 轴和 F 轴 1～4 轴间框架边纵梁	σ_{max}/f_t	0.79～0.96
F 轴 4～6 轴间框架边纵梁	σ_{max}/f_t	1.25～1.59
G～F 轴中间纵梁	σ_{max}/f_t	1.28～1.42
A～E 轴间 6 轴柱	σ_{max}/f_t	1.32～1.88
A～E 轴间 5 轴柱	σ_{max}/f_t	1.25～1.82
5～6 轴间 A 轴框架横梁	σ_{max}/f_t	0.62
5～6 轴间 B～E 轴框架横梁	σ_{max}/f_t	1.44～1.58
5 轴、6 轴 A～F 轴间框架边纵梁	σ_{max}/f_t	0.71～0.96
5～6 轴中间纵梁	σ_{max}/f_t	1.24～1.49

注：1. σ_{max}——构件计算最大应力。

2. f_t——折减后的材料强度设计值。

3. $\sigma_{max}/f_t \leqslant 1.0$ 表明满足安全性要求。

三、鉴定及处理意见

(1) 遭受火灾后，二层框架梁、柱、檩条等钢构件严重挠曲、扭曲变形、整个屋面结构塌陷、构件材质劣化、所测钢柱倾斜率很大；因此，其钢构件基本报废已无加固、修复价值。

(2) 遭受火灾后，一层框架柱的上部损伤较重，构件材质劣化，部分柱侧向位移较大；柱顶端连接节点中的高强度螺栓遭受火灾温度后产生退火现象，使材质变化、强度降低，应予更换；此外一、二层框架柱实为一整体，切割后再修复接长不易；鉴于以上原因，建议一层框架柱也拆除更换。

(3) 一层中F～G轴间1轴框架横梁及5～6轴间A轴框架横梁以及1～6轴间G轴框架纵向梁、1～4轴间F轴框架纵向梁、5轴和6轴A～F轴间框架纵向梁，因原设计强度储备较高，虽遭受火灾后部分位置材质发生较大变化，但构件强度仍能满足安全性要求，建议拆除修复后继续使用；一层F～G轴中间1～6轴框架纵向梁、5～6轴中间A～F轴框架纵向梁虽遭受火灾温度低，但原设计强度不满足有关规范安全性要求，故建议拆除更换或加固后继续使用，一层其余钢梁建议拆除更换。

(4) 现场检测和计算表明，遭受火灾温度后楼板混凝土强度降低较多，此外混凝土空心板中孔顶上部板面较薄，剔除原有面层将对板面混凝土造成较大损伤，因此建议原楼板拆除更换。

(5) 一层C形钢构件受损相对较轻且为非结构构件，故建议拆除后其尺寸、形状基本完整者经维修可继续使用。

(6) 现场检查表明，一层外围护墙板的门窗口以上部分与二层墙板实为一体，因此一层受污染相对较轻且可再使用的ps板数量有限，此外考虑到少量ps板虽可修复后再用但难以解决原有墙板残留污渍和新旧墙板间色差问题，故建议弃用。

(7) 受污染相对较轻的少量门窗虽可修复后再用但难以解决原有门窗残留污渍和新旧门窗间色差问题，是否再用建议与业主协商解决。

(8) 一层地面虽未直接过火，但救火时的积水浸入地下土层使局部地面下陷，有的面砖脱落、起鼓等，其余地面遭受程度不同的污染，考虑到建筑物修复重建施工时将会破坏柱子周围原有地面，施工过程中地面也将会受损，故建议一层地面重做。

(9) 由于救火过程中大量积水渗透使土体下陷墙下基础产生不均匀沉降导致墙体开裂或原有裂缝进一步展宽，故建议已开裂窗下围护砖墙拆除重砌。

(10) 地面下主体结构基础部分未直接过火，救火过程中的积水虽浸入地下但检测结果表明并未使其产生明显的不均匀沉降，故认为今后可继续使用。

注：本例为火灾后保险公司理赔确定赔付额度而进行的鉴定。

附录　灾损结构常用检测方法及标准索引

<table>
<tr><th>项目</th><th colspan="2">检测方法</th><th>执行规范或标准</th><th>备注</th></tr>
<tr><td rowspan="9">A.
混凝土
结构
检测</td><td colspan="2">回弹法测强</td><td>回弹法检测混凝土抗压强度技术规程 JGJ/T 23—2011</td><td rowspan="4">混凝
土材料
强度
检测</td></tr>
<tr><td colspan="2">钻芯法测强</td><td>钻芯法检测混凝土强度技术规程 CECS 03：2007
钻芯检测离心高强混凝土抗压强度试验方法 GB/T 19496—2004</td></tr>
<tr><td colspan="2">后装拔出法测强</td><td>后装拔出法检测混凝土强度技术规程 CECS 69：94</td></tr>
<tr><td colspan="2">超声-回弹综合法测强</td><td>超声回弹综合法检测混凝土强度技术规程 CECS 02：2005</td></tr>
<tr><td colspan="2">抗渗性能</td><td>普通混凝土力学性能试验方法标准 GB/T 50081—2002</td><td></td></tr>
<tr><td colspan="2">抗冻性能</td><td>普通混凝土拌合物性能试验方法标准 GB/T 50080—2002</td><td></td></tr>
<tr><td colspan="2">水泥或混凝土中氯
离子含量检测</td><td>建筑结构检测技术标准 GB/T 50344—2004
冶金建设试验检验规程 YBJ 222—1990</td><td></td></tr>
<tr><td colspan="2">钢筋直径及保护层
厚度无损检测</td><td>电磁感应法检测钢筋保护层厚度和钢筋直径技术规程
DB11/T 365—2006
混凝土结构工程施工质量验收规范 GB 50204—2002</td><td></td></tr>
<tr><td colspan="2">构件承载力试验</td><td>建筑结构检测技术标准 GB/T 50344—2004</td><td></td></tr>
<tr><td rowspan="11">B.
砖砌体
结构检测</td><td rowspan="2">砌筑块材</td><td>回弹法</td><td rowspan="2">砌体工程现场检测技术标准 GB/T 50315—2000</td><td rowspan="2"></td></tr>
<tr><td>试压法</td></tr>
<tr><td rowspan="7">砌筑砂浆
强度检测</td><td>砂浆片剪切法</td><td rowspan="7">砌体工程现场检测技术标准 GB/T 50315—2000
贯入法检测砌筑砂浆抗压强度技术规程 JGJ/T 136—2001</td><td rowspan="7"></td></tr>
<tr><td>点荷法</td></tr>
<tr><td>推出法</td></tr>
<tr><td>筒压法</td></tr>
<tr><td>回弹法</td></tr>
<tr><td>射钉法</td></tr>
<tr><td>贯入法</td></tr>
<tr><td rowspan="2">砌体抗压
强度检测</td><td>原位轴压法</td><td rowspan="2">砌体工程现场检测技术标准 GB/T 50315—2000
建筑结构检测技术标准 GB/T 50344—2004</td><td rowspan="2"></td></tr>
<tr><td>扁顶法</td></tr>
</table>

续表

项目	检测方法		执行规范或标准	备注
C. 钢结构检测	钢筋、钢材性能检验	力学性能 延性 硬度	钢筋混凝土用钢　第 2 部分：热轧带肋钢筋 GB 1499. 2—2007 钢筋混凝土用钢　第 1 部分：热轧光圆钢筋 GB 1499. 1—2008 碳素结构钢 GB/T 700—2006 优质碳素结构钢 GB/T 699—1999 预应力混凝土用钢丝 GB/T 5223—2002 预应力混凝土用钢绞线 GB/T 5224—2002 混凝土制品用冷拔低碳钢丝 JC/T 540—2006 低合金高强度结构钢 GB/T 1591—2008 合金结构钢 GB/T 3077—1999 金属材料　室温拉伸试验方法 GB/T 228—2002 金属材料　弯曲试验方法 GB/T 232—2010 金属材料　线材　反复弯曲试验方法 GB/T 238—2002	
	钢材及焊缝无损探伤	金属超声波探伤 磁粉探伤 射线探伤	钢焊缝手工超声波探伤方法和探伤结果分级 GB/T 11345—1989 金属熔化焊焊接接头射线照相 GB/T 3323—2005 无损检测　焊缝磁粉检测 JB/T 6061—2007 无损检测　磁粉检测　第 1 部分：总则 GB/T 15822. 1—2005 无损检测　磁粉检测　第 2 部分：检测介质 GB/T 15822. 2—2005 无损检测　磁粉检测　第 3 部分：设备 GB/T 15822. 3—2005 现场设备、工业管道焊接工程　施工及验收规范 GB 50236—1998	
	螺栓连接		钢结构用扭剪型高强度螺栓连接副 GB/T 3632—2008 钢结构用高强度大六角头螺栓、大六角螺母、垫圈技术条件 GB/T 1231—2006	
D. 材料微观检测	混凝土 钢材	扫描电镜材料微观组织 显微镜金相组织	火灾后建筑结构鉴定标准 CECS 252：2009	
E. 结构几何尺寸及变形检测			建筑结构检测技术标准 GB/T 50344—2004 工程测量规范 GB 50026—2007 建筑变形测量规范 JGJ 8—2007	

参考文献

[1] 刘婧，史培军. 中国自然灾害与区域自然灾害系统［J］. 科学，2006，58（2）：37-40.

[2] 聂高众，高建国. 21世纪中国的自然灾害发展趋势——以地震和旱涝灾害为例［J］. 第四纪研究，2001，21（3）：249-261.

[3] 徐锡伟，闻学泽等. 汶川Ms8. 0地震地表破裂带及其发震构造［J］. 地震地质，2008，30（3）：597-628.

[4] 傅征祥，刘桂萍等. 中国大陆百年（1901～2001年）浅源强震活动及生命损失回顾与分析［J］. 地震学报，2005，27（4）：367-376.

[5] 韩军，李英民等. 5·12汶川地震绵阳市区房屋震害统计与分析［J］. 重庆建筑大学学报，2008，30（5）：21-27.

[6] 刘清阳. 汶川大地震砖混结构房屋震害调查［J］. 山东建筑大学学报，2008，23（6）：555-559.

[7] 刘伟庆，陆伟东等. 5·12汶川地震绵竹市房屋震灾评估与分析［J］. 南京工业大学学报（自然科学版），2009，31（1）：9-14.

[8] 徐雷，宋战平等. 汶川地震绵竹震害调查及对乡镇建筑抗震建设的思考［J］. 西安建筑科技大学学报（自然科学版），2008，40（5）：619-624.

[9] 熊立红，杜修力等. 5·12汶川地震中多层房屋典型震害规律研究［J］. 北京工业大学学报，2008，34（11）：1166-1172.

[10] 金灿国. 底层薄弱层框架-填充墙抗震性能研究［D］. 长沙：长沙理工大学，2009，13-15.

[11] 宋战平，曾珂等."5·12"汶川地震四川绵竹震害调查及相关问题的讨论和思考［J］. 西安建筑科技大学学报（自然科学版），2008，40（5）：625-630.

[12] 易良. 东汽工业建筑震害调查及初步分析［J］. 建筑科学，2009，25（9）：95-99，110.

[13] 张瀑，鲁兆红. 汶川地震中工业建筑震害及分析［C］. 第五届全国预应力结构理论与工程应用学术会议（论文集），2008，35（增刊）：460-462.

[14] 邓涛. 轻型木结构农村民居房屋抗震性能研究［D］. 长沙：湖南大学，2009，2-5.

[15] 翟洪涛，曹均锋. 汶川Ms8. 0级地震房屋震害调查与分析［J］. 安徽建筑，2009，167（4）：118-120.

[16] 金波，张敏政等. 抗震建筑的结构整体性分析和构造措施［J］. 世界地震工程，2009，25（2）：68-71.

[17] 肖伦斌. 汶川地震框架填充墙的震害现象及分析［J］. 四川建筑科学研究，2009，35（5）：162-164.

[18] 王翠坤，杨沈. 汶川地震对建筑结构设计的启示［J］. 震灾防御技术，2008，3（3）：230-236.

[19] 王伍生，钢筋混凝土框架结构房屋震害分析、加固及抗震措施研究［J］. 中外建筑，2009，（7）：160-162.

[20] 叶列平，陆新征等. 汶川地震建筑震害调查与分析［C］. 第七届全国混凝土耐久性学术交流会，宜昌，2008. 10，105-113.

[21] 黄世敏，罗开海. 汶川特大地震建筑物典型震害探讨［C］. 中国科协2008防灾减灾论坛，郑州，2008. 9：178-188.

[22] 张祥松，施雅风. 中国冰雪灾害研究 [J]. 地学与四化建设，1990，(3)：40-45.
[23] 张祥松，施雅风. 中国的冰雪灾害及其发展趋势 [J]. 自然灾害学报，1996，5 (2)：76-85.
[24] 黄芸玛. 雪灾的特征及其成因分析——以青南高原为例 [J]. 陕西师范大学继续教育学报，2006，23 (3)：119-122.
[25] 赵琳娜，马清云等. 2008 年初我国低温雨雪冰冻对重点行业的影响及致灾成因分析 [J]. 气候与环境研究，2008，13 (4)：556-566.
[26] 苏全有，韩洁. 中国雪灾及相关研究述评 [J]. 防灾科技学院学报，2008，10 (2)：130-137.
[27] 谢晓军，张铁军，尚斌，潘小明. 国内外雪灾处置技术的研究 [J]. 交通标准化，2009，194 (4)：69-73.
[28] 邵德军，尹项根等. 2008 年冰雪灾害对我国南方地区电网的影响分析 [J]. 电网技术，2009，33 (5)：38-43.
[29] 吴向东，张国威. 冰雪灾害对电网的影响及防范措施 [J]. 中国电力，2008，41 (12)：14-18.
[30] 甘凤林，马涛，黄金花. 导线覆冰对架空输电线路结构的影响 [J]. 华北电力技术，2008 (8)：5-7.
[31] 何军，赫中营. 输电铁塔结构受冰雪荷载作用的破坏原因 [J]. 工程建设与设计，2008 (9)：23-25.
[32] 朱大林，席晓强，张龙. 覆冰导致连续倒塔事故的原因分析 [J]. 华东电力，2009，37 (4)：626-628.
[33] 许秋华. 雪灾案例与修订现行工程建设标准、强化危机管理的若干建议 [C]. 2008 中国科协防灾减灾论坛，2008 年 9 月，郑州.
[34] 张天峰，付翔，高瑞. 某钢结构厂房在雪灾中倒塌的原因分析 [J]. 质量检测，2009，27 (6)：36-38.
[35] 周庆荣，付小超，熊进刚. 拱形钢棚在冰雪荷载作用下倒塌事故分析 [J]. 建筑科学，2009，25 (5)：81-84.
[36] 邹超英，赵娟等. 冻融作用后混凝土力学性能的衰减规律 [J]. 建筑结构学报，2008，29 (1)：117-123，138.
[37] 赵娟，邹超英等. 冻融作用后钢筋与混凝土之间粘结性能研究 [J]. 沈阳建筑大学学报 2007，23 (5)：719-722.
[38] 李金平，盛煜，丑亚玲. 混凝土冻融破坏研究现状 [J]. 路基工程，2007，132 (3)：1-3.
[39] 孟兵. 砌体因温度变形及地基冻胀引起的缺陷分析 [J]. 山西建筑，2005，31 (8)：32-33.
[40] 曹兴山，陈志孟. 寒区冬季输水渠道冻胀破坏机制与防治——以新疆乌什水水库引水渠为例 [J]. 地质灾害与环境保护，2005，16 (4)：405-409.
[41] 马石城，李红英，欧阳燕青. 冰雪灾害中交通工程的损害类型及原因分析 [J]. 防灾科技学院学报，2008，10 (2)：5-8.
[42] 王治华，吕杰堂. 从卫星图像上认识西藏易贡滑坡 [J]. 遥感学报，2001，5 (4)：312-315.
[43] Michel Bil，Ivo Muller. The origin of shallow landslides in Moravia (Czech Republic) in the spring of 2006 [J]. Geomorphology，2007，11：1-8.
[44] 殷志强. 2008 年春季极端天气气候事件对地质灾害的影响 [J]. 防灾科技学院学报，2008，10 (2)：20-24.
[45] 陈秀万. 中国洪水灾害分析 [J]. 海洋地质与第四纪地质，1995，15 (3)：161-168.
[46] 蒋卫国，李京，王琳. 全球 1950～2004 年重大洪水灾害综合分析 [J]. 北京师范大学学报，2006，42 (5)：530-533.
[47] 徐霞，王静爱，王文宇. 自然灾害案例数据库的建立与应用——以中国 1998 年洪水灾害案例数据

库为例 [J]. 北京师范大学学报，2000，36 (2)：274-280.

[48] 王家祁，骆承政. 中国暴雨和洪水特性的研究 [J]. 水文，2006，26 (3)：33-36.

[49] 刘建芬，张行南等. 中国洪水灾害危险程度空间分布研究 [J]. 河海大学学报（自然科学版），2004，32 (6)：614-617.

[50] 朱立新，葛学礼. 洪水淹没区上风向抗洪建筑群体布置对其下风向建筑上波浪荷载的影响 [J]. 建筑科学，2003，19 (1)：12-15.

[51] 沈浩，韩时林等. 风成波浪与堤岸相互作用的综述 [J]. 水运工程，2004，364 (5)：12-15，46.

[52] 谢作涛，张小峰等. 溃坝洪水数值模拟 [J]. 水利水运工程学报，2005 (2)：9-17.

[53] 史宏达，刘臻. 溃坝水流数值模拟研究进展 [J]. 水科学进展，2006，17 (1)：129-135.

[54] 钟桂辉，刘曙光等. 村镇住宅遭遇洪水的压力试验研究 [J]. 城市道桥与防洪，2008 (12)：92-95.

[55] 朱乔森，彭刚等. 反复浸泡砖砌体抗压强度对比试验研究 [J]. 三峡大学学报（自然科学版），2003，25 (1)：36-38.

[56] 张旭辉. 路堤浸泡强度及稳定性的时间效应试验研究 [J]. 路基工程，2002，(1)：45.

[57] 黄兴怀. 长期洪水浸泡对地基土影响分析 [J]. 电力勘察设计，2008 (3)：7-9.

[58] 王印海，王作垣等. 村镇生土建筑的防洪问题 [J]. 中国减灾，1995，5 (2)：27-30，21.

[59] 闫生义，韩宏等. 沙尘暴危害与防治区划 [J]. 防护林科技，2009，90 (3)：69-72.

[60] 高尚玉，史培军等. 我国北方风沙灾害加剧的成因及其发展趋势 [J]. 自然灾害学报，2000，9 (3)：31-37.

[61] 邱新法，曾燕等. 我国沙尘暴的时空分布规律及其源地和移动路径 [J]. 地理学报，2001，56 (3)：316-322.

[62] 史培军，严平. 中国北方风沙活动的驱动力分析 [J]. 第四纪研究，2001，21 (1)：41-47.

[63] 张仁健，韩志伟等. 中国沙尘暴天气的新特征及成因分析 [J]. 第四纪研究，2002，24 (4)：374-380.

[64] 范一大，史培军等. 近 50 年来中国沙尘暴变化趋势分析 [J]. 自然灾害学报，2005，14 (3) 22-28.

[65] 程彬彬，林波. 遥感监测沙尘暴的研究进展及趋势 [J]. 环境科学与管理，2007，32 (6)：120-124.

[66] 韩同林. 林景星等. 京津地区“沙尘暴”的性质和治理——以北京 2006 年 4 月 1 6 日的尘暴为例 [J]. 地质通报，2007，26 (2)：117-127.

[67] 程相坤，蔡冬梅，王式功. 中国沙尘暴天气研究进展及主要科学问题 [J]. 气象与环境学报，2007，23 (6)：51-56.

[68] 王振全，王式功等. 西北地区沙尘暴降尘部分特性的分析 [J]. 环境与健康，2008，25 (12)：1053-1055.

[69] 左合君，胡春元等. 新地-麻黄沟高速公路沙害防治技术 [J]. 内蒙古农业大学学报，2004，25 (3)：36-40.

[70] 张锋，陈玲，郝瑞甫. 陕甘宁盐环定扬黄工程沿线风沙治理的现状与对策 [J]. 宁夏工程技术，2003，2 (1)：12-15.

[71] 邹学勇，刘玉璋等. 西藏八一镇-邛多江公路沙害成因与治理 [J]. 自然灾害学报，2004，13 (6)：15-24.

[72] 苗晓雯. 青藏铁路格拉段风沙路基防治措施 [J]. 铁道建筑，2008 (5)：78-80.

[73] 闫小丽，薛少平，朱瑞祥. 陕北长城沿线风沙区留茬固土保护性耕作技术模式研究 [J]. 西北农林科技大学学报（自然科学版），2009，37 (2)：100-104，111.

[74] 詹敏，于忠峰等，覆膜防沙治沙方法 [J]. 水土保持研究，2007，14（3）：381-383.

[75] 王银梅. 新型高分子固化材料在治沙工程中的应用研究 [D]. 兰州：兰州大学，2004，1-5.

[76] 聂艳秋. 城镇生活污水就近引浇防沙治沙工程林 [J]. 环境污染治理技术与设备. 2003，4，（6）：86-90.

[77] 廉丽姝. 我国北方沙尘暴的时空分布特征及成因分析 [J]. 自然杂志，2002，24（6）：335-338.

[78] 周天智，陈刚等. 福建省滑坡分布规律及成因分析 [J]. 重庆科技学院学报（自然科学版），2007，9（2）：17-19.

[79] 郭芳芳，杨农等. 基于GIS的滑坡地质灾害地貌因素分析 [J]. 地质力学学报，2008，14（1）：87-96.

[80] 钟秀梅，梁收运. G212线陇南段地质构造对滑坡的控制作用 [J]. 工程地质学报，2007，15（增刊）：141-145.

[81] 林良俊，方成等. 5·12汶川地震灾区地质灾害情况初步分析 [J]. 水文地质工程地质，2008，35（4）：1-4.

[82] 殷跃平. 汶川八级地震地质灾害研究 [J]. 工程地质学报，2008，16（4）：433-444.

[83] 陈丽霞，殷坤龙等. 江西省滑坡与降雨的关系研究 [J]. 岩土力学，2008，29（4）：1114-1120.

[84] 林鸿州，于玉贞等. 降雨特性对土质边坡失稳的影响 [J]. 岩石力学与工程学报，2009，28（1）：198-204.

[85] 胡卸文. 蒋家沟流域松散物源类型及其与泥石流的转化机理 [J]. 成都理工学院学报，2001，28（增刊）：166-169.

[86] 陈晓清，李泳. 滑坡转化泥石流起动研究现状 [J]. 山地学报，2004，22（5）：562-567.

[87] 乔建平. 中国滑坡灾害现状与防御对策 [J]. 自然灾害学报，2007，16（增刊）：92-98.

[88] 张德榆. 某厂大滑坡对建（构）筑物破坏的分析 [J]. 工程设计与建设，2003，35（3）：17-20，45.

[89] 张宇，韦方强. 砖混建筑在泥石流冲击作用下的破坏形态模拟 [J]. 自然灾害学报 2005，14（5）：61-67.

[90] 陈洪凯，唐红梅. 泥石流两相冲击力及冲击时间计算方法 [J]. 中国公路学报，2006，19（3）：19-239.

[91] 胡凯衡，韦方强等. 泥石流冲击力的野外测量 [J]. 岩石力学与工程学报，2006，25（sl）：2813-2819.

[92] 张宇，韦方强等. 基于动量守恒的粘性泥石流冲击力计算 [J]. 泥沙研究，2006，（3）：23-26.

[93] 何思明，李新坡等. 考虑弹塑性变形的泥石流大块石冲击力计算 [J]. 岩石力学与工程学报，2007，26（8）：1664-1669.

[94] 马东涛，冯自立等. 7. 19云南腾冲滑坡泥石流灾害调查报告 [J]. 水土保持通报，2004，24（6）：67-71.

[95] 马东涛，张金山等. 2004. 7. 20云南盈江滑坡泥石流山洪灾害成因及减灾对策 [J]. 灾害学，2005，20（1）：67-71.

[96] 谢洪，王成华等. 标水岩沟滑坡型泥石流灾害及特征 [J]. 中国地质灾害与防治学报，2000，11（3）：20-22，27.

[97] 李守定，李晓等. 重庆万州吉安滑坡特征与成因研究 [J]. 岩石力学与工程学报，2005，24（17）：3159-3164.

[98] 陈晓清，韦方强等. 云南新平2002-08-14特大滑坡泥石流灾害及防治对策 [J]. 山地学报，2003，21（5）：599-604.

[99] 范宣梅，许强等. 四川宣汉天台特大滑坡的成因机理及排水工程措施研究 [J]. 成都理工大学学

报（自然科学版），2006，33（5）：448-454.
[100] 廖秋林，李晓. 三峡库区千将坪滑坡的发生、地质地貌特征、成因及滑坡判据研究 [J]. 岩石力学与工程学报，2005，14（17）：3146-3153.
[101] 高克昌，孟国才等. 德宏“7·5”特大滑坡泥石流灾害分析及其对策 [J]. 防灾减灾工程学报，2005，25（3）：251-257.
[102] 郭铁男. 中国火灾形势与消防科学技术的发展 [J]. 消防技术与产品信息，2005（11）：3-10.
[103] 梁力达，吴娇. 公共场所特大火灾事故分析安全 [J]. 2008，29（7）：51-54.
[104] 李庆功，伍东等. 居民住宅火灾危险及安全防火措施探析 [J]. 消防科学与技术，2009，28（6）：457-460.
[105] 闰峻，康茹. 加油站火灾爆炸事故的统计分析及消防安全对策 [J]. 消防技术与产品信息，2008，（4）：40-43.
[106] 蔡加发. 公路隧道火灾分析及救灾预案研究 [D]. 重庆：重庆交通大学，2008，12-13.
[107] 孙忠强，郭立稳. 我国煤矿火灾防治技术的研究现状 [J]. 河北理工学院学报，2007，29（2）：1-3，24.
[108] 董建云. 浅析煤矿火灾的危害及预防措施 [J]. 山西焦煤科技，2009：55-56，58.
[109] 王骏. 历史街区保护 [D]. 上海：同济大学，1998，5-23.
[110] 阮仪三. 历史街区的保护及规划 [J]. 城市规划汇刊，2000（2）：46-47.
[111] 胡敏. 历史街区的防火问题研究 [D]. 北京：中国城市规划设计研究院，2005，30-32.
[112] 胡敏. 我国历史街区火灾现状及技术分析 [C]. 2005 城市规划年会论文集，西安，2005，1368-1373.
[113] 李耀庄，李昀晖. 中国建筑火灾引起坍塌事故的统计与分析 [J]. 安全与环境学报，2006，6（5）：133-135.
[114] 贾艳东，田傲霜. 不同时间高温后混凝土性能的试验研究 [J]. 辽宁工程技术大学学报（自然科学版），2006，25（6）：864-866.
[115] 张辉. 结构用钢高温力学性能分析及防火技术措施 [J]. 消防技术与产品信息，2005（11）：34-36.
[116] 吴红翠，王全凤等. HRB500 级高强钢筋高温后的力学性能试验 [J]. 华侨大学学报（自然科学版），2009，30（4）：432-435.
[117] 袁广林，郭操. 高温下钢筋混凝土粘结性能的试验与分析 [J]. 工业建筑，2006，36（2）：57-60.
[118] 贾广华，米文忠. “5·8”新疆建筑机械厂库房特大火灾事故调查 [J]. 消防科学与技术，2007，26（3）.
[119] 刘德利，黄志强. 长乐拉丁酒吧重大火灾引发的思考 [J]. 武警学院学报，2009，25（8）：70-72.
[120] 邸小坛，周燕，史毅. 衡州大厦坍塌原因的分析鉴定 [C]. 第 7 届全国建筑物鉴定与加固改造学术会议论文集，重庆，2004，285-289.
[121] 吴建平，万国强等. 兰州华邦女子饰品广场“3·10”特大火灾的认定 [C]. 中国消防协会电气防火专业委员会 2008 年电气防火学术会议论文集，厦门，2008，154-156.
[122] 常虹. 某高校宿舍楼火灾再现模拟研究 [J]. 消防技术与产品信息，2008（8）：8-11.
[123] 郑建军. 某综合楼火灾受损后检测与加固修复 [J]. 建筑结构，2007，37（z1）：20-31.
[124] 关世钧. 浅析辽化“2. 23”爆震事故的成因及预防 [J]. 消防科学与技术，2002（5）：83，85.
[125] 王铭珍. 深圳舞王俱乐部特大火灾始 [J]. 消防技术与产品信息，2009（1）：93-94.
[126] 中国工程建设标准化协会标准. 灾损建（构）筑物处理技术规范 CECS：2010 [S]. 北京：中国

标准出版社，2010.
[127] 中华人民共和国国家标准. 建筑工程抗震设防分类标准 GB 50223—2008 [S]. 北京：中国建筑工业出版社，2008.
[128] 中华人民共和国国家标准. 建筑抗震鉴定标准 GB 50023—2009 [S]. 北京：中国建筑工业出版社，2008.
[129] 中华人民共和国国家标准. 建筑抗震设计规范 GB 50011—2010 [S]. 北京：中国建筑工业出版社，2008.
[130] 高小旺，刘佳，高炜. 不同重要性建筑抗震设防目标和标准的探讨 [J]. 建筑结构，2009（增刊）.
[131] 高小旺，刘佳，高炜. 中小学校舍乙类建筑鉴定与加固抗震设防目标探讨 [J]. 建筑结构，2010（5）.
[132] 高小旺、鲍蔼斌. 地震作用的概率模型及其统计参数 [J]. 地震工程与工程振动，1985.
[133] 高小旺，鲍蔼斌. 用概率方法确定抗震设防标准 [J]. 建筑结构学报，1986.
[134] 高小旺、鲍蔼斌. 抗震设防标准及各类建筑抗震设计中的“小震”与“大震”取值 [J]. 地震工程与工程振动，1989.
[135] 中国工程建设标准化协会标准. 建筑工程抗震形态设计通则 CECS 160：2004.
[136] 高小旺等. 工程抗震设防标准若干问题的探讨 [J]. 土木工程学报，1997.
[137] 张维嶽，周锡元，高小旺等，城市综合防灾示范研究 [J]. 建筑科学，1999（1）.
[138] 徐邦栋，滑坡分析与防治 [M]. 北京：中国铁道出版社，2001.
[139] 王恭先、徐峻龄、刘光代、李传珠. 滑坡学与滑坡防治技术 [M]. 北京：中国铁道出版社，2004.
[140] 崔之久. 泥石流沉积与环境 [M]. 北京：海洋出版社，1996.
[141] 王恭先、王应先、马惠民. 滑坡防治 100 例 [M]. 北京：人民交通出版社，2003.
[142] 王恭先. 滑坡防治工程措施的国内外现状 [J]. 中国地质灾害与预防学报，1998（1）.
[143] 王根龙、张军慧、刘红帅. 汶川地震北川县城地质灾害调查与初步分析 [J]. 中国地质灾害与预防学报，2009.
[144] 过镇海、时旭东. 钢筋混凝土的高温性能及其计算 [M]. 北京：清华大学出版社，2003.
[145] 陈龙珠、陈晓宝、黄真等. 混凝土结构防灾技术 [M]. 北京：化学工业出版社，2005.
[146] 徐彧，徐志胜，朱玛. 高温作用后混凝土强度与变形试验研究 [J]. 长沙铁道学院学报，2000，18（2）：13-16、21.
[147] 江见鲸、徐志胜等. 防灾减灾工程学 [M]. 北京：机械工业出版社，2005.
[148] 李卫，过镇海. 高温下混凝土的强度和变形性能的试验研究 [J]. 建筑结构学报，1993，14（1）：8-16.
[149] 江见鲸、王元清，龚晓南，崔京浩. 建筑工程事故分析与处理 [M]. 北京：中国建筑工业出版社，2006.
[150] 中国工程建设标准化协会标准. 火灾后建筑结构鉴定标准 CECS 252：2009.
[151] Marechal J C. Variations in the Modulus of Elasticity and Poisson’s Ration with Temperature. Concrete for Nuclear Reactors [R]. ACI SP-34，detroit，1972：405-433.
[152] U. ツェナィター，コンクリートの热的形式 [J]. 技报堂，1982.
[153] 路春森，屈立军等. 建筑结构耐火设计 [M]. 北京：中国建材工业出版社，1995.
[154] 谢狄敏，钱在兹. 高温作用后混凝土抗拉强度与粘结强度的试验研究 [J]. 浙江大学学报（自然科学版），1998，32（5）：597-602.
[155] 闵明保，李延和，高本立等. 建筑物火灾后诊断与处理 [M]. 南京：江苏科学技术出版

社，1994.

[156] 中华人民共和国国家标准. 混凝土结构加固设计规范 GB 50367—2006 [S]. 北京：中国建筑工业出版社，2006.

[157] 周锡元，曾德民，高晓安. 估计不同服役期结构的抗震设防水准的简单方法 [J]. 建筑结构，2002.

[158] 侯钢领，欧进萍. 建筑结构活荷载标准与灾害荷载设防水平——使用年限的影响 [J]. 自然灾害学报，2005，14 (3)：124-129.

[159] 段玺文. 建筑结构的火灾分析和处理 [J]. 工业建筑，1985：5-7.

[160] 曹文衔. 损伤累计条件下钢框架结构火灾反应的分析研究 [D]. 上海：同济大学博士学位论文，1998.

[161] 陆洲导，朱伯龙，周跃华. 钢筋混凝土简支梁对火灾反应的试验研究 [J]. 土木工程学报，1993，(6)：47-54.

[162] Hertz K. D. Danish Investigation on Silica Fume Con2crete at Elevated Temperature [J]. ACI Materials Journal，1992 (4)：345-347.

[163] 时旭东. 高温下钢筋混凝土杆系结构试验研究和非线性有限元分析 [D]. 北京：清华大学，1992.

[164] L ie T. T.，et al. F ire Resistance of Reinfo rced Concrete Columns [J]. Division of Building Research，NRCC，O ttawa，1984.

[165] 李国强，张超. 约束钢构件在火灾下的性能研究及其抗火设计方法 [C]. 第五届全国钢结构防火级防腐技术研讨会暨第三届全国结构抗火学术交流会论文集. 2009：1-18.

[166] 丁绍祥. 钢结构加固技术手册 [M]. 武汉：华中科技大学出版社，2008.

[167] 罗才松，黄奕辉. 古建筑木结构的加固维修方法述评 [J]. 福建建筑，1995：196-198，201.

[168] 祈英涛. 中国古代建筑的保护与维修 [M]. 北京：文物出版社，1986.

[169] 陈广庭. 沙害防治技术 [M]. 北京：化学工业出版社，2004.

[170] 高国雄. 中国北部沙尘暴现状、成因与防治对策 [J]. 水土保持研究，2010，12 (5)：178-180.

[171] 封加平. 防沙治沙基本知识问答 [M]. 北京：中国林业出版社，2001.

[172] 王涛. 中国沙漠与沙漠化 [M]. 石家庄：河北科学技术出版社，2003.

[173] 蒋富强，李荧，李凯崇，程建军，薛春晓，葛盛昌. 兰新铁路百里风区风沙流结构特性研究 [J]. 铁道学报，2010，32 (3)：105-110.

[174] 李凯崇，蒋富强，薛春晓，杨印梅，葛盛昌. 兰新铁路十三间房段的戈壁风沙流特性分析 [J]. 铁道工程学报，2010，138 (3)：15-18.

[175] 葛盛昌. 新疆铁路风区大风天气列车安全运行办法研究 [J]. 铁道运输与经济，2009，31 (8)：32-34.

[176] 陈渭南. 风沙动力与风沙工程学—国外发展趋势和我们的任务 [J]. 地球科学进展，1995，10 (4)：336-340.

[177] 赵廷宁，丁国栋，王秀茹，王俊中，屠志方. 中国防沙治沙主要模式 [J]. 水土保持研究，2002，9 (9)：118-123.

[178] 杨俊平，邹立杰. 中国荒漠化状况与防治对策研究 [J]. 干旱区资源与环境，2000，14 (3)：15-23.